엑셀(ETEX)과 R 활용

제5판

# 경영경제통계학

박범조 지음

Σ 시그마프레스

## 경영경제통계학, 제5판

발행일  2021년 3월 25일 1쇄 발행
　　　　2023년 7월 5일 2쇄 발행

지은이  박범조
발행인  강학경
발행처  (주) 시그마프레스
디자인  우주연
편  집  이호선

등록번호  제10-2642호
주소  서울특별시 영등포구 양평로 22길 21 선유도코오롱디지털타워 A401∼402호
전자우편  sigma@spress.co.kr
홈페이지  http://www.sigmapress.co.kr
전화  (02)323-4845, (02)2062-5184∼8
팩스  (02)323-4197

ISBN  979-11-6226-300-6

# 제5판 머리말

이 책은 1999년에 『현대통계학 이론과 활용』으로 출간되었으며, 2002년 이후 『경영경제 통계학』으로 제목이 바뀌어 제4판까지 출간되었다. 그동안 독자 여러분께서 이 책에 대해 지속적인 호평을 보내주셨으며 경영·경제통계학 분야의 베스트셀러로 인정받을 수 있도록 큰 사랑과 관심을 기울여 주셨다. 독자 여러분의 애호와 성원에 보답하여 제5판은 기존 판의 장점은 유지하되 독자와 교강사로부터 받았던 피드백을 반영하여 더 쉽게 통계학을 이해하고 활용할 수 있도록 다음과 같이 개정하였다.

- 통계학 수험생을 위해 기출문제를 보강하였다.
- R 소프트웨어의 기초 개념과 사용법을 추가하였다.
- 각 장마다 새롭게 제공되는 사례분석에서는 엑셀과 R 소프트웨어 활용법을 단계별로 쉽게 설명하여 빅데이터 시대에 필수적인 통계분석 능력을 갖출 수 있도록 하였다.
- 사례분석의 엑셀 활용을 독자 스스로 실습할 수 있도록 유튜브 동영상을 제공한다.

이 개정판의 주요 특징과 다른 통계학 책과의 차별성을 구체적으로 살펴보면 다음과 같다.

- **최신 통계학 기출문제** 이 책의 제4판부터 제공하여 독자들로부터 호평을 받는 통계학 기출문제(공무원 5급, 7급, 9급 시험, 입법고시, 사회조사분석사 시험 등)를 최신 내용으로 수정·보강하였고, 연습문제에 포함되었던 기출문제를 별도의 섹션으로 분리하였다. 그리고 통계학 시험을 준비하는 독자를 위해 예상문제를 고려하여 본문 내용을 보완하

 **기출문제**

1. (2013 사회조사분석사 2급) 표본추출에 관한 용어의 설명으로 틀린 것은?
   ① 모집단(population)은 모든 연구 대상 혹은 분석단위들이 모인 집합이다.
   ② 표본(sample)은 모집단에서 일정 부분 추출된 요소들의 집합이다.
   ③ 모수(parameter)는 모집단의 특성치로, 통계치(statistic)를 근거로 추정한다.
   ④ 통계치(statistic)는 모수로부터 계산되는 표본값이다.

였으며, 기출문제와 연습문제를 이해하기 쉽도록 답과 풀이 과정을 별도의 전자책(『경영경제통계학 해법』)으로 제공한다.

- **새로운 사례분석** 통계학의 주요 개념을 직관적으로 이해할 수 있도록 시각적 표현을 보강하였고 '사례분석' 섹션을 완전히 개정하여 독자의 학습 동기를 유발하였다.

**사례분석 1**

**국내 증시는 고평가되어 있는가? 버핏지표 활용**

세계에서 가장 성공한 투자자로 알려진 워런 버핏은 한 국가의 주식시장에 버블이 존재하는지 판단하기 위한 유용한 방법으로 주식시가총액과 GDP 비율을 제안하였다. 이 비율은 **버핏지표**(Buffett indicator)로도 알려져 있다.

$$버핏지표 = 주식시가총액/GDP \times 100$$

출처 : www.businessinsider.com에서 인용 및 수정

- **새로운 통계의 이해와 활용** 경영·경제 현상을 이해하고 분석하는 과정에서 통계적 지식과 분석방법이 왜 필요하며, 어떻게 활용할 수 있는지 스스로 생각하고 통계학에 대한 흥미를 유발할 수 있도록 '통계의 이해와 활용' 섹션의 내용을 새롭게 개정하였다.

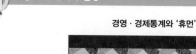

**통계의 이해와 활용**

**경영·경제통계와 '휴먼'**

출처 : assets.weforum.org (인용 및 수정)

인간의 심리를 반영한 행태경제학(behavioral economics)의 유용성을 일반인에게 널리 알린 리처드 탈러(Richard Thaler)와 캐스 선스타인(Cass Sunstein)의 유명한 저서 '넛지(Nudge)'(2008)에는 대조적인 두 유형의 인간, '이콘(ECON)'과 '휴먼(HUMANS)'이 등장한다. '이콘'은 완전히 합리적이고 자신의 이익을 추구하는 경제적 인간, 즉 호모 이코노미쿠스(homo economicus)를, '휴먼'은 제한된 합리성을 갖는 인간, 즉 호모 사피엔스(homo sapiens)를 나타낸다. 기존의 경제학은 '이콘'을 전제로 논리의 기초를 세우지만, 현실의 인간은 허점투성이인 '휴먼'의 행태를 보인다는 것이다. 또한 이 '넛지'의 주저자이며 미국 시카고대학교 교수인 탈러는 경제 현상 분석에 인간의 심리를 반영해야 한다는 점을 2017년 10월 노벨경제학상 수상 발표 직후 스웨덴 왕립과학원 노벨위원회와의 통화에서 다음과 같이 밝히고 있다.

*"경제 행위자는 사람입니다. 경제 모델은 사람을 포함해야 한다는 인식이 가장 중요합니다."*

탈러 교수의 노벨경제학상 수상 소감에는 우리가 경영·경제 현상을 분석하기 위해서 통계를 다룰 때 왜 '휴먼'을 먼저 생각해야 하는지에 대한 답을 함축적으로 내포한다.

- **최신 엑셀 2019 버전과 ETEX 3.0**  본문의 예제와 사례분석을 모두 엑셀 2019와 ETEX 3.0을 이용하여 설명하였다. ETEX 3.0 버전은 윈도우 10(64비트 윈도우) 호환성을 높이고 선택옵션에서 발생하는 컴파일 오류를 수정하는 등 과거 버전을 개선하였다.

- **엑셀 실습용 유튜브 제공**  독자 스스로 사례분석의 엑셀 활용을 실습할 수 있도록 유튜브 동영상을 제공한다. 구글이나 유튜브에서 '경영경제통계학 박범조'를 검색하거나 휴대폰(태블릿)으로 오른쪽 QR코드를 스캔하면[1] 경영경제통계학 유튜브 채널(https://www.youtube.com/channel/UCSXEtjVT3E2-5SYrLROLVWA)에서 동영상을 시청할 수 있다.

---

[1] PC(노트북)에서 QR코드를 스캔하려면 관련 앱을 설치해야 한다. 윈도우 OS의 경우 'Microsoft Store'에서 'qr code scanner'를 검색한 후 무료로 제공되는 앱을 선택하여 설치할 수 있다.

- R 소프트웨어 소개  R 소프트웨어의 기초 개념과 사용법을 제1장의 부록 2에 소개하였다. 각 장 사례분석에 활용하여 빅데이터 시대에 효과적인 통계분석 도구로 널리 활용할 수 있도록 하였다.

---

**부록 2**  **빅데이터 분석을 위한 R 소프트웨어 소개**

### 1. R 소프트웨어 이해[12]

#### 1) S 언어와 R

**S 언어**(S language)는 미국의 전화 통신 회사인 AT&T의 벨연구소에서 존 챔버스, 릭 베커, 앨런 윌크스에 의해 통계 연산의 연구 목적으로 개발된 프로그래밍 언어이다. 나중에 S 언어는 GPL(General Public License) 기반의 공개 소프트웨어인 R과 상업용인 S-Plus로 분화되었기 때문에 R 언어의 형태와 구조는 S 언어와 매우 유사하다.

#### 2) 통계분석 프로그래밍 언어로서의 R

R은 1995년 오클랜드대학교의 로버트 젠틀맨과 로스 이하카에 의해 개발되어 배포되었으며, 현재는 1997년 설립된 R 코어(R core) 팀이 GNU R 프로젝트를 이끌어나가고 있다.[13]

출처: r-project.org

R은 데이터의 조작(manipulation)과 연산(calculation), 그리고 그래픽 표현(graphical display)을 통합하는 패키지로서 확장성이 뛰어나고 객체 지향적인 프로그램이기 때문에 데이터의 조작 및

---

- 유용한 사이트 소개  통계학을 활용하는 실제 현장에서 자료 수집에 자주 사용하는 유용한 사이트를 제2장의 부록 1에서 추가로 소개하였다.

---

**부록 1**  **인터넷을 이용한 경영·경제자료 수집**

정보의 보물창고로 불리는 인터넷에서 경영·경제와 관련된 유익한 자료와 정보를 얻을 수 있는 웹사이트들을 살펴보자. 디지털 시대에는 노하우(know-how)보다 노웨어(know-where)가 더 강조된다고 한다. 인터넷에는 정보화 시대를 살아가는 우리 현대인들에게 필요한 온갖 유용한 자료와 정보들이 존재하지만 우리는 정작 필요한 자료와 정보가 어디에 있는지 몰라서 활용하지 못하는 경우가 발생하기 때문이다. 앞으로는 이런 우를 범하지 않도록 정부기관, 국제기구, 대학, 기업, 연구소 등의 유익한 웹사이트들을 여행하면서 우리에게 필요한 자료와 정보가 어디서 제공되고 있는지 노웨어를 축적해 보자.

#### 국내 경영·경제 자료 웹사이트

**한국은행**(www.bok.or.kr)

한국은행은 1950년 6월에 창립된 우리나라의 중앙은행으로 국민 경제발전을 위한 통화가치의 안정, 은행신용제도의 건전화와 그 기능 향상에 의한 경제발전, 국가자원의 유효한 이용의 도모를 목적으로 한다. 이 사이트에서는 우리나라의 경제통계자료와 지표, 통화금융정책 및 동향에 대한 유익한 정보를 얻을 수 있다.

그림 1  한국은행

- 실습자료 업데이트 대부분의 자료를 최근 자료로 업데이트함으로써 독자로 하여금 보다 현실적인 감각으로 경영·경제 현상을 접할 수 있게 하였다. 본문과 사례분석에 사용된 실습 자료는 ▦ 아이콘으로 표시하였으며, 오른쪽 QR코드를 스캔하면 이 책의 구글 드라이브(https://drive.google.com/drive/folders/1EiwWIDx5zTr2WXfcUey8WCrlK8ysbMON?usp=sharing)에서 다운받을 수 있다.

이 책을 개정하는 과정에서 주변의 많은 분으로부터 도움을 받았다. '통계의 이해와 활용', '사례분석' 등의 섹션 집필에 도움을 준 박준규 석사와 기출문제 선정 및 해설을 도와준 산업안전보건연구원의 김명중 박사에게 감사한다. 또한 이 책의 제5판이 출간될 때까지 관심과 배려를 아끼지 않으신 (주)시그마프레스의 강학경 사장님과 편집부 식구들, 그리고 대학의 장호성 이사장님과 동료 교수님들께도 감사를 표한다. 언제나 사랑하는 아내와 가족, 그리고 저자를 아껴 주신 모든 분께 고마운 마음을 전한다.

2021년
저자 박범조

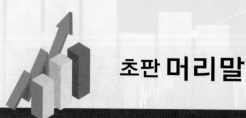

# 초판 머리말

이 책은 경영·경제학을 전공하기 위해 통계학을 공부하거나 정보화 시대를 대비하여 엑셀(Excel)을 이용한 자료처리 방법을 습득하려는 사람들을 위하여 통계학의 기초 이론, 경영·경제 현상에 대한 통계이론의 활용, 엑셀 매크로와 비주얼 베이직 응용(VBA)의 기초 개념 및 사용 방법에 대해 소개하고 설명하였다.

무수한 자료를 통해 원하는 정보를 수집하고 불확실한 상황에서 의사결정을 하며 미래의 변화를 예측해야 하는 현대의 경영·경제인에게 통계의 개념을 이해하고 활용할 수 있는 능력은 매우 중요하다. 그러나 지난 10년간 국내외 대학의 강단에서 통계학을 강의한 저자의 경험에 의하면, 대부분의 학생들은 통계학을 배우기도 전에 통계학은 어렵다는 선입견을 지니고 있으며, 심지어 어떤 학생들은 통계학을 배워야 하는 이유조차 인식하지 못한다. 그 이유는 무엇일까? 이 질문에 대한 대답은 그리 간단하지 않지만, 분명한 이유 중 하나는 기존의 통계학 교과서들이 복잡한 수리적 이론에 치중하고 현실성이 결여된 예제를 제시하여 학생들이 통계의 개념을 이해하는 데 어려움을 겪을 뿐 아니라 통계학을 현실문제와는 괴리된 불필요한 학문으로 인식했기 때문이다. 따라서 학생들이 통계이론을 쉽게 이해하고 현실문제에 활용하면서 통계학의 중요성을 스스로 깨우치게 할 수 있는 통계학 책이 필요하다는 인식과 이 책이 이런 역할을 해 주었으면 하는 바람으로 집필하게 되었다.

이 책은 다음의 몇 가지 특징을 가지고 있다.

- 통계이론은 가능하면 그림과 표를 이용하여 알기 쉽게 설명하면서 현실 경영·경제 현상과 관련된 예를 제시하여 이해의 증진과 통계이론을 활용하는 방법을 습득시키는 데 주안점을 두었다. 또한 실제 경영·경제 관련 자료를 많이 이용하여 통계적 개념과 방법을 설명함으로써 독자들이 통계학에 대한 흥미를 느끼도록 하였다.
- 수학이나 통계학은 학문의 성격상 기본 개념을 알아도 직접 문제를 풀어 보지 않으면 완전한 이해가 이루어지지 못하기 때문에 풍부한 예제와 연습문제를 제시하여 본문에서 다룬 개념과 이론을 철저히 이해할 수 있도록 하였다.
- 이 책의 가장 중요한 특징은 본문에서 배운 통계이론과 연관되며 경영·경제 분야에서 중요하게 논의되고 있는 이슈들을 사례분석으로 선택하여 통계적 개념과 기법을 현실문제에 올바르게 응용할 수 있는 능력을 함양하는 데 있다.

- 통계분석을 위해 SAS, SPSS 혹은 Minitab 같은 전문 통계 패키지 대신 대학이나 기업은 물론 가정에서 쉽게 접할 수 있는 엑셀을 이용할 수 있도록 하였다. 물론 엑셀의 통계분석 도구가 매우 제한적이어서 엑셀을 이용한 일반 통계분석에는 한계가 있으나, 이 책에서는 엑셀 초보자들도 이런 한계를 극복하고 다양한 통계분석을 할 수 있도록 엑셀 매크로와 비주얼 베이직 응용(VBA)의 기초 개념, 사용 방법에 대해 기초부터 알기 쉽게 설명하고 있다.

- 이 책에서 다룬 자료와 엑셀 프로그램을 모두 담은 CD를 마련하여 독자들 스스로 쉽게 실습을 할 수 있도록 하였다.

- 인터넷을 통해 이 책과 관련된 자료와 최신 정보를 얻을 수 있으며, 통계학과 관련된 문제들에 대해 저자와 의견을 교환할 수 있는 웹사이트를 마련하였다.

http://user.dankook.ac.kr/~bjpark/book.htm

- 각 장의 중요한 내용을 최신 프레젠테이션 기법으로 제작한 Powerpoint CD를 제작하여 이 책을 교재로 이용하시는 교수님의 첨단강의 보조도구가 되도록 하였다(출판사 제공).

이 책이 세상의 빛을 보기까지 많은 분들의 도움이 있었다. 이 책의 집필을 제안하고 출판까지 도와주신 (주)시그마프레스 강학경 사장님과 홍진기 과장님에게 감사하며, 소프트웨어 회사를 창업하는 바쁜 중에도 이 책의 중요한 부분인 사례분석의 엑셀 프로그램과 부록에 수록한 엑셀함수의 기본 개념을 집필하는 데 많은 도움을 준 장주수 사장님의 사업이 번창하길 바란다. 워드프로세싱 작업을 도와주면서 격려를 아끼지 않았던 아내의 도움은 큰 힘이 되었다. 그리고 학자로서 몸소 모범을 보여 주신 아버님과 헌신적인 사랑을 아끼지 않으신 어머님께 감사드린다.

마지막으로, 독자들이 이 책을 통해 통계학이 우리들에게 왜 필요한지 그 해답을 얻을 수 있기를 바란다.

1999년 새해 아침
저자 박범조

# 요약 차례

# 차례

## 제2부 가능성과 확률분포

## 제3부 표본을 이용한 추론

## 제4부    집단 간 차이 및 독립성에 대한 추론

**제5부**

# 회귀분석과 시계열분석

## 제13장 | 단순회귀분석

## 제14장 | 다중회귀분석

# 통계학의 기초와 자료 분석

# 1

# 통계학과 분석 소프트웨어 소개

## 제1절 통계학의 정의

　　과학 발전과 4차 산업혁명이라는 거대한 흐름이 만들어낸 초연결사회(hyper-connected society)에 사는 우리는 삶의 모든 영역에서 직·간접적으로 연결된 수많은 요소로부터 발생하는 방대한 자료(data)에 쉽게 접근할 수 있게 되었고, 이것을 적절히 가공하여 원하는 정보(information)를 얻을 수 있는 편리함을 누릴 수 있게 되었다. 이처럼 자료를 가공하여 정보를 얻는 매우 적절하고 유용한 방법론이 통계학(statistics)이다.

　　우리가 살아가는 사회는 과거보다 불확실성이 커지고 있으며, 이런 불확실성을 줄이기 위해서는 더 많은 정보 혹은 더 고급 정보가 요구된다. 이것이 우리가 정보화 사회에 사는 이유이다. 이런 정보화 사회에서는 통계학이 더욱 중요해지며, 경제학과 경영학은 물론 심리학, 사회학, 정치학, 법학, 행정학, 사학, 의학, 공학 등 모든 분야에서 활용되고 있다. 흥미롭게도 최근에 통계학은 스포츠 경기에서 좋은 성적을 내기 위한 전략 수립에 활용되거나, 스포츠 구단을 경영하는 중요한 방법론으로 고려되기도 한다. 그러면 통계학이 경영·경제와 관련된 여러 문제를 이해하고 해결하는 데 왜 필요하며 어떻게 적용될 수 있는지 영화 〈머니볼〉

출처 : 서터스톡

을 통해 구체적으로 생각해 보자.

〈머니볼〉은 베스트셀러(마이클 루이스 저)를 원작으로 한 영화로, 원작이 실화를 다룬 작품인 만큼, 영화 제작을 시작한 당시부터 큰 관심과 화제를 모았다. 이 영화는 미국 메이저리그 최하위의 오합지졸 팀이었던 오클랜드 애슬레틱스의 단장 빌리 빈이 그의 팀을 메이저리그 사상 최초 20연승으로 이끈 성공 신화를 극적으로 연출하고 있다. 사람들의 이목을 집중시킨 이 영화의 강점은 브래드 피트라는 대단한 배우가 보여주는 연기력, 가슴 뛰는 실화 기반의 감동적인 이야기와 함께 '야구단 경영'과 '통계학'이라는 흥미로운 주제에 있다.

기술적 관점에서 '야구 경기'의 기록을 통계적으로 분석하여 객관화하고, 부족한 부분을 보완하기 위한 시도는 세이버메트릭스(sabermetrics or SABRmetrics)라는 이름으로 널리 알려져 있다. 어원은 'SABR(Society for American Baseball Research, 미국야구연구협회)'과 '계량적 분석지표'라는 뜻을 내포한 'metrics'이다. 세이버메트릭스는 직관에 기반을 둔 주먹구구식 선수 및 경기 평가방법론을 부정하고, 야구 선수가 보여준 활약과 경기 기록을 더 객관적으로 이해하려는 시도로 평가받는다. 머니볼(moneyball)은 야구 경기 결과에 대한 객관적인 분석을 지향하는 세이버메트릭스를 적극적으로 수용하고, 여기서 한 발자국 더 나아가 이를 야구단 경영에 접목하여 값비싼 유명 선수를 고용할 수 없는 소규모 야구단(스몰마켓 팀)을 성공으로 이끌 수 있는 방법론으로 일컬어지기도 한다.

영화 〈머니볼〉에서 애슬레틱스의 단장 빌리 빈도 세이버메트릭스 기반의 선수 평가 방법을 야구단의 경영 전반에 도입하였다. 당시 경기를 승리로 이끄는 데 중요하지만 상대적으로 저평가받은 능력(예 : 출루율이나 장타율)을 갖춘 선수에게 과감히 투자하거나, 때로는 구단이 가진 값비싼 인기 선수를 팔고 지나치게 저평가받은 낮은 연봉의 유망주를 고용하는 등 매우 과감하고 파격적인 구단 운영을 시도함으로써 대규모 구단들과의 게임을 승리로 이끌 수 있다는 가능성을 보여주었다. 이는 최소의 비용으로 최대의 효율을 달성한다는 경제학의 원리와도 닮아 있다.

이처럼 우리가 당면하고 있는 경영 및 경제 문제들의 대부분을 해결하기 위해서는 제한된 자료에서 필요한 정보를 도출하고, 미래를 예측하여 현재의 정책을 수립해야 한다. 그러나 이런 의사결정들은 불확실성 아래에서 이루어지는 경우가 대부분이다. 따라서 주어진 자료로부터 유용한 정보를 도출하여 불확실성을 최소화하고 현명한 결정을 내리기 위해서는 체계적인 지식이 필요하며, 이를 위한 학문이 통계학이다.

이제 우리는 통계학을 명확하게 정의할 수 있다. 관심의 대상이 되는 자료를 수집 · 정리 · 분석하여 올바른 정보를 추출하고 적절하게 이용할 수 있는 체계적인 방법이 요구되고 있으며, **통계학**은 바로 이런 필요를 충족시키는 학문이다(그림 1-1).

> **통계학**이란 관심의 대상이 되는 자료를 수집 · 정리 · 분석하여 올바른 정보를 추출하고, 이를 토대로 불확실한 사실에 대해 합리적인 판단을 내리며 미래를 예측하는 방법을 연구하는 학문이다.

**그림 1-1**

**한눈에 보는 통계학**

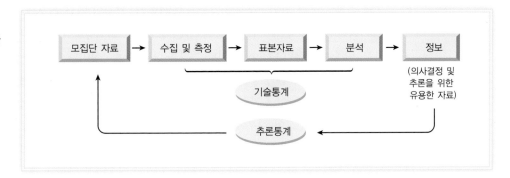

방법론적 학문인 통계학은 기술통계학(descriptive statistics)과 추론통계학(inferential statistics)으로 나뉜다. 기술통계학이란 통계자료를 요약 · 정리하여 전체 자료의 특성을 도출하고 자료를 쉽게 해석하는 것을 의미하며, 이를 위해 그림이나 도표를 이용하는 방법과 자료의 평균이나 분산 같은 측정값을 이용하는 방법이 있다. 반면에 추론통계학은 모집단에서 추출한 표본을 이용하여 표본의 특성값을 계산하고 이 표본의 특성값을 근거로 모집단의 특성을 추론하는 것을 의미한다.

> **기술통계학**이란 통계자료를 요약 · 정리하여 전체 자료의 특성을 도출하고 자료를 쉽게 해석하는 것이며, **추론통계학**이란 모집단에서 추출한 표본을 이용하여 표본의 특성값을 계산하고 이 표본의 특성값을 근거로 모집단의 특성을 추론하는 것이다.

## 제2절 통계학의 기본 용어

통계학을 올바르게 이해하기 위해서는 정보, 자료, 변수, 모집단, 표본 등과 같은 기본 용어를 명확히 알아야 한다. 따라서 이 절에서는 통계학의 기본 용어를 소개하고자 한다.

### 1. 변수와 자료

우리는 일상생활에서 TV 뉴스, 신문, 책, 인터넷 등을 통해 무수한 사실과 현상을 접하게 되는데, 이런 사실과 현상을 의미 있는 형태로 전환한 것을 정보(information)라고 한다. 정보는 질적정보(qualitative information)와 양적정보(quantitative information)로 나눌 수 있다. 이 두 종류의 정보를 구별하기 위해 다음의 예를 살펴보자.

- 산에 핀 꽃이 아름답다.
- 마이너스 37달러, 사상 초유의 마이너스 유가 충격

'산에 핀 꽃이 아름답다'라는 것은 주관적 표현으로 객관적인 도구를 사용하여 측정하거나 평가하여 직접 수치화할 수 없는 질적정보에 해당하며, COVID-19 팬데믹이 초래한 원유 수요의 붕괴로 인해 2020년 4월 서부텍사스유(WTI) 가격이 역사상 처음으로 마이너스 37달러를 기록하였다는 사실은 수치화할 수 있는 양적정보에 해당한다. 즉 성격, 꽃의 향기, 성(sex), 인종, 만족감과 같이 단순히 질이나 특성을 나타내는 사실이나 현상은 질적정보에 해당하고, 국민 총생산량, 이자율, 통화량, 주식의 가격, 기업의 수익률, 지방은행의 수, 사람의 키, 한 농구팀의 승률과 같이 숫자로 표현될 수 있는 사실이나 현상은 양적정보에 해당한다.

숫자로 표현된 값이 경우에 따라 변화되는 것을 변수(variable)라고 하는데, 변수 역시 질적변수(qualitative variable)와 양적변수(quantitative variable)로 구별된다. 양적변수는 개인의 소득처럼 관측값이 하나의 숫자로 결정되나 그 값이 경우마다 다르게 결정되는 변수이다. 따라서 질적변수는 사칙연산(덧셈, 뺄셈, 곱셈, 나눗셈)을 하는 것이 아무 의미가 없는 변수지만 양적변수는 사칙연산의 일부 또는 모두가 의미 있는 변수이다. 변수는 숫자로 표현된 정보를 나타내고 질은 숫자로 직접 표현될 수 없으므로 질적변수라는 용어는 모순되어 보이지만, 질적정보를 코드(code)화해서 숫자로 표현할 수 있다면 변수가 될 수 있다. 예를 들어, 성은 질적 특성으로 직접 숫자로 나타낼 수는 없으나 남성은 1로, 여성은 0으로 코드화하는 것과 같이 질적정보도 숫자로 표현될 수 있으며, 사람에 따라 1 아니면 0으로 관측되는 이 변수는 질적변수가 되는 것이다. 계절도 수치화할 수 없는 질적정보이지만 봄은 1, 여름은 2, 가을은 3, 겨울은 4로 코드화함으로써 질적변수로 표현될 수 있다. 변수와 달리, 상수(constant)는 경우에 따라 변화하지 않고 일정하게 고정되어 하나의 값만을 갖는다.

관심 대상이 되는 변수의 관측값 혹은 측정값들의 집합을 자료(data)라 하는데, 기업의 매출 실적, 투자 수익률, 도시인의 월평균 수입, 근로자 노동 시간, 최근 20년간 경제성장률, 시·도 인구수 등에 대한 관측값들의 집합은 모두 자료에 해당한다. 최근 15년 동안 국내 실질 GDP 성장률(%)의 관측값은 다음과 같고, 이 숫자들의 모임이 자료가 된다.

5.2   4.3   5.3   5.8   3.0   0.8   6.8   3.7   2.4   3.2   3.2   2.8   2.9   3.2   2.7[1]

> **변수**는 숫자로 표현된 사실이나 현상으로 그 값이 경우에 따라 변화되는 것이며, **자료**는 관심의 대상이 되는 변수의 실젯값 혹은 관측값들의 집합이다.

---

[1] 출처 : 한국은행 경제 통계 시스템(ecos.bok.or.kr).

## 2. 모집단과 표본

위에서 정의한 자료는 모집단(population)과 표본(sample)이라는 두 가지 중요한 개념으로 구별될 수 있다. 어떤 기업에서 새로운 게임 소프트웨어를 개발하였다면 이 기업은 판매 가격 설정 및 판매 전략 등을 위해 소비자들의 만족도를 조사할 필요가 있을 것이다. 만일 이 기업이 모든 소비자를 대상으로 제품의 만족도를 조사하였다고 가정하면 이 관측값들의 모든 집합을 모집단이라고 한다. 그러나 모든 소비자를 대상으로 만족도를 조사하는 경우 시간의 낭비, 막대한 조사 비용, 조사자들의 불성실성 등으로 인해 그 조사는 부적절할 수 있다. 따라서 현실적으로 전체 조사 대상자 중 일부를 추출하여 조사를 실행함으로써 시간과 경비를 절약할 뿐 아니라 조사 과정에서 발생할 수 있는 오류를 줄일 수 있는데, 이렇게 모집단에서 일부를 선정하여 관측한 값들의 집합을 표본이라고 한다(그림 1-2).

> **모집단**은 연구자에게 있어 관심의 대상이 되는 모든 관측값 혹은 측정값들의 집합이며, **표본**은 관심의 대상이 되는 관측값 혹은 측정값들의 일부분을 의미한다. 즉 표본은 모집단의 부분집합이다.

**그림 1-2**

모집단과 표본의 관계

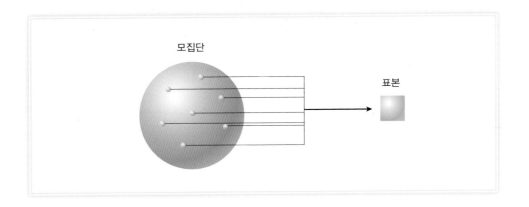

경영·경제에서 표본을 이용하는 예를 살펴보면 다음과 같다.

- 불확실성이 큰 벤처기업의 경우 수익성이 높아도 기업의 가치가 낮게 평가되는 문제가 있다. 따라서 최근 선진국에서는 이런 문제를 해소하기 위해 새로운 평가기법을 적용하고 있지만, 우리 기업들은 얼마나 이런 기법을 활용하는지 궁금하다. 이런 경우 임의로 추출된 일부 기업을 대상으로 표본조사를 수행할 수 있다.
- 한 기업의 경영연구소는 경제지표상 경기 침체가 시작되었다고 판단하고 재고관리 방안을 마련하기 위해 소비자들은 향후 경제 전망에 대해 어떻게 생각하고 있는지 확인하고자 한다. 이를 위해서 임의로 추출된 일부 소비자를 대상으로 경제 전망에 대한 표본조사를 시행할 수 있다.

- 대기업의 회계장부에 대한 감리를 수행하기 위해 이 회사의 모든 대차계정(accounts)을 조사할 필요 없이 임의로 추출된 일부 계정을 대상으로 감리를 수행함으로써 시간과 경비를 절약할 수 있다.
- 정보통신 산업에 종사하는 사람들의 연봉이 다른 산업에 종사하는 사람들의 연봉보다 높다는 인식을 검증하기 위해 정보통신 산업 종사자들과 다른 산업 종사자들의 표본을 추출하여 비교·분석한다.

## 3. 통계적 추론

최근 가장 중요한 글로벌 이슈 중 하나는 미·중 무역 마찰이다. 그러나 우리 국민의 상당수는 미국과 중국의 무역 마찰이 왜 생겼으며, 이것이 우리나라에 어떤 손해를 미치는지에 대해 정확하게 이해하지 못하는 것 같다. 이런 상황에서 정부는 미·중 무역 마찰이 향후 우리나라의 무역과 경제 활동에 어떤 손해를 끼칠 수 있는지 국민에게 명확히 알릴 필요가 있다. 따라서 정부는 국민 중 몇 퍼센트가 미·중 무역 마찰 내용과 경제적 영향을 알고 있는지에 대해 미리 파악해야 한다.

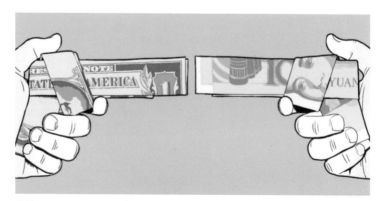

출처 : www.thesilverlife.com/the-flip-side-of-a-trade-war

하지만 모든 국민에게 미·중 무역 마찰에 대한 내용과 경제적 영향을 알고 있는지 물어볼 수는 없다. 왜냐하면 5,000만이 넘는 국민을 대상으로 조사하기에는 너무 큰 비용과 시간이 낭비되기 때문이다. 따라서 정부는 국민 중 일부를 표본으로 추출하여 조사할 것이다. 만일 표본조사 대상자의 20%가 미·중 무역 마찰의 내용과 경제적 영향을 알고 있다면 정부는 이 표본조사의 결과로부터 국민 20% 정도의 낮은 비율로 미·중 무역마찰의 내용과 경제적 영향에 대해 알고 있다고 추론할 수 있게 되며, 향후 국민을 대상으로 무역마찰의 내용과 경제적 영향에 대한 효과적 홍보방안을 모색할 필요가 있다고 판단할 수 있다.

이처럼 모집단으로부터 추출된 표본자료를 이용하여 표본정보를 계산하고 이 계산된 값을 근거로 모집단의 특성을 도출하는 과정을 통계적 추론(statistical inference)이라고 한다. 통계적 추론은 표본정보를 이용하여 모집단에 대한 추정값(estimate)을 계산하거나, 예측(prediction)

하거나, 가설을 검정(testing of hypothesis)하는 것으로 구별된다. 이에 대한 자세한 논의는 이 책의 후반부에서 다룬다.

> **통계적 추론**이란 모집단으로부터 추출된 표본자료를 이용하여 표본정보를 계산하고 이 계산된 값을 근거로 모집단의 특성을 도출하는 과정이다.

통계적 추론은 표본을 통해 얻을 수 있는 부분적 정보를 이용하여 전체에 대한 정확한 판단을 내리는 과정이므로 불가피하게 오류가 생길 가능성이 있다. 따라서 통계학은 이런 오류의 발생 가능성을 최소화하는 방법을 제시해야 한다. 단, 그 방법은 정확성뿐 아니라 경제성까지 고려한 것을 의미한다. 오류의 발생 가능성을 줄이고 정확성을 높이기 위해서는 표본정보가 정확해야 하는데, 이를 위해서는 더 큰 표본을 이용해야 하지만 표본의 크기가 커질수록 표본정보를 얻기 위해 더 많은 시간과 비용이 투자되어야 하므로 통계적 추론의 가치는 감소하게 될 것이다.

## 제3절 통계학을 어떻게 활용할 수 있는가

통계학은 매우 유용한 학문이다. 만일 우리가 기업의 CEO라고 가정하면 우리가 원하는 최종 결과물은 자료를 이용하여 단순히 통계치를 계산하는 것이 아니라, 이 계산된 통계치를 근거로 불확실성을 줄이고 현명한 결정을 유도하고, 기업에 필요한 정책을 수립하며, 미래를 예측하여 재고관리를 효율적으로 수행하는 것이다. 따라서 우리는 원하는 목적을 달성하기 위해 통계학을 어떻게 활용해야 할지 고민하게 된다.

구체적으로, 우리가 경제부처 공무원으로서 A와 B라는 두 도시의 경제개발 계획을 수립한다고 가정하자. 이 계획안을 수립할 때 우리는 각 도시의 경제개발 계획의 주요 목적을 설정해야 한다. 이 경우, 성장 혹은 분배 중 각 도시에 바람직한 하나의 목적을 위해 계획을 수립하고자 한다면 우리는 각 도시의 주민소득을 조사하여 필요한 정보를 도출하는 통계적 기법이 필요할 것이다. A와 B에는 각각 5명이 거주하고 있으며, 이들의 연소득(단위 : 만 원)은 다음과 같다고 하자.

> A도시 : 2,000　1,000　1,000　6,000　5,000
>
> B도시 : 2,000　2,000　1,000　2,000　3,000

이 자료를 통계분석하면 각 도시에 바람직한 경제개발 계획이 무엇인지 판단할 수 있다. 우선 A도시민들의 연평균 소득은 3,000만 원으로 B도시민들의 연평균 소득 2,000만 원보다 높은 소득 수준을 보이나, A도시민들의 소득 격차(최고 소득−최저 소득=5,000만 원)가 B도 시민들의 소득 격차(최고 소득−최저 소득=2,000만 원)보다 심하게 나타나고 있다. 따라서 우리는 A도시에 대하여 경제성장보다는 소득의 공평한 분배를 위한 경제개발 계획을 수립하고, 반면에 B도시에는 공평한 소득분배보다는 경제성장을 위한 경제개발 계획을 수립하는 것이 바람직하다.

이번에는 통계가 경제정책을 수립할 때 도움이 될 뿐 아니라 기업의 경영이나 개인의 의사결정에 도움이 되는 경우를 생각해 보자. 전체 경제활동 참가자 중 여성이 차지하는 비율에 대한 최근 45년간의 통계를 보면 여성의 경제활동 참가율이 지속해서 상승하고 있음을 알 수 있다(그림 1-3).

| | | | |
|---|---|---|---|
| 1965년 : 37.2% | 1980년 : 42.8% | 1995년 : 48.43% | 2010년 : 49.2% |
| 1970년 : 39.3% | 1985년 : 41.9% | 2000년 : 48.6% | 2015년 : 51.9%[2] |
| 1975년 : 40.4% | 1990년 : 47.0% | 2005년 : 50.0% | |

경제활동을 하는 여성이 지속해서 증가하는 추세를 보여주는 이 통계는 의류를 생산하는 A기업에게 유익한 정보가 될 수 있다. A기업이 다른 의류생산 기업보다 앞서 경제활동을 하는 여성을 주 고객으로 하는 제품 생산업체로 전환한다면 앞으로 더 많은 이윤을 얻을 수 있을 것이다. 한편 개인 입장에서도, 여성은 경제활동 증가 추세를 고려하여 경제활동을 위해 필요한 교육이나 직업훈련을 통해 본인의 적성에 맞는 직업을 선택할 수 있도록 준비하고,

**그림 1-3**

**여성 경제활동 참가율 변화 추이**

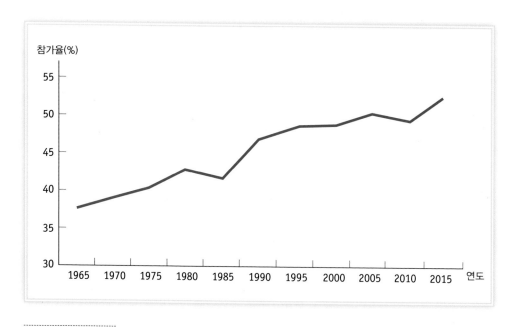

남성은 육아나 집안일 등 역할 분담을 통해 가정을 더 윤택하고 행복하게 만들 수 있다. 이처럼 통계적 기법은 우리 모두의 의사결정에 중요한 역할을 하게 된다.

**통계의 이해와 활용**

### 경영·경제통계와 '휴먼'

출처 : assets.weforum.org (인용 및 수정)

인간의 심리를 반영한 행태경제학(behavioral economics)의 유용성을 일반인에게 널리 알린 리처드 탈러(Richard Thaler)와 캐스 선스타인(Cass Sunstein)의 유명한 저서 '넛지(Nudge)'(2008)에는 대조적인 두 유형의 인간, '이콘(ECON)'과 '휴먼(HUMANS)'이 등장한다. '이콘'은 완전히 합리적이고 자신의 이익을 추구하는 경제적 인간, 즉 호모 이코노미쿠스(homo economicus)를, '휴먼'은 제한된 합리성을 갖는 인간, 즉 호모 사피엔스(homo sapiens)를 나타낸다. 기존의 경제학은 '이콘'을 전제로 논리의 기초를 세우지만, 현실의 인간은 허점투성이인 '휴먼'의 행태를 보인다는 것이다. 또한 이 '넛지'의 주저자이며 미국 시카고대학교 교수인 탈러는 경제 현상 분석에 인간의 심리를 반영해야 한다는 점을 2017년 10월 노벨경제학상 수상 발표 직후 스웨덴 왕립과학원 노벨위원회와의 통화에서 다음과 같이 밝히고 있다.

*"경제 행위자는 사람입니다. 경제 모델은 사람을 포함해야 한다는 인식이 가장 중요합니다."*

탈러 교수의 노벨경제학상 수상 소감에는 우리가 경영·경제 현상을 분석하기 위해서 통계를 다룰 때 왜 '휴먼'을 먼저 생각해야 하는지에 대한 답을 함축적으로 내포한다. 즉, 경영·경제 활동의 대부분은 인간의 심리에 의해 움직이므로 이를 기록하고 정보를 추출하는 경영·경제 통계분석은 필연적으로 인간의 심리와 함께해야 한다.

'튤립 파동(tulip mania)'은 인간의 심리가 경제에 영향을 준 대표적인 예다. 1630년대 네덜란드에서는 원예식물인 튤립이 큰 인기였다. 그런데 모자이크라는 바이러스에 감염된 튤립 변종이 인기를 끌면서 유행 변종을 예측하고, 가격 상승을 기대하면서 튤립 변종을 사재기하는 현상까지 벌어졌다. 튤립 알뿌리 계약을 위한 표준화된 가격 지표의 추세를 나타낸 그래프에 따르면 튤립 파동이 절정에 이르렀을 때인 1637년 2월에는 한 달 동안 튤립 알뿌리 가격이 무려 24배까지 상승하여 일부 튤립 알뿌리 가

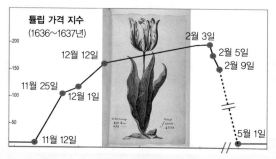

출처 : en.wikipedia.org/wiki에서 수정

격이 숙련된 공예가의 연간 수입의 열 배 이상의 가격에 거래될 정도로 버블이 극심하였다. 이처럼 튤립 가격이 불과 수개월 사이에 스무 배 이상 폭등하는 현상을 우리는 어떻게 설명할 수 있을까? 이런 이례현상(anomalies)에 대한 설명은 단순한 통계분석만으로 불가하며 '휴먼'의 행태를 이해할 수 있어야 한다. 즉, 역사적으로 튤립 파동은 심각한 경제 위기였다기보다 인간의 심리를 반영한 무리행동(herding)에 기반한 사회경제적 쏠림현상이 있었기에 가능하였다.

통계분석에 인간의 심리를 고려한 다른 관점의 예로 아마존의 맞춤형 서비스를 들 수 있다. 아마존을 이용해 본 독자라면 인터넷 사이트를 로그인할 때 본인의 관심을 유발하는 도서가 자동으로 추천되어 예정에 없던 도서를 구매했던 경험이 있을 것이다. 흥미롭게도 이 추천도서는 전 회원에게 일괄적으로 제공되는 것이 아니라 회원마다 각각 다르게 제공된다. 아마존은 과거 고객이 구매한 책의 장르나 관심을 두고 클릭한 장르는 물론 고객의 성향 등에 대한 빅데이터를 축적함으로써 고객의 무의식적 요구(needs)나 소비 행태를 심리적으로 분석하여 고도의 맞춤형 서비스를 제공하며 기업의 이윤을 향상시키고 있다. 앞의 사례들은 자료를 이용한 단순 통계 처리(예 : 추정, 검정)를 넘어 통계분석과 해석에 '휴먼'을 포함하는 경우 기업이나 국가가 얼마나 효과적인 전략과 정책을 수립하고 활용할 수 있는지를 알려준다.

## 제4절 통계학과 소프트웨어 활용

통계학에서는 자료를 수집·정리하고 관측된 자료로부터 유용한 정보를 도출하는 통계분석 과정이 요구된다. 이 과정에서 분석자는 방대한 자료를 다루며 복잡한 수식을 계산해야 한다. 앞 절의 경제개발 계획의 예에서는 논의를 단순화하기 위해 도시 구성원을 5명으로 가정하였으나 현실적으로 대부분 도시의 인구는 수십만 혹은 수백만 명에 이르며, 경제개발 계획 수립과 관련된 표본조사를 한다고 해도 이 인구에서 임의로 추출된 수백 명 혹은 수천 명을 대상으로 이루어진다. 또한 여러 개의 조사 문항을 다루게 되는 조사자는 필요한 정보를 얻기 위해 필연적으로 수천 혹은 수만 개의 관측값으로 구성된 자료를 이용하여 통계분석을 해야 한다. 따라서 통계분석을 쉽게 수행하기 위해서 컴퓨터의 사용이 필요하며, 오늘날 다양한 정보의 요구는 이런 필요성을 더욱 증가시키고 있다. 다행히 컴퓨터 하드웨어의 지속적인 발전 덕분에 개인 컴퓨터(personal computer, PC)로도 사회과학과 관련된 방대한 자료를 이용한 통계분석 혹은 빅데이터 분석이 가능하며, 컴퓨터를 이용한 통계분석 기법도 다양하고 심도 있게 발전하고 있다.

컴퓨터로 통계분석이 가능하도록 계산 과정을 정리해놓은 프로그램을 통계 패키지(statistical package)라고 하는데, 경영·경제 통계분석을 위한 대표적인 통계 패키지로는 SPSS,

SAS, RATS, Micro TSP, SHAZAM, EViews, GAUSS, MATLAB 등이 있다. 하지만 이런 통계 패키지들은 대부분 높은 가격으로 인해 개인적으로 구매하기가 부담스럽거나 패키지에 익숙하지 않은 사람은 사용하기가 쉽지 않기 때문에 요즘에는 인문·사회과학 분야는 물론 이공계 분야의 학생이나 전문가들 대부분이 간단한 자료 처리를 위해 마이크로소프트의 엑셀(Excel) 소프트웨어를 이용하고 있다. 이에 마이크로소프트사도 엑셀을 통해 더욱 다양한 자료 분석이 가능하도록 기본적인 엑셀내장함수와 통계분석 도구를 제공하고 있다. 저자는 엑셀의 기본 기능으로는 분석이 어려운 계량경제, 금융 및 재무관리 분석을 사용자가 쉽게 수행할 수 있도록 엑셀의 추가 기능 소프트웨어인 ETEX(Econometric Toolbox for Excel)를 개발하였다. 따라서 경영·경제를 배우는 학생들은 전문 통계 패키지 없이 ETEX를 이용하여 엑셀에서 회귀분석과 시계열분석 등을 수행할 수 있다.

이 책에서는 각 장마다 사례분석을 수록하여 경영·경제 현상에 대한 실증분석에 엑셀을 이용하는 기술적인 방법과 엑셀 이용의 차원을 높일 수 있는 ETEX의 활용을 소개한다. 본문의 예제와 연습문제 일부는 엑셀과 ETEX를 이용하여 분석할 수 있도록 하였다.

또한 최근에 빅데이터 분석을 위한 통계 패키지로 널리 사용되는 R 소프트웨어를 추가로 알아보고 엑셀과 함께 각 장의 사례분석에 활용하고자 한다. R 소프트웨어는 고급수준의 프로그래밍 언어(programming language)로 구성된 통계분석 도구로서 다양하고 풍부한 분석기능을 갖춘 통계 패키지이다. 특히 R 소프트웨어는 오픈 프로그램으로 사용이나 조작 및 배포가 자유로우므로 경영·경제는 물론 다양한 분야의 학자와 전문가들이 통계분석을 위해 활용하고 있으며 자발적으로 프로그램의 기능을 개선하는 데 공헌하고 있어 유용성과 함께 범용성의 장점이 있다. 따라서 이 장 부록에서 R 소프트웨어의 개념과 프로그래밍 기법을 기초부터 체계적으로 살펴본다. R 소프트웨어를 쉽게 활용할 수 있도록 R 개발환경에 새로운 기능들을 추가하고 사용자의 효용을 높인 유틸리티 소프트웨어인 RStudio도 함께 소개한다.

## 요약

통계학이란 관심의 대상이 되는 자료를 수집·정리·분석하여 올바른 정보를 추출하고, 이를 토대로 불확실한 사실에 대해 합리적인 판단을 내리며 미래를 예측하는 방법을 연구하는 학문이다. 방법론적 학문인 통계학은 다시 기술통계학과 추론통계학으로 나뉜다.

우리가 접하는 사실과 현상을 의미 있는 형태로 전환한 것을 정보, 숫자로 표현된 값이 경우에 따라 변하는 것을 변수라 한다. 또한 관심의 대상이 되는 변수의 관측값 혹은 측정값들의 집합이 자료이다. 자료는 연구자에게 있어 관심의 대상이 되는 모든 관측값 혹은 측정값들의 집합인 모집단 자료와 이 중 일부분의 관측값 혹은 측정값의 집합인 표본자료로 구별된다. 모집단으로부터 추출된 표본자료를 이용하여 표본정보를 계산하고 이 계산된 값을 근거로 모집단의 특성을 도출하는 과정을 통계적 추론이라고 하는데, 통계적 추론은 표본정보를 이용한 모집단에 대한 추정값 계산, 예측, 그리고 가설검정으로 구별된다. 또한 우리는 이 장에서 어떻게 통계학을 활용할 수 있는지 구체적인 예를 통해 살펴보았다.

통계학에서는 자료를 수집·정리하고 관측된 자료로부터 유용한 정보를 도출하는 통계분석 과정이 요구되며 이 과정에서 분석자는 방대한 자료를 다루고 복잡한 수식을 계산해야 한다. 따라서 우리는 통계분석을 쉽게 수행하기 위해 컴퓨터와 통계 패키지의 사용이 필요하다. 최근에는 통계분석을 수행할 때 다루기가 편한 엑셀을 이용하거나 빅데이터 분석에 유용한 R 소프트웨어를 사용하려는 경향이 있다. 이 책에서는 이런 경향을 고려하여 엑셀의 추가 기능 소프트웨어인 ETEX를 제공함으로써 분석자가 엑셀에서 회귀분석과 시계열분석 등을 쉽게 수행할 수 있도록 하였으며, 더욱 전문적인 통계분석이 필요한 독자를 위해서 R 소프트웨어도 제공한다.

 **주요 용어**

**기술통계학**(descriptive statistics)  통계자료를 요약·정리하여 전체 자료의 특성을 도출하고 자료를 쉽게 해석하는 것

**모집단**(population)  연구자에게 있어 관심의 대상이 되는 모든 관측값 혹은 측정값들의 집합

**변수**(variable)  숫자로 표현된 사실이나 현상으로 그 값이 경우에 따라 변화되는 것

**엑셀**(Excel)  가장 일반적으로 사용되는 업무용 통합 프로그램으로 마이크로소프트사의 오피스 중에 포함된 스프레드시트 프로그램

**자료**(data)  관심의 대상이 되는 변수의 실젯값 혹은 관측값들의 집합

**정보**(information)  우리가 접하는 사실과 현상을 의미 있는 형태로 전환한 것

**추론통계학**(inferential tatistics)  모집단에서 추출한 표본을 이용하여 표본의 특성값을 계산하고 이 표본의 특성값을 근거로 모집단의 특성을 추론하는 것

**통계적 추론**(statistical inference)  모집단으로부터 추출된 표본자료를 이용하여 표본정보를 계산하고 이 계산된 값을 근거로 모집단의 특성을 도출하는 과정

**통계학**(statistics)  관심의 대상이 되는 자료를 수집·정리·분석하여 올바른 정보를 추출하고, 이를 토대로 불확실한 사실에 대해 합리적인 판단을 내리며 미래를 예측하는 방법을 연구하는 학문

**표본**(sample)  관심의 대상이 되는 관측값 혹은 측정값들의 일부분. 즉 표본은 모집단의 부분집합임

**ETEX**(Econometric Toolbox for Excel)  계량경제, 금융경제 및 재무관리 분석을 사용자가 쉽게 수행할 수 있도록 프로그램된 엑셀의 추가 기능 소프트웨어

**RStudio**  R 소프트웨어를 쉽게 활용할 수 있도록 R 개발환경에 새로운 기능들을 추가하여 사용자의 효용을 높인 유틸리티 소프트웨어

**R 소프트웨어**(R software) 고급수준의 프로그래밍 언어로 구성된 통계분석 도구이며 다양하고 풍부한 분석기능을 갖춤

 **연습문제**

1. 다음 통계용어들을 정의하고 용어와 관련된 현실적인 예를 제시하라.
   1) 모집단
   2) 표본
   3) 변수
   4) 자료
   5) 통계적 추론
2. 기술통계학과 추론통계학의 차이에 대해 간단하게 설명해 보라.
3. 우리나라 모든 도시의 평균 토지가격과 국내 기업에서 임의로 추출된 표본기업의 평균 매출액을 고려하자. 이 경우 평균 토지가격과 평균 매출액에 사용된 평균이 같은 의미인가?
4. 다음 변수들의 최근 20년간 관측값을 수집하라.
   1) 제조업 총자산 증가율
   2) 실업률
   3) 국내총생산(GDP)
   4) 대미환율
   5) 무역 경상수지
5. 다음 변수들에 대해 작년 기준으로 30개 이상 국가별 관측값을 수집하라.
   1) 상장주식 시가총액
   2) 가계부채
   3) 노동시장 참가율
   4) 1인당 GDP
   5) 자기자본비율
6. 컴퓨터 생산 관리자는 자사에서 생산되는 컴퓨터의 5% 미만이 불량품이라고 하였다. 모집단으로부터 1,000대의 컴퓨터를 임의로 추출하여 조사해 보니 1%가 불량품이었다.
   1) 관심의 대상이 되는 모집단은 무엇인가?
   2) 여기서 표본은 존재하는가?
   3) 생산 관리자의 주장은 타당하다고 생각하는가? 그렇다면 그 이유를 설명하라.
7. 유가증권시장의 인터넷 사이트(www.krx.co.kr)에 접속하라.
   1) 주식시장이 개장되면 일정한 시간을 정하고 1분마다 KOSPI 지수를 관측하여 50개 이상의 관측값을 기록하라.

2) KOSPI 지수는 변수인가?

3) 이렇게 기록된 자료로부터 주가의 변동이 매우 크다는 사실을 알았다. 여러분이 주식에 투자하고 있다면 이 사실은 정보가 될 수 있는가? 주가에 아무런 관심이 없는 농부에게 이 사실은 정보가 될 수 있는가?

8. 다음 표본을 이용할 경우 올바른 통계적 추론을 내리기 어려운 이유에 관해 설명하라.

1) 대통령 후보 A에 대한 국민의 지지도를 알아보기 위해 경상도 지역의 주민들을 대상으로 설문 조사를 하였다.

2) 아이스크림 회사에서 각 대리점의 월평균 매출액을 알아보기 위해 6, 7, 8, 9월의 매출액을 사용하였다.

3) 최근 개인의 소득 수준이 향상되어 여유자금이 풍부해지면서 투자에 관한 관심이 증가하고 있다. 개인들이 직접 자산을 운용하는 경우 얼마나 높은 수익을 올리고 있는지 알아보기 위해 직접 자산을 운용하고 있는 투자자들이 자신의 연간 수익률을 자진하여 보고하도록 하고 선착순으로 500명을 선정하여 표본으로 사용하였다.

## 기출문제

1. (2013 사회조사분석사 2급) 표본추출에 관한 용어의 설명으로 틀린 것은?

   ① 모집단(population)은 모든 연구 대상 혹은 분석단위들이 모인 집합이다.

   ② 표본(sample)은 모집단에서 일정 부분 추출된 요소들의 집합이다.

   ③ 모수(parameter)는 모집단의 특성치로, 통계치(statistic)를 근거로 추정한다.

   ④ 통계치(statistic)는 모수로부터 계산되는 표본값이다.

**부록 1** ## 엑셀 및 추가 기능 소프트웨어 ETEX

### 1. 엑셀 첫걸음

Microsoft Excel(이하 엑셀)을 이용하여 사례분석을 하기 전에 엑셀의 개념과 사용법에 대해 2019 버전을 중심으로 살펴보고, 최근 출시된 2019 버전의 특징과 기능에 대해 간단히 알아보자.[3] 엑셀은 가장 일반적으로 사용되는 업무용 통합 프로그램인 마이크로소프트사의 오피스 중에 포함된 스프레드시트[4] 프로그램이다. 엑셀은 양적자료를 기록, 계산, 통계 처리하는 데 우수한 기능이 있을 뿐만 아니라 데이터베이스, 그림 및 문서 작성, 프레젠테이션 기능들을 다양하게 갖고 있으므로 경영 · 경제의 의사결정 및 예측, 예산관리, 회계관리 등을 위해 유용하게 활용될 수 있다.

#### 1) 엑셀 시작하기

엑셀을 시작하기 위해서는 윈도우 화면의 왼쪽 아래에 있는 ■ (시작) 버튼을 누른 다음 모든 프로그램과 Microsoft Excel을 차례로 클릭하거나, 윈도우 바탕화면에 Microsoft Excel 2019 아이콘이 설치되어 있다면 이 아이콘을 더블클릭하면 된다.

#### 2) 엑셀 끝내기

엑셀을 끝내기 위해서는 엑셀 메뉴에서 파일과 끝내기를 차례로 선택하거나, 엑셀 화면에서 ✖ (종료) 버튼을 누르면 된다. 작업을 끝내기 전에는 작업한 내용을 반드시 저장해야 하며, 저장하기 위해서는 엑셀 메뉴에서 파일과 저장을 차례로 선택하거나, 엑셀 화면에서 🖫 (저장) 버튼을 누르면 된다.

#### 3) 엑셀의 화면 구성

엑셀을 처음 실행하면 그림 1과 같은 화면이 나타난다.

---

[3] 엑셀 2007 버전/2010 버전을 사용하는 독자는 이 책의 제3판/제4판을 각각 참고하기 바란다.

[4] 스프레드시트는 스크롤이 가능한 창에 표시되는 행과 열로 구성된 프로그램으로 행과 열의 교차점을 '셀'(cell)이라고 하며, 숫자나 문자열을 셀에 입력하여 수치 계산 및 자료 분석을 수행한다.

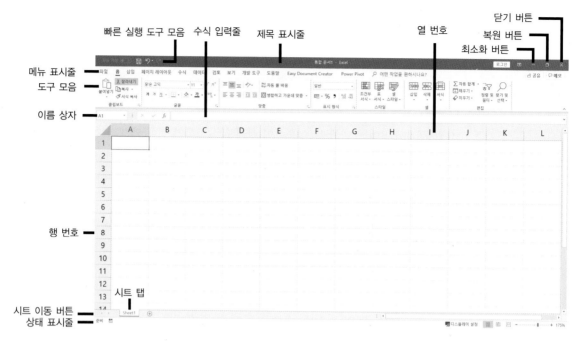

**그림 1** 엑셀 2019 시작 화면과 구성

## (1) 제목 표시줄

화면의 가장 위에 위치하며, 프로그램의 이름인 **Microsoft Excel**과 엑셀 통합문서의 파일 이름을 나타낸다. 새 문서를 열면 제목 표시줄에 엑셀 워크북의 파일 이름이 **통합 문서 1, 통합 문서 2, 통합 문서 3,** ⋯ 순으로 나타나며, 자동으로 주어지는 통합문서 시리즈의 이름 대신 다른 이름으로 파일을 저장하면 새롭게 저장한 파일 이름이 나타난다. 그리고 기존 파일을 불러오면 불러온 파일 이름이 나타난다.

## (2) 메뉴 표시줄

제목 표시줄 바로 아래에 있는 메뉴 표시줄에는 엑셀을 이용하기 위해 기본적으로 필요한 메뉴들이 정리되어 있다. 즉 메뉴 표시줄에는 **파일, 홈, 삽입, 페이지 레이아웃, 수식, 데이터, 검토, 보기** 메뉴 등이 있다.

- 파일 : 엑셀에서 가장 많이 사용되는 메뉴로 새로 만들기, 정보, 저장, 다른 이름으로 저장, 인쇄, 공유, 내보내기, 게시, 닫기, 계정, 피드백, 옵션 등 문서 작업에 필요한 명령어 외에 계정, 피드백, 옵션 명령어가 표시된다.
- 홈 : 클립보드, 글꼴, 맞춤, 표시 형식, 스타일, 셀, 편집 등 일상적인 작업에 필요한 여러 명령어가 그룹화되어 표시된다.
- 삽입 : 표, 그림, 차트, 텍스트 상자 등을 삽입하는 도구들이 표시되고, 하이퍼링크를 삽입할 수도 있다.

- 페이지 레이아웃 : 전체 문서의 전반적인 디자인을 변경할 수 있는 오피스 테마 옵션과 작업 페이지를 사용자 기호에 맞게 조정 가능한 명령어들이 표시된다.
- 수식 : 함수 라이브러리(2019 버전에서 사용할 수 있는 엑셀함수들을 분야별로 모아 놓은 곳), 셀의 이름 정의, 수식 분석, 계산 등과 관련된 명령어들이 포함된다.
- 데이터 : 외부 데이터를 가져오기 위한 도구나 데이터를 사용자 편의에 맞게 조정하고 정렬할 수 있는 도구들이 표시되고, 엑셀의 추가 기능을 설치하면 데이터 분석, 해 찾기 등의 기능들을 사용할 수도 있다.
- 검토 : 언어 교정, 번역 · 변환 기능, 메모 기능 등을 사용할 수 있다.
- 보기 : 문서와 작업 창을 전체 화면으로 보거나, 원하는 비율로 확대 · 축소할 수 있는 도구들이 제공된다.

### (3) 도구 모음

메뉴 표시줄에서 설명한 것처럼 각 메뉴에서 일반적으로 많이 쓰이는 명령어들을 엑셀 사용자가 쉽게 선택하고 사용할 수 있도록 그림으로 표현된 도구들을 보여준다.

### (4) 이름 상자

현재 활성화된 셀의 번지 혹은 영역 이름이 표시되는 곳이다. 그림 1에서 이름 상자 창에 A1이 나타나 있는 것은 **A1**셀이 현재 활성화되어 있기 때문이다. A1과 같이 알파벳과 숫자의 조합에 의한 이름 대신 다른 이름을 사용하고 싶으면 원하는 이름을 입력하고 **Enter** 키를 누르면 된다. 또한 여러 개의 셀을 포함한 블록의 이름을 정의할 수도 있다. 예를 들어 A1부터 A5까지 주가를 입력하고 마우스의 왼쪽 버튼을 이용하여 블록을 설정한 후 이름 상자에 '주식가격'을 입력하면 그림 2처럼 A1부터 A5까지 셀의 모임은 '주식가격'이라는 이름으로 정의된다.

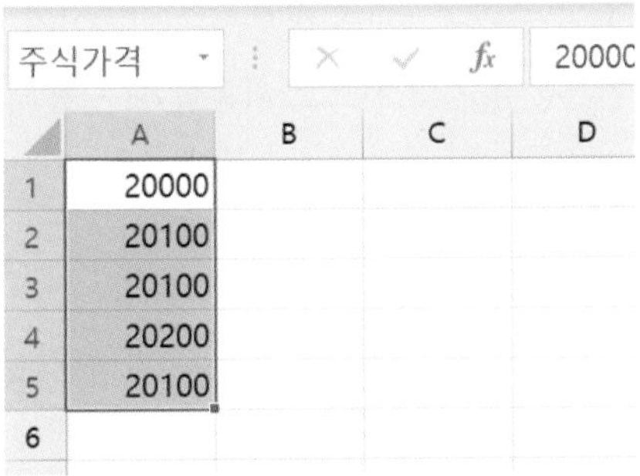

**그림 2** 셀 이름 정의

### (5) 수식 입력줄

자료를 분석하기 위해서는 덧셈($+$), 뺄셈($-$), 곱셈($*$), 나눗셈($/$) 등의 기본 연산이 필요하며 엑셀에서는 이런 연산을 수행하기 위해서 수식 입력줄을 이용할 수 있다. 수식 입력줄은 이름상자의 오른쪽에 있는 막대 모양의 긴 상자로 사용자가 선택한 셀에 입력하는 문자나 숫자가 나타난다. 그림 2처럼 A1셀을 선택하여 **20000**이라고 입력하면 수식 입력줄에도 **20000**이라고 나타나게 된다. 이때 '*fx*' 부호 버튼 왼쪽에 **엑스** 버튼과 **체크** 버튼이 새롭게 나타나는데, **엑스** 버튼을 누르면 입력한 내용이 모두 취소되고 **체크** 버튼을 누르면 자료 입력이 완료된다. 엑셀에서 필요한 연산과 함수식 계산은 수식 입력줄을 이용하여 수행되며 수식은 '='부호로 시작되어야 한다. 예를 들어 $200 \times 3^4 \div 100 + 50$을 연산하기 위해서는 엑셀의 수식 입력줄에 그림 3처럼 입력하고 Enter 키를 누르면 A1셀에 연산 결과가 나타난다.

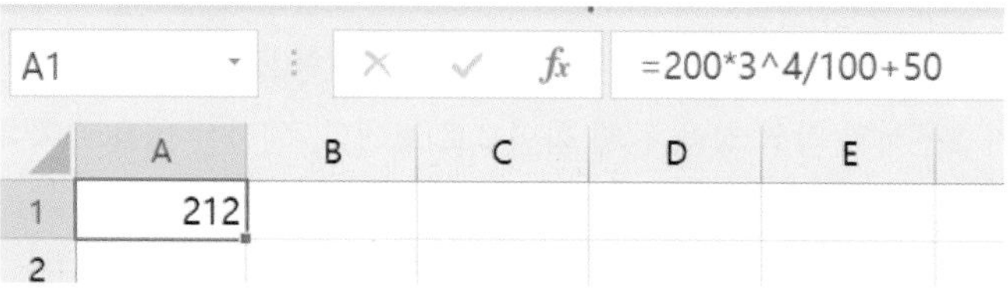

**그림 3** 수식 입력줄

### (6) 빠른실행 도구 모음

새로 만들기, 빠른 인쇄, 맞춤법 검사 등의 추가 기능을 제목 표시줄 상단에 추가하여 빠르고 간편하게 사용할 수 있다.

### (7) 상태 표시줄

화면의 가장 아래에 위치하는 막대 모양의 긴 상자로, 왼쪽에는 현재 셀의 상태인 **준비**, **입력**, **편집** 등을 표시하고 오른쪽에는 **기본**, **페이지 레이아웃**, **페이지 나누기** 기능과 **화면 확대 축소 비율 설정** 기능을 표시한다.

### (8) 시트 이동 버튼

시트를 이동할 때 사용되며 화살표가 그려진 4개의 버튼으로 이루어져 있다. 제일 왼쪽 버튼은 첫 번째 시트로, 제일 오른쪽 버튼은 마지막 시트로 이동할 때 사용되고, 가운데 두 버튼은 한 시트씩 이동시킬 때 사용된다.

### (9) 시트 탭

시트 탭은 시트 이동 버튼의 오른쪽에 위치하며 시트 이름을 나타낸다. 그림 1에 Sheet1만 하얗게 표시된 것은 지금 사용하는 시트의 이름이 Sheet1임을 의미한다.

### (10) 최소화 버튼

이 버튼을 눌러서 컴퓨터 모니터의 하단에 제목 표시줄만 나타나도록 화면을 축소할 수 있다.

### (11) 복원 버튼

이 버튼을 누르면 엑셀 화면이 원래의 크기와 위치로 복원된다.

### (12) 닫기 버튼

이 버튼을 눌러서 엑셀 프로그램을 닫을 수 있는데, 통합문서를 저장하지 않았으면 저장을 원하는지 묻는다.

### (13) 행 번호

그림 4에서 알 수 있듯이 행 번호는 1부터 1,048,576까지 있으며 워크시트의 각 행을 나타낸다. 행 번호를 누르면 그 행의 전체 셀이 선택된다.

### (14) 열 번호

열 번호는 A부터 XFD까지(16,384열) 있으며, 워크시트의 각 열을 나타낸다. 행의 경우와 마찬가지로 열 번호를 누르면 그 열의 전체 셀이 선택된다. 참고로 행 또는 열의 마지막 셀을 선택하려면 END 키를 누른 다음 오른쪽 화살표 키 또는 아래쪽 화살표 키를 누른다.

**그림 4**  워크시트의 마지막 행과 열

### 4) 통합문서, 워크시트, 셀

통합문서를 새로 만들기 위해서는 엑셀을 실행하면 나타나는 창의 왼쪽 **새로 만들기** 메뉴에서 **새 통합 문서**를 선택할 수 있다. 통합문서는 여러 장의 워크시트로 구성되는데, 실제로는 하나의 파일을 의미한다. 엑셀 2019 프로그램은 **통합 문서1**이라는 워크북에 기본적으로 1개의 시트(**Sheet1**이라는 이름으로)를 제공하지만 시트의 수는 사용자가 계속 삽입하여 만들 수 있다.

엑셀의 기본 단위는 워크시트이며, 이 워크시트는 각각의 셀을 나타내는 2차원 행과 열의 모임으로 이루어진 테이블 모양의 문서이다. 각 셀에는 문자, 숫자, 날짜, 시간 등을 입력할 수 있으며, 입력된 수치 자료들은 엑셀에서 제공되는 수학적 함수, 차트, 분석 도구, 비주얼 베이직(Visual Basic)으로 프로그램되는 매크로(macro) 등을 통해 기본적인 수리계산에서 복잡한 통계분석까지 가능하다.

### 5) 자료 파일 불러오기

통계분석을 하기 위해 자료를 직접 입력하기도 하지만 일반적으로 자료가 이미 입력된 파일을 엑셀로 가져오게 되며, 대부분의 자료 파일은 엑셀 형식이나 텍스트 형식으로 제공된다. 엑셀 형식의 자료 파일은 엑셀 프로그램에서 **메뉴 표시줄**의 파일에서 **열기**를 선택하여 불러오거나 탐색기에서 자료 파일 열기를 하여 간단하게 불러올 수 있다. 하지만 확장자가 *.txt나 *.dat인 텍스트 형식의 자료 파일을 열기 위해서는 **텍스트 마법사**를 통한 3단계 절차가 요구된다. 1980년부터 2019년까지 우리나라 국내총투자율 자료가 포함된 ▨국내총투자율1980-2019.txt라는 텍스트 형식의 데이터 파일에서 국내총투자율 자료를 불러오는 예를 살펴보자.

☞ 엑셀 프로그램에서 **메뉴 표시줄**의 **파일**에서 ▨국내총투자율1980-2019.txt 파일을 선택하고 **열기**를 클릭하면 그림 5와 같이 **텍스트 마법사** 대화상자가 열리게 되며, 각 필드가 쉼표나 탭과 같은 문자로 구별되면 **구분 기호로 분리됨**, 각 필드가 일정한 너비로 정렬되어 있으면 **너비가 일정함**을 선택한 후 **다음** 버튼을 클릭한다.

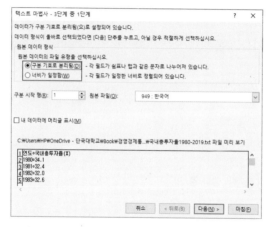

**그림 5** 텍스트 마법사 — 3단계 중 1단계

☞ 1단계에서 **구분 기호로 분리됨**을 선택한 경우에는 2단계(그림 6)에서 **다음** 버튼을 눌러 3단계로 넘어가면 되지만 1단계에서 **너비가 일정함**을 선택한 경우에는 2단계에서 필드마다 구분선을 하나씩 지정해주어야 한다.

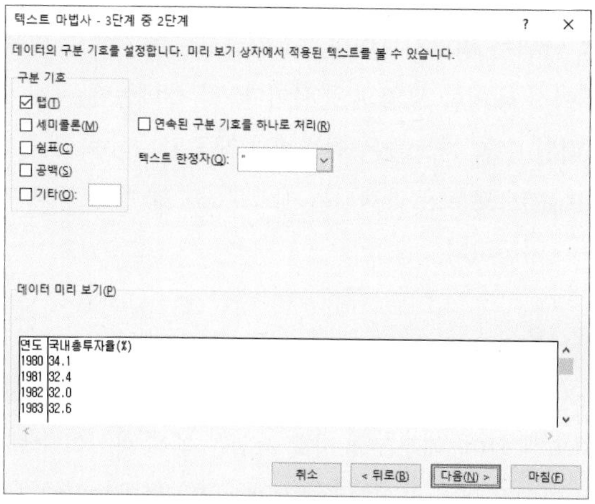

**그림 6** 텍스트 마법사 — 3단계 중 2단계

☞ 3단계에서는 자료가 수치로 이루어져 있으므로 그림 7과 같이 **열 데이터 서식** 옵션에서 **일반**을 선택하고 **마침** 버튼을 클릭하면 자료 불러오기가 마무리된다.

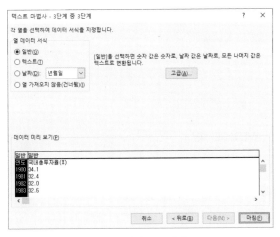

**그림 7** 텍스트 마법사 — 3단계 중 3단계

### 6) 엑셀함수 이용하기

**엑셀함수**(excel function)란 반복적이고 복잡한 일련의 계산 과정을 지정된 순서나 구조에 따라 인수라는 특정 값을 사용하여 계산하는 미리 정의된 수식을 말한다. 함수는 복잡한 수식을 간단하게 만들어 주기 때문에 함수를 사용하여 더 복잡한 작업을 수행할 수 있으며, 편집 작업시간을 절약해 주고 계산의 정확도를 높여준다. 예를 들어 1980년부터 2019년까지 국내총투자율의 평균을 구하려면 자료가 포함된 B2부터 B41까지 40개 셀의 값을 더하고 40으로 나누어 주어야 한다. 즉 '=(B2+B3+ ⋯ +B40+B41)/40'이라는 수식을 작성해야 한다. 그런데 이 연산을 엑셀의 내장(built-in) 함수인 **AVERAGE**를 이용하면 그림 8과 같이 수식 입력줄에 '=**AVERAGE(B2:B41)**'을 입력하여 간단히 수행할 수 있다. 엑셀에 내장된 함수를 사용하기 위해서는 출력하고자 하는 셀에 반드시 등호(=)를 먼저 입력하고 함수의 이름 및 함수의 인수(혹은 인자)(argument)를 사용해야 한다. 즉 엑셀함수 사용의 일반 원칙은 다음과 같다.

=**함수 이름(인수 1, 인수 2, ⋯ )**

한편, 엑셀함수는 수식 입력만으로는 불가능한 연산까지도 가능하게 해 준다. 예를 들어 수식을 이용해서 A1부터 E1000까지 5,000개의 셀 값 중에서 가장 큰 값을 구한다고 가정하자. 이 경우 논리식을 포함한 프로그램이 아닌 단순한 수식을 수식 입력줄에 입력하여 가장 큰 값을 구한다는 것은 어렵다. 그러나 엑셀의 내장함수인 **MAX**를 이용한다면 '=**MAX(A1:E1000)**'처럼 아주 간단하게 그 값을 구할 수 있다.

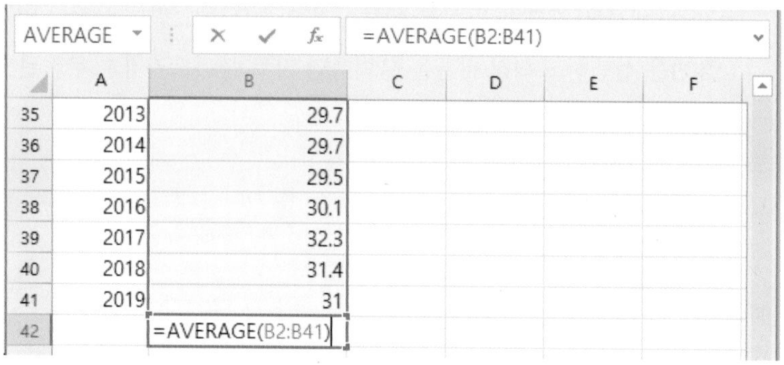

**그림 8** 엑셀함수 AVERAGE 사용

엑셀은 다양한 분야의 실무분석에 응용되고 있으므로 기본적으로 내장된 함수 또한 매우 다양하다. 엑셀에서 제공하는 함수는 그 기능에 따라 11가지 정도로 분류된다. 여기에는 단순한 합계를 계산하는 **SUM** 함수에서 공학 분야에서 사용할 수 있는 **BESSELI** 함수, 재무관리에 응용할 수 있는 **YIELDMAT** 함수까지 대략 411개의 함수가 있으며, 비주얼 베이직을 응용한 함수까지 고려한다면 그 숫자는 이루 헤아릴 수 없이 많다고 할 수 있다.

**표 1 주요 통계함수의 종류[5]**

1. AVEDEV : 절대편차의 평균을 구한다.
2. AVERAGE : 산술평균을 구한다.
3. BINOM.DIST [BINOMDIST] : 이항분포의 확률을 구한다.
4. CHISQ.DIST [CHIDIST] : 카이제곱분포의 좌측검정확률을 계산한다.
5. CHISQ.INV [CHIINV] : 카이제곱분포의 역함수로 검정통계량을 계산한다.
6. CONFIDENCE.NORM : 정규분포를 사용하는 모집단 평균의 신뢰구간을 구한다.
7. CONFIDENCE.T : $t$-분포를 사용하는 모집단 평균의 신뢰구간을 구한다.
8. CORREL : 상관계수를 구한다.
9. COVARIANCE.P : 모집단 공분산을 구한다.
10. COVARIANCE.S : 표본집단 공분산을 구한다.
11. F.DIST [FDIST] : $F$-분포의 확률을 구한다.
12. F.INV [FINV] : $F$-분포의 역함수 값을 구한다.
13. FREQUENCY : 자료의 도수를 계산한다.
14. GEOMEAN : 기하평균을 구한다.
15. MAX : 자료의 최댓값을 구한다.
16. MIN : 자료의 최솟값을 구한다.
17. MODE.SNGL [MODE] : 자료의 최빈값을 구한다.
18. NORM.DIST [NORMDIST] : 지정한 평균과 표준편차에 따른 정규분포 값을 구한다.
19. NORM.INV [NORMINV] : 지정한 평균과 표준편차에 따른 누적정규분포의 역함수 값을 구한다.
20. NORM.S.DIST [NORMSDIST] : 표준정규분포의 누적분포 값을 구한다.
21. NORM.S.INV [NORMSINV] : 표준정규분포의 누적분포의 역함수 값을 계산한다.
22. PERMUT : 순열값을 계산한다.
23. SKEW : 자료의 비대칭 정도를 나타내는 왜도를 구한다.
24. STANDARDIZE : 자료를 표준화한다.
25. STDEV.S [STDEV] : 표본의 표준편차를 구한다.
26. STDEV.P [STDEVP] : 모집단의 표준편차를 구한다.
27. T.DIST [TDIST] : $t$-분포의 확률을 구한다.
28. T.INV [TINV] : $t$-분포의 역함수 값을 구한다.
29. VAR.S [VAR] : 표본의 분산을 구한다.
30. VAR.P [VARP] : 모집단의 분산을 구한다.

---

[5] 대괄호[ ]의 함수는 이전 버전에서 같은 기능으로 제공되었던 함수 이름이며 2019 버전에서도 사용할 수 있다.

하지만 통계분석과 관련된 엑셀함수는 약 70여 가지이다. 일일이 함수의 이름을 외워서 사용한다는 것은 어려운 일이지만, 대강 어떤 기능을 가진 함수가 있는지는 알아 둘 필요가 있다. 표 1은 경영·경제자료 분석에 자주 활용되는 주요 통계함수의 종류를 알파벳순으로 정리·요약한 것이다.

### 7) 통계분석에 유용한 분석 도구

**분석 도구**(analysis tool)란 복잡한 통계분석이나 계량분석을 편리하게 수행할 수 있도록 만든 엑셀의 추가 기능으로, 필요한 데이터와 매개 변수만 지정하면 적합한 매크로 함수를 사용하여 출력 테이블로 결과를 나타내준다. 분석 도구를 사용하려면 추가 기능에서 분석 도구를 설치해야 한다. 분석 도구를 설치하고 나면 메뉴 표시줄에 있는 **데이터** 메뉴에 **데이터 분석**이 나타나게 된다.

**데이터 분석** 기능의 절차를 단계별로 살펴보자.

☞ 메뉴 표시줄의 **파일** 버튼을 누른 후 그림 9의 왼쪽 하단부에 빨간색 사각형으로 표시한 **옵션** 버튼을 클릭한다.

☞ **옵션** 버튼을 클릭하면 그림 10과 같이 Excel **옵션** 대화상자가 나타난다. 이 상자의 왼쪽에 있는 옵션 중에서 빨간색 사각형으로 표시한 **추가 기능**을 선택하고 하단부의 **관리** 옵션창에서 Excel 추가 기능을 선택한다.

☞ **관리** 옵션창 오른쪽에 있는 **이동** 버튼을 클릭하면 그림 11과 같이 **추가 기능** 상자가 나타난다. 이 상자에서 **분석 도구, 분석 도구−VBA, 해 찾기 추가기능**을 선택하고 **확인**을 클릭한다. 분석 도구가 현재 컴퓨터에 설치되어 있지 않다는 메시지가 나타나면 '예'를 클릭하여 설치하면 된다.

**그림 9** Excel 옵션 기능 로드

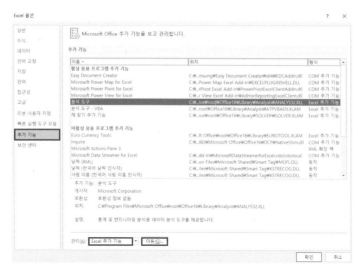

**그림 10** Excel 옵션

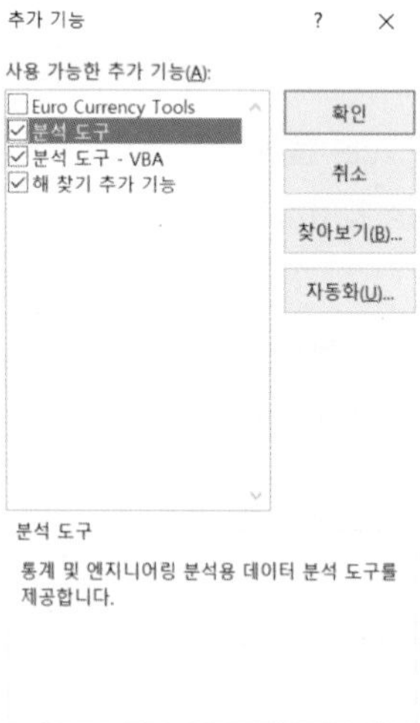

**그림 11** 추가 기능

'분석 도구, 분석 도구−VBA, 해 찾기 추가 기능'을 로드하면 그림 12의 오른쪽 상단부와 같이 **데이터** 탭의 분석 그룹에 **데이터 분석**과 **해 찾기 추가기능**이 나타나며, 이 추가 기능을 더 빠르게 사용할 수 있게 된다.

**그림 12** '분석 도구, 분석 도구−VBA, 해 찾기 추가 기능'을 로드한 후 데이터 탭의 분석 그룹에 나타난 데이터 분석/해 찾기

분석 도구들을 사용하기 위해 **데이터 분석** 메뉴를 선택하면 그림 13과 같이 **통계 데이터 분석** 대화상자가 나타나는데, 목록에서 원하는 분석 도구를 선택하여 사용할 수 있다.

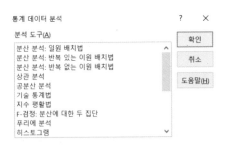

**그림 13** 통계 데이터 분석

이 분석 도구에는 **분산분석, 상관분석, 공분산분석, 기술통계법, 지수평활법,** $F$**-검정: 분산에 대한 두 집단, 푸리에 분석, 히스토그램, 이동 평활법, 난수 생성, 순위와 백분율, 회귀분석, 표본추출,** $t$**-검정,** $Z$**-검정 : 평균에 대한 두 집단** 등 고급 통계분석을 위한 다양한 도구가 제공된다.

## 8) 도움말

엑셀 프로그램은 사용자에게 유용한 도움말들을 풍부하게 제공하고 있으므로 엑셀의 도움말 기능을 효과적으로 사용할 수 있다면 엑셀을 이용하여 경영·경제 문제를 분석하는 데 큰 어려움이 없을 것이다. 엑셀 사용자가 어떤 작업을 하다가 그 작업에 대한 도움말이 필요하면 메뉴 표시줄의 맨 오른쪽에 있는 **도움말** 리본 메뉴의 ❓**도움말** 버튼을 클릭한다. 즉 그림 14

에서 볼 수 있는 것처럼 도움말이 sheet 옆에 나타나면 도움말 검색창에 원하는 단어를 입력한 후 **검색** 버튼을 클릭하면 된다. 만일 원하는 도움말을 정확하게 모르는 경우 도움말 입력창 아래에 있는 **목차**에서 진행 중인 작업에 맞게 제공된 도움말을 선택할 수 있다. 이 목차는 **시작, 공동작업, 수식 및 함수, 가져오기 및 분석, 데이터 서식, 지정, 문제 해결** 등 엑셀 작업과 관련된 모든 도움말을 사용자가 쉽게 알아볼 수 있도록 주제별로 제공한다.

**그림 14** Excel 도움말

## 9) 엑셀 2019의 새로운 기능[6]

최근 출시된 엑셀 2019 버전은 빠르게 변화하는 비즈니스 환경 속에서 사용자가 주어진 상황에 더욱 신속하고 효율적으로 대처할 수 있도록 기존 기능들을 더욱 강화함과 동시에 새로운 기능들을 대거 확충하였다. 사용자는 강화된 분석 기능들을 통해 다양한 방식으로 정보를 분석·관리·공유할 수 있어 적절하고 효과적인 결정을 내릴 수 있고, 외부에서 태블릿 PC나 스마트폰 등을 통해 중요한 데이터에 쉽게 액세스할 수 있어 작업의 능률이 더욱 향상될 수 있다.

### (1) 데이터의 빠르고 효율적인 비교 분석

엑셀 2019에서 추가로 선보이는 기능들을 사용하면 자료를 분류·비교하는 과정들을 보다 쉽게 수행할 수 있다. 특히 **스파크라인** 도구는 단일 셀에 표시되는 미니 차트로, 데이터의 내용과 대략적인 추세를 빠르게 비교할 수 있으며 데이터가 변경되는 경우 스파크라인에서 변경 내용을 즉시 확인할 수도 있다. 실행 방법은 다음과 같다. **삽입** 탭의 **스파크라인** 도구에서 **꺾은 선형, 열, 승패**의 옵션 중 하나를 선택하면 '스파크라인 만들기' 대화상자가 그림 15처럼 나타난다. 입력란에 데이터 범위와 스파크라인을 배치할 위치 셀을 선택하여 입력한 후 확인을 누르면 셀 안에 미니 차트가 생성된다.

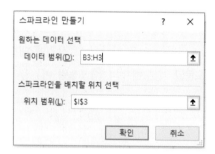

**그림 15** 스파크라인 만들기

예를 들어, 그림 16은 지난 30년간 실질 GDP 성장률과 인구 성장률의 변화 추이를 스파크라인 기능을 통해 표현한 것이다.

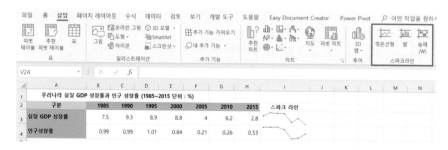

**그림 16** 스파크라인 기능
자료 출처 : 통계청(www.kostat.go.kr)

---

[6] 마이크로소프트사의 엑셀 홈페이지(office.microsoft.com/ko-kr/excel)에서 인용 및 수정.

## (2) 향상된 예측기능

기존의 데이터 예측기능이 확장되었다. 작업표시줄의 **데이터** 탭의 **예측 시트** 기능을 이용하면 시간의 흐름에 따른 데이터의 패턴을 분석하여 미래 데이터의 흐름을 예측하며, 신뢰구간은 별도로 설정하여 원하는 구간의 형태로 미래에 대한 동태적 흐름을 알 수 있다. 예를 들어 그림 17은 2018년 4월 중순부터 7월 중순까지 약 3개월 동안 암호화폐인 비트코인의 가격(달러)을 데이터 예측기능을 통해 추정한 예측값을 그래프로 표현한 것이다.

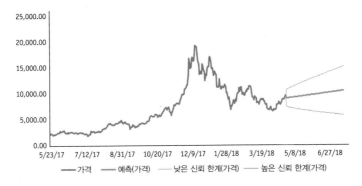

**그림 17**  예측기능을 통한 미래 데이터 예측값

자료 출처 : kr.investing.com

## (3) 편리한 작업환경 구축

- ▷ 대화형식의 메모기능 : 엑셀 2019부터는 특정 셀에 대해 사용자 간의 대화형식을 메모로 주고받을 수 있는 기능이 추가되어 작업자 간의 의사가 더욱 자세하고 간편하게 전달될 수 있다. **대화형식의 새 메모**의 단축키는 (M)이다
- ▷ 잉크 수식 기능 추가 : 기존의 엑셀 버전과는 다르게 사용자가 직접 손으로 수식을 작성

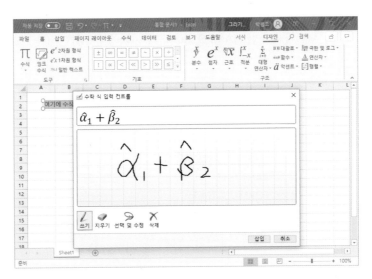

**그림 18**  수학 식 입력 컨트롤

하여 입력할 수 있는 기능이 추가되었다. 따라서 더욱 간편하게 수식을 입력할 수 있으며 이로 인해 전보다 훨씬 쉽고 간단하게 수식을 입력하여 작업능률을 향상할 수 있다. 예를 들어, 수식 $\hat{\alpha}_1 + \hat{\beta}_2$을 삽입해보자. 우선 **삽입** 탭에서 기호 도구의 **수식 삽입 → 잉크 수식** 옵션을 차례로 선택하면 그림 18과 같이 **수학 식 입력 컨트롤** 대화상자가 나타난다. 이때 수식 쓰기 기능을 사용하여 원하는 수식을 입력할 수 있다.

▷ 추천 차트 기능 추가: 2016 버전부터 추가된 기능으로 2019 버전에서도 역시 추천 차트 기능을 통해 이용자가 가지고 있는 데이터에 최적인 차트를 추천하여 훨씬 쉽고 빠르게 그릴 수 있다. 메뉴표시줄에서 **삽입**을 클릭하면 **추천차트** 기능을 곧바로 사용할 수 있다.

## (4) 자료 분석 기능의 강화

▷ 더욱 빨라진 피벗 테이블 : PowerPivot for Excel 2019를 사용하면 회사 데이터베이스, 워크시트, 보고서 등 다양한 원본의 데이터들을 쉽고 정확하게 통합할 수 있고, 보통 행이 수백만 개에 달하는 대량의 데이터를 분석하더라도 빠른 계산 성능을 제공받을 수 있다. 또한 SharePoint Server 2019를 통해 분석 내용을 간편하게 공유할 수도 있으며 그 속도가 더욱 빨라졌다.

▷ 더욱 정확해진 함수 : 많은 함수의 알고리즘이 최적화되어 정확도가 향상되었으며, 함수의 기능을 더욱 잘 표현해주는 함수 이름으로 일부 함수들의 이름이 업데이트되었다.

▷ 함수 이름의 세분화 : 기존 버전부터 많이 사용되었던 함수의 이름이 더 세분되었다. 예컨대 누적 베타 분포 함수를 반환하는 BETA.DIST 함수나 $t$-분포 값을 반환하는 T.DIST 함수, 이항분포 확률을 반환하는 BINOM.DIST 함수 등을 들 수 있다. 한편, 기존에 표본 분산을 구하는 함수인 VAR 함수가 VAR.S로 명칭이 바뀌었으며 모집단의 분산을 구하고 싶으면 VAR.P를 입력하면 된다. 2019 버전에서는 기초적인 통계함수의 일부 이름들이 전과 유사한 이름으로 업데이트되었다.

▷ 추가된 함수 : CONCATENATE와 유사한 CONCAT, IF와 유사한 IFS 그리고 MAX와 MIN과 유사한 MAXIFS, MINIFS, 이외에도 SWITCH나 TEXTJOIN 함수가 추가되었다 (그림 19).

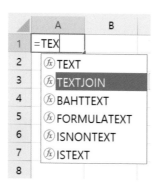

**그림 19** 추가된 함수 이름의 예

## (5) 더욱 확장된 작업환경 제공

장소에 구애받지 않고 통합문서에 액세스하여 필요한 정보를 확인할 수 있도록 더욱 확장된 작업환경을 제공한다. **Excel Web App**을 사용하면 웹 브라우저에서 엑셀의 통합문서에 접근하여 내용을 편집할 수 있다. 특히 **Excel Mobile 2019**는 태블릿 PC나 스마트폰에서도 통합문서에 접근할 수 있도록 편리한 작업환경을 제공해 준다. 그뿐만 아니라 **어떤 작업을 원하시나요?**라는 환경도 추가되어 작업과 관련된 키워드를 입력하게 되면 엑셀에서 자동으로 관련 있는 내용과 기능을 안내하여 사용자가 작업을 보다 능률적으로 실행하도록 도와준다.

## (6) 뛰어난 시각적 효과 구현과 권장 차트

엑셀에서 작업한 내용과 정보를 보다 효과적으로 전달할 수 있도록 차트, 다이어그램, 그림 등과 같은 시각적 요소들의 표현이 더욱 풍부해졌다. 필터가 적용된 SVG(Scalable Vector Graphics)를 삽입하여 문서, 워크시트 및 엑셀을 시각적으로 꾸밀 수 있다. 그리고 모든 SVG 사진과 아이콘을 Office 도형으로 변환하여 색상, 크기 또는 질감을 변경할 수 있어 시각적으로 세련된 그래프를 구현할 수 있다. 최근에는 3D 모델이 추가되어 모델을 간단하게 삽입한 다음, 360도로 회전시킬 수 있다. 마지막으로 **지도** 차트나 **깔때기형** 차트도 추가되어 기존에는 표현할 수 없었던 시각화를 수행할 수 있다. 기존 버전인 2010과는 차별화된 차트 타입(**트리맵, 선버스트, 상자 수염, 폭포** 등)을 추가하여 이용자가 가지고 있는 데이터를 2010 버전보다 다양하게 표현할 수 있다.

## (7) 함수 추가 기능

▶ 큐브 기능 : 2010 버전과 달리 새롭게 추가된 큐브 기능은 관계형 데이터베이스인 Microsoft SQL Server Analysis Services(분석 서비스)와 연동하여 사용하는 함수로 쉽게 데이터베이스에 접근하여 데이터를 수정, 보완, 집계할 수 있는 함수들로 구성되어 있다. 마이크로소프트에서 설명하는 함수의 종류는 다음과 같다. 핵심 성과 지표(KPI)를 반환할 수 있는 함수인 **CUBEKPIMEMBER**, 큐브에서 구성원이나 튜플을 반환하는 함수인 **CUBEMEMBER**, 큐브에서 집계 값을 반환하는 함수인 **CUBEVALUE** 등 데이터베이스를 더 효율적으로 관리 · 조작할 수 있게 되었다.

▶ 호환 기능 : 호환 기능은 2019 하위 버전부터 빈번히 사용했던 함수들이 상위 버전에서 이름이 업데이트되거나 수정되어도 기존의 함수 이름을 그대로 사용할 수 있는 기능이다. 예를 들면 하위 버전의 **VARP**이 2019 버전에서 **VAR.P**로 변경되었지만 **VARP** 함수를 그대로 사용할 수 있다.

## 2. 엑셀의 추가 기능 소프트웨어 ETEX의 설치 및 사용법

### 1) ETEX란?

ETEX(Econometric Toolbox for EXcel)는 엑셀에서 계량경제, 금융경제, 재무관리 분석을 쉽게 수행할 수 있도록 저자가 개발한 엑셀의 추가 기능 소프트웨어이다.[7] **ETEX Ver 3.0**은 200개가 넘는 추가 함수를 갖고 있으며 기술통계/공분산, 확률함수/임의수, 신뢰구간/가설검정, 분산분석, $\chi^2$-검정, 상관분석, 데이터 진단, 정보기준/모형설정, 회귀분석, 시계열분석, 주가 생성/연변동성, 옵션가/내재변동성, 그리고 행렬 연산의 13개 범주로 구성된다.

**그림 20** 엑셀 2019에 추가된 ETEX Ver 3.0과 구성

따라서 ETEX를 사용하면 적합도 검정이나 독립성 검정을 위한 $\chi^2$-검정통계량, 자기상관 검정을 위한 Durbin-Watson 통계량, Durbin h 통계량, Q 통계량, 이분산 검정을 위한 Breusch-Pagan-Godfrey 통계량, 회귀모형설정 오류 검정을 위한 RESET 통계량, 구조변화 검정을 위한 Chow 통계량, 단위근 검정을 위한 DF 혹은 ADF 통계량, 공적분 검정을 위한 Engle and Granger 통계량, 자기회귀이분산 검정을 위한 ARCH LM 통계량 등 주요 검정통계량의 계산은 물론 선형 회귀모형 추정을 위해 OLS, GLS, ML, 로버스트(Robust), 능선(Ridge) 추정량 등 다양한 추정량을 계산할 수 있다. 또한 ETEX는 시계열분석을 위한 자기공분산, 자기상관, 편자기상관의 계산, AR, MA, ARMA, VAR, ARCH/GARCH 모형의 추정, 일반적 정보기준인 AIC 혹은 SIC, 옵션가격, 변동성의 계산, 그리고 행렬 연산 등을 제공하여 엑셀의 기본 함수나 분석 도구로는 실행할 수 없었던 다양한 계량분석을 실행할 수 있게 해 준다.

---

[7] ETEX 프로그램은 이 책의 구글 드라이브(URL은 머리말 참고)에서 다운받아 설치 가능하다. 참고로 ETEX Ver. 2.1-10은 엑셀 2010 버전을 위한 추가 기능 소프트웨어이며, ETEX Ver. 2.0과 ETEX Ver. 2.0-07은 각각 엑셀 2003 버전과 엑셀 2007 버전을 위한 소프트웨어이다. 단, 과거 버전을 사용하는 경우 일부 메뉴가 포함되지 않는다.

## 2) ETEX의 설치 방법

ETEX 프로젝트(프로그램)는 이 책의 구글 드라이브(URL은 머리말 참고)에서 제공되는 **ETEX_v3.0.exe** 파일을 실행함으로써 간단하게 설치할 수 있다. ETEX의 소유권은 저자에게 있으며 사용권은 이 책을 구매한 독자에게 부여된다. 물론 ETEX 프로그램의 무단 복제 및 불법 사용은 절대 금지한다. 프로그램의 기본 설치는 **C[D]:\Program Files\ETEX** 폴더를 생성하여 설치하고 바탕화면에 실행 아이콘을 만들게 된다. 설치 폴더는 설치자가 원하는 폴더로 수정할 수 있으며, ETEX를 설치한 후 프로그램 제거를 원하면 제어판의 '프로그램 추가/제거'를 통해 쉽게 제거할 수 있다. 엑셀 2019를 기준으로 ETEX 프로그램 설치 절차를 살펴보면 다음과 같다.

**그림 21**  ETEX 프로그램 설치 초기 화면

ETEX_v3.0.exe 파일을 실행하면[8] 그림 21과 같이 ETEX 프로그램 설치 화면이 나타나며, **다음** 버튼을 클릭한다. 다음 단계에서 프로그램 라이선스의 사용권 계약에 동의하면 **동의함 → 다음** 버튼을 클릭하고 ETEX 프로그램 설치 정보 화면에서 다시 **다음** 버튼을 클릭한다. 이때 설치 폴더 선택 및 시작 대화상자(그림 22)가 나타나고 **설치 시작** 버튼을 클릭하면 설치가 완료된다.

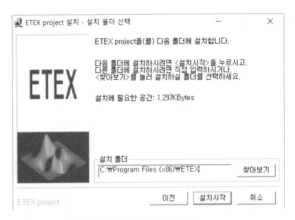

**그림 22**  설치 폴더 선택 및 시작 대화상자

---

[8] 단, 윈도우 10을 사용하는 경우 ETEX_3.0.exe 파일을 마우스 오른쪽 버튼으로 누른 후 '관리자 권한으로 실행' 옵션을 선택하고, "게시자를 알 수 없는 이 앱이 디바이스를 변경할 수 있도록 허용하시겠어요?"를 물으면 '예' 버튼을 눌러 실행한다. 참고로 ETEX 프로그램 설치를 원하지 않으면 이 책의 구글 드라이브에서 제공하는 ETEX.xla 파일을 컴퓨터에 저장한 후 필요할 때 실행(마우스 왼쪽 버튼 더블 클릭) 할 수 있다.

**그림 23** 설치 완료

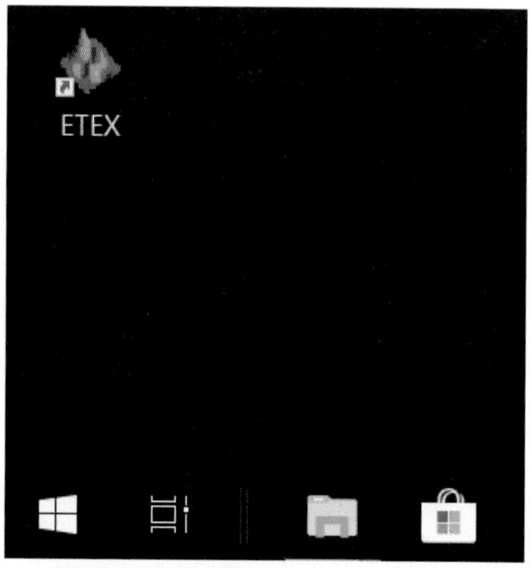

**그림 24** 윈도우 바탕화면의 ETEX 실행 아이콘

ETEX 프로그램 설치가 완료(그림 23)되면 윈도우 바탕화면에 ETEX 실행 아이콘(그림 24)이 생성되고, 이 아이콘을 더블클릭하면 그림 25와 같이 ETEX 프로그램이 실행되어 엑셀의 메뉴 표시줄에 **추가 기능** 메뉴(그림 28)가 나타난다. 만일 엑셀을 실행할 때 ETEX 프로그램도 함께 자동으로 실행되기를 원하면 설치 폴더 선택 단계(그림 22)에서 설치 폴더를 C[D]:\Program Files\Microsoft Office\root\OFFICE16\XLSTART로 수정하면 된다.

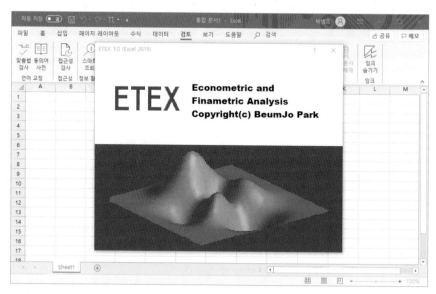

**그림 25** ETEX 실행 초기 화면

실행화면이 사라지면 그림 26과 같이 **Microsoft Excel 보안 알림** 창이 나타나며, **매크로 포함** 버튼을 클릭하면 ETEX가 실행된다. 메뉴 표시줄에서 **추가 기능** 탭을 선택하면 ETEX가 설치된 것을 확인할 수 있다.

**그림 26** ETEX 실행 시 보안 알림 경고

이때 ETEX를 실행하기 위해서는 엑셀이 제공하는 추가 기능인 **분석도구, 분석도구-VBA, 해 찾기 추가 기능**이 미리 설치되어 있어야 한다. 만일 이런 추가 기능이 설치되어 있지 않은 상태에서 ETEX를 실행하면 컴파일 오류가 발생하고 그림 27과 같은 메시지가 나타나게 된다. 이런 문제를 해결하기 위해서는 엑셀 **도구** 메뉴에서 추가 기능을 설치하면 된다.[9] 구체적인 방법은 앞서 설명했던 바와 같이, 엑셀 메뉴 표시줄의 **도구** 메뉴에서 옵션을 누르고 **추가 기능**을 선택한다. 다음 **관리** 대화상자에서 **Excel 추가 기능**을 선택하고 대화상자 오른쪽에 있는 **이동** 버튼을 누르면 추가 기능 대화상자가 열리게 되는데, **분석도구, 분석도구-VBA, 해 찾기 추가 기능**을 선택하고 **확인** 버튼을 클릭함으로써 필요한 추가 기능이 설치된다.

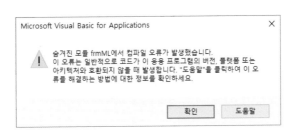

**그림 27** 컴파일 오류 메시지

### 3) ETEX의 사용방법

ETEX 프로그램은 13개 범주로 이루어지며 세부 항목은 다음과 같이 구성된다.

- 기술통계/공분산 : 기술통계, 공분산/상관계수
- 확률함수/임의수 : PDF(확률밀도함수), CDF(누적확률밀도함수), 도수분포,
- 임의수(random-number) 생성
- 신뢰구간/가설검정 : 신뢰구간, 가설검정 수행
- 분산분석 : 일원 배치

---

[9] 참고로 ETEX V3.0부터 **분석도구, 분석도구-VBA**가 설치되어 있지 않아도 컴파일 오류가 발생하지 않는다. 단, ML, ARCH, GARCH를 실행하는 경우 컴파일 오류가 발생하지 않도록 **해 찾기 추가 기능**을 미리 설치해야 한다.

- $\chi^2$-검정 : 적합도 검정, 분할표 작성, 독립성 검정
- 상관분석 : 상관계수의 유의성 검정, 서열상관계수(Spearman), 편상관계수
- 데이터 진단 : 정규분포(Jarque-Bera) 검정, Q 검정, 이상점(outlier) 탐지, ARCH LM 검정
- 정보기준/모형설정 : AIC와 SIC, 회귀모형설정 오류 검정(RESET), 구조변화 검정(Chow)
- 회귀분석
  - 선형모형 추정 : 보통최소제곱(OLS) 추정, 일반최소제곱(GLS) 추정, 능선(Ridge) 추정, 최우(ML) 추정
  - ARCH/GARCH 추정 : ARCH 추정, GARCH 추정
  - 로버스트 모형 추정
  - 검정 : 이분산(BPG), Durbin의 h
- 시계열분석
  - 모형 식별
  - 모형 추정 : 자기회귀(AR), 이동평균(MA), 자기회귀 이동평균(ARMA), 벡터자기회귀(VAR)
  - 평활법 : 이동평균법, 지수평활법
  - 검정 : 단위근 DF 검정, 단위근 ADF 검정, 공적분
- 주가 생성/연변동성 : 주가 생성, 연변동성
- 옵션가/내재변동성 : 블랙–숄즈, 이항 모형, 내재변동성
- 행렬 연산 : 행렬 계산, 행렬 분해

ETEX 사용의 간단한 예로 다음 휴대전화 수요량의 회귀모형[10](종속변수 : 휴대전화 수요량, 독립변수 : 휴대전화 가격)을 OLS 추정하는 방법에 대해 살펴보자.

$$Q_t = a + bP_t + \varepsilon_t$$

여기서 $Q$는 휴대전화의 수요량, $P$는 휴대전화의 가격, $a$, $b$는 휴대전화의 수요량과 가격이라는 두 변수의 관계를 나타내는 계수(coefficient), 그리고 $\varepsilon_t$는 오차항이다.

그림 28처럼 엑셀의 메뉴 표시줄에서 ETEX의 **회귀분석 → 선형모형 추정 → 보통최소제곱 (OLS) 추정**을 차례로 선택하면 그림 29와 같이 **보통최소제곱(OLS) 추정** 대화상자가 열리게 된다. 이 대화상자에 데이터의 범위와 필요한 정보를 입력한다. 단, 표본의 크기가 $n$일 때 종속변수는 $n \times 1$ 열벡터의 형태로 입력하고 독립변수는 변수가 1개이면 $n \times 1$ 열벡터, 2개 이상 $K$개이면 $n \times K$행렬의 형태로 입력해야 한다. 계수의 유의성 검정을 위한 유의수준을 입력할 수 있으며 **변수이름 사용, 상관행렬, 분산팽창인자(VIF) 계산, White 이분산 일치-추정, 잔차 산포도** 옵션을 각각 선택할 수 있다. 그림 29는 종속변수와 독립변수를 설정 후 유의수준을 5%로 입력한 예를 보여 준다.

---

[10] 회귀모형에 대한 내용은 제13장에서 자세히 다루게 된다.

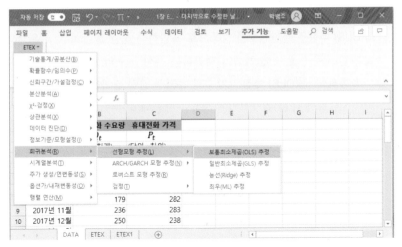

**그림 28** 엑셀에서 ETEX → 회귀분석 → 선형모형 추정 → 보통최소제곱(OLS) 추정 선택

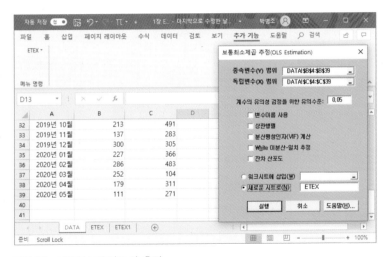

**그림 29** 보통최소제곱(OLS) 추정

대화상자의 도움말 버튼을 클릭하면 그림 30과 같이 보통최소제곱(OLS) 추정 도움말이 나타나며, ETEX에 포함된 모든 분석 도구에 도움말이 제공된다.

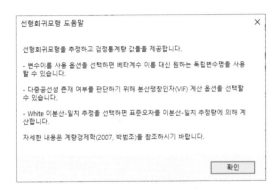

**그림 30** 선형회귀모형[보통최소제곱(OLS) 추정] 도움말

보통최소제곱(OLS) 추정을 실행하면 그림 31과 같은 결과가 출력된다. ETEX의 **보통최소제곱(OLS) 추정**은 절편계수를 자동으로 포함하며 $\beta_0$는 절편계수, $\beta_1$은 기울기계수를 나타낸다. 물론 OLS 추정을 위해 엑셀이 제공하는 분석 도구의 회귀분석을 사용할 수도 있으나 ETEX의 **보통최소제곱(OLS) 추정**은 계수의 유의성 검정 결과를 도출해 주고 Durbin-Watson 통계량, AIC, SIC 등에 대한 추가적인 추정값을 제공해 줄 뿐만 아니라 **변수이름 사용, White 이분산 일치-추정, 분산팽창인자(VIF) 계산** 등을 옵션으로 선택할 수 있는 장점이 있다. 특히 엑셀 2007 사용자를 위한 ETEX Ver.2.0-07까지는 계수의 이름이 $\beta_0$, $\beta_1$ 등으로만 표현되었지만 ETEX Ver.3.0에서는 새롭게 추가된 **변수이름 사용** 옵션을 사용할 경우 각 독립변수에 사용자가 인식하기 쉬운 이름을 직접 적용할 수 있으므로 독립변수의 순서와 추정된 계수의 순서를 일일이 비교하여 분석해야 하는 불편함을 덜 수 있다. 또한 분산팽창인자 옵션을 선택하면 회귀모형에 다중공선성이 존재하는지를 쉽게 판단할 수 있다.

| | A | B | C | D | E | F |
|---|---|---|---|---|---|---|
| 1 | 계 수 | 계수 추정치 | 표준오차 | t-통계량 | P-값 | 계수의 통계적 유의성 검정 |
| 2 | β0 | 291.9765823 | 27.40517546 | 10.65406725 | 2.24686E-12 | 5% 유의수준에서 유의함 |
| 3 | β1 | -0.269814214 | 0.082317849 | -3.277712134 | 0.00241658 | 5% 유의수준에서 유의함 |
| 4 | | | | | | |
| 5 | 관측수 | 36 | | | | |
| 6 | 자유도 | 34 | | | | |
| 7 | 추정 표준오차 | 58.09954437 | | | | |
| 8 | 종속변수의 평균 | 207.9444444 | | | | |
| 9 | 종속변수의 표준오차 | 65.69059269 | | | | |
| 10 | 결정계수(R²) | 0.240111337 | | | | |
| 11 | 조정된 결정계수 | 0.21776167 | | | | |
| 12 | 더빈-왓슨(DW) 통계량 | 2.239240931 | | | | |
| 13 | AIC | 8.122712785 | | | | |
| 14 | SIC | 8.166699422 | | | | |
| 15 | 추정 시간: 2020-05-14 오후 5:26:04 | | | | | |
| 16 | | | | | | |
| 17 | 변동요인 | 제곱의 합 | 자유도 | 평균의 제곱 | F비 | |
| 18 | 회 귀 | 36264.94899 | 1 | 36264.94899 | 10.74339684 | |
| 19 | 잔 차 | 114768.9399 | 34 | 3375.557056 | | |
| 20 | 합 계 | 151033.8889 | 35 | | | |
| 21 | | | | | | |

**그림 31** 보통최소제곱(OLS) 추정 실행 결과

이번에는 추가 옵션을 선택하여 분석하는 예를 살펴보자. **변수이름 사용**과 **White 이분산 일치-추정**의 두 가지 옵션을 동시에 선택하여 분석하려면 그림 32와 같이 **보통최소제곱(OLS) 추정** 대화상자에서 각 옵션을 선택하고 **실행** 버튼을 누르면 되는데, 이때 **변수이름 사용** 옵션이 실행되는 과정에서 추가로 그림 33과 같이 변수이름 입력창이 나타난다. 변수이름의 경우 각 독립변수의 특성을 대표하거나 혹은 사용자가 인식하기 편한 어구를 입력하면 된다. 그림 34는 **변수이름 사용**과 **White 이분산 일치-추정**을 옵션으로 선택하여 분석한 결과를 보여 준다.

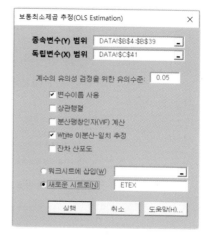

**그림 32** 보통최소제곱(OLS) 추정(옵션을 추가하는 경우)

Microsoft Excel ×

독립변수1의 이름을 적으시오.　　確認 [확인]
　　　　　　　　　　　　　　　취소

휴대전화 가격

**그림 33** 변수이름 입력창

| | A | B | C | D | E | F |
|---|---|---|---|---|---|---|
| 1 | | 계수 추정치 | 표준오차 | t-통계량 | P-값 | 계수의 통계적 유의성 검정 |
| 2 | Y 절편 | 291.9765823 | 29.69536917 | 9.832394428 | 1.79519E-11 | 5% 유의수준에서 유의함 |
| 3 | 휴대전화 가격 | -0.269814214 | 0.089685425 | -3.008451071 | 0.004916605 | 5% 유의수준에서 유의함 |
| 5 | 관측수 | 36 | | | | |
| 6 | 자유도 | 34 | | | | |
| 7 | 추정 표준오차 | 58.09954437 | | | | |
| 8 | 종속변수의 평균 | 207.9444444 | | | | |
| 9 | 종속변수의 표준오차 | 65.69059269 | | | | |
| 10 | 결정계수(R²) | 0.240111337 | | | | |
| 11 | 조정된 결정계수 | 0.21776167 | | | | |
| 12 | 더빈-왓슨(DW) 통계량 | 2.239240931 | | | | |
| 13 | AIC | 8.122712785 | | | | |
| 14 | SIC | 8.166699422 | | | | |
| 15 | 추정 시간: 2020-05-14 오후 5:33:47 | | | | | |

**그림 34** 변수이름 사용과 White 이분산 일치–추정 옵션 적용 후 분석 결과

그림 34의 분석 결과를 살펴보면, 그림 31에서 절편계수가 $\beta_0$, 기울기계수가 $\beta_1$으로 나타났던 것이 **변수이름 사용** 옵션을 적용하면서 각각 'Y 절편', '휴대전화 가격'으로 변환되었다. 또한 **White 이분산 일치–추정** 분석 기법이 적용되면서 표준오차와 $t$-통계량, $P$-값이 모두 변한 것을 볼 수 있다.

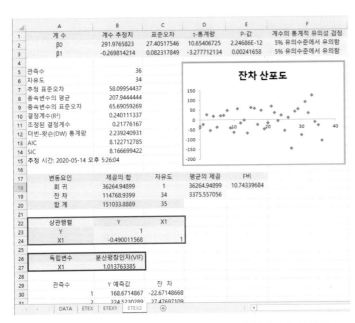

**그림 35** 상관행렬, 분산팽창인자(VIF), 잔차 산포도 옵션 적용 후 분석 결과

이번에는 **상관행렬, 분산팽창인자(VIF) 계산, 잔차 산포도** 옵션을 선택하여 회귀분석을 수행하는 예를 살펴보자. 이 경우 그림 32의 **보통최소제곱(OLS) 추정** 대화상자에서 해당하는 옵션을 체크한 후 **실행** 버튼을 눌러 주면 된다. 그림 35는 실행 결과를 보여주며, 그 내용을 살펴보면 우선 **상관행렬**이 나타나는데, 빨간색 사각형으로 표시된 부분이다. 계산된 상관계수는 두 변수 사이에 존재하는 상관관계를 우리에게 알려 준다. 또한 상관행렬의 아래쪽에 파란색 사각형으로 표시된 부분에 **분산팽창인자(VIF)**가 계산되어 있으며, 회귀모형에 다중공선성이 존재하는지를 판단하기 위해 이 분산팽창인자 값을 이용할 수 있다.[11] 마지막으로 초록색 사각형으로 표시된 부분이 **잔차 산포도** 옵션을 선택하여 나타난 그래프이다.

---

11 다중공선성에 대한 내용은 이 책의 제14장 6절에서 자세하게 다루도록 한다.

**부록 2**　　빅데이터 분석을 위한 R 소프트웨어 소개

## 1. R 소프트웨어 이해[12]

### 1) S 언어와 R

**S 언어**(S language)는 미국의 전화 통신 회사인 AT&T의 벨연구소에서 존 챔버스, 릭 베커, 앨런 윌크스에 의해 통계 연산의 연구 목적으로 개발된 프로그래밍 언어이다. 나중에 S 언어는 GPL(General Public License) 기반의 공개 소프트웨어인 R과 상업용인 S-Plus로 분화되었기 때문에 R 언어의 형태와 구조는 S 언어와 매우 유사하다.

### 2) 통계분석 프로그래밍 언어로서의 R

출처 : r-project.org

R은 1995년 오클랜드대학교의 로버트 젠틀맨과 로스 이하카에 의해 개발되어 배포되었으며, 현재는 1997년 설립된 R 코어(R core) 팀이 GNU R 프로젝트를 이끌어나가고 있다.[13]

R은 데이터의 조작(manipulation)과 연산(calculation), 그리고 그래픽 표현(graphical display)을 통합하는 패키지로서 확장성이 뛰어나고 객체 지향적인 프로그램이기 때문에 데이터의 조작 및 연산 과정에서 매우 빠른 연산속도를 보이며, 프로그램을 자유롭게 변형하여 사용할 수 있어 다양하고 정밀한 분석을 수행할 수 있다. 또한 다양한 패키지가 제공되므로 사용자가 복잡한 계산식을 일일이 입력하여 분석하는 수고를 덜어줄 수도 있다.

> 컴퓨터로 통계분석이 가능하도록 계산 과정을 정리해놓은 프로그램을 **통계 패키지**(statistical package)라고 한다. **R**은 **프로그래밍 언어**로 구성된 통계분석 도구로, 다양하고 풍부한 분석을 갖춘 통계 패키지임에도 불구하고 무료로 제공되고 있어 전 세계적으로 많은 분석가가 사용하고 있다.

### 3) RStudio

RStudio는 R의 통합개발환경(Integrated Development Environment, IDE) 소프트웨어이다. 통합개발환경이란 소프트웨어 개발 과정에서 필요한 코딩(coding), 디버깅(debugging), 컴파일(compile) 과정을 하나로 패키지화하여 통합한 개발환경을 말한다. RStudio는 기존의 R 개발

---

[12] 부록 2의 일부 내용은 저자의 응용 계량경제학: R활용(2013, 시그마프레스)에서 인용하였으며, 더욱 상세한 내용을 원하는 독자는 이 책을 참고할 수 있다.

[13] GNU 프로젝트란 무료 소프트웨어 재단(Free Software Foundation, FSF)에서 유닉스 호환의 소프트웨어를 개발하여 무료로 배포하는 프로젝트를 의미하며, GPL은 GNU 프로젝트가 부여하는 일반 공중 사용 허가서이다.

출처 : rstudio.com

환경에 구문 강조 기능과 코드 완성 기능 등 다양하고 편리한 기
능들을 추가시켜 사용자 편의를 증대시켰으며, 인터넷에 접속할
수 있는 곳이면 어디에서든 RStudio Server를 이용하여 작업환경
에 접속할 수 있다.

## 2. R 프로그램의 설치 및 실행

### 1) R의 설치 방법

먼저 R의 웹페이지(www.r-project.org, 그림 1)에 접속한 후 좌측의 CRAN(Comprehensive R
Archive Network) 버튼을 클릭하고, 국가별 CRAN Mirrors 목록 중 대한민국(Korea)에서 제공
하는 링크를 하나 선택한다(현재 5개의 다운로드 링크를 제공 중이다).

그림 1 R 웹페이지

선택이 완료되면 아래와 같이 운영체제 선택 메뉴가 나타나는데, 현재 사용자의 컴퓨터에
설치된 운영체제에 맞춰 선택한다. 예컨대 Windows 운영체제를 사용하는 독자는 **Download
R for Windows** 메뉴(그림 2)를 선택한다.

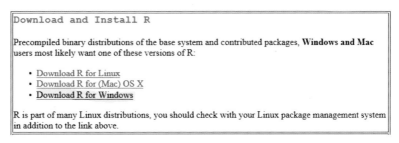

그림 2 운영체제 선택 메뉴

선택이 완료되면 그림 3과 같이 네 가지 메뉴가 나타나는데, base 메뉴를 선택하여 설치
를 진행한다. 참고로, base 메뉴는 R 사용자를 위한 기본 배포 버전을, contrib 메뉴는 실시
간으로 제공되는 R 패키지와 소스 코드를, 그리고 Rtools 메뉴는 R과 R 패키지를 자유롭게
제작 및 수정할 수 있는 개발도구를 각각 포함하고 있다.

base 메뉴를 선택하면 다음과 같은 화면이 출력되며 Download R 4.0.2 for Windows를
클릭(그림 4)하여 설치파일을 다운로드한다. 참고로 4.0.2는 R의 버전을 나타내며, 새로운 버

Subdirectories:

| | |
|---|---|
| base | Binaries for base distribution. This is what you want to <u>install R for the first time</u>. |
| contrib | Binaries of contributed CRAN packages (for R >= 2.13.x; managed by Uwe Ligges). There is also information on <u>third party software</u> available for CRAN Windows services and corresponding environment and make variables. |
| old contrib | Binaries of contributed CRAN packages for outdated versions of R (for R < 2.13.x; managed by Uwe Ligges). |
| Rtools | Tools to build R and R packages. This is what you want to build your own packages on Windows, or to build R itself. |

**그림 3** 서브디렉터리

전으로 자주 업데이트되는 경향이 있으므로 사용 중인 R의 버전을 자주 확인하여 업그레이드해주는 것이 좋다.

**Download R 4.0.2 for Windows** (84 megabytes, 32/64 bit)
<u>Installation and other instructions</u>
<u>New features in this version</u>

**그림 4** 버전 선택

설치가 완료된 R의 실행화면은 그림 5와 같다.

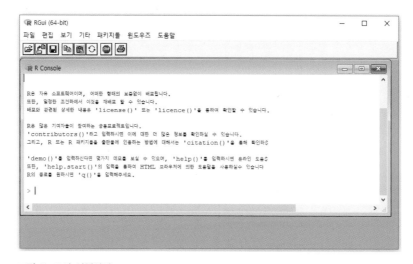

**그림 5** R의 실행화면

## 2) RStudio의 설치 방법

이번에는 RStudio의 설치 방법을 살펴보자. 참고로 RStudio는 R의 유틸리티 소프트웨어이므로 R의 설치가 선행되어야 한다. RStudio의 웹페이지(www.rstudio.com, 그림 6)에 접속한 후 상단에 있는 **DOWNLOAD** 버튼을 클릭한다.

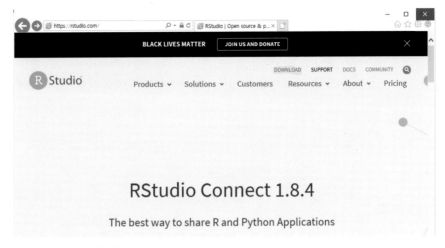

**그림 6** RStudio 웹페이지

그림 7과 같이 세부 프로그램 선택메뉴가 표시되면 **RStudio Desktop** 버전의 **DOWNLOAD** 버튼을 클릭한다. 참고로 **RStudio Server** 버전을 선택하면 클라우드 환경에서 RStudio를 사용할 수도 있다.

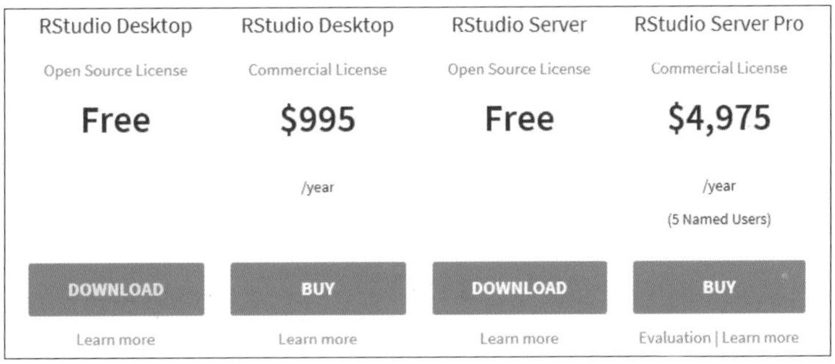

| RStudio Desktop | RStudio Desktop | RStudio Server | RStudio Server Pro |
|---|---|---|---|
| Open Source License | Commercial License | Open Source License | Commercial License |
| Free | $995 | Free | $4,975 |
| | /year | | /year |
| | | | (5 Named Users) |
| DOWNLOAD | BUY | DOWNLOAD | BUY |
| Learn more | Learn more | Learn more | Evaluation \| Learn more |

**그림 7** RStudio 세부 프로그램 선택메뉴

다운로드 버튼을 클릭하면 다음과 같이 컴퓨터에 설치된 운영체제에 적합한 RStudio 버전을 자동으로 검색하여 제시해 준다(그림 8).

**그림 8** RStudio 버전 선택

설치가 완료되더라도 바탕화면에는 RStudio의 바로가기 아이콘이 생성되지 않는다. RStudio를 실행하기 위해서는 바탕화면 작업표시줄 왼쪽 아래의 ⊞ 시작 버튼을 누른 다음 RStudio 폴더를 클릭하여 실행하거나 c:/ProgramFiles/Rstudio/bin 폴더에서 Rstudio.exe 파일을 더블클릭하여 실행할 수 있다. 그림 9는 윈도우에서 실행된 RStudio의 초기 화면이다.

**그림 9** RStudio의 실행화면

## 3. R 언어의 기초

### 1) 명령문

R 프로그램은 명령문(statement)들에 의해 구성되며, 명령문은 다양한 숫자 및 문자들의 조합으로 이루어진다. R의 명령문은 일반적으로 **직접명령문**(direct statements)과 **할당명령문**(assignment statement)으로 구별될 수 있다.

직접명령문은 사용자가 컴퓨터에 원하는 작업을 명령하고 컴퓨터가 수행한 작업의 결과를 즉시 반환하도록 요구하는 명령문의 한 형태이다. 〈R 예제 1〉은 이항 연산자를 이용한 간단한 연산을 보여주는데, 컴퓨터가 연산의 실행 결과를 즉시 반환하므로 직접명령문이다. 이처럼 직접명령문은 특별히 정형화된 형태는 없으며, 다음 할당명령문을 제외한 모든 형태의 명령문이 직접명령문이 된다고 볼 수 있다.

〈R 예제 1〉

| Ⓐ | > 25*3/13<br>[1] 5.769231 | Ⓑ | > "hello"<br>[1] "hello" |
|---|---|---|---|

할당명령문은 특정 데이터 혹은 연산 결과를 새로운 문자열에 할당하여 하나의 **객체**(object)를 정의하는 명령문으로, 직접명령문과 달리 작업 결과의 반환을 요구하지 않는다. 할당은 여러 방법으로 수행할 수 있지만, 가장 기본적인 방법인 **할당연산자**('<−', '−>' 혹은

'='')를 사용하는 경우를 살펴보자.[14]

〈R 예제 2〉

| | | | |
|---|---|---|---|
| Ⓐ | > x <−1 #혹은 x=1<br>> x<br>[1] 1 | Ⓑ | > y <−c(1, 2, 3, 4, 5) #혹은 y=c(1, 2, 3, 4, 5)<br>> y<br>[1] 1 2 3 4 5 |

〈R 예제 2〉의 Ⓐ는 문자 x에 숫자 1을 할당하는 경우이며, Ⓑ는 길이 5의 수치형 벡터를 문자 y에 할당하는 경우를 보여준다. 할당은 연산자의 방향에 따라 우측의 내용이 좌측 객체에 할당되며, 연산자의 방향을 반대로(−>) 사용하는 경우에는 좌측의 데이터가 우측 객체에 할당된다. 참고로, 데이터가 특정 문자에 할당되고 나면, 이 문자를 **식별문자**(identifier)라고 하며, Ⓑ에서 다룬 벡터의 개념은 다음 절에서 다룬다.

## 2) 구문법칙

구문법칙(rules of syntax)은 프로그래밍 언어에서 명령문의 구조를 지배하는 법칙이며, R 언어를 사용하여 프로그램을 작성하는 과정에서 반드시 구문법칙을 지켜야 한다. 식별문자를 작성하는 데 필요한 구문법칙을 정리하면 다음과 같다.

- 식별문자는 알파벳과 숫자, 마침표('.') 그리고 밑줄문자('_') 등으로 구성할 수 있으며, 간격문자(' ')는 사용할 수 없다.
- 식별문자의 첫 글자로 숫자나 밑줄문자를 사용할 수 없다.
- 식별문자의 첫 글자로 마침표('.')를 사용하는 경우 다음에 오는 문자로 숫자는 사용할 수 없다. 그 이유는 R에서 이것을 소수로 인식하기 때문이다.
- R에서는 알파벳 대문자와 소문자를 서로 다른 식별문자로 구분한다.
- 같은 식별문자는 오직 하나만 사용할 수 있다. 만약 같은 식별문자에 서로 다른 내용을 여러 번 할당한다면, 가장 마지막에 할당한 내용으로 대체된다.

이번에는 명령문 작성에 필요한 구문법칙 몇 가지를 살펴보자.

- 두 가지 이상의 명령문을 한 줄에 모두 입력하고 두 가지 결과를 동시에 출력하고자 하는 경우, 세미콜론(';')을 입력하여 두 명령문을 구분할 수 있다. R에서는 기본적으로 x, y, A, B 등의 문자나 data, GDP20 등과 같은 문자열(character string)을 모두 '객체'로 인식하기 때문에 '객체'가 아닌 문자나 문자열 데이터는 〈R 예제 3〉처럼 큰따옴표(" ")와 함께 사용되어야 한다.

---

14 할당 연산자로 '<−'(왼쪽 객체로 할당), '−>'(오른쪽 객체로 할당)이나 '='을 사용할 수 있으며, 특히 '=' 연산자는 할당 이외에도 함수의 소괄호에 포함하는 인수(혹은 인자, argument) 값을 지정할 때 사용된다.

〈R 예제 3〉

```
> x<-c("A", "B", "C", "D", "E")
> y<-c(1,2,3,4,5)
> x;y
[1] "A" "B" "C" "D" "E"
[1] 1 2 3 4 5
```

- 명령문은 완전한 형태를 갖추기 전까지 실행되지 않는다. 즉, 해당 명령문이 갖추어야 할 요소들이 모두 갖춰지지 않은 상태에서 명령 실행을 주문하게 되면 콘솔에는 또 다른 프롬프트 '+'가 출력되고, 나머지 명령어의 입력을 기다리게 되며, 완전한 형태를 갖춰 입력하면 명령문이 실행된다. 〈R 예제 4〉의 Ⓐ는 곱셈연산자('*') 뒤에 또 다른 피연산자가 지정되지 않은 경우이며, Ⓑ는 닫는 소괄호(')')가 생략된 경우를 보여준다.

〈R 예제 4〉

| Ⓐ | `> 20*`<br>`+ 2`<br>`[1] 40` | Ⓑ | `> (4*(3+5)`<br>`+ )`<br>`[1] 32` |
|---|---|---|---|

- 스크립트 혹은 콘솔의 단일 행(line)에서 해시 기호('#') 뒤에 입력된 명령문은 R에서 인식되지 않으므로 실행되지 않는다. 이를 참조문(comment)이라 하며, 프로그램 일부분의 실행을 취소하거나 작성된 코드에 설명을 붙일 때 사용된다(〈R 예제 5〉).

〈R 예제 5〉

```
> x<-c(1,2,3,4,5)
> sum(x)/length(x) #arithmetic mean
[1] 3
```

### 3) 객체의 속성

숫자나 문자에서부터 연산자, 벡터, 행렬, 그리고 함수에 이르기까지 R에서 의미 있는 모든 것들은 객체이다. 따라서 R 시스템 내부에서 객체는 모든 정보처리의 기본 단위이며, 객체에 대한 올바른 이해가 곧 R을 이해하는 선결 조건이라 할 수 있다. R에서 객체의 **속성**(attributes)은 **유형**(mode), **길이**(length), **클래스**(class)의 세 가지로 구분할 수 있으며, 여기서는 기초적인 통계 연산 과정에서 이해가 꼭 필요한 유형과 길이의 속성에 대해서만 살펴보자.

먼저 유형이란, 객체가 포함하고 있는 데이터의 최소 단위 형태를 지칭하는 용어이다. 데이터는 다시 기본형 데이터(표 1)와 특수형 데이터(표 2)로 구분되는데, 이들 데이터의 형태가 객체의 유형을 결정한다. 객체의 유형은 **mode()** 함수로 확인할 수 있다.

**표 1 기본형 데이터와 유형**

| 유형 | 기본형 데이터 | 예 |
|---|---|---|
| 수치형(numeric) | 정수(integer) | 2, 5, 0, −7, −50 |
| | 실수(double) | 0.7, 1/2, pi(π) |
| | 지수(exponent) | $2^3$ |
| 논리형(logical) | 참(true) | T, TRUE, 1 |
| | 거짓(false) | F, FALSE, 0 |
| 복소수형(complex) | 복소수(complex number) | 2+2i, 0+1i |
| 문자형(character) | 문자(character) | "A", "a" |
| | 문자열(character string) | "hello", "abc" |

〈R 예제 6〉

```
> mode(5+4)              > mode(2+2i)
[1] "numeric"           [1] "complex"
> mode(TRUE)            > mode("statistics")
[1] "logical"           [1] "character"
```

**표 2 특수형 데이터와 유형**

| 유형 | 특수형 데이터 |
|---|---|
| 수치형(numeric) | NaN |
| | Inf, −Inf |
| 논리형(logical) | NA |
| | NULL |

〈R 예제 7〉

```
> x<-c(1,2,NA,4,5)       > 0/0
> y<-c(2,4,6,8,10)       [1] NaN
> x+y                    > 1/0
[1] 3 6 NA 12 15         [1] Inf
                         > c()
                         NULL
```

객체의 또 다른 특성으로 **길이**를 고려할 수 있다. 예컨대 벡터의 길이는 벡터에 포함된 원소의 개수가, $M \times N$ 행렬의 길이는 행렬을 구성하는 모든 원소의 개수가 된다. 객체의 길이는 length() 함수로 확인할 수 있으며, 데이터의 개수를 확인하거나 통계량을 계산하는 과정에서 매우 유용하게 활용된다.

〈R 예제 8〉

```
> x<-c(1,2,3,4,5)
> length(x)
[1]5
```

## 4. 데이터 구조의 생성과 조작

R 언어는 특별히 통계분석을 주목적으로 고안된 프로그래밍 언어이기 때문에 R은 통계분석에 사용되는 벡터(vector), 범주자료(factor), 행렬(matrix), 배열(array), 리스트(list), 데이터 프레임(data frame), 시계열 자료(time series data), 패널 자료(panel data) 등 다양한 구조와 차원을 갖는 데이터 형태를 제공한다. 부록에서는 기초통계분석에서 주로 사용되는 벡터와 행렬, 데이터 프레임, 시계열 자료의 구조 생성 및 조작에 대해 살펴보도록 하자.

### 1) 벡터

하나 혹은 그 이상의 값으로 구성된 1차원의 데이터 구조를 벡터(vector)라고 하며, 벡터는 R에서 사용하는 모든 데이터 구조의 근간이 된다.

### (1) 벡터의 생성

벡터를 생성하는 방법은 여러 가지가 있지만, 주로 c() 함수를 사용하는데, 이 함수에 대한 사용은 앞선 예제에서 다루었으므로 생략한다. 수열연산자(':')나 수열함수 **seq()**, 반복함수 **rep()**와 같은 함수를 사용하는 방법은 데이터가 주로 일정한 패턴 혹은 여러 번 반복되는 형태의 벡터를 구성할 때 유용하게 사용될 수 있다.

수열연산자(':')는 좌측에 입력된 피연산자와 우측에 입력된 피연산자의 범위 내에 속하는 모든 정수 값을 순서대로 나열하며, 증가(감소)분은 1이다. 한편 수열함수 **seq()**는 수열 연산자와 같은 연산을 수행하지만, 연산 과정과 결과물을 더욱 세밀하게 조정할 수 있는 다양한 **인수**(argument 혹은 **인자**)를 포함하고 있다. 함수에 사용되는 인수는 함수의 기능을 세밀하게 조정하는 옵션으로, 소괄호 '()'로 묶어서 사용하게 되며, 표 3의 seq() 함수의 소괄호 '()'에 표현된 from, to, by, length.out이 인수에 해당한다. 〈R 예제 9〉의 Ⓐ는 수열연산자를 사용하는 방법을, Ⓑ는 수열함수를 사용하는 방법을 각각 보여준다.

표 3  **수열 생성을 위한 R 함수 : seq()**

| 형태 | | seq(from, to, by, length.out) |
|---|---|---|
| 인수 | from | 수열의 시작값을 입력한다. |
| | to | 수열의 종료값을 입력한다. |
| | by | 단위당 증가량을 입력한다. |
| | length.out | 생성될 수열의 길이를 입력한다. |

〈R 예제 9〉

| | | | |
|---|---|---|---|
| Ⓐ | > 1:5 <br> [1] 1 2 3 4 5 <br> > 10:4 <br> [1] 10 9 8 7 6 5 4 | Ⓑ | > seq(from=1,to=5,by=0.5) <br> [1] 1.0  1.5  2.0  2.5  3.0  3.5  4.0 <br> [8] 4.5 5.0 <br> > seq(by=0.5,length.out=10) <br> [1] 1.0  1.5  2.0  2.5  3.0  3.5  4.0 <br> [8] 4.5  5.0  5.5 |

반복함수 rep()는 벡터에 포함될 요소들을 반복적으로 입력하는 경우에 사용할 수 있다.

**표 4  데이터의 반복 생성을 위한 R 함수 : rep()**

| 형태 | | rep(x, each, times, length.out) |
|---|---|---|
| 인수 | x | 대상이 되는 객체를 입력한다. |
| | each | 각각의 요소들을 반복할 횟수를 입력한다. |
| | times | 입력된 데이터의 전체 반복 횟수를 입력한다. |
| | length.out | 생성될 데이터의 개수를 설정한다. |

〈R 예제 10〉

```
> x < −c(1,2,3,4,5)
> rep(x,each=2)
[1] 1 1 2 2 3 3 4 4 5 5
> rep(x,times=2)
[1] 1 2 3 4 5 1 2 3 4 5
> rep(x,each=2,times=2)
[1] 1 1 2 2 3 3 4 4 5 5 1 1 2 2
[15] 3 3 4 4 5 5
```

### (2) 벡터의 원소 조작

벡터에 포함된 원소를 조작하기 위해 **지표연산자**('[ ]')가 가장 널리 사용되며 방법은 간단하
다. 벡터가 포함된 객체 우측에 〈R 예제 11〉처럼 지표연산자를 붙이고, 연산자 안에 지표를
입력하면 개별 원소를 추출하거나 혹은 개별 원소에 새로운 내용을 할당하는 기능을 수행할
수 있다.

〈R 예제 11〉

```
> x < −c(1,2,3,4,5)        > x[c(1,3,5)]
> x[2]                     [1] 1 3 5
[1] 2                      > x[-3]
> x[1:3]                   [1] 1 2 4 5
[1] 1 2 3                  > x[c(−3,−5)]
                          [1] 1 2 4
```

사용자는 벡터의 각 원소가 의미하는 바를 쉽게 구분하거나 표현할 수 있도록 각 원소에
이름을 부여할 수도 있다. 원소에 이름을 부여하기 위해 사용되는 함수는 names()이다〈R 예
제 12〉.

〈R 예제 12〉

```
> GDP.rate < −c(2.8,2.9,3.2,2.9,2.0) #Gross Domestic Product
> GDP.rate
[1] 2.8  2.9  3.2  2.9  2.0
> names(GDP.rate) < −c(2015:2019)
> GDP.rate
2015 2016 2017 2018 2019
 2.8  2.9  3.2  2.9  2.0
```

## 2) 행렬

수학적 의미에서 행렬(matrix)은 m행(row)과 n열(colum)로 정돈된 실수들의 사각형 배열이며, R에서 행렬 역시 2차원의 배열(array)로 수학적 의미의 행렬과 같은 구조를 가진다.

### (1) 행렬의 생성

행렬을 생성하는 함수는 matrix()이며, 이 함수가 포함하고 있는 인수에 대한 설명은 표 5와 같다.

표 5 **행렬 생성을 위한 R 함수 : matrix()**

| 형태 | | matrix(data, nrwo, ncol, byrow, dimnames) |
|---|---|---|
| 인수 | data | 대상이 되는 데이터를 벡터로 입력한다. |
| | nrow | 행의 개수를 입력한다. |
| | ncol | 열의 개수를 입력한다. |
| | byrow | 인수를 지정하지 않거나 FALSE를 입력하면 데이터가 열 방향으로 입력되며, TRUE를 입력하면 행 방향으로 입력된다. |
| | dimnames | 각 차원의 이름을 입력한다. |

〈R 예제 13〉

```
> x <- 1:6
> matrix(x,nrow=2)
     [,1] [,2] [,3]
[1,]   1    3    5
[2,]   2    4    6
```

```
> matrix(x,ncol=2,byrow=T)
     [,1] [,2]
[1,]   1    2
[2,]   3    4
[3,]   5    6
```

행렬은 rbind()와 cbind() 함수를 이용하여 생성할 수도 있다. 두 함수는 입력된 벡터를 각각 행 방향과 열 방향으로 묶어 행렬을 만드는 함수이며, 이들 함수는 완성된 행렬에 또 다른 데이터를 행이나 열에 추가할 때도 유용하게 사용될 수 있다.

〈R 예제 14〉

```
> x <- c(1,2,3)
> y <- c(2,1,5)
> rbind(x,y)
  [,1] [,2] [,3]
x   1    2    3
y   2    1    5
> cbind(x,y)
     x y
[1,] 1 2
[2,] 2 1
[3,] 3 5
```

```
> z <- c(3,4,3)
> rbind(x,y,z)
  [,1] [,2] [,3]
x   1    2    3
y   2    1    5
z   3    4    3
> cbind(x,y,z)
     x y z
[1,] 1 2 3
[2,] 2 1 4
[3,] 3 5 3
```

## (2) 행렬의 원소 조작

행렬에 포함된 원소를 조작하기 위해서는 벡터처럼 **지표연산자**('[]')가 일반적으로 사용된다. 즉, 행렬 객체 우측에 지표연산자를 붙이고, 연산자 안에 지표를 입력하여 개별 원소를 추출하거나 개별 원소에 새로운 내용을 할당하는 기능을 수행할 수 있다. 다만, 행렬은 벡터와 달리 2차원의 구조를 가지므로, 지표연산자 내에 입력하는 지표 역시 쉼표(',')로 구분된 2개의 지표가 다음 예제처럼 입력되어야 한다.

〈R 예제 15〉

```
> A < −matrix(1:9,nrow=3)
> A
     [,1] [,2] [,3]
[1,]   1    4    7
[2,]   2    5    8
[3,]   3    6    9
> A[1,1]
[1] 1
> A[1,]
[1] 1 4 7
```

```
> A[1:2,]
     [,1] [,2] [,3]
[1,]   1    4    7
[2,]   2    5    8
> A[,c(1,3)]
     [,1] [,2]
[1,]   1    7
[2,]   2    8
[3,]   3    9
```

## 3) 데이터 프레임

데이터 프레임(data frame)은 2차원의 구조를 갖기 때문에 행렬과 구조상 같지만, 행렬이 대수학적 연산에 특화되어 있다면, 데이터 프레임은 변수를 이용한 통계 및 계량분석에 보다 적합하게 사용될 수 있다.

## (1) 데이터 프레임의 생성

데이터 프레임은 길이가 같은 여러 개의 변수 벡터로 구성될 수 있으며, **data.frame()** 함수를 사용하여 생성할 수 있다.

표 6　데이터 프레임 생성을 위한 R 함수 : data.frame()

| 형태 | | data.frame(…, row.names) |
|---|---|---|
| 인수 | … | 데이터 프레임을 구성할 변수를 길이가 같은 벡터로 입력한다. |
| | row.names | 각 행의 이름을 입력한다. |

〈R 예제 16〉

```
> GDP.rate < −c(2.8,2.9,3.2,2.9,2.0) #Gross Domestic Product
> CPI < −c(100.00,100.97,102.93,104.45,104.85)
# Consumer Price Index
> data.frame(GDP.rate, CPI)
  GDP.rate   CPI
1    2.8 100.00
2    2.9 100.97
3    3.2 102.93
4    2.9 104.45
5    2.0 104.85
> data.frame(GDP.rate, CPI, row.names=2015:2019)
     GDP.rate   CPI
2015    2.8 100.00
2016    2.9 100.97
2017    3.2 102.93
2018    2.9 104.45
2019    2.0 104.85
```

(2) 데이터 프레임의 원소 조작

데이터 프레임의 원소 조작은 **지표연산자**('[ ]')와 **성분추출연산자**('$')를 통해 수행할 수 있으며, 지표연산자는 행렬과 같은 방법으로 사용할 수 있으므로 생략하고 성분추출연산자에 대한 예제 중심으로 살펴보도록 한다. 이 연산자를 사용하기 위해서는 다음 예제처럼 성분추출연산자를 데이터프레임이 저장된 객체 오른쪽에 붙이고, 우측에 변수 이름을 입력함으로써 해당 변수가 갖는 데이터를 추출할 수 있다.

〈R 예제 17〉

```
> dat < −data.frame(GDP.rate, CPI)
> dat
  GDP.rate   CPI
1    2.8 100.00
2    2.9 100.97
3    3.2 102.93
4    2.9 104.45
5    2.0 104.85
> dat$GDP.rate
[1] 2.8 2.9 3.2 2.9 2.0
> dat$CPI
[1] 100.00 100.97 102.93 104.45 104.85
```

4) 시계열 자료

시계열 자료(time series data)는 특정 개체를 시간의 흐름에 따라 관측하여 얻은 자료를 말하며, 편의상 단일 변수에 대해 기록한 경우 단순시계열(single time series), 복수 이상의 변수에 대해 기록한 경우 다중시계열(multiple time series)로 명명할 수 있다. 여기서는 가장 일반적으로 사용되는 단순 시계열의 생성과 조작을 살펴보고자 한다.

### (1) 시계열 자료의 생성

시계열 자료는 다음과 같이 **ts()** 함수로 생성할 수 있다.

표 7 **시계열 자료 생성을 위한 R 함수 : ts()**

| 형태 | | ts(data, start, end, frequency) |
|---|---|---|
| 인수 | data | 시계열을 구성할 데이터를 입력한다. |
| | start | 관측 시작 시점을 입력한다. |
| | end | 관측 종료 시점을 입력한다. |
| | frequency | 관측 주기를 입력한다. |

〈R 예제 18〉

```
> WTI <- c(51.52,54.95,58.15,63.87,60.84,54.68,57.52,54.84,56.95,53.98,
+ 57.06,59.80) #Western Texas Intermediate
> ts(WTI,start=2019,frequency=12)
     Jan  Feb  Mar  Apr  May  Jun  Jul  Aug
2019 51.52 54.95 58.15 63.87 60.84 54.68 57.52 54.84
     Sep  Oct  Nov  Dec
2019 56.95 53.98 57.06 59.80
```

### (2) 시계열 자료의 원소 조작

앞서 생성한 시계열 자료는 1차원의 구조를 갖기 때문에, 원소를 조작하는 과정은 벡터의 경우와 같으며, 다음 예제에서는 다루지 않았으나 다중시계열은 2차원의 구조를 갖기 때문에 행렬의 원소 조작 방법과 동일하게 다룰 수 있다.

〈R 예제 19〉

```
> tsdat <- ts(WTI,start=2019,frequency=12)
> tsdat[2]
[1] 54.95
> tsdat[1:5]
[1] 51.52 54.95 58.15 63.87 60.84
> tsdat[-c(2,4,6,8)]
[1] 51.52 58.15 60.84 57.52 56.95 53.98 57.06 59.80
```

## 5. R의 주요 연산자와 함수

앞에서 언급한 바와 같이 R 언어는 통계분석을 위해 고안되었으며, 이를 잘 반영하듯, R에는 매우 다양한 **연산자**(operator)와 **내장함수**(built-in function)들이 제공된다. 이 절에서는 R이 제공하는 주요 연산자와 내장함수 중 수학 및 통계함수들에 대해 간략히 살펴보자.

### 1) 주요 연산자

연산 과정에서 입력된 데이터를 어떠한 방식으로 조작하고 처리할 것인지를 결정하는 기호를 **연산자**라고 하며, R에서 연산자는 크게 **산술연산자**(arithmetic operator), **관계연산자**(relational operator), **논리연산자**(logical operator), **행렬연산자**(matrix operator)로 구분된다. 이때 연산에 사용되는 객체를 **피연산자**(operand)라고 하며, R에서는 피연산자를 하나의 행렬로 인식하기 때문에 원소별(element-by-element) 연산을 수행한다는 특징이 있다.

그러면 먼저 산술연산자의 종류와 사용법에 대해 알아보자. 주요 산술연산자의 종류와 기능은 표 8과 같다.

표 8 **산술연산자**

| 형태 | 기능 | 형태 | 기능 |
|---|---|---|---|
| + | 덧셈 연산 | ^ | 승수 연산 |
| − | 뺄셈 연산 | %/% | 나눗셈의 몫 |
| * | 곱셈 연산 | %% | 나눗셈의 나머지 |
| / | 나눗셈 연산 | | |

관계연산자(표 9)는 숫자나 문자(열) 등을 비교하기 위해 사용될 수 있으며, 주로 원하는 조건을 부여하고 조건에 따라 값을 반환하는 **조건문**(conditional sentence)에 사용된다. 관계연산은 적용된 연산을 만족하면 **참**(TRUE)을, 그렇지 않으면 **거짓**(FALSE)을 반환한다.

표 9 **관계연산자**

| 형태 | 기능 | 형태 | 기능 |
|---|---|---|---|
| < | 작다 | != | 같지 않다 |
| <= | 작거나 같다 | >= | 크거나 같다 |
| == | 같다 | > | 크다 |

〈R 예제 20〉

```
> 10 > 20
[1] FALSE
> 15 >= 15
[1] TRUE
> 3 != 2
[1] TRUE
```
```
> x <- c(1,3,4)
> y <- c(1,2,4)
> x==y
[1] TRUE FALSE TRUE
> x > y
[1] FALSE TRUE FALSE
```

논리연산자(표 10)는 수치에 대한 논리적 연산을 수행하기 위해 사용되며, 컴퓨터 논리회로의 연산이 이에 해당한다. 논리연산의 규칙은 **진리표**(truth table, 표 11)를 따르며, R의 논리연산에서 피연산자의 값이 0이면 거짓(FALSE), 이외의 값이면 참(TRUE)으로 간주한다.

표 10 **논리연산자**

| 형태 | 기능 | 형태 | 기능 |
|---|---|---|---|
| ! | 논리부정(NOT) | \| | 논리합(OR)−모든 원소 |
| & | 논리곱(AND)−모든 원소 | \|\| | 논리합(OR)−첫 번째 원소 |
| && | 논리곱(AND)−첫 번째 원소 | | |

**표 11 진리표**

| 피연산자 | | 논리연산자 | | |
|:---:|:---:|:---:|:---:|:---:|
| X | Y | NOT X (!X) | X AND Y (X&Y) | X OR Y (X\|Y) |
| T | T | F | T | T |
| T | F | F | F | T |
| F | T | T | F | T |
| F | F | T | F | F |

〈R 예제 21〉

| | |
|---|---|
| > 1&1<br>[1] TRUE<br>> 1&0<br>[1] FALSE<br>> !1<br>[1] FALSE | > X <- c(1,0,1)<br>> Y <- c(T,T,F)<br>> X&Y<br>[1] TRUE FALSE FALSE<br>> X\|Y<br>[1] TRUE TRUE TRUE |

**2) 주요 수학함수**

주요 수학함수의 목록은 표 12와 같다. R에서는 아래 제시된 26개보다도 훨씬 많은 수학함수를 제공하고 있지만, 이 책에서는 기초적인 수학 연산이나 경영·경제 분석에 자주 활용하는 수학함수를 중심으로 소개하므로 더 많은 정보를 확인하고 싶은 독자는 R 홈페이지의 매뉴얼을 참고하기 바란다.

**표 12 주요 수학함수**

| 번호 | 함수 | 기능 | 번호 | 함수 | 기능 |
|:---:|:---:|:---|:---:|:---:|:---|
| 1 | sum( ) | 모든 원소의 합 | 14 | pmin( ) | 병렬 최솟값 |
| 2 | abs( ) | 절댓값 | 15 | choose( ) | 조합(combination) |
| 3 | sqrt( ) | 제곱근 | 16 | factorial( ) | 순열(factorial) |
| 4 | max( ) | 최댓값 | 17 | beta( ) | 베타함수 |
| 5 | min( ) | 최솟값 | 18 | gamma( ) | 감마함수 |
| 6 | prod( ) | 모든 원소의 곱 | 19 | exp( ) | 지수함수 |
| 7 | range( ) | 범위 | 20 | log( ) | 자연로그함수 |
| 8 | sign( ) | 부호 확인 | 21 | log10( ) | 상용로그함수 |
| 9 | ceiling( ) | 올림 | 22 | sin( ) | 사인함수 |
| 10 | floor( ) | 버림 | 23 | cos( ) | 코사인함수 |
| 11 | trunc( ) | 소수점 이하 버림 | 24 | tan( ) | 탄젠트함수 |
| 12 | round( ) | 소수점 이하 반올림 | 25 | union( ) | 합집합함수 |
| 13 | pmax( ) | 병렬 최댓값 | 26 | intersect( ) | 교집합함수 |

〈R 예제 22〉

```
> x <- c(7,3,5,8,6,5)          > choose(4,2) #15
> sum(x) #1                     [1] 6
[1] 34                          > factorial(5) #16
> max(x) #4                     [1] 120
[1] 8                           > exp(1) #19
> range(x) #7                   [1] 2.718282
[1] 3 8                         > tan(pi/4) #24
                               [1] 1
```

### 3) 주요 통계함수

기초 통계분석에서 주로 사용하는 통계함수는 기본적인 통계량을 반환하는 함수와 확률분포와 관련된 함수로 구분될 수 있다. 먼저 기본적인 통계량을 반환하는 함수들에 대해 살펴보자. 주요 수학함수와 마찬가지로, 더 많은 통계 관련 함수들에 대한 정보가 필요하면 R 홈페이지의 매뉴얼을 참고할 수 있다.

**표 13  주요 통계함수**

| 번호 | 함수 | 기능 | 번호 | 함수 | 기능 |
|------|------|------|------|------|------|
| 1 | mean( ) | 산술평균 | 9 | cor( ) | 상관계수 |
| 2 | sort( ) | 오름(내림)차순 정렬 | 10 | summary( ) | 요약 통계량 |
| 3 | median( ) | 중앙값 | 11 | cumsum( ) | 누적합 |
| 4 | quantile( ) | 분위수 | 12 | sumprod( ) | 누적곱 |
| 5 | diff( ) | 원소 사이의 차이 | 13 | lag( ) | 시차 지연 |
| 6 | var( ) | 분산 | 14 | rowMeans( ) | 행렬의 행별 평균 |
| 7 | sd( ) | 표준편차 | 15 | colMeans( ) | 행렬의 열별 평균 |
| 8 | cov( ) | 공분산 | | | |

〈R 예제 23〉

```
> GDP.rate <- c(2.8,2.9,3.2,2.9,2.0) #Gross Domestic Product
> CPI <- c(100.00,100.97,102.93,104.45,104.85)
  # Consumer Price Index
> mean(GDP.rate) #1 mean( ) 함수 사용
[1] 2.76
> cor(GDP.rate,CPI) #9 cor( ) 함수 사용
[1] -0.4284162
> summary(GDP.rate) #10 summary( ) 함수 사용
  Min.  1st Qu.  Median  Mean  3rd Qu.  Max.
  2.00   2.80    2.90   2.76   2.90    3.20
```

### 4) 확률분포와 관련된 통계함수

R에서는 여러 확률밀도함수를 이용한 계산이 가능하도록 다양한 형태의 함수를 제공한다. 여기서는 이 책에서 다루고 있는 확률밀도함수에 관한 내용만 다루도록 하자.

**표 14 확률분포와 관련된 통계함수**

| 번호 | 분포(distribution) | | R 함수 | 인수(arguments) |
|---|---|---|---|---|
| 1 | binomial | 이항분포 | binom | size, prob |
| 2 | chi-square | $\chi^2$-분포 | chisq | df, ncp |
| 3 | exponential | 지수분포 | exp | rate |
| 4 | F | $F$-분포 | f | df1, df2, ncp |
| 5 | geometric | 기하분포 | geom | prob |
| 6 | normal | 정규분포 | norm | mean, sd |
| 7 | poisson | 포아송분포 | pois | lambda |
| 8 | Student's t | $t$-분포 | t | df, ncp |
| 9 | uniform | 균등분포 | unif | min, max |

한편, 위와 같이 다양한 통계분포가 제공되더라도, 이로부터 우리가 원하는 통계량을 도출하자면 함수의 이름 앞에 **접두사**(prefix)를 붙여 구체적인 함수의 형태를 지정해주어야 한다. 통계분포와 관련된 접두사 목록은 표 15와 같으며 사용법은 〈R 예제 24〉를 참조할 수 있다.

**표 15 통계함수의 접두사**

| 접두사 | 기능 | 접두사 | 기능 |
|---|---|---|---|
| d | 확률밀도함수의 확률값, $f(x)$ | q | 누적분포함수의 역함수 값, $F^{-1}(x)$ |
| p | 누적분포함수의 확률값, $F(x)$ | r | 무작위 난수(임의수) 생성 |

〈R 예제 24〉

```
> pnorm(1.645,0,1) #P(Z<1.645)
[1] 0.9500151
> qnorm(0.95,0,1) #P(Z<K)=0.95에서 K
[1] 1.644854
> rt(n=10,df=10) #자유도 10의 t-분포에서 난수 10개 추출
 [1] -1.8923871  0.4220588  2.2187272 -0.3388410
 [5] -0.4636670 -0.6097865  0.9462240  3.2848409
 [9] -0.3046642  0.2187810
```

## 6. 자료의 입력 및 출력

지금까지는 필요한 데이터를 R에서 직접 입력하여 분석을 수행했지만, 데이터의 크기가 큰 경우 직접 입력하는 것이 현실적으로 쉽지 않다. R에서는 다양한 외부 소스(source)로부터 자료를 불러오고 연산 결과를 다양한 형태로 외부 소스에 출력할 수 있는 기능들이 내장되어 있다. 이 절에서는 가장 널리 활용되는 텍스트 파일과 엑셀 파일을 기준으로 이들 기능에 대해 살펴본다.

### 1) 텍스트 파일의 입력 및 출력

#### (1) 텍스트 파일로부터 자료 불러오기

텍스트 파일에 저장된 데이터를 R의 작업공간으로 불러오기 위해서는 주로 scan() 함수와 read.table() 함수를 사용할 수 있다. scan() 함수는 벡터의 형태로 저장된 데이터를 불러올 때 주로 사용되며, read.table() 함수는 2차원 구조로 저장된 데이터를 불러올 때 유용하게 사용된다. 그러면 scan() 함수의 사용방법부터 살펴보자. 이 함수가 포함하고 있는 인수에 대한 설명은 표 16과 같다.

**표 16 파일에 입력된 벡터 구조의 데이터를 불러오는 함수 : scan()**

| 형태 | | scan(file, what, sep) |
|---|---|---|
| 인수 | file | 파일을 불러올 디렉터리 경로를 입력한다. |
| | what | 입력될 데이터의 유형을 지정한다. |
| | sep | 데이터의 구분기호[""(공백), ","(쉼표), "\t"(탭)]를 입력한다. 기본값은 ""(공백)이다. |

예를 들어, 디렉터리 경로 'c:/rdata에 input.sample.txt'라는 이름의 텍스트 파일이 저장되어 있으며, 이 파일 안에 그림 10과 같은 데이터가 저장되어 있다고 하자. scan() 함수를 이용하여 데이터를 불러오는 과정은 〈R 예제 25〉에 소개되어 있으며, what 인수에 아무것도 입력하지 않으면 숫자를, 큰따옴표(" ")를 입력하면 문자를 읽어온다.

**그림 10 텍스트 파일에 입력된 데이터(벡터)**

〈R 예제 25〉

```
> x<-scan(file="c:/rdata/input.sample.txt",what="")
Read 9 items
> x
[1] "KIM"  "LEE"  "PARK" "CHOI" "CHUNG" "YOO"
[7] "KANG" "AHN"  "WHANG"
```

이번에는 read.table() 함수를 사용하여 2차원 구조의 자료를 불러오는 방법에 대해 살펴보자. 이 함수가 포함하고 있는 인수에 대한 설명은 표 17과 같다.

**표 17  파일에 입력된 행렬 구조의 데이터를 불러오는 함수 : read.table()**

| 형태 | | read.table(file, header, sep, row.names) |
|---|---|---|
| 인수 | file | 파일을 불러올 디렉터리 경로를 입력한다. |
| | header | 첫 행 변수이름 사용 옵션이다. |
| | sep | 데이터의 구분기호(" "(공백), ","(쉼표), "\t"(탭))를 입력한다. 기본값은 " "(공백)이다. |
| | row.names | 행의 이름을 지정한다. |

 예를 들어, 디렉터리 경로 c:/rdata에 📄input.sample.txt라는 이름의 텍스트 파일이 저장되어 있으며, 이 파일 안에 그림 11과 같은 데이터가 저장되어 있다고 하자. read.table() 함수를 이용하여 데이터를 불러오는 과정은 〈R 예제 26〉에 소개되어 있으며, **header** 인수에 T(TRUE)를 입력하면 데이터의 첫 행을 변수이름으로 읽어온다.

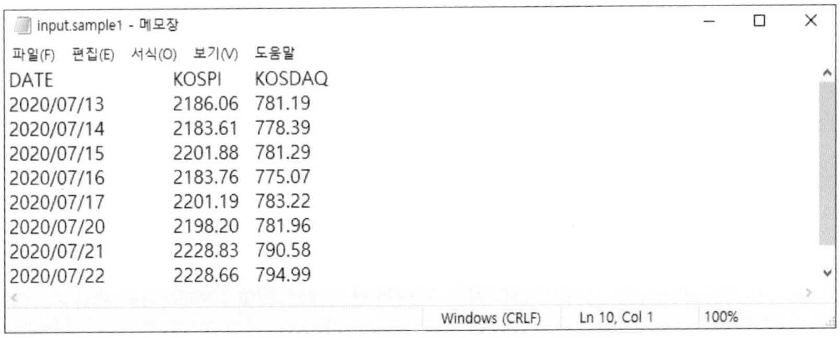

```
📄 input.sample1 - 메모장                                    —  □  ×
파일(F)  편집(E)  서식(O)  보기(V)  도움말
DATE            KOSPI   KOSDAQ
2020/07/13      2186.06  781.19
2020/07/14      2183.61  778.39
2020/07/15      2201.88  781.29
2020/07/16      2183.76  775.07
2020/07/17      2201.19  783.22
2020/07/20      2198.20  781.96
2020/07/21      2228.83  790.58
2020/07/22      2228.66  794.99

                        Windows (CRLF)   Ln 10, Col 1   100%
```

**그림 11  텍스트 파일에 입력된 데이터(행렬)**

〈R 예제 26〉

```
> y<-read.table(file="c:/rdata/input.sample1.txt",header=T)
> y
        DATE KOSPI KOSDAQ
1 2020/07/13 2186.06 781.19
2 2020/07/14 2183.61 778.39
3 2020/07/15 2201.88 781.29
4 2020/07/16 2183.76 775.07
5 2020/07/17 2201.19 783.22
6 2020/07/20 2198.20 781.96
7 2020/07/21 2228.83 790.58
8 2020/07/22 2228.66 794.99
```

### (2) 텍스트 파일로 자료 내보내기

R에서 작업한 내용을 텍스트 파일에 저장하기 위해서는 주로 cat() 함수와 write.table() 함수를 사용할 수 있다. cat() 함수는 벡터의 형태로 저장된 데이터를 내보낼 때 주로 사용되며, write.table() 함수는 2차원 구조로 저장된 데이터를 내보낼 때 유용하게 사용된다. cat() 함수가 포함하고 있는 인수에 대한 설명은 표 18과 같다.

표 18 벡터 구조의 데이터를 외부 파일에 출력하는 함수 : cat()

| 형태 | | cat(⋯, file, sep) |
|---|---|---|
| 인수 | ⋯ | 저장할 데이터를 입력한다. |
| | file | 데이터를 저장할 디렉터리 경로를 입력한다. |
| | sep | 데이터의 구분기호("" (공백), "," (쉼표), "\t" (탭))를 입력한다. 기본값은 "" (공백)이다. |

다음은 〈R 예제 18〉에서 생성한 WTI 자료를 다음 〈R 예제 27〉과 같이 wti.txt라는 이름의 텍스트 파일로 디렉터리 경로 c:/rdata에 저장해보자. 그 결과는 그림 12와 같다.

〈R 예제 27〉

```
> cat(WTI,file="c:/rdata/wti.txt")
```

그림 12 텍스트 파일에 출력된 데이터(벡터)

그리고 **write.table()** 함수가 포함하고 있는 인수에 대한 설명은 표 19와 같다.

표 19 행렬 구조의 데이터를 외부 파일에 출력하는 함수 : write.table()

| 형태 | | write.table(x, file, sep) |
|---|---|---|
| 인수 | ⋯ | 저장할 데이터를 입력한다. |
| | file | 데이터를 저장할 디렉터리 경로를 입력한다. |
| | sep | 데이터의 구분기호["" (공백), "," (쉼표), "\t" (탭)]를 입력한다. 기본값은 "" (공백)이다. |

다음은 〈R 예제 17〉에서 생성한 dat 자료를 〈R 예제 28〉과 같이 dat.txt라는 이름의 텍스트 파일로 디렉터리 경로 c:/rdata에 저장해보자. 그 결과는 그림 13과 같다.

〈R 예제 28〉

```
> write.table(dat,file="c:/rdata/dat.txt")
```

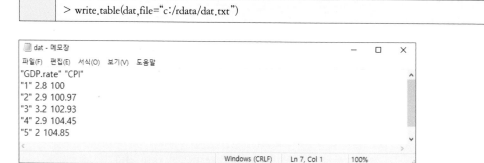

그림 13 텍스트 파일에 출력된 데이터(행렬)

## 2) 엑셀 파일의 입력 및 출력

### (1) 엑셀 파일로부터 자료 불러오기

일반적으로 엑셀 파일의 확장자명은 버전에 따라 '.xls' 또는 '.xlsx'로 저장된다. 그러나 R에서 이들 확장자명을 가진 파일을 대상으로 자료를 입력받거나 출력하려면 **패키지**(package)[15]를 설치해야 하며, 약간 까다로운 절차를 통해 작업을 수행해야 한다. 다행히도 엑셀 파일을 '.csv' 확장자로 다시 저장하는 간단한 수고를 들이면 R에 내장된 함수로 편리하게 자료를 불러올 수 있다. 그러면 먼저 엑셀 파일의 확장자명을 '.csv'로 변경한 후 R에 불러오는 과정을 살펴보자. input.sample2.xlsx라는 엑셀 파일이 디렉터리 경로 c:/rdata에 저장되어 있으며, 그림 14와 같은 데이터를 수록하고 있다고 하자.

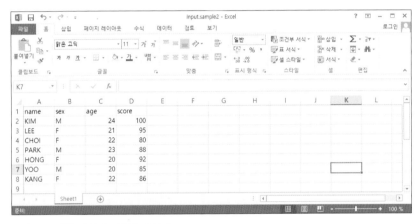

**그림 14** 엑셀 파일에 저장된 데이터

여기서 **파일** 메뉴를 누른 후 **다른 이름으로 저장 → 컴퓨터** 항목을 누르면 그림 15와 같이 **다른 이름으로 저장** 창이 활성화되는데, 파일 형식을 CSV(**쉼표로 분리**)로 설정한 후 **저장** 버튼을 누르면 input.sample2.csv로 새롭게 저장된다.

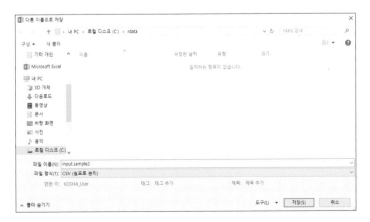

**그림 15** 다른 이름으로 저장(.csv)

---

[15] 패키지에 관한 내용은 이 부록의 8절에서 다시 다룬다.

엑셀 파일로부터 자료를 불러오기 위해서는 〈R 예제 29〉와 같이 read.csv() 함수를 사용할 수 있으며, 이 함수가 포함하고 있는 인수에 대한 설명은 read.table() 함수와 같으므로 표 17을 참고하기 바란다.

〈R 예제 29〉

```
> read.csv(file="c:/rdata/input.sample2.csv",header=T)
  name sex age score
1 KIM   M  24  100
2 LEE   F  21   95
3 CHOI  F  22   80
4 PARK  M  23   88
5 HONG  F  20   92
6 YOO   M  20   85
7 KANG  F  22   86
```

### (2) 엑셀 파일에 자료 내보내기

엑셀 파일(.csv)에 자료를 내보내기 위해서는 **write.csv()** 함수를 사용할 수 있으며, 이 함수가 포함하고 있는 인수는 **write.table()** 함수와 같으므로 표 19를 참고하기 바란다. 〈R 예제 17〉에서 생성한 dat 자료를 dat.csv라는 이름의 엑셀 파일로 디렉터리 경로 c:/rdata에 저장하는 방법과 결과는 다음과 같다.

〈R 예제 30〉

```
> write.csv(dat,file="c:/rdata/dat.csv")
```

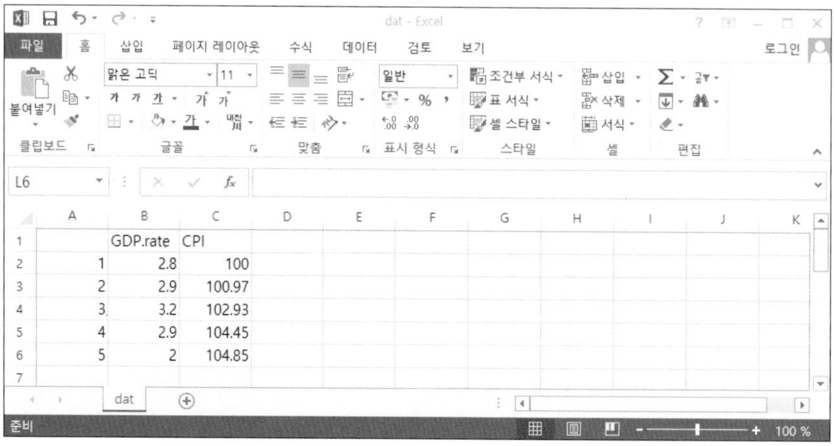

**그림 16** 엑셀 파일에 출력된 데이터(.csv)

## 7. R을 이용한 그래프 작성

그래프는 방대한 자료의 특성을 간결하고 정확하게 표현해주기 때문에 통계분석 과정에 꼭 필요한 요소이며, R 역시 다양하고도 강력한 그래픽 기능을 제공한다. 이 절에서는 제3장의 그래프 분석 과정에서 주로 사용되는 원 그림표, 막대 그림표, 히스토그램, 산포도, 선 그림표 등을 R에서 표현하는 방법들에 대해 살펴본다. 참고로 R은 이 밖에도 다양한 그래프의 형태를 제공하며, 생성된 그래프의 형태를 제어할 수 있는 저수준 및 고수준 함수들과 다양한 인수들을 포함한다.

### 1) 원 그림표

**원 그림표**(pie chart)는 관측 대상이 되는 전체 집단을 원의 전체면적으로 나타내고, 특성에 따라 구분될 수 있는 계급의 집단을 파이(pie) 조각 면적으로 나타낸다. 원 그림표를 생성하는 함수는 **pie()**이며, R에 기본으로 내장된 **datasets** 패키지에 포함되어있는 HairEyeColor 자료를 이용하여 원 그림표를 그려보자. 검은색 머리카락을 가진 남학생의 눈동자 색깔 분포를 원 그림표로 생성하는 방법과 결과는 다음과 같다.

〈R 예제 31〉

```
> HairEyeColor
, , Sex = Male
      Eye
Hair    Brown Blue Hazel Green
  Black    32  11   10    3
  Brown    53  50   25   15
  Red      10  10    7    7
  Blond     3  30    5    8

, , Sex = Female
      Eye
Hair    Brown Blue Hazel Green
  Black    36   9    5    2
  Brown    66  34   29   14
  Red      16   7    7    7
  Blond     4  64    5    8

> pie(HairEyeColor[1,,1])
```

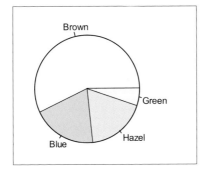

**그림 17** 원 그림표

### 2) 막대 그림표

이번에는 같은 자료를 이용하여 막대 그림표(bar chart)를 그려보자. **막대 그림표**는 자료의 그래프적 표현에서 매우 보편적으로 사용되며, 수치의 크기를 막대의 높이로 표현한다. 막대 그림표를 생성하는 함수는 **barplot()**이며, 다음 예제는 검은색 머리카락을 가진 남학생의 눈동자 색깔 분포를 막대 그림표로 생성하는 방법과 결과를 보여준다. 참고로 R의 그래프 제목은 인수 **main**을 이용하여 입력할 수 있으며, 다음 예제에서는 차트 제목으로 "Black Hair, Male"을 입력하였다. 물론 차트 제목으로 한글을 사용할 수 있으며 인수 **main**=다음에 큰따옴표(" ")를 사용한 한글을 입력하면 된다.

〈R 예제 32〉

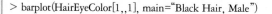

```
> barplot(HairEyeColor[1,,1], main="Black Hair, Male")
```

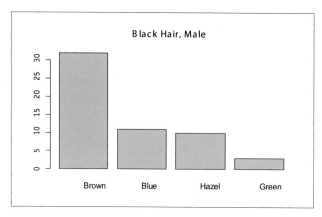

**그림 18** 막대 그림표

### 3) 히스토그램

**히스토그램**(histogram)은 막대 그림표와 형태가 같지만, 계급에 속하는 상대도수를 막대의 크기(넓이)로 나타내어 각 계급의 상대적 비율을 쉽게 파악할 수 있도록 한 것이다. 이번에는 **datasets** 패키지에 포함된 trees라는 객체에서 높이(height) 자료를 이용하여 히스토그램을 그려보자. 히스토그램을 생성하는 함수는 **hist()**이며, 인수 **freq**에 T를 입력하면 절대도수를, F를 입력하면 상대도수를 나타내준다.

〈R 예제 33〉

```
> head(trees,n=10)
   Girth Height Volume
1   8.3    70   10.3
2   8.6    65   10.3
3   8.8    63   10.2
4  10.5    72   16.4
5  10.7    81   18.8
6  10.8    83   19.7
7  11.0    66   15.6
8  11.0    75   18.2
9  11.1    80   22.6
10 11.2    75   19.9
> hist(trees$Height,main="histogram, height",freq=F)
```

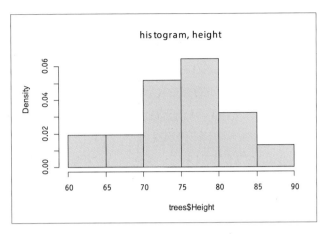

**그림 19** 히스토그램

### 4) 산포도

산포도(scatter plot)는 두 변수의 관계를 효과적으로 나타내주기 때문에 매우 유용한 시각적 분석 도구로 활용될 수 있다. 산포도는 **plot()** 함수로 생성할 수 있으며, trees 객체에서 나무의 지름과 높이의 관계를 산포도로 살펴보고 싶다면 다음 예제와 같이 명령문을 입력하면 된다.

〈R 예제 34〉

```
plot(trees$Girth,trees$Height, main="girth and height")
```

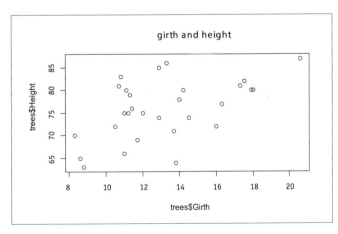

**그림 20** 산포도

### 5) 선 그림표

이번에는 시계열 자료를 사용하여 선 그림표(line chart)를 생성해보자. **datasets** 패키지에 포함된 객체 UKgas에는 1960년 1분기부터 1981년 4분기까지 영국의 분기별 가스 소비량(단위 : 100만) 데이터가 시계열의 형태로 저장되어 있다. 시계열자료의 선 그림표는 **plot()** 함수로 생성할 수 있으며, 결과는 다음 예제와 같다.

〈R 예제 35〉

```
plot(UKgas, main="line chart, UK gas")
```

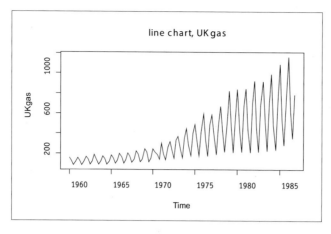

**그림 21** 선 그림표

## 8. 패키지

R에서 사용자에게 필요한 수많은 데이터 객체와 함수를 그 기능과 목적에 맞게 구분하여 하나로 묶은 것을 **패키지**(package)라고 한다. R에서 패키지의 역할은 마치 스마트폰에서 애플리케이션의 역할과도 같다. 그 이유는 패키지와 애플리케이션 모두 특정한 목적을 수행하기 위해 고안된 프로그램의 집합체이며, 사용자에게 시스템 사용의 효용을 높여준다는 점에서 공통점을 갖기 때문이다. 패키지는 일반적으로 편의에 따라 **표준패키지**(standard package)와 **기부패키지**(contributed package)로 구분될 수 있다. 표준패키지는 별도의 설치나 실행과정 없이 R 프로그램의 실행과 동시에 활성화되며, 표 20과 같이 총 7개의 패키지로 구성되어 있다.

**표 20  R의 표준 패키지**

| 패키지명 | 설명 |
|---|---|
| base | 산술연산, 데이터 입/출력 등 프로그래밍에 사용되는 기본적인 함수 제공 |
| datasets | 다양한 데이터 세트를 제공 |
| grDevices | 그래픽 장치와 각종 색상 및 글꼴 관련 기능을 제공 |
| graphics | 기초 그래픽 관련 함수를 제공 |
| methods | 객체의 표현 방식인 클래스와 연산 방식인 메소드를 제공 |
| stats | 통계 연산과 난수(임의수) 생성을 위한 함수 제공 |
| utils | 각종 유틸리티 함수를 제공 |

한편 R 사용자는 표준 패키지 외에도 **CRAN**(Comprehensive R Archive Network)을 통해 제공되는 기부패키지를 무료로 설치하여 사용할 수 있다. 기부패키지는 다양한 학문 분야에 종사하는 전 세계 수많은 사용자에 의해 실시간으로 제작 및 기부되며, 제작되는 패키지의 크기가 방대한 경우 **프로젝트**(project)를 구성하여 공동으로 작업을 수행하기도 한다. 현재 R CRAN에 기부되어 공유되고 있는 기부패키지의 수는 약 1만 6,055개에 달하며, R 사용자의 지속적 증가 추세로 인해 기부패키지의 수도 계속 증가하고 있다. CRAN에서 공유되는 패키

지들은 대부분 고급 통계분석에 필요한 패키지이지만 이 절에서는 패키지의 사용법을 이해할 수 있도록 시계열 분석에 자주 사용되는 **TTR**(technical trading rules) 패키지의 설치와 실행, 그리고 이 패키지에서 제공하는 함수의 사용 예제를 간략히 살펴보고자 한다.

### 1) 패키지의 설치 및 실행

패키지는 R의 인터넷 저장소 및 서버 역할을 하는 CRAN을 통해 다운로드할 수 있으며, R이 설치된 디렉터리(일반적으로 c:/ProgramFiles/R/R-버전) 내의 **library** 폴더에 설치된다. 패키지의 설치는 **install.packages()** 함수를 사용하거나 **Tools**(도구) 메뉴의 **Install Packages**(패키지 설치)를 통해 설치할 수 있다. 함수를 사용하는 것이 간편하므로, 여기서는 함수를 이용한 설치 방법을 이용하여 TTR 패키지를 설치해 보자.

〈R 예제 36〉

```
> install.packages("TTR")
 - 이하 생략 -
```

설치된 패키지의 기능을 이용하기 위해서는 **library()** 함수를 이용하여 설치된 패키지의 기능을 활성화해야 한다.

〈R 예제 37〉

```
> library(TTR)
```

### 2) 패키지에 포함된 데이터 조회 및 로드

패키지에 포함된 함수는 패키지 기능의 활성화와 동시에 객체화되어 바로 사용할 수 있지만, 패키지에 수록된 자료 객체인 데이터 세트는 **data()** 함수를 사용하여 다음과 같은 로드 과정을 거쳐야 한다.

〈R 예제 38〉

```
> data(package="TTR")
```

```
R data sets

Data sets in package 'TTR':

ttrc                    Technical Trading Rule Composite data
```

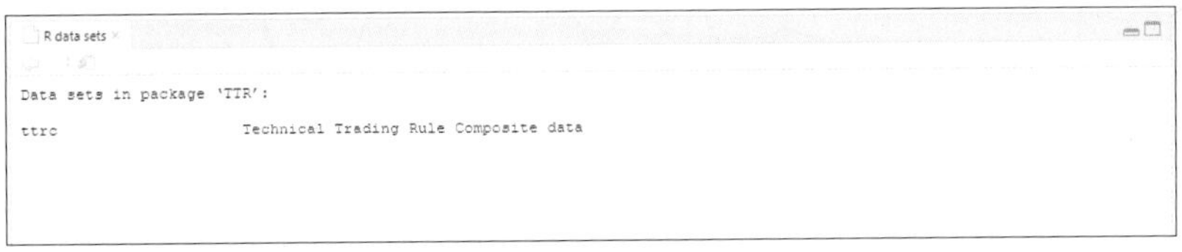

**그림 22** 패키지에 포함된 데이터 조회 결과

**ttrc** 데이터를 사용하고 싶다면 **data()** 함수에 해당 데이터 세트의 이름을 입력하고 package 인수에 패키지 이름을 다음과 같이 입력하면 된다. 참고로 **ttrc**는 1985년 1월 2일부터 2006년 12월 31일까지 주식의 시가(open), 고가(high), 저가(low), 종가(close), 그리고 거래량 변수를 관측한 자료이다.

⟨R 예제 39⟩

```
> data(ttrc,package="TTR")
> head(ttrc,n=10)
      Date Open High Low Close Volume
1  1985-01-02  3.18  3.18  3.08  3.08  1870906
2  1985-01-03  3.09  3.15  3.09  3.11  3099506
3  1985-01-04  3.11  3.12  3.08  3.09  2274157
4  1985-01-07  3.09  3.12  3.07  3.10  2086758
5  1985-01-08  3.10  3.12  3.08  3.11  2166348
6  1985-01-09  3.12  3.17  3.10  3.16  3441798
7  1985-01-10  3.16  3.23  3.14  3.22  7550748
8  1985-01-11  3.23  3.29  3.20  3.23  4853312
9  1985-01-14  3.23  3.33  3.22  3.32  5814825
10 1985-01-15  3.32  3.33  3.28  3.30  8373172
```

### 3) 패키지에 포함된 함수 사용

앞서 설명한 바와 같이 패키지에 포함된 함수는 패키지 기능이 활성화됨과 동시에 바로 사용할 수 있다. 그러면 TTR 패키지에 포함된 **SMA()** 함수를 사용하여 **ttrc** 객체의 2006년 12월 종가 자료에 대한 3기간과 6기간 **이동평균**(moving average)[16]을 구해보도록 하자.

⟨R 예제 40⟩

```
>ttrc12<-ttrc[ttrc$Date>="2006-12-01",] #2006년 12월 이후 자료 추출
>close<-ts(ttrc12$Close)            #2006년 12월 이후 종가 추출
>plot(close,lwd=2,main="Moving Average") #이동평균 선 그림표
>lines(SMA(close,n=3),lwd=2,lty=2,col="red")
>lines(SMA(close,n=6),lwd=2,lty=6,col="blue")
>legend(1,52.6,legend=c("original","n=3","n=6"),lty=c(1,2,6),
    col=c("black","red","blue"))      # 범례 입력
```

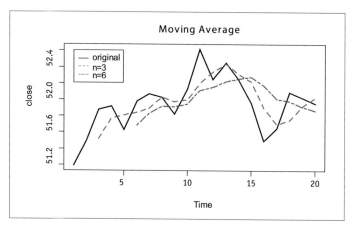

**그림 23** 3기간 및 6기간 이동평균

---

[16] 시계열의 이동평균의 개념에 관해서는 이 책의 제15장에서 자세히 다룬다.

## 4) 도움말 및 업데이트

R에서 도움말은 **help()** 함수를 사용하여 조회할 수 있는 것처럼 패키지에 대한 도움말 역시 **help()** 함수를 사용하여 조회할 수 있다.

〈R 예제 41〉

```
> help(package="TTR")
```

**Technical Trading Rules**

Documentation for package 'TTR' version 0.23-6

- DESCRIPTION file.

Help Pages

| | |
|---|---|
| TTR-package | Functions to create Technical Trading Rules (TTR) |
| %D | Stochastic Oscillator / Stochastic Momentum Index |
| %K | Stochastic Oscillator / Stochastic Momentum Index |
| adjRatios | Split and dividend adjustment ratios |
| adjust | Split and dividend adjustment ratios |
| ADX | Welles Wilder's Directional Movement Index |
| ALMA | Moving Averages |

**그림 24** 패키지 도움말

그리고 패키지의 업데이트는 **update.package()** 함수로 수행한다.

〈R 예제 42〉

```
> update.packages("TTR")
```

## 5) 패키지 종료 및 제거

실행 중인 패키지의 기능을 종료하고 싶다면 다음과 같이 **detach()** 함수를 사용하여 패키지의 기능을 비활성화할 수 있다. 비활성화 후에 패키지의 기능을 다시 사용하고 싶다면 앞서 설명한 바와 같이 **library()** 함수를 사용하면 된다.

〈R 예제 43〉

```
> detach("package:TTR", unload = TRUE)
```

만약 설치한 패키지를 라이브러리에서 삭제하고 싶다면 아래와 같이 **remove.packages()** 함수를 사용할 수 있다.

〈R 예제 44〉

```
> remove.packages("TTR")
Removing package from 'C:/Users/Documents/R/win-library/4.0'
(as 'lib' is unspecified)
```

## 9. R 코드 입력 파일의 생성 및 저장

R 코드(code)를 입력하기 위해 RStudio의 **File** 메뉴에 제공되는 **R Script** 기능을 이용할 수 있다. 우리는 기본적으로 **콘솔**(Console) 창(그림 26의 왼쪽 아래)에서 '>'로 시작하는 입력줄에 명령어나 표현식을 입력하지만, R의 함수 및 패키지 등을 사용하여 복잡하게 작성한 프로그램 코드를 입력하거나 입력한 코드를 파일로 저장해야 할 때는 **R Script** 파일을 생성하여 효율적으로 코드를 실행할 수 있다.

R Script는 그림 25와 같이 **File → New File → R Script**를 선택하거나 단축키 **Ctrl+Shift+N**을 누르면 그림 26과 같이 RStudio의 왼쪽 상단 창에 Untitled1*이라는 새 스크립트 파일이 활성화된다. 스크립트에 저장된 코드는 그림 26의 **Run** 버튼을 사용하여 명령어를 실행할 수 있으며 그 결과는 콘솔 창에 출력된다. 이 경우 스크립트 창의 커서가 위치한 줄의 명령어가 실행되며 모든 코드를 샐행하기 위해서는 **Code → Run Region → Run All**을 선택하거나 단축키 **Ctrl+Alt+R**을 누른다.

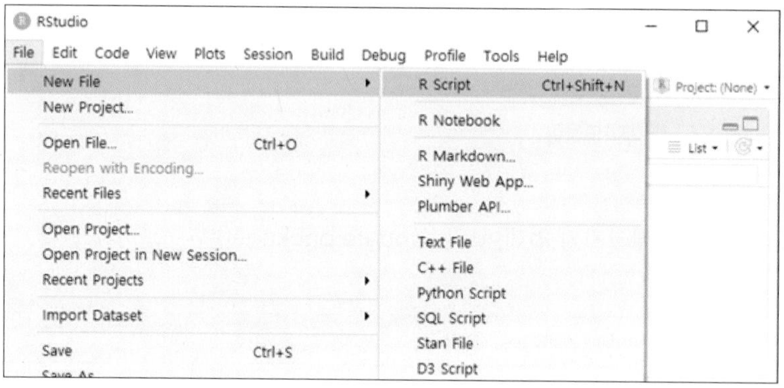

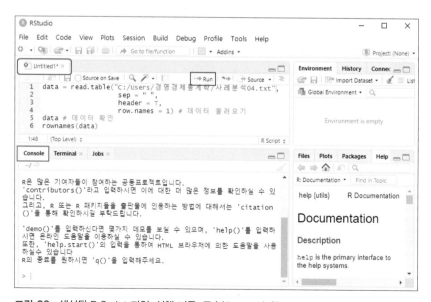

**그림 25** R Script 파일 선택 경로

**그림 26** 생성된 R Script 파일, 실행 버튼, 콘솔(Console) 창

이제 **Untitled1\***이라는 스크립트 파일에 입력한 코드[예를 들어,  사례분석04.txt 파일의 자료를 R로 불러오는 다음 예제(자세한 내용은 제4장 R활용 사례분석 참조)]를 '사례분석04.R'이라는 이름의 R Script 파일로 저장한다. 단, 주의 사항은 코드에 한글이 포함되어 있다면 **File → Save with Encoding···**을 선택한 후 나타난 **Choose Encoding** 창에서 다음 그림처럼 **UTF-8**을 선택하고 **Set as default encoding for source files**를 체크해야 한다. 만일 **Set as default encoding for source files**를 체크하지 않으면, 이 R Script 파일을 다시 불러올 때는 파일을 오픈한 다음 **File → Reopen with Encoding**을 실행하여 **UTF-8**을 선택해야 코드에 포함된 한글이 올바르게 표현된다.

〈R 예제 45〉

```
data = read.table("C:/Users/경영경제통계학/사례분석04.txt",
    sep = "",
    header = T,
    row.names = 1) # 데이터 불러오기
data # 데이터 확인
```

**그림 27** Choose Encoding 창에서 UTF-8을 선택하고 'Set as default encoding for source files'를 체크

**사례분석 1**

## 국내 증시는 고평가되어 있는가? 버핏지표 활용

출처 : www.businessinsider.com에서 인용 및 수정

세계에서 가장 성공한 투자자로 알려진 워런 버핏은 한 국가의 주식시장에 버블이 존재하는지 판단하기 위한 유용한 방법으로 주식시가총액과 GDP 비율을 제안하였다. 이 비율은 **버핏지표**(Buffett indicator)로도 알려져 있다.

버핏지표=
주식시가총액/GDP×100

과거 분석을 기준으로 하였을 때 버핏지표가 75% 이하이면 증시가 저평가되어 있고 90% 이상이면 고평가되어 있다고 일반적으로 판단한다. 특히 버핏지표가 120% 이상이면 증시에 버블이 존재한다고 판단할 수 있다. 과거 40년 동안 미국의 버핏지표를 살펴보면 심한 불황기였던 1982년 35%로 최저치를, 닷컴 버블로 간주되었던 2000년 148%로 최고치를 기록하였다.

● 우리나라 증시가 현재 고평가되었는지 판단하기 위해 버핏지표 관련 자료를 수집하고 통계분석을 수행해보자. 우선 우리나라 버핏지표의 과거부터 현재까지 추세를 그려보자.

1. 버핏지표를 계산하기 위해 주식시가총액과 GDP를 관심 변수로 설정한다.

2. 통계분석을 위해 설정한 변수들을 일정 기간 관측하여 수집한 자료를 인터넷 사이트를 통해 구할 수 있다. 주식시가총액에 대한 관측자료는 한국거래소 사이트(www.krx.co.kr)에서, 그리고 GDP에 대한 관측자료는 한국은행 경제통계시스템 사이트(ecos.bok.or.kr)에서 제공한다. 2004년부터 2019년까지 연도별로 관측된 자료는 사례자료 1–1과 같다.

3. 각 연도의 버핏지표 값을 계산하고 버핏지표 값 평균을 계산하여 분포의 집중화 경향을 알아보고, 기본적인 그래프 분석을 이용하여 버핏지표의 변화 추이를 파악할 수 있다.

4. 이처럼 간단한 통계분석을 통해 시계열적 추세를 명확하게 파악할 수 있을 뿐 아니라 앞으로 일어날 미래 상황을 어느 정도 예측할 수도 있다.

사례자료 1-1 **우리나라 시가총액, 명목 GDP, 버핏지표(2004~2019년)**

| 연도 | 시가총액(조 원) | 명목 GDP(조 원) | 버핏지표 |
|------|---------------|----------------|----------|
| 2004 | 443.7 | 908.4 | 48.8 |
| 2005 | 736.0 | 957.4 | 75.8 |
| 2006 | 776.7 | 1005.6 | 77.2 |
| 2007 | 1051.9 | 1089.7 | 96.5 |
| 2008 | 623.1 | 1154.2 | 54.0 |
| 2009 | 974.0 | 1205.3 | 80.8 |
| 2010 | 1237.0 | 1322.6 | 93.5 |
| 2011 | 1148.0 | 1388.9 | 82.7 |
| 2012 | 1263.0 | 1440.1 | 87.7 |
| 2013 | 1305.0 | 1500.8 | 87.0 |
| 2014 | 1335.0 | 1562.9 | 85.4 |
| 2015 | 1445.0 | 1658.0 | 87.2 |
| 2016 | 1510.0 | 1740.8 | 86.7 |
| 2017 | 1889.0 | 1835.7 | 102.9 |
| 2018 | 1572.0 | 1893.5 | 83.0 |
| 2019 | 1475.9 | 1913.9 | 77.1 |

참조 : 버핏지표=(금년도 시가총액/금년도 명목 GDP)×100
출처 : 한국은행경제통계시스템

● 다음으로 우리나라 버핏지표와 다른 국가의 버핏지표 자료를 수집하여 비교 · 분석하자.

1. 국가별 버핏지표 계산을 위한 최신 자료는 국가통계포털(http://kosis.kr)에서 수집할 수 있다.

2. 주요 국가의 버핏지표 값은 사례자료 1-2와 같다.

사례자료 1-2 **시가총액, 명목 GDP, 버핏지표(2018년)**

| 국가별 | 시가총액(10억 달러) | 명목 GDP(10억 달러) | 버핏지표 |
|--------|---------------------|---------------------|----------|
| 대한민국 | 1413.7 | 1725.4 | 81.9 |
| 중국 | 6324.9 | 13556.8 | 46.7 |
| 일본 | 5296.8 | 5159.8 | 102.7 |
| 미국 | 30436.3 | 20738.4 | 146.8 |
| 브라질 | 916.8 | 1840.2 | 49.8 |
| 프랑스 | 2366.0 | 2839.4 | 83.3 |
| 독일 | 1755.2 | 4105.0 | 42.8 |
| 스위스 | 1441.2 | 708.3 | 203.5 |

출처 : 국가통계포털

**사례분석 1**

# 자료 입력과 엑셀의 그래프 기능

이 사례분석은 간단한 통계량 계산과 그래픽 작업을 통해 엑셀의 사용법을 익히고 통계학의 유용성을 체험하는 데 목적이 있다. 제3장에서 자세히 배우게 될 자료의 시각적 표현 방법인 그래프는 계량화된 자료는 물론이고 어떤 대상의 성질을 나타내는 질적자료의 속성도 쉽게 이해할 수 있도록 해 준다. 따라서 이 사례분석에서는 엑셀을 쉽게 활용할 수 있는 그래프 작성법을 중심으로 살펴보고자 한다.

엑셀의 그래픽 기능은 어떤 통계프로그램 못지않게 잘 구성되어 있다. 특히 자료의 처리를 위해 특별히 고안된 기능이 많이 있으며, 사용자가 생각할 수 있는 대부분의 기능은 거의 다 제공될 것이다. 그러나 '천릿길도 한 걸음부터'라는 속담이 있듯이 이번 사례분석에서는 사용자가 엑셀을 처음 접하고 엑셀함수나 그래픽 기능을 한 번도 사용해 본 적이 없다고 가정하고 사용법을 과정별로 나누어 쉽게 설명할 것이다.

자료의 특성을 알기 위한 평균이나 분산과 같은 통계량을 계산하거나 그래픽을 그려보기 위해서는 먼저 사용자가 엑셀의 워크시트에 자료를 입력해야 한다.

## 1. 변수이름 및 자료 입력

사례자료 1-1의 내용을 참조하여 첫 열에는 연도를, 행에는 각 변수의 이름(시가총액, GDP)을 입력하고 각 셀에 해당하는 관측값들을 입력한다. 엑셀 시트에 자료를 입력하는 과정에서 숫자는 자동으로 오른쪽 정렬, 그리고 문자는 왼쪽 정렬이 이루어진다. 참고로 세 번째 변수 '버핏지표'의 경우 따로 시가총액과 GDP 자료를 이용하여 산출할 수 있으며, 버핏지표 열의 첫 번째 행(D2셀)에 '=시가총액/GDP×100'이 계산되도록 수식 '=B2/C2*100'을 입력한다. 다음 D2셀에 마우스를 대고 왼쪽 버튼을 누른 후 D17셀까지 이동한다. 이런 작업을 **드래깅**(dragging)이라고 하며, 결과는 그림 1처럼 해당 열에 각 연도별 한국의 버핏지표가 계산되어 모두 입력된다.[17]

---

[17] 드래깅 사용 대신 모든 연도의 버핏지표 값들을 더 편리하게 계산하는 방법이 있다. D2셀에서 셀 오른쪽 아래에 마우스를 대면 마우스 포인터 모양이 ✛에서 아래 그림처럼 +로 변하게 되는데, 이때 마우스 왼쪽 버튼을 더블 클릭하면 D2셀에서 D17셀까지 버핏지표 값이 한꺼번에 계산된다.

| 버핏 지표 |
|---|
| 48.8 |

| | A | B | C | D | E | F |
|---|---|---|---|---|---|---|
| D2 | | | | $f_x$ | =B2/C2*100 | |
| 1 | 연도 | 시가총액 | GDP(조 원) | 버핏지표 | | |
| 2 | 2004 | 443.7 | 908.4 | 48.8 | | |
| 3 | 2005 | 726.0 | 957.4 | 75.8 | | |
| 4 | 2006 | 776.7 | 1005.6 | 77.2 | | |
| 5 | 2007 | 1051.9 | 1089.7 | 96.5 | | |
| 6 | 2008 | 623.1 | 1154.2 | 54.0 | | |
| 7 | 2009 | 974.0 | 1205.3 | 80.8 | | |
| 8 | 2010 | 1237.0 | 1322.6 | 93.5 | | |
| 9 | 2011 | 1148.0 | 1388.9 | 82.7 | | |
| 10 | 2012 | 1263.0 | 1440.1 | 87.7 | | |
| 11 | 2013 | 1305.0 | 1500.8 | 87.0 | | |
| 12 | 2014 | 1335.0 | 1562.9 | 85.4 | | |
| 13 | 2015 | 1445.0 | 1658.0 | 87.2 | | |
| 14 | 2016 | 1510.0 | 1740.8 | 86.7 | | |
| 15 | 2017 | 1889.0 | 1835.7 | 102.9 | | |
| 16 | 2018 | 1572.0 | 1893.5 | 83.0 | | |
| 17 | 2019 | 1475.9 | 1913.9 | 77.1 | | |

**그림 1** 변수이름 및 자료 입력

이 그림을 보면 시가총액 열과 GDP 열의 단위 인 '조 원'이 보이지 않는다. 이렇게 셀 크기가 조정되지 않은 경우에는 **홈** 메뉴 표시줄의 **셀** 도구에서 **서식, 셀 서식**을 차례로 선택하면 그림 2와 같이 셀 서식 대화상자가 나타나고 **텍스트 조정**에서 필요한 옵션을 선택할 수 있다.

**그림 2** 셀 서식

| | A | B | C | D | E | F |
|---|---|---|---|---|---|---|
| B1 | | | | $f_x$ | 시가총액(조 원) | |
| 1 | 연도 | 시가총액(조 원) | GDP(조 원) | 버핏지표 | | |
| 2 | 2004 | 443.7 | 908.4 | 48.8 | | |
| 3 | 2005 | 726.0 | 957.4 | 75.8 | | |
| 4 | 2006 | 776.7 | 1005.6 | 77.2 | | |
| 5 | 2007 | 1051.9 | 1089.7 | 96.5 | | |
| 6 | 2008 | 623.1 | 1154.2 | 54.0 | | |
| 7 | 2009 | 974.0 | 1205.3 | 80.8 | | |
| 8 | 2010 | 1237.0 | 1322.6 | 93.5 | | |
| 9 | 2011 | 1148.0 | 1388.9 | 82.7 | | |
| 10 | 2012 | 1263.0 | 1440.1 | 87.7 | | |
| 11 | 2013 | 1305.0 | 1500.8 | 87.0 | | |
| 12 | 2014 | 1335.0 | 1562.9 | 85.4 | | |
| 13 | 2015 | 1445.0 | 1658.0 | 87.2 | | |
| 14 | 2016 | 1510.0 | 1740.8 | 86.7 | | |
| 15 | 2017 | 1889.0 | 1835.7 | 102.9 | | |
| 16 | 2018 | 1572.0 | 1893.5 | 83.0 | | |
| 17 | 2019 | 1475.9 | 1913.9 | 77.1 | | |

다음 그림은 **시가총액(조 원)**에 맞게 셀의 크기가 조정된 이후의 상태를 나타내며, 이러한 편집 작업은 자료를 다 입력한 이후에도 얼마든지 가능하다.

**그림 3** 셀 크기 조정 후

**그림 4** 엑셀시트 이름 바꾸기

이번에는 엑셀시트의 이름을 **Sheet1**에서 **자료**로 바꿔 보자. Sheet1에 마우스를 대고 왼쪽 버튼을 더블클릭하면 그림 4처럼 엑셀시트 이름의 배경이 회색으로 변화되며, 이때 원하는 엑셀시트 이름인 '자료'를 입력하면 엑셀시트의 이름이 **자료**로 바뀐다.

## 2. 엑셀함수를 이용한 평균 계산

각 변수의 평균을 계산하기 위해 엑셀이 제공하는 함수 중 **AVERAGE** 함수를 이용해 보자. 2004년부터 2019년까지 버핏지표의 평균을 계산하기 위해서 그림 5처럼 **D18**셀을 선택하고 수식 입력줄에 '=**AVERAGE(D2:D17)**'을 입력하면 평균 81.7이 계산된다. 이 계산 결과에 의하면 최근 16년 동안 우리나라의 주식은 적정하게 평가되었음을 알 수 있다. 참고로 2017년의 버핏지표 값은 102.9로 90을 넘어 2017년의 주가는 고평가되었다.

| D18 | | $f_x$ | =AVERAGE(D2:D17) | | |
|---|---|---|---|---|---|
| | A | B | C | D | E | F |
| 1 | 연도 | 시가총액(조 원) | GDP(조 원) | 버핏지표 | | |
| 2 | 2004 | 443.7 | 908.4 | 48.8 | | |
| 3 | 2005 | 726.0 | 957.4 | 75.8 | | |
| 4 | 2006 | 776.7 | 1005.6 | 77.2 | | |
| 5 | 2007 | 1051.9 | 1089.7 | 96.5 | | |
| 6 | 2008 | 623.1 | 1154.2 | 54.0 | | |
| 7 | 2009 | 974.0 | 1205.3 | 80.8 | | |
| 8 | 2010 | 1237.0 | 1322.6 | 93.5 | | |
| 9 | 2011 | 1148.0 | 1388.9 | 82.7 | | |
| 10 | 2012 | 1263.0 | 1440.1 | 87.7 | | |
| 11 | 2013 | 1305.0 | 1500.8 | 87.0 | | |
| 12 | 2014 | 1335.0 | 1562.9 | 85.4 | | |
| 13 | 2015 | 1445.0 | 1658.0 | 87.2 | | |
| 14 | 2016 | 1510.0 | 1740.8 | 86.7 | | |
| 15 | 2017 | 1889.0 | 1835.7 | 102.9 | | |
| 16 | 2018 | 1572.0 | 1893.5 | 83.0 | | |
| 17 | 2019 | 1475.9 | 1913.9 | 77.1 | | |
| 18 | | 1173.5 | 1411.1 | 81.7 | | |

**그림 5** 엑셀함수를 이용한 평균 계산

## 3. 그래프 그리기

엑셀에서 제공하는 그래픽 함수로는 2, 3차원 각종 차트 및 도표를 포함하여 많은 함수가 있다. 표준 기능으로 제공되는 종류가 17가지, 사용자 정의형으로 제공되는 종류가 20여 가지이고 여기에 각종 서식 기능까지 조합하면 꽤 많은 함수가 제공된다고 볼 수 있다.

이번 사례분석에서는 엑셀에서 제공하는 함수들 중 표준 종류를 이용하여 간단한 그래픽 작업만을 실행하도록 하겠다. 차트 생성 과정을 단계별로 살펴보면 다음과 같다.

☞ 먼저 그래프로 처리할 자료의 범위를 선택해야 한다. 즉 A1셀에 마우스를 대고 왼쪽 버튼을 누른 후 **D17**셀까지 이동하여 **드래깅**한다. 다음 그림과 같이 범위가 선택되었으면 **삽입** 탭의 도구 모음에서 파란색 사각형으로 표시된 🔳 **모든 차트 보기** 버튼을 선택한다. 또는 빨간색 사각형으로 표시된 부분에서 원하는 종류의 차트를 바로 선택할 수도 있다. 차트 만들기 버튼에 마우스를 대면 그림과 같이 화면에 **모든 차트 보기**라는 창이 나타난다.

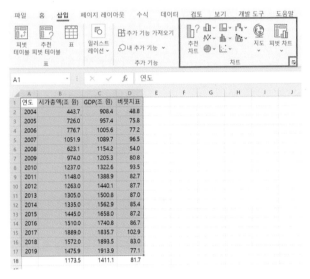

**그림 6** 차트 마법사 버튼

☞ 🔳 **모든 차트 보기** 아이콘을 클릭하면 **차트 삽입**이라는 대화상자가 그림 7처럼 나타난다. 그림을 보면 드래깅한 해당 자료에 가장 어울리는 차트를 2019 버전에서 선별하여 보여준다. 만약 원하는 차트가 없다면, **모든 차트** 목록을 선택한다. **모든 차트** 목록에는 세로 막대형, 꺾은선형, 원형, 가로 막대형, 영역형, 분산형, 주식형, 표면형, 도넛형, 거품형, 방사형 등 차트의 종류들이 나열되어 있고, 각 목록을 클릭하면 오른쪽으로 하위 차트 종류가 나열된다. 일단 **추천 차트 종류 목록**에서 그림처럼 **꺾은선형**을 선택한다.

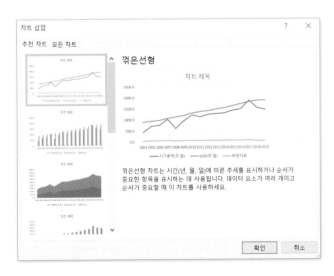

**그림 7** 차트 삽입

☞ **확인** 버튼을 누르면 다음 그림과 같이 차트가 생성된다. 이때 생성된 차트를 클릭하면 제목 표시줄에 추가로 **차트 도구**라는 목록과 함께 **(차트)디자인, 서식**이라는 메뉴들이 생성되는데, 이 메뉴들을 사용하여 생성된 차트를 편집할 수 있다.

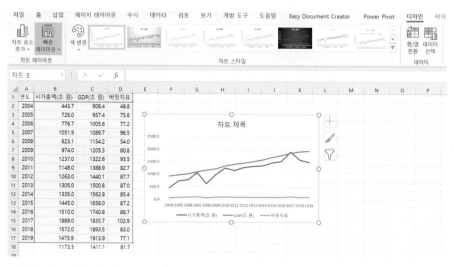

**그림 8** 차트 삽입 기능을 통해 생성된 차트

☞ 차트 도구에서 제공하는 메뉴들의 기능을 간단히 살펴보기로 하자. 우선 **(차트)디자인** 목록에서 나타나는 도구들을 살펴보면 다음과 같다.

1. **차트 종류 변경**을 선택하면 생성된 차트를 다른 종류의 차트로 변경할 수 있다.

2. **서식 파일로 저장**을 선택하면 생성된 차트만을 서식 파일로 저장할 수 있다.

3. **데이터 선택**을 클릭하면 다른 원본 데이터를 선택하여 차트를 수정할 수 있는데, 이때 그림 9와 같이 **데이터 원본 선택** 창이 나타나면 새로운 데이터를 선택하여 차트를 변경할 수 있다.

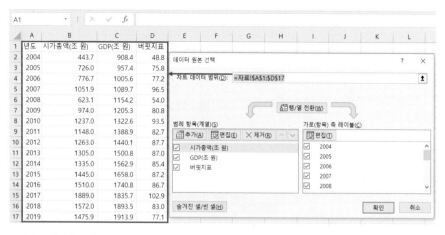

**그림 9** 데이터 선택

4. **행/열 전환**을 선택하면 선택된 데이터의 행/열을 전환하여 차트에 나타낸다.

5. **차트 스타일** 기능을 사용하면 생성된 차트의 디자인을 빠르게 변환할 수 있다.

6. **빠른 레이아웃** 기능을 사용하면 다음 그림과 같이 차트에 제목을 입력하거나 각 축에 이름을 삽입할 수도 있다. 물론 **차트 도구** 목록에서 **레이아웃** 메뉴를 선택하면 더욱 정밀한 레이아웃 기능을 사용할 수 있다.

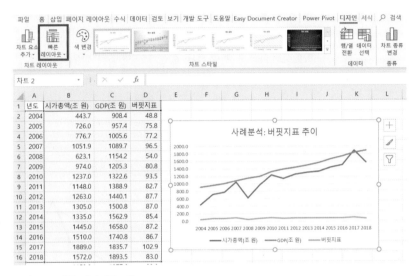

**그림 10** 빠른 레이아웃 기능

7. **차트 이동** : 생성된 차트를 작업 중인 시트 내에서 움직이기 위해서는 마우스로 드래그하여 이동시키면 되는데, 만약 이 차트를 새로운 시트로 옮기고 싶다면 **디자인**의 도구 목록 중 가장 오른쪽에 위치한 **차트 이동** 도구를 선택하면 된다. **차트 이동** 버튼을 누르면 만들어진 그래프를 어디에 나타낼 것인지를 묻는 창이 다음 그림과 같이 나타나고 **새 시트**와 **워크시트에 삽입**이라는 옵션이 표시된다. **새 시트**로는 차트 시트를 새롭게 만든 후에 그래프를 옮기는 것이고, **워크시트에 삽입**은 사용자가 원하는 워크시트로 차트를 옮기는 것이다.

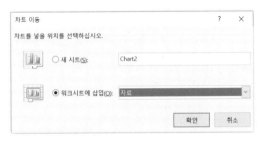

**그림 11** 차트 이동

## 4. 버핏지표 추이에 대한 이해와 예측

그림 12와 13의 그래프를 보면 GDP와 시가총액 모두 지속적인 증가 추세를 보이나 큰 변동 없이 증가한 GDP와 다르게 시가총액은 특정 시점에서 하락이나 상승이 반복되었음을 알 수 있다. 특히 2008년 글로벌 금융위기로 크게 하락하였고 2011년 미국의 신용 강등으로 인해 다시 국면이 하락 전환되었음을 알 수 있다. 그리고 2004년부터 2019년까지 관측기간 동안 버핏지표 값을 보면 2004년과 2008년에 75% 이하로 국내증시가 저평가되었으며, 반면에 2007년, 2010년, 그리고 2017년에는 90%를 넘겨 국내증시가 고평가되었던 것으로 나타난다. 하지만 전반적으로 버핏지표 값은 75~90%의 범위 내에서 안정적으로 움직이고 있으며 향후에도 국내증시는 적정한 평가가 이루어질 것으로 예견할 수 있다. 이렇게 통계학은 단순한 그래프 분석을 통해 우리에게 시가총액, GDP, 버핏지표의 추이를 알려 주며 미래의 국내 주식의 평가에 대한 예측도 가능하게 해준다.

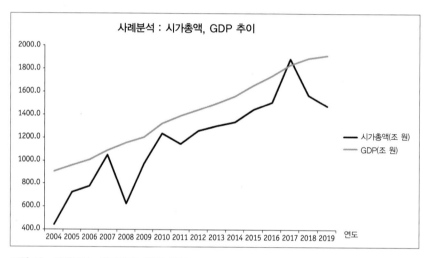

**그림 12** 사례분석 : 시가총액, GDP 추이

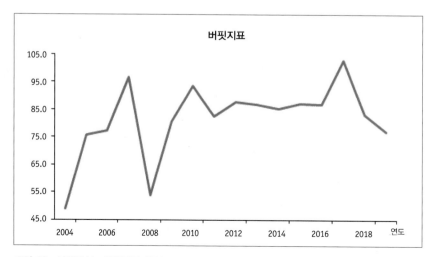

**그림 13** 사례분석 : 버핏지표 추이

## 5. 국가별 버핏지표 비교하기

다음 그림은 2018년 국가별 버핏지표 값을 보여준다. 비교 국가 중에 스위스의 버핏지표 값이 203.5로 가장 고평가되어 있으며, 반면에 독일의 버핏지표 값은 42.8로 가장 저평가되어 있음을 시각적으로 쉽게 판단할 수 있다. 이 사례분석에서 알 수 있는 것처럼 국내 주식시장에 버블이 존재한다고 볼 수 없으나, 향후에도 기업의 주가가 지속적으로 상승하고 시장에서 적정한 평가를 받기 위해서 기업은 장기적인 관점에서 적극적 투자와 혁신을 통해 국가 성장에 기여해야 한다. 단, 버핏지표는 각 나라 증시의 버블 존재 여부나 고평가 여부 등을 평가하는 하나의 기준이 될 수 있으나 절대적 기준은 아니라는 사실을 참고할 필요가 있다.

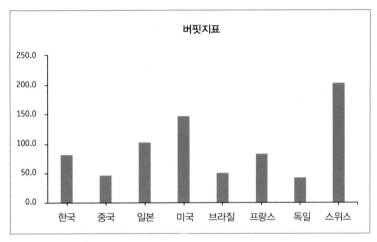

**그림 14** 국가별 버핏지표

**사례분석 1**

# 자료 입력과 그래프 기능

제1장 R 활용 사례분석은 간단한 통계량 계산과 그래픽 작업을 위해 엑셀 대신 R의 사용법을 익히고 통계학의 유용성을 함께 체험하는 데 목적이 있다. R의 그래픽 기능은 엑셀은 물론 웬만한 통계 전문 프로그램들보다 우수하며 사용자는 코딩을 통해 원하는 그래프를 다양하게 구현할 수 있다. 특히 분석자료를 전문적인 그래프를 이용하여 시각적으로 표현할 수 있도록 도와주는 패키지들이 많이 존재하며, 사용자는 R 사이트(cran.r-project.org/web/packages)에서 무료로 다운받아 설치하고 쉽게 사용할 수 있음을 앞의 부록에서 살펴보았다. 이 R 활용 사례 분석에서는 사용자가 R 함수나 그래픽 기능을 쉽게 이해할 수 있도록 사용법을 과정별로 나누어 상세히 설명한다.

## 1. 변수이름 및 자료 입력

자료의 특성을 알기 위한 평균이나 분산과 같은 통계량을 계산하거나 그래픽을 그려보기 위해서는 먼저 사용자가 파일로 저장한 자료를 R 프로그램으로 불러오거나, 자료를 입력해야 한다. 사례자료 1-1의 내용을 참조하여 첫 열에는 연도를, 행에는 각 변수의 이름(시가총액, GDP)을 입력하고 각 셀에 해당하는 관측값을 '사례분석01.txt' 파일에 텍스트 형식으로 입력한다. 일반적으로는 자료를 직접 입력하지 않고 인터넷 웹사이트에서 자료를 다운받아 텍스트 형식으로 전환할 수 있다. R은 컴퓨터 언어(객체 지향 언어)와 비슷한 속성을 갖는 통계프로그램이기 때문에 코드 작성을 통해 필요한 작업을 수행할 수 있으며, 표 1의 자료가 저장된 '사례분석01.txt' 파일로부터 자료를 R로 불러오기 위한 코드는 다음과 같다.

```
dat <- read.table(file = "C:/Users/경영경제통계학/사례분석01.txt",
    sep = "", header = T)
    # 자료 불러오기
    # sep는 구분자, header는 첫 행을 열 이름으로 인식할지에 대한 선택 인수
dat  # 입력된 자료 출력
```

**코드 1** 자료 불러오기

read.table()은 데이터를 불러오는 함수이며, **file** 인수(argument)에는 큰따옴표(" ")를 사용하여 자료 파일이 위치한 디렉터리와 파일명을 입력한다. 주의할 것은 R에서 디렉터리 경로를 입력할 때 '/' 혹은 '\\'로 서브디렉터리를 구분하여 표현한다. 그리고 파일과 다른 확장자명(xls, csv, doc, hwp 등)을 입력하면 오류가 발생한다. **sep** 인수는 관측값을 구분하는 '**구분자**'를 입력하며 일반적으로 " "(공백)(default), ","(쉼표), "\t"(탭) 중에 입력한다. 코드 1에서는 '사례분석01.txt' 파일이 공백으로 구분되어 있어 **sep** =" "를 입력하였다. 단, 공백 구분자가 디폴트(default)이므로 **sep**를 생략해도 된다. **header** 인수의 경우 자료의 첫 번째 행을 열의 이름으로 인식할지를 결정해주는 인수이며, 자료의 첫 행이 변수의 이름인 문자이면 **header** =T, 변수 이름 없이 숫자로 시작하면 **header** =F를 입력한다.

```
Console   Terminal ×   Jobs ×
~/
> dat
   연도 시가총액.조.원. GDP.조.원.
1  2004        443.7       908.4
2  2005        726.0       957.4
3  2006        776.7      1005.6
4  2007       1051.9      1089.7
5  2008        623.1      1154.2
6  2009        974.0      1205.3
7  2010       1237.0      1322.6
8  2011       1148.0      1388.9
9  2012       1263.0      1440.1
10 2013       1305.0      1500.8
11 2014       1335.0      1562.9
12 2015       1445.0      1658.0
13 2016       1510.0      1740.8
14 2017       1889.0      1835.7
15 2018       1572.0      1893.5
16 2019       1475.9      1913.9
```

**그림 15** R로 불러온 자료

이 그림은 자료를 불러와 **dat** 객체에 저장한 상태에서 데이터를 출력한 것이다. 우리는 '연도' 열로 인해 이 자료가 시간순으로 관측된 시계열 자료임을 알 수 있지만, R은 이를 인지하지 못하며 입력된 자료를 횡단면 자료로 간주하여 연도 왼쪽 열에 1부터 16까지의 숫자를 표기하였다.[18]

한편, **View()** 함수를 사용하면 저장된 자료를 엑셀 형식으로 편하게 볼 수 있다. 참고로 R은 대문자와 소문자를 구분하기 때문에 **view()**가 아닌 **View()**로 입력해야 한다. 다음 그림은 **View(dat)**를 입력한 결과 화면이다.

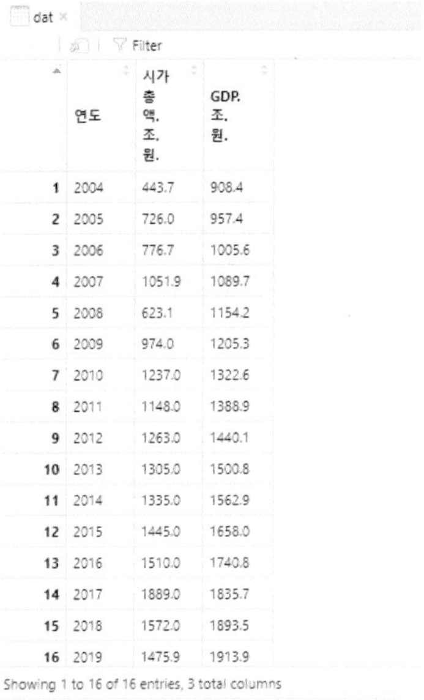

| | 연도 | 시가총액.조.원. | GDP.조.원. |
|---|------|-----------------|------------|
| 1 | 2004 | 443.7 | 908.4 |
| 2 | 2005 | 726.0 | 957.4 |
| 3 | 2006 | 776.7 | 1005.6 |
| 4 | 2007 | 1051.9 | 1089.7 |
| 5 | 2008 | 623.1 | 1154.2 |
| 6 | 2009 | 974.0 | 1205.3 |
| 7 | 2010 | 1237.0 | 1322.6 |
| 8 | 2011 | 1148.0 | 1388.9 |
| 9 | 2012 | 1263.0 | 1440.1 |
| 10 | 2013 | 1305.0 | 1500.8 |
| 11 | 2014 | 1335.0 | 1562.9 |
| 12 | 2015 | 1445.0 | 1658.0 |
| 13 | 2016 | 1510.0 | 1740.8 |
| 14 | 2017 | 1889.0 | 1835.7 |
| 15 | 2018 | 1572.0 | 1893.5 |
| 16 | 2019 | 1475.9 | 1913.9 |

Showing 1 to 16 of 16 entries, 3 total columns

**그림 16** View() 함수로 본 자료

이번에는 코드를 사용하지 않고 **RStudio**를 이용하여 엑셀 자료를 편리하게 R로 입력하는 방법에 대해 간단히 살펴보자. **RStudio**에서 우선 다음 그림처럼 File → Import Dataset

---

[18] 시계열 자료와 횡단면 자료의 개념은 다음 장에서 다룬다.

→ From Excel 순서로 메뉴를 선택하면 엑셀 자료 파일 경로 입력 및 입력옵션 선택 창이 나타난다. 이때 그림 18과 같이 엑셀 자료 파일 경로를 입력하고 입력옵션을 차례로 선택한 후 Import 버튼을 눌러 자료 입력을 완성한다. 단, 엑셀 파일의 경로와 이름이 한글일 경우 오류가 발생할 수 있어 파일 경로와 이름을 앞의 예와 다르게 영어로 설정하였다.

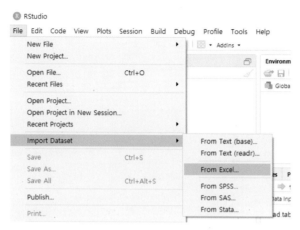

**그림 17** 엑셀 자료를 불러오기 위한 메뉴 선택 과정

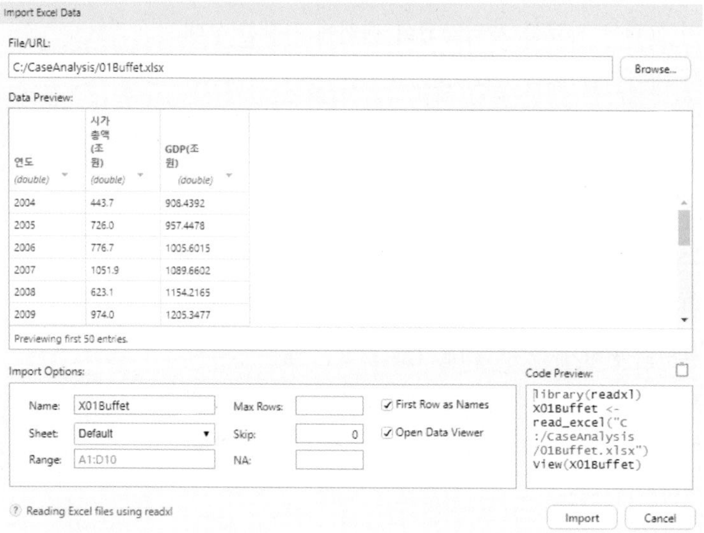

**그림 18** 엑셀 자료 파일 경로 입력 및 입력옵션 선택 창

## 2. R 함수를 이용한 버핏지표 및 평균 계산

버핏지표를 계산하기 위해 다음과 같이 코드를 입력한다. 제1장 부록 2에서 설명한 것처럼 R에서 데이터를 원소, 벡터 혹은 행렬 형태로 다룰 때는 **지표연산자**('[ ]')를 사용한다. 코드 2에서 dat[,2]는 'dat'의 2열 벡터를 추출하며, 벡터 연산이 가능하다. 따라서 dat[,2]와 dat[,3]은 각각 **시가총액**과 GDP 자료를 추출하며, **dat[,2]/dat[,3]\*100**은 버핏지표 값을 계산한다. 그리고 버핏지표 값의 평균을 계산하기 위해서는 제1장 부록 2의 표 13에서 소개한 **mean()** 함

수를 사용한다.

> Buffet_Index = dat[,2]/dat[,3]*100 # 버핏지표 계산
>
> Buffet_Index # 계산된 자료 출력
>
> mean(Buffet_Index) # 버핏지표 값의 평균 계산

**코드 2** 버핏지표와 평균

```
Console ~/
> Buffet_Index
 [1]  48.84412  75.83037  77.23747  96.53116  53.98544  80.80976  93.52790  82.65534  87.70224
[10]  86.95362  85.41813  87.15320  86.74173 102.90352  83.02086  77.11479
>
```

**그림 19** 버핏지표 계산 결과

## 3. 버핏지표 추세 그래프

이번에는 버핏지표 추세 그래프를 그려보자. 버핏지표 값 벡터를 시계열 자료로 전환하기 위해 R의 ts() 함수를 이용하여 다음과 같이 명령문을 입력한다. 여기서 start 인수는 자료의 시작 시점, end 인수는 끝 시점, frequency 인수는 자료의 관측주기를 입력하는 인수이다. 본 사례에서는 2004년부터 2019년까지 연도별로 관측한 시계열 자료이므로 start=2004, end =2019, frequency=1을 입력하였다. 참고로 frequency 인수로 1(연도별), 2(반기별), 4(분기별), 12(월별) 그리고 365(일별) 중에 자료의 관측주기에 해당하는 값을 입력할 수 있다.

> Buffet_ts = ts(Buffet_Index, start = 2004, end = 2019, frequency = 1)
>
>           # 시계열 자료로 전환

**코드 3** 시계열 자료로 전환

```
Console ~/
> Buffet_ts
Time Series:
Start = 2004
End = 2019
Frequency = 1
 [1]  48.84412  75.83037  77.23747  96.53116  53.98544  80.80976  93.52790  82.65534  87.70224
[10]  86.95362  85.41813  87.15320  86.74173 102.90352  83.02086  77.11479
>
```

**그림 20** 버핏지표 값 벡터를 시계열 자료로 전환한 결과

버핏지표 추세 그래프를 그리기 위해 제1장 부록 2에서 설명한 R 그래프 작성법을 기초로 다음과 같은 코드를 입력한다.

plot(Buffet_ts, main = "버핏지표", ylab = "Value", col = "black", lwd = 2)
legend("topleft", legend= "버핏지표", col = "black", lwd = 2)

**코드 4** 버핏지표 추세 그래프 코드

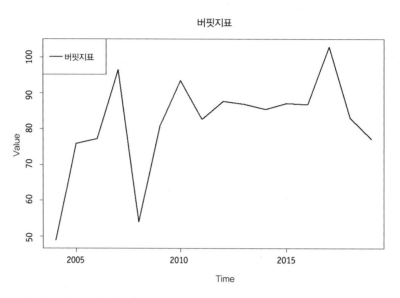

**그림 21** 버핏지표 추세 그래프

그래프를 그리기 위한 R의 plot() 함수는 여러 인수를 포함하는데 앞의 코드에 사용된 인수를 중심으로 간단히 살펴보자. 'main'은 그래프의 주 제목을, 'ylab'은 y축의 이름을, 'col'은 그래프 선의 색을, 'lwd'는 선의 두께를 입력하거나 변경하기 위한 인수이다, 그리고 legend() 함수는 범례를 작성할 때 사용하며 그래프에 추가하고 싶은 설명을 나타낼 수 있다. legend(x, y, legend, …) 함수의 첫 번째, 두 번째 인수 x, y는 범례의 위치를 지정하기 위한 x와 y축의 좌표이지만 인수 x, y 대신 코드 4처럼 처음 인수로 범례 위치를 나타내는 단어 'bottomright', 'bottom', 'bottomleft', 'left', 'topleft', 'top', 'topright', 'right', 'center' 중 하나를 입력할 수 있다. 그리고 'legend' 인수에는 범례의 명칭을 입력한다.

# 2

# 자료와 수집

현대 사회를 살아가는 우리는 일상적으로 수많은 자료를 접하게 되며, 이 자료들을 이용하여 필요한 정보를 도출하고 불확실한 상황에서 현명한 결정을 내려야 한다. 이를 위해서는 방대한 자료를 수집 및 정리하고 요약할 수 있는 통계적 기술이 필요하다. 예를 들어 한 백화점에서 매출액을 증가시키기 위해 우수 고객용 신용카드를 만들어 발급하기로 하였다고 하자. 이 경우 백화점은 어떤 정보가 필요할까? 우수 고객용 신용카드 발급을 위해서는 우선 물건을 많이 구매해 줄 고객이 누구인지를 판단할 수 있는 정보가 필요하다. 이 정보를 위해서는 고객의 소득, 직업, 나이, 성별, 주소, 취미 등 고객에 대한 다양한 자료와 고객의 과거 구매기록도 요구된다. 이처럼 백화점 관리자는 고객에 관한 방대한 자료로부터 필요한 정보를 얻어 내기 위해서 기본적으로 자료를 수집 및 정리하고 요약하는 과정이 필요하다. 따라서 이 장에서는 자료에는 어떤 종류가 있으며, 자료를 수집하기 위해서는 어떤 절차와 방법을 거쳐야 하는지 살펴보기로 한다.

# 제1절 자료의 종류

## 1. 형태에 따른 분류

자료는 관심의 대상이 되는 변수의 실젯값 혹은 관측값들의 모임이므로 형태에 따라 질적자료(qualitative 또는 categorical data), 양적자료(quantitative 또는 numerical data), 순서자료(ordinal data)로 구별된다. 자료라 하면 기업들의 판매량, 50년간 국민 총생산, 개인소득 등과 같이 흔히 숫자들의 모임으로 생각하게 되는데, 이런 자료들은 양적자료에 해당한다. 하지만 자료는 언제나 양적자료만을 의미하는 것은 아니다. 인종, 직업, 거주지역, 결혼 여부 등과 같이 질적 특성에 근거하여 분류될 수 있는 관측값들은 질적자료를 구성하게 된다. 특히 이런 질적자료의 값들은 범주(category)로 나누어지게 되어 범주자료라고도 한다. 예컨대 질적자료에 해당하는 인종의 관측값들은 백인종, 황인종, 흑인종 등 특정 범주로 나타나게 된다. 따라서 양적자료는 실수들의 모임으로 자료를 이용한 각종 산술이 가능하지만, 질적자료는 관측값이 속하는 범주의 이름이나 특정 숫자들의 모임으로 각 범주에 속하는 관측값의 수 혹은 총 관측값의 수에 대한 비율을 계산하는 것이 산술의 전부이다. 마지막으로 순서자료는 질적자료의 속성을 갖지만 관측값이 순서를 갖게 되는 경우를 의미한다.

　A브랜드의 무선 이어폰에 대한 소비자의 만족도를 알아보기 위해 소비자들에게 매우 불만족, 불만족, 보통, 만족, 매우 만족으로 평가하게 하였다고 하자. 이 소비자 평가에 대한 관측값들은 질적 특성에 근거하여 분류될 수 있다는 점에서 질적자료의 특성을 가지는 동시에 순서를 갖기 때문에 순서자료가 된다.

**그림 2-1**

**무선 이어폰에 대한 설문**

A브랜드의 무선 이어폰에 대해 얼마나 만족하십니까?
1. 매우 불만족
2. 불만족
3. 보통
4. 만족
5. 매우 만족

출처 : 셔터스톡

**양적자료**란 관측된 실수들의 모임으로 이 양적자료를 이용하여 각종 산술을 할 수 있다.
**질적자료**란 질적 특성에 근거하여 분류될 수 있는 관측값들의 모임이며, 이 중 순서를 갖는 자료를 특별히 **순서자료**라고 정의한다.

예 2-1 ▶

### 순서자료 : 졸업 후 선호 직업

대학생들이 졸업 후 갖고 싶어 하는 직업의 선호도를 알기 위해 4학년 학생 중 500명을 무작위로 추출하여 인터뷰한 후 다음과 같은 결과를 얻었다고 가정하자. 직업은 공무원, 은행원, 회사원, 교사, 사업가, 연예인, 대학교수로 한정하여 가장 선호하는 직업을 선택하도록 하였다.

응답자 1 : 공무원

응답자 2 : 사업가

응답자 3 : 연예인

⋮

응답자 499 : 공무원

응답자 500 : 회사원

이 자료를 정리하여 다음과 같이 선호하는 직업의 순위를 얻을 수 있었다.

| 순위 | 직업 |
|------|------|
| 1 | 공무원 |
| 2 | 교사 |
| 3 | 사업가 |
| 4 | 회사원 |
| 5 | 연예인 |
| 6 | 대학교수 |

상경대학 학생들의 선호 직업 자료는 관측값들의 질적 특성에 근거하여 분류될 수 있으며 선호에 대한 순위가 정해진다는 점에서 순서자료가 된다. 단, 이 자료에서 순위 숫자가 동일한 간격(=1)을 갖는다고 해서 선호 차이의 정도도 모두 같음을 의미하진 않는다. 이를테면 공무원과 교사, 그리고 사업가와 회사원 모두 순위의 차이는 1이지만 선호 차이의 정도는 다르다. 구체적으로 선호 빈도 퍼센트가 공무원 25%, 교사 12%, 사업가 8%, 회사원 4%였다면 공무원과 교사의 선호 퍼센트 차이는 13%, 사업가와 회사원의 선호 퍼센트 차이는 4%로 선호 차이의 정도는 각기 다르다.

## 2. 관측 방법에 따른 분류

모집단의 특성을 알기 위해 이용되는 자료는 관측 방법에 따라 횡단면자료(cross-section data)와 시계열자료(time-series data)로 구별될 수 있다. 횡단면자료는 관심의 대상이 되는 어떤 특정 변수를 일정 시점에서 개체별로 관측하여 얻은 값들이다. 여기서 개체는 개별적인 특성

(개인, 가구, 기업, 국가 등)을 의미하며, 횡단면자료의 예로는 노동공급, 실업 지속 기간, 시간당 임금비율 등을 들 수 있다. 시계열자료는 관심의 대상이 되는 어떤 특정 변수를 시간의 순서에 따라 일정 기간 관측하여 얻은 값들이다. 그 기간은 주로 1년, 1분기, 한 달 혹은 일주일이 될 수 있고, 관측값들은 연속적이며 동일한 시간 간격을 갖는다. 시계열자료의 예로는 경제성장률, 자동차의 가격, 연간 판매액, 실업률, 환율 등이다.

한편 어떤 특정 변수를 여러 개체별로 시간의 순서에 따라 여러 시점에 걸쳐 관측하여 얻은 값들은 **종적자료**(longitudinal data)라고 한다. 이 종적자료 중 개체별로 관측 시점이 모두 같게 구성되는 경우를 특별히 **패널자료**(panel data)라고 한다. 횡단면자료나 시계열자료 대신 종적자료를 사용하게 되면 자료의 양이 많아지게 되어 모집단의 특성을 보다 정확하게 추론할 수 있는 장점이 있다. 이에 대한 예를 들어보자. 이동통신사의 매출액이 마케팅 비용과 관계가 있는지 분석하기 위해서는 이들 변수에 대한 충분한 자료를 확보해야 한다. 하지만 현재 기준으로 횡단면자료를 사용하려면 이동통신사는 SK텔레콤, KT, LGU+ 3사로 각 변수에 대한 관측값은 3개에 불과하다. 아니면 특정 이동통신사에 대한 연도별 시계열자료를 사용할 수 있다. 하지만 이 경우에도 20여 개 정도의 관측값을 갖게 된다(우리나라에서 휴대전화 서비스가 최초로 시작된 시점은 1988년으로 역사도 짧지만 3사는 1997년 10월부터 2000년 7월 사이에 생겨났다). 하지만 이들 변수를 SK텔레콤, KT, LGU+ 3사에 대해 시간의 순서에 따라 여러 시점에 걸쳐 관측한다면 60개가 넘는 관측값을 얻을 수 있게 되어 분석의 신뢰성을 증가시킬 수 있을 뿐만 아니라 수집된 자료의 시계열적 특성과 횡단면적 특성을 모두 알 수 있는 이점이 있다.

> **횡단면자료**는 관심의 대상이 되는 어떤 특정 변수를 일정 시점에 개체별로 관측하여 얻은 값들이고, **시계열자료**는 관심의 대상이 되는 어떤 특정 변수를 시간의 순서에 따라 일정 기간 관측하여 얻은 값들이다. **종적자료**는 관심의 대상이 되는 어떤 특정 변수를 여러 개체별로 시간의 순서에 따라 여러 시점에 걸쳐 관측하여 얻은 값들이다. 특히 종적자료 중 개체별로 관측 시점이 모두 같게 구성되는 경우를 **패널자료**라고 한다.

**그림 2-2**

관측 방법(시점과 개체)에 따른 자료의 분류

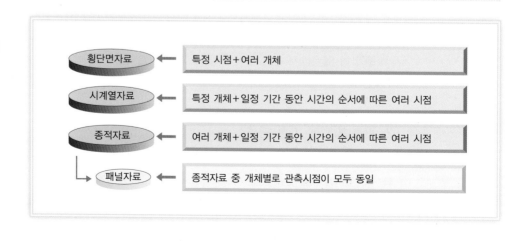

예 2-2 ▶

**횡단면자료 : 시도별 총세입**

지역 간 격차를 해소하기 위해 행정단지를 세종자치시로 이전하였음에도 불구하고 지역 격차를 해소하지 못하는 것으로 나타났다. 따라서 행정중심복합도시인 세종자치시가 출범한 후에 우리나라 지방재정의 불평등 실상을 파악하기 위해 지방재정 자립도[1]를 살펴보고자 한다. 지방재정 자립도는 각 시·도의 총예산이 지방 세입에 의존하는 비율로 나타내는데, 이를 통해 지방재정 격차의 비대칭 정도를 알 수 있다. 다음 자료는 2019년을 기준으로 시·도별로 관측한 시·도별 총예산 규모와 총세입의 횡단면자료이다. 이 자료에 의하면 서울특별시나 경기도의 경우 총예산 규모보다 상대적으로 자체 수입이 크기 때문에 재정 자립도가 아주 높은 것으로 확인되었으나, 전라남도와 전라북도, 강원도 등의 재정 자립도는 매우 낮아 세종자치시 출범 이전과 별로 차이가 없음을 확인할 수 있다. 이를테면 세종으로 행정부처를 이전한 것이 세종자치시 외의 지방재정 자립도에 유의한 영향을 미치지 못하고 있음을 알 수 있다.

표 2-1 **2019년 시·도별 총세입** (단위 : 100만 원)

| 지역 | 총예산 규모 | 자체 수입 | 재정 자립도 |
|---|---|---|---|
| 서울특별시 | 56,389,184 | 46,351,909 | 82.2% |
| 부산광역시 | 18,912,825 | 10,723,572 | 56.7% |
| 대구광역시 | 13,058,128 | 6,737,994 | 51.6% |
| 인천광역시 | 16,643,822 | 10,751,909 | 64.6% |
| 광주광역시 | 7,797,690 | 3,649,319 | 46.8% |
| 대전광역시 | 8,341,172 | 4,020,445 | 48.2% |
| 울산광역시 | 6,491,825 | 3,875,620 | 59.7% |
| 세종자치시 | 1,726,446 | 1,255,126 | 72.7% |
| 경기도 | 69,874,263 | 47,793,996 | 68.4% |
| 강원도 | 16,559,410 | 4,735,991 | 28.6% |
| 충청북도 | 12,767,723 | 4,583,613 | 35.9% |
| 충청남도 | 18,076,191 | 6,832,800 | 37.8% |
| 전라북도 | 17,641,598 | 4,675,023 | 26.5% |
| 전라남도 | 21,252,983 | 5,462,017 | 25.7% |
| 경상북도 | 25,731,430 | 8,208,326 | 31.9% |
| 경상남도 | 24,280,481 | 9,833,595 | 40.5% |
| 제주도 | 6,032,330 | 2,201,800 | 36.5% |

출처 : e-나라지표(www.index.go.kr).

---

[1] 지방재정 자립도＝자체 수입(지방세＋세외수입)/자치단체 총예산 규모

예 2-3 ▶

### 시계열자료 : 대미환율

출처 : 셔터스톡

환율의 변동은 환율 브로커와 수출 및 수입업자, 경영자, 심지어 해외로 여행 가는 여행자도 보아야 할 자료 중 하나이다. 최근 2003년부터 2019년까지의 연평균 대미환율 자료를 기록한 표 2-2를 살펴보면 2006년에 환율 1,000원 선이 무너졌으나 글로벌 금융위기로 2008년과 2009년에는 원화 가치가 하락하여 대미환율이 상승하였다. 이후 유럽의 재정위기와 미국의 신용 강등으로 인한 달러화 약세가 나타나는 듯하였으나 2012년부터 평균적으로 0.72% 변동하면서 안정적인 추세를 보여주었다.

**표 2-2 대미환율**

| 연도 | 대미환율 | 연도 | 대미환율 |
|------|----------|------|----------|
| 2003 | 1,191.89 | 2012 | 1,126.88 |
| 2004 | 1,144.67 | 2013 | 1,095.04 |
| 2005 | 1,024.31 | 2014 | 1,053.22 |
| 2006 | 955.51 | 2015 | 1,131.49 |
| 2007 | 929.20 | 2016 | 1,160.50 |
| 2008 | 1,102.59 | 2017 | 1,130.84 |
| 2009 | 1,276.40 | 2018 | 1,100.30 |
| 2010 | 1,156.26 | 2019 | 1,165.65 |
| 2011 | 1,108.11 | | |

출처 : 한국은행 경제통계시스템(ecos.bok.or.kr).

예 2-4 ▶

### 패널자료 : 휴대전화 가입자 수

2018년 기준으로 휴대전화 가입자 수가 6,635만 명에 육박할 정도로 휴대전화는 우리에게 중요한 통신수단이다. 휴대전화의 가입자 수가 주요 국가별·시간별로 어떻게 다른지 알아보기 위해서 우리나라를 포함한 주요 국가 7개국과 2014년부터 2018년까지 5년간 휴대전화 가입자 수에 대한 자료를 수집하였다면, 이 자료는 패널자료이다.

**표 2-3  인구 100명당 휴대전화 가입자 수**  (단위 : 명)

| 국가 | 2014년 | 2015년 | 2016년 | 2017년 | 2018년 |
|---|---|---|---|---|---|
| 한국 | 113.2 | 116 | 120.2 | 124.6 | 129.7 |
| 중국 | 91.9 | 91.8 | 96.5 | 103.4 | 115.0 |
| 일본 | 123.2 | 125.5 | 130.6 | 135.5 | 139.2 |
| 미국 | 111.6 | 119.1 | 122.6 | 123.1 | 123.7 |
| 프랑스 | 101.9 | 103.5 | 104.5 | 106.4 | 108.4 |
| 독일 | 122.2 | 117.8 | 125.9 | 132.8 | 129.3 |
| 영국 | 119.9 | 120.3 | 119.1 | 118.6 | 117.5 |
| 남아프리카공화국 | 145.4 | 158.9 | 146.6 | 155.2 | 153.2 |

출처 : 통계청 국제통계연감(kostat.go.kr).

## 제2절 자료의 수집 방법

자료를 통해 우리에게 유용한 정보를 얻는 것은 통계학에서 매우 중요한 이슈이다. 그런데 이런 정보를 제공해 주는 자료는 어떻게 구할 수 있을까? 우리는 제1장에서 관심의 대상이 되는 변수의 관측값 혹은 측정값들의 집합을 자료로 정의하였다. 그렇다면 자료는 관심의 대상이 되는 변수를 관측함으로써 수집할 수 있는데, 현실적으로 이 수집 방법은 다양하게 존재할 수 있다. 대표적인 수집 방법으로 직접 관측(direct observation), 실험(experiment), 조사(survey) 등을 고려할 수 있다.

**그림 2-3**

**자료의 수집 방법**

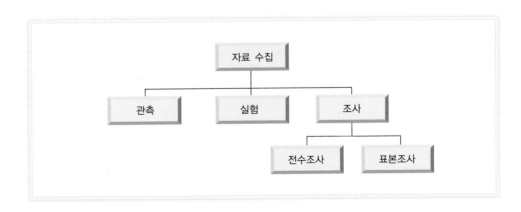

## 1. 관측

자료를 수집하는 가장 간단하고 편리한 방법은 관심의 대상이 되는 변수를 직접 관측하는 것이다. 예를 들어 상경 계통을 전공한 사람들의 연 소득이 다른 분야를 전공한 사람들의 연 소득보다 높다고 가정하고 이를 통계적으로 입증하기 위해서는 관련 자료가 필요하다. 즉 관심의 대상은 사람들의 연 소득이 되며 경제활동을 하는 사람들로부터 추출한 표본에 속하는 사람들에게 연 소득이 얼마인지 물어봄으로써 자료를 수집할 수 있다.

하지만 우리는 이렇게 수집된 자료가 일반적으로 정확한 정보를 제공해 주지 못하는 문제를 가질 수 있음에 주의해야 한다. 앞의 예에서 사람들이 상경 계통을 전공함으로써 연 소득이 영향을 받았는지, 아니면 상경 계통을 전공한 사람들은 원래 돈을 버는 것에 관심이 높아서 다른 전공자들에 비해 소득이 높은지를 판단할 수 없으므로 이 자료를 통해 정확한 정보를 얻을 수 없다.

## 2. 실험

직접 관측된 자료의 단점을 보완할 수 있는 보다 유용한 자료는 실험을 통해 관측되는 자료이다. 자료를 수집하는 과정에서 실험을 통해 특정한 요인을 제외한 다른 요인들을 통제하면 유용한 정보를 얻을 수 있지만 보다 많은 시간과 경비가 소요될 수 있다. 앞의 예에서 전공이 연 소득에 미치는 영향만을 고려하기 위해서는 다른 요인(예 : 돈을 버는 것에 관한 관심)을 같게 할 필요가 있다. 이를테면 아직 전공을 선택하지 않은 고등학생들을 무작위로 추출하여 2개의 그룹을 만들고 첫 번째 그룹은 상경 계통을 전공하도록 하고 두 번째 그룹은 다른 전공을 선택하도록 한다. 그리고 졸업 후에 그룹별 연 소득을 관측하여 얻게 될 자료를 비교해 본다면 상경 계통을 전공으로 선택함으로써 사람들의 연 소득이 영향을 받았는지 아닌지를 보다 명확하게 파악할 수 있다.

## 3. 조사

조사는 자료를 수집하는 보편적인 방법의 하나로 인간이나 기관으로 구성된 모집단의 특정 항목(item)에 대한 정보를 얻기 위해 사용되며, 이는 방문조사, 전화조사, 우편조사, 인터넷 조사 등에 의해 이루어진다. 또한 조사는 자료 수집의 대상에 따라 전수조사(population survey)와 표본조사(sample survey)로 나뉜다.

> 조사자의 관심 대상 전체인 모집단을 조사하는 경우가 **전수조사**이며, 모집단을 대표할 수 있는 모집단의 부분집합인 표본을 조사하는 경우가 **표본조사**이다.

## 1) 전수조사

조사자는 모집단의 정확한 특성을 알기 위해 통계분석을 하게 되므로 조사자가 모집단 전부를 조사하는 전수조사가 가장 바람직할 수 있다. 하지만 조사자들은 대부분 통계분석을 위해 전수조사보다 표본조사를 사용한다. 그 이유는 모집단 전체의 자료를 수집하게 되면 일반적으로 방대한 모집단의 크기로 인해 현실적으로 너무 많은 시간과 비용을 소비할 뿐만 아니라 모집단 전체의 자료 수집이 아예 불가능한 경우가 존재하기 때문이다. 이를 보다 구체적으로 살펴보면 다음과 같다.

### (1) 경제성

모집단 자료를 수집하고 분석하는 것은 엄청난 비용이 든다. 어떤 회사에서 신제품에 대한 소비자들의 만족도를 조사하는 경우에 우리나라의 모든 소비자를 대상으로 조사한다면 매우 많은 경비가 소요될 것이다. 따라서 이 회사에서는 소비자 중 일부를 선정한 표본을 대상으로 만족도를 조사할 것이다.

### (2) 시간 제약

자료를 통계분석하는 연구자들은 대부분 한정된 시간 안에 필요한 정보를 얻어 내야 한다. 그러나 모집단을 사용할 경우 자료 수집에서 분석에 이르기까지 엄청난 시간이 요구되는 데 반해 표본을 사용하면 짧은 시간에 원하는 정보를 도출해 낼 수 있다. 대통령 선거에 대해 여론조사를 한다고 하자. 이 경우 여론조사 결과에 대한 정확성도 중요하지만 선거가 끝나기 전에 신속하게 여론조사를 마치는 것이 더욱 중요하다. 따라서 모집단에서 일부를 표본으로 추출하여 분석하는 것이 더 유용하다.

### (3) 불가능한 전수조사

관심의 대상에 따라서는 모집단 전체를 조사하거나 수집하는 것이 불가능한 때도 있다. 우리나라 사채업자들의 자산 규모가 얼마인지 알아보려고 할 때, 사채업자들은 음성적으로 활동하기 때문에 누가 사채업자인지를 알아내기 어려우며, 전체 사채업자들을 모두 조사하는 일은 거의 불가능할 것이다. 또한 자동차를 생산하는 공장에서 자동차의 안전도를 검사하기 위해 자동차 충돌 실험을 수행한다고 하자. 이 경우 역시 공장에서 생산되는 모든 자동차를 대상으로 충돌 실험을 실행할 수 없으므로 전수조사할 수 없다.

일반적으로 위와 같은 이유로 전수조사보다 표본조사를 사용하지만 때에 따라서는 전수조사 과정에서 발생할 수 있는 오차들로 인한 부정확성 때문에 표본조사를 사용하기도 한다. 예를 들어 조사원이 모집단을 방문하여 전수조사해야 하는 경우 조사원이 너무 많은 조사를 진행하기 때문에 오히려 불성실하게 조사를 수행하거나 실제 응답자에게 조사하지 않고 조사자 자신이 대신 응답하여 조사를 처리하는 문제가 발생할 수 있다.

### 2) 표본조사

앞에서 설명한 이유로 인해 조사자는 모집단의 특성을 추론하기 위해 모집단으로부터 추출된 표본을 이용하여 조사한다. 단, 표본조사를 위해 모집단으로부터 추출할 수 있는 표본은 하나만 존재하는 것이 아니다. 표본의 크기가 2 이상인 일반적인 경우에 모집단을 구성하는 요소의 수보다 모집단으로부터 추출할 수 있는 표본의 수가 더 많아진다(이에 대한 개념은 표본분포를 다루면서 보다 자세하게 설명한다). 따라서 추출 가능한 수많은 표본 중 어떤 표본을 추출하느냐는 표본조사에서 중요한 쟁점이 되기 때문에 다음 절에서 상세히 다루고자 한다.

**예 2-5 ▶**

모집단의 구성요소는 4개이며 이 중 2개를 선택하여 크기가 2인 표본을 추출한다고 가정하자. 이 경우 가능한 표본은 모두 몇 개인가? 모집단의 구성요소보다 가능한 표본의 수가 더 많은가? 그리고 크기가 $N$인 모집단에서 크기가 $n$인 표본을 추출하는 경우 가능한 표본의 수를 조합(combination)을 이용하여 구하라.

**그림 2-4**

**구성요소 4개에서 2개를 추출하는 경우의 수**

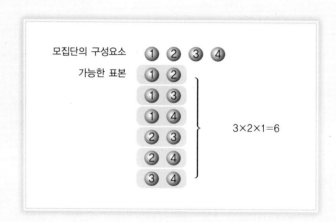

**답**

그림 2-4에서 알 수 있듯이 크기가 4인 모집단에서 크기가 2인 표본을 추출하는 경우 가능한 표본은 모두 6개로 모집단의 구성요소보다 더 많다. 이는 순서를 고려하지 않고 구슬 4개에서 2개를 선택하는 가능한 모든 경우의 수와 같으며 조합 $_4C_2$에 의해 구할 수 있다. 즉

$$_4C_2 = 4! / (2!(4-2)!) = 4 \times 3 \times 2 \times 1 / ((2 \times 1)(2 \times 1)) = 6$$

이다. 그러므로 크기가 $N$인 모집단에서 크기가 $n$인 표본을 추출하는 경우 가능한 표본의 수는 $_NC_n = N! / (n!(N-n)!)$이 된다.

**통계의 이해와 활용**

### 가구소득 불평등도를 왜곡하는 통계 정보

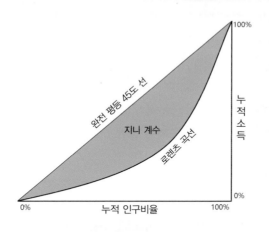

우리는 고소득가구와 저소득가구의 격차를 나타내는 소득 불평등에 대한 소식을 자주 접하게 된다. 예컨대 최근 경제 신문 기사에 의하면 2018년 1분기 지니계수와 2019년 1분기 지니계수를 비교한 결과 0.330에서 0.317로 소득불평등이 개선된 것으로 나타났다. 그러나 이런 정보가 과연 사실을 정확하게 반영하고 있는지 생각해 볼 필요가 있다. 그 이유는 분석을 위해 수집되는 표본자료에 따라서 결과가 달라질 수 있기 때문이다. 일례로 A 씨의 경우 임시직으로 취직 후 독립하여 1인 가구로서 생활을 영위하고 있다. 오로지 자신의 낮은 소득으로 생활하는 A 씨는 자신과 같은 처지에 놓인 사람이 많다는 것을 사내, 대학 동기 그리고 또래 친구들을 통해 잘 알고 있다. 그리고 A 씨 또래만이 아니라 사회가 고령화되면서 빈곤 노인층의 1인 가구비율이 급격히 증가하여 1인 가구와 다인 가구 사이의 소득 격차가 확대되고 있음을 짐작할 수 있다. 이렇게 주변을 돌아보면 소득 격차는 커지고 있는 것 같아 지니계수 값이 낮아져 소득 불평등 정도가 완화되었다는 주장은 이해하기 어렵다.

통계에 근거한 이 기사는 어떻게 우리의 예상과 다른 정보를 전달할까? 일반적으로 지니계수를 구하기 위해서는 모든 가구를 포함하여 분석한다. 즉 1인 가구와 다인 가구를 모두 포함하여 분석을 진행해야 한다. 그러나 기사에 인용된 지니계수는 1인 가구를 분석 대상에서 제외하였으며, 지니계수 0.317의 올바른 해석은 1인 가구를 제외한 나머지 다인 가구에 내에서의 소득 불평등 정도가 완화되었음을 의미한다. 최근 기사처럼 1인 가구를 제외한 지니계수를 근거로 국가 전체의 소득 불평등이 완화되었다고 이야기한다면 사실을 왜곡할 수 있음을 보여준다. 따라서 모집단에서 특정 범주를 제외하고 분석하면 모집단의 특성을 상당히 왜곡할 수 있음을 알 수 있다. 앞의 예를 정리하자면, A 씨처럼 낮은 소득의 1인 가구가 많이 늘어나고 있음에도 불구하고 측정된 지니계수가 이를 전부 반영하지 못했기 때문에 현실적으로 이해하기 어려운 결과가 도출된 것이다. 따라서 모집단의 특성을 전부 대표할 수 있는 표본자료를 구하는 것은 통계분석의 기본이며 가장 중요한 과정임을 알 수 있다.

## 제3절 표본추출과 오차

### 1. 표본추출 방법

주로 경제적 · 시간적 제약 때문에 표본을 모집단으로부터 추출하지만, 표본을 사용하는 보다 근본적인 이유는 표본정보를 이용하여 모집단의 특성을 타당성 있게 추론할 수 있다는 점에 있다. 하지만 만약 한 기업에서 여자 사원의 처우 개선에 대한 찬반을 조사하기 위해 여자 사원과 남자 사원을 구분하고 여자 사원만을 대상으로 표본을 추출하였다고 하자. 그러면 이 표본에 의한 조사 결과는 전체 사원을 대상으로 조사한 결과보다 월등히 높은 찬성률을 보여 모집단 특성을 왜곡할 것이다. 따라서 이와 같은 오차를 배제하고 모집단 특성을 타당성 있게 추론할 수 있는 표본을 추출하는 방법에 대해 살펴보자.

표본추출 방법에는 **확률표본추출**(probability sampling) 방법과 **비확률표본추출**(nonprobability sampling) 방법이 있다. 확률표본추출 방법은 모집단의 각 구성요소가 표본으로 추출될 확률이 알려지며 무작위로 추출된다. 반면에 비확률표본추출 방법은 조사자가 주관적으로 표본을 추출하는 방법으로 표본추출 비용과 시간을 줄일 수 있으나 모집단의 각 구성요소가 표본으로 추출될 확률을 알 수 없으므로 표본오차를 추정할 수 없으며, 조사자가 의도적으로 구성요소를 포함하거나 배제할 수 있는 문제가 있다. 따라서 모집단을 대표할 수 없는 특정 구성요소만을 추출함으로써 발생하는 오차를 줄이고 표본의 대표성을 높이기 위해서는 확률표본추출 방법이 바람직하다.

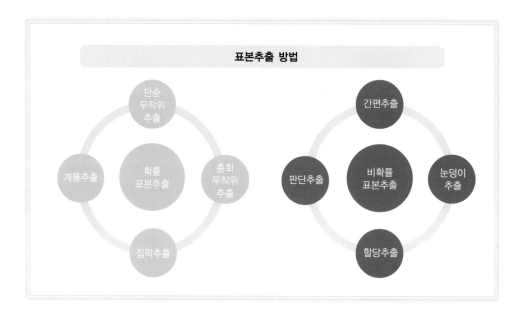

**그림 2-5**

표본추출 방법

### 1) 확률표본추출 방법

확률표본추출에서 모집단의 각 구성요소가 표본으로 선택될 가능성이 일정하도록 하는 표본추출 방법 중 일반적인 방법으로는 단순무작위추출(simple random sampling)과 계통추출(systematic sampling), 층화무작위추출(stratified random sampling), 그리고 집락추출(cluster sampling) 방법이 있다.

> $N$개의 구성요소를 갖는 한 모집단으로부터 $n(n<N)$개의 구성요소를 갖는 표본을 추출한다고 가정하자. 이때 모집단에 포함된 각 구성요소가 뽑힐 확률이 같도록 비복원추출하는 방법을 **단순무작위추출**이라고 한다.

각 구성요소가 뽑힐 확률이 같도록 무작위추출을 하는 예로는 복권 당첨자를 추첨하는 방법이 있다. 여러 개의 공에 숫자를 표기하여 무작위로 공을 선택하거나 원판에 같은 면적의 파이를 만들고 각 파이에 숫자를 표기한 다음 돌고 있는 원판에 화살을 쏴서 숫자를 선택한다. 표본의 크기가 비교적 크다면 직접 숫자를 선택하는 것보다 각 숫자가 무작위로 선택되어 작성된 난수표(random number)를 사용하는 것이 효율적이다. 최근에는 컴퓨터 사용이 대중화되면서 엑셀이나 통계 패키지를 통해 생성된 난수를 이용하여 표본을 무작위로 추출할 수 있다. 즉 모집단을 구성하는 요소들에 1부터 $N$까지 숫자를 부여하고 난수표나 통계 패키지를 이용하여 난수 $n$개를 생성한 후 각 난수와 일치하는 숫자의 요소를 표본으로 추출하면 된다. 물론 주민등록번호나 의료보험번호 등과 같이 각 구성요소에 고유 숫자가 부여된 경우에는 구성요소에 따로 숫자를 부여할 필요가 없다. 단, 집 전화번호와 같이 특별한 그룹이 배제되는 번호를 이용하는 경우(이를테면 고연령 세대는 집 전화를 그대로 사용하지만 젊은 세대는 집 전화를 설치하지 않는 경향이 있기 때문에 젊은 세대는 표본에서 배제될 가능성이 커지는 문제가 발생함)에는 각 구성요소가 뽑힐 확률이 같은 무작위추출이 불가능해질 수 있으므로 주의해야 한다.

계통추출은 k번째 간격마다 하나씩 표본을 추출하는 방법으로 만약 표본을 추출하기 전에 요소들이 완전히 무작위로 나열되어 있다면 계통추출의 결과는 단순무작위추출의 결과와 거의 같다.

> **계통추출**은 최초 하나의 요소를 표본으로 무작위 선정하고 나면 그 이후 k번째 간격마다 하나의 요소를 표본으로 추출하는 방법으로 1/k 계통추출법이라고도 한다. 여기서 k는 추출간격(sampling interval)이다.

선거여론조사의 한 방법인 출구조사는 계통추출이 적용되는 대표적인 사례이다. 출구조사는 2000년 제16대 총선에서부터 시행되었는데, 투표를 마치고 나온 유권자를 대상으로 어떤 후보를 선택했는지 묻는 방법을 사용한다. 일반적으로 최초 투표자를 기준으로 하여 매 5명(k=5)을 같은 간격으로 표본을 추출한다. 계통추출은 표본을 선정하기가 쉽고 비용이 적게 들며, 일반적으로 단순무작위추출보다 표본의 대표성이 우수하므로 단순무작위추출법의 적용이 어려운 경우 대안으로 사용할 수 있다. 그러나 최초에 표본추출의 틀(sampling frame)을 어떻게 구성하느냐에 따라 결과의 차이가 클 수 있고 이 과정에서 주관이 개입될 여지가 있다. 또한 표본들이 주기성을 갖는 경우에는 자칫 치명적인 오류가 발생할 수 있으므로 이런 경우에는 계통추출 사용을 피해야 한다.

단순무작위추출과 계통추출은 적은 비용으로 쉽게 표본을 추출할 수 있는 방법이지만 표본추출오차를 줄여 모집단에 대한 보다 정확한 정보를 얻기 위해서는 층화무작위추출을 사용할 수 있다.

> **층화무작위추출**은 모집단을 서로 배타적(mutually exclusive)인 몇 개의 모임(strata)으로 나누고 각 모임에서 단순무작위추출을 하는 방법이다.

모집단을 몇 개의 모임으로 나누는 일반적인 기준은 성별(남자, 여자), 연령(10세 미만, 10~19세, 20~29세, 30~39세, 40~49세, 50~59세, 60~69세, 70~79세, 80세 이상), 연 소득(2,000만 원 미만, 2,000~3,999만 원, 4,000~5,999만 원, 6,000~7,999만 원, 8,000~9,999만 원, 1억 원 이상), 소재지(수도권, 비수도권) 등을 들 수 있다. 이 경우 모임은 서로 배타적이어야 하며 모집단의 원소들은 빠짐없이 어느 한 모임에 반드시 포함되어야 한다. 각 모임에서 추출하는 표본 원소의 개수는 모집단에서 각 모임이 차지하는 비율과 같게 정하거나 각 모임의 분포의 표준편차에 비례하여 정할 수 있다.

층화무작위추출은 표본추출오차를 줄여 모집단에 대한 보다 정확한 정보를 얻을 수 있는 장점 외에도 각 모임의 특성에 대한 추가적인 정보를 얻을 수 있다. 하지만 층화무작위추출은 모집단에 대한 정확한 정보를 가지고 있어야 하고, 비용이 많이 들며, 모집단을 모임으로 나누는 기준 변수를 찾기 어려울 수 있다는 단점이 있다.

마지막으로 집락추출법은 층화무작위추출과 기본적인 아이디어는 비슷하지만, 모집단을 구분하는 방법에서 차이가 있다.

> **집락추출**은 모집단을 서로 인접한 하나 이상의 기본 단위들로 구성된 집락(cluster)으로 구분하고, 집락을 추출하고 나면 추출된 집락 내의 표본 일부 또는 전체를 추출하는 방법이다.

층화무작위추출의 경우 서로 배타적인 모임을 구성하므로 모임 내 표본은 동질적이고 모임 간 특성은 이질적이다. 그러나 집락추출의 경우 모집단을 서로 인접한 집락으로 구분하므로 집락 내 표본은 이질적이고 집락 간 특성은 동질적이다. 예를 들어 어떤 고등학교의 학생들을 대상으로 설문 조사를 수행하는데, 학교에는 1학년부터 3학년까지의 학생이 있고 각 학년에는 문과반·이과반·유학반이 있다고 가정하자. 만약 표본을 추출할 때 학생을 학년별로 3개의 모임으로 구분하고 표본을 추출한다면 층화무작위추출이 적용되는 것이지만, 문과반·이과반·유학반으로 구분하고 각 반에서 표본을 추출한다면 이는 집락추출이 적용된 것이다.

집락추출은 층화무작위추출보다 모집단 특성을 정확히 알아야 한다는 가정으로부터 비교적 자유로워서 모집단이 널리 퍼져 있는 전국 단위 대규모 표본조사에 사용된다. 또한 조사 단위들이 인접한 지역으로 묶이는 경우가 일반적이어서 조사가 쉽고 시간과 비용도 절약된다. 그러나 집락 내부의 이질성 확보가 쉽지 않으며, 표본의 크기가 같다면 단순임의추출법에 비해서도 표본오차가 커질 수 있다.

## 2) 비확률표본추출 방법

대표적인 비확률표본추출 방법으로는 간편추출(convenience sampling), 판단추출(judgement sampling), 할당추출(quota sampling), 그리고 눈덩이추출(snowball sampling) 등이 있다.

간편추출은 표본 조사원의 자의적인 판단에 따라 특정 시점에 가장 접근하기 쉽고 유용한 대상자들에게 의존하여 표본을 추출하는 방법으로, 모든 표본추출 방법론 중 가장 쉽게 활용된다.

> **간편추출**은 특정 시점에 가장 접근하기 쉬운 대상자들에 의존하여 표본을 추출하는 방법이다.

특정 대학의 등록금 정책에 대한 학생들의 의견을 묻기 위해 해당 대학의 도서관에 찾아가 만나는 학생들을 대상으로 의견을 묻는다고 가정하자. 큰 노력과 비용이 수반되지는 않겠지만 도서관에서 만난 학생들이 해당 대학의 모든 학생을 대표한다고 보기는 어려우므로 수집한 표본이 모집단을 얼마나 잘 대표하는지 알 수 없고, 이 때문에 계산된 통계치의 통계적 정확성도 평가할 수 없다는 단점을 갖는다.

판단추출은 표본 조사원이 나름의 지식과 경험을 근거로 연구에 가장 유용하거나 모집단을 가장 잘 대표할 것으로 여겨지는 표본을 추출하는 방법으로 목적추출(purposive sampling)이라고도 한다.

> **판단추출**은 연구의 목적에 부합하고 모집단을 가장 잘 대표할 것으로 여겨지는 표본을 추출하는 방법으로, 목적추출이라고도 한다.

예컨대 현재 마케팅 업계의 최신 트렌드를 조사하고자 광고협회에 가입된 회원들을 대상으로 설문을 진행한다면 이는 판단추출에 속한다. 판단추출은 특정 기준에 맞는 표본만 추출되므로 모집단과의 관련성을 높일 수 있고 시간과 비용을 줄일 수도 있다. 그러나 이 역시 조사자의 주관적 판단이 개입되므로 추정값의 정확성에 대해서는 객관적 판단이 어렵다.

할당추출은 연구와 밀접하게 관련되어 있는 특성을 기준으로 모집단을 부분집단으로 구분하고, 목표로 정한 표본 수에서의 특성별 구성비율이 모집단의 특성별 구성비율과 비슷하도록 표본을 추출하는 방법이다.

> **할당추출**은 성별이나 연령과 같은 조사대상에 대한 특성으로 모집단을 구분하고, 표본의 특성별 구성비율이 모집단에서의 구성비와 유사하도록 표본을 추출하는 방법이다.

이를테면 대학생을 대상으로 하는 등록금 정책 의견 조사에서 할당의 기준이 학년 수준(1학년~4학년)이고 목표 표본 수가 100개라면 학년별로 약 25명의 표본을 추출하는 것이 할당추출에 해당한다. 일반적으로 할당의 기준들로는 성별이나 연령, 교육수준, 종교나 사회경제적 지위 등이 고려된다. 연구 목적에 부합하고 비교적 높은 대표성을 확보할 수 있어 단기간에 조사를 수행해야 하는 경우에는 적합하지만, 조사자의 주관이 개입될 가능성은 여전히 존재한다.

마지막으로 모집단의 구성원들을 찾기가 매우 어려워 표본을 수집하기가 곤란한 경우(예 : 길거리 노숙자, 국내 불법체류자, 마약 중독자, 잘 알려지지 않은 특정한 질병을 앓는 사람 등을 대상으로 설문 조사를 수행해야 하는 경우) 조사자는 기준에 부합한 피실험자에게 다른 피실험자를 추천받는 식으로 표본을 단계적으로 수집할 수 있는데, 표본 크기가 '눈덩이'처럼 불어날 가능성이 있다고 하여 눈덩이추출 혹은 추천추출(referral sampling)로 일컫는다.

> **눈덩이추출**은 모집단의 구성원들을 찾아내기가 매우 어려운 경우 기준에 부합한 조사대상자에게 다른 피험자를 추천받아 단계적으로 표본을 수집하는 방법이다.

이처럼 눈덩이추출은 표본수집이 어려운 탐색적 조사에서 주로 활용될 수 있지만, 연구의 목적이나 기준과는 관계가 없는 연관성(예 : 친구가 많은 사람이 표본에 포함될 가능성이 큼)의 개입으로 표본의 대표성이 현저히 줄어들 가능성이 있다.

**예 2-6** ▶

국내 대학 구내매점의 연간 매출액을 조사하기 위해 표본을 추출하는 경우를 고려하자. 대학의 구내매점이 총 1,500개라고 가정하고 엑셀의 난수 생성 도구를 이용하여 표본의 크기가 100인 표본을 추출(단순무작위추출)하는 방법에 관해 설명해 보라.

**답**

단순무작위추출은 다음과 같은 단계로 시행될 수 있다.

1. 대학의 각 구내매점에 1번부터 1,500번까지 번호를 부여한다.
2. 엑셀에서 '데이터 탭' → '데이터 분석' → '난수 생성'을 선택하면 그림 2-6과 같은 '난수 생성' 대화상자가 나타난다. 대화상자의 '변수의 개수'는 출력 테이블에 나타낼 값을 표시할 열의 수를, '난수의 개수'는 출력 테이블에 나타낼 값을 표시할 행의 수를 의미한다. 이 예에서는 각각 5와 20을 입력하여 5열 20행의 출력 테이블에 100개의 난수를 생성하고자 한다. 분포는 하한과 상한 경곗값으로 규정된 범위 안에 있는 모든 값에서 같은 확률로 변수를 추출하게 되는 일양분포를 선택하고 하한 경곗값은 1, 상한 경곗값은 1,500으로 입력한다. '난수 시드'에 난수를 만들 조건값을 임의로 입력하

면 나중에 이 값을 다시 사용하여 같은 난수를 만들 수 있다.

**그림 2-6**

난수 생성
대화상자

| 난수 생성 | | ? ✕ |
|---|---|---|
| 변수의 개수(V): | 5 | 확인 |
| 난수의 개수(B): | 20 | 취소 |
| 분포(D): | 일양 분포 | 도움말(H) |

모수

시작(E) 0    종료(A) 1500

난수 시드(R): 12345

출력 옵션
◉ 출력 범위(O): $A$1 ↑
○ 새로운 워크시트(P):
○ 새로운 통합 문서(W)

그림 2-7은 5열 20행의 출력 테이블에 생성된 난수 100개를 보여 준다.

**그림 2-7**

엑셀을 이용하여
생성된 난수

| | A | B | C | D | E |
|---|---|---|---|---|---|
| 1 | 347.1786 | 877.2851 | 1180.837 | 1012.833 | 266.7928 |
| 2 | 1071.429 | 1257.836 | 247.795 | 1330.851 | 1071.383 |
| 3 | 684.7896 | 677.5109 | 935.8348 | 994.8424 | 436.4452 |
| 4 | 644.3678 | 1005.554 | 467.6656 | 1193.655 | 180.7764 |
| 5 | 467.7572 | 381.0999 | 508.9572 | 699.6673 | 120.6702 |
| 6 | 479.9799 | 979.6899 | 164.2506 | 60.79287 | 1266.625 |
| 7 | 973.6015 | 96.68264 | 594.2412 | 1454.36 | 205.9999 |
| 8 | 1035.31 | 303.2319 | 955.0615 | 714.2247 | 1298.898 |
| 9 | 690.054 | 635.8074 | 1025.834 | 1168.432 | 569.7501 |
| 10 | 1327.876 | 68.84976 | 345.027 | 133.5795 | 823.0842 |
| 11 | 1119.587 | 1293.68 | 855.7237 | 342.4177 | 835.3526 |
| 12 | 331.7515 | 164.2048 | 1209.906 | 169.5608 | 72.83242 |
| 13 | 48.52443 | 217.4902 | 1214.896 | 1083.422 | 25.7271 |
| 14 | 414.4719 | 1272.301 | 363.4754 | 1136.57 | 806.2838 |
| 15 | 692.6634 | 1009.491 | 394.0092 | 1196.448 | 1287.591 |
| 16 | 669.4998 | 855.678 | 657.0025 | 1356.441 | 649.4949 |
| 17 | 242.1644 | 360.9119 | 126.2093 | 280.3888 | 1273.263 |
| 18 | 1261.04 | 1152.226 | 405.4994 | 643.4523 | 1350.444 |
| 19 | 474.2576 | 97.04886 | 1309.565 | 988.1588 | 77.8222 |
| 20 | 1462.004 | 511.2461 | 24.26222 | 955.1073 | 645.558 |

3. 생성된 난수가 실수이므로 정수로 전환해주기 위해 엑셀의 ROUNDUP 함수를 사용
   하여 소수점 이하를 반올림하여 그림 2-8과 같은 난수를 구한다.

4. 1번부터 1,500번까지 구내매점 중에서 각 난수에 대응되는 숫자를 부여받은 100개의 매점을 표본으로 추출하여 연간 매출액을 조사한다.

**그림 2-8**

ROUNDUP 함수로
반올림한 난수

| | | $f_x$ | =ROUND(A1,0) | |
| --- | --- | --- | --- | --- |
| G | H | I | J | K |
| 347 | 877 | 1181 | 1013 | 267 |
| 1071 | 1258 | 248 | 1331 | 1071 |
| 685 | 678 | 936 | 995 | 436 |
| 644 | 1006 | 468 | 1194 | 181 |
| 468 | 381 | 509 | 700 | 121 |
| 480 | 980 | 164 | 61 | 1267 |
| 974 | 97 | 594 | 1454 | 206 |
| 1035 | 303 | 955 | 714 | 1299 |
| 690 | 636 | 1026 | 1168 | 570 |
| 1328 | 69 | 345 | 134 | 823 |
| 1120 | 1294 | 856 | 342 | 835 |
| 332 | 164 | 1210 | 170 | 73 |
| 49 | 217 | 1215 | 1083 | 26 |
| 414 | 1272 | 363 | 1137 | 806 |
| 693 | 1009 | 394 | 1196 | 1288 |
| 669 | 856 | 657 | 1356 | 649 |
| 242 | 361 | 126 | 280 | 1273 |
| 1261 | 1152 | 405 | 643 | 1350 |
| 474 | 97 | 1310 | 988 | 78 |
| 1462 | 511 | 24 | 955 | 646 |

**예 2-7** ▶

정부의 국정 수행능력에 대해 국민이 어떤 인식을 하고 있는지를 조사하기 위해 목표 표본 수를 2,000명으로 설정하고, 17개 광역으로 구분된 지역의 연령과 성별 비중에 비례하여 조사원이 임의로 표본을 선정한 후 의견을 수집하였다. 이 표본추출 방법은 층화무작위추출인가? 혹은 할당추출인가? 이에 답하고, 두 방법의 차이를 비교하라.

**답**

층화무작위추출이다. 위의 표본추출방법은 표본이 한쪽에 치우칠 가능성을 줄이기 위해 모집단을 특성에 따라 몇 개의 집단으로 구분하고 표본을 추출한다는 점에서 층화무작위추출과 할당추출의 공통적 특성을 갖는다. 그러나 층화무작위추출은 각 집단(층) 내에서 다시 표본을 무작위로 추출하는 방법이지만, 할당추출은 각 집단 내에서 표본을 무작위로 추출하지 않고 특성별 구성비율이 모집단의 특성별 구성비율과 유사하도록 추출한다는 점에서 차이를 갖는다.

## 2. 표본추출오차와 비표본추출오차

### 1) 표본추출오차

표본추출오차(sampling error)는 모집단과 표본의 차이에 의해 필연적으로 발생하는 오차이다. 강아지들의 평균 수면시간이 얼마나 되는지 궁금하다면 모든 강아지의 수면시간을 관찰하여 평균값을 구해야 한다. 하지만 세상에는 너무 많은 강아지가 있으며 이들 강아지를 모두 관찰하여 수면시간을 구한다는 것은 현실적으로 거의 불가능하다. 이런 경우 모든 강아지의 평균 수면시간 대신 일부 강아지를 표본 추출하여 수면시간을 관찰한 후 평균값을 계산할 수 있다. 하지만 추출된 표본은 무수히 많은 가능한 표본 중의 하나이므로 표본으로 추출된 강아지의 평균 수면시간이 모든 강아지의 평균 수면시간과 100% 일치한다고 확신할 수 없을 것이다. 결국, 모든 강아지의 평균 수면시간과 표본으로 추출된 강아지의 평균 수면시간의 차이로 인해 오차가 발생하게 된다. 이렇게 모집단 대신 표본을 사용하기 때문에 발생하는 오차를 표본추출오차라고 한다. 따라서 표본추출오차를 줄이기 위해서는 표본의 크기를 크게 해야 하지만 표본의 크기가 커질수록 시간적·경제적 비용이 증가하는 어려움이 발생한다.

> 모집단 대신 표본을 사용하기 때문에 발생하는 오차를 **표본추출오차**라고 한다.

### 2) 비표본추출오차

표본추출오차보다 심각한 오차는 자료 취득(data acquisition) 과정에서 발생하는 오차, 잘못 선택된 관측값으로 인한 오차, 응답 또는 무응답 편의에 의한 오차 등과 같은 비표본추출오차(nonsampling error)이다. 그 이유는 표본의 크기가 커지면 감소하는 표본추출오차에 비해 비표본추출오차는 표본의 크기가 커져도 감소하지 않기 때문이다.

> 자료 취득 오차, 무응답 편의에 의한 오차, 선택 편의에 의한 오차 등을 **비표본추출오차**라고 한다.

대표적인 비표본추출오차를 자세히 살펴보면 다음과 같다.

- **자료 취득 오차** : 잘못된 자료 측정에 의한 오차, 관측된 자료를 기록하는 과정에서 발생

하는 실수로 인한 오차, 민감한 사안에 대한 질문을 응답자가 잘못 이해하고 답변하는 경우에 발생하는 오차 등을 의미한다.

- 응답 편의에 의한 오차 : 일반적으로 설문자의 의도가 반영된 설문 문구나 순서, 조사원의 태도나 성별은 사람들의 응답 결과에 영향을 미치는 것으로 알려져 있다. 이런 이유에 의한 오차를 응답 편의(response bias)라고 한다. 예를 들어 "S 기업은 장학 재단과 사회 기부를 통해 좋은 이미지를 가지고 있습니다. 국세청이 S 기업을 세무조사하는 것은 부당하다고 생각하지 않습니까?"라고 설문 문구를 작성한다면 설문자의 의도에 의해 응답 결과가 왜곡될 것이다. 이 경우 "국세청이 S 기업에 대해 세무조사를 수행하는 것에 대해 어떻게 생각하십니까?"로 물어보는 것이 바람직하다.

- 무응답 편의에 의한 오차 : 모집단의 특정 구성원이 응답하지 않거나 할 수 없으므로 발생하는 오차이다. 예를 들어 변호사들의 연평균 소득을 알아보기 위해 변호사들로 구성된 모집단에서 일부 변호사를 임의 추출하여 연소득이 얼마인지 물어보았다고 가정하자. 이 경우 많은 소득을 올리는 변호사들은 세금 부과를 걱정하여 응답을 회피할 수 있다. 그래서 고소득 변호사들이 질문에 응답하지 않는다면 이 표본자료에 의한 연평균 소득은 모집단의 연평균 소득보다 낮아지는 편의가 발생하게 된다.

- 선택 편의에 의한 오차 : 표본을 수집하는 방법의 잘못으로 인해 모집단의 특정 그룹이 선택에서 배제되어 발생하는 오차를 의미한다. 예를 들어 한강에 서식하는 물고기의 크기에 대한 표본분포를 만들기 위해 20cm 간격으로 엮은 그물망을 사용하여 물고기를 잡았다고 가정하자. 이런 경우 20cm보다 작은 물고기들은 잡히지 않게 되므로 표본에서 제외되는 선택 편의(selection bias)가 발생한다.

**예 2-8 ▶**

출처 : 셔터스톡

한 연구에서 기술집약적 중소기업 인력의 특성을 알아보기 위한 설문 조사를 진행했다. 근로자는 조사 대상이 되는 표본 기업인 유망 중소기업, 기술 선진화 업체, 연구소가 있는 중소기업으로부터 추출되었다. 표본 근로자의 수는 500명이며 이 중 남성은 454명으로 90.8%를 차지하고 있고, 여성은 46명으로 9.2%를 차지하였다(하지만 표본기업의 실제 성별 종업원 구성비는 남성 73.8%, 여성 26.2%였다).

이 연구에 따르면 표본 근로자들의 학력은 인문계·상업계 고등학교 졸업자 30.4%, 공업고등학교 졸업자 33.4%, 전문대 이상 졸업자 30%로 나타났다. 따라서 기술집약적 중소기업에는 공업고등학교 졸업자가 가장 높은 비율을 차지한다고 주장한다. 설문 조사에 의한 이 주장은 어떤 문제가 있는가?

**답**

표본기업의 실제 성별 종업원 구성비가 남성 73.8%, 여성 26.2%이므로 이 기업에서 추출되는 표본 근로자의 성별도 유사한 비율로 구성되어야 한다. 하지만 이 설문 조사대상인 표본 근로자의 성별 구성비는 남성 90.8%, 여성은 9.2%였고, 이는 표본추출 방법에 문제가 있었음을 짐작할 수 있다. 즉 이 표본은 선택 편의(공업고등학교 졸업자의 비중이 높은 남성을 과다 선택한 오류)로 인해 전체 근로자에 대한 공업고등학교 졸업자의 비중이 과대 추정되었을 가능성이 크다.

## 요약

불확실한 상황에서 위험을 줄이고 현명한 의사결정을 하기 위한 정보를 얻기 위해서는 방대한 자료를 수집 및 정리하고 요약할 필요가 있다. 이 자료는 형태와 관측 방법에 따라 몇 가지로 구별된다. 우선 자료는 형태에 따라 질적자료, 양적자료, 순서자료로 나뉜다. 양적자료는 관측된 실수들의 모임으로 이 양적자료를 이용하여 각종 산술을 할 수 있다. 질적자료는 질적 특성에 근거하여 분류될 수 있는 관측값들의 모임이며, 이 중 순서를 갖는 자료를 특별히 순서자료라고 정의한다.

자료는 또한 관측 방법에 따라 횡단면자료, 시계열자료, 종적자료, 패널자료로 구별된다. 횡단면자료는 관심의 대상이 되는 어떤 특정 변수를 일정 시점에서 개체별로 관측하여 얻은 값들이며, 시계열자료는 관심의 대상이 되는 어떤 특정 변수를 시간의 순서에 따라 일정 기간 관측하여 얻은 값들이다. 또한 종적자료는 관심의 대상이 되는 어떤 특정 변수를 여러 개체별로 시간의 순서에 따라 여러 시점에 걸쳐 관측하여 얻은 값들이다. 특히 종적자료 중 개체별로 관측 시점이 모두 같게 구성되는 경우를 패널자료라고 한다.

자료를 수집하는 방법으로 관심의 대상이 되는 변수를 직접 관측하는 직접 관측, 직접 관측 방법의 단점을 보완할 수 있는 실험, 그리고 인간이나 기관으로 구성된 모집단의 특정 항목(item)에 대한 정보를 얻기 위해 사용되는 조사(survey) 등을 고려할 수 있다. 조사는 다시 전수조사와 표본조사로 나눌 수 있다. 조사자의 관심 대상 전체인 모집단을 조사하는 경우가 전수조사이며, 모집단을 대표할 수 있는 모집단의 부분집합인 표본을 조사하는 경우가 표본조사이다.

표본추출 방법에는 확률표본추출 방법과 비확률표본추출 방법이 있으며, 모집단을 대표할 수 없는 특정 구성요소만을 추출함으로써 발생하는 오차를 줄이기 위해서는 확률표본추출 방법이 바람직하다. 확률표본추출에서 모집단의 각 구성요소가 표본으로 선택될 가능성이 일정하도록 하는 표본추출 방법 중 일반적인 방법으로는 단순무작위추출과 계통추출, 층화무작위추출, 그리고 집락추출 방법이 있다. 한편 대표적인 비확률표본추출 방법으로는 간편추출, 판단추출, 할당추출, 그리고 눈덩이추출 등이 있다.

모집단의 특성을 추론하기 위해 모집단을 사용하지 않고 표본을 사용함으로써 발생하는 오차를 표본추출오차라고 한다. 표본추출오차를 줄이기 위해서는 표본의 크기를 크게 해야 하지만 표본의 크기가 커질수록 시간적·경제적 비용이 증가하는 어려움이 발생한다. 표본추출오차보다 심각한 오차는 자료 취득 과정에서 발생하는 오차, 선택편의에 의한 오차, 무응답편의에 의한 오차 등과 같은 비표본추출오차이다. 그 이유는 표본의 크기가 커지면 감소하는 표본추출오차에 비해 비표본추출오차는 표본의 크기가 커져도 감소하지 않기 때문이다.

 **주요 용어**

**간편추출**(convenience sampling) 특정 시점에 가장 접근하기 쉬운 대상자들에 의존하여 표본을 추출하는 방법

**계통추출**(systematic sampling) 최초 하나의 단위를 표본으로 무작위 선정하고 나면 그 이후 k번째 간격마다 하나의 단위를 표본으로 추출하는 방법

**눈덩이추출**(snowball sampling) 모집단의 구성원들을 찾아내기가 매우 어려운 경우 기준에 부합한 조사 대상에게 다른 피험자를 추천받아 단계적으로 표본을 수집하는 방법

**단순무작위추출**(simple random sampling) 모집단에 포함된 각 구성요소가 뽑힐 확률이 같도록 표본을 추출하는 방법

**비표본추출오차**(nonsampling error) 자료 취득 오차, 무응답 편의에 의한 오차, 선택 편의에 의한 오차 등을 의미

**순서자료**(ordinal data) 질적자료의 속성을 갖지만 관측값이 순서를 갖게 되는 자료

**시계열자료**(time-series data) 관심의 대상이 되는 어떤 특정 변수를 시간의 순서에 따라 일정 기간 관측하여 얻은 값의 모임

**양적자료**(quantitative data) 관측된 실수들의 모임으로 이 양적자료를 이용하여 각종 산술을 할 수 있는 자료

**전수조사**(population survey) 조사자의 관심 대상 전체인 모집단을 조사하는 경우

**종적자료**(longitudinal data) 관심의 대상이 되는 어떤 특정 변수를 여러 개체별로 시간의 순서에 따라 여러 시점에 걸쳐 관측하여 얻은 값의 모임

**질적자료**(qualitative data) 질적 특성에 근거하여 분류될 수 있는 관측값들의 모임

**집락추출**(cluster sampling) 모집단을 서로 인접한 하나 이상의 기본 단위들로 구성된 집락으로 구분하고, 집락을 추출하고 나면 추출된 집락 내의 표본 일부 또는 전체를 추출하는 방법

**층화무작위추출**(stratified sampling) 모집단을 서로 배타적인 몇 개의 모임으로 나누고 각 모

임에서 단순무작위추출을 하는 방법

**판단추출**(judgement sampling)  연구의 목적에 잘 부합하고 모집단을 가장 잘 대표할 것으로 여겨지는 표본을 추출하는 방법

**패널자료**(panel data)  종적자료 중 개체별로 관측 시점이 모두 같게 구성된 자료

**표본조사**(sample survey)  모집단을 대표할 수 있는 모집단의 부분집합인 표본을 조사하는 경우

**표본추출오차**(sampling error)  모집단 대신 표본을 사용하기 때문에 발생하는 오차

**할당추출**(quota sampling)  성별이나 연령과 같은 조사 대상에 대한 특성으로 모집단을 구분하고, 표본의 특성별 구성비율이 모집단에서의 구성비와 유사하도록 표본을 추출하는 방법

**횡단면자료**(cross-section data)  관심의 대상이 되는 어떤 특정 변수를 일정 시점에서 개체별로 관측하여 얻은 값의 모임

 **연습문제**

1. 자료는 형태에 따라 다음과 같이 나뉜다. 각 용어를 정의하고 용어와 관련된 현실적인 예를 제시하라.
   1) 질적자료
   2) 양적자료
   3) 순서자료

2. 자료는 관측 방법에 따라 다음과 같이 나뉜다. 각 용어를 정의하고 용어와 관련된 현실적인 예를 제시하라.
   1) 횡단면자료
   2) 시계열자료
   3) 종적자료
   4) 패널자료

3. 층화무작위추출이란 무엇인가? 층화무작위추출의 장단점에 관해 설명하라.

4. 대한축구협회는 여론조사를 통해 국민이 생각하는 우리나라 최고의 축구 선수 5명을 선정하여 1위부터 5위까지 순위를 정하고자 한다. 이 여론조사를 위해 대한축구협회는 국민 모두에게 우리나라 최고의 축구 선수가 누구인지 물어봐야 하는가? 아니라면 그 이유는 무엇이라고 생각하는가? 모든 국민을 대상으로 조사하지 않아도 국민이 생각하는 우리나라 최고의 축구 선수를 선정할 수 있는 이유는 무엇인가?

5. 다음 여론조사에는 어떤 문제가 발생하는가?
   1) 대통령 후보로 홍길동, 김철수, 임꺽정, 이순한, 박차돌이 있으며 이들의 실제 선거 기호는 각각 1번, 2번, 3번, 4번, 5번이다. 대통령 선거에서 국민이 어떤 후보를 선택할지 알아보기 위해서 설문지의 질문을 다음과 같이 작성하였다.

당신은 이번 대통령 선거에서 어느 후보를 선택하시겠습니까?

    1번 이순한

    2번 박차돌

    3번 김철수

    4번 임꺽정

    5번 홍길동

  2) 한 포털 사이트에서 "올겨울 같이 여행을 하고 싶은 연예인은?"에 대한 인터넷 여론조사를 하였다.

  3) 사원 재교육의 효과를 알아보기 위해 해당 기업들을 기업의 매출액 규모에 따라 대기업, 중기업, 소기업 모임으로 나누고 각 모임에서 50개의 기업을 무작위로 추출하여 조사를 수행하였다.

6. 대권후보 일대일 가상대결의 여론조사 결과에 의하면 한 언론기관의 휴대전화 조사에서 참신한 이미지의 무소속 A 후보의 지지율이 59.0%로 보수 정당에 속한 B 후보의 지지율 32.6%를 압도하는 것으로 나타났다. 이는 다른 언론기관의 일반전화 조사에서 A 후보의 지지율이 38.8%, B 후보의 지지율이 45.9%로 나타났던 조사 결과의 순위와 반대이다. 이처럼 여론조사 결과가 조사 방법에 따라 큰 차이를 보이는 이유는 무엇인가?

7. 몇 년 전 〈과학동아〉에 실린 기사에 의하면 결혼을 안 했거나 이혼해서 혼자 사는 사람들이 기혼자보다 사망률이 높다고 한다. 오스트레일리아 통계청은 자국인 가운데 남녀 독신자의 사망률이 기혼자보다 두 배 이상 높았다고 발표하였다. 35~44세 독신 남성의 경우 기혼자보다 3.9배나 사망률이 높으며, 25~34세에서는 사망률이 세 배에 이르렀다. 여성의 경우에는 45~54세 독신의 사망률이 기혼자보다 2.7배 높았으며, 55~64세는 2.5배의 차이를 보였다. 한편 독신은 나이가 들수록 특정 질환으로 인해 사망할 확률이 더 높은 것으로 드러났다. 한 예로 55~56세 여성의 경우 기혼 여성의 암 사망 건수가 10만 명당 253명인 데 비해, 독신녀는 466명에 이르렀다. 단지 25~34세 여성층에서만 암 사망 건수가 10만 명당 11명으로 똑같았다.

  1) 이 기사에 실린 통계를 기초로 결혼이 사람들을 건강하게 해 주고 사망률을 낮게 해 준다고 주장할 수 있겠는가?

  2) 앞의 주장이 타당하지 못하다면 그 이유는 무엇이라고 생각하는가?

 **기출문제**

1. (2019 사회조사분석사 2급) 확률표집(probability sampling)에 관한 설명으로 옳은 것은?

  ① 표본이 모집단에 대해 갖는 대표성을 추정하기 어렵다.

  ② 모집단이 무한하게 클 경우에 적용할 수 있는 표집방법이다.

③ 표본의 추출 확률을 알 수 있다.

④ 모집단 전체에 대한 구체적 자료가 없는 경우 사용된다.

2. (2015 사회조사분석사 2급) 단순무작위표집법 대신에 집락표집법을 사용하는 가장 중요한 이유는?

① 표본표집을 좀 더 용이하게 하기 위해

② 비표본오차를 줄이기 위해

③ 표본오차를 줄이기 위해

④ 사전조사비용을 줄이기 위해

3. (2016 사회조사분석사 2급) 표본추출오차와 비표본추출오차에 관한 설명으로 틀린 것은?

① 표본추출오차의 크기는 표본의 크기가 증가함에 따라 감소한다.

② 표본추출오차의 크기는 표본크기의 제곱근에 반비례한다.

③ 비표본추출오차는 표본조사와 전수조사에서 모두 발생할 수 있다.

④ 전수조사의 경우 비표본추출오차는 없으나 표본추출오차는 상당히 클 수 있다.

4. (2019년 7급 공개경쟁채용 통계학) 다음 사례에 해당하는 표본추출 방법은?

> 어느 여론조사 기관이 전국의 유권자 중 무작위로 뽑힌 1,000명에게 차기 대통령 후보에 대한 선호도를 물었다. 이때, 표본의 40%가 A 후보를, 35%가 B 후보를, 15%가 C 후보를 지지하는 결과를 얻었다.

① 단순임의추출법(simple random sampling)

② 군집추출법(cluster sampling)

③ 층화추출법(stratified sampling)

④ 계통추출법(systematic sampling)

5. (2014년 입법고시 2차 통계학) 서울지역의 초등학교에 다니는 6학년 학생들의 학업성취도를 알아보기 위해 다음과 같은 방법으로 자료를 수집하려고 한다. 이를 통해 초등학교의 평균 학업 성취도를 비교한다고 했을 때, 통계적 관점에서 어떤 공통점과 차이점이 있는지를 기술하라.

| 방법 1 | 서울지역 모든 초등학교에서 6학년 전체 학생들을 대상으로 학업성취도 자료를 얻음 |
|---|---|
| 방법 2 | 서울지역 모든 초등학교에서 몇 명의 6학년 학생들을 무작위로 추출하여 학업 성취도 자료를 얻음 |
| 방법 3 | 서울지역 초등학교 몇 곳을 무작위로 선택하고 선택된 학교에서 몇 명의 6학년 학생들을 무작위로 추출하여 자료를 얻음 |
| 방법 4 | 조사자가 관심을 가지는 초등학교 몇 곳에서 몇 명의 6학년 학생들을 무작위로 추출하여 학업성취도 자료를 얻음 |

6. (2009년 5급 공개경쟁채용 2차 통계학) 통계조사에서 표본추출 방법은 일반적으로 확률표본추출법(probability sampling)과 비확률표본추출법(nonprobability sampling)으로 구분된다. 확률표본추출법과 비확률표본추출법을 비교하여 설명하라.

**부록 1**

## 인터넷을 이용한 경영·경제자료 수집

정보의 보물창고로 불리는 인터넷에서 경영·경제와 관련된 유익한 자료와 정보를 얻을 수 있는 웹사이트들을 살펴보자. 디지털 시대에는 노하우(know-how)보다 노웨어(know-where)가 더 강조된다고 한다. 인터넷에는 정보화 시대를 살아가는 우리 현대인들에게 필요한 온갖 유용한 자료와 정보들이 존재하지만 우리는 정작 필요한 자료와 정보가 어디에 있는지 몰라서 활용하지 못하는 경우가 발생하기 때문이다. 앞으로는 이런 우를 범하지 않도록 정부기관, 국제기구, 대학, 기업, 연구소 등의 유익한 웹사이트들을 여행하면서 우리에게 필요한 자료와 정보가 어디서 제공되고 있는지 노웨어를 축적해 보자.

### 국내 경영·경제 자료 웹사이트

#### 🌐 한국은행(www.bok.or.kr)

**그림 1 한국은행**

한국은행은 1950년 6월에 창립된 우리나라의 중앙은행으로 국민 경제발전을 위한 통화가치의 안정, 은행신용제도의 건전화와 그 기능 향상에 의한 경제발전, 국가 자원의 유효한 이용의 도모를 목적으로 한다. 이 사이트에서는 우리나라의 경제 통계자료와 지표, 통화금융정책 및 동향에 대한 유익한 정보를 얻을 수 있다.

#### 🌐 통계청(www.kostat.go.kr)

**그림 2 통계청**

통계청은 물가, 금융, 무역 등 경제 분야 통계뿐만 아니라 인구, 교육, 환경 등 다양한 분야의 자료를 수집하고 분석한다. 특히 국가 전체 혹은 국민 전체를 대상으로 전수조사와 표본조사 등을 실시하기 때문에, 국내 통계자료들 중 거의 대부분은 통계청으로부터 만들어진다고 표현해도 과언이 아니다. 또한 통계자료의 비교와 분석이 원활하게 이루어지도록 통계 기준을 설정하고, 통계의 질적 개선을 위해 각종 통계 기법 연구 업무도 수행한다.

• 통계청 KOSIS 국가통계포털(kosis.kr)

**그림 3** KOSIS 국가통계포털

현재 300여 개 기관이 작성하는 경제·사회·환경에 관한 1,000여 종의 국가승인통계가 수록되어 있다. 금융·경제에 관한 IMF, Worldbank, OECD 등의 최신 통계도 제공하고 있고, 쉽고 편리한 검색 기능, 일반인들도 쉽게 이해할 수 있는 다양한 콘텐츠 및 통계설명자료 서비스를 쉽고 정확하게 찾아볼 수 있다.

• 통계청 통계지리정보(SGIS)국가통계포털(sgis.kostat.go.kr)

**그림 5** 통계지리정보(SGIS)

SGIS플러스는 SGIS(Statistical Geographic Information Service)를 기반으로 개방, 공유, 소통, 참여가 가능한 개방형 플랫폼이다. 사용자에게 통계정보와 지리정보를 융·복합하여 새로운 서비스를 만들 수 있는 기반을 지원하며, 포털 서비스를 통해 사용자가 직접 플랫폼에서 제공하는 다양한 인터랙티브맵, 통계주제도 등의 서비스를 이용할 수 있다.

• 통계청 마이크로데이터 통합 서비스(MicroData Integrated Service, MDIS) (mdis.kostat.go.kr)

**그림 4** 마이크로데이터

국가 주요정책 수립, 기업 경영전략 수립, 학술논문 등 심층 연구·분석에 활용되는 마이크로데이터의 수요가 지속해서 증가하고 있는 상황에서 통계청은 마이크로데이터뿐만 아니라 정부 각 부처, 지자체, 연구기관 등 타 통계작성 기관의 마이크로데이터를 한곳에 모아 편리하게 이용할 수 있도록 서비스한다.

• 통계청 통계빅데이터센터(data.kostat.go.kr/sbchome)

**그림 6** 통계빅데이터센터

통계빅데이터센터는 이용자가 통계자료 및 민간자료를 편리하게 이용하고, 연계·융합이 가능하도록 구축된 데이터 플랫폼이다. 센터제공자료 및 반입자료 연계, 분석 플랫폼을 제공하며 이용자가 원하는 형태로 연계 분석하여 그 결과를 제공하고 통계청 기준에 맞게 비식별화 처리된 형태로 제공한다. 자료 분석 능력이 없는 이용자를 위한 데이터 분석도 지원한다.

### 대한상공회의소(www.korcham.net)

**그림 7** 대한상공회의소

대한상공회의소는 전경련, 무역협회, 중소기업중앙회의 회원을 모두 망라한 약 120만 명의 상공인들로 이루어진 국내 최대 규모의 경제단체로서 지방경제 활성화, 국제상업회의소와의 교류 등의 사업을 벌이고 있다. 즉 대한상공회의소 사이트는 사업과 관련한 정보와 기업 DB를 제공하며, 전국 상공회의소 및 외국 상공회의소의 사이트들을 홈페이지에 연결해 놓았다.

### 삼성경제연구소(www.seri.org)

**그림 8** 삼성경제연구소

삼성경제연구소 사이트는 경영·경제에 관한 유용한 정보를 제공하는 민간연구소 홈페이지 중 하나로, 국민소득, 국제수지, 물가, 사회지표 등과 같은 국내외 경제통계 및 삼성연구소 연구보고서와 각종 경제 분석자료, 그리고 사내 채용공고 등을 제공한다. 이 사이트의 특징으로는 경영·경제 관련 포럼과 포털에 관한 디렉터리를 따로 운용하며, 토픽뉴스를 이용하여 국내 최초로 경제, 경영, 정책 부문의 특정 주제에 대한 맞춤 뉴스를 제공한다.

### 한국콘텐츠진흥원(www.kocca.kr)

**그림 9** 한국콘텐츠진흥원

4차 산업혁명 출현으로 콘텐츠 산업은 매출 67조 원에서 110조로 성장하는 등 그 성장세가 날이 갈수록 커지고 있다. 한국콘텐츠진흥원에서는 이런 콘텐츠 산업의 통계를 조사하고 보고서를 작성하여 무료로 배포한다.

### 금융감독원 전자공시시스템(DART, dart.fss.or.kr)

**그림 10** 금융감독원 전자공시시스템

국내 상장 법인은 기업 공시서류를 금융감독원이나 증권거래소 등 관계 기관에 제출할 때 전자공시시스템(DART)을 통하여 전자 문서로 제출한다. 이때 공시되는 내용은 일반인들에게도 공개되지만 허위 공시를 띄우고 추가 정정을 하거나, 불리한 정보를 장 마감 후에 내놓는 경우가 많으므로 정보를 파악하는 데 있어 세심한 주의가 요구된다.

### 방송통신광고 통계시스템(adstat.kobaco.co.kr)

**그림 11** 방송통신광고 통계시스템

한국방송광고공사에서 제공하는 광고산업통계정보시스템 웹 페이지에서는 광고 관련 사업체와 방송사, 광고주를 대상으로 광고비, 매출, 종사자 등을 조사하고, 광고경기 예측지수(Korea Advertising Index, KAI)를 제공한다. 또한 광고와 관련한 각종 뉴스와 보고서, 광고 법률, 광고 용어사전, 공익광고 정보 등을 제공하여 광고 및 마케팅 관련 분석을 수행하는 경우 유용한 정보를 얻을 수 있다.

### 한국갤럽(www.gallup.co.kr)

**그림 12** 한국갤럽조사연구소

한국갤럽은 부동산, 유통, 식음료, FMCG, 관광, 금융, 정보통신, 보건의료, 공공정책 등 많은 분야에 걸쳐 조사를 진행하며 주로 여론조사에 집중한다. 또한 정부기관과 함께 공조하여 재미있는 통계자료(2019년 올해를 빛낸 탤런트)부터 금융통계자료(주거 취약계층 주택금융 실태조사)까지 여러 가지 통계자료를 이용자에게 제공한다.

### 🅖 공공데이터포털(www.data.go.kr)

**그림 13** 공공데이터포털

공공데이터포털은 공공기관이 생성 또는 취득하여 관리하는 공공데이터를 한곳에서 제공하는 통합 창구이다. 포털에서는 이용자가 쉽고 편리하게 공공데이터를 이용할 수 있도록 파일 데이터, 오픈 API, 시각화 등 다양한 방식으로 제공하며, 누구라도 쉽고 편리한 검색을 통해 원하는 공공데이터를 빠르고 정확하게 찾을 수 있다.

### 🅖 한국거래소(www.krx.co.kr)

**그림 14** 한국거래소

한국거래소는 유가증권의 공정한 가격 형성과 안정 및 유통의 원활을 기하기 위하여 증권거래법에 따라 설립된 특수 법인으로서 유가증권시장을 개설 및 관리하고 있어서, 한국거래소 사이트에서는 이와 관련된 풍부한 자료와 정보들을 제공한다. 특히 이 사이트의 특징은 KOSPI, KOSPI 200, KOSDAQ 지수 및 거래량, 그리고 증권 관련 경제 지수들을 실시간으로 제공하며, 일반인에게 어려운 증권 관련 용어의 뜻을 찾을 수 있는 용어사전을 제공한다.

### 해외 경영 · 경제자료 웹사이트

### 🅖 세계은행(World Bank, www.worldbank.org)

**그림 15** 세계은행

세계은행그룹은 국제부흥개발은행(IBRD), 국제개발협회(IDA), 국제금융공사(IFC), 국제투자보증기구(MIGA), 국제투자분쟁해결센터(ICSID)를 모두 포함한다. 세계은행에서는 1994년 1월부터 국제연구논문, 경제 보고서 및 지역평가자료를 제공하고 있을 뿐만 아니라 각국의 풍부한 경제 관련 자료 및 통계수치를 제공한다. 특히 세계은행과 금융에 관련된 사업, 소식, 화제, 발행물, 투자 등에 대한 최신 정보들을 제공한다.

### 국제통화기금(IMF, www.imf.org)

**그림 16** 국제통화기금

국제통화기금(International Monetary Fund, IMF)은 1945년 12월 정부 간 기구로 설립되었으며, 주된 기능으로는 국제무역의 확대 및 균형적 성장 촉진, 회원국의 고용 및 실질소득 증대, 외화 안정 촉진, 외환 자유화, 국제수지 불균형 억제 등이다. 이 사이트에서는 뉴스란을 이용하여 IMF와 관련된 새로운 소식들을 전달한다.

### 경제협력개발기구(OECD, www.oecd.org)

**그림 17** 경제협력개발기구

1961년 9월 30일 발족한 기구로 OECD의 목적은 재정금융상의 안정을 유지하면서 고용과 생활 수준의 향상을 달성하고, 세계 경제의 발전에 공헌하며, 개발도상국 경제의 건전한 발전과 세계무역의 다각적이고 무차별한 확대에 공헌하는 것이다. OECD가 제공하는 가장 유익한 정보는 OECD 발간물과 통계자료들이며, 최근에 출간된 자료들은 PDF 파일 포맷으로 제공된다.

### 세계무역기구(WTO, www.wto.org)

**그림 18** 세계무역기구

세계무역기구(World Trade Organization, WTO)는 1947년 이후 국제무역질서를 규율해 오던 '관세 및 무역에 관한 일반협정(GATT)' 체제를 대신하며 각국의 국내 비준 절차를 거쳐 1995년 1월 출범한 기구이다. WTO는 지금까지 GATT에 주어지지 않았던 세계무역 분쟁 조정, 관세 인하 요구, 반덤핑 규제 등 막강한 법적 권한과 구속력을 행사하게 되었다. WTO 사이트는 기구에 대한 소개와 유용한 무역 정보, 무역 관련 출판물 및 문서 등을 제공한다.

### 국제결제은행(BIS, www.bis.org)

그림 19  BIS

국제결제은행(Bank for International Settlements, BIS)은 1930년에 설립되었으며, 세계 GDP의 약 95%를 차지하는 전 세계 60개 중앙은행이 소유하고 있다. 본사는 스위스 바젤에 있으며 홍콩 SAR과 멕시코 시티에 2개의 대표 사무소를 가지고 있다. 이 사이트에서는 국제 은행, 신용, 글로벌 유동성, 환율, 자산 가격 등 전 세계 금융 통계자료를 이용할 수 있다.

### 유엔 통계과(UNSD, unstats.un.org)

그림 20  UNSD

유엔 통계과(UN Statistics Division, UNSD)는 세계 통계 시스템의 발전을 위해 글로벌 통계 정보를 수집하고 보급하며 통계 활동에 대한 기준과 규범을 개발한다. 국가통계체계를 강화하려고 노력하며 국제 통계 시스템의 원활한 진행을 담당한다. 이 사이트에서는 대표적으로 인구 관련 필수적인 통계(출생, 사망, 추계인구) 등을 제공한다.

### 아시아개발은행(ADB, www.adb.org)

그림 21  아시아개발은행

아시아와 동아시아 지역의 경제 성장 및 협력을 증진하고 동 지역 내 개발도상국의 경제개발을 촉진하기 위하여 1966년에 설립된 국제개발은행을 말한다. ADB의 주요 업무는 지역 내의 개발투자 촉진, 역내 개발을 위한 투자, 지역개발을 위한 정책 및 계획의 조정, 기술원조의 공여, 다른 국제기관과의 협력 등이다. 본부는 마닐라에 있으며, 애초 31개국으로 출범했으나 현재 67개국이 가입되어 있다. 이 사이트에서는 아시아 일부 국가의 경제에 관련된 유용한 자료를 분기별 및 월별로 제공한다.

### 미국 상무부(U.S. Department of Commerce, www.commerce.gov)

**그림 22** 미국 상무부

미국 상무부는 미국의 고용 증대, 경제성장, 안정적인 발전, 그리고 미국인의 삶의 향상을 위한 전반적인 경제정책 및 법규에 관한 자료는 물론 경제자료, 통계자료, 경제지표 및 경제 보고서를 제공하며, 최근에는 디지털 경제 및 e-비즈니스에 대한 정보들을 제공한다.

### 뉴욕증권거래소(NYSE, www.nyse.com)

**그림 23** 뉴욕증권거래소

뉴욕증권거래소는 미국 뉴욕의 월가에 위치한 세계 최대 규모(시가총액 기준)의 증권거래소이며, 나스닥(NASDAQ), 아멕스(AMEX)와 함께 미국 3대 증권거래소로 간주한다. 비영리 회원제로 운영되는 증권경매시장으로, 주식뿐만 아니라 채권, 선물, 옵션까지도 취급한다. 뉴욕증권거래소 사이트는 거래소에서 취급하는 상품에 대한 광범위한 정보를 제공하며, 여기에는 상장된 회사들의 실적까지도 포함된다. 또한 뉴욕증권거래소의 대표 지수인 다우존스 산업지수, S&P 500 지수 등 자세한 증시 현황을 제공한다.

### 경제인을 위한 인터넷 자원(Resources for Economists on the Internet, rfe.org)

**그림 24** 경제인을 위한 인터넷 자원

미국 뉴욕주립대학교(SUNY Oswego)의 경제학과에 있는 빌 고페(Bill Goffe) 교수가 운영하는 사이트이다. 이 사이트는 직접 경제 정보를 제공하는 것이 아니라 경제와 관련된 풍부한 자료와 정보를 얻을 수 있는 유익한 사이트들을 소개한다. 경제 관련 자료, 기관, 저널, 학자, 모임 및 컨퍼런스는 물론이며 경제자료 분석 소프트웨어와 경제학자의 이메일 주소에 대한 정보까지 얻을 수 있는 거의 모든 사이트가 연결되어 있으므로 이 사이트는 경제인들을 위한 인터넷 포털과 같은 역할을 한다.

◉ 식량농업기구(FAO, www.fao.org/statistics/en)

**그림 25** FAO

식량농업기구(Food and Agriculture Organization of the United Nations, FAO)는 기아 퇴치를 위한 국제적 노력을 주도하는 유엔의 전문 기관이다. 사이트 이용자는 245개 이상의 국가와 영토에 대한 식량 및 농업 통계(작물, 가축, 임업)에 무료로 접근할 수 있고 1961년부터 가장 최근에 조사된 지역까지 이용할 수 있다.

**사례분석 2**

# 미디어 콘텐츠 이용자의 광고 스킵 비율

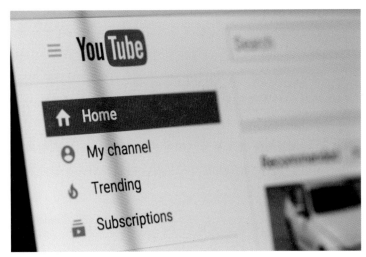

출처 : 셔터스톡

세계 최대 미디어 업체인 유튜브는 동영상 게시자가 일정 조건을 충족하면 광고 및 조회에 대한 수익 창출을 신청하여 이익을 얻을 수 있도록 하고 있다. 현재 유튜브 가입자 수는 전 세계 18억 명을 돌파하였으며 유튜브는 본격적인 광고 수입 확대와 유료화에 나서면서 이제 모든 창작자가 '스킵(건너뛰기) 없는 광고'를 선택할 수 있도록 했다. 기존 광고의 경우 5초면 시청자가 '광고 건너뛰기'를 이용할 수 있었으나 지금은 15~20초로 늘어나거나 건너뛸 수 없는 광고가 연달아 두 번 나오는 등 광고 방영 시간을 더 기다려야 미디어 콘텐츠를 이용할 수 있게 되었다. 이로 인해 미디어 콘텐츠 창작자들은 더 많은 수익을 올릴 수 있고 유튜브 역시 광고 단가 상승으로 매출을 더 많이 올릴 수 있다. 참고로 한국언론진흥재단 미디어 연구센터에 따르면 20세 이상의 성인 남녀 중 77.8%가 유튜브를 사용하고 있으며 이 중 사용빈도는 '매일'이 39.5%로 가장 높았다.

한편 유튜브는 광고 없이 미디어를 시청할 수 있는 '유튜브 프리미엄'을 제공하지만 국내에서는 아직 거부감이 존재한다. 어느 인터뷰에서 잠들기 전 하루 평균 2~3시간씩 유튜브를 이용한다는 P 씨(27)는 "광고가 귀찮아서라도 영상 하나 볼 때 고심해서 골라야겠다"며 "프리미엄 쓸 생각은 1도 없다"고 말했다.[2] 이 경우를 통해 예상할 수 있듯이 광고 없이 영상을 볼 수 있는 상품인 유튜브 프리미엄은 '유튜브는 무료'로 인식해온 국내 이용자들을 끌어들이는 데 큰 효과를 보지 못했다는 분석이다.

---

[2] 출처 : 스냅타임(2019. 1. 15).

유튜브가 광고 상영 시간을 늘리면서 이용자가 겪는 가장 큰 불편함 중 하나는 모바일 광고를 고화질로 상영하였을 때 약 2~8MB 정도의 데이터가 소모되며 이 비용을 이용자 본인이 부담해야 한다는 것이다. 즉 미디어 콘텐츠를 즐기기도 전에 비용이 이용자에게 전가되는 구조이다. 만약에 광고 스킵이 사라지게 된다면 미디어 콘텐츠를 즐기기 위한 초기 비용이 기하급수적으로 늘어나는 등 이용자가 영상을 보기 전부터 사전 제약이 가해져 오히려 해당 미디어 산업에서 이용자가 감소할 수 있음을 지적한다. 그리고 광고 스킵 제거의 대안인 '유튜브 프리미엄' 등의 상품은 우리나라에서 큰 효과가 없을 뿐만 아니라 오히려 기존 이용자마저 감소시킬 수 있는 문제가 발생한다는 것이다. 과연 이러한 주장이 타당한지 판단하기 위해서는 한국의 경우 미디어 콘텐츠 이용자의 몇 퍼센트 정도가 광고 스킵을 사용하고 있는지 먼저 알아볼 필요가 있으며, 이를 위해 미디어 콘텐츠를 시청하는 이용자들을 대상으로 설문조사를 시행할 수 있다.

사례분석을 위해 특정 미디어 콘텐츠를 시청하는 사람의 모집단은 1만 명이며 광고 스킵을 하면 1, 아니면 0으로 표기된 모집단 자료가 다음과 같다고 가정하자.[3]

| | A | B | C | D | E | F | G | H | I | J |
|---|---|---|---|---|---|---|---|---|---|---|
| 1 | 0 | 1 | 0 | 1 | 1 | 1 | 1 | 1 | 0 | 1 |
| 2 | 1 | 1 | 1 | 0 | 1 | 1 | 0 | 1 | 0 | 1 |
| 3 | 0 | 0 | 1 | 0 | 1 | 1 | 1 | 0 | 1 | 1 |
| 4 | 1 | 1 | 1 | 1 | 1 | 1 | 1 | 0 | 0 | 1 |
| 5 | 1 | 0 | 1 | 1 | 1 | 1 | 0 | 1 | 1 | 1 |
| 6 | 1 | 1 | 1 | 1 | 1 | 1 | 1 | 1 | 1 | 1 |
| 7 | 1 | 1 | 1 | 1 | 1 | 1 | 1 | 1 | 1 | 0 |
| 8 | 1 | 1 | 1 | 1 | 1 | 0 | 1 | 0 | 1 | 1 |
| 9 | 1 | 0 | 1 | 1 | 1 | 1 | 1 | 1 | 0 | 1 |
| 10 | 0 | 1 | 1 | 0 | 0 | 1 | 1 | 1 | 1 | 0 |

## 중 간 생 략

| | A | B | C | D | E | F | G | H | I | J |
|---|---|---|---|---|---|---|---|---|---|---|
| 991 | 0 | 1 | 0 | 0 | 1 | 1 | 0 | 1 | 0 | 1 |
| 992 | 1 | 0 | 1 | 1 | 1 | 1 | 1 | 1 | 1 | 1 |
| 993 | 0 | 1 | 0 | 0 | 0 | 1 | 1 | 1 | 1 | 1 |
| 994 | 1 | 0 | 1 | 1 | 1 | 1 | 1 | 1 | 1 | 1 |
| 995 | 1 | 1 | 1 | 0 | 1 | 1 | 1 | 1 | 1 | 0 |
| 996 | 1 | 1 | 1 | 0 | 0 | 1 | 1 | 1 | 1 | 1 |
| 997 | 1 | 1 | 1 | 1 | 0 | 1 | 1 | 1 | 0 | 0 |
| 998 | 0 | 1 | 1 | 0 | 1 | 1 | 1 | 1 | 1 | 1 |
| 999 | 1 | 0 | 1 | 1 | 1 | 1 | 1 | 0 | 1 | 1 |
| 1000 | 1 | 1 | 1 | 0 | 0 | 1 | 1 | 1 | 1 | 1 |

● 모집단에서 광고 스킵 사용자의 비율이 얼마인지 계산해 보자.

● 모집단으로부터 100명을 단순무작위추출하여 표본(표본크기=100)을 만들고 광고 스킵 사용자의 비율이 얼마나 되는지 계산해 보자. 이 비율은 모집단의 비율과 일치하는가? 차이가 있다면 그 이유는 무엇인지 생각해 보자.

● 이 과정을 반복하여 100개의 표본을 구해 각 표본으로부터 광고 스킵 사용자의 비율을

---

[3] 이 모집단 자료는 유튜브 이용자의 70% 정도가 광고를 스킵한다는 정보통신정책연구원의 연구보고서(2016)에 근거하여 컴퓨터로 생성한 시뮬레이션 자료이며 ▨ 사례분석02.xlsx 파일에 저장되어 있다.

구하고, 이에 대한 히스토그램을 그려보자.[4]

● 이번에는 표본 크기를 500으로 증가시키고 100개의 표본을 구해 광고 스킵을 사용하는 비율에 대한 히스토그램을 그려보자.

● 표본 크기 100과 500을 사용한 결과에는 어떤 차이가 있는가?

[4] 히스토그램에 대한 자세한 설명은 제3장을 참조하라.

# 엑셀의 분석 도구 사용을 중심으로

이 장의 사례분석을 수행하기 위해서는 사례분석 1에서 설명한 엑셀의 분석 도구 중 **표본추출**
과 **히스토그램**을 사용할 필요가 있다. 분석 도구는 엑셀의 **메뉴** 표시줄에서 **데이터 → 데이터 분**
**석**을 선택하여 실행할 수 있다. 만일 **데이터** 메뉴에 **데이터 분석**이 나타나지 않으면 분석 도구
가 설치되어 있지 않기 때문이다. 분석 도구는 제1장 부록 1에서 설명한 것처럼 **파일 → 옵션**
메뉴의 **추가 기능**을 이용하여 설치할 수 있다(자세한 내용은 제1장 부록 1 참조).

## 1. 광고 스킵 사용자의 모집단 비율 계산

광고 스킵을 사용하면 1, 아니면 0으로 기록되어 있으므로 모든 관측값의 합(=광고 스킵 사
용자의 수)을 모집단의 크기 1만 명으로 나누면 광고 스킵 사용자의 비율이 계산된다. 엑셀함
수 **SUM**을 이용하여 다음 그림 2처럼 모든 관측값의 합을 구한다.

| 995 | 1 | 1 | 1 | 0 | 1 | 1 | 1 | 1 | 1 | 0 |
|---|---|---|---|---|---|---|---|---|---|---|
| 996 | 1 | 1 | 1 | 0 | 0 | 1 | 0 | 1 | 1 | 1 |
| 997 | 1 | 1 | 1 | 1 | 0 | 1 | 1 | 1 | 0 | 0 |
| 998 | 0 | 1 | 1 | 0 | 1 | 1 | 1 | 1 | 1 | 1 |
| 999 | 1 | 0 | 1 | 1 | 1 | 1 | 1 | 0 | 1 | 1 |
| 1000 | 1 | 1 | 1 | 0 | 0 | 1 | 1 | 1 | 1 | 1 |
| 1001 | | | | | | | | | | |
| 1002 | 미디어 컨텐츠 광고 스킵하는 이용자의 수 | | | | =SUM(A1:J1000) | | | | | |

**그림 1** 엑셀함수 SUM의 사용

다음에는 수식 입력줄에 '**=F1002/10000**'을 입력하여 미디어 콘텐츠 광고 스킵 사용자의
모집단 비율을 계산하면 그림 2처럼 71.5%임을 알 수 있다.

| 998 | 0 | 1 | 1 | 0 | 1 | 1 | 1 | 1 | 1 | 1 |
|---|---|---|---|---|---|---|---|---|---|---|
| 999 | 1 | 0 | 1 | 1 | 1 | 1 | 1 | 0 | 1 | 1 |
| 1000 | 1 | 1 | 1 | 0 | 0 | 1 | 1 | 1 | 1 | 1 |
| 1001 | | | | | | | | | | |
| 1002 | 미디어 컨텐츠 광고 스킵하는 이용자의 수 | | | | 7150 | | | | | |
| 1003 | 미디어 컨텐츠 광고 스킵하는 이용자 수의 비율 | | | | 0.715 | | | | | |

**그림 2** 광고 스킵 사용자의 모집단 비율

## 2. 분석 도구의 표본추출을 사용하여 표본추출하기

광고 스킵을 사용하는 이용자 모집단에서 단순무작위추출하여 표본을 구하기 위해 **메뉴** 표시
줄에서 **데이터 탭 → 데이터 분석**을 선택한 후 **통계 데이터 분석** 창에서 표본추출을 선택한다.

이때 표본추출의 대화상자가 열리면 그림 3과 같이 필요한 정보를 입력하여 **확인** 버튼을 클릭하면 엑셀의 **표본1** 시트가 생성되면서 표본자료가 나타난다.

**그림 3 표본추출**

다음 그림은 실행 결과를 보여주며, 엑셀함수 SUM을 이용하여 광고 스킵 사용자의 표본비율을 계산하였더니 67%였다.[5] 이 표본비율은 표본추출오차로 인해 모집단 비율과 일치하지 않는다.

| A103 | | | | $f_x$ | =SUM(A1:A100)/100 | |
|------|-----|---|---|---|---|---|
| | A | B | C | D | E | F |
| 95 | 0 | | | | | |
| 96 | 0 | | | | | |
| 97 | 1 | | | | | |
| 98 | 0 | | | | | |
| 99 | 0 | | | | | |
| 100 | 0 | | | | | |
| 101 | | | | | | |
| 102 | 광고스킵 사용자 비율 | | | | | |
| 103 | 0.67 | | | | | |

모집단 | 표본1

**그림 4 광고 스킵을 사용하는 소비자의 표본비율**

## 3. 히스토그램 그리기

앞의 표본추출 방법을 이용하여 표본크기 100인 표본을 100개 추출한 후 각 표본의 표본비율을 계산한다. 그런 다음 히스토그램을 그리기 위해 관측값이 속하는 범위인 계급구간(혹은 계급의 간격)을 정한다. 이 사례분석에서는 최소 0.55부터 최대 0.85까지 0.025씩 증가하는 13개의 계급구간을 설정하였다. **메뉴** 표시줄에서 **데이터 탭→ 데이터 분석**을 선택한 후 **통계 데이터 분석** 창에서 이번에는 **히스토그램**을 선택한다. **히스토그램**의 대화상자에 그림 5와 같이 필요한 정보를 입력하고 **확인** 버튼을 클릭하면 히스토그램이 **표본 1 히스토그램** 시트에 출력된다.

---

[5] 단순무작위추출에 의해 표본을 만들기 때문에 독자가 만든 표본으로부터 계산된 표본비율은 이와 약간 다를 수 있다.

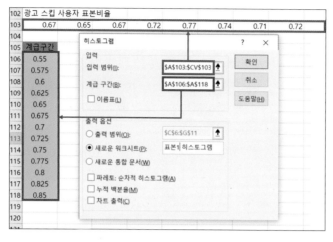

**그림 5** 히스토그램 대화상자와 입력정보

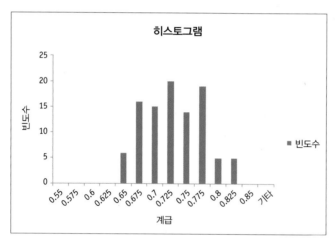

**그림 6** 표본크기 100인 표본비율의 히스토그램

이번에는 표본크기 500인 표본을 100개 추출한 후 각 표본의 표본비율을 계산하고, 그림 7의 히스토그램을 구하였다.

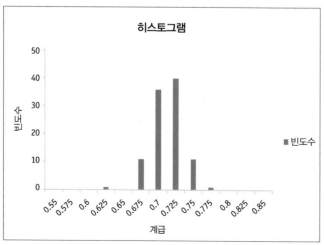

**그림 7** 표본크기 500인 표본비율의 히스토그램

### 4. 두 히스토그램의 분포 모양은 왜 다른가?

이용자 100명으로 이루어진 100개의 표본을 이용한 히스토그램을 보면 표본 중 일부의 비율은 모집단 비율(=0.715)보다 작고, 또 일부의 비율은 높다. 이는 앞에서 설명한 대로 표본추출오차가 발생하기 때문이다. 그런데 소비자 500명으로 이루어진 100개의 표본을 이용한 히스토그램을 보면 표본비율과 모집단 비율의 차이가 일반적으로 반 이상 줄어들게 되어 표본비율이 모집단 비율에 훨씬 더 밀집된 분포를 이루게 된다. 이런 현상은 표본크기를 크게 함으로써 표본추출오차가 줄어들기 때문에 발생한다. 결과적으로 표본크기를 크게 할수록 광고 스킵 사용자의 비율을 정확하게 추정할 가능성이 커진다. 하지만 현실에서는 시간적 · 경제적 제약으로 인해 무한정 표본크기를 크게 할 수 없으며 적정한 표본크기를 정해야 한다.

## 표본추출과 히스토그램 작성

엑셀 활용 사례분석 2에서는 이미 생성된 가상 자료를 모집단 자료로 가정하여 분석을 진행하였으나, R 활용 사례분석에서는 1만 명의 광고 스킵 사용자에 대한 가상 자료를 R 함수로 생성하여 모집단 자료로 이용한다. 그리고 모집단 자료에서 표본을 무작위로 추출하고 히스토그램을 작성하는 분석을 차례로 진행해보도록 하자.

### 1. R 함수를 이용한 모집단 자료 생성

'정보통신정책연구원'의 연구에 의하면(122쪽의 각주 3 참조) 유튜브 이용자의 70% 정도가 광고 스킵을 사용한다고 한다. 이를 근거로 특정 미디어 콘텐츠를 시청하는 사람 중 광고 스킵을 사용하는 비율이 70%가 되도록 모집단 자료를 시뮬레이션해보자. 이 책의 제5장에서 확률변수와 분포에 대해 자세히 알아보겠지만 특정 미디어 콘텐츠 시청자가 광고 스킵을 사용하는지를 알아보는 실험은 그 결과가 두 가지만 존재하는[광고 스킵 사용(혹은 성공)=1, 광고 스킵 미사용(혹은 실패)=0] **베르누이 시행**(Bernoulli trial)에 해당하며, 광고 스킵 이용자 수를 나타내는 확률변수 $X$는 **이항확률분포**(binomial probability distribution)를 따르게 된다. 따라서 임의의 시뮬레이션 자료를 생성하기 위해서 이항분포하는 **임의수(난수)**(random number)를 만드는 R 함수 rbinom()을 사용하여 다음과 같이 코딩한다.

```
set.seed(1234) # 시드 고정
data=rbinom(n=10000, size=1, prob=0.7) # 이항분포를 따르는 임의수(난수) 생성
data # 생성 자료 확인
sum(data) # 자료의 합 확인
```

**코드 1** 임의수 생성 자료

여기서 **set.seed()** 함수는 항상 같은 결과를 얻기 위해 임의수 루트를 고정하는 함수이다. 시드 인수로 정숫값을 입력할 수 있으며 본 사례에서는 정숫값 '1234'를 임의로 입력하였다. rbinom() 함수의 인수 'n'은 생성할 임의수의 개수를, 'size'는 시행횟수를 나타내는 인수이며, 'prob'는 베르누이 시행에서 성공의 확률이다. 다음 그림은 코드 1을 실행하여 생성한 가상의 모집단 자료를 보여준다. 출력된 자료의 하단에 '[reached getOption("max.print") -- omitted 9000 entries]'라는 메시지가 나타나, 벡터 원소의 수가 최대출력 옵션인 1,000개를 넘어 1,000개만 화면에 프린트하고 나머지 9,000개는 생략되어 있음을 알려준다.

```
Console ~/
> data
   [1] 1 1 1 1 1 1 0 1 0 1 1 0 0 0 0 1 1 1 1 1 0 1 1 0 1 1 0 1 1 0 1 1 1 1 1 1 0 1 1 0 1 1 1 0 1
  [46] 0 1 1 1 1 0 1 0 1 0 0 1 1 1 1 1 1 1 1 1 1 1 0 1 1 1 0 0 0 1 1 1 1 0 0 1 1 1 1 1 1 1 0 1 1
  [91] 1 0 1 1 0 1 0 1 1 0 1 1 0 1 1 0 1 1 0 0 1 1 0 1 1 1 0 1 1 1 0 1 1 1 1 0 1 1 0 1 1 0 1 1 0 1
 [136] 1 1 1 1 0 0 1 1 1 1 1 0 1 0 1 0 1 0 0 0 1 1 1 0 1 1 1 0 0 1 0 1 0 1 0 1 0 1 1 0 0 0
 [181] 1 0 0 0 0 1 1 1 1 1 1 1 1 1 1 1 1 1 1 1 1 1 1 1 0 1 1 0 1 1 0 1 0 0 1 0 0 1 1
 [226] 1 1 0 1 0 1 0 0 1 0 1 0 1 1 1 1 0 0 1 0 1 1 1 1 1 0 1 1 1 1 0 1 1 0 1 0 1 0 1 1 1 0 1
 [271] 1 1 0 1 1 0 1 0 1 1 1 0 0 1 1 0 1 1 1 0 1 1 1 1 1 0 1 0 1 1 1 0 1 0 0 1 1 1 1 1 1 1 1
 [316] 0 0 1 1 1 1 0 0 0 1 1 1 1 1 1 1 0 1 1 1 1 1 0 1 1 0 1 1 0 1 1 1 1 1 0 1 1 1 0 0 1 1 0 1 0
 [361] 1 1 1 0 1 1 0 1 0 0 1 1 1 1 1 1 0 1 1 1 1 1 0 1 1 0 1 1 1 1 0 1 0 1 0 0 1 0 0 1 1 1 1 0 0
 [406] 0 0 1 0 0 1 0 1 1 1 1 1 1 1 0 0 1 0 0 1 1 1 1 1 1 1 0 0 0 1 1 1 1 1 1 1 0 1 1 1 0 0 1 0 1 1
 [451] 1 1 0 1 1 1 0 1 0 0 1 1 1 1 1 1 1 0 1 1 0 1 1 0 1 0 0 0 1 1 0 1 1 1 1 1 0 1 1 1 1 1 1 0
 [496] 1 0 1 0 1 0 1 0 0 0 1 1 1 1 1 1 0 1 1 0 1 0 1 0 1 0 1 0 0 1 0 0 1 0 1 0 1 1 1 0 0 1 1 1
 [541] 1 0 0 0 1 0 1 0 1 0 1 0 1 1 1 0 0 1 1 1 0 0 1 1 1 1 1 1 0 0 0 1 1 0 1 0 1 0 1 1 0 1
 [586] 0 1 0 0 1 0 0 1 0 1 1 0 1 0 1 0 0 1 0 1 1 0 1 1 1 1 1 1 1 1 0 1 0 1 0 1 0 1 0 0 1 0
 [631] 0 1 1 0 0 1 1 1 1 0 1 1 1 1 1 1 0 1 0 0 0 1 1 1 0 1 1 0 1 1 1 0 1 1 1 1 0 1 1 1 0 0
 [676] 0 1 1 1 1 1 1 0 0 1 1 0 0 0 0 1 0 1 1 1 1 1 1 1 0 0 1 1 1 0 1 1 1 1 0 0 0 0 1 1 1 1 1
 [721] 1 0 1 0 0 1 1 0 1 1 0 1 1 1 0 1 1 1 0 1 1 1 1 1 1 1 1 0 0 1 1 0 0 1 0 0 1 1 1 1 1
 [766] 1 0 1 1 1 0 0 1 0 1 1 1 0 0 0 1 1 0 1 0 0 1 0 1 1 1 1 0 1 0 0 1 1 1 0 1 1 1 0 1 1 0 1 1
 [811] 1 1 0 0 1 1 1 0 1 0 1 1 1 1 1 1 0 1 1 1 1 1 1 1 0 1 1 0 1 0 1 1 1 1 1 1 1 1 1 1 1 1 1
 [856] 1 1 1 1 0 1 0 1 1 1 1 1 1 1 1 1 1 1 1 1 1 0 1 1 1 0 1 1 1 0 1 0 0 0 0 0 0 1 1 0 0 0 1
 [901] 0 1 0 0 1 0 1 1 0 1 0 0 1 1 1 0 1 0 1 1 0 0 1 0 0 1 0 1 1 1 0 1 0 1 1 1 1 1 0 0 1 1 1 1 1 0
 [946] 0 1 0 0 1 1 1 0 0 1 1 1 1 1 1 1 0 1 0 1 0 1 1 0 1 1 1 1 1 1 1 0 0 1 1 1 1 0 0 0 1
 [991] 1 1 1 1 1 1 1 1 1 1
[ reached getOption("max.print") -- omitted 9000 entries ]
>
```

**그림 8** 가상의 모집단 자료

## 2. 광고 스킵 사용자의 모집단 비율 계산

생성된 모집단 자료가 특정 미디어 콘텐츠를 시청하는 사람 중 광고 스킵을 사용할 확률 70%를 충족하는지 확인해 보자. 즉, 이 확률은 모집단 자료에서 1의 값[광고 스킵 사용(혹은 성공)]을 갖는 자료의 비율로 확인할 수 있으며, 'data의 합/총관측수' 식으로 계산한다. 이 식을 R로 표현하면 다음과 같다. 여기서 **sum()** 함수는 벡터의 합을 의미한다.

sum(data)/10000 # 광고 스킵 사용자의 모집단 비율 계산

**코드 2** 광고 스킵 사용자의 모집단 비율 계산 코드

```
Console ~/
> sum(data)/10000
[1] 0.698
>
```

**그림 9** 광고 스킵 사용자의 모집단 비율 계산 결과

광고 스킵 사용자의 모집단 비율이 69.8%로 우리가 설정한 70%에 거의 근접함을 알 수 있다. 이제 이 자료를 실제 모집단으로 가정하여 모집단으로부터 표본을 추출해보자.

## 3. sample() 함수를 이용하여 표본추출하기

R은 단순무작위추출법으로 표본을 추출하는 **sample()** 함수를 제공하므로 우리는 광고 스킵 사용자 모집단에서 표본을 추출하기 위해 간단히 **sample()** 함수를 사용할 수 있으며, 사용법은 코드 3과 같다.

> sample_data＝sample(x＝data, size＝100, replace＝FALSE) # 표본 100개 추출
>
> sum(sample_data)/100 # 비율 확인

**코드 3  sample() 함수 사용과 표본비율 계산**

여기서 **sample()** 함수의 인수 **x**는 표본추출할 자료 벡터, **size**는 추출할 개수(표본 크기), **replace**는 복원추출 여부를 나타낸다. 다음 그림에서 표본을 추출한 후 계산한 비율은 모집단의 비율과는 어느 정도 차이가 존재하는 것을 확인할 수 있으며, 이는 엑셀활용 사례분석에서 설명한 것처럼 표본추출오차가 발생하기 때문이다.

```
Console  ~/
> sample_data = sample(x = data, size = 100, replace = FALSE) # 표본 100개 추출
> sum(sample_data)/100 # 비율 확인
[1] 0.75
> |
```

**그림 10  표본비율 계산 결과**

## 4. 히스토그램 그리기

우선 앞에서 설명한 표본추출 방법을 이용하여 표본크기 100인 표본을 100개 추출한 후 각 표본의 표본비율을 계산한다. 이 작업을 100번 반복 수행해야 하는데 다른 프로그래밍 언어처럼 R 소프트웨어는 명령문을 반복 수행할 수 있는 **루핑**(looping) 구문으로 for, while, repeat를 제공한다. 이 사례분석에서는 쉽고 편리하게 이용할 수 있는 **for** 구문으로 명령문을 반복 수행하며, 사용 형식은 다음과 같다.

〈 **for 구문 형식** 〉

```
for(name in vector) {statement_1, ⋯ , statement_k}
```

여기서 **name**은 반복을 제어하는 루프 인수이며 실행문(statement_1, ⋯ , statement_k)에 포함된 루프 인수는 조건에 입력된 벡터의 개별 원소를 순서대로 입력받으며 실행문을 반복적으로 실행하게 된다. 그리고 **vector**는 실행횟수를 나타내는 수열 인수이다. 즉 반복 횟수는 입력된 **vector**의 길이와 같다. 예를 들어 **vector**에 벡터 c(1, 2, 3)을 입력한다면 벡터의 길이가 3이므로 실행문은 세 번 반복된다.

다음 코드는 히스토그램을 그리기 위해 **for** 구문을 이용하여 표본크기 100인 표본을 100번 반복 추출한 후 각 표본의 표본비율을 계산하여 **sampling_prob** 객체에 저장한다. 이 코드에서는 반복을 제어하는 루프 인수로 i를, 1부터 100까지 수열 벡터(**1:100**)를 **vector** 수열 인수로 각각 입력하였으므로 실행문은 총 100번 반복된다. 따라서 100개의 표본이 무작위 추출되며 총 100개의 표본비율이 계산된다.

```
sampling_prob = c()
for(i in 1:100) { # i가 1에서 100이 될 때까지 실행문을 100번 반복 시행
  sample_data = sample(data, size = 100, replace = F) # 표본 100개 추출
  sampling_prob = c(sampling_prob, sum(sample_data)/100)
  # 표본비율 계산 후 sampling_prob에 i 번째 원소로 저장
}
sampling_prob
```

**코드 4** 루핑 구문을 이용한 **sampling_prob** 객체 작성코드

```
Console ~/ ⇝
> sampling_prob
 [1] 0.67 0.67 0.77 0.74 0.68 0.70 0.71 0.68 0.76 0.64 0.74 0.67 0.63 0.72 0.73 0.63 0.66 0.69
[19] 0.64 0.74 0.77 0.71 0.70 0.70 0.77 0.73 0.79 0.73 0.70 0.76 0.63 0.66 0.74 0.67 0.73 0.68
[37] 0.71 0.70 0.58 0.69 0.65 0.58 0.60 0.74 0.71 0.65 0.69 0.66 0.72 0.63 0.64 0.73 0.68 0.75
[55] 0.71 0.66 0.69 0.77 0.77 0.64 0.75 0.70 0.69 0.62 0.79 0.69 0.71 0.66 0.64 0.71 0.74 0.67
[73] 0.69 0.70 0.64 0.66 0.74 0.63 0.76 0.69 0.65 0.70 0.67 0.75 0.66 0.76 0.69 0.64 0.73 0.74
[91] 0.67 0.69 0.74 0.70 0.68 0.74 0.74 0.71 0.64 0.68
>
```

**그림 11** **sampling_prob** 객체

앞의 그림에서 총 100번 반복하여 계산된 표본비율 값을 확인할 수 있으며, 해당 자료는 무작위표본추출 방법을 사용하였기 때문에 코드 실행마다 결과가 다를 수 있다. 이제 이 자료를 이용하여 히스토그램을 그려보자. 히스토그램을 그리기 위한 R 함수는 hist()이며 함수의 인수는 다음과 같이 입력할 수 있다. 대부분 인수는 제1장 부록 2와 사례분석에서 설명하였으며, 새롭게 사용된 **breaks** 인수는 해당 자료를 몇 개의 구간으로 나눌지 알려주는 인수로 13개의 구간으로 나누기 위해 13을 입력하였다.

```
hist( x = sampling_prob,
      main = "Histogram",
      xlab = "계급",
      ylab = "빈도",
      breaks = 13,
      col = "grey" )
```

**코드 5** **hist()** 함수

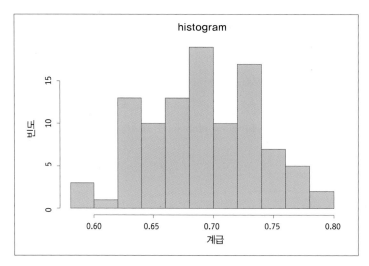

**그림 12** 표본크기 100인 표본비율의 히스토그램

다음으로 표본크기를 500으로 늘려 100번 표본을 추출하여 히스토그램을 그려보자. 이 경우 코드 4에서 sample() 함수의 인수인 size로 500을 입력하면 된다.

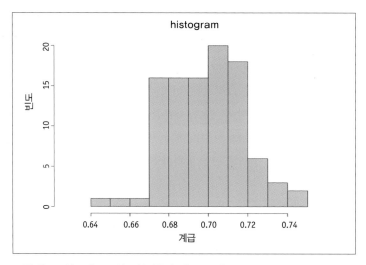

**그림 13** 표본크기 500인 표본비율의 히스토그램

## 5. 두 히스토그램의 분포 모양은 왜 다른가?

그 이유는 표본추출오차가 발생하기 때문이며 이 장의 엑셀활용 사례분석에서 설명하였다.

# 3

# 자료 분석 방법

이 장에서는 앞에서 논의한 통계적 방법론 중 기술통계학과 관련된 기본 개념과 통계적 방법들에 대해 논의하고자 한다. 경영·경제 분야 종사자들은 일상적으로 수많은 자료를 접하게 되며, 이 자료들을 이용하여 필요한 정보를 도출하기 위해서는 방대한 자료를 정리하고 분석할 수 있는 통계적 기술이 요구된다. 자료의 특성을 파악하기 위해서 일반적으로 사용되는 분석 방법 중 그래프와 통계량에 의한 분석 방법에 대해 자세히 살펴보도록 하자.

## 제1절 그래프를 이용한 자료 분석

### 1. 그래프 분석의 장점

자료의 특성을 시각적으로 요약하여 표현하는 그래프는 다음과 같은 여러 가지 장점이 있다.

1. 그래프는 자료가 아무리 방대해도 자료의 특성(예 : 집중화 경향, 산포 경향, 시계열자료의 추세)을 간결하게 표현해준다.

2. 따라서 그래프를 보는 사람은 통계학에 대한 전문적인 지식 없이도 그래프가 전달하고
   자 하는 자료의 특성을 쉽게 파악할 수 있다.

3. 그래프를 이용하여 여러 개의 변수를 쉽게 비교하거나 변수들의 관계를 파악할 수 있다.

4. 그래프는 통계분석자의 의도를 명확하게 표현해준다.

이런 장점 때문에 그래프는 전문 학술지는 물론 신문이나 잡지에도 자주 이용된다. 그림
3-1은 15~35세에 속하는 청년 2,500명을 대상으로 실시한 최근 설문 조사 결과를 나타낸 그
래프이다. 우선 왼쪽의 반원 그래프를 통해 우리나라 청년의 반 이상은 자신이 불행하다고
여기고 있음을 시각적으로 잘 알 수 있다. 한편 오른쪽의 막대 그래프를 보면 우리나라 청년
들은 과거 3년 전보다 현재가 더 행복하며, 현재보다 미래 3년 후가 상대적으로 더 행복해질
것이라는 행복에 대한 기대를 하고 있음을 직관적으로 확인할 수 있다. 바꿔 말하면 그래프
를 통해 기자가 우리에게 전달하고자 하는 의도를 명확하고 쉽게 파악할 수 있다.

## 2. 그래프의 종류

일반적으로 자료의 특성을 표현하기 위한 그래프로는 원 그림표(pie chart), 막대 그림표(bar
chart), 히스토그램(histogram), 선 그림표(line chart), 산포도(scatter plot), 줄기와 잎 그림(stem-
and-leaf) 등이 있다.

### 1) 원 그림표

가장 자주 활용되는 그래프적 표현인 원 그림표는 관측 대상이 되는 전체 집단을 원의 전체
면적으로 나타내고 특성에 따라 구분될 수 있는 계급의 집단을 파이(pie)의 조각 면적으로 나
타낸다. 따라서 원 그림표는 전체 면적에서 파이의 조각 면적이 차지하는 비율을 시각적으로
표현해준다. 원 그림표에서 총면적은 1로 보고, 각 계급이 차지하는 면적은 관측도수의 상대
적 크기를 나타낸다.

우리나라 사람들의 지난 1년간 주말이나 휴일의 여가활동과 관련된 통계청의 최근 사회통

**그림 3-1**

**우리나라 청년의 행
복에 대한 평가**

출처 : 한국노동연구원
'청년층 고용 · 노동 실
태조사'(2019; 동아일보,
2019.8.12에서 재인용)

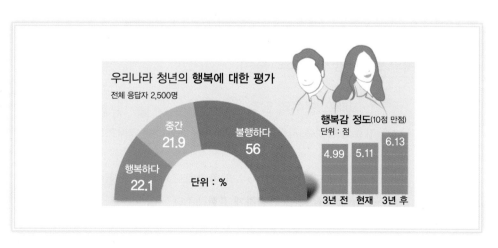

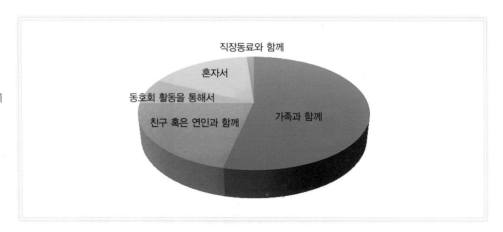

**그림 3-2**

**주말이나 휴일의 여가활동을 함께하는 사람**

출처 : KOSIS 국가통계 포털(2019).

계조사를 살펴보면 주말이나 휴일의 여가활동을 함께하는 사람으로 '가족' 53.6%, '친구 혹은 연인' 21.7%, '동호회(종교단체 포함)' 7.1%, '혼자서' 16.9%, '직장동료와 함께' 1.1%로 각각 나타났다. 이 자료를 원 그림표(그림 3-2)로 표현해 보면 주말이나 휴일의 여가활동을 대부분 가족과 함께하고 있음을 시각적으로 잘 알 수 있다. 하지만 원 그림표는 '친구 혹은 연인'이나 '혼자서'와 같이 전체에서 차지하는 비율이 비슷할 경우 각 계급이 차지하는 면적의 차이가 시각적으로 쉽게 구별되지 않는 단점이 있다.

## 2) 막대 그림표

막대(기둥) 그림표는 원 그림표와 함께 자주 쓰이는 그래프적 표현으로 자료에서 각 계급(class)에 속한 관측값의 빈도수를 막대로 표현하는 방법이다. 즉, 계급의 값을 가로축에 나열하고 각 계급에 속하는 관측값의 빈도수를 막대의 높이로 나타낸다. 원 그림표보다 조직적인 형태라고 볼 수 있다.

표 3-1은 산업 및 임금 수준별 종사자 수에 대한 통계청의 조사 결과를 보여 준다. 이 표에

**표 3-1 산업 및 임금 수준별 종사자 수** (단위 : 1,000명, %)

| 임금 수준 | 산업분류 | | | | | 전체 |
|---|---|---|---|---|---|---|
| | 농·임·어업 | 제조업 | 금융·보험업 | 과학·기술 | 예술·스포츠 | |
| 100만 원 미만 | 34(16.4) | 79(38.2) | 12(5.8) | 16(7.7) | 66(31.9) | 207(100.0) |
| 100~200만 원 미만 | 42(4.0) | 678(65.3) | 97(9.3) | 122(11.7) | 100(9.6) | 1,039(100.0) |
| 200~300만 원 미만 | 19(1.0) | 1330(70.2) | 211(11.1) | 249(13.1) | 85(4.5) | 1,894(100.0) |
| 300~400만 원 미만 | 9(0.7) | 915(69.3) | 155(11.7) | 203(15.4) | 38(2.9) | 1,320(100.0) |
| 400~500만 원 미만 | 5(0.8) | 434(65.7) | 90(13.6) | 122(18.5) | 10(1.5) | 661(100.0) |
| 500만 원 이상 | 2(0.2) | 479(50.3) | 210(22.0) | 252(26.4) | 10(1.0) | 953(100.0) |
| 합계 | 111(1.8) | 3,915(64.5) | 775(12.8) | 964(15.9) | 309(5.1) | 6,074(100.0) |

※괄호 안은 해당하는 응답자의 백분비임.

**그림 3-3**

제조업과 타 산업
종사자의 임금수준

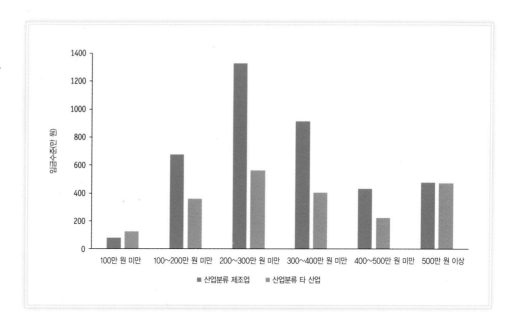

의하면, 모든 임금수준에서 제조업 종사자 수 비중이 높으며, 농·임·어업, 예술·스포츠업 종사자 수는 다른 업종에 비해 현저히 비중이 작다. 특히 월 임금 100만 원 이상의 모든 부분에서 과반수가 제조업 종사자인 것으로 나타났다. 그림 3-3의 막대 그림표는 제조업 종사자 수와 타 산업 종사자 수 차이를 분명하게 보여준다. 이처럼 막대 그림표는 전체에서 차지하는 비율의 개념보다 절대도수나 계급 간 순위를 비교하는 목적으로 주로 사용된다.

### 3) 히스토그램

히스토그램은 막대 그림표와 형태가 같지만 계급에 속하는 절대도수나 순위를 비교하기 위한 것이 아니라, 계급에 속하는 상대도수를 막대의 크기로 나타내어 계급별 상대적 비율을 쉽게 파악할 수 있도록 한 것이다. 히스토그램을 그리기 위해서는 도수분포표(frequency distribution table)가 필요하다. 도수분포표는 숫자로 관측된 양적자료를 몇 개의 일정한 구간으로 나눈 다음, 각 구간에 속한 관측값의 개수를 나타낸 표이다. 이때 구간을 계급(class), 관측값의 개수를 도수(frequency)라고 한다.

도수분포표를 작성하기 위해서는 우선 계급구간을 다음과 같이 정한다.

$$계급구간 = \frac{가장\ 큰\ 관측값 - 가장\ 작은\ 관측값}{계급의\ 수}$$

표 3-2의 중고차(중형 세단) 가격 자료의 경우 계급의 수를 8로 한다면 계급구간은 (2820 −370)/8＝306.25이나 백의 자리에서 절상하여 400으로 결정하고, 첫 번째 계급의 하측 경곗값은 400에서 시작한다. 이제 각 계급에 속하는 관측값의 개수인 도수, 그리고 도수를 총관측값의 개수로 나눈 상대도수(relative frequency)를 계산하여 표 3-3과 같은 도수분포표를 작성할 수 있다.

표 3-2 중고차(중형 세단) 가격(2017년 11월 1일~2017년 11월 25일)

| | | | | | | | |
|---|---|---|---|---|---|---|---|
| 1,360 | 1,050 | 850 | 550 | 2,620 | 1,750 | 1,590 | 1,440 |
| 1,180 | 1,050 | 830 | 1,120 | 2,460 | 1,770 | 1,790 | 1,590 |
| 920 | 590 | 750 | 690 | 2,400 | 1,790 | 1,150 | 1,150 |
| 1,180 | 1,820 | 820 | 950 | 2,650 | 2,020 | 1,760 | 2,320 |
| 1,360 | 1,490 | 890 | 370 | 2,390 | 1,870 | 1,240 | 1,130 |
| 1,220 | 1,050 | 1,090 | 420 | 2,550 | 1,970 | 960 | 1,070 |
| 1,320 | 1,880 | 960 | 820 | 2,750 | 1,850 | 1,480 | 1,590 |
| 1,120 | 1,480 | 1,450 | 970 | 2,670 | 1,870 | 1,370 | 1,670 |
| 1,120 | 1,190 | 760 | 480 | 2,820 | 1,790 | 1,830 | 1,600 |
| 1,130 | 1,320 | 1,280 | 390 | 2,390 | 1,790 | 1,050 | 2,280 |
| 1,130 | 970 | 780 | 730 | 2,650 | 1,930 | 1,680 | 1,040 |
| 1,050 | 1,390 | 1,410 | 700 | 2,560 | 1,830 | 1,710 | 1,580 |
| 990 | 1,390 | 1,430 | 850 | 2,610 | 1,990 | 1,570 | 1,950 |
| 1,250 | 1,680 | 1,350 | 850 | 2,480 | 1,820 | 1,130 | 1,120 |
| 1,430 | 1,490 | 1,580 | 760 | 2,740 | 1,760 | 1,350 | 930 |
| 1,050 | 1,680 | 370 | 950 | 2,700 | 1,750 | 1,520 | 1,490 |
| 980 | 790 | 490 | 1,030 | 2,670 | 1,720 | 1,260 | 1,370 |
| 1,150 | 1,330 | 940 | 920 | 2,780 | 2,070 | 1,360 | 1,060 |
| 1,070 | 1,020 | 770 | 790 | 2,380 | 1,630 | 1,490 | 1,530 |
| 1,050 | 840 | 880 | 650 | 2,440 | 1,590 | 1,070 | 1,590 |
| 980 | 1,620 | 760 | 830 | 1,830 | 1,530 | 1,040 | 920 |
| 870 | 1,200 | 870 | 830 | 1,890 | 1,650 | 1,980 | 1,420 |
| 1,050 | 1,430 | 1,040 | 720 | 1,750 | 1,790 | 1,820 | 970 |
| 750 | 1,580 | 840 | 2,530 | 1,920 | 1,570 | 1,320 | 970 |
| 640 | 1,350 | 750 | 1,890 | 1,880 | 1,430 | 1,450 | 970 |
| 1,000 | 690 | 800 | 2,650 | 1,390 | 1,710 | 1,680 | 1,750 |
| 990 | 970 | 1,020 | 2,390 | 1,920 | 1,220 | 1,620 | 540 |
| 880 | 970 | 1,160 | 2,450 | 1,880 | 1,750 | 1,430 | 1,380 |
| 790 | 1,720 | 1,220 | 2,470 | 1,890 | 1,650 | 1,490 | 850 |

출처 : K-car(www.kcar.com)

표 3-3  중고차(중형 세단) 가격에 대한 도수분포표

| 계급(단위 : 만 원) | 도수 | 상대도수 |
|---|---|---|
| 400 미만 | 3 | 0.0129 |
| 400 이상 800 미만 | 25 | 0.1078 |
| 800 이상 1,200 미만 | 72 | 0.3104 |
| 1,200 이상 1,600 미만 | 54 | 0.2327 |
| 1,600 이상 2,000 미만 | 49 | 0.2113 |
| 2,000 이상 2,400 미만 | 9 | 0.0388 |
| 2,400 이상 2,800 미만 | 19 | 0.0818 |
| 2,800 이상 3,200 미만 | 1 | 0.0043 |
| 합계 | 232 | 1.00 |

이 도수분포표를 이용한 그림 3-4의 히스토그램은 중고차 가격의 계급별 상대도수를 나타낸다. 이처럼 히스토그램이 작성되면 각 계급이 전체에서 차지하는 비율을 시각적으로 쉽게 파악할 수 있으며, 계급의 수가 증가할수록 원 그림표보다 효율적으로 각 계급이 차지하는 비율을 알 수 있다.

**그림 3-4**

중고차 가격 히스토그램

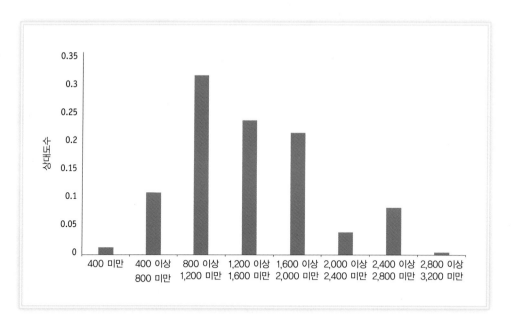

### 4) 선 그림표

시계열자료는 일정 기간 시간의 흐름에 따른 추세나 변화를 나타낸다. 이런 시계열자료의 추세나 변화를 보여주기에 가장 적합한 그래프가 선 그림표이다. 선 그림표는 가로축을 시간, 세로축을 관측값의 크기로 정하여 표기된 관측점들이 선으로 이어져서 그려진다.

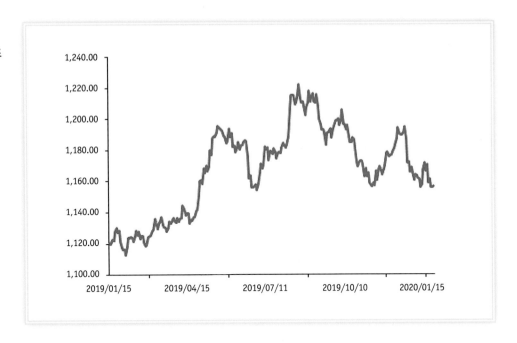

**그림 3-5**

대미환율 선 그림표

그림 3-5는 대미환율 자료를 선 그림표로 나타낸 것이다. 2019년 1월 15일부터 2020년 1월 15일까지 일별 대미환율의 변화와 추세를 잘 보여주고 있다. 즉 선 그림표에 의하면 대미환율은 이 기간 중간에 달러화 강세로 인해 급격한 상승세와 함께 큰 변동성을 보이지만 후반기로 가면 대미환율이 다시 하락 추세에 있음을 알 수 있다.

### 5) 산포도

흔히 경제·경영 전문가들은 물가 상승률과 실업률의 관계, 통화량 증가가 이자율에 미치는 영향, 상품 수요에 대한 가격 상승의 효과 등과 같이 두 변수가 서로 어떤 관계(relationship)에 있는지 관심을 갖게 된다. 산포도는 이런 두 변수의 관계를 효과적으로 나타낸다. 산포도를 그리기 위해서는 두 변수 $X$와 $Y$에 대한 관측값들이 필요하며 $X$와 $Y$ 관측값의 한 쌍이 그래프의 한 점을 이루고 관측값의 각 쌍의 모임이 산포를 나타낸다.

그림 3-6은 지난 2017년 8월부터 2018년 4월까지 대표적인 가상화폐인 비트코인(Bitcoin) 가격과 비트코인 캐시(Bitcoin Cash) 가격 관측값의 쌍에 의해 결정되는 점들의 산포를 나타내며, 이 둘 가격 사이에는 양의 관계가 있음을 보여 준다.[1]

---

[1] 가상화폐 붐이 일어났던 2017년 하반기에는 많은 가상화폐 가격이 폭등과 폭락을 반복했으며 이 시기 동안 가상화폐 사이에 가격변동의 동조성을 띄우고 있었다. 특히 이 기간의 가상화폐는 다른 나라의 거래소보다 국내 거래소에서 더 높은 가격으로 거래되었다는 사실이 널리 알려져 있다. 비트코인 캐시는 비트코인의 문제점인 거래 처리 속도와 블록의 크기, 마이닝 난이도 등을 보완하는 차원에서 비트코인을 업데이트한 가상화폐이다. 그림 3-6은 지난 2017년 하반기에 있었던 가상화폐 가격 폭등 및 폭락 시기로 비트코인과 비트코인 캐시 간 양의 상관관계가 나타남을 알려준다.

그림 3-6

비트코인 가격과 비트코인 캐시 가격의 산포도

출처 : kr.investing.com

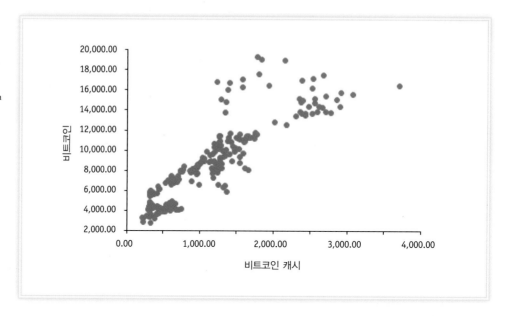

## 6) 줄기와 잎 그림

원 그림표, 막대 그림표, 히스토그램 등은 자료가 가지는 전체적 분포의 특성을 시각적으로 잘 표현해주는 장점이 있으나, 원래 자료의 수치가 나타나지 않기 때문에 정보의 손실이 발생하는 단점이 있다. 줄기와 잎 그림은 원자료의 수치를 그림에 나타내어 정보가 손실되는 단점을 보완하며, 자료가 가지는 분포의 특성을 시각적으로 잘 표현하는 장점도 지닌다.

줄기와 잎 그림은 다음과 같은 단계로 작성할 수 있다.

- 단계 1 : 원자료의 숫자를 두 부분으로 나누어 앞부분은 줄기, 뒷부분은 잎으로 정한다.
- 단계 2 : 줄기에 해당하는 숫자를 크기순으로 위에서 수직으로 나열한다.
- 단계 3 : 원자료의 수치를 해당 줄기의 우측 옆에 잎 부분만 기록한다.

한 회사의 분기별 매출액 증가율을 나타내는 자료를 이용하여 줄기와 잎 그림을 그려 보자.

표 3-4 **분기별 매출액 증가율**                    (단위 : %)

| | | | | | | |
|---|---|---|---|---|---|---|
| 9.4 | 6.4 | 1.6 | 7.4 | 8.6 | 1.2 | 2.1 |
| 6.3 | 7.3 | 8.4 | 8.9 | 6.7 | 4.5 | 4.0 |
| 3.5 | 1.1 | 4.3 | 3.3 | 8.4 | 7.6 | 9.7 |
| 1.1 | 5.0 | 1.6 | 8.2 | 6.5 | 5.9 | 5.3 |

이 자료에서 소수점 위의 수는 줄기로, 소수점 밑의 수는 잎으로 정하고 줄기에 해당하는 숫자를 1부터 9까지 위에서 아래로 수직으로 나열한다. 그런 다음 원자료의 수치를 해당 줄기의 숫자에 따라 우측 옆에 기록하면 그림 3-7과 같은 줄기와 잎 그림이 작성된다.

| | | | | | |
|---|---|---|---|---|---|
| 1 | 1 | 1 | 2 | 6 | 6 |
| 2 | 1 | | | | |
| 3 | 3 | 5 | | | |
| 4 | 0 | 3 | 5 | | |
| 5 | 0 | 3 | 9 | | |
| 6 | 3 | 4 | 5 | 7 | |
| 7 | 3 | 4 | 6 | | |
| 8 | 2 | 4 | 4 | 6 | 9 |
| 9 | 4 | 7 | | | |

이 그림에서 알 수 있듯이 줄기와 잎 그림은 막대 그림표와 같이 자료의 분포 형태를 보여 줄 뿐만 아니라 원자료의 정보를 모두 제공해 줄 수 있다.

## 3. 그래프의 왜곡된 정보

그래프는 시각적으로 자료의 특성을 간결하게 표현해주지만, 이로 인해 왜곡된 정보를 전달할 수 있다는 점에서 주의해야 한다. 그래프의 정보 왜곡은 일반적으로 다음과 같은 이유에 의해 발생할 수 있다.

### 1) 세로축의 눈금 단위를 바꿈

가장 널리 알려진 그래프의 정보 왜곡은 대럴 허프(Darrel Huff)가 쓴 통계로 거짓말하는 방법 (*How To Lie with Statistics*)이라는 책에 예시된 세로축의 눈금 단위를 바꾸는 것이다. 앞의 표 3-4의 분기별 매출액 증가율 자료를 선 그림표로 그려보자. 그림 3-8은 세로축의 눈금 단위를 2로 표현하였고 그림 3-9는 세로축의 눈금 단위를 10으로 표현하였다. 두 그래프를 비교해 보자. 세로축의 눈금 단위를 2로 표현하면 매출액 증가율이 분기별로 변화가 심해 보이지만 세로축의 눈금 단위를 10으로 표현하면 매출액 증가율이 분기별로 변화가 심하지 않고 안정적으로 보인다. 이처럼 세로축의 눈금 단위를 바꾸는 것만으로도 자료의 특성을 왜곡해서 전달할 수 있다.

그림 3-8

세로축의 눈금
단위=2

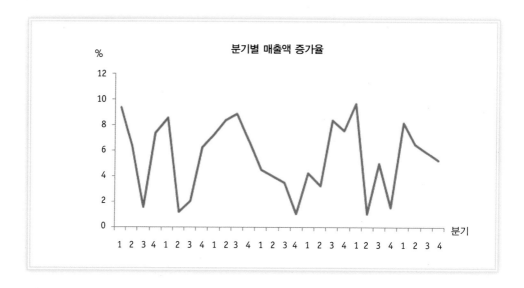

그림 3-9

세로축의 눈금
단위=10

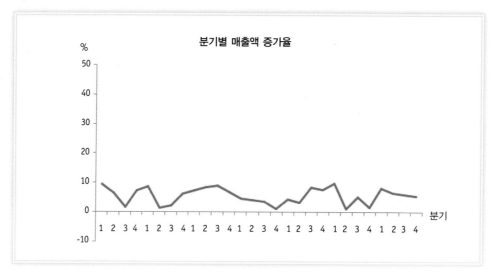

## 2) 가로축의 눈금 간격을 축소(확대)

다음에 고려할 수 있는 그래프의 정보 왜곡은 가로축의 눈금 간격을 축소(확대)함으로써 발생할 수 있다. 같은 자료를 이용하고 그래프의 가로축과 세로축 단위도 같지만, 가로축의 눈금 간격을 축소하는 방법만으로 자료에 대한 특성을 다르게 표현할 수 있다. 그림 3-10은 분기별 매출액 증가율 자료를 가로축의 눈금 간격을 축소하여 그린 그래프로 그림 3-8과는 다르게 분기별 매출액의 변동성이 증폭되어 표현된다.

그림 3-10

가로축의 눈금
간격을 축소

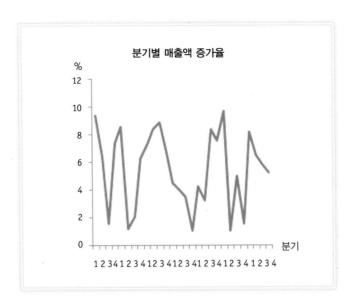

## 3) 세로축의 일부 생략

그래프에서 세로축의 눈금 일부를 생략해도 원래 자료의 특성과 다른 정보를 전달할 수 있다. 예를 들어 그림 3-11의 위 패널은 2018년 OECD 회원국의 최저급여를 보장받는 가족이

그림 3-11

OECD 회원국의
빈곤 탈출에 필요한
노동시간

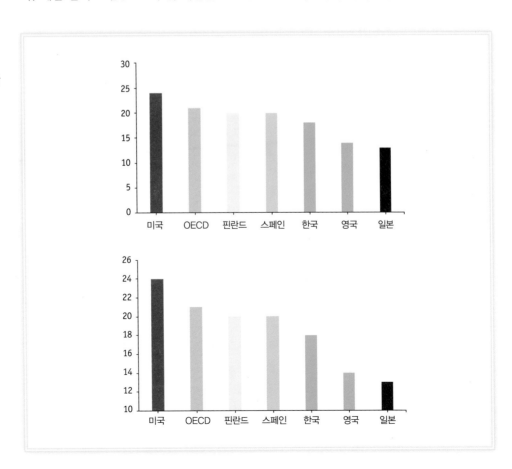

빈곤 탈출을 위해 일주일에 필요한 노동시간을 막대 그림표로 표현한 것이다. 같은 자료를 가지고 막대 그림표의 세로축 일부를 생략하여 다시 그리면 그림 3-11의 아래 패널처럼 회원 국 간 탈출 시간의 차이가 더 과장되어 나타날 수 있다. 자료에 의하면 미국의 빈곤 탈출 시간 은 주당 16시간으로 일본보다 약 두 배 정도 높다. 하지만 그림 3-11의 아래 패널을 보면 미 국의 필요 노동 시간이 일본보다 훨씬 과장되어 미국의 빈곤 탈출 필요 노동시간이 일본에 비 해 적어도 7~8배 이상 높은 것처럼 보이게 된다.

### 4) 가로축에 일정하지 않은 단위 사용

가로축에 일정하지 않은 단위를 사용함으로써 정보를 왜곡할 수도 있다. 일상생활에서 우리 는 이처럼 왜곡된 정보를 흔히 접할 수 있는데, 과거 한 일간지 기사에 사용되었던 그래프와 유사한 표현을 이용하여 예를 들어보고자 한다. 한 기사에서 우리나라 경상수지 추이가 하 락세로 전환되었음을 강조하기 위해 그림 3-12와 같은 그래프를 제시하였다고 가정하자. 이 그림을 보면 2011년부터 2015년까지 상승하던 추세가 2017년에 급격한 하락세로 전환되어 2017년 이후 우리나라 경상수지는 지속적 하락 국면에 접어들었음을 누구나 예상할 수 있다. 그런데 그림 3-12를 자세히 보면 2011년부터 2016년까지는 가로축을 1년 단위로 표시하였 으나 2017년에는 1분기부터 2분기까지 6개월로 축소하여 표시하였다. 실제 2017년 경상수지 는 75,230백만 달러로 그림에 표현된 값의 약 2.5배에 해당하여, 가로축의 단위를 인위적으 로 축소하지 않고 동일하게 1년 단위로 표현한다면 경상수지는 그림 3-12와 다르게 2016년 부터 완만한 하락세를 나타낼 것이다.

**그림 3-12**

가로축에 일정하지
않은 단위 사용

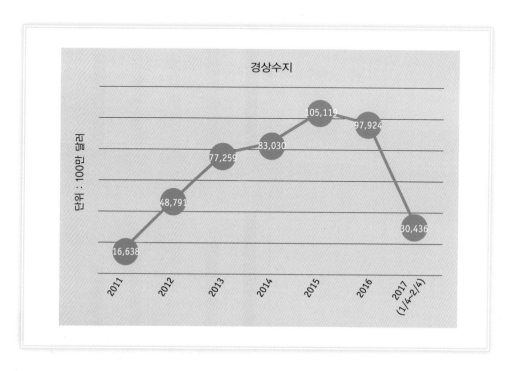

### 5) 그림 면적의 오류

신문, 잡지, 보고서 등은 흔히 그래프를 보는 사람들의 관심을 높이기 위해 막대 그림표 대신 그림을 사용한다. 이때 막대 그림표처럼 관측값의 차이만큼 그림의 높이만을 다르게 표현해야 함에도 동시에 그림의 너비도 다르게 표현함으로써 그림 높이의 차이가 면적의 차이로 과장되는 문제가 발생한다.

통계청에 의하면 매년 1~7월에 평균 취업준비생은 2016년 61.4만 명, 2017년 67.7만 명, 2018년 68.4만 명으로 조사되었다. 이 조사 결과를 사람 형태의 아이콘 그림을 이용하여 그림 3-13과 같이 그래프로 표현하였다고 하자. 이 그래프는 취업준비생 추이를 그림의 높이와 너비에 함께 적용하는 오류를 범함으로써 차이가 과장되게 나타나고 있다. 이를테면, 수치에 의하면 2016년 기준으로 2018년에 취업준비생이 약 1.1배 정도 증가하였지만 그래프를 보면 두 그림 면적의 시각적 효과로 인해 거의 1.5배 이상 증가한 것처럼 느끼게 된다.

**그림 3-13**
그림 면적의 오류로
인한 정보 왜곡

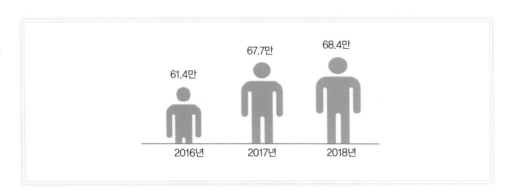

### 통계의 이해와 활용

#### 데이터는 언제나 진실을 말하는가?

각 도시의 학교 수와 범죄 발생 수에 대한 데이터를 수집하여 분석해보니 학교 수가 증가하면 범죄 발생 수 역시 증가하는 것으로 나타났다. 그렇다면 우리는 데이터 분석 결과에 근거하여 학교 수의 증가가 범죄 발생의 원인이라고 말할 수 있을까? 학교 수의 증가가 범죄 발생에 영향을 준다는 사실을 데이터가 나타낸다고 해도 우리는 직관적으로 이 사실에 의문을 품게 된다. 학교 수의 증가가 범죄 발생의 원인이라는 사실은 타당하지 않기 때문이다. 그럼 왜 이런 현상이 발생할까? 학교 수와 범죄 발생 수라는 두 변수의 관계에는 다른 변수들의 영향이 존재할 수 있기 때문이다. 예를 들어, 도시가 클수록 학교 수가 많아지고, 범죄 발생 수도 증가하게 되므로 '도시 규모'가 두 변수에 영향을 미치게 됨을 알 수 있다. '도시 규모' 변수처럼 두 변수의 관계에 영향을 미치는 변수를 **교란변수**(confounder)라고 하며 데이터의 분석과정에서 교란변수의 영향력을 통제해야지만 변수들의 관계를 정확하게 파악할 수 있다.

앞의 예에서는 교란변수가 쉽게 드러나지만, 교란변수가 존재하는지조차 파악하기 어려운 경우도 흔히 있다. 비타민 E와 심혈관 질환 데이터에 기초한 연구에 의하면 비타민 E를 많이 섭취할수록 심혈관 질환 발생 위험이 낮아지는 것으로 나타났다. 이런 연구결과는 매우 타당하게 느껴지며 사람들은 심혈관 질환을 예방하기 위해 비타민 E를 섭취한 것으로 알려져 있다. 비타민 E가 심혈관 질환 예방에 효

과가 있는지 확인하기 위해 무작위배정 비교 임상시험(RCT)을 수행한 결과에 의하면 놀랍게도 비타민 E가 심혈관 질환 예방에 아무런 효과가 없는 것으로 밝혀졌다. 임상시험을 진행했던 연구자들은 매우 혼란스러웠다. 왜 임상시험에서는 데이터 기반 연구결과와 다른 결과가 나타났을까? 나중에 밝혀진 사실이지만 원래 비타민 E와 심혈관 질환 사이에는 아무 관계가 없지만 비타민 E를 많이 섭취하는 사람들에게는 심혈관 질환을 낮추는 교란변수들이 존재하였다. 즉, 비타민 E를 많이 섭취하는 사람들은 사회경제적 수준도 높았고 건강에 관심이 많아 좋은 생활습관을 갖고 있었기 때문에 심혈관 질환 발생이 낮았다. 그래서 임상시험에서는 이런 교란변수들이 통제되어 두 변수 사이에는 관계가 없는 것으로 나타난 것이다. 데이터는 언제나 관찰되는 사실을 그대로 나타내지만, 우리의 잘못된 해석이 진실을 왜곡할 수 있음을 명심해야 한다.

## 제2절 통계량을 이용한 자료 분석

방대한 기초 자료로부터 자료의 특성을 도출하는 가장 쉬운 방법은 앞 절에서 설명한 것처럼 다양한 그래프를 이용하는 것이다. 그러나 이런 시각적인 방법은 구체적이며 정확한 결과를 요구하는 연구에는 부적합하다. 이 절에서는 연구 목적상 정확한 자료의 특성을 파악해야 하는 경우, 자료의 관측값을 대표하는 통계량을 구하여 자료의 특성을 파악하는 통계적 방법에 대하여 살펴보고자 한다. 자료의 특성을 기술하기 위한 중요한 통계량으로는 자료의 집중화 경향(central tendency)을 나타내는 평균(mean), 중앙값(median)과 최빈값(mode), 관측값의 흩어진 정도를 나타내는 범위(range)와 분산(variance), 그리고 분포의 비대칭 정도를 나타내는 왜도(skewness)와 분포의 뾰족한 정도를 나타내는 첨도(kurtosis) 등이 있다.

이 절의 내용을 쉽게 이해하기 위해서는 먼저 통계량(statistic)과 모수(parameter)에 대한 개념을 정확하게 이해할 필요가 있다. 일반적으로 모집단을 분석할 때는 모집단의 특성을 나타내주는 대푯값이 필요하다. 예를 들면 우리 국민의 평균 소비 지출액 또는 중소기업의 평균 수익률 등과 같이 자료를 대표할 수 있는 평균값을 계산해 보면 모집단의 특성을 쉽게 알 수 있을 것이다. 이처럼 모집단의 정보를 요약하여 모집단 특성을 대표하는 값을 모수라고 한다. 즉 모수란 자료가 수집된 대상 집단 전체인 모집단의 특성을 나타내주는 대푯값이다. 대표적인 모수로는 모집단 평균이나 모집단 분산 등을 들 수 있는데, 일반적으로 모수의 값은 알려지지 않으며 그리스 문자인 $\alpha, \beta, \gamma, \mu, \delta, \sigma$ 등을 이용하여 표현한다. 현실적으로 자료 분석가들은 모집단의 규모가 너무 커서 보통 모수의 값을 구하지 못하기 때문에 모집단 일부로부터 표본을 추출하게 된다. 이때 추출된 표본을 이용하여 표본의 특성을 나타내주도록 계산된 대푯값을 통계량이라고 한다.

**모수**란 자료가 수집된 대상 집단의 전체인 모집단 특성을 나타내주는 대푯값이다. **통계량**이란 모집단 일부로부터 추출된 표본을 이용하여 표본의 특성을 나타내주도록 계산된 대푯값이다.

**모수와 통계량**

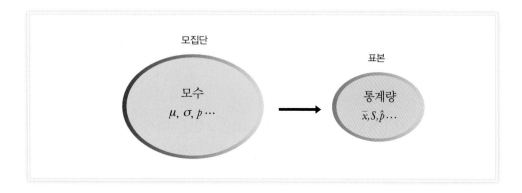

## 1. 집중화 경향의 측정

관측된 숫자의 모임인 자료를 요약하여 자료의 특성을 표현하는 대표적인 방법으로는 자료들이 어디에 집중되어 있는가를 나타내는 통계량과 자료의 흩어진 정도를 나타내는 통계량을 들 수 있다. 특히 자료의 집중화 경향을 파악하여 자료의 특성을 알아내는 방법이 가장 일반적으로 사용되고 있으며, 이 집중화 경향을 측정하는 대표적 통계량으로 평균, 중앙값, 최빈값 등이 있다.

### 1) 평균

일상적으로 집중화 경향을 나타내는 표현으로 보통(average)이라는 말을 들을 수 있다. 우리나라 전직 대통령이 자신을 가리켜 '보통 사람'이라고 하였는데, 여기서 보통 사람이란 모든 사람 중에서 표준적인 사람으로 가장 쉽게 접할 수 있는 사람임을 의미하였을 것이다. "A라는 사람의 키는 보통이다.", "B라는 기업의 신뢰도는 보통이다."와 같이 보통의 개념을 통계적으로 정의한 것이 평균(mean)이며, 이것은 다음과 같이 정의할 수 있다.

$$평균 = \frac{관측된\ 숫자들의\ 총합}{관측된\ 숫자들의\ 총수}$$

**평균**은 관측된 숫자들을 모두 합한 후에 관측된 숫자들의 총개수로 나눈 값이다.

평균의 개념을 수식으로 나타내기 위해서는 몇 가지 수학 부호를 정의해야 한다.

**부호**

$N$ : 모집단 자료에서 관측된 숫자들의 총수

$n$ : 표본자료에서 관측된 숫자들의 총수

$\mu$ : 모집단 평균

$\overline{X}$ : 표본평균

$x_i$ : 자료의 $i$번째 관측값

$\sum\limits_{i=1}^{N} x_i$ : 자료의 첫 번째 관측값부터 $N$번째 관측값까지의 합, 즉

$$x_1 + x_2 + \cdots + x_N$$

모집단 평균(population mean)은 모집단 자료에 존재하는 모든 숫자의 합을 관측된 값들의 총개수로 나눈 값이므로 위의 수학 부호들을 이용하여 모집단 평균을 다음과 같이 함축적으로 정의할 수 있다.

**모집단 평균**

$$\mu = \frac{x_1 + x_2 + \cdots + x_N}{N} = \frac{\sum\limits_{i=1}^{N} x_i}{N}$$

▶ 예 3-1 ▶

A역 지하상가에서 음식점을 경영하는 사람들의 작년 매출액을 조사해 보니 다음과 같았다.

표 3-5  **매출액**                                                                                      (단위 : 만 원)

| 2,000 | 2,500 | 1,800 | 3,000 | 2,200 | 5,500 | 1,500 | 4,600 |

작년 평균 매출액을 계산하라.

**답**

표 3-5는 모집단 자료에 해당하며, 작년 평균 매출액은 다음과 같이 계산할 수 있다.

$$\mu = \frac{\sum\limits_{i=1}^{N} x_i}{N}$$

$$= \frac{2000 + 2500 + 1800 + 3000 + 2200 + 5500 + 1500 + 4600}{8}$$

$$= 2887.5$$

만일 모집단 자료 대신 표본자료를 사용하면 관측값들의 총수는 $n$으로 표기되며, 이때 계산된 평균값은 표본평균($\overline{X}$)이 된다. 표본의 관측값들은 모집단의 부분집합이므로 $n \leq N$이 된다. 현실적으로는 시간 및 비용 문제 등으로 인해 모집단 자료보다 표본자료를 주로 사용하므로 모집단 평균($\mu$)보다 표본평균($\overline{X}$)을 더 빈번히 사용한다. 표본평균의 계산 방법은 모집단 평균 계산 방법과 동일하나 관측값들의 총수에 대한 부호가 다르다.

**표본평균**

$$\overline{X} = \frac{x_1 + x_2 + \cdots + x_n}{n} = \frac{\sum\limits_{i=1}^{n} x_i}{n}$$

**예 3-2** ▶

우리나라 전체 기업 중 6개 기업을 추출하여 전년 대비 이윤 증가율(%)을 조사하였더니 다음과 같았다고 하자.

**표 3-6 이윤 증가율** (단위 : %)

| 13.6 | 25.0 | 30.0 | −15.0 | 14.0 | −8.8 |
|------|------|------|-------|------|------|

이윤 증가율의 산술평균을 계산하라.

**답**

이 경우 표본관측 총수는 $n=6$이며 표본평균은 9.8%이다. 즉

$$\begin{aligned}\overline{X} &= \frac{\sum\limits_{i=1}^{n} x_i}{n} \\ &= \frac{13.6 + 25.0 + 30.0 + (-15.0) + 14.0 + (-8.8)}{6} \\ &= 9.8\end{aligned}$$

앞에서 설명한 평균은 엄격하게 정의하면 산술평균(arithmetic mean)이다. 그런데 산술평균은 시간의 흐름에 따른 자료의 변화율(증가율, 감소율)에 대한 집중화 경향을 나타내기에는 부적합하다. 생물 개체는 시간이 지나면 일반적으로 증가한다. 애완용 고양이가 2마리 있고, 1년 후에 4마리, 2년 후에는 32마리가 되었다고 가정하자. 이 애완용 고양이의 1년 평균 증가율을 산술평균으로 계산해 보자. 1년 후 증가는 200%, 2년 후 증가는 800%이므로 산술평균에 의한 1년 평균 증가율은 (200+800)/2=500%가 된다. 1년 평균 증가율이 500%라면 애완용 고양이 2마리가 1년 후에는 10마리, 또 1년 후에는 50마리가 되어야 하지만 실제로 2년 후

에는 32마리로 증가하였다. 무엇이 잘못되었을까?

이 예처럼 인구증가율, 경제성장률, 물가 상승률과 같이 변화하는 비율(즉 곱셈으로 계산하는 값의 집중화 경향)을 올바로 구하기 위해서는 산술평균 대신 기하평균(geometric mean)을 사용할 필요가 있다. 기하평균은 $x_i$가 양수일 때 $n$개의 곱에 대한 $n$ 제곱근의 값으로 정의된다.

---

**기하평균**

$$G = (x_1 \cdot x_2 \cdot x_3 \cdots x_n)^{1/n} = \sqrt[n]{x_1 \cdot x_2 \cdot x_3 \cdots x_n}$$

---

앞 예의 애완용 고양이에 대한 1년 평균 증가율을 기하평균으로 계산해 보면 $G = \sqrt{200 \cdot 800} = 400\%$가 된다. 따라서 기하평균을 이용한 1년 평균 증가율에 의하면 2마리 애완용 고양이는 2년 후에 $(2 \cdot 4) \cdot 4 = 32$마리가 되어 실제 32마리와 일치한다.

한편 평균적인 변화율을 측정하기 위해 조화평균(harmonic mean)을 사용하기도 하며, 이 조화평균은 $n$개의 수의 각 역수에 대한 산술평균의 역수로 정의된다.

---

**조화평균**

$$H = \frac{n}{\dfrac{1}{x_1} + \dfrac{1}{x_2} \cdots + \dfrac{1}{x_n}}$$

---

**예 3-3** ▶

두 수 $x_1, x_2$가 있을 때 다음 등식이 성립함을 보여라.

$$H = \frac{G^2}{A}$$

여기서 $H$는 조화평균, $G$는 기하평균, 그리고 $A$는 산술평균을 나타낸다.

**답**

두 수 $x_1, x_2$의 조화평균, 기하평균, 그리고 산술평균은 각각

$$H = \frac{2}{1/x_1 + 1/x_2} = \frac{2x_1x_2}{x_1 + x_2}, \quad G = \sqrt{x_1 \cdot x_2}, \quad A = \frac{x_1 + x_2}{2}$$

이므로 $H = \dfrac{2x_1x_2}{x_1 + x_2} = \dfrac{G^2}{A}$ 이 성립된다.

애완용 고양이의 예에서 평균적 증가율을 조화평균으로 계산해 보면 $H=2/(1/200+1/800)$ $=320\%$가 되어 기하평균보다도 작게 계산된다.

## 2) 중앙값

평균은 집중화 경향을 측정하기에 매우 적합하며 계산된 결과도 쉽게 이해할 수 있어서 가장 일반적으로 사용되고 있다. 그러나 평균은 극단적인 관측값에 의해 심각한 영향을 받으므로 자료에 따라 집중화 경향을 올바르게 나타내지 못하는 경우가 있다.

예를 들어 상경대학을 졸업한 학생 중 일부를 표본 추출하여 그들의 월소득을 조사하였더니 다음과 같았다고 하자.

**표 3-7  월소득** (단위 : 만 원)

| 180 | 110 | 100 | 150 | 120 | 50,000 | 110 |
|-----|-----|-----|-----|-----|--------|-----|

이 경우 표본평균($\overline{X}$)은 $(180+110+\cdots+110)/7=7252.86$으로 나타난다. 한 졸업생의 월소득이 5억이 됨으로써 나머지 졸업생들 6명의 월소득이 100만 원에서 200만 원 사이에 분포되어 있음에도 불구하고 졸업생들의 월소득이 약 7,250만 원으로 매우 높게 나타난 것이다. 그러므로 자료의 관측값들을 살펴볼 때 약 7,250만 원이라는 높은 월소득이 자료의 집중화 경향을 올바르게 대표한다고 볼 수 없다. 따라서 우리는 극단적인 관측값에 영향을 받지 않는 통계량이 필요할 때가 있다. 이러한 의도에 부합되는 집중화 경향 측정 방법은 모든 관측값을 가장 작은 값부터 가장 큰 값까지 크기 순서(ascending order)대로 정돈하여 정 가운데 (middle)에 위치하는 관측값을 선택하는 것이다.

앞 예에서 졸업생들의 월소득을 크기 순서대로 정돈하면 다음과 같다.

| 100 | 110 | 110 | 120 | 150 | 180 | 50,000 |
|-----|-----|-----|-----|-----|-----|--------|

따라서 중앙값(median, $M_e$)은 정 가운데에 위치한 관측값 120이 된다. 이 예에서 관측값의 총수($n$)가 홀수이기 때문에 정 가운데 위치하는 관측값 하나를 쉽게 선택할 수 있으나, $n$이 짝수이면 2개의 관측값이 가운데에 위치하게 되어 가운데에 위치하는 하나의 관측값을 선택할 수 없다. 즉 월소득이 140만 원인 졸업생을 한 명 더 추가하면 관측값의 총개수가 짝수가 되어 크기 순서대로 관측값들을 정돈하면 그 결과가 다음과 같다.

| 100 | 110 | 110 | 120 | 140 | 150 | 180 | 50,000 |
|-----|-----|-----|-----|-----|-----|-----|--------|

이 표본에서 가운데 위치하는 관측값은 하나가 아니라 120과 140으로 2개가 된다. 이 경우에는 가운데 위치하는 두 관측값의 평균이 중앙값이 된다. 즉 $(120+140)/2=130$이 중앙값이

다. 중앙값의 특징은 극단적인 관측값에 영향을 받지 않으며 중앙값을 기준으로 모든 관측값 중 50%가 왼쪽에, 나머지 50%가 오른쪽에 존재한다는 것이다.

---

**중앙값**

1. 관측값의 총수 $n$이 홀수인 경우 : 관측값을 크기 순서대로 나열하였을 때 가운데 위치하는 관측값, 즉 $(n+1)/2$번째 값이 중앙값이다.
2. 관측값의 총수 $n$이 짝수인 경우 : 관측값을 크기 순서대로 나열하였을 때 가운데 위치하는 두 관측값의 평균, 즉 $n/2$번째 값과 $(n+2)/2$번째 값의 평균이 중앙값이다.

---

### 3) 최빈값

앞에서 소개한 통계량들은 양적으로 관측된 자료일 경우에만 집중화 경향을 측정할 수 있는 데 반해, 최빈값(Mode, $M_o$)은 양적으로 관측된 자료와 질적으로 관측된 자료에 모두 적용할 수 있는 장점이 있다. 최빈값은 관측횟수가 가장 많은 값으로 정의되며 평균값처럼 소수의 극단적인 값에 의해 영향을 받지 않는다. 평균과 중앙값이 하나인 것과 달리 최빈값은 하나 이상일 수 있다.

앞의 월소득 예에서 110을 제외한 모든 값은 한 번씩 관측된 데 비해 110은 두 번 관측되었기 때문에 최빈값은 110이 된다. 만약 120도 두 번 관측되고 110을 제외한 나머지 값은 한 번씩 관측되었다면 최빈값은 110과 120으로 하나 이상이 된다. 최빈값은 평균이나 중앙값보다 보편적이지 못하지만 경우에 따라 집중화 경향을 나타내는 매우 유용한 방법이 될 수 있다. 예를 들면 옷, 신발, 모자 등을 생산하는 공장에서는 다양한 치수를 같은 양으로 생산하기보다 가장 많이 소비되는 표준 치수를 기준으로 생산량을 달리해야 상품의 재고가 남지 않게 될 것이다. 이때 표준 치수가 집중화 경향을 측정하는 통계량인 최빈값에 해당한다.

---

**최빈값**은 관측값 중 관측횟수가 가장 많은 값이다.

---

### 4) 평균, 중앙값, 최빈값의 관계

집중화 경향을 측정하는 가장 일반적인 방법인 평균, 중앙값, 최빈값의 관계를 살펴보기 위해 다음 세 가지 종류의 히스토그램을 고려해 보자.

첫 번째 히스토그램은 측정값들이 분포의 가운데를 기준으로 좌우 동일하게 분포된 경우를 나타내고 있으며, 이 자료는 대칭분포(symmetric distribution)를 이루고 있다고 한다. 자료가 대칭분포를 이루는 경우 분포의 중심에서 평균, 중앙값, 최빈값이 모두 같다.

두 번째 히스토그램은 분포의 가운데를 기준으로 극단적으로 큰 측정값들의 수가 극단적으로 작은 측정값들의 수보다 많아 중심값의 오른쪽으로 측정값들이 더 많이 분포하고 있으

그림 3-15

**자료의 분포에 따른 평균($\overline{X}$), 중앙값($M_e$), 최빈값($M_o$)의 위치**

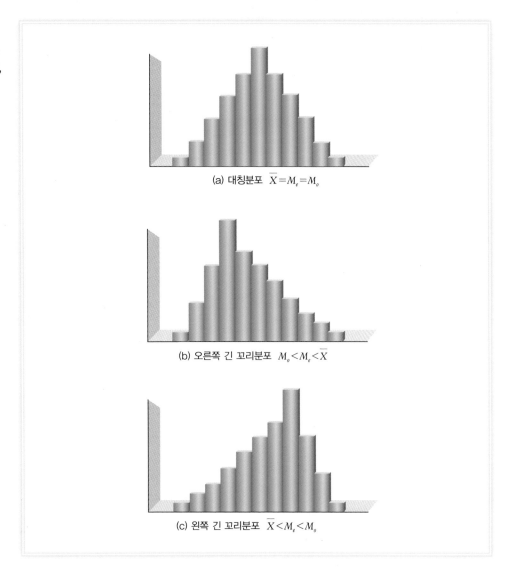

(a) 대칭분포 $\overline{X}=M_e=M_o$

(b) 오른쪽 긴 꼬리분포 $M_o<M_e<\overline{X}$

(c) 왼쪽 긴 꼬리분포 $\overline{X}<M_e<M_o$

며, 이러한 자료는 오른쪽 긴 꼬리분포를 이루고 있다고 한다.

반면에 세 번째 히스토그램은 분포의 가운데를 기준으로 극단적으로 작은 측정값들의 수가 극단적으로 큰 측정값들의 수보다 많아 중심값의 왼쪽으로 측정값이 더 많이 분포되어 있으며, 이러한 자료는 왼쪽 긴 꼬리분포를 이루고 있다고 한다.

이렇게 비대칭분포(asymmetric distribution)를 보이는 자료에서는 평균, 중앙값, 최빈값이 각각 다른데, 오른쪽 긴 꼬리분포의 경우 $M_o<M_e<\overline{X}$의 순서로, 왼쪽 긴 꼬리분포의 경우 $\overline{X}<M_e<M_o$의 순서로 위치한다.

## 2. 산포 경향의 측정

집중화 경향을 측정함으로써 자료의 기본적인 특성을 알 수 있지만, 집중화 경향만으로는 자료의 중요한 특성에 대한 모든 정보를 얻을 수 없음을 두 도시의 경제개발 계획과 관련된

제1장 3절의 예에서 알 수 있었다. 즉 자료의 특성을 올바르게 파악하기 위해서는 집중화 경향 못지않게 자료가 어느 정도 넓게 흩어져 있는가를 나타내주는 산포의 경향을 아는 것도 중요하다.

다음과 같이 두 종류의 자료가 있다고 하자.

| | |
|---|---|
| 자료 1 : 10  20  30  40  50  60  60  70  80  90  100  110 | |
| 자료 2 : 40  50  50  50  60  60  60  60  70  70  70  80 | |

**그림 3-16**

**자료 1의 분포**

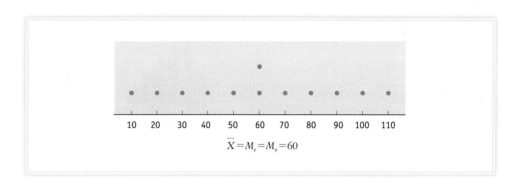

$$\overline{X} = M_e = M_o = 60$$

**그림 3-17**

**자료 2의 분포**

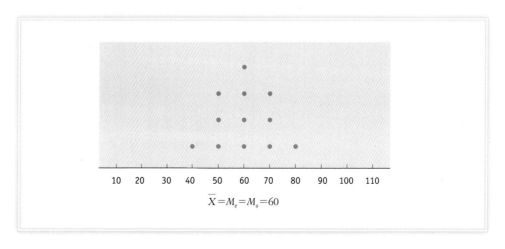

$$\overline{X} = M_e = M_o = 60$$

이 두 자료 모두 관측값의 수가 12로 같으며 평균, 중앙값, 최빈값 역시 모두 60으로 같다. 그러나 이 두 자료는 같은 특성을 갖는다고 볼 수 없다. 왜냐하면, 두 자료의 집중화 경향은 같아도 자료의 흩어짐 정도가 서로 다르기 때문이다. 다시 말해 평균값을 중심으로 자료 1의 관측값들이 자료 2의 관측값보다 더 넓게 흩어져 있다. 이렇게 자료마다 다른 산포의 경향을 측정하는 가장 일반적인 통계량으로는 **분산**(variance)과 **표준편차**(standard deviation)를 들 수 있다. 이 통계량들을 정의하기에 앞서 산포의 경향을 측정할 수 있는 가장 쉬운 개념의 통계량인 **범위**(range)를 소개할 필요가 있다. 범위란 자료의 집단 중에서 가장 큰 관측값과 가장 작은 관측값의 차이로 정의된다.

> **범위**란 자료의 집단 중에서 가장 큰 관측값과 가장 작은 관측값의 차이이다.

앞의 자료에서 범위를 각각 계산하면 자료 1의 범위는 110－10＝100이 되며, 자료 2의 범위는 80－40＝40이 된다. 관측값들이 넓게 흩어져 있는 자료 1의 범위가 분포의 가운데를 기준으로 집중된 자료 2의 범위보다 월등히 큰 값을 갖게 됨을 알 수 있다. 결국, 범위가 큰 자료는 흩어짐의 정도가 넓다고 볼 수 있으나 이 통계량은 가장 큰 관측값과 가장 작은 관측값인 단 2개의 관측값에 의해서만 영향을 받기 때문에 모든 관측값의 분포 양상을 나타내지 못하는 단점을 갖는다.

> 자료 3 : 10  10  40  40  40  40  60  60  60  80  80  110

한편 자료 3은 자료 1과 같은 범위 100의 분포를 하고 있지만 자료의 분포 양상은 자료 1과 전혀 다르다. 이러한 단점을 보완해 줄 수 있는 통계량으로는 분산과 표준편차가 있으며, 이 통계량들은 산포 경향을 측정하기 위해 일반적으로 사용되는 방법이다.

**그림 3-18**

**자료 3의 분포**

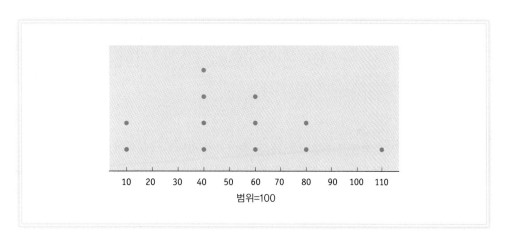

### 1) 분산

분산은 각 편차를 제곱하여 합한 값을 관측값의 총수로 나눈 것, 즉 각 편차제곱의 평균값이다. 자료가 모집단이면 관측값들의 집합을 $\{x_1, x_2, \cdots, x_N\}$으로 표현하고 모집단 평균을 $\mu = 1/N \sum_{i=1}^{N} x_i$로 표현한다. 이때 각 관측값과 평균의 차이 $\{x_1-\mu, x_2-\mu, \cdots, x_N-\mu\}$를 편차 (deviation)라고 한다. 분포의 흩어짐이 넓을수록 각 편차는 커지지만, 부호가 서로 달라 편차의 총합은 0이 된다. 따라서 산포의 경향을 측정하기 위해서는 편차의 평균이 아니라 각 편차제곱의 평균값으로 분산을 구하게 된다. 이 경우 분산값이 크면 대부분의 관측값이 평균에서 멀리 떨어져 있음을 의미하고 분산값이 작으면 평균에 가까이 몰려 있음을 의미하게 된다. 따라서 분산은 범위와 달리 모든 관측값의 분포 양상을 더욱 정확히 측정할 수 있다. 분산은 자료의 종류에 따라 모집단 분산과 표본분산으로 구별된다.

**모집단 분산**

$$\sigma^2 = \frac{1}{N} \sum_{i=1}^{N} (x_i - \mu)^2 = \frac{\sum_{i=1}^{N} x_i^2}{N} - \mu^2$$

**예 3-4**

자료 1과 자료 2의 분산을 구하라.

**답**

자료 1의 분산

$$\sigma_1^2 = \frac{1}{12} \times \{(10-60)^2 + (20-60)^2 + \cdots + (100-60)^2 + (110-60)^2\}$$

$$= \frac{1}{12} \times 11000 = 916.7$$

자료 2의 분산

$$\sigma_2^2 = \frac{1}{12} \times \{(40-60)^2 + (50-60)^2 + \cdots + (70-60)^2 + (80-60)^2\}$$

$$= \frac{1}{12} \times 1400 = 116.7$$

표본자료가 있을 때 그 흩어짐의 정도를 측정하여 분산을 계산하면 표본분산($S^2$)이 된다. 편차를 구하고 각 편차를 제곱하여 평균을 구하는 과정은 모집단 분산을 구하는 경우와 같지만, 표본분산을 계산할 때 모집단 평균 $\mu$를 모르기 때문에 표본평균 $\overline{X}$로 대체해야 한다. 이때 모집단 평균 대신 표본평균을 사용함으로써 발생하는 편의(bias)를 줄이기 위해 각 관측값의 편차를 제곱하여 모두 합한 값을 $n$ 대신 자유도 $n-1$로 나누어 주게 된다. 즉 편차제곱의 합을 $n$으로 나누어 주게 되면 표본분산 값들의 평균이 참의 값인 모집단 분산 $\sigma^2$보다 작아지는 편의가 발생한다. 여기서 $n-1$은 편차들 $x_i - \overline{X}$의 독립적인 개수를 의미하는 자유도(degree of freedom)이며, 이에 대한 개념은 제7장에서 상세히 다루게 된다. 만일 자료 1에서 4개의 관측값 10, 50, 50, 70을 추출하여 표본자료를 얻었다면 표본평균($\overline{X}$)은 $(10+50+50+70)/4 = 45$이며, 표본분산($S^2$)은 $1/3\{(10-45)^2 + (50-45)2 + (50-45)2 + (70-45)2\} = 633.3$이 된다.

**표본분산**

$$S^2 = \frac{1}{n-1} \sum_{i=1}^{n} (x_i - \overline{X})^2$$

**예 3-5** ▶

1. 세 가지 수 1, 2, 3으로 이루어진 모집단을 가정하자. 이 모집단의 평균과 분산을 구하라.

2. 이 모집단으로부터 표본크기($n$)가 2인 표본 9개를 표 3-8과 같이 추출하였다고 가정하자.

**표 3-8  표본**

| 1, 1 | 1, 2 | 1, 3 |
|------|------|------|
| 2, 1 | 2, 2 | 2, 3 |
| 3, 1 | 3, 2 | 3, 3 |

각 표본의 평균과 분산을 구하라. 표본분산의 평균은 모집단 분산과 일치하는가?

3. 이번에는 각 표본의 분산을 계산하기 위해 편차제곱의 합을 자유도 $n-1$ 대신 $n$으로 나누어보아라. 이 값의 평균은 모집단 분산과 일치하는가?

**답**

1. 모집단 평균 : $\mu=(1+2+3)/3=2$

   모집단 분산 : $\sigma^2=\dfrac{1}{3}\times\{(1-2)^2+(2-2)^2+(3-2)^2\}=\dfrac{2}{3}$

2. 각 표본의 평균

   | 1.0 | 1.5 | 2.0 |
   |-----|-----|-----|
   | 1.5 | 2.0 | 2.5 |
   | 2.0 | 2.5 | 3.0 |

   각 표본의 분산

   | 0.0 | 0.5 | 2.0 |
   |-----|-----|-----|
   | 0.5 | 0.0 | 0.5 |
   | 2.0 | 0.5 | 0.0 |

   9개 표본분산의 평균은 $(0.0+0.5+\cdots+0.5+0.0)/9=6/9=2/3$로 모집단 분산과 일치한다.

3. 각 표본의 편차제곱의 합을 자유도 $n-1$ 대신 $n$으로 나눈 값

   | 0.00 | 0.25 | 1.00 |
   |------|------|------|
   | 0.25 | 0.00 | 0.25 |
   | 1.00 | 0.25 | 0.00 |

   이 값의 평균은 $(0.00+0.25+\cdots+0.25+0.00)/9=3/9=1/3$로 모집단 분산과 일치하지 않는다. 즉 편차제곱의 합을 $n$으로 나누는 경우 모집단 분산보다 1/3만큼 작아져 편의가 발생함을 알 수 있다.

### 2) 표준편차

표준편차는 분산의 제곱근이다. 분산은 편차의 제곱을 기준으로 계산되기 때문에 관측값들의 단위보다 커질 수 있으므로 원래 관측값들의 단위에서 산포의 경향을 나타내는 값으로 분산의 제곱근인 표준편차를 사용할 수 있다. 모집단 표준편차는 $\sigma=\sqrt{\sigma^2}$이며 표본 표준편차는 $S=\sqrt{S^2}$이다. 따라서 자료 1의 표준편차는 $\sigma_1=\sqrt{916.7}=30.2770$이며 자료 2의 표준편차는 $\sigma_2=\sqrt{116.7}=10.8028$이다.

분산 혹은 표준편차에 의한 산포 경향은 재무관리에서 위험성을 측정하기 위해 응용되기도 한다. 기업의 판매량, 이윤, 투자 수익률 등의 자료에서 분산이 크면 수익률의 변동이 크다는 것을 의미하며 이는 투자에 따른 위험성이 높다는 것을 뜻한다.

한편 우리는 표준편차를 이용하여 어떤 분포에서 특정 구간에 관측값이 포함될 확률을 추정할 수 있다. 러시아의 수학자 체비쇼프(Chebyshev)는 모든 자료에서 평균과의 차이(편차)의 절댓값이 $k\sigma$ 이상인 자료의 비율이 $k^{-2}$ 이하가 됨을 밝혔으며(단, $k>1$), 이를 체비쇼프 부등식이라고 한다.

---

**체비쇼프 부등식**

기댓값이 $\mu_X$이며 표준편차가 $\sigma_X$인 확률변수 $X$가 있다고 하면 어떤 실수 $k>1$에 대해 다음이 성립한다.

$$\Pr(|X-\mu| \geq k\sigma) \leq 1/k^2$$

---

**그림 3-19**

체비쇼프 부등식

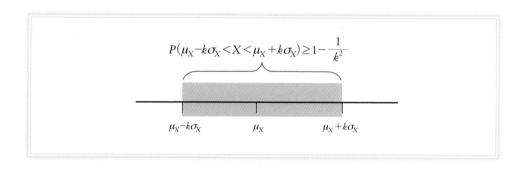

$$P(\mu_X-k\sigma_X < X < \mu_X+k\sigma_X) \geq 1-\frac{1}{k^2}$$

체비쇼프 부등식에 따르면 $k=2$인 경우 모든 자료에서 편차의 절댓값이 표준편차의 두 배를 초과하는 관측값의 비율이 25% 이하이며, $k=3$인 경우에는 모든 자료에서 편차의 절댓값이 표준편차의 세 배를 초과하는 관측값의 비율이 11.1% 이하이다.

**예 3-6** ▶

특정 지역의 아파트 실거래 가격 자료를 수집해 보니 평균이 5억, 표준편차가 2억인 비대칭분포를 이루었다고 가정하자.

1. 아파트 실거래 가격 편차의 절댓값이 6억을 초과하지 않을 최대 확률은 얼마인가?
2. 적어도 아파트 실거래 가격의 75%가 포함되는 가격 구간은?

**답**

1. 아파트 실거래 가격 자료의 표준편차가 2억이므로 실거래 가격 편차의 절댓값이 6억을 초과하지 않을 최대 확률은 $k=3$인 경우의 체비쇼프 부등식으로부터 구할 수 있다. 즉, $k^{-2}=3^{-2}=0.11$이다.
2. 그림 3-19의 체비쇼프 부등식에 따르면 $1-k^{-2}=0.75 \Rightarrow k=2$, $\mu_X=5$억, $\sigma_X=2$억인 경우의 $\mu_X \pm k\sigma_X$구간으로 1억$(=5$억$-2\times2$억$)$과 9억$(=5$억$+2\times2$억$)$ 사이가 된다.

## 3. 분포의 다른 특성 측정

### 1) 사분위수

분위수(quantile)란 자료를 확률적으로 동일하게 나누는 구분자이다. 즉, 순서대로 나열한 자료를 $n$ 등분하였을 때 그 기준점의 값을 의미하며, 일반적으로 $n$분위수라고 표현한다. 이를테면 2분위수는 자료를 0.5의 같은 확률로 2등분 하였을 때 그 기준점의 값이며, 중앙값과 같다. 구체적인 예로, 어떤 소그룹에 속하는 5명의 소득을 순서대로 나열하면 100, 150, 300, 330, 450만 원이라고 하자. 이 소득 자료의 2분위수에 해당하는 값은 같은 확률 0.5로 2등분 하였을 때 기준점의 값인 300만 원이 된다. 또한 이 자료의 절반은 이 값보다 크고 나머지 절반은 이 값보다 작으므로 중앙값 300만 원과 같다.

우리가 흔히 사용하는 사분위수(quartile)는 자료를 순서대로 나열한 상태에서 확률적으로 동일하게 4등분 하는 3개 기준점의 값이 되는데 제1사분위수($Q_1$)는 누적백분율이 25%, 제2사분위수($Q_2$)는 50%, 제3사분위수($Q_3$)는 75%에 해당하는 값이다. 또한 순서대로 나열된 자료를 10개의 동일 구간으로 나눈다면 이를 십분위수(decile), 100개의 동일 구간으로 나눈다면 이를 백분위수(percentile)라고도 한다.[2] 참고로 제1사분위수($Q_1$)는 $25^{th}$ 백분위수, 제2사분위수($Q_2$)는 $50^{th}$ 백분위수, 제3사분위수($Q_3$)는 $75^{th}$ 백분위수와 같다.

> **사분위수**란 자료를 순서대로 나열한 상태에서 확률적으로 동일하게 4등분 하는 각 기준점의 값을 의미한다.

따라서 사분위수를 통해 우리는 해당 자료가 갖는 분포의 전반적인 특성을 알 수 있는데, 특히 $Q_2$는 중앙값이 되므로 분포의 중심화 경향을 살펴볼 수 있고 $Q_1$과 $Q_3$ 값의 위치를 비교

---

[2] 백분위수는 이 책의 제6장에서 더욱 상세히 설명한다.

함으로써 자료의 분포가 정규분포로부터 얼마나 왜곡되어 있는지도 쉽게 판단해 볼 수 있다. 나아가, $Q_1$과 $Q_3$ 사이의 거리를 사분위수 범위(interquartile range, IQR)라고 하며, 중위권에 속하는 50% 자료의 범위를 나타낸다.

그림 3-20의 상단은 상자 그림(box plot)으로, $Q_1 - 1.5 \times IQR$이 최솟값, $Q_3 + 1.5 \times IQR$이 최댓값을 나타내며, $Q_1$과 $Q_3$는 각각 제1사분위수와 제3사분위수, $IQR$은 사분위수 범위이다.

**그림 3-20**

상자 그림과 확률밀도함수의 관계

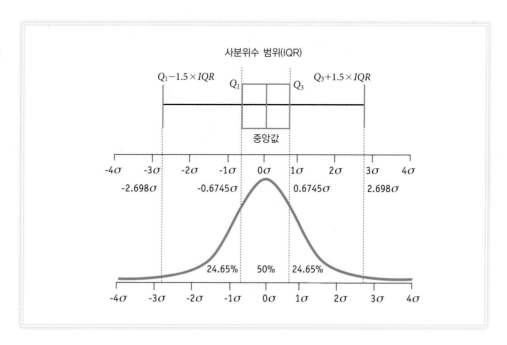

## 2) 왜도

앞에서 평균, 중앙값, 최빈값의 관계를 통해 비대칭분포에 관해 설명하였다. 이런 비대칭분포가 대칭분포의 형태에서 얼마나 벗어났는지를 나타내주는 척도로 왜도(skewness)를 계산할 수 있다. 그림 3-15에서처럼 오른쪽 긴 꼬리분포의 경우 평균이 중앙값 혹은 최빈값보다 크고, 반대로 왼쪽 긴 꼬리분포의 경우 평균이 중앙값 혹은 최빈값보다 작을 뿐만 아니라 분포의 비대칭 정도가 심해질수록 그 차이가 더욱 커진다는 사실을 이용하여 피어슨(Pearson)은 다음과 같은 왜도계수를 정의하였다.[3]

$$\text{피어슨 왜도계수} = \frac{3(\text{평균} - \text{중앙값})}{\text{표본 표준편차}} \quad \text{혹은} \quad \frac{3(\text{평균} - \text{최빈값})}{\text{표본 표준편차}}$$

---

[3] 왜도를 나타내는 다른 척도로 다음과 같은 왜도계수를 사용하기도 한다.

$$\text{왜도계수} = \frac{1}{(n-1)} \sum_{i=1}^{n} \left( \frac{x_i - \bar{X}}{S} \right)^3$$

오른쪽 긴 꼬리분포의 경우 피어슨 왜도계수는 0보다 크며, 왼쪽 긴 꼬리분포의 경우 피어슨 왜도계수는 0보다 작다. 또한 비대칭의 정도가 심할수록 피어슨 왜도계수의 절댓값은 커지게 된다.

### 3) 첨도

첨도(kurtosis)는 정규분포와 비교하여 분포의 형태가 얼마나 뾰족한지를 나타내는 척도이다. 편차 4제곱의 모든 합을 자유도와 표본분산 제곱의 곱으로 나누어 3을 빼면 첨도를 구할 수 있다.

$$첨도계수 = \frac{\sum_{i=1}^{n} 편차^4}{자유도 \times 표본분산^2} - 3 = \frac{\sum_{i=1}^{n}(x_i - \overline{X})^4}{(n-1) \times S^4} - 3$$

분포의 형태가 정규분포에 가까우면 첨도계수는 0에 근접하게 된다. 한편, 분포의 봉우리가 정규분포의 봉우리보다 완만하면 첨도는 0보다 작고, 반대로 정규분포의 봉우리보다 뾰족하면 첨도는 0보다 크다.

**그림 3-21**

**첨도계수와 분포의 형태**

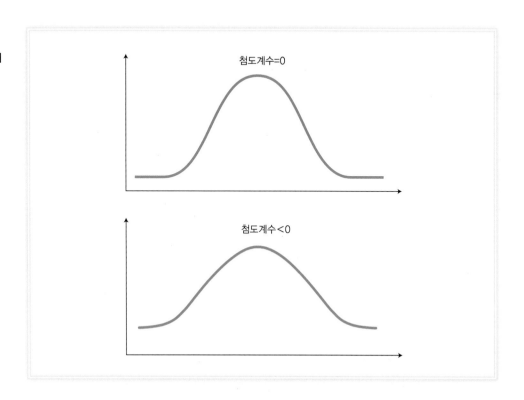

**그림 3-21**

첨도계수와 분포의
형태(계속)

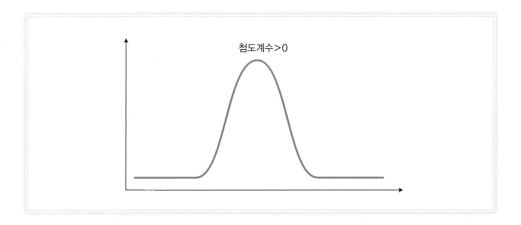

첨도계수>0

**예 3-7** ▶

다음 표본자료는 구글 트렌드를 이용하여 '통계'라는 단어에 대한 최근 6년간의 관심도
를 측정한 값이다.

**표 3-9 통계 관심도**
(단위 : 관심도)

| 43 | 36 | 42 | 44 | 59 | 70 |

출처 : 구글 트렌드

1. 중앙값을 이용한 피어슨 왜도계수를 계산하고 해석하라.
2. 첨도계수를 계산하라.

**답**

1. 표본평균 $\overline{X} = (43+36+42+44+59+70)/6 = 49$
   표본중앙값 $M_e = (43+44)/2 = 43.5$
   표본분산 $S^2 = (43-49)^2 + \cdots + (70-49)^2/(6-1) = 164$
   따라서 피어슨 왜도계수는 $3 \times (49-43.5)/\sqrt{164} = 1.2883$이다. 왜도계수가 0보다 크
   므로 이 자료는 오른쪽 꼬리가 긴 비대칭분포를 이루고 있다.
2. 각 편차 4제곱의 합은 $(43-49)^4 + \cdots + (70-49)^4 = 237364$이 되므로 첨도계수는
   $347364/((6-1)164^2) - 3 = -1.2349$가 된다. 첨도계수의 추정값이 0보다 작은 이유는
   분포의 봉우리가 정규분포의 봉우리보다 완만하기 때문이다(단, 이 자료는 표본크기
   가 너무 작아 첨도계수의 추정값을 해석하는 것은 거의 무의미하다).

**요약**

자료의 특성을 파악하기 위해서 일반적으로 사용되는 분석 방법 중 그래프와 통계량에 의한 분석 방법에 대해 살펴보았다. 그래프는 자료가 아무리 방대한 자료라도 그 특성을 간결하게 표현해주고 여러 개의 변수를 쉽게 비교하거나 변수들의 관계를 시각적으로 나타내주는 장점이 있다.

자료의 특성을 표현하기 위한 그래프로는 원 그림표, 막대 그림표, 히스토그램, 선 그림표, 산포도, 줄기와 잎 그림 등이 있다. 원 그림표는 관측 대상이 되는 전체 집단을 원의 전체 면적[파이(pie)]으로 나타내고 특성에 따라 구분될 수 있는 계급의 집단을 파이의 조각 면적으로 나타낸다. 원 그림표보다 조직적인 막대 그림표는 계급의 값을 가로축에 나열하고 각 계급에 속하는 관측값의 빈도수를 막대의 크기로 나타낸다. 관측값의 빈도수 대신 상대도수를 막대의 크기로 나타내면 히스토그램이 된다. 선 그림표는 가로축을 시간, 세로축을 관측값의 크기로 정하여 표기된 관측점들을 선으로 이어서 그리며 시계열자료의 추세나 변화를 보여주기에 적합하다. 또한 산포도는 두 변수의 관계를 효과적으로 나타낸다.

그래프는 시각적으로 자료의 특성을 간결하게 표현해주기 때문에 왜곡된 정보를 전달할 수 있다는 점에서 주의해야 한다. 대표적인 예로는 세로축의 눈금 단위를 바꾸는 경우, 가로축의 눈금 거리를 축소(확대)하는 경우, 세로축 일부를 생략하는 경우, 가로축에 일정하지 않은 단위를 사용하는 경우, 그래프 유형의 선택 오류가 발생하는 경우, 그림 면적을 과장하여 표현하는 경우 등을 들 수 있다.

그래프는 자료의 특성을 도출하기 위한 가장 쉬운 방법이지만 보다 정확한 자료의 특성을 파악하기 위해서는 통계량을 구할 필요가 있다. 통계량이란 모집단 일부로부터 추출된 표본을 이용하여 표본의 특성을 나타내주도록 계산된 대푯값이다. 따라서 통계량을 이용하여 모집단의 특성을 나타내주는 대푯값인 모수를 추론할 수 있다. 통계량에는 집중화 경향을 나타내는 평균, 중앙값과 최빈값, 관측값의 흩어진 정도인 산포의 경향을 나타내는 범위와 분산이 있다. 그리고 분포의 더욱 자세한 특성을 파악하기 위한 통계량으로 사분위수, 비대칭 정도를 나타내는 왜도, 분포의 뾰족한 정도를 나타내는 첨도 등이 있다.

 **주요 용어**

**기하평균**(geometric mean)  $x_i$가 양수일 때 $n$개의 $x_i$곱의 $n$제곱근의 값

**도수분포표**(frequency distribution table)  숫자로 관측된 양적자료를 몇 개의 일정한 구간으로 나눈 다음, 각 구간에 속한 관측값의 개수를 나타낸 표

**막대 그림표**(bar chart)  자료에서 각 계급에 속한 관측값의 빈도수를 막대의 크기로 표현하는 그래프

**모수**(parameter)  자료가 수집된 대상 집단의 전체인 모집단 특성을 나타내주는 대푯값

**범위**(range)  자료에서 가장 큰 관측값과 가장 작은 관측값의 차이

**분산**(variance)  각 편차제곱의 평균값으로 산포의 경향을 측정하는 대푯값

**분위수**(quantile)  자료를 순서대로 나열한 상태에서 자료를 확률적으로 동일하게 나누는 구분자

**사분위수**(quartile)  자료를 순서대로 나열한 상태에서 확률적으로 동일하게 4등분 하는 각 기준점의 값

**산포도**(scatter plot)  두 변수 $X$와 $Y$의 관측값 한 쌍이 그래프의 한 점을 이루며 관측값의 각 쌍의 모임이 산포를 나타내는 그래프

**선 그림표**(line chart)  가로축을 시간, 세로축을 관측값의 크기로 정하여 표기된 관측점들을 선으로 이어서 그린 그래프

**왜도**(skewness)  비대칭분포가 대칭분포의 형태에서 얼마나 벗어났는지를 나타내주는 척도

**원 그림표**(pie chart)  관측 대상이 되는 전체 집단을 원으로 나타내고 특성에 따라 구분될 수 있는 계급의 집단을 파이의 조각 면적으로 나타내는 그래프

**자유도**(degree of freedom, d.f.)  $n$개의 표본관측값이 있을 때 제한된 관측값의 수를 제외하고 남은 자유로운 관측값의 수

**조화평균**(harmonic mean)  $n$개의 수의 각 역수에 대한 산술평균의 역수

**줄기와 잎 그림**(stem-and-leaf)  원자료의 수치를 줄기와 잎의 형태로 그림에 나타내어 정보가 손실되는 단점을 보완하고 자료가 가지는 분포의 특성도 시각적으로 표현해주는 그래프

**중앙값**(median)  관측값을 크기 순서대로 나열하였을 때 가운데 위치하는 관측값

**첨도**(kurtosis)  정규분포와 비교하여 분포의 형태가 얼마나 뾰족한지를 나타내는 척도

**체비쇼프**(Chebyshev) **부등식**  모든 자료에서 편차의 절댓값이 $k\sigma$를 초과하는 자료의 비율이 $k^{-2}$ 이하가 된다(단, $k>1$).

**최빈값**(mode)  관측값 중 관측횟수가 가장 많은 값

**통계량**(statistic)  모집단 일부로부터 추출된 표본을 이용하여 표본의 특성을 나타내주도록 계산된 대푯값

**평균**(mean)  관측된 숫자들을 모두 합한 후에 관측된 숫자들의 총개수로 나눈 값

**표준편차**(standard deviation)  분산의 제곱근

**히스토그램**(histogram)  막대 그림표와 형태가 같지만 계급에 속하는 상대도수를 막대의 크기로 나타내는 그래프

**연습문제**

1. 모수와 통계량을 정의하라.

2. 본문에서 그래프가 자료 특성에 대한 정보를 왜곡할 수 있음을 살펴보았다. 이에 대한 현실적인 예를 하나 들고 그래프를 그려서 설명해 보라.

3. $n$개의 양숫값이 있으며 이들의 산술평균과 기하평균이 같다고 가정하자. 이 가정이 성립되기 위한 조건은 무엇인가?

4. 용산 전자상가에서 통신장비를 판매하는 통신업체는 자사에서 판매하는 상품에 대한 소비자들의 불평 신고 건수를 기록하여 10주 동안 신고된 불평 건수를 표로 작성하였다.

| 주 | 1 | 2 | 3 | 4 | 5 | 6 | 7 | 8 | 9 | 10 |
|---|---|---|---|---|---|---|---|---|---|---|
| 불평 건수 | 13 | 15 | 8 | 16 | 8 | 4 | 21 | 11 | 3 | 15 |

1) 이 모집단 자료를 이용하여 매주 신고된 평균 신고 건수를 계산하라.

2) 이 모집단 자료를 이용하여 신고 건수의 중앙값을 계산하라.

5. 어떤 투자자는 중견 화가의 그림을 1,000만 원에 구매하였다. 이 그림의 가격은 1년 후에 10% 증가하고, 그다음 해에 15% 감소하고, 그다음 해에 20% 증가하였다. 3년 후 이 투자자는 얼마의 이익을 얻었는지 기하평균을 이용하여 계산하라.

6. 상경대학 교학과에서는 강의 평가 때문에 개설된 모든 과목의 수강인원에 관심을 두고 있다. 이 모집단으로부터 다섯 과목을 표본추출하여 수강인원을 조사해 보니 다음과 같았다.

| 72 | 12 | 47 | 41 | 38 |
|---|---|---|---|---|

1) 표본평균을 계산하라.

2) 이 표본의 표준편차를 계산하라.

3) 모집단에서 한 과목을 임의로 선택하였을 때 이 과목을 수강하는 학생의 수가 중앙값보다 작을 확률은 얼마인가?

7. 소액 투자자들에게 있어서 뮤추얼 펀드는 최근 들어 상당히 보편적인 투자 대상이 되고 있다. 만일 한 소액 투자자가 펀드에 투자하려고 할 때 투자에 적합한 펀드를 선정하기 위해 과거의 수익률 실적을 분석함으로써 투자에 따른 위험을 줄이려고 할 것이다.
어떤 두 펀드에 대한 과거 10년간 연수익률이 다음과 같았다.

**연수익률** (단위 : %)

| 펀드 A | 8.3 | 6.2 | 20.9 | −2.7 | 33.6 | 42.9 | 24.4 | 5.2 | 3.1 | 30.5 |
|---|---|---|---|---|---|---|---|---|---|---|
| 펀드 B | 12.1 | −2.8 | 6.4 | 12.2 | 27.8 | 25.3 | 18.2 | 10.7 | −1.3 | 11.4 |

1) 펀드 A와 B의 평균 수익률은?

2) 위험을 회피하고자 하는 성향이 강한 투자자는 어느 펀드에 투자하겠는가?

3) 평균 수익률과 위험 수준은 서로 어떤 관계가 있다고 보는가?

8. 제1장의 연습문제 4번에서 수집한 각 변수의 평균, 중앙값, 표준편차, 왜도, 첨도를 계산하라.

9. 제1장의 연습문제 4번에서 수집한 자료를 이용하여 다음 변수 간의 산포도를 그려보고 두 변수의 관계를 설명하라.

1) 실업률과 국내총생산(GDP)

2) 대미환율과 무역 경상수지

3) 국내총생산(GDP)과 대미환율

10. 본문에서 계급구간을 사용한 도수분포표 작성과 히스토그램에 대하여 설명하였다. 이번에는 계급구간을 정할 필요 없이 도수분포표를 작성할 수 있는 경우를 고려해 보자. 다음은 투자분석가를 대상으로 5개 벤처기업(미래, 세계, 아리랑, 우리, 한국) 중 가장 성공 가능성이 큰 기업을 조사한 결과이다.

성공 가능 벤처기업

| 투자분석가 | 벤처기업 | 투자분석가 | 벤처기업 | 투자분석가 | 벤처기업 |
|---|---|---|---|---|---|
| 1 | 미래 | 7 | 미래 | 13 | 아리랑 |
| 2 | 한국 | 8 | 아리랑 | 14 | 미래 |
| 3 | 우리 | 9 | 한국 | 15 | 한국 |
| 4 | 미래 | 10 | 미래 | 16 | 미래 |
| 5 | 아리랑 | 11 | 한국 | 17 | 미래 |
| 6 | 한국 | 12 | 세계 | 18 | 우리 |

1) 성공 가능 벤처기업에 대한 도수분포표를 작성하라.

2) 도수분포표를 이용하여 히스토그램을 그려라.

 기출문제

1. (2009년 사회조사분석사 2급) 다음 X 변수의 관찰값에 관한 설명으로 틀린 것은?

> 1, 2, 4, 5, 5, 7, 11

① 범위는 10이다.

② 중앙값은 5.5이다.

③ 평균값은 5이다.

④ 최빈수는 5이다.

2. (2019년 사회조사분석사 2급) 다음 중 산포의 측도는?

   ① 평균

   ② 범위

   ③ 중앙값

   ④ 제75백분위수

3. (2010년 공인회계사 재무관리) A펀드와 주가지수의 과거 3년 동안의 연간 수익률 $r_A$와 $r_M$ 은 다음과 같다. 같은 기간 중 무위험수익률은 매년 1%였다. 주가지수 수익률의 표준편차를 추정하라. (소수점 다섯째 자리에서 반올림하여 넷째 자리까지 사용하라.)

   | 연도 | $r_A$ | $r_M$ |
   |------|-------|-------|
   | 2007 | 8% | 2% |
   | 2008 | −2% | 0% |
   | 2009 | 3% | 4% |

4. (2011년 9급 통계학개론) 다음 중 산포에 대한 측도로 원자료의 측정단위와 일치하는 통계량은?

   ① 표준편차(standard deviation)

   ② 변동계수(coefficient of variation)

   ③ 절사평균(trimmed mean)

   ④ 분산(variance)

5. (2019년 9급 통계학개론) 다음 상자 그림에 대한 설명으로 옳지 않은 것은?

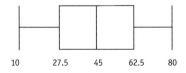

   ① 최솟값은 10이다.

   ② 범위(range)는 70이다.

   ③ 45 이상의 값을 갖는 자료는 전체 자료의 35%이다.

   ④ 사분위수 범위는 35이다.

6. (2018년 9급 통계학개론) 서로 다른 값을 가지는 3개 이상의 연속형 자료를 요약할 때 사용하는 기술통계량에 대한 설명으로 옳은 것은?

   ① 자료의 개수가 작을수록 평균과 분산에서 극단값의 영향은 적어진다.

   ② 최댓값이 현재 값보다 큰 값으로 바뀌면 중앙값은 커진다.

   ③ 최댓값이 a만큼 증가하고, 최솟값이 a만큼 감소하여도 변동계수(coefficient variation) 값은 바뀌지 않는다.

   ④ 평균보다 작은 자료의 개수가 평균보다 큰 자료의 개수보다 많으면 중앙값은 평균보다

작다.

7. (2019년 7급 통계학) 다음은 어느 회사의 방문 고객 수에 대한 자료이다. 산술평균, 중앙값, 최빈값을 모두 더한 값은?

|          |
|----------|
| 1, 2, 3, 3, 2, 3, 4, 6 |

① 7

② 8

③ 9

④ 10

8. (2018년 7급 통계학) 다음 자료의 중앙값과 산술평균에 대한 설명으로 옳은 것은?

| 13, 17, 16, 19, 14, 11, 15 |
|----------------------------|

① 중앙값이 산술평균보다 크다.

② 중앙값이 산술평균보다 작다.

③ 중앙값과 산술평균이 같다.

④ 알 수 없다.

9. (2017년 7급 통계학) 다음은 어느 대학교의 학과 A와 B에 대한 통계학 성적의 상자 그림 (box plot)이다. 이에 대한 설명으로 옳지 않은 것은?

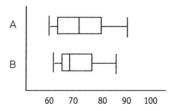

① 성적이 가장 좋은 학생은 학과 A에 속해 있다.

② 학과 A의 사분위범위(interquartile range)는 학과 B의 사분위범위보다 크다.

③ 학과 A가 학과 B보다 70점 이하인 학생의 비율이 높다.

④ 학과 A의 제2사분위수는 학과 B의 제2사분위수보다 크다.

10. (2012년 5급(행정) 2차 통계학) 다음은 어느 시즌 한국프로농구(KBL) 우승팀이 정규리그에서 치른 총 45게임의 득점 자료를 요약한 것이다. 이 결과를 보고 각 물음에 답하시오.

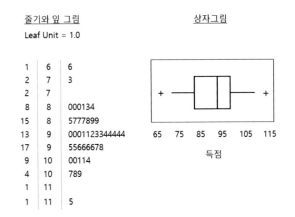

줄기와 잎 그림

Leaf Unit = 1.0

| 1 | 6 | 6 |
| 2 | 7 | 3 |
| 2 | 7 | |
| 8 | 8 | 000134 |
| 15 | 8 | 5777899 |
| 13 | 9 | 0001123344444 |
| 17 | 9 | 55666678 |
| 9 | 10 | 00114 |
| 4 | 10 | 789 |
| 1 | 11 | |
| 1 | 11 | 5 |

상자그림

득점

**통계량**

| $n$ | 평균 | 중앙값 | 표준편차 | 표준오차 | 제1사분위수(Q1) | 제3사분위수(Q3) |
| --- | --- | --- | --- | --- | --- | --- |
| 45 | 92.29 | ( ) | 9.29 | 1.39 | ( ) | 96.50 |

1) 중앙값(median)을 구하고, 그 의미를 설명하시오.

2) 사분위수 범위(inter-quartile range)를 구하고, 그 의미를 설명하시오.

3) 상자 그림으로부터 자료의 치우침(skewness)에 대해 해석하시오.

4) 상자 그림에서 +로 표시된 부분의 의미를 밝히고, 그 값이 +로 표시되는 이유를 구체적으로 설명하시오.

사례분석 3

# 금융의 수도권 집중화 현상

출처 : 셔터스톡

지역경제는 국민경제를 구성하고 있는 지역 단위의 경제를 말하며, 실물 부문과 금융 부문으로 나눌 수 있다. 지역경제의 실물 부문은 효율적인 금융 기능으로 원활해지고 금융 발전 역시 실물경제의 발전으로 촉진되기 때문에 상호 보완적인 선순환의 관계가 성립한다.

그러나 우리나라는 지역경제 내의 실물경제 성장에 따른 금융의 뒷받침이 제대로 이루어지지 못하는 낙후된 지역금융이 수도권과 비수도권 지역 간 불균형을 초래한다고 볼 수 있다. 다시 말해 일반적으로 비수도권 지역은 경제력이 취약하고 저축 수준이 낮아 자금조성 능력에 한계가 있으며, 설혹 조성된 자금이 있어도 지역 내에 재투자되지 못하고 지역 외로 유출되기 때문에 지역의 금융 사정은 지속해서 악화될 수밖에 없다. 이로 인해서 비수도권 실물경제의 주역인 비수도권 기업들은 만성적인 자금난에 시달리게 되며 자연적인 결과로 지역경제는 침체를 거듭하게 되는 것이다.[4]

우리나라 금융의 수도권 지역 집중화 현상은 사례자료 3을 살펴보면 명백하게 드러난다. 특히 서울의 경우 2018년을 기준으로 예금은행 예금이 728조 7,628억 원(전국 대비 52.24%)이며, 예금은행 대출은 607조 3,890억 원(전국 대비 37.96%)이다. 즉 우리나라 금융 활동의 거의 절반이 서울에 집중되어 지방금융의 취약성을 보여주고 있다. 이 책 제4판의 사례분석 결과(2009년 기준으로 예금은행 예금의 서울 비율 53.65%, 예금은행 대출의 서울 비율 43.33%)와 비교해 보면 10년 동안 금융의 서울 편중 현상은 여전히 개선되지 못하는 것으로 나타난다. 또한 지역별(도별)로 살펴보면 예금은행 예금 규모가 가장 큰 경기도는 206조 7,870억 원으로 제주도를 제외하고 예금은행 예금 규모가 가장 작은 충청북도 19조 4,120억 원보다 무려 10.65배 정도 많아 지역별로도 격차가 극심함을 알 수 있다.

지역 간 금융규모의 격차는 실물경제에 대한 지역금융 비중에서도 잘 나타나고 있다. 지역 내 총생산에서 차지하는 예금 비중이 전국은 73.42%인 데 반해 수도권은 99.52%나 되며, 대출금 비중에서도 전국은 84.22%지만 수도권은 105.99%에 이른다. 이런 실물 부문과 금융 부문 간의 괴리 문제는 도별로도 심각하게 나타나고 있는데, 경기도는 총생산액 대비 예금의

---

[4] 참조 : 이만우, 나성섭, 박범조, 노상환(1998). 지역 균형개발 방향과 효율성 제고를 위한 토지공사의 역할, 한국토지공사.

경우 43.64%로 가장 낮은 충청남도 20.91%보다 2.1배나 많으며, 총생산액 대비 대출금의 경우 73.98%로 가장 낮은 전라남도 29.07%보다 2.4배나 된다. 이런 지역 간 차이는 다음 자료의 분석 방법을 통해 쉽게 이해할 수 있을 것이다.

**사례자료 3  지역금융 지표**

| 구분 | 지역 내 총생산<br>(당해 가격) | 예금은행<br>지역별 예금 | 예금은행<br>지역별 대출금 | 총생산액<br>대비 예금 | 총생산액<br>대비 대출금 |
|------|------|------|------|------|------|
| 전국 | 1,900,007 | 1,394,987.3 | 1,600,281 | 0.7342011 | 0.8422501 |
| 서울 | 422,395 | 728,762.8 | 607,389 | 1.7253111 | 1.4379645 |
| 부산 | 89,726 | 80,983.6 | 113,617 | 0.9025656 | 1.2662662 |
| 대구 | 56,669 | 48,437.4 | 74,462 | 0.8547425 | 1.3139812 |
| 인천 | 88,390 | 44,338.0 | 85,661 | 0.5016178 | 0.9691255 |
| 대전 | 39,815 | 24,104.4 | 33,476 | 0.60541 | 0.8407886 |
| 광주 | 41,188 | 30,908.9 | 33,252 | 0.7504346 | 0.8073225 |
| 울산 | 75,636 | 15,886.4 | 27,621 | 0.2100375 | 0.3651832 |
| 세종 | 11,109 | 11,864.7 | 8,352 | 1.0680259 | 0.7518228 |
| 경기 | 473,845 | 206,787.8 | 350,554 | 0.4364039 | 0.7398073 |
| 강원 | 46,982 | 23,680.4 | 19,201 | 0.5040313 | 0.4086884 |
| 충북 | 69,658 | 19,412.9 | 25,029 | 0.2786887 | 0.3593126 |
| 충남 | 117,692 | 24,605.0 | 36,233 | 0.2090626 | 0.3078629 |
| 전북 | 50,968 | 27,566.9 | 29,108 | 0.5408668 | 0.5711034 |
| 전남 | 76,466 | 22,167.1 | 22,229 | 0.2898949 | 0.2907044 |
| 경북 | 109,023 | 32,334.2 | 40,940 | 0.2965815 | 0.3755171 |
| 경남 | 110,536 | 43,841.2 | 76,527 | 0.3966237 | 0.6923265 |
| 제주 | 19,911 | 9,305.7 | 16,634 | 0.4673648 | 0.8354176 |

출처 : 한국은행, 통계청(단위 : 10억 원)

● 수도권과 수도권 외 지역으로 나누어 예금은행 예금에 대한 원 그림표를 그려보자.
● 수도권과 수도권 외 지역으로 나누어 예금은행 예금과 대출금을 동시에 나타낸 막대 그림표를 그려보자.
● 각 변수의 관측값을 수도권과 수도권 외의 지역으로 나누어 평균을 계산하여 비교해 보자.
● 각 변수의 관측값을 수도권과 수도권 외의 지역으로 나누어 분산과 표준편차를 계산하여 비교해 보자.

**사례분석 3**

## 엑셀 그래프와 함수의 사용법을 중심으로

사례자료 3 '지역금융 지표'의 변수이름 및 자료를 입력한 후[5] 표준도구 모음에 있는 **파일**을 선택하고 **다른 이름으로 저장**을 선택한 다음 **파일 이름**은 '사례분석 03'으로 하고 **파일 형식**은 'Microsoft Excel 통합문서'를 선택하면 '통합문서 1'이 '사례분석 03'으로 바뀌면서 그림 1과 같은 엑셀 파일이 만들어진다.

엑셀에서는 특정 셀들의 바탕색을 여러가지 색으로 쉽게 바꿀 수 있다. 이 기능을 이용하여 항목의 이름을 입력한 셀들이 강조되도록 파란색으로 바꿔 보자. 예를 들어 지역 이름이 입력된 A1부터 A19까지 드래그한 상태에서 그림 1의 빨간색 사각형으로 표시된 **채우기 색** 버튼을 클릭한 후 원하는 색을 선택한다.

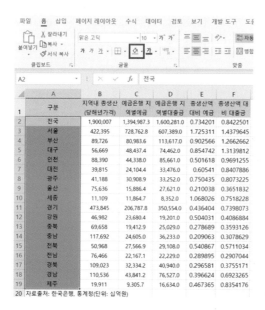

**그림 1** 자료 시트

## 1. 원 그림표 그리기

엑셀은 그래프를 쉽게 그릴 수 있도록 **차트 만들기**를 제공한다는 사실을 제1장에서 살펴보았다. 4단계로 이루어진 차트 마법사를 이용하여 예금은행 예금에 대한 원 그림표를 단계별로 그려보자.

---

[5] 사례분석 0.3xlsx에서 자료를 불러올 수 있으나 엑셀파일 만들기 실습을 위해 자료 입력 과정을 간단히 살펴보자.

**그림 2** 차트 마법사

☞ 원 그림표를 그리기 위해 '원 그림표' 시트를 만들고 수도권 지역 예금과 수도권 외 지역 예금(＝전국 예금－수도권 예금) 자료를 그림 2와 같이 입력한다.

☞ A1셀부터 B2셀까지 드래그한 후 그림 2의 **삽입** 탭 도구 모음에서 파란색 작은 사각형으로 표시된 **모든 차트 보기**를 선택한다. 빨간색 사각형으로 표시된 **원형 차트 삽입** 버튼을 선택하여 바로 만들 수도 있다.

☞ **모든 차트 보기**를 선택하면 그림 3처럼 **차트 삽입** 대화상자가 나타난다. 왼쪽 목록에 나타난 차트 종류 중에 원하는 차트 종류를 선택할 수 있다. 여기서는 **원형**을 선택하고 하위 차트 종류에서 두 번째 위치의 **3차원 원형**을 선택한다.

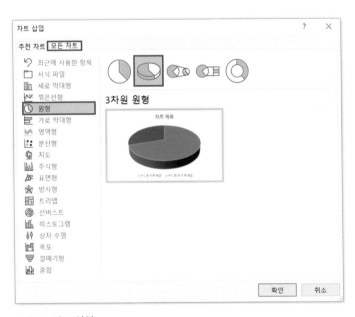

**그림 3** 차트 삽입

☞ **확인** 버튼을 누르면 작업 중인 워크시트에 3차원 원형 차트가 생성된다. 사례분석 1의 **그래프 그리기** 부분에서 설명했던 것처럼 생성된 차트를 클릭하면 제목 표시줄에 추가로 **디자인 도구**가 나타나는데, 이 기능을 사용하여 생성된 차트를 편집할 수 있다.

☞ 예를 들어 **디자인 도구**의 **차트 레이아웃** 기능을 사용하면 **제목, 범례, 데이터 레이블**을 입력

할 수 있다. 차트 제목은 '예금 비교', 범례 표시는 '없음'을 선택한다.

☞ **데이터 레이블**의 경우 그림 4에서처럼 **기타 데이터 레이블 옵션**을 선택하면 그림 5와 같이 **데이터 레이블 서식** 창이 생성되는데, **항목 이름, 값, 지시선 표시**에 체크 후 닫기를 누르면 그림 6과 같은 원 그림표가 완성된다.

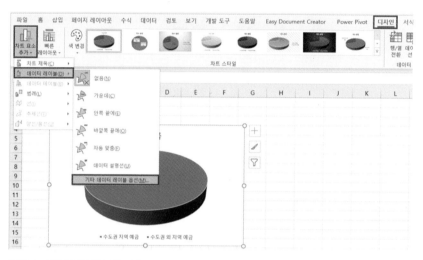

**그림 4** 데이터 레이블 기능 로드

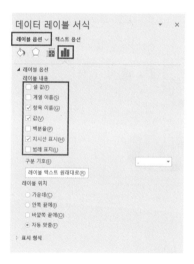

**그림 5** 데이터 레이블 서식

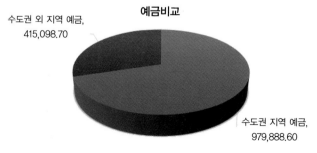

**그림 6** 원 그림표

이 원 그림표를 보면 수도권 지역의 예금 비중이 수도권 외 지역의 예금 비중보다 월등히 높음을 쉽게 알 수 있다.

## 2. 막대 그림표 그리기

이번에는 두 지역의 차이를 보다 자세하게 비교해 볼 수 있는 막대 그림표를 그려보자. '막대 그림표' 시트를 만들고 그림 7과 같이 자료를 입력한 후 원 그림표를 그릴 때와 같은 방법으로 **모든 차트 보기**를 이용하여 막대 그림표를 그릴 수 있다. **차트 삽입** 대화상자에서 **세로 막대형**을 선택하고 하위 메뉴에서 **3차원 세로 막대형**을 선택한 후 **확인** 버튼을 누른다.

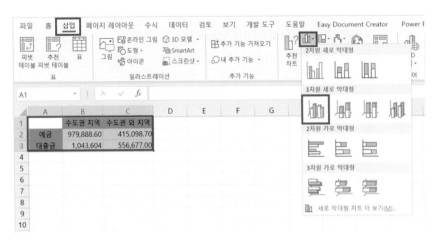

**그림 7** '막대 그림표' 시트

막대 그림표를 보면 예금과 대출금 모두 수도권 지역이 수도권 외 지역보다 월등히 높으며, 금융의 수도권 편중 현상이 심함을 알 수 있다.

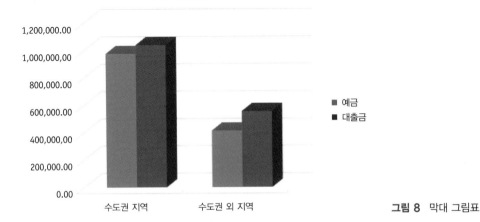

**그림 8** 막대 그림표

## 3. 엑셀함수 사용

제1장 부록 1에서 설명한 것처럼 엑셀함수를 사용하기 위해서는 출력하고자 하는 셀에 등호 (=)를 먼저 입력하고 함수의 이름 및 함수의 인수를 입력한다. 함수의 인수가 여러 개면 그 범위를 입력할 수 있다. 예를 들어 평균을 구하는 함수라면 다음과 같이 사용하면 된다.

$$=AVERAGE(\text{"범위"})$$

예컨대 9개 도의 총생산액 평균을 구한다면 평균값을 출력할 임의의 셀에 =AVERAGE (B11:B19)를 입력하면 된다. 여기서 B11:B19는 범위에 해당한다.

만약 수도권 지역의 총생산액 평균을 구한다면 평균값을 출력할 임의의 셀 B21에서 =AVERAGE(B3,B6,B11)을 그림 9와 같이 입력하면 된다. 그림 1을 보면 B3, B6, B11은 3개 시도의 총생산액이 기록된 셀이다. 같은 방법으로 수도권 외 지역의 평균을 구한다.

## 4. 자동채우기

각 변수에 대한 평균을 구할 때는 엑셀의 **자동채우기** 기능을 사용하면 편리하다. 사용 방법은 자동채우기를 시작할 셀의 오른쪽 하단부에 마우스를 갖다 대면 그림 9처럼 마우스 포인터가 + 모양으로 바뀐다. 이때 마우스의 왼쪽 버튼을 누르면 엑셀 창의 상태 표시줄에 그림 9와 같이 '계열이나 셀을 채우려면 선택 영역의 밖으로 끌고, 지우려면 안쪽으로 끕니다'라는 메시지가 나타난다. 마우스의 왼쪽 버튼을 누른 상태에서 F21셀까지 드래그하면 각 변수에 대한 수도권 지역 평균값이 자동으로 계산된다.

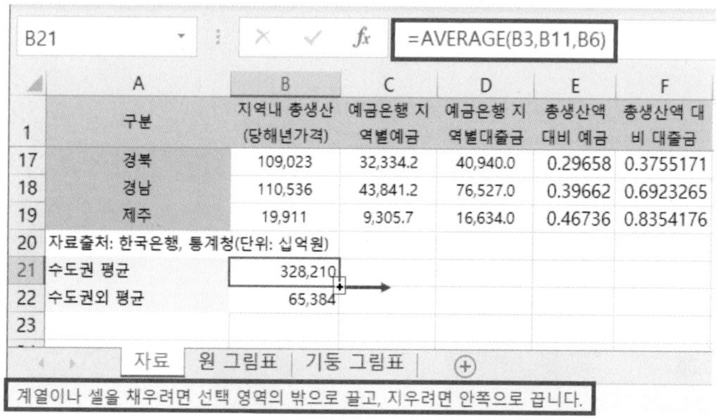

그림 9 자동채우기 기능 사용

## 5. 배열을 이용한 계산

앞에서 같은 연산이나 함수를 반복 사용하기 위해 자동채우기 기능을 사용하였으나 엑셀의 **배열**(array) 기능을 이용하여 계산할 수도 있다. 엑셀에서 배열 출력을 위해 출력 범위를 배열로 먼저 선택하고 수식이나 함수를 배열의 형태로 입력한 후 Crtl+Shift+Enter 키를 함께 누르면 계산 결과를 동시에 얻을 수 있다. 간단한 예로, 5개의 변수에 대한 수도권과 수도권

외 지역의 비율을 계산해 보자. 이 연산으로 5개의 결과가 출력되어야 하므로 출력의 위치는 임의의 셀이 아니라 임의의 범위(배열)가 된다. 따라서 출력의 예상 범위로 그림 10과 같이 B23셀부터 F23셀을 지정하고 수식 입력줄에 수도권과 수도권 외 지역의 비율을 계산하는 식 =B21:F21/B22:F22를 배열 형태로 입력한 후 **Crtl+Shift+Enter** 키를 동시에 누르면 각 변수에 대한 수도권과 수도권 외 지역 비율의 연산 결과가 5개의 셀에 함께 출력된다. 그림 11에서 계산된 결과를 보면 실물변수인 지역 내 총생산의 평균 비율(=수도권 평균/수도권 외 평균)은 5.0이지만 금융변수인 예금과 대출금의 평균 비율은 각각 11.0, 8.7로 수도권과 수도권 외 지역의 시도별 격차가 매우 심함을 알 수 있다.

| SUM | | | × | ✓ | *fx* | =B21:F21/B22:F22 | |
|---|---|---|---|---|---|---|---|

| | A | B | C | D | E | F |
|---|---|---|---|---|---|---|
| 1 | 구분 | 지역내 총생산 (당해년가격) | 예금은행 지역별예금 | 예금은행 지역별대출금 | 총생산액 대비 예금 | 총생산액 대비 대출금 |
| 17 | 경북 | 109,023 | 32,334.2 | 40,940.0 | 0.29658 | 0.3755171 |
| 18 | 경남 | 110,536 | 43,841.2 | 76,527.0 | 0.39662 | 0.6923265 |
| 19 | 제주 | 19,911 | 9,305.7 | 16,634.0 | 0.46736 | 0.8354176 |
| 20 | 자료출처: 한국은행, 통계청(단위: 십억원) | | | | | |
| 21 | 수도권 평균 | 328,210 | 326,630 | 347,868 | 0.8878 | 1.0490 |
| 22 | 수도권외 평균 | 65,384 | 29,650 | 39,763 | 0.5267 | 0.6562 |
| 23 | 수도권/수도권외 비율 | =B21:F21/B22:F22 | | | | |

**그림 10** 배열을 이용한 계산

## 6. 분산과 표준편차 구하기

분산과 표준편차를 계산할 때에는 자료가 표본인지, 모집단인지를 구별해야 함을 본문에서 배웠다. 표본인 경우의 분산과 표준편차를 계산하는 엑셀함수는 각각 다음과 같다.

$$=VAR.S(\text{"범위"})$$
$$=STDEV.S(\text{"범위"})$$

한편, 자료가 모집단인 경우는 표본을 위한 함수 이름의 끝에 알파벳 'P'를 첨자 하여 다음과 같이 사용한다.

$$=VAR.P(\text{"범위"})$$
$$=STDEV.P(\text{"범위"})$$

사례분석에서 사용하는 이 자료는 우리나라 모든 지역의 총생산이 포함되므로 모집단 자료로 간주하고, 총생산액의 모집단 분산을 구하려면 그림 11과 같이 B24셀에 =VAR.P(B3,B11,B6)을 입력하고 **Enter** 키를 누르면 된다. 다른 변수들에 대해서는 자동채우기 기능을 이용하면 각각의 분산을 간단히 계산할 수 있다. 표준편차는 **STDEV.P** 함수를 사용하여 같은 방법으로 계산할 수 있다. 아니면 제곱근을 계산하는 **SQRT** 함수를 이용하여 분산 값의 제곱근 값을 계산하여 표준편차를 구할 수도 있다. 그림 11은 표준편차까지 계산한 결과를 보여준다.

| B24 | | | $\times$ $\checkmark$ $f_x$ | =VAR.P(B3,B11,B6) | | |
|---|---|---|---|---|---|---|

| | A | B | C | D | E | F |
|---|---|---|---|---|---|---|
| 1 | 구분 | 지역내 총생산 (당해년가격) | 예금은행 지역별예금 | 예금은행 지역별대출금 | 총생산액 대비 예금 | 총생산액 대비 대출금 |
| 20 | 자료출처: 한국은행, 통계청(단위: 십억원) | | | | | |
| 21 | 수도권 평균 | 328,210 | 326,630 | 347,868 | 0.8878 | 1.0490 |
| 22 | 수도권외 평균 | 65,384 | 29,650 | 39,763 | 0.5267 | 0.6562 |
| 23 | 수도권/수도권외 비율 | 5.019713146 | 11.016205 | 8.74855079 | 1.685426 | 1.59863322 |
| 24 | 수도권 분산 | 29197999950 | 8.5254E+10 | 4.537E+10 | 0.35144 | 0.08442447 |
| 25 | 수도권외 분산 | 1028078712 | 312493005 | 773976988 | 0.070788 | 0.10567004 |
| 26 | 수도권 표준편차 | 170874.2226 | 291982.714 | 213003.032 | 0.592824 | 0.29055889 |
| 27 | 수도권외 표준편차 | 32063.66655 | 17677.4717 | 27820.4419 | 0.266061 | 0.32506929 |

그림 11 분산계산을 위한 엑셀함수

**사례분석 3**

# 그래프와 R 함수 사용법을 중심으로

## 1. 자료 입력과 객체 정의

사례분석을 진행하기 위해 📄 사례분석03.txt에 텍스트 형식으로 저장된 자료를 R에 입력하고 수도권과 수도권 외 지역을 구분하여 자료를 metro와 nonmetro 객체에 각각 할당한다.

```
data=read.table("C:/Users/경영경제통계학/사례분석03.txt", header=T) # 자료 입력
data # 자료 확인
rownames(data)=data[,1] # 행 이름을 '구분' 열(첫 번째 열)의 문자로 변환
data=data[,-1] # '구분' 열(첫 번째 열)을 제외한 나머지 모든 자료를 data에 재할당
metro=data[c("서울","인천","경기"),] # 수도권 자료 추출
nonmetro=data[c("부산","대구","대전","광주","울산","세종","강원","충북",
  "충남","전북","전남","경북","경남","제주"),] # 수도권 외 자료 추출
```

**코드 1** 자료 입력 및 확인

```
Console ~/
> financial_Table
     metro_fin nonmetro_fin
[1,]  979888.6     415098.8
[2,] 1043604.0     556681.0
>
```

**그림 12** 자료 입력

다음에 원 그림표를 그리기 위해서 financial_Table에 수도권과 수도권 외 지역에 대한 예금과 대출 금액의 합계를 계산하여 할당하였으며, 이 테이블의 각 행과 열의 이름을 재설정하였다.

```
# 수도권 지역과 이외 지역의 예금 및 대출 계산
metro_fin=c(sum(metro[,2]), sum(metro[,3])) # 수도권 지역 예금과 대출 벡터
nonmetro_fin=c(sum(nonmetro[,2]), sum(nonmetro[,3])) # 수도권 외 지역 예금과 대출 벡터
financial_Table=cbind(metro_fin, nonmetro_fin) # 열 병합
rownames(financial_Table)=c("예금","대출금") # 행 이름 정의
colnames(financial_Table)=c("수도권 지역","수도권 외 지역") # 열 이름 정의
financial_Table # 데이터 확인
```

**코드 2** 수도권 지역과 이외 지역의 예금 및 대출 계산과 행, 열 이름 정의

```
Console ~/ ⤢
> financial_Table
        수도권 지역 수도권 외 지역
예금    979888.6      415098.8
대출금  1043604.0      556681.0
>
```

**그림 13** 테이블의 각 행과 열의 이름 재설정

## 2. 원 그림표 그리기

앞에서 정의한 자료 테이블을 이용하여 원 그림표를 그려보자. R에서 원 그림표를 그리기 위해서는 **pie()** 함수를 이용하며, 다음 그림처럼 수도권과 수도권 외 지역의 예금 차이를 시각적으로 쉽게 확인할 수 있다.

pie(financial_Table[1,], main = "예금비교")

**코드 3** pie() 함수

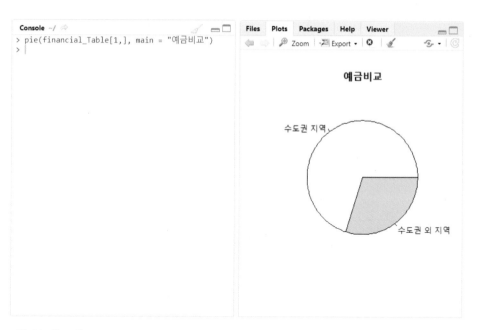

**그림 14** 원 그림표

## 3. 막대 그림표 그리기

R에서 barplot() 함수를 사용하여 막대 그림표를 그릴 수 있다. barplot() 함수의 대부분 인수는 plot() 함수와 동일하나, 막대 그림을 컨트롤하기 위해 몇 가지 추가 인수를 입력해야 한다. 예를 들어 **beside**는 논리 인수로 막대를 병렬로 표현할 경우 TRUE, 막대를 쌓아서 표현할 경우 FALSE를 입력한다.

```
barplot(financial_Table, # 자료 입력
        beside=T, # 막대 병렬 입력
        col=c("blue","red"), # 병렬 막대의 색상 입력
        legend=rownames(financial_Table)) # 범례 입력
```

**코드 4  barplot() 함수**

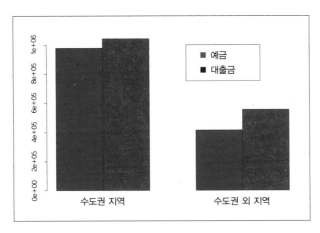

**그림 15**  막대 그림표

## 4. R 함수와 루핑 사용

R에 내장된 함수와 루핑 구문을 이용하여 평균, 분산, 표준편차를 구하고 수도권과 수도권 외의 지역으로 나누어 비교해 보자.

```
# 수도권과 수도권 외 지역의 각 변수 평균 구하기
colMeans(metro) # 각 열의 평균
colMeans(nonmetro) # 각 열의 평균
# 수도권과 수도권 외 지역의 평균비율 구하기
colMeans(metro)/colMeans(nonmetro)
# 수도권과 수도권 외 지역의 분산 구하기
colVar = function(data) # 각 열의 분산을 계산하기 위한 colVar 함수 만들기
{
  dat=c()
  for(i in 1:ncol(data)) {
    n=nrow(data) # 행의 개수 (표본크기)
    dat=c(dat,((n-1)/n)*var(data[,i])) # 모분산 계산 후 dat객체에 추가
  }
  dat=matrix(dat, nrow=1) # dat객체 matrix로 전환
  colnames(dat)=colnames(data) # 열 이름 붙이기
```

```
    return(dat) # dat를 최종 함숫값으로 출력
}
colVar(metro) # 모분산 계산
colVar(nonmetro)
sqrt(colVar(metro)) # 모표준편차 계산
sqrt(colVar(nonmetro))
```

**코드 5** 수도권과 수도권 외 지역의 평균, 분산, 표준편차 계산

행렬 형태의 자료에서 각 열의 평균을 계산하기 위해 사용되는 함수는 colMeans(), 데이터 프레임이나 행렬의 행(혹은 열)의 개수를 계산하기 위해 사용하는 함수는 nrow()(혹은 ncol()), 그리고 제곱근을 계산해주는 함수는 sqrt()이다.

한편 R에서도 다른 프로그래밍 언어와 같이 사용자가 필요한 함수를 만들어 사용할 수 있으며, 새로운 함수를 만들 때 사용하는 명령어가 바로 function()이다. 즉, R에서 사용자 정의 함수의 형식은 다음과 같이 **이름**(name), **함수**(function), **인수**(argument), **몸체**(body)의 네 부분으로 구성되어 있다.

〈 function 형식 〉

name<−function(argument_1, ⋯, argument_k) { body }

- **name** : 함수의 이름을 나타내며, 함수 이름의 생성 규칙은 객체의 이름과 같은 식별자를 만드는 규칙과 같다. 또한 정확하게 반복 사용할 수 있도록 함수의 이름은 간결하면서 함수의 특성을 잘 나타내도록 정의하는 것이 좋다.
- **function** : 함수를 호출하는 명령어를 나타내며, 함수에 사용될 인수와 해당 인수를 포함하고 있는 표현식의 집합체인 몸체를 결합하여 하나의 함수를 구성한다.
- **argument** : 지금까지 사용했던 다양한 내장함수들과 마찬가지로, 사용자 정의 함수에 사용되는 인수는 함수의 값을 결정하는 변수이며, 매개변수라고도 한다. 함수의 정의 과정에서 인수는 하나 혹은 그 이상이 사용될 수도 있으며, 경우에 따라 사용하지 않을 수도 있다.
- **body** : 함수의 기능을 직접 기술한 표현식으로, 여러 개의 표현식이 필요한 경우 중괄호 { } 연산자로 묶어 사용할 수 있다.

각 열의 분산을 계산하기 위한 사용자 정의 함수 colVar 함수의 코드를 살펴보면 다음과 같다. 우선 사용자가 원하는 자료가 저장될 객체를 공집합으로 생성하기 위해 dat=c()를 입력한다. 그리고 자료의 각 열마다 모분산이 계산되어야 하므로 실행문이 열의 개수만큼 반복

되도록 for 구문을 이용한다. 여기서 모분산식이 ((n-1)/n)*var(data[,i])로 표현된 이유는 R에서 제공하는 **var()**는 표본분산을 계산하기 때문에 (n-1)/n을 곱하여 모분산으로 조정하기 위함이다. 계산된 모분산이 저장된 객체 **dat**은 벡터 형식이므로 각 원소에 이름을 부여해주기 위해 행이 1인 행렬(matrix)로 전환한 후 열의 이름을 **data**와 동일하게 입력한다. 그리고 다시 이를 **dat** 객체에 할당한 후 마지막에 **return**(출력)한다. 이처럼 사용자 정의 함수를 만들어 놓으면 R의 내장함수처럼 사용자가 원할 때 언제나 다시 사용할 수 있다.

```
Console ~/
> # 수도권 내외 평균 구하기
> colMeans(metro)
  지역내.총생산.당해년가격.   예금은행.지역별예금   예금은행.지역별대출금     총생산액.대비.예금   총생산액.대비.대출금
           3.282100e+05           3.266295e+05           3.478680e+05           8.877776e-01           1.048966e+00
> colMeans(nonmetro)
  지역내.총생산.당해년가격.   예금은행.지역별예금   예금은행.지역별대출금     총생산액.대비.예금   총생산액.대비.대출금
           6.538421e+04           2.964991e+04           3.976293e+04           5.267379e-01           6.561641e-01
>
> # 평균값 수도권 비율 구하기
> colMeans(metro)/colMeans(nonmetro)
  지역내.총생산.당해년가격.   예금은행.지역별예금   예금은행.지역별대출금     총생산액.대비.예금   총생산액.대비.대출금
                5.019713              11.016205               8.748551               1.685426               1.598633
> |
```

**그림 16** 수도권과 수도권 외 지역의 평균과 비율

```
Console ~/
> # 수도권 내외 분산 구하기
> # 열 모분산 함수 구축
> colVar = function( data ) {
+   dat = c()
+   for( i in 1:ncol(data)) {
+     n = nrow(data)
+     dat = c(dat,((n-1)/n)*var(data[,i]))
+   }
+   dat = matrix(dat, nrow = 1)
+   colnames(dat) = colnames(data)
+   return(dat)
+ }
>
> colVar(metro)
     지역내.총생산.당해년가격.   예금은행.지역별예금  예금은행.지역별대출금  총생산액.대비.예금  총생산액.대비.대출금
[1,]                 2.9198e+10          85253905000           45370291629             0.35144            0.08442447
> colVar(nonmetro)
     지역내.총생산.당해년가격.   예금은행.지역별예금  예금은행.지역별대출금  총생산액.대비.예금  총생산액.대비.대출금
[1,]                 1028078712            312493005             773976988          0.07078839               0.10567
>
> # 수도권 내외 표준편차 구하기
> sqrt(colVar(metro))
     지역내.총생산.당해년가격.   예금은행.지역별예금  예금은행.지역별대출금  총생산액.대비.예금  총생산액.대비.대출금
[1,]                   170874.2             291982.7                213003           0.5928238             0.2905589
> sqrt(colVar(nonmetro))
     지역내.총생산.당해년가격.   예금은행.지역별예금  예금은행.지역별대출금  총생산액.대비.예금  총생산액.대비.대출금
[1,]                   32063.67             17677.47              27820.44           0.2660609             0.3250693
> |
```

**그림 17** 수도권과 수도권 외 지역의 분산과 표준편차

그림 16과 17은 코드 5를 진행한 결과이다. 이 사례분석에서 알 수 있듯이 R의 강점 중 하나는 사용자가 분석에 필요한 함수를 간단하고 효율적으로 구현할 수 있다는 점이다.

# 가능성과 확률분포

# 4

# 가능성과 법칙

가능성의 개념은 일상생활에 광범위하게 적용되고 경영·경제 분야에서도 다양하게 이용된다. 이는 우리가 불확실한 세상에서 살고 있기 때문이다. 과거에 인간은 푸른 하늘을 날고 싶어 했던 욕망 이상으로 불확실한 상황에서도 어떤 사건이 발생할 가능성의 정도를 파악할 수 있는 능력에 대한 욕구가 있었으며, 이를 충족시키려는 방법의 하나로 가능성(chance)을 표현할 수 있는 언어인 확률 (probability)이론을 발전시켜 왔다.

"카드게임에서 풀하우스를 잡을 가능성은 얼마인가?", "오늘 비가 올 가능성은 얼마인가?" 하는 일상생활의 문제부터 "벤처기업을 창업하였을 때 성공할 가능성은 얼마인가?", "100만 원을 주식에 투자하였을 때 10만 원 이상의 이익을 얻을 가능성은 얼마인가?",

출처 : 셔터스톡

"1년 후에 부동산 가격이 올라갈 가능성은 얼마인가?"와 같은 경영·경제와 관련된 문제들까지, 불확실한 상황에서 현명한 결정을 내리기 위해서는 가능성의 정도에 대한 과학적인 분석, 가능성의 정도를 정확하게 표현할 수 있는 개념과 도구가 필요하며 이를 확률이라고 한다. 즉 확률은 불확실한 사건의 발생 가능성에 대한 우리의 신념을 숫자로 표현한 것이다. 어떤 사건이 발생할 가능성이 전혀 없는 경우는 0의 확률, 어떤 사건이 틀림없이 발생할 경우는 1의 확률로 표현될 수 있다. 이러한 확률의 개념을 통계적으로 설명하기 위해서는 먼저 집합 (set)에 대한 이해가 필요하다.

## 제1절 집합의 기본 개념

개념이 정확하게 정의된 원소(element)들의 모임을 집합이라고 하는데, 집합은 그 속에 포함되는 원소에 대한 정확한 개념적 정의가 이루어져야 한다. {D기업 중견 사원들의 모임}으로 집합을 정의한다면 중견 사원에 대한 개념이 모호하여 어떤 사원이 이 모임에 속하는지 명확하지 않으므로 정확한 집합을 설정하지 못하게 된다. 반면에 {D기업에서 15년 이상 근무한 사원들의 모임}이라고 하면 어떤 사원이 포함되는지 정확하게 판단될 수 있을 것이다. 이때 정확하게 정의된 원소들의 모임이 존재하게 되어 하나의 집합이 형성되는 것이다.

> **집합**은 개념이 정확하게 정의된 원소들의 모임이다. 집합에서 원소들의 개수를 정확하게 셀 수 있는 집합을 **유한집합**, 원소들의 개수가 무한하거나 셀 수 없는 집합을 **무한집합**이라고 한다.

주사위를 던지면 나올 수 있는 수의 모임은 {1, 2, 3, 4, 5, 6}으로 원소의 개수를 셀 수 있으므로 유한집합이 된다. 반면에 양의 정수의 모임은 {1, 2, 3, 4, 5, 6,…}으로 원소의 개수가 무한하므로 무한집합이 된다.

> **공집합**은 원소가 1개도 없는 집합으로 $\phi$ 혹은 { }으로 표현한다. 한편 **전체집합**은 특정한 대상이 되는 모든 가능한 원소들의 모임이다. 또한 전체집합의 원소 중 집합 $A$에 속하지 않는 원소들의 모임을 집합 $A$의 **여집합**이라고 하며 $\overline{A}$ 혹은 $A'$로 표현한다.
>
> $$\overline{A} = \{전체집합\ S에서\ 집합\ A에\ 포함되지\ 않는\ 원소\}$$

D기업에 속하는 사원들의 모임을 전체집합 $S$라 하고 여자 사원들의 모임을 집합 $W$라 하면, $W$의 여집합 $\overline{W}$는 전체집합 $S$에서 여자 사원들을 제외한 남자 사원들의 모임이 될 것이다. 따라서 $\overline{W} = \{D기업에\ 속하는\ 남자\ 사원\}$이다.

동일한 전체집합(S)을 갖는 집합 A와 집합 B가 있다고 하자. 즉 A와 B는 S의 부분집합이다. A와 B의 **교집합**은 A와 B에 모두 속하는 원소들의 모임이며 $A \cap B$로 표현한다.

$$A \cap B = \{집합\ A와\ 집합\ B의\ 공통원소\}$$

A와 B의 **합집합**은 A 혹은 B 어느 한 집합에라도 속하는 원소들의 모임이며 $A \cup B$로 표현한다.

$$A \cup B = \{집합\ A\ 또는\ 집합\ B에\ 속하는\ 원소\}$$

D기업에 속하는 사원의 모임을 전체집합 S라 하고 A는 D기업에 속하는 여자 사원의 모임, B는 D기업에 속하는 부장 이상의 사원이라고 하자. 그러면 A와 B의 교집합은 D기업에 속하는 부장 이상 여자 사원들의 모임이 되며, A와 B의 합집합은 D기업에 속하는 여자 사원 또는 부장 이상 사원들의 모임이 된다. 이 집합들의 관계는 벤다이어그램을 그려보면 쉽게 이해할 수 있다.

집합 A와 집합 B에 공통으로 속하는 원소가 하나도 존재하지 않는 특수한 경우가 있을 수도 있다. 예를 들면 집합 A는 D기업에 속하는 여자 사원들의 모임이고 집합 B는 D기업에 속하는 남자 사원들의 모임이라면 A와 B에 모두 속하는 사원은 한 명도 없게 된다. 이 경우 $A \cap B$에 해당하는 원소는 하나도 없으므로 $A \cap B = \phi$가 된다. 이처럼 두 집합에 동시에 속하는 원소가 하나도 없는 경우 두 집합은 서로 배타적(mutually exclusive)이라고 한다.

또 다른 특수한 경우로 집합 A 혹은 집합 B 중 어느 한 집합에라도 속하는 원소들의 모임

$A \cap B$가 공집합일 때 집합 A와 집합 B는 **서로 배타적인 집합**이라고 한다.
$A \cup B$가 전체집합일 때 집합 A와 집합 B는 **전체를 포괄하는**(혹은 **총체적으로 망라된**) 집합이라고 한다.

**그림 4-1**

벤다이어그램

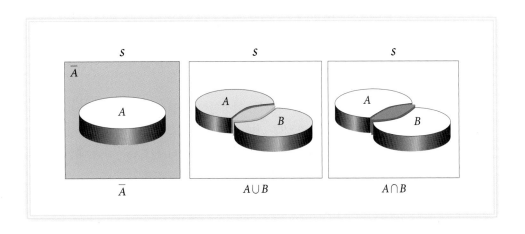

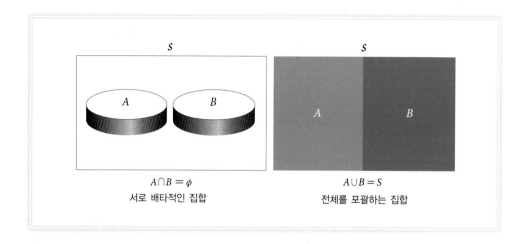

$A \cap B = \phi$
서로 배타적인 집합

$A \cup B = S$
전체를 포괄하는 집합

은 전체집합 $S$와 같을 수 있다. 앞의 예에서 집합 $A$와 집합 $B$의 합집합은 D기업에 속하는 여자 사원과 남자 사원의 모임이 되어 D기업에 속하는 모든 사원의 모임인 $S$와 같다. 이처럼 두 집합 중 어느 한 집합에라도 속하는 원소들의 모임이 전체집합과 일치할 때, 이 두 집합은 전체를 포괄하는[혹은 총체적으로 망라된(collectively exhaustive)] 집합이라고 한다.

어떤 집합과 그 여집합은 언제나 서로 배타적이며 동시에 전체를 포괄하는 집합이다.

# 제2절 확률의 기본 개념

### 1. 임의실험

앞에서 다룬 집합의 기본 개념은 확률이론을 이해하기 위한 기초가 되는데, 이들의 관계를 설명하기 위해서 먼저 임의실험(random experiment)을 정의할 필요가 있다. 주사위를 던지는 실험은 적어도 여섯 가지의 가능한 결과 1, 2, 3, 4, 5, 6 중에서 어떤 한 숫자가 임의로 결정된다. 이처럼 두 가지 이상의 가능한 결과 중 하나가 임의로 결정되는 과정을 임의실험이라고 한다. 그리고 한 번의 임의실험으로 얻게 되는 결과를 기본 요소(basic outcome)라고 하며, $i$번째 기본 요소는 $o_i$로 표현하고 임의실험으로 얻게 되는 특정 결과의 모임을 사건 또는 사상(event, $E$)이라고 한다. 기본 요소는 집합이론의 원소에 해당하며 사건은 집합이론의 집합에 해당하는 개념이다.

임의실험과 기본 요소에 대한 일반적인 예를 들어보면 다음과 같다.

- 경영통계학을 수강하는 학생이 얻게 될 성적과 기본 요소 : {A, B, C, D, F}
- T사 전기차의 하루 판매량과 기본 요소 : {0, 1, 2, 3, 4, … }
- 코카콜라와 펩시콜라 중 어떤 것을 더 선호하는지에 대한 소비자 조사와 기본 요소 : {코카콜라 선호, 펩시콜라 선호, 선호도 동일}
- 종합주가지수의 변화에 대한 일별 관측과 기본 요소 : {증가, 감소, 변화 없음}

주사위를 던지는 임의실험에서 $o_1=\{1\}$, $o_2=\{2\}$, …, $o_6=\{6\}$은 각각 기본 요소에 해당하며 주사위를 던져서 짝수가 나오는 사건을 고려한다면 이 사건($E$)은 $\{2\}$, $\{4\}$, $\{6\}$의 기본 요소들로 이루어진다. 즉 $E=\{2, 4, 6\}$이다. 다른 예로, 통계학을 수강하는 학생이 과목을 통과하는 학점을 받는 사건을 정의하자. 그러면 이 사건($E$)은 통계학을 수강하는 학생이 F를 받지 않을 사건과 같아 $\{A\}$, $\{B\}$, $\{C\}$, $\{D\}$의 기본 요소들로 이루어진다.

> **임의실험**이란 두 가지 이상의 가능한 결과 중 하나가 임의로 결정되는 과정이다. **기본요소**는 한 번의 임의실험으로 얻게 되는 결과이며, **사건** 또는 **사상**은 임의실험으로 얻게 되는 특정 결과들의 모임이다.

임의실험에서 발생할 수 있는 모든 기본 요소의 집합을 표본공간(sample space, $\Omega$)이라고 한다. 주사위를 던지는 임의실험에서 표본공간($\Omega$)은 $\{1, 2, 3, 4, 5, 6\}$이며 종합주가지수 변화를 일별로 관측하는 임의실험에서 표본공간($\Omega$)은 $\{$증가, 감소, 변화 없음$\}$이 된다.

## 2. 확률

확률은 상대도수(relative frequency)에 의한 해석과 주관적(subjective) 해석으로 구별될 수 있으나 통계학에서 다루는 확률이론은 상대도수에 의한 확률에 기초한다. 동일한 임의실험을 계속 반복하며 앞의 임의실험에서 얻은 결과가 현재의 임의실험 결과에 전혀 영향을 주지 않는다고 가정하자. 만약 $N$번의 임의실험이 실행되고 이 중에 사건 $A$가 발생할 횟수를 $N_A$라 하면 $A$가 발생할 비율은 다음과 같다.

$$N\text{번의 임의실험에서 } A\text{가 발생할 비율}=\frac{N_A}{N}$$

이때 $A$의 발생비율이 상대도수의 개념에 해당된다. 임의실험이 무한히 반복되어 $N$이 무한대에 가까워지면 $A$의 발생비율은 일정한 값에 접근하게 되어 마치 상수와 같이 결정되며, 이 비율이 확률로 정의될 수 있다.

> **사건 A의 발생확률**
>
> $$P(A)=\frac{N_A}{N_\Omega}$$
>
> $N_A$ : 사건 A에 포함되는 기본 요소들의 수
> $N_\Omega$ : 표본공간 $\Omega$에 포함되는 기본 요소들의 수

예를 들어 주사위를 던지는 임의실험에서 5가 나올 확률은 주사위를 무수히 던졌을 때 5가

나올 가능성의 비율인 6분의 1이며, 5가 6개의 가능한 기본 요소 중 하나라는 의미에서 6분의 1이 되는 것은 아니다. 소비자에게 코카콜라와 펩시콜라 상표 중 어느 것을 더 선호하는지를 물어보는 임의실험에서 한 소비자가 코카콜라 상표를 선호한다고 대답할 확률을 3분의 1이라고 할 수 없는 것은 바로 이런 이유 때문이다. 즉 코카콜라 선호라는 기본 요소가 표본공간 $\Omega=$ {코카콜라 선호, 펩시콜라 선호, 선호도 동일}에서 차지하는 비율은 3분의 1이지만, 무수히 많은 소비자를 대상으로 선호도를 조사하였을 때 소비자들이 코카콜라를 더 많이 선호한다면 임의실험에서 코카콜라를 선호한다고 대답하는 소비자 수($N_A$)가 전체 소비자 수($N_\Omega$)의 3분의 1보다 더 크기 때문이다.

## 제3절 확률의 기본공리와 법칙

### 1. 확률의 공리

앞에서 논의한 확률은 다음과 같은 세 가지 특징을 가지며, 이 세 가지 특징을 확률의 공리 (postulates)라고 한다. 사건 $A$가 발생할 확률을 $P(A)$로 하고 사건 $A$가 발생하지 않을 확률은 $P(\overline{A})$라고 하자.

---

**확률의 공리**

1. 어떤 사건에 대해서도 $P(A)$는 다음을 만족한다.
$$0 \leq P(A) \leq 1$$

2. $P(\Omega)=1$, $P(\phi)=0$

3. $P(\overline{A})=1-P(A)$

---

첫 번째 공리는 단순히 확률이 0과 1 사이의 값을 취하게 됨을 의미한다. 두 번째 공리에서 표본공간은 발생 가능한 모든 기본 요소를 포함하므로 표본공간의 확률은 $P(\Omega)=N_\Omega/N_\Omega=1$

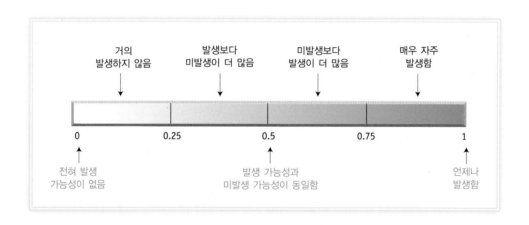

**그림 4-3**

**발생확률**

이 되며, $\phi$는 어떤 기본 요소도 발생하지 않는 경우이므로 임의실험에서 아무 결과도 나오지 않을 확률 $P(\phi)=N_\phi/N_\Omega=0/N_\Omega=0$이 됨을 의미한다. 세 번째 공리에서 어떤 사건 $A$가 일어나지 않을 확률은 1에서 사건 $A$가 일어날 확률을 뺀 값과 같음을 의미한다. 예를 들어 내일 대미환율이 상승할 확률이 0.4라면 내일 대미환율이 상승하지 않을 확률은 $1-0.4=0.6$이 될 것이다.

## 2. 확률의 법칙

확률의 공리에 이어 확률과 관련된 법칙 중 가장 기본이 되는 확률의 덧셈법칙(addition rule of probabilities)에 대하여 설명하기로 하자.

---

**확률의 덧셈법칙**

$$P(A\cup B)=P(A)+P(B)-P(A\cap B)$$

---

여기서 사건 $A$와 사건 $B$의 교집합 확률 $P(A\cap B)$는 사건 $A$와 사건 $B$의 결합확률(joint probability)을 의미한다. 따라서 사건 $A$와 사건 $B$의 합집합 확률은 사건 $A$가 발생할 확률과 사건 $B$가 발생할 확률의 합에서 이 사건들의 결합확률을 뺀 확률이 된다. 주사위를 던지는 임의실험에서 다음 두 가지 사건을 고려하자.

- 사건 A : 관측된 값이 짝수일 경우
- 사건 B : 관측된 값이 3보다 크거나 같을 경우

이 실험에서 관측값이 사건 $A$ 또는 사건 $B$에 속하게 될 확률은 확률의 덧셈법칙에 의해서 구할 수 있다. $A=\{2, 4, 6\}$, $B=\{3, 4, 5, 6\}$, $A\cap B=\{4, 6\}$이므로 $P(A)=\dfrac{3}{6}$, $P(B)=\dfrac{4}{6}$, $P(A\cap B)=\dfrac{2}{6}$가 된다. 따라서 확률은 다음과 같다.

$$P(A\cup B)=P(A)+P(B)-P(A\cap B)=\frac{3}{6}+\frac{4}{6}-\frac{2}{6}=\frac{5}{6}$$

**예 4-1 ▶**

즉석 떡볶이를 파는 어떤 가게에서 손님의 75%가 라면 사리를 추가하고 80%가 만두 사리를 추가하며, 65%가 라면 사리와 만두 사리를 모두 추가한다는 사실을 알았다. 어떤 손님이 떡볶이를 주문하면서 라면 사리나 만두 사리 중 적어도 하나를 추가할 확률은 얼마인가?

**답**

사건 $A$를 '라면 사리 추가', 사건 $B$를 '만두 사리 추가'라고 하자. 그러면 $P(A)=0.75$,

$P(B)=0.80$, $P(A \cap B)=0.65$이므로 확률의 덧셈법칙을 이용하면 사건 $A$ 또는 사건 $B$의 발생확률 $P(A \cup B)$를 계산할 수 있다.

$$P(A \cup B)=P(A)+P(B)-P(A \cap B)=0.75+0.80-0.65=0.90$$

사건 $A$와 사건 $B$가 동시에 발생할 수 없는 경우 이 두 사건의 교집합은 공집합이며, 이때의 확률은 0이 되는데 이런 사건 $A$와 사건 $B$를 서로 배타적인 사건이라고 한다.

사건 $A$와 사건 $B$가 서로 배타적일 때 $P(A \cap B)=0$이며 **확률의 덧셈법칙**은 다음과 같다.

$$P(A \cup B)=P(A)+P(B)$$

불확실성의 정도를 측정하는 확률은 알고 있는 정보에 의해 영향을 받게 된다. 즉 '내일은 삼성전자의 주가가 상승할 것이다'라는 사건이 발생할 확률은 삼성전자 회사의 명성, 경영성과 및 최근 주식시장의 동향 등 우리가 알고 있는 정보에 의존하여 결정된다. 따라서 이 사건이 발생할 확률은 정보 집합에 의존하는 조건부확률(conditional probability)이라고 볼 수 있다. 우리가 위의 사건이 발생할 확률을 정할 때 삼성전자에 대한 정보가 없는 경우와 삼성전자에 대한 충분한 정보를 가지고 있는 경우가 각각 다를 것이다.

위의 사건을 $A$라 하고 우리가 알고 있는 정보를 이용하여 $A$의 발생확률을 0.6으로 정했다고 가정하자. 그런데 '삼성전자가 새로운 반도체를 세계 최초로 개발하여 막대한 개발이익이 예상된다.'라는 사건 $B$의 발생으로 삼성전자와 관련한 추가적인 정보를 얻게 되었다면 사건 $B$로 인하여 표본공간이 변화되면서 사건 $A$의 발생확률은 더욱 높아진다. 이처럼 사건 $B$가 발생하였다는 조건하에 사건 $A$가 일어날 확률을 조건부확률이라고 한다.

 **통계의 이해와 활용**

### 어떤 선택을 할 것인가?

톨스토이가 "인생은 선택의 연속이다."라고 말했듯 우리는 세상을 살아가면서 수많은 선택을 해야 한다. 더욱이 그 대가가 크면 클수록 선택의 중요성은 더 커지게 되고, 선택의 갈림길에서 우리는 좀 더 나은 결정을 하기 위해 다양한 확률을 고려한다. 이번 장에서는 이와 관련된 흥미로운 사례로 '몬티 홀 문제'를 소개한다.

몬티 홀 문제는 미국 TV쇼인 'Let's make a deal'에서 유래한 것으로, 진행자 몬티 홀(Monty Hall)의 이름을 따서 지어졌다. 이 TV쇼의 내용은 다음과 같다.

3개의 문이 있다. 그중 하나의 문 뒤에는 고급 승용차가 있고 나머지 2개의 문 뒤에는 염소가 있는데, 문을 한 번 열어 고급 승용차를 찾아내면 상품으로 받을 수 있다. 이때 진행자는 도전자가 하나의

출처 : 위키피디아

문을 선택하면 남은 2개의 문 중 염소가 있는 문 하나를 열어 주겠다고 제안한다. 게임의 규칙대로 도전자는 하나의 문을 선택하고, 진행자는 남은 2개의 문 중에서 염소가 들어 있는 문 하나를 열어 준다. 그리고 이렇게 말한다. "원하면 선택을 바꾸어도 됩니다."

고급 승용차를 얻기 위해서는 원래 선택을 고수하는 편이 나을까? 혹은 선택을 바꾸는 편이 나을까? 여러분은 어떤 선택을 하겠는가?

여기서 세 가지 경우를 고려해 볼 수 있다.

1. 선택을 바꾸지 않는다.
2. 선택을 바꾼다.
3. 남은 문은 2개뿐이기 때문에 선택을 바꾸거나 바꾸지 않거나 확률은 50:50으로 같으며 선택의 옵션은 무의미하다.

정답은 무엇일까? 선택을 바꾸는 것이다. 이유가 무엇인가? 문제를 풀다가 헷갈리면 무조건 처음 선택한 것이 답이라는 신념을 갖고 있거나 왠지 진행자가 제안한 선택의 옵션은 무의미할 것 같다는 생각이 든다면 이 정답이 의아할 수 있다. 하지만 여러분이 조건부확률의 개념을 이해하고 있다면 이 게임에서 선택을 바꾸는 것이 왜 유리한지 알 수 있다.

출연자가 첫 번째 문(1번 문)을 선택했다고 가정하고 문제를 풀어 보자. 이때 진행자는 염소가 있는 문을 하나 열어 주어야 하므로, 2번 문을 열어 염소를 보여주었다고 하자. 그러면 자동차는 2번 문을 제외한 1번 문 또는 3번 문에 있다. 진행자가 2번 문을 열었을 때 1번 문에 자동차가 존재할 확률은 다음과 같이 나타낼 수 있다.

$$P(\text{1번 문 자동차} \mid \text{진행자 2번 문}) = \frac{P(\text{진행자 2번 문} \mid \text{1번 문 자동차}) \cdot P(\text{1번 문 자동차})}{P(\text{진행자 2번 문})}$$

$$= \frac{(1/2) \times (1/3)}{(1/2)} = \frac{1}{3}$$

여기서 $P$(진행자 2번 문 | 1번 문 자동차)는 1/2(1번 문에 자동차가 있으면 진행자는 2번 문 혹은 3번 문을 열 수 있으므로), $P$(1번 문 자동차)는 단순히 1번 문에 자동차가 있을 확률이므로 1/3, 그리고 $P$(진행자 2번 문)는 출연자가 1번 문을 선택했으므로 1/2이다.

따라서 진행자가 2번 문을 열었을 때 1번 문에 자동차가 있을 확률은 1/3이다. 그렇다면 진행자 2번 문을 열었을 때 1번 문이 아닌 3번 문에 자동차가 있을 확률은 얼마일까? 다음과 같은 방법으로 계산하면 된다.

$$P(\text{3번 문 자동차} \mid \text{진행자 2번 문}) = \frac{P(\text{진행자 2번 문} \mid \text{3번 문 자동차}) \cdot P(\text{3번 문 자동차})}{P(\text{진행자 2번 문})}$$

$$= \frac{(1) \times (1/3)}{(1/2)} = \frac{2}{3}$$

여기서 $P$(진행자 2번 문 | 1번 문 자동차)는 1이며(도전자가 1번 문을 선택하고 3번 문에 자동차가 있으면 진행자는 2번 문을 선택할 수밖에 없기 때문이다), 나머지 확률은 위에서 설명했던 것과 같다. 종합

해 보면 진행자가 2번 문을 열었을 때 1번 문에 자동차가 있을 확률은 1/3, 3번 문에 자동차가 있을 확률은 2/3이다. 그러므로 선택을 3번으로 바꾸면 자동차를 받을 확률이 두 배로 늘어난다. 아래 그림을 보면 우리는 이 사실을 더욱 쉽게 이해할 수 있다.

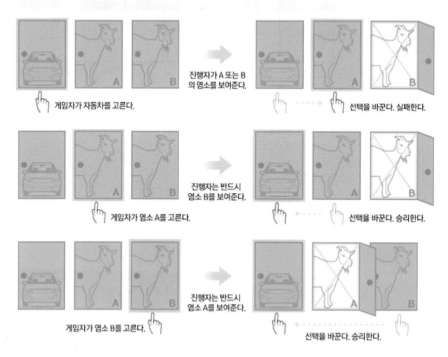

출처 : 몬티 홀 문제와 관련된 글과 그림은 네이버캐스트(http://navercast.naver.com), 최은미(한남대학교 수학과 교수)에서 일부 인용하였음.

**그림 4-4**

**조건부확률**

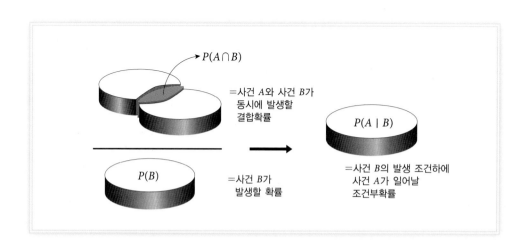

사건 $B$의 발생 조건하에 사건 $A$가 일어날 **조건부확률** $P(A \mid B)$는 다음과 같이 정의된다.

$$P(A \mid B) = \frac{P(A \cap B)}{P(B)}$$

여기서 $P(B) \neq 0$이다.

**예 4-2 ▶**

앞의 예에서 만두 사리를 주문한 손님이 라면사리를 추가로 주문할 확률은 얼마인가?

**답**

이 확률은 사건 $B$의 발생하에 사건 $A$가 발생할 확률, 즉 조건부확률이다.

$$P(A \mid B) = \frac{P(A \cap B)}{P(B)} = \frac{0.65}{0.80} = 0.8125$$

집합이론의 합집합 개념에 대응하는 확률로 확률의 덧셈법칙을 소개하였다. 이제 조건부확률의 개념을 이용하여 집합이론의 교집합 개념에 대응하는 확률인 확률의 곱셈법칙 (multiplication rule of probabilities)을 소개하고자 한다. 사건 $A$와 사건 $B$가 동시에 발생할 확률은 사건 $A$와 사건 $B$의 교집합 확률로 조건부확률을 이용하여 계산할 수 있다.

$$P(A \mid B) = \frac{P(A \cap B)}{P(B)} \text{로부터 } P(A \cap B) = P(A \mid B)P(B)$$

**확률의 곱셈법칙**

$$P(A \cap B) = P(A \mid B)P(B) = P(B \mid A)P(A)$$

**예 4-3 ▶**

한 자문회사가 두 사립대학(A, B)의 장기발전 계획안을 수립하는 용역을 얻기 위한 공개입찰에 응하였다고 하자. 이 자문회사는 A대학으로부터 용역을 얻어 낼 확률은 0.45, A대학으로부터 용역을 얻어 냈을 때 B대학의 용역을 얻어 낼 확률은 0.90이라고 분석하고 있다. 이 자문회사가 두 대학으로부터 용역을 모두 얻어 낼 확률은 얼마인가?

**답**

A대학으로부터 용역을 얻어 낼 확률은 $P(A) = 0.45$, 그리고 A대학으로부터 용역을 얻어 냈을 때 B대학의 용역을 얻어 낼 조건부확률은 $P(B \mid A) = 0.90$임을 알고 있으므로 확률

의 곱셈법칙을 이용하여 $P(A \cap B)$를 계산하면 된다.

$$P(A \cap B) = P(B \mid A)P(A) = 0.90 \times 0.45 = 0.405$$

한 경제연구소의 패널자료 분석 결과에 따르면 고학력자의 경우 경제활동에서 봉급자일 확률이 매우 높은 것으로 나타나고 있다. 즉 조사대상자가 대졸자라는 사건이 발생한 후에 이 조사대상자가 봉급생활자일 확률은 75.8%로 일반 조사대상자가 봉급생활자일 확률 53.4%보다 높게 나타났다. 이는 대졸자라는 사건 발생으로 표본공간이 변화되면서 봉급생활자라는 사건의 발생확률이 높아진 조건부확률의 예가 된다. 이처럼 한 사건의 발생이 다음에 발생하는 사건에 영향을 주는 경우를 통계적으로 **종속**(statistically dependent)된다고 한다. 반면에 "오늘 비가 온다"는 사건은 "오늘의 대미환율이 상승한다"는 사건에 영향을 주지 않으며 그 반대로 영향을 받지도 않는다. 이처럼 어떤 사건의 발생이 다른 사건의 발생에 아무런 영향을 주지 않는 경우 이 두 사건은 **통계적으로 독립**(statistically independent)이라고 한다.

> 두 사건 $A$와 $B$가 있을 때 $P(A \cap B) = P(A)P(B)$는 두 사건이 **통계적으로 독립**이기 위한 필요 충분조건이다.

따라서 통계적으로 독립인 두 사건 $A$와 $B$의 조건부확률은 다음과 같다.

$$P(A \mid B) = \frac{P(A)P(B)}{P(B)} = P(A), \ P(B \mid A) = \frac{P(B)P(A)}{P(A)} = P(B)$$

두 사건이 통계적으로 독립이라는 사실이 두 사건이 서로 배타적임을 의미하지는 않는다. 앞의 예에서 "오늘 비가 온다"는 사건과 "오늘의 대미환율이 상승한다"는 사건은 통계적으로 독립이지만, 이 두 사건은 동시에 발생할 수 있으므로 서로 배타적이지 않다.

**예 4-4** ▶

야구경기를 시청하다 보면 해설자가 "홍길동 타자가 오늘 3번 타석에 나와 한 번도 안타를 치지 못했기 때문에 이번 타석에서는 안타를 칠 때가 되었습니다"라고 말하는 것을 들을 수 있다. 이 해설이 옳다고 생각하는가?

**답**

일반적으로 타석에서 안타를 치는 사건은 서로 독립적인 사건이므로 전 타석에서 안타를 쳤든 못 쳤든 이번 타석에서 안타를 칠 확률에는 차이가 없다. 따라서 전 타석에서 계속 안타를 치지 못했다고 이번 타석에서 안타를 칠 가능성이 커지는 것은 아니다. 즉 이 해설은 틀리다.

**예 4-5** ▶

이웃에 자녀가 2명인 가족이 새로 이사 왔다.
- 엘리베이터에서 이 가족의 딸 한 명을 보게 되었다면 다른 자녀가 역시 딸일 확률은 얼마인가?
- 다른 이웃과 대화 중에 이 가족에게는 적어도 딸이 한 명 있다는 사실을 알게 되었다. 나중에 엘리베이터에서 이 가족의 딸 한 명을 보게 되었다면 다른 자녀가 역시 딸일 확률은 얼마인가?

**답**

- 이 가족의 한 자녀가 딸일 확률은 1/2이며 한 자녀가 딸이라는 사실이 다른 자녀가 역시 딸일 확률에 영향을 주지 않는다(즉, 통계적으로 독립이다). 따라서 엘리베이터에서 이 가족의 딸 한 명을 보게 되었다는 사실과 무관하게 다른 자녀가 역시 딸일 확률은 1/2이다.
- 이번에는 앞의 경우와 확률이 다르다. 이 가족에게 적어도 딸이 한 명 있다는 정보로 인해 자녀 중에 반드시 딸이 포함되는 성별 조합의 조건부확률이 되기 때문이다. 두 자녀의 가능한 모든 성별 조합은 (딸, 딸), (딸, 아들), (아들, 딸), (아들, 아들)이며 각 조합이 발생할 확률은 같다. 그런데 적어도 딸이 한 명 있다고 했으므로 (아들, 아들)의 경우는 배제된다. 즉, 딸 한 명을 엘리베이터에서 만났으며 다른 자녀가 역시 딸일 경우는 (딸, 딸)의 조합뿐이므로 정답은 세 가지 조합에서 하나가 발생할 확률인 1/3이 된다.

**예 4-6** ▶

올해에 KOSPI 지수가 상승하는 사건을 R, 실업률이 감소하는 사건을 D라고 하자. R이 발생할 확률은 60%, D가 발생할 확률은 57%로 추정되었으며 R과 D가 동시에 발생할 확률은 40%로 추정되었다. 이 두 사건은 통계적으로 독립인가?

**답**

사건 R과 D의 발생확률은 $P(R)=0.60$, $P(D)=0.57$로 각 사건의 발생확률의 곱은 $P(R)P(D)=(0.60)(0.57)=0.342$가 된다. 따라서 이 확률은 두 사건이 동시에 발생할 확률 $P(R \cap D)=0.40$과 일치하지 않기 때문에 두 사건이 독립이기 위한 필요충분조건을 만족하지 못한다. 즉 두 사건은 서로 종속이며 서로 영향을 줄 수 있음을 의미한다.

## 제4절 베이즈 정리

의사결정 과정이나 사건들의 관계를 분석하기 위해 널리 활용되는 베이지안 이론(Bayesian theory)은 베이즈 정리(Bayes theorem)에 기초하고 있으며 사전적확률(prior probability) 정보를 이용하여 사후적확률(posterior probability)을 예측하는 이론이다. 앞에서 사건 발생의 어떤 가능한 원인이 발생하였다는 조건하에 이 사건이 발생할 조건부확률을 살펴보았다. 하지만 경우에 따라서 미리 알고 있는 정보인 사전적확률을 이용하여 사건 발생의 어떤 가능한 원인에 대한 확률인 사후적확률을 구할 수 있다. 예를 들어보자. 노트북 컴퓨터를 수원 공장과 아산 공장에서 생산하고 있는 어떤 회사의 제품 중 불량품이 발견되었다고 가정하면 발견된 불량품이 어느 공장에서 생산되었는지 확률을 계산할 필요가 있다. 이 경우 불량품 발견이라는 사건으로 인해 각 공장의 생산비율과 불량률에 대한 사전적확률 정보를 이용하여 발견된 불량품이 특정 공장에서 생산되었을 확률인 사후적확률을 추정하게 되며, 이를 위해 베이지안 이론을 이용할 수 있다.

이번에는 주어진 주변확률과 조건부확률을 이용하여 다른 조건부확률을 구할 수 있는 베이즈 정리를 살펴보자. 예를 들어 한 회계사가 S회사의 대차대조표 기록을 살펴본 결과 15%의 오류가 있으며 오류가 있는 대차대조표에서는 60%가 일반적이지 못한 수치를 갖는다는 사실을 알았다. 대차대조표에 오류가 발생할 사건을 $B$, 일반적이지 못한 수치가 존재할 사건을 $A$라고 하면 $B$의 발생확률은 $P(B)=0.15$이며 사건 $B$의 발생 조건하에 사건 $A$가 발생할 조건부확률은 $P(A \mid B)=0.60$이다. 여기서 주변확률 $P(B)$와 조건부확률 $P(A \mid B)$는 발생 가능성에 대한 초기 정보라 할 수 있으므로 사전적확률이다. 그런데 모든 대차대조표의 20%가 일반적이지 못한 수치를 가지며 어떤 특정한 대차대조표에서 일반적이지 못한 수치가 발견되었다(사건 $A$가 발생)는 추가적인 정보를 얻게 되었다고 하자. 이 경우 일반적이지 못한 수치가 오류일 확률은 얼마인지 생각해 보자.

구하고자 하는 확률은 사건 $A$의 발생 조건하에서 사건 $B$가 발생할 조건부확률 $P(B \mid A)$인

**그림 4-5**

베이즈 정리
메커니즘

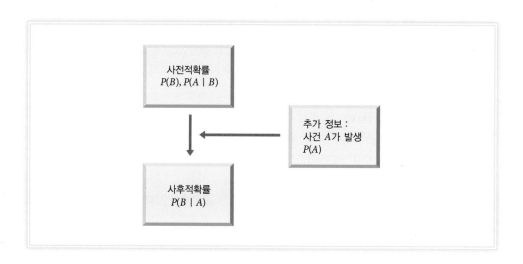

데, 대차대조표에서 일반적이지 못한 수치가 발견되었다는 추가적 정보에 의해 $B$의 발생확률을 수정하였기 때문에 이를 사후적확률이라고 한다. 따라서

$$P(B \mid A) = \frac{P(A \mid B)P(B)}{P(A)} = \frac{0.60 \times 0.15}{0.20} = 0.45$$

이처럼 사전적확률이 추가적 정보의 조건부확률인 사후적확률로 되는 메커니즘을 베이즈 정리라고 한다. 사후적확률을 계산할 수 있는 베이즈 정리는 다음 조건부확률에 의해서 정의될 수 있음을 앞에서 살펴보았다.

$$P(B \mid A) = \frac{P(A \mid B)P(B)}{P(A)}$$

그런데 표본공간 $S$를 나누는 $k$개의 서로 배타적인 사건 $B_1$, $B_2$, $\cdots$, $B_k$가 있다면 $P(A)$는 이 사건들의 발생을 전제로 하는 조건부확률의 합으로 표현될 수 있다. 예를 들어 표본공간을 나누는 2개의 서로 배타적인 사건 $B_1$과 $B_2$가 있다면 위 식의 분모는 다음과 같다.

$$P(A) = P[(A \cap B_1) \text{ 또는 } (A \cap B_2)]$$
$$= P(A \cap B_1) + P(A \cap B_2)$$

이 결과는 그림 4-6을 보면 쉽게 알 수 있으며, 따라서 조건부확률 $P(B_1 \mid A)$는 다음과 같다.

$$P(B_1 \mid A) = \frac{P(A \mid B_1)P(B_1)}{P(A \cap B_1) + P(A \cap B_2)}$$
$$= \frac{P(A \mid B_1)P(B_1)}{P(A \mid B_1)P(B_1) + P(A \mid B_2)P(B_2)}$$

조건부확률 $P(B_2 \mid A)$도 이처럼 표현할 수 있다.

**그림 4-6**

$P(A) = P(A \cap B_1) + P(A \cap B_2)$

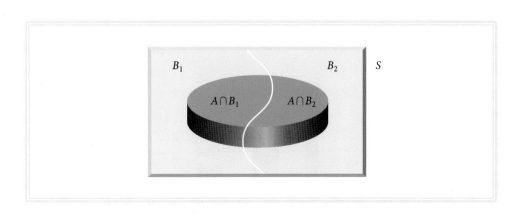

또한 표본공간을 나누는 $k$개의 서로 배타적인 $B_1$, $B_2$, $\cdots$, $B_k$가 있을 때, 다음이 성립함을 알 수 있다.

$$P(A)=P(A \cap B_1)+P(A \cap B_2)+\cdots+P(A \cap B_k)$$
$$=P(A \mid B_1)P(B_1)+P(A \mid B_2)P(B_2)+\cdots+P(A \mid B_k)P(B_k)$$

이것을 흔히 전확률의 법칙(rule of total probability)이라고 한다. 이때 조건부확률 $P(B_i \mid A)$는 다음과 같이 표현할 수 있다.

$$P(B_i \mid A)=\frac{P(A \mid B_i)P(B_i)}{P(A \mid B_1)P(B_1)+\cdots+P(A \mid B_k)P(B_k)} \quad (i=1, 2, \cdots, k)$$

**베이즈 정리**

1. $P(B \mid A)=\dfrac{P(A \mid B)P(B)}{P(A)}$

2. 표본공간 $S$를 분할하는 $k$개의 서로 배타적인 사건 $B_1$, $B_2$, $\cdots$, $B_k$가 있을 때

$$P(B_i \mid A)=\frac{P(A \mid B_i)P(B_i)}{P(A \mid B_1)P(B_1)+\cdots+P(A \mid B_k)P(B_k)} \quad (i=1, 2, \cdots, k)$$

앞의 노트북 컴퓨터와 관련된 예에서 불량품이 발견되었다면 발견된 불량품이 어느 공장에서 생산되었는지 확률을 추정하는 문제를 다시 생각해 보자. 과거 기록을 통해 노트북 컴퓨터의 70%를 수원 공장에서, 나머지 30%를 아산 공장에서 생산하고 있으며 수원 공장의 불량률은 4%, 아산 공장의 불량률은 3%임을 알 수 있다고 하자. 노트북 컴퓨터 중 불량품이 발견되는 사건을 $D$, 노트북 컴퓨터를 수원 공장에서 생산하는 사건을 $S$, 그리고 노트북 컴퓨터를 아산 공장에서 생산하는 사건을 $A$라고 하면 다음과 같다.

$$P(S)=0.7, \quad P(A)=0.3, \quad P(D \mid S)=0.04, \quad P(D \mid A)=0.03$$

**그림 4-7**

노트북 컴퓨터 생산비율과 불량률에 대한 사전적 확률분포

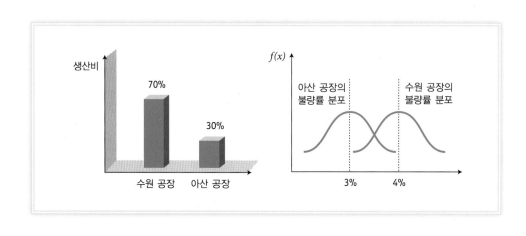

이 확률들은 불량품 발견이라는 사건이 발생하기 전에 이미 알려진 확률이므로 사전적확률이다. 또한 그림 4-7과 같이 각 변수에 대응되는 확률을 나타낸 확률분포를 사전적확률분포(prior probability distribution)라고 한다.

이제 사전적확률을 이용하여 발견된 불량품이 수원 공장에서 생산되었을 확률과 아산 공장에서 생산되었을 확률을 계산해 보자. 우선 발견된 불량품이 수원 공장에서 생산되었을 확률은 $P(S|D)$가 되며 이 확률을 구하기 위해서는 $P(D)$에 대한 주변확률을 구해야 한다. 이 회사의 노트북 컴퓨터는 수원 공장과 아산 공장에서만 생산되므로 분할의 개념을 이용하면 $P(D)$는 $P(D \cap S) + P(D \cap A)$와 일치한다. 따라서 $P(D)$에 대한 주변확률은 다음과 같다.

$$
\begin{aligned}
P(D) &= P(D \cap S) + P(D \cap A) \\
&= P(D \mid S)P(S) + P(D \mid A)P(A) \\
&= (0.04)(0.7) + (0.03)(0.3) \\
&= 0.037
\end{aligned}
$$

베이즈 정리에 의하면 발견된 불량품이 수원 공장에서 생산되었을 확률은 다음과 같다.

$$
P(S \mid D) = \frac{P(D \mid S)P(S)}{P(D)} = \frac{(0.04)(0.7)}{0.037} = 0.7568
$$

다시 베이즈 정리를 이용하여 불량품이 아산 공장에서 생산되었을 확률은 다음과 같이 구할 수 있다.

$$
P(A \mid D) = \frac{P(D \mid A)P(A)}{P(D)} = \frac{(0.03)(0.3)}{0.037} = 0.2432
$$

이처럼 발견된 불량품이 특정 공장에서 생산되었을 사후적확률의 분포를 사후적확률분포(posterior probability distribution)라고 한다.

**그림 4-8**

사후적
확률분포

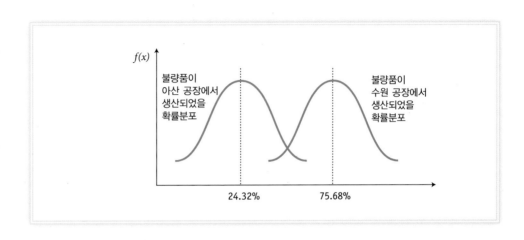

**예 4-7** ▶

일상에서 10일 중 하루가 슬픈 날이며, 20일 중 하루는 눈물을 흘리고, 슬픈 날 10일 중에서 3일은 눈물을 흘린다고 가정하자. 눈물을 흘릴 때 슬픈 날일 확률은 얼마인가?

**답**

베이즈 정리를 활용하여 역 확률을 구하는 문제이다. 슬픈 날을 S 사건, 눈물을 흘린 날을 T 사건이라고 하면 이 문제의 사전적 확률은 다음과 같다.

$$P(S)=0.1, \ P(T)=0.05, \ P(T \mid S)=0.3$$

눈물을 흘릴 때 슬픈 날일 확률은 사후적 확률로 다음과 같다.

$$P(S \mid T)=\frac{P(T \mid S)P(S)}{P(T)}=\frac{(0.3)(0.1)}{0.05}=0.6$$

**예 4-8** ▶

A은행 대출 담당 부서의 자료에 의하면 대출자 중 5%는 대출금을 갚지 않으며, 대출금을 갚지 않는 사람 중 92%는 개인 신용 평가기관에서 신용 불량자로 분류된 사람들이다. 한편 대출금을 갚은 대출자 중 2%는 개인 신용 평가기관에서 신용 불량자로 분류된 사람들이다. 이때 개인 신용 평가기관에서 신용 불량자로 분류된 사람이 실제로 대출금을 갚지 않을 확률은 얼마인가?

**답**

사건 A는 개인 신용 평가기관에 의해 신용 불량자로 분류되는 경우, 사건 B는 실제로 대출금을 갚지 않는 경우, $\overline{B}$는 대출금을 갚는 경우로 각각 정의하자. 이때 문제에서 논의된 사전적확률은 각각 다음과 같다.

$$P(B)=0.05, \ P(A \mid B)=0.92, \ P(A \mid \overline{B})=0.02$$

따라서 개인 신용 평가기관에서 신용 불량자로 분류된 사람이 실제로 대출금을 갚지 않을 확률 $P(B|A)$는 베이즈 정리를 이용하여 다음과 같이 계산할 수 있다.

$$P(B \mid A)=\frac{P(A \mid B)P(B)}{P(A)}=\frac{P(A \mid B)P(B)}{P(A \mid B)P(B)+P(A \mid \overline{B})P(\overline{B})}$$

$$=\frac{0.92\times0.05}{(0.92\times0.05)+(0.02\times(1-0.05))}=0.707692$$

**예 4-9** ▶

한 자동차 회사는 엔진 생산에 필요한 부품의 20%는 A하청회사, 50%는 B하청회사, 나머지 30%는 C하청회사로부터 구입하며, 세 하청회사로부터 구입한 부품 중 불량품의 비율은 각각 0.001, 0.0003, 0.0007이다. 만일 불량품이 발견되었다면 이 불량품을 생산했을 확률이 가장 높은 하청회사는 어디인가?

**답**

자동차의 엔진부품을 A하청회사, B하청회사, C하청회사에서 구입할 사건을 각각 $E_A$, $E_B$, $E_C$라 하면, 이에 대한 사전적확률은 다음과 같다.

$$P(E_A)=0.2,\ P(E_B)=0.5,\ P(E_C)=0.3$$

따라서 엔진부품의 50%가 B하청회사에서 생산되므로 어떤 부품이 선택되면 이 부품은 B하청회사에서 생산되었을 확률이 가장 높다. 어떤 부품이 불량품일 사건을 $D$라 하면 주어진 조건부확률은

$$P(D\mid E_A)=0.001,\ P(D\mid E_B)=0.0003,\ P(D\mid E_C)=0.0007$$

이 된다. 이제 어떤 부품이 불량품이라는 추가적 정보를 주면 주어진 조건부확률 $P(D\mid E_i)$와 사전적확률 $P(E_i)$를 이용하여 사후적확률을 다음과 같이 구할 수 있다.

$$P(E_i\mid D)=\frac{P(E_i\cap D)}{P(D)}\quad(i=\text{A, B, C})$$

을 구할 수 있다. 즉

$$P(E_A\cap D)=P(E_A)P(D\mid E_A)=0.2\times0.001=0.0002$$
$$P(E_B\cap D)=P(E_B)P(D\mid E_B)=0.5\times0.0003=0.00015$$
$$P(E_C\cap D)=P(E_C)P(D\mid E_C)=0.3\times0.0007=0.00021$$

이며, $E_i$는 서로 배타적이므로 $P(D)$는 다음과 같다.

$$P(D)=P(E_A\cap D)+P(E_B\cap D)+P(E_C\cap D)$$
$$=0.0002+0.00015+0.00021$$
$$=0.00056$$

이 된다. 따라서 베이즈 정리를 이용한 각각의 사후적확률을 계산하면 다음과 같다.

$$P(E_A\mid D)=\frac{P(E_A\cap D)}{P(D)}=\frac{0.0002}{0.00056}=0.357$$

$$P(E_B\mid D)=\frac{P(E_B\cap D)}{P(D)}=\frac{0.00015}{0.00056}=0.268$$

$$P(E_C\mid D)=\frac{P(E_C\cap D)}{P(D)}=\frac{0.00021}{0.00056}=0.375$$

사전적으로 $E_B$의 발생확률이 가장 높았으나 추가정보로 인해 사후적확률은 $P(E_C \mid D)$가 가장 높다. 결국 불량품이 발견되었다면 이 불량품을 생산했을 가능성이 가장 큰 하청회사는 C이다.

**통계의 이해와 활용**

### 매머그라피 테스트와 인지편향

출처 : 셔터스톡

공항에서 오랜 시간 동안 방치된 가방을 발견하였다. 폭탄일까? 실제로 폭탄이 들어 있을 확률이 극히 낮음에도 불구하고 우리는 긴장한다. 누군가가 잃어버린 가방일 가능성이 매우 크지만 가방에 폭탄이 있어 폭발하는 경우의 공포감으로 폭탄이 들어 있을 확률을 합리적으로 정확하게 추정하지 못하고 과대 추정하는 경향이 있다. 이처럼 불확실한 상황에서 판단해야 하는 경우 일반인뿐만 아니라 잘 훈련된 사람들(전문가)조차 비논리적인 추론 때문에 잘못된 판단을 내리는 인지편향이 있음은 잘 알려진 사실이다.

이런 인지편향을 보여주는 대표적인 예로 매머그라피(유방 조영술) 테스트(mammography test)와 관련된 연구결과가 있다.

"정기 검진을 받은 40세의 여성 중 1%가 유방암이 있다. 유방암이 걸린 여성의 80%는 매머그라피 테스트에서 양성 진단을 받는다. 한편 유방암이 없는 여성의 9.6%도 매머그라피 테스트에서 양성 진단을 받는다. 같은 연령의 어떤 여성이 매머그라피 테스트에서 양성일 때 실제로 유방암일 확률은 얼마인가?"

연구진은 의사들에게 이 문제의 확률을 추측하도록 요청하였다. 놀랍게도 대부분 의사는 이 문제의 확률을 70~80%로 과대 추정하였으며 의사의 약 15%만이 올바른 확률을 맞추었다. 왜 의사의 대부분은 틀린 확률을 계산하였을까? 아마 의사들은 유방암이 걸린 여성의 80%는 매머그라피 테스트에서 양성 진단을 받는다는 확률에만 집중하고 제시된 다른 확률을 간과함으로써 매머그라피 테스트에서 양성일 때 실제로 유방암일 확률이 80%에 근접하리라고 생각했기 때문일 것이다.

당신은 이 문제의 정답이 무엇이라고 생각하는가?

유방암에 걸릴 사건을 B, 매머그라피 테스트에서 양성일 사건을 $M$으로 표기하면 제시된 확률은 $P(B)=0.01$, $P(M \mid B)=0.8$, $P(M \mid \overline{B})=0.096$이며, $P(\overline{B})=0.99$임을 알 수 있다. 이제 베이즈 정리를 적용하면 매머그라피 테스트에서 양성일 때 유방암일 확률은 다음과 같다.

$$P(B \mid M)=\frac{P(M \mid B)P(B)}{P(M)}=\frac{P(M \mid B)P(B)}{P(M \mid B)P(B)+P(M \mid \overline{B})P(\overline{B})}$$

$$=\frac{(0.8)(0.01)}{(0.8)(0.01)+(0.096)(0.99)}=0.078$$

대부분 의사가 7.8%의 확률을 열 배 정도 과대평가하는 오류를 범하는 것으로 보아 전문가인 의사들조차 제한된 합리성을 갖고 있음을 짐작해 볼 수 있다.

출처 : 매머그라피 시험과 관련된 내용은 Eddy (1982)의 논문에서 일부 인용 및 수정하였음.

## 요약

확률의 개념을 통계적으로 설명하기 위해 집합의 기본 개념을 소개하였다. 집합은 개념이 정확하게 정의된 원소들의 모임으로 원소들의 개수를 정확하게 셀 수 있는 유한집합과 원소들의 개수가 무한하거나 셀 수 없는 무한집합으로 나뉜다. 한편 공집합은 원소가 1개도 없는 집합이며, 전체집합은 특정한 대상이 되는 모든 가능한 원소들의 모임이다. $A$와 $B$의 교집합은 $A$와 $B$에 모두 속하는 원소들의 모임이며 $A$와 $B$의 합집합은 $A$ 혹은 $B$ 어느 한 집합에라도 속하는 원소들의 모임이다. 집합과 관련된 중요한 두 개념으로 서로 배타적인, 전체를 포괄하는(혹은 총체적으로 망라된)의 개념이 있다. 즉 $A\cap B$가 공집합일 때 집합 $A$와 집합 $B$는 서로 배타적인 집합, 그리고 $A\cup B$가 전체집합일 때 집합 $A$와 집합 $B$는 전체를 포괄하는(혹은 총체적으로 망라된) 집합이라고 한다.

두 가지 이상의 가능한 결과 중 하나가 임의로 결정되는 과정을 임의실험이라고 정의하면 임의실험으로 얻게 되는 각 결과를 기본 요소, 임의실험으로 얻게 되는 특정 결과들의 모임을 사건 또는 사상이라고 한다. 사건 $A$의 발생확률은 임의실험을 무한히 반복하였을 때 $A$가 발생할 비율이다. 이 확률과 관련된 일반적 법칙으로 덧셈법칙과 곱셈법칙이 있다.

확률의 덧셈법칙 : $P(A\cup B)=P(A)+P(B)-P(A\cap B)$

확률의 곱셈법칙 : $P(A\cap B)=P(A \mid B)P(B)=P(B \mid A)P(A)$

그리고 사건 $B$의 발생 조건하에 사건 $A$가 일어날 확률인 조건부확률은 다음과 같이 정의된다. 단, $P(B)\neq 0$이다.

$$P(A \mid B) = \frac{P(A \cap B)}{P(B)}$$

어떤 사건의 발생이 다른 사건의 발생에 아무런 영향을 주지 않는 경우 이 두 사건은 통계적으로 독립이라고 하며 $P(A \cap B) = P(A)P(B)$는 두 사건이 통계적으로 독립이 되기 위한 필요충분조건이다. 의사결정 과정이나 사건들의 관계를 분석하기 위해 널리 활용되는 베이지안 이론은 베이즈 정리에 기초하고 있으며 사전적확률 정보를 이용하여 사후적확률을 예측하는 이론이다.

 **주요 용어**

**결합확률**(joint probability)　사건 $A$와 사건 $B$의 교집합 확률 : $P(A \cap B)$

**공집합**(null set, empty set)　원소가 한 개도 없는 집합

**교집합**(intersection)　$A$와 $B$에 모두 속하는 원소들의 모임 : $A \cap B$

**무한집합**(infinite set)　원소들의 개수가 무한하거나 셀 수 없는 집합

**베이즈 정리**(Bayes theorem)　사전적확률이 추가적 정보의 조건부확률인 사후적확률로 되는 메커니즘

**사건**(event)　임의실험으로 얻게 되는 특정 결과들의 모임

**사건의 통계적 독립**(statistical independence)　어떤 사건의 발생이 다른 사건의 발생에 아무런 영향을 주지 않는 경우 이 두 사건은 통계적으로 독립이다.

**사전적확률**(prior probability)　사건 발생의 어떤 가능한 원인이 발생하기 전에 알려진 확률

**사후적확률**(posterior probability)　사건 발생의 어떤 가능한 원인에 대해 추가정보로 수정된 확률

**서로 배타적인**(mutually exclusive) **집합**　$A \cap B$가 공집합일 때 집합 $A$와 집합 $B$는 서로 배타적인 집합이다.

**여집합**(complement)　전체 집합의 원소 중 특정 집합에 속하지 않는 원소들의 모임

**유한집합**(finite set)　집합에서 원소들의 개수를 정확하게 셀 수 있는 집합

**임의실험**(random experiment)　두 가지 이상의 가능한 결과 중 하나가 임의로 결정되는 과정

**전체집합**(universal set)　특정한 대상이 되는 모든 가능한 원소들의 모임

**조건부확률**(conditional probability)

$$P(A \mid B) = \frac{P(A \cap B)}{P(B)}$$

**총체적으로 망라된**(collectively exhaustive) **집합**　$A \cup B$가 전체집합일 때 집합 $A$와 집합 $B$는 전체를 포괄하는(혹은 총체적으로 망라된) 집합이다.

**합집합**(union)　$A$ 혹은 $B$ 어느 한 집합이라도 속하는 원소들의 모임 : $A \cup B$

**확률의 곱셈법칙**(multiplication rule of probabilities)　$P(A \cap B)=P(A \mid B)P(B)=P(B \mid A)P(A)$

**확률의 공리**(postulates)　(1) $0 \leq P(A) \leq 1$　(2) $P(\Omega)=1$, $P(\phi)=0$　(3) $P(\overline{A})=1-P(A)$

**확률의 덧셈법칙**(addition rule of probabilities)　$P(A \cup B)=P(A)+P(B)-P(A \cap B)$

## 연습문제

1. 확률을 정의하고 경영 혹은 경제에서 확률이 어떻게 유용하게 활용될 수 있는지 예를 들어보라.

2. 다음의 기본 용어들을 설명하라.

   1) 임의실험

   2) 표본공간

   3) 서로 배타적인

   4) 전체를 포괄하는(혹은 총체적으로 망라된)

   5) 독립사건

   6) 조건부확률

3. 20개 대기업과 30개 중소기업으로 구성된 기업 협의체에서 2개의 기업을 임의로 선정할 때 모두 중소기업이 선정될 확률은 얼마인가?

4. 감염 확률이 1/10000인 전염병이 있으며, 이 전염병에 걸리면 모두 죽는다. 어떤 사람이 99%의 정확도를 갖는 검사를 받았더니 이 전염병에 걸린 것으로 진단되었다.

   1) 이 사람이 죽을 확률은 얼마인가?

   2) 검사 결과 양성판정을 받으면 매우 절망적인 상황이라고 느껴지는데 실제 죽을 확률이 생각처럼 높지 않은 이유는 무엇일까?

5. 베이지안 이론을 활용할 수 있는 간단한 예를 들어보라.

6. 사건 $A$와 $B$에 관련된 다음 확률이 주어져 있다.

$$P(A)=0.3 \qquad P(A \mid B)=0.5 \qquad P(B)=0.2$$

   1) 사건 $A$와 $B$의 결합확률을 구하라.

   2) 사건 $A$와 $B$는 서로 통계적으로 독립인가?

   3) 조건부확률 $P(B \mid A)$는 얼마인가?

7. 어떤 회사는 전체 사원 중 70%가 남성이며, 전체 사원의 80%는 서울에서 거주하고 있다. 그리고 전체 사원의 60%는 서울에서 거주하고 있는 남성이다.

   1) 임의로 선택된 사원이 남성이거나 서울에서 거주할 확률은 얼마인가?

   2) 임의로 선택된 사원이 남성일 때, 이 사원이 서울에서 거주할 확률은 얼마인가?

   3) '사원이 여성'이라는 사건과 '사원이 서울 외의 지역에서 거주'라는 사건은 서로 배타적인 사건인가?

4) '사원이 남성'이라는 사건과 '사원이 서울에서 거주'라는 사건은 통계적으로 독립적인 사건인가?

8. A컴퓨터 회사에서 생산하는 PC의 95%는 1년 안에 고장이 나지 않는 것으로 조사되었다. 한 회사의 영업부에서 이 컴퓨터 회사의 PC를 4대 구입하였다. 이때 4대의 PC 모두 1년 안에 고장이 나지 않을 확률은 얼마인가?

9. 아리랑 항공사에서는 자사 비행기를 이용한 고객들에게 무료로 세계 일주를 할 수 있는 응모권을 나누어 주었다. 이 응모권이 세계 일주에 당첨될 확률은 1/325이다. 어떤 고객이 세계 일주에 적어도 한 번 이상 당첨될 확률이 0.5가 되기 위해서는 몇 장의 응모권이 필요하겠는가?

10. 한 투자가가 세 가지 주식을 사고 1년이 지난 후 발생 가능한 사건 A, B, C를 다음과 같이 정의하였다.

　　　A : 세 가지 주식의 가격이 모두 상승한다.

　　　B : 주식 1의 가격이 상승한다.

　　　C : 주식 2는 1주당 1,000원씩 하락한다.

여기서 A와 B, B와 C, A와 C가 각각 서로 배타적인지 판정하라.

11. 한 고급 레스토랑의 지배인은 고객들의 의상에 따라 고급정장 그룹, 보통정장 그룹, 평상복 그룹으로 나누어 고객들이 주문하는 메뉴를 관찰하였다. 관찰 결과에 따르면 고객의 50%가 고급정장 그룹, 40%가 보통정장 그룹, 그리고 나머지 10%가 평상복 그룹에 속하였으며, 이 레스토랑이 자랑하는 특선메뉴를 고급정장 고객의 70%, 보통정장 고객의 50%, 평상복 고객의 30%가 주문한다는 사실을 발견하였다.

1) 임의로 선택된 고객이 특선메뉴를 주문할 확률은 얼마인가?

2) 어떤 고객이 특선메뉴를 주문하였을 때, 이 고객이 고급정장 그룹에 속할 확률은 얼마인가?

3) 어떤 고객이 특선메뉴를 주문하였을 때, 이 고객이 고급정장 그룹에 속하지 않을 확률은 얼마인가?

 **기출문제**

1. (2019 사회조사분석사 2급) 어느 경제신문사의 조사에 따르면 모든 성인의 30%가 주식투자를 하고 있고, 그중 대학졸업자는 70%라고 한다. 우리나라 성인의 40%가 대학졸업자라고 가정하고 무작위로 성인 한 사람을 뽑았을 때, 그 사람이 대학은 졸업하였으나 주식투자를 하지 않을 확률은?

① 12%　　　　② 19%

③ 21%　　　　④ 49%

**2.** (2019 사회조사분석사 2급) 다음 설명 중 틀린 것은?

① 사건 $A$와 $B$가 배반사건이면 $P(A \cup B) = P(A) + P(B)$이다.

② 사건 $A$와 $B$가 독립사건이면 $P(A \cap B) = P(A) \cdot P(B)$이다.

③ 5개의 서로 다른 종류 물건에서 3개를 복원추출하는 경우의 가지 수는 60가지이다.

④ 붉은색 구슬이 2개, 흰색 구슬이 3개, 모두 5개의 구슬이 들어있는 항아리에서 임의로 2개의 구슬을 동시에 꺼낼 때, 꺼낸 구슬이 모두 붉은색일 확률은 1/10이다.

**3.** (2018 사회조사분석사 2급) $P(A) = 0.4$, $P(B) = 0.2$, $P(B \mid A) = 0.4$일 때 $P(A \mid B)$는?

① 0.4        ② 0.5

③ 0.6        ④ 0.8

**4.** (2018 사회조사분석사 2급) 어느 대형마트 고객관리팀에서는 다음과 같은 기준에 따라 매일 고객을 분류하여 관리한다. 어느 특정한 날 마트를 방문한 고객들의 자료를 분류한 결과 A그룹이 30%, B그룹이 50%, C그룹이 20%인 것으로 나타났다. 이 날 마트를 방문한 고객 중 임의로 4명을 택할 때 이들 중 3명만이 B그룹에 속할 확률은?

| 구분 | 구매금액 |
|------|----------|
| A그룹 | 20만 원 이상 |
| B그룹 | 10만 원 이상~20만 원 미만 |
| C그룹 | 10만 원 미만 |

① 0.25        ② 0.27

③ 0.37        ④ 0.39

**5.** (2017 사회조사분석사 2급) 공정한 동전 10개를 동시에 던질 때, 앞면이 정확히 1개만 나올 확률은?

① 3/1024        ② 9/1024

③ 10/1024        ④ 15/1024

**6.** (2019 사회조사분석사 2급) 어떤 학생이 통계학 시험에 합격할 확률은 2/3이고, 경제학 시험에 합격할 확률은 2/5이다. 또한 두 과목 모두에 합격할 확률이 3/4이라면 적어도 한 과목에 합격할 확률은?

① 17/60        ② 18/60

③ 19/60        ④ 20/60

**7.** (2019 사회조사분석사 2급) 우리나라 사람 중 왼손잡이 비율은 남자가 2%, 여자가 1%라 한다. 남학생 비율이 60%인 어느 학교에서 왼손잡이 학생을 선택했을 때 이 학생이 남자일 확률은?

① 0.75        ② 0.012

③ 0.25        ④ 0.05

8. (2017 사회조사분석사 2급) 어느 백화점에서는 물품을 구입한 고객의 25%가 신용카드로 결제한다고 한다. 금일 40명의 고객이 이 매장에서 물건을 구입하였다면, 몇 명의 고객이 신용카드로 결제하였을 것이라 기대되는가?

① 5명        ② 8명

③ 10명       ④ 20명

9. (2019 사회조사분석사 2급) 어떤 공장에 같은 길이의 스프링을 만드는 세 대의 기계 A, B, C가 있다. 기계 A, B, C에서 각각 전체 생산량의 50%, 30%, 20%를 생산하고, 기계의 불량률이 각각 5%, 3%, 2%라고 한다. 이 공장에서 생산된 스프링 하나가 불량품일 때, 기계 A에서 생산되었을 확률은?

① 0.5        ② 0.66

③ 0.87       ④ 0.33

10. (2017 사회조사분석사 2급) 어떤 공장에서 두 대의 기계 A, B를 사용하여 부품을 생산하고 있다. 기계 A는 전체 생산량의 30%를 생산하며 기계 B는 전체 생산량의 70%를 생산한다. 기계 A의 불량률은 3%이고 기계 B의 불량률은 5%이다. 임의로 선택한 1개의 부품이 불량품일 때, 이 부품이 기계 A에서 생산되었을 확률은?

① 10%        ② 20%

③ 30%       ④ 40%

11. (2019 9급 공개채용 통계학개론) $P(A) = \frac{1}{3}$, $P(B) = \frac{1}{4}$, $P(B \mid A) + P(A \mid B) = \frac{7}{12}$일 때, $P(A \cap B)$의 값은?

① $\frac{1}{12}$        ② $\frac{1}{6}$

③ $\frac{1}{4}$        ④ $\frac{1}{3}$

12. (2017 9급 공개채용 통계학개론) 도시 A에 거주하는 사람 중에서 1%가 질병 D에 걸렸고 나머지 99%는 질병 D에 걸리지 않았다고 한다. 질병 D에 걸린 사람이 어떤 진단 시약에 대해 양성 반응을 보일 확률이 질병 D에 걸리지 않은 사람이 양성 반응을 보일 확률의 33배라고 한다. 도시 A에 거주하는 사람 중에서 임의로 뽑힌 사람이 이 진단 시약에 대해 양성 반응을 보였을 때, 이 사람이 질병 D에 걸렸을 확률은?

① $\frac{1}{4}$        ② $\frac{1}{3}$

③ $\frac{1}{2}$        ④ $\frac{2}{3}$

13. (2015 9급 공개채용 통계학개론) 사건 A가 일어날 확률은 0.6이고, 사건 A가 일어났을 때 사건 B가 일어날 조건부확률은 0.4이다. 사건 A와 B가 서로 독립일 때, 사건 B가 일어날 확률은?

① 0.24        ② 0.4

③ 0.5        ④ 0.6

**14.** (2013년 9급 통계학개론) 세 사건 A, B, C에 대하여 다음과 같다고 한다.

> - $P(A) + P(B) + P(C) = 1$
> - $A$와 $B$는 배반,
> - $B$와 $C$는 배반,
> - $A$와 $C$는 독립

$P(A) = \dfrac{1}{2}$이고 $P(C) = \dfrac{1}{3}$이면 $P(A \cup B \cup C)$는?

① $\dfrac{1}{6}$  ② $\dfrac{1}{3}$

③ $\dfrac{1}{2}$  ④ $\dfrac{5}{6}$

**15.** (2011년 9급 통계학개론) 흰색 공 3개, 빨간색 공 4개, 검은색 공 2개를 항아리에 넣고 흔들어 2개의 공을 임의로 비복원추출할 때, 2개의 공이 모두 검은색일 확률은?

① $\dfrac{1}{36}$  ② $\dfrac{1}{18}$

③ $\dfrac{1}{9}$  ④ $\dfrac{2}{9}$

**16.** (2019 7급 공개채용 통계학) 전체 인구의 5%가 어떤 질병을 가지고 있다고 한다. 이 질병을 진단하는 검사 방법이 있는데, 이 검사 방법은 이 질병을 실제로 가지고 있을 때 검사 결과가 양성(positive) 반응을 나타낼 확률이 0.95, 음성(negative) 반응을 나타낼 확률이 0.05이고, 이 질병을 실제로 가지고 있지 않을 경우 검사 결과가 양성 반응을 나타낼 확률이 0.1, 음성 반응을 나타낼 확률이 0.9이다. 임의로 한 사람을 선택하여 이 검사를 한 결과가 양성 반응으로 나타났다면, 이 사람이 실제로 이 질병을 가지고 있을 확률은?

① $\dfrac{1}{2}$  ② $\dfrac{1}{3}$

③ $\dfrac{1}{4}$  ④ $\dfrac{1}{5}$

**17.** (2017 7급 공개채용 통계학) A회사 휴대전화기의 결함률은 0.01, B회사는 0.02, C회사는 0.03, D회사는 0.02라고 한다. 각 회사별 휴대전화기의 시장 점유율은 A회사는 0.4, B회사는 0.3, C회사는 0.2, D회사는 0.1이다. 어떤 휴대전화기가 결함을 보였을 때, 이 휴대전화기가 B회사 또는 C회사의 제품일 확률은?

① $\dfrac{1}{3}$  ② $\dfrac{2}{3}$

③ $\dfrac{1}{4}$  ④ $\dfrac{3}{4}$

**18.** (2016 7급 공개채용 통계학) 두 사건 $A$와 $B$에 대하여 $P(A)=0.3$이고 $P(A \cup B)=0.7$이다. $A$와 $B$가 독립이 되기 위한 $P(B)$의 값은?

① $\dfrac{4}{7}$  　　　　② $\dfrac{1}{2}$

③ $\dfrac{4}{9}$  　　　　④ $\dfrac{2}{5}$

**19.** (2014년 입법고시 2차 통계학) 현재 어떤 메일 시스템에 수신되는 메일 중 40%가 스팸메일이고 나머지는 정상메일이라고 한다. 스팸메일 중 제목에 'A'라는 단어가 있는 메일은 25%이고 'A'와 'B' 두 단어가 모두 있는 메일은 20%라고 한다. 정상메일 중 제목에 'A'가 있는 경우는 5%이고 두 단어가 모두 있는 메일은 2%라고 한다면 다음의 물음에 답하여라.

1) 제목에 'B' 단어는 없고 'A' 단어만 들어있는 메일은 전체 메일 중 몇 % 인지 구하라.

2) 제목에 'A'와 'B' 단어가 모두 있는 메일을 수신했다면 그 메일이 스팸메일일 확률을 구하라. (단, 분수 형태로 표시할 것)

3) 향후 20년 동안 전체 메일에서 스팸메일이 차지하는 비율은 매년 2% 포인트씩 증가한다고 하자. 매년 스팸메일과 정상메일에서 제목에 'A'와 'B'가 들어가는 비율에는 변화가 없다고 할 때, 앞으로 몇 년 후부터 전체 메일에서 제목에 'A' 단어가 들어가는 메일이 15% 이상 되는지를 구하라.

**20.** (2010년 입법고시 2차 통계학) 어떤 의회는 100명의 의원으로 이루어져 있고 의원 중 45%가 A당, 30%가 B당, 25%가 C당 소속이라고 하자. 본 회의에 제출된 법안에 대해 의원 과반수의 출석과 출석의원 중 과반수의 찬성이 있으면 법률이 통과된다고 하자. 이번에 심의된 법률에 대해 A당 의원의 80%, B당 의원의 20%, C당 의원의 40%가 찬성하고 있다고 할 때 무작위로 선정된 한 의원이 법안을 찬성하고 있다면, 이 의원이 C당 소속의원일 확률을 구하여라.

**21.** (2014 5급(행정) 공채 2차 통계학) 5급 공무원 시험의 어떤 한 문제는 $m$개의 보기 중 하나를 고르는 선다형 문제라 가정하자. 이때 확률변수 $Y$와 $T$는 다음과 같이 정의된다.

> • 만약 시험 응시자가 그 문제의 답을 알고 있으면 $Y=1$, 그렇지 않으면 $Y=0$이다.
> • 만약 시험 응시자가 선택한 답이 정답이면 $T=1$, 그렇지 않으면 $T=0$이다.

이때 $P(Y=1)=p$, $P(T=1 \mid Y=1)=1$이라 하자. 또한 시험 응시자가 문제의 답을 모르면 $m$개 중에서 답을 임의로 선택한다고 하자[즉, $P(T=1 \mid Y=0)=1/m$]. 어느 시험 응시자가 그 문제의 정답을 맞혔다는 조건하에서 그 응시자가 답을 알고 있을 조건부확률을 구하시오.

# 사례분석 4

## 청년창업 열풍과 현황

출처 : 서터스톡

청년취업난이 지속해서 이어지면서 대학생들 사이에서 창업 열풍이 이어지고 있다. 대학에서는 학생들에게 창업에 대한 유용한 정보를 전해줄 수 있는 창업센터 신설과 창업 관련 과목을 개설하고 있으며, 정부 차원에서는 창업을 계획하거나 창업기업을 운영하는 학생과 청년들에게 금전적으로 지원하는 등 여러 창업지원 활동이 이어지고 있다. 아래 그림은 최근 10년 동안 창업기업 신설 수를 나타내며 2008년 약 4만여 개이었던 신설 창업이 2018년에는 약 10만 개까지 지속해서 증가하였음을 한눈에 알 수 있다. 참고로 2018년 창업기업의 수는 정확하게 10만 2,042개였다(출처: KOSIS 국가통계포털 사이트).

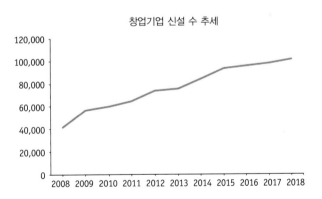

**사례자료 4-1 창업기업 신설 수 추세**

출처 : KOSIS 국가통계포털(kosis.kr)

한 연구자가 우리나라 창업기업에 대해 더 자세히 알기 위해서 500여 개의 창업기업을 조사하였다고 가정하자. 그 현황은 다음의 사례자료 4-2[1]와 같다.

---

[1] 사례자료 4-2는 사례분석을 위해 KOSIS의 실제 자료를 수정한 자료이다.

- 어떤 창업기업이 농·임·어업 및 광업 업종에 속할 확률은 얼마인가?
- 어떤 창업기업이 농·임·어업 및 광업, 제조업, 서비스업 분야에 속하지 않을 확률은 얼마인가?
- 어떤 창업기업이 5억 원 이하의 자본금을 가지고 서비스 업종에서 활동할 확률은 얼마인가?
- 건설 및 전기가스 업종에서 활동하고 있는 어떤 창업기업이 10억 원 이상의 자본금을 가지고 있을 확률은 얼마인가?

**사례자료 4-2 창업기업 현황**

| 자본금 \ 업종 | 농·임·어업 및 광업 | 제조업 | 건설 및 전기가스업 | 서비스업 |
|---|---|---|---|---|
| 5억 원 이하 | 10 | 50 | 15 | 230 |
| 5~10억 원 | 6 | 28 | 19 | 72 |
| 10억 원 이상 | 3 | 5 | 42 | 20 |

**사례분석 4**

# 엑셀을 이용한 확률 계산

이 사례분석은 간단한 확률 계산이 주요 내용이며, 엑셀의 사용법 또한 앞의 사례연구에서 다룬 함수의 사용법에 기초한다. 먼저 다음 그림과 같이 워크시트에 자료를 입력하고 **SUM** 함수와 제2장에서 배운 **자동채우기** 기능을 이용하여 행과 열의 합계를 계산한다.

| F5 | | | $f_x$ | =SUM(B5:E5) | | |
|---|---|---|---|---|---|---|
| | A | B | C | D | E | F |
| 1 | | 농·임·어업 및 광업 | 제조업 | 건설 및 전기가스업 | 서비스업 | 계 |
| 2 | 1 ~ 5억 원 | 10 | 50 | 15 | 230 | 305 |
| 3 | 5~10억 원 | 6 | 28 | 19 | 72 | 125 |
| 4 | 10억 원 이상 | 3 | 5 | 42 | 20 | 70 |
| 5 | 계 | 19 | 83 | 76 | 322 | 500 |

sheet1  Sheet2  ⊕

준비  디스플레이 설정  100%

**그림 1** SUM 함수 사용

## 1. 어떤 창업기업이 농 · 임 · 어업 및 광업 업종에 속할 확률은 얼마인가?

어떤 창업기업이 농 · 임 · 어업 및 광업 업종에 속할 사건을 $A_1$이라고 하면, 이 사건이 발생할 확률은 전체 창업기업에 대한 농 · 임 · 어업 및 광업 창업기업의 비율이므로 $P(A_1) = $ 19/500이다. 즉 다음 그림과 같이 B7셀에 =**B5/F5**를 입력하고 Enter 키를 누르면 확률 0.038이 계산된다.

| B7 | | | $f_x$ | =B5/F5 | | |
|---|---|---|---|---|---|---|
| | A | B | C | D | E | F |
| 1 | | 농·임·어업 및 광업 | 제조업 | 건설 및 전기가스업 | 서비스업 | 계 |
| 2 | 1 ~ 5억 원 | 10 | 50 | 15 | 230 | 305 |
| 3 | 5~10억 원 | 6 | 28 | 19 | 72 | 125 |
| 4 | 10억 원 이상 | 3 | 5 | 42 | 20 | 70 |
| 5 | 계 | 19 | 83 | 76 | 322 | 500 |
| 6 | | | | | | |
| 7 | | 0.038 | | | | |
| 8 | | | | | | |

sheet1  Sheet2  ⊕

준비  디스플레이 설정  100%

**그림 2** 창업기업이 농 · 임 · 어업 및 광업 업종에 속할 확률

같은 방법으로 농·임·어업 및 광업 분야 이외의 다른 업종들에 대해서도 확률 $P(A_i)$를 계산할 수 있으며 배열 계산을 활용하면 간단히 일괄 처리할 수 있다. 먼저 출력될 셀의 범위로 B7셀부터 E7셀까지 선택한 후 수식 입력줄에 **=B5:E5/F5**를 입력하고 **Ctrl+Shift+Enter** 키를 동시에 누른다. 그러면 그림 3과 같이 선택한 셀 영역에 각각의 확률이 배열로 계산되어 나타난다.

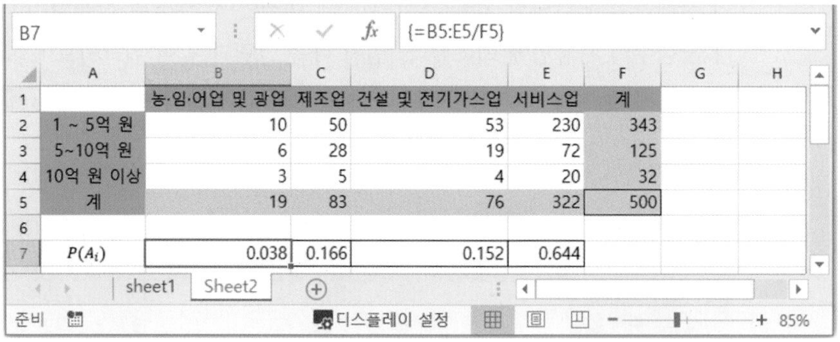

| B7 | | | | fx | {=B5:E5/F5} | | |
|---|---|---|---|---|---|---|---|
| | A | B | C | D | E | F | G | H |
| 1 | | 농·임·어업 및 광업 | 제조업 | 건설 및 전기가스업 | 서비스업 | 계 | | |
| 2 | 1 ~ 5억 원 | 10 | 50 | 53 | 230 | 343 | | |
| 3 | 5~10억 원 | 6 | 28 | 19 | 72 | 125 | | |
| 4 | 10억 원 이상 | 3 | 5 | 4 | 20 | 32 | | |
| 5 | 계 | 19 | 83 | 76 | 322 | 500 | | |
| 6 | | | | | | | | |
| 7 | $P(A_i)$ | 0.038 | 0.166 | | 0.152 | 0.644 | | |

**그림 3** 배열 계산

## 2. 어떤 창업기업이 농·임·어업 및 광업, 제조업, 서비스업 분야에 속하지 않을 확률은 얼마인가?

어떤 창업기업이 농·임·어업 및 광업, 제조업, 서비스업 분야에 속할 사건을 $C$라고 하면, 구하고자 하는 확률은 $C$의 여집합 확률로 $P(\overline{C})=1-(19+83+332)/500$이 된다. 따라서 B9셀의 수식 입력줄에 **=1−(B5+C5+ E5)/F5**를 입력하고 Enter 키를 누르면 그림 4와 같이 구하고자 하는 확률이 계산된다. 어떤 창업기업이 농·임·어업 및 광업, 제조업, 서비스업 분야에 속하지 않을 확률은 0.152이다.

## 3. 어떤 창업기업이 5억 원 이하의 자본금을 가지고 서비스 업종에서 활동할 확률은 얼마인가?

위의 예에서와 마찬가지로 출력될 임의의 셀 B10을 선택하여 **=E2/F5**를 입력하고 Enter 키를 누른다. 다음 그림을 보면 어떤 창업기업이 5억 원 이하의 자본금을 가지고 서비스 업종에서 활동할 결합확률은 0.46이다.

| B11 | | $\times$ $\checkmark$ $f_x$ | =(D4/F5)/(D5/F5) | | | |
|---|---|---|---|---|---|---|
| | A | B | C | D | E | F |
| 1 | | 농·임·어업 및 광업 | 제조업 | 건설 및 전기가스업 | 서비스업 | 계 |
| 2 | 1 ~ 5억 원 | 10 | 50 | 15 | 230 | 305 |
| 3 | 5~10억 원 | 6 | 28 | 19 | 72 | 125 |
| 4 | 10억 원 이상 | 3 | 5 | 42 | 20 | 70 |
| 5 | 계 | 19 | 83 | 76 | 322 | 500 |
| 6 | | | | | | |
| 7 | $P(A_i)$ | 0.038 | 0.166 | 0.152 | 0.644 | |
| 8 | | | | | | |
| 9 | $P(\bar{C})$ | 0.152 | | | | |
| 10 | 결합확률 | 0.460 | | | | |
| 11 | 조건부 확률 | 0.553 | | | | |

**그림 4** 결합확률과 조건부확률

4. 건설 및 전기가스 업종에서 활동하고 있는 어떤 창업기업이 10억 원 이상의 자본금을 가지고 있을 확률은 얼마인가?

창업기업이 건설 및 전기가스 업종에서 활동하는 사건을 $A_3$, 10억 원 이상의 자본금을 가지고 있을 사건을 $B_3$라고 하면 조건부확률은 다음과 같다.

$$P(B_3 \mid A_3) = \frac{P(B_3 \cap A_3)}{P(A_3)}$$

여기서 $P(B_3 \cap A_3)$=D4/F5, $P(A_3)$=D5/F5에 의해 구할 수 있다. 따라서 그림 4와 같이 B11셀의 수식 입력줄에 **=(D4/F5)/(D5/F5)**를 입력하고 Enter 키를 누르면 어떤 창업기업이 건설 전기가스 업종에서 활동하고 있다는 전제하에 10억 원 이상의 자본금을 가지고 있을 조건부 확률인 0.553이 계산된다. 이 조건부확률에 의하면 건설 및 전기가스 업종에서 신설되는 창업기업들은 상대적으로 많은 자본금이 필요함을 알 수 있다.

**사례분석 4**

# 확률 계산과 'R Script' 사용

이 사례분석은 간단한 확률 계산이 주요 내용이며, R의 사용법 또한 앞의 사례분석에서 다룬 함수들의 사용법에 기초하지만, 추가로 제1장 부록 2에서 다룬 RStudio의 **File** 메뉴에 제공되는 **R Script** 기능을 이용한다. 우리는 기본적으로 **콘솔**(Console) 창(그림 6의 왼쪽 아래)에서 '>'로 시작하는 입력줄에 명령어나 표현식을 입력하지만, R의 함수 및 패키지 등을 사용하여 복잡하게 작성한 프로그램 코드를 입력하거나 입력한 코드를 파일로 저장해야 할 때는 **R Script** 파일을 생성하여 효율적으로 코드를 실행할 수 있다.

　R Script는 그림 5와 같이 **File → New File → R Script**를 선택하거나 단축키 **Ctrl+ Shift+N**을 누르면 그림 6과 같이 RStudio의 왼쪽 위 창에 Untitled1*이라는 새 스크립트 파일이 활성화된다. 스크립트에 저장된 코드는 그림 6의 **Run** 버튼을 사용하여 명령어를 실행할 수 있으며 그 결과는 콘솔 창에 출력된다. 이 경우 스크립트 창의 커서가 위치한 줄의 명령어가 실행되며 모든 코드를 실행하기 위해서는 **Code → Run Region → Run All**을 선택하거나 단축키 **Ctrl+Alt+R**을 누른다.

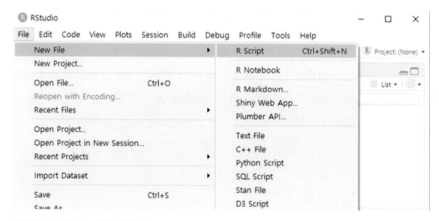

**그림 5**　R Script 파일 선택 경로

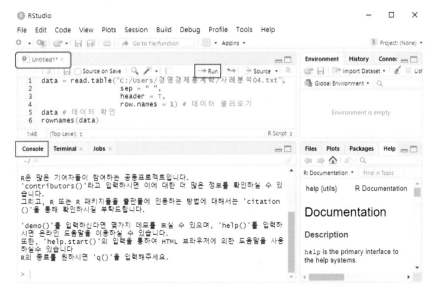

**그림 6** 생성된 R Script 파일, 실행 버튼, 콘솔 창

이제 📁 사례분석04.txt를 R로 불러오고 R 함수를 이용하여 행과 열의 합과 필요한 확률을 계산해 보자.

```
data=read.table("C:/Users/경영경제통계학/사례분석04.txt",
    sep="",
    header=T,
    row.names=1) # 데이터 불러오기
data # 데이터 확인
rownames(data)
```

**코드 1** 자료 입력

코드 1은 이전 사례분석에서 자료를 불러온 명령어와 다르게 행의 이름을 입력하는 인수 **row.names**를 추가시켰다. 이 인수는 행의 이름을 벡터 형식으로 입력하지만 자료 테이블에서 행의 이름을 포함한 열을 숫자로 입력할 수도 있다. 즉, 'row.names=숫자'를 입력하면 해당 열을 행 이름으로 사용하게 된다. 앞의 코드에서는 자료 테이블의 1열을 행의 이름으로 사용하기 위해 'row.names=1'을 입력하였다. 따라서 불러온 자료 테이블은 그림 7과 같다.

```
Console ~/
> data
          농.임.어업.및.광업 제조업 건설.및.전기가스업 서비스업
1 ~ 5억 원              10     50               15      230
5~10억 원               6     28               19       72
10억 원 이상             3      5               42       20
> rownames(data)
[1] "1 ~ 5억 원"    "5~10억 원"     "10억 원 이상"
>
```

**그림 7**  행과 열 이름 입력

　　다음은 rowSums()와 colSums() 함수를 사용하여 각 행과 열에 대한 합계를 구한다. 그리고 행과 열의 합을 차례로 data 객체에 병합하고 행과 열의 이름을 '계'로 바꾸어주는 다음 코드를 작성하여 실행하면 그림 8과 같은 자료 테이블이 만들어진다.

```
Scol = colSums(data) # 열 합계
data = rbind(data, Scol) # data와 Scol 객체 행 병합
Srow = rowSums(data) # data 행 합계
data = cbind(data,Srow) # data와 Srow 열 병합
rownames(data)[,4] = "계" ; colnames(data)[5] = "계" # 행과 열 이름 '계'로 변경
```

**코드 2**  자료 테이블 작성

```
Console ~/
> Scol = colSums(data)
> data = rbind(data, Scol)
> Srow = rowSums(data)
> data = cbind(data,Srow)
> rownames(data)[4] = "계" ; colnames(data)[5] = "계"
> data
          농.임.어업.및.광업 제조업 건설.및.전기가스업 서비스업   계
1 ~ 5억 원              10     50               15      230 305
5~10억 원               6     28               19       72 125
10억 원 이상             3      5               42       20  70
계                     19     83               76      322 500
>
```

**그림 8**  자료 테이블 작성 결과

## 1. 어떤 창업기업이 농·임·어업 및 광업 업종에 속할 확률은 얼마인가?

어떤 창업기업은 500개이며, 농·임·어업 및 광업은 19개이므로 이 확률은 19/500 = 0.038이며, 다음과 같이 R 코드를 입력할 수 있다. 2개의 명령어는 그림 9와 같이 모두 같은 결과를 출력하므로 어느 하나로 연산을 수행하면 원하는 확률을 계산할 수 있다.

```
data[4,1]/data[4,5]
Scol[1]/data[4,5]
```

**코드 3**  확률 계산

```
Console ~/
> data[4,1]/data[4,5]
[1] 0.038
> Scol[1]/data[4,5]
농.임.어업.및.광업
            0.038
> |
```

**그림 9** 확률 계산 결과

### 2. 어떤 창업기업이 농·임·어업 및 광업, 제조업, 서비스업 분야에 속하지 않을 확률은 얼마인가?

어떤 창업기업이 농·임·어업 및 광업, 제조업, 서비스업 분야에 속할 사건을 $C$라고 하면, 구하고자 하는 확률은 $C$의 여집합 확률로 $P(\overline{C})=1-(19+83+322)/500$이 된다. 따라서 R Script에 **1-sum(Scol[-3])/data[4,5]**을 입력한 후 **Run** 버튼이나 단축키 **Ctrl+Enter**를 누르면 그림 10과 같이 구하고자 하는 확률이 계산된다. 어떤 창업기업이 농·임·어업 및 광업, 제조업, 서비스업 분야에 속하지 않을 확률은 0.152이다.

```
Console ~/
> 1-sum(Scol[-3])/data[4,5]
[1] 0.152
> |
```

**그림 10** 농·임·어업 및 광업, 제조업, 서비스업 분야에 속하지 않을 확률

### 3. 어떤 창업기업이 5억 원 이하의 자본금을 가지고 서비스 업종에서 활동할 확률은 얼마인가?

어떤 창업기업이 5억 원 이하의 자본금을 가지고 서비스 업종에서 활동할 결합확률로 R Script에 **data[1,4]/data[4,5]**를 입력한 뒤 **Run** 버튼이나 단축키 **Ctrl+Enter**를 누르면 0.46이 계산된다.

```
Console ~/
> data[1,4]/data[4,5]
[1] 0.46
> |
```

**그림 11** 결합확률

4. 건설 및 전기가스 업종에서 활동하고 있는 어떤 창업기업이 10억 원 이상의 자본금을 가지고 있을 확률은 얼마인가?

어떤 창업기업이 건설 및 전기가스 업종에서 활동하는 사건을 $A_3$, 10억 원 이상의 자본금을 가지고 있을 사건을 $B_3$라고 하면 조건부확률은 다음과 같다.

$$P(B_3 \mid A_3) = \frac{P(B_3 \cap A_3)}{P(A_3)}$$

여기서 $P(B_3 \mid A_3)$=data[3,3]/data[4,5], $P(A_3)$=data[3,4]/data[4,5]를 입력하여 구할 수 있다. 즉, R Script 창에 그림 12와 같이 명령어를 입력하고 Run 버튼이나 단축키 Ctrl+ Enter를 누르면 조건부확률 0.553이 계산된다. 이 조건부확률에 의하면 건설 및 전기가스 업종에서 신설되는 창업기업들은 상대적으로 많은 자본금이 필요함을 알 수 있다.

```
Console ~/ ⇗
> (data[3,3]/data[4,5])/(data[4,3]/data[4,5])
[1] 0.5526316
>
```

그림 12  조건부확률

# 5

# 확률변수와 이산확률분포

## 제1절 확률변수

어떤 임의실험이 수행되고 그 가능한 결과에 수치가 부여되는 경우를 생각해 보자. 주사위를 던지는 임의실험에서는 가능한 결과 1, 2, 3, 4, 5, 6 중 하나의 수치로 나타난다. 어떤 연도의 실업률을 측정하는 임의실험에서도 가능한 결과는 양의 실수 중 하나의 수치로 나타난다. 그러나 임의실험의 결과가 언제나 수치로 나타나는 것은 아니다. 컴퓨터 공장에서 생산한 제품이 불량품인지 아닌지 판정하는 임의실험의 경우는 가능한 결과가 불량품 아니면 정상품이 되어 수치로 나타나지 않는다. 그러나 그 결과를 불량품인 경우는 1, 아니면 0으로 나타내어 결과에 수치를 부여할 수 있다.

모든 임의실험의 결과에 수치가 부여될 수 있다면 어떤 특정한 수치가 임의실험에서 결정될 가능성은 확률적으로 주어진다. 이처럼 임의실험에서 일정한 확률을 가지고 발생하는 결과에 실숫값을 부여하는 변수를 확률변수(random variable)라고 한다.

**확률변수**란 임의실험의 결과에 실숫값을 대응시켜 주는 함수이며, 흔히 $X$, $Y$ 혹은 $Z$와 같은 영문 대문자로 표현한다.

컴퓨터 공장에서 생산한 두 대의 제품에 대한 불량품 여부를 판정하는 임의실험을 하였다고 하자. 이 경우 표본공간은 다음과 같다.

$$\Omega = \{DD, DN, ND, NN\}$$
$$D : 불량품, \quad N : 정상품$$

만일 $X$가 불량품의 수를 나타내는 변수라면 임의실험의 결과에 실숫값(0, 1, 2)을 대응시켜 주는 함수가 되며, 이때 $X$는 확률변수이다. 불량품의 수를 나타내는 확률변수 $X$는 특정한 수치 $x=0$, $x=1$, $x=2$를 갖게 된다. 앞으로 영문 대문자는 변수를, 영문 소문자는 변수가 취하는 특정한 실숫값을 나타내는 것으로 한다. 함수의 개념에 의하면 확률변수란 정의역이 표본공간($\Omega$)이고 치역이 실숫값($R$)인 함수이다.

확률변수는 이산(discrete)확률변수와 연속(continuous)확률변수로 구별된다. 이산확률변수는 확률변수가 취할 수 있는 실숫값의 수를 셀 수 있는 변수이고, 연속확률변수는 확률변수가 취할 수 있는 실숫값의 수를 셀 수 없는 변수이다.

**이산확률변수**는 확률변수가 취할 수 있는 실숫값의 수를 셀 수 있는 변수이다. **연속확률변수**는 확률변수가 취할 수 있는 실숫값이 어떤 특정 구간 전체에 해당하여 그 수를 셀 수 없는 변수이다.

**그림 5-1**

$X : \Omega \rightarrow R$

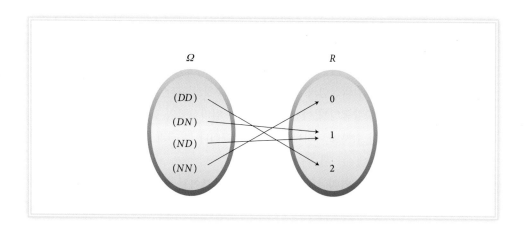

일반적으로 이산확률변수가 취하는 실숫값의 수는 유한하다. 이에 대한 예를 들면 다음과 같다.

- 10명의 회사원을 선택하여 성별을 관측하는 임의실험에서 여자 사원의 수(0, 1, 2, …, 9, 10)
- 공기청정기 공장에서 생산한 100개의 완성품 중 불량품의 개수(0, 1, …, 100)
- 정원이 20명인 인공지능 대학원에 입학한 학생 수(0, 1, …, 20)
- 하루 동안 은행의 한 지점을 방문한 고객의 수(0, 1, 2, …)
- 우리나라 대기업에서 과거 10년 동안 발생한 파업의 수(0, 1, 2, …)
- 어떤 포털 사이트를 오픈한 후 사람들이 접속한 횟수(0, 1, 2, …)

위의 예들은 확률변수가 취하는 값의 수를 셀 수 있으며 현실적으로 그 수가 유한하다. 그러나 이산확률변수가 취하는 수의 한계가 존재하지 않는 경우 이산확률변수가 취하는 수를 셀 수 있음에도 불구하고 그 수가 무한할 수 있다. 즉 6번째 예의 경우 접속 횟수는 현실적으로는 유한하지만, 이론적으로는 0부터 ∞까지 어떤 정수든 취할 수 있다. 따라서 확률변수가 취할 수 있는 값이 무한하여도 이산확률변수인 경우가 존재하며, '셀 수 있는 수'가 반드시 '유한한 수'를 의미하지는 않는다.

반면, 연속확률변수는 취할 수 있는 실숫값의 수가 셀 수 없이 무한하여 연속변수가 취할 수 있는 값이 어떤 특정 구간 전체에 해당된다. 병원에서 의사가 하루에 환자를 진료하는 정확한 시간(초 이하의 단위로 측정)을 확률변수라고 하면, 이 변수가 취할 수 있는 값은 245.70812…초같이 0부터 86,400까지 일정 구간의 무한한 실숫값 중 하나가

출처 : 셔터스톡

될 수 있으며, 이때의 확률변수는 연속인 것이다. 이에 대한 예를 들어보면 다음과 같다.

- 국내 기업 중 사회적 기업의 비율
- 바이오 기업 연구소에서 신약을 개발하기 위해 걸리는 정확한 시간
- 어떤 회사의 매출 증가율
- 오늘의 대미환율
- 다이아몬드의 정확한 무게

## 제2절 이산확률변수의 확률분포

$X$는 이산확률변수이고 $x$는 이산확률변수 $X$가 취할 수 있는 값이라고 하면 확률변수 $X$가 특정한 값 $x$를 취하는 확률은 $P(X=x)$로 표현된다. 즉 주사위를 던지는 실험의 경우 그 결과가 1이 될 확률은 $P(X=1)$로 표현되며, 그 값은 1/6이 된다. 이처럼 어떤 확률변수가 취할 수 있는 모든 가능한 값들에 대응하는 확률을 모두 표시하는 것을 확률분포(probability distribution)

라 하고, 확률분포를 함수로 나타낸 것을 확률함수(probability function)라고 한다. 확률함수는 이산확률변수의 분포를 나타내는 확률질량함수(probability mass function)와 연속확률변수의 분포를 나타내는 확률밀도함수(probability density function)로 구별될 수 있다. 확률밀도함수는 다음 장에서 다루기로 하자.

이산확률변수 $X$의 확률질량함수 $P_X(x)$는 $X$가 $x$를 취하는 확률을 $x$의 함수로 표현한 것이다.

$$P_X(x) = P(X=x)$$

> $X$의 **확률분포**는 $X$가 취할 수 있는 모든 $x$의 확률값들을 표, 공식 또는 그래프로 표시한 것이며, 확률분포를 함수로 나타낸 것을 **확률함수**라고 한다. 확률함수는 이산확률변수의 분포를 나타내는 **확률질량함수**와 연속확률변수의 분포를 나타내는 **확률밀도함수**로 구별될 수 있다.

동전을 두 번 던지는 임의실험에서 동전의 앞면이 나오는 횟수를 확률변수 $X$로 표현하면, 이때 $X$가 취할 수 있는 값들은 $x=0$, $x=1$ 또는 $x=2$가 되며 이에 대응하는 확률값들은 다음과 같다.

$$P_X(0) = P(X=0) = P(TT) = \frac{1}{4}$$
$$P_X(1) = P(X=1) = P(HT) + P(TH) = \frac{1}{4} + \frac{1}{4} = \frac{1}{2}$$
$$P_X(2) = P(X=2) = P(HH) = \frac{1}{4}$$

따라서 $X$의 확률분포는 다음의 식, 표 또는 그래프로 표현될 수 있다.

$$P_X(x) = \begin{cases} \dfrac{1}{4} & (x=0 \text{ 또는 } 2) \\ \dfrac{1}{2} & (x=1) \end{cases}$$

**그림 5-2**

$X$의 확률분포 그래프

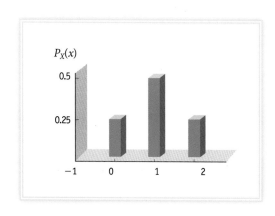

표 5-1 X의 확률분포

| 확률변수가 취하는 값($x$) | $P_X(x)$ |
|---|---|
| 0 | 1/4 |
| 1 | 1/2 |
| 2 | 1/4 |

---

**이산확률변수 $X$의 확률함수 특성**

1. 어떤 $x$값에 대해 $P_X(x) \geq 0$
2. 각 확률의 합은 1이다. 즉 $\sum_x P_X(x) = 1$

---

확률분포표는 도수(frequency)를 나타내는 표로부터 상대도수의 개념을 이용하여 쉽게 계산할 수 있다. 한 자동차 영업소에서 하루에 판매하는 자동차 대수를 조사하여 최근 100일 동안의 결과를 다음 표로 작성하였다고 하자.

**표 5-2  일일 자동차 판매량**

| 일일 자동차 판매량($x$) | 도수 |
|:---:|:---:|
| 0 | 5 |
| 1 | 10 |
| 2 | 40 |
| 3 | 30 |
| 4 | 15 |
| 합계 | 100 |

이 경우 확률변수 $X$가 특정한 값을 취하는 확률은 상대도수의 개념을 사용하여 계산될 수 있으며, 이때 모든 가능한 $x$값에 대응하는 확률을 모두 나타낸 확률분포표는 표 5-3과 같다.

**표 5-3  일일 자동차 판매량의 확률분포**

| 일일 자동차 판매량($x$) | 상대도수$\approx$확률 $P_X(x)$ |
|:---:|:---:|
| 0 | 5/100 = 0.05 |
| 1 | 10/100 = 0.1 |
| 2 | 40/100 = 0.4 |
| 3 | 30/100 = 0.3 |
| 4 | 15/100 = 0.15 |
| 합계 | 100/100 = 1 |

확률변수와 관련된 확률의 또 다른 표현함수로 누적분포함수(cumulative distribution function, c.d.f.)가 있다. 여기서 누적분포함수란 확률변수 $X$가 특정한 값 $x_0$를 넘지 않을 확률을 나타내는 함수로서 $P(X \leq x_0)$를 의미한다.

> $X$의 **누적분포함수** $F_X(x_0)$는 $X$가 $x_0$를 넘지 않을 확률을 나타낸다. 즉
>
> $$F_X(x_0)=P(X \leq x_0)$$

동전을 두 번 던져서 동전의 앞면이 나오는 횟수를 관찰하는 앞의 임의실험 예에서 누적분포함수는 다음과 같다.

$$F_X(0)=P(X \leq 0)=\frac{1}{4}$$

$$F_X(1)=P(X \leq 1)=\frac{3}{4}$$

$$F_X(2)=P(X \leq 2)=\frac{4}{4}=1$$

이를 그래프로 표현하면 그림 5-3과 같다.

**그림 5-3**

누적분포함수

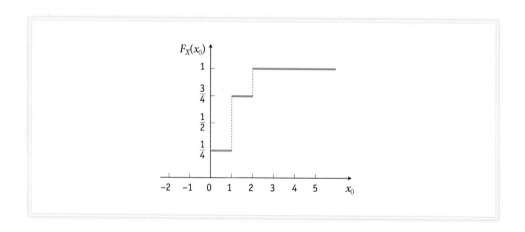

> **이산확률변수의 누적분포함수 특성**
>
> 1. 모든 $x_0$에 대해 $0 \leq F_X(x_0) \leq 1$
> 2. 만일 $x_0 < x_1$이면 $F_X(x_0) \leq F_X(x_1)$

 **통계의 이해와 활용**

### 우연에 대한 기대

일반적으로 사람들은 우연의 발생을 100만 분의 1에도 못 미치는 아주 특이한 경우라고 믿는다. 즉 사람들은 우연의 확률이 0에 가까워 우연은 일어날 것으로 기대하지 않을 뿐만 아니라 미래에 일어날 것

출처 : 셔터스톡

으로 예측하지도 않는다.

하지만 칼 융은 우연의 일치는 사람들이 운으로 기대하는 것 이상으로 빈번히 발생하며, 실제로 우주의 질서를 지키기 위한 알지 못하는 힘의 수행이라고 하였다. 융의 말처럼 우연의 일치는 신의 행위로 존재하는 것인가? 아니면 극히 드문 확률적 발생 가능성의 발현인가? 이에 대한 명쾌한 답을 제시할 수는 없지만 우연이 우리 기대보다 자주 발생하고 있다는 융의 주장을 뒷받침해 줄 흥미로운 예를 들어보고자 한다. 1990년 10월 5일에 미국의 인텔사가 자사의 386 마이크로프로세서 상표를 도용한 다른 경쟁회사를 고소한다는 보도가 있었다. 그런데 인텔사가 경쟁회사의 AM386 칩 출시 예정을 미리 확인할 수 있었던 것은 우연의 사건이 개입되어 있다.

인텔과 그 경쟁사는 우연히 이름이 마이크 웹인 동명이인의 직원을 각각 고용하고 있었고, 이 둘은 우연히 같은 날에 캘리포니아 서니베일의 같은 호텔에 투숙하였다. 이 두 사람이 호텔을 떠난 후에 서니베일 호텔은 마이크 웹의 이름으로 온 AM386이라고 표시된 소포를 하나 받게 되었다. 호텔이 인텔사의 마이크 웹에게 이 소포를 잘못 전달하게 되면서 인텔 사는 경쟁회사의 AM386 칩 출시를 알 수 있었고 경쟁회사를 고소하게 된 것이다. 이 예와 같이 현실에서는 확률적으로 극히 드문 독립된 사건들이 연속해서 발생하기도 한다. 우연한 사건 발생과 관련하여 우리에게 친숙한 영국의 역사학자 E. H. 카는 "우연으로 취급된 것은 우연이 아닌 필연이다"라는 말을 남겼다고 한다. 아무리 드물게 일어난 역사적 사건이라 해도 그저 우연히 찾아온 것이 아니라 반드시 발생할 수밖에 없었던 필연적인 결과란 의미로 해석된다.

# 제3절 이산확률변수의 기댓값

확률변수의 확률특성에 대한 정보를 가지고 있는 분포의 특징을 통계적으로 계산하는 가장 기본적인 방법은 분포의 중심을 측정하는 것이다. 앞 장에서 관측된 자료의 중심위치를 측정하는 통계량으로 평균을 소개하였는데, 확률분포에서 이 평균의 개념에 해당하는 것이 기댓값(expected value)이다.

확률분포의 중심위치를 나타내는 기댓값은 확률변수가 취할 수 있는 모든 값의 평균으로 확률변수가 취할 확률이 가장 높은 값을 의미하기도 한다. 동전을 던져서 앞면이 나오면 4,000원을 벌고 뒷면이 나오면 2,000원을 잃는 게임이 있다고 하면 사람들은 이 게임을 통해 얻게 되는 이익을 계산해 보고 게임 참여 여부를 결정할 것이다. 즉 게임에 앞서 사람들은 이 게임의 기댓값을 계산하려고 할 것이다. 동전의 앞면이 나올 확률과 뒷면이 나올 확률은 각각 50%씩이며, 앞면이 나오는 경우 이익은 4,000원, 뒷면이 나오는 경우 손실은 2,000원이므로 이 게임의 기댓값은 1,000원(=4000×1/2−2000×1/2)원이 된다. 누가 이 게임에 참여하지 않겠는가?

**그림 5-4**

동전을 던지는
게임의 기댓값

동전 앞면          동전 뒷면          기댓값
+4000원          −2000원          1000＝(4000×1/2−2000×1/2)

기댓값은 $E(X)$ 혹은 $\mu$로 표현하며, 확률변수가 취할 수 있는 모든 값과 그들의 발생확률을 각각 곱한 후 합함으로써 계산된다.

이산확률변수 $X$의 **기댓값** $E(X)$는 다음과 같이 정의된다.

$$E(X)=\sum xP_X(x)$$

**예 5-1** ▶

어떤 조사기관에서 A도시에 거주하는 사람들에게 과거 5년 동안 직업을 바꾼 횟수를 물어보고 그 비율을 계산하여 표 5-4와 같은 결과를 얻었다.

표 5-4 **직업을 바꾼 횟수의 확률분포**

| 직업을 바꾼 횟수 | 0 | 1 | 2 | 3 | 4 | 5 |
|---|---|---|---|---|---|---|
| 비율 | 0.3 | 0.4 | 0.2 | 0.05 | 0.03 | 0.02 |

이 도시의 거주민들이 직업을 바꾼 평균 횟수를 계산하라.

**답**

직업을 바꾼 횟수를 확률변수 $X$로 놓으면

$$E(X)=\sum xP_X(x)$$
$$=(0\times0.3)+(1\times0.4)+(2\times0.2)+(3\times0.05)+(4\times0.03)+(5\times0.02)=1.17$$

**기댓값의 특성**

$X$와 $Y$는 확률변수이고 $a$는 상수라고 하자.

1. $E(a)=a$

2. $E(aX)=aE(X)$

3. $E(X+Y)=E(X)+E(Y)$

$\quad E(X-Y)=E(X)-E(Y)$

농구공을 만드는 공장에서 생산하는 농구공의 수를 확률변수 $X$, 농구공 하나를 생산하기 위해 드는 가변비용을 $c$, 생산량과 관계없이 드는 고정비용을 $b$로 각각 표현하면, 이 공장의 총 생산비용은 $Y=b+cX$가 된다. 이 경우 총생산비용의 기댓값을 구하기 위해서는 $E(Y)$를 직접 계산하는 것보다 $E(X)$를 계산한 후 기댓값의 특성을 이용한 $E(Y)=b+cE(X)$를 계산하는 것이 편리하다. 기댓값의 개념은 확률변수의 함수에도 적용될 수 있다. 생산비용의 예에서 총비용 $Y$는 생산량 $X$의 함수, 즉 $Y=g(X)$이므로 $Y$의 기댓값은 $g(X)$의 기댓값이 된다. 따라서 함수의 기댓값 $E[g(X)]$는 다음과 같이 정의된다.

$$E[g(X)]=\sum_x g(x)P_X(x)$$

분포의 특성을 계산하는 유용한 방법으로 분포의 중심을 측정하는 기댓값 외에도 분포의 흩어짐 정도를 측정하는 분산(variance)을 고려할 수 있는데, 이 분산은 $X$의 함수인 $g(X)$의 기댓값으로 정의할 수 있다.

$$\sigma_X^2=E[g(X)]=E[(X-\mu_X)^2]$$

확률변수 $X$의 분산 $\sigma_X^2$는 다음과 같이 정의된다.

$$\sigma_X^2=E[(X-\mu_X)^2]=\sum_x (x-\mu_X)^2 P_X(x)=E(X^2)-\mu_X^2$$

**표준편차** $\sigma_X$는 분산의 제곱근이다.

예 5-2 ▶

앞의 예에서 A도시의 거주민들이 직업을 바꾼 횟수의 분산과 표준편차를 구하라.

**답**

$$\sigma_X^2=E[(X-\mu_X)^2]=\sum_x (x-\mu_X)^2 P_X(x)$$
$$=(0-1.17)^2\times0.3+(1-1.17)^2\times0.4+(2-1.17)^2\times0.2+$$
$$(3-1.17)^2\times0.05+(4-1.17)^2\times0.03+(5-1.17)^2\times0.02$$
$$=1.2611$$

이 분산은 다음 방법에 의해 구할 수도 있다.

$$\sigma_X^2=E(X^2)-\mu_X^2$$

여기서

$$E(X^2)=\sum x^2 P_X(x)$$
$$=(0^2\times0.3)+(1^2\times0.4)+(2^2\times0.2)+(3^2\times0.05)+(4^2\times0.03)+(5^2\times0.02)$$
$$=2.63$$

따라서 $\sigma^2_X = 2.63 - 1.17^2 = 1.2611$이고,
표준편차는 $\sigma_X = \sqrt{1.2611} = 1.1230$이다.

---

**분산의 특성**

1. $Var(a) = 0$

2. $Var(aX) = a^2 Var(X)$

3. $Var(X + a) = Var(X)$

4. 만약 $X$와 $Y$가 독립이면

$$Var(X + Y) = Var(X) + Var(Y)$$

$$Var(X - Y) = Var(X) + Var(Y)$$

---

농구공을 생산하는 공장의 총생산비용과 관련된 앞의 예에서 총생산비용의 분산은 $Var(Y)$ $= Var(b + cX)$가 되며, 분산의 특성을 이용하면 $Var(Y) = Var(b) + Var(cX) = c^2 Var(X)$가 될 것이다.

**예 5-3** ▶

경기불황으로 자동차의 판매 대수가 현격히 줄어들자 H자동차 영업소의 한 직원이 가격 할인과 함께 사은품을 증정하여 자동차 매출량을 향상하고자 한다. 이 직원이 다음 달에 판매하게 될 자동차 대수($X$)의 확률분포를 다음과 같이 추정하였다.

표 5-5 **자동차 대수($X$)의 확률분포**

| $X$ | 0 | 1 | 2 | 3 | 4 |
|---|---|---|---|---|---|
| $P_X(x)$ | 0.05 | 0.15 | 0.35 | 0.25 | 0.20 |

다음 달에 이 직원이 판매하게 될 자동차 대수의 기댓값과 분산을 계산하라. 만일 이 직원의 기본 월급이 100만 원이고 자동차 한 대 판매당 50만 원의 판매수당을 받는다고 하면, 이 직원의 다음 달 임금의 기댓값과 분산은 얼마인가?

**답**

먼저 $X$의 기댓값과 분산을 구하면

$$E(X) = \sum x P_X(x)$$
$$= (0 \times 0.05) + (1 \times 0.15) + (2 \times 0.35) + (3 \times 0.25) + (4 \times 0.20)$$
$$= 2.40$$

$$Var(X)=E(X^2)-[E(X)]^2$$
$$=[(0^2\times0.05)+(1^2\times0.15)+(2^2\times0.35)+(3^2\times0.25)+(4^2\times0.20)]-2.40^2$$
$$=7-2.40^2=1.24$$

다음 달 임금은 기본급 100만 원과 자동차 한 대를 팔 때마다 벌게 되는 판매수당의 합이
므로 임금 $Y$는 자동차 판매대수 $X$의 함수, 즉 $Y=100+50X$이다.
따라서 $Y$의 기대값은 다음과 같다.

$$E(Y)=E(100+50X)$$
$$=100+50E(X)$$
$$=100+(50\times2.4)=220$$

$Y$의 분산도 분산의 특성으로 인해 $X$의 분산으로부터 다음과 같이 구할 수 있다.

$$Var(Y)=Var(100+50X)=50^2Var(X)$$
$$=2500\times1.24=3100$$

$Y$의 분산은 3,100이다.

**예 5-4** ▶

아래 그림과 같이 반지름의 길이가 1인 원이 있으며, 원의 둘레를 6등분한 위치에 1부터
6까지의 숫자를 부여하였다. 한 주사위를 두 번 던져 나온 숫자에 해당하는 위치의 점을
각각 $a$, $b$라고 하자. 두 점 $a$, $b$로 만들어지는 부채꼴(반원 포함) 호의 길이를 확률변수 $X$
라고 하면 확률변수 $X$의 기댓값과 분산은 얼마인가?

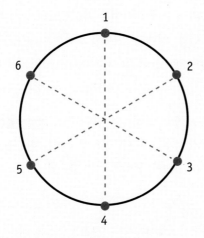

**답**

확률변수 $X$가 취할 수 있는 값은 0, 1.05, 2.1, 3.14이다(참고로 원의 둘레 길이는 반지름 ×2×3.14=6.28이다). 예를 들어 점 1과 점 2에 의해 만들어지는 부채꼴 호의 길이는 1.05가 된다. 따라서 확률변수 $X$의 확률분포는 다음 표와 같다.

**표 5-6  부채꼴 호의 길이 $X$의 확률분포**

| $X$ | 0 | 1.05 | 2.1 | 3.14 |
|---|---|---|---|---|
| $P_X(x)$ | 1/6 | 1/3 | 1/3 | 1/6 |

먼저 $X$의 기댓값을 구하면 다음과 같다.

$$E(X)=\sum xP_X(x)$$
$$=(0\times1/6)+(1.05\times1/3)+(2.1\times1/3)+(3.14\times1/6)$$
$$=1.5733$$

또한 $X$의 분산은 다음과 같다.

$$Var(X)=E(X^2)-[E(X)]^2$$
$$=[(0^2\times1/6)+(1.05^2\times1/3)+(2.1^2\times1/3)+(3.14^2\times1/6)]-1.5733^2$$
$$=1.0055$$

## 제4절 두 이산확률변수의 분포

지금까지 우리는 한 확률변수의 분포에 대하여 논의하였으나 현실 통계분석에서는 종종 두 확률변수의 관계를 고려하게 된다. 이때 두 변수의 결합분포(joint or bivariate distribution)와 각 변수에 대한 주변확률분포(marginal probability distribution)의 개념이 요구된다.

2개의 이산확률변수 $X$와 $Y$가 있다고 하자. 이 변수들의 **결합확률함수**는 확률변수 $X$가 특정한 값 $x$를, 확률변수 $Y$가 특정한 값 $y$를 동시에 취하는 확률을 나타내는 $x$와 $y$의 함수이다. 이 결합확률함수 $P_{X,Y}(x, y)$는 다음과 같이 정의된다.

$$P_{X,Y}(x, y)=P(X=x\cap Y=y)$$

두 이산확률변수의 결합확률분포로부터 각 이산확률변수에 대한 분포를 구할 수 있는데, 각 이산확률변수에 대한 분포를 **주변확률분포**라고 정의한다. 여기서 $Y$가 취할 수 있는 모든 값에 대한 결합함수의 합이 확률변수 $X$의 주변확률이며, 그 확률을 나타내는 함수를 **주변확률함수**라 한다.

$$P_X(x) = \sum_y P_{X,Y}(x, y)$$

한편, $X$가 취할 수 있는 모든 값에 대한 결합확률의 합은 확률변수 $Y$의 주변확률이며, 그 확률을 나타내는 함수를 주변확률함수라 한다.

$$P_Y(y) = \sum_x P_{X,Y}(x, y)$$

출처 : 셔터스톡

자동차 시장이 개방된 이후 수입차에 관한 관심이 지속해서 증가하고 있다. 수입차를 파는 한 자동차 영업소의 관리자가 수입차의 엔진 크기와 차바퀴 크기가 서로 관계가 있는지 살펴보았더니 표 5-7과 같은 결과를 얻을 수 있었다. $X$는 차바퀴 크기를 나타내는 확률변수로서 14인치와 16인치를 취하며, $Y$는 엔진 크기를 나타내는 확률변수로서 4, 6, 8기통을 취한다.

이 경우 수입차가 임의로 선택되었을 때 차바퀴 크기가 16인치이면서 동시에 엔진 크기가 8기통일 확률은 결합확률함수 $P_{X,Y}(16, 8)$로 표시되며 그 결합확률은 0.20이다. 물론 $P_{X,Y}$ $(14, 4)=0.16$은 임의로 선택된 수입차의 바퀴 크기가 14인치이면서 동시에 엔진 크기가 4기통일 결합확률이 0.16임을 의미한다. 표에서 확률변수 $X$에 대한 주변확률함수는 각각 다음과 같다.

$$P_X(14) = P_{X,Y}(14, 4) + P_{X,Y}(14, 6) + P_{X,Y}(14, 8)$$
$$= 0.16 + 0.19 + 0.12 = 0.47$$
$$P_X(16) = P_{X,Y}(16, 4) + P_{X,Y}(16, 6) + P_{X,Y}(16, 8)$$
$$= 0.14 + 0.19 + 0.20 = 0.53$$

$P_X(14)=0.47$은 임의로 선택된 수입차의 바퀴 크기가 14인치일 확률이 0.47임을 의미한다.

**표 5-7 차바퀴 크기($X$)와 엔진 크기($Y$)에 대한 결합확률**

| $X$ \ $Y$ | 4기통 | 6기통 | 8기통 |
|---|---|---|---|
| 14인치 | 0.16 | 0.19 | 0.12 |
| 16인치 | 0.14 | 0.19 | 0.20 |

**그림 5-5**

(X, Y)의
**결합확률분포**

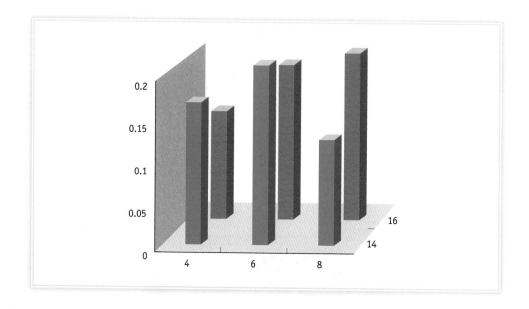

**이산확률변수의 결합확률함수 특성**

1. $P_{X, Y}(x, y) \geq 0$
2. X와 Y가 동시에 취할 수 있는 값들에 대한 결합확률 $P_{X, Y}(x, y)$의 총합은 1이다.

일반적으로 이산확률변수 Y가 어떤 특정한 값을 실현할 확률은 X가 어떤 값으로 실현되었는가에 영향을 받게 된다. 다시 말해 X가 어떤 특정한 값 x로 실현되는 조건에 따라 Y가 y라는 값으로 실현될 가능성은 변화하게 되며, 이를 조건부확률(conditional probability)이라고 한다. 우리는 이미 종속사건과 독립사건을 논의하는 과정에서 조건부확률의 개념을 정의하였으며, 이 개념을 그대로 확률변수에 적용할 수 있다.

확률변수 X가 어떤 특정한 값 x를 취한 것이 전제된 상태에서 확률변수 Y가 어떤 특정한 값 y를 취할 조건부확률은 다음 **조건부확률함수**에 의해 표현된다.

$$P_{Y \mid X}(y \mid x) = \frac{P_{X, Y}(x, y)}{P_X(x)}$$

임의로 선택된 수입차의 바퀴 크기가 16인치일 때 엔진 크기가 8기통일 확률은 X=16일 때 Y가 8일 조건부확률로서 다음과 같이 계산된다.

$$P_{Y \mid X}(8 \mid 16) = \frac{P_{X, Y}(16, 8)}{P_X(16)} = \frac{0.20}{0.53} = 0.38$$

수입차 바퀴 크기 $X$가 주어졌을 때 엔진 크기 $Y$의 조건부확률은 표 5-8과 같다. 엔진 크기가 4기통인 수입차가 14인치 바퀴를 달고 있을 조건부확률은 같은 방법으로 계산될 수 있다.

$$P_{X|Y}(14 \mid 4) = \frac{P_{X,Y}(14, 4)}{P_Y(4)} = \frac{0.16}{0.30} = 0.53$$

**표 5-8 수입차 바퀴 크기 $X$가 주어졌을 때 엔진 크기 $Y$의 조건부확률**

| $X$＼$Y$ | 4기통 | 6기통 | 8기통 |
|---|---|---|---|
| 14인치 | 0.34 | 0.40 | 0.26 |
| 16인치 | 0.26 | 0.36 | 0.38 |

앞에서 논의했던 사건의 독립성 개념을 확률변수에도 적용할 수 있다. 확률변수 $X$와 $Y$가 관계를 갖는다면 $X$와 $Y$는 통계적으로 종속이며, 관계를 전혀 갖지 않는다면 $X$와 $Y$는 통계적으로 독립(statistically independent)이다.

> 만약 두 확률변수 $X$와 $Y$의 결합확률함수가 각 주변확률함수의 곱과 일치하면 두 확률변수 $X$와 $Y$는 **통계적으로 독립**이다. 즉
>
> $$P_{X,Y}(x, y) = P_X(x)\, P_Y(y)$$

수입차 바퀴의 크기를 나타내는 확률변수 $X$와 엔진 크기를 나타내는 확률변수 $Y$가 취할 수 있는 값들의 모든 결합확률을 고려하여 각 주변확률의 곱과 일치하면 $P_{X,Y}(x, y) = P_X(x) P_Y(y)$이고, 수입차의 바퀴 크기와 수입차의 엔진 크기는 관계가 없으며 통계적으로 독립이라고 볼 수 있다.

앞의 표 5-7에서 첫 번째 가능한 결합확률은 $P_{X,Y}(14, 4) = 0.16$이고 각 주변확률 $P_X(14) = 0.47$, $P_Y(4) = 0.30$의 곱은 $P_X(14)P_Y(4) = 0.47 \times 0.30 = 0.141$이다. 즉 우선 첫 번째 가능한 결합확률이 각 주변확률의 곱과 일치하지 않으므로($P_{X,Y}(14, 4) \neq P_X(14)P_Y(4)$) 수입차 바퀴 크기와 엔진 크기는 통계적으로 독립이 아니며 서로 관련이 있다.

# 제5절 공분산과 상관계수

두 확률변수 사이의 관계를 나타내는 결합확률분포와 관련된 통계분석으로 공분산(covariance)이 있다. 공분산이란 두 확률변수 $X$, $Y$가 있을 때 각각의 확률변수와 그 확률변수의 평균과의 편차를 서로 곱한 결과 $(X - \mu_X)(Y - \mu_Y)$에 기댓값을 취하는 것으로 정의된다.

만약 $X$의 평균보다 큰 값(작은 값)이 $Y$의 평균보다 큰 값(작은 값)과 연관된다면 $(X - \mu_X)(Y$

$-\mu_Y$)는 양의 값이 기대되고, $X$의 평균보다 큰 값(작은 값)이 $Y$의 평균보다 작은 값(큰 값)과 연관된다면 $(X-\mu_X)(Y-\mu_Y)$는 음의 값이 기대되며, $X$와 $Y$가 아무런 관계도 갖지 않는다면 $(X-\mu_X)(Y-\mu_Y)$의 기댓값은 0이 될 것이다. 따라서 공분산은 두 확률변수의 연관성을 나타내 주는데, $X$와 $Y$가 서로 정의 관계를 하면 공분산은 양의 값을, $X$와 $Y$가 서로 역의 관계를 하 면 공분산은 음의 값을, 그리고 $X$와 $Y$가 서로 관계를 갖지 않으면 공분산은 0을 취하게 된다.

---

**공분산**

$$Cov(X,\ Y)=E[(X-\mu_X)(Y-\mu_Y)]$$
$$=E(XY)-\mu_X\mu_Y$$

---

앞의 예에서 바퀴 크기($X$)와 엔진 크기($Y$)의 공분산을 계산해 보자.

$$\mu_X=E(X)=\sum_x xP_X(x)=(14\times0.47)+(16\times0.53)=15.06$$

$$\mu_Y=E(Y)=\sum_y yP_Y(y)=(4\times0.30)+(6\times0.38)+(8\times0.32)=6.04$$

$$E(XY)=\sum_x\sum_y xyP_{X,Y}(x,\ y)$$
$$=(14\times4\times0.16)+(14\times6\times0.19)+(14\times8\times0.12)$$
$$+(16\times4\times0.14)+(16\times6\times0.19)+(16\times8\times0.20)$$
$$=91.16$$

따라서 $X$와 $Y$의 공분산은 다음과 같다.

$$Cov(X,\ Y)=E(XY)-\mu_X\mu_Y$$
$$=91.16-(15.06\times6.04)=0.198$$

공분산이 0보다 크므로 바퀴 크기가 크면(작으면) 엔진 크기도 커짐(작아짐)을 알 수 있다. 즉 바퀴 크기와 엔진 크기는 서로 양의 상관관계가 있음을 나타낸다.

---

**공분산과 통계적 독립**

만일 두 확률변수가 통계적으로 독립이면 두 확률변수의 공분산은 반드시 0이다. 그러 나 두 확률변수의 공분산이 0이라고 해서 두 확률변수가 반드시 독립은 아니다.

---

두 확률변수의 공분산이 0이라는 의미는 두 확률변수 간에 선형 상관(linear correlation)이 존재하지 않는다는 것이기 때문에, 두 확률변수가 아무런 관계도 갖지 않는다는 것을 의미하 지는 않는다. 예를 들어 두 확률변수가 완전한 비선형 상관관계를 갖지만, 공분산은 0이 되는 그림 5-6을 살펴보자. $X$와 $Y$가 취하는 값들의 쌍 $(x,\ y)$의 집합이 원점을 중심으로 원을 형성

하고 있으므로 $X$와 $Y$는 완전한 비선형 상관관계를 갖는다. 그런데 각 점은 원점에 대해 정확히 대칭을 이루므로 각 점에 대응되는 확률이 모두 같아 공분산은 0이 된다. 따라서 두 확률변수의 공분산이 0이라고 해서 두 확률변수가 반드시 독립을 의미하는 것은 아니다.

**그림 5-6**

**완전한 비선형 상관관계**

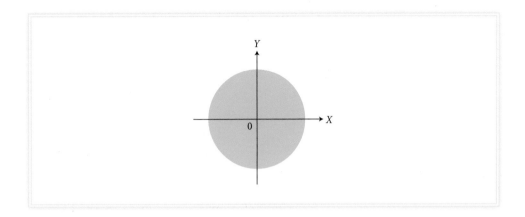

한편, 앞에서 $X$와 $Y$가 통계적으로 독립이면 두 변수의 합(차)의 분산이 각 변수의 분산 합과 같아짐을 알았다. 그런데 $X$와 $Y$가 통계적으로 독립이 아니면 두 변수의 공분산은 0이 아니므로 두 변수의 합이나 차의 분산은 다음과 같이 구할 수 있다.

> **$X$와 $Y$가 통계적으로 독립이 아닌 경우**
>
> $$\text{Var}(X+Y)=Var(X)+Var(Y)+2 \cdot Cov(X, Y)$$
> $$\text{Var}(X-Y)=Var(X)+Var(Y)-2 \cdot Cov(X, Y)$$

**예 5-5** ▶

한 전자 대리점에서 그래픽 소프트웨어의 주문량($X$)과 메모리칩의 주문량($Y$)을 한 달 동안 관찰하여 다음과 같은 결과를 얻었다.

$$Var(X)=4, \ Var(Y)=0.25, \ Cov(X, Y)=0.1$$

관찰 결과에 따르면 소프트웨어의 주문량과 메모리칩의 주문량은 서로 정의 관계가 있다. 이 경우 소프트웨어 주문량과 메모리칩 주문량의 합의 분산은 얼마인가?

**답**

$$Var(X+Y)=Var(X)+Var(Y)+2Cov(X, Y)$$
$$=4+0.25+(2 \times 0.1)=4.45$$

따라서 소프트웨어 주문량과 메모리칩 주문량의 합의 분산은 4.45이다.

공분산은 두 확률변수 간에 어떤 상관관계가 존재하는지를 알려 줄 수는 있지만, 어느 정도의 상관관계가 존재하는지 정확히 알려 줄 수 없는 단점을 지닌다. 왜냐하면, 공분산의 정의에서 쉽게 알 수 있듯이 공분산은 각 확률변수가 취하는 값의 단위에 의존하여 공분산이 큰 양(음)의 값을 갖는다고 해서 두 확률변수 간에 높은 정(역)의 상관관계가 존재한다고 판단할 수 없기 때문이다. 공분산이 갖는 이런 단위 의존성을 제거하기 위해 공분산을 두 확률변수의 표준편차의 곱으로 나누어 두 확률변수의 선형 상관관계를 나타내는 지표를 정의한 것이 상관계수(correlation coefficient)이다.[1]

---

두 확률변수 $X$와 $Y$의 **상관계수**는 $\rho$로 표현하며, 다음과 같이 정의한다.

$$\rho = \frac{Cov(X,\ Y)}{\sigma_X \sigma_Y}$$

$\rho=0$ : $X$와 $Y$ 간에 선형 상관관계 없음
$\rho=1$ : $X$와 $Y$ 간에 완전한 정의 선형 상관관계
$\rho=-1$ : $X$와 $Y$ 간에 완전한 역의 선형 상관관계

---

상관계수는 $-1 \leq \rho \leq 1$의 조건을 만족하며, $\rho=0$은 두 확률변수 $X$와 $Y$ 간에 선형 상관관계가 없음을, $\rho=1$은 완전한 정의 선형 상관관계가 존재함을, 그리고 $\rho=-1$은 완전한 역의 선형 상관관계가 존재함을 의미한다.[2]

**예 5-6** ▶

앞의 예에서 그래픽 소프트웨어의 주문량($X$)과 메모리칩의 주문량($Y$)에 대한 상관계수를 계산하고 두 변수의 관계를 설명하라.

**답**

$$\rho = \frac{Cov(X,\ Y)}{\sigma_X \sigma_Y} = \frac{0.1}{2 \times 0.5} = 0.1$$

소프트웨어 주문량과 메모리칩 주문량에 대한 상관계수는 0.1로 서로 정의 선형 상관관계가 있으나, 그 값이 1보다 0에 가까우므로 낮은 선형 상관관계가 존재함을 알 수 있다.

---

[1] 이 상관계수는 칼 피어슨에 의해 정의되었으며, 그의 이름을 따서 **피어슨 상관계수**(Pearson's correlation coefficient)라고도 한다.

[2] 상관계수를 이용한 두 확률변수의 관계에 대한 분석은 제13장에서 보다 자세하게 다루게 된다.

**그림 5-7**

상관계수와
산포도

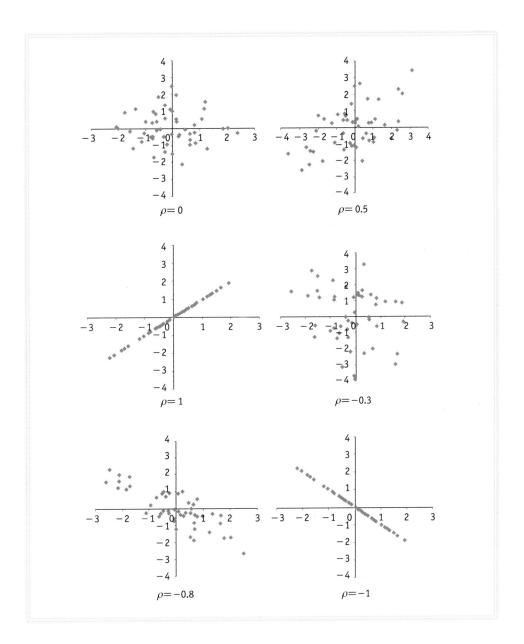

예 5-7 ▶

어떤 투자자는 투자 위험을 줄이기 위해 투자금 1억 원을 모두 한 주식에 투자하지 않고
분산투자를 결정하고, 1억 원 중 4,500만 원은 S회사 주식에, 5,500만 원은 P회사 주식에
투자하였다. S회사 주식의 기대수익률과 표준편차는 각각 9%와 12%, P회사 주식의 기대
수익률과 표준편차는 각각 11%와 20%로 예상한다.

1. 이 투자자의 기대수익률은 얼마인가?
2. 두 주식의 수익률이 서로 독립이라면 이 투자자의 수익률 분산은 얼마인가?
3. 두 주식의 수익률의 상관계수가 0.2라면 이 투자자의 수익률 분산은 얼마인가?

**답**

1. 기대수익률은 투자 가중치와 기댓값의 특성을 이용하여 다음과 같이 계산할 수 있다.

$$E(R) = w_S E(R_S) + w_P E(R_P) = (0.45)(0.09) + (0.55)(0.11) = 0.101$$

2. 수익률 분산은 투자 가중치와 분산의 특성을 이용하여 다음과 같이 계산할 수 있다.

$$Var(R) = Var(w_S R_S) + Var(w_P R_P) = w_S^2 Var(R_S) + w_P^2 Var(R_P)$$
$$= (0.45)^2 (0.12)^2 + (0.55)^2 (0.2)^2 = 0.015016$$

3. 만일 두 주식의 수익률의 상관계수가 0.2라면 2번의 수익률 분산식에 가중치를 고려한 공분산 항 $2w_S w_P Cov(R_S, R_P)$를 추가해야 한다. 여기서 $Cov(R_S, R_P)$는 $\rho \sigma_S \sigma_P$와 같다.

$$Var(R) = w_S^2 Var(R_S) + w_P^2 Var(R_P) + 2w_S w_P \rho \sigma_S \sigma_P$$
$$= (0.45)^2 (0.12)^2 + (0.55)^2 (0.2)^2 + 2(0.45)(0.55)(0.2)(0.12)(0.2)$$
$$= 0.017392$$

# 제6절 이항분포

이산확률분포에는 이항분포(binomial distribution), 기하분포(geometric distribution), 포아송분포(Poisson distribution) 등이 있는데, 이 절에서는 이산확률분포에서 가장 대표적인 이항분포에 대하여 먼저 설명하기로 한다. 그런데 이항분포에 대한 개념을 이해하기 위해서는 우선 베르누이분포를 소개할 필요가 있다.

어떤 임의 시행(trial)의 결과는 서로 배타적이며 전체를 포괄하는(총체적으로 망라된) 두 가지 사건으로만 나타난다. 동전을 던지는 시행의 경우 그 결과는 동전의 앞면 혹은 뒷면이며, 이 두 사건은 서로 배타적이고 전체를 포괄한다. 동전을 던지는 시행 외에도 컴퓨터 메모리를 생산하는 공장에서 생산된 제품이 정상품 혹은 불량품인지 판정하는 시행, 어느 회사원을 임의로 선정하였을 때 그 회사원이 여자 혹은 남자인지 성별 확인 시행, 공인회계사 시험의 결과가 합격 혹은 불합격인지 합격 여부를 확인하는 시행 등은 모두 두 가지 결과만을 기대할 수 있다. 이런 시행을 베르누이 시행(Bernoulli trial)이라고 하며, 편의상 이 두 가지 결과 중 하나는 '성공', 나머지 하나는 '실패'로 구별할 수 있다. 여기서 성공과 실패의 의미는 단지 두 가지 결과를 나타내는 상황적 표현이며 좋고 나쁨을 의미하지는 않는다. 성공의 확률을 $p$로 나타내면 실패의 확률은 $1-p$가 되며, 성공과 실패가 나타날 확률의 합은 1이 된다. 이때 얻어진 확률변수 $X$는 베르누이분포(Bernoulli distribution)를 이루게 된다.

베르누이 시행의 결과가 성공이면 $X$는 1, 실패이면 0의 값을 갖는다고 가정하면, 한 번 베르누이 시행으로 값이 결정되는 확률변수 $X$의 확률함수는 베르누이분포의 확률함수이다.

**베르누이분포의 확률함수**

$$P_X(x)=p^x(1-p)^{1-x} \text{ (여기서 } x=0, 1)$$

따라서 베르누이분포를 따르는 확률변수 $X$의 평균은 다음과 같다.

$$\mu_X=E(X)=1 \cdot p+0 \cdot (1-p)=p$$

그리고 $E(X^2)=1^2 \cdot p+0^2 \cdot (1-p)=p$이므로 확률변수 $X$의 분산은 다음과 같다.

$$\sigma^2{}_X=Var(X)=E(X^2)-\mu^2{}_X=p-p^2=p(1-p)$$

| | |
|---|---|
| **베르누이분포의 평균** | $\mu_X=E(X)=p$ |
| **베르누이분포의 분산** | $\sigma^2{}_X=Var(X)=p \cdot (1-p)$ |
| **베르누이분포의 표준편차** | $\sigma_X=\sqrt{p \cdot (1-p)}$ |

**그림 5-8**

베르누이 시행을
세 번 행할 때의
성공횟수와
발생확률의 예

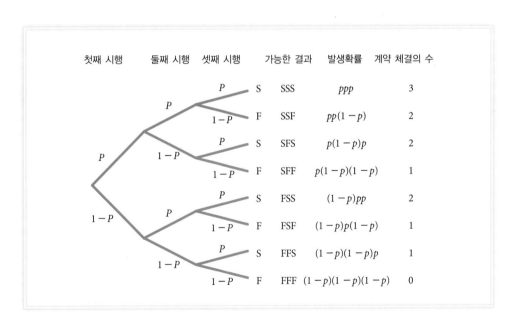

이제 베르누이 시행을 한 번만 하는 것이 아니라 서로 독립적인 베르누이 시행을 여러 번 반복할 때의 성공 횟수를 고려해 보자. 그리고 이 성공의 횟수를 확률변수 $X$로 표현하면 $X$는 이항확률변수(binomial random variable)가 된다. 베르누이 시행을 $n$번 반복한다면 이항확률변수는 0, 1, 2, …, $n$ 중에서 어떤 하나의 값을 취하게 되므로 이산확률변수이며, 이항확률변수의 확률분포를 이항확률분포(binomial probability distribution) 또는 간단히 이항분포라고 한다.

출처 : 셔터스톡

이항분포의 간단한 예로 다음 경우를 생각해 보자. 한 보험 판매원은 자신의 보험회사를 방문하는 사람이 보험계약을 체결할 확률이 0.4라고 믿고 있다. 보험이 체결되는 경우를 성공($S$) 아니면 실패($F$)라고 한다면 보험회사를 방문하여 보험계약을 체결하는 사람의 수를 이항확률변수 $X$로 표현할 수 있다. 세 사람이 보험회사를 방문하였다면 $X$가 취할 수 있는 모든 값은 0, 1, 2, 3이 될 것이다. 우선 방문자가 3명일 때 가능한 결과를 모두 살펴보면 앞의 그림 5-8과 같다. 결국 이 실험에서 가능한 모든 경우는 여덟 가지이며 $X$의 이항분포는 다음 표와 같다.

**표 5-9 방문자가 3명일 때의 이항분포**

| 계약 체결의 수($x$) | $P(x)$ |
| --- | --- |
| 0 | $(1-p)^3$ |
| 1 | $3p(1-p)^2$ |
| 2 | $3p^2(1-p)$ |
| 3 | $p^3$ |

위의 간단한 예에서는 3번의 베르누이 시행을 하는 임의실험을 가정하여 이항분포를 도출하였으나 $n$번의 베르누이 시행에서 $x$번 성공하는 확률을 나타내는 이항확률함수의 일반적인 공식을 도출해 보자. $n$번의 시행에서 $x$번 성공하고 $n-x$번 실패하는 경우 중에서 처음 $x$번 계속 성공하고 나머지는 계속 실패하는 특별한 경우를 고려하자.

$$\underbrace{SSS \cdots SS}_{x\text{번}}\underbrace{FFF \cdots FF}_{(n-x)\text{번}}$$

이 베르누이 시행은 서로 독립이라고 가정하였으므로 위의 특수한 결과가 발생할 확률은 확률의 곱셈법칙에 의해 다음과 같다.

$$\underbrace{P(S)P(S) \cdots P(S)}_{x\text{번}}\underbrace{P(F)P(F) \cdots P(F)}_{(n-x)\text{번}}$$
$$=p \times p \cdots p \times (1-p) \times (1-p) \cdots (1-p)$$
$$=p^x(1-p)^{n-x}$$

그런데 $n$번의 시행에서 $x$번 성공하는 경우는 위의 특별한 경우만이 아니라 $n$개의 대상에서 $x$개를 순서 없이 선택하는 조합의 수 $_nC_x$만큼 존재할 것이다. 즉 $n$번의 시행에서 $x$번 성공이 나올 경우의 수는 다음과 같다.

$$_nC_x = \frac{n!}{x!(n-x)!}$$

여기서 $n! = n(n-1)(n-2)\cdots(2)(1)$이다. 결국 $n$번의 베르누이 시행에서 $x$번 성공할 확률은 $_nC_x p^x(1-p)^{n-x}$이 된다. 그러므로 이항분포의 확률함수는 다음과 같다.

---

**이항분포의 확률함수**

$$P_X(x) = {_nC_x}\, p^x(1-p)^{n-x}$$

---

**예 5-8** ▶

재벌의 지배구조 개선에 대한 한 신문사의 여론조사 결과, 우리 국민 중 80%는 강도 높은 재벌의 지배구조 개선에 찬성하고 20%는 반대하는 것으로 나타났다고 하자. 임의로 5명이 선택되었을 때 3명이 반대할 확률은 얼마인가? 또한 임의로 선택된 5명 중 3명 이상이 반대할 확률은 얼마인가?

**답**

$$P_X(3) = {_5C_3} \times 0.2^3 \times 0.8^2 = 0.0512$$

따라서 임의로 선택된 5명 중 3명이 반대할 확률은 0.0512이다. 그리고 3명 이상이 반대할 확률은 다음과 같다.

$$P(X \geq 3) = P_X(3) + P_X(4) + P_X(5)$$
$$= 0.0512 + 0.0064 + 0.0003 = 0.0579$$

이항분포의 평균은 베르누이 시행횟수 $n$에 성공확률 $p$를 곱한 것과 같으며, 분산은 $n$에 성공확률 $p$와 실패확률 $1-p$를 모두 곱한 것과 같다.

---

| 이항분포의 평균 | $\mu_X = E(X) = n \cdot p$ |
|---|---|
| 이항분포의 분산 | $\sigma^2_X = Var(X) = n \cdot p \cdot (1-p)$ |
| 이항분포의 표준편차 | $\sigma_X = \sqrt{n \cdot p \cdot (1-p)}$ |

---

앞의 보험 판매원의 예에서 5명의 방문자가 있을 때 평균 계약 체결 수는 다음과 같다.

$$\mu_X = E(X) = n \cdot p = 5 \times 0.4 = 2$$

따라서 보험회사에 5명이 방문하면 2명은 보험계약을 체결하는 것으로 기대할 수 있다. 그리고 계약 체결 수의 분산은 다음과 같다.

$$\sigma^2_X = n \cdot p \cdot (1-p) = 5 \times 0.4 \times 0.6 = 1.2$$

또한 $X$의 표준편차는 분산의 제곱근이므로 $\sigma_X = \sqrt{1.2} = 1.10$이다.

마지막으로 이항분포와 연계된 큰 수의 법칙에 대해 알아보자. 동전을 던져 동전의 앞면이 나오는지 혹은 뒷면이 나오는지를 확인하는 베르누이 시행에 대해 이 절의 초반에 설명하였다. 편의상 두 가지 결과 중 앞면이 나오는 것을 '성공'이라고 하면 성공의 수학적 확률 $p$는 1/2이 된다. 실제로 동전을 4번 연속해서 던져보고 동전의 앞면이 나온 비율을 확인해 보자. 저자가 시행해본 결과 (앞면, 뒷면, 앞면, 앞면) 순서로 나와 동전 앞면이 나온 비율이 3/4으로 수학적 확률 1/2과 달랐다. 이처럼 동전 던지는 횟수가 적으면 동전 앞면의 비율이 수학적 확률과 차이가 날 수 있다. 하지만 동전 던지는 횟수가 많아질수록 그 차이는 점점 감소할 것이며, 동전 던지는 횟수가 한없이 커지면 그 차이는 0에 수렴할 것이다. 이렇게 베르누이 시행을 서로 독립적으로 무한히 반복하면 성공횟수의 비율이 수학적 성공확률인 $p$에 수렴하게 되는데, 이를 큰 수의 법칙(law of large numbers)이라고 한다. 즉, 큰 수의 법칙을 다음과 같이 정의할 수 있다.

> **큰 수의 법칙**
>
> 베르누이 시행에서 성공의 수학적 확률이 $p$인 독립시행을 $n$번 반복할 때 성공의 횟수를 확률변수 $X$라 하면 임의의 작은 양수 $\epsilon$에 대해 다음이 성립한다.
>
> $$\lim_{n \to \infty} P(\,|\,X/n - p\,| < \epsilon) = 1$$

# 제7절  기하분포

서로 독립적인 $n$번의 베르누이 시행에서 성공횟수를 나타내는 확률변수는 이항분포를 따르게 됨을 살펴보았다. 하지만 'TV 오디션 프로그램의 예선 경쟁에서 지원자 중 몇 명을 심사한 후 첫 번째 예선 통과자가 생길까?', '벤처기업이 몇 번의 실패를 거쳐야 성공할 수 있는가?' 등에 관심이 있다면 이항분포와는 다르게 첫 번째 성공이 발생하기 위해서 서로 독립적인 베르누이 시행을 몇 번이나 반복해야 하는가에 관심을 가져야 한다.

이제 첫 번째 성공을 얻기 위해 반복되는 서로 독립적인 베르누이 시행횟수를 확률변수 $X$로 정의하면 확률변수 $X$는 기하분포(geometric distribution)를 따른다. 또한 이 기하분포는 베르누이 시행횟수가 고정되어 있지 않다는 점에서 이항분포와 다르다.

**기하분포의 확률함수**

$$P_X(x) = p \cdot (1-p)^{x-1}, \quad x = 1, 2, 3, \cdots$$

기하분포하는 확률변수 $X$평균은 다음과 같다.

$$\mu_X = E(X) = \sum_{x=1}^{\infty} x \cdot (1-p)^{x-1} \cdot p = \frac{1}{p^2} \cdot p = \frac{1}{p}$$

그리고 $E(X^2) = \sum_{x=1}^{\infty} x^2 \cdot p \cdot (1-p)^{x-1} = \frac{2-p}{p^2}$ 이므로 확률변수 $X$의 분산은 다음과 같다.

$$\sigma^2_X = Var(X) = E(X^2) - \mu^2_X = \frac{2-p}{p^2} - \frac{1}{p^2} = \frac{1-p}{p^2}$$

| 기하분포의 평균 | $\mu_X = E(X) = \dfrac{1}{p}$ |
|---|---|
| 기하분포의 분산 | $\sigma^2_X = Var(X) = \dfrac{1-p}{p^2}$ |
| 기하분포의 표준편차 | $\sigma_X = \sqrt{\dfrac{1-p}{p^2}}$ |

**예 5-9 ▶**

한 정유회사는 사업성 있는 새로운 유전을 발견하기 위해 석유가 매장되어 있을 것 같은 후보지를 선정하여 시추를 진행하고 있다. 이 정유회사가 시추하였을 때 유전을 발견할 확률은 0.1이라고 한다.

1. 이 정유회사가 3번의 시추를 시도한 후 처음으로 유전을 발견할 확률은 얼마인가? 단, 각 시추는 서로 독립적으로 이루어진다.

2. 첫 번째 유전을 발견하기 위해 반복되는 시추횟수를 확률변수 $X$로 정의하면 $X$의 기댓값과 분산은 얼마인가?

**답**

1. 기하분포의 확률함수는 $P_X(x) = p \cdot (1-p)^{x-1}$이며 유전을 발견할 확률(성공의 확률) $p$는 0.1이므로 구하려는 확률은 다음과 같이 계산될 수 있다.

$$P_X(3) = (0.1) \cdot (1 - 0.1)^{3-1} = 0.081$$

이 정유회사가 3번째의 시추에서 처음으로 유전을 발견할 확률은 0.081이다.

2. 확률변수 $X$의 기댓값과 분산은 다음과 같이 계산된다.

$$\mu_X = E(X) = \frac{1}{p} = \frac{1}{0.1} = 10$$

$$\sigma^2_X = Var(X) = \frac{1-p}{p^2} = \frac{1-0.1}{0.1^2} = 90$$

# 제8절 포아송분포

이항분포 못지않게 중요한 이산확률분포로 포아송분포(Poisson distribution)를 고려할 수 있다. 이항확률변수가 정해진 수의 베르누이 시행에서 성공의 횟수를 나타내는 것에 반해 포아송확률변수는 정해진 시간, 거리 혹은 장소에서 발생하는 특별한 사건(성공)의 횟수를 나타낸다. 이런 포아송확률변수에 대한 예로 어떤 축구 선수가 프리미어 리그에서 올해 시즌 동안 받은 경고카드 수, 한 대리점에서 일정 시간 동안에 반품되는 불량품의 수, 특정 도시에서 하루 동안 발생하는 교통사고 건수 등을 들 수 있다. 포아송확률변수가 다음의 조건들을 만족할 경우 포아송분포를 따른다고 한다.

**포아송 실험**

1. 독립성 : 어떤 구간에서 일어날 성공의 수는 다른 구간에서 일어날 성공의 수와 서로 독립적이다.
2. 비례성 : 같은 길이의 구간에서 일어날 성공의 확률은 같으며, 성공의 수는 구간의 길이에 비례한다.
3. 비군집성 : 구간이 아주 작아지면 두 번 이상의 성공이 일어날 확률은 0에 근접한다.

**포아송분포**

단위 구간 내에서 어떤 특별한 사건이 평균 $\mu$번 일어난다면, 그 구간 내에서 일어나는 사건의 수의 분포를 포아송분포라고 정의한다. 사건의 발생 수를 나타내는 확률변수 $X$의 확률함수는 다음과 같다.

$$P_X(x) = \frac{\mu^x}{x!} e^{-\mu}$$

여기서 $x$는 사건의 발생 수($x=0, 1, 2, \cdots$), $\mu$는 단위 구간당 사건의 평균 발생횟수($\mu > 0$), 그리고 $e=2.71828\cdots$이다.

**포아송분포의 평균과 분산**

포아송분포를 따르는 확률변수 $X$의 평균과 분산은 다음과 같다.

$$E(X)=\mu$$

$$Var(X)=\mu$$

**예 5-10** ▶

어떤 자동차 보험회사에서 조사한 결과에 의하면 한 보험 가입자에게 1년 동안에 발생하는 자동차 사고는 대체로 포아송분포에 따르며, 보험 가입자 1인당 평균 사고 수는 0.25인 것으로 나타났다. 임의로 추출된 보험 가입자가 내년에 2회의 사고를 당할 확률은 얼마인가?

**답**

확률변수 $X$가 1년 동안 보험 가입자에게 발생하는 자동차 사고 수를 나타낸다면 다음과 같다.

$$P_X(2)=\frac{\mu^x}{x!}e^{-\mu}=\frac{0.25^2}{2!}e^{-0.25}=0.024338$$

그림 5-9는 1년 동안 보험 가입자에게 발생하는 자동차 사고 수를 나타내는 확률변수 $X$의 포아송분포를 단위 구간당 사건의 평균 발생횟수 $\mu=0.25$, 1.0, 4.0으로 구별하여 보여준다. 평균 발생횟수가 많아질수록 분포의 형태가 대칭분포에 근접함을 알 수 있다.

베르누이 시행횟수 $n$이 비교적 크고($n \geq 20$) 시행의 성공확률 $p$가 아주 작을 경우($n \cdot p < 5$) 이항분포는 근사적으로 $X=n \cdot p$인 포아송분포에 따르게 된다. 따라서 $n \cdot p < 5$인 경우 베르누이 시행횟수를 포아송분포의 단위 구간이나 시간으로 간주하고, 이항확률변수의 평균($n \cdot p$)을 포아송분포의 단위당 평균 발생횟수 $\mu$로 간주하여 계산하면 이항분포를 이용하여 계산한 확률값과 거의 유사한 값을 구할 수 있다.

예를 들어, 온라인 매체에 노출된 광고를 분석해보니 창업기업의 광고 개수는 하루 평균 0.07개였다. 온라인 매체에 노출된 광고 중 창업기업 광고를 성공, 기타 광고를 실패로 간주한다면 이를 나타내는 확률변수는 베르누이 확률변수가 되며, 온라인 매체에 노출된 광고 여러 개를 임의로 선택했을 때 창업기업 광고의 수를 나타내는 확률변수는 이항확률변수가 된다. 그렇다면 온라인 매체에 노출된 기업 광고에서 임의로 50개를 선정하였을 때 창업기업 광고가 3개일 확률은 얼마일까? 우선 이항분포를 이용하여 계산하면 다음과 같다.

$$P_X(3)={}_nC_x p^x(1-p)^{n-x}={}_{50}C_3 \times 0.07^3 \times 0.93^{47}=0.2219$$

그림 5-9

포아송분포

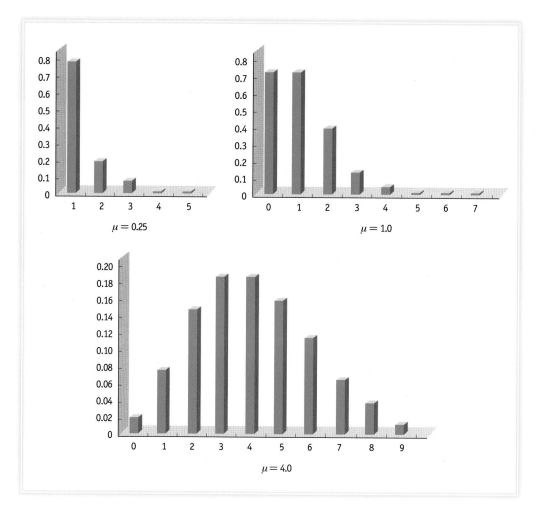

이번에는 단위당 평균 발생횟수가 3.5인 포아송분포를 이용하여 창업기업 광고가 3개일 확률을 구해보자.

$$P_X(3) = \frac{\mu^x}{x!} e^{-\mu} = \frac{3.5^3}{3!} e^{-3.5} = 0.2158$$

이 예의 경우 베르누이 시행횟수가 비교적 크고 시행의 성공확률이 아주 작으며 포아송확률변수의 평균 $n \cdot p = 3.5$가 5보다 작아야 한다는 조건을 충족하고 있다. 또한 두 확률값을 비교하면 포아송 확률함수의 값 0.2158과 이항분포의 확률함수의 값 0.2219가 매우 유사함을 알 수 있다. 그림 5-10은 $n=50$, $p=0.07$인 이항분포가 단위당 평균 발생횟수 $\mu=3.5$인 포아송분포에 근사하고 있음을 보여준다.

**그림 5-10**

$n$=50, $p$=0.07인 경우 이항분포와 포아송분포 비교

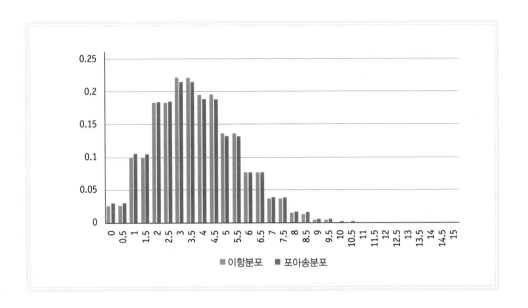

**요약**

확률변수란 임의실험의 결과에 실숫값을 대응시켜 주는 함수이며, 확률변수가 취할 수 있는 실숫값의 수를 셀 수 있는 경우 이산확률변수, 그리고 확률변수가 취할 수 있는 실숫값이 어떤 특정 구간 전체에 해당하여 그 수를 셀 수 없는 경우 연속확률변수로 구별된다.

확률변수 $X$의 확률분포는 $X$가 취할 수 있는 모든 $x$의 확률값들을 표, 공식 또는 그래프로 표시한 것이며, 확률분포를 함수로 나타낸 것을 확률함수라고 한다. 확률함수 역시 이산확률변수의 분포를 나타내는 확률질량함수와 연속확률변수의 분포를 나타내는 확률밀도함수로 나뉜다. 한편, 확률변수 $X$가 특정한 값 $x_0$를 넘지 않을 확률을 나타내는 함수인 누적분포함수가 있다.

확률변수가 취할 수 있는 모든 값의 평균에 해당하는 이산확률변수 $X$의 기댓값 $E(X)$는 다음과 같이 정의된다.

$$E(X) = \sum x P_X(x)$$

확률변수 $X$의 분산 $\sigma_X^2$는 다음과 같다.

$$\sigma_X^2 = E[(X - \mu_X)^2] = \sum_x (x - \mu_X)^2 P_X(x) = E(X^2) - \mu_X^2$$

여기서 표준편차 $\sigma_X$는 분산의 제곱근이다.

확률변수 $X$가 어떤 특정한 값 $x$를 취한 것이 전제된 상태에서 확률변수 $Y$가 어떤 특정한 값 $y$를 취할 조건부확률은 다음 조건부확률함수에 의해 표현된다.

$$P_{Y|X}(y \mid x) = \frac{P_{X,Y}(x, y)}{P_X(x)}$$

여기서 $P_{X,Y}(x, y)$는 확률변수 $X$가 특정한 값 $x$를, 확률변수 $Y$가 특정한 값 $y$를 동시에 취하는 확률을 나타내는 결합확률함수이며, $P_X(x)$는 $Y$가 취할 수 있는 모든 값에 대한 결합함수의 합을 나타내는 $X$의 주변확률함수이다.

만약 두 확률변수 $X$와 $Y$의 결합확률함수가 각 주변확률함수의 곱과 일치하면 두 확률변수와 $X$와 $Y$는 통계적으로 독립이다. 즉

$$P_{X,Y}(x, y) = P_X(x)P_Y(y)$$

$X$와 $Y$가 서로 정의 관계이면 공분산은 양의 값을, $X$와 $Y$가 서로 역의 관계이면 공분산은 음의 값을, 그리고 $X$와 $Y$가 서로 관계를 갖지 않으면 공분산은 0을 취하게 된다. 공분산은 다음과 같이 계산된다.

$$Cov(X, Y) = E[(X - \mu_X)(Y - \mu_Y)] = E(XY) - \mu_X\mu_Y$$

공분산은 각 확률변수가 취하는 값의 단위에 의존하게 된다. 이런 단점을 보완한 상관계수 $(\rho)$는 다음과 같이 정의된다.

$$\rho = \frac{Cov(X, Y)}{\sigma_X \sigma_Y}$$

상관계수는 $-1 \leq \rho \leq 1$의 조건을 만족하며, $\rho = 0$은 두 확률변수 $X$와 $Y$ 간에 선형 상관관계가 없음을, $\rho = 1$은 완전한 정의 선형 상관관계가 존재함을, 그리고 $\rho = -1$은 완전한 역의 선형 상관관계가 존재함을 의미한다.

두 가지 결과만을 기대할 수 있는 실험 혹은 시행을 베르누이 시행이라고 한다. 한 번 베르누이 시행의 결과가 성공이면 1, 실패이면 0의 값을 갖는 확률변수는 베르누이분포를 따르며 확률함수는 다음과 같다.

$$P_X(x) = p^x(1-p)^{1-x} \text{ (여기서 } x = 0, 1)$$

독립적으로 여러 번 베르누이 시행을 반복할 때의 성공횟수를 나타내는 이항확률변수의 확률분포인 이항분포의 확률함수는 다음과 같다.

$$P_X(x) = {}_nC_x p^x(1-p)^{n-x}$$

여기서 $n$은 베르누이 시행횟수, $p$는 성공확률을 나타낸다. 이항분포의 평균은 베르누이 시행횟수 $n$에 성공확률 $p$를 곱한 것과 같으며, 분산은 $n$에 성공확률 $p$와 실패확률 $1-p$를 모두 곱한 것과 같다.

첫 번째 성공을 얻기 위해 독립적으로 반복되는 베르누이 시행횟수를 나타내는 확률변수

의 분포를 기하분포라고 하며, 확률함수는 다음과 같다.

$$P_X(x) = p \cdot (1-p)^{x-1}, \ x=1, 2, 3, \cdots$$

정해진 시간, 거리 혹은 장소에서 발생하는 특별한 사건(성공)의 횟수를 나타내는 포아송 확률변수의 확률분포인 포아송분포의 확률함수는 다음과 같다.

$$P_X(x) = \frac{\mu^x}{x!} e^{-\mu}$$

여기서 $x$는 사건의 발생 수($=0, 1, 2, \cdots$), $\mu$는 단위 구간당 사건의 평균 발생횟수($\mu>0$), 그리고 $e=2.71828\cdots$이다. 포아송분포를 따르는 확률변수 $X$의 평균은 $E(X)=\mu$이며 분산도 $Var(X)=\mu$로 같다.

베르누이 시행횟수 $n$이 비교적 크고($n \geq 20$) 시행의 성공확률 $p$가 아주 작을 경우($n \cdot p < 5$) 이항분포는 근사적으로 $X=n \cdot p$인 포아송분포에 따르게 된다.

## 주요 용어

**결합확률함수**(joint probability function) 확률변수 $X$가 특정한 값 $x$를, 확률변수 $Y$가 특정한 값 $y$를 동시에 취하는 확률을 나타내는 $x$와 $y$의 함수

**공분산**(covariance) 두 확률변수 $X$, $Y$가 있을 때 각각의 확률변수와 그 확률변수의 평균과의 편차를 서로 곱한 결과 $(X-\mu_X)(Y-\mu_Y)$의 기댓값

**기하분포**(geometric distribution) 첫 번째 성공을 얻기 위해 독립적으로 반복되는 베르누이 시행횟수를 나타내는 확률변수의 분포

$$\text{기하분포의 확률함수}: P_X(x) = p \cdot (1-p)^{x-1} \ (x=1, 2, 3, \cdots)$$

**누적분포함수**(cumulative distribution function, $c.d.f.$) 어떤 확률변수가 특정한 값을 넘지 않을 확률을 나타내는 함수

**베르누이분포**(Bernoulli distribution) 한 번 베르누이 시행의 결과가 성공이면 1, 실패이면 0의 값을 갖는 확률변수의 확률분포

$$\text{베르누이분포의 확률함수}: P_X(x) = p^x(1-p)^{1-x} \ (\text{여기서} \ x=0, 1)$$

**베르누이 시행**(Bernoulli trial) 두 가지 결과만을 기대할 수 있는 실험(혹은 시행)

**상관계수**(correlation coefficient) 혹은 피어슨 상관계수(Pearson's correlation coefficient)

$$\rho = \frac{Cov(X, Y)}{\sigma_X \sigma_Y}$$

**이항확률변수**(binomial random variable)  여러 번 베르누이 시행을 반복할 때의 성공횟수

**이항확률분포**(binomial probability distribution)  이항확률변수의 확률분포

$$이항분포의 확률함수 : P_X(x) = {_n}C_x p^x (1-p)^{n-x}$$

**조건부확률함수**(conditional probability function)  확률변수 $X$가 어떤 특정한 값 $x$를 취한 것이 전제된 상태에서 확률변수 $Y$가 어떤 특정한 값 $y$를 취할 조건부확률을 나타내는 함수

**주변확률분포**(marginal probability distribution)  두 이산확률변수의 결합확률분포로부터 각 이산확률변수에 대한 분포를 구할 수 있으며, 이때 각 이산확률변수에 대한 분포

**큰 수의 법칙**(law of large numbers) : 베르누이 시행에서 성공의 수학적 확률이 $p$인 독립시행을 $n$번 반복할 때 성공의 횟수를 확률변수 $X$라 하면 임의의 작은 양수 $\epsilon$에 대해 다음이 성립한다.

$$\lim_{n \to \infty} P(\,|\,X/n - p\,|\, < \epsilon) = 1$$

**통계적으로 독립**(statistically independent)  두 확률변수 $X$와 $Y$의 결합확률함수가 각 주변확률함수의 곱과 일치하면 두 확률변수 $X$와 $Y$는 통계적으로 독립임.

**포아송분포**(Poisson distribution)  단위 구간 내에서 어떤 특별한 사건이 평균 $\mu$번 일어난다면, 그 구간 내에서 일어나는 사건의 수의 분포

$$포아송분포의 확률함수 : P_X(x) = \frac{\mu^x}{x!} e^{-\mu}$$

**확률밀도함수**(probability density function)  연속확률변수의 분포를 나타내는 확률함수

**확률변수**(random variable)  임의실험의 결과에 실숫값을 대응시켜 주는 함수

**확률변수의 기댓값**(expected value)  확률변수가 취할 수 있는 모든 값의 평균

**확률분포**(probability distribution)  어떤 확률변수가 취할 수 있는 모든 가능한 값에 대응하는 확률을 모두 표시하는 것

**확률질량함수**(probability mass function)  이산확률변수의 분포를 나타내는 확률함수

**확률함수**(probability function)  확률분포를 나타내는 함수

 **연습문제**

1. 확률변수가 취할 수 있는 모든 값의 평균, 즉 확률분포의 중심이 되는 값이 기댓값이며, 확률변수가 취하는 값과 기댓값의 차이의 정도를 표준오차(standard error)라 한다. 만일 대학생의 60%는 비수도권에 거주하며 나머지 40%는 수도권에 거주한다고 가정하면 100명의 대학생 중 비수도권에 거주하는 대학생 수에 대한 기댓값은 얼마인가? 임의로 100명의 대학생을 선택하였으며 이 중 58명이 비수도권에 거주하였다면 표준오차는 얼마인가?

2. $X$는 이산확률변수이며 다음과 같은 확률분포를 갖는다.

**$X$의 확률분포**

| $x$ | 2 | 3 | 5 |
|-----|-----|-----|-----|
| $P_X(x)$ | 0.3 | 0.3 | 0.4 |

1) $P(X<8)$

2) $P(X>4)$

3) $P(2<X<5)$

4) $X$의 기댓값을 계산하라.

5) $X$의 분산을 계산하라.

6) $X$의 표준편차를 계산하라.

3. 한 보일러 회사에서 동으로 만든 새로운 보일러를 생산하면서 보일러 주문이 증가하였다. 이 보일러 회사의 한 대리점에서 하루에 보일러를 주문받는 수에 대한 추정확률은 다음 표와 같다.

**주문받는 수의 확률분포**

| 주문 수 | 0 | 1 | 2 | 3 | 4 | 5 |
|-----|-----|-----|-----|-----|-----|-----|
| 확률 | 0.10 | 0.14 | 0.26 | 0.28 | 0.15 | 0.07 |

1) 확률함수를 그려라.

2) 누적확률함수를 계산하고 그려라.

3) 하루에 보일러를 주문받는 수가 4 이상일 확률은 얼마인가?

4. 형광등을 생산하는 공장에서 형광등을 포장하는 과정 중 실수로 형광등이 파손되곤 한다. 과거에 이 공장에서 한 시간 동안 파손된 형광등 수에 대한 확률분포가 다음과 같다고 하자.

**파손된 형광등 수의 확률분포**

| 파손된 형광등 수 | 0 | 1 | 2 | 3 | 4 |
|-----|-----|-----|-----|-----|-----|
| 확률 | 0.10 | 0.26 | 0.42 | 0.16 | 0.06 |

1) 한 시간 동안 파손된 형광등 수에 대한 평균과 표준편차를 구하라.

2) 형광등 하나를 파손하면 1,500원의 손해비용이 발생한다고 하면, 이 공장에서 한 시간 동안에 형광등 파손으로 발생하는 손해비용의 평균과 표준편차를 계산하라.

5. 자동차 매매를 할 때 정보지에 광고하는 것이 효과가 있는지 알아보기 위해 중고차 매매 업자들을 대상으로 조사를 하여 다음과 같은 결합확률이 추정되었다고 하자.

결합확률

| 하루 매매 수 (Y) | 광고횟수(X) | | | |
|---|---|---|---|---|
| | 0 | 1 | 2 | 3 |
| 0 | 0.07 | 0.09 | 0.06 | 0.01 |
| 1 | 0.07 | 0.06 | 0.07 | 0.01 |
| 2 | 0.06 | 0.07 | 0.14 | 0.03 |
| 3 | 0.02 | 0.04 | 0.16 | 0.04 |

1) $X$의 확률함수를 구하고 중고 자동차 매매업자들의 평균 광고횟수를 계산하라.

2) 중고 자동차 매매업자가 하루에 2대를 매매할 주변확률은 얼마인가?

3) 중고 자동차 매매업자가 정보지에 3번 광고하였을 때 하루에 1대를 매매할 확률은 얼마인가?

4) 확률변수 $X$와 $Y$의 공분산을 계산하라.

5) 정보지 광고횟수와 하루 매매 수는 통계적으로 독립인가?

6) 만약 중고 자동차 매매업자 10명을 임의로 선정하였을 때, 이 10명 중 정보지에 광고를 1번 한 매매업자 수의 평균과 분산을 계산하라.

6. 다음과 같은 확률함수를 갖는 확률변수 $X$를 가정하자.

$$P_X(-1) = \frac{1}{4},\ P_X(0) = \frac{1}{2},\ P_X(1) = \frac{1}{4}$$

그리고 확률 $Y$는 확률변수 $X$의 함수로 다음과 같이 정의된다.

$$Y = X^2$$

1) $X$와 $Y$의 결합확률함수를 구하라.

2) $X$와 $Y$의 기댓값을 계산하라.

3) $X$와 $Y$는 서로 종속임에도 불구하고 $X$와 $Y$의 공분산이 0임을 보여라.

7. 다음 표에 확률변수 $X$와 $Y$가 취하는 값이 다섯 쌍$(x, y)$ 있다.

| X | −2 | −1 | 1 | 0 | 2 |
|---|---|---|---|---|---|
| Y | 0 | 2 | 2 | −1 | 0 |

1) $X$와 $Y$의 산포도를 그려라.

2) $X$와 $Y$의 상관계수를 계산하라.

8. 한 전자회사의 인사관리 책임자가 전산 부서 사원 10명에 대한 TOEIC(Test of English for International Communication) 성적과 인사고과 점수(10점 만점) 사이의 관계를 살펴보았는데, 그 결과는 다음 표와 같았다.

| 사원 | 1 | 2 | 3 | 4 | 5 | 6 | 7 | 8 | 9 | 10 |
|---|---|---|---|---|---|---|---|---|---|---|
| TOEIC 점수 | 610 | 850 | 520 | 500 | 590 | 890 | 800 | 480 | 800 | 440 |
| 인사고과 점수 | 7 | 9 | 4 | 5 | 7 | 10 | 8 | 5 | 9 | 3 |

1) TOEIC 점수와 인사고과 점수에 대한 산포도를 그려라.

2) 두 변수의 공분산과 상관계수를 계산하고, 그 의미를 해석하라.

3) 인사고과 점수를 100점 만점으로 환산하여 공분산을 다시 계산하고 앞의 공분산 값과 비교하라. 왜 이런 결과가 초래되었겠는가?

4) 100점 만점으로 환산된 인사고과 점수를 이용하여 상관계수를 다시 계산하고 원래의 상관계수 값과 비교하라.

9. 한 공인중개사가 고객을 상담하여 부동산 계약을 체결할 확률이 0.35라고 한다. 이 공인중개사가 네 번째 상담 고객과 첫 부동산 계약을 체결할 확률은 얼마인가?

10. $X$가 포아송확률변수이며 평균 2인 분포를 이룰 때, 다음 확률을 계산하라.

1) $P_X(5)$

2) $P_X(1)$

11. 어떤 은행지점에서 대출액이 50억 원 이상인 경우가 매달 평균 4건이라면 임의로 선택된 달에 50억 원 이상 대출이 일어날 건수가 2건 이하일 확률은 얼마인가? 그리고 50억 원 이상 대출이 일어날 건수의 분산을 구하라.

12. 엑셀 '도구'의 '데이터 분석'에 있는 '난수 생성' 도구를 이용하여 평균이 0, 분산이 1인 3개의 변수 $X$, $E1$, $E2$를 정의하고 각각 1,000개의 임의수(난수)를 다음 그림과 같이 생성하라(참조 : 동일한 임의수를 생성하기 위해 '난수 시드'는 123으로 설정).

1) 두 변수 $Y1 = X + E1$, $Y2 = X + E2$를 계산한 후 $Y1$을 가로축, $Y2$를 세로축으로 하는 산포도를 그리고 두 변수의 관계를 설명하라.

2) 이론적으로 두 변수 $Y1$과 $Y2$의 상관계수는 얼마인가? 생성된 자료를 이용하여 두 변수의 상관계수를 계산해 보라(참조 : 상관계수를 계산하는 엑셀함수는 **CORREL**이다).

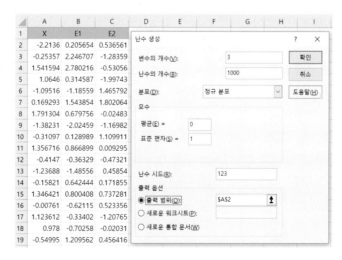

**기출문제**

1. (2019 사회조사분석사 2급) 눈의 수가 3이 나타날 때까지 계속해서 공정한 주사위를 던지는 실험에서 주사위를 던진 횟수를 확률변수 X라고 할 때, X의 기댓값은?

   ① 3.5          ② 5

   ③ 5.5          ④ 6

2. (2019 사회조사분석사 2급) 동전을 3회 던지는 실험에서 앞면이 나오는 횟수를 X라고 할 때, 확률변수 $Y=(X-1)2$의 기댓값은?

   ① 1/2          ② 1

   ③ 3/2          ④ 2

3. (2019 사회조사분석사 2급) 특정 제품의 단위 면적당 결점의 수 또는 단위 시간당 사건 발생 수에 대한 확률분포로 적합한 분포는?

   ① 이항분포          ② 포아송분포

   ③ 초기하분포          ④ 지수분포

4. (2019 사회조사분석사 2급) 다음과 같은 확률분포를 갖는 이산확률변수가 있다고 할 때 수학적 기댓값 $E(X-1)(X-1)$의 값은?

   | X | 0 | 1 | 2 | 3 |
   |---|---|---|---|---|
   | P | 1/3 | 1/2 | 0 | 1/6 |

   ① 0.5          ② 1

   ③ 1.5          ④ 2

5. (2019 사회조사분석사 2급) n개의 베르누이시행(Bernoulli's trial)에서 성공의 개수를 X라 하면 X의 분포는?

   ① 기하분포          ② 음이항분포

   ③ 초기하분포          ④ 이항분포

6. (2019 사회조사분석사 2급) 특정 질문에 대해 응답자가 답해줄 확률은 0.5이며, 매 질문 시 답변 여부는 상호독립적으로 결정된다. 5명에게 질문하였을 경우, 3명이 답해줄 확률과 가장 가까운 값은?

   ① 0.50          ② 0.31

   ③ 0.60          ④ 0.81

7. (2018 사회조사분석사 2급) X와 Y의 평균과 분산은 각각 $E(X)=4$, $V(X)=8$, $E(Y)=10$, $V(Y)=32$이고, $E(XY)=28$이다. $2X+1$과 $-3Y+5$의 상관계수는?

   ① 0.75          ② −0.75

   ③ 0.67          ④ −0.67

**8.** (2018 사회조사분석사 2급) 확률변수 X는 포아송분포를 따른다고 하자. X의 평균이 5라고 할 때 분산은 얼마인가?

① 1       ② 3

③ 5       ④ 9

**9.** (2019 9급 공개채용 통계학개론) 두 확률변수 X, Y의 상관계수에 대한 설명으로 옳은 것만을 모두 고르면?

> ㄱ. X와 Y의 상관계수가 0이면 X와 Y가 서로 독립이다.
>
> ㄴ. X와 Y가 서로 독립이면 상관계수가 0이다.
>
> ㄷ. $P(Y=\frac{X}{2}+1)=1$이면 X와 Y의 상관계수는 $\frac{1}{2}$이다.

① ㄴ       ② ㄱ, ㄴ

③ ㄱ, ㄷ       ④ ㄴ, ㄷ

**10.** (2017 9급 공개채용 통계학개론) 확률변수 X와 Y가 다음 조건을 만족할 때, 옳은 것은?

> $E(X)=0, \quad Var(X)=4$
>
> $E(Y)=-2, \quad Var(Y)=8$
>
> $Cov(X,Y)=-5$

① $E(2X-3Y)=-6$       ② $Var(X-Y)=17$

③ $Cov(X, X-Y)=-1$       ④ $Corr(3X+3, 2Y-4)=-\dfrac{5}{4\sqrt{2}}$

**11.** (2016 9급 공개채용 통계학개론) 두 이산확률변수 X와 Y의 결합확률분포표가 다음과 같을 때, $2X-Y$의 기댓값은?

| X＼Y | −1 | 0 | 1 |
|------|-----|-----|-----|
| 1 | 0.1 | 0.1 | 0.2 |
| 2 | 0.1 | 0.2 | 0.3 |

① 2.6       ② 2.7

③ 2.8       ④ 2.9

**12.** (2015 9급 공개채용 통계학개론) 두 이산확률변수 X와 Y의 결합확률분포표가 다음과 같을 때, X와 Y의 공분산은?

| X＼Y | −2 | 0 | 2 |
|------|-----|-----|-----|
| 1 | 0 | 1/3 | 0 |
| 2 | 1/3 | 0 | 1/3 |

① 0      ② 1/3

③ 2/3      ④ 1

13. (2014 9급 공개채용 통계학개론) 다음 그림의 과녁을 향해 화살을 쏠 때 화살이 한가운데 흰색 부분에 맞을 확률은 1/10, 중간의 회색 부분에 맞을 확률은 1/5, 과녁을 벗어날 확률은 1/5이다. 화살이 흰색 부분을 맞추면 4점, 회색 부분은 2점, 검은색 부분은 1점, 과녁을 벗어나면 0점의 점수를 받는다고 한다. 모두 다섯 발을 쏘았을 때 얻게 되는 점수의 합의 기댓값은 얼마인가? (단, 화살이 경계선 위에 맞을 가능성은 없다)

① 1      ② 1.3

③ 5      ④ 6.5

14. (2011년 9급 공개채용 통계학개론) 두 확률변수의 공분산과 상관계수에 대한 설명으로 옳지 않은 것은?

① 공분산 값의 영역은 모든 실수이다.

② 두 확률변수가 독립이면 공분산은 항상 0이다.

③ 상관계수는 측정단위가 없다.

④ 한 확률변수가 다른 확률변수의 선형조합이면 상관계수는 항상 1이다.

15. (2019 7급 공개채용 통계학) 숫자 1, 2, 3, 4가 표시된 공정한 정사면체 A, B 2개를 던져서 나오는 눈의 수를 각각 $a$, $b$라고 하고, 확률변수 $X=[b/a]$라고 할 때, 확률변수 $Y=16X$의 기댓값은? (단, $[x]$는 $x$보다 크지 않은 최대 정수를 나타낸다)

① 15      ② 16

③ 17      ④ 18

16. (2018 7급 공개채용 통계학) 공정한 주사위를 5 또는 6의 눈이 처음으로 나올 때까지 던지는 횟수를 확률변수 $X$라 할 때, 조건부확률 $P(X \leq 2 \mid X \leq 4)$의 값은?

① 65/81      ② 9/13

③ 5/9      ④ 4/9

17. (2014 7급 공개채용 통계학) 다음과 같은 산점도를 갖는 각 자료들의 상관계수를 작은 것부터 순서대로 바르게 나열한 것은?

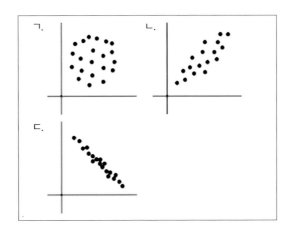

① ㄱ<ㄴ<ㄷ      ② ㄱ<ㄷ<ㄴ

③ ㄷ<ㄱ<ㄴ      ④ ㄷ<ㄴ<ㄱ

**18.** (2013 7급 공개채용 통계학) 두 확률변수 X와 Y가 서로 독립이고 다음을 만족할 때, 옳지 않은 것은?

$$E(X)=3, E(Y)=2, Var(X)=4, Var(Y)=2$$

① $E(XY)=6$      ② $E(X^2)>E(Y^2)$

③ $Var(X-Y)=2$      ④ $Cov(2X+3, 3Y+2)=0$

**19.** (2011년 7급 통계학) 두 이산확률변수 $X$와 $Y$의 결합확률분포가 다음과 같을 때, $X$와 $Y$ 사이의 상관계수는?

| X \ Y | −1 | 0 | 1 |
|---|---|---|---|
| −1 | 0 | $\frac{1}{3}$ | 0 |
| 0 | 0 | 0 | $\frac{1}{3}$ |
| 1 | $\frac{1}{3}$ | 0 | 0 |

① $-1$      ② $-\frac{1}{2}$

③ $\frac{1}{2}$      ④ $1$

**20.** (2018 5급(행정) 공개채용 통계학) 다음은 확률변수 X와 Y의 결합확률분포표이다. 다음 물음에 답하시오.

| Y \ X | −1 | 0 | 2 | 합계 |
|---|---|---|---|---|
| −1 | a | 0.1 | b | 0.4 |
| 0 | c | d | e | f |
| 1 | 0.2 | g | 0.1 | h |
| 합계 | i | 0.4 | j | 1 |

1) $E(X)=0, E(Y)=0, Cov(X, Y)=0$이라고 할 때, 위의 분포표를 완성하시오.

2) $X$와 $Y$는 서로 독립인지 아닌지 밝히고, 그 이유를 설명하시오.

3) 사건 $A$를 $X \geq 0$인 사건이라 할 때 $E(X \mid A)$를 구하시오.

21. (2017 5급(행정) 공개채용 통계학) 하나의 동전을 세 번 던졌을 때 나오는 앞면의 수를 X, 처음 두 번의 시행에서 나오는 뒷면의 수를 Y라 하자. 다음 물음에 답하시오.

1) $X$와 $Y$의 결합확률분포표를 작성하시오.

2) $P(1 \leq X \leq 3, 0 \leq Y < 2)$를 구하시오.

3) $E(X+Y)$를 구하시오.

4) 두 확률변수 $X$와 $Y$의 상관계수를 구하시오.

22. (2016 5급(행정) 공개채용 통계학) 6개의 확률변수 $X_1, X_2, \cdots, X_6$은 서로 독립이며, 각각 1, 2, $\cdots$, 6을 평균값으로 갖는 포아송분포(Poisson distribution)를 따른다고 하자. 즉 $X_k$ 각각의 확률질량함수(probability mass function)는 다음과 같다. ($k$=1, 2, $\cdots$, 6)

$$f_k(x) = \frac{e^{-k}k^x}{x!}, \quad x=0, 1, \cdots$$

1) 확률 $P(\min(X_1, X_2) \leq 1)$을 구하시오.

2) 확률 $P(\max(X_1, X_2) = 1)$을 구하시오.

3) 확률변수 $W = \sum_{k=1}^{6} kX_k$의 기댓값과 분산을 구하시오.

23. (2013 5급(행정) 공개채용 통계학) 어느 자동차 보험회사에서는 보험 가입 시 자동차 사고의 위험도에 따라 운전자를 위험도 낮음(L), 보통(M), 높음(H)의 세 등급으로 분류한다. 이 자동차 보험회사에 가입한 운전자의 30%가 L등급, 50%가 M등급, 20%가 H등급으로 분류되어 있다. 임의의 한 운전자에 대해서 1년당 사고의 수는 L등급은 평균이 0.01, M등급은 평균이 0.03, H등급은 평균이 0.08인 포아송(Poisson) 분포를 따르며, 운전자들이 자동차 사고에 관련될 가능성은 각각 독립이라고 가정한다(단, 평균이 m인 포아송분포의 확률질량함수는 $p(x) = \frac{e^{-m}m^x}{x!}$, x=0,1,2,$\cdots$이고, 지수함수 값은 다음과 같다). 다음 물음에 답하시오.

| $x$ | 0.01 | 0.02 | 0.03 | 0.04 | 0.05 | 0.06 | 0.07 | 0.08 | 0.09 | 0.10 |
|---|---|---|---|---|---|---|---|---|---|---|
| $e^{-x}$ | 0.99 | 0.98 | 0.97 | 0.96 | 0.95 | 0.94 | 0.93 | 0.92 | 0.91 | 0.90 |

1) 이 보험회사의 가입자들 중 임의로 뽑은 한 명의 운전자가 1년 동안 어떤 자동차 사고에도 연루되지 않았을 확률을 계산하시오.

2) 이 보험회사의 가입자들 중 임의로 뽑은 두 명의 운전자가 모두 1년 동안 어떤 사고에도 연루되지 않았을 때, 한 사람은 M등급에, 또 다른 한 사람은 L등급에 속할 확률을 계산하시오.

24. (2019 입법고시 2차 통계학) 제1문

1) 정원이 100명인 소극장에서 진행 중인 공연이 매일 예약이 매진될 정도로 인기리에 진

행 중이다. 다음 주 공연 역시 월요일부터 금요일까지 공연 티켓이 완전히 매진되었다고 한다. 다음 주 월요일부터 금요일까지 닷새 동안 전체 예매 관객 중 노쇼 인원이 2명 이상일 확률을 계산하시오. 단, 요일에 상관없이 일평균 노쇼 인원은 1명으로 동일한 수준인 것으로 가정한다. ($e^{-1}=0.3679$, $e^{-2}=0.1353$, $e^{-3}=0.0498$, $e^{-4}=0.0183$, $e^{-5}=0.0067$, $e^{-6}=0.0025$)

2) 주사위를 던져 1 또는 2가 나오면 10원을 얻고, 나머지 눈이 나오면 10원을 잃는 게임이 있다고 하자. 다섯 번 게임을 하고 난 후 수익금의 기댓값과 분산을 계산하시오.

**25.** (2017 입법고시 2차 통계학) 2개의 동전을 차례로 던진다. 좌표평면 위의 점 A(x, y)는 원점에서 출발하여 x는 첫 번째 동전이 앞면이면 +1, 뒷면이면 −1만큼 움직이고, y는 두 번째 동전이 앞면이면 +1, 뒷면이면 −1만큼 움직인다. 2개의 동전을 던지는 시행을 10번 독립적으로 반복 시행했을 때 점 A가 중심이 원점이고 반지름이 1인 원 위 또는 원 이내에 있을 확률을 구하라.

**26.** (2010년 입법고시 2차 통계학) 매번 시행에서 성공의 확률이 $\rho(0<\rho<1)$일 때 첫 번째 성공을 얻기 위해 필요한 시행횟수를 X라고 하자. 단, 각 시행은 서로 독립이다. 즉 $i$번째 시행결과가 $j$번째 시행결과에 영향을 미치지 않는다. (단, $i \neq j$)

1) 확률변수 X의 확률분포함수(probability distribution function)를 구하라.

2) 문제 1)의 결과를 이용하여 확률변수 X의 기댓값(expected value)을 구하라.

3) 한국인의 모든 부부가 자녀를 딸 선호사상에 의해서 낳는다고 가정하자. 딸 선호사상이란 첫아이가 딸이면 더 이상 낳지 않고 첫아이가 아들이면 둘째를 낳아서 딸이면 그만 낳고 아들이면 또 낳는다. 즉 딸 선호사상이란 첫 딸을 낳을 때까지 계속 낳고, 첫 딸을 낳으면 더 이상 낳지 않는 것이다. 단, 아들과 딸을 낳을 확률은 각각 0.5로 동일하며, 임신 중에 초음파 검사 등을 통해 태아 성감별을 하여 강제유산을 시키는 일은 없다고 가정한다. 이렇게 딸 선호사상으로 모든 부부가 자녀를 낳을 경우 많은 시간이 지난 후 한국인의 성비는 어떻게 되겠는가? 문제 2)의 결과를 이용하여 답하라.

## 최적 투자를 위한 기준 :
## a.s.(almost surely)의 개념과 켈리 기준

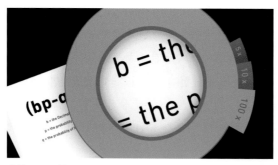

출처 : https://www.championbets.com.au/betting-education/bankroll-staking/what-is-the-kelly

대부분 투자자는 분산투자의 중요성을 잘 알고 있다. 이를 실천하는 과정에서 각 주식이나 자산에 얼마의 비중으로 돈을 투자해야 하는지에 대해 늘 고민해야 한다. 투자자는 보유하고 있는 자금의 최적 투자를 결정하기 위한 자산분배의 기법으로 **켈리 기준**(Kelly criterion) 혹은 **켈리 공식**(Kelly formula)을 흔히 적용한다. 벨 연구소의 연구원이었던 켈리(1956)가 발표하였던 켈리 기준은 당시에 반복되는 일련의 도박에서 최적 베팅 규모를 결정하는 공식으로 활용되었으며, 이후 도박만이 아니라 투자의 자금 관리를 위해 적용되었다. 최근에는 버핏이나 그로스 같은 성공적 투자자들도 켈리 기준을 활용하는 것으로 잘 알려져 있다.

켈리 기준을 소개하기 전에 확률론에서 널리 사용되는 '**확실하게**(surely)'와 '**거의 확실하게**(almost surely)'의 개념 차이를 명확하게 이해할 필요가 있다. 어떤 사건이 확실하게(surely) 발생한다는 것은 그 사건이 언제나 발생하여 그 사건 외의 다른 결과가 전혀 발생할 수 없음을 의미하지만, 어떤 사건이 거의 확실하게(almost surely) 발생한다는 것은 그 사건이 확률 1로 발생함을 의미한다. 즉, 후자의 경우 이론적으로 그 사건에 속하지 않은 결과가 발생할 수 있지만, 가능성이 너무 낮아서 고정된 양의 확률보다 작아 0이 되므로 사건의 발생확률은 1이 된다는 의미이다.

이해를 돕기 위해 그림과 같이 지름이 1m인 큰 원이 바로 앞에 있으며 로봇으로 다트를 던져 원을 맞추는 간단한 예를 생각해 보자. 추가 가정으로, 로봇이 원을 향해 다트를 임의로 던지도록 설계되었기 때문에 언제나 원을 맞추며 맞추는 위치는 균등분포를 이룬다고 하자. 이 예에서 다트가 원을 맞추지 못하는 경우는 절대로 발생하지 않으므로 다트는 확실하게(surely) 원을 맞춘다고 할 수 있다. 그리고 다트가 파란색 부분을 맞출 확률은 원 면적에서 파란색 면적이 차지하는 비율인 0.5가 된다. 이번에는 다트가 그림의 오른쪽 빨간 점을 맞출 확률에 대해 생각해 보자. 이론적으로는 다트가 빨간 점을 맞출 수 있지만, 빨간 점이 원의 면적에서 차지하는 비율이 0에 근접하므로($1/\infty \approx 0$) 실제로 다트가 빨간 점을 맞추는 경우는 거의 확실하게(almost surely) 발생하지 않을 것이며 다트가 빨간 점을 맞출 확률은 0이다.

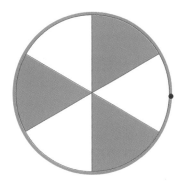

이제 '거의 확실하게'의 개념을 이용하여 켈리 기준을 정의할 수 있다. 즉, 켈리 기준은 장기적으로 다른 전략과 비교할 때 거의 확실하게 더 높은 부를 보장하는 베팅 규모를 결정하는 공식으로 다음과 같이 표현할 수 있다.

$$K = \frac{bp_w - (1 - p_w)}{b}$$

여기서 $K$는 베팅 규모, $p_w$는 수익 확률(성공 확률), $b$는 1달러(화폐 1단위)를 베팅했을 때 수익금이며, 베팅 규모를 퍼센트로 전환하기 위해 100을 곱하기도 한다($K\% = 100 \cdot K$).

- 켈리 기준 관련 예를 들어보자. 70% 확률로 이길 수 있으며 이기면 베팅 금액만큼 추가로 받고 지면 베팅 금액을 모두 잃는 게임이 있으며 현재 자금은 500만 원이 있다고 하자. 이 게임의 경우 최적 베팅비율은 얼마인가?
- S기업의 주식에 10번 투자하여 4번 수익을, 6번 손실을 기록했으며 매번 투자에 따른 수익과 손실의 금액이 같다고 가정하자. 켈리 기준에 따르면 이 기업의 주식에 투자할 필요가 있는가?
- ETEX 혹은 R을 이용하여 $n = 50$, 성공확률 $p = 0.7$인 베르누이분포를 이루는 임의수(난수)(random number)를 생성하라.
- 생성된 임의수에서 1을 성공, 0을 실패라고 가정하고(성공확률 $p = 0.7$) 매번 모든 자금을 베팅하는 경우 몇 번째 투자에서 모든 자금을 잃게 되는가?
- 켈리 기준에 따른 최적 베팅비율을 적용하였을 때 자금의 변화를 꺾은선 그래프로 그려보아라.

**사례분석 5**

# 확률계산, 베르누이분포, 켈리 기준

1. 켈리 기준 관련 예를 들어보자. 70% 확률로 이길 수 있으며 이기면 베팅금액만큼 추가로 받고 지면 베팅금액을 모두 잃는 게임이 있으며 현재 자금은 500만 원이 있다고 하자. 이 게임의 경우 최적 베팅비율은 얼마인가?

$p_w$는 수익 확률(성공 확률), $b$는 1달러(화폐 1단위)를 베팅했을 때 수익금이므로 성공 확률 70%와 이기면 베팅금액만큼 받는다는 문제의 조건을 통해 $p_w=0.7$, $b=1$임을 알 수 있다. 이를 이용하여 베팅 규모를 결정하는 식을 계산하면 다음과 같다.

$$\frac{1 \times 0.7 - (1-0.7)}{1} = 0.4$$

엑셀에서는 수익 확률(성공 확률)을 A2셀에 0.7, 1만 원 베팅했을 때 수익금을 B2셀에 1을 입력한 후 베팅 규모를 구하는 식을 C2셀에 =100*((A2*B2-(1-A2))/B2로 입력하면 그림 1과 같이 계산할 수 있다.

| C2 | | $f_x$ | =100*((A2*B2-(1-A2))/B2) |
|---|---|---|---|
| | A | B | C |
| 1 | 수익 확률(성공 확률) | 1만 원 베팅했을 때 수익금 | 베팅규모(%) |
| 2 | 0.7 | 1 | 40 |

그림 1  최적 베팅비율 계산

켈리 기준에 따르면 이 게임의 최적 베팅비율은 자금의 40%이다.

2. S기업의 주식에 10번 투자하여 4번 수익을, 6번 손실을 기록했으며 매번 투자에 따른 수익과 손실의 금액이 같다고 가정하자. 켈리 기준에 따르면 이 기업의 주식에 투자할 필요가 있는가?

위 문제의 정보에 따르면 수익 확률(성공 확률) $p_w$은 10번의 투자 중 4번의 수익이 발생했기 때문에 $p_w=0.4$로 계산되며 켈리 기준은 다음과 같이 계산된다.

$$\frac{b \times 0.4 - (1-0.4)}{b} = 0.4 - 0.6/b$$

문제 1번에서 수익은 1만 원을 투자할 시 1만 원의 수익금을 얻을 수 있었으므로 손해도 이와 같다. $b=1$이므로 위에서 계산된 $0.4-0.6/b$에 대입하면 켈리 기준은 $-0.2$(혹은 $-20\%$)로 계산된다. 베팅 규모가 음($-$)이므로 이 기업의 주식에는 투자를 안 하는 것이 이득이다.

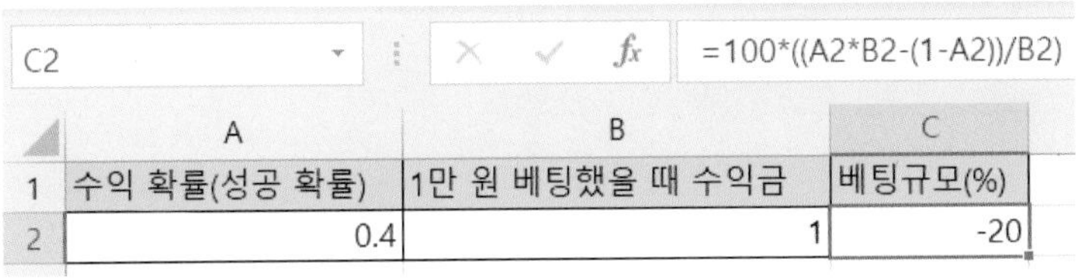

**그림 2** 베팅 규모

3. ETEX를 이용하여 $n=50$, 성공확률 $p=0.7$인 이항분포를 이루는 임의수(난수) (random number)를 생성하라.

그림 3처럼 ETEX를 실행하여 **엑셀 추가 기능 → ETEX → 확률함수/임의수 → 임의수 생성**을 클릭한다. 그리고 나타난 입력창에 그림 4처럼 이항분포를 클릭하고 p와 n에 각각 0.7, 50을 입력한 후 기존의 **워크시트에 삽입**할지 **새로운 시트**를 생성할지를 선택하여 임의수를 생성한다.

**그림 3** ETEX의 임의수 생성 선택 경로

**그림 4** 임의수 생성 창

그림 5는 ETEX를 이용하여 $n=50$, 성공확률 $p=0.7$인 이항분포를 이루는 임의수(random number)를 생성한 결과이다.

A1 | 임의수

| | A | B | C | D | E |
|---|---|---|---|---|---|
| 1 | 임의수 | | | | |
| 2 | 1 | | | | |
| 3 | 1 | | | | |
| 4 | 1 | | | | |
| 5 | 1 | | | | |
| 6 | 0 | | | | |
| 7 | 1 | | | | |
| 45 | 1 | | | | |
| 46 | 0 | | | | |
| 47 | 1 | | | | |
| 48 | 1 | | | | |
| 49 | 1 | | | | |
| 50 | 0 | | | | |
| 51 | 1 | | | | |

**그림 5** 임의수 생성 결과

4. 생성된 임의수에서 1을 성공, 0을 실패라고 가정하고(성공확률 $p=0.7$) 매번 모든 자금을 베팅하는 경우 몇 번째 투자에서 모든 자금을 잃게 되는가?

ETEX를 이용하여 $n=50$, 성공확률 $p=0.7$인 이항분포를 이루는 임의수를 생성한 결과 2행부터 5행까지는 모두 1로 성공을 나타낸다. 즉, 4번 베팅하여 모두 성공을 거둘 수 있다는 의미이며 모든 자금(처음 500만 원)을 지속해서 베팅하는 5번째 투자에서 그동안 얻었던 모든 자금(8,000만 원)을 잃게 된다.

B6 | =2*A6*B5

| | A | B | C | D | E |
|---|---|---|---|---|---|
| 1 | 임의수 | 모두베팅 | | | |
| 2 | 1 | 1000 | | | |
| 3 | 1 | 2000 | | | |
| 4 | 1 | 4000 | | | |
| 5 | 1 | 8000 | | | |
| 6 | 0 | 0 | | | |
| 7 | 1 | 0 | | | |
| 8 | 1 | 0 | | | |
| 9 | 0 | 0 | | | |
| 10 | 1 | 0 | | | |

**그림 6** 이항분포를 이루는 임의수를 이용하여 계산한 베팅 결과

5. 켈리 기준에 따른 최적 베팅비율을 적용하였을 때 자금의 변화를 꺾은선 그래프로 그려보아라.

최적 베팅 규모는 40%로 계산되었기 때문에 1기에 얻는 자금은 처음에 갖고 있던 500만 원에서 40%인 200만 원을 얻어 $500+0.4\times500=700$이 된다. 2기에는 1기에 얻었던 자금 700만 원에서 40%인 280만 원을 얻게 되며 $700+0.4\times700=980$이 된다. 50기까지 이와 같은 방식으로 성공과 실패 여부에 따라 이익과 손해가 반복되어야 한다. 엑셀에서는 IF(Condition, True, False) 함수로 원하는 조건을 설정할 수 있다.

IF() 함수는 지정한 셀이 Condition을 만족하면 True를 실행하고, 그렇지 않으면 False를

실행하는 조건문으로 C2셀에 500+0.4\*IF(A2=1,1,−1)\*500를 입력하고 C3셀부터는 차례로 C2+0.4\*IF(A3=1,1,−1)\*C2, C3+0.4\*IF(A4=1,1,−1)\*C3을 입력한다. C51셀까지 복사 후 붙여넣으면 다음 그림과 같이 켈리 기준에 근거하여 얻은 최종자금을 확인할 수 있다. 결국, 켈리 기준에 따른 최적 베팅비율을 적용하여 50번 투자하였다면 놀랍게도 최종자금은 약 1,666억 원이 된다. 4번의 결과와 비교해 보면 우리가 투자 시에 최적 베팅비율을 정하는 것이 얼마나 중요한지 알 수 있다.

| C2 | | | $f_x$ | =500+0.4\*IF(A2=1,1,-1)\*500 | | | |
|---|---|---|---|---|---|---|---|
| | A | B | C | D | E | F | G |
| 1 | 임의수 | 모두베팅 | 최적비율 베팅 | | | | |
| 2 | 1 | 1000 | 700 | | | | |
| 3 | 1 | 2000 | 980 | | | | |
| 4 | 1 | 4000 | 1372 | | | | |
| 5 | 1 | 8000 | 1920.8 | | | | |
| 6 | 0 | 0 | 1152.48 | | | | |
| 7 | 1 | 0 | 1613.472 | | | | |
| 8 | 1 | 0 | 2258.861 | | | | |
| 9 | 0 | 0 | 1355.316 | | | | |

| C51 | | | $f_x$ | =C50+0.4\*IF(A51=1,1,-1)\*C50 | | | |
|---|---|---|---|---|---|---|---|
| | A | B | C | D | E | F | G |
| 43 | 1 | 0 | 143410.1 | | | | |
| 44 | 0 | 0 | 86046.04 | | | | |
| 45 | 1 | 0 | 120464.5 | | | | |
| 46 | 0 | 0 | 72278.68 | | | | |
| 47 | 1 | 0 | 101190.1 | | | | |
| 48 | 1 | 0 | 141666.2 | | | | |
| 49 | 1 | 0 | 198332.7 | | | | |
| 50 | 0 | 0 | 118999.6 | | | | |
| 51 | 1 | 0 | 166599.5 | | | | |

**그림 7** 최적 베팅비율을 적용하였을 때 자금의 변화

자금의 변화 추이를 반영한 꺾은선 그래프를 그리기 위해서는 C열의 모든 숫자 데이터를 드래그한 후 삽입란에서 그림 8과 같이 빨간색 박스를 클릭하면 그림 9처럼 최적 베팅비율을 적용한 자금의 변화 추이를 나타내는 그래프가 완성된다.

**그림 8** 꺾은선 그래프 선택

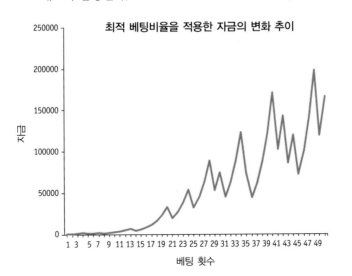

**최적 베팅비율을 적용한 자금의 변화 추이**

**그림 9** 최적 베팅비율을 적용한 자금의 변화 추이

## 켈리 기준과 사용자 정의 함수 활용

1. 켈리 기준 관련 예를 들어보자. 70% 확률로 이길 수 있으며 이기면 베팅금액만큼 추가로 받고 지면 베팅금액을 모두 잃는 게임이 있으며 현재 자금은 500만 원이 있다고 하자. 이 게임의 경우 최적 베팅비율은 얼마인가?

$p_w$는 수익 확률(성공 확률), $b$는 1달러(화폐 1단위)를 베팅했을 때 수익금이므로 성공 확률 70%와 이기면 베팅금액만큼 받는다는 문제의 조건을 통해 $p_w = 0.7$, $b = 1$임을 알 수 있다. 이를 이용하여 베팅 규모를 결정하는 식을 계산하면 다음과 같다.

$$\frac{1 \times 0.7 - (1 - 0.7)}{1} = 0.4$$

수익 확률(성공 확률) 0.7을 객체 **Pw**에 할당하고, 1만 원 베팅했을 때 얻는 수익금 1을 객체 **b**에 할당한다. 그리고 베팅 규모를 구하는 식을 **Scale** 객체에 **=((Pw\*b-(1-Pw))/b)\*100**로 입력하여 실행하면 다음 그림과 같이 계산된다.

```
Console ~/ ⇗
> Pw = 0.7
> b = 1
> Scale = ((Pw*b-(1-Pw))/b)*100
> Scale
[1] 40
> |
```

**그림 10** 최적 베팅비율 계산

2. S기업의 주식에 10번 투자하여 4번 수익을, 6번 손실을 기록했으며 매번 투자에 따른 수익과 손실의 금액이 같다고 가정하자. 켈리 기준에 따르면 이 기업의 주식에 투자할 필요가 있는가?

위 문제의 정보에 따르면 수익 확률(성공 확률) $p_w$은 10번의 투자 중 4번의 수익이 났기 때문에 $p_w = 0.4$로 계산되며 켈리 기준은 다음과 같이 계산되며, R 명령어로 입력하여 실행한 결과는 그림 11에서 확인할 수 있다.

$$\frac{b \times 0.4 - (1 - 0.4)}{1} = 0.4 - 0.6/b$$

수익은 문제 1번에서 1만 원을 투자할 시 1만 원의 수익금을 얻을 수 있었으므로 손해도 이와 같다. 위에서 계산된 $0.4 - 0.6/b$에서 $b = 1$이므로 켈리 기준은 $-0.2$(혹은 $-20\%$)로 계산된다. 베팅 규모가 음($-$)이므로 이 기업의 주식에는 투자를 안 하는 것이 이득이다.

```
Console ~/
> Pw = 0.4
> b = 1
> Scale = ((Pw*b-(1-Pw))/b)*100
> Scale
[1] -20
> |
```

**그림 11** 베팅 규모

R의 강점인 사용자 정의 함수 기능을 활용하여 베팅 규모를 결정하는 **Kelly** 함수를 그림 12와 같이 만들 수 있다.

```
Console ~/
> Kelly = function(Pw , b){
+   Scale = ((Pw*b-(1-Pw))/b)*100
+   return(Scale)
+ }
> Kelly(Pw = 0.7, b = 1)
[1] 40
> Kelly(Pw = 0.4, b = 1)
[1] -20
> |
```

**그림 12** Kelly 함수 정의

만약에 $b=1$로 고정된 상태에서 수익 확률($p_w$)이 달라진다면, 켈리 기준은 어떻게 될까? 우리가 만든 **Kelly** 함수를 이용한 다음 코드로 간단하게 시뮬레이션한 후 이를 **Plot**으로 확인해 볼 수 있다.

Pw = seq(from = 0, to = 1, length = 1000) # 0부터 1까지 1,000개의 등차수열 생성

plot(Pw, Kelly(Pw , 1), main = "Kelly", type = "l", ylab = "Kelly value")

   # 각 확률에 대한 캘리 기준 plot 생성

abline(h = 0, col = "red") # y축 기준 0 수평선

abline(v = 0.5, col = "red") # x축 기준 0.5 수직선

**코드 1** 수익금이 고정된 상태에서 수익 확률이 달라질 때 켈리 기준 변화 추이 그래프 작성

여기서 **seq()**은 등차수열을 생성할 수 있는 함수이며, $p_w$의 범위는 0부터 1까지이므로 0부터 1까지 1,000개의 수치형 벡터를 생성한다. 앞에서 만든 **Kelly** 함수에 대입하여 1,000개의 켈리 기준을 계산하고 plot 그래프를 그린다. **type = "l"**로 지정하여 선 그래프의 형태로 표현하였다. **abline()** 함수는 이미 그려진 그래프에 수직선 또는 수평선을 추가하는 함수로 **col** ="red"로 지정하여 구분하였다. 이제 $p_w$가 달라짐에 따라 켈리 기준이 어떻게 달라지는지 다음 그림을 통해 확인해 보자. 수익과 손실의 금액이 같으므로 예상처럼 $p_w$=0.5를 기준으로 켈리 기준이 양(+)의 값이 되는 것을 확인할 수 있으며, 이는 $b$=1일 때 성공 확률이 0.5가 넘어야 베팅 가능함을 의미한다.

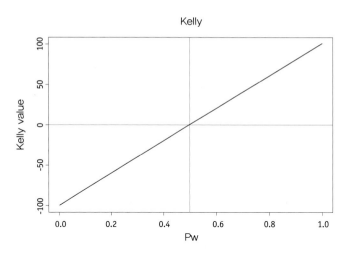

**그림 13** 수익금이 고정된 상태에서 수익 확률이 달라질 때 켈리 기준 변화 추이

3. R을 이용하여 $n=50$, 성공확률 $p=0.7$인 이항분포를 이루는 임의수(난수)(random number)를 생성하라.

그림 14는 R을 이용하여 $n=50$, 성공확률 $p=0.7$인 이항분포를 이루는 임의수를 생성한 결과이다. 입력한 명령문은 **kellybinom = rbinom(n = 50, size = 1, prob = 0.7)**로 다음과 같다.

```
Console ~/ 
> kellybinom = rbinom(n = 50, size = 1, prob = 0.7)
> kellybinom
 [1] 1 1 1 1 0 0 0 1 0 0 1 0 1 0 1 0 1 1 1 1 1 0 1 1 1 1 1 1 0 0 1 0 1 1
[35] 1 0 1 1 1 0 1 1 1 1 1 0 1 1 0 1
```

**그림 14** 이항분포를 이루는 임의수 생성 결과

4. 생성된 임의수에서 1을 성공, 0을 실패라고 가정하고(성공확률 $p=0.7$) 매번 모든 자금을 베팅하는 경우 몇 번째 투자에서 모든 자금을 잃게 되는가?

매번 모든 자금을 베팅하는 경우 몇 번째 투자에서 모든 자금을 잃게 되는지는 코드 2와 같이 **Fundzero()** 함수를 정의하여 계산할 수 있으며, 실행 결과를 보여주는 그림 15에 의하면 다섯 번째 투자에서 모든 자금을 잃게 됨을 알 수 있다.

```
Fundzero = function(kellydata, initialF){ # 사용자 정의 함수 Fundzero
  n = length(kellydata) # kellydata의 원소 개수
  fund = initialF
  for(i in 1:n){ #루핑
    fund = c(fund, 2*fund[i]*kellydata[i])
```

```
        }
    return(min(which(fund == 0))−1)
    }

Fundzero(kellydata = kellybinom, initialF = 500)
```

**코드 2** 몇 번째 투자에서 모든 자금을 잃게 되는지 계산

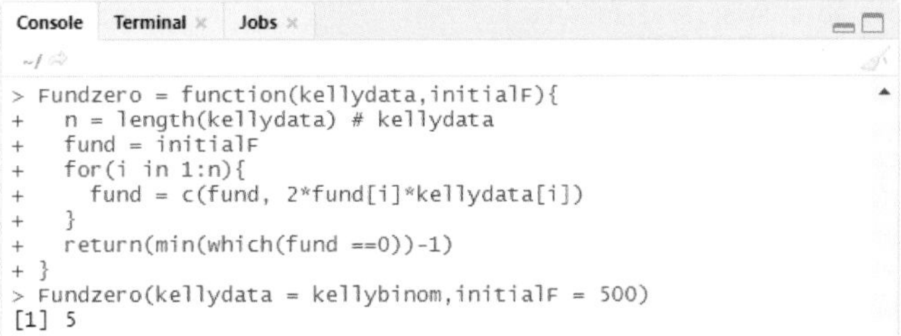

```
Console  Terminal ×  Jobs ×
~/
> Fundzero = function(kellydata,initialF){
+   n = length(kellydata) # kellydata
+   fund = initialF
+   for(i in 1:n){
+     fund = c(fund, 2*fund[i]*kellydata[i])
+   }
+   return(min(which(fund ==0))-1)
+ }
> Fundzero(kellydata = kellybinom,initialF = 500)
[1] 5
```

**그림 15** 코드 2의 실행 결과

5. 켈리 기준에 따른 최적 베팅비율을 적용하였을 때 자금의 변화를 꺾은선 그래프로 그려 보아라.

앞에서 최적 베팅비율은 40%였으므로 이를 활용하여 다음과 같은 코드를 작성함으로써 자금의 변화 추이를 나타내는 꺾은선 그래프를 그릴 수 있다. 참고로, 원하는 조건을 설정하기 위해 엑셀 활용 사례분석에서는 엑셀 함수 IF(Condition, True, False)를 사용하였는데, R에도 이와 같은 함수 ifelse(Condition, True, False)이 존재하며 이 함수를 사용한다.

```
n = length(kellybinom)
fund = 500
for(i in 1:n){ #루핑
    fund = c(fund,fund[i]+0.4*fund[i]*ifelse(kellybinom[i]==1,1,−1))
}
fund=fund[−1]
fund
plot(fund, main= "최적 베팅비율 적용과 자금 변화",ylab="자금",xlab="베팅 횟
    수",type= "l",col="blue")
```

**코드 3** 최적 베팅비율을 적용하였을 때 자금의 변화 계산과 그래프 작성

```
> n = length(kellybinom)
> fund = 500
> for(i in 1:n){
+   fund = c(fund,fund[i]+0.4*fund[i]*ifelse(kellybinom[i]==1,1,-1))
+ }
> fund=fund[-1]
> fund
 [1]    700.0000    980.0000   1372.0000   1920.8000   1152.4800    691.4880
 [7]    414.8928    580.8499    348.5100    209.1060    292.7484    175.6490
[13]    245.9086    147.5452    206.5632    123.9379    173.5131    242.9184
[19]    340.0857    476.1200    666.5680    399.9408    559.9171    783.8840
[25]   1097.4376   1536.4126   2150.9777   3011.3687   1806.8212   1084.0927
[31]   1517.7298    910.6379   1274.8931   1784.8503   2498.7904   1499.2742
[37]   2098.9839   2938.5775   4114.0085   2468.4051   3455.7672   4838.0740
[43]   6773.3036   9482.6251  13275.6751   7965.4051  11151.5671  15612.1939
[49]   9367.3164  13114.2429
> plot(fund, main="최적 베팅비율 적용과 자금 변화",ylab="자금",xlab="베팅횟수",type="l",
col="blue")
> |
```

**그림 16** 최적 베팅비율을 적용하였을 때 자금의 변화 계산과 그래프 작성 코드 실행

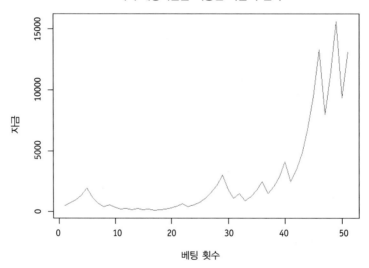

**그림 17** 최적 베팅비율을 적용한 자금의 변화

# 6

# 연속확률분포와 정규분포

앞 장에서는 이산확률변수와 이산확률분포에 대하여 논의하였다. 즉 확률변수가 취할 수 있는 값의 수가 유한하거나(예 : $x=1, 2, 3, \cdots, n$) 셀 수 있는 값을 취하는(예 : $x=2, 4, 6, \cdots$) 이산확률변수의 분포만 고려하였으나, 현실 경영·경제에서 다루는 확률변수는 취할 수 있는 값이 어느 특정 구간 전체에 해당하여(예 : $a<x<b$ : $x=$실숫값) 그 수를 셀 수 없는 연속확률변수가 대부분이다. 따라서 이 장에서는 연속확률변수(continuous random variable)의 분포에 대하여 살펴보고 연속확률분포 중에서도 가장 중요한 정규분포(normal distribution)에 대하여 자세히 살펴보고자 한다.

## 제1절  연속확률분포

연속확률변수와 이산확률변수의 중요한 차이는 확률변수가 특정한 값을 취하는 확률에 있다. 이산확률변수의 경우 확률변수가 취할 수 있는 모든 값을 열거할 수 있으므로 확률변수가 어떤 특정한 값을 취할 확률을 구하는 것은 의미가 있다. 반면에 연속확률변수의 경우에는 확률변수가 취할 수 있는 값이 무한하므로 취할 수 있는 모든 값을 열거할 수 없다. 또한 연속확률변수가 어떤 특정한 값을 취할 확률도 거의 0이 되기 때문에 연속확률변수가 특정한 값을 취할 확률을 고려하는 것은 무의미해진다.

연속확률변수의 간단한 예로 시간을 들 수 있다. 인터넷 쇼핑몰을 통해 프린터를 주문하였고, 프린터는 주문 후 열흘까지 동일한 확률로 배달된다고 가정하자. 이때 배달에 걸리는 시간은 연속확률변수이며, 이 확률변수 $X$가 정확하게 50.0001시간을 취할 확률은 거의 0이 될 것이다. 왜냐하면 $X$는 0시간부터 240시간까지 무한히 많은 실숫값들을 취할 수 있고 $X$가 어떤 특정한 시간을 취할 확률은 거의 $1/\infty$이 되기 때문이다. 따라서 $X$가 특정한 실숫값 $x$를 취할 확률은 0으로 무의미하지만 $x$가 어떤 구간에 놓일 확률을 계산하는 것은 의미가 있다. 주문한 프린터가 0시간에서 120시간 사이에 배달될 확률이 50%라면 $P(0 \leq X \leq 120) = 0.5$와 같이 연속확률변수 $X$의 어떤 구간에 대한 확률을 계산할 수 있으며, 이러한 확률 계산은 의미가 있다.

앞에서 프린터는 주문 후부터 열흘까지 동일한 확률로 배달된다고 가정하였지만 현실적으로 배달받기까지 걸리는 시간은 특정 시간(120시간 전후)에 집중될 가능성이 크다. 이를 확인하기 위해 인터넷 쇼핑몰을 통해 주문된 물건 2,000개를 대상으로 배달에 걸린 시간을 조사하여 자료를 수집하였다고 하자. 배달시간을 10개의 계급구간으로 나눈 후에 각 계급구간에 포함된 관측값들의 빈도수를 이용하여 표 6-1과 같은 도수분포표를 만들 수 있다.

**표 6-1 도수분포표**

| 배달에 걸린 시간 | 도수 |
| --- | --- |
| 0~24 | 0 |
| 24~48 | 20 |
| 48~72 | 174 |
| 72~96 | 405 |
| 96~120 | 517 |
| 120~144 | 416 |
| 144~168 | 283 |
| 168~192 | 125 |
| 192~216 | 54 |
| 216~240 | 6 |
| 합 | 2,000 |

이 도수분포표를 이용하여 막대 그래프를 그리면 그림 6-1과 같다.

그림 6-1

배달에 걸린
시간의 도수분포

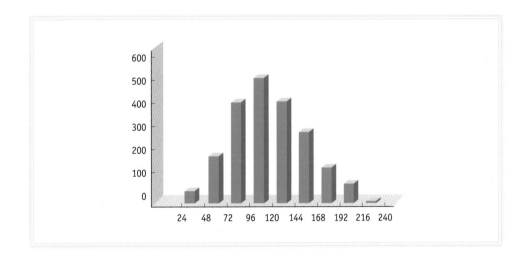

도수분포를 총 관측 수 2,000으로 나누면 각 계급구간의 상대도수를 구할 수 있으며, 이산확률분포처럼 계급구간별로 대응되는 발생 가능성을 알 수 있다. 이번에는 계급구간을 1/4로 줄인 6시간 범위로 좁혀서 상대도수에 대한 분포를 히스토그램으로 그려보면 그림 6-2와 같다.

그림 6-2

배달에 걸린
시간의 상대도수
분포(계급구간을
1/4로 축소)

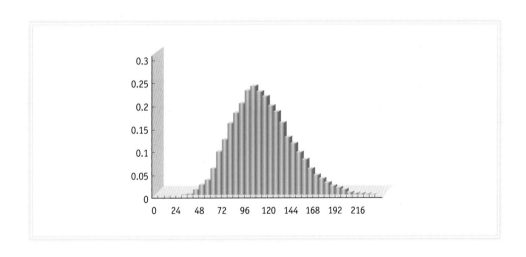

이와 같이 히스토그램 계급구간을 점차 좁혀서 계급수를 계속 늘리면 각 계급구간에 포함되는 관측값들의 상대도수를 더 완만한 곡선으로 나타낼 수 있게 된다. 만일 계급수를 무한히 늘려 계급구간을 아주 작게 한다면 궁극적으로 연속확률분포를 얻을 수 있을 것이다. 연속확률분포를 나타내는 그림 6-3에서 확률변수 $X$가 취하는 아주 작은 구간 $a \leq x \leq a + \Delta$(여기서 $\Delta$는 아주 작은 양의 실수)에서의 높이를 확률밀도(probability density)라고 하며, $x$와 확률밀도의 관계를 나타내는 함수를 확률밀도함수(probability density function)라고 하고 $f_X(x)$ 혹은 $f(x)$로 표기한다.

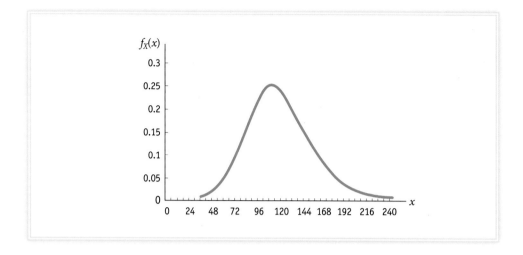

**확률밀도함수**

연속확률변수와 관련된 확률은 그 확률변수의 확률밀도함수 $f_X(x)$에 의해 결정되며,
$f_X(x)$는 다음과 같은 특징을 갖는다.

1. 모든 $x$의 값에 대하여 $f_X(x) \geq 0$이다.
2. 확률변수 $X$가 두 수 $a$와 $b$ 사이에 놓일 확률은 $f_X(x)$의 아래 $a$와 $b$사이에 있는 면적과
   같다.

$$P(a \leq X \leq b) = \int_a^b f_X(x) dx$$

3. $f_X(x)$ 아래의 전체 면적은 1이다.

$$\int_{-\infty}^{\infty} f_X(x) dx = 1$$

## 제2절 균등분포

연속확률분포에서 가장 단순한 분포의 형태는 균등분포(uniform distribution)로 일정 구간 내
의 값들이 나타날 가능성이 동일한 분포이다. 예를 들어 자동차가 통행하는 한 터널의 길이가
2km이며, 이 터널 전 구간에서 물이 스며드는 부분이 발생할 확률은 같다고 하자. 그러면 터
널 전 구간에서 물이 스며드는 부분이 발생할 확률을 나타내는 균등분포의 확률밀도함수는
다음과 같다.

$$f_X(x) = \begin{cases} 0.5 & (0 \leq x \leq 2) \\ 0 & (x\text{가 위의 구간에 속하지 않을 경우}) \end{cases}$$

**균등분포**

확률변수 $X$가 어떤 구간$(a \leq x \leq b)$에서 $x$값을 취할 확률이 동일한 균등분포의 확률밀도 함수는 다음과 같다.

$$f_X(x) = \frac{1}{b-a} \ (a \leq x \leq b)$$

**그림 6-4**

0과 2 사이에 균등하게 분포하는 확률변수의 확률밀도함수

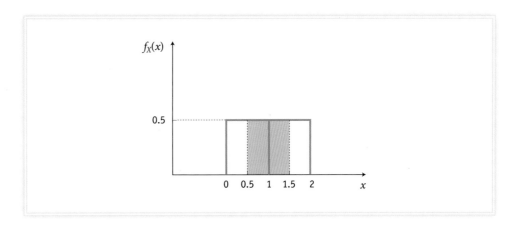

앞의 확률밀도함수를 이용하여 확률변수가 어떤 특정한 범위에 놓이게 될 확률을 구할 수 있다. 즉 물이 스며드는 부분이 터널의 0.5km와 1.5km 사이에 생길 확률은 그림 6-4에서 색칠한 면적에 해당하며, 그 면적은 $(1.5 - 0.5) \times 0.5 = 0.5$로 전체의 50%가 된다. 이 확률을 다시 연속확률변수의 누적분포함수 $F_X(x_0) = P(X \leq x_0)$를 이용하여 계산하면 다음과 같다.

$$P(0.5 \leq X \leq 1.5) = F_X(1.5) - F_X(0.5)$$
$$= (0.5 \times 1.5) - (0.5 \times 0.5)$$
$$= 0.5$$

## 제3절 지수분포

어떤 기업의 고객 상담실에서 한 고객이 정보를 물어본 후 새로운 고객이 정보를 물어볼 때까지 걸리는 시간이나 한 병원에서 환자를 치료하는 데 걸리는 시간 등과 같이 경영·경제 관련 변수들은 흔히 지수분포(exponential distribution)를 따른다. 어떤 사건이 단위 구간당 평균 $\lambda$회 발생하는 포아송분포를 따르면 $t$구간에서 일어나는 평균 사건 수는 $\lambda t$가 된다. 이때 구간에서 일어나는 평균 사건 수를 확률변수 $X$로 나타내면, $X$는 평균이 $\lambda t$인 포아송분포를 따른다.

$$P_X(x) = \frac{(\lambda t)^x}{x!} e^{-\lambda t} \ (x = 0, 1, 2, 3, \cdots)$$

지정된 시점($t$=0)으로부터 처음 사건이 일어날 때까지 걸린 시간을 확률변수 $T$로 정의하면, $T{\geq}t$(단, $t>0$)일 확률은 $(0, t)$ 구간에서 사건이 한 번도 일어나지 않을($X$=0) 확률과 같으므로 다음과 같다.

$$P(T{\geq}t)=P_X(0)=e^{-\lambda t}\ (t>0)$$

확률변수 $T$의 누적분포함수는 다음과 같다.

$$
\begin{aligned}
F_T(t)&=P(T<t)\\
&=1-P(T{\geq}t)\\
&=1-e^{-\lambda t}
\end{aligned}
$$

따라서 $T$의 확률밀도함수는 다음과 같다.

$$
\begin{aligned}
f_T(t)&=\frac{d}{dt}F_T(t)\\
&=\frac{d}{dt}(1-e^{-\lambda t})\\
&=\lambda e^{-\lambda t}\,(t>0)
\end{aligned}
$$

이 지수분포의 형태는 그림 6-5와 같다. 앞에서 살펴본 것처럼 지정된 시점으로부터 어떤 사건이 일어날 때까지 걸리는 시간이 $t$일 확률은 $t$시간 동안 사건이 한 번도 일어나지 않을 확률과 같으므로 $T$의 확률밀도함수는 이 확률이 $t$가 증가함에 따라 $\lambda$의 비율로 감소함을 보여준다. 따라서 $\lambda$의 값이 클수록 $t$시간 동안 사건이 일어나지 않을 확률은 더욱 빠른 속도로 감소하게 됨을 의미하므로 모수 $\lambda$를 실패율(failure rate) 또는 위험률(hazard rate)이라고 한다.

**그림 6-5**

지수분포

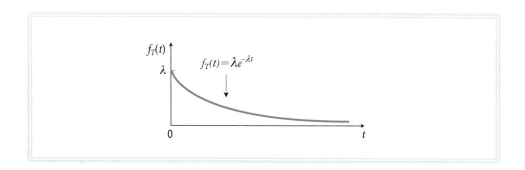

**지수분포**

지정된 시점으로부터 어떤 사건이 일어날 때까지 걸리는 시간을 측정하는 확률분포로, 확률변수 $T$가 다음과 같은 확률밀도함수를 가질 때 $T$는 계수 $\lambda$를 갖는 지수분포를 따른다고 한다.

$$f_T(t)=\lambda e^{-\lambda t}\,(t>0)$$

**지수분포의 평균과 분산**

지수분포를 따르는 확률변수 $T$의 평균과 분산은 다음과 같다.

$$E(T) = \frac{1}{\lambda}$$

$$Var(T) = \frac{1}{\lambda^2}$$

**예 6-1** ▶

A기업의 소비자 상담실에는 10분에 평균 4명의 고객이 방문한다. 이 상담실에 고객이 방문한 후 새 고객이 방문할 때까지 걸리는 시간을 분으로 측정하는 확률분포를 구하라. 그리고 이 상담실에 고객이 방문한 후 새 고객이 방문할 때까지 걸린 시간이 5분일 확률과 5분 이내일 확률을 각각 구하라.

**답**

A기업의 소비자 상담실을 방문하는 고객이 10분에 평균 4명이므로 1분을 단위로 하면 평균 0.4명이 방문한다고 볼 수 있다. 따라서 $\lambda = 0.4$인 다음 지수분포를 따른다.

$$f_T(t) = \lambda e^{-\lambda t} = 0.4 e^{-0.4t} \, (t > 0)$$

다음 고객이 소비자 상담실을 방문할 때까지 걸린 시간이 5분일 확률은 다음과 같다.

$$f_T(5) = 0.4 e^{-0.4 \cdot 5} = 0.0541$$

한편, 다음 고객이 소비자 상담실을 방문할 때까지 걸린 시간이 5분 이내일 확률은 다음과 같다.

$$P(T \leq 5) = F_T(5) = 1 - e^{-0.4 \cdot 5} = 0.8647$$

**그림 6-6**

$\lambda = 0.4$의 지수분포를 이용한 확률계산

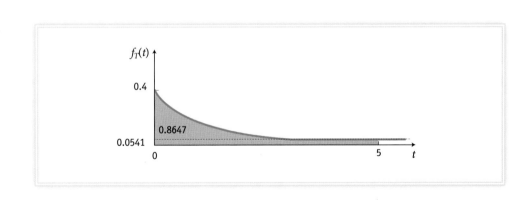

예 6-2 ▶

어떤 기업이 생산하는 휴대폰의 배터리 수명은 시간 단위로 측정하였을 때 $\lambda=0.1$ 인 지수분포를 따른다. 휴대폰 배터리 수명의 평균과 표준편차를 구하라. 그리고 휴대폰 배터리 수명이 24시간 이후까지 지속할 확률을 구하라.

출처 : 셔터스톡

**답**

휴대폰 배터리 수명이 지수분포를 따르므로 평균과 표준편차는 다음과 같다.

$$E(T)=\sqrt{Var(T)}=1/\lambda=1/0.1=10\,\text{시간}$$

그리고 휴대폰 배터리 수명이 24시간 이후까지 지속할 확률은 다음과 같다.

$$P(T>24)=e^{-0.1\,\cdot\,24}=0.091$$

그림 6-7

$\lambda=0.1$의 지수분포와 확률

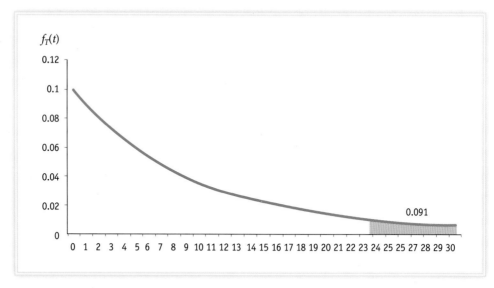

# 제4절 정규분포

통계학에서 가장 중요한 확률분포로 정규분포(normal distribution)를 들 수 있다. 정규분포라는 개념의 의미가 정규분포 외의 다른 분포들은 비정규(abnormal)임을 나타내는 것은 아니며, 수리적으로 피에르 라플라스에 의해 정립된 정규함수로부터 유래한 분포임을 의미한다.

또한 가우스가 정규분포를 물리계측의 오차에 대한 확률분포로 처음 도입하여 가우스분포(Gaussian distribution)라고도 부른다.

대학생들의 키에 대한 자료를 수집하여 통계분석을 해 보면 대학생의 상당 비율이 평균 키 주변에 집중되어 있어서 거의 모든 대학생의 키가 평균을 중심으로 일정 범위에 포함된다. 평균 키가 170cm라면 평균 키와 차이가 크게 나는 150cm나 190cm의 대학생은 드물다. 이처럼 평균에서 가장 높은 발생확률을 가지며 평균에서 멀어질수록 그 발생확률이 급속히 감소하다 다시 점진적으로 감소하는 종(bell) 모양의 확률분포를 정규분포라고 한다. 사회적 · 자연적 현상에서 접하게 되는 자료의 분포 형태는 정규분포와 비슷한 경우가 대부분이므로 정규분포는 매우 중요한 연속확률분포이다.

---

**정규분포의 확률밀도함수**

확률변수 $X$의 확률밀도함수가 다음과 같다면 $X$는 정규분포한다고 한다.

$$f_X(x) = \frac{1}{\sqrt{2\pi\sigma^2}}\, e^{-\frac{x-\mu^2}{2\sigma^2}} \quad (-\infty < x < \infty)$$

$\mu$ : 분포의 평균, $\sigma^2$ : 분포의 분산, $\pi$ : 3.1416, $e$ : 2.7183

---

정규분포의 확률밀도함수식에서 평균 $\mu$와 분산 $\sigma^2$을 제외하고는 모두 상수이기 때문에 정규분포의 모양을 결정하는 것은 분포의 평균과 분산이다. 따라서 정규분포의 모양은 평균($-\infty < \mu < \infty$)과 분산($0 < \sigma^2 < \infty$)에 따라 다양하게 결정된다. 정규분포하는 확률변수는 정규확률변수(normal random variable)라고 하며, 정규확률변수는 $-\infty$부터 $\infty$까지의 어떤 실숫값이라도 취할 수 있다. 그리고 정규확률밀도함수 $f_X(x)$는 연속이며 $x$의 모든 값에 대해 양의 함숫값을 갖는다.

**정규분포의 특성**

- 연속확률분포이다.
- 평균을 중심으로 좌우대칭인 종 모양이다.
- 분포의 위치는 평균, 분포의 모양은 분산에 의해 정해진다.
- 평균 $\pm(3 \times$ 표준편차$)$의 범위 안에 거의 모든 확률변수의 값들(99.74%)이 포함된다.

---

확률변수 $X$가 평균 $\mu$, 분산 $\sigma^2$인 정규분포한다면 다음과 같이 표기한다.

$$X \sim N(\mu,\ \sigma^2)$$

분포의 평균은 분포의 중심위치를, 분포의 분산은 분포의 흩어진 정도를 측정한다. 즉 $\mu$와 $\sigma^2$의 값에 따라 분포의 모양이 다른데 $\mu$의 값이 클수록 분포의 중심위치는 오른쪽으로, $\sigma^2$의 값이 클수록 분포가 평균을 중심으로 넓게 흩어짐을 알 수 있다.

**그림 6-8**

평균이 다르고 분산이 같은 정규분포

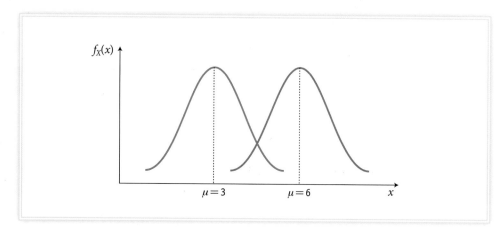

**그림 6-9**

평균이 같고 분산이 다른 정규분포

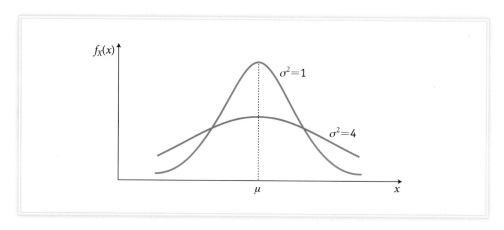

## 통계의 이해와 활용

### 블랙스완 vs 드래곤킹

경영·경제학에서 분석 혹은 예측의 대상이 되는 자료들은 흔히 정규분포를 이루며 경영·경제 변수에 대한 예측은 정규분포의 가정하에 가장 발생확률이 높은 것에 집중한다. 물론 자연 속에서도 곤충, 식물, 동물이나 환경과 관련된 변수들도 일반적으로 정규분포한다고 알려져 있다. 하지만 정규분포의 가정이 모든 상황을 예측할 수 있게 하지는 않는다. 실제 인간에게 엄청난 영향을 미친 사건들은 대부분 예측 범위 밖에서 발생하고 있으며, 미국의 9.11 테러, 일본의 대지진, 서브프라임 모기지 사태, 코로나바이러스(COVID-19) 팬데믹 등이 그러하다. 이처럼 도저히 일어날 것 같지 않은 일이 일어나는 것을 우리는 흔히 '블랙스완(The Black Swan)'이라고 표현한다.

미국 월가의 투자전문가인 나심 니콜라스 탈레브는 2007년에 발간된 **블랙스완**(*The Black Swan*)에서 칠면조 우화를 통해 이런 현상을 설명하고 있다.

"농장 주인의 보살핌 속에서 사는 칠면조가 있었다. 주인은 1,000일 동안 칠면조에게 먹이를 주었고 칠면조는 그런 주인이 자기를 사랑한다고 믿고 있었다. 그러나 1,001일째 되는 추수감사절에 칠면조가 받은 것은 먹이가 아니라 주인의 칼이었다."

어떤 이들은 이를 두고 정규분포에 가정한 예측을 정면으로 공격하며 예외성을 강조해야 한다고 주장한다. 그럼 우리는 이런 극단적인 예외, 즉 블랙스완을 예측할 수 없는 걸까?

최근 취리히에 있는 스위스 연방공과대학의 금융경제 분석가 디디에르 소네트(Didier Sornette) 교수는 블랙스완 중에서도 예측 가능한 '드래곤킹(Dragon King)'이 있다고 주장한다. 그는 물리학의 복잡계(Complex System 즉, 여러 구성요소 간의 다양하고 유기적 협동현상에 기인하는 복잡한 현상들의 집합체) 이론을 이용하여 자연재해를 예측할 수 있는 것처럼 경제 위기와 같은 극단적 예외도 예측 가능하다고 판단한다. 이를테면 자연재해가 발생하기 전에 조그만 신호들이 모여 큰 파장을 일으키듯 경제 위기와 같은 극단적 예외도 미미한 신호들을 통해 발현되므로 복잡계 이론에 근거한 경고 시스템을 만들 수 있다고 제안한다.

소네트 교수가 사용한 시스템은 로그 주기 패턴(Log Periodic Power Law, LPPL) 모형으로 주식시장에서 많이 사용되며 주가의 패턴 주기가 점점 짧아지면 위기가 임박했다고 해석한다. 이를 이용해 그는 1998년 러시아 루블화 폭락, 1999년 일본 닛케이 안티버블, 2000년 IT 버블, 2008년 서브프라임 모기지 사태와 금융위기, 2009년 중국 주식시장 버블, 최근 2017년 비트코인 버블 등을 예측하였다. 하지만 소네트 교수도 모든 버블 붕괴를 예측할 수는 없다고 이야기한다. 다만 모든 극단적인 사건(블랙스완) 중에도 설명과 예측이 가능한 '드래곤킹'은 존재하며 이를 대비하기 위해 다양한 시각과 더 많은 정보를 축적할 수 있도록 끊임없이 노력해야 한다는 사실을 유념해야 한다.

# 제5절 표준정규분포

정규분포는 평균 $\mu$와 분산 $\sigma^2$에 의해 무수히 많은 분포의 형태를 이루기 때문에 정규분포의 특성을 비교하거나 확률을 계산하기 위해서는 정규분포 중에서 하나의 표준적인(standard) 정규분포가 필요하다. 따라서 평균이 0이고 분산이 1인 정규분포를 표준정규분포(standard normal distribution)로 선택하고, 이 분포를 따르는 확률변수는 $Z$로 나타낸다. 즉 $Z \sim N(0, 1)$로 표현한다.

---

**표준정규분포**

평균이 0이고 분산 1인 정규확률변수는 $Z$로 나타내며 다음과 같이 표현한다.

$$Z \sim N(0, 1)$$

이때 $Z$는 표준정규분포를 따른다고 한다.

그림 6-10

표준정규분포

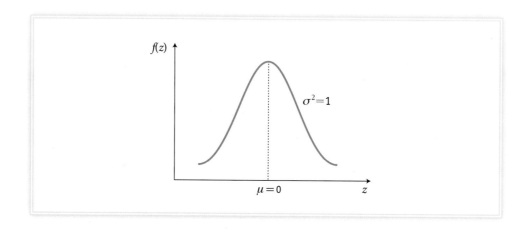

## 제6절 표준정규분포의 확률 계산

표준정규분포의 구간확률은 확률밀도함수 $F_Z(z)$ 아래에 위치하는 전체면적 중 그 구간에 속하는 부분면적이 된다. 예컨대 $-\infty$부터 $\infty$까지의 구간이 정해지면 구간확률은 $F_Z(z)$ 아래 모든 면적이 되어 그 값은 1이 된다. 한편, $-\infty$부터 0 혹은 0부터 $\infty$까지의 구간이 정해지면 구간확률은 $F_Z(z)$ 아래 모든 면적의 반이 되어 그 값은 0.5가 된다. 그런데 이런 특수한 구간이 아닌 일반적인 구간에 대한 구간확률은 앞의 경우처럼 쉽게 계산되지 않는다. 즉 표준정규분포에서 $a$부터 $b$까지의 구간에 대한 확률은 확률밀도함수 $F_Z(z)=1/\sqrt{2\pi}\ e^{-1/2z^2}$을 이용하여 다음과 같이 구해야 한다.

그림 6-11

표준정규분포의
a와 b의 구간확률

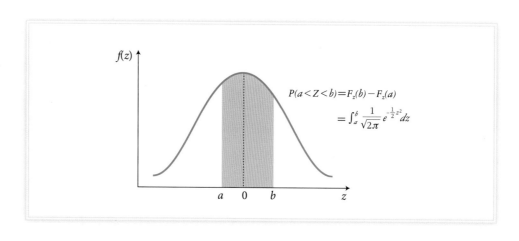

이 구간의 확률값을 계산하기 위해서는 $f_Z(z)$의 적분값을 구해야 한다. 하지만 비선형 함수인 $f_Z(z)$의 적분값을 구하기가 쉽지 않으므로 표준정규분포의 누적분포함수가 미리 계산된 부록의 표준정규분포표($Z$-table)를 이용하는 것이 편리하다. 이 표는 표준정규분포의 누적분포함수의 값으로 다음 확률과 같다.

$$F_Z(z) = P(Z \le z)$$

예를 들어 그림 6-12와 같이 표준정규분포표를 보면 $F_Z(0.70)$은 0.7580이며, 이 값은 표준정규확률변수 $Z$가 0.70보다 크지 않은 값을 취할 확률이다.

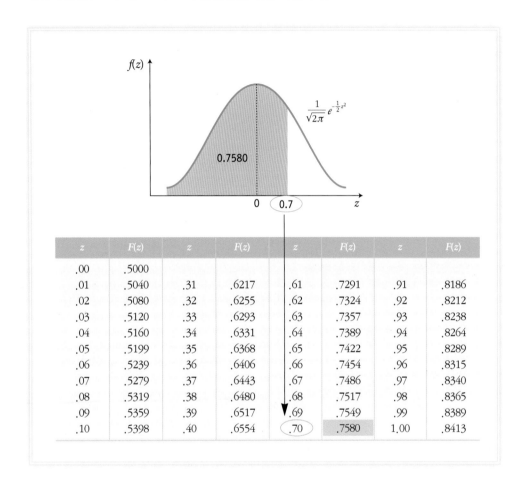

| $z$ | $F(z)$ | $z$ | $F(z)$ | $z$ | $F(z)$ | $z$ | $F(z)$ |
|-----|--------|-----|--------|-----|--------|-----|--------|
| .00 | .5000 |     |        |     |        |     |        |
| .01 | .5040 | .31 | .6217 | .61 | .7291 | .91 | .8186 |
| .02 | .5080 | .32 | .6255 | .62 | .7324 | .92 | .8212 |
| .03 | .5120 | .33 | .6293 | .63 | .7357 | .93 | .8238 |
| .04 | .5160 | .34 | .6331 | .64 | .7389 | .94 | .8264 |
| .05 | .5199 | .35 | .6368 | .65 | .7422 | .95 | .8289 |
| .06 | .5239 | .36 | .6406 | .66 | .7454 | .96 | .8315 |
| .07 | .5279 | .37 | .6443 | .67 | .7486 | .97 | .8340 |
| .08 | .5319 | .38 | .6480 | .68 | .7517 | .98 | .8365 |
| .09 | .5359 | .39 | .6517 | .69 | .7549 | .99 | .8389 |
| .10 | .5398 | .40 | .6554 | .70 | .7580 | 1.00 | .8413 |

확률밀도함수 $F_Z(z)$가 0에 대해 대칭이므로 $z$의 값이 음일 경우에도 표준정규분포의 누적분포함수표를 이용하여 누적분포함수 값을 계산할 수 있다. 표준정규확률변수 $Z$가 $-z_0(z_0 > 0)$보다 작은 값을 취할 확률을 계산하려면 $F_Z(-z_0) = P(Z \le -z_0)$를 구해야 한다. 그런데 $F_Z(z)$가 0에 대해 대칭이므로 $F_Z(z)$의 아래 면적에서 $-z_0$의 왼쪽에 놓이는 면적은 $z_0$의 오른쪽에 놓이는 면적과 같다. 즉

$$P(Z \le -z_0) = P(Z \ge z_0)$$

또한 $F_Z(z)$의 아래 총면적이 1이므로

$$P(Z \ge z_0) = 1 - P(Z \le z_0) = 1 - F_Z(z_0)$$

이다. 따라서

$$F_Z(-z_0) = 1 - F_Z(z_0)$$

예를 들면

$$P(Z \le -0.90) = F_Z(-0.90) = 1 - F_Z(0.90) = 1 - 0.8159 = 0.1841$$

**그림 6-13**

**Z의 확률밀도 함수 : $F_Z(-z_0)$과 $1 - F_Z(z_0)$**

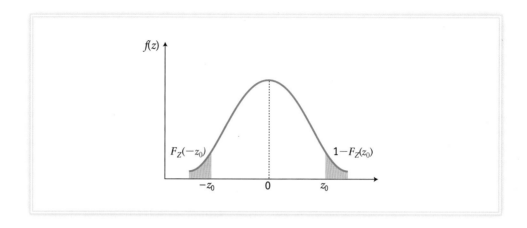

**예 6-3** ▶

$Z$가 표준정규확률변수라면 $Z$값이 $-1$과 $0.5$ 사이에 놓일 확률을 구하라.

**답**

이 확률은 표준정규분포표를 이용하여 다음과 같이 계산할 수 있다.

$$
\begin{aligned}
P(-1 < Z < 0.5) &= F_Z(0.5) - F_Z(-1) \\
&= F_Z(0.5) - [1 - F_Z(1)] \\
&= 0.6915 - [1 - 0.8413] \\
&= 0.5328
\end{aligned}
$$

이번에는 앞의 경우와 반대로 확률이 주어졌을 때 $z_0$ 값을 찾는 경우, 즉 주어진 확률로부터 필요한 구간을 계산하는 방법을 생각해 보자. 확률변수가 $z_0$보다 작을 확률이 0.8289가 되는 $z_0$값을 구해보자.

$$P(Z < z_0) = F_Z(z_0) = 0.8289$$

표준정규분포표에 의하면 $F_Z(z_0) = 0.8289$를 만족하는 $z_0$의 값은 0.95이다.

**그림 6-14**

$F_Z(z_0)=0.8289$가
되는 $z_0$값

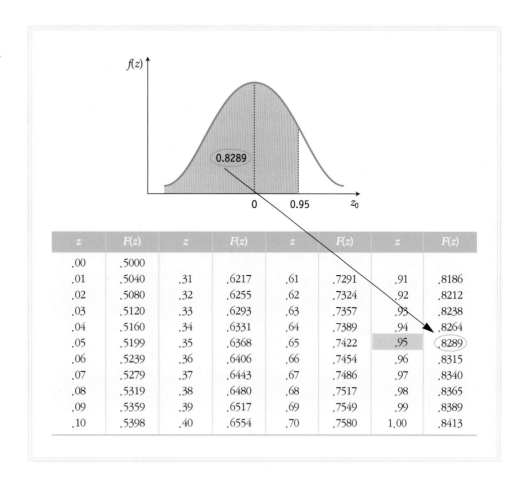

| z | F(z) | z | F(z) | z | F(z) | z | F(z) |
|---|------|---|------|---|------|---|------|
| .00 | .5000 | | | | | | |
| .01 | .5040 | .31 | .6217 | .61 | .7291 | .91 | .8186 |
| .02 | .5080 | .32 | .6255 | .62 | .7324 | .92 | .8212 |
| .03 | .5120 | .33 | .6293 | .63 | .7357 | .93 | .8238 |
| .04 | .5160 | .34 | .6331 | .64 | .7389 | .94 | .8264 |
| .05 | .5199 | .35 | .6368 | .65 | .7422 | .95 | .8289 |
| .06 | .5239 | .36 | .6406 | .66 | .7454 | .96 | .8315 |
| .07 | .5279 | .37 | .6443 | .67 | .7486 | .97 | .8340 |
| .08 | .5319 | .38 | .6480 | .68 | .7517 | .98 | .8365 |
| .09 | .5359 | .39 | .6517 | .69 | .7549 | .99 | .8389 |
| .10 | .5398 | .40 | .6554 | .70 | .7580 | 1.00 | .8413 |

**예 6-4** ▶

표준정규확률변수 $Z$가 어떤 구간에 속할 확률이 0.90이고 이 구간이 0을 기준으로 대칭을 이룰 때, 이 구간을 구하라.

**답**

0을 기준으로 대칭을 이루며 $Z$가 놓일 확률이 0.9인 구간은

$$P(-z_0 < Z < z_0) = 0.9$$

가 되며, 이를 만족하는 $z_0$를 구하면 된다. $2 \cdot F_Z(-z_0)=1-0.9$와 $F_Z(z_0)=0.9+F_Z(-z_0)$를 이용하면 $F_Z(z_0)=0.9+0.05=0.95$가 되므로 누적분포의 값이 0.95가 되는 $z_0$를 표준정규분포표로부터 구하면 그 값은 1.645이다. 따라서 구하고자 하는 구간은 $-1.645$부터 1.645까지가 된다.

# 제7절 백분위수와 정규분포

자료의 특성을 파악하기 위해 우리는 전체 자료 집합에서 특정 값이 어느 위치에 있는지를 나타내는 상대적 순위 정보를 활용할 수 있다. 상대적 순위 정보의 유용성은 이미 이 책의 제3장에서 집중화 경향의 측정 방법의 하나인 중앙값과 분포의 특성 측정법으로 분위수(quantile)를 소개하면서 설명하였다. 이를테면 전체 자료 집합의 모든 관측값을 가장 작은 값부터 가장 큰 값까지 크기 순서대로 나열하여 정 가운데에 위치하는 관측값을 중앙값이라고 하였다. 따라서 전체 자료 집합에서 50%는 중앙값보다 작고 50%는 중앙값보다 크게 되며, 상대적 순위 정보를 이용하는 중앙값은 극단적인 관측값인 이상점(outlier)에 영향을 받지 않는 장점을 갖고 자료의 집중화 경향을 표현해 준다.

다양한 상대적 순위 정보를 통해 자료의 특성을 면밀하게 파악하기 위해서 중앙값의 개념을 백분위수(percentile)로 확장하여 다음과 같이 정의할 수 있다.

> **백분위수**
>
> $P^{th}$ 백분위수($0 < P \leq 100$)는 전체 자료 집합의 모든 관측값을 가장 작은 값부터 가장 큰 값까지 크기 순서대로 나열하였을 때 $P$%가 작고 $(1-P)$%가 큰 특정 위치에 있는 값을 의미한다.

따라서 중앙값은 $50^{th}$ 백분위수와 동일하다. 다른 예로 당신이 공인회계사 시험에 응시하였으며 당신의 시험 점수가 $75^{th}$ 백분위수에 해당한다고 가정하자. 이 경우 모든 응시자의 시험 점수 중 75%는 당신의 점수보다 낮으며 25%는 당신의 점수보다 높음을 의미한다.

참고로 $25^{th}$, $50^{th}$, 그리고 $75^{th}$ 백분위수는 전체 자료 집합을 각각 1/4, 2/4, 그리고 3/4으로 나누는 값이 되어 특별히 사분위수(quartile)로 표현하기도 한다.[1] 즉, $25^{th}$ 백분위수와 동일한 첫 번째 사분위수는 $Q_1$으로 표기하며, $50^{th}$ 백분위수와 동일한 두 번째 사분위수는 $Q_2$로 표기하고, $75^{th}$ 백분위수와 동일한 세 번째 사분위수는 $Q_3$로 표기한다.

**예 6-5** ▶

한국 갤럽에서 46개국을 대상으로 2020년 경기전망에 대한 다국가 비교 조사를 시행하였다. 이 조사에서 2020년 경기가 좋아질 것으로 전망하는 정도를 %로 나타낸 자료 중 11개를 추출하였다.

---

[1] 사분위수는 이 책의 제3장에서 상세히 설명하였다.

| | |
|---|---|
| 나이지리아 | 73 |
| 러시아 | 25 |
| 레바논 | 5 |
| 미국 | 43 |
| 베트남 | 55 |
| 스페인 | 29 |
| 시리아 | 39 |
| 이라크 | 46 |
| 페루 | 70 |
| 필리핀 | 33 |
| 한국 | 12 |

이 자료의 $25^{th}$ 백분위수와 세 번째 사분위수 $Q_3$를 각각 구하라.

**답**

2020년 경기가 좋아질 것으로 전망하는 정도를 %로 나타낸 앞의 자료를 오름차순으로 정리하면 다음과 같다. 따라서 $25^{th}$ 백분위수는 이 값보다 25%가 작고 75%가 큰 세 번째에 위치한 러시아의 25이다. 세 번째 사분위수 $Q_3$는 $75^{th}$백분위수와 동일하므로 이 값보다 75%가 작고 25%가 큰 아홉 번째에 위치한 베트남의 55이다.

| | |
|---|---|
| 레바논 | 5 |
| 한국 | 12 |
| 러시아 | 25 |
| 스페인 | 29 |
| 필리핀 | 33 |
| 시리아 | 39 |
| 미국 | 43 |
| 이라크 | 46 |
| 베트남 | 55 |
| 페루 | 70 |
| 나이지리아 | 73 |

그림 6-15

3-시그마 원칙

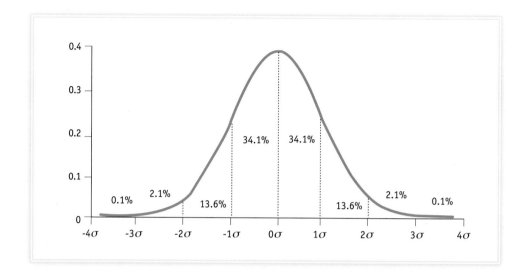

이번에는 백분위수를 정규분포와 3-시그마 원칙(3-sigma rule)을 연계하여 살펴보자. 정규분포를 따르는 매우 큰 모집단 자료는 그림처럼 $\mu$(평균)를 중심으로 $\pm\sigma$(표준편차) 이내에 자료의 약 68.2%가 포함되며, $\pm2\sigma$ 이내에 자료의 약 95.4%가 포함되고, $\pm3\sigma$ 이내에 자료의 약 99.7%가 포함되는 것으로 알려져 있다.[2] 이런 현상을 3-시그마 원칙이라고 한다. 3-시그마 원칙은 백분위수로 다시 표현할 수 있다. 즉, 정규분포를 따르는 매우 큰 모집단 자료에서 $-3\sigma$는 0.1[th] 백분위수에, $-2\sigma$는 2.2[th] 백분위수에, 그리고 $-\sigma$는 15.9[th] 백분위수에 해당하며, 분포의 중앙에 위치하는 평균 $\mu$는 50th 백분위수에 해당한다.

**3-시그마 원칙**

정규분포를 따르는 매우 큰 모집단 자료는 $\mu$(평균)를 중심으로 $\pm\sigma$(표준편차) 이내에 자료의 약 68.2%가, $\pm2\sigma$ 이내에 자료의 약 95.4%가, 그리고 $\pm3\sigma$ 이내에 자료의 약 99.7%가 포함된다.

## 제8절 정규분포의 표준화와 확률 계산

정규분포하는 확률변수 $X$는 선형변환으로 표준화될 수 있는데, 이는 $X$의 특정 구간 $(a, b)$에 대한 확률을 구하기 위해 $X$의 확률밀도함수를 $a$부터 $b$까지 적분을 해야 하는 복잡한 계산 과정을 생략할 수 있음을 의미한다. 즉 정규분포하는 확률변수 $X$를 선형변환하여 표준화한 다음 표준정규분포표를 이용하여 $X$의 특정 구간 확률을 구할 수 있다.

---

[2] 3-시그마 원칙의 비율이 그림 6-15에 표현된 비율(%)이나 해당 백분위수와 미미하게 차이가 있는 이유는 반올림 때문이다.

### 정규분포의 표준화

$X$를 평균 $\mu$와 분산 $\sigma^2$을 갖는 정규확률변수라고 하자. 이때 $X$를

$$Z = \frac{X - \mu}{\sigma}$$

로 선형변환하면 $Z$는 표준정규분포한다. 즉 $Z \sim N(0, 1)$이다. $X$를 $Z$로 선형변환시키는 것을 **표준화**(standardized)한다고 한다. 물론 역으로 $Z$를 $X$로 다음과 같이 선형변환시킬 수도 있다.

$$X = \mu + Z\sigma$$

### 정규분포의 확률 계산

$X \sim N(\mu, \sigma^2)$이고 $a < b$인 두 실수 $a$와 $b$가 존재한다고 하자. 이때

$$P(a < X < b) = P\left( \frac{a - \mu}{\sigma} < Z < \frac{b - \mu}{\sigma} \right)$$

$$= F_Z\left( \frac{b - \mu}{\sigma} \right) - F_Z\left( \frac{a - \mu}{\sigma} \right)$$

확률변수 $X$가 $X \sim N(50, 10^2)$일 때 $X$가 60보다 클 확률을 표준화 공식을 이용하여 계산해 보자.

**그림 6-16**

$X$와 $Z$의
확률밀도함수

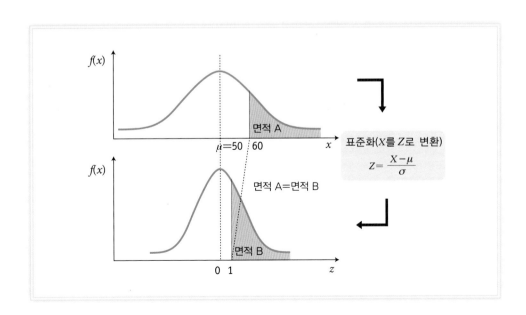

$$P(X>60)=P\left(\frac{X-\mu}{\sigma} > \frac{60-\mu}{\sigma}\right)$$

$$=P\left(Z > \frac{60-\mu}{\sigma}\right)$$

$$=P\left(Z > \frac{60-50}{10}\right)$$

$$=P(Z>1)$$

$$=1-F_Z(1)$$

$$=1-0.8413$$

$$=0.1587$$

| z | F(z) | z | F(z) |
|---|---|---|---|
| .61 | .7291 | .91 | .8186 |
| .62 | .7324 | .92 | .8212 |
| .63 | .7357 | .93 | .8238 |
| .64 | .7389 | .94 | .8264 |
| .65 | .7422 | .95 | .8289 |
| .66 | .7454 | .96 | .8315 |
| .67 | .7486 | .97 | .8340 |
| .68 | .7517 | .98 | .8365 |
| .69 | .7549 | .99 | .8389 |
| .70 | .7580 | 1.00 | .8413 |

**예 6-6** ▶

증권회사에서 운용하는 펀드에 대한 수익률(X)이 30%의 평균 수익률과 10%의 표준편차를 갖는 정규분포를 이룬다고 조사되었다.

• 수익률이 60%를 초과할 확률을 계산하라.
• 수익률이 10%보다 크고 55%보다 작을 확률을 계산하라.

**답**

• 그림 6-17에서 파란색 면적이 X가 60보다 클 확률이다.

**그림 6-17**

**X가 60보다 클 확률**

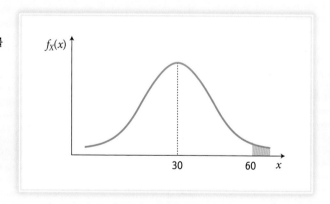

$$P(X>60)=P\left(\frac{X-\mu}{\sigma} > \frac{60-\mu}{\sigma}\right)$$

$$=P\left(Z > \frac{60-30}{10}\right)$$

$$=P(Z>3)=1-F_Z(3)$$

$$=1-0.9986=0.0014$$

수익률이 60%를 초과할 확률은 0.0014이다.

• 그림 6-18에서 색칠한 면적이 구하고자 하는 확률이다.

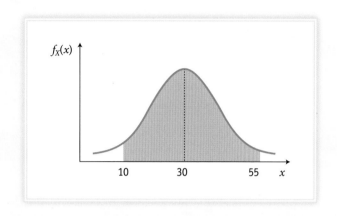

**그림 6-18**

X가 10과 55
사이에 놓일 확률

$$P(10<X<55)=P\left(\frac{10-\mu}{\sigma}<\frac{X-\mu}{\sigma}<\frac{55-\mu}{\sigma}\right)$$

$$=P\left(\frac{10-30}{\sigma}<Z<\frac{55-30}{\sigma}\right)$$

$$=P(-2<Z<2.5)$$

$$=F_Z(2.5)-F_Z(-2)$$

$$=F_Z(2.5)-[1-F_Z(2)]$$

$$=0.9938-[1-0.9772]$$

$$=0.971$$

수익률이 10%와 55% 사이에 속할 확률은 0.971이다.

 **요약**

연속확률변수와 이산확률변수의 중요한 차이는 확률변수가 특정한 값을 취하는 확률에 있다. 이산확률변수와 달리 무한한 값들을 취할 수 있는 연속확률변수는 어떤 특정한 값을 취할 확률이 거의 0이 되기 때문에 연속확률변수가 특정한 값을 취할 확률을 고려하는 것은 무의미하다. 따라서 연속확률변수의 경우 확률변수 $X$가 취하는 아주 작은 구간 $a \leq x \leq a+\Delta$(여기서 $\Delta$는 아주 작은 양의 실수)와 확률밀도의 관계를 나타내는 함수를 고려하며, 이를 확률밀도함수 $f_X(x)$라고 한다.

지수분포는 지정된 시점으로부터 어떤 사건이 일어날 때까지 걸리는 시간을 측정하는 확률분포로, 확률변수 $T$가 다음과 같은 확률밀도함수를 가질 때 $T$는 계수 $\lambda$를 갖는 지수분포를 따른다고 한다.

$$f_T(t)=\lambda e^{-\lambda t} \ (t>0)$$

지수분포에서 $\lambda$의 값이 클수록 $t$시간 동안 사건이 일어나지 않을 확률은 더욱 빠른 속도로 감소하게 된다. 따라서 모수 $\lambda$를 실패율 혹은 위험률이라고 한다.

정규분포는 통계학에서 가장 대표적인 확률분포로 다음과 같은 특성을 갖는다.

1. 연속확률분포이다.
2. 평균을 중심으로 좌우대칭인 종 모양이다.
3. 분포의 위치는 평균, 분포의 모양은 분산에 의해 정해진다.
4. 평균$\pm(3\times$표준편차$)$의 범위 안에 거의 모든 확률변수의 값들(99.74%)이 포함된다.

평균이 0이고 분산이 1인 정규분포를 표준정규분포라고 한다. 그리고 표준정규분포하는 확률변수는 $Z$로 나타내며 다음과 같이 표현한다.

$$Z \sim N(0,\ 1)$$

정규분포를 따르는 큰 모집단 자료는 $\mu$(평균)를 중심으로 $\pm\sigma$ 이내에 자료의 약 68.2%가, $\pm2\sigma$ 이내에 약 95.4%가, $\pm3\sigma$ 이내에 약 99.7%가 포함된다. 이런 현상을 3-시그마 원칙이라고 한다.

$X$를 평균 $\mu$와 분산 $\sigma^2$을 갖는 정규분포하는 확률변수라고 하자. 이때 $X$를

$$Z = \frac{X - \mu}{\sigma}$$

로 선형변환하면 $Z$는 표준정규분포한다. 즉 $Z \sim N(0,\ 1)$이다. 이처럼 $X$를 $Z$로 선형변환시키는 것을 표준화한다고 한다.

 **주요 용어**

**균등분포**(uniform distribution) 확률변수가 특정 값을 취할 확률이 일정 구간 동일한 분포

**실패율**(failure rate) 혹은 **위험률**(hazard rate) 지수분포에서 $\lambda$의 값이 클수록 $t$시간 동안 사건이 일어나지 않을 확률은 더욱 빠른 속도로 감소하게 된다. 따라서 모수 $\lambda$를 실패율 혹은 위험률이라고 한다.

**정규분포**(normal distribution) 혹은 **가우스분포**(Gaussian distribution) 통계학에서 가장 대표적인 연속확률분포로 평균을 중심으로 좌우대칭인 종 모양이다.

**지수분포**(exponential distribution) 지정된 시점으로부터 어떤 사건이 일어날 때까지 걸리는 시간을 측정하는 확률분포로, 확률변수 $T$가 다음과 같은 확률밀도함수를 가질 때 $T$는 계수 $\lambda$를 갖는 지수분포를 따른다고 한다.

$$f_T(t) = \lambda e^{-\lambda t} \ (t > 0)$$

**표준정규분포**(standard normal distribution)　평균이 0이고 분산이 1인 정규분포

**표준화**(standardized)　정규분포하는 확률변수를 표준정규분포하는 확률변수로 선형변환시키는 것

**확률밀도**(probability density)　연속확률변수가 취하는 특정 값에 대응하는 확률함수의 높이

**3-시그마 원칙**(3-sigma rule)　정규분포를 따르는 매우 큰 모집단 자료는 $\mu$(평균)를 중심으로 $\pm\sigma$(표준편차) 이내에 자료의 약 68.2%가, $\pm 2\sigma$ 이내에 자료의 약 95.4%가, 그리고 $\pm 3\sigma$ 이내에 자료의 약 99.7%가 포함된다.

**$P^{th}$백분위수**(percentile) $(0 < P \leq 100)$　전체 자료 집합의 모든 관측값을 가장 작은 값부터 가장 큰 값까지 크기 순서대로 나열하였을 때 $P$%가 작고 $(1-P)$%가 큰 특정 위치에 있는 값

## 연습문제

1. 연속확률변수가 이산확률변수와 어떤 차이가 있는지 설명하고 이를 근거로 연속확률변수의 분포를 나타내는 확률밀도함수에 관해 설명해 보라.

2. 자동차 부품을 생산하는 한 공장에서 자동차 부품을 생산하는 공정이 4m의 자동 작업벨트에서 이루어진다. 이 자동 작업벨트의 특정 부분에 문제가 발생하여 작업이 중단될 확률은 4m 구간 전체에서 동일하다. 4m 구간 내에서 작업이 중단되는 위치를 확률변수 $X$로 표시하면 $X$의 확률밀도함수는 0~4m 사이에 균등하게 분포되며 다음과 같다.

$$f_X(x) = \begin{cases} \dfrac{1}{4} & (0 < x < 2) \\ 0 & (x가 \ 위의 \ 구간에 \ 속하지 \ 않을 \ 경우) \end{cases}$$

   1) 확률밀도함수를 그려라.
   2) 누적분포함수를 도출하고 그려라.
   3) 자동 작업벨트의 시작점부터 1m 구간에서 문제가 발생하여 작업이 중단될 확률을 계산하라.
   4) 자동 작업벨트의 1.5m와 3.5m 구간에서 문제가 발생하여 작업이 중단될 확률을 계산하라.

3. 확률변수 $X$의 확률밀도함수가 다음과 같을 때 $X$의 평균 $E(X)$를 구하라.

$$f_X(x) = \frac{1}{b-a} (a \leq x \leq b)$$

4. A도시에 거주하고 있는 주민들의 가계소득을 조사하였더니 모든 주민의 가계소득의 중앙값이 150만 원이며, 주민의 30%가 250만 원 이상의 가계소득이 있는 것으로 조사되었

다고 하자. A도시에서 임의로 선택된 가계의 소득이 150만 원과 250만 원 사이에 놓일 확률을 계산하라.

5. 어떤 투자자가 1억 원을 투자하면서 위험을 줄이기 위해 투자액의 반은 은행에 예금하여 10%의 고정이윤을 얻고, 나머지 반은 주식에 투자하여 20%의 기대이윤을 얻는데, 주식투자 이윤의 표준편차는 5%라고 하자. 이때 투자자가 1억 원을 투자하여 얻게 되는 기대이윤과 표준편차를 계산하라.

6. $Z$는 표준정규확률변수라고 가정하였을 때 다음 확률을 구하라.

   1) $P(Z<0)$

   2) $P(Z>1)$

   3) $P(Z<-1)$

   4) $P(-2.5<Z<1.5)$

   5) $P(-1.7<Z<1.2)$

7. 신라은행에서 고객 상담을 하는 데 평균 10분이 걸리며, 고객 상담 시간은 표준편차 3분을 갖는 정규분포를 이룬다는 사실을 알았다.

   1) 고객 상담 시간이 5분을 넘을 확률을 구하라.

   2) 고객 상담 시간이 7~16분 사이에 놓일 확률을 구하라.

8. 아리랑 음반회사의 영업부장은 다음 해 총매출액의 평균이 150억 원, 표준편차는 40억 원인 정규분포를 따른다고 예상한다.

   1) 이 음반회사의 총매출액이 200억 원을 넘을 확률은 얼마인가?

   2) 이 음반회사는 고정비용 때문에 100억 원의 매출을 올려야 손익분기점이 된다면 이 기업의 총매출이 손익분기점을 넘을 확률은 얼마인가?

   3) 이 기업이 내년에 달성할 총매출액의 목표를 정하였는데 내년에 목표한 총매출액 이상을 달성할 확률은 10%라고 한다. 그러면 목표한 총매출액은 얼마인가?

9. 확률변수 $T$가 $\lambda=2$인 지수분포를 따른다고 하자.

   1) $T$가 1 이상일 확률을 구하라.

   2) $T$의 평균과 분산을 구하라.

10. 컴퓨터 프로그래머가 기업의 응용 모듈을 프로그램하기 위해 걸리는 시간은 평균 200시간을 갖는 지수분포를 따른다. 이 프로그래머가 한 응용 모듈을 프로그램하기 위해 걸리는 시간이 240시간보다 작을 확률을 구하라.

**기출문제**

**1.** (2019 사회조사분석사 2급) 20대 성인 여자의 키의 분포가 정규분포를 따르고 평균값은 160cm, 표준편차는 10cm라고 할 때, 임의의 여자의 키가 175cm보다 클 확률은 얼마인가? (단, 다음 표준정규분포의 누적확률표 참고)

| $z$ | .00 | .01 | .02 | .03 | .04 |
|---|---|---|---|---|---|
| 1.0 | 0.8413 | 0.8438 | 0.8461 | 0.8485 | 0.8508 |
| 1.1 | 0.8643 | 0.8665 | 0.8686 | 0.8708 | 0.8729 |
| 1.2 | 0.8849 | 0.8869 | 0.8888 | 0.8907 | 0.8925 |
| 1.3 | 0.9032 | 0.9049 | 0.9666 | 0.9082 | 0.9099 |
| 1.4 | 0.9192 | 0.9207 | 0.9222 | 0.9236 | 0.9251 |
| 1.5 | 0.9332 | 0.9345 | 0.9357 | 0.9370 | 0.9382 |
| 1.6 | 0.9452 | 0.9463 | 0.9474 | 0.9484 | 0.9495 |
| 1.7 | 0.9554 | 0.9564 | 0.9573 | 0.9582 | 0.9591 |
| 1.8 | 0.9641 | 0.9649 | 0.9656 | 0.9664 | 0.9671 |
| 1.9 | 0.9713 | 0.9719 | 0.9726 | 0.9732 | 0.9738 |

① 0.0668      ② 0.0655

③ 0.9332      ④ 0.9345

**2.** (2019 사회조사분석사 2급) 확률변수 $X$가 평균이 5이고 표준편차가 2인 정규분포를 따를 때, $X$의 값이 4보다 크고 6보다 작을 확률은? (단, $P(Z<0.5)=0.6915$, $Z \sim N(0,1)$)

① 0.6915      ② 0.3830

③ 0.3085      ④ 0.2580

**3.** (2018 사회조사분석사 2급) 어떤 시험에서 학생들의 점수는 평균이 75점, 표준편차가 15점인 정규분포를 따른다고 한다. 상위 10%의 학생에게 학점을 준다고 했을 때, 다음 중 학점을 받을 수 있는 최소 점수는? ($P(0<Z<1.28)=0.4$)

① 89      ② 93

③ 95      ④ 97

**4.** (2017 9급 공개채용 통계학개론) 위치 A에서 0 또는 1의 메시지 $x$를 송신하면 위치 B에서는 $x$에 표준정규분포를 따르는 확률변수 $\epsilon$을 더한 값 $R=x+\epsilon$으로 수신한다. 위치 B에서는 수신된 메시지 $R$이 0.3 이하이면 0으로 판독하고, 0.3보다 크면 1로 판독한다. 위치 A에서 1을 송신할 때, 위치 B에서 수신한 메시지를 0으로 판독할 확률은? (단, $Z$가 표준정규분포를 따르는 확률변수일 때, $P(Z \leq 0.7)=0.76$이다)

① 0.24      ② 0.26

③ 0.48      ④ 0.76

5. (2013 9급 공개채용 통계학개론) 새로 개발된 신제품이 고장 없이 작동하는 기간은 평균 500일이고, 표준편차가 100일인 정규분포를 따른다고 한다. 판매한 제품의 5% 이내만 보증기간 내에 수리가 요구되도록 보증기간을 정하고자 한다면, 보증기간을 얼마 이내로 정해야 하는가? (단, 표준정규확률변수 $z$에 대해 $P(Z \geq 1.65) = 0.05$라고 하자)

① 335일          ② 483.5일

③ 516.5일        ④ 665일

6. (2016 7급 공개채용 통계학) 지수분포의 확률밀도함수는 다음과 같다.

$$f(x) = \begin{cases} \lambda e^{-\lambda x}, & x > 0 \\ 0, & x \leq 0 \end{cases}, \lambda > 0$$

어느 동사무소에 민원인이 도착하여 민원서류를 발급받기까지 기다리는 시간이 평균 2분인 지수분포를 따른다고 할 때, 한 민원인이 3분 이상 기다릴 확률은?

① $e^{-2/3}$         ② $e^{-3/2}$

③ $e^{-3}$           ④ $e^{-6}$

7. (2014 7급 공개채용 통계학) 어느 대학의 학기별 성적에 대한 평점은 평균이 2.95이고 표준편차가 0.5인 정규분포를 따른다고 한다. 이 대학에서 학기별 성적이 상위 10%에 해당하는 학생들에게 장학금을 지급할 때 한 학생이 장학금을 받기 위한 최소 평점은? (단, $Z$는 표준정규분포를 따르는 확률변수이고, $P(Z < 1.28) = 0.9$이다)

① 3.55          ② 3.59

③ 3.63          ④ 3.67

8. (2012 7급 공개채용 통계학) 어느 회사 직원들의 업무평가점수가 평균이 70점이고 표준편차가 10점인 정규분포를 따를 때, 하위 5%에 해당하는 업무평가점수의 최댓값은? (단, $Z$가 표준정규분포를 따르는 확률변수일 때 $P(|Z| < 1.645) = 0.9$, $P(|Z| < 1.96) = 0.95$이다.)

① 50.40점        ② 52.40점

③ 53.55점        ④ 56.55점

9. (2011 7급 통계학) 어느 자격시험 성적은 평균이 68.4점이고 표준편차가 10점인 정규분포를 따른다고 한다.

[문] 이 시험에서 88점을 받은 응시자는 상위 $a$%에 해당한다. $a$값은? (단, $Z$가 표준정규분포를 따르는 확률변수일 때, $P(|Z| < 0.196) = 0.16$, $P(|Z| < 1.96) = 0.95$이다.)

① 2.5          ② 5.0

③ 16.0          ④ 42.0

10. (2018 5급(행정) 공개채용 2차 통계학) 확률변수 $X_1, \cdots, X_n$은 서로 독립이며 모두 구간 (0, 1)에서 균일분포를 따르고 확률변수 $U_i$ ($i = 1, \cdots, n$)와 $S_n$은 다음과 같이 정의한다.

$$U_i = \begin{cases} 1, & X_i \leq 1/n일 \text{ 때} \\ 0, & X_i > 1/n일 \text{ 때} \end{cases}$$

$$S_n = U_1 + \cdots + U_n$$

1) $E(U_1)$을 구하시오.

2) $P(S_4 = 1)$을 구하시오.

**11.** (2011년 5급(행정) 공개채용 2차 통계학) 어떤 대규모 입사시험에서 수험자가 주어진 과제를 해결하는 데 걸리는 시간이 평균이 5분인 지수분포를 따른다고 한다. 지수분포의 확률밀도함수(probability density function)는 다음과 같다. [참조 : 원 문제에서 $\eta$를 $\lambda$로 표기하였으나 이 책의 표기와 혼동을 피하고자 $\eta(=1/\lambda)$로 수정하였다.] 아래 표의 지수함수 값을 이용하여 다음 물음에 답하라.

$$f(x) = \frac{1}{\eta} e^{-x/\eta}, \quad x > 0, \quad \eta > 0$$

| $x$ | 0.5 | 1 | 1.5 | 2 | 2.5 | 3 | 3.5 | 4 | 4.5 | 5 |
|---|---|---|---|---|---|---|---|---|---|---|
| $e^{-x}$ | 0.607 | 0.368 | 0.223 | 0.135 | 0.082 | 0.050 | 0.030 | 0.018 | 0.011 | 0.007 |

[문] 임의로 선택된 한 수험자가 주어진 과제를 5분 안에 해결할 확률을 구하라.

**12.** (2017 입법고시 2차 통계학) 은행 창구에서 고객이 기다리는 시간을 $X$라고 하면 확률변수 $X$는 지수분포를 따르며 확률분포 함수 $f(x)$는 $f(x) = ce^{-cx}$, $x \geq 0$이다. 한 라인에서의 고객 평균 대기시간은 4분으로 알려져 있다. 다음에 답하라.

1) 고객이 기다리는 시간이 6분을 넘어갈 확률을 구하라.

2) $k$개($k \geq 1$)의 창구를 열어 적어도 한 고객이 4분 이상 기다리지 않을 확률이 0.95 이상이 되도록 하고자 한다. 이때 필요한 최소의 값 $k$를 구하라.

| $x$ | −2.0 | −1.9 | −1.8 | −1.7 | −1.6 | −1.5 | −1.4 | −1.3 | −1.2 | −1.1 | −1.0 |
|---|---|---|---|---|---|---|---|---|---|---|---|
| $e^{-x}$ | 0.14 | 0.15 | 0.17 | 0.18 | 0.20 | 0.22 | 0.25 | 0.27 | 0.30 | 0.33 | 0.37 |

**13.** (2016 입법고시 2차 통계학) 어느 시스템에는 부품 A, B, C가 직렬로 연결되어 있다(부품 가운데 하나라도 작동하지 않으면 시스템은 작동하지 않는다). 부품 A, B, C의 수명은 중위수(median)가 각각 1/2, 1/3, 1/4인 지수분포를 따른다고 알려져 있다(단위 시간은 1,000시간이다). 단, 각 부품의 수명에 대한 분포는 서로 독립이라고 가정한다. 확률변수 $X$가 기댓값이 $1/\lambda$인 지수분포를 따른다고 할 때, 확률밀도함수는 $f(x) = \lambda e^{-\lambda x}$, $x > 0$이다.

1) 위 시스템의 수명에 대한 중위수(시간)를 구하여라.

2) 부품 A가 500시간 고장 없이 작동되었다면, 부품 A의 수명에 대한 확률밀도함수와 중위수(시간)를 구하여라.

**14.** (2019년 사회조사분석사 2급) 평균의 $\mu$이고, 표준편차가 $\sigma$인 정규모집단으로부터 표본을 관측할 때, 관측값이 $\mu+2\sigma$와 $\mu-2\sigma$ 사이에 존재할 확률은 약 몇 %인가?

① 33%

② 68%

③ 95%

④ 99%

**사례분석 6**

# 유튜브 영상 제작 여부(손익분기점과 의사결정)

출처 : 셔터스톡

최근 교육부가 발표한 '초등학생 희망직업 순위'를 살펴보면 인터넷 방송 진행자인 유튜버가 5위를 차지하면서 오랫동안 고정적이었던 희망직업 순위가 변했다. 또한 이는 성인들 사이에서도 해당된다. 예컨대, 일상을 주제로 한 '브이로그', 음식을 주제로 한 '먹방', 게임을 주제로 하는 'E 스포츠' 등 사회, 경제, 문화, 과학에 걸친 다양한 성인 대상 콘텐츠가 생겨나고 있으며 해당 크리에이터들은 더 참신하고 재미있는 영상을 만들기 위해 노력하고 있다.

하지만 막연히 유튜브에 진입했다가 원하는 성과를 얻지 못하고 실패할 수 있다. 따라서 크리에이터 시장에 진입할 때는 '리스크는 어느 정도인가?', '이윤을 확보할 수 있는가?', '장래는 밝은가?' 등을 고민하는 것이 합리적이다. 이런 불확실한 상황에서 시장조사자나 경영 분석가들이 합리적인 의사결정을 내릴 수 있도록 다양한 통계적 모형들을 활용한다.

대부분의 통계적 결정모형은 생산비와 생산가격을 알 수 있으나 생산량은 수요량에 대한 사전적 정보 없이 결정된다고 가정한다. 통계적 결정모형을 이용한 시장분석 방법 중 가장 일반적으로 사용되는 **손익분기점**(break-even point) **분석**에서 상품(혹은 서비스)의 수요는 정규분포하며 평균 $\mu$와 표준편차 $\sigma$는 알 수 있다고 가정한다. 이 손익분기점 분석은 이윤을 확보하기 위해 팔아야만 하는 최소 판매량인 손익분기점($BE$)[3]과 실제 수요($D$)의 관계를 살펴보고 다음과 같은 결정규칙을 정한다.

● 결정규칙 : 수요($D$)가 손익분기점($BE$)을 초과할 가능성이 50%를 넘으면 새 상품을 시장에 판매한다. 즉 $P(D \geq BE) = 0.5$이면 판매.

---

[3] 손익분기점에 대한 보다 정확한 정의는 시장가격이 평균비용의 최저 수준과 일치하여 초과이윤이 0이 되는 점이다. 따라서 손익분기점보다 적은 양을 생산하면 기업(혹은 개인)은 손실을 보게 되며, 손익분기점보다 많은 양을 생산하면 기업(혹은 개인)은 이윤을 얻게 된다.

A군은 재미있는 콘텐츠를 생각하였으며, 이 영상 콘텐츠로 유튜브 영상 제작 여부를 결정한다고 가정하자. 그리고 과거 자료를 근거로 유사 콘텐츠의 조회 수[=수요($D$)]가 월간 평균 80만 회, 표준편차가 10만 회인 정규분포를 따른다는 사실을 알고 있다.[4] 관련 전문가들이 A군이 생각한 아이디어 영상을 제작하기 위한 손익분기점 조회 수를 월간 70만 회로 결정하였다면, 위의 결정규칙을 이용하여 A군이 전업(full-time) 유튜버로서 생각한 아이디어 영상을 제작해도 괜찮은지 판단해 보아라.[5]

---

[4] 조회 수 월 80만 회는 회당 1~5원의 수익이 발생한다는 가정과 제작비용 그리고 우리나라의 2019년 1인당 명목 국민소득 수준에 대한 기회비용을 고려하여 사례분석을 위해 개략적으로 산출하였다.

[5] 유튜브 수익구조는 더 복잡하며, 구독자 수가 많다고 하여 꼭 수익이 많이 발생하지 않는다. 일반적으로 수익은 조회 수에 따른 광고에서 창출되므로, 본 사례분석에서는 분석의 편의를 위해 해당 수요로 조회 수만을 고려하였다.

**사례분석 6**

## 정규분포와 엑셀함수

이산확률분포와 마찬가지로 엑셀은 연속확률분포 관련 함수를 제공한다. 사례분석 6의 유튜브 영상 제작 여부를 판단하기 위한 손익분기점($BE$) 분석을 다루기에 앞서 분석에 필요한 지식으로 1절에서는 연속확률분포함수를 대표하는 정규분포함수의 관련 내용(자료의 히스토그램 그리기)을 2절에서는 엑셀의 표준화 함수를 이용하는 방법(자료의 표준화)을 살펴보자.

### 1. 자료의 히스토그램 그리기

정규분포하는 관측값 500개에 대한 자료가 📁 **사례분석06.xlsx** 파일의 **표준화** 시트에 저장되어 있다.[6] 평균과 표준편차를 계산해주는 엑셀함수 **AVERAGE**와 **STDEV.P**를 이용하여 이 자료의 평균과 표준편차를 계산하면 각각 80.0843과 9.9826이다. 제1장 부록 2에서 배운 방법처럼 엑셀 **옵션**의 **추가기능**에서 **분석도구**를 설치한 후 엑셀 **데이터** 탭의 **데이터 분석**에 있는 **히스토그램** 도구를 이용하여 다음 그림 1과 같은 도수분포표를 구할 수 있다. 히스토그램 도구를 이용하는 과정에서 계급구간은 최소 45부터 최대 110까지 5씩 증가하는 14개의 구간으로 정하였다(자세한 내용은 제2장 사례분석 참조).

| | C2 | | ▼ | : | × | ✓ | $f_x$ | =STDEV.P(A2:A501) |
|---|---|---|---|---|---|---|---|---|

| ▲ | A | B | C | D | E | F |
|---|---|---|---|---|---|---|
| 1 | 자료 | 평균 | 표준편차 | | 도수분포표 | |
| 2 | 68 | 80.08431 | 9.9826002 | | 계급 | 빈도수 |
| 3 | 55 | | | | 45 | 1 |
| 4 | 77 | | | | 50 | 1 |
| 5 | 74 | | | | 55 | 1 |
| 6 | 85 | | | | 60 | 6 |
| 7 | 73 | | 0.19361546 | | 65 | 21 |
| 8 | 79 | | | | 70 | 44 |
| 9 | 87 | | | | 75 | 64 |
| 10 | 68 | | | | 80 | 110 |
| 11 | 78 | | | | 85 | 95 |
| 12 | 83 | | | | 90 | 85 |
| 13 | 80 | | | | 95 | 45 |
| 14 | 87 | | | | 100 | 17 |
| 15 | 68 | | | | 105 | 7 |
| 16 | 76 | | | | 110 | 3 |
| 17 | 78 | | | | 기타 | 0 |
| 18 | 72 | | | | 합 | 500 |

**그림 1** 자료의 평균, 표준편차, 도수분포표

---

[6] 이 자료는 엑셀의 **데이터 → 데이터 분석 → 난수 생성**을 이용했으며, 평균이 80이고 표준편차가 10인 정규분포를 따른다. 한편, 난수(임의수)시드를 1234로 정하여 다음에도 동일한 자료가 출력되도록 하였다.

도수분포표의 빈도수를 관측값의 총수 500으로 나누어 상대도수를 구한 후 그림 2와 같이 자료의 분포를 히스토그램으로 그려보면 이 자료의 분포 형태를 추측할 수 있다. 히스토그램에 의하면 이 분포는 80~85 구간을 중심으로 좌우대칭의 종 모양이므로 정규분포를 이루고 있음을 알 수 있다.

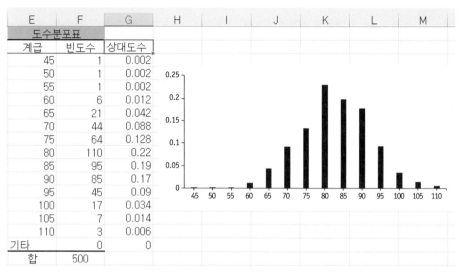

| 도수분포표 | | |
|---|---|---|
| 계급 | 빈도수 | 상대도수 |
| 45 | 1 | 0.002 |
| 50 | 1 | 0.002 |
| 55 | 1 | 0.002 |
| 60 | 6 | 0.012 |
| 65 | 21 | 0.042 |
| 70 | 44 | 0.088 |
| 75 | 64 | 0.128 |
| 80 | 110 | 0.22 |
| 85 | 95 | 0.19 |
| 90 | 85 | 0.17 |
| 95 | 45 | 0.09 |
| 100 | 17 | 0.034 |
| 105 | 7 | 0.014 |
| 110 | 3 | 0.006 |
| 기타 | 0 | 0 |
| 합 | 500 | |

**그림 2** 히스토그램 그리기

## 2. 자료의 표준화

정규분포하거나 관측값의 개수가 충분히 큰 자료를 표준화하는 엑셀함수는 STANDARDIZE()이며, 사용법은 다음과 같다.

$$=\text{STANDARDIZE}(\text{"범위"}, \text{평균}, \text{표준편차})$$

자료를 표준화하기 위한 표준화 공식은 다음과 같다.

$$Z=(X-\mu)/\sigma$$

따라서 평균 $\mu$와 표준편차 $\sigma$를 계산할 필요가 있다. 우리는 앞에서 이미 확률변수 $X$가 취할 수 있는 관측값들의 평균과 표준편차를 구하였으며 평균값은 B2셀, 표준편차 값은 C2셀에 있다. 따라서 A열의 자료를 표준화하여 배열로 출력하기 위해서 I2셀부터 I501셀까지 범위를 지정한 후 수식입력줄에 =STANDARDIZE(A2:A501,B2,C2)를 입력한 후 **Ctrl+Shift+Enter** 키를 동시에 누른다. 이때 그림 3과 같이 표준화된 자료가 계산된다. 다시 이 자료의 평균과 표준편차를 계산해 보면 각각 0과 1로 표준화 이후 이 자료는 표준정규분포에 근접하고 있음을 알 수 있다.

| 표준화 자료 | 평균 | 표준편차 | | 도수분포표 | | |
|---|---|---|---|---|---|---|
| | | | | 계급 | 빈도수 | 상대도수 |
| -1.164949645 | -1.2E-17 | 1 | | -3.5 | 1 | 0.002 |
| -2.496531731 | | | | -3 | 1 | 0.002 |
| -0.289695624 | | | | -2.5 | 1 | 0.002 |
| -0.630585303 | | | | -2 | 6 | 0.012 |
| 0.527369997 | | | | -1.5 | 21 | 0.042 |
| -0.730517109 | | | | -1 | 44 | 0.088 |
| -0.093570857 | | | | -0.5 | 64 | 0.128 |
| 0.660763492 | | | | 0 | 110 | 0.22 |
| -1.166742195 | | | | 0.5 | 95 | 0.19 |
| -0.246659623 | | | | 1 | 85 | 0.17 |
| 0.267946811 | | | | 1.5 | 45 | 0.09 |
| 0.032526026 | | | | 2 | 17 | 0.034 |
| 0.686173512 | | | | 2.5 | 7 | 0.014 |
| -1.177727541 | | | | 3 | 3 | 0.006 |
| -0.382122409 | | | | 3.5 | 1 | 0.002 |
| -0.221741586 | | | | 기타 | 0 | |
| -0.839083675 | | | | 합 | 500 | |
| 0.43773795 | | | | | | |

**그림 3** 표준화 자료의 도수분포표

이 자료의 분포 형태를 보기 위해 최소 $-3.5$에서 최대 $3.5$까지 $0.5$씩 증가하는 계급구간을 정하고 도수분포표를 구한 후 상대도수를 계산하여 히스토그램을 그려본다. 평균 $80$을 기준으로 정규분포의 형태를 보이던 원자료와 다르게 표준화 자료는 그림 4와 같이 평균 $0$을 기준으로 더 밀집된 표준정규분포의 형태를 나타내고 있다.

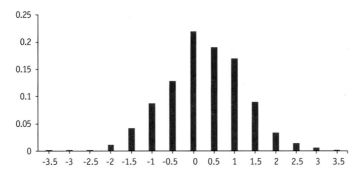

**그림 4** 표준화 자료의 분포

한편, 다음 엑셀함수를 사용하여 표준화된 자료의 누적분포확률을 계산할 수 있다.

$$=\text{NORM.S.DIST(Z, cumulative)}[7]$$

예를 들어 원자료의 경우 첫 번째 관측값은 $x_1 = 68$이고 이를 표준화한 값은 $z_1 = -1.16495$ 이다. 따라서 **=NORM.S.DIST(−1.16495, TRUE)**을 입력하면

---

[7] 엑셀 2019 버전에서는 이전 버전에서 사용했던 함수의 호환성을 지원하기 때문에 STDEVP(), NORMSDIST(), NORMDIST() 함수를 사용하여도 같은 결과를 도출할 수 있다.

$$\int_{-\infty}^{-1.16495} f(z)dz = 0.12202$$

에 해당하는 누적분포확률값이 계산된다. 만일 자료가 표준화되지 않은 상태에서 확률을 계산하려면 NORM.S.DIST 함수 대신 NORM.DIST() 함수를 사용할 수 있다. 사용법은 다음과 같다.

**=NORM.DIST("범위", 평균, 표준편차, 누적여부)**

예를 들어 원자료의 첫 번째 관측값 $x_1 = 68$을 표준화하지 않고 표준정규분포의 누적분포확률을 계산하려면 =NORM.DIST(A2,B2,C2,TRUE)를 입력하면 된다. 단, 주의할 점은 함수의 마지막 인수인 TRUE 부분으로 TRUE면 누적확률을, FALSE면 확률밀도함수 값을 계산한다.

### 3. 손익분기점 분석에 의한 의사결정

이제 앞에서 배운 엑셀함수를 이용하여 사례분석을 진행해보자. A군의 유튜브 영상 제작에 대한 손익분기점은 70만 회이고 경험적으로 알려진 평균과 표준편차는 80만 회와 10만 회이다. 그림 5와 같이 D2셀에 =1-NORM.DIST(A2,B2,C2,TRUE)라고 입력한 후 Enter 키를 누르면 계산 결과가 출력된다. 바꿔 말하면 수요가 손익분기점을 초과할 확률은

$$P(수요 \geq 손익분기점) = P(D \geq 70)$$

이 되는데, $D$를 표준화하면 이 확률은 $P((D-\mu_D)/\sigma_D \geq (70-80)/10) = P(Z \geq -1)$과 같아지므로

$$\int_{-1}^{\infty} f(z)dz$$

를 의미한다. 참고로 엑셀의 NORM.DIST() 함수는 항상 누적확률, 즉

$$\int_{-\infty}^{z_0} f(z)dz$$

를 계산하기 때문에 수식입력줄에 NORM.DIST(A2, B2, C2, TRUE)가 아닌 1-NORM.DIST(A2, B2, C2, TRUE)를 입력해야 한다.

| D2 | | | $f_x$ | =1-NORM.DIST(A2,B2,C2,TRUE) | | |
|---|---|---|---|---|---|---|
| | A | B | C | D | E | F |
| 1 | break-even point | 평균 | 표준편차 | P(D ge BE) | | |
| 2 | 70 | 80 | 10 | 0.841344746 | | |

**그림 5** 수요가 손익분기점을 초과할 확률

계산 결과에 의하면 수요가 손익분기점을 초과할 확률이 $P(D \geq BE) = 0.8413$으로 0.5를 넘기 때문에 결정규칙에 따라 A군은 해당 콘텐츠를 유튜브 영상으로 제작하는 것이 바람직하다.

**사례분석 6**

# 정규분포와 R 함수

## 1. 자료의 히스토그램 그리기

R 함수로 정규분포하는 임의수(난수)를 생성하여 관측값 500개를 갖는 자료를 만들어보자. 해당 함수는 rnorm()으로 평균과 표준편차를 지정하여 생성한다. 언제나 동일한 임의수를 생성하기 위해 임의수 시드를 1234로 지정하였으며, 평균 80과 표준편차 10을 따르는 정규분포의 임의수를 생성하고 hist()를 사용하여 코드를 작성하면 그림 6과 같은 히스토그램을 그릴 수 있다.

```
set.seed(1234) # 시드 부여
randomNumber = rnorm(n = 500, m = 80, sd = 10)
# 정규분포를 따르는 임의수(난수) 생성
hist(randomNumber, col = "grey", main = "Histogram", xlab = "Level") # 히스토그램
```

**코드 1** 정규분포 자료 생성과 히스토그램

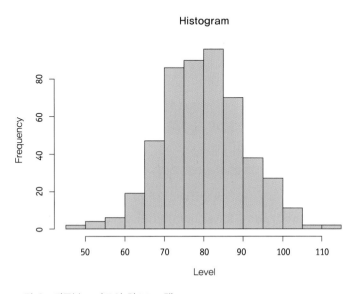

**그림 6** 정규분포 자료의 히스토그램

이 그림을 통해 해당 자료는 80~85 구간을 중심으로 좌우대칭의 종 모양과 유사함을 알 수 있다.

## 2. 자료의 표준화

R에서는 자료를 표준화하기 위한 **scale()**이라는 함수를 제공하며, 함수의 인수로는 표준화하기 위한 자료의 '객체명'을 입력하면 된다. 주의할 점은 **scale()** 함수는 행렬(matrix) 형태로 결과를 출력한다는 것이다. 올바른 코딩을 위해서는 어떤 함수를 사용할 때 그 함수가 출력하는 자료의 **클래스**(class)[8]가 무엇인지 정확히 아는 것이 중요하다. 따라서 R은 객체의 클래스를 확인할 수 있도록 **class()** 함수를 제공한다.

```
std.N = scale(randomNumber) # 자료의 표준화 실행
head(std.N, n = 5) # 표준화 자료의 처음 5개 출력
class(std.N) # 자료 형식 확인
hist(std.N, col = "grey", main = "Histogram", xlab = "Level") # 히스토그램
```

**코드 2** 자료의 표준화, 자료 형식, 히스토그램 그리기

```
Console   Terminal ×   Jobs ×                              ━ □
~/

> std.N = scale(randomNumber) # 자료의 표준화 실행
> head(std.N, n = 5) # 표준화 자료의 처음 5개 출력
          [,1]
[1,] -1.1682337
[2,]  0.2663188
[3,]  1.0461807
[4,] -2.2685590
[5,]  0.4129108
> class(std.N) # 자료 형식 확인
[1] "matrix"
```

**그림 7** 자료의 표준화와 자료 형식 코드의 실행 결과

그림 7은 코드 2의 실행 결과를 보여주며 표준화된 자료 **std.N**의 클래스가 행렬임을 나타낸다. 표준화된 자료의 히스토그램을 그려보면 평균 80을 기준으로 정규분포의 형태를 보이던 원자료의 히스토그램과 다르게 표준화 자료는 평균 0을 기준으로 자료가 더 밀집된 표준정규분포의 형태를 보여준다(그림 8).

한편, 제1장 부록 2에서 확률함수의 이름 앞에 **접두사**(prefix) 'p'를 붙이면 누적분포함수의 확률을 구할 수 있음을 설명하였다. 따라서 표준화된 자료의 누적분포함수의 확률은 **pnorm(q, mean=0, sd=1, lower.tail=TRUE)** 함수로 계산할 수 있다. 여기서 **q**는 확률변수의 값이며, **mean**은 평균, **sd**는 표준편차이다. **mean**과 **sd**의 기본값은 각각 0과 1이다. **lower.tail**은 누적분포확률을 왼쪽 꼬리부터 누적할지 아니면 오른쪽 꼬리부터 누적할지를 선택하는 논리 인수이며, **TRUE**를 입력하면 왼쪽 꼬리부터 **FALSE**를 입력하면 오른쪽 꼬리

---

[8] R에서 객체의 속성은 크게 유형(mode), 길이(length), 클래스(class)로 분류된다. 이 중에 클래스는 객체의 원형으로 객체에 포함된 자료가 정해진 규칙대로 연산되거나 작동되도록 제어하는 역할을 하며, "행렬(matrix)", "배열(array)", "함수(function)", "수치형(numeric)" 등으로 구분된다.

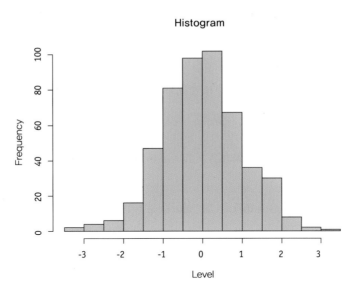

**그림 8** 표준화 자료의 분포

부터 확률을 누적한다.

예를 들어 원자료의 경우 첫 번째 관측값은 $x_1 = 67.92934$이고 이를 표준화한 값은 $z_1 = -1.1682337$이므로 **pnorm()**에 q=**-1.1682337** 값을 입력한다.

$$\text{pnorm}(-1.1682337 \ , \ \text{mean} = 0, \ \text{sd} = 1, \ \text{lower.tail} = \text{TRUE}) \ \text{\# 누적분포함수의 확률 계산}$$

**코드 3** 누적분포함수의 확률 계산

이 코드를 실행하면 그림 9와 같은 결과가 도출되며, $-\infty$부터 $-1.1682337$까지 누적한 확률은 0.1213563이 됨을 알 수 있다. 즉,

$$\int_{-\infty}^{-1.1682337} f(z)dz = 0.1213563$$

이를 다시 평균 80과 표준편차 10의 정규분포하는 원자료에 적용하면, 첫 번째 관측값 67.92934까지 누적분포확률을 계산하면 0.1213563이 된다는 의미이다.

**그림 9** 누적확률 계산

## 3. 손익분기점 분석에 의한 의사결정

이제 앞에서 배운 R 함수를 이용하여 사례분석을 수행할 수 있다. A군의 유튜브 영상 제작에 대한 손익분기점은 70만 회이고 경험적으로 알려진 평균과 표준편차는 80만 회와 10만 회이다. 따라서 수요가 손익분기점을 초과할 확률을 pnorm() 함수를 이용하여 계산한다.

$$P(수요 \geq 손익분기점) = P(D \geq 70)$$

여기서 $D$를 표준화하면 이 확률은 $P((D - \mu_D)/\sigma_D \geq (70-80)/10) = P(Z \geq -1)$과 같아진다.

> 1 − pnorm(70, mean = 10, sd = 10, lower.tail = TRUE) # 오른쪽 꼬리 누적확률 계산

**코드 4** 오른쪽 꼬리 누적확률 계산

참고로 코드 4의 확률은 오른쪽 꼬리부터 누적하여 누적분포확률을 구하기 위해 **lower.tail =FALSE**를 인수로 입력한 **pnorm(70, mean=80, sd=10, lower.tail=FALSE)**과 동일하다.

```
Console  Terminal ×  Jobs ×
~/ 
> 1-pnorm(70, mean = 80, sd = 10, lower.tail = TRUE)
[1] 0.8413447
```

**그림 10** 오른쪽 꼬리 누적확률 계산 결과(수요가 손익분기점을 초과할 확률)

계산 결과에 의하면 수요가 손익분기점을 초과할 확률이 $P(D \geq BE) = 0.8413$으로 0.5를 넘기 때문에 결정규칙에 따라 A군은 해당 콘텐츠를 유튜브 영상으로 제작하는 것이 바람직하다.

PART

# 3

# 표본을 이용한 추론

# 표본분포와 중심극한정리

앞 에서는 통계적 추론을 위한 기본적 개념인 자료 특성의 측정 방법, 확률, 확률변수와 확률분포 등에 대하여 설명하였다. 이 장 이후에는 표본의 추출과 확률분포를 이용하여 모집단의 특성을 나타내주는 모수를 추론하는 과정에 대하여 설명하고자 한다. 이를 위해서는 표본의 추출, 그리고 평균, 비율, 분산의 표본분포와 중심극한정리(central limit theorem)에 대해 선행적으로 논의되어야 할 것이다.

## 제1절 표본분포

경영·경제 분석에서 관심의 대상이 되는 모집단 대부분은 구성요소가 무수히 많다. 예를 들어, 우리나라 근로자들의 연소득, 보험회사에 청구되는 보험료, 증권거래소에서 거래되는 증권의 수익률 등은 무수히 많은 관측값을 지닌다. 그러나 현실적으로는 관심의 대상이 되는 모든 자료인 모집단을 대상으로 통계분석을 하기보다는 모집단으로부터 표본을 추출하여 모집단의 특성을 추론하게 된다.

표본에 근거하여 모집단의 특성을 추론하면 오차가 발생하지만 모집단 대신 표본을 이용하는 이유는 무엇일까? 제2장에서 설명한 것처럼 그 이유는 경제성, 시간 제약, 조사 불가능한 모집단 등을 들 수 있다. 이처럼 경제적·시간적 제약이 주원인이 되어 표본을 모집단으로부터 추출하지만, 표본을 사용할 수 있는 보다 중요한 이유는 표본정보를 이용하여 모집단의 특성을 타당성 있게 추론할 수 있기 때문이다. 이처럼 확률표본추출 방법에 따라 추출된 표본의 특성을 계수화할 수 있는 통계량(statistic)을 근거로 모집단의 모수를 추론하는 것이 추리통계학이다.

그런데 표본의 통계량을 이용하여 모집단의 모수를 추론하기 위해서는 모집단에서 추출한 표본이 모집단을 대표할 수 있어야 한다. 이는 표본이 포함하고 있는 오차를 측정할 수 있음을 의미한다. 만일 표본이 가진 오차를 측정할 수 없다면 표본통계량으로 모집단의 모수를 추론하는 것은 무의미하다. 그런데 표본분포(sampling distribution)는 표본이 가진 오차의 정도를 측정할 수 있게 해 준다. 따라서 이 장의 목적은 표본분포를 정의하고 이에 대한 특성을 설명하는 데 있다.

> **표본분포**란 모집단에서 일정한 크기의 가능한 모든 표본을 추출하였을 때, 그 모든 표본으로부터 계산된 통계량의 확률분포이다.

통계량은 관측 가능한 확률표본의 함수이며, 또한 그 자체가 확률변수임을 앞에서 설명하였다. 따라서 통계량은 확률표본이 달라짐에 따라 여러 가지 다른 값을 가지게 되어 확률분포를 이루게 된다. 이와 같은 통계량의 확률분포가 표본분포이다. 대표적인 표본분포로는 평균, 비율 또는 분산의 표본분포를 들 수 있다. 우선 표본분포의 개념을 정확하게 이해하기 위해 다음의 간단한 예를 들어보자.

J 제약회사는 많은 종류의 신약을 개발하였다. 이 제약회사가 신약을 개발하는 데 1, 2, 3 혹은 4년의 세월이 걸렸으며 각각의 발생확률은 동등하다고 가정하자. 이때 각 개발 기간의 발생확률이 동등하다는 가정으로부터 신약의 평균 개발 기간인 모집단 평균을 다음과 같이 구할 수 있다.

$$\mu = E(X) = \sum x \cdot P_X(x)$$
$$= (1 \times \frac{1}{4}) + (2 \times \frac{1}{4}) + (3 \times \frac{1}{4}) + (4 \times \frac{1}{4}) = 2.5$$

또한 개발 기간의 모집단 분산($\sigma^2$)은 다음과 같다.

$$\sigma^2 = Var(X) = \sum (x - \mu)^2 \cdot P_X(x)$$

$$= (1 - 2.5)^2 \times \frac{1}{4} + \cdots + (4 - 2.5)^2 \times \frac{1}{4} = 1.25$$

이제 이 모집단으로부터 두 가지 종류의 약을 임의로 선택한 후 순서를 고려한 표본의 평균 개발 기간에 대해 생각해 보자.

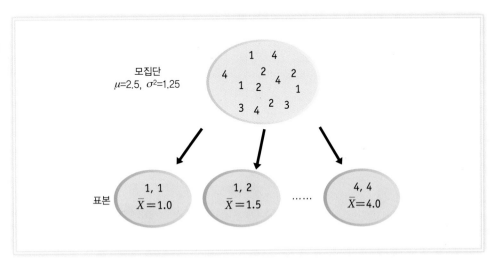

**그림 7-1**

모집단으로부터 $n=2$
인 임의표본추출

모집단으로부터 추출 가능한 모든 표본은 열여섯 가지이며, 각 표본평균은 다음 표에 계산되어 있다.

**표 7-1 표본크기 2의 가능한 모든 표본과 표본평균**

| 표본 | 표본평균($\bar{X}$) | 표본 | 표본평균($\bar{X}$) |
|---|---|---|---|
| 1, 1 | 1.0 | 3, 1 | 2.0 |
| 1, 2 | 1.5 | 3, 2 | 2.5 |
| 1, 3 | 2.0 | 3, 3 | 3.0 |
| 1, 4 | 2.5 | 3, 4 | 3.5 |
| 2, 1 | 1.5 | 4, 1 | 2.5 |
| 2, 2 | 2.0 | 4, 2 | 3.0 |
| 2, 3 | 2.5 | 4, 3 | 3.5 |
| 2, 4 | 3.0 | 4, 4 | 4.0 |

16개의 모든 가능한 표본은 모집단으로부터 동일한 확률로 추출되므로 각 표본의 추출 확률은 1/16이 된다. 따라서 각 표본평균의 발생확률을 계산할 수 있으며 다음 표본분포표에 주어져 있다.

표 7-2 **표본평균의 표본분포**

| $\overline{X}$ | 1 | 1.5 | 2 | 2.5 | 3 | 3.5 | 4 |
|---|---|---|---|---|---|---|---|
| $P(\overline{X})$ | 1/16 | 2/16 | 3/16 | 4/16 | 3/16 | 2/16 | 1/16 |

**그림 7-2**

$x$와 $\overline{X}$의 분포

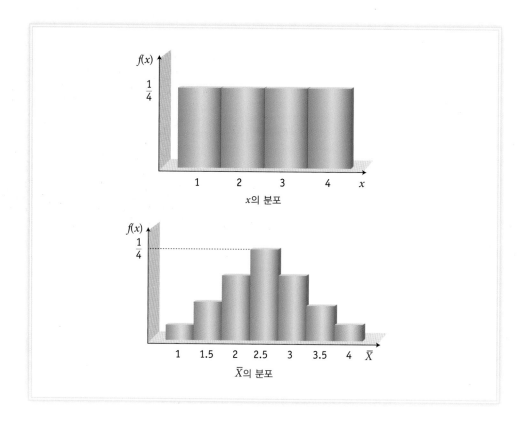

여기서 $\overline{X}$의 분포는 균등분포를 이루는 $x$의 분포와 전혀 다름을 알 수 있다. 두 분포의 차이를 구체적으로 알아보기 위해 $\overline{X}$의 평균과 분산을 계산해 보자. 먼저 $\overline{X}$의 평균은

$$\mu_{\overline{X}}=E(\overline{X})=\sum \overline{X} \cdot P_X(\overline{X})$$

$$=\left(1.0\times\frac{1}{16}\right)+\left(1.5\times\frac{2}{16}\right)+\cdots+\left(4.0\times\frac{1}{16}\right)=2.5$$

이고 $\overline{X}$의 분산은

$$\sigma^2_{\overline{X}}=Var(\overline{X})=\sum (\overline{X}-\mu_{\overline{X}})^2 \cdot P_X(\overline{X})$$

$$=(1.0-2.5)^2\times\frac{1}{16}+(1.5-2.5)^2\times\frac{2}{16}+\cdots+(4.0-2.5)^2\times\frac{1}{16}$$

$$=0.625$$

가 된다. 계산 결과를 보면 두 분포의 평균은 2.5로 같지만 $x$의 분산 $\sigma^2_x$와 $\overline{X}$의 분산 $\sigma^2_{\overline{X}}$는 서로 같지 않으며, $\sigma^2_{\overline{X}}$는 $\sigma^2_x$의 1/2이다. 여기서 주목할 점은 통계량의 경우 모수에 의존하지 않

는 데 반해 통계량의 확률분포인 표본분포는 모수에 의존할 수 있다는 사실이다. 예컨대 통계량인 표본평균 $\overline{X}=\sum x_i/n$은 모수의 함수가 아니지만 $\overline{X}$의 분산은 $\sigma_x^2/2$로 알 수 없는 모수인 $\sigma_x^2$에 의존한다. 참고로 확률변수 $X$가 $1/(n-1)\sum(x_i-\mu)^2$으로 정의된다면 이 확률변수는 알 수 없는 모수 $\mu$를 포함하기 때문에 통계량이 될 수 없다.

## 제2절 표본평균의 표본분포

앞의 예에서는 $n=2$인 특별한 경우에 관해 설명하였지만, 이 절에서는 모집단으로부터 다양한 크기의 표본을 추출할 때 표본평균의 표본분포에 대해 논의하고자 한다.

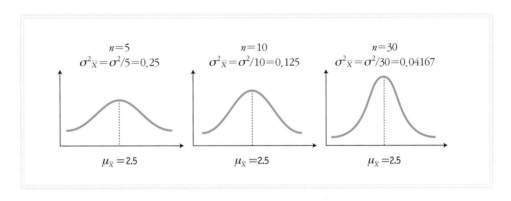

**그림 7-3**

$n=5, 10, 30$일 경우 $\overline{X}$의 **표본분포**

그림 7-3에서 알 수 있는 바와 같이 표본평균의 평균($\mu_{\overline{X}}$)은 2.5로 표본의 크기와 무관하게 모집단의 평균($\mu$)과 같지만 표본평균의 분산은 표본의 크기가 커지면서 $1/n$배만큼씩 작아져 분포의 모양도 모집단 평균에 더 밀집한다. 즉 $\sigma^2{}_{\overline{X}}=\sigma^2/n$이다. 따라서 $n$이 1이면 표본평균의 분산은 모집단의 분산과 동일하다. 반면에 $n$이 점차로 커져서 모집단의 크기 $N$과 같아지면 표본이 모집단과 동일해지므로 표본평균이 곧 모집단 평균이 되어 표본평균의 분산은 0이 된다.

이것은 $n$이 커질수록 임의로 선택되는 표본평균의 값이 모집단 평균에 근접할 확률이 높아짐을 의미한다. 그런데 이런 결과는 모집단이 아주 크거나, 무한히 크다는 가정을 하거나, 모집단이 작더라도 표본을 복원(with replacement)추출하는 경우(무한 모집단과 같은 효과를 얻을 수 있음)에 얻을 수 있다. 하지만 표본을 비복원(without replacement)추출하고 모집단의 크기가 작아서 모집단의 크기($N$)에 대한 표본크기($n$)의 비율이 높으면 각 표본의 요소들이 서로 독립적으로 분포하지 못하게 되어 표본평균의 분산은 조정되어야 한다. 즉 모집단의 한 요소가 표본에 한 번 이상 포함될 수 없으므로 작은 모집단의 특정 요소가 표본의 두 번째 요소로 선택될 확률은 처음 표본요소로 무엇이 선택되었느냐에 의존하게 되어 표본평균의 분산은 달라진다. 따라서 모집단이 작아서 $N$이 $n$에 비해 상대적으로 크지 않다면 표본평균의 분산은 다음과 같이 조정될 필요가 있다.

$$\sigma^2_{\overline{X}} = \frac{\sigma^2}{n} \left( \frac{N-n}{N-1} \right)$$

여기서 $\frac{N-n}{N-1}$ 을 크기가 작은 모집단의 분산계산을 위한 조정계수(correction coefficient)라고 한다. 물론 모집단 크기 $N$이 표본크기 $n$에 비해 매우 클 때는 $\frac{N-n}{N-1} \approx 1$이 되어 표본평균의 분산은 조정계수를 사용한 경우와 사용하지 않은 경우 모두 근사적으로 같아진다.

**예 7-1** ▶

어떤 은행에 종사하는 은행원들의 평균 근무연수는 15년이고 분산은 20이라고 조사되었다. 이 대규모 모집단에서 표본의 크기가 5인 표본들을 추출하였을 때, 표본평균의 기댓값과 표준편차는 얼마인가?

**답**

표본평균의 기댓값은 $\mu_{\overline{X}} = \mu = 15$이며, 표본평균의 표준편차는 $\sigma_{\overline{X}} = \sigma/\sqrt{n} = \sqrt{20/5} = 2$ 이다.

**예 7-2** ▶

어떤 안정된 공정으로부터 제품을 생산할 수 있는 공정능력을 평가하기 위한 공정능력지수(process capability index)를 계산하기 위해서 생산된 500개 제품의 품질 특성에 대한 모집단 표준편차를 계산하였더니 5였다. 이 모집단에서 표본의 크기가 100인 표본들을 복원추출하였을 때와 비복원추출하였을 때 각각의 표본평균의 표준편차를 계산하라.

**답**

복원추출의 경우 :

표본평균의 표준편차는 $\sigma_{\overline{X}} = \sigma/\sqrt{n} = 5/\sqrt{100} = 0.5$이다.

비복원추출의 경우 :

표본평균의 표준편차는 $\sigma_{\overline{X}} = \sqrt{\frac{\sigma^2}{n} \left( \frac{N-n}{N-1} \right)} = \sqrt{\frac{25 \times 400}{100 \times 499}} = 0.447661$이다.

평균의 표본분포는 다음 몇 가지 특성을 갖는다.

**표본평균의 표본분포 특성**

평균 $\mu$와 분산 $\sigma^2$을 갖는 모집단으로부터 크기 $n$의 임의표본을 추출하였으며, 이 표본의 평균을 $\overline{X}$라고 하자.

1. $\mu_{\overline{X}} = \mu$

2. $\sigma^2_{\overline{X}} = \dfrac{\sigma^2}{n}$ 혹은 $\sigma_{\overline{X}} = \dfrac{\sigma}{\sqrt{n}}$

  $\overline{X}$의 표준편차는 평균의 **표준오차**(standard error)라고도 한다.

3. 모집단의 크기가 작아서 모집단 크기 $N$이 표본크기 $n$에 비해 상대적으로 크지 않다면 표본평균의 분산은 다음과 같이 조정될 필요가 있다.

$$\sigma^2_{\overline{X}} = \dfrac{\sigma^2}{n} \left(\dfrac{N-n}{N-1}\right)$$

4. 만약 모집단이 정규분포하면 $\overline{X}$도 정규분포한다. 그리고 만약 모집단이 정규분포하지 않을 때도 표본의 크기가 충분히 커지면 $\overline{X}$의 분포는 정규분포에 근접한다.

# 제3절 중심극한정리

평균의 표본분포에 대한 특성에서 모집단이 정규분포하지 않을 때도 $n$이 충분히 크면[1] $\overline{X}$의 표본분포는 정규분포에 근접하게 되는데, 이런 현상을 설명하는 정리를 중심극한정리(central limit theorem)라고 한다.

**중심극한정리**

모집단이 어떤 분포를 이루더라도 표본의 크기가 충분히 크면 표본평균의 표본분포는 정규분포에 근접하게 된다. 그리고 표본 크기가 커질수록 표본분포는 더 정규분포에 가까워진다.

이 중심극한정리는 통계학에서 가장 유용하게 사용되는 정리 중 하나이다. 현실적으로 사회·경영·경제 현상을 수량화하여 분포의 형태를 살펴보면, 그 분포가 정확히 정규분포를 이루는 경우는 드물다. 그러나 중심극한정리에 따르면 모집단의 분포와 관계없이 표본의 크기가 커지면 표본평균의 표본분포가 정규분포에 근접하게 된다. 따라서 모집단이 정규분포를 이루지 않더라도 표본의 크기가 큰 표본을 추출하면 정규분포의 성질을 이용하여 표본분석을 할 수 있는 것이다.

그림 7-4의 왼쪽 그래프들처럼 모집단이 비정규분포인 균등분포일 때 표본크기가 커지면서 표본평균의 분포가 정규분포에 어떻게 근접하게 되는지 쉽게 알 수 있도록 보다 구체적인 예를 들어보자. 주사위를 던지는 경우 나타나는 수 {1, 2, 3, 4, 5, 6}으로 구성된 모집단을 고려하면, 이 모집단은 균등분포를 이룬다(그림 7-4에서 $n=1$인 경우). 주사위를 던져 모집단으로부터 표본을 추출하며, 주사위를 던지는 횟수가 표본크기 $n$이 된다. 이를테면 주사위를

---

[1] 경험법칙(rule of thumb)에 의해 표본의 크기가 30개 이상($n \geq 30$)이면 표본크기가 충분히 큰 것으로 간주한다.

**그림 7-4**

$n$의 변화에
따른 $\overline{X}$의
**확률밀도함수
모양**

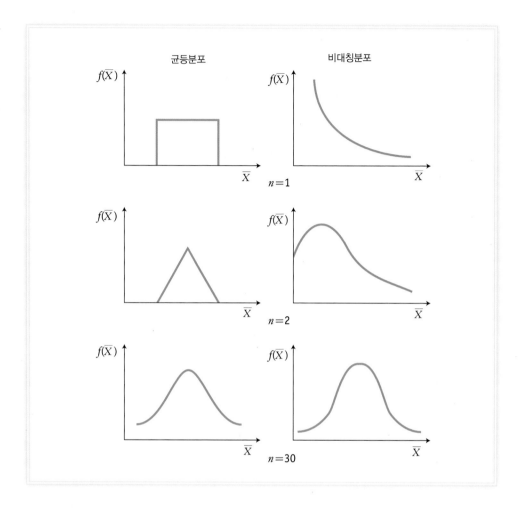

두 번 던져 표본을 추출하면, $n=2$인 36개의 표본 $(1, 1)$, $(1, 2)$, $(1, 3)$, $\cdots$, $(6, 5)$, $(6, 6)$이 얻어진다. 이 표본들의 평균 $\overline{X}$는 확률변수로 각각 1.0, 1.5, 2.0,$\cdots$, 5.5, 6.0이 되며, $\overline{X}$의 분포는 그림 7-4의 왼쪽 두 번째 그래프와 같이 모집단 평균 3.5를 중심으로 삼각형 모양의 대칭분포를 이룬다. 이제 표본크기를 6까지 증가시키면 $\overline{X}$의 분포는 모평균 3.5를 중심으로 점점 더 정규분포 모양으로 변하며, 분포의 중심에 밀집되어 분산이 줄어드는 특성이 있음을 확인할 수 있다. 여기서 $n$이 충분히 크지 않아도 $\overline{X}$의 분포가 정규분포에 근접하는 이유는 모집단 크기 $N$이 상대적으로 작아 $n/N$이 충분히 크기 때문이다.

모집단이 정규분포일 때 표본평균의 표본분포는 언제나 정규분포를 이루며, 모집단이 정규분포가 아니더라도 중심극한정리에 의해 $n$이 충분히 크면 표본평균의 표본분포는 정규분포에 근접하게 된다.

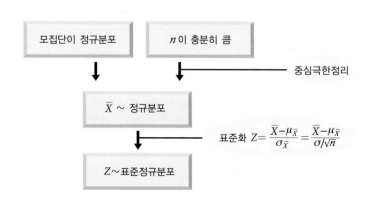

**그림 7-5**

주사위를 던지는
횟수에 따른
표본평균의
분포

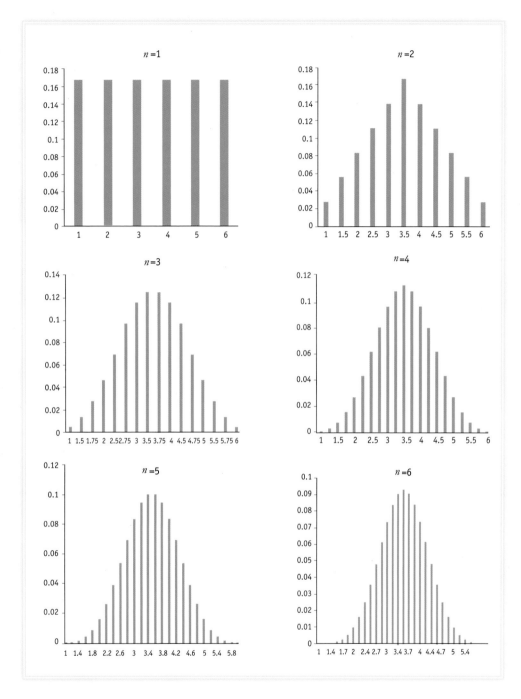

따라서 모집단이 정규분포하거나 표본크기가 충분히 큰 경우, 표본평균 $\overline{X}$에서 $\overline{X}$의 평균을 뺀 값을 $\overline{X}$의 표준오차로 나누어 주는 표준화 과정을 통해 $\overline{X}$는 표준정규확률변수 $Z$로 전환될 수 있다.

예 7-3 ▶

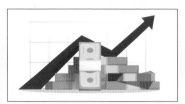

우리나라 대기업에 고용된 사장들의 봉급 상승률이 연평균 12.2%, 표준편차가 3.6%인 정규분포에 따른다고 하자. 고용 사장들의 봉급 상승률로 구성된 모집단에서 표본크기가 9인 임의표본을 얻었다면 봉급 상승률의 표본평균이 10% 미만일 확률은 얼마겠는가?

이 경우 모집단이 정규분포하므로 $\overline{X}$의 표본분포도 정규분포를 이루게 된다. 따라서 $Z=(\overline{X}-\mu_{\overline{X}})/\sigma_{\overline{X}}$를 이용하여 $\overline{X}$를 $Z$로 표준화한 후 표준정규분포표에 의해 문제에서 원하는 해를 구할 수 있다.

그림 7-6

$P(\overline{X}<10)$

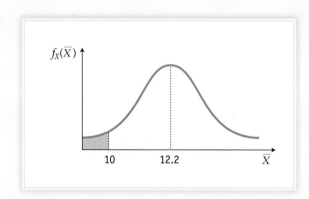

$\mu=12.2$, $\sigma=3.6$, $n=9$이므로

$$P(\overline{X}<10)=P\left(\frac{\overline{X}-\mu_{\overline{X}}}{\sigma_{\overline{X}}} < \frac{10-\mu_{\overline{X}}}{\sigma_{\overline{X}}}\right)$$
$$=P\left(Z<\frac{10-12.2}{3.6/\sqrt{9}}\right)$$
$$=P(Z<-1.83)$$
$$=F_Z(-1.83)$$

| $z$ | $F(z)$ | $z$ | $F(z)$ |
|---|---|---|---|
| 1.31 | .9049 | 1.76 | .9608 |
| 1.32 | .9066 | 1.77 | .9616 |
| 1.33 | .9082 | 1.78 | .9625 |
| 1.34 | .9099 | 1.79 | .9633 |
| 1.35 | .9115 | 1.80 | .9641 |
| 1.36 | .9131 | 1.81 | .9649 |
| 1.37 | .9147 | 1.82 | .9656 |
| 1.38 | .9162 | 1.83 | .9664 |
| 1.39 | .9177 | 1.84 | .9671 |
| 1.40 | .9192 | 1.85 | .9678 |

표준정규분포표에 의하면 $F_Z(1.83)=0.9664$이므로

$$P(\overline{X}<10)=1-F_Z(1.83)=1-0.9664=0.0336$$

결과적으로 표본평균이 10%보다 작을 확률은 0.0336이다.

**통계의 이해와 활용**

### 레스토랑 매니저의 고민

출처 : 셔터스톡

한 유명 레스토랑의 매니저는 요즘 고민에 빠져 있다. 이 레스토랑에 최상 등급의 고기를 공급하는 업자에게 일정한 양으로 스테이크용 고기를 만들어 공급해 달라고 요구하고 있으나 최근에 스테이크용 고기의 양이 미달하는 경우가 빈번하여 고객들의 불만이 증가하고 있기 때문이다.

하지만 공급업자는 평균 200g, 표준편차 10g의 정확한 양으로 스테이크용 고기를 만들어 레스토랑에 공급하고 있다고 주장한다. 결국, 매니저는 공급업자의 주장이 잘못되었음을 객관적으로 입증해야 한다.

매니저는 어떻게 해야 하는가? 매일 공급되는 모든 스테이크용 고기의 무게를 측정할 수는 없는 일이며 매니저는 표본을 추출하여 평균과 표준편차를 계산하여 공급업자의 주장이 옳은지를 판단하는 통계적 추론을 하는 수밖에 없을 것이다. 단, 표본추출 전에 매니저는 표본을 여러 개 추출하여 표본의 평균을 구하면 표본평균은 정규분포를 이룬다고 가정해야 한다. 하지만 이 가정은 표본크기를 충분히 크게 선택해야만 중심극한정리에 의해 충족될 수 있다. 따라서 매니저는 표본으로 30개 이상 충분한 수의 스테이크용 고기를 임의추출하는 것이 필요하다.

매니저가 임의로 스테이크용 고기 100개를 추출한 후 평균을 계산해 보니 197g이었다. 공급업자가 주장한 표준편차를 기준으로 하면 표본평균의 표준편차는 $\sigma/\sqrt{n}=10/\sqrt{100}=1$이 되며, 2단위의 표준편차를 적용하여 평균이 속할 확률이 95.4%인 범위를 구하면 198~202g이 된다. 즉 100번 표본을 추출할 경우 적어도 95개의 표본평균이 이 범위에 속하게 된다. 하지만 매니저가 추출한 표본의 평균은 197g으로 이 범위에서 벗어나 있으므로 매니저는 약 5%의 판단 오류를 전제하여 공급업자의 주장이 틀렸다고 판단할 수 있다.

## 제4절 표본비율의 표본분포

모집단 비율 $p$는 표본비율(sample proportion) $\hat{p}$으로부터 추론될 수 있다. 관심 있는 모집단으로부터 추출된 표본이 있다면 표본비율 $\hat{p}$은 성공의 횟수를 표본크기로 나누어 구할 수 있으며, 이때 성공의 횟수를 나타내는 확률변수 $X$는 이항분포를 이룬다. 즉 표본비율은 $\hat{p}=\dfrac{X}{n}$이다. 이때 이항분포를 가지는 $X$의 $E(X)=np$이며 분산은 $Var(X)=np(1-p)$이므로 $\hat{p}$의 평균과 분산은 다음과 같다.

$$E(\hat{p})=E\left(\frac{X}{n}\right)=\frac{1}{n}E(X)=p$$

$$\sigma_{\hat{p}}^2=Var\left(\frac{X}{n}\right)=\frac{1}{n^2}Var(X)=\frac{p(1-p)}{n}$$

**표본비율의 표본분포 특성**

성공의 비율이 $p$인 모집단으로부터 크기 $n$의 임의표본이 추출되었으며 이 표본에서 성공의 비율은 $\hat{p}$이라고 하자.

1. $E(\hat{p})=p$

2. $\sigma_{\hat{p}}^2 = \dfrac{p(1-p)}{n}$ 혹은 $\sigma_{\hat{p}} = \sqrt{\dfrac{p(1-p)}{n}}$

3. 모집단의 크기가 작아서 모집단 크기 $N$이 표본크기 $n$에 비해 상대적으로 크지 않다면 표본비율의 분산은 다음과 같이 조정될 필요가 있다.

$$\sigma_{\hat{p}}^2 = \frac{p(1-p)}{n}\left(\frac{N-n}{N-1}\right)$$

4. 만약 표본이 충분히 크다면($np \geq 5$ 그리고 $n(1-p) \geq 5$) 표본비율은 정규분포에 근접하며 $\hat{p}$은 표준정규확률변수 Z로 표준화될 수 있다.

$$Z = \frac{\hat{p}-p}{\sigma_{\hat{p}}}$$

**예 7-4** ▶

출처 : 셔터스톡

한 지방자치단체에 따르면 이 지방에 소재하고 있는 기업들의 75%는 외국인 근로자를 고용하고 있지 않다. 이 지방에서 100개의 기업을 추출하여 임의표본을 얻었다고 하자.

• 외국인 근로자를 고용하지 않는 기업의 표본비율의 평균과 분산은 얼마인가?
• 이 표본비율이 0.8보다 클 확률은 얼마인가?

**답**

이 문제에서 모집단 비율 $p$는 0.75, 표본크기 $n$은 100이므로 다음과 같이 해를 구할 수 있다.

**그림 7-7** $P(\hat{p}>0.8)$

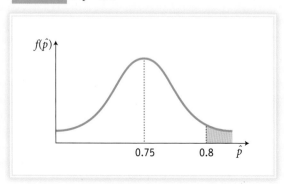

- 외국인 근로자를 고용하지 않는 기업의 표본비율 평균은 $E(\hat{p})=p=0.75$이며, 이 표본비율의 분산은 $\sigma_{\hat{p}}^2=p(1-p)/n=0.001875$이다.
- 이 표본비율이 0.8보다 클 확률은 다음과 같다.

$$P(\hat{p}>0.8)=P\left(\frac{\hat{p}-p}{\sigma_{\hat{p}}}>\frac{0.8-p}{\sigma_{\hat{p}}}\right)$$
$$=P\left(Z>\frac{0.8-0.75}{\sqrt{0.001875}}\right)$$
$$=P(Z>1.15)$$
$$=1-0.8749$$
$$=0.1251$$

| z | F(z) | z | F(z) |
|---|---|---|---|
| .81 | .7910 | 1.11 | .8665 |
| .82 | .7939 | 1.12 | .8686 |
| .83 | .7967 | 1.13 | .8708 |
| .84 | .7995 | 1.14 | .8729 |
| .85 | .8023 | 1.15 | .8749 |
| .86 | .8051 | 1.16 | .8770 |
| .87 | .8078 | 1.17 | .8790 |
| .88 | .8106 | 1.18 | .8810 |
| .89 | .8133 | 1.19 | .8830 |
| .90 | .8159 | 1.20 | .8849 |

## 제5절 표본분산의 표본분포

표본평균 못지않게 중요한 통계량으로 표본분산을 들 수 있다. 앞 장에서 정의한 것처럼 표본분산 $S^2$은 다음과 같다.

$$S^2=\frac{1}{n-1}\sum_{i=1}^{n}(x_i-\overline{X})^2$$

물론 $S$는 표본의 표준편차이다. 표본분산은 모집단에 대한 추론을 가능하게 해 주며 이 표본분산은 확률변수로서 확률분포를 가진다. $S^2$은 확률변수이므로 기댓값을 구할 수 있으며 $E(\overline{X})=\mu$, $E(\hat{p})=p$와 같이 $S^2$의 기댓값도 모집단의 모수와 일치하게 된다. 즉

$$E(S^2)=\sigma^2$$

그런데 분산이 $\sigma^2$인 정규분포를 이루는 모집단에서 표본을 추출할 때, 각 표본의 분산 $S^2$의 표본분포는 정규분포와 다르게 항상 양(positive)의 값만을 가지며 비대칭 모양의 오른쪽으로 긴 꼬리를 가진다. 표본분산의 표본분포는 그림 7-8의 히스토그램과 같은 분포를 이루게 된다.

확률변수 $Z$가 표준정규분포를 따를 때 $Z^2$은 자유도가 1인 $\chi^2$-분포를 따른다. 또한 서로 독립인 확률변수 $Z_1$, $Z_2$, $\cdots$, $Z_q$가 표준정규분포를 따르면 $\chi^2=\sum_{i=1}^{q}Z_i^2$은 자유도가 $q$인 $\chi^2$-분포를 따른다. 그리고 모집단이 정규분포하면 모분산에 대한 표본분산의 비율에 $n-1$을 곱한 $(n-1)S^2/\sigma^2$도 $\chi^2$-분포한다

$\chi^2$-분포는 비대칭 연속확률분포이며 $\chi^2$-분포의 모양은 표본의 크기에서 1을 뺀 자유도

그림 7-8

$S^2$의 히스토그램

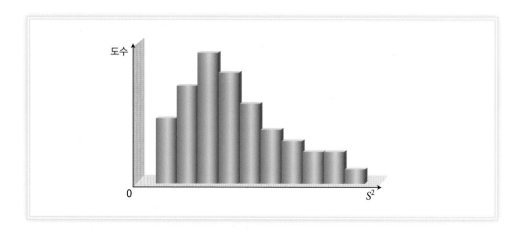

(degree of freedom, $d.f.=n-1$)에 따라 달라지는데, 자유도가 커질수록 정규분포에 가까운 모양을 갖게 된다. 사전적 의미에서의 자유도는 $n$개의 표본관측값이 있을 때 제한된(restrictive) 관측값의 수를 제외하고 남은 자유로운 관측값의 수를 의미한다. 표본분산의 예에서 $n-1$은 편차들 $x_i-\overline{X}$의 독립적인 개수를 나타낸다. 즉 $n$개의 편차가 있으면 편차의 총합 $\sum(x_i-\overline{X})$는 0이므로 $n$개의 편차 중에서 하나를 제외한 나머지 편차들은 자유롭게 결정될 수 있다. 하지만 제외된 하나의 편차는 총합이 0이 되도록 제한된다는 의미에서 자유도는 $n-1$이 된다.

자유도의 개념을 보다 명확하게 이해할 수 있도록 간단한 예를 들어보자. 표본은 관측값 $x_1$, $x_2$, $x_3(n=3)$에 의해 구성되며 표본평균은 2라고 가정한다. 이 경우 우리는 $x_1$, $x_2$, $x_3$ 중 처음 2개는 어떤 값이든지 자유롭게 정할 수 있다. 하지만 나머지 1개는 표본평균 2를 만족하는 값으로 무조건 결정된다. 즉 우리가 $x_1$과 $x_2$의 값으로 1과 2를 정하면 표본평균이 2가 되기 위해서는 마지막 $x_3$가 선택의 여지없이 3으로 결정된다. 다시 $x_1$과 $x_3$의 값으로 3과 5를 정하면 표본평균이 2가 되기 위해서 마지막 $x_2$는 −2로 결정된다. 따라서 이 예에서 자유도는 제한된 관측값의 수 1을 제외한 나머지 관측값의 수 $n-1=2$가 된다.

### $\chi^2$-분포

서로 독립인 확률변수 $Z_1$, $Z_2$, $\cdots$, $Z_q$가 표준정규분포를 따를 때 $\chi^2=\sum_{i=1}^{q}Z_i^2$으로 정의하면 $\chi^2$은 자유도가 $q=n-1$인 $\chi^2$-분포를 따른다. 자유도가 $q=n-1$인 $\chi^2$-분포의 평균과 분산은 다음과 같다.

$$E(\chi^2_{(n-1)})=n-1, \; Var(\chi^2_{(n-1)})=2(n-1)$$

또한 분산이 $\sigma^2$인 정규분포를 이루는 모집단으로부터 표본크기가 $n$인 선택 가능한 모든 임의표본이 추출되었을 때, 각 표본의 분산을 $S^2$이라고 하면

$$\chi^2_{(n-1)}=\frac{(n-1)S^2}{\sigma^2}$$

은 자유도가 $q=n-1$인 $\chi^2$-분포를 따른다.

그림 7-9

$\chi^2$-분포

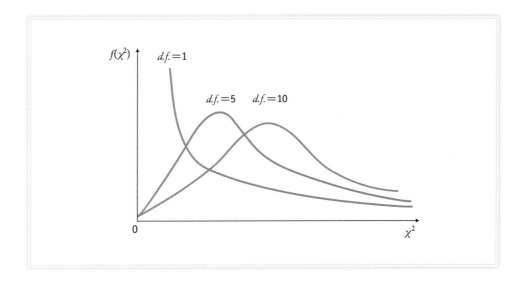

그림 7-9는 여러 가지 자유도를 갖는 $\chi^2$-분포의 모양을 보여준다. 그림에 의하면 자유도가 커질수록 $\chi^2$-분포는 정규분포에 가까워짐을 알 수 있다. 이 $\chi^2$-분포의 평균은 자유도의 수와 일치하며 분산은 두 배의 자유도의 수와 일치한다. 즉

$$E(\chi^2_{(n-1)})=n-1, \ Var(\chi^2_{(n-1)})=2(n-1)$$

이 등식들로부터 각각 $E(S^2)$과 $\sigma^2_{S^2}$으로 다음과 같이 계산할 수 있다.

$$E\left[\frac{(n-1)S^2}{\sigma^2}\right]=n-1 \text{이므로} \ \frac{n-1}{\sigma^2}E(S^2)=n-1$$

따라서 표본분산의 기댓값은 모분산과 동일하다.

$$E(S^2)=\sigma^2$$

또한 $Var\left[\frac{(n-1)S^2}{\sigma^2}\right]=2(n-1)$이므로 $\frac{(n-1)^2}{\sigma^4}Var(S^2)=2(n-1)$이고, 따라서

$$Var(S^2)=\frac{2\sigma^4}{n-1}$$

모분산 $\sigma^2$과 표본으로부터 계산된 표본분산 $S^2$이 서로 비슷할수록 $\chi^2$값은 분포의 평균값인 자유도 $n-1$에 가깝다. 반면에 모분산 $\sigma^2$이 표본분산 $S^2$보다 클수록 $\chi^2$값은 0에 가까워지며, 모분산 $\sigma^2$이 표본분산 $S^2$보다 작을수록 $\chi^2$값은 $n-1$보다 훨씬 커지게 된다. 그리고 $\chi^2$-분포가 오른쪽 긴 꼬리 비대칭 모양을 하는 이유는 표준정규확률변수의 값이 주로 0 근처에 분포하는 종 모양을 하기 때문이다.

> **표본분산의 표본분포 특성**
>
> 분산 $\sigma^2$을 갖는 모집단으로부터 크기 $n$의 임의표본이 추출되었으며 이 표본의 분산이 $S^2$이라고 하자.
>
> 1. $E(S^2)=\sigma^2$
>
> 2. $\sigma_{S^2}^2=\dfrac{2\sigma^4}{n-1}$ 또는 $\sigma_{S^2}=\sqrt{\dfrac{2\sigma^4}{n-1}}$
>
> 3. 모집단이 정규분포하면 $(n-1)S^2/\sigma^2$은 $\chi^2_{(n-1)}$-분포하게 된다.

**예 7-5**

어떤 확률변수가 $\chi^2_5$-분포한다면 다음 등식을 만족시켜 주는 $K$는 무엇인가?

$$P(\chi^2_5 < K)=0.9 \text{ 또는 } P(\chi^2_5 > K)=0.1$$

**답**

$\chi^2$-분포표는 어떤 확률 $\alpha$가 주어졌을 때 $\alpha=P(\chi^2_{(n-1)} > \chi^2_{(n-1),\,\alpha})$를 만족하는 임곗값 $\chi^2_{(n-1),\,\alpha}$를 나타낸다. 이를 그림으로 보면 다음과 같다.

**그림 7-10** $\alpha=P(\chi^2_{(n-1)} > \chi^2_{(n-1),\,\alpha})$를 만족하는 임곗값 $\chi^2_{(n-1),\,\alpha}$

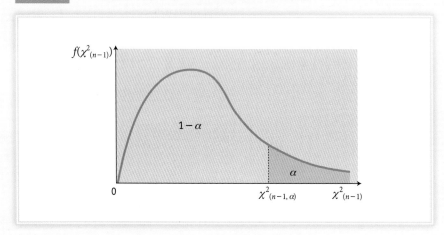

따라서 확률변수 $\chi^2_5$가 $K$보다 클 확률이 0.1이 되는 임곗값은 $\chi^2_{5,\,0.1}=9.24$이므로 $\chi^2$-분포표로부터 구하면 $K=9.24$이다.

| 자유도 | $\alpha$ | | | | | | | | | |
|---|---|---|---|---|---|---|---|---|---|---|
| *d. f.* | .995 | .990 | .975 | .950 | .900 | .100 | .050 | .025 | .010 | .005 |
| 1 | $0.0^4393$ | $0.0^3157$ | $0.0^3982$ | $0.0^2393$ | 0.0158 | 2.71 | 3.84 | 5.02 | 6.63 | 7.88 |
| 2 | 0.0100 | 0.0201 | 0.0506 | 0.103 | 0.211 | 4.61 | 5.99 | 7.38 | 9.21 | 10.60 |
| 3 | 0.072 | 0.115 | 0.216 | 0.352 | 0.584 | 6.25 | 7.81 | 9.35 | 11.34 | 12.84 |
| 4 | 0.207 | 0.297 | 0.484 | 0.711 | 1.064 | 7.78 | 9.49 | 11.14 | 13.28 | 14.86 |
| 5 | 0.412 | 0.554 | 0.831 | 1.145 | 1.61 | 9.24 | 11.07 | 12.83 | 15.09 | 16.75 |
| 6 | 0.676 | 0.872 | 1.24 | 1.64 | 2.20 | 10.64 | 12.59 | 14.45 | 16.81 | 18.55 |
| 7 | 0.989 | 1.24 | 1.69 | 2.17 | 2.83 | 12.02 | 14.07 | 16.01 | 18.48 | 20.28 |
| 8 | 1.34 | 1.65 | 2.18 | 2.73 | 3.49 | 13.36 | 15.51 | 17.53 | 20.09 | 21.96 |
| 9 | 1.73 | 2.09 | 2.70 | 3.33 | 4.17 | 14.68 | 16.92 | 19.02 | 21.67 | 23.59 |

**예 7-6** ▶

한국에 진출한 외국인 기업에서 근무하는 근로자들의 연봉은 정규분포하며 표준편차는 2,500달러라고 한다. 이 분포의 외국기업에 종사하는 16명의 근로자를 선택하여 임의표본을 추출하였다고 하자.

- 근로자 연봉의 표준편차가 3,000달러보다 클 확률은 얼마인가?
- 근로자 연봉의 표본분산이 $1,500^2$달러보다 작을 확률은 얼마인가?

**답**

이 경우 $\sigma=2,500$, $n=16$이며 $\chi^2_{(n-1)}=\dfrac{(n-1)S^2}{\sigma^2}$ 을 이용하여 해를 구할 수 있다.

- $P(S>3000)=P\left(\dfrac{(n-1)S^2}{\sigma^2}>\dfrac{15\times3000^2}{2500^2}\right)$

  $=P(\chi^2_{15}>21.6)=0.1$보다 크다(정확히 0.1187)

- $P(S^2<1500^2)=P\left(\dfrac{(n-1)S^2}{\sigma^2}<\dfrac{15\times1500^2}{2500^2}\right)$

  $=P(\chi^2_{15}<5.4)=0.01$과 0.025 사이(정확히 0.0118)

표본의 통계량을 이용하여 모집단의 모수를 추론하기 위해서는 모집단에서 뽑은 표본이 모집단을 대표할 수 있어야 한다. 이는 표본이 포함하고 있는 오차를 측정할 수 있음을 의미한다. 만일 표본이 가진 오차를 측정할 수 없다면 표본통계량으로 모집단의 모수를 추론하는 것은 무의미하다. 그런데 표본분포는 표본이 가진 오차의 정도를 측정할 수 있게 해 준다. 표본분포란 모집단에서 일정한 크기의 모든 가능한 표본을 추출하였을 때 그 모든 표본으로부터 계산된 통계량의 확률분포이다.

표본평균의 표본분포 특성은 다음 몇 가지로 요약될 수 있다: 평균 $\mu$와 분산 $\sigma^2$을 갖는 모집단으로부터 크기 $n$의 임의표본을 추출하였으며, 이 표본의 평균을 $\overline{X}$라고 하자.

1. $\mu_{\overline{X}} = \mu$

2. $\sigma^2_{\overline{X}} = \dfrac{\sigma^2}{n}$ 혹은 $\sigma^2_{\overline{X}} = \dfrac{\sigma}{\sqrt{n}}$

   $\overline{X}$의 표준편차는 평균의 표준오차(standard error)라고도 한다.

3. 모집단의 크기가 작아서 $N$이 $n$에 비해 상대적으로 크지 않다면 표본평균의 분산은 다음과 같이 조정될 필요가 있다.

$$\sigma^2_{\overline{X}} = \frac{\sigma^2}{n}\left(\frac{N-n}{N-1}\right)$$

4. 만약 모집단이 정규분포하면 $\overline{X}$도 정규분포한다. 그리고 모집단이 정규분포하지 않을 때도 표본의 크기가 충분히 커지면 $\overline{X}$의 분포는 정규분포에 근접한다.

   마지막 특성에서 모집단이 정규분포하지 않을 때도 $n$이 충분히 크면 $\overline{X}$의 표본분포는 정규분포에 근접하게 되는데, 이런 현상을 설명하는 정리를 중심극한정리라고 한다.

표본비율의 표본분포 특성은 다음 몇 가지로 요약될 수 있다 : 성공의 비율이 $p$인 모집단으로부터 크기 $n$의 임의표본이 추출되었으며 이 표본에서 성공의 비율은 $\hat{p}$이라고 하자.

1. $E(\hat{p}) = p$

2. $\sigma^2_{\hat{p}} = \dfrac{p(1-p)}{n}$ 혹은 $\sigma_{\hat{p}} = \sqrt{\dfrac{p(1-p)}{n}}$

3. 모집단의 크기가 작아서 $N$이 $n$에 비해 상대적으로 크지 않다면 표본비율의 분산은 다음과 같이 조정될 필요가 있다.

$$\sigma^2_{\hat{p}} = \frac{p(1-p)}{n}\left(\frac{N-n}{N-1}\right)$$

4. 만약 표본이 충분히 크다면 [$np \geq 5$ 그리고 $n(1-p) \geq 5$] 표본비율은 정규분포에 근접하며 $\hat{p}$은 표준정규확률변수 $Z$로 표준화될 수 있다.

$\chi^2$-분포는 비대칭 연속확률분포이며 $\chi^2$-분포의 모양은 표본의 크기에서 1을 뺀 자유도(degree of freedom, $d.f. = n-1$)에 따라 달라지는데, 자유도가 커질수록 정규분포에 가까운 모양을 갖게 된다. 자유도는 $n$개의 표본관측 값이 있을 때 제한된 관측값의 수를 제외하고 남은 자유로운 관측값의 수를 의미한다. 또한 분산이 $\sigma^2$인 정규분포를 이루는 모집단으로부터 표본크기가 $n$인 선택 가능한 모든 임의표본이 추출되었을 때, 각 표본의 분산을 $S^2$이라고 하면

$$\chi^2_{(n-1)} = \frac{(n-1)S^2}{\sigma^2}$$

는 자유도가 $q = n-1$인 $\chi^2$-분포를 따른다.

## 주요 용어

**자유도**(degree of freedom, $d.f.$)  $n$개의 표본관측 값이 있을 때 제한된(restrictive) 관측값의 수를 제외하고 남은 자유로운 관측값의 수를 의미
**조정계수**(correction coefficient)  모집단이 작아서 모집단 크기 $N$이 표본크기 $n$에 비해 상대적으로 크지 않아 표본평균 혹은 표본비율의 분산을 조정하기 위한 계수 : $(N-n)/(N-1)$
**중심극한정리**(central limit theorem)  모집단이 어떤 분포를 이루더라도 표본의 크기가 충분히 크면 표본평균의 표본분포가 정규분포에 근접하게 되는 현상
**표본분포**(sampling distribution)  모집단에서 일정한 크기의 모든 가능한 표본을 추출하였을 때 그 모든 표본으로부터 계산된 통계량의 확률분포
**$\chi^2$-분포**(Chi-square distribution)  비대칭 연속확률분포이며 $\chi^2$-분포의 모양은 표본의 크기에서 1을 뺀 자유도($d.f. = n-1$)에 따라 달라지는데, 자유도가 커질수록 정규분포에 가까운 모양을 갖게 된다.

## 연습문제

1. 모집단이 균등분포를 한다고 가정하자. 표본의 크기가 충분히 크다면 표본평균의 표본분포는 어떤 분포에 근접하게 되는가?
2. $\chi^2$-분포는 자유도($d.f.$)가 커질수록 정규분포에 가까운 형태를 보이게 된다. 여기서 자유도란 무엇인가?

3. 한 공장에서 새롭게 개발한 삼파장 형광등은 평균수명이 1,200시간이며 표준편차는 400시간이라고 한다. 모집단이 정규분포하며, 한 전파상회에 임의로 9개의 삼파장 형광등이 공급되었다고 하자.

   1) 표본 평균수명의 표본분포에서 평균은 얼마인가?

   2) 표본 평균수명의 분산은 얼마인가?

   3) 표본 평균수명의 표준편차는 얼마인가?

   4) 9개의 삼파장 형광등 평균수명이 1,050시간보다 짧을 확률은 얼마인가?

4. 확률변수 $X$가 1, 2, 3, 4, 5일 때 이에 대응하는 확률값이 각각 0.3, 0.15, 0.1, 0.15, 0.3인 확률모형을 생각하자.

   1) 이 확률함수를 그래프로 그려라.

   2) 모집단 평균과 표준편차를 계산하라.

   3) 이 확률모형으로부터 표 7-1과 같은 크기 2의 모든 가능한 표본과 표본평균을 구하라.

   4) 표본평균의 표본분포를 구하여 그래프를 그리고, 이 그래프를 그림 7-2의 그래프와 비교해 보라.

   5) 표본평균의 표본분포 평균과 표준편차를 구하고 2)에서 구한 모집단 평균, 표준편차와 비교해 보라.

5. 동일한 확률밀도함수 $f(x)$를 갖는 $n$개의 서로 독립인 확률변수 $X_1$, $X_2$, ⋯, $X_n$을 모집단으로부터의 크기 $n$인 확률표본이라고 정의한다. 그런데 비복원추출에 의한 표본의 경우 확률변수들이 서로 독립이 아님에도 불구하고 모집단의 크기가 크면 확률적인 독립을 가정해도 무리가 없는 이유를 생각해 보자.

   1) 어떤 회사에 노트북 컴퓨터가 20대 있으며 이 중 2대는 바이러스에 감염되었다고 하자. 그리고 선택한 노트북 컴퓨터가 바이러스에 감염되었을 때 $X=1$ 아니면 $X=0$이 되는 확률변수를 생각하면 $X$의 확률밀도함수는

   $$f(1)=\frac{2}{20}, \ f(0)=\frac{18}{20}$$

   이다. 이 모집단에서 3대의 노트북 컴퓨터를 임의추출하는 표본 $X=(X_1, X_2, X_3)$를 고려하자. 다음 표본 $X=(0, 0, 1)$이 추출될 확률을 복원과 비복원추출의 경우로 나누어 계산하고 그 값이 서로 같은지 비교하라.

   2) 이번에는 모집단이 큰 경우를 고려하기 위해 어떤 회사에 노트북 컴퓨터가 200대 있으며, 이 중 20대는 바이러스에 감염되어 있고 나머지는 정상이라고 하자. 이때 표본 $X=(0, 0, 1)$이 추출될 확률을 복원과 비복원추출의 경우로 나누어 계산하고 그 값이 얼마나 다른지 비교하라.

   3) 모집단의 크기가 크면 비복원추출의 경우에도 확률적인 독립을 가정해도 무리가 없는 이유를 설명해 보라.

6. 한 자동차 회사에서 새로운 자동차를 개발하였는데 이 자동차들의 연료 소비를 측정하였더니 리터당 주행거리 평균이 25km이며 표준편차는 2km라고 한다. 모집단은 정규분포하며 이 모집단으로부터 표본을 추출하였다고 하자.

   1) 표본의 크기가 1, 4, 16인 경우 표본평균 주행거리가 24km보다 작을 확률을 각각 계산하라.

   2) 1)에서 표본의 크기에 따라 확률이 각각 다른 이유는 무엇인가?

7. 어떤 여행사에 따르면 여행객의 20%는 관광코스 중에 가이드의 안내로 방문하는 상점에서 물건을 산다고 한다. 여행객에서 180명을 임의로 추출한 표본이 있다고 가정하자.

   1) 여행객 중 물건을 사는 표본비율의 평균을 구하라.

   2) 여행객 중 물건을 사는 표본비율의 분산을 구하라.

   3) 여행객 중 물건을 사는 표본비율의 표준편차를 구하라.

   4) 표본비율이 0.15보다 작을 확률을 계산하라.

8. 특정 주식의 월 수익률은 서로 독립적이며 1.7의 표준편차를 갖는 정규분포를 한다고 한다. 12개의 월 수익률이 표본으로 선택되었다고 하자.

   1) 표본의 표준편차가 2.5보다 작을 확률은 얼마인가?

   2) 표본의 분산이 1.0보다 클 확률은 얼마인가?

## 기출문제

1. (2019년 사회조사분석사 2급) 평균이 $\mu$이고 표준편차가 $\sigma$인 모집단에서 임의추출한 100개의 표본평균 $\overline{X}$와 1,000개의 표본평균 $\overline{Y}$를 이용하여 $\mu$를 측정하고자 한다. 두 추정량 $\overline{X}$와 $\overline{Y}$ 중 어느 추정량이 더 좋은 추정량인지를 올바르게 설명한 것은?

   ① $\overline{X}$의 표준오차가 더 크므로 $\overline{X}$가 더 좋은 추정량이다.

   ② $\overline{X}$의 표준오차가 더 작으므로 $\overline{X}$가 더 좋은 추정량이다.

   ③ $\overline{Y}$의 표준오차가 더 크므로 $\overline{Y}$가 더 좋은 추정량이다.

   ④ $\overline{Y}$의 표준오차가 더 작으므로 $\overline{Y}$가 더 좋은 추정량이다.

2. (2019년 사회조사분석사 2급) 모집단의 표준편차의 값이 상대적으로 작을 때에 표본평균값의 대표성에 대한 해석으로 가장 적합한 것은?

   ① 대표성이 크다.

   ② 대표성이 작다.

   ③ 표본의 크기에 따라 달라진다.

   ④ 대표성의 정도는 표준편차와 관계없다.

3. (2019년 사회조사분석사 2급) 어떤 산업제약의 제품 중 10%는 유통과정에서 변질하여 불량품이 발생한다고 한다. 이를 확인하기 위하여 해당 제품 100개를 추출하여 실험하였다.

이때 10개 이상이 불량품일 확률은?

① 0.1          ② 0.3

③ 0.5          ④ 0.7

4. (2019년 사회조사분석사 2급) 어느 고등학교 1학년 학생의 신장은 평균이 168cm이고, 표준편차가 6cm인 정규분포를 따른다고 한다. 이 고등학교 1학년 학생 100명을 임의 추출할 때, 표본평균이 167cm 이상 169cm 이하인 확률은? (단, P(Z≤1.67)=0.9525)

① 0.9050          ② 0.0475

③ 0.8050          ④ 0.7050

5. (2018년 사회조사분석사 2급) 평균이 $\mu$이고 표준편차가 $\sigma$인 모집단에서 크기가 $n$인 확률표본을 취할 때, 표본평균 $\overline{X}$의 분포에 대한 설명으로 옳은 것은?

① 표본의 크기가 커짐에 따라 점근적으로 평균이 $\mu$이고 표준편차가 $\sigma/\sqrt{n}$인 정규분포를 따른다.

② 표본의 크기가 커짐에 따라 점근적으로 평균이 $\mu$이고 표준편차가 $\sigma/n$인 정규분포를 따른다.

③ 모집단의 확률분포와 동일한 분포를 따르되, 평균은 $\mu$이고 표준편차가 $\sigma/\sqrt{n}$이다.

④ 모집단의 확률분포와 동일한 분포를 따르되, 평균은 $\mu$이고 표준편차가 $\sigma/n$이다.

6. (2018년 사회조사분석사 2급) 어느 포장기계를 이용하여 생산한 제품의 무게는 평균이 240g, 표준편차는 8g인 정규분포를 따른다고 한다. 이 기계에서 생산한 제품 25개의 평균 무게가 242g 이하일 확률은? (단, Z는 표준정규분포를 따르는 확률변수)

① $P(Z<1)$          ② $P(Z\leq 5/4)$

③ $P(Z\leq 3/2)$          ④ $P(\leq 2)$

7. (2017년 사회조사분석사 2급) 표본평균의 표준오차에 대한 설명으로 틀린 것은?

① 표본평균의 표준편차를 말한다.

② 모집단의 표준편차가 클수록 평균의 표준오차는 작아진다.

③ 표본크기가 클수록 표본평균의 표준오차는 작아진다.

④ 표준오차는 0이상이다.

8. (2017년 사회조사분석사 2급) 중심극한정리에 대한 정의로 옳은 것은?

① 모집단이 정규분포를 따르면 표본평균은 정규분포를 따른다.

② 모집단이 정규분포를 따르면 표본평균은 t-분포를 따른다.

③ 모집단의 분포와 관계없이 표본평균의 분포는 표본의 크기가 커짐에 따라 근사적으로 정규분포를 따른다.

④ 모집단의 분포가 연속형인 경우에만 표본평균의 분포는 표본의 크기가 커짐에 따라 근사적으로 정규분포를 따른다.

9. (2017년 사회조사분석사 2급) 모표준편차가 $\sigma$인 모집단에서 크기가 10인 표본으로부터 표본평균을 구하여 모평균을 추정하였다. 표본평균이 표준오차를 반(1/2)으로 줄이려면,

추가로 표본을 얼마나 더 추출해야 하는가?

① 20    ② 30

③ 40    ④ 50

**10.** (2019년 9급 공개채용 통계학개론) 중심극한정리에 대한 설명으로 ㉠, ㉡에 들어갈 말을 옳게 짝지은 것은? (단, 모집단의 평균이 $\mu$이고, 분산 $\sigma^2$은 존재한다)

> 표본크기가 충분히 클 때, 임의의 분포에서 추출한 확률표본의 ( ㉠ )은 근사적으로 ( ㉡ )를 따른다.

|  | ㉠ | ㉡ |
|---|---|---|
| ① | 표본평균 | 카이제곱분포 |
| ② | 표본평균 | 균등분포 |
| ③ | 표준화 표본평균 | 지수분포 |
| ④ | 표준화 표본평균 | 표준정규분포 |

**11.** (2017년 9급 공개채용 통계학개론) 두 확률변수 $X_1$과 $X_2$가 평균이 $\mu$, 분산이 $\sigma^2$인 모집단에서 추출한 임의표본(random sample)일 때, 확률변수 $X_1(X_1+X_2)$의 기댓값은?

① $\mu^2+\sigma^2$

② $\mu^2+2\sigma^2$

③ $2\mu^2+\sigma^2$

④ $2\mu^2+2\sigma^2$

**12.** (2016년 9급 공개채용 통계학개론) 음료를 판매하는 회사에서 나온 어느 제품의 1개당 용량은 평균이 100ml, 표준편차가 10ml인 정규분포를 따른다고 할 때, 이 제품에서 임의로 추출한 25개의 표본평균이 97ml 이상 102ml 이하일 확률은? (단, 아래의 표는 $Z$가 표준정규분포를 따르는 확률변수일 때 $P(Z \le z)$의 값에 상응하는 $z$의 값을 나타낸 것이다)

| $P(Z \le z)$ | $z$ |
|---|---|
| 0.8413 | 1.0 |
| 0.9332 | 1.5 |
| 0.9772 | 2.0 |

① 0.6826

② 0.7745

③ 0.8185

④ 0.9104

**13.** (2016년 9급 공개채용 통계학개론) 평균이 $\mu$, 분산이 $\sigma^2$인 모집단에서 추출한 임의표본 (random sample)의 표본평균에 대한 설명으로 옳은 것만을 모두 고른 것은? (단, $0 < \sigma^2 < \infty$이다)

> ㄱ. 모집단이 정규분포를 따를 때 표본평균의 분포는 정규분포이다.
>
> ㄴ. 표본의 크기가 커질수록 표본평균의 분산은 커진다.
>
> ㄷ. 표본평균은 모평균의 불편추정량이다.

① ㄱ

② ㄱ, ㄷ

③ ㄴ, ㄷ

④ ㄱ, ㄴ, ㄷ

**14.** (2011년 9급 공개채용 통계학개론) 모표준편차가 알려져 있는 모집단으로부터 10개의 표본을 임의추출하여 얻은 표본평균의 표준오차는 같은 모집단으로부터 40개의 표본을 임의추출하여 얻은 표본평균의 표준오차의 몇 배인가?

① $\frac{1}{4}$배      ② $\frac{1}{2}$배

③ 2배      ④ 4배

**15.** (2011년 9급 통계학개론) 어느 도시에서 근로자의 한 달 수입은 평균이 300만 원이고 표준편차는 100만 원인 정규분포를 따른다고 한다.

[문] 이 도시에서 임의 추출한 근로자 100명에 대한 한 달 수입의 표본평균이 290만 원보다 크게 나올 확률은 얼마인가? (단, $Z$가 표준정규분포를 따르는 확률변수일 때, $P(Z < 1) = 0.84$)이고 $P(Z < 0.1) = 0.54$이다.)

① 0.16      ② 0.46

③ 0.54      ④ 0.84

**16.** (2016년 7급 공개채용 통계학) $X_1, \cdots, X_n$이 평균 $\mu$, 분산 $\sigma^2$인 정규모집단에서의 임의표본(random sample)일 때, $\sum_{i=1}^{n}(X_i - \mu)^2$의 평균과 분산은? (단, $n \geq 2$)

|  | 평균 | 분산 |
|---|---|---|
| ① | $(n-1)\sigma^2$ | $2(n-1)\sigma^2$ |
| ② | $(n-1)\sigma^2$ | $2(n-1)\sigma^4$ |
| ③ | $n\sigma^2$ | $2n\sigma^2$ |
| ④ | $n\sigma^2$ | $2n\sigma^4$ |

17. (2013년 입법고시 2차 통계학) 세 회사 A, B, C에 근무하는 근로자의 연령을 조사한 결과 다음의 결과를 얻게 되었다.

| | 근로자 수 | 평균 | 표준편차 |
|---|---|---|---|
| 회사 A | 80 | 32 | 7 |
| 회사 B | 20 | 44 | 5 |
| 회사 C | 60 | 36 | 9 |

위 결과를 이용하여 세 회사를 합한 전체 근로자의 평균과 표준편차를 구하되, 풀이 과정을 자세히 기술하라.

| | 근로자 수 | 평균 | 표준편차 |
|---|---|---|---|
| 전체 | 160 | | |

여기서 표준편차($S$)는 편의상 $S = \sqrt{\dfrac{1}{n}\sum_{i=1}^{n}(x_i - \bar{x})^2}$ 으로 정의하기로 한다.

# 슈퍼볼 광고 선정

미국 프로 풋볼리그(NFL) 챔피언 결정전인 슈퍼볼은 경기 못지않게 경기 도중 TV로 방송되는 광고에 관한 관심이 높다. LA타임스는 시장조사기관 '칸타르 미디어'를 인용해 슈퍼볼 광고총액은 지속해서 증가하고 있다고 전했다. 슈퍼볼 광고의 단가는 2019년을 기준으로 대략 30초에 520만 달러(약 60억 원)로 초당 한화로 2억 원이다. 높은 광고 단가로 인해 슈퍼볼 TV 광고에 참여하는 기업은 아마존, 버드와이저, T-모바일 등과 같은 글로벌 기업으로 우리나라에서는 현대 · 기아차, LG가 참여하고 있다. 높은 광고비용에도 불구하고 글로벌 기업들이 슈퍼볼 광고에 참여하는 이유는 무엇일까?

단일 스포츠 시청률 1위를 차지하는 슈퍼볼 TV 시청자 수 때문이다. 일반적으로 미국 내 1억 명, 전 세계 10억 명 이상이 슈퍼볼을 시청하고 1982년에 열린 제16회 슈퍼볼의 시청률은 49.1%로 역대 최고 시청률을 기록하였으며 미국인 2명 중 1명은 슈퍼볼을 시청한 셈이다. 즉, 기업으로서는 슈퍼볼 광고를 통해 브랜드 이미지와 선호도를 높이기 위한 절호의 기회임을 알 수 있다.

한편 방영된 광고는 시청자 참여를 통해 평가받으며 해당 광고와 기업의 선호도가 어떻게 달라졌는지 확인할 수 있다. 이와 같은 대규모 광고에 8개의 기업이 참여하기 위해 준비하고 있다고 가정하자. 기업들은 대규모 광고에 참여하게 되면 기업의 브랜드와 이미지를 개선하는 것과 동시에 매출이 상승한다. 8개의 기업은 동일한 광고 개발 능력을 갖추고 있으며, 광고 전에 한 시청자로부터 1위부터 8위 중 어떤 순위를 평가받게 될 확률은 동일하다. 이 중 A 기업이 한 시청자로부터 받는 평가점수(1위=8점,···, 8위=1점)를 확률변수 $X_1$으로 나타내면 $X_1$의 확률분포는 다음과 같다.

$$f(x) = \begin{cases} \dfrac{1}{8} & (x=1, 2, 3, 4, 5, 6, 7, 8) \\ 0 & (x=1, 2, 3, 4, 5, 6, 7, 8 \text{ 이외의 정수}) \end{cases}$$

이 확률분포는 균등분포로 정규분포가 아니다.

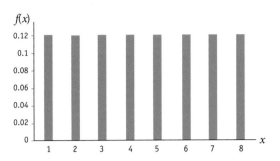

**사례자료 7-1 균등분포**

또 다른 시청자가 A기업을 평가하는 점수를 확률변수 $X_2$라고 하면 $X_2$의 확률분포는 위와 같으며 $X_1$과 $X_2$는 서로 독립적이다. 두 시청자에 의해 평가된 A기업의 점수 평균은 다음과 같이 계산된다.

$$\overline{X} = \frac{1}{2}(X_1 + X_2)$$

이때 가능한 점수 평균 $\overline{X}$의 모임은 사례자료 7-2와 같다.

**사례자료 7-2 $\overline{X}$의 가능한 값**

| $X_2$ \ $X_1$ | 1 | 2 | 3 | 4 | 5 | 6 | 7 | 8 |
|---|---|---|---|---|---|---|---|---|
| 1 | 1.0 | 1.5 | 2.0 | 2.5 | 3.0 | 3.5 | 4.0 | 4.5 |
| 2 | 1.5 | 2.0 | 2.5 | 3.0 | 3.5 | 4.0 | 4.5 | 5.0 |
| 3 | 2.0 | 2.5 | 3.0 | 3.5 | 4.0 | 4.5 | 5.0 | 5.5 |
| 4 | 2.5 | 3.0 | 3.5 | 4.0 | 4.5 | 5.0 | 5.5 | 6.0 |
| 5 | 3.0 | 3.5 | 4.0 | 4.5 | 5.0 | 5.5 | 6.0 | 6.5 |
| 6 | 3.5 | 4.0 | 4.5 | 5.0 | 5.5 | 6.0 | 6.5 | 7.0 |
| 7 | 4.0 | 4.5 | 5.0 | 5.5 | 6.0 | 6.5 | 7.0 | 7.5 |
| 8 | 4.5 | 5.0 | 5.5 | 6.0 | 6.5 | 7.0 | 7.5 | 8.0 |

위 표에 의해 각 점수 평균의 발생확률을 계산할 수 있다.

**사례자료 7-3 점수 평균의 발생확률**

| $\overline{X}$ | 1.0 | 1.5 | 2.0 | 2.5 | 3.0 | 3.5 | 4.0 | 4.5 | 5.0 | 5.5 | 6 | 6.5 | 7 | 7.5 | 8 |
|---|---|---|---|---|---|---|---|---|---|---|---|---|---|---|---|
| $P_X(\overline{X})$ | $\frac{1}{64}$ | $\frac{2}{64}$ | $\frac{3}{64}$ | $\frac{4}{64}$ | $\frac{5}{64}$ | $\frac{6}{64}$ | $\frac{7}{64}$ | $\frac{8}{64}$ | $\frac{7}{64}$ | $\frac{6}{64}$ | $\frac{5}{64}$ | $\frac{4}{64}$ | $\frac{3}{64}$ | $\frac{2}{64}$ | $\frac{1}{64}$ |

● 이 점수 평균 분포의 기댓값과 분산을 계산해 보자. 그리고 이 분포를 엑셀의 막대 그림 표로 그려보고 분포의 형태를 본문 표 7-2의 표본평균 분포와 비교해 보라.

● 이번에는 4명의 시청자가 A기업을 평가하는 경우 임의표본의 점수 평균에 대한 분포를 엑셀의 히스토그램으로 그려보고, 엑셀(혹은 R)을 이용하여 이 분포의 기댓값과 분산을 계산해 보자. 표본의 크기가 커지면서 표본평균의 분포 모양은 어떻게 변화되었는가?

**사례분석 7**

## 중심극한정리와 ETEX

### 1. 점수 평균 분포의 평균과 분산

두 시청자에 의해 평가된 A기업의 점수 평균 $\overline{X}$를 나타내는 사례자료 7-2를 그림 1과 같이 엑셀에서 작성한다.

| | A | B | C | D | E | F | G | H | I | J |
|---|---|---|---|---|---|---|---|---|---|---|
| 1 | | | | | | 점수 평균( $\overline{X}$ ) | | | | |
| 2 | | | | | | X1 | | | | |
| 3 | | | 1 | 2 | 3 | 4 | 5 | 6 | 7 | 8 |
| 4 | | 1 | 1 | 1.5 | 2 | 2.5 | 3 | 3.5 | 4 | 4.5 |
| 5 | | 2 | 1.5 | 2 | 2.5 | 3 | 3.5 | 4 | 4.5 | 5 |
| 6 | | 3 | 2 | 2.5 | 3 | 3.5 | 4 | 4.5 | 5 | 5.5 |
| 7 | X2 | 4 | 2.5 | 3 | 3.5 | 4 | 4.5 | 5 | 5.5 | 6 |
| 8 | | 5 | 3 | 3.5 | 4 | 4.5 | 5 | 5.5 | 6 | 6.5 |
| 9 | | 6 | 3.5 | 4 | 4.5 | 5 | 5.5 | 6 | 6.5 | 7 |
| 10 | | 7 | 4 | 4.5 | 5 | 5.5 | 6 | 6.5 | 7 | 7.5 |
| 11 | | 8 | 4.5 | 5 | 5.5 | 6 | 6.5 | 7 | 7.5 | 8 |

**그림 1** 기업 평가점수 평균 표

각 점수 평균의 발생확률(상대도수)을 계산하기 위해 엑셀의 추가기능 소프트웨어인 ETEX를 사용할 수 있다(ETEX의 설치 방법과 사용법은 제1장 부록 1 참조). ETEX가 설치되면 엑셀 메뉴 표시줄의 추가기능 탭에 그림 2와 같은 **ETEX 메뉴** 버튼이 나타난다. 이 **ETEX 메뉴** 버튼을 선택하면 ETEX의 메뉴 창이 열리게 되는데 **확률함수/임의수 → 도수분포**를 차례로 선택한다. 이 **도수분포**는 주어진 계급구간을 이용하여 자료의 도수분포를 반환해준다.

| 파일 | 홈 | 삽입 | 페이지 레이아웃 | 수식 | 데이터 | 검토 | 보기 | 개발 도구 | 추가 기능 | 도움말 | Easy |
|---|---|---|---|---|---|---|---|---|---|---|---|

ETEX ▾

| | | |
|---|---|---|
| 기술통계/공분산(B) | ▸ | |
| 확률함수/임의수(P) | ▸ | PDF |
| 신뢰구간/가설검정(C) | ▸ | CDF |
| 분산분석(A) | ▸ | 도수분포 |
| χ²-검정(X) | ▸ | 임의수 생성 |
| 상관분석(X) | ▸ | |
| 데이터 진단(D) | ▸ | |
| 정보기준/모형설정(I) | ▸ | |
| 회귀분석(R) | ▸ | |
| 시계열분석(T) | ▸ | |
| 주가 생성/연변동성(S) | ▸ | |
| 옵션가/내재변동성(O) | ▸ | |
| 행렬 연산(M) | ▸ | |

| | C | D | E | F | G | H | I | J |
|---|---|---|---|---|---|---|---|---|
| | | | | 점수 평균( $\overline{X}$ ) | | | | |
| | | | | X1 | | | | |
| | 1 | 2 | 3 | 4 | 5 | 6 | 7 | 8 |
| | 1 | 1.5 | 2 | 2.5 | 3 | 3.5 | 4 | 4.5 |
| | 1.5 | 2 | 2.5 | 3 | 3.5 | 4 | 4.5 | 5 |
| | 2 | 2.5 | 3 | 3.5 | 4 | 4.5 | 5 | 5.5 |
| | 2.5 | 3 | 3.5 | 4 | 4.5 | 5 | 5.5 | 6 |
| 8 | 3 | 3.5 | 4 | 4.5 | 5 | 5.5 | 6 | 6.5 |
| 9 | 3.5 | 4 | 4.5 | 5 | 5.5 | 6 | 6.5 | 7 |
| 10 | 4 | 4.5 | 5 | 5.5 | 6 | 6.5 | 7 | 7.5 |
| 11 | 4.5 | 5 | 5.5 | 6 | 6.5 | 7 | 7.5 | 8 |

**그림 2** '도수분포' 선택 경로

도수분포를 구하기 위해 필요한 정보를 그림 3과 같이 입력한다. **도수분포 구하기** 대화상자의 도움말 버튼을 클릭하면 정보 입력을 위해 필요한 도움말을 그림 4와 같이 보여준다. **실행** 버튼을 클릭하면 각 계급구간의 상대도수를 계산한 상대도수분포를 반환해 준다.

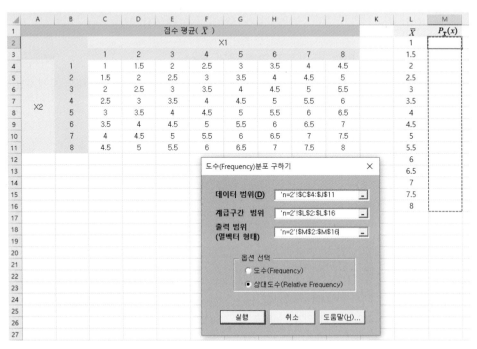

**그림 3** 도수분포 구하기

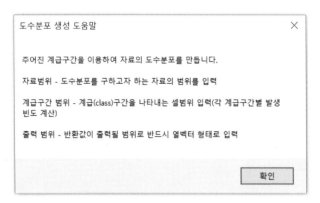

**그림 4** 도수분포 생성 도움말

발생확률(상대도수)을 구하였으므로 점수 평균 $\overline{X}$의 기댓값 $E(\overline{X}) = \sum x \cdot P_{\overline{X}}(x)$는 $(1)(0.0156) + \cdots + (8)(0.0156)$에 의해 계산할 수 있다. 이 기댓값은 그림 5와 같이 엑셀함수 **SUMPRODUCT**를 이용하여 쉽게 구할 수 있다.

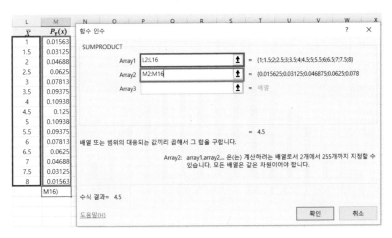

**그림 5** '함수 인수' 입력창

점수 평균 $\overline{X}$의 분산 $Var(\overline{X}) = \sum(x-\mu)^2 \cdot P_{\overline{X}}(x)$를 계산하기 위해 편차제곱을 구한 후 엑셀함수 SUMPRODUCT를 이용하여 그림 6과 같이 분산을 계산한다. $\overline{X}$의 기댓값은 모집단 평균과 동일한 4.5이며, 분산은 모집단 분산의 1/2에 해당하는 2.625가 계산되었다. 본문에서 배운 것과 같이 $\sigma_{\overline{X}}^2 = \sigma^2/n = 5.25/2 = 2.625$가 성립됨을 알 수 있다.

| | = SUMPRODUCT(N2:N16,M2:M16) | | | | | | | | | | | |
|---|---|---|---|---|---|---|---|---|---|---|---|---|
| | F | G | H | I | J | K | L | M | N | O | P | Q |
| = 평균( $\overline{X}$ ) | | | | | | | $\overline{X}$ | $P_{\overline{X}}(x)$ | 편차제곱 | | | |
| | X1 | | | | | | 1 | 0.01563 | 12.250 | | | |
| | 4 | 5 | 6 | 7 | 8 | | 1.5 | 0.03125 | 9.000 | | | |
| | 2.5 | 3 | 3.5 | 4 | 4.5 | | 2 | 0.04688 | 6.250 | | | |
| 5 | 3 | 3.5 | 4 | 4.5 | 5 | | 2.5 | 0.0625 | 4.000 | | | |
| | 3.5 | 4 | 4.5 | 5 | 5.5 | | 3 | 0.07813 | 2.250 | | | |
| 5 | 4 | 4.5 | 5 | 5.5 | 6 | | 3.5 | 0.09375 | 1.000 | | | |
| | 4.5 | 5 | 5.5 | 6 | 6.5 | | 4 | 0.10938 | 0.250 | | | |
| 5 | 5 | 5.5 | 6 | 6.5 | 7 | | 4.5 | 0.125 | 0.000 | | | |
| | 5.5 | 6 | 6.5 | 7 | 7.5 | | 5 | 0.10938 | 0.250 | | | |
| 5 | 6 | 6.5 | 7 | 7.5 | 8 | | 5.5 | 0.09375 | 1.000 | | | |
| | | | | | | | 6 | 0.07813 | 2.250 | | | |
| | | | | | | | 6.5 | 0.0625 | 4.000 | | | |
| | | | | | | | 7 | 0.04688 | 6.250 | | | |
| | | | | | | | 7.5 | 0.03125 | 9.000 | | | |
| | | | | | | | 8 | 0.01563 | 12.250 | | | |

$E(\overline{X})$    4.5
$V(\overline{X})$    =SUMPRODUCT(N2:N16,M2:M16)
      SUMPRODUCT(array1, [array2], [array3], [array4], ...)

**그림 6** 점수 평균의 분산

점수 평균의 분포를 엑셀의 막대 그림표로 그리면 그림 7과 같다. 이 분포의 형태는 본문 그림 7-2의 표본평균의 분포 형태와 마찬가지로 피라미드 모양을 하고 있다. 모집단이 균등분포를 하고 표본크기($n$)가 2인 경우에는 확률변수 $X$가 취할 수 있는 값의 수와 관계없이 표본평균의 분포는 피라미드 형태를 나타냄을 알 수 있다.

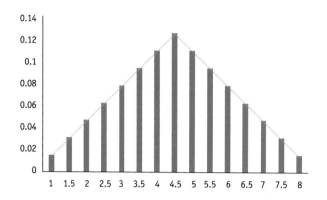

**그림 7** $n=2$일 때 표본평균의 분포

## 2. 4명의 시청자가 평가하는 경우

이번에는 4명의 시청자가 A기업을 평가하는 표본크기 4인 임의표본의 평균에 대한 분포를
히스토그램으로 그려보자. 이 경우 점수 평균 $\overline{X}$의 모든 관측값 4,096개를 엑셀의 배열 연산
을 활용하여 계산하였으며 📁 사례분석07.xlsx의 워크시트 'n=4'에 저장되어 있다. 앞에서 사
용하였던 ETEX의 **도수분포**로 그림 8과 같이 상대도수분포를 구할 수 있다.

| | A | B | C | D | E | F | G | H | I |
|---|---|---|---|---|---|---|---|---|---|
| 1 | X1 | X2 | X3 | X4 | 점수 평균 | | $\overline{X}$ | $P_{\overline{X}}(x)$ | 편차제곱 |
| 2 | 1 | 1 | 1 | 1 | 1 | | 1 | 0.000244 | 12.25 |
| 3 | 2 | 1 | 1 | 1 | 1.25 | | 1.25 | 0.000977 | 10.5625 |
| 4 | 3 | 1 | 1 | 1 | 1.5 | | 1.5 | 0.002441 | 9 |
| 5 | 4 | 1 | 1 | 1 | 1.75 | | 1.75 | 0.004883 | 7.5625 |
| 6 | 5 | 1 | 1 | 1 | 2 | | 2 | 0.008545 | 6.25 |
| 7 | 6 | 1 | 1 | 1 | 2.25 | | 2.25 | 0.013672 | 5.0625 |
| 8 | 7 | 1 | 1 | 1 | 2.5 | | 2.5 | 0.020508 | 4 |
| 9 | 8 | 1 | 1 | 1 | 2.75 | | 2.75 | 0.029297 | 3.0625 |
| 10 | 1 | 2 | 1 | 1 | 1.25 | | 3 | 0.039307 | 2.25 |
| 11 | 2 | 2 | 1 | 1 | 1.5 | | 3.25 | 0.049805 | 1.5625 |
| 12 | 3 | 2 | 1 | 1 | 1.75 | | 3.5 | 0.060059 | 1 |
| 13 | 4 | 2 | 1 | 1 | 2 | | 3.75 | 0.069336 | 0.5625 |
| 14 | 5 | 2 | 1 | 1 | 2.25 | | 4 | 0.076904 | 0.25 |
| 15 | 6 | 2 | 1 | 1 | 2.5 | | 4.25 | 0.082031 | 0.0625 |
| 16 | 7 | 2 | 1 | 1 | 2.75 | | 4.5 | 0.083984 | 0 |
| 17 | 8 | 2 | 1 | 1 | 3 | | 4.75 | 0.082031 | 0.0625 |
| 18 | 1 | 3 | 1 | 1 | 1.5 | | 5 | 0.076904 | 0.25 |
| 19 | 2 | 3 | 1 | 1 | 1.75 | | 5.25 | 0.069336 | 0.5625 |
| 20 | 3 | 3 | 1 | 1 | 2 | | 5.5 | 0.060059 | 1 |
| 21 | 4 | 3 | 1 | 1 | 2.25 | | 5.75 | 0.049805 | 1.5625 |
| 22 | 5 | 3 | 1 | 1 | 2.5 | | 6 | 0.039307 | 2.25 |
| 23 | 6 | 3 | 1 | 1 | 2.75 | | 6.25 | 0.029297 | 3.0625 |
| 24 | 7 | 3 | 1 | 1 | 3 | | 6.5 | 0.020508 | 4 |
| 25 | 8 | 3 | 1 | 1 | 3.25 | | 6.75 | 0.013672 | 5.0625 |
| 26 | 1 | 4 | 1 | 1 | 1.75 | | 7 | 0.008545 | 6.25 |
| 27 | 2 | 4 | 1 | 1 | 2 | | 7.25 | 0.004883 | 7.5625 |
| 28 | 3 | 4 | 1 | 1 | 2.25 | | 7.5 | 0.002441 | 9 |
| 29 | 4 | 4 | 1 | 1 | 2.5 | | 7.75 | 0.000977 | 10.5625 |
| 30 | 5 | 4 | 1 | 1 | 2.75 | | 8 | 0.000244 | 12.25 |
| 31 | 6 | 4 | 1 | 1 | 3 | | | | |
| 32 | 7 | 4 | 1 | 1 | 3.25 | | $E(\overline{X})$ | 4.5 | |
| 33 | 8 | 4 | 1 | 1 | 3.5 | | $V(\overline{X})$ | 1.3125 | |

**그림 8** $n=4$일 때 상대도수분포

이 분포의 평균은 4.5로 모집단 평균과 같으며 분포의 분산은 1.3125로 모집단 분산의 1/4
과 동일하다. 모집단이 균등분포를 갖지만 $n$이 2인 경우 점수 평균의 분포는 피라미드 형태임
을 보았다. 그런데 그림 9의 점수 평균의 분포를 보면 $n$이 4로 커지면서 점수 평균의 분포가
피라미드 형태에서 정규분포 형태로 근접하면서 분포의 중심에 더 밀집하고 있음을 알 수 있
다. 이런 현상을 설명하는 정리를 중심극한정리라고 한다. 참고로, 본문에서 설명한 것처럼
여기서 $n$이 충분히 커지지 않아도 $\overline{X}$의 분포가 정규분포에 근접하는 이유는 모집단 크기 $N$이
상대적으로 작아 $n/N$이 충분히 크기 때문이다.

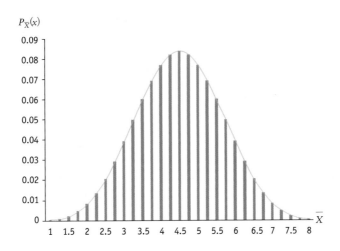

**그림 9** $n=4$일 때 표본평균의 분포

### 사례분석 7

## 중심극한정리와 R 코딩

이 사례분석에서는 R 코딩을 효과적으로 익힐 수 있도록 R 함수와 명령문을 사용하여 자료 및 도수분포표 생성과 분석을 진행해보자.

### 1. 점수 평균 분포의 평균과 분산

두 시청자에 의해 평가된 A기업의 점수 평균 $\overline{X}$를 나타내는 사례자료 7–2를 R에서 작성해보자. 두 시청자에 의해 평가된 A기업의 점수 배열 (1, 1), (1, 2),···, (8, 8)의 가능한 경우 수는 숫자 8개를 두 번 중복해서 배열하는 중복순열과 동일하다. 즉,

$$_8\Pi_2 = 8^2 = 64$$

R에서는 이러한 중복된 배열과 수를 구할 수 있도록 **expand.grid()**라는 함수를 제공한다.

```
x1 = c(1:8) # 시청자 1의 가능한 평점 벡터를 x1에 할당
x2 = c(1:8) # 시청자 2의 가능한 평점 벡터를 x2에 할당
set = expand.grid(x1, x2) # 내장함수 활용
head(set, n = 8) # 자료의 처음 8행 출력
tail(set, n = 8) # 자료의 마지막 8행 출력
```

**코드 1** A기업이 두 시청자로부터 받을 수 있는 평점 배열

```
Console  Terminal ×  Jobs ×                                    ─ □
~/ 
> head(set, n = 8) # 자료의 처음 8행 출력
  Var1 Var2
1    1    1
2    2    1
3    3    1
4    4    1
5    5    1
6    6    1
7    7    1
8    8    1
> tail(set, n = 8)  # 자료의 마지막 8행 출력
   Var1 Var2
57    1    8
58    2    8
59    3    8
60    4    8
61    5    8
62    6    8
63    7    8
64    8    8
```

**그림 10** 코드 1의 실행 결과

이 실행 결과와 R의 table(), prop.table() 함수를 이용하여 절대도수분포표, 상대도수분포표를 각각 만들 수 있다. 참고로 table() 함수는 요인(factor)의 범주를 교차시켜서 얻은 각 셀의 도수를 나타내는 **분할표**(contingency table)를 만드는 함수이며, prop.table() 함수는 입력한 표의 각 셀에 해당하는 도수를 상대도수로 변환하는 함수이다.

```
xbar = rowMeans(set) # 점수 평균 계산
a.table = table(xbar) # 점수 평균의 절대도수분포표
a.table
r.table = prop.table(a.table) # 점수 평균의 상대도수분포표
r.table
```

**코드 2** 점수 평균의 도수분포표

```
Console  Terminal ×  Jobs ×
~/
> xbar = rowMeans(set) # 점수 평균 계산
> a.table = table(xbar) # 점수 평균의 절대도수분포표
> a.table
xbar
  1 1.5   2 2.5   3 3.5   4 4.5   5 5.5   6 6.5   7 7.5   8
  1   2   3   4   5   6   7   8   7   6   5   4   3   2   1
> r.table = prop.table(a.table) # 점수 평균의 상대도수분포표
> r.table
xbar
       1      1.5        2      2.5        3      3.5        4      4.5
0.015625 0.031250 0.046875 0.062500 0.078125 0.093750 0.109375 0.125000
       5      5.5        6      6.5        7      7.5        8
0.109375 0.093750 0.078125 0.062500 0.046875 0.031250 0.015625
```

**그림 11** 절대도수분포표와 상대도수분포표

class() 함수를 이용하여 a.table과 r.table의 **클래스(class)**를 확인하면 "table"로 출력된다. 표의 자료를 이용하여 기댓값, 분산 등의 연산을 위해서는 다음 코드의 전반부처럼 표의 클래스를 "data.frame"으로 전환한 후 다시 "numeric"으로 전환해야 한다. 그리고 제1장 부록 2에서 설명한 것처럼 데이터 프레임("data.frame")의 원소 조작은 **지표연산자('[ ]')** 혹은 **성분추출연산자('$')**를 통해 수행할 수 있으며, 이 사례분석에서는 **성분추출연산자('$')**를 사용한다.

이제 점수 평균의 기댓값과 분산을 구해보자. 점수 평균 $\overline{X}$의 기댓값은 $E(\overline{X})=\sum x \cdot P_{\overline{X}}(x)$으로 정의되므로 sum(Table$xbar*Table$Freq), 분산은 $Var(\overline{X})=\sum(x-\mu)^2 \cdot P_{\overline{X}}(x)$으로 정의되므로 sum((Table$xbar−Expectation)^2*Table$Freq)에 의해 계산되며, 코드 3의 실행 결과는 그림 12와 같다.

```
class(r.table)
Table = data.frame(r.table) # 클래스 "table"을 "data.frame"으로 전환
Table
```

Table\$xbar = as.numeric(as.character(Table\$xbar)) # 클래스 "factor"를 "numeric"으로 전환[2]

Expectation = sum(Table\$xbar*Table\$Freq) # 점수 평균의 기댓값

Expectation

Variance = sum((Table\$xbar−Expectation)^2*Table\$Freq) # 점수 평균의 분산

Variance

**코드 3** 점수 평균의 기댓값과 분산

```
Console  Terminal ×  Jobs ×                                    ─□
~/
> class(r.table)
[1] "table"
> Table = data.frame(r.table) # 클래스 "table"을 "data.frame"으로 전환
> Table
    xbar     Freq
1      1 0.015625
2    1.5 0.031250
3      2 0.046875
4    2.5 0.062500
5      3 0.078125
6    3.5 0.093750
7      4 0.109375
8    4.5 0.125000
9      5 0.109375
10   5.5 0.093750
11     6 0.078125
12   6.5 0.062500
13     7 0.046875
14   7.5 0.031250
15     8 0.015625
> Table$xbar = as.numeric(as.character(Table$xbar)) # 클래스 "factor"를 "numeric"으로 전환
> Expectation = sum(Table$xbar*Table$Freq) # 점수 평균의 기댓값
> Expectation
[1] 4.5
> Variance = sum((Table$xbar-Expectation)^2*Table$Freq) # 점수 평균의 분산
> Variance
[1] 2.625
```

**그림 12** 코드 3의 실행 결과

이제 Table\$xbar과 Table\$Freq를 이용하여 점수 평균 $\overline{X}$의 히스토그램을 그려보자. 우선 수식 표현과 특수문자들을 직접 그래프에 입력하는 방법에 대해 간단히 살펴보자. 수식과 특수문자는 기본적으로 expression()이라는 함수에 입력한 뒤, 이것을 다시 텍스트 입력이 가능한 함수의 인수(예컨대 xlab, ylab, labels 등)에 입력하는 방법으로 사용할 수 있다.

〈수식 표현과 특수문자 입력을 위한 expression 함수〉

expression( ⋯ )

여기에서 인수 ⋯ 로는 수식을 표현하기 위한 첨자 연산자, 장식기호 연산자, 관계연산자, 연

---

[2] 일반적으로 객체의 클래스(class)를 "numeric"(수치형)으로 전환하려면 as.numeric() 함수를 적용할 수 있다. 하지만, "factor" 속성의 객체에 포함된 자료를 숫자로 전환하기 위해 as.numeric() 함수를 적용하면 각 factor는 자료의 위치를 숫자로 변환한다는 사실에 주의해야 한다. 그러므로 "factor" 속성의 자료를 먼저 문자열 자료로 전환한(as.character() 함수 사용) 다음에 수치형 자료로 전환할 수 있다.

산 기호, 그리스 문자 등을 입력할 수 있다. 예를 들어, expression() 함수에 e[i]^2를 입력하면 $e_i^2$, hat(a), bar(a)를 입력하면 $\hat{a}$, $\bar{a}$, a!=b를 입력하면 $a \neq b$, sum(e[i]^2,i==1,n)을 입력하면 $\sum_{i=1}^{n} e_i^2$, 그리고 Gamma, gamma를 입력하면 Γ, $\gamma$를 출력한다. 또한 텍스트와 함께 수식 표현 및 특수문자를 입력하려면 paste() 함수를 이용한다. 예를 들어, 'Chi-square $\chi^2$-distribution' 을 출력하려면 expression(paste("Chi-square ", chi^2, "-distribution"))으로 입력한다.

코드 4에서 점수 평균 $\bar{X}$의 히스토그램의 x축 제목을 $\bar{X}$로 표현하기 위해 expression (bar(X))을 입력하였으며 결과는 그림 13에서 확인할 수 있다.

```
barplot(Table$Freq~Table$xbar,
    main = "점수 평균의 분포", # 제목
    xlab = expression(bar(X)), # x축 레이블로 X̄입력
    ylab = "상대도수", # y축 레이블
    col = "skyblue") # 하늘색
```

**코드 4  barplot() 함수를 이용한 점수 평균의 히스토그램 그리기**

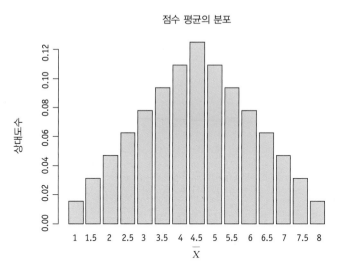

**그림 13** $n=2$일 때 점수 평균의 분포

## 2. 4명의 시청자가 평가하는 경우

이 경우 점수 평균의 기댓값과 분산을 계산하고 $\bar{X}$의 히스토그램을 그리기 위한 코드는 다음 과 같다.

```
x1 = c(1:8); x2 = c(1:8); x3 = c(1:8); x4 = c(1:8)
# 시청자 1, 2, 3, 4의 가능한 평가 순위 벡터를 x1, x2, x3, x4에 각각 할당
set = expand.grid(x1, x2, x3, x4) # 내장함수 활용
xbar = rowMeans(set) # 점수 평균 계산
a.table = table(xbar) # 점수 평균의 절대도수분포표
r.table = prop.table(a.table) # 점수 평균의 상대도수분포표
Table = data.frame(r.table) # 클래스 "table"을 "data.frame"으로 전환
Table$xbar = as.numeric(as.character(Table$xbar)) # 클래스 "factor"를 "numeric"으로 전환
Expectation = sum(Table$xbar*Table$Freq) # 점수 평균의 기댓값
Expectation
Variance = sum((Table$xbar-Expectation)^2*Table$Freq) # 점수 평균의 분산
Variance
barplot(Table$Freq~Table$xbar,
    main = "점수 평균의 분포", # 제목
    xlab = expression(bar(X)), # x축 레이블로 X̄입력
    ylab = "상대도수", # y축 레이블
    col = "skyblue") # 하늘색
```

**코드 5** *n*=4일 때 점수 평균의 기댓값, 분산, 히스토그램

```
Console  Terminal ×  Jobs ×
~/ 
> Expectation = sum(Table$xbar*Table$Freq) # 점수 평균의 기댓값
> Expectation
[1] 4.5
> Variance = sum((Table$xbar-Expectation)^2*Table$Freq) # 점수 평균의 분산
> Variance
[1] 1.3125
```

**그림 14** *n*=4일 때 점수 평균의 기댓값과 분산

이 분포의 평균은 4.5로 모집단 평균과 같으며 분포의 분산은 1.3125로 모집단 분산의 1/4과 동일하다. 즉, $\sigma_{\bar{X}}^2 = \sigma^2/n = 5.25/4 = 1.3125$. 표본크기 $n$이 4로 커지면서 점수 평균의 분포 형태가 $n$이 2인 경우의 피라미드 형태에서 정규분포 형태로 근접하고 분포의 중심에 더 밀집하고 있음을 알 수 있다. 이런 현상을 설명하는 정리를 중심극한정리라고 한다. 참고로, 본문에서 설명한 것처럼 여기서 $n$이 충분히 커지지 않아도 $\bar{X}$의 분포가 정규분포에 근접하는 이유는 모집단 크기 $N$이 상대적으로 작아 $n/N$이 충분히 크기 때문이다.

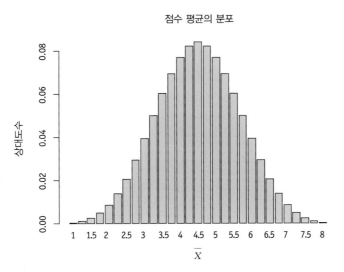

**그림 15**  *n*=4일 때 점수 평균의 분포

# 8

# 추정

앞에서 우리는 확률이론과 확률분포 등에 대하여 알아보았다. 여기에는 중요한 가정이 전제되어 있다. 즉 모집단의 특성을 알고 있다는 것이다. 이 전제하에 모집단으로부터 추출된 표본의 분포에 대한 특성을 분석하는 방법을 배웠다. 예를 들어 우리나라 기업들의 30%만이 자기자본 비율 기준을 만족하는 양호한 재무구조를 갖추고 있다는 가정하에서 10 개의 기업을 임의로 표본추출하였을 때, 양호한 재무구조를 갖는 기업의 비율이 40% 이상 될 확률은 얼마인지 살펴보았다면, 모비율에 대한 정보가 제공된 상태에서 표본분포의 특성을 분석한 것이다.

그러나 현실에서 경영·경제 현상에 대한 통계분석을 할 때는 모집단의 특성을 모르는 경우가 대부분이다. 따라서 표본의 특성분석을 통하여 모집단의 특성을 추론하게 된다. 이처럼 표본 통계량을 계산하여 모집단의 모수를 추론하는 것이 추리통계학이다. 기업의 재무구조와 관련된 앞의 예에서 자기자본 비율 기준을 만족하는 양호한 재무구조를 갖는 기업의 모비율을 모른다고 현실적인 가정을 했을 때, 여러 기업을 임의로 선택한 표본자료로부터 통계량인 표본비율을 계산하여 모비율을 추론할 수 있다. 이를 다루는 추리통계학에는 추정 (estimation)과 가설검정(hypothesis testing)이 있으며, 추정은 다시 점추정(point estimation)과

구간추정(interval estimation)으로 구분된다. 이 장에서는 우선 추정이론에 대하여 알아보고 가설검정은 다음 장에서 설명하기로 하자.

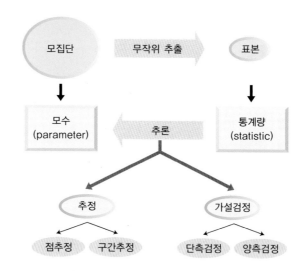

## 제1절 추정의 개념

추정의 목적은 표본정보의 함수인 표본 통계량에 근거하여 모수(parameter)의 근사치를 결정하는 것이다. 여기서 적합한 표본 통계량의 선택은 관심 있는 모수에 의해 결정되는데, 모평균은 표본평균에 의해, 모분산은 표본분산에 의해, 모비율은 표본비율에 의해 각각 추론될 수 있다. 예를 들어 한 기업에서 새롭게 개발한 스마트 TV에 대한 소비자들의 호응도를 알고 싶어 한다고 가정하자. 이 기업은 비용, 시간 등의 현실적 제약 때문에 모든 소비자를 대상으로 자사가 개발한 스마트 TV를 사용하고 있는지 조사하기 어려우므로 일부 소비자를 임의로 선정하여 조사한 후 이 표본자료를 근거로 자사가 개발한 스마트 TV를 사용하는 소비자의 비율을 추론하게 될 것이다. 이처럼 표본 통계량인 표본비율을 근거로 모비율을 추론하는 것을 추정이라고 한다.

추정과 관련하여 추정량(estimator)과 추정값(estimate)의 개념을 정확히 정의할 필요가 있다. 도시 가구의 월평균 소득을 추정하기 위해 임의로 50가구를 선정하여 이 표본의 월평균 소득을 계산하였더니 110만 원이었다면, 여기서 사용된 추정방법인 표본평균은 추정량이 되며 구체적으로 추정된 값 110만 원은 모수의 추정값이 된다. 물론 이 예에서 추정량은 모든 관측값을 합해서 총관측수로 나누어 주는 표본평균($\overline{X} = \sum_{i=1}^{50} x_i / 50$)만이 있는 것은 아니다. 즉 50가구의 월소득 관측값($x_1, x_2, \cdots, x_{50}$)으로 구성된 표본에서 모든 자료를 무시하고 최솟값과 최댓값만을

출처 : 셔터스톡

이용한 (최솟값＋최댓값)/2의 방법으로 도시 가구의 월소득을 추론할 수 있으며, 이 계산 방법도 표본평균처럼 추정량이 되는 것이다. 그런데 표본평균이 보편적으로 사용되는 이유는 표본평균이 다른 추정량보다 더 바람직한 추정량이기 때문이다. 바람직한 추정량의 기준에 대해서는 다음 절에서 상세히 설명할 것이다.

> **추정량**은 표본정보를 이용하여 알지 못하는 모수의 참값을 추정하는 방법이며, 알지 못하는 모수가 $\theta$라면 추정량은 $\hat{\theta}$으로 표기한다. 그리고 **추정값**은 수치로 계산된 $\hat{\theta}$의 값이다.

또한 추정은 모수를 하나의 값으로 추정하는 점추정과 모수의 참값이 포함되는 범위 혹은 구간을 추정하는 구간추정으로 구분된다.

경영·경제 통계학을 강의하는 교수가 통계학 수강생들의 월평균 지출을 추정하기 위해 수강생 25명을 임의로 선정하여 계산한 월평균 지출이 20만 원이었다면, 표본평균은 점추정량이 되며 그 추정값 20만 원은 점추정값이 된다. 점추정이란 20만 원처럼 모수와 같을 가능성이 가장 높은 하나의 값을 추정하는 방법이므로 그 추정값이 언제나 모수의 참값이라고 할 수는 없다. 따라서 점추정이 가지는 이런 단점을 보완하기 위해 하나의 값 대신 모수의 값이 빈번히 포함되는 범위를 추정하여 모수 값이 추정 범위에 속할 확률을 높일 수 있는데, 이를 구간추정이라 한다. 앞의 예에서 교수는 통계학을 수강하는 학생들의 월 지출이 빈번히 포함되는 구간을 계산하여 그 결과가 15만 원과 25만 원이었다면 이 추정방법은 구간추정량이며 15만 원과 25만 원은 구간추정값이 된다.

> **점추정량**은 모수를 하나의 값으로 추정하는 방법이며, **구간추정량**은 모수의 값이 빈번히 포함되는 구간을 추정하는 방법이다.

## 제2절 점추정

점추정은 앞에서 정의한 바와 같이 표본정보를 근거로 하여 알지 못하는 모수의 참값을 하나의 수치로 추론하는 것이다. 다음의 예를 들어보자.

**예 8-1 ▶**

향후 엄청난 경제성장을 이룰 것으로 기대하는 서남아시아 지역 중 인도에 우리 기업들이 많이 진출하고 있다. 인도에 진출한 한국 기업 중 10개를 임의로 선정하여 투자액을 관찰하였더니 다음과 같았다고 가정하자.

**표 8-1  투자액**

(단위 : 백만 달러)

| 30 | 5 | 44 | 9 | 48 | 4 | 30 | 80 | 18 | 264 |
|----|---|----|---|----|---|----|----|----|-----|

- 모집단 평균과 분산에 대한 점추정 값을 계산하라.
- 모집단의 집중화 경향을 추론하는 점추정량으로 표본평균 대신 표본중앙값, 표본최빈 값을 이용하여 표본평균과 비교해 보라.

### 답

- 표본평균 : $\overline{X} = \dfrac{1}{10} \sum_{i=1}^{10} x_i = \dfrac{532}{10} = 53.2$
- 표본분산 : $S^2 = \dfrac{1}{10-1} \sum_{i=1}^{10} (x_i - \overline{X})^2 = \dfrac{54279.6}{9} = 6031.0667$
- 따라서 모집단 평균의 점추정 값은 53.2, 모집단 분산의 점추정 값은 6031.0667이다.
- 표본중앙값과 표본최빈값을 이용한 모집단의 집중화 경향에 대한 점추정 값은 모두 30 으로 표본평균을 이용한 경우보다 그 추정값이 작다.

　

이 예에서처럼 모집단의 집중화 경향을 추론하는 추정량으로 표본의 평균 이외에 중앙값 혹은 최빈값을 사용할 수 있음에도 불구하고 일반적으로 표본평균을 추정량으로 사용하는 이유는 무엇인지 살펴보자. 모집단에서 무수히 많은 표본을 추출하여 각 표본 추정량의 값을 계산했을 때 추정량이 바람직하기 위해서는 추정값들의 확률분포가 모수를 중심으로 밀집되 어야 할 것이다. 이 밀집성의 정도는 평균제곱오차(mean squared error, MSE)로 측정할 수 있 다. 어떤 추정량 $\hat{\theta}$과 추정모수 $\theta$와의 차이는 $\hat{\theta}$이 $\theta$에 얼마나 근접해 있는지를 나타내 줄 수 있으므로 이 차이 $\hat{\theta} - \theta$를 밀집성의 정도를 나타내는 지표로 사용하면 좋을 것이다. 그런데 $\hat{\theta} - \theta$는 양과 음의 값을 모두 취하게 되므로 $\hat{\theta} - \theta$ 대신 차이의 제곱인 $(\hat{\theta} - \theta)^2$을 지표로 사용 할 필요가 있다. 추정량 $\hat{\theta}$은 일종의 확률변수이므로 $(\hat{\theta} - \theta)^2$도 확률변수가 되기 때문에 이것 의 평균을 구할 수 있으며, 그 결과를 평균제곱오차라고 한다.

$$
\begin{aligned}
MSE(\theta) &= E[(\hat{\theta} - \theta)^2] \\
&= E[(\hat{\theta} - E(\hat{\theta}) + E(\hat{\theta}) - \theta)^2] \\
&= E[(\hat{\theta} - E(\hat{\theta}))^2 + 2(\hat{\theta} - E(\hat{\theta}))(E(\hat{\theta}) - \theta) + (E(\hat{\theta}) - \theta)^2] \\
&= E[(\hat{\theta} - E(\hat{\theta}))^2] + 2E[(\hat{\theta} - E(\hat{\theta}))(E(\hat{\theta}) - \theta)] + (E(\hat{\theta}) - \theta)^2
\end{aligned}
$$

여기서 교차곱 항은 0이고, $E[(\hat{\theta} - E(\hat{\theta}))^2]$은 추정량 $\hat{\theta}$의 분산이므로

$$
MSE(\theta) = E[(\hat{\theta} - \theta)^2] = Var(\hat{\theta}) + (E(\hat{\theta}) - \theta)^2
$$

따라서 *MSE*는 추정량 $\hat{\theta}$의 분산, 그리고 추정모수 $\theta$와 $\hat{\theta}$의 평균과의 편차 제곱으로 구성되므로, *MSE*값이 작은 바람직한 추정량이란 $\hat{\theta}$의 평균이 가능한 한 $\theta$에 근접하고 분산도 동시에 작아야 함을 의미한다. 전자의 특성을 불편성(unbiasedness), 후자의 특성을 효율성(efficiency)이라고 한다. 그리고 표본의 크기가 커질수록 *MSE*의 값이 감소하는 특성인 일치성(consistency)을 바람직한 추정량의 기준으로 고려하기도 한다.

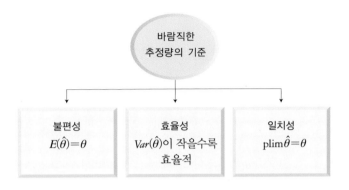

바람직한 추정량의 기준 중 먼저 추정량의 평균이 추정모수와 일치해야 한다는 불편성에 대해 자세히 살펴보자. 그림 8-1에 두 추정량의 표본분포를 비교하였다.

**그림 8-1**

추정량 $\hat{\theta}_1$과 $\hat{\theta}_2$의 확률밀도 함수

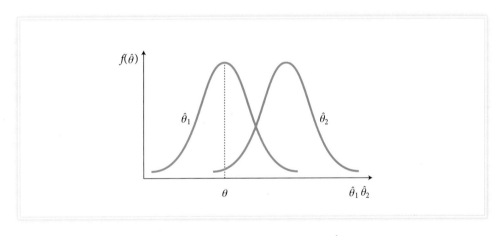

추정량 $\hat{\theta}_1$값들의 평균은 모수 $\theta$와 일치하는 데 반해 추정량 $\hat{\theta}_2$값들의 평균은 모수 $\theta$와 일치하지 않는다. 즉 추정량 $\hat{\theta}_1$을 사용하여 추정값을 구하면 모수 $\theta$와 일치할 확률이 가장 높지만 추정량 $\hat{\theta}_2$를 사용하여 추정값을 구하면 모수 $\theta$와 일치할 확률이 매우 낮음을 의미한다. 그렇다면 표본정보를 통해 모수의 참값을 추론하려고 하는 우리에게 바람직한 추정방법은 추정량 $\hat{\theta}_1$이 되는 것이다. 이처럼 추정량 $\hat{\theta}$의 표본분포의 평균에 해당하는 $\hat{\theta}$의 기댓값이 모수 $\theta$와 일치하면 $\hat{\theta}$을 $\theta$에 대한 불편추정량(unbiased estimator)이라고 한다.

추정량 $\hat{\theta}$의 기댓값이 모수 $\theta$와 일치하면 ($E(\hat{\theta})=\theta$), $\hat{\theta}$은 모수 $\theta$의 **불편추정량**이다.

표본평균 $\overline{X}$, 표본분산 $S^2$과 표본비율 $\hat{p}$은 불편추정량이다.

**예 8-2** ▶

평균 $\mu$와 분산 $\sigma^2$을 가지는 모집단으로부터 표본의 크기($n$)가 짝수인 확률표본 $x_1, x_2, \cdots,$ $x_n$을 추출하였다. 그리고 다음과 같은 두 추정량이 있다고 하자.

$$\hat{\theta}_1 = \frac{1}{n} \sum_{i=1}^{n} x_i, \ \hat{\theta}_2 = \frac{1}{n/2} \sum_{i=1}^{n/2} x_{2i-1}$$

두 추정량이 모두 $\mu$의 불편추정량임을 증명해 보자.

**답**

$$E(\hat{\theta}_1) = E\left(\frac{1}{n} \sum_{i=1}^{n} x_i\right) = \frac{1}{n} E\left(\sum_{i=1}^{n} x_i\right) = \frac{1}{n} \sum_{i=1}^{n} E(x_i) = \frac{1}{n} \times n \times \mu = \mu$$

$E(\hat{\theta}_1) = \mu$이므로 $\hat{\theta}_1$은 $\mu$의 불편추정량이다. 또한

$$E(\hat{\theta}_2) = E\left(\frac{1}{n/2} \sum_{i=1}^{n/2} x_{2i-1}\right) = \frac{1}{n/2} E\left(\sum_{i=1}^{n/2} x_{2i-1}\right) = \frac{1}{n/2} \sum_{i=1}^{n/2} E(x_{2i-1}) = \frac{1}{n/2} \times \frac{n}{2} \times \mu = \mu$$

$E(\hat{\theta}_2) = \mu$이므로 $\hat{\theta}_2$은 $\mu$의 불편추정량이다.

물론 표본분산 $S^2$과 표본비율도 기댓값이 각각 $E(S^2) = \sigma^2$, $E(\hat{p}) = p$로 불편추정량이다. 그리고 추정량 $\hat{\theta}$의 기댓값이 모수 $\theta$와 일치하지 않으면 $\hat{\theta}$은 편의추정량(biased estimator)이라고 하며, 그 차이를 편의(bias)라고 한다. 불편추정량의 편의는 0이다.

> $\theta$와 $E(\hat{\theta})$의 차이를 **편의**(bias)라고 한다.
>
> $$편의 = E(\hat{\theta}) - \theta$$

$\theta$에 대한 실제 추정에서 추정량들 중 불편추정량은 하나만이 아니라 여러 개가 존재할 수 있다. 예를 들면 모집단 평균의 추정량인 표본평균이 불편추정량일 뿐 아니라 표본중앙값도 불편추정량이다. 그러면 이 불편추정량들 중에서 어떤 추정량을 선택해야 할 것인가? 그 기준은 추정량의 분산 크기가 된다. 즉 $\hat{\theta}_1$과 $\hat{\theta}_2$가 모두 모수 $\theta$에 대한 불편추정량이라면 둘 중에서 분산이 작은 불편추정량이 더 바람직한 추정량이다.

이 그림에서 $\hat{\theta}_1$과 $\hat{\theta}_2$는 모두 기댓값이 $\theta$와 일치하는 불편추정량이지만 $\hat{\theta}_1$의 분산이 $\hat{\theta}_2$의 분산보다 더 작아서 $\hat{\theta}_1$의 추정값들이 $\theta$를 중심으로 더 밀집해 있으므로 $\theta$를 보다 정확하게 추정할 가능성이 커진다. 이처럼 두 불편추정량에서 분산이 작은 추정량은 더욱 바람직한 추정량이 되며, 이런 경우 $\hat{\theta}_1$이 $\hat{\theta}_2$보다 상대적으로 효율적(efficient)이라고 한다.

**그림 8-2**

두 불편추정량의
확률밀도함수

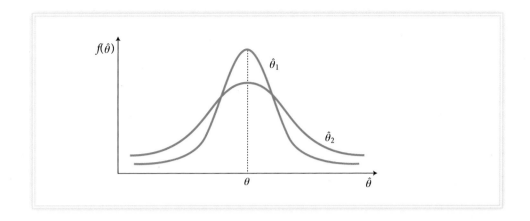

**효율성**

1. $\hat{\theta}_1$과 $\hat{\theta}_2$이 모두 불편추정량이라고 하자. 이때

$$Var(\hat{\theta}_1) < Var(\hat{\theta}_2)$$

  이면 $\hat{\theta}_1$이 $\hat{\theta}_2$보다 더 효율적이라고 한다.

2. $\hat{\theta}_1$이 다른 모든 불편추정량보다 작은 분산을 가지면 $\hat{\theta}_1$은 **가장 효율적인**(most efficient) 혹은 **최소분산**(minimum variance) 불편추정량이다.

표본평균의 분산은 $Var(\overline{X}) = \dfrac{\sigma^2_X}{n}$이며 중앙값의 분산은 $Var(M_e) = \dfrac{\pi}{2} \cdot \dfrac{\sigma^2_X}{n}$이다. 따라서 $Var(\overline{X}) < Var(M_e)$이므로 표본평균이 표본중앙값보다 효율적이다. 이것이 표본평균과 표본중앙값이 모두 불편추정량임에도 불구하고 표본평균이 더욱 보편적으로 사용되는 이유이다.

**예 8-3** ▶

앞 예제의 두 추정량에 대한 분산을 각각 계산하고 어떤 추정량이 더 효율적인지 증명해 보라.

**답**

$$Var(\hat{\theta}_1) = Var\left(\frac{1}{n} \sum_{i=1}^{n} x_i\right) = \frac{1}{n^2} Var\left(\sum_{i=1}^{n} x_i\right) = \frac{1}{n^2} \sum_{i=1}^{n} Var(x_i)$$

$$= \frac{1}{n^2}(n \cdot \sigma^2) = \frac{\sigma^2}{n}$$

$$Var(\hat{\theta}_2) = Var\left(\frac{1}{n/2} \sum_{i=1}^{n/2} x_{2i-1}\right) = \left(\frac{1}{n/2}\right)^2 Var\left(\sum_{i=1}^{n/2} x_{2i-1}\right) = \frac{1}{n^2/4} \sum_{i=1}^{n/2} Var(x_{2i-1})$$

$$= \frac{1}{n^2/4}\left(\frac{n}{2} \cdot \sigma^2\right) = \frac{2}{n} \sigma^2$$

$\hat{\theta}_1$의 분산이 $\hat{\theta}_2$의 분산보다 작으므로 추정량 $\hat{\theta}_1$이 추정량 $\hat{\theta}_2$보다 더 효율적이다.

　　바람직한 추정량을 선택하는 또 다른 기준으로 표본크기가 무한히 증가할 때 추정량 $\hat{\theta}$이 모수 $\theta$에 근접하려는 특성인 일치성을 들 수 있다. $\overline{X}$의 기댓값과 분산은 각각 $E(\overline{X})=\mu$, $Var(\overline{X})=\sigma^2/n$이다. 따라서 $\overline{X}$의 기댓값은 $n$에 관계없이 $\mu$와 일치하는 불편추정량이지만 $\overline{X}$의 분산은 $n$이 증가하면 작아지게 되고, $\overline{X}$의 표본분포는 모수 $\mu$를 중심으로 더 밀집된다. $n$이 무한히 커지면 $\overline{X}$는 $\mu$에 접근하여 일치하게 된다. 이런 특성을 보이는 표본평균 $\overline{X}$는 $\mu$의 일치추정량이다. 이런 특성은 그림 8-3을 보면 쉽게 알 수 있다.

**그림 8-3**

$n$의 증가에 따른 $\overline{X}$의 확률밀도함수

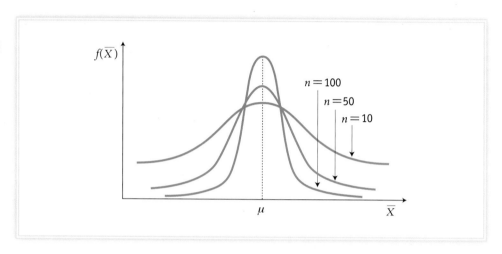

　　이 그림에서 표본크기 $n$이 10일 때는 $\overline{X}$의 분산이 크지만 $n$이 50, 100으로 점차 커짐에 따라 $\overline{X}$의 표본분포가 $\mu$를 중심으로 더 밀집되어 $\overline{X}$의 분산이 작아짐을 알 수 있다.

**일치성**

$n\to\infty$일 때 임의의 $\varepsilon>0$에 대해

$$P[\,|\,\hat{\theta}-\theta\,|\leq\varepsilon]\to1$$

이 성립되면 $\hat{\theta}$은 일치추정량이다. 이를 간단히

$$plim\,\hat{\theta}=\theta$$

로 표시할 수 있으며, 이때 $\theta$를 $\hat{\theta}$의 **확률극한**(probability limit)이라고 한다.[1]

---

[1] $n$이 무한히 증가함에 따라 주어진 통계량의 확률분포가 어떤 상숫값에 한없이 가까워질 때 그 상숫값을 주어진 통계량의 확률극한(probability limit)이라 하고, 통계량의 확률분포가 어떤 특정한 확률분포에 한없이 가까워지면 그 특정한 확률분포를 주어진 통계량의 **극한분포**(limiting distribution)라고 한다.

## 통계의 이해와 활용

### 통계적 오차

직장인의 스마트폰 사용과 관련된 통계조사를 근거로 인터넷 신문에 "직장인 31%, 스마트폰 중독"이라는 제목으로 다음과 같은 기사가 게재되었다.

> "스마트폰을 사용하는 직장인 10명 중 3명은 스마트폰 중독 증상을 경험한 것으로 조사됐다. 취업포털 커리어는 지난 9일부터 11일까지 스마트폰을 사용하는 직장인 456명을 대상으로 '스마트폰 중독'에 대해 설문을 진행했다. 조사 결과, 응답자의 30.9%가 자신이 스마트폰 중독이라 생각한 적이 있다고 답했다."

출처 : 셔터스톡

통계 활용의 가장 큰 가치 중 하나는 표본을 통해 모수를 추정하는 데 있다. 하지만 우리는 항상 통계적 오차(통계량은 모집단 대신 표본을 통해 추정하므로 일반적으로 모수와 차이를 가짐)가 발생한다는 사실을 기억해야만 한다. 이 인터넷 신문 기사를 잘 살펴보면 설문 조사를 이용한 추정값의 오차에 대한 언급이 없다. 즉, 이 기사는 통계적 신뢰성을 확보했다고 보기 어려우며, 그 결과를 일반화하는 데 한계를 갖는다. 이는 단지 해당 설문 조사에 대한 설명, 즉 설문에 응답한 직장인 456명의 상태를 보여주는 데 그치고 있다.

오차에 관한 기술은 표본오차뿐만 아니라 표본을 여러 번 추출했을 때 모수에 대한 추정값이 빈번히 포함될 수 있는 범위를 기술하는 것도 포함된다. 즉 주어진 신뢰수준에서 여러 번 반복적으로 표본을 추출했을 때 추정값이 위치하게 되는 범위를 기술해야 한다. 설문 조사를 이용한 보다 올바른 기사로 다음 예를 들 수 있다. "A후보는 지지율 47%, B후보는 지지율 45%로 A후보가 근소한 차이로 앞서고 있다. 신뢰수준은 95%로 오차한계 ±3%포인트다" 이 기사는 2020년 총선 전 두 국회의원 후보의 지지율 차이에 관해 설명하고 있으나, 신뢰수준의 오차한계로 인해 A후보가 B후보를 앞섰다고 단정할 수 없다는 사실을 알려주고 있다. 왜냐하면, 오차한계 ±3%포인트라는 것은 공개된 지지율에서 플러스(+)와 마이너스(−)로 3%포인트씩 더하거나 빼야 한다는 의미이며, A후보의 지지율은 44~50%, B후보의 지지율인 42~48%의 범위 안에 있어 A후보의 지지율 신뢰구간과 B후보의 지지율 신뢰구간이 아래 그림처럼 서로 겹치게 된다. 따라서 A후보가 B후보를 앞선다고 단정할 수 없다. 참고로 95% 신뢰수준의 의미는 동일한 조사를 100번 하면 95번은 같은 결과가 나온다는 것이다.

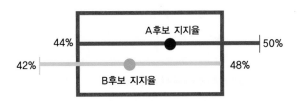

# 제3절 구간추정

앞 절에서 모수 $\theta$에 대한 추정량 $\hat{\theta}$을 사용하여 하나의 값을 대응시키는 점추정량에 대하여 살펴보았다. 이 점추정량은 언제나 표본오차(sampling error)를 수반하기 때문에 전적으로 신뢰할 수 없다. 그러나 구간추정은 이런 점추정과 달리 모수가 빈번히 포함되는 범위를 제공하여 연구의 목적에 따라 원하는 만큼의 신뢰성을 가지고 모수를 추정할 수 있다. 예를 들어 전국에 있는 수영장에서 표본을 선정하여 평균 입장료를 계산하였더니 9,100원이었다고 하자. 이 경우 표본평균 값이 어느 정도의 신뢰성을 갖고 모평균을 추론하는지 알 수가 없다. 모평균이 9,100원이라고 추론한 것이 90%, 95% 혹은 99%의 신뢰성을 갖는지 알 수 없으며, 모평균이 9,000원이라고 해도 표본평균 9,100원에 의한 추론이 몇 퍼센트의 신뢰성을 갖는지조차 알 수 없다. 반면에 구간추정의 경우 연구자가 원하는 신뢰수준에서 모수가 존재할 범위를 결정할 수 있다.

위의 예에서 수영장 평균 입장료의 구간을 추정할 때 그 구간의 길이를 1,000원에서 17,000원으로 길게 잡으면 이 구간이 모수를 포함할 신뢰수준은 매우 높게 되지만 통계적 의미는 없게 된다. 반면에 구간의 길이를 9,000원에서 9,010원으로 매우 짧게 잡으면 통계적 의미는 있을지 모르지만 오차가 매우 커져 신뢰수준이 너무 낮게 된다. 따라서 구간추정에서 구간의 길이를 어느 정도로 할 것이냐 하는 문제는 연구자가 원하는 신뢰수준과 연관이 있다. 연구 목적에 따라 오차를 $\alpha$로 설정하여 모수 $\theta$가 포함될 가능성이 $100(1-\alpha)$%인 구간을 결정하면 이러한 구간을 $100(1-\alpha)$%의 신뢰구간(confidence interval)이라고 한다. 이때 $100(1-\alpha)$%를 신뢰수준(confidence level) 혹은 신뢰도 그리고 $\alpha$를 유의수준(significance level)이라고 한다.

출처 : 셔터스톡

---

**신뢰구간**

$\theta$는 알지 못하는 모수라고 하자. 표본정보에 근거하여 일정한 확률 $(1-\alpha)$ 범위 내에 모수가 포함될 가능성이 있는 구간, 즉 다음을 만족하는 확률변수 $A$와 $B$를 구할 수 있다.

$$P(A<\theta<B)=1-\alpha$$

만약 확률변수 $A$와 $B$에 대한 측정값을 $a$와 $b$라고 하면, 구간 $a<\theta<b$는 $\theta$에 대한 $100(1-\alpha)$% **신뢰구간**이며 $1-\alpha$는 **신뢰수준** 그리고 $\alpha$는 **유의수준**이라고 한다.

---

## 1. 모평균의 신뢰구간 추정

모수 $\mu$에 대한 구간추정량을 표본분포로부터 어떻게 구할 수 있는지 구체적으로 살펴보자. 이를 위해서 $\sigma$를 알고 있는 경우와 알지 못하는 경우로 나누어 접근해야 할 필요가 있다.

### 1) 모집단 분산을 아는 경우

평균 $\mu$와 분산 $\sigma^2$을 가지는 모집단이 있으며 $\mu$는 모르고 $\sigma^2$만 안다고 가정하자. 그리고 이 모집단으로부터 $x_1, x_2, \cdots, x_n$을 표본추출하였으며 $\sigma^2$은 알지만 $\mu$는 모르기 때문에 신뢰구간을 통하여 $\mu$를 추정하고자 한다. 크기 $n$인 표본의 평균 $\overline{X}$는 다음과 같이 표준정규분포 하는 확률변수 $Z$로 표준화될 수 있음을 이미 살펴보았다.

$$Z = \frac{\overline{X} - \mu}{\sigma/\sqrt{n}}$$

이 경우 주어진 신뢰수준을 만족하는 표준정규분포의 신뢰구간을 구함으로써 $\mu$의 신뢰구간을 얻을 수 있을 것이다. 모집단 평균에 대한 $100(1-\alpha)\%$ 신뢰구간을 구한다고 하자. 우선 $Z$의 누적분포함수로부터 다음 임곗값을 구할 수 있다.

$$P(Z < z_{\alpha/2}) = 1 - \frac{\alpha}{2}$$

그런데 표준정규분포는 좌우대칭이므로

$$P(-z_{\alpha/2} < Z) = 1 - \frac{\alpha}{2}$$

이다. 따라서 신뢰수준이 $1-\alpha$가 되는 표준정규분포의 신뢰구간은

$$P(-z_{\alpha/2} < Z < z_{\alpha/2}) = 1 - \alpha$$

가 성립된다. 여기서 확률변수 $Z = (\overline{X} - \mu)/(\sigma/\sqrt{n})$이므로 위의 확률등식을 다음과 같이 다시 쓸 수 있다.

$$\begin{aligned} 1 - \alpha &= P\left(-z_{\alpha/2} < \frac{\overline{X} - \mu}{\sigma/\sqrt{n}} < z_{\alpha/2}\right) \\ &= P\left(-z_{\alpha/2}\frac{\sigma}{\sqrt{n}} < \overline{X} - \mu < z_{\alpha/2}\frac{\sigma}{\sqrt{n}}\right) \\ &= P\left(\overline{X} - z_{\alpha/2}\frac{\sigma}{\sqrt{n}} < \mu < \overline{X} + z_{\alpha/2}\frac{\sigma}{\sqrt{n}}\right) \end{aligned}$$

**그림 8-4**

$Z$ 분포

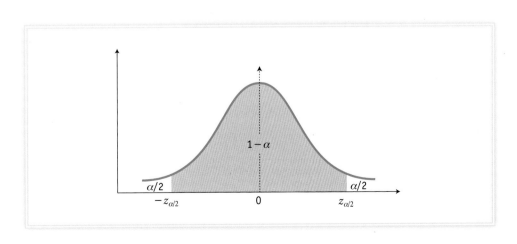

따라서 $a = \left( \overline{X} - z_{\alpha/2} \dfrac{\sigma}{\sqrt{n}} \right)$부터 $b = \left( \overline{X} + z_{\alpha/2} \dfrac{\sigma}{\sqrt{n}} \right)$까지의 임의구간이 모집단 평균 $\mu$를 포함할 확률은 $1 - \alpha$가 되므로 $\mu$에 대한 $100(1 - \alpha)\%$의 신뢰구간은 다음과 같다.

$$\left( \overline{X} - z_{\alpha/2} \frac{\sigma}{\sqrt{n}}, \ \overline{X} + z_{\alpha/2} \frac{\sigma}{\sqrt{n}} \right)$$

**그림 8-5**

$\mu$에대한 $100(1-\alpha)\%$의 신뢰구간

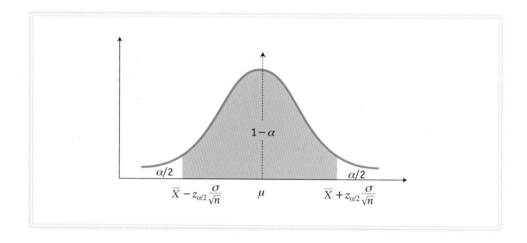

$\sigma^2$을 알고 있을 때 $\mu$에 대한 $100(1-\alpha)\%$ 신뢰구간

$$\overline{X} \pm z_{\alpha/2} \frac{\sigma}{\sqrt{n}} = \left( \overline{X} - z_{\alpha/2} \frac{\sigma}{\sqrt{n}}, \ \overline{X} + z_{\alpha/2} \frac{\sigma}{\sqrt{n}} \right)$$

**예 8-4** ▶

어떤 축산업자가 목장에서 태어난 송아지들의 무게를 조사해 보니 분산이 36kg인 정규분포를 이룬다는 사실을 알았다. 갓 태어난 송아지 16마리를 임의로 선정하여 평균 중량을 계산해 보니 25kg이었다. 모집단 평균에 대한 90% 신뢰구간을 구하라.

**답**

주어진 정보에 의하면 $\overline{X} = 25$, $\sigma^2 = 36$, $n = 16$이다. 90% 신뢰구간의 신뢰수준은 $1 - \alpha = 0.9$이므로 $\alpha/2 = 0.05$이다. 표준정규분포표로부터 $z_{0.05} = 1.645$를 구할 수 있다. 따라서 $\mu$의 90% 신뢰구간은

$$\overline{X} - 1.645\frac{\sigma}{\sqrt{n}} < \mu < \overline{X} + 1.645\frac{\sigma}{\sqrt{n}}$$

$$25 - 1.645 \times \frac{6}{4} < \mu < 25 + 1.645 \times \frac{6}{4}$$

$$22.5325 < \mu < 27.4675$$

갓 태어난 송아지의 평균 중량은 90% 신뢰수준에서 22.5325kg과 27.4675kg 사이에 속한다.

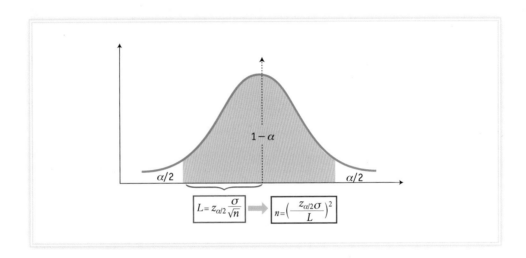

**그림 8-6**

신뢰구간 길이 (오차한계)의 결정요인

모집단 평균에 대한 $100(1-\alpha)\%$ 신뢰구간은 모집단 평균을 포함할 가능성이 $100(1-\alpha)\%$인 표본평균의 범위를 의미하므로, 역으로 모집단 평균이 $100(1-\alpha)\%$ 신뢰구간에 포함되지 않을 가능성은 $100\alpha\%$가 된다. 따라서 우리는 모집단 평균에 대한 $100(1-\alpha)\%$ 신뢰구간이 모집단 평균을 포함하고 있다는 것을 $100(1-\alpha)\%$로 확신하게 된다.

신뢰구간을 구하는 공식에 의하면 신뢰구간 길이의 1/2이 $z_{\alpha/2}\dfrac{\sigma}{\sqrt{n}}$와 같음을 알 수 있다. 여기서 신뢰구간 길이의 1/2을 구간추정 오차한계(margin of error)라 하며, 이는 구간추정에서 모수와 신뢰구간의 끝(상한 혹은 하한) 사이의 최대치를 말한다. 여기서 오차한계를 $L$로 표기하면 $L = z_{\alpha/2}\dfrac{\sigma}{\sqrt{n}}$로 다시 쓸 수 있다. 따라서 신뢰구간의 길이 혹은 오차한계는 $z_{\alpha/2}$, $\sigma$, $n$에 의해 결정된다.

**오차한계**

신뢰구간추정에서 모수와 신뢰구간의 끝(상한 혹은 하한) 사이의 최대치를 말한다.

신뢰수준이 증가하면 $z_{\alpha/2}$의 값이 커져서 신뢰구간의 길이가 길어지게 된다. 신뢰수준이 증가한다는 것은 신뢰구간에 모평균이 포함될 가능성이 커진다는 의미이므로 신뢰구간이 길어져야 한다. 하지만 신뢰수준이 아주 높으면 구간도 너무 길어지게 되어 신뢰구간에서 얻을 수 있는 정보의 효용 가치는 줄어든다. 그림 8-7은 신뢰수준이 90%, 95%, 99%로 높아지면서 신뢰구간의 길이가 길어지는 현상을 나타낸다.

**그림 8-7**

신뢰수준의 변화와
신뢰구간

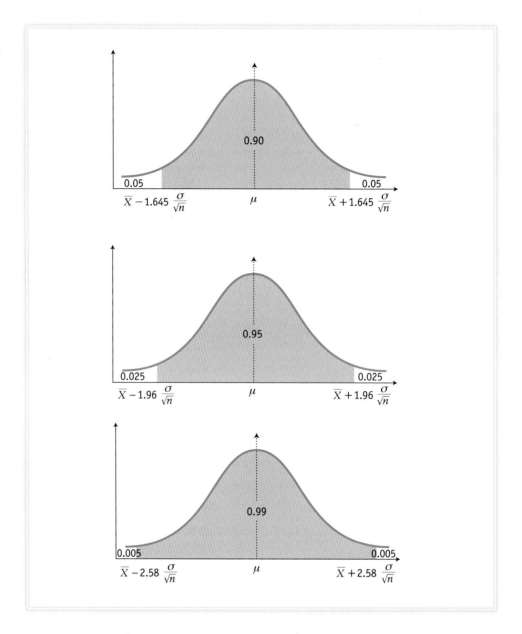

그리고 모집단 분산 $\alpha^2$이 클수록 신뢰구간의 길이는 길어지게 되지만 표본크기 $n$이 클수록 신뢰구간의 길이는 짧아지게 된다. 한편 앞에서 신뢰구간을 도출하기 위한 확률등식 중 두 번째 등식은 다음과 같다.

$$1-\alpha=P\left(-z_{\alpha/2}\frac{\sigma}{\sqrt{n}}<\overline{X}-\mu<z_{\alpha/2}\frac{\sigma}{\sqrt{n}}\right)$$

이 등식은 표본평균과 모집단 평균의 차이가 $1-\alpha$의 확률로 $\pm z_{\alpha/2}\frac{\sigma}{\sqrt{n}}$ 사이에 놓이게 됨을 의미하므로 표본평균의 추정 오차는 오차한계인 $L=z_{\alpha/2}\frac{\sigma}{\sqrt{n}}$보다 작음을 알 수 있다. 이 식을 표본크기 $n$을 기준으로 다시 표현하면 다음과 같다.

$$n=\left(\frac{z_{\alpha/2}\sigma}{L}\right)^2$$

따라서 신뢰수준, 모집단 표준편차, 그리고 신뢰구간의 길이를 알 수 있다면 이 식을 이용하여 표본평균의 추정 오차가 $L$을 초과하지 않는 최소 표본크기를 계산할 수 있다.

**예 8-5** ▶

한 기업에서 현대인들이 대기오염에 시달린다는 사실에 착안하여 언제나 신선한 산소를 마실 수 있는 휴대용 산소제품을 개발하기로 하였다. 따라서 이 기업의 연구팀은 일반인들의 산소 소비량을 측정하기 위해 임의로 35명을 선정, 분당 산소 소비량을 조사하여 다음 자료를 얻었다.

**표 8-2 분당 산소 소비량** (단위 : 리터)

| 0.360 | 1.189 | 0.614 | 0.788 | 0.273 | 2.464 | 0.517 | 1.827 | 0.537 | 0.374 | 0.449 | 0.262 |
|-------|-------|-------|-------|-------|-------|-------|-------|-------|-------|-------|-------|
| 0.448 | 0.971 | 0.372 | 0.898 | 0.411 | 0.348 | 1.925 | 0.550 | 0.622 | 0.610 | 0.319 | 0.406 |
| 0.43  | 0.767 | 0.385 | 0.674 | 0.521 | 0.603 | 0.533 | 0.662 | 1.177 | 0.307 | 1.499 |       |

이 연구팀은 일반인들의 모집단은 정규분포하며 분산이 0.36이라는 사실을 알고 있다고 가정하자. 모집단 평균의 95% 신뢰구간을 계산해 보자.

**답**

주어진 자료로부터 표본평균을 계산하면

$$\overline{X}=\sum_{i=1}^{35}x_i/35=0.71643$$

이다. 표본크기 $n=35$, 모집단 표준편차 $\sigma=\sqrt{0.36}=0.6$이며, 95% 신뢰구간의 신뢰수준은 $1-\alpha=0.95$이므로 $\alpha/2=0.025$가 되어 표준정규분포표로부터 $z_{0.025}=1.96$을 구할 수 있다. 따라서 $\mu$의 95% 신뢰구간은

$$\overline{X}-1.960\frac{\sigma}{\sqrt{n}}<\mu<\overline{X}+1.960\frac{\sigma}{\sqrt{n}}$$

$$0.71643-1.960\times\frac{0.6}{\sqrt{35}}<\mu<0.71643+1.960\times\frac{0.6}{\sqrt{35}}$$

$$0.5174<\mu<0.9155$$

이다. 그러므로 $\mu$는 95% 신뢰수준에서 (0.5174, 0.9155)에 속하게 된다.

**예 8-6** ▶

앞의 예에서 표본평균의 구간추정 오차한계가 0.15를 넘지 않도록 하기 위한 최소 표본크기는 얼마인가?

**답**

$z_{\alpha/2}$는 1.96, 모집단 표준편차 $\sigma$는 0.6, $L$은 0.15이므로 최소 표본크기는

$$n = \left(\frac{z_{\alpha/2}\sigma}{L}\right)^2 = \left(\frac{(1.96)(0.6)}{0.15}\right)^2 = 61.47$$

이다. 따라서 95%의 신뢰수준에서 표본평균의 오차한계가 0.15 이내가 되도록 하는 최소 표본크기는 62이다(표본크기 $n$은 정수이므로 61.47을 절상하면 62가 된다).

## 2) 모집단 분산을 모르는 경우

### (1) 대표본의 경우

앞에서 $\sigma$를 알고 있는 것으로 가정하고 $\mu$의 신뢰구간을 구하는 방법을 살펴보았다. 그러나 모집단 자료 대신 표본자료를 사용해야 하는 현실에서는 $\mu$를 모르면서 $\sigma$만 아는 경우는 매우 드물 것이다. 그렇다면 $\sigma$를 모르면 신뢰구간을 추정하는 것은 불가능한가? 다행히 표본크기가 충분히 크면[2] 신뢰구간을 추정하는 데 필요했던 모집단 분포와 분산에 대한 가정 없이도 신뢰구간을 추정할 수 있다. 표본의 크기가 충분히 큰 경우 중심극한정리(CLT)에 의해서

$$\frac{\overline{X} - \mu}{S/\sqrt{n}}$$

가 근사적으로 표준정규분포에 따르게 되며, 표본 표준편차는 모집단 표준편차를 대신할 수 있는 추정량의 역할을 하여 신뢰구간을 추정할 수 있다.

---

$\sigma^2$을 모르며 $n$이 충분히 클 때 $\mu$에 대한 $100(1-\alpha)$% 신뢰구간

$$\overline{X} \pm z_{\alpha/2}\frac{S}{\sqrt{n}} = \left(\overline{X} - z_{\alpha/2}\frac{S}{\sqrt{n}}, \overline{X} + z_{\alpha/2}\frac{S}{\sqrt{n}}\right)$$

---

**예 8-7** ▶

금융기관에서 일하는 직장인 172명을 표본추출하여 현 직업을 선택한 중요한 요인들(직업의 안정성, 보수, 사회 평판도 등)을 각각 1부터 5까지 평가하게 하였다. 숫자가 커질수록 중요도는 증가한다. 평가 결과에 따르면 직업의 안정성에 대한 표본평균은 4.38, 표

---

[2] 제7장에서 설명한 것과 같이 표본이 충분히 크다는 의미는 $n \geq 30$인 경우로 간주할 수 있다.

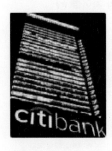

본 표준편차는 0.70이었으며, 직업의 안정성이 직업 선정 시 가장 중요한 요인으로 나타났다. 직업의 안정성 평가에 대한 모평균의 99% 신뢰구간을 구하라.

**답**

모집단 분포에 대한 가정이 없지만 표본의 크기가 172로 충분히 크기 때문에 중심극한 정리에 의해 표본평균의 표본분포가 정규분포에 근접하게 되며, $\sigma$를 $S$로 대체할 수 있을 것이다. 문제에서 주어진 정보에 의하면

$$\overline{X}=4.38, \quad S=0.70, \quad n=172$$

이다. 또한 99% 신뢰구간을 구하기 위해서는 $\alpha/2=0.005$, 그리고 표준정규분포표에 의하면 $z_{0.005}=2.575$이다. 따라서 99% 신뢰구간은 다음과 같다.

$$4.38-\frac{(2.575\times 0.7)}{\sqrt{172}}<\mu<4.38+\frac{(2.575\times 0.7)}{\sqrt{172}}$$

$$4.24<\mu<4.52$$

이는 $\mu$가 4.24와 4.52 사이에 존재할 신뢰도가 0.99임을 의미한다.

## (2) 소표본의 경우

모집단 분산을 모르는 상태에서 표본크기가 충분히 크지 않을 경우 $\mu$에 대한 신뢰구간을 추정하기 위해서는 모집단이 정규분포를 이룬다는 가정이 전제되어야 한다. 이 경우에 $\sigma$를 이용한 표본통계량 $(\overline{X}-\mu)/(\sigma/\sqrt{n})$ 대신 $S$를 이용한 표본통계량 $(\overline{X}-\mu)/(S/\sqrt{n})$으로 대체하게 되는데, 이 표본통계량은 정규분포가 아니라 자유도 $n-1$의 $t$-분포를 따르게 된다. 따라서 신뢰구간 추정방법에 앞서 $t$-분포에 대해 먼저 알아보기로 하자.

---

**$t$-분포**

모집단을 모르고 표본의 크기가 충분히 크지 않을 때, 확률변수

$$t=\frac{\overline{X}-\mu}{S/\sqrt{n}}$$

는 자유도 $n-1$의 **$t$-분포**(Student's t-distribution)를 이룬다.

---

**분포의 공통점(☆)과 차이점(★)**

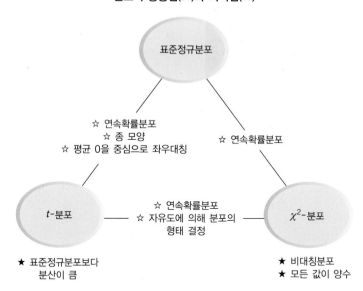

$t$-분포는 종 모양을 하며 평균 0을 중심으로 좌우대칭을 이룬다는 점이 표준정규분포와 유사하다. 그러나 $t$-분포는 표준정규분포보다 더 퍼져 있어서 표준정규분포보다 더 큰 분산을 가지며 분포의 모양은 $\chi^2$-분포처럼 자유도에 의해 결정된다. 물론 자유도가 증가하면서 $t$-분포의 모양은 점점 표준정규분포에 근접하게 된다.

표준정규분포가 평균 0을 중심으로 좌우대칭을 이룬다는 특성을 이용하여 $P(Z > z_{\alpha/2}) = P(Z < -z_{\alpha/2}) = \alpha/2$를 만족하는 임곗값 $z_{\alpha/2}$를 구하면 표준정규분포의 면적이 $1 - \alpha$가 되었다. $t$-분포의 경우에도 동일한 방법으로 임곗값 $t_{\alpha/2}$를 구할 수 있다.

**그림 8-8**

$t$-분포와
표준정규분포

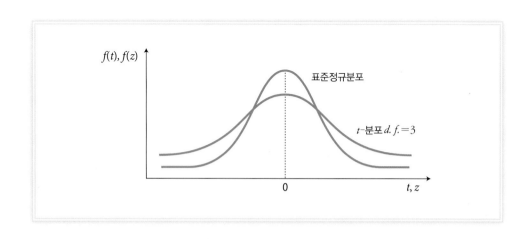

$$P(t_{(n-1)} > t_{(n-1,\ \alpha/2)}) = P(t_{(n-1)} < -t_{(n-1,\ \alpha/2)}) = \frac{\alpha}{2}$$

따라서

$$P(-t_{(n-1,\ \alpha/2)} < t_{(n-1)} < t_{(n-1,\ \alpha/2)})$$
$$= 1 - P(t_{(n-1)} > t_{(n-1,\ \alpha/2)}) - P(t_{(n-1)} < -t_{(n-1),\ \alpha/2})$$
$$= 1 - \frac{\alpha}{2} - \frac{\alpha}{2} = 1 - \alpha$$

**그림 8-9**

$P(-t_{(n-1,\ \alpha/2)} < t_{(n-1)}$
$< t_{(n-1,\ \alpha/2)})$
$= 1 - \alpha$

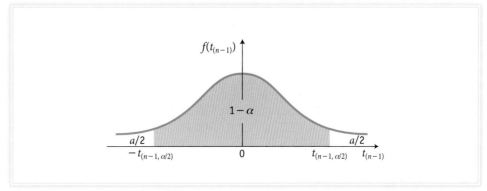

**예 8-8**

자유도가 10인 $t$-분포에서 $t$가 특정 $K$값보다 클 확률이 0.05가 되는 임곗값 $K$를 $t$-분포표에서 구하라.

**답**

$P(t > K) = 0.05$를 만족하는 $K$를 $t$-분포표에서 구하면 된다. $K = t_{10,\ 0.05}$이므로 $t$-분포표로부터 임곗값 $K = t_{10,\ 0.05} = 1.812$를 구할 수 있다.

| 자유도 | $\alpha$ | | | | |
|---|---|---|---|---|---|
| d. f. | .100 | .050 | .025 | .010 | .005 |
| 1 | 3.078 | 6.314 | 12.706 | 31.821 | 63.657 |
| 2 | 1.886 | 2.920 | 4.303 | 6.965 | 9.925 |
| 3 | 1.638 | 2.353 | 3.182 | 4.541 | 5.841 |
| 4 | 1.533 | 2.132 | 2.776 | 3.747 | 4.604 |
| 5 | 1.476 | 2.015 | 2.571 | 3.365 | 4.032 |
| 6 | 1.440 | 1.943 | 2.447 | 3.143 | 3.707 |
| 7 | 1.415 | 1.895 | 2.365 | 2.998 | 3.499 |
| 8 | 1.397 | 1.860 | 2.306 | 2.896 | 3.355 |
| 9 | 1.383 | 1.833 | 2.262 | 2.821 | 3.250 |
| 10 | 1.372 | 1.812 | 2.228 | 2.764 | 3.169 |

모집단 분산을 모르며 표본의 크기가 작으므로 $t$-분포를 이용하여 $100(1-\alpha)\%$의 신뢰구간을 추정해야 하는 경우 $Z$값 대신에 $t$값을 사용하면 되지만, $t$값의 결정을 위해 신뢰수준과 함께 자유도를 고려해야 한다는 사실에 유의해야 한다.

$$1-\alpha=P(-t_{(n-1,\,\alpha/2)}<t_{(n-1)}<t_{(n-1,\,\alpha/2)})$$

$$=P\left(-t_{(n-1,\,\alpha/2)}<\frac{\overline{X}-\mu}{S/\sqrt{n}}<t_{(n-1,\,\alpha/2)}\right)$$

$$=P\left(-t_{(n-1,\,\alpha/2)}\frac{S}{\sqrt{n}}<\overline{X}-\mu<t_{(n-1,\,\alpha/2)}\frac{S}{\sqrt{n}}\right)$$

$$=P\left(\overline{X}-t_{(n-1,\,\alpha/2)}\frac{S}{\sqrt{n}}<\mu<\overline{X}+t_{(n-1,\,\alpha/2)}\frac{S}{\sqrt{n}}\right)$$

$\sigma^2$을 모르며 $n$이 충분히 크지 않을 때 $\mu$에 대한 $100(1-\alpha)$% 신뢰구간

$$\overline{X}\pm t_{(n-1,\,\alpha/2)}\frac{S}{\sqrt{n}}=\left(\overline{X}-t_{(n-1,\,\alpha/2)}\frac{S}{\sqrt{n}},\ \overline{X}+t_{(n-1,\,\alpha/2)}\frac{S}{\sqrt{n}}\right)$$

**예 8-9** ▶

한 피자 가맹점의 지배인은 피자 배달시간이 오래 걸린다는 소비자들의 불평을 확인해 보기 위해 피자 배달주문 중 임의로 20개를 선정하여 배달시간을 측정하였더니 다음과 같았다.

**표 8-3  피자 배달시간** (단위 : 분)

| 14 | 10 | 9 | 10 | 11 | 16 | 15 | 8 | 6 | 18 |
|----|----|----|----|----|----|----|----|----|----|
| 17 | 4 | 12 | 15 | 14 | 15 | 9 | 8 | 7 | 16 |

모집단이 정규분포한다고 가정하고 모평균 배달시간에 대한 95% 신뢰구간을 설정하라.

**답**

표의 자료를 이용하여 다음 값을 구할 수 있다.

$$\overline{X}=11.7,\quad S=\sqrt{16.32632}=4.041,\quad t_{(19,\,0.025)}=2.0930$$

따라서 95% 신뢰구간은

$$11.7-\left(2.0930\times\frac{4.041}{\sqrt{20}}\right)<\mu<11.7+\left(2.0930\times\frac{4.041}{\sqrt{20}}\right)$$

$$9.8<\mu<13.6$$

이다. 95% 신뢰수준을 가지고 지배인은 평균 피자 배달시간이 9.8~13.6분 사이가 될 것이라고 고객들에게 말할 수 있을 것이다.

## 2. 모비율의 신뢰구간 추정

어떤 특성을 보이는 기본 요소들이 모집단에서 차지하는 비율, 즉 모비율을 추정 해야 할 때가 있다. 예를 들어 부동산실명제 실시로 임대주택업이 크게 주목을 받 았던 주요 원인은 건설교통부가 미분양을 줄이고 임대주택 건설에 민간자본을 끌 어들이기 위해 시행한 다주택 소유자들이 임대사업자로 정식 등록할 경우 양도세 면제 등의 혜택을 주는 임대주택제도에서 찾아볼 수 있다.

서울시민 중 이 임대주택제도를 찬성하는 비율이 얼마인지 관심을 끌게 된다면 모집단인 서울시민으로부터 표본을 추출한 후 표본비율을 계산하여 모비율을 추정할 수 있 을 것이다. 그러나 하나의 특정 값만으로 모비율을 추정하는 점추정은 충분히 신뢰할 수 없 으므로 조사자가 원하는 만큼의 신뢰성을 가지고 모비율을 추정할 수 있는 모비율의 구간추 정에 대해 살펴보고자 한다.

확률변수 $X$가 이항분포에 따를 때 모비율 $p$에 대한 점추정량은 $\hat{p}=X/n$이며, 이 추정량은 불편추정량임을 앞에서 살펴보았다. 또한 $n$이 충분히 클 때 확률변수

$$Z = \frac{\hat{p}-p}{\sqrt{p(1-p)/n}}$$

가 표준정규분포에 근접하게 된다는 사실도 살펴보았다. 그런데 이 결과에는 알지 못하는 모 비율 $p$가 포함되어 있어서 이 사실을 이용하여 모비율의 신뢰구간을 추정할 수 없다. 그러나 표본의 크기가 충분히 크면 모비율 $p$ 대신 추정량 $\hat{p}$을 사용하여 신뢰구간을 추정할 수 있게 된다. 즉

$$\sqrt{\frac{p(1-p)}{n}} \approx \sqrt{\frac{\hat{p}(1-\hat{p})}{n}}$$

**그림 8-10**

$\mu$의 추론을 위한 $Z$와 $t$의 결정

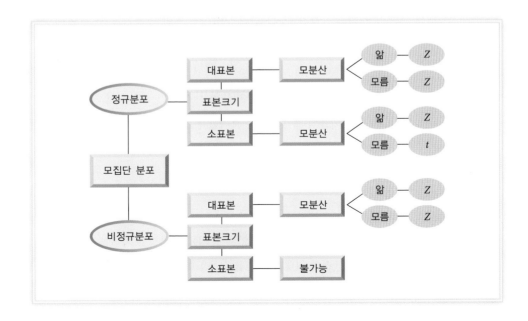

또한 앞에서처럼 다음 등식을 만족하는 $z_{\alpha/2}$를 구할 수 있을 것이다.

$$P(Z>z_{\alpha/2})=P(Z<-z_{\alpha/2})=\frac{\alpha}{2}$$

여기서 $Z$의 값이 $z_{\alpha/2}$보다 클 확률은 $\alpha/2$이며 $-z_{\alpha/2}$보다 작을 확률도 $\alpha/2$임을 의미한다. 따라서

$$
\begin{aligned}
1-\alpha &= p(-z_{\alpha/2}<Z<z_{\alpha/2}) \\
&= p\left(-z_{\alpha/2}<\frac{\hat{p}-p}{\sqrt{\hat{p}(1-\hat{p})/n}}<z_{\alpha/2}\right) \\
&= p\left(-z_{\alpha/2}\sqrt{\frac{\hat{p}(1-\hat{p})}{n}}<\hat{p}-p<z_{\alpha/2}\sqrt{\frac{\hat{p}(1-\hat{p})}{n}}\right) \\
&= p\left(\hat{p}-z_{\alpha/2}\sqrt{\frac{\hat{p}(1-\hat{p})}{n}}<p<\hat{p}+z_{\alpha/2}\sqrt{\frac{\hat{p}(1-\hat{p})}{n}}\right)
\end{aligned}
$$

그러므로 $p$에 대한 $100(1-\alpha)\%$ 신뢰구간은 다음과 같다.

$$\left(\hat{p}-z_{\alpha/2}\sqrt{\frac{\hat{p}(1-\hat{p})}{n}},\ \hat{p}+z_{\alpha/2}\sqrt{\frac{\hat{p}(1-\hat{p})}{n}}\right)$$

---

$p$에 대한 $100(1-\alpha)\%$ 신뢰구간 : 표본크기가 충분히 클 때

$$\hat{p}\pm z_{\alpha/2}\sqrt{\frac{\hat{p}(1-\hat{p})}{n}}=\left(\hat{p}-z_{\alpha/2}\sqrt{\frac{\hat{p}(1-\hat{p})}{n}},\ \hat{p}+z_{\alpha/2}\sqrt{\frac{\hat{p}(1-\hat{p})}{n}}\right)$$

---

앞에서 모비율의 신뢰구간을 도출하기 위한 확률등식 중 세 번째 등식은 다음과 같다.

$$1-\alpha=P\left(-z_{\alpha/2}\sqrt{\frac{\hat{p}(1-\hat{p})}{n}}<\hat{p}-p<z_{\alpha/2}\sqrt{\frac{\hat{p}(1-\hat{p})}{n}}\right)$$

이 등식은 표본비율과 모집단 비율의 차이가 $1-\alpha$의 확률로 $\pm z_{\alpha/2}\sqrt{\frac{\hat{p}(1-\hat{p})}{n}}$ 사이에 놓이게 되므로, 표본비율의 추정오차는 오차한계 $L=z_{\alpha/2}\sqrt{\frac{\hat{p}(1-\hat{p})}{n}}$ 보다 작음을 알 수 있다. 이 식을 표본크기 $n$을 기준으로 다시 표현하면 다음과 같다.

$$n=\hat{p}(1-\hat{p})\left(\frac{z_{\alpha/2}}{L}\right)^2$$

이 식으로 표본평균의 추정오차가 $L$을 초과하지 않는 최소 표본크기를 계산할 수 있다. 한편, 모비율 $p$에 대한 사전지식이 없는 상태에서 적정 오차한계를 만족하는 표본크기를 구하고자 할 때는 $\hat{p}(1-\hat{p})$의 최댓값인 $\frac{1}{4}$을 사용한다. 즉,

$$n=\frac{1}{4}\left(\frac{z_{\alpha/2}}{L}\right)^2$$

**예 8-10** ▶

어느 연구기관에서 기업의 의뢰로 소비자들이 이 기업 제품을 사게 된 동기를 조사하여 제품광고가 차지하는 비율을 알아보았다. 344명의 소비자를 임의로 추출하여 조사한 결과, 83명이 광고를 보고 제품을 샀다는 사실을 알았다. 이 기업의 제품을 구입한 소비자 중 광고를 보고 제품을 구입한 소비자의 모비율에 대한 90% 신뢰구간을 구하라.

**답**

표본크기 $n$은 344로 충분히 크므로 신뢰구간은 $\hat{p} \pm z_{\alpha/2}\sqrt{\dfrac{\hat{p}(1-\hat{p})}{n}}$ 을 이용하여 추정할 수 있다. 90% 신뢰구간의 경우 $\alpha=0.10$이므로

$$\alpha/2=0.05,\ z_{\alpha/2}=z_{0.05}=1.645,\ n=344,\ \hat{p}=83/344=0.241$$

따라서 $p$에 대한 90% 신뢰구간은

$$0.241-1.645\times\sqrt{\frac{0.241\times0.759}{344}}<p<0.241+1.645\times\sqrt{\frac{0.241\times0.759}{344}}$$

$$0.203<p<0.279$$

90% 신뢰수준하에 모비율은 0.203과 0.279 사이에 놓이게 된다.

**예 8-11** ▶

앞의 예에서 표본비율의 추정 오차한계가 2%를 넘지 않도록 하기 위한 최소 표본크기는 얼마인가?

**답**

$\hat{p}$은 0.241, $z_{\alpha/2}$는 1.645, $L$은 0.02이므로 최소 표본크기는

$$n=\hat{p}(1-\hat{p})\left(\frac{z_{\alpha/2}}{L}\right)^2=(0.241)(0.759)\left(\frac{1.645}{0.02}\right)^2\approx1237.46$$

이다. 따라서 90%의 신뢰수준에서 표본비율의 추정 오차한계가 0.15 이내가 되도록 하는 최소 표본크기는 1238이다(표본크기 $n$은 정수이므로 1237.46을 절상하면 1238이 된다).

## 3. 모분산의 신뢰구간 추정

앞에서 우리는 모평균 $\mu$와 모비율 $p$에 대한 신뢰구간을 구하는 방법에 대해 살펴보았다. 이제 모분산 $\sigma^2$에 대한 신뢰구간을 구하는 방법에 대해 알아보자. 모분산 $\sigma^2$을 가지는 정규모집단에서 표본크기 $n$의 임의표본을 추출하였고 이 표본의 분산이 $S^2$이라고 하자. 이때 다음 확률 변수

$$\chi^2_{(n-1)}=\frac{(n-1)S^2}{\sigma^2}$$

은 자유도 $n-1$인 $\chi^2$-분포를 따른다는 사실을 이용하여 $\sigma^2$에 대한 신뢰구간을 추정할 수 있다. $\chi^2$-분포는 대칭분포가 아니므로 자유도 $n-1$인 $\chi^2$-분포에서 다음 등식을 만족하는 $\chi^2_{(n-1,\ \alpha/2)}$와 $\chi^2_{(n-1,\ 1-\alpha/2)}$를 각각 구해야 한다.

$$P(\chi^2_{(n-1)} > \chi^2_{(n-1,\ \alpha/2)}) = \frac{\alpha}{2}$$

$$P(\chi^2_{(n-1)} > \chi^2_{(n-1,\ 1-\alpha/2)}) = 1 - \frac{\alpha}{2}$$

여기서 $\chi^2_{(n-1)}$의 값이 $\chi^2_{(n-1,\ \alpha/2)}$보다 클 확률은 $\alpha/2$이며 $\chi^2_{(n-1,\ 1-\alpha/2)}$보다 작을 확률도 $\alpha/2$임을 의미한다. 따라서

$$1-\alpha = P(\chi^2_{(n-1,\ 1-\alpha/2)} < \chi^2_{(n-1)} < \chi^2_{(n-1,\ \alpha/2)})$$

$$= P\left(\chi^2_{(n-1,\ 1-\alpha/2)} < \frac{(n-1)S^2}{\sigma^2} < \chi^2_{(n-1,\ \alpha/2)}\right)$$

$$= P\left(\frac{(n-1)S^2}{\chi^2_{(n-1,\ \alpha/2)}} < \sigma^2 < \frac{(n-1)S^2}{\chi^2_{(n-1,\ 1-\alpha/2)}}\right)$$

즉 $\sigma^2$에 대한 $100(1-\alpha)\%$ 신뢰구간은 $\left(\dfrac{(n-1)S^2}{\chi^2_{(n-1,\ \alpha/2)}},\ \dfrac{(n-1)S^2}{\chi^2_{(n-1,\ 1-\alpha/2)}}\right)$이 된다.

---

정규모집단의 분산 $\sigma^2$에 대한 $100(1-\alpha)\%$ 신뢰구간

$$\left(\frac{(n-1)S^2}{\chi^2_{(n-1,\ \alpha/2)}},\ \frac{(n-1)S^2}{\chi^2_{(n-1,\ 1-\alpha/2)}}\right)$$

---

**예 8-12** ▶

K제약회사에서 두통약을 개발하였다. 이 약의 효과를 알아보기 위해 두통 환자 10명을 임의로 선정하여 두통약을 복용하게 한 후 두통 억제 시간을 측정하였다.

**표 8-4  두통 억제 시간**                                     (단위 : 분)

| 66 | 37 | 18 | 31 | 85 | 63 | 73 | 83 | 65 | 80 |
|----|----|----|----|----|----|----|----|----|----|

두통 억제 시간이 정규분포할 때, 모분산에 대한 99%의 신뢰구간을 계산하라.

**답**

두통 억제 시간에 대한 10개의 관측값과 자유도 $n-1=9$를 이용하여 통계량을 계산하면

$$\overline{X}=60.1, \ S^2=4926.9/9$$

가 된다. 이 통계량의 값들을 정규모집단의 분산에 대한 신뢰구간 공식에 대입하면

$$\frac{4926.9}{23.589} < \sigma^2 < \frac{4926.9}{1.735}$$

$$208.86 < \sigma^2 < 2839.71$$

이 된다. 따라서 모분산에 대한 99%의 신뢰구간은 (208.86, 2839.71)이다.

 **요약**

현실 경영·경제 현상에 대해 통계분석을 할 때는 모집단의 특성을 모르는 경우가 대부분으로 표본의 특성분석을 통하여 모집단의 특성을 추론하게 된다. 이처럼 표본 통계량을 계산하여 모집단의 모수를 추론하는 것이 추리통계학이다. 추리통계학에는 추정과 가설검정이 있으며, 추정은 표본 통계량에 근거하여 모집단의 모수를 추론하는 것이다. 추정량은 표본정보를 이용하여 알지 못하는 모수의 참값을 추정하는 방법이며 추정값은 수치로 계산된 추정량의 값이다. 또한 추정은 모수를 하나의 값으로 추정하는 점추정과 모수의 참값이 포함되는 범위 혹은 구간을 추정하는 구간추정으로 구분된다.

바람직한 추정량의 기준으로 추정량의 기댓값이 모수와 일치하는 특성인 불편성, 분산이 작은 불편추정량이 더 효율적인 효율성, 표본크기가 무한히 증가할 때 추정량이 모수에 근접하려는 특성인 일치성을 고려한다.

$t$-분포는 종 모양을 하며 평균 0을 중심으로 좌우대칭을 이룬다는 점이 표준정규분포와 유사하나 $t$-분포는 표준정규분포보다 더 퍼져 있어서 표준정규분포보다 더 큰 분산을 가지며 분포의 모양은 $\chi^2$-분포처럼 자유도에 의해 결정된다.

연구 목적에 따라 오차를 $\alpha$로 설정하여 모수 $\theta$가 포함될 가능성이 $100(1-\alpha)$%인 구간을 결정하면 이러한 구간을 $100(1-\alpha)$%의 신뢰구간이라고 한다. 이때 $100(1-\alpha)$%를 신뢰수준 혹은 신뢰도라고 한다.

$\mu$에 대한 $100(1-\alpha)$% 신뢰구간

$\sigma^2$을 앎

$$\overline{X} \pm z_{\alpha/2}\frac{\sigma}{\sqrt{n}} = \left(\overline{X} - z_{\alpha/2}\frac{\sigma}{\sqrt{n}}, \ \overline{X} + z_{\alpha/2}\frac{\sigma}{\sqrt{n}}\right)$$

$\sigma^2$을 모르며 $n$이 충분히 큼

$$\overline{X} \pm z_{\alpha/2}\frac{S}{\sqrt{n}} = \left(\overline{X} - z_{\alpha/2}\frac{S}{\sqrt{n}}, \ \overline{X} + z_{\alpha/2}\frac{S}{\sqrt{n}}\right)$$

$\sigma^2$을 모르며 $n$이 충분히 크지 않음

$$\overline{X} \pm t_{(n-1,\,\alpha/2)}\frac{S}{\sqrt{n}} = \left(\overline{X} - t_{(n-1,\,\alpha/2)}\frac{S}{\sqrt{n}}, \ \overline{X} + t_{(n-1,\,\alpha/2)}\frac{S}{\sqrt{n}}\right)$$

$p$에 대한 $100(1-\alpha)$%신뢰구간 : 표본 크기가 충분히 클 때

$$\hat{p} \pm z_{\alpha/2}\sqrt{\frac{\hat{p}(1-\hat{p})}{n}} = \left(\hat{p} - z_{\alpha/2}\sqrt{\frac{\hat{p}(1-\hat{p})}{n}}, \ \hat{p} + z_{\alpha/2}\sqrt{\frac{\hat{p}(1-\hat{p})}{n}}\right)$$

정규모집단의 분산 $\sigma^2$에 대한 $100(1-\alpha)$% 신뢰구간

$$\left(\frac{(n-1)S^2}{\chi^2_{(n-1,\,\alpha/2)}}, \ \frac{(n-1)S^2}{\chi^2_{(n-1,\,1-\alpha/2)}}\right)$$

## 주요 용어

**구간추정**(interval estimation)　모수의 값이 빈번히 포함되는 구간을 추정하는 방법

**구간추정 오차한계**(margin of error)　신뢰구간추정에서 모수와 신뢰구간의 끝(상한 혹은 하한) 사이의 최대치

**불편성**(unbiasedness)　추정량의 기댓값이 모수와 일치하는 특성

**신뢰구간**(confidence interval)　모수 $\theta$가 포함될 가능성이 $100(1-\alpha)$%인 구간

**신뢰수준**(confidence level)　$100(1-a)$%를 신뢰수준이라 함

**일치성**(consistency)　표본크기가 무한히 증가할 때 추정량이 모수에 근접하려는 특성

**점추정**(point estimation)　모수를 하나의 값으로 추정하는 방법

**추정**(estimation)　표본 통계량에 근거하여 모집단의 모수를 추론하는 것

**추정값**(estimate)　수치로 계산된 추정량의 값

**추정량**(estimator)　표본정보를 이용하여 알지 못하는 모수의 참값을 추정하는 방법

**편의**(bias)　추정량의 기댓값과 모수의 차이

**평균제곱오차**(mean squared error)　$MSE(\theta) = E[(\hat{\theta} - \theta)^2]$

**효율성**(efficiency)  분산이 작은 불편추정량이 더 효율적

***t*-분포**(Student's t-distribution)  종 모양을 하며 평균 0을 중심으로 좌우대칭을 이룬다는 점이 표준정규분포와 유사하나 *t*-분포는 표준정규분포보다 더 퍼져 있어서 표준정규분포보다 더 큰 분산을 가지며 분포의 모양은 $\chi^2$-분포처럼 자유도에 의해 결정된다.

## 연습문제

1. 추정량과 추정값을 현실적인 예를 들어 설명해 보라.

2. 바람직한 추정량의 대표적 기준인 불편성, 효율성, 일치성에 관해 설명해 보라.

3. 한 벤처기업에서는 신기술 개발로 매출이 계속 증가하여 모든 사원이 몇 개월째 정상 근무시간 외에 초과 근무를 하고 있다. 이 기업의 사원 중 10명을 임의로 선정하여 지난달 초과 근무시간을 조사하였더니 다음과 같았다.

초과 근무시간 (단위 : 시간)

| 22 | 16 | 12 | 28 | 36 | 18 | 11 | 43 | 27 | 21 |
|----|----|----|----|----|----|----|----|----|----|

   1) 이 표본의 평균, 분산, 표준편차를 계산하라. 그리고 지난달에 초과 근무시간이 20시간 보다 적은 사원의 표본비율을 계산하라.

   2) 앞에서 사용한 추정량들 중 불편추정량은 무엇인가?

   3) 표본평균의 분산을 추정하여 점추정 값을 계산하라.

4. 평균 $\mu$와 표준편차 $\sigma$를 갖는 모집단으로부터 추출된 임의표본이 두 관측값 $(x_1, x_2)$를 갖는다고 가정하자. 모평균 $\mu$를 추정하기 위한 두 가지 점추정량은 각각 다음과 같다.

$$\hat{\mu}_1 = \frac{3x_1 + 2x_2}{5}, \quad \hat{\mu}_2 = \frac{3x_1 + x_2}{4}$$

   1) $\hat{\mu}_1$과 $\hat{\mu}_2$은 불편추정량인가?

   2) $\hat{\mu}_1$과 $\hat{\mu}_2$ 중 더 효율적인 추정량은 무엇인가?

   3) 표본평균이 $\hat{\mu}_1$과 $\hat{\mu}_2$보다 더 효율적임을 보여라.

5. 확률극한의 중요한 특성으로 $n \to \infty$일 때 추정량 $\hat{\theta}$의 평균과 분산이 각각 $E(\hat{\theta}) \to \theta$이고 $Var(\hat{\theta}) \to 0$이면 $plim\hat{\theta} = \theta$가 된다는 사실을 들 수 있다. 이 특성을 이용하여 표본분산 $S^2$이 일치추정량임을 보여라(힌트 : $S^2$의 분산은 $\frac{2}{n-1}\sigma^4$이다).

6. VIVA 신용카드 회사는 수도권과 비수도권에 거주하는 카드 소유자들을 대상으로 평균 카드 소유 기간에 대해 추정하기로 하였다. 수도권에 거주하는 카드 소유자들의 카드 소유 기간의 표준편차는 8개월이며, 비수도권에 거주하는 카드 소유자들의 카드 소유 기간의 표준편차는 4.8개월이다.

   1) 비수도권에 거주하는 카드 소유자 중 100명을 임의로 선정하였으며 이 표본의 평균은

27개월이었다. 모평균에 대한 82% 신뢰구간을 구하라.

2) 수도권에 거주하는 VIVA 카드 소유자 중 100명을 임의로 선정하였으며 이 표본의 평균은 35개월이었다. 이 정보에 근거하여 모평균에 대한 신뢰구간을 계산해 보니 (34개월, 36개월)이었다면, 이 구간의 신뢰수준은 얼마이겠는가?

7. 어떤 기업의 제품을 구입한 소비자 중 제품광고를 보고 구입한 소비자의 모비율에 대한 90% 신뢰구간을 구한 예 8-10에서 80%, 95%, 99%의 신뢰구간을 계산하여 신뢰수준이 높아짐에 따라 신뢰구간의 길이가 어떻게 변하는지 살펴보라.

8. 건설교통부는 21세기의 국토를 '기회와 희망의 국토'로 재창조한다는 국토종합계획 시안을 발표하였으며, 이 계획안의 특징 중 하나는 투자자유지역의 지정이다. 정부는 이 국토개발계획안의 국민 지지도에 대해 여론조사를 하고자 한다.

1) 국민 중 임의로 300명을 추출하였더니 174명이 국토개발계획안에 찬성한다고 하였다. 국민 중에서 이 계획안에 찬성하는 비율에 대한 90% 신뢰구간을 구하라.

2) 국토개발계획안에 찬성하는 모비율에 대한 92% 신뢰구간의 길이가 0.12를 넘지 않도록 하기 위해서는 최소한 표본크기를 얼마로 해야 하는가?

9. 대학 농구팀에서 활약하는 5명의 선수를 임의로 선정하여 경기당 평균 득점을 조사해 보니 24, 20, 30, 35, 10이었다. 대학 농구팀에서 활약하는 모든 선수의 경기당 평균 득점은 정규분포한다고 하자.

1) 대학 농구선수들의 경기당 평균 득점에 대한 모평균과 표준편차의 추정값을 계산하라.

2) 대학 농구선수들의 경기당 평균 득점에 대한 모집단 평균의 90% 신뢰구간을 구하라.

3) 대학 농구선수들의 경기당 평균 득점에 대한 모집단 분산의 95% 신뢰구간을 구하라.

10. 신라경제신문사의 편집국에서는 경제신문 구독자들을 대상으로 경제 관련 논설을 읽는 데 매일 소비하는 시간이 얼마나 되는지 알고자 한다. 따라서 경제신문 구독자 중 100명을 임의로 선정하여 경제 관련 논설을 읽는 데 소비하는 시간을 조사하여 다음과 같은 표본자료를 얻었다.

논설을 읽는 데 소비하는 시간       (단위 : 분)

| 17 | 17 | 13 | 12 | 15 | 14 | 19 | 13 | 14 | 19 | 17 | 18 | 15 | 19 | 13 | 14 | 17 | 18 | 10 | 16 |
|----|----|----|----|----|----|----|----|----|----|----|----|----|----|----|----|----|----|----|----|
| 18 | 20 | 15 | 14 | 14 | 15 | 20 | 13 | 14 | 12 | 15 | 15 | 13 | 16 | 13 | 18 | 17 | 10 | 13 | 17 |
| 12 | 17 | 16 | 16 | 13 | 14 | 14 | 15 | 13 | 14 | 14 | 13 | 16 | 16 | 14 | 15 | 18 | 13 | 18 | 11 |
| 13 | 9  | 13 | 16 | 18 | 18 | 11 | 16 | 14 | 16 | 14 | 11 | 13 | 18 | 16 | 14 | 17 | 19 | 14 | 18 |
| 18 | 16 | 14 | 15 | 15 | 14 | 13 | 9  | 15 | 19 | 17 | 15 | 16 | 15 | 11 | 17 | 15 | 14 | 16 | 14 |

1) 경제신문 구독자들이 경제 관련 논설을 읽는 데 소비하는 평균 시간에 대한 99% 신뢰구간을 계산하라.

2) 경제신문 구독자들이 경제 관련 논설을 읽는 데 소비하는 시간이 정규분포한다고 가정하고, 모분산에 대한 95% 신뢰구간을 계산하라.

**기출문제**

1. (2019년 사회조사분석사 2급) 어떤 도시의 특정 정당 지지율을 추정하고자 한다. 지지율에 대한 90% 추정오차한계를 5% 이내가 되도록 하기 위한 최소 표본의 크기는? (단, $Z$가 표준정규분포를 따르는 확률변수일 때 $P(Z \leq 1.645) = 0.95$, $P(Z \leq 1.96) = 0.975$, $P(Z \leq 2.576) = 0.995$이다.)

   ① 68　　　　② 271

   ③ 385　　　　④ 664

2. (2019년 사회조사분석사 2급) 통계조사 시 한 가구를 조사하는 데 걸리는 시간을 측정하기 위하여 64가구를 임의 추출하여 조사한 결과 평균 소요시간이 30분, 표준편차가 5분이었다. 한 가구를 조사하는 데 소요되는 평균시간에 대한 95%의 신뢰구간 하한과 상한은 각각 얼마인가? (단, $z_{0.025} = 1.96$, $z_{0.05} = 1.645$)

   ① [28.8, 31.2]　　　　② [28.4, 31.6]

   ③ [29.0, 31.0]　　　　④ [28.5, 31.5]

3. (2018년 사회조사분석사 2급) 정규분포를 따르는 모집단으로부터 10개의 표본을 임의추출한 모평균에 대한 95% 신뢰구간은 (74.76, 165.24)이다. 이때 모평균의 추정치와 추정량의 표준오차는? (단, $t$가 자유도 9인 $t$-분포를 따르는 확률변수일 때, $P(t > 2.262) = 0.025$이다.)

   ① 90.48, 20　　　　② 90.48, 40

   ③ 120, 20　　　　④ 120, 40

4. (2018년 사회조사분석사 2급) 343명의 대학생을 랜덤하게 뽑아서 조사한 결과 110명의 학생이 흡연 경험이 있었다. 대학생 중 흡연 경험자 비율에 대한 95% 신뢰구간을 구한 것으로 옳은 것은? (단, $z_{0.025} = 1.96$, $z_{0.05} = 1.645$, $z_{0.1} = 1.282$)

   ① 0.256 < p < 0.386　　　　② 0.279 < p < 0.362

   ③ 0.271 < p < 0.370　　　　④ 0.262 < p < 0.379

5. (2017년 사회조사분석사 2급) 모평균 $\mu$에 대한 구간추정에서 95% 신뢰수준(confidence level)을 갖는 신뢰구간이 100 ± 5라고 할 때, 신뢰수준 95%의 의미는?

   ① 구간추정치가 맞을 확률이다.

   ② 모평균의 추정치가 100 ± 5내에 있을 확률이다.

   ③ 모평균의 구간추정치가 95%로 같다.

   ④ 동일한 추정방법을 사용하여 신뢰구간을 100회 반복하여 추정한다면, 95회 정도는 추정신뢰구간이 모평균을 포함한다.

6. (2019년 9급 공개채용 통계학개론) 어느 보험회사에서 도시 근로자의 평균 나이($\mu$)를 추정하기 위하여 64명을 임의로 추출하여 조사하였다. 64명 도시 근로자의 평균나이가 36.38이고 표준편차가 11.07일 때, 모평균 $\mu$에 대한 95% 신뢰구간은? (단, 표준정규분포

를 따르는 확률변수 $Z$에 대하여 $P(Z \geq 1.96) = 0.025$, $P(Z \geq 1.645) = 0.05$이다)

① $\left( 36.38 - 1.96 \times \dfrac{11.07}{8}, \ 36.38 + 1.96 \times \dfrac{11.07}{8} \right)$

② $\left( 36.38 - 1.96 \times \dfrac{11.07}{64}, \ 36.38 + 1.96 \times \dfrac{11.07}{64} \right)$

③ $\left( 36.38 - 1.645 \times \dfrac{11.07}{8}, \ 36.38 + 1.645 \times \dfrac{11.07}{8} \right)$

④ $\left( 36.38 - 1.645 \times \dfrac{11.07}{64}, \ 36.38 + 1.645 \times \dfrac{11.07}{64} \right)$

7. (2015년 9급 공개채용 통계학개론) 평균이 $\mu$이고 분산이 4인 정규모집단에서 $\mu$에 대한 95% 신뢰구간을 추정하고자 한다. 크기가 16과 64인 임의표본(random sample)으로부터 추정된 신뢰구간의 길이를 각각 A와 B라고 할 때, B/A의 값은?

① 1/4          ② 1/2

③ 2           ④ 4

8. (2019년 7급 공개채용 통계학) 여론조사 회사에서 어떤 사항에 대한 국민의 찬성 비율 $p$를 알아보기 위해 전화 설문 조사를 무작위로 실시하려고 한다. 96% 신뢰수준에서 모든 $p$에 대한 추정량의 오차한계를 0.05 이내로 하는 최소 표본의 크기 $n$을 구하는 부등식은? (단, $z_\alpha$는 표준정규분포의 $100 \times (1-\alpha)$ 백분위수를 나타내고, $z_{0.04} = 1.75$, $z_{0.02} = 2.05$이고, 모집단의 크기는 충분히 크다)

① $n \geq \left( \dfrac{1.75}{0.05} \right)^2 \dfrac{1}{2}$      ② $n \geq \left( \dfrac{1.75}{0.05} \right)^2 \dfrac{1}{4}$

③ $n \geq \left( \dfrac{2.05}{0.05} \right)^2 \dfrac{1}{2}$      ④ $n \geq \left( \dfrac{2.05}{0.05} \right)^2 \dfrac{1}{4}$

9. (2017년 7급 공개채용 통계학) 어느 학급의 영어 성적이 정규분포를 따른다고 할 때, 크기가 9인 임의표본에서 계산된 모평균의 95% 신뢰구간 길이는 2였다. 신뢰구간의 길이를 0.5 이하가 되도록 하기 위한 최소 표본크기는? (단, 모분산은 알려져 있다)

① 36          ② 64

③ 100         ④ 144

10. (2013년 7급 공개채용 통계학) 어느 지역의 초등학생 키는 정규분포를 따르고, 이 지역 초등학생 100명을 임의 추출하여 조사한 키의 표본평균과 표본표준편차는 각각 140cm와 15cm였다. 이 지역 초등학생 키의 모평균에 대한 95% 신뢰구간은? (단 $z_\alpha$는 표준정규분포의 $(1-\alpha) \times 100$번째 백분위수를 나타낸다)

① $140 \pm z_{0.025} \times \dfrac{15}{\sqrt{100}}$

② $140 \pm z_{0.05} \times \dfrac{15}{\sqrt{100}}$

③ $140 \pm z_{0.025} \times 15$

④ $140 \pm z_{0.05} \times 15$

11. (2013년 5급(행정) 공개채용 2차 통계학) 어느 지방 세무서에서는 관할 지역에 있는 편의점들의 하루 평균 매출액에 대하여 알아보고자 한다. 표준정규분포를 따르는 확률변수 $Z$에 대한 $P(Z>1.96)=0.025$, $P(Z>1.645)=0.05$를 이용하여, 다음 물음에 답하시오.

1) 하루 평균 매출액의 95% 신뢰구간의 길이가 30만 원을 넘지 않기 위해서 몇 개의 편의점을 대상으로 조사를 해야 하는지 계산하시오. (단, 과거의 조사로부터 표준편차는 60만 원이라고 가정한다)

2) 1)에서 구한 수를 $n$이라 할 때, 임의로 뽑은 $n$개의 편의점을 대상으로 매출액을 조사한 후 하루 평균 매출액의 95% 신뢰구간을 구하였더니 (125만 원, 155만 원)이었다. 이때 '관할 지역에 있는 편의점들의 하루 평균 매출액이 (125만 원, 155만 원)에 포함될 확률이 95%다.'라는 주장이 옳은지 그른지 판단하고 그 이유를 기술하시오.

12. (2014년 입법고시 2차 통계학) A지역단체장이 제안한 새로운 지역개발 계획에 대한 지역 주민의 지지율을 알아보기 위하여 한 여론조사업체가 유선전화를 통하여 표본을 추출하려 한다. 이때 추출된 표본은 모두 지지 여부에 대한 응답을 한다고 하자. 95% 신뢰수준(confidence level)에서 지역 주민의 지지율을 허용오차(allowable error) $\pm3.92\%$ 이내에서 얻기 위한 적정 표본크기 결정방법에 대하여 논하고 표본의 크기를 구하라. (여기서, $Z \sim N(0,1)$이면, $P(Z>z_\alpha)=\alpha$에서 $z_{0.05}=1.645$, $z_{0.025}=1.96$이다.)

# 2020 버거노믹스

출처 : 셔터스톡

영국에서 발행하는 경제 주간지 *The Economist*는 1986년부터 맥도날드 햄버거 회사에서 전 세계적으로 판매하는 빅맥의 가격을 '**빅맥지수(Big Mac Index)**'라 하여 매년 한 번씩 발표하고 있다. 이 빅맥지수의 구성은 다음과 같이 단순하게 이루어져 있다.

- 미국 내 빅맥의 가격
- 각국에서 판매되는 빅맥의 가격
- 대 달러환율

**버거노믹스(햄버거 경제학, Burgernomics)**라고 불리기도 하는 빅맥지수는 일물일가의 법칙과 절대적 구매력 평가설(purchasing power parity, ppp)에 근거한다. 즉, 기본적으로 완전 개방에 가까운 개방경제에서 동일 상품이나 서비스에 대한 가치는 전 세계 어느 국가에서나 같아야 한다. 또한 세계 거의 모든 국가에서 판매되는 동질의 상품으로 가장 적합한 상품은 빅맥이며, 그 가격을 각국의 화폐로 평가하여 서로 비교하면 각국의 구매력 혹은 적정 환율을 도출할 수 있다는 개념이다.

예를 들어, 사례자료 8 햄버거 표준가격에서 2020년 빅맥의 가격은 미국에서 5.67달러, 한국에서 4,500원(달러 가격=3.89)이므로 서울에서 달러가 가지는 구매력은 달러당 4,500/5.67=794(원/달러)가 되지만 실제 환율은 1,156(원/달러)이므로 빅맥지수 기준으로 원화가 실제보다 낮게 평가되고 있음을 의미한다. 그리고 원화 가치의 과소평가 정도를 자세히 살펴보면 현지 통화가치가 −31%[=(794−1,156)/1,156×100]로 실제보다 31% 정도 낮게 평가되고 있음을 의미한다.

빅맥을 판매하는 전 세계 118개 이상의 국가 중 56개국을 선정한 국가별 빅맥 가격을 사례자료 8에 나타냈다.

- 달러 가격을 기준으로 전 세계 빅맥의 평균 가격에 대한 95% 신뢰구간을 구해보자.
- 이번에는 90%, 80% 신뢰구간을 구해보고 신뢰수준이 감소하면서 신뢰구간의 길이가 어떻게 변하는지 설명해 보자.
- 빅맥지수 기준으로 전 세계 국가 중 현지 화폐가치가 낮게 평가되고 있는 국가의 모비율을 추정해 보자.
- 빅맥지수 기준으로 전 세계 국가 중 현지 화폐가치가 낮게 평가되고 있는 국가의 모비율에 대한 90% 신뢰구간을 계산해 보자.

**사례자료 8  빅맥 햄버거 표준가격(2020)**

| 국가 | 빅맥 가격 | | ppp 환율 | 실제 환율 | 현지 통화가치 (%) |
|---|---|---|---|---|---|
| | 현지 통화 | 달러 가격 | | | |
| 미국 | $ | 5.67 | $5.67 | – | – | – |
| AUE | Dirhams | 14.75 | $4.02 | 2.60 | 3.67 | −29 |
| 아르헨티나 | Peso | 171.00 | $2.85 | 30.16 | 60.07 | −50 |
| 오스트레일리아 | A$ | 6.45 | $4.45 | 1.14 | 1.45 | −21 |
| 아제르바이잔 | Manat | 3.95 | $2.33 | 0.70 | 1.70 | −59 |
| 바레인 | BD | 1.40 | $3.71 | 0.25 | 0.38 | −35 |
| 브라질 | Real | 19.90 | $4.80 | 3.51 | 4.14 | −15 |
| 캐나다 | C$ | 6.77 | $5.18 | 1.19 | 1.31 | −9 |
| 스위스 | SFr | 6.50 | $6.71 | 1.15 | 0.97 | 18 |
| 칠레 | Peso | 2640.00 | $3.42 | 465.61 | 772.74 | −40 |
| 중국 | Yuan | 21.50 | $3.12 | 3.79 | 6.89 | −45 |
| 콜롬비아 | Peso | 11900.00 | $3.62 | 2098.77 | 3287.63 | −36 |
| 코스타리카 | Coloners | 2350.00 | $4.12 | 414.46 | 569.97 | −27 |
| 체코 | Koruna | 85.00 | $3.76 | 14.99 | 22.63 | −34 |
| 덴마크 | DKr | 30.00 | $4.46 | 5.29 | 6.72 | −21 |
| 이집트 | Pound | 42.00 | $2.64 | 7.41 | 15.88 | −53 |
| 유로 지역 | € | 4.12 | $4.58 | 0.73 | 0.90 | −19 |
| 영국 | £ | 3.39 | $4.41 | 0.60 | 0.77 | −22 |
| 과테말라 | quetzal | 25.00 | $3.24 | 4.41 | 7.71 | −43 |
| 홍콩 | HK$ | 20.50 | $2.64 | 3.62 | 7.78 | −54 |
| 온두라스 | lempira | 87.00 | $3.53 | 15.34 | 24.65 | −38 |
| 크로아티아 | kuna | 22.00 | $3.29 | 3.88 | 6.70 | −42 |
| 헝가리 | Forint | 900.00 | $3.01 | 158.73 | 298.75 | −47 |
| 인도네시아 | Rupiah | 33000.00 | $2.41 | 5820.11 | 13670.00 | −57 |
| 인도 | Shekel | 188.00 | $2.65 | 33.16 | 70.88 | −53 |
| 이스라엘 | Shekel | 17.00 | $4.91 | 3.00 | 3.46 | −13 |
| 요르단 | dirham | 2.30 | $3.24 | 0.41 | 0.71 | −43 |
| 일본 | ¥ | 390.00 | $3.54 | 68.78 | 110.04 | −37 |
| 한국 | Won | 4500.00 | $3.89 | 793.65 | 1156.10 | −31 |
| 쿠웨이트 | Dinar | 1.10 | $3.63 | 0.19 | 0.30 | −36 |
| 레바논 | L£ | 6500.00 | $4.29 | 1146.38 | 1514.00 | −24 |
| 스리랑카 | Rupee | 580.00 | $3.20 | 102.29 | 181.45 | −44 |
| 몰도바 | Leo | 45.00 | $2.58 | 7.94 | 17.42 | −54 |
| 멕시코 | Peso | 50.00 | $2.66 | 8.82 | 18.82 | −53 |
| 말레이시아 | Ringgit | 9.50 | $2.33 | 1.68 | 4.07 | −59 |
| 니카라과 | córdoba | 120.00 | $3.54 | 21.16 | 33.88 | −38 |

**사례자료 8 빅맥 햄버거 표준가격(2020)(계속)**

| 국가 | 빅맥 가격 | | ppp 환율 | 실제 환율 | 현지 통화가치 (%) |
|---|---|---|---|---|---|
| | 현지 통화 | 달러 가격 | | | |
| 노르웨이 | Kroner | 53.00 | $5.97 | 9.35 | 8.88 | 5 |
| 뉴질랜드 | NZ$ | 6.50 | $4.29 | 1.15 | 1.51 | −24 |
| 오만 | Riyal | 1.16 | $3.00 | 0.20 | 0.39 | −47 |
| 파키스탄 | Rupee | 520.00 | $3.36 | 91.71 | 154.88 | −41 |
| 페루 | New Sol | 11.90 | $3.58 | 2.10 | 3.33 | −37 |
| 필리핀 | Peso | 142.00 | $2.81 | 25.04 | 50.58 | −50 |
| 폴란드 | Zloty | 11.00 | $2.90 | 1.94 | 3.80 | −49 |
| 카타르 | Riyal | 13.00 | $3.57 | 2.29 | 3.64 | −37 |
| 루마니아 | leu | 9.50 | $2.21 | 1.68 | 4.30 | −61 |
| 러시아 | Rouble | 135.00 | $2.20 | 23.81 | 61.43 | −61 |
| 사우디아라비아 | Riyal | 13.00 | $3.47 | 2.29 | 3.75 | −39 |
| 싱가포르 | S$ | 5.90 | $4.38 | 1.04 | 1.35 | −23 |
| 스웨덴 | SKr | 51.50 | $5.44 | 9.08 | 9.46 | −4 |
| 태국 | Baht | 115.00 | $3.80 | 20.28 | 30.28 | −33 |
| 터키 | Lire | 12.99 | $2.21 | 2.29 | 5.88 | −61 |
| 대만 | NT$ | 72.00 | $2.41 | 12.70 | 29.88 | −58 |
| 우크라이나 | Hryvnia | 57.00 | $2.38 | 10.05 | 23.99 | −58 |
| 우루과이 | Peso | 179.00 | $4.78 | 31.57 | 37.44 | −16 |
| 베트남 | VDong | 66000.00 | $2.85 | 11640.21 | 23176.00 | −50 |
| 남아프리카 | Rand | 31.00 | $2.15 | 5.47 | 14.39 | −62 |

출처 : *The Economist*

**사례분석 8**

## 신뢰구간 추정과 ETEX

### 1. 빅맥 평균 가격에 대한 신뢰구간 추정

모분산 $\sigma^2$을 모르며 표본크기 $n$이 충분히 크다면[3] 모평균 $\mu$에 대한 $100(1-\alpha)\%$ 신뢰구간은 다음과 같이 계산할 수 있다.

$$\overline{X} \pm z_{\alpha/2}\frac{S}{\sqrt{n}} = \left(\overline{X} - z_{\alpha/2}\frac{S}{\sqrt{n}},\ \overline{X} + z_{\alpha/2}\frac{S}{\sqrt{n}}\right)$$

사례자료 8은 ▩ 사례분석08.xlsx 파일에 저장되어 있으며, 엑셀의 추가기능 소프트웨어인 ETEX를 이용하면 빅맥 평균 가격에 대한 신뢰구간을 쉽게 구할 수 있다. 그림 1과 같이 엑셀의 메뉴 표시줄에 있는 **추가기능** 탭의 **ETEX** 메뉴 버튼을 선택하면 ETEX의 메뉴 창이 열리게 되고 **신뢰구간/가설검정 → 신뢰구간**을 차례로 선택한다. 이 **신뢰구간**은 주어진 표본자료 혹은 입력정보를 이용하여 모평균, 모비율, 모분산의 $100(1-\alpha)\%$ 신뢰구간을 계산해준다.

| | B | C | D | E | F |
|---|---|---|---|---|---|
| | 통화가격 | 달러가격 | ppp환율 | 실제환율 | 현지통화가치 |
| | 5.67 | $5.67 | | | |
| | 14.75 | $4.02 | 2.60 | 3.67 | -29 |
| | 171.00 | $2.85 | 30.16 | 60.07 | -50 |
| | 6.45 | $4.45 | 1.14 | 1.45 | -21 |
| | 3.95 | $2.33 | 0.70 | 1.70 | -59 |
| | 1.40 | $3.71 | 0.25 | 0.38 | -35 |
| | 19.90 | $4.80 | 3.51 | 4.14 | -15 |
| 9 캐나다 | 6.77 | $5.18 | 1.19 | 1.31 | -9 |
| 10 스위스 | 6.50 | $6.71 | 1.15 | 0.97 | 18 |
| 11 칠레 | 2640.00 | $3.42 | 465.61 | 772.74 | -40 |
| 12 중국 | 21.50 | $3.12 | 3.79 | 6.89 | -45 |
| 13 콜롬비아 | 11900.00 | $3.62 | 2098.77 | 3287.63 | -36 |

**그림 1** ETEX의 '신뢰구간' 선택 경로

ETEX의 **신뢰구간** 기능을 이용하여 달러 가격을 기준으로 빅맥의 평균 가격에 대한 95% 신뢰구간을 구해보자. **신뢰구간** 대화상자가 열리면 빅맥의 달러 가격이 입력된 범위를 자료 범위로 선택하고 유의수준 $\alpha$는 0.05를, 신뢰구간을 추정할 모수 선택 옵션은 **모집단 평균**을 선택한 후 **실행** 버튼을 클릭한다.

---

[3] 이 사례분석에서 $n$=56으로 30보다 크므로 표본크기는 충분히 크다고 볼 수 있다.

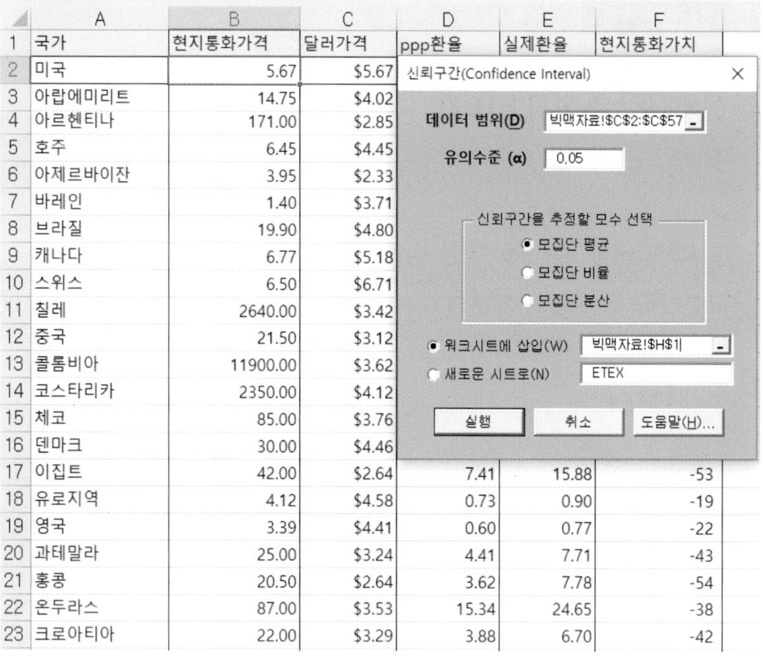

| | A | B | C | D | E | F |
|---|---|---|---|---|---|---|
| 1 | 국가 | 현지통화가격 | 달러가격 | ppp환율 | 실제환율 | 현지통화가치 |
| 2 | 미국 | 5.67 | $5.67 | | | |
| 3 | 아랍에미리트 | 14.75 | $4.02 | | | |
| 4 | 아르헨티나 | 171.00 | $2.85 | | | |
| 5 | 호주 | 6.45 | $4.45 | | | |
| 6 | 아제르바이잔 | 3.95 | $2.33 | | | |
| 7 | 바레인 | 1.40 | $3.71 | | | |
| 8 | 브라질 | 19.90 | $4.80 | | | |
| 9 | 캐나다 | 6.77 | $5.18 | | | |
| 10 | 스위스 | 6.50 | $6.71 | | | |
| 11 | 칠레 | 2640.00 | $3.42 | | | |
| 12 | 중국 | 21.50 | $3.12 | | | |
| 13 | 콜롬비아 | 11900.00 | $3.62 | | | |
| 14 | 코스타리카 | 2350.00 | $4.12 | | | |
| 15 | 체코 | 85.00 | $3.76 | | | |
| 16 | 덴마크 | 30.00 | $4.46 | | | |
| 17 | 이집트 | 42.00 | $2.64 | 7.41 | 15.88 | -53 |
| 18 | 유로지역 | 4.12 | $4.58 | 0.73 | 0.90 | -19 |
| 19 | 영국 | 3.39 | $4.41 | 0.60 | 0.77 | -22 |
| 20 | 과테말라 | 25.00 | $3.24 | 4.41 | 7.71 | -43 |
| 21 | 홍콩 | 20.50 | $2.64 | 3.62 | 7.78 | -54 |
| 22 | 온두라스 | 87.00 | $3.53 | 15.34 | 24.65 | -38 |
| 23 | 크로아티아 | 22.00 | $3.29 | 3.88 | 6.70 | -42 |

신뢰구간(Confidence Interval)

데이터 범위(D) 빅맥자료!$C$2:$C$57

유의수준 (α) 0.05

신뢰구간을 추정할 모수 선택
● 모집단 평균
○ 모집단 비율
○ 모집단 분산

● 워크시트에 삽입(W) 빅맥자료!$H$1
○ 새로운 시트로(N) ETEX

실행  취소  도움말(H)...

**그림 2** '신뢰구간' 대화상자

| | A | B | C | D | E | F | G | H | I | J | K |
|---|---|---|---|---|---|---|---|---|---|---|---|
| 1 | 국가 | 현지통화가격 | 달러가격 | ppp환율 | 실제환율 | 현지통화가치 | | 표본평균 | 표준편차 | 95% 하한 | 95% 상한 |
| 2 | 미국 | 5.67 | $5.67 | | | | | 3.5751697 | 1.0381737 | 3.3032604 | 3.847079 |
| 3 | 아랍에미리트 | 14.75 | $4.02 | 2.60 | 3.67 | -29 | | | | | |
| 4 | 아르헨티나 | 171.00 | $2.85 | 30.16 | 60.07 | -50 | | 표본평균 | 표준편차 | 90% 하한 | 90% 상한 |
| 5 | 호주 | 6.45 | $4.45 | 1.14 | 1.45 | -21 | | 3.5751697 | 1.0381737 | 3.3469762 | 3.8033632 |
| 6 | 아제르바이잔 | 3.95 | $2.33 | 0.70 | 1.70 | -59 | | | | | |
| 7 | 바레인 | 1.40 | $3.71 | 0.25 | 0.38 | -35 | | 표본평균 | 표준편차 | 80% 하한 | 80% 상한 |
| 8 | 브라질 | 19.90 | $4.80 | 3.51 | 4.14 | -15 | | 3.5751697 | 1.0381737 | 3.3973777 | 3.7529616 |
| 9 | 캐나다 | 6.77 | $5.18 | 1.19 | 1.31 | -9 | | | | | |
| 10 | 스위스 | 6.50 | $6.71 | 1.15 | 0.97 | 18 | | | | | |
| 11 | 칠레 | 2640.00 | $3.42 | 465.61 | 772.74 | -40 | | | | | |
| 12 | 중국 | 21.50 | $3.12 | 3.79 | 6.89 | -45 | | | | | |
| 13 | 콜롬비아 | 11900.00 | $3.62 | 2098.77 | 3287.63 | -36 | | | | | |

**그림 3** 신뢰구간 추정 결과

계산 결과에 의하면 표본평균은 $\overline{X}=3.5752$, 표본 표준편차는 $S=1.0382$이며 빅맥의 평균 가격에 대한 95% 신뢰구간은 (3.3033, 3.8471)이다. 또한 빅맥의 평균 가격에 대한 90% 신뢰구간은 (3.3470, 3.8034), 80% 신뢰구간은 (3.3974, 3.7530)으로 신뢰수준이 감소하면서 신뢰구간의 길이가 짧아짐을 알 수 있다.

## 2. 현지 화폐가치가 낮게 평가되고 있는 국가의 모비율에 대한 신뢰구간 추정

현지 통화가치가 (−)인 국가의 수를 구한 다음 미국을 제외한 총 국가 수로 나누면 화폐가치가 낮게 평가되고 있는 국가의 모비율을 추정할 수 있다. 이 모비율은 앞 장에서 설명한 ETEX의 **도수분포**를 이용하여 계산할 수 있다. ETEX의 메뉴에서 **확률함수/임의수 → 도수분포**를 차례로 선택한 후 나타난 **도수(Frequency)분포 구하기** 대화상자에 그림 4처럼 필요한 정보를 입력하고 **실행** 버튼을 클릭한다. 여기서 계급구간 범위로 0을 입력하면 $-\infty \leq$ 계급구간

<0으로 설정되므로 옵션에서 도수를 선택할 경우 현지 통화가치가 (−)인 국가 수를 구하고 상대도수를 선택할 경우 현지 통화가치가 (−)인 국가 수의 비율을 구하게 된다.

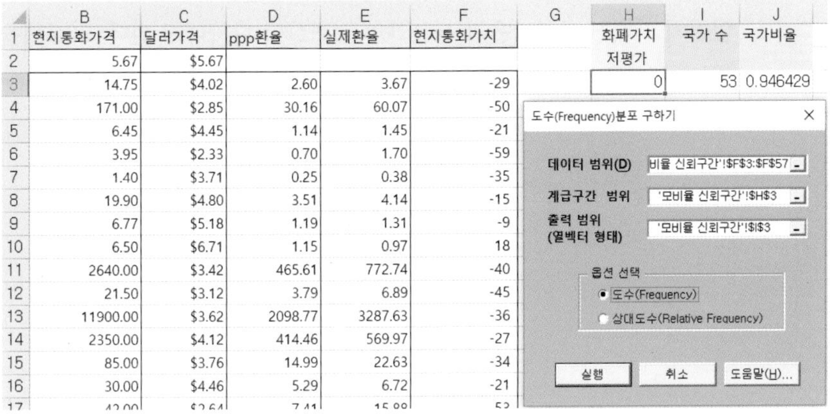

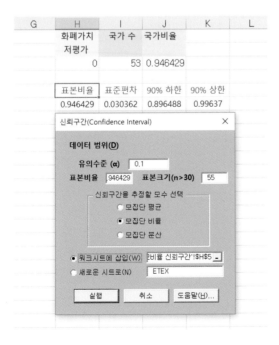

**그림 4** ETEX의 '도수분포'를 이용하여 현지 통화가치가 (−)인 국가 수와 비율 계산

모비율에 $p$에 대한 $100(1-\alpha)\%$ 신뢰구간(표본크기가 충분히 클 때)은 다음과 같이 계산할 수 있다.

$$\hat{p}\pm z_{\alpha/2}\sqrt{\frac{\hat{p}(1-\hat{p})}{n}}=\left(\hat{p}-z_{\alpha/2}\sqrt{\frac{\hat{p}(1-\hat{p})}{n}}\ ,\ \hat{p}+z_{\alpha/2}\sqrt{\frac{\hat{p}(1-\hat{p})}{n}}\ \right)$$

**그림 5** 모비율에 대한 90% 신뢰구간 추정

이 모비율에 대한 신뢰구간 계산도 ETEX의 신뢰구간 기능을 이용할 수 있다. 이제 화폐가치가 낮게 평가되고 있는 국가의 모비율에 대한 90% 신뢰구간을 계산하기 위해 그림 5와 같이 필요한 정보를 입력한다. 여기서 모수 옵션으로 모집단 비율을 선택하면 자료 범위 입력란은 없어지고 대신 표본비율과 표본크기 입력란이 나타나게 된다. 표본비율은 0.946429, 표본크기는 55(미국 제외), 유의수준 0.1을 입력하면 화폐가치가 낮게 평가되고 있는 국가의 모비율에 대한 90% 신뢰구간 (0.8965, 0.9964)가 추정된다.

# R을 이용한 신뢰구간 추정

이번 사례분석을 수행하기 위해 사례자료 8은 R로 불러오자. 자료는 █ 사례분석08.txt에 텍스트 형식으로 저장되어 있으며 다음과 같은 코드를 통해 **bigmac** 객체에 할당할 수 있다.

```
bigmac = read.table(file = "C:/Users/경영경제통계학/사례분석08.txt",
        sep =" ", header = T)      # 자료 불러오기
head(bigmac, n = 5)
```

**코드 1** 자료를 R로 불러오기

```
Console ~/ 
> head(bigmac, n = 5)
      국가 현지통화가격 달러가격 ppp환율 실제환율 현지통화가치
1       미국         5.67 5.670000     NA       NA         NA
2 아랍에미리트        14.75 4.015627   2.60     3.67        -29
3   아르헨티나       171.00 2.846887  30.16    60.07        -50
4       호주         6.45 4.451145   1.14     1.45        -21
5 아제르바이잔        3.95 2.328323   0.70     1.70        -59
> 
```

**그림 6** 코드 1의 실행 결과

그림 6을 보면 미국의 ppp 환율과 실제 환율 등이 **NA**로 표현되었는데 이는 해당 자료가 없어 결측치로 표현된 것이다.

## 1. 빅맥 평균 가격에 대한 신뢰구간 추정

모분산 $\sigma^2$을 모르며 표본크기 $n$이 충분히 크다면[4] 모평균 $\mu$에 대한 $100(1-\alpha)\%$ 신뢰구간은 다음과 같이 계산할 수 있다.

$$\overline{X} \pm z_{\alpha/2}\frac{S}{\sqrt{n}} = \left(\overline{X} - z_{\alpha/2}\frac{S}{\sqrt{n}}, \ \overline{X} + z_{\alpha/2}\frac{S}{\sqrt{n}}\right)$$

R에서는 다음과 같은 코드를 통해 신뢰구간을 추정할 수 있다.

```
n = nrow(bigmac) # 표본의 개수
mu = mean(bigmac[,2]) # 평균 계산
```

---

[4] 이 사례분석에서 $n$=56으로 30보다 크므로 표본크기는 충분히 크다고 볼 수 있다.

std = sd(bigmac[,2]) # 표준편차 계산

err = qnorm(0.975, m = 0, sd = 1)*std/sqrt(n) # 구간 계산

upp = mu + err

low = mu − err

low ; upp #신뢰구간

**코드 2** 빅맥 평균 가격에 대한 95% 신뢰구간 추정

여기서 **sd()** 함수는 표본표준편차를 계산해주는 함수로 해당 데이터를 벡터 형식으로 입력한다. **qnorm()** 함수는 입력한 누적확률을 확률변수로 반환해주는 함수이며, 인수로 확률, 평균, 표준편차를 입력하여 출력할 수 있다. 예를 들어 95% 신뢰구간 대신 80% 신뢰구간을 계산하고 싶으면 **qnorm(0.9, m = 0, sd = 1)**을 사용하면 된다. 그리고 다음 그림을 통해 빅맥 평균 가격에 대한 95% 신뢰구간이 (3.3033, 3.8471)로 계산되었음을 알 수 있다.

```
Console  ~/
> n = nrow(bigmac) # 표본의 개수
> mu = mean(bigmac[,3]) # 평균 계산
> std = sd(bigmac[,3]) # 표준편차계산
> err = qnorm(0.975, m = 0 , sd = 1) *std/sqrt(n) #구간 계산
> upp = mu + err
> low = mu - err
> low ; upp #신뢰구간
[1] 3.30326
[1] 3.847079
>
```

**그림 7** 빅맥 평균 가격에 대한 95% 신뢰구간 추정 결과

## 2. 현지 화폐가치가 낮게 평가되고 있는 국가의 모비율에 대한 신뢰구간 추정

현지 통화가치가 (−)인 국가의 수를 구한 다음 미국을 제외한 총 국가 수로 나누면 화폐가치가 낮게 평가되고 있는 국가의 모비율을 추정할 수 있다. 모비율 $p$에 대한 $100(1-\alpha)\%$ 신뢰구간(표본크기가 충분히 클 때)은 다음과 같이 계산할 수 있다.

$$\hat{p} \pm z_{\alpha/2}\sqrt{\frac{\hat{p}(1-\hat{p})}{n}} = \left(\hat{p} - z_{\alpha/2}\sqrt{\frac{\hat{p}(1-\hat{p})}{n}}, \hat{p} + z_{\alpha/2}\sqrt{\frac{\hat{p}(1-\hat{p})}{n}}\right)$$

R에서 90% 신뢰구간을 구하려면 다음과 같은 코드를 작성한다.

phat = sum(bigmac[−1,6] ⟨ 0) / length(bigmac[,6]) # 표본비율 계산

q = 1 − phat # 나머지 확률 계산

n = 55 # 표본 수(미국 제외)

err = qnorm(0.95, m = 0, sd = 1)*sqrt((phat*q)/n) # 구간 계산

phat − err #하한

phat + err #상한

**코드 3**  모비율에 대한 90% 신뢰구간 추정

현지 통화가치의 평가는 bigmac 객체의 여섯 번째 열에 기록되어 있으므로 **bigmac[,6]**으로 추출할 수 있다. 표본비율은 0.946429, 표본크기는 55(미국 제외), 유의수준 0.1로 정하게 되면 화폐가치가 낮게 평가되고 있는 국가의 모비율에 대한 90% 신뢰구간으로 (0.8965, 0.9964)가 추정된다.

```
Console ~/
> phat = sum(bigmac[-1,6] < 0) / length(bigmac[,6]) # 표본비율 계산
> q = 1 - phat # 나머지 확률 계산
> n = 55 # 표본 수(미국제외)
> err = qnorm(0.95, m = 0, sd = 1)*sqrt((phat*q)/n) # 구간 계산
> phat - err #하한
[1] 0.8964877
> phat + err #상한
[1] 0.9963695
>
```

**그림 8**  모비율에 대한 90% 신뢰구간 추정 결과

# 9

# 가설검정

과학으로서 통계학의 중요성은 추출된 표본자료에 근거한 모집단 특성의 추론에 있으며, 이 추론 방법은 앞에서 지적한 바와 같이 크게 추정과 가설검정으로 나눌 수 있다. 표본자료를 이용하여 알지 못하는 모수를 추정하는 방법에 대해서는 앞 장에서 상세히 다루었으며, 이 장에서는 조사자가 갖는 모집단에 대한 추측 또는 주장의 타당성 여부를 표본정보에 의해 판단하는 가설검정의 개념과 방법에 대해 알아보기로 하자.

경영 · 경제에서 가설검정을 활용하는 예는 다음과 같다.

- 전기자동차에 대한 수요가 급격히 증가하면서 리튬이온배터리 생산이 함께 증가하고 있다. 한 2차 전지 생산회사에서는 기존 리튬이온배터리보다 충전 시간이 훨씬 짧은 초고속 충전 리튬이온배터리를 개발하였으며 불량률이 0.5%를 넘지 않는다고 한다. 이 리튬이온배터리를 구매하려는 자동차 회사는 불량률이 0.5%를 넘지 않는다는 리튬이온배터리 생산회사 측의 주장이 과연 타당한지 판정하기를 원할 것이다.
- 한 환경전문가는 도시 거주민들의 평균 생활 폐기물량이 지방 거주민들의 평균 생활 폐

기물량보다 더 많아서 1인당 1일 평균 생활폐기물은 1kg이라고 예상한다. 그래서 정부는 도시 거주민들의 1인당 1일 평균 생활 폐기물량이 1kg이라는 예상을 확인하고 싶어 한다.

- 한 이동통신 회사의 통계자료에 의하면 고객들의 평균 데이터 사용량은 6기가바이트였다. 그런데 이 통신 회사는 5G 스마트폰이 일반화되면 고객들의 평균 데이터 사용량이 최소 9기가바이트로 상승하여 매출이 증가할 것으로 예상한다. 따라서 이 통신 회사는 5G 스마트폰의 확대로 평균 데이터 사용량이 9기가바이트보다 많아진다는 가설에 관심이 있다.

이런 예를 통해 알 수 있는 것처럼 경영·경제 관련자들은 흔히 모집단 모수에 대한 가설을 설정하고 모집단으로부터 표본을 추출하여 표본정보를 얻은 후 이러한 가설의 타당성 여부를 입증하게 된다. 모집단의 특성을 대표하는 모수에 관한 주장이나 예상을 통계학에서는 가설(hypothesis)이라고 하며, 이 가설의 타당성 여부를 검토하는 통계적 방법을 가설검정(hypothesis testing)이라고 한다.

# 제1절 가설검정의 개념

가설검정의 개념은 앞 장에서 설명한 신뢰구간 추정의 개념과 유사하다. 주어진 유의수준에서 모수가 포함될 범위를 구하는 것이 신뢰구간 추정이었다면, 주어진 유의수준에서 추측 혹은 주장된 모수의 값이 신뢰구간에 포함되는지를 가리는 것이 가설검정이다. 가설검정 과정을 단계별로 살펴보고 이와 관련된 개념들을 알아보자.

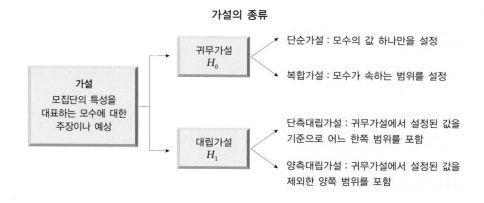

**가설의 종류**

가설검정의 첫 번째 단계는 관심의 대상이 되는 모수의 값에 대해 가설을 세우는 일이다. 이처럼 세워진 가설은 잘못되었다는 충분한 증거가 제시되기 전까지 참(true)으로 받아들여지므로 귀무가설(null hypothesis)이라 하고 $H_0$로 표기한다. 앞의 예에서 "초고속 충전 리튬이온배터리의 불량률이 0.5%를 넘지 않는다.", "도시 거주민들의 1인당 1일 평균 생활 폐기물량은 1kg이다.", "고객들의 평균 데이터 사용량이 최소 9기가바이트보다 많아진다."는 주장이나 예상은 귀무가설에 해당된다. 귀무가설이 잘못되었다는 충분한 증거에 의해 귀무가설을 기각할 때 받아들이는 가설은 대립가설(alternative hypothesis)이라 하며 $H_1$ 혹은 $H_A$로 표기한다. "초고속 충전 리튬이온배터리의 불량률이 0.5%를 넘지 않는다."라는 귀무가설의 대립가설은 "초고속 충전 리튬이온배터리의 불량률이 0.5%를 넘는다."가 될 것이다. 그러나 "도시 거주민들의 1인당 1일 평균 생활 폐기물량은 1kg이다."라는 귀무가설에 대한 대립가설로는 다음 세 가지가 가능할 수 있다.

- 도시 거주민들의 1인당 1일 평균 생활 폐기물량은 1kg이 아니다.
- 도시 거주민들의 1인당 1일 평균 생활 폐기물량은 1kg보다 많다.
- 도시 거주민들의 1인당 1일 평균 생활 폐기물량은 1kg보다 적다.

귀무가설은 단순가설(simple hypothesis)과 복합가설(composite hypothesis)로 구분되는데, 관심의 대상이 되는 모수의 값 하나만을 설정하는 경우 단순가설이라고 하며, 모수가 속하는 범위를 설정하는 경우 복합가설이라고 한다. 앞의 귀무가설에서 "초고속 충전 리튬이온배터리의 불량률이 0.5%를 넘지 않는다."는 복합가설에 해당하며, "도시 거주민들의 1인당 1일 평균 생활 폐기물량은 1kg이다."라는 단순가설에 해당된다.

대립가설은 단측대립가설(one-sided alternative hypothesis)과 양측대립가설(two-sided alternative hypothesis)로 구분될 수 있다. "도시 거주민들의 1인당 1일 평균 생활 폐기물량은 1kg보다 많다."와 "도시 거주민들의 1인당 1일 평균 생활 폐기물량은 1kg보다 적다."와 같이 귀무가설에서 설정된 값을 기준으로 어느 한쪽에 위치하는 모든 값을 포함하는 대립가설은 단측대립가설이며, "도시 거주민들의 1인당 1일 평균 생활 폐기물량은 1kg이 아니다."와 같이 귀무가설에서 설정된 값을 제외한 양쪽의 모든 값을 포함하는 대립가설은 양측대립가설이다.

관심의 대상이 되는 모수인 모평균, 모분산, 모비율 등을 $\theta$로 나타내기로 하자.

**귀무가설**

설정된 가설이 잘못되었다는 충분한 증거가 제시되기 전까지 참으로 받아들여지는 가설

**대립가설**

귀무가설이 잘못되었다는 충분한 증거로 귀무가설을 기각할 때 받아들이는 가설

**단측대립가설**

귀무가설에서 설정된 값을 기준으로 어느 한쪽에 있는 모든 값을 포함하는 대립가설

**양측대립가설**

귀무가설에서 설정된 값을 기준으로 양쪽에 있는 모든 값을 포함하는 대립가설

**가설검정의 유형**

1. 양측검정 $H_0 : \theta = \theta_0$

   $H_1 : \theta \neq \theta_0$

2. 단측검정 ① $H_0 : \theta = \theta_0$ 또는 $\theta \leq \theta_0$

   $H_1 : \theta > \theta_0$

   ② $H_0 : \theta = \theta_0$ 또는 $\theta \geq \theta_0$

   $H_1 : \theta < \theta_0$

귀무가설과 대립가설이 설정되고 표본정보를 가지고 있으면 귀무가설의 타당성 여부에 관한 결정이 내려지게 된다. 가능한 결정은 귀무가설을 채택하는 경우와 대립가설이 더욱 타당하다고 판단되어 귀무가설을 기각하는 경우 중 하나가 될 것이다. 이처럼 표본정보에 근거하여 두 가지 결정 중 하나를 택하는 기준을 결정규칙(decision rule)이라고 한다.

모집단 모수를 알지 못하여 표본정보를 이용해야 하는 가설검정에서 어떤 규칙이 적용되든지 잘못된 결론을 내릴 가능성은 항상 존재한다. 이런 오류는 제1종 오류(type I error)와 제2종 오류(type II error)로 구별될 수 있다. 귀무가설이 참일 때 귀무가설을 기각하는 오류를 제1종 오류라 하며, 이 오류의 발생확률은 $\alpha$로 표시하고 $\alpha$ 위험($\alpha$ risk) 혹은 가설검정의 유의수준(significance level)이라고 한다. 귀무가설이 거짓일 때 귀무가설을 채택하는 오류를 제2종 오류라 하며, 이 오류의 발생확률은 $\beta$로 나타내고 $\beta$ 위험($\beta$ risk)이라고 한다. 또한 거짓 귀무가설을 기각할 확률 $1-\beta$를 가설검정의 검정력(power)이라고 한다.

**표 9-1  귀무가설에 대한 판정과 오류**

| 검정 결과 | 실제 | |
|---|---|---|
| | $H_0$가 참 | $H_0$가 거짓 |
| 채택 | 옳은 결정<br>확률$=1-\alpha$ | 제2종 오류<br>확률$=\beta$ ($\beta$ 위험) |
| 기각 | 제1종 오류<br>확률$=\alpha$ (유의수준) | 옳은 결정<br>확률$=1-\beta$ (검정력) |

귀무가설과 대립가설 중 어떤 것을 선택하든지 오류가 발생할 가능성은 언제나 존재하지만 바람직한 선택은 발생확률 $\alpha$와 $\beta$를 동시에 낮추는 것이다. 그러나 표본크기와 검정 방법이 일정하다면 $\alpha$와 $\beta$는 서로 역의 관계를 가져 $\alpha$의 감소(증가)는 $\beta$의 증가(감소)를 유도하기 때문에 $\alpha$와 $\beta$를 동시에 줄일 수 없게 된다. 두 가지 오류를 동시에 줄일 수 있는 좋은 방법은

표본크기를 늘리는 것이다. 그러나 대부분의 경우 표본크기가 고정된 상태에서 가설검정을 해야 하므로 두 가지 오류를 모두 통제할 수 없게 되어 두 가지 오류 중 하나만을 통제해야 한다. 일반적으로 가설검정에서 제1종 오류가 제2종 오류보다 더 심각하다고 여기고 $\alpha$ 위험을 통제하게 된다. $\alpha$ 위험 통제는 가설검정의 유의수준 결정을 의미하며, 일반적으로 가설검정에서 $\alpha=0.01$, $0.05$, $0.10$ 등으로 정한다.

가설검정의 목적은 귀무가설의 타당성 여부 판단에 있는데, 이 결정의 기준이 되는 표본통계량을 검정통계량(test statistic)이라고 한다. 검정통계량은 검정하려는 모수에 대한 통계량으로부터 유도되며 대부분의 검정통계량은 다음과 같이 계산된다.

$$\text{검정통계량} = \frac{\text{표본 통계량} - \text{귀무가설에서 설정된 모숫값}}{\text{표본 통계량의 표준오차}}$$

예를 들어 모평균에 대해 가설검정을 한다면 검정통계량은 모평균에 대한 통계량인 표본평균 $\overline{X}$의 관측값 $\bar{x}$로부터 다음과 같이 구할 수 있다.

$$Z = \frac{\bar{x} - \mu_0}{\sigma / \sqrt{n}}$$

이처럼 표본에서 계산된 검정통계량이 가설로 설정된 모집단의 특성과 현저한(significant) 차이가 있으면 모수에 대해 설정한 귀무가설을 기각하게 된다. 이때 현저한 차이를 판단하게 해 주는 기준값을 임곗값(critical value)이라고 한다. 즉 임곗값은 주어진 유의수준에서 귀무가설을 채택하거나 기각하는 의사결정을 할 때 검정통계량과 비교의 기준이 되는 값이다.

---

**결정규칙**

표본정보에 근거하여 귀무가설을 채택하는 경우와 대립가설이 더욱 타당하다고 판단되어 귀무가설을 기각하는 경우 중 하나를 결정하는 기준

**제1종 오류**

귀무가설이 참일 때 귀무가설을 기각하는 오류

**제2종 오류**

귀무가설이 거짓일 때 귀무가설을 채택하는 오류

**$\alpha$ 위험 혹은 유의수준**

제1종 오류의 발생확률

$\alpha = P(\text{제1종 오류}) = P(H_0\text{를 기각} \mid H_0\text{가 참})$

**$\beta$ 위험**

제2종 오류의 발생확률

$\beta = P(\text{제2종 오류}) = P(H_0\text{를 채택} \mid H_0\text{가 거짓})$

**검정력**

거짓 귀무가설을 기각할 확률$(1-\beta)$

**검정통계량**

귀무가설의 타당성 여부를 결정하는 기준이 되는 표본 통계량

**임곗값**

주어진 유의수준에서 귀무가설을 채택하거나 기각하는 의사결정을 할 때 검정통계량과의 비교기준이 되는 값

**그림 9-1**

가설검정 오류와 검정력

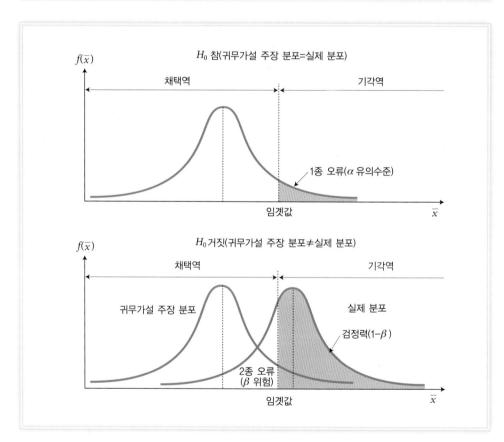

**그림 9-2**

가설검정 과정

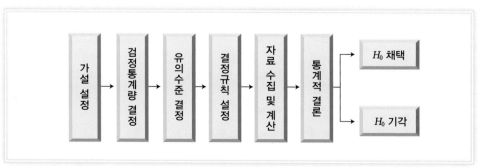

**통계의 이해와 활용**

## 재판 오류의 양면성

출처 : 셔터스톡

가설은 '만약 ~이면, ~일 것이다'의 형식으로 표현되는 확인되지 않은 추측이나 주장을 의미한다. 이 가설이 수학, 통계 등 다양한 과학적 수단에 의해 사실로 확인되면 '이론(theory)'으로 정립될 수 있다. 본문에서 이 가설을 검정하는 과정에서 발생할 수 있는 오류로 제1종 오류(귀무가설이 참일 때 귀무가설을 기각하는 오류)와 제2종 오류(귀무가설이 거짓일 때 귀무가설을 채택하는 오류)에 관해 설명하였다.

현실에서도 이와 유사한 오류가 빈번히 발생하고 있으며, 대표적인 실례로 범죄 용의자에 대한 재판의 결과를 들 수 있다. 범죄 용의자에 대한 재판에서 실제로 죄가 없는 사람에게 유죄 판결을 내리는 오류(제1종 오류에 해당)와 유죄인 사람에게 무죄판결을 내리는 오류(제2종 오류에 해당)이다. 여기서 무죄인 사람을 유죄판결하는 오류와 유죄인 사람을 무죄판결하는 오류는 서로 별개의 영역인가? 다음 그림에서 알 수 있는 것처럼 사실 두 오류는 절충(trade off)으로 인해 어느 한쪽을 줄이기 위해 판결 기준을 엄격하게 하거나 느슨하게 하는 것은 다른 한쪽의 오류 발생을 증가시켜 궁극적으로 전체적인 오류를 줄이는 데 아무런 도움이 되지 않는다.

비록 판결의 기준과 무관하게 전체적인 판결 오류는 일정하지만 무죄인 사람을 유죄판결하는 오류가 사회적으로 더 심각하다고 간주하기 때문에 대륙법 체재의 재판 과정은 심문 방식(inquisitorial system)을 따른다. 이는 판사가 범죄 용의자를 무죄라고 간주하고 재판을 진행함으로써 무죄인 사람을 유죄 판결하게 되는 오류를 줄이려는 의도이다.

### 재판 오류의 양면성과 발생확률

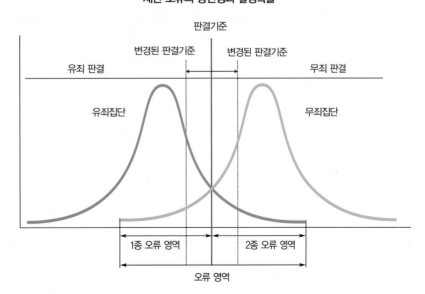

## 제2절 정규모집단 평균에 대한 가설검정

### 1. 모분산을 아는 경우

모평균에 대한 가설검정을 위해 모집단이 정규분포하며 모분산을 안다고 가정하자. 물론 표본의 크기가 충분히 크다면 이런 가정은 필요 없게 된다. 모평균이 특정 값과 동일하다는 단순귀무가설

$$H_0 : \mu = \mu_0$$

를 검정하는 방법에 대해 살펴보자. 이 귀무가설이 잘못되었을 때 받아들이게 되는 대립가설로 모평균이 특정 값보다 크다고 설정하자.

$$H_1 : \mu > \mu_0$$

이 가설검정의 경우 참인 귀무가설을 기각하는 확률인 유의수준 $\alpha$를 정하고 그 수준에서 $\beta$를 최소화하는 결정규칙을 선택한다. 즉 확률변수

$$Z = \frac{\bar{x} - \mu_0}{\sigma / \sqrt{n}}$$

가 표준정규분포한다는 사실을 이용하여 주어진 유의수준에서 검정통계량이 어떤 영역에 속하면 귀무가설을 기각하게 되는데, 이 영역을 기각영역 혹은 기각역(rejection region)이라 한다. 귀무가설이 참이라면 $\mu = \mu_0$이고, $(\bar{x} - \mu)/(\sigma / \sqrt{n})$가 표준정규분포하므로 귀무가설하에 $(\bar{x} - \mu_0)/(\sigma / \sqrt{n})$도 정규분포하게 된다.

만일 계산된 표본평균이 $\mu_0$보다 훨씬 크면 귀무가설이 거짓일 확률은 매우 높아져 귀무가설이 타당하지 못하다고 여기게 될 것이다. 다시 말해 위의 가설검정에서 $\bar{X}$의 관측값 $\bar{x}$가 임곗값 $\bar{x}_U$보다 크면 귀무가설을 기각하게 될 것이며, 이 기각역은 다음과 같이 결정될 수 있다.

$$\bar{x}가 \bar{x}_U 보다 크면 H_0를 기각$$

따라서 귀무가설의 기각 여부는 표본평균 $\bar{X}$의 관측값 $\bar{x}$에 의해 결정된다. 그런데 제1종 오류를 통제하기 위해서는 유의수준 $\alpha$가 미리 정해져야 하므로

$$\alpha = P(H_0를 \ 기각 \mid H_0가 \ 참)$$
$$= P(\bar{x} > \bar{x}_U \mid H_0가 \ 참)$$

을 만족해야 한다. 여기서 $\bar{x}$를 통계량 $(\bar{x} - \mu_0)/(\sigma / \sqrt{n})$으로 변형하면 표준정규확률분포를 이용한 기각역을 정할 수 있다.

$$\alpha = P\left( \frac{\bar{x} - \mu_0}{\sigma / \sqrt{n}} > \frac{\bar{x}_U - \mu_0}{\sigma / \sqrt{n}} \ \middle| \ H_0가 \ 참 \right)$$
$$= P(Z > z_\alpha \mid H_0가 \ 참)$$

따라서 다음과 같은 결정규칙이 설정될 수 있다.

$$\frac{\bar{x}-\mu_0}{\sigma/\sqrt{n}} > z_\alpha \text{이면 } H_0 \text{를 기각}$$

혹은

$$\bar{x} > \mu_0 + z_\alpha(\sigma/\sqrt{n}) \text{이면 } H_0 \text{를 기각}$$

**그림 9-3**

$\bar{X}$의 **표본분포 및**
**Z분포와**
**기각역 : 단측검정**

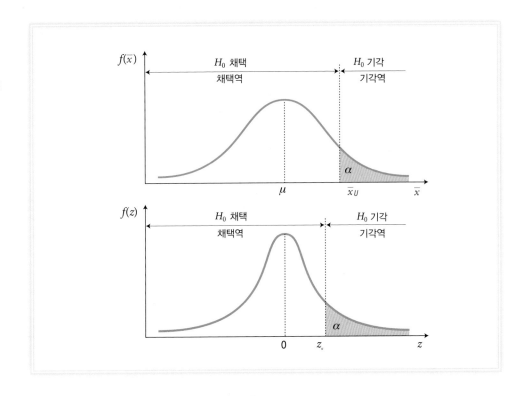

한편, 귀무가설이 잘못되었다면 받아들이는 대립가설 $H_1 : \mu > \mu_0$ 대신 $H_1 : \mu < \mu_0$를 설정하면 $\bar{x}$가 $\mu_0$보다 훨씬 작을 때 귀무가설을 기각하게 될 것이다. 이 경우도 $\bar{X}$ 및 $Z$의 분포에서 유의수준 $\alpha$를 만족하는 기각역을 결정할 수 있다.

$$\bar{x} \text{가 } \bar{x}_L \text{보다 작으면 } H_0 \text{를 기각}$$

앞의 경우처럼 결정규칙을 유도하면 다음과 같다.

$$\frac{\bar{x}-\mu_0}{\sigma/\sqrt{n}} < -z_\alpha \text{이면 } H_0 \text{를 기각}$$

혹은

$$\bar{x} < \mu_0 - z_\alpha \sigma/\sqrt{n} \text{이면 } H_0 \text{를 기각}$$

이처럼 단측대립가설을 설정하여 기각역이 확률분포의 한쪽에만 해당하는 검정을 단측검정(one-sided test)이라고 하며, 다음에 논의하는 것처럼 양측대립가설을 설정하여 기각역이 확률분포의 양쪽에 해당하는 검정은 양측검정(two-sided test)이라고 한다. 단측대립가설 대신 양측대립가설 $H_1 : \mu \neq \mu_0$를 설정하면 $\bar{x}$가 $\mu_0$보다 매우 크거나 매우 작을 때 귀무가설을 기각하게 될 것이다. 이 경우 기각역이 확률분포 양쪽으로 나뉘게 되어 단측검정보다 다소 복잡해진다.

$$\bar{x}가 \bar{x}_U보다 크거나 \bar{x}_L보다 작으면 H_0를 기각$$

유의수준 $\alpha$가 정해지면

$$\alpha = P(\bar{x} > \bar{x}_U \text{ 혹은 } \bar{x} < \bar{x}_L \mid H_0가 \text{ 참})$$
$$= P(\bar{x} > \bar{x}_U \mid H_0가 \text{ 참}) + P(\bar{x} < \bar{x}_L \mid H_0가 \text{ 참})$$

$\bar{x}$를 통계량 $(\bar{x} - \mu_0)/(\sigma/\sqrt{n})$으로 전환하면

$$\alpha = P\left( \frac{\bar{x} - \mu_0}{\sigma/\sqrt{n}} > \frac{\bar{x}_U - \mu_0}{\sigma/\sqrt{n}} \mid H_0가 \text{ 참}\right) + P\left( \frac{\bar{x} - \mu_0}{\sigma/\sqrt{n}} < \frac{\bar{x}_L - \mu_0}{\sigma/\sqrt{n}} \mid H_0가 \text{ 참}\right)$$
$$= P(Z > z_{\alpha/2} \mid H_0가 \text{ 참}) + P(Z < -z_{\alpha/2} \mid H_0가 \text{ 참})$$

따라서 양측검정의 경우 결정규칙은 다음과 같다.

**그림 9-4**

$\bar{X}$의 표본분포
및 Z분포와
기각역 : 양측검정

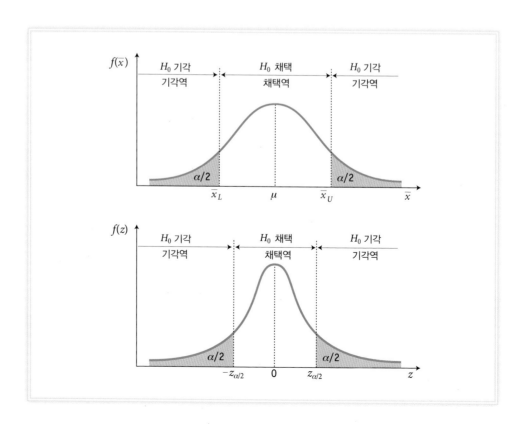

$$\frac{\bar{x}-\mu_0}{\sigma/\sqrt{n}} > z_{\alpha/2}$$ 이거나 $$\frac{\bar{x}-\mu_0}{\sigma/\sqrt{n}} < -z_{\alpha/2}$$ 이면 $H_0$를 기각

혹은

$$\bar{x} > \mu_0 + z_{\alpha/2}\sigma/\sqrt{n}$$ 이거나 $$\bar{x} < \mu_0 - z_{\alpha/2}\sigma/\sqrt{n}$$ 이면 $H_0$를 기각

---

**정규분포하는 모집단평균의 가설검정 : 모분산을 아는 경우**

표본평균의 값은 $\bar{x}$이며 가설검정의 유의수준은 $\alpha$이다.

1. 가설 설정 $H_0 : \mu = \mu_0$, $H_1 : \mu > \mu_0$

   검정통계량 $Z = \dfrac{\bar{x}-\mu_0}{\sigma/\sqrt{n}}$

   결정규칙 – 검정통계량이 임곗값 $z_\alpha$보다 크면 $H_0$를 기각

2. 가설 설정 $H_0 : \mu = \mu_0$, $H_1 : \mu < \mu_0$

   검정통계량 $Z = \dfrac{\bar{x}-\mu_0}{\sigma/\sqrt{n}}$

   결정규칙 – 검정통계량이 임곗값 $-z_\alpha$보다 작으면 $H_0$를 기각

3. 가설 설정 $H_0 : \mu = \mu_0$, $H_1 : \mu \neq \mu_0$

   검정통계량 $Z = \dfrac{\bar{x}-\mu_0}{\sigma/\sqrt{n}}$

   결정규칙 – 검정통계량이 임곗값 $z_{\alpha/2}$보다 크거나 $-z_{\alpha/2}$보다 작으면 $H_0$를 기각

   자주 사용하는 임곗값 : $z_{0.10} = 1.283$, $z_{0.05} = 1.645$, $z_{0.025} = 1.960$, $z_{0.01} = 2.326$

---

앞에서 살펴본 것처럼 가설검정은 검정하고자 하는 이론을 귀무가설과 대립가설로 정식화한 후에 적절한 검정통계량과 기각역을 결정하여 귀무가설의 타당성 여부를 판단하게 된다. 물론 기각역은 주어진 유의수준 $\alpha$와 검정통계량의 확률분포에 따라 결정된다. 여기서 중요한 사실은 귀무가설하에서의 검정통계량의 확률분포를 이용한다는 것이다. 그 이유는 유의수준 $\alpha$가 귀무가설이 참일 때 검정통계량이 분포의 평균에서 멀리 떨어져서 발생할 확률을 나타내기 때문이다. 따라서 가설검정 과정에서 가장 중요한 것은 귀무가설이 참일 경우 검정통계량의 확률분포이다.

**예 9-1** ▶

앞의 생활폐기물의 예에서 언급한 도시 거주민들의 1인당 생활 폐기물량은 정규분포하며 표준편차는 0.5kg이라고 가정하자. 도시 거주민들의 평균 생활 폐기물량이 1kg이라는 가설을 검정하기 위해 도시 거주민 중 20명을 임의로 선정하여 1인당 1일 생활 폐기물량을 조사해 보니 표본평균이 1.3kg이었다.

- "1인당 1일 생활 폐기물량은 1kg이 아니다."라는 대립가설을 세우고 5%의 유의수준에서 가설검정을 하라.
- "1인당 1일 생활 폐기물량은 1kg을 넘는다."라는 대립가설을 세우고 5%의 유의수준에서 가설검정을 하라.

## 답

- 이 문제에서 가설검정의 대상은 모평균이며 1인당 1일 생활 폐기물량이 1kg이라는 가설을 기각하거나 채택할 수 있는 충분한 통계적 증거를 얻어야 할 것이다. 가설은 다음과 같이 설정된다.

$$H_0 : \mu = 1,\ H_1 : \mu \neq 1$$

주어진 정보 $\bar{x} = 1.3$, $\mu_0 = 1$, $\sigma = 0.5$, $n = 20$을 이용하여 검정통계량을 계산하면

$$\frac{\bar{x} - \mu_0}{\sigma/\sqrt{n}} = \frac{1.3 - 1}{0.5/\sqrt{20}} = 2.6833$$

이 된다. 5%의 유의수준에서 양측검정의 경우 $\alpha/2 = 0.025$이므로 임곗값은 $z_{0.025} = 1.96$이다. $(\bar{x} - \mu_0)/(\sigma/\sqrt{n}) = 2.6833 > z_{0.025} = 1.96$이므로 검정통계량이 $z_{\alpha/2}$보다 크거나 $-z_{\alpha/2}$보다 작으면 $H_0$를 기각하는 결정규칙에 따라 $H_0$를 기각한다. 즉 통계적 유의성을 가지고 도시민들의 1인당 1일 평균 생활 폐기물량은 1kg이 아니라고 할 수 있다.

- $H_0 : \mu = 1,\ H_1 : \mu > 1$

  검정통계량은 2.6833으로 같지만 단측검정의 경우 $\alpha = 0.05$로 임곗값이 $z_{0.05} = 1.645$가 된다. $2.6833 > 1.645$이므로 검정통계량이 $z_\alpha$보다 크면 결정규칙에 따라 $H_0$를 기각한다. 따라서 5%의 유의수준에서 도시민들의 1인당 1일 평균 생활 폐기물량은 1kg을 넘는다고 주장할 수 있다.

## 2. 모분산을 모르는 경우

### 1) 대표본의 경우

모분산을 아는 경우의 가설검정에 대하여 살펴보았으나 현실적으로는 모분산 $\sigma^2$을 모르고 가설검정을 하는 경우가 대부분이다. 그런데 표본의 크기가 충분히 크면 모분산 $\sigma^2$을 몰라도 표본분산 $S^2$을 대신 사용할 수 있으며, 모집단의 정규분포 여부와 관계없이 중심극한정리(CLT)에 의해 표본평균의 표본분포도 정규분포에 근접하게 된다. 따라서 모집단의 정규분포 여부와 관계없이 검정통계량은

$$Z = \frac{\bar{x} - \mu_0}{S/\sqrt{n}}$$

표준정규분포하게 되며 검정 절차는 모분산을 아는 경우와 동일하다.

예 9-2 ▶

금융전문가들은 우리나라 금융기관들의 평균 배당률이 10%라고 예상한다. 이 예상이 타당한지 알아보기 위해 금융기관 40개를 표본추출하여 배당률을 계산해 보니 평균은 9.3%, 표준편차는 3%였다. 우리나라 금융기관들의 평균 배당률이 10%라는 전문가들의 주장이 타당한지 알아보기 위해 0.10의 유의수준에서 평균 배당률이 10% 미만이라는 대립가설을 가지는 단측검정과 평균 배당률이 10%가 아니라는 양측검정을 해라.

### 답

• 단측검정

$$H_0 : \mu = 10, \ H_1 : \mu < 10$$

문제로부터 $\bar{x} = 9.3$, $\mu_0 = 10$, $S = 3$, $n = 40$.
이 정보를 이용하여 검정통계량을 계산하면

$$\frac{\bar{x} - \mu_0}{S/\sqrt{n}} = \frac{9.3 - 10}{3/\sqrt{40}} = -1.4757$$

0.10의 유의수준에서 $\alpha = 0.10$, 임곗값은 $-z_{0.10} = -1.28$이다.
$(\bar{x} - \mu_0)/(S/\sqrt{n}) = -1.4757 < -1.28$이므로 검정통계량이 $-z_\alpha$보다 작으면 $H_0$를 기각하는 결정규칙에 따라 귀무가설은 기각된다.

• 양측검정

$$H_0 : \mu = 10, \ H_1 : \mu \neq 10$$

0.10의 유의수준에서 양측검정을 할 경우 $\alpha/2 = 0.05$이며 임곗값은 $-z_{0.05} = -1.645$이다. $(\bar{x} - \mu_0)/(S/\sqrt{n}) = -1.4757 > -1.645$이므로 결정규칙에 따라 귀무가설은 채택된다. 이 예에서 알 수 있는 것처럼 단측검정과 양측검정의 결과가 다르게 나타날 수도 있다. 0.10의 유의수준에서 우리나라 금융기관들의 평균 배당률이 10% 미만이라는 통계적 증거는 제시되지만, 우리나라 금융기관들의 평균 배당률이 10%가 아니라는 통계적 증거는 제시되지 못한다는 것이다.

### 2) 소표본의 경우

모분산을 모르며 표본의 크기도 작은 경우에는 모집단이 정규분포한다는 가정하에 표본통계량 $(\bar{x} - \mu)/(S/\sqrt{n})$이 자유도 $n-1$인 $t$-분포하게 된다는 사실을 앞 장에서 살펴보았다. $\mu = \mu_0$라는 귀무가설이 참일 때 다음 검정통계량은 자유도 $n-1$인 $t$-분포를 따르게 된다.

$$t_{n-1} = \frac{\bar{x} - \mu_0}{S/\sqrt{n}}$$

**정규분포하는 모집단 평균의 가설검정 : 모분산을 모르며 소표본인 경우**

표본평균값은 $\bar{x}$이며 가설검정의 유의수준은 $\alpha$이다.

1. 가설 설정 $H_0 : \mu = \mu_0$ 혹은 $\mu \leq \mu_0$

$\qquad H_1 : \mu > \mu_0$

검정통계량 $t_{n-1} = \dfrac{\bar{x} - \mu_0}{S/\sqrt{n}}$

결정규칙 – 검정통계량이 $t_{(n-1,\,\alpha)}$보다 크면 $H_0$를 기각

2. 가설 설정 $H_0 : \mu = \mu_0$ 혹은 $\mu \geq \mu_0$

$\qquad H_1 : \mu < \mu_0$

검정통계량 $t_{n-1} = \dfrac{\bar{x} - \mu_0}{S/\sqrt{n}}$

결정규칙 – 검정통계량이 임곗값 $-t_{(n-1,\,\alpha)}$보다 작으면 $H_0$를 기각

3. 가설 설정 $H_0 : \mu = \mu_0$

$\qquad H_1 : \mu \neq \mu_0$

검정통계량 $t_{n-1} = \dfrac{\bar{x} - \mu_0}{S/\sqrt{n}}$

결정규칙 – 검정통계량이 임곗값 $t_{(n-1,\,\alpha/2)}$보다 크거나 $-t_{(n-1,\,\alpha/2)}$보다 작으면 $H_0$를 기각

**그림 9-5**

$t$-분포와 기각역 : 양측검정

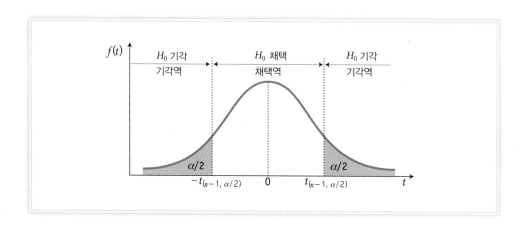

**예 9-3** ▶

어떤 아이스크림 회사의 겨울 판매량은 여름 판매량보다 평균 34.5% 감소한다고 한다. 전국 가맹점 중 15개를 표본추출하여 판매 감소량을 조사해 보니 다음과 같이 나타났다.

표 9-2 **판매 감소량** (단위 : %)

| | | | | | | | |
|---|---|---|---|---|---|---|---|
| 33.46 | 33.38 | 32.73 | 32.15 | 33.99 | 34.10 | 33.97 | 34.34 |
| 33.95 | 33.85 | 34.23 | 34.05 | 34.13 | 34.45 | 34.19 | |

모집단이 정규분포한다고 가정하고 판매량의 감소가 평균 34.5%라는 귀무가설을 10% 유의수준에서 양측검정하라.

### 답

검정하려는 귀무가설과 대립가설은

$$H_0 : \mu = 34.5, \ H_1 : \mu \neq 34.5$$

이며 주어진 정보와 표본자료를 계산한 결과에 의하면

$$\bar{x} = 33.798, \ S = 0.630, \ \mu_0 = 34.5, \ n = 15$$

이다. 이 정보를 이용한 검정통계량의 계산 값은

$$\frac{\bar{x} - \mu_0}{S/\sqrt{n}} = \frac{33.798 - 34.5}{0.630/\sqrt{15}} = -4.314$$

이다. 10% 유의수준에서 $\alpha = 0.10$이며 양측검정의 경우 $\alpha/2 = 0.05$이고 임곗값은 $-t_{(14, \ 0.05)} = -1.761$이다. $(\bar{x} - \mu_0)/(S/\sqrt{n}) = -4.314 < -1.761$이므로 결정규칙에 따라 $H_0$를 기각하게 된다. 따라서 가맹점들의 평균 판매량 감소가 34.5%라는 주장은 부당하다고 결론지을 수 있다.

### 3. $P$-값

현재까지 설명한 검정 절차는 정해진 유의수준에 따라 기각역을 정하여 검정통계량이 기각역에 속하면 귀무가설을 기각하였다. 그런데 이런 검정 방법으로는 검정 결과에 대해 얼마나 신뢰성을 가질 수 있는지가 불명확하다. 검정통계량을 $TS$로 표기하자. 계산된 검정통계량 값이 각각 $TS_1 = 2$와 $TS_2 = 20$으로 다르고, 정해진 유의수준하에서의 임곗값인 1.645보다 큰 값들은 기각역에 속한다고 하자. 이 경우 검정통계량 값이 모두 기각역에 속하기 때문에 귀무가설은 기각되지만, $TS_2 = 20$이 $TS_1 = 2$에 비해 기각역의 임곗값으로부터 훨씬 멀리 떨어져 있으므로 연구자는 $TS_2$가 실현되었을 경우 더 큰 확신을 갖고 귀무가설을 기각할 수 있을 것이다.

그러나 통상적인 검정 절차로는 이런 신뢰성의 차이를 고려할 수 없다. 검정통계량 값과 임곗값만을 비교하기 때문에 나타나는 단점을 보완하기 위해 검정통계량 값 그 자체를 고려하는 검정 방법이 $P$-값(probability value, $P$-value) 혹은 유의확률(significance probability)에 의한 가설검정이다. $P$-값은 가설검정에서 귀무가설이 기각될 수 있는 최소 유의수준을 의미한다.

> **P-값(유의확률)**
>
> 가설검정에서 귀무가설이 기각될 수 있는 최소 유의수준을 P-값이라고 한다. 즉 P-값은 귀무가설이 참일 때 검정통계량이 계산된 검정통계량의 값보다 더 극단에 위치할 확률이다.

예 9-1의 단측검정에서 계산된 검정통계량의 값은 $(\bar{x}-\mu_0)/(\sigma/\sqrt{n})=2.6833$이었다. 결정규칙에 의하면 임곗값 $z_\alpha$가 2.6833보다 작게 되는 유의수준 $\alpha$이면 귀무가설이 기각되었다. 따라서 귀무가설이 기각될 수 있는 최소 유의수준은 $z_\alpha=2.6833$일 때의 유의수준인 0.0037이며, 이 값이 P-값이다. 즉

$$P\left(Z=\frac{\bar{x}-\mu_0}{\sigma/\sqrt{n}}>\frac{1.3-1}{0.5/\sqrt{20}}\right)=P(Z>2.6833)=0.0037$$

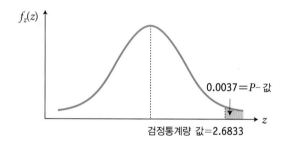

**예 9-4** ▶

예 9-3의 가설검정에 대한 P-값을 계산하라.

**답**

예 9-3에서 계산된 검정통계량의 값은 $(\bar{x}-\mu_0)/(S/\sqrt{n})=-4.314$이므로 $t$-분포표로부터 $P(t_{14}<-4.314)<0.005$임을 알 수 있다. (엑셀을 이용하여 정확히 계산하면 0.000357이다.) 이 검정은 양측검정이므로 검정통계량이 계산된 검정통계량의 절댓값보다 더 극단에 놓일 확률은 $0.01(=0.005\times2)$보다 작게 되어 P-값은 0.01보다 작다. (엑셀을 이용하여 계산한 값에 의하면 $0.000714=0.000357\times2$이다.)

**예 9-5** ▶

어느 인터넷 쇼핑몰 콜센터의 고객만족도 평균은 100점 만점의 80점이라고 알려져 있으며, 회사 측은 최근 이 콜센터의 고객만족도가 향상되었는지를 살펴보고자 한다. 표본 36명을 대상으로 이 콜센터에 대한 만족도를 조사한 결과 평균이 81점, 분산이 36으로

출처 : 셔터스톡

계산되었다.

$P(Z>1.96)=0.025$, $P(Z>1.645)=0.05$, $P(Z>1)=0.15$일 때, $P$-값은 얼마인가? 그리고 $P$-값을 5% 수준이 되도록 하고자 한다면, 몇 명의 표본을 대상으로 조사를 수행해야 하는가? (단, 표본이 늘거나 줄어도 표본평균과 분산에는 변화가 없다고 가정한다.)

### 답

이 예에서 고객만족도 점수가 향상되었는지를 검정하므로 귀무가설과 대립가설은 각각 $H_0 : \mu=80$, $H_1 : \mu>80$으로 설정할 수 있다. 검정통계량을 계산하면 $\dfrac{\bar{x}-\mu_0}{S/\sqrt{n}}=\dfrac{81-80}{6/\sqrt{36}}=1$이 된다. 따라서 $P$-값은 $P(Z>1)=0.15$이다.

표본이 늘거나 줄어도 표본평균과 분산에는 변화가 없다고 가정할 때, $P$-값을 0.05 수준으로 낮추고자 한다면 $P(Z>1.645)=0.05$이므로 $\dfrac{81-80}{6/\sqrt{n}}=1.645$가 되도록 하는 $n$을 계산하면 된다. 이 경우 $\sqrt{n}=9.87$에서 $n$은 $9.87^2=97.42$이고 정수이므로 최소 98명의 표본을 대상으로 설문 조사를 수행해야 한다.

이처럼 $P$-값이 매우 작다는 의미는 귀무가설이 기각될 수 있는 최소 유의수준이 너무 작아서 0.05나 0.1 같은 표준 유의수준에서는 귀무가설이 기각된다는 것이다. 반면에 0.05나 0.1 같은 보통 유의수준보다 $P$-값이 크면 귀무가설을 채택하게 된다. 만약 확률값이 0.07일 경우 유의수준을 0.05로 정하면 귀무가설을 채택하게 되나 유의수준을 0.1로 증가시키면 귀무가설을 기각하게 된다. 따라서 유의수준의 결정은 가설검정 결과에 영향을 줄 수 있으므로 여러 가지 유의수준에 대한 검정 결과를 평가하여 통계분석의 목적에 맞게 유의수준을 결정할 필요가 있다. 이런 필요 때문에 거의 모든 통계 패키지들은 $P$-값을 제공하고 있다.

### $P$-값을 이용한 결정규칙

$$P\text{-값}<\alpha\text{이면 }H_0\text{를 기각}$$

이 결정규칙에 의하면 가설검정의 결론이 유의수준 $\alpha$에 의해 달라질 수 있으므로 검정을 수행하는 사람이 검정 마지막 단계에서 통계분석의 목적에 맞게 $\alpha$값을 스스로 정하여 결론을 내릴 수도 있다.

## 4. 통계적 검정력

표본크기와 검정 방법을 정해 놓고 가설검정을 하면 오류의 발생확률 $\alpha$와 $\beta$를 동시에 줄일 방법이 없으므로 유의수준 $\alpha$를 임의로 정하고 그 수준에서 표본 수의 제약하에 제2종 오류의 발생확률 $\beta$를 최소화하는 일반적인 결정규칙에 대해 앞에서 논의하였다. 즉 가설검정에서 $\beta$의 최소화 혹은 검정력 $1-\beta$의 최대화에 관심을 두게 되는데, 이는 연구자가 가설검정을 할 때 기존의 주장 $H_0$를 기각하고 새로운 주장 $H_1$을 채택하려는 성향을 반영한다. $H_0$가 거짓일 때 $H_0$의 기각확률을 모수의 함수로 나타낼 수 있으며, 이 함수를 검정력 함수(power function) 라고 한다. 이 검정력 함수는 모수가 귀무가설과 일치하는 영역에서는 유의수준 $\alpha$를 나타내며, 모수가 대립가설과 일치하는 영역에서는 검정력 $1-\beta$를 나타낸다.

**예 9-6** ▶

예 9-1의 단측검정의 경우를 이용하여 검정력과 검정력 함수에 대해 자세히 살펴보라.

**답**

예 9-1의 단측검정의 경우 귀무가설과 대립가설이 다음과 같이 설정되었다.

$$H_0 : \mu=1, \; H_1 : \mu>1$$

**그림 9-6** $H_0$가 거짓일 때 $\beta$와 검정력(단측검정 $H_1 : \mu>1$)

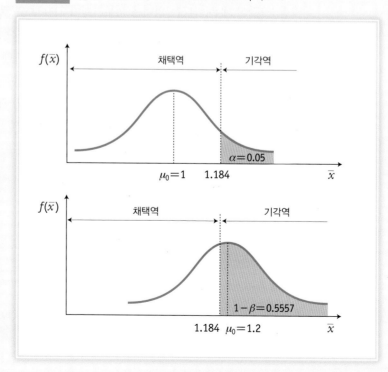

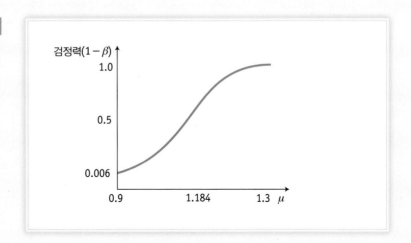

**그림 9-7**

**검정력 함수**
**(단측검정**
$H_1 : \mu > 1$)

결정규칙에 따라

$$Z= \frac{\bar{x}-1}{0.5/\sqrt{20}} > 1.645 \text{ 혹은 } \bar{x} > \left(1.645 \times \frac{0.5}{\sqrt{20}}\right)+1=1.184$$

이면 $H_0$는 기각되고 반대로 $\bar{x} \leq 1.184$이면 $H_0$는 채택되었다. 실제 모평균이 1kg이 아니라 1.2kg이라고 가정하면 $H_0$는 거짓이 된다. 또한 앞의 결정규칙에 의하면 $\bar{x}$가 1.184보다 크

**그림 9-8** **표본크기와 검정력의 관계**

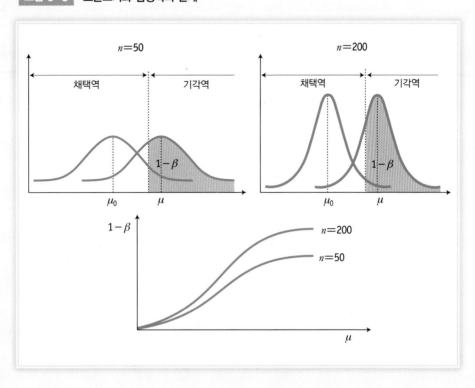

지 않을 때 $H_0$는 채택된다. 그런데 $\beta$는 $H_0$가 거짓일 때 $H_0$를 채택할 확률이므로

$$\beta = P(\bar{x} \leq 1.184 \mid H_0\text{가 거짓, 즉 } \mu = 1.2)$$

$$= P\left(Z \leq \frac{1.184 - 1.2}{0.5/\sqrt{20}}\right) = P(Z \leq -0.143)$$

$$= 1 - F(0.143) = 1 - 0.5557 = 0.4443$$

이다. 따라서 검정력은 $1 - \beta = 1 - 0.4443 = 0.5557$이다.

그림 9-6은 이 가설검정에서 참의 모평균이 0.9에서 1.3으로 증가하게 되면 검정력이 어떻게 변하는지를 보여준다. 여기서 검정력이 비선형적으로 증가하는 이유는 표본평균의 분포가 종 모양을 하고 있기 때문이다.

표본의 크기 $n$은 검정력에 영향을 미치게 된다. 표본의 크기 $n$이 커지면 $\bar{X}$의 표준오차 $\sigma/\sqrt{n}$이 작아지게 되어 $H_0$가 참일 때의 표본분포와 $H_0$가 거짓일 때의 표본분포가 겹치는 면적이 작아진다. 그러면 $\beta$도 작아지므로 검정력 $1 - \beta$는 커지게 된다.

## 제3절 모비율에 대한 가설검정

모평균에 대한 가설검정 못지않게 자주 사용되는 모비율에 대한 가설검정 절차를 살펴보자. 표본크기가 충분히 크면[1] 이항분포가 정규분포에 근접하게 되므로 $\hat{p} = \dfrac{X}{n}$의 평균은 $p$이고 표준편차 $\sqrt{p(1-p)/n}$인 정규분포에 따르게 된다. 그런데 귀무가설 $H_0 : p = p_0$가 참이면 $\hat{p}$의 분포는 평균이 $p_0$이고 표준편차가 $\sqrt{p_0(1-p_0)/n}$인 정규분포에 따르게 될 것이다. 이 경우 모비율에 대한 검정통계량은

$$Z = \frac{\hat{p} - p_0}{\sqrt{\dfrac{p_0(1-p_0)}{n}}}$$

가 된다. 따라서 모비율에 대한 가설검정 절차는 다음과 같다.

---

**모비율에 대한 가설검정**

1. 가설 설정 $H_0 : p = p_0$ 혹은 $p \leq p_0$

$\qquad\qquad\quad H_1 : p > p_0$

검정통계량 $\dfrac{\hat{p} - p_0}{\sqrt{p_0(1-p_0)/n}}$

---

[1] $n \cdot p$와 $n(1-p)$가 모두 5보다 크면 표본크기가 충분히 크다고 할 수 있다.

결정규칙 - 검정통계량이 임곗값 $z_\alpha$보다 크면 $H_0$를 기각

2. 가설 설정 $H_0 : p = p_0$ 혹은 $p \geq p_0$

$\qquad H_1 : p < p_0$

검정통계량 $\dfrac{\hat{p} - p_0}{\sqrt{p_0(1 - p_0)/n}}$

결정규칙 - 검정통계량이 임곗값 $-z_\alpha$보다 작으면 $H_0$를 기각

3. 가설 설정 $H_0 : p = p_0$

$\qquad H_1 : p \neq p_0$

검정통계량 $\dfrac{\hat{p} - p_0}{\sqrt{p_0(1 - p_0)/n}}$

결정규칙 - 검정통계량이 임곗값 $z_{\alpha/2}$보다 크거나 $-z_{\alpha/2}$보다 작으면 $H_0$를 기각

예 9-7 ▶

출처 : 셔터스톡

1980년대 이후 세계 경제의 특징은 국제경쟁, 무역 자유화, 그리고 기술 개발의 가속화로 인한 해외 직접투자 (foreign direct investment)의 급속한 확대에 있다. 특히 최근 우리나라에 대한 외국인 투자는 전년 대비 20%가 넘는 상승을 해 왔다. 경제전문가 중 100명을 임의로 선정하여 "앞으로도 우리나라에 대한 외국인의 투자 증가가 20% 이상 유지되겠는가?"라는 질문을 하였더니 40명이 '예'라고 대답하였다고 가정하자. 모든 경제전문가의 50% 이상이 앞으로도 우리나라에 대한 외국인의 투자 증가가 20% 이상 유지될 것이라고 예견하는 귀무가설을 설정하고 0.1의 유의수준에서 가설검정을 해라.

**답**

모든 경제전문가 중 앞으로도 우리나라에 대한 외국인의 투자 증가가 20% 이상 유지된다고 예견하는 비율을 $p$라고 하면 귀무가설과 대립가설을 다음과 같이 설정할 수 있다.

$$H_0 : p \geq 0.5, \ H_1 : p < 0.5$$

$p_0 = 0.5$, $n = 100$, $\hat{p} = 40/100 = 0.4$를 이용하여 검정통계량을 계산하면

$$\frac{\hat{p} - p_0}{\sqrt{p_0(1 - p_0)/n}} = \frac{0.4 - 0.5}{\sqrt{(0.5 \times 0.5)/100}} = -2$$

0.10의 유의수준에서 $\alpha = 0.10$이므로 임곗값 $z_\alpha$는 $-z_{0.10} = -1.2816$이다. $-2 < -1.2816$

이므로 결정규칙에 따라 모든 경제전문가의 50% 이상이 앞으로도 우리나라에 대한 외국인의 투자 증가가 20% 이상 유지될 것이라고 예견하는 귀무가설은 기각된다.

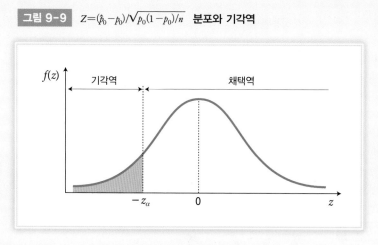

**그림 9-9** $Z=(\hat{p}_0-p_0)/\sqrt{p_0(1-p_0)/n}$ **분포와 기각역**

$$H_0 : p \geq p_0, H_1 : p < p_0$$

# 제4절 정규모집단 분산에 대한 가설검정

정규모집단의 분산에 대한 가설검정 절차는 모평균이나 모비율에 대한 가설검정 절차와 동일하나 $\chi^2$-분포를 이용한다는 점이 다르다. 제7장에서 $\chi^2$-분포에 대해 상세히 논의하였으며, 앞 장에서는 $\chi^2$-분포를 이용한 모분산 신뢰구간 추정방법에 대해 이미 살펴보았으므로 이를 기초로 검정통계량에 관해 설명하기로 한다.

모집단이 정규분포한다면 $(n-1)S^2/\sigma^2$은 자유도 $n-1$인 $\chi^2$-분포를 한다. 따라서 귀무가설 $H_0 : \sigma^2 = \sigma_0^2$가 참일 때 검정통계량은

$$\chi^2_{(n-1)} = \frac{(n-1)S^2}{\sigma_0^2}$$

이 된다. 따라서 정규모집단의 분산에 대한 가설검정 절차는 다음과 같다.

---

**정규모집단의 분산에 대한 가설검정**

1. 가설 설정 $H_0 : \sigma^2 = \sigma_0^2$ 혹은 $\sigma^2 \leq \sigma_0^2$

    $H_1 : \sigma^2 > \sigma_0^2$

    검정통계량 $\chi^2_{(n-1)} = \frac{(n-1)S^2}{\sigma_0^2}$

---

결정규칙 – 검정통계량이 임곗값 $\chi^2_{(n-1, \alpha)}$보다 크면 $H_0$를 기각

2. 가설 설정 $H_0 : \sigma^2 = \sigma_0^2$ 혹은 $\sigma^2 \geq \sigma_0^2$

$\qquad H_1 : \sigma^2 < \sigma_0^2$

검정통계량 $\chi^2_{(n-1)} = \dfrac{(n-1)S^2}{\sigma_0^2}$

결정규칙 – 검정통계량이 임곗값 $\chi^2_{(n-1, \, 1-\alpha)}$보다 작으면 $H_0$를 기각

3. 가설 설정 $H_0 : \sigma^2 = \sigma_0^2$

$\qquad H_1 : \sigma^2 \neq \sigma_0^2$

검정통계량 $\chi^2_{(n-1)} = \dfrac{(n-1)S^2}{\sigma_0^2}$

결정규칙 – 검정통계량이 임곗값 $\chi^2_{(n-1, \, \alpha/2)}$보다 크거나 $\chi^2_{(n-1, \, 1-\alpha/2)}$보다 작으면 $H_0$를 기각

**예 9-8** ▶

한 기술연구소에서 휴대전화 배터리 무게의 분산이 62g이라는 주장에 대해 양측검정을 하려고 한다. 휴대전화 7개를 무작위 선정하여 조사한 무게가 다음과 같으며 휴대전화 배터리 무게는 정규분포한다고 하자.

출처 : apple.com

**표 9-3 핸드폰 배터리 무게** (단위 : g)

| 36 | 37 | 38 | 39 | 39 | 44 | 47 |
|----|----|----|----|----|----|----|

5% 유의수준에서 휴대전화 배터리 무게의 분산이 62g이라는 귀무가설을 양측검정하라.

**답**

귀무가설과 대립가설을 설정하면

$$H_0 : \sigma^2 = 62, \; H_1 : \sigma^2 \neq 62$$

주어진 표본자료로부터

$$\bar{x} = \sum x/n = 280/7 = 40$$
$$S^2 = \sum(x_i - \bar{x})^2/(n-1) = 96/6 = 16$$

그리고 $n=7$이다. 이를 이용하여 검정통계량을 계산하면 다음과 같다.

$$\chi^2_{(n-1)} = \frac{(n-1)S^2}{\sigma_0^2} = \frac{6 \times 16}{62} = 1.55$$

0.05의 유의수준에서 $\alpha/2=0.025$이고 자유도는 6이므로 임곗값은 $\chi^2_{(n-1,\ 1-\alpha/2)} = \chi^2_{(6,\ 0.975)} = 1.24$와 $\chi^2_{(n-1,\ \alpha/2)} = \chi^2_{(6,\ 0.025)} = 14.45$이다. 검정통계량 1.55가 임곗값 1.24와 14.45 사이에 놓이므로 결정규칙에 따라 $H_0$를 채택한다. 따라서 휴대전화 배터리 무게의 분산은 62g이라고 할 수 있다.

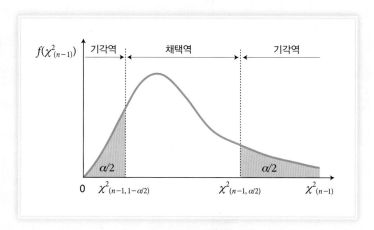

**그림 9-10**

$\chi^2_{(n-1)} = (n-1)S^2/\sigma_0^2$
**분포와 기각역**

$H_0 : \sigma^2 = \sigma_0^2,\ H_1 : \sigma^2 \neq \sigma_0^2$

 **요약**

과학으로서 통계학의 중요성은 추출된 표본자료에 근거한 모집단 특성의 추론에 있으며, 이 장에서는 이 추론 방법 중 가설검정에 관해 설명한다. 모집단의 특성을 대표하는 모수에 관한 주장이나 예상을 통계학에서는 가설이라고 하며, 이 가설의 타당성 여부를 검토하는 통계적 방법을 가설검정이라고 한다. 가설은 잘못되었다는 충분한 증거가 제시되기 전까지 참(true)으로 받아들여지는 귀무가설과 귀무가설을 기각할 때 받아들이는 대립가설로 나뉜다. 또한 대립가설은 귀무가설에서 설정된 값을 기준으로 어느 한쪽에 있는 모든 값을 포함하는 단측대립가설과 양쪽에 있는 모든 값을 포함하는 양측대립가설로 구분된다.

모집단 모수를 알지 못하여 표본정보를 이용해야 하는 가설검정에서 어떤 규칙이 적용되든지 잘못된 결론을 내릴 가능성은 항상 존재한다. 이런 오류는 제1종 오류와 제2종 오류로 구별될 수 있다. 귀무가설이 참일 때 귀무가설을 기각하는 오류를 제1종 오류라 하며, 이 오류의 발생확률은 $\alpha$로 표시하고 $\alpha$위험($\alpha$ risk) 혹은 가설검정의 유의수준이라고 한다. 귀무가설이 거짓일 때 귀무가설을 채택하는 오류를 제2종 오류라 하며, 이 오류의 발생확률은 $\beta$로 나타내고 $\beta$위험($\beta$risk)이라고 한다. 또한 거짓 귀무가설을 기각할 확률 $1-\beta$를 가설검정의 검정력이라고 한다. 귀무가설의 타당성 여부를 결정하는 기준이 되는 표본 통계량은 검정통계량이며 주어진 유의수준에서 귀무가설을 채택하거나 기각하는 의사결정을 할 때 검정통계량과의 비교기준이 되는 값은 임곗값이다.

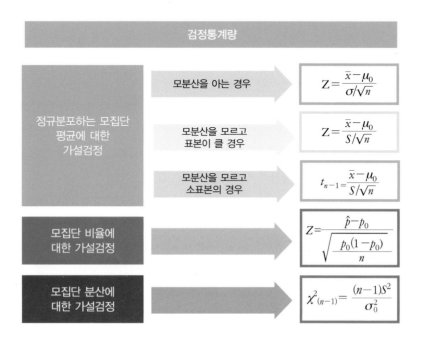

통상적인 검정 절차는 검정통계량 값과 임곗값만을 비교하기 때문에 검정통계량 값의 차이로 인한 신뢰성의 차이를 고려할 수 없다. 이런 단점을 보완하기 위해 검정통계량 값 그 자체를 고려하는 검정 방법이 $P$-값에 의한 가설검정이다. $P$-값은 가설검정에서 귀무가설이 기각될 수 있는 최소 유의수준을 의미한다.

 **주요용어**

**가설검정**(hypothesis testing)   가설의 타당성 여부를 검토하는 통계적 방법
**검정력**(power)   거짓 귀무가설을 기각할 확률 : $1-\beta$
**검정력 함수**(power function)   귀무가설이 거짓일 때 귀무가설의 기각확률을 모수의 함수로 나타낸 것
**검정통계량**(test statistic)   가설검정에서 귀무가설의 타당성 여부를 판단하기 위해 계산하는 표본 통계량
**결정규칙**(decision rule)   표본정보에 근거하여 귀무가설을 채택하는 경우와 대립가설이 더욱

타당하다고 판단되어 귀무가설을 기각하는 경우 중 하나를 결정하는 기준

**귀무가설**(null hypothesis) 잘못되었다는 충분한 증거가 제시되기 전까지 참(true)으로 받아들여지는 가설

**기각역**(rejection region) 주어진 유의수준에서 검정통계량이 어떤 영역에 속하면 귀무가설을 기각하게 되는데, 이 영역을 기각역이라 함

**단측검정**(one-sided test) 단측대립가설을 설정하여 기각역이 확률분포의 한쪽에만 해당하는 검정

**대립가설**(alternative hypothesis) 귀무가설이 잘못되었다는 충분한 증거에 의해 귀무가설을 기각할 때 받아들이는 가설

**양측검정**(two-sided test) 양측대립가설을 설정하여 기각역이 확률분포의 양쪽에 해당하는 검정

**임곗값**(critical value) 주어진 유의수준에서 귀무가설을 채택하거나 기각하는 의사결정을 할 때 검정통계량과의 비교기준이 되는 값

**제1종 오류**(type I error) 귀무가설이 참일 때 귀무가설을 기각하는 오류

**제2종 오류**(type II error) 귀무가설이 거짓일 때 귀무가설을 채택하는 오류

**$\alpha$ 위험 혹은 유의수준**($\alpha$ risk 혹은 significance level) 제1종 오류의 발생확률

**$\beta$ 위험**($\beta$ risk) 제2종 오류의 발생확률

**$P$-값**(probability value, $P$-value)(**유의확률**) 가설검정에서 귀무가설이 기각될 수 있는 최소 유의수준

 **연습문제**

1. 가설검정에서 검정 방법이 동일하다면 제1종 오류와 제2종의 오류의 발생확률을 동시에 줄일 수 있는가? 그렇다면 그 방법은 무엇인가?

2. 가설검정에서 $P$-값이 갖는 의미를 설명해 보라.

3. 1) 제2종의 오류가 증가하면 검정력은 변하는가?

   2) 5%의 유의수준을 이용한 가설검정에서 귀무가설로 설정된 모수의 값이 참의 모수 값과 같다면 검정력은 얼마인가?

4. 다음 가설검정을 위한 기각역을 계산하라.

   1) $H_0 : \mu = 100$, $H_1 : \mu > 100$

   $\alpha = 0.10$, $n = 100$

   2) $H_0 : \mu = 100$, $H_1 : \mu \neq 100$

   $\alpha = 0.10$, $n = 100$

   3) $H_0 : \mu = 4$, $H_1 : \mu < 4$

$\alpha=0.05$, $n=10$, 모집단이 정규분포하며 분산을 모름

4) $H_0 : p \leq 0.6$, $H_1 : p > 0.6$

$\alpha=0.01$, $n=200$

5) $H_0 : \sigma^2=2$, $H_1 : \sigma^2 \neq 2$

$\alpha=0.05$, $n=20$, 모집단이 정규분포

5. H 자동차 회사는 연료를 절약할 수 있는 새로운 자동차 엔진의 개발로 리터당 평균 3km 를 더 주행할 수 있다고 한다. 실제로 이 회사의 자동차가 연료를 적게 소비하는지 확인하기 위해 100대의 자동차를 임의표본으로 추출하여 실험해 보니, 리터당 평균 2.4km를 더 주행하였으며 표준편차는 1.8km였다.

   1) H 자동차 회사의 자동차는 리터당 평균 3km를 더 주행한다는 가설을 5% 유의수준에서 검정하라.

   2) 이 가설검정의 $P$-값은 얼마인가?

   3) 만약 양측검정 ($H_0 : \mu=3$, $H_1 : \mu \neq 3$)을 하였다면 $P$-값은 변화되는가?

6. 다음과 같이 가설검정을 설정하였다.

$$H_0 : \mu=\mu_0, H_1 : \mu > \mu_0$$

   그리고 5% 유의수준에서 귀무가설이 채택되었다.

   1) $\mu_0$는 언제나 95% 신뢰구간에 포함된다고 할 수 있는가?

   2) 대립가설이 $H_1 : \mu \neq \mu_0$이었다면 $\mu_0$는 언제나 95% 신뢰구간에 포함되는가?

7. 한 노동연구소에서 우리나라 대기업 사원들의 월평균 임금이 200만 원이라고 주장하였다. 그런데 한 대기업의 노동조합에서는 월평균 임금이 200만 원보다 낮다고 생각하고 있으므로 이 노동연구소의 주장이 타당한지 알아보기 위해 대기업 사원 200명을 임의로 선정하여 임금을 조사해 보니 다음 표와 같았다.

**대기업 사원의 월평균 임금** (단위 : 만 원)

| 250 | 230 | 150 | 130 | 280 | 280 | 190 | 210 | 250 | 140 | 240 | 180 | 100 | 240 | 100 |
|-----|-----|-----|-----|-----|-----|-----|-----|-----|-----|-----|-----|-----|-----|-----|
| 240 | 180 | 180 | 210 | 250 | 180 | 230 | 210 | 190 | 150 | 200 | 240 | 260 | 120 | 150 |
| 160 | 220 | 220 | 210 | 240 | 170 | 270 | 200 | 100 | 240 | 220 | 280 | 260 | 280 | 170 |
| 220 | 270 | 240 | 140 | 280 | 170 | 160 | 130 | 190 | 170 | 270 | 160 | 270 | 160 | 210 |
| 180 | 180 | 180 | 180 | 190 | 190 | 170 | 310 | 160 | 180 | 170 | 170 | 200 | 260 | 180 |
| 140 | 140 | 250 | 260 | 220 | 170 | 170 | 110 | 140 | 150 | 230 | 230 | 160 | 210 | 160 |
| 260 | 210 | 300 | 210 | 180 | 130 | 160 | 250 | 210 | 150 | 230 | 120 | 220 | 200 | 180 |
| 210 | 230 | 180 | 220 | 110 | 130 | 160 | 230 | 180 | 190 | 160 | 190 | 210 | 170 | 280 |
| 180 | 250 | 160 | 170 | 160 | 190 | 70 | 120 | 200 | 220 | 170 | 190 | 130 | 290 | 190 |
| 270 | 170 | 120 | 210 | 190 | 110 | 210 | 210 | 130 | 200 | 120 | 140 | 270 | 180 | 220 |
| 160 | 160 | 230 | 80 | 190 | 230 | 220 | 150 | 230 | 190 | 130 | 150 | 190 | 240 | 220 |

| 90 | 260 | 210 | 220 | 110 | 190 | 200 | 230 | 200 | 240 | 60 | 130 | 190 | 230 | 220 |
|----|-----|-----|-----|-----|-----|-----|-----|-----|-----|----|-----|-----|-----|-----|
| 180 | 170 | 310 | 180 | 170 | 160 | 140 | 170 | 170 | 190 | 200 | 180 | 270 | 180 | 250 |
| 200 | 230 | 240 | 180 | 270 | | | | | | | | | | |

노동연구소 주장의 타당성 여부를 판정하기 위한 가설검정을 5% 유의수준에서 수행하라.

8. 모집단 평균 $\mu$가 103일 때, 다음 가설검정의 검정력을 구하라.

$$H_0 : \mu = 100, \ H_1 : \mu \neq 100$$

유의수준 $\alpha = 0.05$, 표준편차 $\sigma = 10$, 표본크기 $n = 100$

9. 한 맥주회사는 맥주 광고의 모델로 유명 운동선수를 기용하였더니 각 편의점에서의 맥주 판매량이 평균 15% 정도 증가하였다고 주장한다. 20개의 편의점을 표본추출하여 맥주의 판매량을 조사해 보니 판매량이 평균 17% 증가하였으며 표준편차는 5%였다. 모집단이 정규분포한다고 가정하며 이 회사의 주장을 검정하기 위해 판매량이 평균 15% 이상 증가한다는 대립가설을 세우고 5% 유의수준에서 가설검정을 수행하라.

10. 다음 가설검정의 검정력 함수를 그래프로 그려보라.

$$H_0 : \mu \leq 516, \ H_1 : \mu > 516$$

$$n = 16, \ \sigma = 32, \ \alpha = 0.05$$

11. 모집단 평균이 80이라는 귀무가설과 모집단 평균이 80보다 작다는 대립가설을 설정하고 크기 100인 표본을 추출하여 가설검정을 하였다. 검정 과정에서 표본평균이 68보다 작으면 귀무가설을 기각한다는 결정규칙을 얻었다. 이 결정규칙에는 변함이 없으며 표본크기만 100에서 50으로 줄었다고 하자.

1) 표본크기가 줄어든 이후 유의수준은 어떻게 변화되겠는가?

2) 표본크기가 줄어든 이후 검정력은 어떻게 변화되겠는가?

12. 중소기업을 운영하다 부도를 내어 파산한 기업주 361명을 대상으로 전문경영인을 고용하거나 조언을 받았던 경험이 있는지 조사해 보았더니 105명이 전문경영인을 고용하거나 조언을 받았던 경험이 없다고 하였다.

1) 이 모집단의 25% 이하는 전문경영인을 고용하거나 조언을 받았던 경험이 없다는 귀무가설을 세우고 0.05의 유의수준에서 가설검정을 해라.

2) 이 가설검정을 0.025의 유의수준에서 수행하라.

3) 이 가설검정의 $P$-값은 얼마인가?

13. 분산이 10인 정규모집단으로부터 표본크기 21인 임의표본을 추출하였다.

1) $\sigma^2 = 15$라는 귀무가설을 10% 유의수준에서 양측검정하라.

2) 단측검정을 하면 $P$-값은 얼마인가?

14. 국제노동기관(ILO)에 의해 조사된 세계 각국의 노동시간에 대한 자료에 따르면 선진국일수록 근로자의 주당 노동시간 표준편차가 작게 나타난다. 표준편차가 10시간 이내이면 노

동시간 분포가 대체로 안정적이라고 하자. 우리나라 근로자의 노동시간은 정규분포하고 있으며, 근로자 51명을 표본추출하여 주당 노동시간을 조사하였더니 표준편차가 15시간 이었다. 우리나라의 노동시간 분포가 안정적인지 5% 유의수준에서 검정하라.

15. 우리나라 역대 축구 국가대표 선수들 중 공격수 6명을 임의선정하여 이들의 게임당 몇 득점인지 살펴보니 다음과 같았다.

0.4  1.1  0.8  0.9  2.1  0.5

이 표본을 이용하여 국가대표 공격수들의 게임당 평균 득점이 1골이라는 주장이 옳은지 5% 유의수준에서 양측검정하라.

 **기출문제**

1. (2019년 사회조사분석사 2급) 국회의원 선거에 출마한 A후보의 지지율이 50%를 넘는지 확인하기 위해 유권자 1,000명을 조사하였더니 550명이 A후보를 지지하였다. 귀무가설 $H_0 : p=0.5$ 대립가설 $H_1 : p>0.5$의 검정을 위한 검정통계량 $z_0$는?

① $z_0 = \dfrac{0.55-0.5}{\sqrt{\dfrac{0.55 \times 0.45}{1000}}}$

② $z_0 = \dfrac{0.55-0.5}{\sqrt{\dfrac{0.55 \times 0.45}{1000}}}$

③ $z_0 = \dfrac{0.55-0.5}{\sqrt{\dfrac{0.5 \times 0.5}{1000}}}$

④ $z_0 = \dfrac{0.55-0.5}{\sqrt{\dfrac{0.5 \times 0.5}{1000}}}$

2. (2019년 사회조사분석사 2급) 가설검정과 관련한 용어에 대한 설명으로 틀린 것은?
   ① 제2종 오류란 대립가설 $H_1$이 참임에도 불구하고 귀무가설 $H_0$를 기각하지 못하는 오류이다.
   ② 유의수준이란 제1종 오류를 범할 확률의 최대허용한계를 말한다.
   ③ 유의확률이란 검정통계량의 관측값에 의해 귀무가설을 기각할 수 있는 최소의 유의수준을 뜻한다.
   ④ 검정력함수란 귀무가설을 채택할 확률을 모수의 함수로 나타낸 것이다.

3. (2018년 사회조사분석사 2급) 검정력(power)에 관한 설명으로 옳은 것은?

    ① 귀무가설이 옳음에도 불구하고 이를 기각할 확률이다.

    ② 옳은 귀무가설을 채택할 확률이다.

    ③ 대립가설이 참일 때, 귀무가설을 기각할 확률이다.

    ④ 거짓인 귀무가설을 채택할 확률이다.

4. (2018년 사회조사분석사 2급) 가설검정의 오류에 대한 설명으로 틀린 것은?

    ① 제2종 오류는 대립가설($H_1$)이 사실일 때 귀무가설($H_0$)을 채택하는 오류이다.

    ② 가설검정의 오류는 유의수준과 관계가 있다.

    ③ 제1종 오류를 작게 하기 위해서는 유의수준을 크게 할 필요가 있다.

    ④ 제1종 오류와 제2종 오류를 범할 가능성은 반비례 관계에 있다.

5. (2018년 사회조사분석사 2급) 어느 조사기관에서 대한민국에 거주하는 10세 아동의 평균 키는 112cm이고 표준편차가 6cm인 정규분포를 따르는 것으로 보고하였다. 이 결과를 확인하기 위하여 36명을 무작위로 추출하여 측정한 결과 표본평균이 109cm이었다. 가설 $H_0 : \mu=112$ vs $H_1 : \mu \neq 112$에 대한 유의수준 5%의 검정 결과로 옳은 것은? (단, $z_{0.025}=1.96$, $z_{0.05}=1.645$이다.)

    ① 귀무가설을 기각한다.

    ② 귀무가설을 기각할 수 없다.

    ③ 유의확률이 5%이다.

    ④ 위 사실로는 판단할 수 없다.

6. (2017년 사회조사분석사 2급) $P$-값($P$-value)과 유의수준(significance level) $\alpha$에 대한 설명으로 옳은 것은?

    ① $P$-값 $> \alpha$이면 귀무가설을 기각할 수 있다.

    ② $P$-값 $< \alpha$이면 귀무가설을 기각할 수 있다.

    ③ $P$-값 $= \alpha$이면 귀무가설을 반드시 채택한다.

    ④ $P$-값과 귀무가설 채택 여부와는 아무 관계가 없다.

7. (2016년 사회조사분석사 2급) 모평균 $\mu$에 대한 귀무가설 $H_0 : \mu=70$, 대립가설 $H_1 : \mu=80$의 검정에서 표본평균 $\overline{X} \geq c$이면 귀무가설을 기각한다. $P(\overline{X} \geq c \mid \mu=70)=0.045$이고, $P(\overline{X} \geq c \mid \mu=80)=0.921$일 때, 다음 설명 중 옳은 것은?

    ① 유의확률($p$-값)은 0.045이다.

    ② 제1종 오류는 0.079이다.

    ③ 제2종 오류는 0.045이다.

    ④ $\mu=80$일 때의 검정력은 0.921이다.

**8.** (2019년 9급 공개채용 통계학개론) 다음 설명 중 옳은 것만을 모두 고르면?

> ㄱ. 유의확률($P-$값)이 유의수준보다 작을 때 귀무가설을 기각한다.
>
> ㄴ. 모수 $\theta$에 관한 불편추정량(unbiased estimator)의 기댓값은 $\theta$이다.
>
> ㄷ. 검정에서 1종 오류의 확률을 줄이면 제2종 오류의 확률도 줄어든다.

① ㄱ      ② ㄱ, ㄴ

③ ㄴ, ㄷ      ④ ㄱ, ㄴ, ㄷ

**9.** (2018년 9급 공개채용 통계학개론) 가설 $H_0 : \mu=4$대 $H_1 : \mu=6$에 대한 검정통계량 $T$의 분포는 $N(\mu, 0.5^2)$을 따르고, 검정의 기각역이 $T>0.5$이다. 이 검정법의 제1종 오류와 제2종 오류를 범할 확률을 옳게 짝지은 것은? (단, 표준정규분포를 따르는 확률변수 $Z$에 대하여, $P(Z>1)=0.159$, $P(Z>2)=0.023$이다)

| | 제1종 오류를 범할 확률 | 제2종 오류를 범할 확률 |
|---|---|---|
| ① | 0.023 | 0.023 |
| ② | 0.159 | 0.023 |
| ③ | 0.023 | 0.159 |
| ④ | 0.159 | 0.159 |

**10.** (2018년 9급 공개채용 통계학개론) 정규분포를 따르는 모집단에서 $n$개의 임의표본을 추출하여 모평균 $\mu$에 대한 추론을 하려고 한다. 옳은 것만을 모두 고른 것은? (단, 모표준편차는 알려진 값이다)

> ㄱ. $n$이 일정할 때 $\mu$에 대한 신뢰구간의 길이는 신뢰수준이 증가할수록 길어진다.
>
> ㄴ. 오차의 한계가 $d$로 주어질 때 $\mu$를 추정하기 위한 표본의 크기는 신뢰수준이 증가할수록 커진다.
>
> ㄷ. 가설 $H_0 : \mu=5$ vs $H_1 : \mu>5$에서 $Z$검정의 유의확률($P-$값)은 표본평균의 관측값이 증가할수록 작아진다.
>
> ㄹ. $H_0 : \mu=5$ vs $H_1 : \mu>5$에서 $Z$검정의 검정력은 $\mu$가 5보다 클수록 증가한다.

① ㄴ, ㄹ      ② ㄱ, ㄴ, ㄷ

③ ㄱ, ㄷ, ㄹ      ④ ㄱ, ㄴ, ㄷ, ㄹ

**11.** (2016년 9급 공개채용 통계학개론) 가설검정에서 검정력(power)에 대한 설명으로 옳은 것은?

① 참인 귀무가설을 기각할 확률

② 참인 귀무가설을 기각하지 않을 확률

③ 거짓인 귀무가설을 기각할 확률

④ 거짓인 귀무가설을 기각하지 않을 확률

**12.** (2014년 9급 공개채용 통계학개론) 수술 후 완치율($p$)이 30%로 알려진 어느 암에 걸린 환자 60명을 대상으로 수술과 방사선 치료를 병행하였더니, 30명이 완치되었다고 한다. 이 결과로부터 수술과 방사선 치료를 병행하는 것이 수술 후 완치율을 높이는지 검정하고자 할 때, 가장 적절한 귀무가설($H_0$)과 대립가설($H_1$)은?

① $H_0 : p=0.3, \quad H_1 : p>0.3$

② $H_0 : p=0.3, \quad H_1 : p \neq 0.3$

③ $H_0 : p=0.5, \quad H_1 : p>0.5$

④ $H_0 : p=0.5, \quad H_1 : p \neq 0.5$

**13.** (2013년 9급 공개채용 통계학개론) $X_1, X_2 \cdots, X_n$이 평균 $\mu$, 표준편차 $\sigma$인 정규모집단에서의 확률표본일 때, 모평균에 대한 귀무가설 $H_0 : \mu=0$ 대 대립가설 $H_1 : \mu=1$을 검정하고자 한다. 이 검정에서 $H_0$에 대한 기각역을 $\overline{X}>0.580$으로 사용할 경우 이 검정의 검정력은?

① $P(\overline{X} \leq 0.580 \mid \mu=0)$

② $P(\overline{X} > 0.580 \mid \mu=1)$

③ $P(\overline{X} \leq 0.580 \mid \mu=1)$

④ $P(\overline{X} > 0.580 \mid \mu=0)$

**14.** (2018년 7급 공개채용 통계학) 평균이 $\mu$, 분산이 $\sigma^2$인 정규모집단에서 8개의 임의표본을 추출하여 얻은 표본평균이 $\bar{x}$이고 표본표준편차가 $S$일 때, 가설 $H_0 : \mu=\mu_0$ 대 $H_0 : \mu>\mu_0$에 대한 검정통계량의 값은

$$t_0 = \frac{\bar{x}-\mu_0}{S/\sqrt{8}}$$

이다. $T_v$를 자유도 $v$인 $t$-분포를 따르는 확률변수라 할 때, 유의확률(P-값)은? (단, $\sigma^2$은 알려져 있지 않으며, $t_0$는 0이 아니다)

① $P(T_7 > t_0)$

② $P(T_7 > -t_0)$

③ $P(T_8 > t_0)$

④ $P(T_8 > -t_0)$

**15.** (2017년 7급 공개채용 통계학) 어떤 회사에서 생산한 건전지의 수명은 평균이 140시간, 표준편차가 20시간인 정규분포를 따른다고 한다. 가설 $H_0 : \mu \leq 140$ 대 $H_1 : \mu > 140$을 검정하기 위해 이 회사에서 100개의 건전지를 임의추출하여 조사한 결과 수명의 표본평균이 150시간이었다. 이에 대한 설명으로 옳지 않은 것은? (단, $\mu$는 모평균이고, $z_{0.025}=$ 1.96, $z_{0.05}=1.645$이다)

① 검정통계량의 값은 5이다.

② 위 가설의 검정은 단측검정이다.

③ 위 가설에 대한 유의확률(P-값)은 0.05보다 작다.

④ 유의수준 5%에서 귀무가설을 기각할 수 없다.

16. (2016년 7급 공개채용 통계학) $X_1, X_2, \cdots, X_{16}$이 평균 $\mu$, 분산 $\sigma^2$인 정규모집단에서의 임의표본일 때, 가설 $H_0 : \sigma^2 = 30$ 대 $H_1 : \sigma^2 > 30$을 유의수준 5%에서 검정하기 위한 기각역(rejection region)은? (단, $\mu$는 미지의 모수이고, $\overline{X} = (1/16) \sum_{i=1}^{16} X_i$이며, $\chi_\alpha^2(k)$는 자유도가 $k$인 카이제곱분포의 $100 \times (1-\alpha)$번째 백분위수를 나타낸다.)

① $\sum_{i=1}^{16} (X_i - \overline{X})^2 \geq 2\chi_{0.05}^2(15)$

② $\sum_{i=1}^{16} (X_i - \overline{X})^2 \geq 30\chi_{0.05}^2(15)$

③ $\sum_{i=1}^{16} (X_i - \overline{X})^2 \geq 2\chi_{0.05}^2(16)$

④ $\sum_{i=1}^{16} (X_i - \overline{X})^2 \geq 30\chi_{0.05}^2(16)$

17. (2014년 5급(행정) 2차 통계학) 특정 민원서비스 제도에 대한 만족도가 기존 점수 65점(100점 만점)에 비해 향상되었는지를 알아보기 위하여, 평균 만족도 점수를 $\mu$라고 할 때, $H_0 : \mu = 65$에 대해 $H_1 : \mu > 65$을 검정하고자 한다. 이를 위해 $n$명의 표본을 대상으로 만족도를 조사하였다. 표본으로부터 구한 평균 만족도 점수를 $\overline{X}$라 하고, 만족도 점수의 분포는 분산($\sigma^2$)이 100인 정규분포를 따른다고 가정하기로 한다. 다음 물음에 답하시오. (단, 표준정규분포를 따르는 확률변수 $Z$에 대하여 $P(Z > 1.96) = 0.025$, $P(Z > 1.645) = 0.05$, $P(Z > 1.23) = 0.1$, $P(Z > 1) = 0.15$, $P(Z > 0.84) = 0.2$이다).

1) $\overline{X} > 67$이면 귀무가설($H_0$)을 기각하려고 한다. $n = 25$일 때, $H_0$가 참인데 $H_0$를 기각할 오류확률, 즉 유의수준을 구하시오.

2) $n = 25$이고, 기각역을 $\overline{X} > K$라고 할 때, 유의수준 $\alpha = 0.05$가 되기 위한 $K$값은?

3) $\overline{X} > 67$이면 귀무가설($H_0$)을 기각하려고 한다. 평균 만족도 점수가 $\mu = 68$일 때의 검정력(power)을 0.8로 하기 위해서 필요한 최소 표본 수를 구하시오.

18. (2013년 5급(행정) 2차 통계학) A시는 기차역 승차권 매표 대기시간에 대한 승객들의 불만을 감소시키기 위하여 번호표 제도를 도입하고자 한다. 이 제도를 시범 실시한 후 25명의 승객을 임의로 뽑아서 대기시간을 조사하였더니 표준편차가 2분이었다. 현행 대기시간이 표준편차가 4분인 정규분포를 따른다고 할 때, 번호표 제도의 도입이 대기시간의 분산을 줄인다고 볼 수 있는지를 검정하고자 한다. 다음 물음에 답하시오. (단, $\chi_{0.975}^2(24) = 12.40$, $\chi_{0.95}^2(24) = 13.85$, $\chi_{0.05}^2(24) = 36.42$, $\chi_{0.025}^2(24) = 39.36$, $\chi_\alpha^2(df)$는 분포 $\chi^2(df)$에서의 $100(1-\alpha)$ 분위수이다)

1) 모분산($\sigma^2$)의 식으로 귀무가설과 대립가설을 세우고, 이 가설을 검정하기 위한 검정통계량과 그 분포를 기술하시오.

2) 1)에서 제안한 검정통계량의 값을 구하여 유의수준 5%에서 가설검정을 하고, 그 결과를 구체적으로 기술하시오.

3) 이 검정 문제에서의 제1종 오류의 의미를 구체적으로 기술하시오.

19. (2012년 입법고시 2차 통계학) 새로운 복지정책에 대한 전체 국민의 지지율을 알아보기 위하여 한 여론조사업체가 전화번호부에 기재된 모든 유선전화번호 중 400개를 무작위로 추출하여 이 복지정책에 대한 지지율을 조사하였다. 전체 응답률이 25%라고 할 때 다음에 답하시오.

1) 이 정책에 대한 여론조사 지지율이 59%였다면, 이 결과로부터 유의수준 5%하에서 통계적으로 과반수의 국민들이 이 정책에 지지한다고 볼 수 있는지에 대하여 논하시오.

2) 이 정책에 대한 여론조사 지지율이 80%였다면, 전체 국민의 정책에 대한 지지율의 95% 신뢰구간을 구하시오.

사례분석
9

# 국민부담률

출처 : 셔터스톡

경제적인 삶의 질을 중시하면서 경제 상황의 악화에 따른 삶의 고통을 계량화할 수 있는 지표로 국민부담률(national burden ratio)[2]을 고려한다. 국민부담률은 통계청이나, OECD 통계에서 쉽게 얻을 수 있으며 한해 국민이 내는 세금(국세·지방세)에 사회보장기여금(국민연금, 건강보험료, 고용보험료 등)을 더한 후 이를 그해 국내총생산(GDP)으로 나눈 값이다.

1995년부터 2017년까지 23년 동안 우리나라의 국민부담률을 살펴보면 꾸준히 증가한 것을 확인할 수 있다. 그 이유는 노인복지예산과 노년부양비 등이 지속해서 상승하는 등 고령화 사회에 진입하면서 정부 부채 또한 지속해서 증가하는 모습을 보이기 때문이다. 하지만 우리나라의 국민부담률은 2017년 기준 경제협력개발기구(OECD) 회원국 평균 34.2%보다 7.3% 낮은 26.9%이고 34개의 OECD 국가들 중 29번째라는 점에서 우리나라는 다른 OECD 국가보다 국민부담이 상대적으로 크지 않음을 알 수 있다.

최근 OECD 자료에 의하면 주요 34개국에 대한 국민부담률은 다음과 같다.

**사례자료 9 세계 주요 국가의 국민부담률**

| 국가 | 국민부담률 | 국가 | 국민부담률 | 국가 | 국민부담률 |
|------|-----------|------|-----------|------|-----------|
| 한국 | 26.9 | 핀란드 | 43.3 | 노르웨이 | 38.2 |
| 이스라엘 | 32.7 | 프랑스 | 46.2 | 폴란드 | 33.9 |
| 터키 | 24.9 | 독일 | 37.5 | 포르투갈 | 34.7 |
| 캐나다 | 32.2 | 그리스 | 39.4 | 슬로바키아 | 32.9 |
| 멕시코 | 16.2 | 헝가리 | 37.7 | 슬로베니아 | 36.0 |
| 미국 | 27.1 | 아이슬란드 | 37.7 | 스페인 | 33.7 |
| 칠레 | 20.2 | 아일랜드 | 22.8 | 스웨덴 | 44.0 |
| 오스트리아 | 41.8 | 이탈리아 | 42.4 | 스위스 | 28.5 |
| 벨기에 | 44.6 | 라트비아 | 30.4 | 영국 | 33.3 |
| 체코 | 34.9 | 리투아니아 | 29.8 | 뉴질랜드 | 32.0 |
| 덴마크 | 46.0 | 룩셈부르크 | 38.7 | OECD 평균 | 34.2 |
| 에스토니아 | 33.0 | 네덜란드 | 38.8 | | |

출처 : OECD(2017).

----

[2] 국민부담률 대신 **고통지수**(misery index)를 고려할 수도 있으며, 이 책 제4판 사례분석에서는 고통지수를 사용하였다. 고통지수는 미국 브루킹스 연구소의 경제학자 아서 오쿤(Arthur Okun)이 고안한 경제지표로서 경제주체들이 가장 심각하게 느끼는 고통인 실업률과 물가 상승률의 합만으로 구하는 방법과 실업률과 물가 상승률의 합에서 실질 국내총생산(GDP) 증가율을 빼서 구하는 방법이 있다.

● 세계 국가들의 국민부담률이 정규분포한다고 가정한 후 국민부담률의 분산이 100이라는 가설을 세우고 5% 유의수준에서 양측검정을 수행해보자. $P$-값은 얼마인가?

● 이번에는 1% 유의수준에서 양측검정을 수행해보자. 5% 유의수준을 이용한 경우와 검정 결과가 달라진 이유는 무엇인가?

**사례분석 9**

# 가설검정과 ETEX

가설검정을 위해 엑셀을 이용할 수 있지만 활용 범위는 매우 제한적이다. 검정통계량의 비교 대상이 되는 임곗값을 계산하기 위해 사용할 수 있는 정도이다. 또한 엑셀에서 제공하는 몇 가지 함수에 대한 사용법을 알아야 한다. 예를 들어 모집단의 분산을 알거나 표본이 충분히 큰 경우 모집단 평균이나 모집단 비율의 가설검정에 필요한 임곗값을 계산해주는 함수는 NORM.S.INV()이다. 만일 유의수준 $\alpha=0.1$의 임곗값을 구하려면 =NORM.S.INV(0.9)와 같이 입력하면 된다. 즉 $z_\alpha=$NORM.S.INV$(1-\alpha)$인 관계가 성립한다. 그리고 양측검정을 위한 임곗값의 계산은 $\alpha=0.1$인 경우 $z_{\alpha/2}=$NORM.S.INV$(1-\alpha/2)=$NORM.S.INV$(0.95)$와 같이 계산해야 한다.

한편 모집단의 분산을 모르고 표본이 충분히 크지 않은 경우의 가설검정에는 $t$-분포를 이용하게 되는데, 엑셀에서 제공하는 함수인 T.INV()를 사용하여 임곗값을 계산할 수 있다. 단, T.INV()는 정규분포 때와는 달리 양측검정 값만을 계산한다. 따라서 사용자는 임곗값 계산에 주의를 기울여야 한다. 가령, 자유도가 $d.f.=15$이고 유의수준이 $\alpha=0.1$인 경우 T.INV(0.1, 15)와 같이 입력하면 되지만, 만약 단측검정을 위한 값을 계산한다면 T.INV(0.2, 15)와 같이 입력하여 계산해야 한다. 또한 모집단이 정규분포하는 경우 모집단 분산의 가설검정에 필요한 임곗값을 계산해주는 함수는 CHISQ.INV()이다.

## 1. 가설검정을 위한 ETEX

엑셀의 추가기능 소프트웨어인 ETEX는 엑셀과 달리 모집단 평균, 모집단 비율, 모집단 분산의 가설검정에 필요한 검정통계량, 임곗값, $P$-값을 계산해주며 검정 결과로 귀무가설 기각 여부까지 판단해 준다. ETEX를 이용하여 가설검정을 수행하기 위해서 그림 1과 같이 엑셀의 메뉴 표시줄에 있는 **추가기능** 탭에서 **ETEX** 메뉴 버튼을 선택하면 ETEX의 메뉴 창이 열리게 된다.

이때 **신뢰구간/가설검정 → 가설검정**을 차례로 선택하면 **가설검정** 대화상자(그림 2)가 나타난다. 이 **가설검정**은 주어진 표본자료 혹은 입력정보를 이용하여 모집단 평균, 모집단 비율, 모집단 분산에 대한 가설검정을 수행해 준다.

**가설검정** 대화상자에 입력할 정보는 다음과 같다. 우선 **가설검정을 위한 모수 선택** 옵션에서 모집단 평균, 모집단 비율, 모집단 분산 중 하나를 선택한다. 모집단 평균이나 모집단 분산을 선택한 경우 표본자료가 있는 셀 범위를 입력하고, 모집단 비율을 선택한 경우 그림 3과 같은 대화상자에 자료 범위 대신 표본비율과 표본크기 정보를 입력한다. 그다음 대립가설의 유형에 따라 가설검정 유형을 선택한다. $H_1 : \theta > \theta_0$이면 첫 번째, $H_1 : \theta < \theta_0$이면 두 번째, $H_1 :$

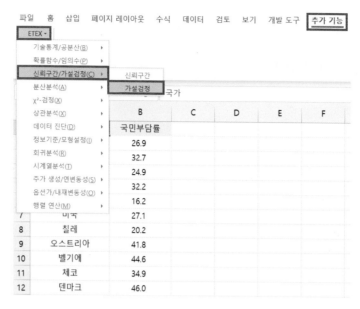

**그림 1** 가설검정 선택 경로

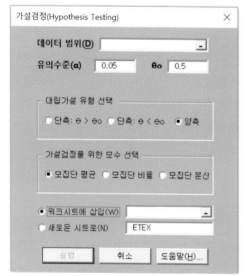

**그림 2** 가설검정 대화상자

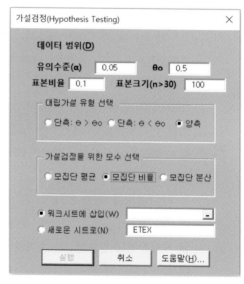

**그림 3** 가설검정 대화상자에 정보 입력(모집단 비율을 선택한 경우)

$\theta \ne \theta_0$이면 세 번째 옵션을 각각 선택하면 된다. 여기서 $\theta$는 모수로 $\mu$, $\sigma^2$, $p$ 등을 대표한다. 마지막으로 결과를 출력할 셀이나 시트 정보를 입력하면 **실행** 버튼이 활성화되고, 이 실행 버튼을 클릭하면 가설검정에 필요한 검정통계량, 임곗값, $P$-값, 귀무가설 기각 여부를 출력해 준다.

## 2. 국민부담률의 분산에 대한 가설검정

세계 주요 34개 국가의 국민부담률에 대한 사례자료 9를 엑셀 시트에 입력하거나 ▣ 사례분석09.xlsx 파일의 자료를 이용하여 가설검정을 수행할 수 있다. 세계 국가들의 국민부담률 분산이 100이라는 가설을 세우고 검정을 하기 위해서는 다음과 같이 귀무가설과 대립가설을 설정할 수 있다.

$$H_0 : \sigma^2 = 100, \ H_1 : \sigma^2 \neq 100$$

5% 유의수준에서 양측검정을 수행하기 위해 그림 4와 같이 **가설검정** 대화상자에 필요한 정보를 입력한다. 국민부담률 자료의 범위를 입력하고 유의수준은 0.05, $\theta_0$(여기서 $\sigma_0^2$)는 100, 그리고 가설검정을 위한 모수로는 모집단 분산을 선택한다.

실행 결과가 출력된 그림 5를 보면 검정통계량은 $(n-1)S^2/\sigma_0^2 = 17.3817$, 양측검정이므로 임곗값은 $\chi^2_{(33, 0.025)} = 19.0467$ 혹은 $\chi^2_{(33, 0.975)} = 50.7251$, 그리고 $P$-값은 0.0234이다. 계산된 검정통계량이 임곗값 19.0467보다 작아 기각역에 속하므로 가설검정을 위한 결정규칙에 따라 5% 유의수준에서 귀무가설을 기각한다. 한편 귀무가설이 참일 때 검정통계량이 계산된 검정통계량의 값보다 더 극단에 위치할 확률 혹은 귀무가설이 기각될 수 있는 최소 유의수준을 나타내는 $P$-값을 이용하여 가설검정을 수행할 수도 있다. 즉 $P$-값이 0.0234로 유의수준 0.05보다 작으므로 귀무가설을 기각한다. 따라서 세계 주요 국가들의 국민부담률 분산은 100이 아니라고 결론지을 수 있다.

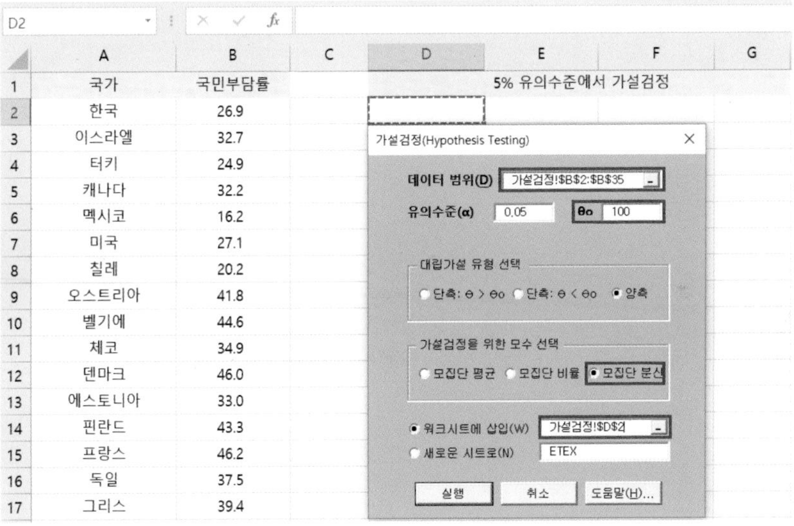

**그림 4** 가설검정 대화상자에 정보 입력

| | A | B | C | D | E | F | G |
|---|---|---|---|---|---|---|---|
| 1 | 국가 | 국민부담률 | | 5% 유의수준에서 가설검정 | | | |
| 2 | 한국 | 26.9 | | 검정통계량 | 임계값 | P-값 | 검정결과 |
| 3 | 이스라엘 | 32.7 | | 17.38169412 | 19.0466615 | 0.02337611 | Ho 기각 |
| 4 | 터키 | 24.9 | | | | | |
| 5 | 캐나다 | 32.2 | | 1% 유의수준 가설검정 | | | |
| 6 | 멕시코 | 16.2 | | 검정통계량 | 임계값 | P-값 | 검정결과 |
| 7 | 미국 | 27.1 | | 17.38169412 | 15.81527442 | 0.02337611 | Ho 채택 |

**그림 5** 가설검정 결과

이번에는 1% 유의수준에서 양측검정을 수행하면 임곗값이 15.8153으로 작아져 검정통계량은 채택역[15.8153($=\chi^2_{(33, 0.005)}$)~57.6485($=\chi^2_{(33, 0.995)}$)]에 속하여 귀무가설은 채택된다. 물론 1% 유의수준을 이용한 가설검정의 $P$-값은 0.0234로 변함이 없지만, 유의수준이 낮아져서 '$P$-값>유의수준'이 되며 $P$-값을 이용한 결정규칙을 적용하여도 귀무가설을 기각할 수 없다. 즉, 5% 유의수준을 이용한 경우와 다른 결과가 도출된다. 따라서 이 사례에서 알 수 있는 것처럼 표준적인 유의수준(1%, 5%, 10%)을 사용하여도 유의수준에 따라 민감하게 귀무가설이 기각되거나 채택될 수 있으므로 유의수준 설정에 유의해야 한다.

사례분석 9

# R 함수를 이용한 가설검정

## 1. 가설검정을 위한 R 함수

R에서는 모평균, 모비율, 모분산 비율에 대한 가설검정을 쉽게 수행할 수 있도록 t.test(), prop.test(), var.test() 등의 내장함수를 제공하며, TeachingDemos 패키지를 설치하면[3] sigma.test() 함수를 이용하여 모분산(표준편차)에 대한 가설검정을 수행할 수 있다.

    t.test(x, y, alternative, mu, paired, var.equal, conf.level)

t.test() 함수는 모평균에 대한 가설검정을 수행하며, 인수 입력은 다음과 같다. x = 단일 모집단 가설검정에 필요한 표본을 입력, y = 두 모집단 가설검정일 경우 다른 표본 입력, alternative = 대립가설의 형태를 입력(기본값은 양측검정을 의미하는 "two.sided"이며, 단측검정의 경우 "less" 혹은 "greater"이다.), mu = 귀무가설에서 설정된 모평균 값 $\mu_0$를 입력, paired = 기본값은 F이며 짝진 표본일 경우 T를 입력, var.equal = 기본값은 F이며 두 모집단 검정에서 동분산을 가정하는 경우 T를 입력, conf.level = 신뢰수준을 입력(기본값은 95%)한다.

    prop.test(x, n, p, alternative, conf.level)

prop.test() 함수는 여러 그룹의 모비율(성공 확률)이 같거나 주어진 특정 값과 동일하다는 가설을 검정하는 데 사용하며, 인수 입력은 다음과 같다. x = 성공에 해당하는 원소의 개수 입력, y = 전체 표본의 개수 입력, p = 귀무가설에서 설정된 모비율(성공 확률) 값 입력, 그리고 alternative와 conf.level는 t.test() 함수의 인수와 동일하다.

    var.test(x, y, ratio, alternative, conf.level)

var.test() 함수는 두 정규모집단 분산비에 대한 가설검정을 수행하며, 인수 입력은 다음과 같다. x = 가설검정에 필요한 첫 번째 표본을 입력, y = 가설검정에 필요한 두 번째 표본을 입력, ratio = 귀무가설에서 설정한 두 모집단 분산비를 입력, 그리고 alternative와 conf.level는 t.test() 함수의 인수와 동일하다.

---

[3] 패키지 설치 및 사용법에 대한 자세한 설명은 제1장 부록 2를 참조하라.

```
sigma.test(x, sigma, sigmasq, alternative, conf.level)
```

sigma.test() 함수는 정규모집단 분산(표준편차)에 대한 가설검정을 수행하며, 인수 입력은 다음과 같다. x=가설검정에 필요한 표본 입력, sigma=귀무가설에서 설정한 모표준편차값 입력, sigmasq=귀무가설에서 설정한 모분산 값 입력, 그리고 alternative와 conf.level은 t.test() 함수의 인수와 동일하다.

## 2. 국민부담률의 분산에 대한 가설검정

세계 주요 34개 국가의 국민부담률에 대한 사례자료 9를 R에 직접 입력하거나 📁사례분석09.txt 파일에 수록된 자료를 이용하여 가설검정을 수행할 수 있다. 사례분석을 수행하기 위해 📁사례분석09.txt에서 국민부담률 자료를 R로 불러온다.

```
NBR = read.table(file = "C:/Users/경영경제통계학/사례분석09.txt",
sep ="", header = T) # 자료(National Burden Ratio) 불러오기
head(NBR, n = 5)
```

**코드 1** 국민부담률 자료를 R로 불러오기

```
Console ~/ 
> head(NBR, n = 5)
      국가 국민부담률
1     한국      26.9
2  이스라엘     32.7
3     터키      24.9
4    캐나다      32.2
5    멕시코      16.2
```

**그림 6** 코드 1의 실행 결과

세계 국가들의 국민부담률 분산이 100이라는 가설검정을 수행하기 위한 귀무가설과 대립가설은

$$H_0 : \sigma^2 = 100, \; H_1 : \sigma^2 \neq 100$$

이며, 이 검정을 수행하기 위해 앞에서 소개한 sigma.test() 함수를 이용하여 코드 2를 작성할 수 있다. 참고로 35번째 행의 OECD 평균 자료를 국가별 국민부담률에서 제외하기 위해 명령어 NBR[-35, 2]에 -35를 입력하였다.

```
install.packages("TeachingDemos") # TeachingDemos 설치
library(TeachingDemos) # TeachingDemos 로드
sigma.test(NBR[-35, 2], sigmasq = 100, alternative = "two.sided") # 해당 함수 사용
```

**코드 2** 국민부담률 분산에 대한 가설검정을 수행

```
Console ~/
> sigma.test(NBR[-35,2], sigmasq = 100, alternative = "two.sided") # 해당 함수 사용

          One sample Chi-squared test for variance

data:  NBR[-35, 2]
X-squared = 17.382, df = 33, p-value = 0.02338
alternative hypothesis: true variance is not equal to 100
95 percent confidence interval:
 34.26647 91.25848
sample estimates:
var of NBR[-35, 2]
          52.6718
```

**그림 7** 코드 2의 실행 결과

해당 코드 수행 결과 $P$-값은 0.02338로 0.01과 0.05 사이에 위치하여, 5% 유의수준에서는 유의미하나 1% 유의수준에서는 유의미하지 않음을 확인할 수 있다. 추가로 유의수준 5%와 1%의 임곗값을 구해보자.

```
qchisq(0.025, df = 33, lower.tail = T ) # 5% 유의수준 양측검정
qchisq(0.005, df = 33, lower.tail = T ) # 1% 유의수준 양측검정
```

**코드 3** 임곗값 계산

```
Console ~/
> qchisq(0.025, df = 33, lower.tail = T ) # 5% 유의수준 양측검정
[1] 19.04666
> qchisq(0.005, df = 33, lower.tail = T ) # 1% 유의수준 양측검정
[1] 15.81527
```

**그림 8** 임곗값 계산 결과

임곗값 계산 결과에 의하면 1% 유의수준에서 양측검정을 수행하면 임곗값이 15.8153으로 작아지게 되어 검정통계량 17.382는 채택역[15.8153($=\chi^2_{(33,0.005)}$)~57.6485($=\chi^2_{(33,0.995)}$)]에 속하여 귀무가설은 채택된다. 물론 1% 유의수준을 이용한 가설검정의 $P$-값은 0.0234로 변함이 없지만, 유의수준이 낮아져서 '$P$-값>유의수준'이 되며 $P$-값을 이용한 결정규칙을 적용하여도 귀무가설을 기각할 수 없다. 즉, 5% 유의수준을 이용한 경우와 다른 결과가 도출된다. 따라서 이 사례에서 알 수 있는 것처럼 표준적인 유의수준(1%, 5%, 10%)을 사용하여도 유의수준에 따라 민감하게 귀무가설이 기각되거나 채택될 수 있으므로 유의수준 결정에 유의해야 한다.

# 집단 간 차이 및
# 독립성에 대한 추론

# 10

# 두 모집단 간 비교

지금까지 단일 모집단의 특성을 대표하는 모수의 추정과 검정에 대하여 살펴보았다. 하지만 우리는 흔히 두 모집단 간의 유사성이나 차이점을 찾아내기 위해 두 모집단을 비교하기 원한다. 예를 들어 기업 관리자들은 구조조정에 의한 조직 효율화, 직원 재교육, 기술 혁신, 장비 현대화 등 다양한 방법을 통해 기업의 경쟁력 향상을 도모한다. 이런 방법들이 실제로 기업의 경쟁력 향상에 도움이 되는지 알아보기 위해서 기업 관리자들은 경쟁력 향상을 위한 방법을 시행한 기업집단과 시행하지 않은 기업집단의 1인당 평균 생산량을 비교해 볼 수 있다. 이때 기업 관리자들에게 관심거리가 되는 모수는 두 모집단 간 평균 생산량의 차 $(\mu_1 - \mu_2)$가 될 것이다. 이 장에서는 이처럼 두 모집단의 특성 차이가 관심의 모수가 되는 경우의 추정과 검정 방법에 대해 앞에서 배운 내용을 기초하여 설명하기로 한다.

# 제1절 두 모집단의 평균 차에 대한 추론

### 1. 독립표본

두 모집단의 평균 차에 대한 추론을 위해서는 두 모집단으로부터 독립적으로 추출된 표본을 이용하거나 짝을 지어(matched) 추출된 표본을 이용할 수 있다. 먼저 전자의 경우에 대해 살펴보자. 독립적 표본이란 표본들 사이에 관계가 전혀 없음을 의미하며, 이런 독립적 표본추출 과정은 그림 10-1에 묘사되어 있다.

**그림 10-1**

두 모집단으로부터 추출된 독립표본

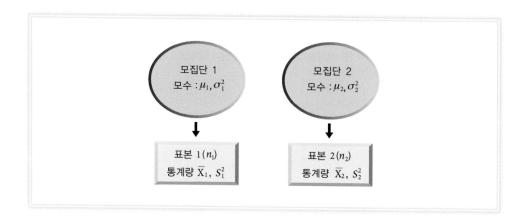

모집단 1로부터 크기 $n_1$인 표본을 추출하고 모집단 2로부터 크기 $n_2$인 표본을 독립적으로 추출하여 각 표본의 평균과 분산을 구할 수 있으며, 이를 각각 $\overline{X}_1$, $S_1^2$과 $\overline{X}_2$, $S_2^2$로 표기하자. 두 모집단의 평균 차 $\mu_1-\mu_2$에 대한 점추정량은 두 표본의 평균 차 $\overline{X}_1-\overline{X}_2$가 될 것이다. 따라서 두 모집단의 평균 차에 대한 추론 방법을 알아보기 위해서는 우선 $\overline{X}_1-\overline{X}_2$의 표본분포 특성을 알아야 한다. 두 모집단이 정규분포하면 독립적인 정규확률변수들의 선형 결합에 의한 확률변수도 정규분포에 따른다는 통계이론으로부터 $\overline{X}_1-\overline{X}_2$의 표본분포도 정규분포를 이루게 된다. 두 모집단이 정규분포하지 않을 때도 표본크기가 충분히 크면 $\overline{X}_1-\overline{X}_2$의 표본분포는 정규분포에 근접하게 된다.

표본의 평균 차 $\overline{X}_1-\overline{X}_2$의 기댓값과 분산은 다음과 같다.

$$E(\overline{X}_1-\overline{X}_2)=E(\overline{X}_1)-E(\overline{X}_2)=\mu_1-\mu_2$$
$$Var(\overline{X}_1-\overline{X}_2)=Var(\overline{X}_1)+Var(\overline{X}_2)-2Cov(\overline{X}_1,\overline{X}_2)$$
$$=\sigma_1^2/n_1+\sigma_2^2/n_2$$

여기서 두 표본이 독립이므로 $Cov(\overline{X}_1,\overline{X}_2)=0$이 된다.

**그림 10-2**

표본평균 차의
표본분포

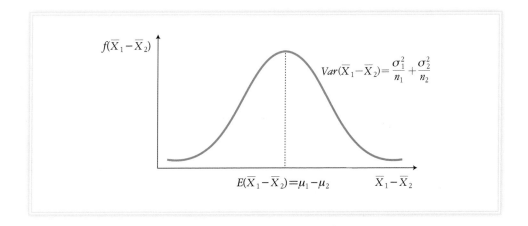

표준화를 통해 $\overline{X}_1 - \overline{X}_2$는 확률변수

$$Z = \frac{(\overline{X}_1 - \overline{X}_2) - (\mu_1 - \mu_2)}{\sqrt{\sigma_1^2/n_1 + \sigma_2^2/n_2}}$$

로 전환될 수 있으며, $Z$는 표준정규분포한다. 따라서 $\mu_1 - \mu_2$에 대한 $100(1-\alpha)\%$ 신뢰구간은

$$(\overline{X}_1 - \overline{X}_2) - z_{\alpha/2}\sqrt{\frac{\sigma_1^2}{n_1} + \frac{\sigma_2^2}{n_2}} < \mu_1 - \mu_2 < (\overline{X}_1 - \overline{X}_2) + z_{\alpha/2}\sqrt{\frac{\sigma_1^2}{n_1} + \frac{\sigma_2^2}{n_2}}$$

이 된다.

---

**두 모집단의 평균 차에 대한 추론 : 독립표본**

(정규모집단의 분산을 알거나 표본크기가 큰 경우)

1. $\mu_1 - \mu_2$에 대한 $100(1-\alpha)\%$ 신뢰구간

$$\left( (\overline{X}_1 - \overline{X}_2) - z_{\alpha/2}\sqrt{\frac{\sigma_1^2}{n_1} + \frac{\sigma_2^2}{n_2}}, \ (\overline{X}_1 - \overline{X}_2) + z_{\alpha/2}\sqrt{\frac{\sigma_1^2}{n_1} + \frac{\sigma_2^2}{n_2}} \right)$$

2. $\mu_1 - \mu_2$에 대한 가설검정
   - 가설설정 $H_0 : \mu_1 - \mu_2 = (\mu_1 - \mu_2)_0$ 혹은 $H_0 : \mu_1 - \mu_2 \leq (\mu_1 - \mu_2)_0$

     $H_1 : \mu_1 - \mu_2 > (\mu_1 - \mu_2)_0$

     검정통계량 $\dfrac{(\overline{X}_1 - \overline{X}_2) - (\mu_1 - \mu_2)_0}{\sqrt{\sigma_1^2/n_1 + \sigma_2^2/n_2}}$

     결정규칙-검정통계량이 임곗값 $z_\alpha$보다 크면 $H_0$를 기각
   - 가설설정 $H_0 : \mu_1 - \mu_2 = (\mu_1 - \mu_2)_0$ 혹은 $H_0 : \mu_1 - \mu_2 \geq (\mu_1 - \mu_2)_0$

     $H_1 : \mu_1 - \mu_2 < (\mu_1 - \mu_2)_0$

     검정통계량 $\dfrac{(\overline{X}_1 - \overline{X}_2) - (\mu_1 - \mu_2)_0}{\sqrt{\sigma_1^2/n_1 + \sigma_2^2/n_2}}$

> 결정규칙–검정통계량이 임곗값 $-z_\alpha$보다 작으면 $H_0$를 기각
>
> - 가설설정 $H_0 : \mu_1 - \mu_2 = (\mu_1 - \mu_2)_0$
>
>   $\qquad\qquad H_1 : \mu_1 - \mu_2 \neq (\mu_1 - \mu_2)_0$
>
>   검정통계량 $\dfrac{(\bar{X}_1 - \bar{X}_2) - (\mu_1 - \mu_2)_0}{\sqrt{\sigma_1^2/n_1 + \sigma_2^2/n_2}}$
>
>   결정규칙–검정통계량이 임곗값 $z_{\alpha/2}$보다 크거나 $-z_{\alpha/2}$보다 작으면 $H_0$를 기각
>
> 분산을 모르지만 표본크기 $n_1$과 $n_2$가 충분히 크면 $\sigma^2$ 대신 $S^2$을 사용하여 신뢰구간 추정
> 과 가설검정을 할 수 있다.

한편, $\mu_1 - \mu_2$에 대한 가설검정은 단일 모집단 평균 $\mu$에 대한 가설검정 과정과 동일한 절차
에 의해 수행된다. 귀무가설을 $H_0 : \mu_1 - \mu_2 = (\mu_1 - \mu_2)_0$라고 설정하면 검정통계량

$$Z = \frac{(\bar{X}_1 - \bar{X}_2) - (\mu_1 - \mu_2)_0}{\sqrt{\sigma_1^2/n_1 + \sigma_2^2/n_2}}$$

는 표준정규분포한다. 만약 $\sigma^2$을 모르지만 표본 크기가 충분히 크면 $\sigma^2$을 $S^2$으로 대체한 확
률변수

$$Z = \frac{(\bar{X}_1 - \bar{X}_2) - (\mu_1 - \mu_2)_0}{\sqrt{S_1^2/n_1 + S_2^2/n_2}}$$

도 표준정규분포에 근접하게 되어 신뢰구간 추정량과 검정통계량 대신 사용할 수 있다.

**예 10-1** ▶

한 연구자는 A산업 근로자와 B산업 근로자를 대상으
로 평균 능률지수를 조사하였다. 두 모집단은 정규분
포하며 A산업 근로자 능률지수의 분산은 100, B산업
근로자 능률지수의 분산은 144였다. 이 두 모집단으
로부터 각각 크기 25와 16인 표본을 서로 독립적으로
추출하여 표 10-1과 같은 표본자료를 얻었다.

- 두 그룹의 평균 능률지수 차에 대한 95% 신뢰구간을 계산하라.
- 통념적으로 A산업 근로자들의 평균 능률이 높다고 믿고 있다. 이런 통념이 타당한지
  조사하기 위해 1% 유의수준에서 두 그룹 근로자들의 평균 능률이 같다는 귀무가설을
  검정하라.

**표 10-1 두 산업별 근로자의 능률지수**

| 표본 1 (A산업 근로자의 능률지수) | | | | | | | | | | | | |
|-----|-----|-----|-----|-----|-----|-----|-----|-----|-----|-----|-----|-----|
| 108 | 107 | 101 | 108 | 103 | 109 | 103 | 116 | 116 | 115 | 111 | 116 | 109 |
| 111 | 120 | 102 | 119 | 124 | 101 | 114 | 128 | 111 | 115 | 129 | 126 | |

| 표본 2 (B산업 근로자의 능률지수) | | | | | | | | | | | | |
|-----|-----|-----|-----|-----|-----|-----|-----|-----|-----|-----|-----|-----|
| 116 | 98 | 94 | 89 | 124 | 99 | 114 | 114 | 99 | 89 | 110 | 117 | 99 |
| 94 | 92 | 117 | | | | | | | | | | |

**답**

- $\overline{X}_1 = \dfrac{\sum x}{n} = 112.88$, $\overline{X}_2 = \dfrac{\sum x}{n} = 104.0625$

문제로부터 $n_1 = 25$, $\sigma_1^2 = 100$, $n_2 = 16$, $\sigma_2^2 = 144$를 알 수 있다. 95% 신뢰구간의 경우 $\alpha/2 = 0.025$, $z_{0.025} = 1.96$이므로 신뢰구간 공식을 이용하여 다음과 같이 신뢰구간을 계산할 수 있다.

$$(112.88 - 104.0625) - 1.96 \sqrt{\frac{100}{25} + \frac{144}{16}} < \mu_1 - \mu_2$$
$$< (112.88 - 104.0625) + 1.96 \sqrt{\frac{100}{25} + \frac{144}{16}}$$

$$8.8175 - 7.0669 < \mu_1 - \mu_2 < 8.8175 + 7.0669$$

따라서 두 그룹의 평균 능률지수 차에 대한 95% 신뢰구간은 (1.7506, 15.8844)가 된다.

- A산업 근로자 평균 능률이 높다는 통념을 검정하려면 대립가설을 $\mu_1 - \mu_2 > 0$으로 설정하여야 한다. 따라서 귀무가설과 대립가설은 다음과 같이 설정된다.

$$H_0 : \mu_1 - \mu_2 = 0, \ H_1 : \mu_1 - \mu_2 > 0$$

주어진 정보를 이용하여 검정통계량을 계산하면 다음과 같다.

$$\frac{\overline{X}_1 - \overline{X}_2}{\sqrt{\sigma_1^2/n_1 + \sigma_2^2/n_2}} = \frac{112.88 - 104.0625}{\sqrt{100/25 + 144/16}} = 2.4455$$

1% 유의수준에서 $\alpha = 0.01$이 되므로 임곗값 $z_{0.01} = 2.3263$을 구할 수 있다. 결정규칙에 따라 $H_0$는 기각되며 1% 유의수준에서 A산업 근로자들의 평균 능률이 B산업 근로자들의 평균 능률보다 높다고 할 수 있다.

**예 10-2** ▶

어떤 은행은 새 지점 개설을 위해 적합한 지역을 모색하는 과정에서 가장 유력한 후보지 두 군데를 선정하였다. 이 두 지역주민의 연평균 소득수준이 다르다면 주민의 연평균 소득수준이 높은 지역을 최종 선정하려고 한다. 따라서 이 은행에서는 두 지역주민 간 연평균 소득수준에 차이가 있다는 대립가설을 세우고, 가설검정을 하기 위해 두 지역주민 중 각각 가구주 200명을 독립적으로 선정하여 임의표본을 추출하였다. 첫 번째 표본의 연평균 소득은 2,500만 원, 표준편차는 50만 원이었으며, 두 번째 표본의 연평균 소득은 2,550만 원, 표준편차는 100만 원이었다. 5% 유의수준에서 가설검정을 수행하라.

**답**

두 지역주민 간 연평균 소득수준에 차이가 있는지 알아보기 위해 다음과 같이 가설설정을 할 수 있다.

$$H_0 : \mu_1 - \mu_2 = 0, \ H_1 : \mu_1 - \mu_2 \neq 0$$

이 문제에 주어진 정보

$$n_1 = 200, \ \overline{X}_1 = 2500, \ S_1 = 50$$
$$n_2 = 200, \ \overline{X}_2 = 2550, \ S_2 = 100$$

을 이용하여 검정통계량을 계산하면 다음과 같다.

$$\frac{\overline{X}_1 - \overline{X}_2}{\sqrt{S_1^2/n_1 + S_2^2/n_2}} = \frac{2500 - 2550}{\sqrt{(50^2/200) + (100^2/200)}} = -6.3246$$

5% 유의수준을 정한 양측검정의 경우 $\alpha/2 = 0.025$이므로 임곗값은 $z_{0.025} = 1.96$ 혹은 $-z_{0.025} = -1.96$이다. $-6.3246 < -1.96$이므로 검정통계량이 임곗값 $-1.96$보다 작으면 $H_0$가 기각된다는 결정규칙에 따라 $H_0$가 기각된다. 결과적으로 두 지역주민 간의 연평균 소득수준은 차이가 난다고 할 수 있다.

모집단이 정규분포하지만 분산을 모르며 표본크기도 크지 않은 경우, 두 모집단의 평균 차에 대한 추론 과정은 어떻게 달라질까? 두 모집단 분산이 같은 경우와 다른 경우로 나누어 살펴볼 수 있으나 이 책에서는 보다 일반적인 전자의 경우만 살펴보기로 한다. 두 모집단의 분산이 같다면

$$Var(\overline{X}_1 - \overline{X}_2) = \frac{\sigma^2}{n_1} + \frac{\sigma^2}{n_2} = \sigma^2 \left( \frac{n_1 + n_2}{n_1 n_2} \right)$$

이며, 확률변수

$$Z = \frac{(\overline{X}_1 - \overline{X}_2) - (\mu_1 - \mu_2)}{\sigma \sqrt{\frac{n_1 + n_2}{n_1 n_2}}}$$

는 표준정규분포한다. 그러나 모집단분산 $\sigma^2$을 모르기 때문에 $\sigma^2$의 추정량 $S^2$을 대신 사용해야 하며, $S^2$은 두 표본분산으로부터 다음과 같이 구할 수 있다.

$$S^2 = \frac{(n_1-1)S_1^2 + (n_2-1)S_2^2}{n_1 + n_2 - 2}$$

$\sigma^2$ 대신 $S^2$으로 대체하면 확률변수

$$t_{n_1+n_2-2} = \frac{(\bar{X}_1 - \bar{X}_2) - (\mu_1 - \mu_2)}{S\sqrt{\dfrac{n_1+n_2}{n_1 n_2}}}$$

는 자유도 $n_1 + n_2 - 2$인 $t$-분포를 따르게 된다. 이때 $\mu_1 - \mu_2$에 대한 $100(1-\alpha)$% 신뢰구간은

$$(\bar{X}_1 - \bar{X}_2) - t_{(n_1+n_2-2,\,\alpha/2)}S\sqrt{\frac{n_1+n_2}{n_1 n_2}} < \mu_1 - \mu_2$$

$$< (\bar{X}_1 - \bar{X}_2) + t_{(n_1+n_2-2,\,\alpha/2)}S\sqrt{\frac{n_1+n_2}{n_1 n_2}}$$

가 된다. 가설검정을 위한 검정통계량은 다음과 같다.

$$t_{n_1+n_2-2} = \frac{(\bar{X}_1 - \bar{X}_2) - (\mu_1 - \mu_2)_0}{S\sqrt{\dfrac{n_1+n_2}{n_1 n_2}}}$$

---

### 두 정규모집단의 평균 차에 대한 추론 : 독립표본

(분산을 모르며 표본크기도 크지 않은 경우)
두 모집단의 분산이 같다고 가정하면

$$S^2 = \frac{(n_1-1)S_1^2 + (n_2-1)S_2^2}{n_1 + n_2 - 2}$$

1. $\mu_1 - \mu_2$에 대한 $100(1-\alpha)$% 신뢰구간

$$(\bar{X}_1 - \bar{X}_2) \pm t_{(n_1+n_2-2,\,\alpha/2)}S\sqrt{\frac{n_1+n_2}{n_1 n_2}}$$

2. $\mu_1 - \mu_2$에 대한 가설검정
   - 가설설정 $H_0 : \mu_1 - \mu_2 = (\mu_1 - \mu_2)_0$ 혹은 $H_0 : \mu_1 - \mu_2 \leq (\mu_1 - \mu_2)_0$
   
     $H_1 : \mu_1 - \mu_2 > (\mu_1 - \mu_2)_0$

     검정통계량 $\dfrac{(\bar{X}_1 - \bar{X}_2) - (\mu_1 - \mu_2)_0}{S\sqrt{\dfrac{n_1+n_2}{n_1 n_2}}}$

   결정규칙-검정통계량이 임곗값 $t_{(n_1+n_2-2,\,\alpha)}$보다 크면 $H_0$를 기각

- 가설설정 $H_0 : \mu_1 - \mu_2 = (\mu_1 - \mu_2)_0$ 혹은 $H_0 : \mu_1 - \mu_2 \geq (\mu_1 - \mu_2)_0$

  $H_1 : \mu_1 - \mu_2 < (\mu_1 - \mu_2)_0$

  검정통계량 $\dfrac{(\overline{X}_1 - \overline{X}_2) - (\mu_1 - \mu_2)_0}{S\sqrt{\dfrac{n_1 + n_2}{n_1 n_2}}}$

  결정규칙-검정통계량이 임곗값 $-t_{(n_1 + n_2 - 2,\ \alpha)}$보다 작으면 $H_0$를 기각

- 가설설정 $H_0 : \mu_1 - \mu_2 = (\mu_1 - \mu_2)_0$

  $H_1 : \mu_1 - \mu_2 \neq (\mu_1 - \mu_2)_0$

  검정통계량 $\dfrac{(\overline{X}_1 - \overline{X}_2) - (\mu_1 - \mu_2)_0}{S\sqrt{\dfrac{n_1 + n_2}{n_1 n_2}}}$

  결정규칙-검정통계량이 임곗값 $t_{(n_1 + n_2 - 2,\ \alpha/2)}$보다 크거나 $-t_{(n_1 + n_2 - 2,\ \alpha/2)}$보다 작으면 $H_0$를 기각

예 10-3 ▶

한 경영학자는 대기업에서 근무하는 근로자들의 평균 직장 만족도가 중소기업에서 근무하는 근로자들보다 높을 것으로 예상한다. 이를 통계적으로 증명해 보이기 위해 중소기업 근로자들로부터 표본 1을, 대기업 근로자들로부터 표본 2를 독립적으로 추출하여 직장 만족도를 조사하였다고 가정하자. 여기서 점수가 클수록 만족도가 높음을 의미한다.

출처 : 셔터스톡

**표 10-2 대기업과 중소기업 근로자의 직장 만족도**

| 표본 1 (중소기업 근로자, $n_1=10$) | | | | | | | | | |
|----|----|----|----|----|----|----|----|----|----|
| 41 | 45 | 42 | 62 | 68 | 54 | 52 | 55 | 44 | 60 |
| 표본 2 (대기업 근로자, $n_2=17$) | | | | | | | | | |
| 74 | 74 | 70 | 52 | 76 | 91 | 71 | 78 | 76 | 78 |
| 83 | 50 | 52 | 66 | 65 | 53 | 72 | | | |

정규분포하는 두 모집단의 분산은 같다고 가정하자.

- 두 모집단 평균의 차에 대한 90% 신뢰구간을 구하라.
- 중소기업 근로자들의 평균 직장 만족도가 대기업 근로자보다 높다는 귀무가설을 설정

하고 1% 유의수준에서 단측검정하라.

## 답

- 주어진 자료로부터 표본 통계량을 계산하면

$$\overline{X}_1 = 52.3, \ S_1 = 9.23, \ n_1 = 10$$
$$\overline{X}_2 = 69.471, \ S_2 = 11.78, \ n_2 = 17$$

이며, 90% 신뢰구간을 위해 $\alpha/2 = 0.05$ 그리고 $t_{(25, \, 0.05)} = 1.708$이다. 또한

$$S^2 = \frac{(9 \times 9.23^2) + (16 \times 11.78^2)}{10 + 17 - 2} = 119.48$$

이다. 이 결과들을 이용하여 신뢰구간을 계산하면 다음과 같다.

$$(52.3 - 69.471) - \left( 1.708 \times 10.9307 \times \sqrt{\frac{10 + 17}{10 \times 17}} \right) < \mu_1 - \mu_2$$
$$< (52.3 - 69.471) + \left( 1.708 \times 10.9307 \times \sqrt{\frac{10 + 17}{10 \times 17}} \right)$$
$$-24.6113 < \mu_1 - \mu_2 < -9.7301$$

따라서 두 모집단 평균의 차에 대한 90% 신뢰구간은 $(-24.6113, \ -9.7301)$이다.
- 중소기업 근로자들의 평균 직장 만족도가 대기업 근로자보다 높다는 것은 두 모집단 평균의 차 $\mu_1 - \mu_2$가 0보다 크다는 것을 의미하므로 귀무가설과 대립가설은

$$H_0 : \mu_1 - \mu_2 \geq 0, \ H_1 : \mu_1 - \mu_2 < 0$$

이 되며, 검정통계량은

$$t_{25} = \frac{52.3 - 69.471}{10.9307 \times \sqrt{\frac{10 + 17}{10 \times 17}}} = -3.9418$$

이다. 임곗값은 $t_{(25, \, 0.01)} = -2.485$이므로 결정규칙에 따라 $H_0$는 기각되며, 대기업 근로자들의 평균 직장 만족도가 중소기업 근로자보다 높다는 예상이 타당하다고 할 수 있다.

 **통계의 이해와 활용**

### 투수 그룹의 비교

80년 초에 시작한 프로야구는 35년 만에 840만 관중을 돌파한 명실공히 국내 최고의 인기 스포츠로서 우리에게 야구 관람의 즐거움을 한껏 선사해 주고 있다. 그런데 프로야구 중계를 보고 있노라면 중계 아나운서와 해설자가 투수의 사사구(볼넷과 몸에 맞는 볼)를 매우 좋지 않은 것으로 이야기하는 것

출처 : 셔터스톡

을 종종 들을 수 있다. 사사구가 좋지 않은 여러 가지 이유를 나름 설명하지만, 과학적 측면에서 그들의 이야기는 하나의 가설이다. 이와 관련된 일례로, 한 해설자가 자책점이 많은(혹은 높은 방어율) 투수들이 사사구를 잘 통제하지 못한다고 주장한다. 이 해설자의 주장이 통계적으로 타당한지 알아보기 위해 많은 투수가 활동 중인 미국 메이저리그(MLB)의 통계자료를 사용해 보았다. 메이저리그 투수의 방어율이 3.0 이상인 그룹(1)과 3.0 미만인 그룹(2)으로 나누어 두 그룹에 속하는 투수의 사사구 수의 표준편차를 계산해 볼 필요가 있다(투수들이 사사구를 잘 통제하지 못할수록 사사구 수의 분산은 증가한다고 가정함). 두 집단의 사사구 수는 정규분포한다고 가정하고 '두 그룹에 속하는 투수의 사사구 수에 대한 분산 비는 1과 같다'라는 귀무가설과 '1보다 크다'라는 대립가설을 설정한다. 만일 자책점이 많은 투수가 사사구를 잘 통제하지 못한다는 해설자의 주장이 타당하다면 귀무가설을 기각할 것이다.

MLB 투수 그룹의 방어율과 사사구 수의 기본 통계량

| | 구분 | N | 평균 | 표준편차 | 최솟값 | 최댓값 |
|---|---|---|---|---|---|---|
| 3.0 이상 방어율 투수 | 방어율 | 19 | 4.39 | 0.29 | 4.00 | 4.99 |
| | 사사구 | 19 | 59.05 | 11.82 | 38.00 | 87.00 |
| 3.0 미만 방어율 투사 | 방어율 | 15 | 2.68 | 0.26 | 2.27 | 2.98 |
| | 사사구 | 15 | 61.73 | 16.22 | 30.00 | 92.00 |

이 사례에서 계산된 검정통계량은 $11.82^2/16.22^2=0.5364$로 5% 유의수준의 임곗값 $F_{(18, 14, 0.05)}=2.41$보다 작기 때문에 두 그룹 간 사사구 수의 분산이 같다는 귀무가설은 채택되고 자책점이 많은 투수가 사사구를 잘 통제하지 못한다는 해설자의 주장은 통계적으로 타당하지 못하다.

## 2. 짝진 표본

앞에서 2개의 모집단에서 독립적으로 추출한 두 표본의 평균 차에 대한 추론 방법을 살펴보았으나, 두 표본이 서로 독립적이 아닌 짝진 표본의 평균 차에 대한 추론 방법을 설명하기로 하자. 남편과 부인의 평균 지능지수, 직업훈련 전과 후의 평균 작업능률 점수, 식이요법 전과 후의 평균 체중 등이 짝진 표본(paired sample)의 예가 될 수 있으며, 이 짝진 표본의 평균 차에 대한 추론은 중요한 의미가 있다.

짝진 표본($X_1$, $X_2$)의 크기를 $n$으로, 짝진 두 관측값의 차이를 $d$로 나타내면 차이의 표본평균과 분산은 다음과 같이 정의될 수 있다.

$$\bar{d} = \frac{\sum(X_1-X_2)}{n} = \frac{\sum d_i}{n}$$

$$S_d^2 = \frac{\sum(d_i - \bar{d})^2}{n-1}$$

차이 $d$의 기댓값 $\mu_d$는

$$\mu_d = E(d) = E(X_1 - X_2) = \mu_1 - \mu_2$$

가 되므로 두 모집단의 평균 차 $\mu_1 - \mu_2$에 대한 추론은 $\mu_d$에 대한 추론을 통해 가능하다. 다시 말해 짝진 표본에서 $n$개의 $d_i$를 구하면 이들의 평균인 $\bar{d}$에 의해 두 모집단 평균의 차이를 분석 하게 된다. $d$가 정규분포하고 표본이 작다면($n < 30$), 확률변수

$$t_{n-1} = \frac{\bar{d} - \mu_d}{S_d / \sqrt{n}}$$

는 자유도 $n-1$인 $t$-분포를 따른다.[1] 따라서 $\mu_d$ 혹은 $\mu_1 - \mu_2$에 대한 $100(1-\alpha)\%$ 신뢰구간은 다음과 같다.

$$\bar{d} - t_{(n-1,\,\alpha/2)}S_d / \sqrt{n} < \mu_1 - \mu_2 < \bar{d} + t_{(n-1,\,\alpha/2)}S_d / \sqrt{n}$$

두 모집단평균의 동일성에 대해 검정하기 위한 검정통계량은

$$t_{n-1} = \frac{\bar{d} - (\mu_1 - \mu_2)_0}{S_d / \sqrt{n}}$$

가 되어 자유도가 $n-1$인 $t$-분포를 따른다.

---

### 두 정규모집단의 평균 차에 대한 추론 : 짝진 표본

(분산을 모르며 표본 크기가 크지 않은 경우)

짝진 두 관측값의 차이 $d$가 정규분포한다고 가정하자.

1. $\mu_1 - \mu_2$에 대한 $100(1-\alpha)\%$ 신뢰구간

$$(\bar{d} - t_{(n-1,\,\alpha/2)}S_d / \sqrt{n}, \ \bar{d} + t_{(n-1,\,\alpha/2)}S_d / \sqrt{n})$$

2. $\mu_1 - \mu_2$에 대한 가설검정

   • 가설설정 $H_0 : \mu_1 - \mu_2 = (\mu_1 - \mu_2)_0$ 혹은 $H_0 : \mu_1 - \mu_2 \leq (\mu_1 - \mu_2)_0$

   $\quad\quad\quad\quad H_1 : \mu_1 - \mu_2 > (\mu_1 - \mu_2)_0$

   검정통계량 $\dfrac{\bar{d} - (\mu_1 - \mu_2)_0}{S_d / \sqrt{n}}$

   결정규칙—검정통계량이 임곗값 $t_{(n-1,\,\alpha)}$보다 크면 $H_0$를 기각

---

[1] 물론 표본의 크기가 충분히 크면 ($n \geq 30$), $(\bar{d} - \mu_d)/(S_d / \sqrt{n})$은 표준정규분포를 따르게 되지만 대부분 짝진 표본 의 크기가 작으므로 $t$-분포로 일반화하였다.

- 가설설정 $H_0 : \mu_1 - \mu_2 = (\mu_1 - \mu_2)_0$ 혹은 $H_0 : \mu_1 - \mu_2 \geq (\mu_1 - \mu_2)_0$

  $\qquad H_1 : \mu_1 - \mu_2 < (\mu_1 - \mu_2)_0$

  검정통계량 $\dfrac{\bar{d} - (\mu_1 - \mu_2)_0}{S_d / \sqrt{n}}$

  결정규칙-검정통계량이 임곗값 $-t_{(n-1,\ \alpha)}$보다 작으면 $H_0$를 기각

- 가설설정 $H_0 : \mu_1 - \mu_2 = (\mu_1 - \mu_2)_0$

  $\qquad H_1 : \mu_1 - \mu_2 \neq (\mu_1 - \mu_2)_0$

  검정통계량 $\dfrac{\bar{d} - (\mu_1 - \mu_2)_0}{S_d / \sqrt{n}}$

  결정규칙-검정통계량이 임곗값 $t_{(n-1,\ \alpha/2)}$보다 크거나 $-t_{(n-1,\ \alpha/2)}$보다 작으면 $H_0$를 기각

표본 크기가 충분히 크면 $t_\alpha$, $t_{\alpha/2}$ 대신 $z_\alpha$, $z_{\alpha/2}$를 사용한다.

**예 10-4 ▶**

통계학을 수강하는 경영학부 학생들을 대상으로 보충수업이 학생에게 도움이 되는지 알아보기 위해 6명을 임의로 선정하였다. 보충수업 전에 시험을 보게 하고 보충수업을 수강한 후 다시 시험을 보게 하였으며, 그 결과는 다음과 같다.

**표 10-3 보충수업 전과 후의 점수**

| 학생 | 보충수업 전($X_1$) | 보충수업 후($X_2$) | 점수 차이($d = X_1 - X_2$) |
|:---:|:---:|:---:|:---:|
| 1 | 75 | 82 | $-7$ |
| 2 | 71 | 73 | $-2$ |
| 3 | 52 | 59 | $-7$ |
| 4 | 46 | 48 | $-2$ |
| 5 | 70 | 69 | 1 |
| 6 | 83 | 93 | $-10$ |

보충수업이 학생들의 성적 향상에 도움이 되는지 5% 유의수준에서 검정하라.

**답**

보충수업으로 학생들의 성적이 향상됐는지에 관심이 있으므로 다음과 같이 가설설정을 할 수 있다.

$$H_0 : \mu_1 - \mu_2 = 0, \; H_1 : \mu_1 - \mu_2 < 0$$

주어진 자료에 의하면

$$\bar{d} = -4.5, \quad S_d = 4.1352, \quad n = 6$$

귀무가설 $H_0 : \mu_1 - \mu_2 = 0$ 하에서 검정통계량의 값은

$$\frac{\bar{d}}{S_d / \sqrt{n}} = \frac{-4.5}{4.1352 / \sqrt{6}} = -2.665$$

이다. 5% 유의수준하에서 단측검정을 위한 임곗값은 $-t_{(5,\,0.05)} = -2.015$ 이므로 $H_0$는 기각된다. 검정 결과 보충수업이 학생들의 시험성적을 올리는 효과가 있다고 할 수 있다.

**예 10-5 ▶**

출처 : 셔터스톡

혈압을 측정하는 혈압측정기는 자동혈압 측정기와 수동혈압 측정기로 구분된다. 두 가지 측정기로 혈압을 측정하였을 때, 측정결과에서 서로 차이를 보이는지 살펴보기 위해 일반인 20명을 대상으로 자동혈압 측정기와 수동혈압 측정기를 모두 적용하여 혈압을 측정하였다. 수동혈압 측정기로 사람이 직접 측정한 결과와 자동 측정기의 측정결과가 다음 표와 같을 때, 두 측정결과가 서로 차이가 나는지를 5% 유의수준에서 통계적으로 검정하라. [단, 여기서 혈압은 최고혈압(수축혈압)이다.]

**표 10-4 혈압측정 결과**

| | 평균 | 표준편차 |
|---|---|---|
| 수동($X_1$) | 120.40 | 8.85 |
| 자동($X_2$) | 119.40 | 4.86 |
| 차이($d$) | 1.00 | 6.98 |

**답**

서로 다른 두 혈압측정기의 측정값에 서로 차이가 있는지에 관심이 있으므로 다음과 같이 가설설정을 할 수 있다.

$$H_0 : \mu_1 - \mu_2 = 0, \; H_1 : \mu_1 - \mu_2 \neq 0$$

주어진 자료에 의하면

$$\bar{d}=1.0,\ S_d=6.98,\ n=20$$

귀무가설 $H_0 : \mu_1-\mu_2=0$하에서 검정통계량의 값은

$$\frac{\bar{d}}{S_d/\sqrt{n}}=\frac{1}{6.98/\sqrt{20}}=0.6407$$

이다. 5% 유의수준하에서 양측검정을 위한 임곗값은 $t_{(19,\,0.025)}=2.0930$이므로 $H_0$를 기각할 수 없다. 따라서 자동혈압측정기와 수동혈압측정기로 측정한 측정값 사이에는 차이가 없다고 할 수 있다.

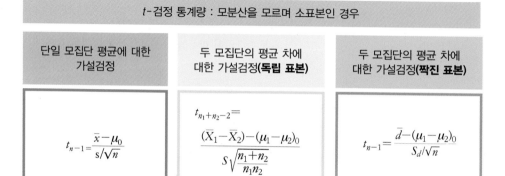

| $t$-검정 통계량 : 모분산을 모르며 소표본인 경우 | | |
|---|---|---|
| 단일 모집단 평균에 대한 가설검정 | 두 모집단의 평균 차에 대한 가설검정(**독립 표본**) | 두 모집단의 평균 차에 대한 가설검정(**짝진 표본**) |
| $t_{n-1}=\dfrac{\bar{x}-\mu_0}{s/\sqrt{n}}$ | $t_{n_1+n_2-2}=\dfrac{(\bar{X}_1-\bar{X}_2)-(\mu_1-\mu_2)_0}{S\sqrt{\dfrac{n_1+n_2}{n_1 n_2}}}$ | $t_{n-1}=\dfrac{\bar{d}-(\mu_1-\mu_2)_0}{S_d/\sqrt{n}}$ |

## 제2절 두 모집단의 비율 차에 대한 추론

도시와 지방의 부도율, 한국과 일본의 실업률, 남성과 여성의 취업률과 같은 두 모집단의 비율 차에 대한 추론 방법을 살펴보자. 한 모집단 비율을 $p_1$, 다른 모집단 비율을 $p_2$라고 하면 두 모집단의 비율 차 $p_1-p_2$의 점추정은 $\hat{p}_1-\hat{p}_2$가 된다. 표본크기가 충분히 크면 표본비율 $\hat{p}_1$과 $\hat{p}_2$가 정규분포에 근접하며 $\hat{p}_1-\hat{p}_2$도 정규분포에 근접하게 되어 기댓값과 분산은 다음과 같다.

$$E(\hat{p}_1-\hat{p}_2)=p_1-p_2$$
$$Var(\hat{p}_1-\hat{p}_2)=Var(\hat{p}_1)+Var(\hat{p}_2)=\frac{p_1(1-p_1)}{n_1}+\frac{p_2(1-p_2)}{n_2}$$

$\hat{p}_1-\hat{p}_2$는 표준화를 통해 표준정규분포하는 확률변수

$$Z=\frac{(\hat{p}_1-\hat{p}_2)-(p_1-p_2)}{\sqrt{\dfrac{p_1(1-p_1)}{n_1}+\dfrac{p_2(1-p_2)}{n_2}}}$$

로 전환된다. 표본의 크기가 클 때 $\hat{p}_1 - \hat{p}_2$의 분산 $p_1(1-p_1)/n_1 + p_2(1-p_2)/n_2$는 표본분산 $\hat{p}_1(1-\hat{p}_1)/n_1 + \hat{p}_2(1-\hat{p}_2)/n_2$로 대체될 수 있다.

두 모집단의 비율 차 $p_1 - p_2$에 대한 $100(1-\alpha)\%$ 신뢰구간은

$$(\hat{p}_1 - \hat{p}_2) - z_{\alpha/2}\sqrt{\frac{\hat{p}_1(1-\hat{p}_1)}{n_1} + \frac{\hat{p}_2(1-\hat{p}_2)}{n_2}} < p_1 - p_2$$

$$< (\hat{p}_1 - \hat{p}_2) + z_{\alpha/2}\sqrt{\frac{\hat{p}_1(1-\hat{p}_1)}{n_1} + \frac{\hat{p}_2(1-\hat{p}_2)}{n_2}}$$

이다. 두 모집단의 비율 차 $p_1 - p_2$에 대한 검정 절차는 두 모집단의 평균에 대한 검정과 유사하다. 귀무가설 $H_0 : p_1 - p_2 = 0$하에서 $p_1$과 $p_2$는 같으며, 이를 $p_0$로 표기하면 $p_0$의 추정값 $\hat{p}_0$는 $\hat{p}_1$과 $\hat{p}_2$의 가중평균이다.

$$\hat{p}_0 = \frac{n_1\hat{p}_1 + n_2\hat{p}_2}{n_1 + n_2}$$

$p_1$과 $p_2$가 같다는 귀무가설하에 검정통계량

$$Z = \frac{\hat{p}_1 - \hat{p}_2}{\sqrt{\hat{p}_0(1-\hat{p}_0)\left(\dfrac{1}{n_1} + \dfrac{1}{n_2}\right)}}$$

은 표준정규분포에 근접하게 된다.

**예 10-6 ▶**

출처 : 셔터스톡

국회의원 선거(총선)에서 A당과 B당 중 어느 당이 우세할지에 대한 사람들의 예상에 차이가 있는지 알아보기 위해 선거전문가 그룹과 일반인 그룹으로 나누어 조사하였다. 임의로 선정된 100명의 선거전문가 중 20명이 A당이 우세하리라 예상하였으며, 임의로 선정된 144명의 일반인 중 41명이 A당이 우세하리라고 예상하였다. 두 표본은 서로 독립적이다.

- 전문가그룹과 일반인그룹의 A당 선거 우세 예상비율의 차에 대한 90% 신뢰구간을 구하라.
- 두 그룹의 A당 선거 우세 예상비율이 같다는 귀무가설을 18% 유의수준에서 양측검정하라.

**답**

- 전문가 그룹을 1, 일반인 그룹을 2라고 하면

$$n_1 = 100, \hat{p}_1 = 20/100 = 0.2$$
$$n_2 = 144, \hat{p}_2 = 41/144 = 0.2847$$

이며 90% 신뢰구간을 위한 $z_{\alpha/2}$는 $z_{0.05} = 1.645$이다. 그리고

$$z_{\alpha/2}\sqrt{\frac{\hat{p}_1(1-\hat{p}_1)}{n_1} + \frac{\hat{p}_2(1-\hat{p}_2)}{n_2}}$$

$$= 1.645 \times \sqrt{\frac{(0.2 \times 0.8)}{100} + \frac{(0.2847 \times 0.7153)}{144}} = 0.0903$$

신뢰구간 공식에 의해

$$(0.2 - 0.2847) - 0.0903 < p_1 - p_2 < (0.2 - 0.2847) + 0.0903$$
$$-0.1750 < p_1 - p_2 < 0.0056$$

즉 90% 신뢰구간은 $(-0.1750, 0.0056)$이다.

- 두 그룹의 A당 선거 우세 예상비율이 같다는 것은 $p_1 - p_2 = 0$을 의미하므로 귀무가설과 양측검정을 위한 대립가설은

$$H_0 : p_1 - p_2 = 0, \; H_1 : p_1 - p_2 \neq 0$$

이다. 검정통계량을 계산하기 위해 $p$의 측정값 $\hat{p}_0$를 구하면 다음과 같다.

$$\hat{p}_0 = \frac{n_1\hat{p}_1 + n_2\hat{p}_2}{n_1 + n_2} = \frac{(100 \times 0.2) + (144 \times 0.2847)}{100 + 144} = 0.25$$

따라서 검정통계량은

$$\frac{\hat{p}_1 - \hat{p}_2}{\sqrt{\hat{p}_0(1-\hat{p}_0)\left(\frac{1}{n_1} + \frac{1}{n_2}\right)}} = \frac{0.2 - 0.2847}{\sqrt{0.25 \times 0.75 \times \left(\frac{1}{100} + \frac{1}{144}\right)}}$$

$$= -\frac{0.0847}{0.05638} = -1.503$$

18% 유의수준에서 임곗값 $z_{\alpha/2}$는 $-z_{0.09} = -1.34$이므로 결정규칙에 따라 귀무가설은 기각된다. 두 그룹 간에 A당이 총선에서 우세할 것으로 예상하는 비율의 차이가 존재한다고 볼 수 있다.

---

### 두 모집단의 비율 차에 대한 추론

(표본 크기가 큰 경우)

1. $p_1 - p_2$에 대한 $100(1 - \alpha)\%$ 신뢰구간

$$(\hat{p}_1 - \hat{p}_2) \pm z_{\alpha/2} \sqrt{\frac{\hat{p}_1(1-\hat{p}_1)}{n_1} + \frac{\hat{p}_2(1-\hat{p}_2)}{n_2}}$$

2. $p_1 - p_2$에 대한 가설검정

    두 모집단의 비율이 같다고 가정하면 $p$의 추정값 $\hat{p}_0$는 $\hat{p}_1$과 $\hat{p}_2$의 가중평균이다.

$$\hat{p}_0 = \frac{n_1\hat{p}_1 + n_2\hat{p}_2}{n_1 + n_2}$$

- 가설설정   $H_0 : p_1 - p_2 = 0$ 혹은 $p_1 - p_2 \leq 0$

             $H_1 : p_1 - p_2 > 0$

    검정통계량 $\dfrac{\hat{p}_1 - \hat{p}_2}{\sqrt{\hat{p}_0(1-\hat{p}_0)\left(\dfrac{1}{n_1} + \dfrac{1}{n_2}\right)}}$

    결정규칙–검정통계량이 임곗값 $z_\alpha$보다 크면 $H_0$를 기각

- 가설설정   $H_0 : p_1 - p_2 = 0$ 혹은 $p_1 - p_2 \geq 0$

             $H_1 : p_1 - p_2 < 0$

    검정통계량 $\dfrac{\hat{p}_1 - \hat{p}_2}{\sqrt{\hat{p}_0(1-\hat{p}_0)\left(\dfrac{1}{n_1} + \dfrac{1}{n_2}\right)}}$

    결정규칙–검정통계량이 임곗값 $-z_\alpha$보다 작으면 $H_0$를 기각

- 가설설정   $H_0 : p_1 - p_2 = 0$

             $H_1 : p_1 - p_2 \neq 0$

    검정통계량 $\dfrac{\hat{p}_1 - \hat{p}_2}{\sqrt{\hat{p}_0(1-\hat{p}_0)\left(\dfrac{1}{n_1} + \dfrac{1}{n_2}\right)}}$

    결정규칙–검정통계량이 임곗값 $z_{\alpha/2}$보다 크거나 $-z_{\alpha/2}$보다 작으면 $H_0$를 기각

# 제3절 두 정규모집단의 분산 비에 대한 추론

    두 모집단 특성의 비교연구에서 두 모집단의 산포도가 관심의 대상인 경우가 종종 발생한다. 예를 들어 두 종류의 투자 수익률 분산의 비교, 두 가지 계산기의 계산오차 비교, 동일 상품을 생산하는 두 제조공장에서 생산된 상품들의 분산비교 등은 우리의 주요 관심사가 될 수 있다. 또한 두 모집단의 평균을 비교하는 경우 두 분산의 동일성 여부는 올바른 추론 방법을 결정하는 중요한 요인이 되었다. 따라서 이 절에서는 두 모집단이 정규분포하며 표본은 두 모집단으로부터 독립적으로 추론되었다고 가정하고, 두 모집단의 분산비교에 대한 추정과 검정방법에 대해 알아보기로 하자.

두 모집단의 분산비교를 위해 분산의 비율을 이용한다면 관심의 대상이 되는 모수는 $\sigma_1^2/\sigma_2^2$이 된다. 앞에서 $\sigma^2$의 적합한 점추정량은 표본분산 $S^2$이었던 것처럼 $\sigma_1^2/\sigma_2^2$에 대한 적합한 점추정량은 두 표본의 분산비율 $S_1^2/S_2^2$이다. 그런데 $S_1^2/S_2^2$은 $F$-분포($F$-distribution)와 밀접한 관계를 맺게 된다. $F$-분포는 $\chi^2$-분포처럼 표본분산과 관련이 있으나 $\chi^2$-분포와는 다른 목적으로 사용된다. 즉 $\chi^2$-분포는 단일 정규모집단의 모분산 추론에 사용되지만 $F$-분포는 두 정규모집단의 모분산을 비교하는 데 사용된다.

---

**$F$-분포**

각 자유도에 의해 나눈 두 독립적인 $\chi^2$-분포의 비율은 $F$-분포한다. 즉 자유도가 $\nu_1 = n_1-1$인 $\chi^2$변수와 자유도가 $\nu_2 = n_2-1$인 $\chi^2$변수가 있고 서로 독립적이라면, 확률변수

$$F_{(\nu_1,\ \nu_2)} = \frac{\chi_{\nu_1}^2/\nu_1}{\chi_{\nu_2}^2/\nu_2}$$

는 자유도가 $\nu_1$과 $\nu_2$인 $F$-분포에 따른다.

---

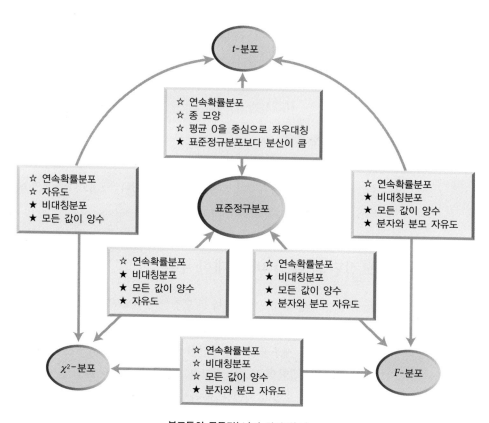

분포들의 공통점(☆)과 차이점(★)

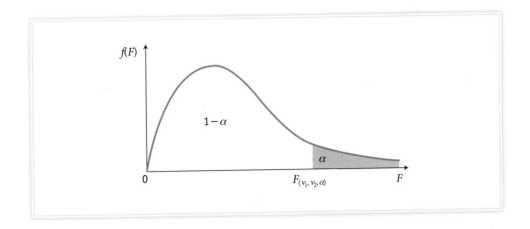

**그림 10-3**

$F$-분포

$F$-분포는 항상 양의 값을 가지며 오른쪽 긴 꼬리 비대칭분포 형태를 이루고 있다. $F$-분포의 모양은 분자 자유도 $v_1$과 분모 자유도 $v_2$에 따라 달라지며, 자유도가 커짐에 따라 대칭분포 형태에 가까워진다. 부록에 있는 $F$-분포표는 $\alpha$가 0.05와 0.01인 $F$-분포의 임곗값을 제공한다. 임곗값 $F_{(v_1,\ v_2,\ \alpha)}$는 $F$-분포에서 임곗값의 오른쪽 면적이 $\alpha$가 되는 값이다.

$$P(F_{(v_1,\ v_2)} > F_{(v_1,\ v_2,\ \alpha)}) = \alpha$$

예를 들어 자유도가 $v_1=20$, $v_2=10$인 $F$-분포에서 $\alpha=0.01$이 되는 각 임곗값은 $F_{(20,\ 10,\ 0.01)}=4.41$이다.

$F$-분포표 $\qquad\qquad\qquad\qquad\qquad\qquad\qquad\qquad\qquad\qquad\qquad\qquad\qquad\qquad\qquad$ $\alpha=0.01$

| 분모 자유도 $v_2$ | 분자 자유도 $v_1$ | | | | | | | | | | | | | | | | | | |
|---|---|---|---|---|---|---|---|---|---|---|---|---|---|---|---|---|---|---|---|
| | 1 | 2 | 3 | 4 | 5 | 6 | 7 | 8 | 9 | 10 | 12 | 15 | 20 | 24 | 30 | 40 | 60 | 120 | ∞ |
| 1 | 4052 | 4999.5 | 5403 | 5625 | 5764 | 5859 | 5928 | 5982 | 6022 | 6056 | 6106 | 6157 | 6209 | 6235 | 6261 | 6287 | 6313 | 6339 | 6366 |
| 2 | 98.50 | 99.00 | 99.17 | 99.25 | 99.30 | 99.33 | 99.36 | 99.37 | 99.39 | 99.40 | 99.42 | 99.43 | 99.45 | 99.46 | 99.47 | 99.47 | 99.48 | 99.48 | 99.50 |
| 3 | 34.12 | 30.82 | 29.46 | 28.71 | 28.24 | 27.91 | 27.67 | 27.49 | 27.35 | 27.23 | 27.05 | 26.87 | 26.69 | 26.60 | 26.50 | 26.41 | 26.32 | 26.22 | 26.13 |
| 4 | 21.20 | 18.00 | 16.69 | 15.98 | 15.52 | 15.21 | 14.98 | 14.80 | 14.66 | 14.55 | 14.37 | 14.20 | 14.02 | 13.93 | 13.84 | 13.75 | 13.65 | 13.56 | 13.46 |
| 5 | 16.26 | 13.27 | 12.06 | 11.39 | 10.97 | 10.67 | 10.46 | 10.29 | 10.16 | 10.05 | 9.89 | 9.72 | 9.55 | 9.47 | 9.38 | 9.29 | 9.20 | 9.11 | 9.02 |
| 6 | 13.75 | 10.92 | 9.78 | 9.15 | 8.75 | 8.47 | 8.26 | 8.10 | 7.98 | 7.87 | 7.72 | 7.56 | 7.40 | 7.31 | 7.23 | 7.14 | 7.06 | 6.97 | 6.88 |
| 7 | 12.25 | 9.55 | 8.45 | 7.85 | 7.46 | 7.19 | 6.99 | 6.84 | 6.72 | 6.62 | 6.47 | 6.31 | 6.16 | 6.07 | 5.99 | 5.91 | 5.82 | 5.74 | 5.65 |
| 8 | 11.26 | 8.65 | 7.59 | 7.01 | 6.63 | 6.37 | 6.18 | 6.03 | 5.91 | 5.81 | 5.67 | 5.52 | 5.36 | 5.28 | 5.20 | 5.12 | 5.03 | 4.95 | 4.86 |
| 9 | 10.56 | 8.02 | 6.99 | 6.42 | 6.06 | 5.80 | 5.61 | 5.47 | 5.35 | 5.26 | 5.11 | 4.96 | 4.81 | 4.73 | 4.65 | 4.57 | 4.48 | 4.40 | 4.31 |
| 10 | 10.04 | 7.56 | 6.55 | 5.99 | 5.64 | 5.39 | 5.20 | 5.06 | 4.94 | 4.85 | 4.71 | 4.56 | 4.41 | 4.33 | 4.25 | 4.17 | 4.08 | 4.00 | 3.91 |
| 11 | 9.65 | 7.21 | 6.22 | 5.67 | 5.32 | 5.07 | 4.89 | 4.74 | 4.63 | 4.54 | 4.40 | 4.25 | 4.10 | 4.02 | 3.94 | 3.86 | 3.78 | 3.69 | 3.60 |
| 12 | 9.33 | 6.93 | 5.95 | 5.41 | 5.06 | 4.82 | 4.64 | 4.50 | 4.39 | 4.30 | 4.16 | 4.01 | 3.86 | 3.78 | 3.70 | 3.62 | 3.54 | 3.45 | 3.36 |
| 13 | 9.07 | 6.70 | 5.74 | 5.21 | 4.86 | 4.62 | 4.44 | 4.30 | 4.19 | 4.10 | 3.96 | 3.82 | 3.66 | 3.59 | 3.51 | 3.43 | 3.34 | 3.25 | 3.17 |
| 14 | 8.86 | 6.51 | 5.56 | 5.04 | 4.69 | 4.46 | 4.28 | 4.14 | 4.03 | 3.94 | 3.80 | 3.66 | 3.51 | 3.43 | 3.35 | 3.27 | 3.18 | 3.09 | 3.00 |

또한 $\alpha=0.05$가 되는 임곗값은 $F_{(20,\ 10,\ 0.05)}=2.77$이다.

$F$-분포표 $\qquad\qquad$ $\alpha=0.05$

| 분모 자유도 $\nu_2$ | 분자 자유도 $\nu_1$ | | | | | | | | | | | | | | | | | | |
|---|---|---|---|---|---|---|---|---|---|---|---|---|---|---|---|---|---|---|---|
| | 1 | 2 | 3 | 4 | 5 | 6 | 7 | 8 | 9 | 10 | 12 | 15 | 20 | 24 | 30 | 40 | 60 | 120 | ∞ |
| 1 | 161.4 | 199.5 | 215.7 | 224.6 | 230.2 | 234.0 | 236.8 | 238.9 | 240.5 | 241.9 | 243.9 | 245.9 | 248.0 | 249.1 | 250.1 | 251.1 | 252.2 | 253.3 | 254.3 |
| 2 | 18.51 | 19.00 | 19.16 | 19.25 | 19.30 | 19.33 | 19.35 | 19.37 | 19.38 | 19.40 | 19.41 | 19.43 | 19.45 | 19.45 | 19.46 | 19.47 | 19.48 | 19.49 | 19.50 |
| 3 | 10.13 | 9.55 | 9.28 | 9.12 | 9.01 | 8.94 | 8.89 | 8.85 | 8.81 | 8.79 | 8.74 | 8.70 | 8.66 | 8.64 | 8.62 | 8.59 | 8.57 | 8.55 | 8.53 |
| 4 | 7.71 | 6.94 | 6.59 | 6.39 | 6.26 | 6.16 | 6.09 | 6.04 | 6.00 | 5.96 | 5.91 | 5.86 | 5.80 | 5.77 | 5.75 | 5.72 | 5.69 | 5.66 | 5.63 |
| 5 | 6.61 | 5.79 | 5.41 | 5.19 | 5.05 | 4.95 | 4.88 | 4.82 | 4.77 | 4.74 | 4.68 | 4.62 | 4.56 | 4.53 | 4.50 | 4.46 | 4.43 | 4.40 | 4.36 |
| 6 | 5.99 | 5.14 | 4.76 | 4.53 | 4.39 | 4.28 | 4.21 | 4.15 | 4.10 | 4.06 | 4.00 | 3.94 | 3.87 | 3.84 | 3.81 | 3.77 | 3.74 | 3.70 | 3.67 |
| 7 | 5.59 | 4.74 | 4.35 | 4.12 | 3.97 | 3.87 | 3.79 | 3.73 | 3.68 | 3.64 | 3.57 | 3.51 | 3.44 | 3.41 | 3.38 | 3.34 | 3.30 | 3.27 | 3.23 |
| 8 | 5.32 | 4.46 | 4.07 | 3.84 | 3.69 | 3.58 | 3.50 | 3.44 | 3.39 | 3.35 | 3.28 | 3.22 | 3.15 | 3.12 | 3.08 | 3.04 | 3.01 | 2.97 | 2.93 |
| 9 | 5.12 | 4.26 | 3.86 | 3.63 | 3.48 | 3.37 | 3.29 | 3.23 | 3.18 | 3.14 | 3.07 | 3.01 | 2.94 | 2.90 | 2.86 | 2.83 | 2.79 | 2.75 | 2.71 |
| 10 | 4.96 | 4.10 | 3.71 | 3.48 | 3.33 | 3.22 | 3.14 | 3.07 | 3.02 | 2.98 | 2.91 | 2.85 | 2.77 | 2.74 | 2.70 | 2.66 | 2.62 | 2.58 | 2.54 |
| 11 | 4.84 | 3.98 | 3.59 | 3.36 | 3.20 | 3.09 | 3.01 | 2.95 | 2.90 | 2.85 | 2.79 | 2.72 | 2.65 | 2.61 | 2.57 | 2.53 | 2.49 | 2.45 | 2.40 |
| 12 | 4.75 | 3.89 | 3.49 | 3.26 | 3.11 | 3.00 | 2.91 | 2.85 | 2.80 | 2.75 | 2.69 | 2.62 | 2.54 | 2.51 | 2.47 | 2.43 | 2.38 | 2.34 | 2.30 |
| 13 | 4.67 | 3.81 | 3.41 | 3.18 | 3.03 | 2.92 | 2.83 | 2.77 | 2.71 | 2.67 | 2.60 | 2.53 | 2.46 | 2.42 | 2.38 | 2.34 | 2.30 | 2.25 | 2.21 |
| 14 | 4.60 | 3.74 | 3.34 | 3.11 | 2.96 | 2.85 | 2.76 | 2.70 | 2.65 | 2.60 | 2.53 | 2.46 | 2.39 | 2.35 | 2.31 | 2.27 | 2.22 | 2.18 | 2.13 |

$F_{(20,\,10)}$이 각 임곗값보다 클 확률은

$$P(F_{(20,\,10)}>4.41)=0.01,\ P(F_{(20,\,10)}>2.77)=0.05$$

가 된다. $F$-분포표에는 $\alpha$가 0.05와 0.01인 경우만 수록되어 있고 0.95나 0.99인 경우는 수록되어 있지 않다. 그 이유는 다음 관계를 이용해서 $F_{(\nu_1,\,\nu_2,\,1-\alpha)}$를 쉽게 구할 수 있기 때문이다.

$$F_{(\nu_1,\,\nu_2,\,1-\alpha)}=\frac{1}{F_{(\nu_2,\,\nu_1,\,\alpha)}}$$

예를 들어 $\alpha=0.95$인 $F_{(5,\,10)}$의 임곗값은 $F_{(10,\,5,\,0.05)}=4.74$로부터 다음과 같이 구할 수 있다.

$$F_{(5,\,10,\,0.95)}=\frac{1}{F_{(10,\,5,\,0.05)}}=\frac{1}{4.74}=0.211$$

$F$-분포표 $\qquad\qquad$ $\alpha=0.05$

| 분모 자유도 $\nu_2$ | 분자 자유도 $\nu_1$ | | | | | | | | | | | | | | | | | | |
|---|---|---|---|---|---|---|---|---|---|---|---|---|---|---|---|---|---|---|---|
| | 1 | 2 | 3 | 4 | 5 | 6 | 7 | 8 | 9 | 10 | 12 | 15 | 20 | 24 | 30 | 40 | 60 | 120 | ∞ |
| 1 | 161.4 | 199.5 | 215.7 | 224.6 | 230.2 | 234.0 | 236.8 | 238.9 | 240.5 | 241.9 | 243.9 | 245.9 | 248.0 | 249.1 | 250.1 | 251.1 | 252.2 | 253.3 | 254.3 |
| 2 | 18.51 | 19.00 | 19.16 | 19.25 | 19.30 | 19.33 | 19.35 | 19.37 | 19.38 | 19.40 | 19.41 | 19.43 | 19.45 | 19.45 | 19.46 | 19.47 | 19.48 | 19.49 | 19.50 |
| 3 | 10.13 | 9.55 | 9.28 | 9.12 | 9.01 | 8.94 | 8.89 | 8.85 | 8.81 | 8.79 | 8.74 | 8.70 | 8.66 | 8.64 | 8.62 | 8.59 | 8.57 | 8.55 | 8.53 |
| 4 | 7.71 | 6.94 | 6.59 | 6.39 | 6.26 | 6.16 | 6.09 | 6.04 | 6.00 | 5.96 | 5.91 | 5.86 | 5.80 | 5.77 | 5.75 | 5.72 | 5.69 | 5.66 | 5.63 |
| 5 | 6.61 | 5.79 | 5.41 | 5.19 | 5.05 | 4.95 | 4.88 | 4.82 | 4.77 | 4.74 | 4.68 | 4.62 | 4.56 | 4.53 | 4.50 | 4.46 | 4.43 | 4.40 | 4.36 |
| 6 | 5.99 | 5.14 | 4.76 | 4.53 | 4.39 | 4.28 | 4.21 | 4.15 | 4.10 | 4.06 | 4.00 | 3.94 | 3.87 | 3.84 | 3.81 | 3.77 | 3.74 | 3.70 | 3.67 |
| 7 | 5.59 | 4.74 | 4.35 | 4.12 | 3.97 | 3.87 | 3.79 | 3.73 | 3.68 | 3.64 | 3.57 | 3.51 | 3.44 | 3.41 | 3.38 | 3.34 | 3.30 | 3.27 | 3.23 |
| 8 | 5.32 | 4.46 | 4.07 | 3.84 | 3.69 | 3.58 | 3.50 | 3.44 | 3.39 | 3.35 | 3.28 | 3.22 | 3.15 | 3.12 | 3.08 | 3.04 | 3.01 | 2.97 | 2.93 |
| 9 | 5.12 | 4.26 | 3.86 | 3.63 | 3.48 | 3.37 | 3.29 | 3.23 | 3.18 | 3.14 | 3.07 | 3.01 | 2.94 | 2.90 | 2.86 | 2.83 | 2.79 | 2.75 | 2.71 |
| 10 | 4.96 | 4.10 | 3.71 | 3.48 | 3.33 | 3.22 | 3.14 | 3.07 | 3.02 | 2.98 | 2.91 | 2.85 | 2.77 | 2.74 | 2.70 | 2.66 | 2.62 | 2.58 | 2.54 |
| 11 | 4.84 | 3.98 | 3.59 | 3.36 | 3.20 | 3.09 | 3.01 | 2.95 | 2.90 | 2.85 | 2.79 | 2.72 | 2.65 | 2.61 | 2.57 | 2.53 | 2.49 | 2.45 | 2.40 |
| 12 | 4.75 | 3.89 | 3.49 | 3.26 | 3.11 | 3.00 | 2.91 | 2.85 | 2.80 | 2.75 | 2.69 | 2.62 | 2.54 | 2.51 | 2.47 | 2.43 | 2.38 | 2.34 | 2.30 |
| 13 | 4.67 | 3.81 | 3.41 | 3.18 | 3.03 | 2.92 | 2.83 | 2.77 | 2.71 | 2.67 | 2.60 | 2.53 | 2.46 | 2.42 | 2.38 | 2.34 | 2.30 | 2.25 | 2.21 |
| 14 | 4.60 | 3.74 | 3.34 | 3.11 | 2.96 | 2.85 | 2.76 | 2.70 | 2.65 | 2.60 | 2.53 | 2.46 | 2.39 | 2.35 | 2.31 | 2.27 | 2.22 | 2.18 | 2.13 |

두 정규모집단에서 서로 독립적으로 표본이 추론되었다면 $(n_1-1)S_1^2/\sigma_1^2$과 $(n_2-1)S_2^2/\sigma_2^2$도 독립된 $\chi^2$-분포를 따르므로 $F$-분포의 정의에 의해

$$F_{(v_1,\,v_2)}=\frac{\dfrac{(n_1-1)S_1^2/\sigma_1^2}{n_1-1}}{\dfrac{(n_2-1)S_2^2/\sigma_2^2}{n_2-1}}=\frac{\dfrac{S_1^2}{\sigma_1^2}}{\dfrac{S_2^2}{\sigma_2^2}}$$

는 분자 자유도 $v_1=n_1-1$과 분모 자유도 $v_2=n_2-1$인 $F$-분포한다. $\sigma_1^2/\sigma_2^2$의 $100(1-\alpha)\%$ 신뢰구간은 자유도가 $v_1$과 $v_2$인 $F$-분포를 이용하여 구할 수 있다.

$$P(F_{(v_1,\,v_2,\,1-\alpha/2)}<F_{(v_1,\,v_2)}<F_{(v_1,\,v_2,\,\alpha/2)})=1-\alpha$$

$$P(F_{(v_1,\,v_2,\,1-\alpha/2)}<\frac{S_1^2/\sigma_1^2}{S_2^2/\sigma_2^2}<F_{(v_1,\,v_2,\,\alpha/2)})=1-\alpha$$

따라서 신뢰구간은 다음과 같다.

$$F_{(v_2,\,v_1,\,1-\alpha/2)}\frac{S_1^2}{S_2^2}\,<\,\frac{\sigma_1^2}{\sigma_2^2}\,<\,F_{(v_2,\,v_1,\,\alpha/2)}\frac{S_1^2}{S_2^2}$$

---

**두 정규모집단의 분산 비에 대한 추론**

1. $\sigma_1^2/\sigma_2^2$에 대한 $100(1-\alpha)\%$ 신뢰구간

$$\left(F_{(v_2,\,v_1,\,1-\alpha/2)}\,\frac{S_1^2}{S_2^2}\,,\,F_{(v_2,\,v_1,\,\alpha/2)}\,\frac{S_1^2}{S_2^2}\right)$$

2. $\sigma_1^2/\sigma_2^2$에 대한 가설검정
   - 가설설정 $H_0:\sigma_1^2/\sigma_2^2=1$
     
     $H_1:\sigma_1^2/\sigma_2^2>1$
     
     검정통계량 $S_1^2/S_2^2$
     
     결정규칙-검정통계량이 임곗값 $F_{(v_1,\,v_2,\,\alpha)}$보다 크면 $H_0$를 기각
   - 가설설정 $H_0:\sigma_1^2/\sigma_2^2=1$
     
     $H_1:\sigma_1^2/\sigma_2^2\neq1$
     
     검정통계량 $S_1^2/S_2^2$
     
     결정규칙-검정통계량이 임곗값 $F_{(v_1,\,v_2,\,\alpha/2)}$보다 크거나 $F_{(v_1,\,v_2,\,1-\alpha/2)}$보다 작으면 $H_0$를 기각

두 정규모집단의 분산이 같은지 여부에 대한 검정은 두 분산비율이 1과 같은지에 대한 검정과 같다. 그러므로 귀무가설은

$$H_0 : \sigma_1^2/\sigma_2^2 = 1$$

로 나타낼 수 있으며, 귀무가설이 사실이라는 전제하에 검정통계량

$$\frac{S_1^2/\sigma_1^2}{S_2^2/\sigma_2^2} = \frac{S_1^2}{S_2^2}$$

은 자유도 $v_1$과 $v_2$의 $F$-분포하게 된다.

**예 10-7** ▶

신용 평가 기관인 스탠더드앤드푸어스에서 우리 금융기관에 대해 평가한 신용등급에 따라 금융기관을 두 그룹으로 나누고 각 그룹의 주식에 대한 수익률을 서로 비교하였다. 낮은 신용 평가를 받은 첫 번째 그룹에서 7개의 주식 수익률을, 높은 신용 평가를 받은 두 번째 그룹에서 11개의 주식 수익률을 각각 독립적으로 선정하였다. 그리고 표본분산 $S_1^2 = 83.35$, $S_2^2 = 48.02$를 얻었다.

- $\sigma_1^2/\sigma_2^2$에 대한 90% 신뢰구간을 구하라.
- 낮은 신용 평가를 받은 그룹의 주식 수익률의 분산이 높은 신용 평가를 받은 그룹의 주식 수익률의 분산보다 큰지 1% 유의수준에서 검정하라.

**답**

$S_1^2/S_2^2 = 83.35/48.02 = 1.7357$이다. 자유도는 $v_1 = n_1 - 1 = 6$과 $v_2 = n_2 - 1 = 10$이므로 $F_{(v_2, v_1, \alpha/2)} = F_{(10, 6, 0.05)} = 4.06$, 그리고 $F_{(v_2, v_1, 1-\alpha/2)} = 1/F_{(v_1, v_2, \alpha/2)} = 1/F_{(6, 10, 0.05)} = 1/3.22 = 0.3105$이다. 이 결과들을 이용하여 신뢰구간을 계산하면

$$F_{(v_2, v_1, 1-\alpha/2)} \frac{S_1^2}{S_2^2} < \frac{\sigma_1^2}{\sigma_2^2} < F_{(v_2, v_1, \alpha/2)} \frac{S_1^2}{S_2^2}$$

$$(0.3150 \times 1.7357) < \frac{\sigma_1^2}{\sigma_2^2} < (4.06 \times 1.7357)$$

$$0.5389 < \frac{\sigma_1^2}{\sigma_2^2} < 7.0469$$

$\sigma_1^2/\sigma_2^2$에 대한 90% 신뢰구간은 (0.5389, 7.0469)이다.

- 낮은 신용 평가를 받은 그룹의 주식 수익률의 분산이 높은 신용 평가를 받은 그룹의 주식 수익률의 분산보다 큰 경우 $\sigma_1^2/\sigma_2^2 > 1$이므로 귀무가설과 대립가설은 다음과 같이 설정될 수 있다.

$$H_0 : \frac{\sigma_1^2}{\sigma_2^2} = 1, \quad H_1 : \frac{\sigma_1^2}{\sigma_2^2} > 1$$

검정통계량의 값은

$$\frac{S_1^2}{S_2^2}=1.7357$$

이며 유의수준 1%에서 임곗값 $F_{(v_1,\ v_2,\ \alpha)}$는 $F_{(6,\ 10,\ 0.01)}=5.39$이다 결정규칙에 따라 귀무가설이 채택되며, 낮은 신용 평가를 받은 그룹의 주식 수익률의 분산이 높은 신용 평가를 받은 그룹의 주식 수익률의 분산보다 크다는 통계적 증거는 없다.

## 요약

두 모집단의 특성 차이를 분석하기 위한 관심의 모수로 두 모집단의 평균 차, 두 모집단의 비율 차, 두 모집단의 분산 비가 되는 경우의 추론에 대해 살펴본다.

**두 모집단 간 비교 : 검정통계량의 분포**

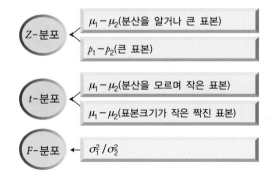

관심 모수로 두 모집단의 평균 차 $\mu_1-\mu_2$가 되는 경우 독립표본과 짝진 표본으로 나누어 추론할 수 있다. 독립표본의 경우 표본의 평균 차 $\overline{X}_1-\overline{X}_2$의 기댓값과 분산이 각각 $\mu_1-\mu_2$와 $\sigma_1^2/n_1+\sigma_2^2/n_2$가 된다는 사실을 이용하여 단일 모집단의 신뢰구간 추정 및 가설검정과 같은 방법으로 두 모집단의 평균 차 $\mu_1-\mu_2$에 대한 추론을 수행할 수 있다. 짝진 표본의 경우 짝진 표본$(X_1, X_2)$의 크기를 $n$으로, 짝진 두 관측값의 차이를 $d$로 나타내면 차이의 표본평균과 분산은 각각 다음과 같다.

$$\overline{d}=\frac{\sum(X_1-X_2)}{n}=\frac{\sum d_i}{n}$$

$$S_d^2=\frac{\sum(d_i-\overline{d})^2}{n-1}$$

이를 이용하여 두 모집단의 평균 차에 대한 추론을 수행한다.

두 모집단의 비율 차 $p_1 - p_2$의 추론을 위해 표본비율의 비율 차 $\hat{p}_1 - \hat{p}_2$의 기댓값은 $p_1 - p_2$, 분산은 $p_1(1-p_1)/n_1 + p_2(1-p_2)/n_2$가 된다는 사실을 이용한다.

한편, 두 모집단의 분산 비를 추론하기 위해 관심 대상이 되는 모수가 $\sigma_1^2/\sigma_2^2$이 되며, 이에 대한 적합한 점추정량은 두 표본의 분산비율 $S_1^2/S_2^2$이 된다는 사실을 이용한다. 그런데 $S_1^2/S_2^2$은 $F$-분포와 밀접한 관계를 맺게 된다. 즉 $\chi^2$-분포는 단일 정규모집단의 모분산 추론에 사용되지만 $F$-분포는 두 정규모집단의 모분산을 비교하기 위해 사용된다. 확률변수

$$F_{(v_1,\, v_2)} = \frac{\chi_{v_1}^2/v_1}{\chi_{v_2}^2/v_2}$$

은 자유도가 $v_1$과 $v_2$인 $F$-분포에 따른다. 이 $F$-분포는 항상 양의 값을 가지며 오른쪽 긴 꼬리 비대칭분포 형태를 이루고 있다. $F$-분포의 모양은 분자 자유도 $v_1$과 분모 자유도 $v_2$에 따라 달라지며, 자유도가 커짐에 따라 대칭분포 형태에 가까워진다.

 **주요 용어**

**짝진 표본**(paired sample)    서로 독립적이 아니며 짝지어진 두 표본

**$F$-분포**(F-distribution)    각 자유도에 의해 나눈 두 독립적인 $\chi^2$-분포의 비율로 항상 양의 값을 가지며 오른쪽 긴 꼬리 비대칭분포 형태를 이루고 분자와 분모의 자유도에 의해 분포의 모양이 결정됨.

 **연습문제**

1. $F$-분포의 형태와 자유도, 그리고 $F$-분포와 $\chi^2$-분포의 관계를 설명하라.

2. $F$-분포표를 이용하여 다음 값을 구하라.

   1) $F_{(2, 10, 0.01)}$

   2) $F_{(10, 2, 0.05)}$

   3) $F_{(7, 15, 0.95)}$

   4) $F_{(6, 8, 0.99)}$

3. 서로 독립이고 분산이 1인 정규분포하는 두 모집단 A, B가 있으며, 모집단 A에서 크기 20인 표본을, 모집단 B에서 크기 10인 표본을 각각 추출하였다고 가정하자. 모집단 평균의 차를 $\delta = \mu_A - \mu_B$로 나타내면 표본평균의 차 $\hat{\delta}$의 표본분포는 무엇인가?

4. 독립적인 2개의 임의표본이 평균 $\mu_1$과 $\mu_2$를 갖는 모집단으로부터 각각 추출되었다. 이 표

본들의 크기, 평균, 표준편차는 다음과 같다.

| 표본 1 | 표본 2 |
|---|---|
| $\overline{X}_1 = 8.0$ | $\overline{X}_2 = 7.0$ |
| $S_1 = 3.0$ | $S_2 = 1.0$ |
| $n_1 = 50$ | $n_2 = 60$ |

1) $\mu_1 - \mu_2$에 대한 95% 신뢰구간을 구하라.

2) 2% 유의수준에서 $H_0 : \mu_1 - \mu_2 = 0$, $H_1 : \mu_1 - \mu_2 \neq 0$을 검정하라.

5. 어떤 짝진 표본의 표본 통계량이 $\overline{d} = 10.5$, $S_d^2 = 100$이며 $d$는 정규분포한다.

1) $n = 10$인 경우 5% 유의수준에서 $H_0 : \mu_1 - \mu_2 = 0$, $H_1 : \mu_1 - \mu_2 > 0$을 검정하라.

2) $n = 50$인 경우 10% 유의수준에서 $H_0 : \mu_1 - \mu_2 = 0$, $H_1 : \mu_1 - \mu_2 \neq 0$을 검정하라.

6. 이동통신 회사에서 소비자들의 통화 성향을 알아보기 위해 소비자를 자영업자와 직장인 그룹으로 나누어 통화시간을 조사하였다. 자영업자 중 225명의 통화시간 기록을 임의로 선정하였으며, 이 표본의 평균은 121.4초, 분산은 900초였다. 그리고 직장인 중 100명의 통화시간 기록을 임의로 선정하였으며, 이 표본의 평균은 93.5초, 분산은 1,200초였다. 이 임의표본들은 서로 독립적이다. 이 두 그룹의 평균 통화시간의 차에 대한 90% 신뢰구간을 계산하라.

7. 우리 기업의 임금관리제도는 주로 연공제였으나, 국제화 시대를 맞이하여 생산성 향상을 통한 경쟁력 있는 기업으로 거듭나기 위해 연봉제를 도입하고 있다. 연봉제를 시행하거나 예정 중인 기업의 비율을 대기업 그룹과 중소기업 그룹으로 나누어 조사해 보니 대기업에서 추출된 임의표본 400개 기업 중 280개 기업이, 중소기업 그룹에서 추출된 임의표본 300개 기업 중 150개 기업이 연봉제를 시행하거나 도입할 예정이었다. 두 그룹의 연봉제 시행 및 도입 예정 비율이 같다고 할 수 있는지 10% 유의수준에서 양측검정하라.

8. 세계 전체 해외 직접투자(FDI)에서 한국과 대만이 차지하는 최근 6년간 비중 변화를 기록하였더니 다음과 같았다. 과거에 세계 전체 FDI에서 한국과 대만이 차지하는 비중이 정규분포한다고 하자.

세계 FDI 중 한국과 대만의 비중

| 한국 | 0.8 | 0.6 | 0.6 | 1.0 | 1.0 | 1.2 |
|---|---|---|---|---|---|---|
| 대만 | 0.9 | 0.9 | 1.0 | 1.0 | 0.8 | 0.9 |

출처 : 지식경제부 국제투자과

1) 과거 한국의 평균 비중과 대만의 평균 비중이 같다고 할 수 있는지 5% 유의수준에서 양측검정하라.

2) 과거에 세계 전체 FDI에서 두 나라가 차지하는 비중의 분산 비에 대한 90% 신뢰구간을 구하라.

3) 과거에 세계 전체 FDI에서 두 나라가 차지하는 비중에 대한 분산이 같은지 2% 유의수준에서 양측검정하라.

9. 골프화를 생산하는 한 기업에서 두 종류 골프화의 내구성을 알아보기 위해 골프화 A타입 한쪽과 골프화 B타입 한쪽을 한 켤레로 짝지어 10명의 소비자를 대상으로 얼마나 오래 신는지 실험을 해 보았다. 그 결과는 다음과 같다.

골프화 착용 기간                                                    (단위 : 개월)

| 골프화 종류 | 소비자 | | | | | | | | | |
|---|---|---|---|---|---|---|---|---|---|---|
| | 1 | 2 | 3 | 4 | 5 | 6 | 7 | 8 | 9 | 10 |
| A | 17 | 18 | 27 | 35 | 19 | 39 | 34 | 32 | 15 | 26 |
| B | 16 | 15 | 23 | 28 | 16 | 31 | 38 | 30 | 17 | 22 |
| $d$ | 1 | 3 | 4 | 7 | 3 | 8 | −4 | 2 | −2 | 4 |

A타입 골프화의 평균 착용 기간이 B타입의 평균 착용 기간보다 길다고 할 수 있는지 5% 유의수준에서 가설검정을 해라.

10. 서울과 부산에 거주하는 외국인을 대상으로 하루 생활비가 얼마나 드는지 조사해 보았다. 서울에 거주하는 21명을 임의추출하여 조사한 표본분산은 20,000원이었으며 부산에 거주하는 16명을 임의추출하여 조사한 표본분산은 15,000원이었다.

1) 이 두 모집단의 분산비율에 대한 98% 신뢰구간을 구하라.

2) 서울에 거주하는 외국인들의 하루 생활비 격차가 부산에 사는 외국인들의 하루 생활비 격차와 같다고 할 수 있는지 2% 유의수준에서 검정하라.

## 기출문제

1. (2019년 사회조사분석사 2급) 10명의 스포츠댄스 회원들이 한 달간 댄스프로그램에 참가하여 프로그램 시작 전 체중과 한 달 후 체중의 차이를 알아보려고 할 때 적합한 검정방법은?

① 대응표본 $t$-검정    ② 독립표본 $t$-검정

③ $z$-검정    ④ $F$-검정

2. (2019년 사회조사분석사 2급) 다음은 경영학과, 컴퓨터정보학과에서 15점 만점인 중간고사 결과이다. 두 학과 평균의 차이에 대한 95% 신뢰구간은?

| | 경영학과 | 컴퓨터정보학과 |
|---|---|---|
| 표본크기 | 36 | 49 |
| 표본평균 | 9.26 | 9.41 |
| 표준편차 | 0.75 | 0.86 |

① $-0.15 \pm 1.96 \sqrt{\dfrac{0.75^2}{36} + \dfrac{0.86^2}{49}}$

② $-0.15 \pm 1.645 \sqrt{\dfrac{0.75^2}{36} + \dfrac{0.86^2}{49}}$

③ $-0.15 \pm 1.96 \sqrt{\dfrac{0.75^2}{36} + \dfrac{0.86^2}{48}}$

④ $-0.15 \pm 1.645 \sqrt{\dfrac{0.75^2}{36} + \dfrac{0.86^2}{48}}$

**3.** (2019년 사회조사분석사 2급) 두 집단의 분산 동일성 검정에 사용되는 검정통계량의 분포는?

① $t$-분포      ② 기하분포

③ $\chi^2$-분포      ④ $F$-분포

**4.** (2018년 사회조사분석사 2급) 다음은 왼손으로 글자를 쓰는 8명을 대상으로 왼손의 악력 X와 오른손의 악력 Y를 측정하여 정리한 결과이다. 왼손으로 글자를 쓰는 사람들의 왼손 악력이 오른손 악력보다 강하다고 할 수 있는지 유의수준 5%에서 검정하고자 한다. 검정통계량 T의 값과 기각역을 구하면?

| 구분 | 관측값 | 평균 | 분산 |
|---|---|---|---|
| X | 90 ⋯ 110 | $\overline{X}=107.25$ | $S_X=18.13$ |
| Y | 87 ⋯ 100 | $\overline{Y}=103.75$ | $S_Y=18.26$ |
| D=X−Y | 3 ⋯ 10 | $\overline{D}=3.5$ | $S_D=4.93$ |

| $P[T \leq t_{(n,\,\alpha)}]$, $T \sim t(n)$ | | | | |
|---|---|---|---|---|
| d.f. | | $\alpha$ | | |
| | ⋯ | 0.05 | 0.025 | ⋯ |
| | | ⋮ | ⋮ | |
| 6 | ⋯ | 1.943 | 2.447 | ⋯ |
| 7 | ⋯ | 1.895 | 2.365 | ⋯ |
| 8 | ⋯ | 1.860 | 2.306 | ⋯ |
| | | ⋮ | ⋮ | |

① T=2.01, T≥1.895      ② T=0.71, T≥1.860

③ T=2.01, |T|≥2.365      ④ T=0.71, |T|≥1.895

**5.** (2018년 사회조사분석사 2급) 지난해 C대학 야구팀은 총 77게임을 하였는데 37번의 홈경기에서 26게임을 이긴 반면에 40번의 원정경기에서는 23게임을 이겼다. 홈경기 승률($\hat{p}_1$)과 원정경기 승률($\hat{p}_2$) 간의 차이에 대한 95% 신뢰구간으로 옳은 것은? (단, $Var(\hat{p}_1)=$ 0.0056, $Var(\hat{p}_2)=$0.0061이며, 표준정규분포에서 P(Z≥1.65)=0.05이고 P(Z≥1.96)=0.025

이다.)

① $0.128 \pm 1.65\sqrt{0.0005}$

② $0.128 \pm 1.65\sqrt{0.0117}$

③ $0.128 \pm 1.96\sqrt{0.0005}$

④ $0.128 \pm 1.96\sqrt{0.0117}$

6. (2016년 사회조사분석사 2급) 환자군과 대조군의 혈압을 비교하고자 한다. 각 집단에서 혈압은 정규분포를 따르며, 각 집단의 혈압 분산은 같다고 한다. 환자군 12명, 대조군 12명을 추출하여 평균을 조사하였다. 두 표본 $t$-검정을 실시할 때 적합한 자유도는?

① 11        ② 12

③ 22        ④ 24

7. (2016년 사회조사분석사 2급) 두 모집단의 모평균의 차에 관한 추론에서, 표본의 크기가 작고 모분산이 알려져 있지 않은 경우가 종종 발생한다. 이때 두 모집단의 분산이 동일하다고 가정하고 모분산에 대한 합동추정량을 구하면?

|  | 표본의 크기($n$) | 표본분산($s^2$) |
|---|---|---|
| 모집단 1의 자료 | 9 | 12.5 |
| 모집단 2의 자료 | 10 | 13.0 |

① 11.4        ② 12.1

③ 12.8        ④ 13.5

8. (2019년 9급 공개채용 통계학개론) 다음은 정부의 미세먼지 관련 정책에 대한 남녀 간 지지도의 차이를 알아보기 위해서 남녀 각각 100명씩을 조사하여 얻은 결과표이다. 남성의 지지율($p_1$)보다 여성의 지지율($p_2$)이 더 큰지 유의수준 5%에서 검정할 때, Z검정통계량의 값($Z_0$)과 기각역을 옳게 짝지은 것은? (단, $z_\alpha$는 표준정규분포의 제$100(1-\alpha)$백분위수이다)

| 구분 | | 지지 여부 | | 합계 |
|---|---|---|---|---|
| | | 지지함 | 지지하지 않음 | |
| 성별 | 남성 | 40 | 60 | 100 |
| | 여성 | 60 | 40 | 100 |
| 합계 | | 100 | 100 | 200 |

      Z 검정통계량                      기각역

①    $Z_0 = \dfrac{0.4 - 0.6}{\sqrt{\dfrac{0.5 \times 0.5}{100} + \dfrac{0.5 \times 0.5}{100}}}$        $Z_0 \geq z_{0.05}$

②    $Z_0 = \dfrac{0.4 - 0.6}{\sqrt{\dfrac{0.4 \times 0.6}{100} + \dfrac{0.6 \times 0.4}{100}}}$        $Z_0 \geq z_{0.05}$

③ $Z_0 = \dfrac{0.4 - 0.6}{\sqrt{\dfrac{0.5 \times 0.5}{100} + \dfrac{0.5 \times 0.5}{100}}}$ $\qquad Z_0 \le -z_{0.05}$

④ $Z_0 = \dfrac{0.4 - 0.6}{\sqrt{\dfrac{0.4 \times 0.6}{100} + \dfrac{0.6 \times 0.4}{100}}}$ $\qquad Z_0 \le -z_{0.05}$

9. (2017년 9급 공개채용 통계학개론) 두 도시의 평균가구소득에 차이가 없다는 귀무가설을 검정하기 위하여 두 도시에서 각각 6가구와 8가구를 임의로 추출하여 조사하였다. 두 도시의 가구소득 분산이 동일하다는 가정하에서 이 자료에 대한 $t$-검정통계량의 값이 $-1.85$, 유의확률(P-값)이=0.09일 때, $t$-검정통계량의 자유도와 유의수준 5%에서 검정 결과가 옳게 짝지어진 것은?

|  | 자유도 | 검정 결과 |
|---|---|---|
| ① | 12 | 귀무가설 기각함 |
| ② | 12 | 귀무가설 기각하지 않음 |
| ③ | 13 | 귀무가설 기각함 |
| ④ | 13 | 귀무가설 기각하지 않음 |

10. (2015년 9급 공개채용 통계학개론) 분산이 같고 서로 독립인 두 정규모집단 A와 B로부터 크기가 각각 16인 표본을 임의로 추출하여 두 모평균의 차에 대한 검정을 하려고 한다. 모집단 A의 표본분산이 64이고 모집단 공통분산의 추정량인 합동표본분산(pooled sample variance)이 50일 때, 모집단 B의 표본분산은?

① 16 　　　　　 ② 25

③ 36 　　　　　 ④ 49

11. (2014년 9급 공개채용 통계학개론) 두 정규모집단 A와 B에서 각각 표본을 취해 구한 표본분산 값이 각각 $S_A^2 = 47.3$, $S_B^2 = 36.4$이다. A집단의 모분산 $\sigma_A^2$이 B집단의 모분산 $\sigma_B^2$보다 크다고 할 수 있는지를 유의수준 5%로 검정하려고 할 때 가장 알맞은 검정방법은?

① $F$-검정 　　　　　 ② $t$-검정

③ $Z$-검정 　　　　　 ④ $\chi^2$-검정

12. (2013년 9급 공개채용 통계학개론) A회사의 디지털 저울보다 정확도가 더 높다고 생각되는 새로운 디지털 저울을 B회사에서 개발하였다고 한다. 이를 검증하기 위해 두 회사의 저울로 각각 열 개의 시료를 측정하여 얻은 표본분산의 비 $f = s_A^2 / s_B^2$를 구하였다. B회사의 제품이 A회사의 제품보다 산포가 더 적다고 할 수 있는지 유의수준 5%로 검정할 때 기각역은? (단, $F_\alpha(k_1, k_2)$는 자유도가 $k_1, k_2$인 $F$-분포의 제$(1-\alpha)$분위수를 나타낸다.)

① $f > F_{0.05}(10, 10)$ 　　　　　 ② $f > F_{0.05}(9, 9)$

③ $f < F_{0.05}(10, 10)$ 　　　　　 ④ $f < F_{0.05}(9, 9)$

13. (2011년 9급 통계학개론) 다음은 임의추출한 작업자 4명의 실무교육 이전과 이후의 작업 성과 점수에 대한 자료이다. 작업성과 점수가 정규분포를 따른다고 하고 실무교육 이전의

작업성과 점수의 평균을 $\mu_1$, 실무교육 이후의 작업성과 점수의 평균을 $\mu_2$라 할 때, $\mu_2 - \mu_1$에 대한 95% 신뢰구간을 구한 것은? (단, $t_\alpha(k)$는 자유도가 $k$인 $t$-분포의 $(1-\alpha) \times 100$번째 백분위수를 나타낸다.)

| 실무교육 ＼ 작업자 | 가 | 나 | 다 | 라 |
|---|---|---|---|---|
| 이전 | 6 | 5 | 6 | 7 |
| 이후 | 8 | 6 | 5 | 9 |
| 차이 | 2 | 1 | −1 | 2 |

① $1 \pm t_{0.025}(3) \times \dfrac{\sqrt{2}}{2}$  　　　 ② $1 \pm t_{0.025}(3) \times \dfrac{2}{2}$

③ $1 \pm t_{0.025}(6) \times \dfrac{\sqrt{2}}{2}$  　　　 ④ $1 \pm t_{0.025}(6) \times \dfrac{2}{2}$

14. (2019년 7급 공개채용 통계학) 질병에 대한 치료 효과를 검정하기 위해 환자 10명의 치료 전과 치료 후의 검사치가 다음 표와 같다. 여기에서 $X_1, X_2, \cdots, X_{10}$은 서로 독립이며 정규분포 $N(\mu_X, \sigma_X^2)$를, $Y_1, Y_2, \cdots, Y_{10}$은 서로 독립이며 정규분포 $N(\mu_Y, \sigma_Y^2)$를 따른다. 치료 전후 검사치의 차의 모평균 $\mu_D$에 대해 귀무가설 $H_0 : \mu_D = 0$ 대 대립가설 $H_0 : \mu_D > 0$을 유의수준 $\alpha$에서 검정하고자 한다. 이에 대한 설명으로 옳은 것은? (단, $t_\alpha(n)$는 자유도 $n$인 $t$분포의 제$100 \times (1-\alpha)$백분위수이다)

① 검정통계량 $\overline{D}/(S_D/\sqrt{10})$이 $-t_\alpha(9)$보다 작으면 귀무가설을 기각한다.

② 검정통계량 $\overline{D}/(S_D/\sqrt{10})$이 $t_\alpha(9)$보다 크면 귀무가설을 기각한다.

③ 검정통계량 $\overline{D}/(S_D/\sqrt{10})$이 $-t_\alpha(10)$보다 작으면 귀무가설을 기각한다.

④ 검정통계량 $\overline{D}/(S_D/\sqrt{10})$이 $t_\alpha(10)$보다 크면 귀무가설을 기각한다.

15. (2018년 7급 공개채용 통계학) 다음은 분산이 같고 서로 독립인 두 정규모집단 A와 B에서 임의로 표본을 추출하여 정리한 결과이다. 두 모집단의 공통분산에 대한 추정량인 합동표본분산(pooled sample variance)과 합동표본분산의 자유도를 구하면? (단, 두 모집단의 공통분산은 알려져 있지 않다)

| 모집단 | 표본크기 | 표본분산 |
|---|---|---|
| A | 5 | 2 |
| B | 6 | 4 |

합동표본분산　　　　　자유도

① 28/9　　　　　　　　 9

② 28/9　　　　　　　　 10

③ 34/10　　　　　　　　 9

④ 34/10　　　　　　　　 10

**16.** (2017년 7급 공개채용 통계학) 다음은 도시 A와 도시 B에서 지하철 이용 비율에 차이가 있는지 알아보기 위해 두 지역에서 각각 5000명, 3000명을 임의추출하여 조사한 결과이다. 도시 A의 지하철 이용 비율이 도시 B보다 높은지 검정하기 위한 검정통계량의 값과 유의수준 5%에서의 임계치(critical value)는?

| 도시 | 출근자 표본 수 | 지하철 이용 출근자 수 |
|------|---------------|----------------------|
| A | 5000 | 4000 |
| B | 3000 | 2000 |

Z-검정통계량의 값        임계치

① $\dfrac{\frac{4}{5}-\frac{2}{3}}{\sqrt{\frac{3}{4}\left(1-\frac{3}{4}\right)\left(\frac{1}{5000}-\frac{1}{3000}\right)}}$     $z_{0.05}=1.645$

② $\dfrac{\frac{4}{5}-\frac{2}{3}}{\sqrt{\frac{4}{5}\left(1-\frac{4}{5}\right)\left(\frac{1}{5000}-\frac{1}{3000}\right)}}$     $z_{0.05}=1.645$

③ $\dfrac{\frac{4}{5}-\frac{2}{3}}{\sqrt{\frac{3}{4}\left(1-\frac{3}{4}\right)\left(\frac{1}{5000}-\frac{1}{3000}\right)}}$     $z_{0.025}=1.96$

④ $\dfrac{\frac{4}{5}-\frac{2}{3}}{\sqrt{\frac{4}{5}\left(1-\frac{4}{5}\right)\left(\frac{1}{5000}-\frac{1}{3000}\right)}}$     $z_{0.025}=1.96$

**17.** (2015년 7급 공개채용 통계학) 두 전구회사 A, B에서 생산하는 전구의 수명시간은 모분산이 각각 $\sigma_A^2$, $\sigma_B^2$인 정규분포를 따른다고 한다. 두 회사 A, B의 전구를 각각 10개, 15개 무작위로 추출하여 수명시간의 표본분산 $S_A^2$, $S_B^2$을 구하였다. 표본분산의 비를 $f=S_A^2/S_B^2$이라고 할 때, 모분산의 비 $\sigma_A^2/\sigma_B^2$에 대한 $100(1-\alpha)\%$ 신뢰구간은? (단, $F_\alpha(m, n)$은 분자의 자유도가 $m$, 분모의 자유도가 $n$인 $F$분포의 제$100(1-\alpha)$ 백분위수를 나타낸다)

① $\left(f\cdot\dfrac{1}{F_{\alpha/2}(9,14)},\ f\cdot F_{\alpha/2}(14,9)\right)$

② $\left(f\cdot F_{1-\alpha/2}(9,14),\ f\cdot F_{\alpha/2}(9,14)\right)$

③ $\left(f\cdot\dfrac{1}{F_{\alpha/2}(14,9)},\ f\cdot F_{\alpha/2}(14,9)\right)$

④ $\left(f\cdot F_{1-\alpha/2}(14,9),\ f\cdot F_{\alpha/2}(9,14)\right)$

**18.** (2014년 7급 공개채용 통계학) 다음은 지역 A와 B에서 실시하는 복지 프로그램 대상자들의 평균연령에 차이가 있는지 알아보기 위해 두 지역에서 각각 50명의 복지 프로그램 대상자들을 임의 추출하여 연령을 조사한 결과이다.

|  | A지역 | B지역 |
|---|---|---|
| 표본평균 | 37 | 40 |
| 표본표준편차 | 7 | 9 |

두 지역의 복지 프로그램 대상자들의 평균연령에 차이가 있는지 알아보기 위한 검정통계량의 값은 $-1.86$이다. 이에 대한 설명으로 옳지 않은 것은? (단, $Z$가 표준정규분포를 따르는 확률변수일 때, $P(|Z|<1.96)=0.95$이고 $P(|Z|<1.645)=0.9$이다)

① 유의수준 0.05에서 두 지역 대상자들의 평균연령은 다르다고 할 수 있다.

② 유의수준 0.1에서 두 지역 대상자들의 평균연령은 다르다고 할 수 있다.

③ 유의수준 0.05에서 A지역 대상자들의 평균연령이 B지역보다 낮다고 할 수 있다.

④ 유의수준 0.1에서 A지역 대상자들의 평균연령이 B지역보다 낮다고 할 수 있다.

19. (2011년 7급 통계학) 어떤 지역의 백화점 A와 B를 이용하는 고객의 나이는 분산이 각각 48과 50인 정규분포를 따른다고 한다. 백화점 A를 이용하는 고객 중 12명, 백화점 B를 이용하는 고객 중 10명을 임의추출하였을 때 나이의 표본평균은 각각 40과 34이며, 두 표본은 서로 독립이다. 백화점 A를 이용하는 고객의 평균 나이를 $\mu_A$, 백화점 B를 이용하는 고객의 평균 나이를 $\mu_B$라 할 때, $\mu_A - \mu_B$에 대한 95% 신뢰구간은? (단, $z_\alpha$와 $t_\alpha(k)$는 각각 표준정규분포와 자유도가 $k$인 $t$-분포의 $(1-\alpha)\times100$번째 백분위수를 나타낸다.)

① $6 \pm t_{0.025}(20) \times 3$

② $6 \pm t_{0.025}(20) \times 7$

③ $6 \pm z_{0.025} \times 3$

④ $6 \pm z_{0.025} \times 7$

20. (2016년 5급(행정) 2차 통계학) 다음은 어느 기관에서 직원들의 직무수행력과 관련 있는 두 가지의 교육 프로그램(A와 B)을 비교하기 위하여 표본 추출된 직원을 대상으로 실험한 연구결과이다. 〈표 1〉은 두 교육 프로그램을 이수한 후 얻은 직무시험점수의 결과이다. (단, 두 교육 프로그램 후 직무시험점수는 분산이 동일한 정규분포를 따른다고 가정하며, $\sqrt{2}=1.414$로 계산한다.)

〈표 1〉 직무시험점수 결과

| 구분 | 평균 | 표준편차 |
|---|---|---|
| 프로그램 A | 60.4 | 19.00 |
| 프로그램 B | 58.2 | 19.00 |
| 차이(A−B) | 2.2 | 2.70 |

⟨표 2⟩ $t$-분포의 위치값 $t_\alpha$

|       | 7     | 8     | 9     | 10    | 11    | 12    | 13    | 14    | 15    | 16    | 17    |
|-------|-------|-------|-------|-------|-------|-------|-------|-------|-------|-------|-------|
| 0.05  | 1.895 | 1.860 | 1.833 | 1.812 | 1.796 | 1.782 | 1.771 | 1.761 | 1.753 | 1.746 | 1.740 |
| 0.025 | 2.365 | 2.306 | 2.262 | 2.228 | 2.201 | 2.179 | 2.160 | 2.145 | 2.131 | 2.120 | 2.110 |

(단, $t$-분포를 따르는 확률변수 $T$에 대하여 $P(T \geq t_\alpha) = \alpha$이다)

1) 직원들의 기본적인 직무능력을 기준으로 직무능력이 유사한 직원들을 두 명씩 짝지어 9쌍을 만들고 두 프로그램을 각 쌍 내에서 임의로 배정하여 교육 후 동일한 직무시험을 치러 ⟨표 1⟩의 결과를 얻었다고 가정하자. 두 교육 프로그램 중 프로그램 B가 프로그램 A보다 직무수행력에 더 효과가 있는지를 유의수준 5%에서 검정하고자 한다. 귀무가설과 대립가설을 세우고, 귀무가설하에서의 검정통계량의 분포를 제시하여 검정을 실시한 후, 주어진 문제를 고려하여 검정 결과를 해석하시오.

2) 직원들의 기본적인 직무능력을 고려하지 않고 18명의 직원을 임의 추출한 후, 프로그램 A와 B로 각각 9명씩을 임의로 배정하여 ⟨표 1⟩의 결과를 얻었다고 가정하자. 두 교육 프로그램에 따른 직무수행력에 차이가 있는지에 대해 유의수준 5%에서 검정하고자 한다. 귀무가설과 대립가설을 세우고, 귀무가설하에서의 검정통계량의 분포를 제시하여 검정을 실시한 후, 주어진 문제를 고려하여 검정 결과를 해석하시오.

3) 두 교육 프로그램에 따른 직무수행력에 차이가 있는지 알아보고자 한다. 만약, 1)의 실험 설계를 따라 자료가 수집되었지만, 2)의 실험 설계하에서 분석을 하였다고 할 때, 검정통계량에 미치는 영향에 대해서 논하시오. (단, 두 교육 프로그램 후 직무시험점수의 분산이 알려져 있다고 가정한다.)

21. (2012년 5급(행정) 2차 통계학) 어느 전구를 생산하는 회사에서 전구의 수명을 조사하였더니 평균 3,800시간이고 표준편차 150시간이었다. 그 후 평균 수명을 증가시키기 위해 생산공정을 새롭게 바꾸었고, 바뀐 공정을 통해 생산한 전구들 중 25개를 임의로 추출하여 구한 수명의 표본평균이 3,875시간이었다. 이것을 토대로 회사 측에서는 새로운 생산공정을 통해 전구의 평균 수명이 증가했다고 광고하였다. 새로 생산된 전구의 수명은 평균 $\mu$인 정규분포를 따르고, 공정이 바뀌어도 표준편차는 변하지 않았다고 할 때, 회사 측의 광고가 옳은 것인지를 검정하고자 한다. (단, 확률변수 $Z$는 $N(0,1)$을 따르며, $z_{0.025} = 1.96$, $z_{0.05} = 1.645$이다)

1) 가설을 세우고, 유의수준 $\alpha = 0.05$에서 기각역을 설정하여 검정하시오.

2) 1)에서 유의확률($P$-값)을 $P(Z > \alpha)$의 형태로 나타내고, 유의확률에 근거한 검정방법을 설명하시오.

3) 유의수준 $\alpha = 0.05$에서, $\mu = 3,900$일 때 제2종의 오류를 범할 확률을 $P(Z < \alpha)$의 형태로 나타내시오.

4) 유의수준 $\alpha=0.05$에서, $\mu=3{,}850$일 때 검정력이 0.95가 되기 위해서는 몇 개의 전구를 조사하여야 하는지 계산하시오.

22. (2011년 5급 공개채용 2차 통계학) A, B 두 운동화 회사에서 생산한 운동화 바닥의 평균 마모 정도를 비교하기 위하여 8명을 임의로 뽑은 후, 임의로 선택된 한쪽 발에는 A회사의 운동화를, 다른 한쪽 발에는 B회사의 운동화를 신게 하고 일정 시간이 흐른 뒤에 운동화 바닥의 마모 정도를 조사하여 다음과 같은 결과를 얻었다. 이때, 다른 요인이 개입되지 않도록 운동화 디자인은 같게 생산하였고, 운동화 바닥의 마모 정도는 정규분포를 따른다고 가정한다.

| 회사 | 1 | 2 | 3 | 4 | 5 | 6 | 7 | 8 |
|------|------|-----|------|------|------|-----|-----|------|
| A | 13.2 | 8.2 | 10.9 | 14.3 | 10.7 | 6.6 | 9.5 | 10.8 |
| B | 14.0 | 8.8 | 11.2 | 14.2 | 11.8 | 6.4 | 9.8 | 11.3 |

문 1) 두 회사에서 생산한 운동화 바닥의 마모 정도가 다른지를 검정하기 위한 적절한 가설을 제시하라.

문 2) 문제 1의 가설을 검정하기 위한 검정통계량 값으로 −2.68을 얻었을 때, 이를 얻기 위한 계산 절차를 설명하라. (단, 자세한 계산은 생략 가능)

문 3) 문제 2에서 계산된 검정통계량에 대응되는 유의확률($p$값)이 0.0316이라고 할 때, 문제 1의 가설을 유의수준 5%에서 검정하라.

23. (2017년 입법고시 2차 통계학) 어느 건강 클리닉에서 다이어트 프로그램 A와 B의 체중감량 효과를 비교하기 위하여 지원자 18명을 임의로 각 프로그램에 9명씩 할당하고 6개월간 각 다이어트 프로그램을 수행한 후 체중 감량분을 조사하여 다음과 같은 결과를 얻었다.

| | 표본평균 | 표본분산 |
|------------|------|------|
| 프로그램 A | 14 | 19 |
| 프로그램 B | 11 | 17 |

1) 프로그램 A와 프로그램 B의 합동분산(pooled variance)의 추정치를 구하라.

2) 프로그램 A에서의 체중감소분의 분산과 프로그램 B에서의 체중감소분의 분산이 같다고 가정할 때 다음에 대한 검정을 유의수준 5%에서 실시하라.

   $H_0$ : 두 다이어트 프로그램에 대한 체중감량 평균의 차이가 없다.

   $H_1$ : 두 다이어트 프로그램에 대한 체중감량 평균의 차이가 있다.

3) 위의 자료에 대하여 성별, 프로그램 시작 전 체중, 체형 등을 고려하여 프로그램 A의 지원자와 프로그램 B의 지원자를 짝을 지운 후 표본상관계수를 계산하였더니 0.8이었다. 각 짝에서 프로그램 A 수강생의 감량분에서 프로그램 B의 감량분을 뺀 값에 대한 평균은 3, 표본분산은 7.24, 표본표준편차는 2.69이었다. 이 경우에 대하여 2)에서와

같은 가설을 유의수준 5%에서 검정하라.

4) 2)의 결과와 3)의 결과를 비교하여 논하라.

24. (2008년 입법고시 2차 통계학) 정부에서 입안한 환경 관련 정책에 대한 찬성률에 있어서 도시와 농촌 간에 차이가 있는지 알아보기로 하였다. 임의로 뽑힌 도시에 사는 성인 100 명 중 70명이 정책에 찬성하였고, 또한 농촌에 사는 성인 100명 중 50명이 찬성하였다.

1) 도시의 찬성률이 농촌의 찬성률보다 높은지 유의수준 5%하에서 검정하라.

2) 두 지역 간 찬성률에 있어 차이가 있다면 그 차이가 얼마나 되는지 신뢰수준 95%하에 서 추정하시오.

**사례분석 10**

# 게임 플레이 시간에 대한 남녀 대학생의 차이

출처 : 셔터스톡

스타크래프트, 리니지, 클래시 오브 클랜, 리그 오브 레전드와 같은 컴퓨터 게임들이 지속해서 흥행에 성공하였으며, 최근에는 e-스포츠에 관한 관심이 높아지면서 게임 산업이 급성장하고 있다. 게임이라고 하면 남성들만의 취미라는 생각이 들지만, 실제로 PC방이나 게임 커뮤니티에서 종종 여성을 볼 수 있으며, 심지어 e-스포츠를 콘텐츠로 하는 여성 개인 방송인을 어렵지 않게 찾아볼 수 있다. 즉 생각보다 많은 여성이 취미로 게임을 한다는 사실을 방증한다. 따라서 대학의 한 연구팀은 게임 플레이 시간에 대한 남녀 대학생의 차이가 실제로 존재하는지 통계적으로 분석하기 위해 다음과 같은 설문조사를 하였다고 가정하자.[2]

Q : 성별은?

Q : 당신은 최근 일주일 동안 게임을 몇 시간 플레이하였습니까?

이 조사는 대학생 중 임의로 선정된 100명을 대상으로 이루어졌으며, 조사 결과는 사례자료 10에 기록되어 있다.

**사례자료 10  일주일 동안 대학생의 게임 플레이 시간**

| | | | | | | | | | | | | | | | |
|---|---|---|---|---|---|---|---|---|---|---|---|---|---|---|---|
| 남학생 | 15 | 14 | 3 | 13 | 8 | 18 | 11 | 10 | 16 | 5 | 5 | 5 | 7 | 11 | 4 |
| | 5 | 15 | 11 | 22 | 5 | 9 | 14 | 21 | 1 | 19 | 10 | 16 | 13 | 13 | 8 |
| | 4 | 24 | 8 | 7 | 13 | 22 | 12 | 13 | 30 | 12 | 2 | 5 | 18 | 3 | 1 |
| | 13 | 14 | 16 | 16 | 19 | 9 | 12 | 6 | 4 | 18 | 13 | 9 | 11 | 23 | 14 |
| 여학생 | 7 | 7 | 2 | 9 | 5 | 14 | 6 | 3 | 7 | 2 | 16 | 7 | 3 | 0 | 11 |
| | 10 | 7 | 7 | 13 | 9 | 8 | 0 | 11 | 10 | 8 | 6 | 12 | 5 | 9 | 12 |
| | 6 | 6 | 9 | 9 | 15 | 16 | 11 | 11 | 8 | 10 | | | | | |

---

[2] 사례자료 10은 실습을 위해 임의로 만든 자료이다.

● 남녀 대학생의 평균 게임 플레이 시간 차이에 대한 90% 신뢰구간을 구해보자.

● 남학생들의 평균 게임 플레이 시간이 여학생들에 비해 많다는 대립가설을 세우고 남녀 대학생의 평균 게임 플레이 시간이 같다는 귀무가설을 1% 유의수준에서 검정해 보자. 분석 결과에 따르면 남녀 대학생들 간 게임 플레이 시간에 차이가 있다는 통념이 맞다고 할 수 있는가?

**사례분석 10**

# 두 모집단의 차이에 대한 가설검정

이 사례분석의 내용은 평균 게임 플레이 시간에 대해 남녀 대학생 간에 차이가 존재하는지 알아보기 위한 것이다. 즉 남학생과 여학생의 표본조사를 통해 두 집단이 일주일 동안 플레이한 게임 시간에 차이가 존재하는지 검정한다. 일단 표본의 수가 두 집단 모두 상당히 크므로 정규분포를 이용하여 신뢰구간 추정 및 가설검정을 수행할 수 있다. 두 집단의 차이에 대한 가설검정을 위해서는 엑셀이 제공하는 엑셀함수와 **데이터 분석도구**를 이용하면 편리하다.

## 1. 남녀 대학생의 평균 게임 플레이 시간 차이에 대한 90% 신뢰구간

남녀 대학생의 평균 게임 플레이 시간의 차이에 대한 신뢰구간의 추정을 위해서는 각 집단의 관측값의 수를 구하고 각 집단의 표본평균과 분산, 두 집단의 표본평균 차의 표준편차, 그리고 주어진 신뢰수준에 대응되는 임곗값을 계산해야 한다. 이 값들은 앞에서 배운 엑셀함수 AVERAGE, STDEV.S, NORM.S.INV를 이용하여 그림 1과 같이 계산한다.

| E10 | | | $f_x$ | =NORM.S.INV(0.95) | |
|---|---|---|---|---|---|
| ▲ | A | B | C | D | E | F |
| 1 | 남학생(M) | 여학생(F) | | $n_M$ | 60 | |
| 2 | 15 | 7 | | $\bar{X}_M$ | 11.63333 | |
| 3 | 5 | 10 | | $S_M$ | 6.292225 | |
| 4 | 4 | 6 | | $n_F$ | 40 | |
| 5 | 13 | 7 | | $\bar{X}_F$ | 8.175 | |
| 6 | 14 | 7 | | $S_F$ | 3.960623 | |
| 7 | 15 | 6 | | | | |
| 8 | 24 | 2 | | $\bar{X}_M - \bar{X}_F$ | 3.458333 | |
| 9 | 14 | 7 | | $VAR(\bar{X}_M - \bar{X}_F)$ | 1.052032 | |
| 10 | 3 | 9 | | $z_{0.05}$ | 1.644854 | |
| 11 | 11 | 9 | | | | |

그림 1  신뢰구간 추정을 위한 연산

남녀 대학생의 평균 게임 플레이 시간의 차 $\mu_M - \mu_F$에 대한 $100(1-\alpha)\%$ 신뢰구간은 다음과 같이 구할 수 있다.

$$\left( (\bar{X}_M - \bar{X}_F) - z_{\alpha/2}\sqrt{\frac{\sigma_M^2}{n_M} + \frac{\sigma_F^2}{n_F}} \, , \, (\bar{X}_M - \bar{X}_F) + z_{\alpha/2}\sqrt{\frac{\sigma_M^2}{n_M} + \frac{\sigma_F^2}{n_F}} \right)$$

앞에서 계산한 값들을 대입하여 그림 2와 같이 계산하면 90% 신뢰구간의 하한값과 상한값을 구할 수 있다. 따라서 남녀 대학생의 평균 게임 플레이 시간의 차이에 대한 90% 신뢰구간은 (1.7712, 5.1454)이다.

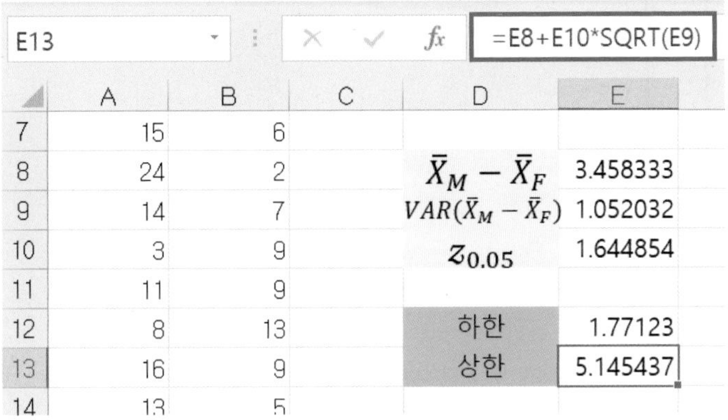

**그림 2** 남녀 대학생의 평균 게임 플레이 시간 차이에 대한 90% 신뢰구간

### 2. 남학생들의 평균 게임 플레이 시간이 여학생들에 비해 많다는 대립가설을 세우고 남녀 대학생의 평균 게임 플레이 시간이 같다는 귀무가설을 1% 유의수준에서 검정

이 가설을 검정하기 위해서는 다음과 같이 귀무가설과 대립가설을 설정할 수 있다.

$$H_0 : \mu_M - \mu_F = 0, \ H_1 : \mu_M - \mu_F > 0$$

그리고 검정통계량은 귀무가설에 의해

$$\frac{(\bar{X}_M - \bar{X}_F)}{\sqrt{\sigma_M^2/n_M + \sigma_F^2/n_F}}$$

가 된다. 그런데 엑셀은 두 모집단의 차이를 검정할 수 있는 분석 도구를 제공한다. 엑셀의 **데이터** 탭에서 **데이터 분석**을 선택하면 데이터 분석 창이 열리고 텍스트 상자에는 분석함수 목록이 나타난다. 이 중에서 *z*-**검정 : 평균에 대한 두 집단**을 선택하면 그림 3과 같은 대화상자가 나타난다. 이 대화상자에 필요한 정보를 입력한다. 우선 비교할 두 표본자료의 범위를 선택한다. 즉 **변수 1 입력 범위**에서 마우스를 이용하여 A2셀부터 A61셀까지 선택하고, 같은 방법으로 **변수 2 입력 범위**에서 B2셀부터 B41셀까지 선택한다. 다음 **가설 평균차** 상자에는 두 집단의 평균에 차이가 없다는 귀무가설을 설정하였으므로 0을 입력한다. **변수의 분산** 입력란에는 모집단 분산값을 모르기 때문에 앞에서 계산한 표본의 표준편차를 제곱한 값을 입력하면 된다. 한편, **유의수준**의 기본값으로 0.05가 입력되어 있지만 사용자가 분석에 맞게 다시 입력할 수 있다. 이 사례분석에서는 1% 유의수준에서 단측검정을 하고 있으므로 0.01을 입력한다.

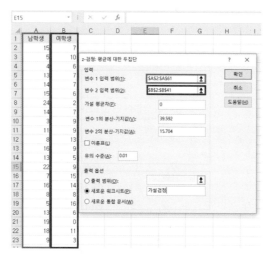

**그림 3** *z*-검정 : 평균에 대한 두 집단 대화상자

계산된 통계량 및 결과를 출력하는 옵션은 세 가지가 있다. **출력 범위**를 선택하면 현재의 워크시트에 출력하고 **새로운 워크시트**를 선택하면 현재의 파일에 워크시트를 추가하여 출력한다. 그리고 **새로운 통합문서**를 선택하면 새로운 엑셀파일을 만들어 출력한다. 여기서는 새로운 워크시트를 선택하고 입력란에 '가설검정'을 입력한다. 즉 그림 3과 같이 필요한 정보가 입력된 상태에서 **확인** 버튼을 클릭하면 새로운 워크시트에 그림 4의 결과가 출력된다.

| z-검정: 평균에 대한 두 집단 | | |
|---|---|---|
| | 변수 1 | 변수 2 |
| 평균 | 11.63333333 | 8.175 |
| 기지의 분산 | 39.592 | 15.704 |
| 관측수 | 60 | 40 |
| 가설 평균차 | 0 | |
| z 통계량 | 3.371030452 | |
| P(Z<=z) 단측 검정 | 0.000374438 | |
| z 기각치 단측 검정 | 2.326347874 | |
| P(Z<=z) 양측 검정 | 0.000748876 | |
| z 기각치 양측 검정 | 2.575829304 | |

**그림 4** 검정통계량과 *P*-값

계산 결과에 의하면 검정통계량은 3.3710이고 단측검정인 경우 임곗값이 2.3263으로 계산되었다. 이 사례에서는 $H_1 : \mu_M - \mu_F > 0$로 단측대립가설이 설정되었으므로 임곗값으로 2.3263을 사용한다. 검정통계량이 임곗값 2.3263보다 크므로 기각역에 속하게 되어 귀무가설은 기각된다. 따라서 이 검정 결과에 의하면 남녀 대학생들 간 게임 플레이 시간에 차이가 있다는 통념은 통계적으로 유의미하다.

**사례분석 10**

# 두 모집단의 차이에 대한 가설검정과 R

사례자료 10은 📂 '사례분석10.txt'에서 확인할 수 있으며 다음 코드를 실행하여 R로 불러올 수 있다.

```
esports = read.table(file = "C:/Users/경영경제통계학/사례분석10.txt",
        sep ="", header = T) # 자료 불러오기
tail(esports, n = 10) # 자료의 마지막 10행 출력
남학생 = esports[,1] # 남학생 자료 따로 할당
여학생 = esports[,2] # 남학생 자료 따로 할당
```

**코드 1** 자료 불러오기

```
Console ~/ 
> tail(esports, n = 10)
    남학생  여학생
51     18    NA
52     11    NA
53     11    NA
54     13    NA
55      3    NA
56     23    NA
57      4    NA
58      8    NA
59      1    NA
60     14    NA
>
```

**그림 5** R로 불러온 자료 esports의 마지막 10행

이 그림을 보면 남학생이 60명, 여학생이 40명으로 인해 여학생 자료의 20개가 부재하여 여학생 자료의 마지막 일부가 NA로 표기되었음을 알 수 있다. 제1장 부록 2에서 다룬 것처럼 NA는 특수형 데이터로 결측값을 나타내며 NA 데이터가 있으면 함수 명령어에 오류가 발생할 수 있다. 따라서 여학생의 NA 데이터를 삭제하기 위해 NA가 존재하는지 알려주는 **is.na()** 함수를 사용하여 다음 코드같이 작성한다.

```
여학생 = 여학생[!is.na(여학생)]
tail(여학생, n = 10)
```

**코드 2** is.na() 함수를 사용하여 NA 데이터를 제거

```
Console ~/
> 여학생
 [1]  7 10  6  7  7  6  2  7  9 13  9  5  9 15 14  8 16  6  0 11  3 11 11  7 10  8  2  8 10 16  6  7 12  3  5  0
[38]  9 11 12
>
```

**그림 6** 코드 2 실행 결과

## 1. 남녀 대학생의 평균 게임 플레이 시간 차이에 대한 90% 신뢰구간

남녀 대학생의 평균 게임 플레이 시간의 차이에 대한 신뢰구간의 추정을 위해서는 각 집단의 관측값의 수를 구하고 각 집단의 표본평균과 분산, 두 집단의 표본평균 차의 표준편차, 그리고 주어진 신뢰수준에 대응되는 임곗값을 계산해야 한다. 또한 남녀 대학생의 평균 게임 플레이 시간 차 $\mu_M - \mu_F$에 대한 $100(1-\alpha)$% 신뢰구간은 다음과 같이 구할 수 있다.

$$\left( (\overline{X}_M - \overline{X}_F) - z_{\alpha/2}\sqrt{\frac{\sigma_M^2}{n_M} + \frac{\sigma_F^2}{n_F}} \; , \; (\overline{X}_M - \overline{X}_F) + z_{\alpha/2}\sqrt{\frac{\sigma_M^2}{n_M} + \frac{\sigma_F^2}{n_F}} \right)$$

관련 코드는 다음과 같다.

```
nm = length(남학생) # 남학생 평균
nf = length(여학생) # 여학생 평균
xvarm = mean(남학생) # 남학생 표본 수
xvarf = mean(여학생) # 여학생 표본 수
sm = sd(남학생) # 남학생 표준편차
sf = sd(여학생) # 여학생 표준편차


xvar_dif = xvarm - xvarf # 평균 차이
Var_xvar = sm^2/nm+sf^2/nf # 분산
z005 = qnorm(0.95, lower.tail = T)


lower = xvar_dif - z005*sqrt(Var_xvar) # 하한
upper = xvar_dif + z005*sqrt(Var_xvar) # 상한
lower ; upper
```

**코드 3** 신뢰구간 추정을 위한 연산

이 코드를 실행하면 90% 신뢰구간의 하한값과 상한값을 구할 수 있다. 실행 결과에 의하면 남녀 대학생의 평균 게임 플레이 시간의 차이에 대한 90% 신뢰구간은 (1.7712, 5.1454)이다.

```
Console ~/
> nm = length(남학생) # 남학생 평균
> nf = length(여학생) # 여학생 평균
> xvarm = mean(남학생) # 남학생 표본수
> xvarf = mean(여학생) # 여학생 표본수
> sm = sd(남학생) # 남학생 표준편차
> sf = sd(여학생) # 여학생 표준편차
>
> xvar_dif = xvarm - xvarf # 평균차이
> Var_xvar = sm^2/nm+sf^2/nf # 분산
> z005 = qnorm(0.95, lower.tail = T)
>
> lower = xvar_dif - z005*sqrt(Var_xvar) # 하한
> upper = xvar_dif + z005*sqrt(Var_xvar) # 상한
> lower ; upper
[1] 1.77123
[1] 5.145437
> |
```

**그림 7** 90% 신뢰구간

## 2. 남학생들의 평균 게임 플레이 시간이 여학생들에 비해 많다는 대립가설을 세우고 남녀 대학생의 평균 게임 플레이 시간이 같다는 귀무가설을 1% 유의수준에서 검정

이 가설을 검정하기 위해서는 다음과 같이 귀무가설과 대립가설을 설정할 수 있다.

$$H_0 : \mu_M - \mu_F = 0, \ H_1 : \mu_M - \mu_F > 0$$

그리고 검정통계량은 귀무가설에 의해

$$\frac{(\bar{X}_M - \bar{X}_F)}{\sqrt{\sigma_M^2/n_M + \sigma_F^2/n_F}}$$

가 된다. 따라서 가설검정을 위해 다음 코드를 작성한다.

```
xvar_dif/sqrt(Var_xvar) # 검정통계량

qnorm(0.99) # 단측검정

pnorm(xvar_dif/sqrt(Var_xvar),lower.tail = F)

qnorm(0.995) # 양측검정

2*pnorm(xvar_dif/sqrt(Var_xvar),lower.tail = F)
```

**코드 4** 검정통계량과 임곗값

```
Console ~/
> xvar_dif/sqrt(Var_xvar) # 검정통계량
[1] 3.371727
> qnorm(0.99) # 단측검정
[1] 2.326348
> pnorm(xvar_dif/sqrt(Var_xvar),lower.tail = F)
[1] 0.0003734918
> qnorm(0.995) # 양측검정
[1] 2.575829
> 2*pnorm(xvar_dif/sqrt(Var_xvar),lower.tail = F)
[1] 0.0007469835
>
```

**그림 8** 검정통계량과 임곗값 실행 결과

계산 결과에 의하면 검정통계량은 3.3710이고 단측검정인 경우 임곗값이 2.3263으로 계산되었다. 이 사례에서는 $H_1 : \mu_M - \mu_F > 0$로 단측대립가설이 설정되었으므로 임곗값으로 2.3263을 사용한다. 검정통계량이 임곗값 2.3263보다 크므로 기각역에 속하게 되어 귀무가설은 기각된다. 따라서 이 검정 결과에 의하면 남녀 대학생들 간 게임 플레이 시간에 차이가 있다는 통념은 통계적으로 유의미하다.

# 11

# 분산분석

앞 장에서 두 모집단의 평균이 일치하는지를 판정할 수 있는 가설검정 방법에 대하여 설명하였다. 그런데 경영·경제 분석에서 두 모집단이 아니라 여러 모집단의 평균이 같은지에 대한 검정을 해야 하는 경우가 있다. 예를 들어보면 다음과 같다.

- 국내외 5개 자동차 회사의 전기 자동차 평균 주행거리가 같은지
- 6개 광역시 시민들의 월평균 소비 지출액이 같은지
- 서로 다른 광고매체인 신문, 라디오, TV, 인터넷을 이용한 광고효과가 같은지
- 4개 회사에 속한 각 보험 판매원 그룹의 월평균 판매액이 같은지
- 세 가지 타입의 사람들을 대상으로 측정한 사회성 점수의 평균이 같은지

이처럼 여러 모집단 평균을 동시에 비교하여 모집단 평균 간에 차이가 존재하는지를 결정하는 통계적 방법을 분산분석(analysis of variance) 혹은 간단히 ANOVA라고 한다.

# 제1절 분산분석의 기본개념

정규분포나 $t$-분포를 이용하여 두 모집단의 평균이 동일하다는 가설을 검정하는 방법으로는 3개 이상의 모평균이 서로 동일하다는 가설을 검정하기 어렵다. 즉 $n$개의 평균이 동일하다는 가설을 검정하기 위해 2개의 모평균씩 비교하여 검정하면 $_nC_2$번만큼 검정해야 하는 번거로움과 함께 제1종 오류를 범할 확률이 커진다. 또한 서로 상충하는 결과가 도출될 때 합리적인 결론을 내리기도 어렵다. 이런 이유로 세 개 이상의 모평균이 동일하다는 가설검정을 위하여 정규분포나 $t$-분포를 이용하는 검정 방법 대신에 분산분석이라는 통계적 방법을 이용하게 된다.

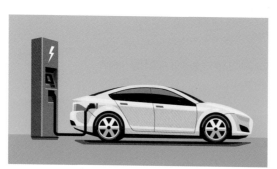

출처 : 셔터스톡

1919년 로널드 피셔(Ronald Fisher)에 의해 분산분석이 고안되었을 당시에는 농사 실험의 결과를 분석하기 위해 분산분석이 주로 사용되었다. 예를 들어 종류가 다른 비료를 사용하는 것처럼 다른 재배 방법을 이용하였을 경우 농작물 수확에 미치는 영향을 분석하기 위해 분산분석을 활용하였다. 따라서 분산분석의 본질은 실험의 결과로 관측된 변동(variability)을 분산의 개념으로 파악하고, 이 분산을 둘로 구분하여 어떤 요인(factor)에 의해 영향을 받는 부분과 우연히 발생한 부분으로 나누어 비교함으로써 각 요인의 영향력 유무에 관한 판정을 시도하는 것이다. 구체적으로 살펴보면, 실험을 $J$개의 표본으로 구분하여 진행하였을 때 표본 간의 차이로 인해 발생한 변동이 우연히 발생한 변동보다 상대적으로 크면 이 표본들의 평균이 동일하다는 가설에 의구심을 가지게 된다.

예를 들어 전기차 시대가 도래하여 한 자동차 매거진은 동급의 전기자동차를 대상으로 1회 완충 후 주행가능거리가 제조사별로 차이가 있는지 알아보고자 한다. 이를 위해 제조사를 A사, B사, 그리고 C사로 나누고 제조사별로 각각 6대, 4대, 5대의 전기자동차를 임의로 선정한 다음 1회 완충 후 주행가능거리를 측정하였다고 가정하자. 관측값들은 표 11-1에 기록되어 있다.

**표 11-1 동급 전기차의 1회 완충 후 주행가능거리** (단위 : km)

| | | | | | | |
|---|---|---|---|---|---|---|
| A사($x_1$) | 70 | 120 | 110 | 150 | 90 | 140 |
| B사($x_2$) | 150 | 120 | 150 | 80 | | |
| C사($x_3$) | 110 | 70 | 60 | 90 | 70 | |

이 자료로부터 표본평균을 계산해 보면 다음과 같이 표본평균들이 서로 같지 않다.

$$\overline{X}_1=680/6=113.333$$
$$\overline{X}_2=500/4=125$$
$$\overline{X}_3=400/5=80$$

그렇다고 이 표본평균의 차이만으로 모집단 평균이 동일하다는 귀무가설의 기각 여부를 판단할 수는 없을 것이다. 왜냐하면, 이 표본평균의 차이는 모평균이 실제로 다르기 때문일 수도 있지만 우연한 확률오차에 기인한 현상일 수도 있기 때문이다.

이에 대한 이해를 돕기 위해 그림 11-1을 고려해 보자. 표 11-1의 자료를 표본집합 I로 표현하고 그래프로 나타내보면 $\overline{X}_1$의 차이는 우연히 발생하였고 3개의 표본은 모두 동일 평균을 갖는 모집단에서 추출되었다고 볼 수 있다. 왜냐하면, 이 그래프와 같이 관측값들의 차이가 심하여 표본의 변동이 큰 경우 동일 평균을 갖는 모집단에서 표본들이 추출되었다 해도 표본평균 간에는 차이가 발생할 수 있기 때문이다.

**그림 11-1**

제조사별 전기차 주행가능거리

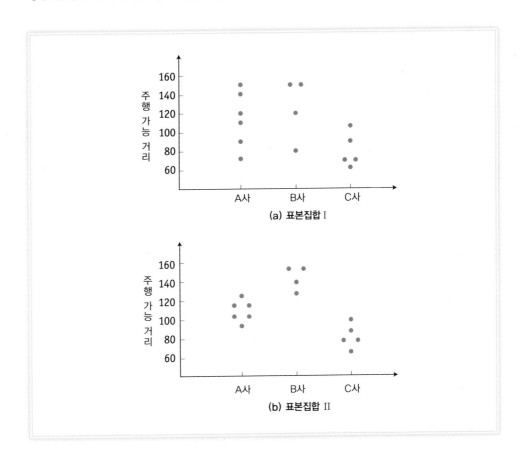

(a) 표본집합 I

(b) 표본집합 II

반면에 표본집합 II의 경우 표본평균들은 $\overline{X}_1=113.333$, $\overline{X}_2=125$, $\overline{X}_3=80$으로 표본집합 I의 표본평균들과 일치하지만, 표본집합 II가 표본집합 I보다 표본평균에 훨씬 밀집되어 있다는(분산이 작다는) 차이점을 가진다. 따라서 표본집합 II의 그림을 보면 $\bar{X}_i$의 차이가 우연이 아니라 3개의 서로 다른 평균을 갖는 모집단으로부터 추출되었기 때문이라고 간주할 수 있다. 결국, 모평균을 비교하는 검정에서 자료의 분산이 중요한 역할을 하게 된다. 또한 여러 개의 모평균을 비교하는 검정 방법을 분산분석이라고 부르는 이유도 여기에 있다.

> 여러 모집단 평균을 동시에 비교하여 모집단 평균 간에 차이가 존재하는지를 결정하는 통계적 방법을 **분산분석** 혹은 간단히 **ANOVA**라고 한다.

## 제2절 일원분산분석

일원분산분석(one-way analysis of variance)이란 한 가지 요인 혹은 기준에 의해 모집단을 구분하고 각 모집단으로부터 추출된 표본에 근거하여 모집단들의 평균이 동일하다는 가설을 검정하는 방법이다. 한 가지 요인 혹은 기준에 의해 구분되는 $J$개의 모집단이 있으며, 이들의 평균이 같은지 비교하기 위해 각 모집단에서 독립적으로 표본을 추출하였다고 가정하자. $j(j=1, 2, \cdots, J)$번째 모집단의 평균과 분산은 $\mu_j$와 $\sigma_j^2$로, $j$번째 모집단에서 추출된 표본의 크기는 $n_j$로 표기하자.

> **일원분산분석에 대한 형식**
>
> $J$개의 모집단에서 $n_1, n_2, \cdots, n_J$개의 관측값을 가지는 $J$개의 독립적인 임의표본을 추출하였으며 각 모집단은 동일분산 $\sigma^2$을 가지는 정규분포를 이룬다고 가정하자. 그리고 $J$개의 모평균을 $\mu_1, \mu_2, \cdots, \mu_J$로 나타내면 일원분산분석은 모든 모평균이 같다는 귀무가설
>
> $$H_0 : \mu_1 = \mu_2 = \cdots = \mu_J$$
>
> 를 검정하기 위해 사용된다.

**그림 11-2**

$J$개의 독립적 표본추출

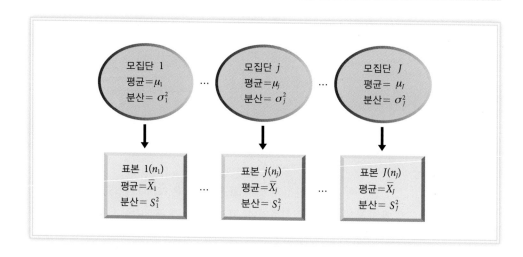

$j$번째 표본의 $i$번째 관측값을 $x_{ij}$로 나타내면 표본관측값들은 표 11-2와 같이 나타낼 수 있다. 모든 모평균이 같은지 여부를 검정하는 첫 번째 단계는 $J$개의 임의표본으로부터 각 표본평균을 계산하는 것이다.

표본평균은 $\overline{X}_1$, $\overline{X}_2$, $\cdots$, $\overline{X}_J$로 표기되며 $j$번째 표본평균은 $\overline{X}_j$이다.

$$\overline{X}_j = \frac{\sum_{i=1}^{n_i} x_{ij}}{n_j} \ (j=1, 2, \cdots, J)$$

**표 11-2  $J$개의 독립적 임의표본의 관측값**

| 모집단 1 | 모집단 2 | ⋯⋯ | 모집단 |
|---|---|---|---|
| $x_{11}$ | $x_{12}$ | ⋯⋯ | $x_{1J}$ |
| $x_{21}$ | $x_{22}$ | ⋯⋯ | $x_{2J}$ |
| $\vdots$ | $\vdots$ | ⋯⋯ | $\vdots$ |
| $x_{n_1 1}$ | $x_{n_2 2}$ | ⋯⋯ | $x_{n_j J}$ |

앞에서 표 11-1의 자료를 이용하여 각 표본평균을 다음과 같이 계산해 보았다.

$$\overline{X}_1 = \sum_{i=1}^{6} x_{i1}/6 = 113.333, \quad \overline{X}_2 = \sum_{i=1}^{4} x_{i2}/4 = 125, \quad \overline{X}_3 = \sum_{i=1}^{5} x_{i3}/5 = 80$$

다음에는 전체 표본평균의 추정값을 계산할 필요가 있다. 총표본의 크기는 $n = n_1 + n_2 + \cdots + n_J$이며 전체 표본평균 $\overline{X}$는 다음과 같이 표현될 수 있다.

$$\overline{X} = \frac{\sum_{j=1}^{J} \sum_{i=1}^{n_i} x_{ij}}{n} = \frac{\sum_{j=1}^{J} n_j \overline{X}_j}{n}$$

앞의 예에서 $n_1 = 6$, $n_2 = 4$, $n_3 = 5$이므로 $n = 6+4+5 = 15$이며 전체 표본평균은

$$\overline{X} = \frac{(6 \times 113.333) + (4 \times 125) + (5 \times 80)}{15} = 105.333$$

이다. 따라서 전기자동차의 1회 완충 후 주행가능거리의 모평균이 제조사별로 같다면 전체 표본평균은 105.333km이다.

분산분석을 이용한 모평균의 동일성 검정은 표본 내 변동(within-samples variability)과 표본 간 변동(between-samples variability)의 비교에 기초하고 있다. 모든 모평균이 같다면 표본평균이 서로 비슷할 것이며, 모든 모평균이 같지 않다면 어떤 표본평균 간에는 큰 차이가 존재할 것이다. 이런 표본 간 평균의 차이 정도를 측정하는 통계량은 표본 간 제곱의 합(between-samples sum of squares, $SSB$)이며, 이는 각 표본평균과 전체 표본평균의 편차제곱과 표본 수를 고려한 다음 방법에 따라 얻어진다.

$$SSB = \sum_{j=1}^{J} n_j (\overline{X}_j - \overline{X})^2$$

그런데 표본 간 변동이 어느 정도 커야 모평균이 다르다고 할 수 있는지는 앞에서 살펴본 것처럼 표본변동과의 상대적 비율에 의해 결정될 수 있을 것이다. 표본 내 변동은 각 표본평균을 기준으로 관측값과의 편차제곱의 합으로 측정하는데, 이 편차는 설명할 수 없는 확률변동으로 간주하여 흔히 오차제곱의 합(error sum of squares, SSE)이라고 한다.

$j$번째 표본 내 변동은

$$SS_j = \sum_{i=1}^{n_i} (x_{ij} - \overline{X}_j)^2$$

이므로 총 표본 내 변동(SSE)은

$$SSE = SS_1 + SS_2 + \cdots + SS_j = \sum_{j=1}^{J} \sum_{i=1}^{n_i} (x_{ij} - \overline{X}_j)^2$$

이다. 전체 표본자료에서의 총 변동은 전체 표본평균과 모든 관측값의 편차제곱의 합이며 총 제곱합(total sum of squares, SST)이라고 한다.

$$SST = \sum_{j=1}^{J} \sum_{i=1}^{n_i} (x_{ij} - \overline{X})^2$$

따라서 전체 표본평균과 모든 관측값의 편차제곱의 합인 총 변동은 표본 간 편차제곱의 합인 표본 간 변동(SSB)과 표본 내 편차제곱의 합인 표본 내 변동(SSE)에 의해 구성된다. 즉

$$SST = SSB + SSE$$

앞의 예에서 표본 간 변동은

$$SSB = 6 \times (113.333 - 105.333)^2 + 4 \times (125 - 105.333)^2 + 5 \times (80 - 105.333)^2$$
$$= 5140$$

이다. 또한 각 표본 내 변동은

$$SS_1 = (70 - 113.333)^2 + (120 - 113.333)^2 + \cdots + (140 - 113.333)^2 = 4533.33$$
$$SS_2 = (150 - 125)^2 + (120 - 125)^2 + \cdots + (80 - 125)^2 = 3300$$
$$SS_3 = (110 - 80)^2 + (70 - 80)^2 + \cdots + (70 - 80)^2 = 1600$$

이므로 총 표본 내 변동은

$$SSE = 4533.33 + 3300 + 1600 = 9433.33$$

이며, 총 변동은

$$SST = 5140 + 9433.33 = 14573.33$$

이다. 전체 표본평균과 한 관측값과의 총 편차는 표본 간 편차($\overline{X}_j - \overline{X}$)와 표본 내 편차($x_{ij} - \overline{X}_j$)로 구성된다. 예를 들어 $x_{41} = 150$의 총 편차는 $x_{41} - \overline{X} = 150 - 105.333 = 44.667$이며, $\overline{X}_1 - \overline{X} = 113.333 - 105.333 = 8$과 $x_{41} - \overline{X}_1 = 150 - 113.333 = 36.667$의 합이 된다.

**그림 11-3**

한 관측값의
총 편차

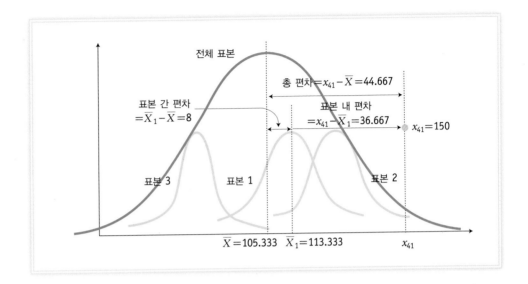

제곱합은 각각 고유의 자유도($d.f.$)를 가지게 된다. $SST$는 $n$개의 관측값과 전체 표본평균과의 편차의 제곱합이며 하나의 제약식인 $\sum_{j=1}^{J}\sum_{i=1}^{n_j}(x_{ij} - \overline{X})^2 = 0$이 존재하므로 $n-1$의 자유도를 가진다. $SSB$는 $J$개의 표본평균과 전체 표본평균과의 편차의 제곱합이며 하나의 제약식인 $\sum_{j=1}^{J}n_j(\overline{X}_j - \overline{X}) = 0$이 존재하므로 $J-1$개의 자유도를 가진다. 또한 각 표본 내의 자유도는 $n_1 - 1$, $n_2 - 1$, $\cdots$, $n_J - 1$이 되며 $SSE$는 이것들의 합이므로 $SSE$의 자유도는 $(n_1 - 1) + (n_2 - 1) + \cdots + (n_J - 1) = n - J$가 된다.

한편, $SST$의 자유도는 $SSB$의 자유도와 $SSE$의 자유도의 합과 같다.

$$n - 1 = (J - 1) + (n - J)$$

**표본 간 변동($SSB$), 표본 내 변동($SSE$)과 총 변동($SST$)**

$J$개 표본 간 변동은 표본 간 제곱합으로 $SSB$로 표기된다.

$$SSB = \sum_{j=1}^{J}n_j(\overline{X}_j - \overline{X})^2$$

$J$개 표본 내 변동은 표본 내 제곱합으로 오차제곱의 합이라 하며 $SSE$로 표기된다.

$$SSE = SS_1 + SS_2 + \cdots + SS_J = \sum_{j=1}^{J}\sum_{i=1}^{n_j}(x_{ij} - \overline{X}_j)^2$$

총 변동은 총 제곱합으로 $SST$로 표기되며 $SSB$와 $SSE$의 합과 같다.

$$SST = \sum_{j=1}^{J} \sum_{i=1}^{n_j} (x_{ij} - \bar{X})^2$$

$$SST = SSB + SSE$$

앞에서 표본 간 변동과 표본 내 변동의 상대적 비율에 의해 모평균이 같은지 여부를 판단할 수 있음을 알았다. 이에 대한 체계적인 방법으로 평균변동, 즉 제곱의 합 대신 제곱의 합을 각 자유도로 나눈 표본분산의 개념을 사용하며 이를 평균제곱(mean square)이라고 한다. 표본 간 변동을 자유도 $J-1$로 나눈 것을 표본 간 평균제곱(between-samples mean square, $MSB$)이라 하며, 표본 내 변동을 자유도 $n-J$로 나눈 것을 표본 내 평균제곱(within-samples mean square, $MSW$) 혹은 오차평균제곱(mean square error, $MSE$)이라고 하며 $MSE$로 주로 표기한다.

$$MSB = SSB/(J-1)$$

$$MSE = SSE/(n-J)$$

전기자동차 주행가능거리의 예에서 자유도를 계산하면 각각

$$SST의 \ 자유도 : n-1 = 15-1 = 14$$
$$SSB의 \ 자유도 : J-1 = 3-1 = 2$$
$$SSE의 \ 자유도 : n-J = 15-3 = 12$$

이다. 이때 평균제곱은 다음과 같다.

$$MSB = SSB/(J-1) = 5140/2 = 2570$$
$$MSE = SSE/(n-J) = 9433.333/12 = 786.111$$

---

**자유도와 평균제곱**

1. 자유도 분해

   $SST$의 자유도는 $SSB$의 자유도와 $SSE$의 자유도의 합과 같다.

   $$n-1 = (J-1) + (n-J)$$

2. 평균제곱

   표본 간 평균제곱($MSB$)

   $$MSB = SSB/(J-1)$$

   표본 내 평균제곱($MSW$) 혹은 오차평균제곱($MSE$)

   $$MSE = SSE/(n-J)$$

모집단 평균이 같다는 귀무가설이 참이면 $MSB/MSE$는 $J-1$과 $n-J$의 자유도를 가지는 $F-$분포를 따른다.

$$F_{(J-1,\ n-J)} = \frac{MSB}{MSE}$$

$MSB$가 $MSE$에 비해 상대적으로 크면 모집단 평균 간에 차이가 유의성 있게 존재함을 나타내며 귀무가설은 기각된다. 따라서 $F$값이 커지면 $H_0$를 기각할 확률이 높아진다.

$$\alpha = P(F_{(J-1,\ n-J)} > F_{(J-1,\ n-J,\ \alpha)})$$

이므로 유의수준 $\alpha$를 사용한 귀무가설 검정의 결정규칙은 다음과 같다.

$$F_{(J-1,\ n-J)} = \frac{MSB}{MSE} > F_{(J-1,\ n-J,\ \alpha)} \text{이면 } H_0\text{를 기각}$$

---

**일원분산분석 검정**

$J$개의 모집단이 동분산 $\sigma^2$을 갖는 정규분포에 따른다고 가정하자.

- 가설 설정 $H_0 : \mu_1 = \mu_2 = \cdots = \mu_J$

  $H_1$ : 적어도 하나의 모평균은 다르다.
- 검정통계량 $MSB/MSE$
- 결정규칙−검정통계량이 임곗값 $F_{(J-1,\ n-J,\ \alpha)}$보다 크면 $H_0$를 기각

---

**그림 11-4**

일원분산분석 검정

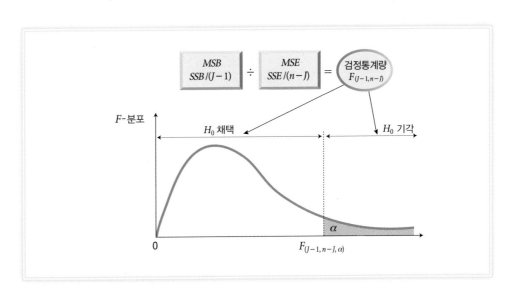

$F$값이 커지면 $H_0$를 기각할 가능성이 커지는 분산분석의 개념을 쉽게 이해할 수 있도록 전기, 통신 등의 공학 분야에서 활용되는 '신호잡음비'의 예를 들어보자. 정보를 포함한 신호

(signal)는 전달 중에 다양한 원인으로 인해 잡음(noise)이 섞일 수 있는데, 그림 11-5에서 알수 있는 것처럼 순수 신호와 잡음 사이의 비율(신호/잡음)을 나타내는 신호잡음비가 커질수록 신호가 두드러져 명확하게 해석될 수 있다. 이를테면 잡음이 많은 휴대폰 대화에서 말소리를 알아듣는 정도는 신호(말)의 강도와 잡음의 강도에 의존한다. 분산분석의 $F$ 비에서 표본 간 평균차이를 나타내는 $MSB$는 신호와 같으며, 관심거리가 되는 정보에 해당한다. 표본 내산포 정도를 나타내는 $MSE$는 잡음과 같다. 즉, 표본 간 평균차이가 표본 내 산포 정도보다 충분히 크다면 모집단 간에 유의미한 차이가 존재한다고 판단할 수 있다.

**그림 11-5**

신호잡음비
(=신호/잡음) 비교

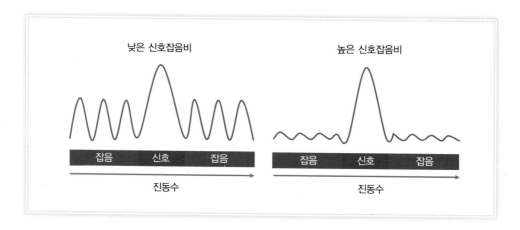

앞에서 설명한 $SST$, $SSB$, $SSE$와 각 자유도, 평균제곱, $F$통계량의 값들을 표준양식에 의해표를 만들어 분산분석이 쉽도록 한 것을 분산분석표(ANOVA table)라고 한다.

**표 11-3 일원분산분석표**

| 변동요인 | 제곱합 | 자유도 | 평균제곱 | $F$비 |
|---|---|---|---|---|
| 표본그룹 간 | $SSB$ | $J-1$ | $MSB=SSB/(J-1)$ | $F=MSB/MSE$ |
| 표본그룹 내 | $SSE$ | $n-J$ | $MSE=SSE/(n-J)$ | |
| 합계 | $SST$ | $n-1$ | | |

전기차 주행가능거리의 예에서 검정통계량을 계산하면

$$F_{(2, 12)}=2570/786.11=3.2693$$

이다. 5% 유의수준에서 임곗값은 $F_{(2, 12, 0.05)}=3.89$이고 검정통계량이 임곗값보다 작으므로결정규칙에 따라 귀무가설은 기각될 수 없다. 따라서 ANOVA 분석 결과에 의하면 전기차 1회 완충 후 주행가능거리의 평균이 제조사별로 차이가 나지 않는다는 통계적 증거가 제시된다.

**표 11-4 전기차 주행가능거리에 대한 ANOVA 표**

| 변동요인 | 제곱합 | 자유도 | 평균제곱 | $F$비 |
|---|---|---|---|---|
| 표본그룹 간 | 5140 | 2 | 2570 | 3.2693 |
| 표본그룹 내 | 9433.33 | 12 | 786.11 | |
| 합계 | 14573.33 | 14 | | |

**예 11-1** ▶

기업의 규모가 제품의 생산비용에 영향을 미치는지 알아보기 위해 네 가지 규모로 기업을 나누고 각 규모별로 10개의 기업을 임의로 추출하여 생산단가를 조사한 결과가 표 11-5에 기록되어 있다.

출처 : 셔터스톡

**표 11-5 기업규모별 생산단가** (단위 : 십 원)

| 기업규모 | 생산단가 | | | | | | | | | |
|---|---|---|---|---|---|---|---|---|---|---|
| 규모 1 | 40 | 55 | 50 | 50 | 30 | 40 | 55 | 40 | 45 | 50 |
| 규모 2 | 35 | 40 | 45 | 40 | 20 | 40 | 50 | 35 | 40 | 45 |
| 규모 3 | 80 | 70 | 75 | 65 | 65 | 60 | 60 | 80 | 85 | 70 |
| 규모 4 | 90 | 100 | 70 | 80 | 80 | 95 | 90 | 85 | 95 | 85 |

이 조사 결과를 이용하여 일원분산분석표를 만들고 기업의 규모별로 평균 생산단가에 차이가 있는지 1% 유의수준에서 검정하라.

**답**

일원분산분석표를 작성하기 위해 각 제곱합, 자유도, 평균제곱, $F$비를 계산해야 한다.

$$SSB = \sum_{j=1}^{4} n_j (\overline{X}_j - \overline{X})^2 = 14996.88$$

$$SSE = \sum_{j=1}^{4} \sum_{i=1}^{n_j} (x_{ij} - \overline{X}_j)^2 = 2562.5$$

따라서 $SST = SSB + SSE = 14996.88 + 2562.5 = 17559.38$이며 $SSB$의 자유도는 $J-1=3$, $SSE$의 자유도는 $n-J=36$, $SST$의 자유도는 $n-1=39$이다. 표본 간 평균제곱은

$$MSB = SSB/(J-1) = 14996.88/3 = 4998.958$$

이며 표본 내 평균제곱은

$$MSE = SSE/(n-J) = 2562.5/36 = 71.1806$$

이다. 마지막으로 $F$비는

$$MSB/MSE = 4998.958/71.1806 = 70.2293$$

이 된다. 이 계산 결과에 따라 일원분산분석표를 작성하면 표 11-6이 된다.

**표 11-6  기업별 생산단가에 대한 일원분산분석표**

| 변동요인 | 제곱합 | 자유도 | 평균제곱 | $F$비 |
|---|---|---|---|---|
| 표본그룹 간 | 14996.88 | 3 | 4998.958 | |
| 표본그룹 내 | 2562.5 | 36 | 71.1806 | 70.2293 |
| 합계 | 17559.38 | 39 | | |

검정통계량의 계산된 값은 $F$비의 값인 70.2293이다. 1% 유의수준에서 $\alpha = 0.01$이므로 분자 자유도 3과 분모 자유도 36인 임곗값 $F_{(3, 36, 0.01)}$을 $F$-분포표에서 찾으면 $F_{(3, 30, 0.01)} = 4.51$과 $F_{(3, 40, 0.01)} = 4.31$ 사이의 값이므로 검정통계량이 임곗값보다 월등히 크기 때문에 귀무가설은 기각되고 기업규모별로 평균 생산단가에 차이가 존재한다는 결론을 내릴 수 있다.

## 통계의 이해와 활용

### 표정이 서비스의 만족도에 영향을 준다?[1]

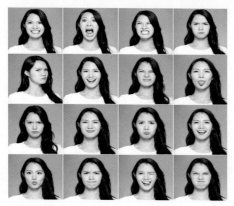

출처 : 셔터스톡

우리는 대화를 하며 서로의 감정을 전달하기 위해 고개를 끄떡이는 동작, 몸과 손을 이용한 움직임, 표정 등을 사용한다. 최근에는 이런 휴먼 인터랙티브 기술이 서비스에 어떤 영향을 미치는지에 대한 연구가 활발하게 진행 중이며 이와 관련된 흥미로운 실험결과가 있어 소개하고자 한다. 웃는 은행원이 고객들의 기분을 좋게 하여 은행의 서비스 질에 대한 평가를 높여 주는지에 대한 MIT 미디어랩의 심리학 실험이다.

이 실험은 한 은행원이 고객에게 금융 상품을 설명할 때 세 가지의 얼굴 표현[전혀 웃지 않고 무표정, 항상 웃음, 고객의 반응을 살피면서 적절하게 여러 가지 표정을 나타냄(empathetic)]으로 설명하는 것이다. 고객의 설문 응답에 의하면 다음 표에서 알 수 있는 것처럼 흥미롭게도 표정을 통해 은행원이 전달하고자 하는 자신의 서비스에 대한 태도가 고객이 느낀 은행원의 태도와 사뭇 다르다.

---

[1] 이 사례의 일부 내용은 김경희(2009)에서 인용 및 수정되었음.

| 고객의 설문 응답<br>은행원이 의도한 감정 | 무표정 | 항상 웃음 | 고객의 감정에 알맞게<br>부응함 |
|---|---|---|---|
| 무표정 | 5/12=0.417 | 7/12=0.583 | 0/12=0.0 |
| 항상 웃음 | 2/13=0.154 | 5/13=0.385 | 6/13=0.461 |
| 고객의 감정에 알맞게<br>부응함 | 2/12=0.166 | 6/12=0.5 | 4/12=0.333 |

출처 : 김경희(2009)

더 흥미로운 결과는 고객들은 은행원의 표정에 따라 서비스에 대한 만족도의 차이를 느끼지 못한다는 것이다. 즉 은행원이 전달하고자 했던 태도(표정)에 따라 '무표정', '항상 웃음', '고객의 감정에 알맞게 부응함'으로 나눈 후 고객 만족을 측정하기 위해 고객의 인터랙션 만족도, 정보에 대한 만족도, 그리고 은행원의 감정적 부응도로 나누어 조사하였다. 그리고 조사 자료를 이용하여 분산분석(ANOVA)을 수행하였으며, 아래 그림에 표현된 통계량의 추정값으로 판단할 수 있는 것처럼 5%의 유의수준에서 세 가지 만족도 모두 은행원의 태도(표정)와는 무관하다는 결과를 얻었다. 다시 말해 은행원들이 무작정 많이 웃는다고 금융 서비스의 질에 대한 고객의 만족이 높아지는 것은 아니라는 의미이다.

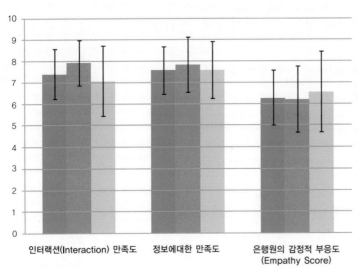

출처 : 김경희(2009)

## 제3절 이원분산분석

일원분산분석에서는 한 가지 요인을 기준으로 모집단을 구분하여 모집단 간의 차이를 검정하였으나, 이원분산분석(two-way analysis of variance)에서는 두 가지 요인을 기준으로 모집단을 구분하여 모집단 간의 차이를 검정한다. 일원분산분석에서는 전기자동차 1회 완충 후 주행가능거리를 제조사라는 요인에 따라 세 그룹으로 구분하였는데, 주행가능거리의 변동이 제조사라는 요인에 의해서만 영향을 받는 것이 아니라 평균 주행속도에 의해서도 영향을 받을 것이다. 따라서 모집단을 제조사라는 요인 외에 자동차의 평균 주행속도라는 요인에 의해서도 두 그룹(고속주행 그룹과 저속주행 그룹)으로 구분할 수 있으며, 결과적으로 6개 그룹으로 세분화하여 주행가능거리의 변동을 보다 정교하게 분석할 수 있을 것이다.

이 경우 일원분산분석처럼 각 요인에 따른 모집단의 구분에 차이가 존재하는지를 검정할 수 있을 뿐 아니라, 두 요인 사이의 상호작용 효과(interaction effect)를 파악할 수 있다. 이를테면 전기자동차 예에서 제조사와 주행속도라는 두 요인 간의 상호작용 효과가 존재하는지도 알아볼 수 있다. 즉, 고속주행에서는 A회사 전기자동차가, 저속주행에서는 B회사 전기자동차가 다른 회사 전기자동차보다 주행가능거리가 상대적으로 더 길어지거나 짧아지는 상호작용 효과가 존재하는지 확인할 수 있다. 이처럼 이원분산분석은 일원분산분석처럼 각각의 요인에 따른 주구분 효과(main effect)를 동시에 파악할 수 있는 편리함 외에도 두 요인의 결합 형태에 기인하는 상호작용 효과도 알아볼 수 있는 장점을 지닌다.

## 1. 이원분산분석 모형

이원분산분석은 두 가지 요인에 의해 모집단을 구분하며 각 요인은 다시 몇 개의 그룹으로 이루어진다. 요인 A에 대해 $J$개의 그룹이 있고 요인 B에 대해 $K$개의 그룹이 있다면 두 가지 요인에 대한 $J \times K$개의 서로 다른 그룹이 존재하게 된다. 요인 A의 $j$번째 그룹과 요인 B의 $k$번째 그룹에 속하는 $i$번째 관측값은 $x_{ijk}$로 표기한다. 예를 들면 $x_{123}$은 요인 A의 두 번째 그룹과 요인 B의 세 번째 그룹에 속하는 첫 번째 관측값이다. 각 그룹에 $I$개의 관측값이 있다면 표본그룹과 관측값은 표 11-7과 같이 배열될 수 있다.

이원분산분석에서 $x_{ijk}$는 여러 가지 구성요소를 가진다. 즉 전체 평균 $\mu$, $j$번째 그룹에 속하기 때문에 발생하는 전체 평균과의 차이(주구분 효과) $\alpha_j$, $k$번째 그룹에 속하기 때문에 발생하는 전체 평균과의 차이(주구분 효과) $\beta_k$, 두 요인에 의한 상호작용 효과 $\gamma_{jk}$, 그리고 $i$의 개별적 차이(또는 오차) $\varepsilon_{ijk}$로 구성된다. 만일 $jk$ 그룹에 관측값이 하나씩만 존재하여 $I=1$이면 상호작용 효과는 고려될 수 없다.

---

**이원분산분석모형**

$$x_{ijk} = \mu + \alpha_j + \beta_k + \gamma_{jk} + \varepsilon_{ijk}$$

$\mu$ : 전체 평균

$\alpha_j$ : 요인 A의 $j$번째 그룹의 주구분 효과

$\beta_k$ : 요인 B의 $k$번째 그룹의 주구분 효과

$\gamma_{jk}$ : 두 요인 A와 B의 상호작용 효과

$\varepsilon_{ijk}$ : $i$의 개별적 차이의 오차

**표 11-7 이원분산분석의 자료배열**

| 요인 수준 B \ 요인 수준 A | $A_1$ | $A_2$ | ...... | $A_J$ | 표본평균($\overline{X}_{\cdot k}$) |
|---|---|---|---|---|---|
| $B_1$ | $x_{111}$<br>$x_{211}$<br>$\vdots$<br>$x_{I11}$ | $x_{121}$<br>$x_{221}$<br>$\vdots$<br>$x_{I21}$ | ......<br>......<br>......<br>...... | $x_{1J1}$<br>$x_{2J1}$<br>$\vdots$<br>$x_{IJ1}$ | $\overline{X}_{\cdot 1}$ |
| 표본평균($\overline{X}_{jk}$) | $\overline{X}_{11}$ | $\overline{X}_{21}$ | ...... | $\overline{X}_{J1}$ | |
| $B_2$ | $x_{112}$<br>$x_{212}$<br>$\vdots$<br>$x_{I12}$ | $x_{122}$<br>$x_{222}$<br>$\vdots$<br>$x_{I22}$ | ......<br>......<br>......<br>...... | $x_{1J2}$<br>$x_{2J2}$<br>$\vdots$<br>$x_{IJ2}$ | $\overline{X}_{\cdot 2}$ |
| 표본평균($\overline{X}_{jk}$) | $\overline{X}_{12}$ | $\overline{X}_{22}$ | ...... | $\overline{X}_{J2}$ | |
| $\vdots$ | $\vdots$ | $\vdots$ | | | $\vdots$ |
| $B_K$ | $x_{11K}$<br>$x_{21K}$<br>$\vdots$<br>$x_{I1K}$ | $x_{12K}$<br>$x_{22K}$<br>$\vdots$<br>$x_{I2K}$ | ......<br>......<br>......<br>...... | $x_{1JK}$<br>$x_{2JK}$<br>$\vdots$<br>$x_{IJK}$ | $\overline{X}_{\cdot K}$ |
| 표본평균($\overline{X}_{jk}$) | $\overline{X}_{1K}$ | $\overline{X}_{2K}$ | ...... | $\overline{X}_{JK}$ | |
| 표본평균($\overline{X}_{j\cdot}$) | $\overline{X}_{1\cdot}$ | $\overline{X}_{2\cdot}$ | ...... | $\overline{X}_{J\cdot}$ | $\overline{X}$ |

$\overline{X}$ : 전체 평균

$\overline{X}_{j\cdot}$ : 요인 A의 $j$번째 그룹에 속하는 관측값들의 평균

$\overline{X}_{\cdot k}$ : 요인 B의 $k$번째 그룹에 속하는 관측값들의 평균

$\overline{X}_{jk}$ : 요인 A의 $j$번째 그룹과 요인 B의 $k$번째 그룹에 속하는 관측값들의 평균

이 모형은 일원분산분석의 경우처럼 다음과 같이 통계치로 다시 표현할 수 있다.

$$x_{ijk} = \overline{X} + (\overline{X}_{j\cdot} - \overline{X}) + (\overline{X}_{\cdot k} - \overline{X})$$
$$+ (\overline{X}_{jk} - \overline{X}_{j\cdot} - \overline{X}_{\cdot k} + \overline{X}) + (x_{ijk} - \overline{X}_{jk})$$

이 등식의 양변에서 $\overline{X}$를 빼면

$$x_{ijk} - \overline{X} = (\overline{X}_{j\cdot} - \overline{X}) + (\overline{X}_{\cdot k} - \overline{X})$$
$$+ (\overline{X}_{jk} - \overline{X}_{j\cdot} - \overline{X}_{\cdot k} + \overline{X}) + (x_{ijk} - \overline{X}_{jk})$$

가 되며 다시 양변을 제곱하여 $i$, $j$와 $k$에 대해 합하면

$$\sum_{i=1}^{I} \sum_{j=1}^{J} \sum_{k=1}^{K} (x_{ijk} - \overline{X})^2 = \sum_{i=1}^{I} \sum_{j=1}^{J} \sum_{k=1}^{K} (\overline{X}_{j\cdot} - \overline{X})^2$$
$$+ \sum_{i=1}^{I} \sum_{j=1}^{J} \sum_{k=1}^{K} (\overline{X}_{\cdot k} - \overline{X})^2$$

$$+ \sum_{i=1}^{I} \sum_{j=1}^{J} \sum_{k=1}^{K} (\bar{X}_{jk} - \bar{X}_{j}\cdot - \bar{X}\cdot_{k} + \bar{X})^2$$

$$+ \sum_{i=1}^{I} \sum_{j=1}^{J} \sum_{k=1}^{K} (x_{ijk} - \bar{X}_{jk})^2$$

을 얻게 되는데 교차곱 항은 합이 0으로 제외되어 있다. 이 등식의 왼쪽은 총 변동($SST$), 오른쪽의 첫 번째 항은 요인 A의 $j$번째 그룹의 주구분 효과에 기인한 변동($SSA$), 오른쪽의 두 번째 항은 요인 B의 $k$번째 그룹의 주구분 효과에 기인한 변동($SSB$), 오른쪽의 세 번째 항은 요인 A와 B의 상호작용 효과에 기인한 변동($SSAB$), 그리고 오른쪽의 마지막 항은 표본그룹 내 변동($SSE$)을 나타낸다. 따라서 다음과 같은 등식을 얻을 수 있다.

$$SST = SSA + SSB + SSAB + SSE$$

---

**제곱합과 자유도**

제곱합 : $SST = SSA + SSB + SSAB + SSE$

자유도 : $IJK - 1 = (J-1) + (K-1) + (J-1)(K-1) + (I-1)JK$

---

## 2. 이원분산분석 검정

각 요인에 대한 주구분 효과와 상호작용 효과를 검정하기 위해 먼저 제곱합을 자유도로 나누어 평균제곱을 구한다.

$$MSA = SSA/(J-1)$$
$$MSB = SSB/(K-1)$$
$$MSAB = SSAB/[(J-1)(K-1)]$$
$$MSE = SSE/[(I-1)JK]$$

일원분산분석과 같이 각 평균제곱을 오차평균제곱으로 나누어 $F$비 혹은 검정통계량을 구해 $F$-검정한다. 표 11-8은 이원분산분석표의 일반적인 형태를 보여 준다.[2]

---

**이원분산분석 검정**

- 요인 A의 주구분 효과에 대한 가설검정

  가설 설정 $H_0 : \mu_1\cdot = \mu_2\cdot = \cdots = \mu_J\cdot$ 혹은 $\alpha_j = 0$

---

[2] $jk$그룹에 관측값이 1개씩(즉 $I=1$)인 경우 이원분산분석표에 상호작용 효과 행이 없으며 $SSE$의 자유도는 $(J-1)(K-1)$, $SST$의 자유도는 $JK-1$이 된다.

$H_1$ : 평균이 모두 같지는 않다 혹은 $\alpha_j \neq 0$

- 검정통계량 $F_A = MSA/MSE$

결정규칙 - 검정통계량이 임곗값 $F_{(\nu_1, \nu_2, \alpha)}$보다 크면 $H_0$를 기각

여기서 $\nu_1 = J-1$, $\nu_2 = (I-1)JK$이다.

- 요인 B의 주구분 효과에 대한 가설검정

가설 설정 $H_0 : \mu_{\cdot 1} = \mu_{\cdot 2} = \cdots = \mu_{\cdot K}$ 혹은 $\beta_k = 0$

$H_1$ : 평균이 모두 같지는 않다 혹은 $\beta_k \neq 0$

검정통계량 $F_B = MSB/MSE$

결정규칙 - 검정통계량이 임곗값 $F_{(\nu_1, \nu_2, \alpha)}$보다 크면 $H_0$를 기각

여기서 $\nu_1 = K-1$, $\nu_2 = (I-1)JK$이다.

- 요인 A와 B의 상호작용 효과에 대한 가설검정

가설 설정 $H_0 : \gamma_{ij} = 0$

$H_1 : \gamma_{ij} \neq 0$

검정통계량 $F_{AB} = MSAB/MSE$

결정규칙 - 검정통계량이 임곗값 $F_{(\nu_1, \nu_2, \alpha)}$보다 크면 $H_0$를 기각

여기서 $\nu_1 = (J-1)(K-1)$, $\nu_2 = (I-1)JK$이다.

**표 11-8 이원분산분석표**

| 변동요인 | 제곱합 | 자유도 | 평균제곱 | $F$비 |
|---|---|---|---|---|
| 요인 A | $SSA$ | $J-1$ | $MSA = SSA/(J-1)$ | $F_A = MSA/MSE$ |
| 요인 B | $SSB$ | $K-1$ | $MSB = SSB/(K-1)$ | $F_B = MSB/MSE$ |
| 상호작용효과 | $SSAB$ | $(J-1)(K-1)$ | $MSAB = SSAB/[(J-1)(K-1)]$ | $F_{AB} = MSAB/MSE$ |
| 오차 | $SSE$ | $(I-1)JK$ | $MSE = SSE/[(I-1)JK]$ | |
| 합계 | $SST$ | $IJK-1$ | | |

**예 11-2** ▶

근로자 27명을 대상으로 직장에서 받는 스트레스를 두 가지 요인(고용 기간과 직종별)으로 나누어 관측하였다. 표 11-9는 측정된 스트레스를 나타내며 높은 점수는 높은 스트레스를 반영한다.

- 이원분산분석표를 작성하라.
- 근로자들의 스트레스가 고용 기간에 영향을 받는지 5% 유의수준에서 검정하라.
- 근로자들의 스트레스가 직종에 영향을 받는지 5% 유의수준에서 검정하라.
- 고용 기간과 직종은 상호작용 효과가 있다고 할 수 있는지 5% 유의수준에서 검정하라.

표 11-9 스트레스 측정점수

| 직종 | 고용기간(단위 : 년) | | |
|---|---|---|---|
| | 0~5 | 5~10 | 10~15 |
| 서비스업 | 21 | 20 | 16 |
| | 20 | 22 | 18 |
| | 23 | 19 | 18 |
| 전문업 | 22 | 24 | 21 |
| | 19 | 25 | 23 |
| | 20 | 22 | 20 |
| 제조업 | 21 | 20 | 20 |
| | 18 | 19 | 24 |
| | 19 | 22 | 22 |

**답**

• 고용 기간 요인을 요인 A, 직종별 요인을 요인 B로 놓았을 때, 이원분산분석표를 작성 하기 위해 계산해야 할 항목들은 다음과 같다.

제곱합 : $SSA = \sum_{i=1}^{I} \sum_{j=1}^{J} \sum_{k=1}^{K} (\overline{X}_{j\cdot} - \overline{X})^2 = 9((\overline{X}_{1\cdot} - \overline{X})^2 + (\overline{X}_{2\cdot} - \overline{X})^2 + (\overline{X}_{3\cdot} - \overline{X})^2) = 8.2222$

$SSB = \sum_{i=1}^{I} \sum_{j=1}^{J} \sum_{k=1}^{K} (\overline{X}_{\cdot k} - \overline{X})^2 = 9((\overline{X}_{\cdot 1} - \overline{X})^2 + (\overline{X}_{\cdot 2} - \overline{X})^2 + (\overline{X}_{\cdot 3} - \overline{X})^2) = 20.2222$

$SSAB = \sum_{i=1}^{I} \sum_{j=1}^{J} \sum_{k=1}^{K} (\overline{X}_{jk} - \overline{X}_{j\cdot} - \overline{X}_{\cdot k} + \overline{X})^2 = 3((\overline{X}_{11} - \overline{X}_{1\cdot} - \overline{X}_{\cdot 1} + \overline{X})^2 +$
$(\overline{X}_{12} - \overline{X}_{1\cdot} - \overline{X}_{\cdot 2} + \overline{X})^2 + \cdots + (\overline{X}_{33} - \overline{X}_{3\cdot} - \overline{X}_{\cdot 3} + \overline{X})^2) = 46.2222$

$SSE = \sum_{i=1}^{I} \sum_{j=1}^{J} \sum_{k=1}^{K} (x_{ijk} - \overline{X}_{jk})^2 = (x_{111} - \overline{X}_{11})^2 + (x_{211} - \overline{X}_{11})^2 + \cdots + (x_{333} - \overline{X}_{33})^2$
$= 43.3333$

$SST = \sum_{i=1}^{I} \sum_{j=1}^{J} \sum_{k=1}^{K} (x_{ijk} - \overline{X})^2 = SSA + SSB + SSAB + SSE = 118$

평균제곱 : $MSA = SSA/(J-1) = 8.2222/2 = 4.1111$

$MSB = SSB/(K-1) = 20.2222/2 = 10.1111$

$MSAB = SSAB/[(J-1)(K-1)] = 46.2222/4 = 11.5556$

$MSE = SSE/[(I-1)JK] = 43.3333/18 = 2.4074$

$F$비 : $F_A = MSA/MSE = 4.1111/2.4074 = 1.7077$

$F_B = MSB/MSE = 10.1111/2.4074 = 4.2$

$F_{AB} = MSAB/MSE = 11.5556/2.4074 = 4.8$

**표 11-10  이원분산분석표**

| 변동요인 | 제곱합 | 자유도 | 평균제곱 | $F$비 |
|---|---|---|---|---|
| 요인 A | 8.2222 | 2 | 4.1111 | 1.7077 |
| 요인 B | 20.2222 | 2 | 10.1111 | 4.2 |
| 상호작용효과 | 46.2222 | 4 | 11.5557 | 4.8 |
| 오차 | 43.3333 | 18 | 2.4074 | |
| 합계 | 118 | 26 | | |

- 귀무가설과 대립가설은 다음과 같이 설정된다.

$$H_0 : \mu_{1.} = \mu_{2.} = \mu_{3.}$$
$$H_1 : 평균이 모두 같지는 않다.$$

5% 유의수준에서 임곗값 $F_{(v_1, v_2, \alpha)}$를 구하면 $F_{(2, 18, 0.05)} = 3.55$이다. 검정통계량 $F_A = 1.7077$이 임곗값보다 작으므로 $H_0$는 채택되며 근로자들의 스트레스는 고용 기간에 영향을 받지 않는다고 할 수 있다.

- 귀무가설과 대립가설은 다음과 같이 설정된다.

$$H_0 : \mu_{.1} = \mu_{.2} = \mu_{.3}$$
$$H_1 : 평균이 모두 같지는 않다.$$

검정통계량 $F_B = 4.2$가 임곗값보다 크기 때문에 $H_0$는 기각되며 직종이 근로자들의 스트레스에 영향을 준다는 통계적 증거가 존재한다.

- 귀무가설과 대립가설은 다음과 같이 설정된다.

$$H_0 : 두 요인 간에는 상호작용 효과가 없다.$$
$$H_1 : 두 요인 간에는 상호작용 효과가 있다.$$

검정통계량 $F_{AB} = 4.8$이 5% 유의수준에서의 임곗값 $F_{(4, 18, 0.05)} = 2.93$보다 크기 때문에 $H_0$는 기각되며 고용 기간과 직종 간에는 상호작용 효과가 있다고 할 수 있다.

 **요약**

3개 이상의 모평균이 동일하다는 가설검정을 위하여 정규분포나 $t$-분포를 이용하는 검정 방법 대신에 분산분석(ANOVA)이라는 통계적 방법을 이용할 수 있다. 분산분석은 요인의 수에 따라 일원분산분석과 이원분산분석으로 구별된다. 즉 일원분산분석은 한 가지 요인에 의해, 이원분산분석은 두 가지 요인에 의해 모집단을 구분하고 각 모집단으로부터 추출된 표본에 근거하여 모집단들의 평균이 동일하다는 가설을 검정하는 방법이다.

분산분석을 위해 $SST$, $SSB$, $SSE$와 각 자유도, 평균제곱, $F$통계량의 값들을 표준양식에 의해 표를 만든 것을 분산분석표(ANOVA table)라고 한다. 일원분산분석표와 검정 방법은 다음과 같다.

**일원분산분석표**

| 변동요인 | 제곱합 | 자유도 | 평균제곱 | $F$비 |
|---|---|---|---|---|
| 표본그룹 간 | $SSB$ | $J-1$ | $MSB=SSB/(J-1)$ | $F=MSB/MSE$ |
| 표본그룹 내 | $SSE$ | $n-J$ | $MSE=SSE/(n-J)$ | |
| 합계 | $SST$ | $n-1$ | | |

**일원분산분석 검정**

$J$개의 모집단이 동분산 $\sigma^2$을 갖는 정규분포에 따른다고 가정하자.

• 가설 설정 $H_0 : \mu_1 = \mu_2 = \cdots = \mu_J$

$\qquad\qquad H_1$ : 적어도 하나의 모평균은 다르다.

• 검정통계량 $MSB/MSE$

• 결정규칙 – 검정통계량이 임곗값 $F_{(J-1,\ n-J,\ \alpha)}$보다 크면 $H_0$를 기각

이원분산분석표와 검정 방법은 다음과 같다.

**이원분산분석표**

| 변동요인 | 제곱합 | 자유도 | 평균제곱 | $F$비 |
|---|---|---|---|---|
| 요인 A | $SSA$ | $J-1$ | $MSA=SSA/(J-1)$ | $F_A=MSA/MSE$ |
| 요인 B | $SSB$ | $K-1$ | $MSB=SSB/(K-1)$ | $F_B=MSB/MSE$ |
| 상호작용효과 | $SSAB$ | $(J-1)(K-1)$ | $MSAB=SSAB/[(J-1)(K-1)]$ | $F_{AB}=MSAB/MSE$ |
| 오차 | $SSE$ | $(I-1)JK$ | $MSE=SSE/[(I-1)JK]$ | |
| 합계 | $SST$ | $IJK-1$ | | |

**이원분산분석 검정**

• 요인 A의 주구분 효과에 대한 가설검정

가설 설정 $H_0 : \mu_1. = \mu_2. = \cdots = \mu_J.$ 혹은 $\alpha_j = 0$

$\qquad\qquad H_1$ : 평균이 모두 같지는 않다 혹은 $\alpha_j \neq 0$

• 검정통계량 $F_A = MSA/MSE$

결정규칙 – 검정통계량이 임곗값 $F_{(v_1,\ v_2,\ \alpha)}$보다 크면 $H_0$를 기각

$\qquad\qquad$ 여기서 $v_1 = J-1$, $v_2 = (I-1)JK$이다.

• 요인 B의 주구분 효과에 대한 가설검정

가설 설정 $H_0 : \mu_{\cdot 1} = \mu_{\cdot 2} = \cdots = \mu_{\cdot K}$ 혹은 $\beta_k = 0$

$\quad\quad\quad H_1$ : 평균이 모두 같지는 않다 혹은 $\beta_k \neq 0$

검정통계량 $F_B = MSB/MSE$

결정규칙 – 검정통계량이 임곗값 $F_{(v_1, v_2, \alpha)}$보다 크면 $H_0$를 기각

$\quad\quad\quad$ 여기서 $v_1 = K - 1$, $v_2 = (I-1)JK$이다.

• 요인 A와 B의 상호작용 효과에 대한 가설검정

가설 설정 $H_0 : \gamma_{ij} = 0$

$\quad\quad\quad H_1 : \gamma_{ij} \neq 0$

검정통계량 $F_{AB} = MSAB/MSE$

결정규칙 – 검정통계량이 임곗값 $F_{(v_1, v_2, \alpha)}$보다 크면 $H_0$를 기각

$\quad\quad\quad$ 여기서 $v_1 = (J-1)(K-1)$, $v_2 = (I-1)JK$이다.

 **주요용어**

**분산분석**(analysis of variance, ANOVA)  여러 모집단 평균을 동시에 비교하여 모집단 평균 간에 차이가 존재하는지를 결정하는 통계적 방법

**분산분석표**(ANOVA table)  분산분석을 위해 *SST*, *SSB*, *SSE*와 각 자유도, 평균제곱, *F*통계량의 값들을 표준양식에 의해 만든 표

**상호작용 효과**(interaction effect)  두 요인 간에 서로 영향을 미치는 것

**이원분산분석**(two-way analysis of variance)  두 가지 요인을 기준으로 모집단을 구분하여 모집단 간의 차이를 검정하는 방법

**일원분산분석**(one-way analysis of variance)  한 가지 요인 혹은 기준에 의해 모집단을 구분하고 각 모집단으로부터 추출된 표본에 근거하여 모집단들의 평균이 동일하다는 가설을 검정하는 방법

**표본 간 변동**(*SSB*)  표본 간 평균의 차이 정도를 측정하는 통계량

**표본 간 평균제곱**(*MSB*)  표본 간 변동을 자유도 $J-1$로 나눈 것

**표본 내 변동 혹은 오차제곱의 합**(*SSE*)  각 표본평균을 기준으로 한 관측값과의 편차제곱의 합

**표본 내 평균제곱**(MSW) **혹은 오차평균제곱**(*MSE*)  표본 내 변동 혹은 오차제곱의 합을 자유도 $n-J$로 나눈 것

**연습문제**

1. 세 모집단의 분산은 $\sigma^2$으로 같으며 모두 정규분포한다고 가정하자. 만약 세 모집단의 평균이 같다면 세 모집단이 합쳐진 분포의 분산은 $\sigma^2$이지만 세 모집단의 평균이 다르면 세 모집단이 합쳐진 분포의 분산은 $\sigma^2$보다 커져서 $MSB$가 $\sigma^2$을 과대추정하게 됨을 그래프를 이용하여 설명하라.

2. 5개의 그룹에서 각각 10개의 관측값을 선정한 표본을 이용하여 분산분석을 할 경우 $SST$, $SSB$, $SSE$의 자유도를 구하라.

3. 다음 ANOVA 표를 완성하라.

   1)

   | 변동요인 | 제곱합 | 자유도 | 평균제곱 | $F$비 |
   |---|---|---|---|---|
   | 표본 간 | 154.9199 | 4 | ( ) | ( ) |
   | 표본 내 | ( ) | ( ) | ( ) | |
   | 합계 | 200.4773 | 39 | | |

   2)

   | 변동요인 | 제곱합 | 자유도 | 평균제곱 | $F$비 |
   |---|---|---|---|---|
   | 표본 간 | 312 | ( ) | ( ) | ( ) |
   | 표본 내 | 32 | 6 | ( ) | |
   | 합계 | ( ) | 8 | | |

4. ANOVA 표가 다음과 같다.

   | 변동요인 | 제곱합 | 자유도 | 평균제곱 | $F$비 |
   |---|---|---|---|---|
   | 표본 간 | 5.055835 | 2 | 2.52917 | 1.0438 |
   | 표본 내 | 65.42090 | 27 | 2.4230 | |

   1) 몇 개의 표본이 비교되었는가?

   2) 이 표본의 총 관측값의 수는 얼마인가?

   3) 5% 유의수준에서 표본별 모평균이 다르다고 할 수 있는가?

5. 한 경제연구소에서는 우리 국민의 나이별 저축 성향을 조사해 보기로 하고 10대, 20대, 30대, 40대, 50대, 60대로 나누어 그룹마다 20개의 관측값을 수집하였다고 하자. 나이별 저축 성향은 단순히 각 개인의 총소득에서 저축이 차지하는 비율의 평균으로 추정하였다.

나이별 저축률

| 10대 | 20대 | 30대 | 40대 | 50대 | 60대 |
|------|------|------|------|------|------|
| 0.0176 | 0.0423 | 0.0610 | 0.0744 | 0.0047 | 0.0451 |
| 0.0407 | 0.0516 | 0.1749 | 0.2937 | 0.0049 | 0.0716 |
| 0.0005 | 0.0334 | 0.0030 | 0.2201 | 0.0570 | 0.0893 |
| 0.0069 | 0.0433 | 0.1536 | 0.0468 | 0.1761 | 0.0273 |
| 0.0101 | 0.0226 | 0.1942 | 0.0725 | 0.0173 | 0.0255 |
| 0.0099 | 0.0580 | 0.1980 | 0.2125 | 0.1103 | 0.0866 |
| 0.0302 | 0.0760 | 0.1578 | 0.2205 | 0.1894 | 0.0232 |
| 0.0136 | 0.0530 | 0.0877 | 0.1297 | 0.2153 | 0.0805 |
| 0.0099 | 0.0641 | 0.0997 | 0.2013 | 0.2078 | 0.0908 |
| 0.0008 | 0.0209 | 0.0428 | 0.1580 | 0.0252 | 0.0232 |
| 0.0373 | 0.0380 | 0.1287 | 0.0154 | 0.1363 | 0.0239 |
| 0.0223 | 0.0783 | 0.0640 | 0.0095 | 0.1325 | 0.0050 |
| 0.0466 | 0.0681 | 0.1920 | 0.1094 | 0.1060 | 0.0078 |
| 0.0233 | 0.0461 | 0.1453 | 0.0045 | 0.0461 | 0.0641 |
| 0.0209 | 0.0568 | 0.0824 | 0.1344 | 0.2027 | 0.0191 |
| 0.0423 | 0.0794 | 0.1489 | 0.2391 | 0.2098 | 0.0844 |
| 0.0263 | 0.0059 | 0.0536 | 0.0325 | 0.2183 | 0.0174 |
| 0.0101 | 0.0603 | 0.0880 | 0.0124 | 0.1435 | 0.0171 |
| 0.0336 | 0.0050 | 0.1867 | 0.2143 | 0.1665 | 0.0994 |
| 0.0419 | 0.0415 | 0.1367 | 0.2130 | 0.0363 | 0.0440 |

1) 위의 자료를 이용하여 분산분석표를 만들어라.

2) 1% 유의수준에서 나이별로 저축 성향이 같은지 검정하라.

6. 한 대학에서는 회계사 시험을 준비하는 학생을 고시반 학생, 경영대 학생, 타 단과대 학생으로 나누어 그룹별 성취도를 알아보기로 하였다. 그룹마다 5명의 학생을 임의로 선정하여 모의고사를 치르게 하였으며, 그 결과는 아래 표에 주어져 있다.

모의고사 점수

| 고시반 학생 | 85 | 74 | 92 | 67 | 79 |
|------------|----|----|----|----|----|
| 경영대 학생 | 64 | 69 | 87 | 81 | 74 |
| 타 단과대 학생 | 63 | 61 | 72 | 71 | 81 |

1) 분산분석표를 작성하라.

2) 5% 유의수준에서 세 모집단의 평균이 같다는 귀무가설을 검정하라.

7. 요인 A를 기준으로 2개로 구분되고 요인 B를 기준으로 3개로 구분되며, 각 그룹은 4개의

관측값을 가지는 표본의 이원분산분석 결과의 일부가 다음과 같다.

$$SSB = 100, \quad SST = 700$$
$$SSA의 \ 자유도 = 1, \quad SSAB의 \ 자유도 = 2$$
$$MSAB = 2.5, \quad MSE = 2.0$$

1) ANOVA 표를 작성하라.

2) 5% 유의수준에서 요인 A의 주구분 효과에 대해 가설검정을 해라.

3) 5% 유의수준에서 요인 B의 주구분 효과에 대해 가설검정을 해라.

4) 5% 유의수준에서 요인 A와 B의 상호작용 효과에 대해 가설검정을 해라.

8. 일반적으로 상품의 가격이 도시 교외 지역보다 도시 내 지역에서 더 비싸다고 알고 있으나 한 연구논문에 의하면 그 결과는 정반대인 것으로 나타났다. 따라서 한 연구자는 지역과 판매점에 따라 가격 수준이 다른지 알아보기 위해 도심, 교외, 시골로 지역을 나누고 편의점, 할인점, 백화점, 시장으로 상품 판매점을 나누어 몇 가지 상품의 소매물가지수를 계산하여 아래 표와 같은 결과를 얻었다.

소매물가지수

| 지역 | 판매점 유형 | | | |
|------|------|------|------|------|
| | 편의점 | 할인점 | 백화점 | 시장 |
| 도심 | 102.6 | 95.0 | 110.0 | 97.0 |
| 교외 | 108.2 | 97.5 | 115.5 | 99.6 |
| 시골 | 109.7 | 98.7 | 114.0 | 98.5 |

1) 이원분산분석표를 작성하라.

2) 판매점 유형의 차이가 소매물가에 영향을 주는지 1% 유의수준에서 가설검정을 해라.

3) 지역 차이가 소매물가에 영향을 주는지 1% 유의수준에서 가설검정을 해라.

 **기출문제**

1. (2019년 사회조사분석사 2급) A, B, C 세 공법에 대하여 다음의 자료를 얻었다.

| A | 56 | 60 | 50 | 65 | 64 |
|---|----|----|----|----|----|
| B | 48 | 61 | 48 | 52 | 46 |
| C | 55 | 60 | 44 | 46 | 55 |

일원분산분석을 통하여 위의 세 가지 공법 사이에 유익한 차이가 있는지 검정하고자 할 때, 처리제곱합의 자유도는?

① 1          ② 2

③ 3          ④ 4

2. (2019년 사회조사분석사 2급) 성별 평균소득에 관한 설문조사자료를 정리한 결과, 집단 내 평균제곱(mean squares within groups)은 50, 집단 간 평균제곱(mean squares between groups)은 25로 나타났다. 이 경우에 F값은?

① 0.5          ② 2

③ 25          ④ 75

3. (2019년 사회조사분석사 2급) 대기오염에 따른 신체발육 정도가 서로 다른지를 알아보기 위해 대기오염 상태가 서로 다른 4개 도시에서 각각 10명씩 어린이들의 키를 조사하였다. 분산분석의 결과가 다음과 같을 때, 다음 중 틀린 것은?

| | 제곱합(SS) | 자유도(df) | 평균제곱합(MS) | $F$ |
|---|---|---|---|---|
| 처리(B) | 2100 | a | b | f |
| 오차(W) | c | d | e | |
| 총합(T) | 4900 | g | | |

① b=700          ② c=2800

③ g=39          ④ f=8.0

4. (2018년 사회조사분석사 2급) 일원배치법에 대한 설명으로 옳은 것은?

① 한 종류의 인자가 특성값에 미치는 영향을 조사하고자 할 때 사용하는 분석법이다.

② 인자의 처리별 반복수는 동일하여야 한다.

③ 3명의 기술자가 세 가지의 재료를 이용해서 어떤 제품을 만들고자 할 때 가장 좋은 제품을 만들 수 있는 조건을 찾으려면 일원배치법이 적절하다.

④ 일원배치법에 의해 여러 그룹의 분산의 차이를 해석할 수 있다.

5. (2017년 사회조사분석사 2급) A, B, C 세 가지 공법에 따라 생산된 철선의 인장강도에 차이가 있는지를 알아보기 위해, 공법 A에서 5회, 공법 B에서 6회, 공법 C에서 7회, 총 18회를 랜덤하게 실험하여 인장강도를 측정하였다. 측정한 자료를 정리한 결과 총제곱합 SST=100이고 잔차제곱합 SSE=65이었다. 처리제곱합 SSB와 처리제곱합의 자유도 df를 바르게 나열한 것은?

① SSB=35, df=2          ② SSB=35, df=3

③ SSB=165, df=17          ④ SSB=16, df=18

6. (2019년 9급 공개채용 통계학개론) 다음은 세 가지 속독법(A, B, C)에 따라 책 읽는 시간에 차이가 있는지 알아보기 위해 일원배치분산분석법을 적용하여 얻은 분산분석표이다. 각 속독법에 5명씩 15명을 임의로 배치하여 책을 읽게 한 후, 책 읽는 시간을 측정하였다. 이에 대한 설명으로 옳지 않은 것은?

|  | 제곱합 | 자유도 | 평균제곱 | $F$-값 | $P$-값 |
|---|---|---|---|---|---|
| 처리 | 2156 | (㉠) |  | 16.84 | 0.0003 |
| 오차 | 768 | (㉡) | (㉢) |  |  |
| 합계 | 2924 | 14 |  |  |  |

① ㉠의 값은 3이다.

② ㉡의 값은 12이다.

③ ㉢의 값은 64이다.

④ 유의수준 1%에서 검정할 때, 세 가지 속독법에 따라 책 읽는 시간에 차이가 있다고 할 수 있다.

7. (2019년 9급 공개채용 통계학개론) 다음은 다이어트 종류에 따라 체중감량 효과에 차이가 있는지 알아보기 위해 분산분석을 시행한 결과표이다. 이 결과에서 알 수 있는 내용으로 옳지 않은 것은? (단, $F_\alpha(k_1, k_2)$는 분자의 자유도가 $k_1$이고, 분모의 자유도가 $k_2$인 $F$-분포의 제$100 \times (1-\alpha)$백분위수를 나타내고, $F_{0.05}(3, 26) = 2.98$, $F_{0.025}(3, 26) = 3.67$이다)

|  | 제곱합 | 자유도 | 평균제곱 | $F$-값 |
|---|---|---|---|---|
| 다이어트 | 6 | 3 |  | 20 |
| 오차 | 2.6 |  |  |  |
| 합계 | 8.6 | 29 |  |  |

① 다이어트 종류는 네 가지이다.

② $F$-값은 오차의 평균제곱을 처리의 평균제곱으로 나눈 값이다.

③ $F$-값과 분자의 자유도 3, 분모의 자유도가 26인 $F$-분포를 이용하여 유의확률($P$-값)을 구할 수 있다.

④ 유의수준 5%에서 다이어트 종류에 따라 체중감량 효과에 차이가 있다고 할 수 있다.

8. (2017년 9급 공개채용 통계학개론) 공장 A와 B에서 각각 제조방법 1, 2, 3에 따라 생산되는 어떤 제품의 인장강도에 차이가 있는지 알아보고자 반복수가 같은 일원배치 분산분석법을 적용하려고 한다. 각 공장에서 측정한 제품의 인장강도에 대한 총제곱합은 같고, 제조방법별 인장강도의 상자그림(box plot)은 다음과 같다.

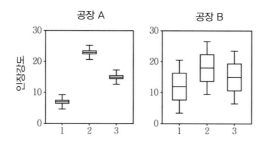

공장 A와 B의 평균처리제곱(mean square for treatment)을 각각 $MST_A$와 $MST_B$, 평균오차제곱(mean square for error)을 각각 $MSE_A$와 $MSE_B$라고 할 때, 이들 간의 대소 관계를 바르게 나타낸 것은?

① $MST_A < MST_B$, $MSE_A < MSE_B$

② $MST_A < MST_B$, $MSE_A > MSE_B$

③ $MST_A > MST_B$, $MSE_A < MSE_B$

④ $MST_A > MST_B$, $MSE_A > MSE_B$

9. (2014년 9급 공개채용 통계학개론) 분산분석법에 대한 설명으로 옳지 않은 것은?

   ① 일원배치 분산분석에서 인자(factor)의 각 수준에서의 반복수는 다를 수 있다.

   ② 반복이 있는 이원배치 분산분석에서 두 인자의 교호작용(interaction) 제곱합의 자유도는 두 인자의 제곱합의 자유도를 곱한 것과 같다.

   ③ 인자가 2개이면 주로 $t$–검정을 실시하지만 인자가 3개 이상이면 일원배치 분산분석을 이용하여 인자들을 비교한다.

   ④ 반복수 r(r≥2)이 동일한 이원배치 분산분석에서 잔차제곱합의 자유도는 교호작용제곱합의 자유도보다 크다.

10. (2011년 9급 통계학개론) 어느 시의회에서 하나의 사안에 대하여 발의된 세 가지 조례안에 대한 시민의 평가점수 평균이 같다는 귀무가설을 유의수준 5%에서 검정하고자 한다. 이를 위하여 임의추출한 시민 9명을 3명씩 임의로 세 가지 조례안에 배정한 후 각자 자신에게 배정된 조례안에 대해 평가한 점수 9개를 가지고 분산분석한 결과의 일부가 다음과 같다.

    [문](가)와 검정 결과가 바르게 연결된 것은?

    | 요인 | 제곱합 | F비 | p–값 |
    |------|--------|------|--------|
    | 조례안 | 24 | (가) | 0.037 |
    | 오차 | 12 | | |
    | 계 | 36 | | |

    |  | (가) | (나) |
    |---|------|------|
    | ① | 6 | 귀무가설 채택 |
    | ② | 6 | 귀무가설 기각 |
    | ③ | 8 | 귀무가설 채택 |
    | ④ | 8 | 귀무가설 기각 |

11. (2011년 9급 통계학개론) 각 인자에서 수준(factor level)의 수가 2 이상인 이원배치 분산분석(two-way factorial design 또는 two-way ANOVA)을 실시하려고 한다. 두 인자의 교호작용(interaction) 효과를 검출하기 위하여 반드시 필요한 사항은?

    ① 두 인자의 수준 수가 같아야 한다.

② 대상이 되는 인자가 모두 연속형 변수여야 한다.

③ 각 인자의 처리제곱합의 자유도가 10 이상이어야 한다.

④ 두 인자의 각 수준의 조합에서 관측값의 개수는 2 이상이어야 한다.

**12.** (2018년 7급 공개채용 통계학) 다음은 어느 제품에 포함된 두 인자 A, B의 수준에 따라 제품의 품질이 어떤 영향을 받는지 알아보기 위해, 반복이 있는 이원배치 분산분석법을 적용하여 얻은 분산분석표의 일부이다. 이에 대한 설명으로 옳지 않은 것은?

| 요인 | 제곱합 | 자유도 | $F$-값 | $P$-값 |
|------|--------|--------|--------|--------|
| 인자 A | 14 | 1 | | 0.0155 |
| 인자 B | | | | 0.0987 |
| 교호작용 | 2 | 1 | | 0.3293 |
| 오차 | 40 | 20 | | |

① 인자 A의 $F$-값은 7이다.

② 인자 B는 두 가지 수준을 갖는다.

③ 유의수준 5%에서 제품의 품질은 인자 B의 수준에 따라 영향을 받는다고 할 수 있다.

④ 유의수준 5%에서 인자 A와 인자 B의 교호작용에 따른 효과가 있다고 할 수 없다.

**13.** (2015년 7급 공개채용 통계학) 살을 빼려는 20명을 대상으로 네 가지 식이요법을 각각 5명에게 3개월간 적용하여 얻은 체중 변화량에 대한 분산분석표의 일부가 다음과 같을 때, 옳지 않은 것은? (단, $F_\alpha(m, n)$은 분자의 자유도가 $m$, 분모의 자유도가 $n$인 $F$분포의 제 $100 \times (1-\alpha)$ 백분위수를 나타낸다))

| 요인 | 제곱합 | 자유도 | 평균제곱 | $F$-값 | $P$-값 |
|------|--------|--------|----------|--------|--------|
| 처리 | 20.4 | A | | 1.7 | 0.21 |
| 잔차 | | B | | | |
| 합계 | 84.4 | | | | |

① A = 3

② B = 4

③ $F_{0.05}(3, 16)$은 1.7보다 크다.

④ 확률변수 $X$는 분자의 자유도가 3, 분모의 자유도가 16인 $F$분포를 따를 때 $P(X > 2)$는 0.21보다 크다.

**14.** (2011년 7급 통계학) 어떤 회사에서 세 종류 기계 A, B, C의 일일 평균 생산량이 차이가 있는지를 알아보기 위하여 일원배치 분산분석법(one-way analysis of variance)으로 실험한 결과가 다음과 같다.

|  | 기계 A | 기계 B | 기계 C |
|---|---|---|---|
| 일일 생산량 | 25 | 21 | 22 |
|  | 20 | 20 | 20 |
|  | 25 | 16 | 21 |
|  | 26 | 15 |  |

[문] 위의 자료를 이용하여 만든 아래 분산분석표의 일부에서 (가)와 (나)의 값으로 옳은 것은?

| 요인 | 제곱합 | 자유도 | $F$비 |
|---|---|---|---|
| 처리 | 72 |  | (나) |
| 오차 | 50 | (가) |  |

    (가)                     (나)

①   8                   $\dfrac{114}{25}$

②   8                   $\dfrac{162}{25}$

③   9                   $\dfrac{144}{25}$

④   9                   $\dfrac{162}{25}$

**15.** (2011년 7급 통계학) 두 인자 A와 B는 각각 세 가지 수준을 가지며, 두 인자의 아홉 가지 수준조합별로 두 번씩 반복실험을 하여 반응변수에 미치는 효과를 알아보고자 한다. 이원배치 분산분석법(two-way analysis of variance)을 적용하여 얻은 분산분석표 일부는 다음과 같다.

| 요인 | 제곱합 | 자유도 | 평균제곱 |
|---|---|---|---|
| 인자 A | 50 | 2 | 25 |
| 인자 B | 90 | 2 | 45 |
| 교호작용 | 80 | 4 | 20 |
| 오차 | 90 | 9 | 10 |
| 합계 | 310 | 17 |  |

[문] 반응변수에 미치는 효과에 대한 설명으로 옳은 것은? (단, $F_\alpha(m, n)$은 분자의 자유도가 $m$, 분모의 자유도가 $n$인 $F$분포의 $(1-\alpha) \times 100$번째 백분위수를 나타내고, $F_{0.05}(2, 9) = 4.26$, $F_{0.05}(4, 9) = 3.63$이다.)

① 인자 A의 효과는 유의수준 5%에서 유의하다.

② 인자 B의 효과는 유의수준 5%에서 유의하다.

③ 인자 A와 B 간 교호작용의 효과는 유의수준 5%에서 유의하다.

④ 인자 A와 B 간 교호작용의 효과는 유의수준 1%에서 유의하다.

16. (2019년 입법고시 2차 통계학) 야구 경기에서 타구의 비거리는 야구공의 구질과 야구공의 반발계수에 의해 영향을 받는다. 야구공의 구질(직구, 슬라이더, 커브)과 반발계수의 값 (0.7, 0.8, 0.9)에 따라 타구의 비거리를 각 두 번씩 측정한 데이터가 다음 표와 같다.

| 구질＼반발계수 | 0.7 | 0.8 | 0.9 |
|---|---|---|---|
| 직구 | 78<br>79 | 85<br>86 | 91<br>93 |
| 슬라이더 | 82<br>80 | 87<br>84 | 94<br>92 |
| 커브 | 83<br>85 | 84<br>89 | 96<br>99 |

1) 반복이 없는 이원배치법과 비교하여 반복이 있는 이원배치법의 장점을 설명하시오.

2) 위의 실험데이터를 이용해 적합시킨 교호작용을 포함한 모형에 대한 분산분석표가 다음과 같이 주어져 있다. 분산분석표의 빈칸 (a)~(l)를 채우고, 구질과 반발계수 간에 교호작용이 있는지 유의수준 5%에서 검정하시오.

| 요인 | 제곱합 | 자유도 | 평균제곱 | $F$ |
|---|---|---|---|---|
| 구질 | 520 | (a) | (b) | (c) |
| 반발계수 | 50 | (d) | (e) | (f) |
| 교호작용 | (g) | (h) | 4 | (i) |
| 오차 | (j) | (k) | 4 | |
| 계 | (l) | 17 | | |

3) 2)의 결과를 이용하여 구질과 반발계수에 대한 통계적 유의성을 각각 유의수준 5%에서 검정하시오. 그리고 타구의 비거리를 최대로 만드는 구질과 반발계수의 값을 구하시오.

**사례분석 11**

## 핵심상품설명서와 인지반응능력이 대출상품 이해에 미치는 효과[3]

출처 : 셔터스톡

사람들이 생활하기 위해서는 의(옷), 식(음식), 주(주거공간)가 반드시 필요하다. 특히 주거공간의 경우 의와 식에 비해 많은 자금이 요구된다. 따라서 대부분 사람은 주거공간 구입을 위해 대출을 선택하며, 이 상황에서 대출상품에 대해 잘 이해하지 못하는 상황이 빈번히 발생한다. 그 이유는 대출상품을 설명하는 문서나 단어는 일상생활에서 사용하는 언어가 아닌 전문적인 용어로 되어 있기 때문이다.

은행으로서 고객이 대출상품을 이해하지 못하여 채무 불이행과 같은 문제가 발생한다면 이를 처리하기 위한 비용이 수반되기 때문에, 고객에게 대출상품을 충분히 이해시켜 발생할 수 있는 문제를 사전에 차단하는 것이 중요하다.

이 사례분석에서는 핵심상품설명서 제공과 인지반응능력에 따라 대출상품 이해도에 차이가 생기는지 경제 실험과 분산분석을 통해 확인해 보고자 한다. 분석자료는 한국금융연구원에서 주관하고 대학교 부설 행태사회과학연구소에서 대학생을 대상으로 수행한 '가계대출 안내방식 개선을 위한 연구' 데이터를 이용하였다.[4]

| 핵심상품설명서 제공 : 두 가지로 구별 |
| :---: |
| 0 (제공 없음) |
| 1 (제공) |
| **인지반응능력 : 여섯 가지로 구별** |
| 1 (매우 낮음) |
| 2 (다소 낮음) |
| 3 (조금 낮음) |
| 4 (조금 높음) |
| 5 (다소 높음) |
| 6 (매우 높음) |

---

[3] 이 사례분석의 일부는 김정한, 노형식, 서병호(2019) 한국금융연구원(KIF)의 연구보고서를 인용 및 참조하였다.

[4] 단, 이 사례분석에서는 확실한 분석 결과를 유도할 수 있도록 해당 데이터를 일부 수정하였다.

핵심상품설명서 제공과 피험자인 대학생의 인지반응능력을 다음과 같이 구별하였으며, 조사 결과는 사례자료 11에 기록되어 있다.

**사례자료 11 대출상품에 대한 피험자의 이해도**

| 핵심상품설명서 제공 | 인지반응능력 | | | | | |
|---|---|---|---|---|---|---|
| | 1 | 2 | 3 | 4 | 5 | 6 |
| 0 | 5 | 10 | 17 | 15 | 18 | 19 |
| | 8 | 13 | 13 | 18 | 21 | 23 |
| | 6 | 11 | 12 | 19 | 17 | 20 |
| | 7 | 12 | 13 | 19 | 21 | 20 |
| | 9 | 9 | 14 | 17 | 19 | 18 |
| | 5 | 8 | 18 | 20 | 20 | 19 |
| | 8 | 10 | 15 | 16 | 15 | 21 |
| | 9 | 9 | 14 | 13 | 21 | 22 |
| 1 | 7 | 11 | 17 | 22 | 21 | 20 |
| | 9 | 11 | 18 | 19 | 19 | 19 |
| | 12 | 15 | 16 | 17 | 21 | 23 |
| | 13 | 12 | 19 | 19 | 21 | 21 |
| | 11 | 10 | 14 | 18 | 19 | 22 |
| | 11 | 18 | 13 | 21 | 22 | 24 |
| | 17 | 15 | 15 | 20 | 20 | 22 |
| | 10 | 16 | 17 | 21 | 23 | 19 |

● 분산분석을 이용하여 핵심상품설명서 제공 여부와 인지반응능력이 대출상품 이해에 미치는 효과를 분석해 보자.

● 또한 핵심상품설명서 제공 여부와 인지반응능력 간에 상호작용 효과가 존재하는지 5% 유의수준에서 검정해 보자.

**사례분석 11**

## 분산분석을 위한 분석 도구

은행과 고객 간 자금 거래가 성공적으로 확장되기 위해 고객의 인지반응능력과 핵심상품설명서 제공을 고려해야 하는지 판단하기 위한 실증분석을 진행하는 것이 이번 사례의 목적이다. 이를 위해 대학생 96명을 표본 추출한 후 각 학생마다 관련 대출상품의 문제지를 통해 대출상품 이해도에 대한 척도로 삼았으며, 대출상품 이해도가 핵심상품설명서 제공과 인지반응능력 요인에 영향을 받는지 혹은 두 요인 간에 상호작용 효과가 존재하는지를 분산분석을 이용하여 살펴보고자 한다.

사례자료 11은 엑셀파일 📄 사례분석11.xlsx에 입력되어 있다. 이 자료와 엑셀에서 제공하는 분석 도구를 이용하여 분산분석을 수행할 수 있다. 우선 **데이터** 탭과 **데이터 분석**을 차례로 선택하면 그림 1과 같은 **통계 데이터 분석** 창이 열리게 된다.

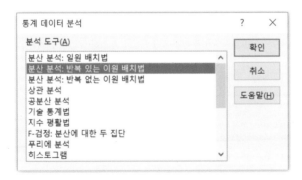

**그림 1** 통계 데이터 분석

분산분석을 위해 엑셀에서 제공하는 분석 도구로는 **분산분석 : 일원 배치법, 분산분석 : 반복 있는 이원 배치법, 분산분석 : 반복 없는 이원 배치법**이 있다. **분산분석 : 일원 배치법**은 한 가지 요인에 의해 모집단을 구분하고 각 모집단 간의 차이를 검정하는 일원분산분석을 할 때 사용할 수 있다. **분산분석 : 반복 있는 이원 배치법**과 **분산분석 : 반복 없는 이원 배치법**은 모두 두 가지 요인에 의해 모집단을 구분하고 각 모집단 간의 차이를 검정하는 이원분산분석을 할 때 각각 사용할 수 있는데, 각 그룹의 관측값이 여러 개($I > 1$)이면 **반복 있는 이원 배치법**을 사용하고, 각 그룹의 관측값이 1개($I = 1$)이면 **반복 없는 이원 배치법**을 사용하면 된다. 이 사례분석에서는 각 그룹의 관측값이 여러 개인 이원분산분석을 하게 되므로 **분산분석 : 반복 있는 이원 배치법**을 선택한다.

다음에 그림 2의 창이 열리면 **입력 범위**에 자료가 입력된 범위인 A1부터 G17까지 행과 열의 요인명이 포함되도록 선택한다. 여기서 입력 범위 안에 반드시 요인명이 자료와 함께 포함되어야 한다. **표본당 행수**는 $l$값을 의미하며 이 사례에서는 8을 입력하면 된다. 그리고 유의수준은 제공된 유의수준 0.05를 그대로 사용하면 5% 유**의수준**을 이용한 가설검정을 수행하게 된다. 마지막으로 **새로운 워크시트**를 선택하여 '분산분석 결과'를 입력한 후 **확인** 버튼을 클릭하면 '분산분석 결과'라는 워크시트에 각 요인별 요약표와 이원분산분석표가 그림 3과 같이 출력된다.

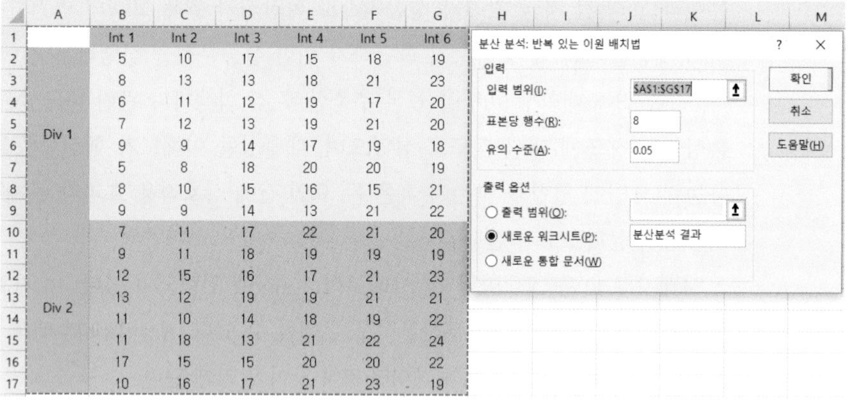

| | A | B | C | D | E | F | G |
|---|---|---|---|---|---|---|---|
| 1 | | Int 1 | Int 2 | Int 3 | Int 4 | Int 5 | Int 6 |
| 2 | Div 1 | 5 | 10 | 17 | 15 | 18 | 19 |
| 3 | | 8 | 13 | 13 | 18 | 21 | 23 |
| 4 | | 6 | 11 | 12 | 19 | 17 | 20 |
| 5 | | 7 | 12 | 13 | 19 | 21 | 20 |
| 6 | | 9 | 9 | 14 | 17 | 19 | 18 |
| 7 | | 5 | 8 | 18 | 20 | 20 | 19 |
| 8 | | 8 | 10 | 15 | 16 | 15 | 21 |
| 9 | | 9 | 9 | 14 | 13 | 21 | 22 |
| 10 | Div 2 | 7 | 11 | 17 | 22 | 21 | 20 |
| 11 | | 9 | 11 | 18 | 19 | 19 | 19 |
| 12 | | 12 | 15 | 16 | 17 | 21 | 23 |
| 13 | | 13 | 12 | 19 | 19 | 21 | 21 |
| 14 | | 11 | 10 | 14 | 18 | 19 | 22 |
| 15 | | 11 | 18 | 13 | 21 | 22 | 24 |
| 16 | | 17 | 15 | 15 | 20 | 20 | 22 |
| 17 | | 10 | 16 | 17 | 21 | 23 | 19 |



**그림 2** 분산분석 : 반복 있는 이원 배치법

| | A | B | C | D | E | F | G | H |
|---|---|---|---|---|---|---|---|---|
| 1 | 분산 분석: 반복 있는 이원 배치법 | | | | | | | |
| 2 | | | | | | | | |
| 3 | 요약표 | Int 1 | Int 2 | Int 3 | Int 4 | Int 5 | Int 6 | 계 |
| 4 | Div 1 | | | | | | | |
| 5 | 관측수 | 8 | 8 | 8 | 8 | 8 | 8 | 48 |
| 6 | 합 | 57 | 82 | 116 | 137 | 152 | 162 | 706 |
| 7 | 평균 | 7.125 | 10.25 | 14.5 | 17.125 | 19 | 20.25 | 14.70833 |
| 8 | 분산 | 2.696429 | 2.785714 | 4.285714 | 5.553571 | 4.857143 | 2.785714 | 25.95567 |
| 9 | | | | | | | | |
| 10 | Div 2 | | | | | | | |
| 11 | 관측수 | 8 | 8 | 8 | 8 | 8 | 8 | 48 |
| 12 | 합 | 90 | 108 | 129 | 157 | 166 | 170 | 820 |
| 13 | 평균 | 11.25 | 13.5 | 16.125 | 19.625 | 20.75 | 21.25 | 17.08333 |
| 14 | 분산 | 8.785714 | 8.285714 | 4.125 | 2.839286 | 1.928571 | 3.357143 | 18.84397 |
| 22 | | | | | | | | |
| 23 | 분산 분석 | | | | | | | |
| 24 | 변동의 요인 | 제곱합 | 자유도 | 제곱 평균 | F 비 | P-값 | F 기각치 | |
| 25 | 인자 A(행) | 135.375 | 1 | 135.375 | 31.06967 | 2.95E-07 | 3.954568 | |
| 26 | 인자 B(열) | 1712.833 | 5 | 342.5667 | 78.62186 | 3.35E-30 | 2.323126 | |
| 27 | 교호작용 | 26.75 | 5 | 5.35 | 1.227869 | 0.303328 | 2.323126 | |
| 28 | 잔차 | 366 | 84 | 4.357143 | | | | |
| 29 | | | | | | | | |
| 30 | 계 | 2240.958 | 95 | | | | | |

**그림 3** 분산분석 결과

이 분산분석 결과를 이용하여 다음 가설검정을 수행할 수 있다.

## 1. 핵심상품설명서 제공 여부가 대출상품 이해에 미치는 효과 분석

귀무가설과 대립가설은 다음과 같이 설정한다.

$$H_0 : \mu_1. = \mu_2.$$
$$H_1 : 평균이 모두 같지는 않다.$$

유의수준을 5%로 정하면 임곗값 $F_{(v_1, v_2, \alpha)}$는 $F_{(1, 84, 0.05)} = 3.9546$이며 검정통계량은 $F_A = 31.069$이다. 따라서 검정통계량이 임곗값보다 크므로 결정규칙에 따라 귀무가설 $H_0$는 기각되며 핵심상품설명서 제공 여부가 대출상품 이해에 영향을 미친다고 할 수 있다.

## 2. 인지반응능력이 대출상품 이해에 미치는 효과 분석

귀무가설과 대립가설은 다음과 같이 설정한다.

$$H_0 : \mu_{.1} = \mu_{.2} = \mu_{.3} = \mu_{.4} = \mu_{.5} = \mu_{.6}$$
$$H_1 : 평균이 모두 같지는 않다.$$

유의수준을 5%로 정하면 임곗값은 $F_{(5, 84, 0.05)} = 2.3231$이며 검정통계량은 $F_B = 78.621$이다. 검정통계량이 임곗값보다 크므로 결정규칙에 따라 귀무가설 $H_0$는 기각된다. 즉, 피험자의 인지반응능력이 대출상품 이해도에 미치는 효과는 통계적으로 유의미하다고 할 수 있다.

## 3. 핵심상품설명서 제공 여부와 인지반응능력 간에 상호작용 효과가 존재하는지 5% 유의수준에서 검정

귀무가설과 대립가설은 다음과 같이 설정한다.

$$H_0 : 두 요인 간에는 상호작용 효과가 없다.$$
$$H_1 : 두 요인 간에는 상호작용 효과가 있다.$$

검정통계량 $F_{AB} = 1.228$이 임곗값 $F_{(5, 84, 0.05)} = 2.3231$보다 작으므로 귀무가설 $H_0$를 기각할 수 없으며 두 요인 간에는 상호작용 효과가 없다고 할 수 있다. 이는 예상된 결과로 핵심상품설명서 제공 여부와 인지반응능력은 서로 연관이 없다.

결론적으로 피험자 96명을 이용한 실증분석 결과에 따르면 대출상품 이해도를 높이기 위해서는 해당 대출을 설명할 때 고객에게 핵심상품설명서를 제공하거나 고객의 인지반응능력을 고려할 필요가 있음을 알 수 있다.

**사례분석 11**

# 분산분석을 위한 R의 aov 함수

사례자료 11은 █ 사례분석11.txt 파일에 텍스트 형식으로도 입력되어 있으며, 이 사례분석에서는 분산분석을 위해 자료를 행렬("matrix") 형태로 불러올 수 있는 scan()과 matrix() 함수를 사용한다. 텍스트 파일에 저장된 자료를 R로 불러오기 위한 scan() 함수의 사용법은 제1장 부록 2에서 설명하였다.

> # scan()과 matrix() 함수를 이용하여 행렬 형태로 자료 불러오기
> intelligibility = matrix(scan("C:/Users/경영경제통계학/사례분석11.txt",skip = 1),
>           ncol=6, byrow=TRUE)
> head(intelligibility, n = 10) # 자료 확인
> intelligibility = as.vector(intelligibility)
> # aov() 함수에 자료 입력을 위해 "matrix"를 "vector"로 전환

**코드 1** scan() 함수로 자료 불러오기

```
Console ~/
> head(intelligibility, n = 10) # 자료 확인
     [,1] [,2] [,3] [,4] [,5] [,6]
[1,]    5   10   17   15   18   19
[2,]    8   13   13   18   21   23
[3,]    6   11   12   19   17   20
[4,]    7   12   13   19   21   20
[5,]    9    9   14   17   19   18
[6,]    5    8   18   20   20   19
[7,]    8   10   15   16   15   21
[8,]    9    9   14   13   21   22
[9,]    7   11   17   22   21   20
[10,]   9   11   18   19   19   19
```

**그림 4** 자료 확인

R에서 분산분석을 시행하기 위해서는 **aov()** 함수를 사용해야 한다.

〈 **aov()** 형식 〉

aov(formula, data)

**aov()** 함수의 **formula** 인수에는 분산분석모형의 형태를 결정할 식을 '관측값 변수 ~ 해당 그룹 변수'의 형태로 입력하고, **data** 인수에는 분석에 사용될 자료를 **data.frame**(데이터 프레임)의 형태로 입력한다.

## 1. 객체 'intelligibility'에 저장된 자료를 데이터 프레임의 형태로 처리

'intelligibility'로 불러온 이해도 점수 자료는 행렬 형태로 핵심상품설명서 제공 여부에 따른 2 개의 그룹(Div1, Div2)과 인지능력에 따른 6개 그룹(Int1, Int2, Int3, Int4, Int5, Int6)으로 구분되어 있으나 벡터 형태로 다시 저장하였으며, aov() 함수 사용을 위해 **data.frame(데이터 프레임)**의 형태로 자료를 재구성하도록 다음 코드를 작성한다.

```
manual = rep(c("Div1","Div2"),each=8,times=6) # 요인1(핵심상품설명서)
cognitive = rep(c("Int1","Int2","Int3","Int4","Int5","Int6"),each=16)
# 요인2(인지반응능력 요인)
intell.df = data.frame(intelligibility, manual, cognitive) # 데이터 프레임 생성
head(intell.df, n = 10) # 자료 확인
```

**코드 2**  객체 'intelligibility'에 저장된 자료를 데이터 프레임의 형태로 전환

```
Console ~/
> intell.df = data.frame(intelligibility, manual, cognitive) # 데이터 프레임 생성
> head(intell.df, n = 10) # 자료 확인
   intelligibility manual cognitive
1               5   Div1      Int1
2               8   Div1      Int1
3               6   Div1      Int1
4               7   Div1      Int1
5               9   Div1      Int1
6               5   Div1      Int1
7               8   Div1      Int1
8               9   Div1      Int1
9               7   Div2      Int1
10              9   Div2      Int1
```

**그림 5**  객체 'intelligibility'에 저장된 자료를 데이터 프레임의 형태로 처리한 결과

## 2. 이원분산분석표 작성

다음 분산분석을 수행하기 위해 aov() 함수를 사용하여 다음 코드를 실행한다.

```
twoway.anova =
    aov(formula=intelligibility~manual+cognitive+manual*cognitive,data=intell.df)
summary(twoway.anova) # 분산분석 결과 반환
```

**코드 3**  **aov()** 함수를 이용한 이원분산분석

여기서 **formula**는 분산분석에 사용할 식을 입력하며, **manual\*cognitive**는 이원분산분석 검정에서 핵심상품설명서 제공 여부(manual)와 인지반응능력(cognitive) 간의 상호작용 효과를 표현한다.

```
Console ~/ 
> summary(twoway.anova)  # 분산분석 결과 반환
                 Df Sum Sq Mean Sq F value  Pr(>F)
manual            1  135.4   135.4  31.070 2.95e-07 ***
cognitive         5 1712.8   342.6  78.622  < 2e-16 ***
manual:cognitive  5   26.7     5.3   1.228    0.303
Residuals        84  366.0     4.4
---
Signif. codes:  0 '***' 0.001 '**' 0.01 '*' 0.05 '.' 0.1 ' ' 1
```

**그림 6** 이원분산분석 결과(ANOVA table)

## 3. 핵심상품설명서 제공 여부가 대출상품 이해에 미치는 효과 분석

귀무가설과 대립가설은 다음과 같이 설정한다.

$$H_0 : \mu_{1.} = \mu_{2.}$$
$$H_1 : 평균이 모두 같지는 않다.$$

검정통계량은 $F_A = 31.070$이며 $P$-값이 2.95e-07이므로 5% 유의수준에서 $H_0$는 기각되며 핵심상품설명서 제공 여부가 대출상품 이해에 영향을 미친다고 할 수 있다.

## 4. 인지반응능력이 대출상품 이해에 미치는 효과 분석

귀무가설과 대립가설은 다음과 같이 설정한다.

$$H_0 : \mu_{.1} = \mu_{.2} = \mu_{.3} = \mu_{.4} = \mu_{.5} = \mu_{.6}$$
$$H_1 : 평균이 모두 같지는 않다.$$

검정통계량은 $F_B = 78.622$이며 $P$-값이 0에 가까우므로 5% 유의수준에서 $H_0$는 기각된다. 즉, 피험자의 인지반응능력이 대출상품 이해도에 미치는 효과는 통계적으로 유의미하다고 할 수 있다.

## 5. 핵심상품설명서 제공 여부와 인지반응능력 간에 상호작용 효과가 존재하는지 5% 유의수준에서 검정

귀무가설과 대립가설은 다음과 같이 설정한다.

$$H_0 : 두 요인 간에는 상호작용 효과가 없다.$$
$$H_1 : 두 요인 간에는 상호작용 효과가 있다.$$

검정통계량 $F_{AB} = 1.228$이며 $P$-값이 0.303이므로 5% 유의수준에서 $H_0$를 기각할 수 없으며 두 요인 간에는 상호작용 효과가 없다고 할 수 있다. 이는 예상된 결과로 핵심상품설명서 제공 여부와 인지반응능력은 서로 연관이 없다.

결론적으로 피험자 96명을 이용한 실증분석 결과에 따르면 대출상품 이해도를 높이기 위해서는 해당 대출을 설명할 때 고객에게 핵심상품설명서를 제공하거나 고객의 인지반응능력을 고려할 필요가 있다.

# 12

# 카이제곱($\chi^2$)-검정

제1절 카이제곱($\chi^2$)-검정의 소개

제2절 독립성 검정

■ 사례분석 12 유망직업의 만족도와 연봉은 관련이 있을까?

두 모집단의 평균이 일치하는지 여부를 판정하기 위해 표본의 크기에 따라 $Z$-검정 혹은 $t$-검정을 수행할 수 있으며, 두 모집단이 아니라 3개 이상 여러 모집단의 평균이 같은지를 판단하기 위해서는 분산분석(ANOVA)을 통한 검정을 수행할 수 있음을 앞 장에서 설명

**그림 12-1**

모집단 간 비교를
위한 가설검정

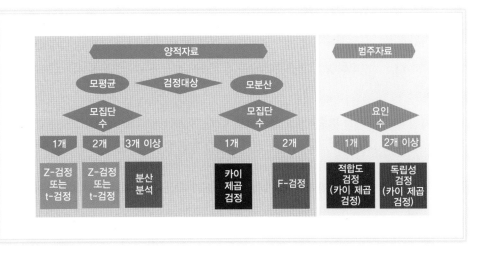

하였다. 이런 검정 방법들은 그림 12-1의 왼쪽 부분에 요약된 것처럼 분석자료가 양적 자료일 때 적용할 수 있지만 범주자료에는 적용할 수 없다. 따라서 이 장에서는 집단 간의 평균이나 분산의 비교가 관심 대상이 아니라 자료 범주별로 몇 개의 관측값이 포함되는지가 관심 대상이 되는 카이제곱($\chi^2$)-검정에 대해 다루고자 한다.

# 제1절 카이제곱($\chi^2$)-검정의 소개

### 1. 적합도 검정

출처 : 셔터스톡

양적 자료는 각종 산술이 가능하므로 평균이나 분산 등을 계산하여 자료의 특성을 알아볼 수 있다. 하지만 범주자료는 각종 산술이 불가능하여 각 범주에 속하는 관측값의 수(관측된 도수)를 통해 자료를 분석할 수 있다. 예컨대, "난 성별에 관여하지 않고 학교 친구를 사귀는가?"라는 의문을 가지고 있다고 하자. 이 의문에 답하기 위해선 학교 친구를 두 범주(남자친구, 여자친구)로 나누고 학교 친구들을 관찰하여 남자친구와 여자친구의 수를 구할 필요가 있다. 그 결과는 표 12-1과 같다고 하자.

**표 12-1 학교 친구 성별에 따라 관측된 도수**

| 남자친구 | 여자친구 | 전체 |
|---|---|---|
| 26 | 14 | 40 |

만일 학교 친구를 사귀면서 성별에 대한 선호가 없다면 기대도수(expected frequency)에 의해 두 범주에 속하는 비율은 각각 반으로 20:20이 되어야 할 것이다. 이 자료를 보면 남자친구와 여자친구의 비율이 26:14로 차이가 있다. 이 차이가 우연에 의한 것인지 아니면 친구에 대한 선호의 차이에 의한 것인지를 검정할 방법이 필요하다.

이런 문제를 다루는 통계검정 방법을 적합도 검정(goodness-of-fit test)이라고 한다. 왜냐하면, 이 통계검정 방법이 자료(각 범주의 관측도수)와 이론(각 범주의 기대도수) 사이에 적합도가 있는지를 검정하기 때문이다. 또한 적합도 검정은 범주자료를 분석하기 위해 검정통계량으로 $\chi^2$-(검정)통계량을 사용하기 때문에 $\chi^2$-검정 중 하나가 된다.

범주자료를 분석하기 위해 검정통계량으로 $\chi^2$-(검정)통계량을 사용하는 검정 방법을 $\chi^2$-**검정**이라고 하며, $\chi^2$-검정 중 자료에 의한 관측도수와 이론에 의한 기대도수 사이에 적합도가 있는지를 검정하는 방법을 **적합도 검정**이라고 한다. 여기서 **기대도수**란 귀무가설이 참일 때 각 범주에 속하게 되는 관측값의 수에 대한 기댓값을 의미한다.

"난 성별에 관여하지 않고 학교 친구를 사귀는가?"라는 문제를 검정하기 위해 "학교 친구의 성별에 대한 선호의 차이가 없다"라는 귀무가설을 다음과 같이 설정한다.

$$H_0 : \text{남자친구를 사귈 확률} = \text{여자친구를 사귈 확률}$$

## (1) $\chi^2$-통계량

관측도수($O$)와 기대도수($E$) 사이의 적합도 정도에 따라 영향을 받게 되는 다음과 같은 $\chi^2$-통계량을 정의한다.

$$\chi^2 = \sum_{i=1}^{k} \frac{(O_i - E_i)^2}{E_i}$$

이 $\chi^2$-통계량은 범주별로 관측도수와 기대도수의 차이를 구하여 제곱하고 이를 기대도수로 나눈 후 더하여 구한다. 따라서 $\chi^2$-통계량값이 크면 범주별 관측도수와 기대도수의 차이가 커서 적합도가 낮음을 의미하며, $\chi^2$-통계량값이 작으면 범주별 관측도수와 기대도수의 차이가 작아서 적합도가 높음을 의미하게 된다.

표 12-1의 자료를 이용하여 $\chi^2$-통계량을 다음과 같이 계산할 수 있다.

$$\chi^2 = \sum_{i=1}^{2} \frac{(O_i - E_i)^2}{E_i} = \frac{(26-20)^2}{20} + \frac{(14-20)^2}{20} = 3.6$$

## (2) 자유도와 임곗값

$\chi^2$-통계량값이 크면 적합도가 낮음을 의미하므로 귀무가설을 기각하게 된다. 그런데 계산된 $\chi^2$-통계량값 3.6은 귀무가설을 기각할 정도로 큰 값인가, 아닌가? 우린 이 질문에 대답할 수 없다. 왜냐하면 이 값이 큰지 혹은 작은지를 판단할 수 있는 기준을 모르기 때문이다. 하지만 앞에서 배운 것처럼 그 기준이 되는 임곗값을 계산할 수 있다면 질문에 답할 수 있게 된다.

$\chi^2$-검정의 임곗값은 제7장에서 배운 $\chi^2$-분포와 자유도를 이용하여 구할 수 있다. 그러면 자유도는 어떻게 결정되는가? 자유도는 범주의 수($k$)에서 1을 뺀 값으로 정의된다.

$$\text{자유도}(q) = \text{범주의 수}(k) - 1$$

여기서 자유도가 $k-1$인 이유는 $k-1$개의 범주에 속하는 관측도수를 알면 나머지 1개의 범주에 속하는 관측도수를 저절로 알 수 있기 때문이다. 따라서 $k-1$개의 범주에 속하는 관측도수는 자유롭게 결정될 수 있음을 의미한다. 앞의 예에서 범주의 수 $k$는 2이며 자유도는 1이 된다. 즉, 2개의 범주에 속하는 총 관측도수가 40임을 알고 있으므로 한 범주에 속하는 관측도수가 자유롭게 결정되고 나면(예컨대 남자친구 범주의 관측도수가 26으로 정해지면) 나머지 범주의 관측도수는 총 관측도수의 제약에 따라 저절로 결정된다(나머지 범주인 여자친구 범주의 관측도수는 14=40-26으로 저절로 결정). 검정을 위한 유의수준을 5%로 정하면 임곗값 $\chi^2_{(1,\,0.05)}$는 $\chi^2$-분포표에서 3.84를 얻을 수 있다.

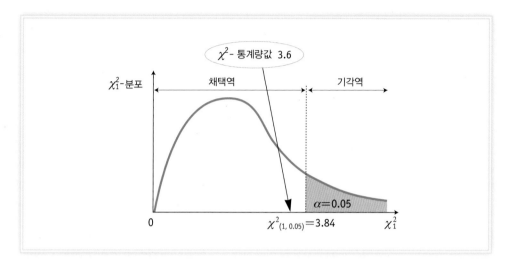

**그림 12-2**

$\alpha = P(\chi^2_1 > \chi^2_{(1,\,\alpha)})$를 만족하는 임곗값 $\chi^2_{(1,\,\alpha)}$

| 자유도 | $\alpha$ | | | | | | | | | |
|---|---|---|---|---|---|---|---|---|---|---|
| d.f. | .995 | .990 | .975 | .950 | .900 | .100 | .050 | .025 | .010 | .005 |
| 1 | 0.0⁴393 | 0.0³157 | 0.0³982 | 0.0²393 | 0.0158 | 2.71 | 3.84 | 5.02 | 6.63 | 7.88 |
| 2 | 0.0100 | 0.0201 | 0.0506 | 0.103 | 0.211 | 4.61 | 5.99 | 7.38 | 9.21 | 10.60 |
| 3 | 0.072 | 0.115 | 0.216 | 0.352 | 0.584 | 6.25 | 7.81 | 9.35 | 11.34 | 12.84 |
| 4 | 0.207 | 0.297 | 0.484 | 0.711 | 1.064 | 7.78 | 9.49 | 11.14 | 13.28 | 14.86 |
| 5 | 0.412 | 0.554 | 0.831 | 1.145 | 1.61 | 9.24 | 11.07 | 12.83 | 15.09 | 16.75 |
| 6 | 0.676 | 0.872 | 1.24 | 1.64 | 2.20 | 10.64 | 12.59 | 14.45 | 16.81 | 18.55 |
| 7 | 0.989 | 1.24 | 1.69 | 2.17 | 2.83 | 12.02 | 14.07 | 16.01 | 18.48 | 20.28 |
| 8 | 1.34 | 1.65 | 2.18 | 2.73 | 3.49 | 13.36 | 15.51 | 17.53 | 20.09 | 21.96 |
| 9 | 1.73 | 2.09 | 2.70 | 3.33 | 4.17 | 14.68 | 16.92 | 19.02 | 21.67 | 23.59 |
| 10 | 2.16 | 2.56 | 3.25 | 3.94 | 4.87 | 15.99 | 18.31 | 20.48 | 23.21 | 25.19 |
| 11 | 2.60 | 3.05 | 3.82 | 4.57 | 5.58 | 17.28 | 19.68 | 21.92 | 24.73 | 26.76 |
| 12 | 3.07 | 3.57 | 4.40 | 5.23 | 6.30 | 18.55 | 21.03 | 23.34 | 26.22 | 28.30 |
| 13 | 3.57 | 4.11 | 5.01 | 5.89 | 7.04 | 19.81 | 22.36 | 24.74 | 27.69 | 29.82 |
| 14 | 4.07 | 4.66 | 5.63 | 6.57 | 7.79 | 21.06 | 23.68 | 26.12 | 29.14 | 31.32 |

### (3) 검정 결과

$\chi^2$-통계량값이 3.6으로 임곗값 3.84보다 작으므로 귀무가설의 채택역에 속하게 되어 "학교친구의 성별에 대한 선호의 차이가 없다"라는 귀무가설을 채택하게 된다. 따라서 표 12-1의 자료에서 남자친구와 여자친구의 비율이 26:14로 차이가 있던 것은 우연이라고 결론지을 수 있다.

예 12-1 ▶

1. 앞의 예에서 유의수준을 10%로 정하고 $\chi^2$−검정을 수행해 보라.
2. 앞의 예에서 귀무가설과 대립가설을 다음과 같이 설정할 수 있다.

$$H_0 : \text{남자친구를 사귈 확률}=\text{여자친구를 사귈 확률}$$
$$H_1 : \text{남자친구를 사귈 확률}\neq\text{여자친구를 사귈 확률}$$

대립가설에 의하면 양측검정을 수행해야 할 것 같지만 기각역이 단측검정의 경우와 같이 한쪽에만 설정되는 이유는 무엇인가?

**답**

1. 10%의 유의수준에서 임곗값은 2.71이 된다. 5% 유의수준을 사용한 경우와 다르게 $\chi^2$−통계량값 3.6이 임곗값 2.71보다 커져 귀무가설을 기각하게 된다.
2. $\chi^2$−통계량값이 커지면 관측도수와 기대도수 사이의 적합도가 낮아져서 귀무가설을 기각하게 된다. 하지만 $\chi^2$−검정의 경우 일반 양측검정과 달리 $\chi^2$−통계량 값이 작아질수록 오히려 적합도가 더 높아지게 되어 귀무가설이 참일 가능성이 더욱 커진다. 따라서 $\chi^2$−통계량이 임곗값보다 큰 한쪽 영역만 기각역으로 설정된다.

## 2. 여러 범주로 확장

출처 : 셔터스톡

지금까지 우리는 자료가 두 범주로 나뉘는 경우에 대해 살펴보았으나 셋 이상의 여러 범주로 나뉘는 경우로 확장하여 $\chi^2$−검정(적합도 검정) 방법을 고려할 수 있다. 예를 들어보자. 한 기업에서 직업훈련 강좌를 5개 개설하여 5명의 강사가 동일한 시간에 강의하도록 하였다. 그런데 기업의 사장은 모든 강사에 대한 수강생의 인기가 같다고 생각하지 않는다. 이를 확인하기 위해 표 12-2의 자료를 수집하였으며 적합도 검정을 수행한다고 가정하자. 물론 직업훈련 강사에 대한 수강생의 인기가 같다고 귀무가설을 설정하면 각 강사의 기대도수는 동일하게 30이 될 것이다.

표 12-2 **강사별 수강생 수**

|  | 홍길동 | 김철수 | 장한나 | 이나라 | 박고운 | 전체 |
|---|---|---|---|---|---|---|
| 관측도수 | 23 | 17 | 25 | 33 | 52 | 150 |
| 기대도수 | 30 | 30 | 30 | 30 | 30 | 150 |

이 예의 적합도 검정은 범주 $k$가 5로 확장되었다는 사실을 제외하면, 학교 친구에 관한 사

례의 경우와 동일하게 검정통계량을 계산하고 임곗값을 구할 수 있다. $\chi^2$-통계량은 다음과 같이 범주별로 관측도수와 기대도수의 차이를 구하여 제곱하고 이를 기대도수로 나눈 후 다섯 범주에 대해 합산하여 구할 수 있다.

$$\chi^2 = \sum_{i=1}^{5} \frac{(O_i - E_i)^2}{E_i} = \frac{(23-30)^2}{30} + \frac{(17-30)^2}{30} + \frac{(25-30)^2}{30} + \frac{(33-30)^2}{30} + \frac{(52-30)^2}{30} = 24.5333$$

이 사례의 자료는 다섯 범주로 나누어지므로 자유도($q$)는 $k-1=4$가 된다. 검정을 위한 유의수준을 5%로 정하면 임곗값 $\chi^2_{(4,\,0.05)}$는 $\chi^2$-분포표에서 9.49를 얻을 수 있다.

| 자유도 d.f. | $\alpha$ | | | | | | | | | |
|---|---|---|---|---|---|---|---|---|---|---|
| | .995 | .990 | .975 | .950 | .900 | .100 | .050 | .025 | .010 | .005 |
| 1 | $0.0^4393$ | $0.0^3157$ | $0.0^3982$ | $0.0^2393$ | 0.0158 | 2.71 | 3.84 | 5.02 | 6.63 | 7.88 |
| 2 | 0.0100 | 0.0201 | 0.0506 | 0.103 | 0.211 | 4.61 | 5.99 | 7.38 | 9.21 | 10.60 |
| 3 | 0.072 | 0.115 | 0.216 | 0.352 | 0.584 | 6.25 | 7.81 | 9.35 | 11.34 | 12.84 |
| 4 | 0.207 | 0.297 | 0.484 | 0.711 | 1.064 | 7.78 | 9.49 | 11.14 | 13.28 | 14.86 |
| 5 | 0.412 | 0.554 | 0.831 | 1.145 | 1.61 | 9.24 | 11.07 | 12.83 | 15.09 | 16.75 |
| 6 | 0.676 | 0.872 | 1.24 | 1.64 | 2.20 | 10.64 | 12.59 | 14.45 | 16.81 | 18.55 |
| 7 | 0.989 | 1.24 | 1.69 | 2.17 | 2.83 | 12.02 | 14.07 | 16.01 | 18.48 | 20.28 |
| 8 | 1.34 | 1.65 | 2.18 | 2.73 | 3.49 | 13.36 | 15.51 | 17.53 | 20.09 | 21.96 |
| 9 | 1.73 | 2.09 | 2.70 | 3.33 | 4.17 | 14.68 | 16.92 | 19.02 | 21.67 | 23.59 |
| 10 | 2.16 | 2.56 | 3.25 | 3.94 | 4.87 | 15.99 | 18.31 | 20.48 | 23.21 | 25.19 |
| 11 | 2.60 | 3.05 | 3.82 | 4.57 | 5.58 | 17.28 | 19.68 | 21.92 | 24.73 | 26.76 |
| 12 | 3.07 | 3.57 | 4.40 | 5.23 | 6.30 | 18.55 | 21.03 | 23.34 | 26.22 | 28.30 |
| 13 | 3.57 | 4.11 | 5.01 | 5.89 | 7.04 | 19.81 | 22.36 | 24.74 | 27.69 | 29.82 |
| 14 | 4.07 | 4.66 | 5.63 | 6.57 | 7.79 | 21.06 | 23.68 | 26.12 | 29.14 | 31.32 |

$\chi^2$-통계량값이 24.5333으로 임곗값 9.49보다 크기 때문에 귀무가설의 기각역에 속하게 된다. 따라서 '직업훈련 강사에 대한 수강생의 인기가 같다'라는 귀무가설을 기각하게 된다.

**예 12-2 ▶**

대형 할인마트 관리자는 세 가지 브랜드(A, B, C)의 커피 판매량에 대한 과거 기록을 분석하여 브랜드별 판매 비율을 구하였다. 즉 브랜드 A 30%, 브랜드 B 50%, 브랜드 C 20%로 판매되었다. 하지만 관리자는 최근 모카커피의 인기가 상승하면서 브랜드별 판매량의 비율이 변화되었다고 생각한다. 이를 확인해 보기 위해 판매된 60개의 커피를 브랜드별로 조사하여 표 12-3의 자료를 얻었다.

1. 이 자료를 이용하여 범주별(브랜드 A, B, C)로 관측도수와 기대도수를 구해보라.
2. 최근에 브랜드별 판매량의 비율이 변화되지 않았다는 귀무가설을 세우고 5%의 유의수준에서 $\chi^2$-검정을 수행해보라.

표 12-3 커피 브랜드별 판매 결과

| | | | | | |
|---|---|---|---|---|---|
| C | B | C | B | C | C |
| A | B | A | B | A | B |
| B | A | B | C | A | B |
| B | A | A | B | B | A |
| B | C | B | A | A | B |
| B | C | B | A | B | C |
| A | A | C | A | A | C |
| B | B | C | A | C | B |
| B | B | B | B | A | C |
| C | B | A | C | A | B |

## 답

1. 범주별로 관측도수와 기대도수를 구하면 표 12-4와 같다. 여기서 브랜드별 기대도수
는 다음과 같이 구할 수 있다.

$$E_1 = 0.3 \times 60 = 18, \ E_2 = 0.5 \times 60 = 30, \ E_3 = 0.2 \times 60 = 12$$

표 12-4 범주별 도수

| | 브랜드 A | 브랜드 B | 브랜드 C | 전체 |
|---|---|---|---|---|
| 관측도수 | 19 | 26 | 15 | 60 |
| 기대도수 | 18 | 30 | 12 | 60 |

2. 귀무가설을 다음과 같이 설정할 수 있다.

$$H_0 : p_A = 0.3, \ p_B = 0.5, \ p_C = 0.2$$

여기서 $p_A$는 브랜드 A의 판매 비율, $p_B$는 브랜드 B의 판매 비율, $p_C$는 브랜드 C의 판매 비
율을 나타낸다.

$\chi^2$-통계량은 다음과 같이 계산된다.

$$\chi^2 = \sum_{i=1}^{3} \frac{(O_i - E_i)^2}{E_i} = \frac{(19-18)^2}{18} + \frac{(26-30)^2}{30} + \frac{(15-12)^2}{12} = 1.3389$$

그리고 $\chi^2$-분포표에 의하면 자유도 3−1=2, 유의수준 0.05인 경우 임곗값은 5.99이다.
$\chi^2$-통계량값이 임곗값보다 작으므로 귀무가설의 채택역에 속하게 된다. 따라서 '최근에

브랜드별 판매량의 비율이 변화되지 않았다'라는 귀무가설을 채택하게 되어 관리자의 추측이 잘못되었음을 보여 준다.

## 통계의 이해와 활용

### 시청자의 만족도 차이 분석

출처 : 셔터스톡

한 방송사는 새로운 프로그램을 기획하거나 기존에 방영된 프로그램의 후속을 준비하기 위해서, 단순히 시청률 기준이 아니라 시청자의 만족도를 알아보기 위한 시청자 조사를 시행한다고 가정하자. 이것은 시청자의 요구에 적합한 작품을 통해 시청률을 높여 방송에서 얻는 광고 수입을 올리려는 단기적 목적 외에 방송사의 브랜드 가치를 높이려는 전략이다. 따라서 이 방송사는 여론조사 기관과 함께 온·오프라인에서 특정 방송 프로그램에 대한 다양한 설문을 진행한다. 이 중 하나는 자사의 프로그램과 타 방송사의 프로그램을 비교하여 만족도를 묻는 것으로, 프로그램의 보완 및 개발을 위한 참고 자료로 유용하게 사용할 수 있다.

예를 들어보자. 현재 우리나라의 오디션 프로그램은 전성기를 맞고 있으며, 'K팝 스타', '슈퍼스타 K', '스타 오디션-위대한 탄생', '히든 싱어', '미스 트롯' 등에 이어 최근에 방영된 '미스터 트롯'은 최고 시청률 35%를 기록하면서 종합편성채널 시청률의 새 역사를 썼다고 한다. 오디션 프로그램이란 주로 일반인들을 상대로 거액의 상금 또는 상품을 놓고 노래, 춤이나 다양한 재능을 겨루어 최고의 승자를 뽑는 장르이다. 이 방송사의 대표 프로그램 역시 오디션 프로그램으로 시청자들에게 폭발적 인기를 얻고 있다. 이 방송사(A 방송사)는 오디션 프로그램의 후속 작품을 목적으로 오디션 프로그램의 핵심 요소인 타 프로그램과의 차별화 전략을 통한 만족도 향상을 위해 시청자들을 대상으로 다음과 같은 설문 조사를 시행한다.

"귀하는 오디션 프로그램 간의 차별성(진행방식, 심사위원, 지원 대상자, 지원자의 휴먼 요소 등)을 고려했을 때 A방송사와 B방송사의 오디션 프로그램 중 어떤 프로그램에 더 만족하십니까?"

이제 이 방송사(A방송사)는 설문 조사로 얻게 된 범주자료(A방송사 프로그램을 선호하는 시청자 수와 B방송사 프로그램을 선호하는 시청자 수를 2개의 범주로 구분)를 이용한 통계적 분석을 수행하고, 시청자들이 두 방송사의 프로그램에 대한 만족도에 명확한 차이가 있는지 판단할 수 있다. 이 경우 통계적으로 유의한 차이를 확인하는 손쉬운 방법은 $\chi^2$-검정을 수행하는 것이다. 이처럼 자료 범주별 차이가 관심의 대상이 되는 $\chi^2$-검정은 만족도 비교 조사 외에도 성별, 지역별, 학력별 정당 지지도 차이 검정, 제약실험의 통제집단과 실험집단 간의 차이 검정 등 다양한 분야에 적용되고 있는 유용한 통계분석 방법이다.

# 제2절 독립성 검정

출처 : 셔터스톡

앞에서 설명한 범주자료는 하나의 요인(factor)(혹은 확률변수)에 의해 범주화되었다. 하지만 일반적으로 범주자료는 2개 이상의 요인에 의해 범주화될 수 있으며, 이 요인들이 서로 독립적인지 아닌지에 관심을 두게 된다. 따라서 요인들이 서로 독립적이라는 귀무가설을 설정하고 $\chi^2$–검정을 수행하게 된다. 예를 들어 거주형태와 거주지역이라는 두 가지 요인에 의해 네 가지 범주로 나뉘는 경우를 고려하자. 그리고 거주형태가 거주지역과 연관이 있는지에 관심이 있으며, 이를 검정하기 위해 100명의 거주자를 대상으로 다음과 같은 자료를 얻었다고 가정하자.

## 1. 분할표

표 12–5처럼 두 요인(혹은 확률변수)의 범주를 교차시켜서 얻은 각각의 셀에 해당하는 도수를 나타내는 이차원 표를 **분할표**(contingency table)라고 한다. 이 표와 같이 각 요인이 두 수준을 갖게 되어 2개의 행과 2개의 열로 구성되는 분할표를 특별히 2×2 분할표라 하고, 보다 일반적으로 $R$개의 행과 $C$개의 열을 갖는 경우에는 $R \times C$ 분할표라고 한다.

**표 12-5  거주형태와 거주지역의 범주별 도수**

| 거주지역 | 거주형태 | | |
|---|---|---|---|
| | 아파트 | 주택 | 전체 |
| 수도권 | 36 | 19 | 55 |
| 비수도권 | 17 | 28 | 45 |
| 전체 | 53 | 47 | 100 |

> 두 요인(혹은 확률변수)의 범주를 교차시켜서 얻은 각각의 셀에 해당하는 도수를 나타내는 이차원 표를 **분할표**라고 하며, 각 요인이 두 수준을 갖게 되어 2개의 행과 2개의 열로 구성되는 분할표를 특별히 **2×2 분할표**라고 한다.

## 2. 기대도수

두 요인의 범주를 교차시켜서 얻은 각각의 셀에 해당하는 기대도수는 그 셀이 위치한 행과 열의 합(주변합, marginal total)을 곱하여 얻은 값을 전체 관측값의 수($n$)로 나누어 줌으로써 구할 수 있다. $i$행과 $j$열에 속하는 셀의 기대도수를 $E_{ij}$, $i$행의 주변합을 $RT_i$, $j$열의 주변합을 $CT_j$라고 하면 기대도수는 다음과 같이 계산될 수 있다.

$$E_{ij} = \frac{RT_i \times CT_j}{n}$$

표 12-5의 분할표를 이용하여 각 셀의 기대도수를 계산하면 다음과 같다.

$$E_{11} = \frac{RT_1 \times CT_1}{n} = \frac{55 \times 53}{100} = 29.15$$

$$E_{12} = \frac{RT_1 \times CT_2}{n} = \frac{55 \times 47}{100} = 25.85$$

$$E_{21} = \frac{RT_2 \times CT_1}{n} = \frac{45 \times 53}{100} = 23.85$$

$$E_{22} = \frac{RT_2 \times CT_2}{n} = \frac{45 \times 47}{100} = 21.15$$

## 3. $\chi^2$-통계량

다음 $\chi^2$-통계량은 하나의 요인에 의해 범주화하였던 경우와 동일하게 셀별로 관측도수와 기대도수의 차이를 구하여 제곱하고 이를 기대도수로 나눈 후 모든 셀에 대해 합산하여 구할 수 있다.

$$\chi^2 = \sum_{i=1}^{2} \sum_{j=1}^{2} \frac{(O_{ij} - E_{ij})^2}{E_{ij}} = \frac{(36 - 29.15)^2}{29.15} + \frac{(19 - 25.85)^2}{25.85} + \frac{(17 - 23.85)^2}{23.85} + \frac{(28 - 21.15)^2}{21.15}$$

$$= 7.6108$$

## 4. 자유도

임곗값을 구하기 위해서는 $\chi^2$-분포의 자유도를 알아야 한다. 분할표에서 독립성을 검정할 때 독립성 이외에 확률에 대해 아무런 제약이 없다면 자유도는 다음과 같다.

> 자유도$(q) = (R-1)(C-1)$
> 여기서 $R$은 분할표의 행의 수, $C$는 열의 수를 나타낸다.

앞의 사례에서 분할표는 2개의 행과 2개의 열을 갖는다. 따라서 자유도는 $(2-1)(2-1) = 1$이 된다. 분할표에서 셀의 수가 4개임에도 불구하고 자유도는 단지 1이 된다. 그 이유는 무엇일까? 주변합이 주어져 있으므로 4개의 셀 중 한 셀의 도수만 자유롭게 정해지기 때문이다. 즉 어떤 한 셀의 도수가 정해지면 나머지 셀들의 도수는 저절로 결정된다. 그러므로 자유도는 1이 된다.

## 5. 검정 결과

자유도가 1이고 가설검정을 수행하기 위한 유의수준이 5%라면 임곗값 $\chi^2_{(1,\,0.05)}$는 $\chi^2$-분포표에서 3.84를 얻게 된다. 추정된 $\chi^2$-통계량의 값이 7.6108로 임곗값보다 크기 때문에 기각역에 속하게 되어 요인들이 서로 독립적이라는 귀무가설을 기각하게 된다. 결론적으로, 주어진 자료에 의하면 거주형태가 거주지역과 연관이 있음을 알 수 있다.

**예 12-3** ▶

일반적으로 금연을 하게 되면 체중이 변한다고 알려져 있다. 이를 확인하기 위해 대학의 연구팀에서 흡연자 200명을 대상으로 실험을 하였다. 일부 흡연자에게 6개월 동안 금연을 시키고 나머지 흡연자는 평상시처럼 계속 흡연을 하도록 한 후 6개월 후에 체중을 재었다. 그 결과 체중이 3kg 이상 감소한 사람, 3kg 이상 증가한 사람, 3kg 이상 변화가 없는 사람으로 나누어 표 12-6과 같은 자료를 얻었다고 가정하자.

**표 12-6 금연과 체중 관련 분할표**

|  | 3kg 이상 감소 | ±3kg 이내 | 3kg 이상 증가 | 전체 |
|---|---|---|---|---|
| 금연 | 17 | 32 | 38 | 87 |
| 계속 흡연 | 29 | 61 | 23 | 113 |
| 전체 | 46 | 93 | 61 | 200 |

이 자료를 근거로 금연이 체중 변화와 연관이 있는지 1% 유의수준에서 $\chi^2$-검정을 수행해 보라.

**답**

금연과 체중 변화는 서로 독립적이라는 귀무가설을 설정한다. 2×3 분할표로부터 각 셀의 기대도수를 다음과 같이 계산한다.

$$E_{11} = \frac{RT_1 \times CT_1}{n} = \frac{87 \times 46}{200} = 20.01$$

$$E_{12} = \frac{RT_1 \times CT_2}{n} = \frac{87 \times 93}{200} = 40.455$$

$$E_{13} = \frac{RT_1 \times CT_3}{n} = \frac{87 \times 61}{200} = 26.535$$

$$E_{21} = \frac{RT_2 \times CT_1}{n} = \frac{113 \times 46}{200} = 25.99$$

$$E_{22} = \frac{RT_2 \times CT_2}{n} = \frac{113 \times 93}{200} = 52.545$$

$$E_{23} = \frac{RT_2 \times CT_3}{n} = \frac{113 \times 61}{200} = 34.465$$

$\chi^2$-통계량을 계산하면 다음과 같다.

$$\chi^2 = \sum_{i=1}^{2} \sum_{j=1}^{3} \frac{(O_{ij} - E_{ij})^2}{E_{ij}}$$

$$= \frac{(17-20.01)^2}{20.01} + \frac{(32-40.455)^2}{40.455} + \frac{(38-26.535)^2}{26.535}$$

$$+ \frac{(29-25.99)^2}{25.99} + \frac{(61-52.545)^2}{52.545} + \frac{(23-34.465)^2}{34.465}$$

$$= 12.6966$$

이 검정을 위한 $\chi^2$-분포의 자유도는 (2−1)(3−1)=2가 된다. 따라서 자유도 2와 유의수준 0.01에 해당하는 $\chi^2$-분포의 임곗값은 9.21이다. 추정된 $\chi^2$-통계량의 값은 12.6966으로 임곗값보다 크다. 따라서 금연과 체중 변화는 서로 독립적이라는 귀무가설을 기각하게 되며, 금연은 체중 변화와 연관이 있다는 결론을 내리게 된다.

## 요약

앞에서 모집단 간의 평균이 일치하는지 여부를 판정하기 위해서 $Z$-검정(혹은 $t$-검정)이나 분산분석(ANOVA)을 통한 검정을 수행할 수 있음을 알았다. 이 장에서는 모집단 간의 평균이 관심의 대상이 아니라 자료 범주별로 몇 개의 관측값이 포함되는지가 관심의 대상이 되는 $\chi^2$-검정에 대해 다루었다.

　$\chi^2$-검정은 자료에 의한 관측도수와 이론에 의한 기대도수 사이에 적합도가 있는지를 검정하는 방법인 적합도 검정과 요인(혹은 확률변수)들 사이에 연관성이 있는지를 검정하는 방법인 독립성 검정으로 나누어 볼 수 있다.

### 적합도 검정

$\chi^2$-검정을 수행하기 위한 귀무가설을 설정하고 다음과 같이 $\chi^2$-통계량을 정의한다.

$$\chi^2 = \sum_{i=1}^{k} \frac{(O_i - E_i)^2}{E_i}$$

여기서 $O_i$=관측도수, $E_i$=기대도수이다.

　주어진 유의수준에 의해 $\chi^2$-분포의 임곗값을 구하기 위한 자유도는 다음과 같다.

$$\text{자유도}(q) = \text{범주의 수}(k) - 1$$

추정된 $\chi^2$-통계량값이 임곗값보다 크면 귀무가설을 기각하고 작으면 귀무가설을 채택하게 된다.

### 독립성 검정

요인들이 서로 독립적이라는 귀무가설을 설정하고 분할표를 작성한다. $i$행과 $j$열에 속하는 셀의 기대도수를 $E_{ij}$, $i$행의 주변합을 $RT_i$, $j$열의 주변합을 $CT_j$라고 하면 기대도수는 다음과 같이 계산된다.

$$E_{ij} = \frac{RT_i \times CT_j}{n}$$

$\chi^2$−통계량은 적합도 검정의 경우와 마찬가지로 관측도수와 기대도수의 차이를 구하여 제곱하고 이를 기대도수로 나눈 후 모든 셀에 대해 합산하여 구한다. $\chi^2$−분포의 자유도는 다음과 같다.

$$자유도(q) = (R-1)(C-1)$$

여기서 $R$은 분할표의 행의 수, $C$는 열의 수를 나타낸다.

추정된 $\chi^2$−통계량의 값이 임곗값보다 크면 기각역에 속하게 되어 요인들이 서로 독립적이라는 귀무가설을 기각한다.

 **주요용어**

**기대도수**(expected frequency)  귀무가설이 참일 때 각 범주에 속하게 되는 관측값의 수에 대한 기댓값

**분할표**(contingency table)  두 요인(혹은 확률변수)의 범주를 교차시켜서 얻은 각각의 셀에 해당하는 도수를 나타내는 이차원 표

**적합도 검정**(goodness-of-fit test)  자료에 의한 관측도수와 이론에 의한 기대도수 사이에 적합도가 있는지를 검정하는 방법

**주변합**(marginal total)  분할표의 행 또는 열의 합

**$\chi^2$−(검정)통계량**($\chi^2$-test statistic)  적합도 검정 : $\chi^2 = \sum_{i=1}^{k} \frac{(O_i - E_i)^2}{E_i}$

독립성 검정 : $\chi^2 = \sum_{i=1}^{R} \sum_{j=1}^{C} \frac{(O_{ij} - E_{ij})^2}{E_{ij}}$

**$\chi^2$−검정**($\chi^2$-test)  범주자료를 분석하기 위해 검정통계량으로 $\chi^2$−통계량을 사용하는 검정방법

**연습문제**

1. 적합도 검정에 관해 설명하라.

2. 분할표의 행의 수를 $R$, 열의 수를 $C$로 나타내면 독립성 검정을 위한 자유도는 $(R-1)(C-1)$이 된다. 예컨대 행의 수가 2, 열의 수가 3인 경우 자유도는 2가 된다. 분할표에서 셀의 수가 6개임에도 불구하고 자유도는 단지 2가 되는 것이다. 이렇게 자유도가 상대적으로 작은 이유는 무엇인가?

3. 농구공을 생산하는 두 회사(A, B)에 대한 소비자의 선호 차이가 있는지 알아보기 위해 두 회사 농구공을 산 100명을 임의로 선정하여 어떤 회사의 농구공을 샀는지 조사하였다. 결과는 다음과 같았다.

회사별로 관찰된 도수

| A회사 | B회사 | 전체 |
|---|---|---|
| 39 | 61 | 100 |

두 회사 제품에 대한 소비자 선호의 차이가 있는지 5%의 유의수준을 이용하여 검정해 보라.

4. 한 경영대학 학생들의 전공별 분포를 보면 회계학 34%, 경영학 46%, 경영정보학 20%의 비율을 이루었다. 경영대학 주식투자 동아리 학생 50명의 전공을 조사해서 다음 자료를 얻었다. 이 자료에 의하면 주식투자 동아리 학생의 전공별 분포가 경영대학 학생들의 전공별 분포와 다르다고 할 수 있는지 10% 유의수준을 이용하여 검정해 보라.

주식투자 동아리 학생 50명의 전공

| 경영정보학 | 경영학 | 경영정보학 | 경영학 | 경영학 |
|---|---|---|---|---|
| 회계학 | 경영학 | 회계학 | 경영학 | 회계학 |
| 경영학 | 회계학 | 경영학 | 경영정보학 | 회계학 |
| 경영학 | 경영학 | 회계학 | 경영학 | 경영학 |
| 경영학 | 경영정보학 | 경영학 | 회계학 | 경영학 |
| 경영학 | 경영학 | 경영학 | 회계학 | 경영학 |
| 회계학 | 경영학 | 경영정보학 | 회계학 | 회계학 |
| 경영학 | 경영학 | 경영정보학 | 회계학 | 경영학 |
| 경영학 | 경영학 | 경영학 | 경영학 | 회계학 |
| 경영정보학 | 경영학 | 회계학 | 경영정보학 | 회계학 |

5. 일반적으로 남성들이 여성들보다 스포츠 관람을 즐기는 것으로 알고 있다. 남성과 여성 500명을 대상으로 지난 일주일 동안 스포츠 관람을 한 적이 있는지 알아보았다. 그 자료는 다음과 같다.

성별 스포츠 관람 횟수

|  | 관람 | 비관람 | 전체 |
|---|---|---|---|
| 남성 | 98 | 155 | 253 |
| 여성 | 32 | 215 | 247 |
| 전체 | 130 | 370 | 500 |

1) 수집된 자료에 의하면 성별의 차이가 스포츠 관람에 영향을 미치는가?(5% 유의수준을 이용하라.)

2) 이 검정의 $p$-값은 얼마인가? (참조 : 엑셀함수 CHISQ.DIST.RT 혹은 R 함수 pchisq를 이용하라.)

6. 경제신문 구독과 구독자 나이가 연관이 있는지 알아보기 위해 경제신문 구독자와 비구독 자를 대상으로 연령을 조사하여 다음과 같은 결과를 얻었다고 가정하자.

나이별 경제신문 구독자 도수

|  | 경제신문 구독자 | 경제신문 비구독자 | 전체 |
|---|---|---|---|
| 10~20대 | 10 | 31 | 41 |
| 30~40대 | 28 | 35 | 63 |
| 50~60대 | 22 | 27 | 49 |
| 70~80대 | 14 | 3 | 47 |
| 전체 | 74 | 126 | 200 |

1) 10%의 유의수준에서 경제신문 구독과 구독자 나이가 연관이 있는지 검정을 수행해보라.

2) 5%의 유의수준에서 검정을 수행해보라. 1)의 결과와 같은가?

**기출문제**

1. (2019년 사회조사분석사 2급) 행 변수가 M개의 범주를 갖고 열 변수가 N개의 범주를 갖는 분할표에서 행 변수와 열 변수가 서로 독립인지를 검정하고자 한다. $(i, j)$셀의 관측도수를 $O_{ij}$, 귀무가설하에서의 기대도수의 추정치를 $\hat{E}_{ij}$라 할 때, 이 검정을 위한 검정통계량은?

① $\sum_{i=1}^{M} \sum_{j=1}^{N} \dfrac{(O_{ij}-\hat{E}_{ij})^2}{O_{ij}}$

② $\sum_{i=1}^{M} \sum_{j=1}^{N} \dfrac{(O_{ij}-\hat{E}_{ij})^2}{\hat{E}_{ij}}$

③ $\sum_{i=1}^{M} \sum_{j=1}^{N} \dfrac{(O_{ij}-\hat{E}_{ij})}{E_{ij}}$

④ $\sum_{i=1}^{M} \sum_{j=1}^{N} \dfrac{(O_{ij}-\hat{E}_{ij})}{\sqrt{n\hat{E}_{ij}O_{ij}}}$

2. (2019년 사회조사분석사 2급) 카이제곱검정에 의해 성별과 지지하는 정당 사이에 관계가 있는지를 알아보기 위해 자료를 조사한 결과, 남자 200명 중 A정당 지지자가 140명, B정당 지지자가 60명, 여자 200명 중 A정당 지지자가 80명, B정당 지지자는 120명이다. 성별과 정당 사이에 관계가 없을 경우 남자와 여자 각각 몇 명이 B정당을 지지한다고 기대할 수 있는가?

① 남자 : 50명, 여자 : 50명     ② 남자 : 60명, 여자 : 60명

③ 남자 : 80명, 여자 : 80명     ④ 남자 : 90명, 여자 : 90명

3. (2018년 사회조사분석사 2급) 다음은 서로 다른 세 가지 포장 형태(A, B, C)의 선호도가 같은지를 90명을 대상으로 조사한 결과이다. 선호도가 동일한지를 검정하는 카이제곱 검정통계량의 값은?

| 포장 형태 | A | B | C |
|---|---|---|---|
| 응답자 수 | 23 | 36 | 31 |

① 2.87     ② 2.97

③ 3.07     ④ 4.07

4. (2018년 사회조사분석사 2급) 작년도 자료에 의하면 어느 대학교의 도서관에서 도서를 대출한 학부 학생들의 학년별 구성비는 1학년 12%, 2학년 20%, 3학년 33%, 4학년 35%였다. 올해 이 도서관에서 도서를 대출한 학부 학생들의 학년별 구성비가 작년도와 차이가 있는가를 분석하기 위해 학부생 도서 대출자 400명을 랜덤하게 추출하여 학생들의 학년별 도수를 조사하였다. 이 자료를 갖고 통계적인 분석을 하는 경우 사용되는 검정통계량은?

① 자유도가 4인 카이제곱 검정통계량

② 자유도가 $(3, 396)$인 $F$-검정통계량

③ 자유도가 $(1, 398)$인 $F$-검정통계량

④ 자유도가 3인 카이제곱 검정통계량

5. (2018년 사회조사분석사 2급) $4 \times 5$ 분할표 자료에 대한 독립성 검정에서 카이제곱 통계량의 자유도는?

① 9     ② 12

③ 19     ④ 20

6. (2019년 9급 공개채용 통계학개론) 다음은 카이제곱통계량을 이용하여 두 변수가 서로 독립인지 알아보기 위한 관측도수의 $2 \times 2$ 분할표이다. 카이제곱($\chi^2$) 검정에 대한 설명으로 옳지 않은 것은? (단, 귀무가설이 참일 때 각 셀의 기대도수는 5 이상이고, 카이제곱통계량의 값은 $k$이다)

| 구분 | | 변수 2 | | 합계 |
|---|---|---|---|---|
| | | 범주 1 | 범주 2 | |
| 범주 1 | 범주 1 | $O_{11}$ | $O_{12}$ | $n_{1+}$ |
| | 범주 2 | $O_{21}$ | $O_{22}$ | $n_{2+}$ |
| 합계 | | $n_{+1}$ | $n_{+2}$ | $n$ |

① 관측도수가 $O_{11}$인 셀의 기대도수는 $\dfrac{(n_{1+}) \times (n_{+1})}{n}$ 과 같다.

② 관측도수가 $O_{11}$인 셀의 기대도수와 $O_{12}$인 셀의 기대도수의 합은 $n_{1+}$와 같다.

③ $X$가 자유도 1인 카이제곱분포를 따를 때, 유의확률은 $P(X \leq k)$와 같다.

④ 전체 관측도수의 합과 전체 기대도수의 합은 같다.

7. (2019년 9급 공개채용 통계학개론) 다음은 금연 프로그램에 참석한 120명을 대상으로 직업군에 따라 금연 성공률에 차이가 있는지 조사한 분할표이다. 이에 대한 설명으로 옳은 것은? (단 $O_{ij}(i=1, 2, 3, 4, j=1, 2)$는 $(i, j)$ 셀에서 얻어진 관측도수이고, $E_{ij}$ $(i=1, 2, 3, 4, j=1, 2)$는 귀무가설이 참일 때 $(i, j)$ 셀에서 얻어진 기대도수이다. $\chi^2_\alpha(k)$는 자유도가 $k$인 카이제곱분포의 제$100 \times (1-\alpha)$ 백분위수이고, $\chi^2$은 검정통계량이다)

| 구분 | | 금연 | | 합계 |
|---|---|---|---|---|
| | | 성공함(1) | 성공하지 못함(2) | |
| 직업군 | 사무직(1) | 15 | 15 | 30 |
| | 자영업(2) | 15 | 10 | 25 |
| | 교육관련(3) | 12 | 18 | 30 |
| | 노동직(4) | 18 | 17 | 35 |
| 합계 | | 60 | 60 | 120 |

① 각 직업의 성공률을 $p_i(i=1, 2, 3, 4)$라고 할 때, 귀무가설은 $H_0 : p_1 = p_2 = p_3 = p_4 = \dfrac{1}{4}$이다.

② $E_{11} = 15$이다.

③ 카이제곱 검정통계량은 $\chi^2 = \sum\limits_{i=1}^{4} \sum\limits_{j=1}^{2} \dfrac{(O_{ij} - E_{ij})^2}{O_{ij}}$이다.

④ 유의수준 5%에서 검정할 때, 기각역은 $\chi^2 \geq \chi^2_{0.025}(2)$이다.

8. (2018년 9급 공개채용 통계학개론) 휴대전화를 제조하는 세 회사 A, B, C의 시장 점유율은 각각 50%, 30%, 20%로 알려져 있다. 신제품의 출시가 시장 점유율에 영향을 미치는지 알아보기 위하여 C회사가 신제품을 출시하고 6개월 후, 200명의 휴대전화 사용자를 임의로 추출하여 다음과 같이 조사하였다. 시장 점유율의 변화가 있는지 알아보기 위하여 사용하는 검정법으로 옳은 것은?

| 회사명 | A | B | C |
|---|---|---|---|
| 관측도수 | 98 | 48 | 54 |

① 자유도가 2인 카이제곱분포를 이용한 적합도 검정

② 자유도가 2인 카이제곱분포를 이용한 독립성 검정

③ 자유도가 3인 카이제곱분포를 이용한 적합도 검정

④ 자유도가 3인 카이제곱분포를 이용한 독립성 검정

9. (2017년 9급 공개채용 통계학개론) 어느 지역의 남녀 간 소비생활 만족도의 분포가 같은 지 알아보고자 이 지역에 거주하는 남녀 각각 100명을 임의로 추출하여 조사한 결과가 다음과 같다.(단위 : 명)

| 성별 \ 만족도 | 불만족 | 보통 | 만족 | 합계 |
|---|---|---|---|---|
| 남 | 34 | 40 | 26 | 100 |
| 여 | 25 | 43 | 32 | 100 |

이를 검정하기 위한 카이제곱 검정통계량의 값이 2.1이고, 유의확률($p$-값)이 0.35일 때, 이 검정에 대한 설명으로 옳지 않은 것은?

① 귀무가설은 '남녀 간 소비생활 만족도의 분포가 같다'이다.

② 귀무가설이 참일 때, 카이제곱 검정통계량의 자유도는 3이다.

③ 유의수준 5%에서 귀무가설을 기각할 수 없다.

④ 이 검정을 동질성검정(homogeneity test)이라고 한다.

10. (2019년 7급 공개채용 통계학) 어느 가게에 월요일부터 금요일까지 방문하는 손님 수는 다음 표와 같다. 손님 수가 요일에 따라 다른지를 검정하기 위한 $\chi^2$-검정통계량의 값과 유의수준 5%에서 검정 결과를 바르게 연결한 것은? (단, $\chi_\alpha^2(k)$는 자유도가 $k$인 $\chi^2$-분포의 제$100 \times (1-\alpha)$ 백분위수를 나타내고, $\chi_{0.05}^2(4) = 9.49$, $\chi_{0.05}^2(5) = 11.07$)

| 요일 | 월 | 화 | 수 | 목 | 금 | 합계 |
|---|---|---|---|---|---|---|
| 손님 수(명) | 25 | 25 | 10 | 15 | 25 | 100 |

|   | $\chi^2$-검정통계량의 값 | 검정 결과 |
|---|---|---|
| ① | 10 | 귀무가설을 기각할 수 없음 |
| ② | 10 | 귀무가설을 기각함 |
| ③ | 11 | 귀무가설을 기각할 수 없음 |
| ④ | 11 | 귀무가설을 기각함 |

11. (2017년 7급 공개채용 통계학) 다음은 어느 지역에서 600명을 임의추출하여 흡연 여부와 치주질환 유무를 조사한 결과이다. 흡연 여부와 치주질환 유무에 대한 독립성 검정을 하고자 할 때, 이에 대한 설명으로 옳은 것만을 모두 고른 것은?

| 성별＼만족도 | 있음 | 없음 | 계 |
|---|---|---|---|
| 과거 흡연 | 50 | 100 | 150 |
| 현재 흡연 | 50 | 100 | 150 |
| 비흡연 | 100 | 200 | 300 |
| 계 | 200 | 400 | 600 |

ㄱ. 귀무가설은 "흡연 여부와 치주질환 유무는 서로 관계가 있다"이다.

ㄴ. 카이제곱 검정통계량의 값은 0이다.

ㄷ. 검정통계량 값이 임계치보다 작으면 귀무가설을 기각한다.

ㄹ. 귀무가설하에서 카이제곱 검정통계량의 자유도는 2이다.

① ㄱ, ㄹ        ② ㄴ, ㄷ

③ ㄱ, ㄷ        ④ ㄴ, ㄹ

**12.** (2016년 입법고시 2차 통계학) 다음의 자료는 어느 기관의 구성원 592명에 대해, 성별 (Sex)에 따른 머리카락의 색(Hair), 눈의 색(Eye)을 조사한 자료이다.

| | Sex=남성 | | | | | Sex=여성 | | | |
|---|---|---|---|---|---|---|---|---|---|
| Eye＼Hair | 갈색 | 푸른색 | 담갈색 | 초록색 | Eye＼Hair | 갈색 | 푸른색 | 담갈색 | 초록색 |
| 검은색 | 32 | 11 | 10 | 3 | 검은색 | 36 | 9 | 5 | 2 |
| 갈색 | 53 | 50 | 25 | 15 | 갈색 | 66 | 34 | 29 | 14 |
| 빨간색 | 10 | 10 | 7 | 7 | 빨간색 | 16 | 7 | 7 | 7 |
| 노란색 | 3 | 30 | 5 | 8 | 노란색 | 4 | 64 | 5 | 8 |

통계패키지를 이용하여 남성과 여성 간의 눈의 색의 비율이 같은지를 검정한 결과가 다음과 같다.

$$\chi^2 = 1.5298,\ df = 3,\ p\text{-값} = 0.6754$$

1) 가설을 제시하고, 위의 결과를 해석하여라.

2) 위의 $\chi^2$ 값을 구하는 계산 과정을 제시하여라. (단, 계산을 직접 수행할 필요는 없음)

3) 위의 $p$-값을 구하는 식을 기술하여라. (단, 계산을 직접 수행할 필요는 없음)

**13.** (2015년 입법고시 2차 통계학) 성별과 수입(단위 : 만 원), 직업만족도에 대한 조사를 수행하였다. 이 조사 자료로부터 다음 〈표 1〉과 같은 분할표 및 수입과 직업만족도의 독립성에 관한 카이제곱 통계량을 얻었다. 또한 〈표 2〉와 〈표 3〉은 여성과 남성 각각에 대하여 분할표 및 수입과 직업만족도의 독립성에 관한 카이제곱 통계량이다.

〈표 1 : 수입과 직업만족도 분할표와 카이제곱 통계량〉

| 수입＼만족도 | 불만 | 만족 | 합계 |
|---|---|---|---|
| 0～500 | 24 | 45 | 69 |
| 501～1200 | 24 | 78 | 102 |
| 1201～4000 | 3 | 69 | 72 |
| 4001 이상 | 9 | 63 | 72 |
| 합계 | 60 | 255 | 315 |

카이제곱통계량 : 24.7499, $p$-값＜0.0001

〈표 2 : 여성들의 수입과 직업만족도 분할표와 카이제곱 통계량〉

| 수입＼만족도 | 불만 | 만족 | 합계 |
|---|---|---|---|
| 0～500 | 12 | 39 | 51 |
| 501～1200 | 15 | 60 | 75 |
| 1201～4000 | 3 | 39 | 42 |
| 4001 이상 | 6 | 18 | 24 |
| 합계 | 36 | 156 | 192 |

카이제곱통계량 : 5.1713, $p$-값＝0.1597

〈표 3 : 남성들의 수입과 직업만족도 분할표와 카이제곱 통계량〉

| 수입＼만족도 | 불만 | 만족 | 합계 |
|---|---|---|---|
| 0～500 | 12 | 6 | 18 |
| 501～1200 | 9 | 18 | 27 |
| 1201～4000 | 0 | 30 | 30 |
| 4001 이상 | 3 | 45 | 48 |
| 합계 | 24 | 99 | 123 |

카이제곱통계량 : 5.1713, $p$-값＜0.0001

1) 〈표 1〉～〈표 3〉 각각에 대하여 표에서 제시한 카이제곱 통계량에 근거하여 수입과 직업 만족도의 연관성에 관하여 서술하시오.

2) 만약 서로 동일한 혹은 상충되는 결론이 나왔다면 이유가 무엇일지 서술하시오.

3) 수입과 직업만족도의 연관성에 관하여 어떤 결론이 가장 타당하다고 생각하는지 이유 를 들어 설명하시오.

14. (2011년 입법고시 2차 통계학) 어느 지역에서 새 정책에 대한 찬성과 반대를 조사하기 위 하여 이 지역주민 1,210명을 임의로 뽑아 주민의 성별(남, 여)과 학력(대졸 이상, 대졸 미 만)에 따른 새 정책에 대한 찬반을 조사하였다. 먼저 학력과 새 정책의 찬반에 대한 분할 표는 표 A-1과 같다.

표 A-1

|  | 찬성 | 반대 | 합 |
|---|---|---|---|
| 대졸 이상 | 240 | 420 | 660 |
| 대졸 미만 | 200 | 350 | 550 |
| 합 | 440 | 770 | 1,210 |

또한 남자와 여자 각각에 대한 학력과 새 정책의 찬반에 대한 분할표는 표 A-2와 같다.

표 A-2

남자

|  | 찬성 | 반대 | 합 |
|---|---|---|---|
| 대졸 이상 | 135 | 415 | 550 |
| 대졸 미만 | 5 | 45 | 50 |
| 합 | 140 | 460 | 600 |

여자

|  | 찬성 | 반대 | 합 |
|---|---|---|---|
| 대졸 이상 | 105 | 5 | 110 |
| 대졸 미만 | 195 | 305 | 500 |
| 합 | 300 | 310 | 610 |

1) 표 A-1에서 학력이 새 정책의 찬반에 영향을 준다고 할 수 있는지를 서술하라.

2) 표 A-2에서 남자에 대한 분할표에서의 독립성 검정을 위한 카이제곱통계량의 값이 5.42이고 이에 상응하는 $p$-값은 0.0199이다. 또한 표 A-2의 여자에 대한 분할표에서 독립성 검정을 위한 카이제곱통계량의 값은 115.0이고 이에 상응하는 $p$-값은 0.001보다 작다. 조사 대상 중 남자에 대하여 학력이 새 정책의 찬반에 영향을 준다고 할 수 있는가? 또 여자에 대해서는 어떻게 설명할 수 있는가? 이에 대하여 서술하라.

3) 문제 1과 문제 2의 결과를 종합적으로 분석하라.

15. (2010년 입법고시 2차 통계학) 어떤 일기예보의 정확도를 확인하기 위해 '비 올 확률 50%'로 비가 예보된 날들을 조사해 보았더니 100일 중 67일은 비가 온 것으로 기록되어 있다.
[문] 이 자료에 근거하여 '비 올 확률 50%'라는 일기예보의 정확도에 관해 어떻게 말할 수 있겠는가? 그 이유를 설명하라.

## 유망직업의 만족도와 연봉은 관련이 있을까?

출처 : hilite.org/51666/topstory-2/the-future-of-jobs(수정)

미국 직업 관련 사이트인 그래스도어(Grassdoor)는 매년 초 가장 인기 있는 유망직업에 대해 톱 50을 선정하여 게시한다. 2020년 가장 인기 있는 유망직업의 1위부터 5위는 프런트엔드 엔지니어(화면개발자), JAVA 개발자, 데이터 사이언티스트(AI 모델 개발자), 제품관리자, DevOps 엔지니어로 대부분 컴퓨터와 통계, 수학과 관련된 직업이 선정되었다.

그렇다면, 가장 인기 있고 유망한 직업의 연봉은 얼마일까? 1위부터 5위까지 살펴보면, 1위 10만 5,240달러, 2위 8만 3,589달러, 3위 10만 7,801달러, 4위 11만 7,713달러, 5위 10만 7,310달러로 대부분이 10만 달러가 넘는 연봉을 받고 있다. 그러면 직업의 인기와 높은 연봉만큼 직업만족도를 나타내는 직업 점수도 높을까? 역시 1위부터 5위까지의 직업 점수(5점 만점)를 살펴보면 1위 3.9, 2위 3.9, 3위 4, 4위 3.8, 5위 3.9이며 평균이 3.816이다. 톱 50의 최하 점수가 3.5점, 최고 점수가 4.4점이라는 것을 감안했을 때 1위부터 5위에 해당하는 직업들의 만족도가 높다고 보기 어려우며 연봉과 직업 점수가 관련이 있는지에 대한 질문에 명확히 답할 수 없다.

통계학을 공부한 사람이라면 어떻게 답해야 할까? 단순히 몇 개의 표본만을 이용하여 어림잡는다면 정확한 답이 될 수 없다. 그러므로 이 사례분석에서는 과연 연봉과 주관적인 직업만족도를 나타내는 직업 점수가 관련이 있는지 통계적으로 검증하기 위해서 1위부터 50위까지의 충분한 자료를 갖고 $\chi^2$-독립성 검정을 수행하고자 한다.

**사례자료 12  2020년 인기 있는 유망직업 톱 50**

| 순위 | 직업명 | 연봉(달러) | 직업 점수(5점 만점) |
|---|---|---|---|
| 1 | 프런트엔드 엔지니어(화면개발자) | 105,240 | 3.9 |
| 2 | JAVA 개발자 | 83,589 | 3.9 |
| 3 | 데이터 사이언티스트(AI 모델개발자) | 107,801 | 4 |
| 4 | 제품관리자 | 117,713 | 3.8 |
| 5 | DevOps 엔지니어 | 107,310 | 3.9 |
| 6 | 데이터 엔지니어 | 102,472 | 3.9 |
| 7 | 소프트웨어 엔지니어 | 105,563 | 3.6 |
| 8 | 언어치료사 | 71,867 | 3.8 |

| 9 | 전략매니저 | 133,067 | 4.3 |
|---|---|---|---|
| 10 | 사업개발매니저 | 89,480 | 4 |
| 11 | 간호매니저 | 85,389 | 3.7 |
| 12 | HR매니저 | 83,190 | 4.1 |
| 13 | 운영매니저 | 70,189 | 3.8 |
| 14 | Saleforce 개발자(영업관리 S/W) | 81,175 | 4.2 |
| 15 | 재무매니저 | 120,644 | 3.8 |
| 16 | 회계매니저 | 85,794 | 4 |
| 17 | 프로그램매니저 | 87,005 | 3.6 |
| 18 | APP 개발자 | 76,854 | 3.7 |
| 19 | 클리닉매니저 | 70,000 | 3.9 |
| 20 | 물리치료사 | 71,483 | 3.6 |
| 21 | 프로젝트매니저 | 77,396 | 3.6 |
| 22 | 전기기술자 | 77,035 | 3.7 |
| 23 | 직업 치료사 | 74,339 | 3.6 |
| 24 | 시설매니저 | 70,160 | 3.8 |
| 25 | 영업매니저 | 70,489 | 3.8 |
| 26 | 비즈니스분석가 | 73,022 | 3.6 |
| 27 | 시스템 엔지니어 | 92,225 | 3.5 |
| 28 | 규정 준수 책임자 | 84,784 | 3.7 |
| 29 | 스크럼 마스터(프로젝트매니저) | 100,000 | 3.8 |
| 30 | 고객성공매니저 | 66,326 | 4.2 |
| 31 | 리스크매니저 | 101,468 | 3.7 |
| 32 | 소프트웨어 개발자 | 80,429 | 3.5 |
| 33 | 클라우드 엔지니어 | 110,600 | 3.6 |
| 34 | 제품 디자이너 | 102,000 | 4.2 |
| 35 | 부동산업자 | 50,467 | 4.2 |
| 36 | 기계 엔지니어 | 75,700 | 3.7 |
| 37 | 기업모집 | 65,607 | 4.4 |
| 38 | UX 디자이너 | 90,478 | 3.8 |
| 39 | QA 엔지니어 | 84,632 | 3.8 |
| 40 | 재무분석가 | 71,334 | 3.6 |
| 41 | 의사 조수 | 109,585 | 3.6 |
| 42 | 영업 엔지니어 | 87,608 | 3.8 |
| 43 | 토목 기사 | 65,704 | 3.8 |
| 44 | 데이터 분석가 | 62,973 | 3.7 |

(계속)

| 45 | EHS전문가 | 76,854 | 3.7 |
|----|-----------|--------|-----|
| 46 | 자동화 엔지니어 | 85,456 | 3.8 |
| 47 | 연구과학자 | 85,611 | 3.5 |
| 48 | 디자인매니저 | 120,549 | 4.1 |
| 49 | 네트워크 엔지니어 | 71,028 | 3.6 |
| 50 | 헬스케어 컨설턴트 | 79,065 | 3.9 |
| | 평균 | 86,314.98 | 3.816 |

출처 : www.glassdoor.com/List/Best-Jobs-in-America-LST_KQ0,20.htm

● 연봉과 직업 점수를 각각 4개의 범주로 나누어 4×4 분할표를 만들어 보라.

● 분할표를 이용하여 연봉이 직업 점수와 연관이 있는지 5% 유의수준에서 검정해 보자.

**사례분석 12**

# $\chi^2$-검정을 위한 ETEX

범주자료를 이용한 요인(혹은 확률변수)별 연관성을 고려하기 위해 요인들이 서로 독립적이라는 귀무가설을 설정하고 $\chi^2$−검정을 수행할 수 있음을 본문에서 배웠다. 따라서 직업 점수와 연봉이 연관이 있는지 알아보기 위해 $\chi^2$−검정의 하나인 독립성 검정을 수행해야 한다. 물론 두 요인의 범주를 교차시켜서 얻은 각각의 셀에 해당하는 도수를 나타내는 이차원 표인 분할표(contingency table)를 작성함으로써 독립성 검정을 수월하게 수행할 수 있다.

## 1. 분할표 작성

사례자료 12는 엑셀파일 █ 사례분석12.xlsx에 입력되어 있다. 이 자료를 이용하여 분할표를 만들기 위해서는 두 요인의 범주를 교차시켜서 얻은 각각의 셀에 해당하는 도수를 구해야 한다. 하지만 자료가 많은 경우 이 작업이 결코 쉽지 않다. 다행히 ETEX는 분할표 작성은 물론 $\chi^2$−검정(적합도 검정과 독립성 검정)을 수행할 수 있는 메뉴를 제공한다. 연봉과 직업 점수라는 두 요인에 대한 $4 \times 4$ 분할표를 단계별로 작성해 보자.

연봉을 다음 4개의 범주로 나누고

$$P1 = \qquad 연봉 \leq 75,000$$
$$P2 = 75,000 < 연봉 \leq 100,000$$
$$P3 = 100,000 < 연봉 \leq 125,000$$
$$P4 = 125,000 < 연봉$$

직업 점수를 다음 4개의 범주로 나눈다.

$$C1 = \qquad 직업 점수 \leq 3.75$$
$$C2 = 3.75 < 직업 점수 \leq 4.00$$
$$C3 = 4.00 < 직업 점수 \leq 4.25$$
$$C4 = 4.25 < 직업 점수$$

원자료를 각 요인의 범주에 대응하는 범주자료로 변형하기 위해 엑셀의 **IF** 함수를 사용할 수 있다. 그림 1과 같이 F2 셀의 수식 입력줄에 다음 식을 입력하고 F51 셀까지 드래그 기능을 사용하면 연봉 자료가 범주자료로 변형된다.

=IF(B2⟨=75000, "R1", IF(B2⟨=100000, "R2", IF(B2⟨=125000, "R3", "R4")))

같은 방법으로 G2 셀의 수식 입력줄에 다음 식을 입력하고 G51 셀까지 드래그 기능을 사용하면 직업 점수 자료가 범주자료로 변형된다.

=IF(C2<=3.75, "C1", IF(C2<=4, "C2", IF(C2<=4.25, "C3", "C4")))

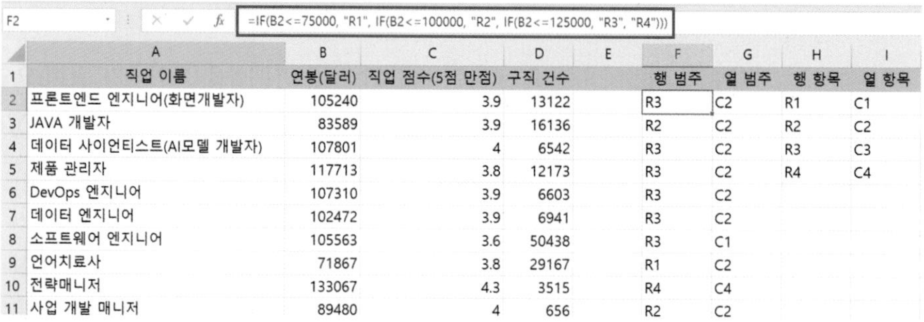


| | A | B | C | D | E | F | G | H | I |
|---|---|---|---|---|---|---|---|---|---|
| 1 | 직업 이름 | 연봉(달러) | 직업 점수(5점 만점) | 구직 건수 | | 행 범주 | 열 범주 | 행 항목 | 열 항목 |
| 2 | 프론트엔드 엔지니어(화면개발자) | 105240 | 3.9 | 13122 | | R3 | C2 | R1 | C1 |
| 3 | JAVA 개발자 | 83589 | 3.9 | 16136 | | R2 | C2 | R2 | C2 |
| 4 | 데이터 사이언티스트(AI모델 개발자) | 107801 | 4 | 6542 | | R3 | C2 | R3 | C3 |
| 5 | 제품 관리자 | 117713 | 3.8 | 12173 | | R3 | C2 | R4 | C4 |
| 6 | DevOps 엔지니어 | 107310 | 3.9 | 6603 | | R3 | C2 | | |
| 7 | 데이터 엔지니어 | 102472 | 3.9 | 6941 | | R3 | C2 | | |
| 8 | 소프트웨어 엔지니어 | 105563 | 3.6 | 50438 | | R3 | C1 | | |
| 9 | 언어치료사 | 71867 | 3.8 | 29167 | | R1 | C2 | | |
| 10 | 전략매니저 | 133067 | 4.3 | 3515 | | R4 | C4 | | |
| 11 | 사업 개발 매니저 | 89480 | 4 | 656 | | R2 | C2 | | |

**그림 1** 엑셀의 IF 함수 사용

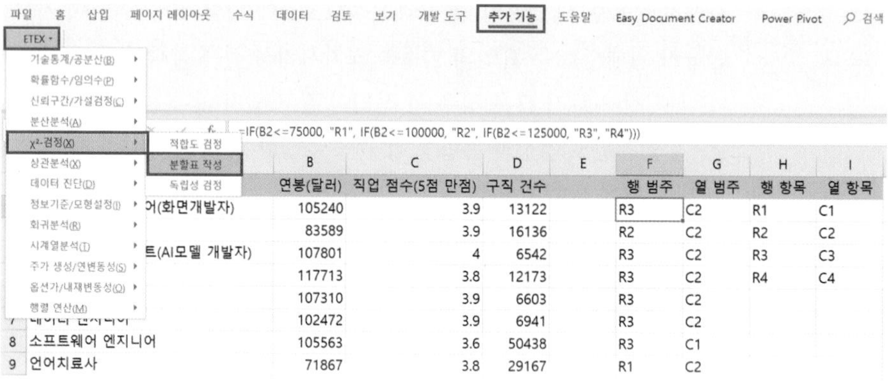


**그림 2** '분할표 작성' 선택 경로

이제 범주자료를 이용하여 분할표를 만들기 위해 그림 2와 같이 엑셀의 메뉴 표시줄에 있는 **추가기능** 탭에서 ETEX 메뉴 버튼을 선택하면 ETEX의 메뉴 창이 열리게 된다. 이때 **$\chi^2$-검정 → 분할표 작성**을 차례로 선택하면 **분할표** 대화상자가 그림 3과 같이 나타난다. 첫 번째 입력란에는 $N \times 2$의 행렬 형태의 범주자료 범위를 입력한다. 여기서 $N$은 관측값의 수를 나타낸다. 예컨대 이 사례에서 $N$은 50이 된다. 단 자료 범위 입력 시 주의해야 할 점은 자료는 반드시 범주자료여야 하며, 범주자료의 첫 번째 열은 분할표의 행, 두 번째 열은 분할표의 열에 해당하는 자료여야 한다는 것이다. **분할표의 행 항목**은 열벡터 형태($R \times 1$)로 입력하고, **분할표의 열 항목** 역시 열벡터 형태($C \times 1$)로 입력해야 한다. 여기서 $R$은 분할표의 행의 수, $C$는 분할표의 열의 수이다. 분할표가 입력될 시트의 이름을 '분할표'로 하고 **실행** 버튼을 클릭하면 그림 4와 같은 분할표가 작성되어 출력된다. 여기서 행은 연봉, 열은 직업 점수의 범주에 대한 항목을 나타낸다.

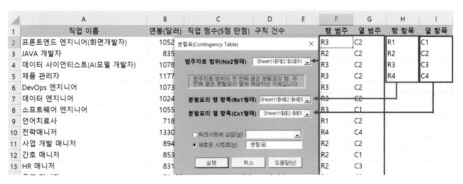

**그림 3** 분할표 대화상자와 정보 입력

| | A | B | C | D | E | F |
|---|---|---|---|---|---|---|
| 1 | 4X4 분할표(Contingency Table) | | | | | |
| 2 | | C1 | C2 | C3 | C4 | |
| 3 | R1 | 6 | 6 | 2 | 1 | |
| 4 | R2 | 11 | 9 | 2 | 0 | |
| 5 | R3 | 4 | 6 | 2 | 0 | |
| 6 | R4 | 0 | 0 | 0 | 1 | |
| 7 | | | | | | |
| 8 | | | | | | |

**그림 4** 분할표

## 2. $\chi^2$-검정(독립성 검정)

$i$행과 $j$열에 속하는 셀의 기대도수를 $E_{ij}$, $i$행의 주변합을 $RT_i$, $j$열의 주변합을 $CT_j$라고 하면 기대도수는 다음과 같이 계산될 수 있다.

$$E_{ij} = \frac{RT_i \times CT_j}{n}$$

기대도수를 계산한 후 $\chi^2$-통계량을 다음과 같이 계산한다.

$$\chi^2 = \sum_{i=1}^{R} \sum_{j=1}^{C} \frac{(O_{ij} - E_{ij})^2}{E_{ij}}$$

임곗값을 구하기 위한 $\chi^2$-분포의 자유도 $(R-1)(C-1) = (4-1)(4-1) = 9$, 유의수준은 5%이므로 $\chi^2$-분포표에서 $\chi^2_{(9,\,0.05)}$를 구한다.

그런데 $\chi^2$-검정을 위한 이런 과정을 ETEX를 이용하여 쉽게 수행할 수 있다. 엑셀의 메뉴 표시줄에 있는 **추가기능** 탭에서 ETEX 메뉴 버튼을 선택하여 ETEX 메뉴 창이 열리면 $\chi^2$-**검정** → **독립성 검정**을 차례로 선택한다.

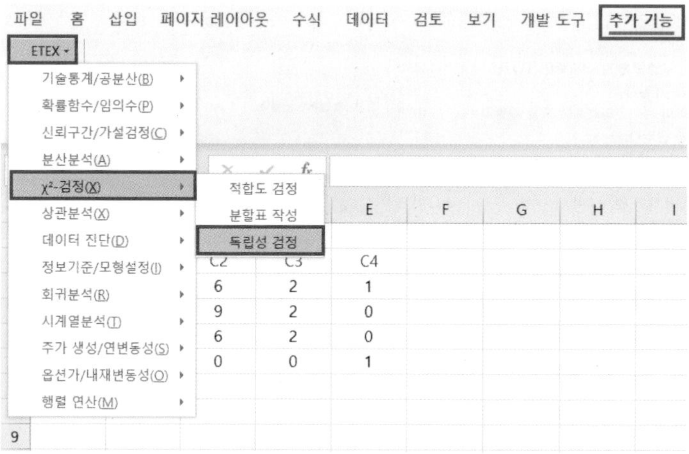

**그림 5** '독립성 검정' 선택 경로

**독립성 검정** 대화상자가 그림 6과 같이 나타나면 필요한 자료와 정보를 입력한다. **분할표의 관측도수 범위**를 입력하는 곳에는 분할표의 항목 이름이나 행 혹은 열의 도수 합이 포함되지 않도록 관측도수가 포함된 셀의 범위만을 입력해야 한다. 즉 이 사례에서는 분할표가 기록된 셀 중에서 관측도수만 포함된 셀의 범위 '분할표!$B$3:$E$6'을 입력한다. 그리고 나머지 정보는 그림 6과 같이 입력하고 **실행** 버튼을 클릭한다.

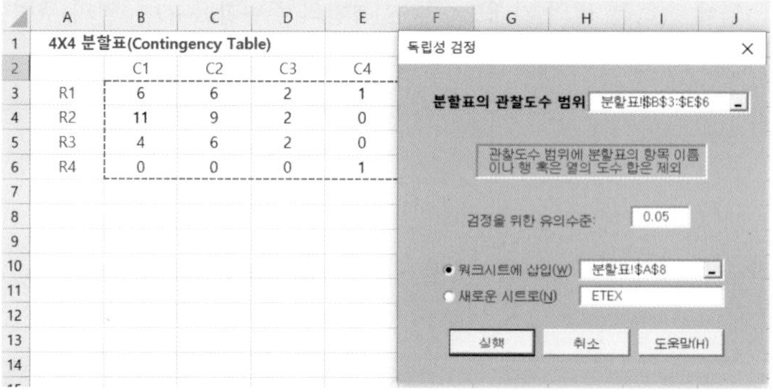

**그림 6** 독립성 검정 대화상자와 정보 입력

$\chi^2$-검정을 위한 통계량의 계산 결과가 그림 7과 같이 출력된다. 추정된 $\chi^2$-통계량의 값이 26.7893으로 임곗값 16.9189보다 크기 때문에 기각역에 속하게 되어 요인들이 서로 독립적이라는 귀무가설을 기각하게 된다. 따라서 주어진 자료에 의하면 5%의 유의수준에서 미국에서 인기 있는 유망직업 톱 50의 연봉은 직업의 만족도를 나타내는 직업 점수와 관련이 있다는 통계적 결론을 내릴 수 있다.

| ◢ | A | B | C | D | E |
|---|---|---|---|---|---|
| 1 | 4X4 분할표(Contingency Table) | | | | |
| 2 | | C1 | C2 | C3 | C4 |
| 3 | R1 | 6 | 6 | 2 | 1 |
| 4 | R2 | 11 | 9 | 2 | 0 |
| 5 | R3 | 4 | 6 | 2 | 0 |
| 6 | R4 | 0 | 0 | 0 | 1 |
| 7 | | | | | |
| 8 | **독립성 검정** | | | | |
| 9 | $\chi^2$-통계량 | 26.78932 | | | |
| 10 | 5% 임곗값 | 16.91898 | | | |
| 11 | P-값 | 0.001515 | | | |
| 12 | 검정 결과 | Ho 기각 | | | |

**그림 7** 독립성 검정 실행 결과

**사례분석 12**

# $\chi^2$-검정을 위한 R의 분석함수

## 1. 분할표 작성

사례자료 12는 ▨ 사례분석12.txt 파일에 텍스트 형식으로도 입력되어 있으며 다음 코드를 통해 자료를 불러올 수 있다. 단 이 자료의 구분기호가 탭(tab)으로 되어 있어 구분자 인수에 **sep ="\t"**를 입력하였다.

```
data = read.table(file = "C:/Users/경영경제통계학/사례분석12.txt",
        sep ="\t", header = T) # 자료 불러오기
head(data) # 자료 확인
```

**코드 1** 자료 불러오기

```
Console  ~/
> head(data)
                        직업.이름 연봉..달러. 직업.점수.5점.만점.
1     프론트엔드 엔지니어(화면개발자)    105240              3.9
2                    JAVA 개발자     83589              3.9
3 데이터 사이언티스트(AI모델 개발자)    107801              4.0
4                      제품 관리자    117713              3.8
5                 DevOps 엔지니어    107310              3.9
6                  데이터 엔지니어    102472              3.9
>
```

**그림 8** 자료 확인

원자료를 각 요인의 범주에 대응하는 범주자료로 변형하기 위해 R의 **ifelse** 함수를 사용할 수 있으며, 다음 코드를 사용하면 연봉 자료와 직업 점수가 범주자료로 변환된다.

```
cate_money = ifelse(data[,2]<=75000, "R1",
              ifelse(data[,2]<=100000, "R2",
                ifelse(data[,2]<=125000, "R3", "R4"))) # 연봉 범주화
cate_score = ifelse(data[,3]<=3.75, "C1",
              ifelse(data[,3]<=4.00, "C2",
                ifelse(data[,3]<=4.25, "C3", "C4"))) # 직업 점수 범주화
```

data1 = cbind(cate_money, cate_score) # 열 병합

head(data1) # 데이터 확인

**코드 2**  연봉 자료와 직업 점수를 범주자료로 변환

```
Console  ~/ 
> cate_money = ifelse(data[,2]<=75000, "R1", ifelse(data[,2]<=100000, "R2", ifelse(data[,2]<=125000, "R3", "R4")))
> cate_score = ifelse(data[,3]<=3.75, "C1", ifelse(data[,3]<=4.00, "C2", ifelse(data[,3]<=4.25, "C3", "C4")))
> 
> data1 = cbind(cate_money, cate_score)
> head(data1)
     cate_money cate_score
[1,] "R3"       "C2"
[2,] "R2"       "C2"
[3,] "R3"       "C2"
[4,] "R3"       "C2"
[5,] "R3"       "C2"
[6,] "R3"       "C2"
> 
```

**그림 9**  코드 2 실행 결과

해당 자료(data1)를 분할표로 만들기 위해 다음 코드를 작성한다. 우선 원하는 분할표를 만들기 위해 행과 열의 이름이 각각 R1~R4와 C1~C4이며 모든 원소가 0인 정방행렬(4×4) 'division'을 미리 만든다. 그리고 **for** 구문을 이용하여 각 원소에 해당하는 도수를 연산하고 'division'에 대입한다. 4행 4열이므로 16번 반복된다.

```
division = matrix(rep(0, length = 16), ncol = 4, nrow = 4) # 0 행렬 할당
colnames(division) = c("C1","C2","C3","C4") # 행렬의 열 이름
rownames(division) = c("R1","R2","R3","R4") # 행렬의 행 이름
for(i in 1:4) { # i 루핑
    b = c() # 공집합 할당
    for(j in 1:4) { # j 루핑
      num = sum(rowSums(cbind(rownames(division)[i] == data1[,1],
             colnames(division)[j] == data1[,2])) == 2) # 해당 도수 계산
      b = c(b, num) # 해당 도수를 b 원소로 추가
    }
    division[i,] = b # i번째 행에 b 대입
}
division
```

**코드 3**  분할표 만들기

```
Console ~/ ☆
> division = matrix(rep(0, length = 16),ncol = 4, nrow = 4)
> colnames(division) = c("C1","C2","C3","C4")
> rownames(division) = c("R1","R2","R3","R4")
>
> for(i in 1:4) {
+     b = c()
+     for(j in 1:4) {
+       num = sum(rowSums(cbind(rownames(division)[i] == data1[,1],
+                     colnames(division)[j] == data1[,2])) == 2)
+       b = c(b, num)
+
+     }
+     division[i,] = b
+ }
>
> division
   C1 C2 C3 C4
R1  6  6  2  1
R2 11  9  2  0
R3  4  6  2  0
R4  0  0  0  1
> |
```

**그림 10**  코드 3 실행 결과

## 2. $\chi^2$-검정(독립성 검정)

코드 3을 실행한 결과를 보면 'division' 객체에 $4 \times 4$ 분할표가 할당되어 있음을 확인할 수 있다. 이제 독립성 검정을 시행하기 위한 R의 **chisq.test()** 함수에 'division'을 인수로 입력하고 실행하면 다음 그림 같은 결과가 출력된다. 참고로 **Warning message**는 표본 수가 충분하지 않아 나타난 경고문이다.

    chisq.test(division) # 분할표를 이용하여 독립성 검정 시행

**코드 4**  독립성 검정 시행

```
Console ~/ ☆
> chisq.test(division)

        Pearson's Chi-squared test

data:  division
X-squared = 26.789, df = 9, p-value = 0.001515

Warning message:
In chisq.test(division) :
  카이제곱 approximation은 정확하지 않을수도 있습니다
> |
```

**그림 11**  독립성 검정 시행 결과

    추정된 $\chi^2$-통계량의 값이 26.789로 $P$-값(=0.001515)이 0.05보다 작으므로 요인들이 서로 독립적이라는 귀무가설을 기각하게 된다. 따라서 주어진 자료에 의하면 5%의 유의수준에서 미국에서 인기 있는 유망직업 톱 50의 연봉은 직업의 만족도를 나타내는 직업 점수와 관련이 있다는 통계적 결론을 내릴 수 있다.

# 회귀분석과 시계열분석

# 13

# 단순회귀분석

앞에서 우리는 모집단 간의 특성의 차이에 대한 통계적 추론에 대하여 살펴보았다. 특히 경영·경제 현상을 분석하는 경우 흔히 둘 혹은 그 이상의 확률변수들 사이의 관계(relationship)에 관심을 두게 된다. 예를 들어보자.

- 소셜 네트워크 서비스(Social Network Services, SNS)의 이용자 수와 일상의 의례적인 커뮤니케이션에 해당하는 '스몰 토크'의 횟수는 서로 어떤 관계가 있을까?
- 1인당 통신비에 대한 지출과 소득은 서로 어떤 관계가 있을까?
- A회사 제품의 소비량은 가격과 어떤 관계가 있을까?
- 주가는 기업의 순이익과 어떤 관계가 있을까?
- 물가 수준은 유가와 어떤 관계가 있을까?

이렇게 변수와 변수 사이의 관계를 알아보기 위한 통계적 분석 방법인 상관분석(correlation analysis)과 회귀분석(regression analysis)에 대해 살펴보기로 하자.

# 제1절 상관분석

## 1. 상관분석

출처 : 셔터스톡

두 변수 사이의 관계를 살펴볼 때 가장 기본적인 분석 방법은 두 변수의 서로 대응되는 자료를 좌표평면 위의 점들로 나타내는 산포도(scatter plot)를 그려보는 것이다. 이 책의 제3장에서는 2017년 가상화폐 버블 시기의 비트코인(Bitcoin)과 비트코인캐시(Bitcoin Cash)의 관계를 산포도로 그려보았으며, 산포도를 통해 두 변수 사이에는 정(positive)의 관계가 존재함을 확인하였다. 이번에는 국내에 주재하는 외국 기업들에서 임의로 추출한 사원 20명을 대상으로 조사한 연봉과 TOEIC 성적의 관계를 살펴보았다고 가정하자.

표 13-1  **연봉(Y)과 TOEIC 성적(X)**                                      (단위 : 만 원, 점)

| 연봉 | 3,000 | 3,600 | 4,500 | 4,000 | 4,500 | 3,500 | 4,200 | 6,000 | 3,600 | 3,000 |
|---|---|---|---|---|---|---|---|---|---|---|
| TOEIC 성적 | 750 | 793 | 850 | 810 | 830 | 797 | 810 | 827 | 797 | 800 |
| 연봉 | 5,500 | 4,000 | 4,600 | 3,000 | 3,300 | 4,400 | 5,000 | 3,300 | 3,800 | 4,900 |
| TOEIC 성적 | 853 | 803 | 857 | 760 | 767 | 800 | 830 | 810 | 780 | 840 |

그림 13-1은 이 자료를 산포도로 그려 본 것이며, 외국 기업의 경우 사원들의 연봉과 TOEIC 성적 간에 어느 정도 정의 상관관계가 있는지를 보여 준다. 이처럼 산포도를 이용하여 두 변수 사이의 관계를 개략적으로 알 수 있으나, 더욱 정확한 관계를 파악하기 위해서는

**그림 13-1**

**연봉과 TOEIC 성적의 산포도**

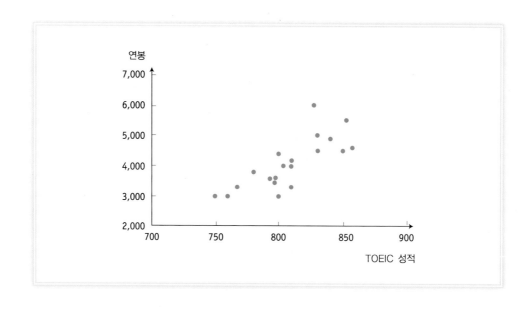

두 변수의 상호 의존관계를 수치로 나타내 줄 수 있는 통계량이 필요하다. 이 통계량은 제5장에서 다룬 상관계수(correlation coefficient)이며, 이 상관계수를 이용하여 두 변수의 의존관계를 분석하는 것이 상관분석이다.

제5장에서 소개한 상관계수 계산공식을 이용하여 두 변수의 상관계수를 계산하면 다음과 같다.

$$\rho = \frac{Cov(X, Y)}{\sigma_X \cdot \sigma_Y} = \frac{18868}{\sqrt{865.36} \times \sqrt{678275}} = 0.778798$$

상관계수의 추정값 0.7787에 따르면 두 변수 사이에는 매우 밀접한 정의 상관관계가 존재함을 나타낸다. 즉 외국 기업 사원의 경우 TOEIC 성적이 높으면 대체로 연봉도 높음을 의미한다.

### 상관분석에서 주의해야 할 점

상관계수를 이용하여 두 변수의 관계를 분석하는 경우에는 다음 몇 가지 사실에 주의해야 한다.

1. 상관관계가 존재한다고 언제나 인과관계(causality)가 성립하는 것은 아니다. 한 연구결과에 의하면 어떤 국가의 유아 사망률의 변수와 인구 1만 명당 의사 수의 변수에 대한 상관계수가 0.86으로 두 변수 사이에 매우 높은 상관관계가 존재하였다. 그렇다면 의사들 때문에 유아가 사망한다고 할 수 있을까? 당연히 아니다. 즉 두 변수 사이에 높은 상관관계가 존재하지만 인과관계가 성립하지는 않는다.

> 두 변수 사이에 상관관계가 존재한다고 언제나 인과관계가 성립하는 것은 아니다.

2. 상관계수는 두 변수의 선형관계만을 고려하기 때문에 두 변수 사이에 비선형관계가 존재하는 경우 이를 포착하지 못하게 된다. 예컨대 그림 13-2와 같이 두 변수 사이에 강한 비선형관계가 존재해도 상관계수는 거의 0에 가깝게 나타난다.

3. 변수가 취하는 값의 범위에 인위적인 제한을 두는 경우 상관계수의 값이 왜곡될 수 있다. 앞의 예에서 TOEIC 성적 변수의 범위를 인위적으로 801점 이상으로 제한해 보자. 그러면 TOEIC 성적과 연봉의 관계가 그림 13-3과 같이 달라지고 상관계수의 값도 0.5536으로 두 변수의 상관 정도가 줄어들게 된다. 그 이유는 두 변수의 선형 상관관계가 높은 범위가 인위적으로 제거되었기 때문이다.

4. 극단적 관측값인 이상점(outlier)의 존재가 상관계수의 값을 왜곡시킬 수 있다. 앞의 예에서 21번째로 추가 조사된 사원의 TOEIC 성적이 950점이고 연봉은 2,500만 원이었다고

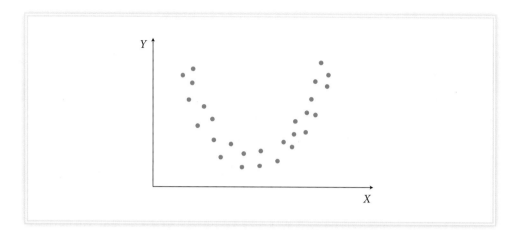

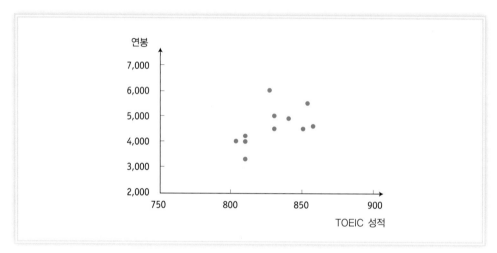

가정하자. 이 극단적인 관측값은 그림 13-4와 같이 두 변수의 관계에 강한 영향을 미치게 된다. 따라서 원래 0.7787이었던 상관계수의 값은 극단적 관측값인 이상점의 영향으로 인해 0.2141로 매우 낮아지게 되어 두 변수 사이의 관계 정도가 왜곡된다.

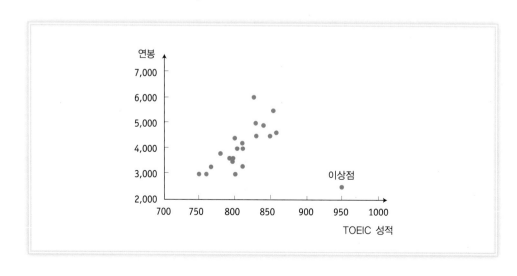

## 2. 상관계수의 유의성 검정

상관계수를 계산해 보면 두 변수 사이에 어떤 관계가 존재하는지, 혹은 어느 정도의 관계가 존재하는지를 알 수 있으나 이 관계가 얼마나 통계적으로 유의미한지를 판단하기는 어렵다. 앞의 예에서처럼 상관계수의 추정값이 0.7787로 높으면 두 변수 사이에는 밀접한 상관관계가 있어 상관계수에 통계적 유의성이 존재하리라 추측할 수 있지만, 추정값이 0.3이라고 가정하면 상관계수에 통계적 유의성이 존재하는지 판단하기가 쉽지 않다. 따라서 두 변수 사이에 유의미한 선형관계가 존재하는지를 판단하기 위해서는 상관계수에 대한 유의성 검정이 요구된다.

가설검정을 위한 귀무가설과 대립가설을 다음과 같이 설정한다.

$$H_0 : \rho = 0 (\text{두 변수는 선형관계가 없다.})$$
$$H_1 : \rho \neq 0 (\text{두 변수는 선형관계가 있다.})$$

상관계수에 대한 유의성 검정통계량은 다음과 같이 정의되며, 이 검정통계량은 자유도가 인 $n-2$인 $t$-분포를 하게 된다. 여기서 $n$은 각 확률변수의 관측값 수를 나타낸다.

$$t_{n-2} = \rho \sqrt{\frac{n-2}{1-\rho^2}}$$

추정된 검정통계량이 자유도가 $n-2$인 $t$-분포로부터 구해진 임곗값과 비교하여 기각 영역에 속하게 되면 귀무가설을 기각한다. 이 검정은 양측검정이므로 유의수준 $\alpha$의 경우 기각 영역은 $t_{(n-2, \alpha/2)}$보다 크거나 $-t_{(n-2, \alpha/2)}$보다 작은 영역에 속한다. 따라서 상관계수에 대한 유의성 검정 절차는 다음과 같다.

> **상관계수에 대한 유의성 검정**
>
> 가설 설정 $H_0 : \rho = 0$, $H_1 : \rho \neq 0$
>
> 검정통계량 $t_{n-2} = \rho \sqrt{\frac{n-2}{1-\rho^2}}$
>
> 결정규칙 – 검정통계량이 임곗값 $t_{(n-2, \alpha/2)}$보다 크거나 $-t_{(n-2, \alpha/2)}$보다 작으면 $H_0$를 기각

**예 13-1** ▶

본문의 예에서 5% 유의수준을 이용하여 외국 기업의 사원 연봉과 TOEIC 성적에 대한 상관계수가 통계적으로 유의미한지 검정해 보라.

**답**

상관계수에 대한 유의성 검정을 위한 가설을 설정하면

$$H_0 : \rho = 0,\ H_1 : \rho \neq 0$$

이 되고, 표본크기 $n=20$이므로 $t$의 자유도는 $20-2=18$이 된다. 따라서 $\alpha=0.05$를 이용한 양측검정을 위한 임곗값은 $t_{(18,\ 0.025)}=2.101$ 혹은 $-t_{(18,\ 0.025)}=-2.101$이 된다.

| d.f. | $\alpha$ | | | | |
|---|---|---|---|---|---|
| | **.100** | **.050** | **.025** | **.010** | **.005** |
| 11 | 1.363 | 1.796 | 2.201 | 2.718 | 3.106 |
| 12 | 1.356 | 1.782 | 2.179 | 2.681 | 3.055 |
| 13 | 1.350 | 1.771 | 2.160 | 2.650 | 3.012 |
| 14 | 1.345 | 1.761 | 2.145 | 2.624 | 2.977 |
| 15 | 1.341 | 1.753 | 2.131 | 2.602 | 2.947 |
| 16 | 1.337 | 1.746 | 2.120 | 2.583 | 2.921 |
| 17 | 1.333 | 1.740 | 2.110 | 2.567 | 2.898 |
| 18 | 1.330 | 1.734 | 2.101 | 2.552 | 2.878 |
| 19 | 1.328 | 1.729 | 2.093 | 2.539 | 2.861 |
| 20 | 1.325 | 1.725 | 2.086 | 2.528 | 2.845 |

$\rho=0.7787$을 이용하면 검정통계량의 추정값은

$$t_{18}=0.7787 \times \sqrt{18/(1-0.7787^2)} = 5.2658$$

이 되어 $t$-검정통계량의 값이 기각 영역에 놓이기 때문에 결정규칙에 따라 귀무가설을 기각한다. 따라서 외국 기업의 사원 연봉과 TOEIC 성적은 통계적으로 유의미한 선형관계를 맺는다.

## 3. 서열자료의 상관

우리가 다룬 상관계수, 즉 피어슨 상관계수는 서열척도로 관측된 서열자료의 상관을 분석하거나 비선형 상관을 갖는 자료의 상관을 분석하기에 부적합하다. 하지만 비모수 통계량 (nonparametric statistics)을 이용하면 서열자료나 비선형 상관을 갖는 자료의 상관관계를 분석할 수 있다. 이런 비모수 통계량에는 스피어만(Spearman) 서열상관계수나 켄달의 타우 (Kendall's tau)에 의해 산출되는 서열상관계수가 있으나, 일반적으로 계산이 쉬운 스피어만 서열상관계수가 사용된다.

순위를 측정값으로 취하는 두 확률변수 $X$와 $Y$가 $i$번째로 취하는 순위 값을 각각 $x_i$와 $y_i$, 그리고 이 순위 값들의 차이 $x_i-y_i$를 $d_i$라고 하자. 그리고 각 확률변수가 동일한 순위를 취하는 경우가 발생하지 않는다면$(x_i \neq x_j,\ y_i \neq y_j : i,\ j=1,\ \cdots,\ n)$ 스피어만 서열상관계수 $\rho_s$는 다음과 같이 정의된다.

$$\rho_s = 1 - \frac{6\sum_{i=1}^{n}d_i^2}{n(n^2-1)}$$

여기서 $n$은 각 확률변수의 관측값 수이다. 만일 각 확률변수가 동일한 순위를 취하는 경우가 발생하면 동일한 순위를 갖는 관측값들의 순위평균을 구해(예컨대 세 번째와 네 번째 관측값의 순위가 동일하게 5위이면 $x_3=5$, $x_4=5$로 순위평균은 5위와 6위의 평균인 5.5가 됨) 피어슨 상관계수 계산 방법을 이용하여 서열상관계수를 구한다. 스피어만 서열상관계수는 피어슨 상관계수와 같이 $-1$에서 $+1$ 사이의 값을 갖게 되며 $|\rho_s|$가 1에 가까울수록 높은 상관관계를 나타내준다.

서열자료의 크기가 커서 $n$이 30보다 큰 경우 $\rho_s$는 평균이 0, 표준편차가 $1/\sqrt{n-1}$인 정규분포에 근접하게 된다. 따라서 $H_0 : \rho_s=0$를 설정하면 스피어만 서열상관계수에 대한 유의성 검정을 위한 검정통계량을 다음과 같이 도출할 수 있다.

$$z = \frac{\rho_s - 0}{1/\sqrt{n-1}} = \rho_s\sqrt{n-1}$$

이 검정통계량은 표준정규분포를 갖게 된다. 스피어만 서열상관계수에 대한 유의성 검정 절차는 다음과 같이 요약될 수 있다.

---

**스피어만 서열상관계수에 대한 유의성 검정**

가설 설정 $H_0 : \rho_s=0$, $H_1 : \rho_s \neq 0$

검정통계량 $z = \dfrac{\rho_s}{1/\sqrt{n-1}} = \rho_s\sqrt{n-1}$

결정규칙 – 검정통계량이 임곗값 $z_{\alpha/2}$보다 크거나 $-z_{\alpha/2}$보다 작으면 $H_0$를 기각

---

만일 서열자료의 크기가 작아서 $5 \leq n \leq 30$인 경우에는 이 검정통계량이 표준정규분포에 근접하지 않기 때문에 표준정규분포의 임곗값을 사용할 수 없으며 특별하게 계산된 임곗값을 사용해야 한다.

예 13-2 ▶

출처 : 셔터스톡

기업의 지배구조와 기업에 대한 국민의 선호도가 관계가 있는지 알아보기 위해 34개 기업에 대한 다음 서열자료를 수집하였다고 가정하자. 이 서열자료를 이용하여 스피어만 서열상관계수를 계산하고 두 변수 사이에 연관이 있는지 검정해 보라.

표 13-2 기업의 지배구조와 기업에 대한 선호도 순위

| 기업 | 지배구조 순위 | 선호도 순위 | 기업 | 지배구조 순위 | 선호도 순위 |
|---|---|---|---|---|---|
| 기업 1 | 21 | 31 | 기업 18 | 15 | 22 |
| 기업 2 | 31 | 34 | 기업 19 | 33 | 30 |
| 기업 3 | 6 | 1 | 기업 20 | 20 | 20 |
| 기업 4 | 19 | 11 | 기업 21 | 5 | 2 |
| 기업 5 | 13 | 23 | 기업 22 | 18 | 24 |
| 기업 6 | 27 | 12 | 기업 23 | 1 | 7 |
| 기업 7 | 12 | 10 | 기업 24 | 9 | 9 |
| 기업 8 | 23 | 19 | 기업 25 | 7 | 14 |
| 기업 9 | 22 | 26 | 기업 26 | 14 | 4 |
| 기업 10 | 34 | 17 | 기업 27 | 8 | 8 |
| 기업 11 | 29 | 15 | 기업 28 | 3 | 6 |
| 기업 12 | 30 | 28 | 기업 29 | 16 | 25 |
| 기업 13 | 11 | 13 | 기업 30 | 10 | 18 |
| 기업 14 | 25 | 32 | 기업 31 | 35 | 29 |
| 기업 15 | 24 | 35 | 기업 32 | 2 | 3 |
| 기업 16 | 4 | 33 | 기업 33 | 26 | 5 |
| 기업 17 | 17 | 21 | 기업 34 | 28 | 27 |

**답**

이 서열자료에는 동일한 순위를 갖는 경우가 발생하지 않기 때문에 이 두 변수에 대한 스피어만 서열상관계수 $\rho_s$는 다음과 같이 계산한다.

$$\rho_s = 1 - \frac{6\sum_{i=1}^{n} d_i^2}{n(n^2-1)} = 1 - \frac{6 \times 3000}{34(34^2-1)} = 0.5416$$

$\rho_s$ 값에 의하면 기업의 지배구조와 기업에 대한 국민의 선호도 사이에는 정의 상관관계가 존재함을 보여 준다. 표본크기가 $n=34$이므로 30보다 커서 표준정규분포를 이용하여 스피어만 서열상관계수에 대한 유의성 검정을 수행할 수 있다. 가설을 설정하면

$$H_0 : \rho_s = 0, \ H_1 : \rho_s \neq 0$$

이 되고, $\alpha = 0.05$를 이용한 양측검정을 위한 임곗값은 $z_{0.025} = 1.96$이다. 그리고 검정통계량의 추정값은 $z = 0.5416 \sqrt{33} = 3.1114$가 되어 검정통계량의 값이 임곗값보다 크기 때문에 결정규칙에 따라 귀무가설을 기각한다. 따라서 기업의 지배구조와 기업에 대한 국민의 선호도 사이에는 통계적으로 유의미한 상관관계가 존재한다고 할 수 있다.

## 제2절 회귀분석의 기본 개념

상관계수는 두 변수 사이에 어느 정도의 관계가 존재하는지 나타내 줄 수는 있으나 두 변수 간에 구체적으로 어떤 함수관계를 갖는지는 나타내 주지 못한다. 그런데 우리는 두 변수 간의 관계식을 파악하여 우리가 알고 있는 한 변수의 값으로부터 다른 변수의 값을 예측할 필요가 종종 있다. 이 같은 경우에 적용할 수 있는 통계적 분석방법이 회귀분석인 것이다.

회귀(regression)라는 용어가 영국의 유전학자인 프랜시스 골턴(Francis Galton)에 의해 1886년 처음 소개되었을 때는 평균으로 접근하려는 복귀 경향(regression to the mean)을 의미했다.[1] 그 후 회귀분석은 변수 간의 관계와 예측에 관한 가장 일반적인 통계분석 방법으로 발전해 왔다. 회귀분석의 목적은 하나 혹은 그 이상의 확률변수가 다른 확률변수에 영향을 주는지를 판단하고 영향을 준다면 어떻게 얼마만큼의 영향을 주는지를 연구하는 것이다. 서로 관계를 맺고 있는 변수들 중에 관심의 대상이 되며 다른 변수에 영향을 받는 변수를 종속변수(dependent variable) 또는 내생변수(endogenous variable)라 하고, 종속변수에 영향을 주는 변수는 독립변수(independent variable) 또는 외생변수(exogenous variable)라고 한다.

예를 들어 자동차 수요와 자동차 가격의 관계를 알아보고자 할 때, 관심의 대상은 자동차 수요량이며, 이 수요량은 자동차 가격에 의해 영향을 받게 된다. 이 경우 자동차 수요량은 종속변수이고 자동차 가격은 독립변수이다. 또한 소비 지출이 관심의 대상이며 소득수준에 영향을 받는다면 소비 지출은 종속변수, 소득수준은 독립변수가 된다. 그리고 주가가 관심의 대상이며, 기업의 순이익에 영향을 받는다면 주가는 종속변수, 기업의 순이익은 독립변수가 된다.

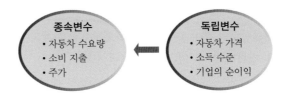

서로 관계를 맺는 변수들 중에서 관심의 대상이 되고 다른 변수에 영향을 받는 변수를 **종속변수**라고 하며, 종속변수에 영향을 주는 변수를 **독립변수**라고 한다.

회귀분석은 독립변수의 수에 따라 단순회귀분석(simple regression analysis)과 다중회귀분석(multiple regression analysis)으로 구별된다. 단순회귀분석이란 자동차 수요량에 영향을 미치는 변수로 자동차 가격만을 고려하는 경우처럼 한 종속변수와 이에 영향을 미치는 한 독립변수 사이의 관계를 분석하는 것이며, 다중회귀분석이란 자동차 수요량에 영향을 미치는 변수로 자동차 가격 외에 소득수준, 휘발유 가격, 도로 비율, 대중교통 요금 등을 고려하는 경우와

---

[1] Galton(1886)의 논문 참조.

같이 한 종속변수와 둘 이상의 독립변수 사이의 관계를 분석하는 것이다. 현실 경영 · 경제 현상은 복잡하고 다양하여 관심 대상이 되는 종속변수가 하나의 독립변수에 의해 설명되는 경우는 극히 드물다. 하지만 이 장에서 단순회귀분석을 중심으로 설명하는 이유는 단순회귀 분석의 개념이 간단하고 결과 해석도 단순하기 때문이며, 다음 장에서 다루는 일반적인 다중 회귀분석의 개념과 분석 과정을 쉽게 이해하기 위함이다.

> **단순회귀분석**이란 한 종속변수와 이에 영향을 미치는 한 독립변수 간의 관계를 분석하는 것이며, **다중회귀분석**이란 한 종속변수와 이에 영향을 미치는 둘 이상의 독립변수 간의 관계를 분석하는 것이다.

앞에서 논의한 종속변수와 독립변수 간의 관계는 함수적 의존관계(functional dependence)와 확률적 의존관계(stochastic dependence)로 나누어 볼 수 있다. 함수적 의존관계란 독립변수의 값을 알면 종속변수의 값을 정확하게 알 수 있는 관계를 의미한다. 즉 $X$를 독립변수, $Y$를 종속변수라고 하면 $X$값에 대한 $Y$값이 오직 하나만 대응되는 관계를 나타내며, 그 선형식의 예는 다음과 같다.

$$Y = f(X) = \beta_0 + \beta_1 X$$

이 선형식의 경우 그림 13-5(a)와 같이 $X$에 대응되는 $Y$의 값은 유일한 확정적 관계를 나타낸다. 만일, $\beta_0 = 10$, $\beta_1 = 2$라면 $X$값이 5일 때 $Y$값은 20으로 유일하게 결정된다. 반면에 확률적 의존관계란 독립변수의 값에 대한 종속변수의 값이 오직 하나만 대응되는 관계가 아니라, 독립변수의 값이 종속변수의 확률분포와 관계되어 독립변수의 값에 대응되는 종속변수의 값을 정확히 알 수 없는 관계이다. 이 경우 $X$값이 5일 때 $Y$값은 20만이 아니라 19, 21과 같이 다른 수와도 대응될 수 있다. 이런 확률적 관계는 그림 13-5(b)에 잘 나타나 있다.

현실 경영 · 경제 문제에서는 수학이나 고전물리학에서 다루는 함수적 의존관계가 아닌 변수 간의 확률적 의존관계를 다루게 된다. 그 이유는 다음 세 가지로 접근해 볼 수 있다.

1. 앞의 예에서처럼 자동차 수요량과 가격의 관계는 자동차 가격이 동일하다고 해도 자동차 수요량에는 차이가 존재하여 확률적 관계가 된다. 이는 소득수준의 변화, 휘발유 가격의 변화 등 자동차 수요량에 영향을 줄 수 있는 다른 변수들이 생략되었기 때문이다. 따라서 자동차 가격이 동일해도 생략된 다른 변수들의 값이 다르면 당연히 자동차 수요량도 다르게 된다. 비록 종속변수에 영향을 주는 모든 양적변수들을 독립변수로 고려할 수 있다고 해도 자동차 수요량은 다른 독립변수들과 확률적 의존관계를 이루게 된다. 앞에서 언급한 변수들이 자동차 소비량을 설명하는 데 중요하기는 하지만, 이 변수들 외에 계량화될 수 없으면서도 자동차 소비량에 영향을 주는 중요한 질적변수(예 : 소비

**그림 13-5**

종속변수와
독립변수 간의
의존관계

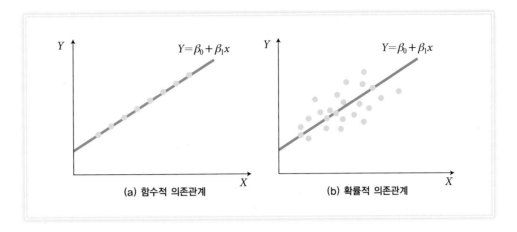

자 선호의 변화, 교통법규의 변화 등)가 존재할 수 있기 때문이다.

2. 현실 세계에서는 경제변수 간의 관계를 나타내주는 정확한 함수가 존재하지 않거나 정확한 함수를 알지 못하여 잘못된 함수를 설정(specification error)함으로써 확률적 의존관계가 발생한다. 예를 들어 자동차 수요량과 자동차 가격의 관계가 비선형관계임에도 불구하고 선형 함수를 설정하게 된다면 비선형 함수와 선형 함수의 차이가 확률적 관계로 나타나게 된다.

3. 경영 · 경제 변수들이 함수적 의존관계를 가진다고 하여도 관측값의 측정오차 발생으로 인해 확률적 의존관계로 변하게 된다. 예를 들어 측정오차가 없다면 국민총생산($GNP$)은 소비($C$), 투자($I$), 정부 지출($G$), 순 해외 부문($X-M$)에 의해 확정적으로 결정된다. 즉

$$GNP = C + I + G + (X - M)$$

이며, 이 등식은 변수들의 함수적 의존관계를 나타낸다. 그러나 현실적으로 변수들의 값을 측정하는 과정에서 여러 가지 측정오차가 발생하게 되어 $GNP$는 확률변수로 변하면서 확정적 관계가 아니라 확률적 관계가 된다.

> **함수적 의존관계**란 독립변수의 값에 대한 종속변수의 값이 오직 하나만 결정되는 관계이며, **확률적 의존관계**란 독립변수의 값에 대한 종속변수의 값이 오직 하나만 결정되는 관계가 아니라 독립변수의 값이 종속변수의 확률분포와 관계되는 것이다.

## 제3절 단순회귀모형

두 변수 $X$와 $Y$의 관계를 나타내주는 함수 형태는 회귀모형(regression model)이며, 두 변수 간의 관계가 비례적인 선형관계로 나타날 때 이를 선형모형(linear model)이라고 하고 두 변수의 관계가 비선형관계로 나타날 때 이를 비선형모형(nonlinear model)이라고 한다. 이 비선형모형

**그림 13-6**

회귀모형의
산포도

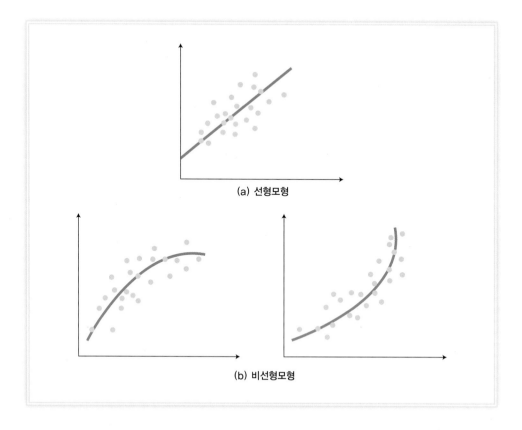

(a) 선형모형

(b) 비선형모형

은 변수에 대수(log)를 취하는 방법 등에 의한 변수의 변형에 의해 대부분 선형모형으로 전환
될 수 있다.

여기서 선형과 비선형을 구별하는 기준은 모수 혹은 변수가 될 수 있다. 모수를 기준으로
$f(X)=\beta_0+\beta_1 X^2$은 선형이 되며, $f(X)=\beta_0+\beta_1^2 X$는 비선형이 된다. 반면에 변수를 기준으로 하
면 $f(X)=\beta_0+\beta_1 X^2$은 비선형이 되며, $f(X)=\beta_0+\beta_1^2 X$는 선형이 된다. 일반적으로 선형에 대한
특별한 정의가 없으면 모수를 기준으로 선형과 비선형을 구분한다. 그 이유는 모수에 대해
선형일 때 모수에 대한 추정과 해석이 쉽기 때문이다. 두 변수의 관계가 선형인지 비선형인
지는 두 변수의 확률적 관계를 그래프로 나타내주는 산포도를 통해 쉽게 알 수 있다.

회귀분석의 중요한 목적 중 하나는 변수 간의 관계를 모형화하는 것이지만, 대부분 경영·
경제 응용문제에서 변수들의 근본적인 관계를 나타내는 정확한 함수 형태가 이론적으로 제
시되지 못하는 경우가 대부분이다. 이런 경우 가장 일반적이면서도 단순한 함수의 형태인 선
형모형을 가정하여 두 변수의 관계를 분석하게 된다. 일례로 영화 관람객 수와 영화 평점에
대한 관계를 살펴보기로 하자. 이 변수들에 대한 자료는 2015년부터 2017년까지 개봉한 영화
들을 대상으로 인터넷의 네이버 영화 사이트(movie.naver.com)에서 수집하였으며 표 13-3에
기록되어 있다. 이 자료를 이용하여 $Y$변수와 $X$변수의 확률적 관계를 효과적으로 나타내주는
산포도(그림 13-7)를 그려보면 관람객 평점이 높은(낮은) 영화일수록 관람객 수도 많아(적어)
지는 정의 선형관계가 있음을 알 수 있다.

**표 13-3 영화에 대한 관람객 수와 평점**

| 영화명 | 관람객 수(만 명)(Y변수) | 평점(10점 만점)(X변수) |
|---|---|---|
| 청년경찰 | 565 | 8.45 |
| 택시운전사 | 1219 | 9.06 |
| 박열 | 236 | 8.08 |
| 프리즌 | 293 | 7.62 |
| 공조 | 782 | 8.3 |
| 더 킹 | 532 | 8.09 |
| 마스터 | 715 | 8.11 |
| 판도라 | 458 | 8.38 |
| 럭키 | 698 | 8.47 |
| 밀정 | 750 | 8.41 |
| 터널 | 712 | 8.37 |
| 덕혜옹주 | 560 | 8.38 |
| 인천상륙작전 | 705 | 8.04 |
| 부산행 | 1157 | 8 |
| 아가씨 | 429 | 7.08 |
| 곡성 | 688 | 7.6 |
| 검사외전 | 971 | 7.95 |
| 히말라야 | 776 | 7.98 |
| 검은 사제들 | 544 | 8.31 |
| 사도 | 625 | 8.22 |
| 베테랑 | 1341 | 9.01 |
| 암살 | 1271 | 8.97 |
| 극비수사 | 286 | 8.09 |
| 스물 | 304 | 7.66 |
| 조선명탐정: 사라진 놉의 딸 | 387 | 7.67 |

출처 : 네이버 영화(movie.naver.com)

회귀분석에서 관심의 대상은 독립변수 $X$가 일정한 값을 취했을 때 종속변수 $Y$가 취하는 값이 무엇인지를 예측하는 데 있다. 현실적인 문제에서 변수들의 값 사이의 관계가 확정적으로 주어지지 않으므로 독립변수 $X$에 대한 구체적인 값을 줬을 때 단지 하나의 특정한 종속변수 $Y$의 값을 생각하는 것은 불합리하다. 더욱 현실적인 접근법은 독립변수 $X$의 가능한 값들에 대한 종속변수 $Y$의 가능한 값들의 분포를 구하여 그 기댓값을 계산하는 것이다. 통계학

그림 13-7

영화 관람객 수와
평점

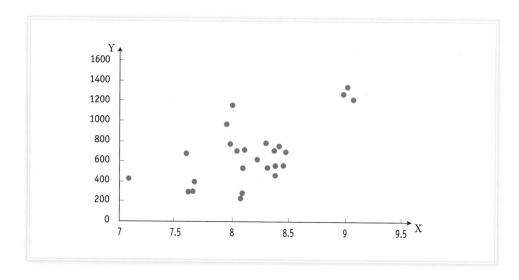

적인 용어를 빌리면 독립변수 $X$의 어떤 값이 주어질 때 종속변수 $Y$의 조건부 분포(conditional distribution)를 얻은 다음, $X$값에 대응되는 $Y$값을 구하기 위해 이 조건부 분포의 중요한 특성 중 하나인 집중화 경향을 나타내는 평균을 계산하는 것이다. 따라서 독립변수 $X$가 어떤 구체적인 값을 취할 때 이에 대응되는 종속변수 $Y$의 기댓값을 구하는 것이 합리적인 방법이 된다.

확률변수 $X$가 구체적인 값 $x_i$를 취할 때 확률변수 $Y$가 취하는 $y_i$의 기댓값은 $E(y_i \mid x_i)$로 표현된다. 앞의 예에서 처음 영화($i=1$)의 평점이 8.45일 때 영화 관람객 수의 기댓값이 얼마인지를 나타내주는 통계학적인 표현은 $E(y_1 \mid 8.45)$이다. 따라서 독립변수와 종속변수 간의 확률적 의존관계는 종속변수의 조건부 평균 $E(Y \mid X)$가 독립변수 $X$의 함수임을 나타낸다. 즉

$$E(y_i \mid x_i) = f(x_i)$$

이다. 여기서 $f(x_i)$는 독립변수의 함수를 나타내며, 이 등식을 모회귀함수(population regression function)라 한다. $f(x_i)$가 선형 함수라고 가정하면 이 조건부 기댓값은 $x_i$에 대해 선형적으로 의존할 것이다. 그러면 $E(y_i \mid x_i)$는 다음과 같이 쓸 수 있다.

$$E(y_i \mid x_i) = \beta_0 + \beta_1 x_i$$

여기서 $\beta_0$와 $\beta_1$은 고정된 모수(parameter)로서 어떤 특정한 직선을 결정하며 회귀계수 (regression coefficient)라고도 한다. $\beta_0$는 독립변수 $X$가 0을 취할 때 종속변수 $Y$의 기댓값으로 $E(y_i \mid 0) = \beta_0$이며 절편계수(intercept coefficient)라고 한다. 위의 등식에서 독립변수 $X$가 $x_i$로부터 $x_i + 1$로 1단위 증가하면

$$E(y_i \mid x_i + 1) = \beta_0 + \beta_1(x_i + 1)$$

이 되며,

$$E(y_i \mid x_i + 1) - E(y_i \mid x_i) = \beta_0 + \beta_1(x_i + 1) - (\beta_0 + \beta_1 x_i) = \beta_1$$

이다. 따라서 $\beta_1$은 직선의 기울기를 나타내며 기울기계수(slope coefficient)라고 한다. 즉 $\beta_1$은 $X$의 1단위 변화에 대한 $Y$의 기대변화량을 의미한다.

영화 관람객 수와 영화 평점의 관계를 나타내는 산포도를 보면 모든 관측값$(x_i, y_i)$이 회귀 선상에 위치하지 않았다. 이것은 실제로 종속변수 $Y$의 관측값들이 $Y$의 기댓값으로부터 얼마 간 차이가 있음을 나타낸다. 만일 이 차이를 평균값이 0인 확률변수 $\varepsilon_i$에 의해 나타내면 $\varepsilon_i$는 다음과 같다.

$$\varepsilon_i = y_i - E(y_i \mid x_i) = y_i - (\beta_0 + \beta_1 x_i)$$

다시 쓰면

$$y_i = \beta_0 + \beta_1 x_i + \varepsilon_i$$

이다. 여기서 $\varepsilon_i$는 평균값 0을 가지는 관측 불가능한 확률변수로 확률오차항(stochastic error term) 또는 확률교란항(stochastic disturbance)이라고 한다.

**그림 13-8**

**두 변수 간의 확률적 관계**

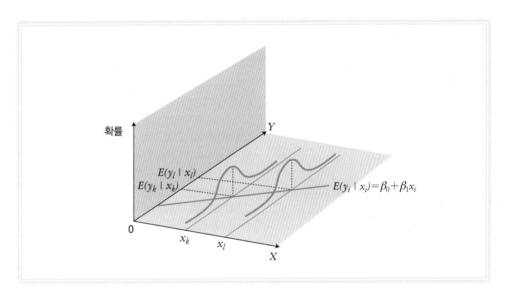

단순회귀모형을 추정하는 추정량이 바람직한 속성을 만족하기 위한 가정과 단순회귀모형 을 추론하기 위해 요구되는 가정을 단순회귀모형을 위한 기본가정(standard assumptions)이라 고 한다.

**선형회귀모형에 대한 기본 가정**

• 확률변수 $X$는 비확률적이다. 즉 $X$의 관측값 $x_i$는 상수로 오차항과는 독립적이다.

$$Cov(\varepsilon_i, x_i) = 0$$

• 오차항 $\varepsilon_i$는 평균 0을 가지는 확률변수이다.

$$E(\varepsilon_i)=0$$

- 오차항 $\varepsilon_i$는 모든 $x_i$에 대하여 동일한 분산을 갖는다.

$$Var(\varepsilon_i)=E(\varepsilon_i^2)=\sigma^2$$

이 가정을 **동분산** 또는 **균분산**(homoskedasticity) 가정이라고 한다.

- 오차항 $\varepsilon_i$는 서로 상관되어 있지 않다.

$$Cov(\varepsilon_i,\ \varepsilon_j)=E(\varepsilon_i,\ \varepsilon_j)=0\ (i\neq j)$$

이 가정을 **비자기상관**(no autocorrelation) 가정이라고 한다.

- 가설검정을 위해 오차항 $\varepsilon_i$는 정규분포를 따라야 한다.

$$\varepsilon_i \sim N(0,\ \sigma^2)$$

## 통계의 이해와 활용

### 데이터 사이언티스트의 등장과 융합적 역량

출처 : 셔터스톡

'데이터 사이언티스트(data scientist)'는 십 년 전에만 해도 존재하지 않았던 직업이었지만 미래 4차 산업혁명을 이끌 중요한 직업 중 하나로 평가받고 있으며, 미국의 직업평가 사이트인 그래스도어에서 가장 유망한 직업 최상위에 속하고 있다. 또한 이들의 평균 연봉은 약 11만 달러(약 1억 2,300만 원)에 이른다. 방대한 데이터를 수집 및 분석하여 기업이나 기관의 전략을 마련하고 미래를 예측하는 데이터 사이언티스트에게 요구되는 핵심역량은 무엇일까?

최근에 정보기술(IT)이 발전하면서 데이터가 기업의 이윤으로 연결되고 데이터 분석을 통해 얻는 정보가 가치를 창출하는 재화가 되면서 데이터 사이언티스트가 등장하였고 이에 대한 수요가 급격히 확대되고 있다. 예컨대, 데이터를 활용한 사업 전략으로 성공한 대표적인 기업으로는 넷플릭스나 아마존이 회자되고 있다. 이들 기업은 단순히 통계분석을 수행한 것이 아니라 고객의 구매 패턴과 성향을 분석한 뒤 고객의 취향을 고려한 맞춤형 추천 서비스를 제공하는 마케팅 전략을 수립하였다. 이 과정에서 수학, 통계학, 컴퓨터공학 등의 정보기술(IT) 분야와 경제학, 경영학, 심리학 등의 인문사회 분야의 융합적 지식과 분석 능력을 갖춘 데이터 사이언티스트의 역할이 필요했다. 따라서 데이터 사이언티스트에게 가장 중요한 역량은 데이터를 바라보는 융합적 사고와 통찰력일 것이다. 즉, 어떤 데이터를 접했을 때 폭넓게 의미를 해석하고 전략적 통찰력을 도출하여 미래에 대응할 수 있는 융합적 역량을 갖추는 것은 데이터 사이언티스트에게 가장 중요한 덕목 중 하나이다.

그렇다면, 데이터 사이언티스트는 과연 어떻게 양성될 수 있을까? 경영 · 경제대학에 속한 학생들은 이미 경제학, 경영학(마케팅), 수학, 통계학, 통계분석 소프트웨어(예 : ETEX) 등에 대한 다양한 지식을 기반으로 데이터 분석 능력과 함께 현실에 적합한 응용력을 함양하고 있다는 점에서 데이터 사이언티스트로서의 기본 소양을 갖추고 있다고 볼 수 있다. 그런데도 추가로 요구되는 것이 있다면 기초 경영 · 경제통계학의 범위를 넘어서는 전문화된 계량분석(회귀분석, 인과관계 분석, 시계열분석 등)과 함께 머신러닝, 컴퓨터 과학 등을 융합한 분석 능력과 경영에 필요한 전략적 통찰력을 함양하는 것이다.

데이터를 기업 경영이나 정책에 활용하기 위해서는 기본적으로 통계적 방법론이 중요하지만 통제되지 않은 복잡한 분석과 통찰력이 부족한 해석은 오히려 데이터를 통해 얻고자 하는 전략적 결론 도출을 어렵게 만들 수 있다. 결국, 데이터를 다루는 사람들이 명심해야 할 점은 통계분석 기법에만 치중하지 말고 융합적인 사고와 혜안을 기르도록 노력해야 한다는 사실이다.

# 제4절 추정 방법

회귀분석의 목적을 달성하기 위해서는 모회귀함수에 주어진 모수들을 정확하게 측정하는 것이 첫 번째 과제이다. 모수들을 추정하는 방법에는 여러 가지가 있지만, 이 절에서는 회귀분석에서 가장 보편적으로 사용되는 최소제곱법(least squares method)과 최우법(maximum likelihood method)을 소개하고자 한다. 특히 최소제곱법은 다음 장에서 다중회귀모형의 경우에 관해 이야기할 때 다시 설명할 것이다.

## 1. 최소제곱법

확률변수 $X$와 $Y$에 대한 $n$쌍의 표본관측값 $(x_1, y_1)$, $(x_2, y_2)$, $\cdots$, $(x_n, y_n)$이 주어졌다고 가정하자. 그러면 선형회귀모형의 가정하에 이 점들을 적합(fit)시킬 수 있는 많은 직선이 존재할 수 있다. 그러나 자료 분석자는 이 직선 중 모든 자료를 가장 잘 적합시키는 직선을 결정하기를 원하며, 이것은 모회귀모형에 주어진 모수 $\beta_0$와 $\beta_1$에 대한 추정값을 계산함으로써 가능하다. 이를 위해 가장 이상적인 방법은 모든 자료점들을 지나는 직선을 구하는 것이다. 즉 수직으로 측정하였을 때 모든 자료점들과 직선과의 거리의 합이 0이 되는 어떤 직선을 선택하면 된다. 그러나 확률적 관계에서 이 직선은 존재하지 않으며 제일 나은 선택은 그 합이 최소화되는 직선을 선택하는 것이다.

모수 $\beta_0$와 $\beta_1$의 가능한 추정값을 각각 $b_0$와 $b_1$으로 표시하면 추정된 직선인 표본회귀선은 다음과 같다.

$$\hat{y}_i = b_0 + b_1 x_i$$

모든 자료점들을 가장 잘 적합시키는 직선($\beta_0$와 $\beta_1$의 가장 좋은 추정값)을 구하기 위해 실제의 $y_i$값과 $b_0 + b_1 x_i$의 관계로 예측된 $\hat{y}_i$값의 차이가 모두 최소화되는 $b_0$와 $b_1$을 계산해야 한다. 실제의 $y_i$값과 예측된 $\hat{y}_i$값의 차를 잔차(residuals)라고 하며 다음과 같이 정의한다.

$$e_i = y_i - (b_0 + b_1 x_i) = y_i - b_0 - b_1 x_i$$

그러면 모든 잔차를 최소화하기 위한 최상의 방법은 잔차의 합 $\sum e_i$를 최소화하는 것처럼 보인다. 그러나 이 방법은 어이없게도 자료점들을 잘 적합시키지 못하는 직선을 구해낸다. 그 이유는 단순히 잔차의 합을 기준으로 하면 정(positive)의 값과 부(negative)의 값이 서로 상쇄되어 직선의 자료에 대한 적합도와는 관계없이 실젯값과 추정값 사이의 편차가 터무니없이 과소화됨으로써 좋은 추정값을 구하지 못하게 되기 때문이다. 이런 문제는 단순히 잔차에 절댓값을 취함으로써 개선될 수 있다. 그러나 잔차의 절댓값의 합을 최소화하는 방법은 계산과정이 매우 어려우며, 큰 잔차와 작은 잔차에 대해 동일한 가중치를 부여하는 단점을 지닌다. 이러한 문제점들을 해결할 수 있는 가장 바람직한 방법은 잔차제곱들의 합을 최소화하는 직선을 선택하는 최소제곱법(least squares method)이며, 이 방법에 의하면 잔차의 절댓값이 크면 클수록 잔차제곱값이 커지고 큰 잔차에 대하여 작은 잔차보다 더 많은 가중치를 부여하는

**그림 13-9**

잔차

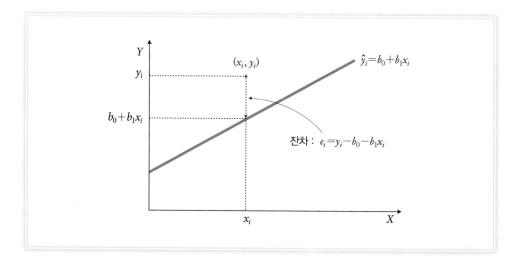

결과를 얻게 된다. 잔차제곱들의 합 $S$는 다음과 같이 정의된다.

$$S = \sum e_i^2 = \sum (y_i - \hat{y}_i)^2 = \sum (y_i - b_0 - b_1 x_i)^2$$

최소제곱추정값은 다음 조건을 만족시키는 값 $b_0$와 $b_1$이다.

$$\text{minimize} \sum (y_i - b_0 - b_1 x_i)^2$$

여기서 $b_0$와 $b_1$은 다음과 같이 구할 수 있다. 우선 $b_1$의 값을 상수로 정하고 $b_0$에 대해서 $S$를 편미분한다.

$$\frac{\partial S}{\partial b_0} = -2 \sum (y_i - b_0 - b_1 x_i)$$
$$= -2 (\sum y_i - n b_0 - b_1 \sum x_i)$$

$S$의 최솟값은 이 편미분의 결과가 0일 때 얻을 수 있으므로

$$\sum y_i - n b_0 - b_1 \sum x_i = 0$$

을 만족시키는 $b_0$를 계산한다.

$$n b_0 = \sum y_i - b_1 \sum x_i$$
$$b_0 = \overline{Y} - b_1 \overline{X}$$

여기서 $\overline{Y}$와 $\overline{X}$는 각각 $y_i$와 $x_i$값들의 평균이다. 다시 $b_1$에 대한 최소제곱추정값을 계산하기 위해 이 결과를 $S$의 식에 대체하면 다음과 같다.

$$S = \sum [(y_i - \overline{Y}) - b_1 (x_i - \overline{X})]^2$$

이 식을 $b_1$에 대해 편미분 하면 다음과 같다.

$$\frac{\partial S}{\partial b_1} = -2\sum(x_i - \overline{X})[(y_i - \overline{Y}) - b_1(x_i - \overline{X})]$$

$$= -2[\sum(x_i - \overline{X})(y_i - \overline{Y}) - b_1\sum(x_i - \overline{X})^2]$$

$S$가 $b_1$에 대해 최솟값을 갖기 위해서는 이 편미분이 0이 되어야 한다. 따라서

$$\sum(x_i - \overline{X})(y_i - \overline{Y}) = b_1\sum(x_i - \overline{X})^2$$

$$b_1 = \frac{\sum(x_i - \overline{X})(y_i - \overline{Y})}{\sum(x_i - \overline{X})^2} = \frac{\sum x_i y_i - n\overline{X}\,\overline{Y}}{\sum x_i^2 - n\overline{X}^2}$$

**예 13-3** ▶

확률변수 $X$와 $Y$에 대한 관측값이 다음과 같다.

| $Y$ | $X$ |
|-----|-----|
| 1 | 1 |
| 3 | 2 |
| 3 | 3 |

- 이 변수들의 관계를 나타내는 선형회귀모형 $y_i = \beta_0 + \beta_1 x_i + \varepsilon_i$를 추정하려고 한다. $\beta_0$와 $\beta_1$의 추정값이 $b_0 = 0$, $b_1 = 1$이라면 잔차의 제곱합 $\sum e_i^2$은 얼마인가?
- 최소제곱추정법으로 $b_0$와 $b_1$의 추정값을 구하고 잔차의 제곱합을 계산하여 앞에서 계산한 잔차의 제곱합과 비교하라.

**답**

- 각 잔차의 값은

$$e_1 = 1 - (0 + 1 \times 1) = 0$$
$$e_2 = 3 - (0 + 1 \times 2) = 1$$
$$e_3 = 3 - (0 + 1 \times 3) = 0$$

이며 잔차제곱의 합은 $\sum_{i=1}^{3} e_i^2 = 0^2 + 1^2 + 0^2 = 1$이다.

- $b_1 = \dfrac{\sum(x_i - \overline{X})(y_i - \overline{Y})}{\sum(x_i - \overline{X})^2} = \dfrac{\left(-1 \times -\frac{4}{3}\right) + \left(0 \times \frac{2}{3}\right) + \left(1 \times \frac{2}{3}\right)}{(-1)^2 + 0^2 + 1^2} = 1$

$b_1$의 값 1로 $b_0$를 구하는 공식

$$b_0 = \overline{Y} - b_1\overline{X}$$

에 대입하면

$$b_0 = \frac{7}{3} - \left(1 \times \frac{6}{3}\right) = \frac{1}{3}$$

이 된다. 즉 $\beta_0$와 $\beta_1$의 추정값은 $b_0 = \frac{1}{3}$, $b_1 = 1$이다. 이때 각 잔차의 값은

$$e_1 = 1 - \left( \frac{1}{3} + 1 \times 1 \right) = -\frac{1}{3}$$

$$e_2 = 3 - \left( \frac{1}{3} + 1 \times 2 \right) = \frac{2}{3}$$

$$e_3 = 3 - \left( \frac{1}{3} + 1 \times 3 \right) = -\frac{1}{3}$$

이며 잔차제곱의 합은

$$\sum_{i=1}^{3} e_i^2 = \left( -\frac{1}{3} \right)^2 + \left( \frac{2}{3} \right)^2 + \left( -\frac{1}{3} \right)^2 = \frac{2}{3}$$

로 $b_0 = 0$, $b_1 = 1$일 때의 잔차제곱합보다 작다.

**예 13-4** ▶

표 13-3의 영화 관람객 수와 평점에 대한 회귀식을 추정하고 그 의미를 해석해 보자.

$$y_i = \beta_0 + \beta_1 x_i + \varepsilon_i \, (i = 1, \cdots, 25)$$

**답**

$X$와 $Y$의 평균을 계산하면

$$\overline{X} = \frac{204.3}{25} = 8.172, \ \overline{Y} = \frac{17004}{25} = 680.16$$

가 되며, 이 결과와 표 13-3을 이용한 계산 결과를 최소제곱추정량 공식에 대입하여 추정값을 구하면 다음과 같다.

$$b_1 = \frac{\sum x_i y_i - n\overline{X}\,\overline{Y}}{\sum x_i^2 - n\overline{X}^2}$$

$$= \frac{141115.24 - (25 \times 8.172 \times 680.16)}{1674.5508 - 25 \times 8.172^2} = 430.7455$$

$$b_0 = \overline{Y} - b_1 \overline{X}$$

$$= 680.16 - (430.7455 \times 8.172) = -2839.8924$$

추정 결과에 따르면 절편계수 $\beta_0$의 추정값은 음이다. 이는 평점이 어느 정도 되어야 관람객 수가 증가함을 의미하나 특별한 의미를 지니지는 않는다. 반면에 기울기계수 $\beta_1$의 추정값 430.7455는 평점 증가에 대한 관람객 수 증가 정도를 나타내며, 평점이 1점 증가할 때 영화 관람객 수는 430만 7,450명 증가한다는 중요한 의미를 내포하고 있다.

## 2. 최우법

로널드 피셔
출처 : www.york.ac.uk

선형회귀모형의 계수들을 추정하는 다른 중요한 방법으로 최우법을 들 수 있다. 비선형회귀모형의 계수들을 추정하는 경우 그 중요성이 더욱 인정되는 최우법은 1920년대 초 로널드 피셔(R. Fisher)에 의해 소개되었다. 1940년대 이후 그 이론은 본격적으로 이용되기 시작하여 오늘날 최소제곱법과 함께 중요한 추정 기법이 되었다.

최소제곱법은 $\beta_0$와 $\beta_1$의 추정값만을 제공하고 오차항의 분산 $\sigma^2$의 추정값은 제공하지 않는다. 그러나 최우법은 세 모수 $\beta_0$, $\beta_1$, $\sigma^2$의 추정값을 모두 제공해 주는 장점이 있다. 최소제곱추정량이 바람직한 속성을 지니기 위해서 단순회귀모형을 위한 기본 가정 중 오차항의 분포에 대한 가정은 꼭 필요하지 않지만, 최우법을 사용하기 위해서는 오차항의 분포에 대한 기본 가정이 요구되며 일반적으로 정규분포를 가정한다.

$$\varepsilon_i \sim N(0, \sigma^2)(i=1, \cdots, n)$$

$\varepsilon_i$의 밀도함수는 정규분포 가정에 의해 다음과 같이 주어진다.

$$f(\varepsilon_i) = \frac{1}{\sqrt{2\pi\sigma^2}} exp\left[-\frac{1}{2}\left(\frac{\varepsilon_i}{\sigma}\right)^2\right]$$

$$= \frac{1}{\sqrt{2\pi\sigma^2}} exp\left[-\frac{1}{2}\left(\frac{y_i-\beta_0-\beta_1 x_i}{\sigma}\right)^2\right]$$

오차항 $\varepsilon_i$의 독립적 가정 $E(\varepsilon_i, \varepsilon_j)=0$ $(i \neq j)$에 의해 오차항들이 동시에 발생할 확률은 전체 표본에 대한 오차항의 확률밀도함수들의 곱과 같으며, 이를 우도함수(likelihood function)라 표현하고 다음과 같이 정의한다.

$$L = \prod_{i=1}^{n} f(\varepsilon_i) = \frac{1}{(2\pi\sigma^2)^{\frac{n}{2}}} exp\left[-\frac{1}{2\sigma^2}\sum(y_i-\beta_0-\beta_1 x_i)^2\right]$$

최우법은 이 우도함수를 극대화하는 모수 $\beta_0$, $\beta_1$, $\sigma^2$의 추정값을 구하는 방법이다. 따라서 최우추정값은 다음의 극대화 문제를 해결하는 값으로부터 얻어진다.

$$\underset{\beta_0, \beta_1, \sigma}{\text{maximize}} \ L(\beta_0, \beta_1, \sigma)$$

대수(log)함수는 단조증가함수이므로 $\ln L$을 극대화하는 모수 값과 $L$을 극대화하는 모수 값은 서로 같으므로 쉬운 계산을 위해 우도함수에 대수를 취하여 위의 극대화 문제를 해결할 수 있다. $L$에 대수를 취하면,

$$\ln L = -\frac{n}{2}\ln 2\pi - n\ln\sigma - \frac{1}{2\sigma^2}\sum(y_i - \beta_0 - \beta_1 x_i)^2$$

여기서 $(n/2)\ln 2\pi$와 $n\ln\sigma$는 상수이고 $-1/2\sigma^2$은 부(-)의 값이므로 $\ln L$을 극대화하는 해를 구하는 것은 다음 극소화 문제의 해를 구하는 것과 같다.

$$\underset{\beta_0,\ \beta_1}{\text{minimize}}\ \sum(y_i - \beta_0 - \beta_1 x_i)^2$$

따라서 $\varepsilon_i$가 정규분포한다고 가정하면 최우추정량은 최소제곱추정량과 같다. 그러나 최우법은 $\beta_0$와 $\beta_1$의 추정값 외에 $\sigma^2$의 추정값을 추가로 제공한다. 즉 함수 $\ln L$에 위에서 추정한 $b_0$와 $b_1$으로 $\beta_0$와 $\beta_1$을 대체하고 $\sigma$에 대해 편미분 하면

$$\frac{\partial \ln L}{\partial \sigma} = -\frac{n}{\sigma} + \sigma^{-3}\sum e_i^2$$

이 된다. 극값을 위한 필요조건으로 위의 편미분 등식을 0으로 놓고 계산하면 오차항의 분산 추정값은

$$\hat{\sigma}^2 = \frac{1}{n}\sum e_i^2$$

이 되어 $\sigma^2$의 최우추정값은 잔차제곱의 합을 표본크기로 나누어 준 값이 된다.

## 제5절 최소제곱추정량의 속성과 가우스-마르코프 정리

모수 $\theta$를 추정하기 위한 추정량을 선택하는 기준으로 추정량 $\hat{\theta}$의 몇 가지 바람직한 속성들이 고려된다는 사실을 앞의 제8장에서 알아보았다. 이런 바람직한 속성의 함축적 표현은 $\hat{\theta}$의 값들이 가능하면 모수 $\theta$에 밀집하도록 하는 추정량을 택하는 것이었다. 예를 들면 $b$가 바람직한 추정량이 되기 위해서는 $b$의 표본분포들이 가능하면 모수 $\beta$에 밀집되어야 한다. 최소제곱추정량의 경우 표본분포들이 모수에 집중되어 이런 바람직한 속성을 만족하는지 살펴보도록 하자.

우선 첫 번째 기준으로 다음과 같이 정의되는 표본분포의 평균값을 고려하자.

$$E(\hat{\theta}) = \int \hat{\theta} f(\hat{\theta}) d\hat{\theta}$$

이때 기댓값과 모수 $\beta$의 차이인 편의(bias) $= E(\hat{\theta}) - \theta$가 0인 추정량이 불편추정량이 되는데, 최소제곱추정량 $b_0$와 $b_1$이 불편추정량인지 살펴보자. 최소제곱추정량 $b_1$은 다음과 같이 표현될 수 있다.

$$b_1 = \sum c_i \tilde{y}_i$$

여기서 $c_i = \dfrac{\tilde{x}_i}{\sum \tilde{x}_i^2}$, $\tilde{x}_i = x_i - \overline{X}$ 그리고 $\tilde{y}_i = y_i - \overline{Y}$이다.

$\tilde{y}_i = \beta_1 \tilde{x}_i + \varepsilon_i$ 그리고 $\sum c_i \tilde{x}_i = 1$ 이므로

$$b_1 = \sum c_i(\beta_1 \tilde{x}_i + \varepsilon_i) = \beta_1 + \sum c_i \varepsilon_i$$

이 등식의 양변에 기댓값을 취하면, 선형회귀모형에 대한 기본 가정 $E(\varepsilon_i) = 0$ 으로부터

$$E(b_1) = \beta_1$$

이 된다. 또한

$$
\begin{aligned}
b_0 &= \overline{Y} - b_1 \overline{X} \\
&= \beta_0 + \beta_1 \overline{X} + \overline{\varepsilon} - b_1 \overline{X} \\
&= \beta_0 + (b_1 - \beta_1)\overline{X} + \overline{\varepsilon}
\end{aligned}
$$

이 등식의 양변에 기댓값을 취하면 $E(b_1) = \beta_1$, $E(\overline{\varepsilon}) = 0$ 이므로

$$E(b_0) = \beta_0$$

이다. 결국, 최소제곱추정량 $b_0$ 와 $b_1$ 은 모두 불편추정량임을 알 수 있다.

표본분포의 특성을 나타내는 분산도 바람직한 추정량을 선택하기 위해 중요한 기준이 된다.

$$Var(\hat{\theta}) = \int [\hat{\theta} - E(\hat{\theta})]^2 f(\hat{\theta}) d\hat{\theta}$$

표본분포의 분산이 작아질수록 추정량의 정확성이 증가하며, 이를 효율적 추정량이라고 한다. 특히 모든 불편추정량 중 그 분산이 가장 작은 불편추정량을 최우수 불편추정량(best unbiased estimator)이라고 한다.

최소제곱추정량 $b_1$ 의 분산은 다음과 같이 구할 수 있다.

$$Var(b_1) = E[(b_1 - \beta_1)^2] = E[(\sum c_i \varepsilon_i)^2]$$

여기서 $(\sum c_i \varepsilon_i)^2 = \sum c_i^2 \varepsilon_i^2 + 2 \sum_{i<j} c_i c_j \varepsilon_i \varepsilon_j$, 그런데 $E(\varepsilon_i^2) = \sigma^2$ 이고 $E(\varepsilon_i \varepsilon_j) = 0$ 이므로 $(\sum c_i \varepsilon_i)^2$ 에 기댓값을 취한 $b_1$ 의 분산은

$$Var(b_1) = \sigma^2 \sum c_i^2 = \frac{\sigma^2}{\sum \tilde{x}_i^2}$$

이다. 또한 최소제곱추정량 $b_0$ 의 분산은

$$
\begin{aligned}
Var(b_0) &= E[(b_0 - \beta_0)^2] \\
&= \overline{X}^2 E[(b_1 - \beta_1)^2] + E(\overline{\varepsilon}^2) - 2\overline{X} E[(b_1 - \beta_1)\overline{\varepsilon}]
\end{aligned}
$$

이 된다. $E[(b_1 - \beta_1)^2] = \dfrac{\sigma^2}{\sum \tilde{x}_i^2}$, $E(\overline{\varepsilon_i^2}) = \dfrac{\sigma^2}{n}$ 이므로 결과적으로 $b_0$ 의 분산은

$$Var(b_0) = \overline{X}^2 \frac{\sigma^2}{\sum \tilde{x}_i^2} + \frac{\sigma^2}{n} = \sigma^2 \left[ \frac{1}{n} + \frac{\overline{X}^2}{\sum \tilde{x}_i^2} \right]$$

이 된다. 어떤 추정량이 바람직하기 위해서는 편의와 분산이 같이 작아야 하는데, 이를 **평균제곱오차**(MSE)로 측정할 수 있으며 평균제곱오차는 다음과 같이 정의된다.

$$MSE(\theta) = E[(\theta - \hat{\theta})^2] = \int (\theta - \hat{\theta})^2 f(\hat{\theta}) d\hat{\theta}$$
$$= E[[(\hat{\theta} - E(\hat{\theta})) + (E(\hat{\theta}) - \theta)]^2]$$

여기서 교차곱 항은 0이 되므로

$$MSE(\hat{\theta}) = Var(\hat{\theta}) + bias(\hat{\theta})^2$$

따라서 MSE는 추정값들이 모수 $\theta$ 주변에 산포한 정도를 측정해 주며, MSE값이 작을수록 추정값들이 모수 주변에 밀집해 있음을 의미한다. 선형회귀의 기본 가정들이 충족되면 최소제곱추정량은 가장 작은 MSE값을 가지게 된다. 그 이유는 최소제곱추정량이 불편추정량이며 가장 효율적인 추정량이기 때문이다. 이렇게 선형불편추정량 $\hat{\theta}$이 모든 선형불편추정량 중 가장 작은 분산을 가지면 $\hat{\theta}$은 $\theta$에 대한 **최우수 선형불편추정량**(best linear unbiased estimator, BLUE)이라고 한다. 따라서 최소제곱추정량 $b_0$와 $b_1$은 BLUE이다.

> **가우스-마르코프 정리**
> 단순회귀모형의 기본 가정들이 충족되는 경우 최소제곱추정량은 선형불편추정량들 중 가장 작은 분산을 가진다.

**그림 13-10**

최소제곱
추정량의
특성

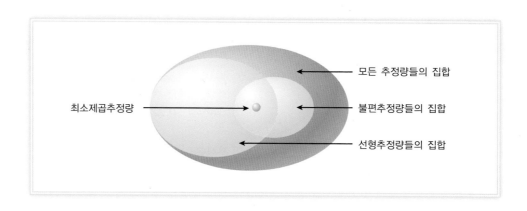

# 제6절 회귀모형의 형태

이 절에서는 모수를 기준으로 선형이거나 선형변환이 가능한 보편적인 회귀모형을 살펴보고 그 특성을 알아보자.

## 1. 양변대수(대수선형)모형

비선형회귀모형 $y_i = \beta_0 x_i^{\beta_1} \exp(\varepsilon_i)$의 양변에 자연대수를 취하면 다음 등식과 같이 된다.

$$\ln y_i = \ln \beta_0 + \beta_1 \ln x_i + \varepsilon_i$$

여기서 $\ln \beta_0$를 $\alpha$로 표현하면

$$\ln y_i = \alpha + \beta_1 \ln x_i + \varepsilon_i$$

가 되며 $\ln y_i = Y_i^*$, $\ln x_i = X_i^*$ 다시 표현하면 선형모형으로 변형되어

$$Y_i^* = \alpha + \beta_1 X_i^* + \varepsilon_i$$

가 된다. 이 모형은 양변에 대수를 취하였으므로 양변대수모형(double-log model) 또는 $\alpha$ 및 $\beta_1$에 관해 선형이므로 대수선형모형(log-linear model)이라고 한다. 선형회귀모형의 기본 가정들이 충족된다면 $\alpha$와 $\beta_1$은 최소제곱추정량 $a$와 $b_1$에 의해 추정될 수 있으며, $a$와 $b_1$은 각각 최우수 불편추정량이다. 절편계수 $\beta_1$은 $x$에 대한 $y$의 탄력성, 즉 $x$의 변화율에 대한 $y$의 변화율을 측정하게 된다. 한 예로 $y$가 상품 수요량을, $x$가 그 상품의 단위가격을 나타내면 $\beta_1$은 수요의 가격탄력성을 나타내게 된다.

## 2. 반대수모형

다음과 같은 형태의 모형을 고려하자.

$$\ln y_i = \alpha_0 + \alpha_1 x_i + \varepsilon_i \ \text{또는}\ y_i = \beta_0 + \beta_1 \ln x_i + \varepsilon_i$$

이 모형들은 $y$ 혹은 $x$만이 대수 형태로 표현되기 때문에 반대수모형(semilog models)이라고 한다. 기울기계수 $\alpha_1$은 $x$의 절대적 변화에 대한 $y$의 상대적 변화비율을 나타내고 있다.

$$\alpha_1 = \frac{y\text{의 상대적 변화}}{x\text{의 절대적 변화}}$$

이런 모형을 성장모형이라고 하며 고용, 소비자 물가, 노동 생산성 등과 같은 추세변수들이 시간의 경과에 따라 어떻게 증가하는가를 측정하는 데 사용된다. 반면에 $\beta_1$은 $x$의 상대적 변화에 대한 $y$의 절대적 변화비율을 나타낸다.

$$\beta_1 = \frac{y\text{의 절대적 변화}}{x\text{의 상대적 변화}}$$

### 3. 역변환모형

$$y_i = \beta_0 + \beta_1 \times \frac{1}{x_i} + \varepsilon_i$$

이런 모형을 **역변환모형**(reciprocal transformation models)이라고 하며, $x$가 증가함에 따라 $y$는 비선형적으로 감소한다. 한 가지 예로 기업의 제품 생산에 있어 평균고정비용(average fixed cost)을 연구하기 위해 이용될 수 있다.

# 제7절 단순회귀모형의 적합성과 분산분석

### 1. 적합도 평가

앞에서 단순회귀모형이란 종속변수 Y와 독립변수 X의 관계를 나타내는 하나의 시도로 보았으며, 단순회귀선을 구하는 최적의 방법이 최소제곱법임을 설명하였다. 그런데 이렇게 구한 표본회귀선이 관찰된 표본자료를 언제나 동일하게 적합해 주는 것은 아니다. 그림 13-11을 보면 추정된 표본회귀선이 관찰된 표본자료를 서로 다르게 적합하고 있음을 알 수 있다. 자료 I의 경우 추정된 표본회귀선 주위에 자료가 밀집되어 있으므로 자료를 잘 적합하고 있으나, 자료 II의 경우 추정된 선형회귀선 주변으로 자료가 퍼져 있어 자료를 잘 적합하지 못하고 있음을 보여 준다. 즉 두 변수가 선형관계를 명확히 맺는 표본자료일수록 추정된 표본회귀선에 의해 잘 적합되고 있다.

**그림 13-11**

적합 정도가 다른 두 표본회귀선

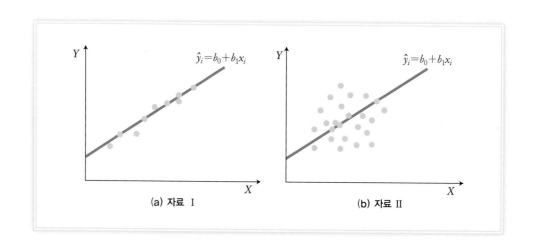

(a) 자료 Ⅰ

(b) 자료 Ⅱ

회귀분석 과정에서 표본회귀선이 표본자료를 얼마나 잘 적합하는지 살펴볼 필요가 있으며, 그 정도를 평가하는 방법으로 적합도(goodness of fit)를 고려할 수 있다. 표본회귀선의 적합도를 측정하기 위해서는 종속변수가 표본회귀선에 의해 설명되는 변동의 비율이 중요한 문제가 된다. 추정된 회귀모형은 다음과 같이 쓸 수 있다.

$$y_i = b_0 + b_1 x_i + e_i \text{ 또는 } y_i = \hat{y}_i + e_i$$

여기서 $\hat{y}_i$는 표본회귀선에 의해 추정되는 종속변수의 값이고, $e_i$는 관측값과 예측값의 차이로 표본에서 종속변수의 행태 중 표본회귀선에 의해 설명 불가능한 부분을 나타낸다. 종속변수의 표본변동은 종속변수 관측값과 종속변수 평균의 편차로 측정될 수 있다. 따라서 종속변수의 표본변동 정도를 측정하기 위하여 위의 등식을 다음과 같이 변형시킬 수 있다.

$$(y_i - \overline{Y}) = (\hat{y}_i - \overline{Y}) + e_i$$

$$\begin{array}{ccc} \text{종속변수의 평균으로부터} & & \text{종속변수의 평균으로부터} \\ \text{관측된 편차} & = & \text{예측된 편차} & + \text{잔차} \end{array}$$

그리고 이 등식의 양변을 제곱하여 각 표본에 대하여 합하면

$$\sum (y_i - \overline{Y})^2 = \sum (\hat{y}_i - \overline{Y})^2 + \sum e_i^2$$

이 되는데, 여기서 $\sum (\hat{y}_i - \overline{Y}) e_i = 0$이기 때문이다. 이 식에서 $\sum (y_i - \overline{Y})^2$은 총 제곱합(total sum of squares, $SST$), $\sum (\hat{y}_i - \overline{Y})^2$은 회귀제곱합(regression sum of squares, $SSR$), $\sum e_i^2$은 잔차제곱합(error sum of squares, $SSE$)이다.

$$\sum (y_i - \overline{Y})^2 = \sum (\hat{y}_i - \overline{Y})^2 + \sum e_i^2$$

총 표본변동 = 설명된 변동 + 설명 안 된 변동
혹은 총 제곱합($SST$) = 회귀제곱합($SSR$) + 잔차제곱합($SSE$)

**그림 13-12**

총 표본변동 = 설명된 변동 + 설명 안 된 변동

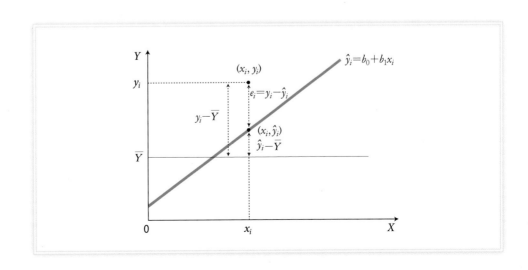

표본변동의 많은 부분이 설명될수록 표본회귀선의 적합도는 더욱 커짐을 의미한다. 따라서 적합도 혹은 설명력은 종속변수의 총 변동에 대해 회귀모형에 의해서 설명되는 부분의 비율로 나타낼 수 있다. 이것을 결정계수(coefficient of determination) $R^2$이라 하고 다음과 같이 정의한다.

$$R^2 = \frac{SSR}{SST} = 1 - \frac{SSE}{SST}$$

**그림 13-13**

결정계수와 적합도

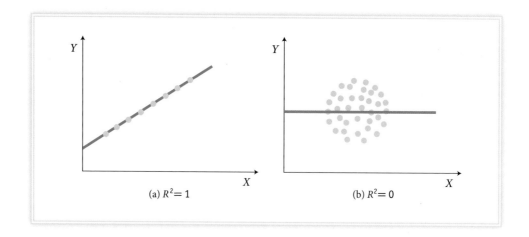

(a) $R^2 = 1$    (b) $R^2 = 0$

---

**결정계수의 특성**

1. $R^2$은 부(−)의 값을 갖지 않는다.
2. $0 \leq R^2 \leq 1$이며 높은 $R^2$값은 표본회귀모형의 적합도 혹은 설명력이 크다는 것을 의미한다. 따라서 $R^2 = 1$은 종속변수와 설명변수 간에 완벽한 선형관계가 존재하여 표본회귀선이 표본자료를 잘 적합하고 있음을, $R^2 = 0$은 종속변수와 설명변수 간에 선형관계가 없어 표본회귀선이 표본자료를 전혀 적합하지 못함을 나타낸다.

**예 13-5 ▶**

표 13-3의 자료를 이용하여 영화 평점에 대한 영화 관람객 수 모형의 결정계수를 계산하라.

**답**

$$R^2 = SSR/SST = \sum(\hat{y}_i - \overline{Y})^2 / \sum(y_i - \overline{Y})^2 = 2329415/2329415 = 0.3992$$

혹은

$$R^2 = 1 - SSE/SST = 1 - \sum e_i^2 / \sum(y_i - \overline{Y})^2 = 1 - 1399628/2329415 = 1 - 0.6008 = 0.3992$$

추정된 결정계수 $R^2$의 값이 크지 않지만, 횡단면자료를 사용하고 있음을 참작한다면 이 표본회귀식은 표본자료를 어느 정도 적합하고 있음을 알 수 있다.

## 2. 단순회귀모형의 분산분석

분산분석은 회귀모형을 분석하기 위해 매우 유용하게 활용될 수 있다. 제곱의 합 $SST$, $SSR$, $SSE$는 각각 고유의 자유도를 가지고 있으며, $SST$는 $n-1$의 자유도를 가짐을 제11장에서 설명하였다. 그런데 단순회귀모형에서 $SSE$의 자유도는 $SSE$를 구성하는 $n$개의 $e_i$ 중에서 2개의 모수 $\beta_0$, $\beta_1$을 추정해야 하므로 $n$에서 2를 뺀 $n-2$가 되고, $SSR$의 자유도는 단순회귀함수의 두 모수 중 하나가 제약조건을 가지므로 2에서 1을 뺀 1이 된다. 따라서 단순회귀모형에서 각 제곱합의 자유도는 다음과 같다.

$$SST의\ 자유도 = n-1$$
$$SSR의\ 자유도 = 1$$
$$SSE의\ 자유도 = n-2$$

**자유도 분해**

$$SST의\ 자유도 \quad = \quad SSR의\ 자유도 \quad + \quad SSE의\ 자유도$$
$$n-1 \quad = \quad 1 \quad + \quad (n-2)$$

표 13-4  $y_i$의 예측값과 변동

| $y_i$ | $\hat{y}_i$ | $(y_i - \overline{Y})^2$ | $(\hat{y}_i - \overline{Y})^2$ | $e_i^2 = (y_i - \hat{y}_i)^2$ |
|---|---|---|---|---|
| 565 | 799.9073 | 13262 | 14339.4056 | 55181.4196 |
| 1219 | 1062.6620 | 290349 | 146307.8035 | 24441.5607 |
| 236 | 640.5314 | 197278 | 1570.4250 | 163645.6627 |
| 293 | 442.3885 | 149893 | 56535.3017 | 22316.9142 |
| 782 | 735.2954 | 10371 | 3039.9154 | 2181.3171 |
| 532 | 644.8389 | 21951 | 1247.5825 | 12732.6098 |
| 715 | 653.4538 | 1214 | 713.2223 | 3787.9375 |
| 458 | 769.7551 | 49355 | 8027.2766 | 97191.2238 |
| 698 | 808.5222 | 318 | 16476.8462 | 12215.1496 |
| 750 | 782.6774 | 4878 | 10509.8247 | 1067.8148 |
| 712 | 765.4476 | 1014 | 7273.9773 | 2856.6475 |

**표 13-4** $y_i$의 예측값과 변동(계속)

| $y_i$ | $\hat{y}_i$ | $(y_i - \overline{Y})^2$ | $(\hat{y}_i - \overline{Y})^2$ | $e_i^2 = (y_i - \hat{y}_i)^2$ |
|---|---|---|---|---|
| 560 | 769.7551 | 14438 | 8027.2766 | 43997.1895 |
| 705 | 623.3016 | 617 | 3232.8788 | 6674.6302 |
| 1157 | 606.0718 | 227376 | 5489.0660 | 303521.9159 |
| 429 | 209.7859 | 63081 | 221251.8116 | 48054.8299 |
| 688 | 433.7736 | 61 | 60706.2794 | 64631.0844 |
| 971 | 584.5345 | 84588 | 9144.2377 | 149355.5886 |
| 776 | 597.4569 | 9185 | 6839.8097 | 31877.6535 |
| 544 | 739.6029 | 18540 | 3533.4564 | 38260.4879 |
| 625 | 700.8358 | 3043 | 427.4881 | 5751.0664 |
| 1341 | 1041.1248 | 436710 | 130295.5537 | 89925.1631 |
| 1271 | 1023.8949 | 349092 | 118153.7041 | 61060.9142 |
| 286 | 644.8389 | 155362 | 1247.5825 | 128765.3321 |
| 304 | 459.6183 | 141496 | 48638.6465 | 24217.0518 |
| 387 | 463.9257 | 85943 | 46757.2535 | 5917.5701 |
| $\sum y_i = 17004$ | $\sum \hat{y}_i = 17004$ | $\sum(y_i - \overline{Y})^2 = 2329415$ | $\sum(\hat{y}_i - \overline{Y})^2 = 929756$ | $\sum e_i^2 = 1399628$ |

각 제곱합을 자유도로 나누어 준 평균제곱인 회귀평균제곱(mean square regression, $MSR$)과 오차평균제곱(mean square error, $MSE$)은 단순회귀모형의 경우

$$MSR = SSR/1$$
$$MSE = SSE/(n-2)$$

가 된다. 제11장에서 분산분석이 쉽도록 분산분석표를 만들었던 것처럼 단순회귀모형에 대해서도 다음과 같은 분산분석표를 만들 수 있다.

**표 13-5** 단순회귀모형을 위한 분산분석표

| 변동요인 | 제곱합 | 자유도 | 평균제곱 | $F$비 |
|---|---|---|---|---|
| 회귀 | $SSR = \sum(\hat{y}_i - \overline{Y})^2$ | 1 | $MSR = SSR/1$ | MSR/MSE |
| 잔차 | $SSE = \sum(y_i - \hat{y}_i)^2$ | $n-2$ | $MSE = SSE/(n-2)$ | |
| 합계 | $SST = \sum(y_i - \overline{Y})^2$ | $n-1$ | | |

**예 13-6** ▶

표 13-3의 자료를 이용하여 영화 평점에 대한 영화 관람객 수 회귀분석의 분산분석표를 만들어라.

**답**

표 13-6 **분산분석표**

| 변동요인 | 제곱합 | 자유도 | 평균제곱 | $F$비 |
|---------|--------|--------|----------|-------|
| 회귀 | 929756.6153 | 1 | 929786.6253 | 15.2791 |
| 잔차 | 1399628.7350 | 23 | 60853.4232 | |
| 합계 | 2329415.36 | 24 | | |

# 제8절 단순회귀분석의 검정과 신뢰구간 추정

앞에서 단순회귀분석과 관련된 기본 개념들을 살펴보았다. 이 절에서는 단순회귀분석의 통계적 추론에 관해 설명하고자 한다.

## 1. 모수에 대한 유의성 검정

### 1) 절편계수에 대한 유의성 검정

모수인 절편계수 $\beta_0$와 기울기계수 $\beta_1$은 단순회귀분석에서 흔히 중요한 관심의 대상이 된다. 우선 절편계수와 관련된 예를 들어보면, 종속변수가 생산비용이고 독립변수가 생산량인 단순회귀모형에서 절편계수 $\beta_0$는 생산량과 관계없이 요구되는 고정비용을 의미한다. 또한 소비함수의 경우에 절편계수 $\beta_0$는 소득이 없어도 소비하는 기초 소비에 해당한다. 이처럼 절편계수가 때로는 어떤 의미가 있을 수 있으므로 회귀분석에서 절편계수에 대한 유의성(significance) 검정이 요구된다.

절편계수 $\beta_0$에 대한 유의성 검정을 위해 $\beta_0$가 유의성이 없어 0이라는 귀무가설과 $\beta_0$가 유의성이 있어 0이 아니라는 대립가설을 설정할 수 있다. 즉

$$H_0 : \beta_0 = 0, \ H_1 : \beta_0 \neq 0$$

절편계수 $\beta_0$에 대한 유의성 검정을 위해서는 $t$-검정을 적용하게 되는데, 우선 표본회귀계수 $b_0$의 표본분포를 알아야 한다.

---

**$b_0$의 표본분포**

- $b_0$의 표본분포는 정규분포한다.
- $E(b_0) = \beta_0$
- $\sigma_{b_0}^2 = \sigma^2 \left[ \dfrac{1}{n} + \dfrac{\overline{X}^2}{\sum \tilde{x}_i^2} \right]$
- $S_{b_0}^2 = S_e^2 \left[ \dfrac{1}{n} + \dfrac{\overline{X}^2}{\sum \tilde{x}_i^2} \right]$

여기서 $S_e^2$은 잔차 $e_i$의 분산이며 $MSE$와 같다.

---

$b_0$의 기댓값과 분산은 앞에서 이미 살펴보았으나 $\sigma_{b_0}^2$을 구하기 위해서는 오차항 $\varepsilon_i$의 분산 $\sigma^2$을 알아야 한다. 그러나 모회귀모형 대신 표본회귀모형을 사용하기 때문에 $\sigma^2$을 잔차 $e_i$의 분산 $S_e^2$에 의해 추정하여야 하며, $S_e^2$은 앞에서 다룬 $MSE$와 같다.

$$S_e^2 = MSE = \frac{SSE}{n-2} = \frac{\sum e_i^2}{n-2}$$

$\sigma^2$ 대신 $S_e^2$을 사용하여 추정한 $b_0$의 추정분산 $S_{b_0}^2$에 제곱근을 취한 $S_{b_0}$를 $b_0$의 표준오차 (standard error)라고 하며, $\beta_0 = 0$에 대한 가설검정을 하기 위한 $t$-검정통계량은 다음과 같이 구할 수 있다.

$$t_{n-2} = \frac{b_0 - 0}{S_{b_0}} = \frac{b_0}{S_{b_0}}$$

따라서 $\beta_0$에 대한 유의성 검정 절차는 다음과 같다.

---

**$\beta_0$에 대한 유의성 검정($t$-검정)**

가설 설정 $H_0 : \beta_0 = 0$, $H_1 : \beta_0 \neq 0$

검정통계량 $t_{n-2} = \dfrac{b_0}{S_{b_0}}$

결정규칙 – 검정통계량이 임곗값 $t_{(n-2,\ \alpha/2)}$보다 크거나 $-t_{(n-2,\ \alpha/2)}$보다 작으면 $H_0$를 기각

---

예 13-7 ▶

영화 평점에 대한 영화 관람객 수의 단순회귀모형에서 절편계수 $\beta_0$에 대한 유의성 검정을 5% 유의수준에서 행하라.

## 답

$\beta_0$에 대한 유의성 검정을 위한 가설을 설정하면

$$H_0 : \beta_0 = 0, \ H_1 : \beta_0 \neq 0$$

이 되고, 표본크기 $n = 25$이므로 $t$의 자유도는 $25 - 2 = 23$이 된다. $t$-분포표에 의하면 $\alpha = 0.05$를 이용한 양측검정을 위한 임곗값은 $t_{(25,\,0.025)} = 2.069$ 혹은 $-t_{(25,\,0.025)} = -2.069$가 된다.

| 자유도 d. f. | $\alpha$ | | | | |
|---|---|---|---|---|---|
| | .100 | .050 | .025 | .010 | .005 |
| 21 | 1.323 | 1.721 | 2.080 | 2.518 | 2.831 |
| 22 | 1.321 | 1.717 | 2.074 | 2.508 | 2.819 |
| 23 | 1.319 | 1.714 | 2.069 | 2.500 | 2.807 |
| 24 | 1.318 | 1.711 | 2.064 | 2.492 | 2.797 |
| 25 | 1.316 | 1.708 | 2.060 | 2.485 | 2.787 |
| 26 | 1.315 | 1.706 | 2.056 | 2.479 | 2.779 |
| 27 | 1.314 | 1.703 | 2.052 | 2.473 | 2.771 |
| 28 | 1.313 | 1.701 | 2.048 | 2.467 | 2.763 |
| 29 | 1.311 | 1.699 | 2.045 | 2.462 | 2.756 |
| 30 | 1.310 | 1.697 | 2.042 | 2.457 | 2.750 |

앞에서 $MSE = 60853.4232$이었으므로 $\overline{X}^2 = 8.172^2$, $\sum \bar{x}_i^2 = 5.0112$를 구하여 $b_0$의 표준오차를 계산하면

$$S_{b_0} = \sqrt{60853.4232 \times \left( \frac{1}{25} + \frac{8.172^2}{5.1092} \right)} = 901.8842$$

이다. 따라서 검정통계량의 값은

$$t_{23} = -2839.8924/901.8842 = -3.1488$$

가 되어 $t$-검정통계량의 값이 기각 영역에 놓이기 때문에 결정규칙에 따라 귀무가설은 기각된다. 즉 절편계수는 통계적으로 유의성이 있다.

### 2) 기울기계수에 대한 유의성 검정

회귀분석에서는 절편계수보다 기울기계수의 의미가 더욱 강조된다. 기울기계수는 독립변수에 따라 종속변수가 어떻게 변화하는지를 알려 줄 뿐 아니라, 종속변수와 독립변수 간에 선형회귀 관계가 성립되는지도 기울기계수에 대한 유의성 검정으로 판단할 수 있기 때문이다. 즉 $\beta_1$이 유의성을 가진다면 종속변수와 독립변수 간에 선형회귀 관계가 존재한다고 볼 수 있을 것이다. 예를 들어 한 맥주회사의 영업사원이 맥주 판매량과 광고횟수의 관계를 알고 싶

어 한다면 맥주 판매량을 종속변수, 광고횟수를 독립변수로 설정한 단순회귀모형의 기울기 계수 $\beta_1$에 대한 유의성 검정을 통해 알 수 있다. 기울기계수 $\beta_1$에 대한 유의성 검정을 위한 가설설정은 다음과 같다.

$$H_0 : \beta_1 = 0, \ H_1 : \beta_1 \neq 0$$

$\beta_1$에 대한 유의성 검정을 위해서는 표본회귀계수 $b_1$의 표본분포를 알아야 한다.

---

**$b_1$의 표본분포**

- $b_1$의 표본분포는 정규분포한다.
- $E(b_1) = \beta_1$
- $\sigma_{b_1}^2 = \sigma^2 / \sum \tilde{x}_i^2$
- $S_{b_1}^2 = S_e^2 / \sum \tilde{x}_i^2$

---

귀무가설 $\beta_1 = 0$에 대한 검정통계량은 절편계수에 대한 검정통계량과 같이 다음의 $t$-검정 통계량이 된다.

$$t_{n-2} = \frac{b_1 - 0}{S_{b_1}} = \frac{b_1}{S_{b_1}}$$

물론 $b_1$의 표준오차 $S_{b_1}$은 오차항의 분산 $\sigma^2$ 대신 잔차의 분산 $S_e^2$을 사용하여 추정한 $b_1$의 추정분산 $S_{b_1}^2$의 제곱근으로부터 구해지며, $\beta_1$에 대한 유의성 검정 절차는 다음과 같다.

---

**$\beta_1$에 대한 유의성 검정($t$-검정)**

가설 설정 $H_0 : \beta_1 = 0, \ H_1 : \beta_1 \neq 0$

검정통계량 $t_{n-2} = \dfrac{b_1}{S_{b_1}}$

결정규칙—검정통계량이 임곗값 $t_{(n-2,\ \alpha/2)}$보다 크거나 $-t_{(n-2,\ \alpha/2)}$보다 작으면 $H_0$를 기각

---

**예 13-8 ▶**

영화 관람객 수에 대한 단순회귀모형에서 기울기계수 $\beta_1$에 대한 유의성 검정을 5% 유의 수준에서 행하라.

**답**

$\beta_1$에 대한 유의성 검정을 위한 가설은

$$H_0 : \beta_1 = 0, \ H_1 : \beta_1 \neq 0$$

이 설정되며, 앞의 예에서 $t$의 임곗값은 $t_{(23, 0.025)} = 2.069$ 혹은 $-t_{(23, 0.025)} = -2.069$이었다. $\beta_1$에 대한 표준오차는

$$S_{b_1} = \sqrt{60853.4232/5.0112} = 110.1974$$

가 되어 검정통계량의 값은

$$t_{23} = 430.7453/110.1974 = 3.9088$$

이다. $t$-검정통계량의 값이 임곗값보다 커서 결정규칙에 따라 귀무가설은 기각된다. 따라서 기울기계수는 5% 유의수준에서 통계적 유의성을 지니며, 영화 평점은 영화 관람객 수와 매우 밀접한 관계가 있음을 알 수 있다.

### 3) 단순회귀모형에 대한 유의성 검정

회귀모형에 대한 유의성 검정은 표본회귀식이 표본자료를 잘 설명하고 있는지를 판단하는 방법으로 단일모수에 대한 $t$-검정과는 확연히 다르다. 표본회귀식이 표본자료를 잘 설명하면 $SSR$이 $SSE$에 비해 상대적으로 크며, 반대의 경우 $SSR$이 $SSE$에 비해 상대적으로 작을 것이라는 개념을 이용하여 $MSR$과 $MSE$의 비율을 계산한 $F$비로 회귀모형에 대한 유의성 검정을 할 수 있으므로 이 유의성 검정을 $F$-검정이라고도 한다. 두 평균제곱의 비율 $MSR/MSE$가 자유도 1과 $n-2$를 가지는 $F$-분포를 따르므로 유의성 검정을 위한 결정규칙으로 통계량 $F_{(1, n-2)} = MSR/MSE$이 임곗값 $F_{(1, n-2, \alpha)}$보다 크면 귀무가설을 기각한다. $F$-검정에서 양측대립가설이 설정됨에도 불구하고 임곗값이 $F_{(1, n-2, \alpha/2)}$ 대신 $F_{(1, n-2, \alpha)}$인 이유는 $MSR/MSE$의 비율인 검정통계량이 임곗값보다 큰 경우에만 $H_0$가 기각되기 때문이다. 이런 결정규칙은 그림 13-14를 보면 알 수 있다.

**그림 13-14**

$F$-검정의
결정규칙

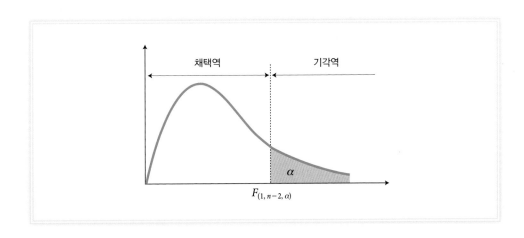

---

**단순회귀모형에 대한 유의성 검정($F$-검정)**

가설설정 $H_0$ : 회귀식이 통계적으로 유의하지 않다.

$\qquad\quad H_1$ : 회귀식이 통계적으로 유의하다.

검정통계량 $F_{(1,\ n-2)}=MSR/MSE$

결정규칙−검정통계량이 임곗값 $F_{(1,\ n-2,\ \alpha)}$보다 크면 $H_0$를 기각

---

회귀모형에 대한 유의성은 앞 절에서 설명한 분산분석표를 이용하여 쉽게 검정할 수 있다.

**예 13-9** ▶

영화 관람객 수에 대한 단순회귀모형의 유의성을 5% 유의수준에서 $F$-검정하라.

**답**

$\qquad H_0$ : 회귀식이 통계적으로 유의하지 않다.

$\qquad H_1$ : 회귀식이 통계적으로 유의하다.

분산분석표에 의하면 검정통계량 $F_{(1,\ 23)}=929786.6253/60853.4232=15.2791$이고 임곗값은 $F$−분포표로부터 $F_{(1,\ 23,\ 0.05)}=4.28$이다.

| 분모 자유도 | $\alpha=0.05$ 분모 자유도 $v_1$ | | | | | | | | | |
|---|---|---|---|---|---|---|---|---|---|---|
| $v_2$ | 1 | 2 | 3 | 4 | 5 | 6 | 7 | 8 | 9 | 10 |
| 15 | 4.54 | 3.68 | 3.29 | 3.06 | 2.90 | 2.79 | 2.71 | 2.64 | 2.59 | 2.54 |
| 16 | 4.49 | 3.63 | 3.24 | 3.01 | 2.85 | 2.74 | 2.66 | 2.59 | 2.54 | 2.49 |
| 17 | 4.45 | 3.59 | 3.20 | 2.96 | 2.81 | 2.70 | 2.61 | 2.55 | 2.49 | 2.45 |
| 18 | 4.41 | 3.55 | 3.16 | 2.93 | 2.77 | 2.66 | 2.58 | 2.51 | 2.46 | 2.41 |
| 19 | 4.38 | 3.52 | 3.13 | 2.90 | 2.74 | 2.63 | 2.54 | 2.48 | 2.42 | 2.38 |
| 20 | 4.35 | 3.49 | 3.10 | 2.87 | 2.71 | 2.60 | 2.51 | 2.45 | 2.39 | 2.35 |
| 21 | 4.32 | 3.47 | 3.07 | 2.84 | 2.68 | 2.57 | 2.49 | 2.42 | 2.37 | 2.32 |
| 22 | 4.30 | 3.44 | 3.05 | 2.82 | 2.66 | 2.55 | 2.46 | 2.40 | 2.34 | 2.30 |
| 23 | 4.28 | 3.42 | 3.03 | 2.80 | 2.64 | 2.53 | 2.44 | 2.37 | 2.32 | 2.27 |
| 24 | 4.26 | 3.40 | 3.01 | 2.78 | 2.62 | 2.51 | 2.42 | 2.36 | 2.30 | 2.25 |
| 25 | 4.24 | 3.39 | 2.99 | 2.76 | 2.60 | 2.49 | 2.40 | 2.34 | 2.28 | 2.24 |
| 26 | 4.23 | 3.37 | 2.98 | 2.74 | 2.59 | 2.47 | 2.39 | 2.32 | 2.27 | 2.22 |
| 27 | 4.21 | 3.35 | 2.96 | 2.73 | 2.57 | 2.46 | 2.37 | 2.31 | 2.25 | 2.20 |
| 28 | 4.20 | 3.34 | 2.95 | 2.71 | 2.56 | 2.45 | 2.36 | 2.29 | 2.24 | 2.19 |
| 29 | 4.18 | 3.33 | 2.93 | 2.70 | 2.55 | 2.43 | 2.35 | 2.28 | 2.22 | 2.18 |
| 30 | 4.17 | 3.32 | 2.92 | 2.69 | 2.53 | 2.42 | 2.33 | 2.27 | 2.21 | 2.16 |

따라서 $F_{(1,\ 23)}>F_{(1,\ 23,\ 0.05)}$이므로 결정규칙에 따라 $H_0$는 기각되어 이 회귀모형은 통계적으로 유의성이 있다고 판단할 수 있다.

## 2. 모수에 대한 신뢰구간 추정

회귀분석의 또 다른 통계적 추론 방법으로 연구자가 원하는 신뢰수준에서 모수가 포함될 수 있는 신뢰구간을 추정하는 방법에 대해 살펴보자.

### 1) 절편계수에 대한 신뢰구간 추정

$\beta_0$에 대한 신뢰구간은 회귀모형의 기본 가정이 성립될 때

$$t_{n-2} = \frac{b_0 - \beta_0}{S_{b_0}}$$

가 된다는 사실을 이용하여 추정할 수 있다. 즉 $100(1-\alpha)\%$ 신뢰구간은 다음과 같이 구할 수 있다.

$$1-\alpha = P\left(-t_{(n-2,\,\alpha/2)} < \frac{b_0 - \beta_0}{S_{b_0}} < t_{(n-2,\,\alpha/2)}\right)$$

$$= P(b_0 - t_{(n-2,\,\alpha/2)}S_{b_0} < \beta_0 < b_0 + t_{(n-2,\,\alpha/2)}S_{b_0})$$

> **절편계수에 대한** $100(1-\alpha)\%$ **신뢰구간**
>
> $$(b_0 - t_{(n-2,\,\alpha/2)}S_{b_0},\ b_0 + t_{(n-2,\,\alpha/2)}S_{b_0})$$

### 2) 기울기계수에 대한 신뢰구간 추정

절편계수의 신뢰구간을 구했던 방법으로 $\beta_1$에 대한 신뢰구간을 구할 수 있다.

> **기울기계수에 대한** $100(1-\alpha)\%$ **신뢰구간**
>
> $$(b_1 - t_{(n-2,\,\alpha/2)}S_{b_1},\ b_1 + t_{(n-2,\,\alpha/2)}S_{b_1})$$

여기서 신뢰구간의 의미는 여러 표본자료를 이용하여 모수에 대한 추정을 계속 반복하면 $b_0$나 $b_1$의 추정값 중 $100(1-\alpha)\%$가 신뢰구간에 포함된다는 것이다.

예 13-10 ▶

영화 관람객 수에 대한 회귀모형의 $\beta_0$와 $\beta_1$에 대한 95% 신뢰구간을 구하라.

**답**

앞의 예에서 $S_{b_0} = 904.8842$, $S_{b_1} = 110.1974$를 얻었으며 $t$-분포표로부터 $t_{(n-2,\,\alpha/2)} =$

$t_{(23, 0.025)} = 2.068$을 얻는다. 따라서 $\beta_0$에 대한 95% 신뢰구간은 다음과 같다.

$$(b_0 - t_{(n-2,\,\alpha/2)}S_{b_0},\ b_0 + t_{(n-2,\,\alpha/2)}S_{b_0})$$
$$= (-2839.8924 - 2.069 \times 901.8842,\ -2839.8924 + 2.069 \times 901.8842)$$
$$= (-4704.891,\ -974.894)$$

$\beta_1$에 대한 95% 신뢰구간은 다음과 같다.

$$(b_1 - t_{(n-2,\,\alpha/2)}S_{b_1},\ b_1 + t_{(n-2,\,\alpha/2)}S_{b_1})$$
$$= (430.7455 - 2.069 \times 110.1974,\ 430.7455 + 2.069 \times 110.1974)$$
$$= (202.7471,\ 658.7439)$$

## 제9절 예측과 예측구간 추정

회귀분석의 중요한 목적 중 하나는 독립변수와 종속변수의 관계를 추정하여 종속변수에 대한 값을 예측하는 데 있다. 독립변수의 값이 $x_{n+1}$이며 독립변수와 종속변수 간에 선형관계가 존재한다면 종속변수의 값은 다음 식에 의해 예측될 수 있다.

$$y_{n+1} = \beta_0 + \beta_1 x_{n+1} + \varepsilon_{n+1}$$

그러나 오차항 $\varepsilon_{n+1}$의 존재로 실젯값 $y_{n+1}$을 예측하는 것은 어려우며 대신 $x_{n+1}$에서 $y_{n+1}$의 기댓값

$$E(y_{n+1} \mid x_{n+1}) = \beta_0 + \beta_1 x_{n+1}$$

을 예측하기를 원한다. 즉 최소제곱추정량 $b_0$와 $b_1$으로 표본회귀식을 구한 다음, $X$가 $x_{n+1}$일 때 종속변수의 기댓값을 추정하여 $y_{n+1}$의 예측값 $\hat{y}_{n+1}$을 구할 수 있다.

$$\hat{y}_{n+1} = b_0 + b_1 x_{n+1}$$

영화 관람객 수에 대한 표본회귀식은 $\hat{y}_i = -2839.8924 + 430.7455x_i$이었으므로, 만약 새롭게 개봉된 영화의 평점 $x_{33}$이 9.0점이라면 $\hat{y}_{33} = -2839.8924 + 430.7455 \times 9.0 = 1036.817$이 되어 이 영화의 관람객 수는 약 1,037만 명이 될 것으로 예측할 수 있다.

표본회귀식의 $a$와 $b$가 모두 $\alpha$와 $\beta$의 추정량이므로 $E(y_{n+1} \mid x_{n+1})$의 정확한 값을 제공하지 못한다. 따라서 표본회귀식에 의해 계산된 예측값 $\hat{y}_{n+1}$은 모회귀식의 절편계수 $\beta_0$나 기울기계수 $\beta_1$과 다르므로 생기는 오차의 복합적 작용으로 $E(y_{n+1} \mid x_{n+1})$과 차이가 존재하게 되며, 이를 예측오차라고 한다. 결국, 표본에 따라 $b_0$와 $b_1$값이 달라지므로 $\hat{y}_{n+1}$값은 표본에 따라 달라져서 $E(y_{n+1} \mid x_{n+1})$에 대한 $\hat{y}_{n+1}$의 표준오차가 존재하며, 그 표준오차는 다음과 같다.

$$\sigma\sqrt{\frac{1}{n}+\frac{(x_{n+1}-\overline{X})^2}{\sum\tilde{x}_i^2}}$$

그런데 회귀식을 추정할 때 일반적으로 표본을 이용하여 오차항의 분산 $\sigma^2$을 모르기 때문에 대신 잔차분산 $S_e^2$을 사용하게 된다. 이제 모수에 대한 신뢰구간을 추정했던 방법처럼 다음과 같이 예측구간을 구할 수 있다.

$E(y_{n+1} \mid x_{n+1})$에 대한 $100(1-\alpha)\%$ 예측구간

$$\hat{y}_{n+1} \pm t_{(n-2,\,\alpha/2)}\, S_e \sqrt{\frac{1}{n}+\frac{(x_{n+1}-\overline{X})^2}{\sum\tilde{x}_i^2}}$$

실젯값 $y_{n+1}$에 대한 예측값은 예측오차뿐 아니라 오차항의 존재로 인해 그 차이가 더 벌어지게 되어 $y_{n+1}$에 대한 $\hat{y}_{n+1}$의 표준오차는 다음과 같다.

$$S_e\sqrt{1+\frac{1}{n}+\frac{(x_{n+1}-\overline{X})^2}{\sum\tilde{x}_i^2}}$$

따라서 이 표준오차는 $E(y_{n+1} \mid x_{n+1})$에 대한 표준오차보다 더 커지게 되어 $y_{n+1}$에 대한 예측구간의 길이는 $E(y_{n+1} \mid x_{n+1})$에 대한 예측구간의 길이보다 더 길어진다.

$y_{n+1}$에 대한 $100(1-\alpha)\%$ 예측구간

$$\hat{y}_{n+1} \pm t_{(n-2,\,\alpha/2)}\, S_e \sqrt{1+\frac{1}{n}+\frac{(x_{n+1}-\overline{X})^2}{\sum\tilde{x}_i^2}}$$

**그림 13-15**

$y_{n+1}$에 대한 예측구간과 $y_{n+1}$의 기댓값에 대한 예측구간

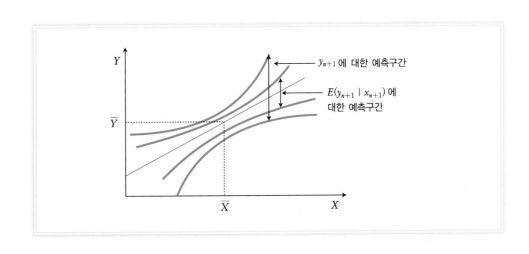

$y_{n+1}$이나 $E(y_{n+1} \mid x_{n+1})$의 예측구간 그림을 보면 다음과 같은 특성을 발견할 수 있다.

- 유의수준 $\alpha$가 낮으면 $t_{\alpha/2}$의 값이 커져서 예측구간의 길이가 길어지게 된다.

- 표본의 크기가 증가하면 $1/n$의 값이 작아져서 $S_e\sqrt{\dfrac{1}{n}+\dfrac{(x_{n+1}-\overline{X})^2}{\sum \tilde{x}_i^2}}$ 혹은

  $S_e\sqrt{1+\dfrac{1}{n}+\dfrac{(x_{n+1}-\overline{X})^2}{\sum \tilde{x}_i^2}}$ 이 작아지므로 예측구간의 길이가 짧아지게 된다.

- 그림을 보면 $X$가 $\overline{X}$에서 멀어질수록 $(x_{n+1}-\overline{X})^2$이 커지므로 예측구간의 길이가 길어지게 된다. 즉 $X$의 관측값 $x_{n+1}$이 $\overline{X}$로부터 멀어질수록 $y_{n+1}$이나 $E(y_{n+1} \mid x_{n+1})$에 대한 예측값이 부정확해져서 표준오차 값이 커지기 때문이다.

**예 13-11** ▶

영화 평점이 9.12점일 경우 영화 관람객 수의 기댓값에 대한 95% 예측구간을 구하라.

**답**

$\hat{y}=-2839.8924+430.7455\times 9.12=1088.507$, $n=25$, $\overline{X}=8.172$, $\sum \tilde{x}_i^2=5.0112$, $S_e^2=$ 60853.4232이었으며 $t_{(23,\,0.025)}=2.069$이므로 영화 관람객 수의 기댓값에 대한 예측구간은 다음과 같이 구할 수 있다.

$$1088.507 \pm 2.069 \times \sqrt{60853.4232 \times \left(\frac{1}{25}+\frac{(9.12-8.172)^2}{5.0112}\right)}$$
$$=(849.4723, 1327.542)$$

따라서 영화 평점이 9.12일 경우 영화 관람객 수 기댓값에 대한 95% 예측구간은 849.4723부터 1327.542까지가 된다.

**예 13-12** ▶

평점이 9.12일 경우 영화관람객은 1,088만 명으로 예측할 수 있다. 이 값에 대한 95% 예측구간을 구하라.

**답**

$\hat{y}=1088$에 대한 예측구간은 다음과 같이 구할 수 있다.

$$1088 \pm 2.069 \times \sqrt{60853.4232 \times \left(1+\frac{1}{25}+\frac{(9.12-8.172)^2}{5.0112}\right)} = (596.3698, 973.6302)$$

따라서 $\hat{y}=1088$에 대한 95% 예측구간은 (524.9144, 1652.1)이 된다. 이 예측구간은 영화 관람객 수 기댓값에 대한 예측구간의 길이보다 길어짐을 알 수 있다.

## 요약

경영·경제 현상을 분석하는 경우 흔히 둘 혹은 그 이상의 확률변수들 사이의 관계에 관심을 두게 된다. 이렇게 변수와 변수 사이의 관계를 알아보기 위한 통계적 분석 방법으로 상관분석과 회귀분석이 있다.

### 상관분석

상관분석은 상관계수를 이용하여 두 변수의 의존관계를 분석한다. 상관분석 시 다음 몇 가지 사실에 주의해야 한다 : (1) 상관관계가 존재한다고 해서 언제나 인과관계를 의미하지 않는다. (2) 상관계수는 두 변수의 선형관계만을 고려하기 때문에 두 변수 사이에 비선형관계가 존재하는 경우 이를 포착하지 못한다. (3) 변수가 취하는 값의 범위에 인위적인 제한을 두는 경우 상관계수의 값이 왜곡될 수 있다. (4) 극단적 관측값인 이상점의 존재가 상관계수의 값을 왜곡시킬 수 있다.

한편, 두 변수 사이에 유의미한 선형관계가 존재하는지를 판단하기 위해서는 상관계수에 대한 유의성 검정이 요구된다. 또한 서열자료나 비선형 상관을 갖는 자료의 상관관계를 분석하기 위해서는 비모수 통계량인 스피어만 서열상관계수를 사용할 수 있다.

### 회귀분석

회귀분석의 목적은 하나 혹은 그 이상의 확률변수가 다른 확률변수에 영향을 주는지를 판단하고 영향을 준다면 어떻게, 얼마만큼의 영향을 주는지 변수들의 함수적 관계를 연구하는 것이다. 회귀분석은 독립변수의 수에 따라 단순회귀분석과 다중회귀분석으로 구별된다. 단순회귀분석이란 한 종속변수와 이에 영향을 미치는 한 독립변수 사이의 관계를 분석하는 것이며, 다중회귀분석이란 한 종속변수와 둘 이상의 독립변수 사이의 관계를 분석하는 것이다. 여기서 종속변수란 서로 관계를 갖는 변수 중에서 관심의 대상이 되고 다른 변수에 영향을 받는 변수를 의미하며, 독립변수란 종속변수에 영향을 주는 변수를 의미한다.

단순회귀모형에는 모형을 추정하는 추정량이 바람직한 속성을 만족하기 위한 가정과 모형을 추론하기 위해 요구되는 가정인 기본 가정들이 요구된다 : (1) $Cov(\varepsilon_i, x_i)=0$, (2) $E(\varepsilon_i)=0$, (3) $Var(\varepsilon_i)=E(\varepsilon_i^2)=\sigma^2$, (4) $Cov(\varepsilon_i, \varepsilon_j)=E(\varepsilon_i, \varepsilon_j)=0(i \neq j)$, (5) $\varepsilon_i \sim N(0, \sigma^2)$.

모회귀함수에 주어진 모수들을 추정하는 보편적 방법에는 최소제곱법과 최우법이 있다. 최소제곱법은 잔차제곱들의 합을 최소화하는 모수를 추정하는 방법이며 최우법은 우도함수를 최대화하는 모수를 추정하는 방법이다. 오차항이 정규분포한다면 최우법의 추정 결과와 최소제곱법의 추정 결과가 같아진다.

모든 선형불편추정량들 중 가장 작은 분산을 갖는 선형불편추정량을 최우수 선형불편추정량(*BLUE*)이라고 하며 단순회귀모형의 기본 가정들이 충족되는 경우 최소제곱추정량은 최우수 선형불편추정량이다. 이를 가우스-마르코프(Gauss-Markov) 정리라고 한다.

표본회귀선이 표본자료를 얼마나 잘 적합하는지 그 정도를 평가하기 위해 종속변수의 총 변동에 대해 회귀모형에 의해서 설명되는 부분의 비율인 결정계수 $R^2$을 계산할 수 있다. $0 \leq R^2 \leq 1$이며 높은 $R^2$값은 표본회귀모형의 적합도 혹은 설명력이 크다는 것을 의미한다.

회귀분석에서 모수(절편계수와 기울기계수)가 통계적으로 유의미한지 판단하기 위해 유의성 검정을 수행할 수 있다.

- $\beta_0$에 대한 유의성 검정($t$-검정)

  가설 설정 $H_0 : \beta_0 = 0$, $H_1 : \beta_0 \neq 0$

  검정통계량 $t_{n-2} = \dfrac{b_0}{S_{b_0}}$

  결정규칙 – 검정통계량이 임곗값 $t_{(n-2,\ \alpha/2)}$보다 크거나 $-t_{(n-2,\ \alpha/2)}$보다 작으면 $H_0$를 기각

- $\beta_1$에 대한 유의성 검정($t$-검정)

  가설 설정 $H_0 : \beta_1 = 0$, $H_1 : \beta_1 \neq 0$

  검정통계량 $t_{n-2} = \dfrac{b_1}{S_{b_1}}$

  결정규칙 – 검정통계량이 임곗값 $t_{(n-2,\ \alpha/2)}$보다 크거나 $-t_{(n-2,\ \alpha/2)}$보다 작으면 $H_0$를 기각

또한 각각의 모수가 아니라 회귀모형에 대한 유의성 검정을 수행할 수 있다.

- 단순회귀모형에 대한 유의성 검정($F$-검정)

  가설설정 $H_0 :$ 회귀식이 통계적으로 유의하지 않다.

  $\qquad\qquad H_1 :$ 회귀식이 통계적으로 유의하다.

  검정통계량 $F_{(1,\ n-2)} = MSR/MSE$

  결정규칙 – 검정통계량이 임곗값 $F_{(1,\ n-2,\ \alpha)}$보다 크면 $H_0$를 기각

회귀분석의 또 다른 통계적 추론 방법으로 연구자가 원하는 신뢰수준에서 모수가 포함될 수 있는 신뢰구간을 추정하거나 주어진 독립변숫값에 대응되는 조건부 기댓값(혹은 예측값)에 대한 예측구간을 추정할 수 있다.

 **주요 용어**

**결정계수**(coefficient of determination)  종속변수의 총 변동에 대해 회귀모형에 의해서 설명되는 부분의 비율 : $R^2 (0 \leq R^2 \leq 1)$

**기울기계수**(slope coefficient)  회귀식의 기울기를 결정하는 모수

**다중회귀분석**(multiple regression analysis)  한 종속변수와 둘 이상의 독립변수 사이의 관계를 분석하는 것

**단순회귀분석**(simple regression analysis)  한 종속변수와 이에 영향을 미치는 한 독립변수 사이의 관계를 분석하는 것

**독립변수**(independent variable)  종속변수에 영향을 주는 변수

**모회귀함수**(population regression function)  독립변수 $X$에 대한 종속변수의 조건부 평균 $E(Y \mid X)$의 함수 : $E(y_i \mid x_i) = f(x_i)$

**반대수모형**(semilog models)  회귀모형에서 $Y$ 혹은 $X$만이 대수 형태로 표현된 모형

**비선형모형**(nonlinear model)  변수 간의 관계를 비선형함수로 나타낸 모형

**상관분석**(correlation analysis)  상관계수를 이용하여 두 변수의 의존관계를 분석하는 것

**선형모형**(linear model)  변수 간의 관계를 비례적인 선형함수로 나타낸 모형

**스피어만**(Spearman) **서열상관계수**  서열자료나 비선형 상관을 갖는 자료의 상관관계를 분석할 수 있는 비모수 통계량

**양변대수모형**(double-log model)  회귀모형의 양변에 대수를 취한 모형

**역변환모형**(reciprocal transformation models)  회귀모형에서 독립변수 $X$가 역수로 표현된 모형

**예측오차**(forecasting error)  표본회귀식에 따라 계산된 예측값 $\hat{y}_{n+1}$과 $x_{n+1}$의 조건부 기댓값 $E(y_{n+1} \mid x_{n+1})$과의 차이

**오차평균제곱**(mean square error, MSE)  SSE를 자유도로 나누어 준 값

**잔차**(residuals)  $y_i$값과 예측된 $\hat{y}_i$값의 차이

**잔차제곱합**(error sum of squares, SSE)  $\sum e_i^2$

**적합도**(goodness of fit) **평가**  표본회귀선이 표본자료를 얼마나 잘 적합하는지 그 정도를 평가하는 방법

**절편계수**(intercept coefficient)  회귀식의 절편을 결정하는 모수

**종속변수**(dependent variable)  서로 관계를 맺고 있는 변수 중에 관심의 대상이 되며 다른 변수에 영향을 받는 변수

**최소제곱법**(least squares method)  모회귀선을 추정하기 위해 잔차제곱들의 합을 최소화하는 모수를 선택하는 방법

**최우법**(maximum likelihood method)  모회귀선을 추정하기 위해 우도함수를 최대화하는 모수를 선택하는 방법

**최우수 선형불편추정량**(best linear unbiased estimator, BLUE)  모든 선형불편추정량 중 가장 작은 분산을 갖는 선형불편추정량

**함수적 의존관계**(functional dependence)  독립변수의 값에 대한 종속변수의 값이 오직 하나만 결정되는 관계

**확률오차항**(stochastic error term) 또는 **확률교란항**(stochastic disturbance)  종속변수 $Y$의 관측값

과 $Y$의 기댓값과의 차이를 나타내는 확률변수 : $\varepsilon_i = y_i - E(y_i \mid x_i)$

**확률적 의존관계**(stochastic dependence)  독립변수의 값에 대한 종속변수의 값이 오직 하나만 결정되는 관계가 아니라 독립변수의 값이 종속변수의 확률분포와 관계되어 독립변수의 값에 대응되는 종속변수의 값을 정확히 알 수 없는 관계

**회귀계수**(regression coefficient)  회귀식을 결정하는 모수

**회귀모형**(regression model)  종속변수와 이에 영향을 주는 독립변수의 함수관계를 나타내는 모형

**회귀모형을 위한 기본 가정**(standard assumptions)  회귀모형을 추정하는 추정량이 바람직한 속성을 만족하기 위한 가정과 회귀모형을 추론하기 위해 요구되는 가정

**회귀제곱합**(regression sum of squares, SSR)  $\sum (\hat{y}_i - \overline{Y})^2$

**회귀평균제곱**(mean square regression, MSR)  SSR을 자유도로 나누어 준 값

 **연습문제**

1. 단순회귀모형의 기본 가정을 설명하라.

2. 가우스-마르코프(Gauss-Markov) 정리에 관해 설명하라.

3. 오차항이 정규분포한다는 가정이 충족되면 최우법에 따라 추정한 단순회귀모형의 모수인 $b_0$, $b_1$이 최소제곱법에 따라 추정한 단순회귀모형의 모수와 같아짐을 설명해 보라.

4. 아래 회귀모형에서 선형모형과 비선형모형을 구별하라.

   1) $\ln y_i = \beta_0 + \beta_1 \ln x_i + \varepsilon_i$

   2) $y_i = \sin(\beta_0 + \beta_1) x_i + \varepsilon_i$

   3) $y_i = \beta_0 + \beta_1 \exp(x_i) + \varepsilon_i$

   4) $y_i = \beta_0 + \dfrac{x_i}{\beta_1} + \varepsilon_i$

5. 종속변수와 독립변수에 대한 표본자료가 다음과 같이 주어져 있다.

   | $Y$ | $-1$ | 1 | 2 | 4 | 5 |
   |---|---|---|---|---|---|
   | $X$ | $-1$ | 0 | 1 | 2 | 3 |

   1) 표본자료에 대한 산포도를 그려라.

   2) $\overline{Y}$와 $\overline{X}$를 계산하라.

   3) $\beta_1$에 대한 최소제곱추정값을 계산하라.

   4) $\beta_0$에 대한 최소제곱추정값을 계산하라.

   5) 잔차제곱합 $SSE$를 계산하라.

   6) 결정계수 $R^2$을 구하고 표본회귀선이 자료를 잘 적합하고 있는지 설명하라.

6. H건설회사는 15년 동안의 이자율과 주택건설 건수의 관계에 대한 자료를 가지고 있다.

이자율(Int)이 주택건설 건수(Con)에 미치는 영향을 알아보기 위한 회귀분석을 위해 다음과 같은 단순회귀모형을 설정하였으며, 자료를 이용하여 다음 표본통계량들을 얻었다.

$$\text{Con}_t = \beta_0 + \beta_1 \text{Int}_t + \varepsilon_t$$

$$\overline{\text{Int}} = 10.926, \quad \overline{\text{Con}} = 1621, \quad \sum(\text{Int}_t - \overline{\text{Int}})^2 = 161.304$$

$$\sum(\text{Con}_t - \overline{\text{Con}})(\text{Int}_t - \overline{\text{Int}}) = -21974.4$$

$$SST = \sum(\text{Con}_t - \overline{\text{Con}})^2 = 3991422$$

$$SSE = \sum(\widehat{\text{Con}_t} - \text{Con}_t)^2 = 1240879.68$$

1) 최소제곱법으로 회귀계수를 추정하라.

2) 표본회귀모형의 기울기계수에 대한 추정 결과를 해석하라.

3) 이 회귀모형의 결정계수를 계산하라.

4) 내년의 이자율이 9.7%라면 주택건설 건수에 대한 기댓값은 얼마인가?

5) 이 기댓값에 대한 90% 예측구간을 구하라.

7. 광고비 지출이 상품 판매량에 미치는 영향을 알아보기 위해 9개의 기업을 임의로 선정하여 지난달의 광고비 증가율과 상품 판매량 증가율을 조사한 결과가 다음 표와 같다.

상품 판매량 증가율($Y$)과 광고비 증가율($X$)                    (단위 : %)

| $X$ | 7.2 | 10.3 | 9.1 | 2.4 | 10.2 | 4.1 | 7.6 | 3.5 | 5.0 |
|---|---|---|---|---|---|---|---|---|---|
| $Y$ | 4 | 14 | 10 | 0 | 9 | 8 | 6 | 1 | 3 |

1) 상품 판매량을 종속변수, 광고비 지출을 독립변수로 한 단순회귀모형을 최소제곱추정법으로 추정하라.

2) 10% 유의수준에서 $\beta_0$와 $\beta_1$에 대한 유의성 검정을 해라.

3) $\beta_0$와 $\beta_1$에 대한 90% 신뢰구간을 구하라.

4) $\beta_0$와 $\beta_1$에 대한 95% 신뢰구간을 구하고 90% 신뢰구간과 비교하라.

5) 결정계수를 계산하라.

6) 추정 결과를 이용하여 광고비 증가율이 10%일 때 상품 판매량의 증가율은 몇 %인지 예측하라.

7) 분산분석표를 작성하고 이 단순회귀모형에 대해 1% 유의수준에서 $F$-검정하라.

8. 인터넷과 엑셀의 분석 도구를 이용하여 소비함수를 추정해 보자.

1) 인터넷의 통계청(www.kostat.go.kr) 혹은 한국은행(www.bok.or.kr) 사이트에서 국민계정 및 주요 경제지표를 이용하여 민간 최종 소비 지출, 처분가능소득, 소비자 물가지수(2005=1.00)에 대한 최근 30년간의 연별 자료를 구하라.

2) 민간 최종 소비 지출과 처분가능소득의 자료를 2005년 기준 불변가격으로 환산(deflate)하라(참고 : 각 자료를 소비자 물가지수로 나누어 주면 2005년 기준 불변가격으로 환산된다).

3) 케인즈(Keynes)의 소비함수를 우리나라에 적용하기 위해 다음과 같은 단순회귀모형을 설정한다.

$$C_t = \beta_0 + \beta_1 Y_t + \varepsilon_t$$

여기서 $C_t$는 소비 지출, $Y_t$는 처분가능소득을 나타낸다. 이 소비함수를 엑셀의 분석 도구를 이용하여 추정하라.

4) $\beta_1$은 한계소비성향(marginal propensity to consume)을 나타낸다. 그 의미를 해석해 보라.

5) 이 소비함수의 유의성 검정과 $\beta_1$에 대한 유의성 검정을 해라.

6) 5년 후에 처분가능소득이 800조 원이 된다면 그 해의 소비 지출은 얼마겠는가? 이에 대한 90% 예측구간을 구하라.

 **기출문제**

1. (2019년 사회조사분석사 2급) $n$개의 관측치에 대하여 단순회귀모형 $Y_i = \beta_0 + \beta_1 X_i + \varepsilon_i$를 이용하여 분석하려 한다.

$$\sum_{i=1}^{n} (x_i - \bar{x})^2 = 20, \quad \sum_{i=1}^{n} (\hat{y}_i - \bar{y})^2 = 30, \quad \sum_{i=1}^{n} (x_i - \bar{x})(y_i - \bar{y}) = -10$$

일 때, 회귀계수의 추정치 $\hat{\beta}_1$의 값은?

① $-1/3$          ② $-1/2$

③ $2/3$          ④ $3/2$

2. (2019년 사회조사분석사 2급) 회귀분석에서 결정계수 $R^2$에 대한 설명으로 틀린 것은?

① $R^2 = SSR/SST$

② $-1 \leq R^2 \leq 1$

③ $SSE$가 작아지면 $R^2$은 커진다.

④ $R^2$은 독립변수의 수가 늘어날수록 증가하는 경향이 있다.

3. (2019년 사회조사분석사 2급) 단순회귀분석의 적합도 추정에 대한 설명으로 틀린 것은?

① 결정계수가 1이면 상관계수는 반드시 1이다.

② 결정계수는 오차의 변동 대비 회귀의 변동을 비율로 나타낸 값이다.

③ 추정의 표준오차는 잔차에 의한 식으로 계산된다.

④ 모형의 $F$-검정이 유의하면 기울기의 유의성 검정도 항상 유의하다.

4. (2018년 사회조사분석사 2급) 다음 자료는 설명변수($X$)와 반응변수($Y$) 사이의 관계를 알아보기 위하여 조사한 자료이다. 설명변수($X$)와 반응변수($Y$) 사이에 단순회귀모형을 가정할 때, 회귀직선의 기울기에 대한 추정값은 얼마인가?

| $X_i$ | 0 | 1 | 2 | 3 | 4 | 5 |
|-------|---|---|---|---|---|---|
| $Y_i$ | 4 | 3 | 2 | 0 | $-3$ | $-6$ |

① $-2$  ② $-1$

③ $1$  ④ $2$

5. (2018년 사회조사분석사 2급) 단순회귀모형 $Y_i = \beta_0 + \beta_1 X_i + \varepsilon_i$에서 회귀계수 $\beta$를 최소자승법(least squares method)으로 추정하는 경우와 $\varepsilon_i$가 평균이 0, 분산이 $\sigma^2$인 정규분포를 따른다는 가정하에 최대우도법(maximum likelihood method)으로 추정하는 경우의 설명으로 옳은 것은?

① 최소자승법으로 구한 $\beta$가 최대우도법으로 구한 $\beta$보다 크다.

② 최소자승법으로 구한 $\beta$가 최대우도법으로 구한 $\beta$보다 작다.

③ 최소자승법으로 구한 $\beta$가 최대우도법으로 구한 $\beta$는 같다.

④ 최소자승법으로 구한 $\beta$가 최대우도법으로 구한 $\beta$는 크기를 비교할 수 없다.

6. (2019년 9급 공개채용 통계학개론) 다음은 입학 시 수학 성적(X)과 1학년 때의 통계학 성적(Y)에 대하여 단순선형회귀모형 $Y_i = \beta_0 + \beta_1 X_i + \varepsilon_i$, $i = 1, 2, \cdots, n$을 적용하여 얻은 결과이다. 이에 대한 설명으로 옳은 것은? (단, $F_\alpha(k_1, k_2)$는 분자의 자유도가 $k_1$이고 분모의 자유도가 $k_2$인 F-분포의 제$100 \times (1-\alpha)$ 백분위수를 나타내고, $F_{0.05}(1, 10) = 4.96$, $F_{0.05}(1, 11) = 4.84$이다. 그리고 $t_\alpha(k)$는 자유도가 $k$인 t-분포의 제$100 \times (1-\alpha)$ 백분위수를 나타내고, $t_{0.05}(10) = 1.812$, $t_{0.025}(10) = 2.228$, $t_{0.025}(11) = 2.201$이다)

| 요인 | 제곱합 | 자유도 | 평균제곱 | $F$-값 |
|------|--------|--------|----------|--------|
| 회귀 | 541.69 | 1 | 541.69 | 29.04 |
| 잔차 | 186.56 | 10 | 18.66 | |

| | 회귀계수 | 표준오차 | $t$-값 |
|------|----------|----------|--------|
| 상수항 | 30.04 | 10.14 | 2.96 |
| $X$ | 0.90 | 0.17 | 5.34 |

① 자료의 개수($n$)은 11이다.

② 추정된 회귀직선은 $\hat{Y} = 10.14 + 0.17X$이다.

③ $X$와 $Y$ 사이의 모상관계수($\rho$)가 0인지 검정할 때, 귀무가설($H_0 : \rho = 0$)은 유의수준 5%에서 기각되지 않는다.

④ 추정된 회귀모형의 유의성을 검정할 때, 귀무가설($H_0$ : 회귀모형은 유의하지 않다)은 유의수준 5%에서 기각된다.

7. (2019년 9급 공개채용 통계학개론) 자료의 수가 $n$인 표본 $(x_i, y_i)(i = 1, 2, \cdots, n)$에 대해 다음 두 회귀모형 $M_1$과 $M_2$를 적용하여 분석하고자 한다. 두 모형에 대한 설명으로 옳은 것만

을 모두 고르면?

$$M_1 : Y_i = \alpha + \varepsilon_i$$
$$M_2 : Y_i = \alpha + \beta X_i + \varepsilon_i (i=1, 2, \cdots, n)$$

ㄱ. 모형 $M_1$에서 $\hat{Y}_i = \overline{Y}_i$이다.

ㄴ. 모형 $M_2$의 결정계수는 0 이상이다.

ㄷ. 모형 $M_2$의 회귀제곱합은 모형 $M_1$의 회귀제곱합보다 크거나 같다.

① ㄱ, ㄴ         ② ㄱ, ㄷ

③ ㄴ, ㄷ         ④ ㄱ, ㄴ, ㄷ

**8.** (2018년 9급 공개채용 통계학개론) 다음 자료에 단순선형회귀모형 $Y_i = \beta_0 + \beta_1 X_i + \varepsilon_i$ $(i=1, 2, \cdots, 7)$을 적용하려고 한다.

| $i$ | 1 | 2 | 3 | 4 | 5 | 6 | 7 |
|-----|---|---|---|---|---|---|---|
| $X$ | 1 | 2 | 3 | 5 | 7 | 9 | 8 |
| $Y$ | 6 | 9 | 10 | 12 | 15 | 13 | 17 |

회귀분석 결과가 다음과 같을 때, 옳은 것만을 모두 고른 것은?

| | 회귀계수 | 표준오차 | $t$-값 | $p$-값 |
|---|---|---|---|---|
| 상수항 | 6.3695 | 1.4031 | 4.5390 | 0.006 |
| $X$ | 1.0690 | 0.2432 | 4.3950 | 0.007 |
| $R^2=0.794, R^2_{adj}=0.753, F=19.32 (p\text{-값}=0.007)$ | | | | |

ㄱ. 유의수준 5%에서 귀무가설 $H_0 : \beta=0$을 기각한다.

ㄴ. 결정계수는 75% 이상이다.

ㄷ. $X$와 $Y$의 표본상관계수는 0.9보다 크다.

ㄹ. 유의수준 1%에서 단순선형회귀직선은 통계적으로 유의하다.

① ㄱ, ㄴ         ② ㄴ, ㄷ

③ ㄱ, ㄴ, ㄹ         ④ ㄱ, ㄷ, ㄹ

**9.** (2018년 7급 공개채용 통계학) 표본의 크기가 10인 어느 자료에 단순선형회귀모형 $Y_i = \beta_0 + \beta_1 X_i + \varepsilon_i$, $i=1, 2, \cdots, 10$을 적용하여 최소제곱법으로 얻은 오차제곱합(잔차제곱합)이 36일 때, $Y_i$의 분산에 대한 불편추정량의 값은? (단, $\varepsilon_i$는 서로 독립이며 평균이 0, 분산이 $\sigma^2$인 정규분포를 따른다)

   ① 2.0                      ② 3.6

   ③ 4.0                      ④ 4.5

**10.** (2016년 7급 공개채용 통계학) 비료의 양($X$)이 곡물 수확량($Y$)에 미치는 영향을 알아보기 위해 자료를 수집하여 정리한 결과 $X$의 표본분산이 16, $Y$의 표본분산이 25이고 $X$와 $Y$의 표본상관계수가 0.8일 때, $X$를 독립변수(설명변수)로 하고 $Y$를 종속변수(반응변수)로 하여 최소제곱법으로 구한 추정 회귀직선의 기울기는?

   ① 0.512                    ② 0.640

   ③ 1.000                    ④ 1.250

**11.** (2016년 7급 공개채용 통계학) 다음 자료에 회귀모형 $Y_i = \beta X_i^2 + \varepsilon_i$, $i=1, 2, 3, 4$를 적용할 때, 최소제곱법에 따른 $\beta$의 추정값은?

| $X$ | −1 | 0 | 1 | 2 |
|-----|----|---|---|----|
| $Y$ | 3 | 1 | 4 | 14 |

   ① 10/3                     ② 7/2

   ③ 18/5                     ④ 29/6

**12.** (2015년 5급(행정) 2차 통계학) 단순선형회귀모형 $Y_i = \beta_0 + \beta_1 X_i + \varepsilon_i$ $(i=1, 2, \cdots, n)$에서 오차항 $\varepsilon_i$는 서로 독립이고, 정규분포 $N(0, \sigma^2)$을 따른다고 하자.

   1) $\beta_1 = 0$이라고 믿을 만한 충분한 근거가 있을 때의 모형 $Y_i = \beta_0 + \varepsilon_i$에서, $\beta_0$의 최소제곱추정량을 구하고, 그 추정량의 기댓값과 분산을 구하시오.

   2) $\beta_0 = 0$이라고 믿을 만한 충분한 근거가 있을 때의 모형 $Y_i = \beta_1 X_i + \varepsilon_i$에서 $\beta_1$의 최소제곱추정량을 구하고, 기울기 $\beta_1 = 0$인지 검정하기 위한 통계량과 그 분포를 기술하시오. (단, $\sigma^2$의 값은 알고 있다고 가정한다)

**13.** (2009년 5급 공개채용 2차 통계학) 다음은 어느 회사의 같은 부서에 근무하는 7명의 직원들에 대하여 시행한 직무능력 평가 결과와 그 직원들의 대학교 평균 평점 자료이다.

| 직무능력 평가점수(Y) | 80.3 | 85.7 | 83.5 | 92.9 | 78.1 | 87.2 | 90.4 |
|-----|----|----|----|----|----|----|----|
| 대학교 평균평점(X) | 3.4 | 3.9 | 3.3 | 4.3 | 3.0 | 3.4 | 3.9 |

대학교 평균 평점과 직무능력 평가점수 사이에 어떤 연관이 있는지 알아보기 위해 단순선형회귀모형을 적합하여 다음과 같은 결과를 얻었다.

Analysis of Variance

| Source | DF | Sum of Square | Mean Square | F Value | Pr > F |
|---|---|---|---|---|---|
| Model | 1 | 129.2 | 129.2 | 16.86 | 0.0093 |
| Error | 5 | 38.3 | 7.7 | | |
| Corrected Total | 6 | 167.5 | | | |

Parameter Estimates

| Variable | DF | Parameter Estimate | Standard Error | t Value | Pr > \|t\| |
|---|---|---|---|---|---|
| Intercept | 1 | 48.1 | 9.2 | 5.25 | 0.0033 |
| X | 1 | 10.4 | 2.5 | 4.11 | 0.0093 |

1) 회귀모형의 유의성을 검정하고자 한다. 귀무가설과 대립가설을 설정하고 유의수준 5% 에서 검정하라.

2) 위의 결과물을 이용하여 회귀모형에 대한 결정계수($R^2$)를 소수점 둘째 자리까지 구하고 그 의미를 설명하라.

3) 적합된 회귀식을 기술하고 그 의미를 설명하라.

4) 어느 직원의 대학교 평균 평점이 4.0일 때, 이 직원의 직무능력 평가점수를 예측하라.

(참조－Model : 회귀, Error : 잔차, DF : 자유도, Sum of Square : 제곱합, Mean Square : 평균제곱, Intercept : 절편, Parameter Estimate : 계수 추정치, Standard Error : 표준오차)

**사례분석** **13** 필립스 곡선 분석

출처 : 셔터스톡

우리나라의 청년실업자는 10년 전보다 38% 이상 늘어났으며 청년실업률도 전체 실업률보다 높게 유지되고 있다. 통계청 자료에 따르면 청년실업률은 2000년 14.5%를 시작으로 현재까지 지속해서 10% 내외에 머물고 있으며, 청년 인구가 줄어들고 있음에도 높은 청년실업률 유지로 인해 실업률에 대한 사회적 관심을 불러일으키고 있다. 과거 우리나라는 높은 경제성장으로 인해 실업률이 매우 낮은 국가였다. 1970년대부터 금융위기 전까지 5% 미만의 실업률(1980년의 5.2% 제외)을 기록할 정도로 실업률이 매우 낮았다. 1980, 1990년대에 영국, 프랑스, 이탈리아를 포함한 여러 유럽 국가가 10%대의 높은 실업률로 어려움을 겪었던 것에 비하면 우리나라는 상대적으로 실업률이 낮은 국가로 인식되었으며 그만큼 실업 문제는 우리나라에서 중요한 이슈가 아니었다. 그러나 1998년에 7%, 1999년에 6.3%의 실업률을 기록하였으며 우즈 앨런은 우리나라의 유보실업률(pent-up unemployment rate)[2]이 매우 높음을 지적하였다(예를 들면 1996년은 실업률이 2.0%로 80년대 이후 가장 낮은 실업률을 기록했지만, 유보실업률은 9.3%에 이른다고 지적하였다). 이 유보실업률까지 고려하면 우리나라의 1998, 1999년의 전체 실업률은 적어도 15%에 달하게 된다. 이런 높은 실업률은 임금의 하락으로 이어져 소비의 위축과 함께 경기 침체를 초래할 수 있다. 2000년대에 들어서면서 실업률은 다시 낮아져 2013년을 기준으로 3.1%까지 하락했으나, 2018년과 2019년 실업률이 3.8%로 상승하면서 실업 문제는 이제 우리나라에서도 중요한 사회 문제로 인식되고 있다.

따라서 이번 사례분석에서는 실업률과 임금 변화율 사이에 역의 관계가 존재한다는 필립스(Phillips) 곡선이 우리나라에도 성립되는지 확인해 보고자 한다. 필립스(Phillips, 1958)는 1861년부터 1957년까지 명목임금 증가율($W$)과 실업률($U$)에 대한 영국의 자료를 이용하여 사례자료 13-1의 필립스 곡선을 도출하였다.

---

[2] 유보실업이란 외국과 비교하였을 때 이미 경쟁력을 상실했으나 국내 시장에서는 외국 업체의 진출을 억제하는 요인(예 : 수입장벽, 관세, 보조금 등의 보호정책) 때문에 보류되고 있는 실업을 의미한다.

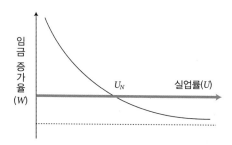

**사례자료 13-1   필립스 곡선**

사례자료 13-1에 의하면 실업률이 1% 상승할 때 실업률이 자연실업률(natural rate of unemployment) $U_N$보다 높으면 낮은 경우보다 임금이 느리게 하락하는 비대칭성을 가진다. 이런 현상은 노동조합, 최저임금제, 실업보험 등 제도적 요인에 의해 일정 수준 이하로의 임금 하락이 어려워지기 때문이다.

■ 1981∼2019년 동안의 임금 증가율 $W_t$와 실업률 $U_t$에 대한 자료가 사례자료 13-2에 기록되어 있다.

    ● $W_t$와 $U_t$ 간의 관계를 산포도로 그려보자.

    ● $W_t$와 $U_t$의 상관계수를 계산하고 두 변수 사이의 관계가 통계적으로 유의미한지 판단해 보자.

■ 한국의 필립스 곡선에 대한 실증분석을 수행하기 위해 다음과 같은 회귀모형을 설정하였다.

$$W_t = \beta_0 + \beta_1 U_t + \varepsilon_t$$

    ● 최소제곱추정법으로 위의 모형을 추정하고 그 결과를 해석해 보자.

    ● 최우추정법으로 위의 모형을 추정하고 최소제곱추정법의 결과와 비교해 보자.

■ 앞의 회귀모형을 다음과 같은 역변환모형으로 전환하여 최소제곱법에 따라 추정한 다음, 앞의 회귀모형과 비교해 보자.

$$W_t = \alpha_0 + \alpha_1 \frac{1}{U_t} + \varepsilon_t$$

■ 최종적으로 우리나라도 필립스 곡선이 성립된다고 판단할 수 있는가?

**사례자료 13-2** **명목임금 증가율과 실업률**

| 연도 | 명목임금 증가율 | 실업률 | 연도 | 명목임금 증가율 | 실업률 |
|---|---|---|---|---|---|
| 1981 | 23.6 | 4.5 | 2001 | 8.7 | 4.0 |
| 1982 | 16.8 | 4.4 | 2002 | 10.1 | 3.3 |
| 1983 | 21.1 | 4.1 | 2003 | 8.8 | 3.6 |
| 1984 | 14.8 | 3.8 | 2004 | 9.1 | 3.7 |
| 1985 | 11.0 | 4.0 | 2005 | 6.0 | 3.7 |
| 1986 | 16.1 | 3.8 | 2006 | 5.4 | 3.5 |
| 1987 | 19.1 | 3.1 | 2007 | 6.4 | 3.2 |
| 1988 | 22.0 | 2.5 | 2008 | 5.4 | 3.2 |
| 1989 | 18.6 | 2.6 | 2009 | 4.1 | 3.6 |
| 1990 | 22.2 | 2.4 | 2010 | 13.2 | 3.7 |
| 1991 | 23.8 | 2.4 | 2011 | −7.4 | 3.4 |
| 1992 | 14.5 | 2.5 | 2012 | 5.2 | 3.2 |
| 1993 | 13.2 | 2.9 | 2013 | 3.4 | 3.1 |
| 1994 | 16.4 | 2.5 | 2014 | 2.4 | 3.5 |
| 1995 | 20.8 | 2.1 | 2015 | 3.0 | 3.6 |
| 1996 | 14.6 | 2.0 | 2016 | 3.8 | 3.7 |
| 1997 | 5.4 | 2.6 | 2017 | 3.3 | 3.7 |
| 1998 | −4.6 | 7.0 | 2018 | 5.3 | 3.8 |
| 1999 | 5.3 | 6.3 | 2019 | 3.4 | 3.8 |
| 2000 | 12.3 | 4.4 | | | |

자료 : 통계청(www.kostat.go.kr)

**사례분석 13**

# ETEX를 이용한 상관분석과 회귀분석

사례자료 13-2의 명목임금 증가율과 실업률에 대한 자료는 ▨사례분석13.xlsx에서 확인할 수 있다. ETEX의 상관분석과 회귀분석 기능을 이용하여 한국의 필립스 곡선에 대한 실증분석을 수행해보자.

## 1. 상관분석

$W_t$와 $U_t$ 간의 관계를 산포도로 그려보기 위해 먼저 입력된 자료의 범위 '\$B\$1:\$C\$40'을 드래그한 후 삽입 탭의 **차트 만들기 버튼**을 클릭한다(자세한 내용은 제1장의 사례분석 1 참조). 다음 그림과 같이 **차트 삽입 창**이 나타나면 좌측 목록에서 **분산형**을 선택하고, 하위 메뉴가 나타나면 **표식만 있는 분산형** 차트를 선택한다.

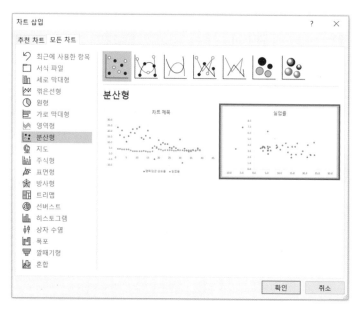

**그림 1** '표식만 있는 분산형' 차트 선택

**확인** 버튼을 누르면 그림 1의 빨간 사각형으로 표시된 모양의 산포도 차트가 출력되는데, 자료의 첫 번째 열인 임금 증가율이 X축 변수로, 다음 열인 실업률이 Y축 변수로 출력된 것을 확인할 수 있다. 그런데 필립스 곡선의 경우 일반적으로 X축을 실업률, Y축을 임금 증가율로 설정하므로 자료의 열 순서를 바꾸거나 **데이터 선택** 기능을 통해 산포도 각 축에 삽입된 변수를 변경할 수 있다. 이 사례분석에서는 후자의 경우를 적용해 보자.

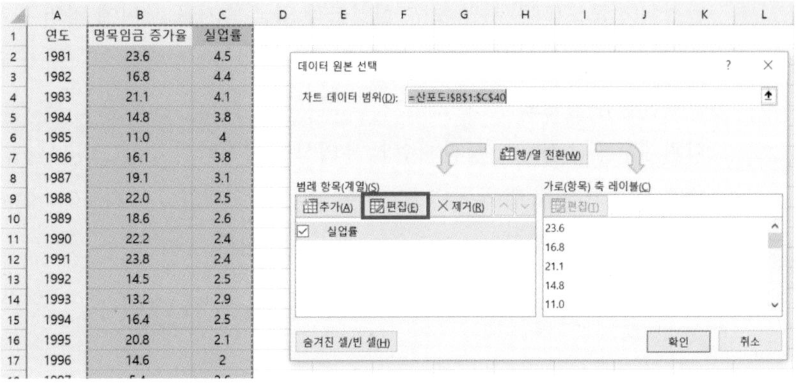

그림 2 '데이터 원본 선택' 대화상자와 '편집' 버튼

자료 시트에 출력된 '실업률' 산포도 차트를 클릭하면 메뉴 표시줄에 나타난다. **디자인** 탭을 선택, **데이터 선택** 버튼을 두 번 클릭하여 그림 2의 **데이터 원본 선택** 대화상자를 불러온다. 빨간색 사각형으로 표시된 **편집** 버튼을 누르면 그림 3과 같이 **계열 편집** 대화상자가 나타나는데, 계열 X값에는 실업률 자료의 범위, 계열 Y값에는 임금 증가율 자료의 범위를 입력하고, 마지막으로 계열 이름을 '임금 증가율과 실업률의 산포도'라고 입력 후 **확인** 버튼을 누른다.

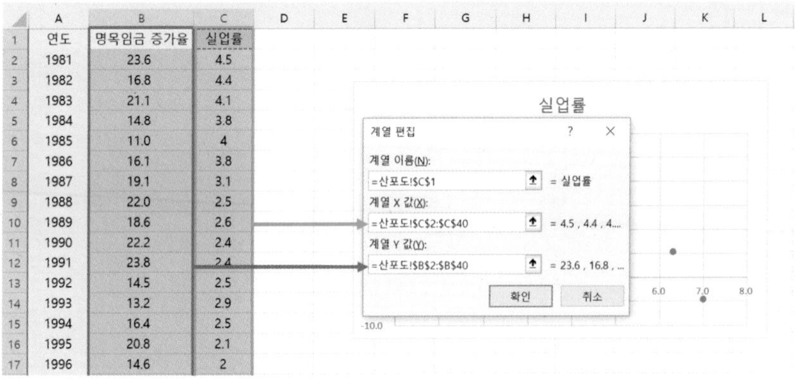

그림 3 '계열 편집' 대화상자와 정보 입력

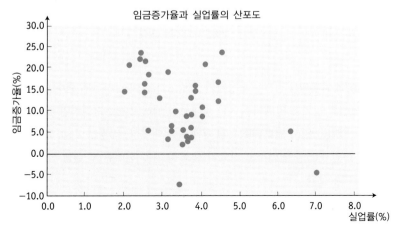

그림 4 임금 증가율과 실업률의 산포도

완성된 산포도(그림 4)를 보면 실업률과 임금 증가율 사이에 역의 관계가 존재한다고도 볼 수 있으나 그 관계가 명확하지 않다. 이런 관계를 더 정확히 알아보기 위해 상관계수를 통한 상관분석을 수행해보자.

상관계수를 추정하고 상관계수의 유의성을 검정하기 위해 그림 5와 같이 엑셀의 메뉴 표시 줄에 있는 **추가 기능** 탭에서 **ETEX** 메뉴 버튼을 선택한다. ETEX의 메뉴 창이 열리게 되면 **상관분석 → 상관계수의 유의성 검정**을 차례로 선택한다.

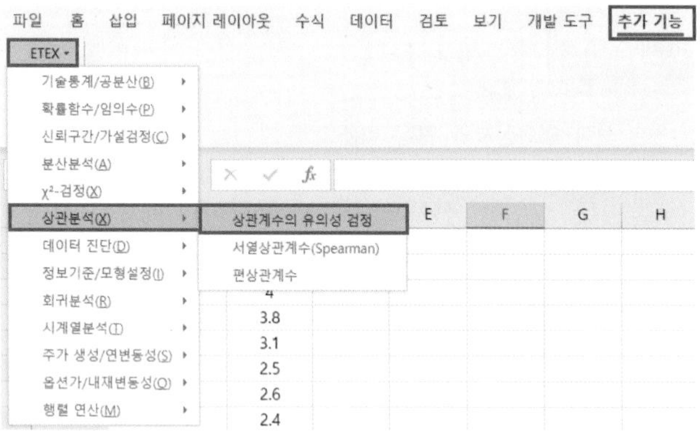

**그림 5** ETEX의 '상관계수의 유의성 검정' 선택 경로

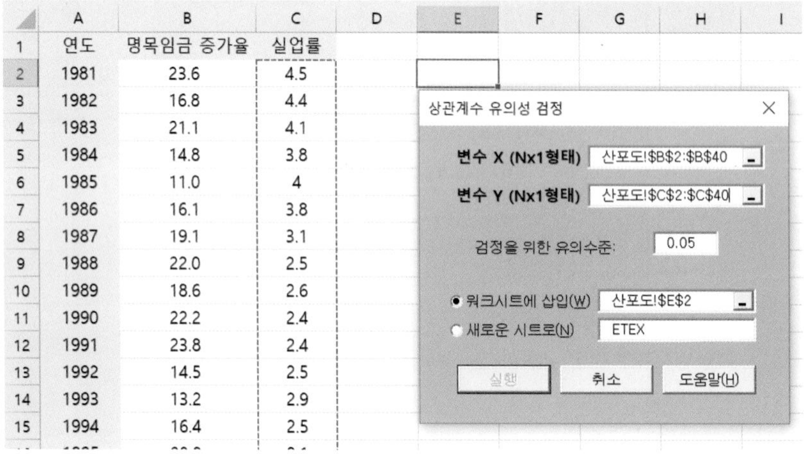

**그림 6** '상관계수의 유의성 검정' 대화상자와 정보 입력

**상관계수 유의성 검정** 대화상자가 그림 6과 같이 나타나면 **변수 $X$**입력란에 실업률 자료가 입력된 셀의 범위를 열벡터(N×1) 형태로 선택하고 **변수 $Y$**입력란에 임금 증가율 자료가 입력된 셀의 범위를 역시 열벡터(N×1) 형태로 선택한다. 검정을 위한 유의수준은 가장 표준적인 유의수준인 0.05를 입력하고 자료가 출력될 셀을 선택한 후 **실행** 버튼을 클릭한다. 실행 결과는 그림 7과 같다.

| | A | B | C |
|---|---|---|---|
| 1 | 연도 | 명목임금 증가율 | 실업률 |
| 2 | 1981 | 23.6 | 4.5 |
| 3 | 1982 | 16.8 | 4.4 |
| 4 | 1983 | 21.1 | 4.1 |
| 5 | 1984 | 14.8 | 3.8 |
| 6 | 1985 | 11.0 | 4 |
| 7 | 1986 | 16.1 | 3.8 |

| 상관계수(ρ)에 대한 유의성 검정 | |
|---|---|
| ρ | -0.4 |
| 검정통계량 | -2.7 |
| 5% 임곗값 | 2.026192 |
| P-값 | 0.0115 |
| 검정 결과 | Ho 기각 |

**그림 7** '상관계수 유의성 검정' 결과

추정된 상관계수 값이 −0.4로 임금 증가율과 실업률 사이에는 부(−)의 관계가 있음을 알 수 있다. 이 두 변수의 연관성에 대한 검정을 수행하기 위해 다음과 같은 귀무가설과 대립가설을 설정한다.

$H_0$ : $\rho=0$(두 변수는 선형관계가 없다.)

$H_1$ : $\rho\neq0$(두 변수는 선형관계가 있다.)

추정된 검정통계량이 자유도가 $39-2=37$인 $t$-분포로부터 구해진 임곗값과 비교하여 기각 영역에 속하게 되면 귀무가설을 기각한다. 이 검정은 양측검정이므로 유의수준 0.05의 경우 기각 영역은 $t_{(37,\,0.025)}$보다 크거나 $-t_{(37,\,0.025)}$보다 작은 영역에 속한다.

추정 결과에 의하면 검정통계량은 −2.7, 임곗값은 −2.0261이므로 검정통계량이 기각 영역에 속하게 되어 귀무가설을 기각한다. 즉 임금 증가율과 실업률 사이에는 통계적으로 유의미한 선형 상관관계가 존재한다고 결론지을 수 있다.

## 2. 단순회귀모형

이번에는 임금 증가율과 실업률의 함수적 관계를 알아보기 위해 임금 증가율을 종속변수, 실업률을 독립변수로 하는 다음 회귀모형을 추정해 보자.

$$W_t=\beta_0+\beta_1U_t+\varepsilon_t$$

## 3. 최소제곱법

최소제곱법으로 추정하기 위해 엑셀이 제공하는 분석 도구를 사용할 수 있으나 이 사례에서는 추정과 관련된 보다 다양한 통계량을 제공해 주는 ETEX를 사용하고자 한다. 그림 8과 같이 엑셀의 메뉴 표시줄에 있는 **추가 기능 탭**에서 ETEX 메뉴 버튼을 선택한 후 ETEX의 메뉴 창이 열리면 **회귀분석 → 선형모형 추정 → 보통최소제곱(OLS) 추정**을 차례로 선택한다.

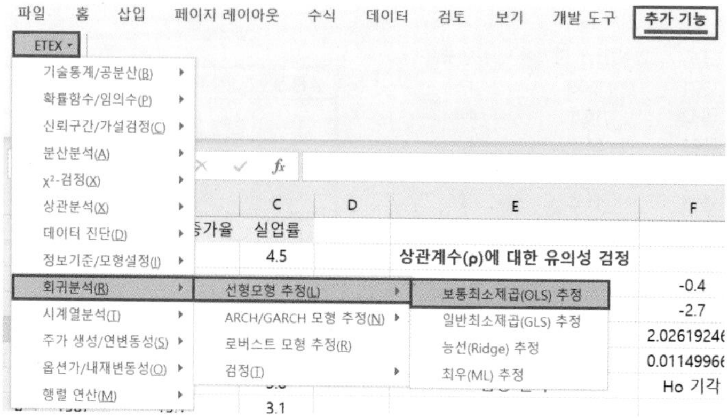

**그림 8** ETEX의 '보통최소제곱(OLS) 추정' 선택 경로

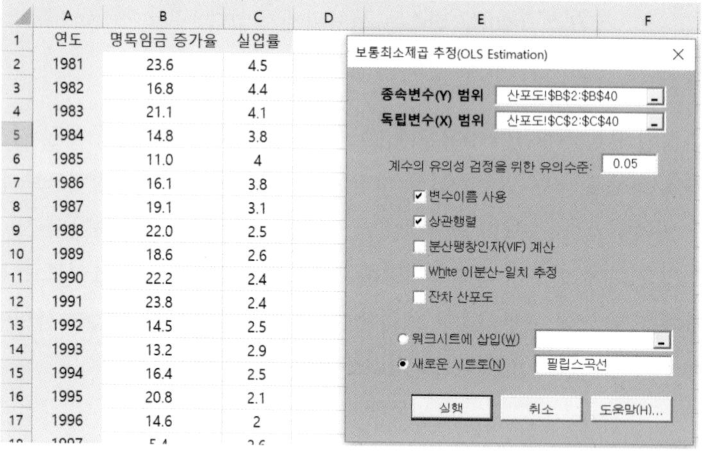

**그림 9** '보통최소제곱(OLS) 추정' 대화상자와 정보 입력

보통최소제곱(OLS) 추정 대화상자가 열리면 그림 9와 같이 **종속변수($Y$) 범위**와 **독립변수($X$) 범위**에 각각 임금 증가율 자료가 입력된 셀의 범위와 실업률 자료가 입력된 셀의 범위를 입력하고 **계수의 유의성 검정을 위한 유의수준**을 입력한다. 원하면 **변수이름 사용**과 **상관행렬**, **분산팽창인자(VIF) 계산**, **White 이분산－일치 추정**, **잔차 산포도** 옵션을 선택할 수 있다. 이 사례에서는 **변수이름 사용**과 **상관행렬**을 옵션으로 선택하였다.

회귀분석 결과는 그림 10과 같다. 결정계수 $R^2$, 회귀계수의 추정값, 표준오차 및 $t$-통계량 값, 분산분석표 등이 계산되어 있으며 다음 장에서 다루게 될 조정된 결정계수 $\bar{R}^2$, 더빈－왓슨(DW) 통계량 등이 계산되어 있다.

| | A | B | C | D | E | F |
|---|---|---|---|---|---|---|
| 1 | | 계수 추정치 | 표준오차 | t-통계량 | P-값 | 계수의 통계적 유의성 검정 |
| 2 | Y 절편 | 21.55082165 | 4.336925265 | 4.969147572 | 1.55165E-05 | 5% 유의수준에서 유의함 |
| 3 | 실업률 | -3.161501377 | 1.188790869 | -2.659426027 | 0.011499662 | 5% 유의수준에서 유의함 |
| 4 | | | | | | |
| 5 | 관측수 | 39 | | | | |
| 6 | 자유도 | 37 | | | | |
| 7 | 추정 표준오차 | 7.17200949 | | | | |
| 8 | 종속변수의 평균 | 10.42882193 | | | | |
| 9 | 종속변수의 표준오차 | 7.72383755 | | | | |
| 10 | 결정계수(R²) | 0.16047511 | | | | |
| 11 | 조정된 결정계수 | 0.137785248 | | | | |
| 12 | 더빈-왓슨(DW) 통계량 | 0.622993101 | | | | |
| 13 | AIC | 3.939010076 | | | | |
| 14 | SIC | 3.981665502 | | | | |
| 15 | 추정 시간: 2020-04-28 오후 3:53:57 | | | | | |
| 16 | | | | | | |
| 17 | 변동요인 | 제곱의 합 | 자유도 | 평균의 제곱 | F비 | |
| 18 | 회 귀 | 363.7956825 | 1 | 363.7956825 | 7.072546794 | |
| 19 | 잔 차 | 1903.195644 | 37 | 51.43772012 | | |
| 20 | 합 계 | 2266.991327 | 38 | | | |
| 21 | | | | | | |
| 22 | 상관행렬 | Y | 실업률 | | | |
| 23 | Y | 1 | | | | |
| 24 | 실업률 | -0.400593447 | 1 | | | |

그림 10 보통최소제곱(OLS) 추정 결과

최소제곱법으로 추정된 표본회귀식은 다음과 같다.

$$\widehat{W}_t = 21.5508 - 3.1615 U_t$$
$$(4.3369) \quad (1.1888)$$

기울기계수 $\beta_1$에 대한 추정값은 −3.1615로 우리나라 경우에도 실업률과 임금 증가율 사이에 역의 관계가 존재하는 것으로 나타났으며 통계적 유의성을 띄우고 있다. 즉, $\beta_1$에 대한 $t$-검정은 5% 유의수준에서 유의미하다. 분산분석표를 이용한 $F$-검정에 의하면 회귀식이 5% 유의수준에서 유의성이 있는 것으로 나타난다. 결정계수 $R^2$ 역시 0.1604로 추정된 표본회귀선이 표본자료를 어느 정도 적합함을 알 수 있다. 이는 앞의 산포도를 이용한 그래프 분석에서 이미 짐작할 수 있었던 결과이다.

## 4. 최우법

엑셀은 최우법을 이용한 추정 분석 도구를 제공하지 않기 때문에 ETEX를 사용한다. 그림 8에서처럼 엑셀의 메뉴 표시줄에 있는 **추가 기능** 탭에서 **ETEX** 메뉴 버튼을 선택한 후 ETEX의 메뉴 창이 열리면 **회귀분석 → 선형모형 추정 → 최우(ML) 추정**을 차례로 선택한다.

ETEX는 오차항의 정규분포를 가정하고 최우 추정을 수행하며 다음 두 가지 사항에 주의해야 한다.

1. 엑셀의 추가 기능 중 **해 찾기 추가 기능**이 사전에 설치되어 있지 않으면 **최우(ML) 추정**을 실행 중 '해 찾기 : 예상하지 않았던 중간 오류가 발생했거나 사용 가능한 메모리가 없습니다'라는 오류 메시지가 나타난다. 따라서 **최우(ML) 추정** 실행 전에 엑셀의 해 찾기를 로드할 수 있도록 **데이터** 탭에서 **해 찾기**(추가 기능에 **해 찾기 추가 기능**이 먼저 설치되어

있어야 함)를 선택하고 나타난 대화상자를 닫은 후 ETEX의 **최우(ML) 추정**을 실행한다.

2. 그림 11과 같이 ETEX의 **최우(ML) 추정**은 각 계수의 초깃값을 디폴트로 0.1을 설정한다. 하지만 이 디폴트 초깃값을 이용하여 최적화 해를 찾지 못하거나 그림 12의 결과와 같이 찾은 해가 광역 해(global solution)가 아니라고 여겨질 때 **최우(ML) 추정** 대화상자의 **초깃값 옵션**에서 대수정규분포하는 임의수를 초깃값으로 선택할 수 있다.

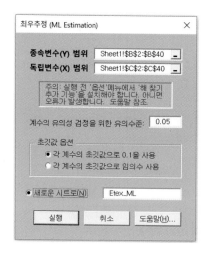

**그림 11** ETEX의 '최우(ML) 추정' 대화상자와 정보 입력

| | A | B | C | D | E | F |
|---|---|---|---|---|---|---|
| 1 | | | ML 추정 | | | 추정 시간: 2020-04-28 오후 3:58:09 |
| 2 | 계 수 | 추정치 | 표준오차 | t-통계량 | P-값 | 계수의 통계적 유의성 검정 |
| 3 | $\beta_0$ | 17.4796 | 4.3065602 | 4.058831 | 0.000245 | 5% 유의수준에서 유의함 |
| 4 | $\beta_1$ | -1.84676 | 1.1804675 | -1.564432 | 0.12623 | 5% 유의수준에서 유의하지 못함 |
| 5 | $\sigma$ | 8.192334 | | | | |
| 6 | ML 함수 | -132.6 | | | | |
| 7 | | | | | | |

**그림 12** 각 계수의 초깃값으로 0.1을 선택한 최우(ML) 추정 결과

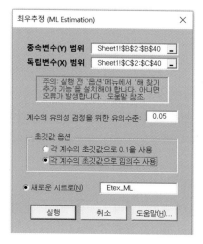

**그림 13** '최우(ML) 추정' 대화상자의 '초깃값 옵션'에서 임의수 사용 선택

| | A | B | C | D | E | F |
|---|---|---|---|---|---|---|
| 1 | | | ML 추정 | | | 추정 시간: 2020-04-28 오후 3:59:44 |
| 2 | 계 수 | 추정치 | 표준오차 | t-통계량 | P-값 | 계수의 통계적 유의성 검정 |
| 3 | β0 | 21.55076 | 4.2242586 | 5.101667 | 1.03E-05 | 5% 유의수준에서 유의함 |
| 4 | β1 | -3.16149 | 1.1579079 | -2.730344 | 0.009632 | 5% 유의수준에서 유의함 |
| 5 | σ | 6.98569 | | | | |
| 6 | ML 함수 | -131.149 | | | | |
| 7 | | | | | | |
| 8 | 잔 차 | | | | | |
| 9 | 16.29437 | | | | | |

**그림 14** 각 계수의 초깃값으로 임의수를 선택한 최우(ML) 추정 결과

각 계수의 초깃값으로 임의수를 사용한 그림 14의 **최우 추정** 결과(우도함수 값이 각 계수의 초깃값으로 0.1을 사용한 우도함수 값보다 크면 추정 결과가 더 정확하다고 볼 수 있음)에 따르면 다음과 같이 계수의 추정값이 최소제곱추정과 약간의 차이가 있지만, 표준오차가 최소제곱추정에 비해 다소 감소하면서 $t$-검정통계량이 증가하였다. 최우 추정에 의한 기울기계수의 $t$-검정통계량의 경우 $-3.1615(p=0.0096)$로 5% 유의수준에서 통계적 유의성을 나타낸다. 따라서 최우 추정 결과도 최소제곱추정처럼 실업률과 임금 증가율 사이의 역의 관계가 통계적으로 유의미하다.

## 5. 역변환모형 추정

두 변수의 비선형 관계를 고려하기 위해 실업률 변수를 $1/U$로 전환해 $W_t$와 $1/U_t$ 간의 관계를 나타내는 회귀모형을 설정하고(이 역변환모형에서는 $1/U_t$의 기울기계수가 0보다 크면 두 변수 간에 역의 관계가 성립함) 최소제곱법으로 추정한다. 그 결과는 그림 15에 나타나 있다.

| | A | B | C | D | E | F |
|---|---|---|---|---|---|---|
| 1 | 계 수 | 계수 추정치 | 표준오차 | t-통계량 | P-값 | 계수의 통계적 유의성 검정 |
| 2 | Y 절편 | -3.119917056 | 4.600932783 | -0.678105333 | 0.501923971 | 5% 유의수준에서 유의하지 못함 |
| 3 | 1/실업률(역변환) | 44.64958964 | 14.70497807 | 3.036358805 | 0.004369601 | 5% 유의수준에서 유의함 |
| 4 | | | | | | |
| 5 | 관측수 | 39 | | | | |
| 6 | 자유도 | 37 | | | | |
| 7 | 추정 표준오차 | 7.00345635 | | | | |
| 8 | 종속변수의 평균 | 10.42882193 | | | | |
| 9 | 종속변수의 표준오차 | 7.72383755 | | | | |
| 10 | 결정계수(R²) | 0.199471648 | | | | |
| 11 | 조정된 결정계수 | 0.177835746 | | | | |
| 12 | 더빈-왓슨(DW) 통계량 | 0.638335471 | | | | |
| 13 | AIC | 3.891445901 | | | | |
| 14 | SIC | 3.934101328 | | | | |
| 15 | 추정 시간: 2020-04-28 오후 4:01:08 | | | | | |
| 16 | | | | | | |
| 17 | 변동요인 | 제곱의 합 | 자유도 | 평균의 제곱 | F비 | |
| 18 | 회 귀 | 452.2004954 | 1 | 452.2004954 | 9.219474796 | |
| 19 | 잔 차 | 1814.790831 | 37 | 49.04840085 | | |
| 20 | 합 계 | 2266.991327 | 38 | | | |

**그림 15** 역변환모형

최소제곱법으로 추정된 표본회귀식은 다음과 같다.

$$\widehat{W_t} = -3.1199 + 44.6495\frac{1}{U_t}$$
$$(4.6009) \quad (14.7049)$$

필립스 곡선이 사례자료 13-1과 같이 비선형 형태를 지닌다면 역변환모형은 실업률과 임금 증가율 사이에 존재하는 역의 관계를 더 잘 설명할 것으로 예상할 수 있다. 역변환모형 추정 결과에 따르면 $R^2$이 0.1995로 계산되어 앞의 모형보다 적합도가 높은 것으로 나타나며, $F$-검정과 기울기계수 $\beta_1$에 대한 $t$-검정 모두 1% 유의수준에서도 유의성이 있는 것으로 나타났다. 단순회귀모형과 역변환모형을 실증분석한 결과에 의하면 우리나라의 경우 1981~2019년 분석 기간에 필립스 곡선이 성립된다고 볼 수 있다.[3]

---

[3] 사례분석을 수행하기 위한 단순회귀분석의 결과에 중요한 경제적 의미를 부여하기 어렵지만, 그 이유로 노동시장의 유연성 및 제도 변화 혹은 경기 침체에도 물가가 상승하는 스태그플레이션 현상의 변화 등을 고려해 볼 수 있다.

**사례분석 13**

# 회귀분석과 R 패키지 활용

사례자료 13-2의 명목임금 증가율과 실업률에 대한 자료는 █ 사례분석13.txt에서 확인할 수 있으며 자료를 R로 불러오기 위한 코드는 다음과 같다.

```
data = read.table(file = "C:/Users/경영경제통계학/사례분석13.txt", header = T)
# 자료 불러오기
head(data) # 자료 확인
```

**코드 1** 자료 불러오기

```
Console ~/ ⇗
> head(data)
     명목임금.증가율 실업률
1981          23.6    4.5
1982          16.8    4.4
1983          21.1    4.1
1984          14.8    3.8
1985          11.0    4.0
1986          16.1    3.8
>
```

**그림 16** 자료 확인

## 1. 상관분석

$W_t$와 $U_t$ 간의 관계를 산포도로 그려보기 위해 먼저 입력된 자료를 plot 함수에 대입해보자. 그래프 제목은 '임금 증가율과 실업률의 산포도', x축 이름은 '실업률', y축 이름은 '명목임금 증가율'이 되도록 다음 코드를 작성하였다.

```
plot(data[,1] ~ data[,2], main = "임금 증가율과 실업률의 산포도", xlab = "실업률", ylab
  = "명목임금 증가율") # 산포도 그리기
abline(h = 0, col = "red", lty = 2) # y축에 영점 그리기
```

**코드 2** 산포도 그리기

산포도에서 y축의 0점을 쉽게 확인할 수 있도록 abline() 함수를 이용하였다. h는 수평선을 그리기 위한 인수이며 h=0을 입력하면 y축의 0점에 맞추어 x축과 평행한 선을 그릴 수 있다.

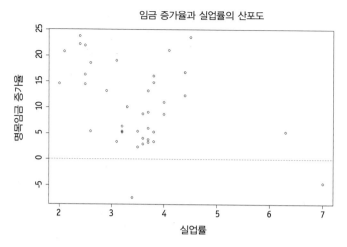

**그림 17** 임금 증가율과 실업률의 산포도

다음에 상관분석을 위한 R의 **cor.test()** 함수를 이용하여 상관분석을 진행해보자. 이 함수를 사용하려면 상관분석을 시행하려는 자료의 변수를 벡터 형태로 각각 입력한다.

y = data[,1]

x = data[,2]

cor.test(y,x) # 상관분석 실시

**코드 3** 상관분석 실시

```
Console ~/
> y = data[,1]
> x = data[,2]
> cor.test(y,x) # 상관분석 실시

        Pearson's product-moment correlation

data:  y and x
t = -2.6624, df = 37, p-value = 0.01141
alternative hypothesis: true correlation is not equal to 0
95 percent confidence interval:
 -0.63602328 -0.09783167
sample estimates:
        cor
-0.4009717
```

**그림 18** 상관분석 결과

추정된 상관계수 값이 −0.4로 임금 증가율과 실업률 사이에는 부(−)의 관계가 있음을 알수 있으며, 검정통계량은 −2.6624로 '두 변수는 선형관계가 없다'라는 귀무가설을 기각한다.

## 2. 단순회귀모형의 최소제곱법 추정

다음 회귀모형을 R의 **lm()** 함수를 이용하여 추정해 보자.

$$W_t = \beta_0 + \beta_1 U_t + \varepsilon_t$$

res0 = lm(formula = 명목임금.증가율 ~ 실업률, data = data) # 최소제곱법 추정

summary(res0) # 결과 요약 출력

**코드 4** 최소제곱법을 이용한 회귀분석 실시

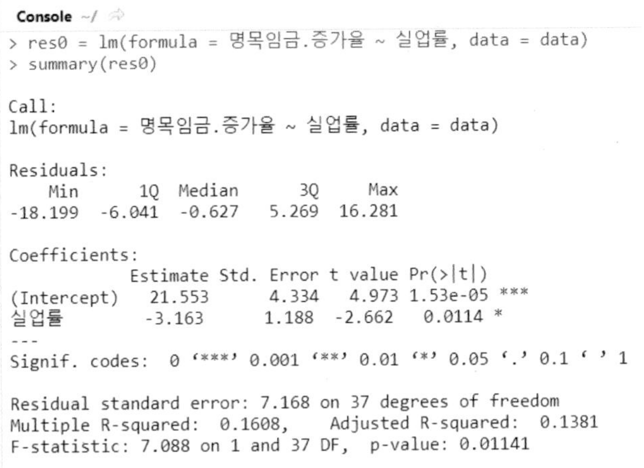

```
Console ~/
> res0 = lm(formula = 명목임금.증가율 ~ 실업률, data = data)
> summary(res0)

Call:
lm(formula = 명목임금.증가율 ~ 실업률, data = data)

Residuals:
    Min      1Q  Median      3Q     Max
-18.199  -6.041  -0.627   5.269  16.281

Coefficients:
            Estimate Std. Error t value Pr(>|t|)
(Intercept)   21.553      4.334   4.973 1.53e-05 ***
실업률        -3.163      1.188  -2.662   0.0114 *
---
Signif. codes:  0 '***' 0.001 '**' 0.01 '*' 0.05 '.' 0.1 ' ' 1

Residual standard error: 7.168 on 37 degrees of freedom
Multiple R-squared:  0.1608,	Adjusted R-squared:  0.1381
F-statistic: 7.088 on 1 and 37 DF,  p-value: 0.01141
```

**그림 19** 최소제곱법을 이용한 회귀분석 결과

lm() 함수는 Linear Model의 약자로 선형회귀모형을 최소제곱법으로 추정하는 함수이다. formula는 모형의 표현식을 입력하는 인수이며 앞의 코드처럼 연산자 '~'를 사용하여 표현한다. data 인수에는 자료의 객체명을 입력한다. 그림 19를 보면 ETEX 결과와 다르게 AIC 통계량, BIC 통계량 등을 계산해주지 않는다. 이를 계산하려면 AIC(), BIC() 같은 함수를 사용하여 계산할 수 있다.

## 3. 최우법

R에서 선형회귀모형을 최우법으로 추정하려면 대수우도함수를 먼저 설정한 후 mle2()라는 함수를 이용해야 한다. mle2() 함수는 R의 내장함수는 아니며 bbmle 패키지를 설치한 다음에 library(bbmle) 함수로 로드하여 사용할 수 있다. 즉, 다음 코드를 작성하여 최우추정을 실시할 수 있다.

install.packages("bbmle")

library(bbmle)

y = data[,1] # 종속변수 할당

x = data[,2] # 독립변수 할당

n = length(y) # 표본수 할당

fn = function(b0,b1,sigma) { # 대수우도함수 설정

$$(n/2)*\log(sigma^2)+1/(2*sigma^2)*(sum((y-b0-b1*x)^2))$$
}

res1 = mle2(fn, start = list(b0 = 0.1, b1 = 0.1, sigma = 1)) # 최우추정 실시

**코드 5** 대수우도함수 및 최우추정을 위한 각 계수의 초깃값 설정

```
Console ~/ 
> res1 = mle2(fn, start = list(b0 = 0.1, b1 = 0.1, sigma = 1))
Warning message:
In mle2(fn, start = list(b0 = 0.1, b1 = 0.1, sigma = 1)) :
  convergence failure: code=1 (iteration limit 'maxit' reached)
> |
```

**그림 20** 최우추정을 위한 각 계수의 초깃값으로 0.1을 사용한 결과

그림 20의 경고 메시지는 엑셀 활용 사례분석 13의 최우법에서 설명했던 "초깃값을 이용하여 최적화 해를 찾지 못하거나 그림 12의 결과와 같이 찾은 해가 광역 해(global solution)가 아니라고 여겨질 때"의 예에 해당하며 현재 초깃값으로 최적화 해를 찾지 못한 결과를 보여 준다. 이런 경우 최적화 해를 찾기 위해 최소제곱법으로 도출된 계숫값을 초깃값으로 설정할 수 있으며, 다음 코드는 최소제곱법으로 추정한 계숫값을 초깃값으로 설정하고 sigma를 5로 설정하였다.

res2 = mle2(fn, start = list(b0 = 21.553, b1 = −3.163, sigma = 2))

**코드 6** 최우추정을 위한 초깃값으로 최소제곱 추정값을 설정

```
Console ~/ 
> res2 = mle2(fn, start = list(b0 = 21.553, b1 = -3.163, sigma = 5))
> summary(res2)
Maximum likelihood estimation

Call:
mle2(minuslogl = fn, start = list(b0 = 21.553, b1 = -3.163, sigma = 5))

Coefficients:
      Estimate Std. Error z value     Pr(z)
b0    21.55306    4.22162  5.1054 3.301e-07 ***
b1    -3.16304    1.15718 -2.7334  0.006268 **
sigma  6.98132    0.79048  8.8318 < 2.2e-16 ***
---
Signif. codes:  0 '***' 0.001 '**' 0.01 '*' 0.05 '.' 0.1 ' ' 1

-2 log L: 190.5726
> |
```

**그림 21** 최우추정 결과

ETEX를 이용한 최우추정 결과와 유사하며 실업률과 임금 증가율 사이의 역의 관계가 통계적으로 유의미하다.

## 4. 역변환모형 추정

엑셀 활용 사례분석처럼 두 변수의 비선형 관계를 고려하기 위해 실업률 변수를 $1/U$로 전환해 $W_t$와 $1/U_t$ 간의 관계를 나타내는 회귀모형을 설정하고(이 역변환모형에서는 $1/U_t$의 기울기계수가 0보다 크면 두 변수 간에 역의 관계가 성립함) 최소제곱법으로 추정한다. 이 역변환모형 추정 코드와 결과는 다음과 같다.

data[,3] = 1/x # 실업률 역수 data 객체의 3번째 열로 할당

colnames(data)[3] = "역수U" # 3번째 열 이름

res3 = lm(명목임금.증가율 ~ 역수U, data = data) # 역변환 모형 최소제곱추정 실시

summary(res3) # 결과 요약 출력

**코드 7** 역변환 모형 추정

```
Console ~/
> y = data[,1]
> x = data[,2]
> data[,3] = 1/x
> colnames(data)[3] = "역수U"
> res3 = lm(명목임금.증가율 ~ 역수U, data = data)
> summary(res3)

Call:
lm(formula = 명목임금.증가율 ~ 역수U, data = data)

Residuals:
     Min      1Q  Median      3Q     Max
-17.4088 -5.2021 -0.2398  4.9127 16.8035

Coefficients:
            Estimate Std. Error t value Pr(>|t|)
(Intercept)   -3.133      4.598  -0.681  0.49988
역수U          44.681     14.694   3.041  0.00432 **
---
Signif. codes:  0 '***' 0.001 '**' 0.01 '*' 0.05 '.' 0.1 ' ' 1

Residual standard error: 6.998 on 37 degrees of freedom
Multiple R-squared:  0.1999,    Adjusted R-squared:  0.1783
F-statistic: 9.246 on 1 and 37 DF,  p-value: 0.004319
```

**그림 22** 역변환 모형 결과

# 14

# 다중회귀분석

앞 장에서 회귀분석의 가장 단순한 형태로 독립변수가 하나인 단순회귀분석에 대해 살펴 보았다. 그러나 실제 경영·경제와 관련된 회귀분석에서는 종속변수가 여러 개의 독 립변수에 의해 영향을 받는 회귀모형을 설정해야 하는 경우가 일반적이다. 예를 들어 아파트 의 가격은 아파트의 위치, 경과년수(나이), 지하철역과의 거리, 단지 규모뿐 아니라 이자율, 물가 수준, 실질소득 등과 같은 거시 변수들에 의해서 영향을 받기 때문에 아파트의 가격을 분석하기 위해서는 여러 개의 독립변수를 갖는 다중회귀분석이 필요하다. 따라서 이 장에서 는 단순회귀분석에서 다룬 통계적 개념을 기초로 다중회귀분석에 관해 설명하려고 한다.

## 제1절 다중회귀모형

종속변수의 변화를 설명하기 위해 하나의 독립변수를 설정한 단순회귀모형을 $K$개의 독립변 수를 갖는 회귀모형으로 확장한 것이 다중회귀모형이다. 따라서 종속변수 $Y$가 $K$개의 독립변 수 $X_1$, $X_2$, $\cdots$, $X_K$와 관계가 있으며, $X_1=x_{1i}$, $X_2=x_{2i}$, $\cdots$, $X_K=x_{Ki}$를 취하는 경우 다중회귀모

**그림 14-1**

아파트 가격에
미치는 여러
독립변수

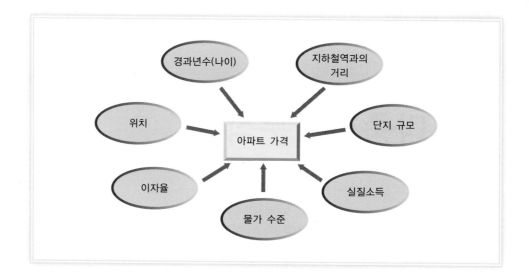

형은 다음과 같이 표현될 수 있다.

$$E(y_i \mid x_{1i}, x_{2i}, \cdots, x_{Ki}) = \beta_0 + \beta_1 x_{1i} + \beta_2 x_{2i} + \cdots + \beta_K x_{Ki}$$

혹은

$$y_i = \beta_0 + \beta_1 x_{1i} + \beta_2 x_{2i} + \cdots + \beta_K x_{Ki} + \varepsilon_i$$

종속변수와 독립변수의 관계는 $\beta_0$, $\beta_1$, $\cdots$, $\beta_K$인 부분회귀계수(partial regression coefficient)에 의해 결정된다. 일반적으로 $\beta_0$를 제외한 부분회귀계수의 의미는 매우 중요하다. $\beta_0$는 모든 독립변수의 값이 0이 되는 경우 종속변수의 기댓값으로 절편계수를 나타낸다. 하지만 경영·경제 분석에서 모든 독립변수의 값이 0이 되는 경우는 드물어 $\beta_0$는 대부분 관심의 대상에서 제외된다. 반면에 $\beta_1$, $\cdots$, $\beta_k$의 부분회귀계수들은 중요한 의미를 지니는데, 다른 독립변수들의 값은 변화하지 않고 $h$번째 독립변수 $X_h$가 취하는 값만 $x_{hi}$에서 $x_{hi}+1$로 1단위 증가할 때 종속변수 $y_i$의 기대변화량을 나타낸다.

$$E(y_i \mid x_{1i}, \cdots, x_{hi}+1, \cdots, x_{Ki}) - E(y_i \mid x_{1i}, \cdots, x_{hi}, \cdots, x_{Ki}) = \beta_h$$

예를 들어 통신비($Y$)가 소득($X_1$)뿐만 아니라 주거비($X_2$)에 의해서도 영향을 받는다면 다중회귀모형 $y_i = \beta_0 + \beta_1 x_{1i} + \beta_2 x_{2i} + \varepsilon_i$를 설정할 수 있다. 소득이 증가하면 통신비가 증가하여 $\beta_1$은 양의 부호를 가지지만 주거비가 상승하면 가계지출의 증가 때문에 통신비에 대한 지출을 줄여 $\beta_2$는 음의 부호를 가진다고 예상할 수 있다. 모회귀평면이

$$E(y_i \mid x_{1i}, x_{2i}) = 2 + 0.05x_{1i} - 30x_{2i}$$

라고 가정하자. 이때 $x_{2i}$가 고정된 경우 $x_{1i}$가 1단위 증가하면 $y_i$의 기댓값은 0.05단위 증가하며, $x_{1i}$가 고정된 경우 $x_{2i}$가 1단위 증가하면 $y_i$의 기댓값은 30단위 감소함을 알 수 있다.

**그림 14-2**

$K=2$인 경우
회귀평면

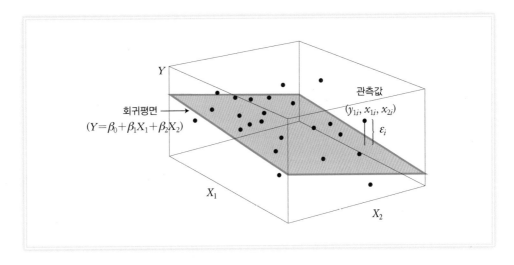

단순회귀모형에서처럼 다중회귀모형에서도 추정량이 바람직한 속성을 가지도록 하고, 모형에 대한 가설을 검정하기 위해서는 회귀모형에 대한 기본 가정이 필요하다. 다중회귀모형의 기본 가정으로는 단순회귀모형의 다섯 가지 기본 가정이 모두 충족되어야 하며, 추가로 독립변수 간에 완전한 선형관계가 성립되지 않는다는 가정이 요구된다. 따라서 일반적으로 다중회귀모형의 분석을 위해 필요한 여섯 가지의 가정은 다음과 같다.

---

**다중회귀모형에 대한 기본 가정**

• $x_i$는 상수로 비확률적이거나 오차항과는 독립적인 확률변수 $X$의 관측값들이다.

$$Cov(\varepsilon_i, x_i)=0$$

• 오차항 $\varepsilon_i$는 평균 0을 가지는 확률변수이다.

$$E(\varepsilon_i)=0$$

• 오차항 $\varepsilon_i$는 모든 $x_i$에 대하여 동일한 분산을 지닌다.

$$Var(\varepsilon_i)=E(\varepsilon_i^2)=\sigma^2$$

이 가정을 **동분산** 또는 **균분산**(homoskedasticity) 가정이라고 한다.

• 오차항 $\varepsilon_i$는 서로 상관되어 있지 않다.

$$Cov(\varepsilon_i, \varepsilon_j)=E(\varepsilon_i, \varepsilon_j)=0 \ (i \neq j)$$

이 가정을 **비자기상관**(no autocorrelation) 가정이라고 한다.

• 가설검정을 위해 오차항 $\varepsilon_i$는 정규분포를 따라야 한다.

$$\varepsilon_i \sim N(0, \sigma^2)$$

• 독립변수들 간에 완전한 선형관계가 성립되지 않는다.

$c_0+c_1x_{1i}+c_2x_{2i}+\cdots+c_Kx_{Ki}=0$을 만족하는 동시에 모두 0이 아닌 수의 집합 $c_0, c_1, \cdots, c_K$를 찾는 것이 불가능한 경우이며, 이 가정을 **비다중공선성**(no multicollinearity) 가정이라고 한다.

다중회귀모형의 경우 여섯 번째 가정이 추가되는 이유는 최소제곱추정 값이 유일하게 존재하지 않는 특수한 경우를 배제하는 데 있다. 예를 들어 2개의 독립변수 $X_1$과 $X_2$를 가지는 다중회귀모형에서 독립변수 간에 완전한 공선성(collinearity)이 존재하여 다음과 같은 선형관계가 성립된다고 가정하자.

$$y_i = \beta_0 + \beta_1 x_{1i} + \beta_2 x_{2i} + \varepsilon_i$$
$$2x_{1i} = x_{2i}$$

이 경우 $x_{2i}$ 대신 $x_{1i}$로 대체할 수 있으며 다중회귀모형은 다음과 같이 다시 쓸 수 있다.

$$y_i = \beta_0 + \beta_1 x_{1i} + \beta_2 (2x_{1i}) + \varepsilon_i$$
$$= \beta_0 + (\beta_1 + 2\beta_2) x_{1i} + \varepsilon_i$$
$$= \beta_0 + \gamma x_{1i} + \varepsilon_i$$

완전한 공선성이 존재하여도 최소제곱법으로 $\gamma$의 추정값을 구할 수 있기는 하지만 원래의 회귀계수 $\beta_1$과 $\beta_2$에 대한 유일한 추정값을 결정할 수 없으며, 결과적으로 각 독립변수가 종속변수에 미치는 영향인 개별효과(separate effect)를 추정하는 것이 불가능해진다.

예 14-1 ▶

한 영화 제작사는 새로운 영화 제작을 기획하고 있으며, 사전에 영화의 관람객 수에 영향을 미치는 변수들을 선정하고 회귀분석 하여 자신들이 제작한 영화의 관람객 수를 예측하고자 한다. 이 영화 제작사는 과거 경험에 근거하여 관람객 수에 영향을 미치는 영화의 평점, 광고

출처 : 셔터스톡

비용, 상영관 개수, 배우 인지도를 독립변수로 고려하는 것이 타당하다고 생각한다. 이 경우 회귀모형은 어떻게 설정할 수 있겠는가?

**답**

4개의 독립변수를 가지는 다중회귀모형을 다음과 같이 설정할 수 있다.

$$y_i = \beta_0 + \beta_1 x_{1i} + \beta_2 x_{2i} + \beta_3 x_{3i} + \beta_4 x_{4i} + \varepsilon_i$$

여기서 $y_i$는 영화 관람객 수의 관측값, $x_{1i}, x_{2i}, x_{3i}, x_{4i}$는 각각 영화의 평점, 광고비용, 상영관 개수, 배우 인지도의 관측값들을 의미한다.

## 통계의 이해와 활용

### 아이폰 회귀모형의 오차와 '소확행'

출처 : 셔터스톡

애플은 이슈를 몰고 다니는 기업이다. 최근 뉴스에는 애플 제품의 혁신과 새로운 기능들이 보도되고 있으며, 애플의 신제품이 출시되면 매장에 줄을 서서 구매하는 진풍경도 벌어진다. 애플 제품이 세계 시장에서 차지하는 비율이 압도적이라고 할 수는 없지만, 이익률이 높고 안정적인 판매 수준을 유지하고 있다. 2030세대 사이엔 특이한 유행어가 있었다. 이른바 '애플빠'라는 용어로 네이버 오픈사전에도 등재돼 있다. '아이팟부터 아이폰, 아이패드에 이르기까지 애플이 만드는 모든 제품에 열광하는 애플 마니아를 가리키는 말이다'라고 설명하고 있다. 이 용어를 통해 우리는 애플의 차별화 전략이 무엇인지 쉽게 알 수 있다. 전문가들은 애플에는 있지만 다른 기업에는 없는 것으로 '충성심 높은 마니아층'을 꼽는다. 치열한 경쟁 사회에서 안정적인 고객층을 확보하는 것은 현대 기업들의 중요 과제임은 틀림이 없다.

이와 관련하여 KT가 시장조사 업체 패널인사이트에 의뢰하여 아이폰 이용자를 상대로 아이폰을 재선택하게 된 이유에 관해 물어본 설문 조사 결과를 공개했다. 설문 대상자들은 '애플 브랜드가 좋아서' 34%, '앱 활용 등 유저 인터페이스가 마음에 들어서' 25%, '디자인이 좋아서' 18%, 'ISO 운영체제가 좋아서' 6%, 기타 17% 순으로 응답하였다. 이 결과를 통해 확인할 수 있는 사실은 아이폰 수요에 가장 큰 영향을 미치는 변수는 제품의 가격이나 소비자의

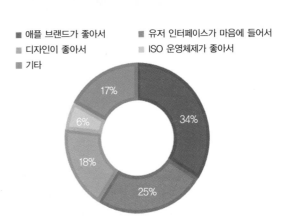

■ 애플 브랜드가 좋아서　　■ 유저 인터페이스가 마음에 들어서
□ 디자인이 좋아서　　■ ISO 운영체제가 좋아서
■ 기타

소득과 같은 양적변수가 아니라는 점이다. 특히 아이폰 구매자가 가장 중요하게 생각하는 '애플 브랜드에 대한 만족감'은 대표적인 질적변수에 해당한다. 한 소비자 심리 전문가는 다른 스마트폰에 비해 상대적으로 비싼 아이폰을 2030세대들이 선호하는 이유로 애플 브랜드가 주는 '소확행'을 꼽았다. 소확행은 작지만 확실한 행복이라는 의미로, 2030세대들이 자금력이 부족해 비싼 자동차나 아파트 등을 살 수는 없지만, 휴대폰만큼은 최고를 사용하여 아이폰이 소비자에게 주는 소확행을 누린다는 것이다.

따라서 아이폰 수요량에 영향을 미치는 설명변수는 무엇이고, 각 변수는 아이폰 수요를 얼마나 설명하고 있는지 등에 대한 보다 정밀한 회귀분석을 하려면 아이폰 가격, 소비자의 소득, 다른 경쟁 스마트폰의 가격 등과 같은 경제변수 외에도 브랜드 선호도, 유저 인터페이스 만족감, 운영체제 만족도 등을 독립변수로 포함하는 다중회귀분석이 필요하다. 하지만 브랜드 선호도, 유저 인터페이스 만족감, 운영체제 만족도 등은 수치로 측정되기 어려운 질적변수이기 때문에 가격이나 소득과 같은 양적변수와 다르게 바로 관측될 수가 없어 회귀모형의 독립변수로 포함하기 어렵다. 결국, 아이폰 수요량을 종속변수로 하는 이 회귀모형에서 중요한 질적변수의 누락은 오차를 발생시키며, 자연스럽게 이 회귀모형에 오차항을 내포하게 된다(참고로 앞 장에서 회귀모형에 오차항을 발생시키는 세 가지 중요한 이유에 관해 설명하였다).

# 제2절 최소제곱추정법과 가우스 – 마르코프 정리

앞 장에서 단순회귀모형의 모수를 추정하는 방법으로 최소제곱법과 최우법을 소개하였으며, 회귀모형에 대한 기본 가정이 충족되면 회귀계수에 대한 추정 결과가 서로 같아짐을 살펴보았다. 따라서 이 절에서는 최소제곱법에 따른 다중회귀모형의 모수추정 방법에 관해서만 설명하고자 한다. 다중회귀모형이란 단순회귀모형에 독립변수만 추가된 것에 불과하므로 최소제곱법에 따른 다중회귀모형 추정은 단순회귀모형 추정의 원리와 같다. $K$개의 독립변수들에 대한 $n$개의 결합관측값 자료가 있다고 가정하면, 각 자료점(data point)들은 다음과 같이 표기된다.

$$(y_1, x_{11}, x_{21}, \cdots, x_{K1})$$
$$(y_2, x_{12}, x_{22}, \cdots, x_{K2})$$
$$\vdots$$
$$(y_n, x_{1n}, x_{2n}, \cdots, x_{Kn})$$

표 13 – 3에서 영화에 대한 관람객 수와 평점을 단순회귀분석 하였다. 예 14 – 1에서는 다중회귀분석을 위해 더 많은 독립변수를 고려하였다. 자료는 표 14 – 1에 기록되어 있으며, 이 경우 수집된 표본자료는 종속변수와 4개의 독립변수에 대한 25개 관측값들의 집합으로 각 자료점은 다음과 같이 나타낼 수 있다.

$$(y_1, x_{11}, x_{21}, x_{31}, x_{41}) = (565, 8.45, 25, 1102, 174)$$
$$(y_2, x_{12}, x_{22}, x_{32}, x_{42}) = (1219, 9.06, 30, 1906, 516)$$
$$\vdots$$
$$(y_{25}, x_{125}, x_{225}, x_{325}, x_{425}) = (387, 7.67, 30, 825, 564)$$

이 자료를 이용하여 다음 회귀공간(regression space)의 모수 $\beta_0, \beta_1, \cdots, \beta_K$를 추정하는 최소제곱법에 대해 살펴보자.

$$E(y_i \mid x_{1i}, \cdots, x_{Ki}) = \beta_0 + \beta_1 x_{1i} + \cdots + \beta_K x_{Ki}$$

이 회귀공간은 주어진 각 독립변수의 값에 대응하는 종속변수의 기댓값을 나타내며 추정된 회귀공간은

$$\hat{y}_i = b_0 + b_1 x_{1i} + \cdots + b_K x_{Ki}$$

가 된다. 단순회귀모형의 경우 모든 자료점들을 가장 잘 적합시키는 표본회귀선 $\hat{y}_i = b_0 + b_1 x_{1i}$를 구하는 방법으로 실제의 $y_i$값과 예측된 $\hat{y}_i$값의 차이인 잔차 $e_i$의 제곱합을 최소화하였는데, 다중회귀모형에도 이 최소제곱법의 원리를 그대로 적용할 수 있다. 즉 다중회귀모형에서 실제의 $y_i$값과 추정된 표본회귀공간에 의해 예측된 $\hat{y}_i$값과의 차이인 잔차

$$e_i = y_i - \hat{y}_i = y_i - (b_0 + b_1 x_{1i} + \cdots + b_K x_{Ki})$$

**표 14-1 영화 관람객 수와 관련 자료**

| 영화명 | 관람객 수(만 명) $Y_i$ | 평점 $X_1$ | 광고 비용(억 원) $X_2$ | 상영관 개수 $X_3$ | 배우 인지도 $X_4$ |
|---|---|---|---|---|---|
| 청년경찰 | 565 | 8.45 | 25 | 1102 | 174 |
| 택시운전사 | 1219 | 9.06 | 30 | 1906 | 516 |
| 박열 | 236 | 8.08 | 14 | 1176 | 130 |
| 프리즌 | 293 | 7.62 | 20 | 1047 | 219 |
| 공조 | 782 | 8.3 | 22 | 1392 | 317 |
| 더 킹 | 532 | 8.09 | 30 | 1310 | 137 |
| 마스터 | 715 | 8.11 | 31 | 1501 | 391 |
| 판도라 | 458 | 8.38 | 35 | 1184 | 300 |
| 럭키 | 698 | 8.47 | 20 | 1234 | 264 |
| 밀정 | 750 | 8.41 | 30 | 1444 | 711 |
| 터널 | 712 | 8.37 | 23 | 1105 | 659 |
| 덕혜옹주 | 560 | 8.38 | 25 | 964 | 184 |
| 인천상륙작전 | 705 | 8.04 | 23 | 1049 | 485 |
| 부산행 | 1157 | 8 | 29 | 1788 | 93 |
| 아가씨 | 429 | 7.08 | 26 | 1171 | 457 |
| 곡성 | 688 | 7.6 | 20 | 1485 | 601 |
| 검사외전 | 971 | 7.95 | 25 | 1812 | 558 |
| 히말라야 | 776 | 7.98 | 20 | 1095 | 541 |
| 검은 사제들 | 544 | 8.31 | 20 | 1109 | 224 |
| 사도 | 625 | 8.22 | 30 | 1210 | 777 |
| 베테랑 | 1341 | 9.01 | 30 | 1115 | 568 |
| 암살 | 1271 | 8.97 | 40 | 1519 | 606 |
| 극비수사 | 286 | 8.09 | 21 | 894 | 342 |
| 스물 | 304 | 7.66 | 20 | 926 | 162 |
| 조선명탐정: 사라진 놉의 딸 | 387 | 7.67 | 30 | 825 | 564 |

는 표본회귀공간에 의해 설명되지 못하는 부분으로, 이 잔차항들의 제곱합이 최소화되도록 하는 추정량을 구하면 된다. 따라서 최소제곱추정값은 다음 조건을 만족시키는 값 $b_0$, $b_1$, ⋯, $b_K$이다.

$$\text{minimize} \sum (y_i - b_0 - b_1 x_{1i} \cdots - b_K x_{Ki})^2$$

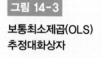

예 14-1의 다중회귀모형을 표 14-1의 자료를 이용하여 추정하라. OLS 추정 방법으로 ETEX의 최소제곱추정량을 이용하라.

**답**

엑셀의 메뉴 표시줄에 있는 **추가 기능** 탭에서 **ETEX** 메뉴 버튼을 선택한 후 ETEX의 메뉴 창이 열리면 **회귀분석 → 선형모형 추정 → 보통최소제곱(OLS) 추정**을 차례로 선택한다. **보통최소제곱(OLS) 추정** 대화상자가 열리면 그림 14-3과 같이 **종속변수(Y) 범위**와 **독립변수(X) 범위**에 각각 PC에 대한 만족도 자료가 입력된 셀의 범위와 나머지 독립변수들이 입력된 셀의 범위를 행렬 형태로 입력한다.

ETEX의 보통최소제곱(OLS) 추정량을 이용하여 다중회귀모형을 추정한 결과는 그림 14-4와 같으며 추정된 다중회귀모형은 다음과 같다.

$$y_i = -2610.41 + 290.36x_{1i} + 4.73x_{2i} + 0.53x_{3i} + 0.31x_{4i}$$

이 추정 결과에 의하면 평점, 상영관 개수, 광고 비용, 배우 인지도가 높은 영화일수록 영화 관람객 수가 많음을 알 수 있다. 부분회귀계수의 추정값들은 각 독립변수의 개별효과를 나타내주는데, 한 예로 다른 모든 독립변수의 값이 고정되어 있을 때 영화의 평점이 1점 높아지면 영화 관람객 수가 290만 3,600명 증가함을 의미한다.

**그림 14-3**

보통최소제곱(OLS) 추정대화상자

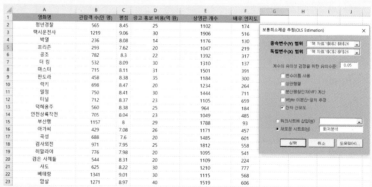

| | A | B | C | D | E | F |
|---|---|---|---|---|---|---|
| 1 | 영화명 | 관람객 수(만 명) | 평점 | 광고 홍보 비용(억 원) | 상영관 개수 | 배우 인지도 |
| 2 | 청년경찰 | 565 | 8.45 | 25 | 1102 | 174 |
| 3 | 택시운전사 | 1219 | 9.06 | 30 | 1906 | 516 |
| 4 | 박열 | 236 | 8.08 | 14 | 1176 | 130 |
| 5 | 프리즌 | 293 | 7.62 | 20 | 1047 | 219 |
| 6 | 공조 | 782 | 8.3 | 22 | 1392 | 317 |
| 7 | 더 킹 | 532 | 8.09 | 30 | 1310 | 137 |
| 8 | 마스터 | 715 | 8.11 | 31 | 1501 | 391 |
| 9 | 판도라 | 458 | 8.38 | 25 | 1184 | 300 |
| 10 | 럭키 | 698 | 8.47 | 20 | 1234 | 264 |
| 11 | 밀정 | 750 | 8.41 | 30 | 1444 | 711 |
| 12 | 터널 | 712 | 8.37 | 23 | 1105 | 659 |
| 13 | 덕혜옹주 | 560 | 8.38 | 25 | 964 | 184 |
| 14 | 인천상륙작전 | 705 | 8.04 | 23 | 1049 | 485 |
| 15 | 부산행 | 1157 | 8 | 29 | 1788 | 93 |
| 16 | 아가씨 | 429 | 7.08 | 26 | 1171 | 457 |
| 17 | 곡성 | 688 | 7.6 | 20 | 1485 | 601 |
| 18 | 검사외전 | 971 | 7.95 | 25 | 1812 | 558 |
| 19 | 히말라야 | 776 | 7.98 | 20 | 1095 | 541 |
| 20 | 검은 사제들 | 544 | 8.31 | 20 | 1109 | 224 |
| 21 | 사도 | 625 | 8.22 | 30 | 1210 | 777 |
| 22 | 베테랑 | 1341 | 9.01 | 30 | 1115 | 568 |
| 23 | 암살 | 1271 | 8.97 | 40 | 1519 | 606 |

**그림 14-4**

추정결과

| | A | B | C | D | E | F |
|---|---|---|---|---|---|---|
| 1 | 계 수 | 계수 추정치 | 표준오차 | t-통계량 | P-값 | 계수의 통계적 유의성 검정 |
| 2 | β0 | -2610.417477 | 662.9474284 | -3.937593488 | 0.000814024 | 5% 유의수준에서 유의함 |
| 3 | 평점 | 290.3602342 | 88.63864776 | 3.275774637 | 0.003780725 | 5% 유의수준에서 유의함 |
| 4 | 광고 홍보 비용(억 원) | 4.730749406 | 7.400778478 | 0.639223214 | 0.52993166 | 5% 유의수준에서 유의하지 못함 |
| 5 | 상영관 개수 | 0.534149972 | 0.136485689 | 3.913596933 | 0.000860978 | 5% 유의수준에서 유의함 |
| 6 | 배우 인지도 | 0.317469603 | 0.189425704 | 1.675958418 | 0.109310133 | 5% 유의수준에서 유의하지 못함 |
| 7 | | | | | | |
| 8 | 관측수 | 25 | | | | |
| 9 | 자유도 | 20 | | | | |
| 10 | 추정 표준오차 | 178.0797142 | | | | |
| 11 | 종속변수의 평균 | 680.16 | | | | |
| 12 | 종속변수의 표준오차 | 311.5428916 | | | | |
| 13 | 결정계수(R²) | 0.727722371 | | | | |
| 14 | 조정된 결정계수 | 0.673266845 | | | | |
| 15 | 더빈-왓슨(DW) 통계량 | 1.681197297 | | | | |
| 16 | AIC | 10.46131901 | | | | |
| 17 | SIC | 10.65633915 | | | | |
| 18 | 추정 시간: 2020-04-29 오후 1:37:45 | | | | | |
| 19 | | | | | | |
| 20 | 변동요인 | 제곱의 합 | 자유도 | 평균의 제곱 | F비 | |
| 21 | 회 귀 | 1695167.668 | 4 | 423791.9169 | 13.36360927 | |
| 22 | 잔 차 | 634247.6922 | 20 | 31712.38461 | | |
| 23 | 합 계 | 2329415.36 | 24 | | | |
| 24 | | | | | | |

단순회귀모형에 대한 기본 가정이 충족되면 최소제곱추정량은 불편추정량이며 최소분산을 가지는 최우수 선형불편추정량($BLUE$)이 됨을 이미 살펴보았다. 마찬가지로 다중회귀모형에서도 다중회귀모형에 대한 기본 가정이 충족되면 최소제곱추정량은 $BLUE$이다.

---

**가우스 - 마르코프 정리**

다중회귀모형의 기본 가정들이 충족되는 경우 최소제곱추정량은 선형불편추정량 중 가장 작은 분산을 가진다.

---

# 제3절 다중회귀모형의 적합성과 분산분석

## 1. 적합도 평가

결정계수가 단순회귀분석에서 표본회귀선이 표본자료를 얼마나 잘 적합하는지 그 정도를 평가하는 방법이었던 것처럼 다중회귀분석에서도 표본회귀공간이 표본자료를 적합하는 정도를 나타내는 척도이다. 다만 다중회귀분석에서 결정계수는 각 독립변수의 종속변수에 대한 설명력을 나타내는 것이 아니라 모든 독립변수의 종속변수에 대한 설명력을 나타낸다. 종속변수의 표본변동은 종속변수 관측값과 종속변수 평균의 편차로 추정될 수 있으며 $y_i - \overline{Y} = \hat{y}_i - \overline{Y} + e_i$이다. 따라서 총 변동은 설명된 변동과 설명 안 된 변동의 합이다.

$$\sum(y_i - \overline{Y})^2 \quad = \quad \sum(\hat{y}_i - \overline{Y})^2 \quad + \quad \sum e_i^2$$

| 총 표본변동 | = | 설명된 변동 | + | 설명 안 된 변동 |
| 혹은 총 제곱합($SST$) | = | 회귀제곱합($SSR$) | + | 잔차제곱합($SSE$) |

따라서 결정계수 $R^2$은 단순회귀모형과 같이 $SST$에 대한 $SSR$의 비율에 따라 결정된다. 단순회귀모형에서처럼 $R^2$은 0에 가까울수록 종속변수 변동의 대부분이 추정된 회귀공간에 의해 설명되지 못하고 있음을, 반면에 1에 가까울수록 종속변수 변동의 대부분이 추정된 회귀공간에 의해 설명되고 있음을 나타낸다.

---

**결정계수**

$$R^2 = \frac{SSR}{SST} = 1 - \frac{SSE}{SST} \ (0 \le R^2 \le 1)$$

---

SSE는 오차항의 분산을 추정하는 데도 매우 유용함을 단순회귀모형에서 살펴보았다. SSE를 자유도로 나누어 준 MSE가 잔차의 분산 $S_e^2$이며 오차항의 분산 $\sigma^2$의 불편추정량임을 알았다. 단순회귀모형에서는 $n$개의 $e_i$ 중에서 2개의 모수 $\beta_0$와 $\beta_1$을 추정해야 하므로 $n$에서 2를 뺀 $n-2$가 잔차의 자유도였으나, 다중회귀모형에서는 $\beta_0$와 $K$개의 $\beta$를 추정해야 하므로 $n$에서 $K+1$을 뺀 $n-K-1$이 잔차의 자유도가 된다.

---

**오차항의 분산추정**

오차항의 분산 $\sigma^2$의 불편추정값은 잔차의 분산 $S_e^2$에 의해 구해진다.

$$S_e^2 = \frac{\sum e_i^2}{n-K-1} = \frac{SSE}{n-K-1}$$

---

$R^2$의 값을 사용하는 목적은 종속변수의 변동을 독립변수들이 얼마나 잘 설명하고 있는지 측정하는 데 있다. 그런데 독립변수의 개수 $K$가 커지면 무조건 $R^2$의 값이 증가하여 종속변수의 변동을 독립변수들이 더 잘 설명하는 것처럼 나타난다. 왜 그럴까? 그 이유는 설명변수가 회귀모형에 추가될 때 SST에 영향을 미치지 않지만, 이 설명변수가 실제 종속변수의 변동을 잘 설명하지 못하는 경우조차도 SSE를 감소시키게 되어 $R^2$의 값이 증가하기 때문이다. 이로 인해 같은 종속변수와 서로 다른 수의 독립변수를 가지는 회귀모형의 적합도를 비교하는 경우 문제점이 발생한다. 이러한 문제점을 해결하기 위해 독립변수의 수를 반영한 결정계수를 조정결정계수(adjusted coefficient of determination)라고 하며 $\overline{R}^2$으로 표기한다. 조정결정계수는 SSE 대신 오차항 분산의 불편추정값 $SSE/(n-K-1)$을 사용하고, SST 대신 종속변수 분산의 불편추정값 $SST/(n-1)$을 사용하여 독립변수의 수가 증가하면 $n-K-1$이 작아지게 되어 SSE가 충분히 작아지지 않으면 $R^2$값이 거의 변함이 없게 된다.

---

**조정결정계수**

$$\overline{R}^2 = 1 - \frac{SSE/(n-K-1)}{SST/(n-1)} = 1 - (1-R^2) \times \frac{n-1}{n-K-1}$$

---

**예 14-3** ▶

영화 관람객 수의 예에서 추정한 다중회귀모형의 적합도를 측정하기 위한 $R^2$과 $\overline{R}^2$을 각각 계산하라.

**답**

표 14-1의 자료를 이용한 계산 결과 $SSE=634247.69$, $SST=2329415.36$이므로

$$R^2 = 1 - SSE/SST = 1 - (634249.69/2329415.36) = 0.7277$$

이다. 그리고 $SST$의 자유도는 $n-1 = 25-1 = 24$, $SSE$의 자유도는 $n-K-1 = 25-4-1 = 20$이므로 $\overline{R}^2$은 다음과 같다.

$$\overline{R}^2 = 1 - \frac{SSE/(n-K-1)}{SST/(n-1)} = 1 - \frac{634247.69/20}{2329415.36/24} = 0.6732$$

결정계수 $R^2$값을 보면 종속변수 변동의 72.77%가 표본회귀공간에 의해 설명되는 것으로 나타나며, 독립변수의 수를 고려한 조정된 결정계수 $\overline{R}^2$값은 0.6732이다. 이는 $R^2$값이 $\overline{R}^2$값보다 표본회귀공간의 설명력을 다소 과대평가하고 있음을 의미한다.

## 2. 정보기준

독립변수가 종속변수를 설명하는 정도를 측정하는 지표로 보통 결정계수를 고려하지만, 종속변수와 무관한 독립변수의 수가 증가하여도 결정계수의 값이 커지는 단점이 있음을 살펴보았다. 반면에, 정보기준(information criterion)은 이런 단점을 보완할 수 있는 적합도 측정지표로 모형의 설명력을 높이기 위해 모형을 무조건 크게 하는(즉, 독립변수의 수를 증가시키는) 경우 일종의 제약을 가하게 함으로써 모형의 설명력과 크기를 동시에 고려할 수 있다. 대표적인 정보기준으로 AIC(Akaike's information criterion)와 BIC(Bayesian information criterion) 또는 SIC(Schwarz's information criterion)가 있으며, AIC와 BIC(SIC)는 각각 다음과 같이 계산된다.

$$AIC = -2\ln L^* + 2 \times (K+1)$$
$$BIC = -2\ln L^* + \ln(n) \times (K+1)$$

여기서 $\ln L^*$은 대수우도함수의 극댓값을 나타내며, $K$는 회귀모형의 독립변수의 수, $n$은 표본크기이다. 실제 모형 분석에서는 BIC가 일반적으로 사용된다. 0과 1 사이의 값을 취하는 결정계수와 달리 정보기준은 어떤 값도 취할 수 있으며 정보기준이 상대적으로 작을수록 모형의 적합도가 높음을 의미한다. 단, 정보기준도 작은 모형보다 큰 모형을 선호하는 경향을 완전히 배제하지 못한다.

**예 14-4 ▶**

제13장의 영화 관람객 수에 대한 단순회귀모형의 정보기준과 이 장의 영화 관람객 수에 대한 다중회귀모형의 정보기준을 계산하고 비교해 보라.

## 답

회귀모형의 정보기준을 계산하기 위해서는 ETEX → **정보기준/모형설정** → AIC와 BIC 순서로 클릭하여 계산할 수 있으며, 실행화면은 다음과 같다.

**그림 14-5**

**정보기준 대화상자**

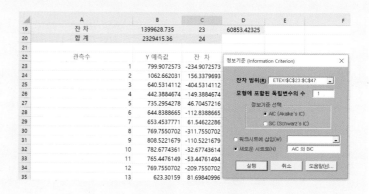

같은 방법으로 SIC도 계산할 수 있으며, 다중회귀모형에서의 AIC를 계산한 값은 다음의 그림과 같다.

**그림 14-6**

**AIC 계산 값**

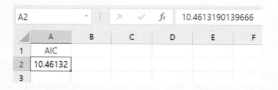

제13장 영화 관람객 수에 대한 단순회귀모형의 AIC와 BIC 값은 각각 11.0128과 11.0615 이며, 이 장에서 분석한 다중회귀모형의 AIC와 BIC 값은 각각 10.4613과 10.6563이다. 더 많은 독립변수가 포함된 다중회귀모형의 정보기준 값이 더 작으며 단순회귀모형보다 다중회귀모형의 적합도가 더 높다고 말할 수 있다.

## 3. 다중회귀모형의 분산분석

분산분석은 다중회귀모형을 분석하는 데 매우 유용하게 적용될 수 있다. 제곱의 합 $SST$, $SSR$, $SSE$는 각각의 자유도를 가지는데 $SST$의 자유도는 $n-1$, $SSE$의 자유도는 $n-K-1$이 됨을 앞에서 설명하였다. $SSR$의 자유도는 회귀함수에 $K+1$개의 모수가 있는데, 하나의 제약조건을 가지므로 $K+1$에서 1을 뺀 독립변수의 개수 $K$가 된다. 따라서 다중회귀모형에서 각 제곱합의 자유도는 다음과 같다.

$$SST의\ 자유도 = n-1$$
$$SSR의\ 자유도 = K$$
$$SSE의\ 자유도 = n-K-1$$

---

**자유도 분해**

$$SST의\ 자유도\ =\ SSR의\ 자유도\ +\ SSE의\ 자유도$$
$$n-1\ =\ K\ +\ (n-K-1)$$

---

각 제곱합을 자유도로 나누어 준 평균제곱은

$$MSR = SSR/K$$
$$MSE = SSE/(n-K-1)$$

이 되므로 다중회귀모형을 위한 분산분석표는 표 14-2와 같이 만들어진다.

**표 14-2  다중회귀모형을 위한 분산분석표**

| 변동요인 | 제곱합 | 자유도 | 평균제곱 | $F$비 |
|---|---|---|---|---|
| 회귀 | $SSR = \sum(\hat{y}_i - \overline{Y})^2$ | $K$ | $MSR = SSR/K$ | |
| 잔차 | $SSE = \sum(y_i - \hat{y}_i)^2$ | $n-K-1$ | $MSE = SSE/(n-K-1)$ | $MSR/MSE$ |
| 합계 | $SST = \sum(y_i - \overline{Y})^2$ | $n-1$ | | |

**예 14-5** ▶

영화 관람객 수에 대한 다중회귀모형의 분산분석표를 작성하라.

**답**

**표 14-3  분산분석표**

| 변동요인 | 제곱합 | 자유도 | 평균제곱 | $F$비 |
|---|---|---|---|---|
| 회귀 | 1695167.668 | 4 | 423791.9169 | |
| 잔차 | 634247.6922 | 20 | 31712.38461 | 13.3636 |
| 합계 | 2329415.36 | 24 | | |

# 제4절 다중회귀분석의 검정과 신뢰구간 추정

다중회귀모형의 모수인 부분회귀계수에 대한 추론은 단순회귀모형에서처럼 다음 확률변수가 $t$-분포에 따른다는 사실에 근거를 둔다.

$$t = \frac{b_i - \beta_i}{S_{b_i}}$$

이 확률변수의 자유도는 단순회귀모형의 경우와 다르게 $n-K-1$이 된다. 추정된 부분회귀계수 $b_0, \cdots, b_K$의 표준오차 $S_{b_0}, \cdots, S_{b_K}$를 계산하는 공식은 단순회귀모형처럼 단순하지 않기 때문에 손으로 계산할 수 없으나 통계패키지들은 추정된 계수와 함께 표준오차의 값을 제공해준다.

## 1. 모수에 대한 유의성 검정

다중회귀모형에 대한 기본 가정이 성립된다면, $H_0 : \beta_i = 0$이 참일 때 확률변수

$$t_{n-K-1} = \frac{b_i}{S_{b_i}}$$

는 $n-K-1$의 자유도를 가지는 $t$-분포를 따른다는 사실을 이용하여 다음 검정 방법에 따라 부분회귀계수 $\beta_i$에 대한 유의성 검정을 수행한다.

---

**모수에 대한 유의성 검정**

가설설정 $H_0 : \beta_i = 0$, $H_1 : \beta_i \neq 0$

검정통계량 $\dfrac{b_i}{S_{b_i}}$

결정규칙 – 검정통계량이 임곗값 $t_{(n-K-1,\ \alpha/2)}$보다 크거나 $-t_{(n-K-1,\ \alpha/2)}$보다 작으면 $H_0$를 기각

---

**예 14-6 ▶**

영화 관람객 수에 대한 다중회귀모형 예에서 5%의 유의수준을 이용하여 상영관 개수를 나타내는 독립변수의 부분회귀계수 $\beta_3$에 대한 유의성 검정을 수행하라.

**답**

$$H_0 : \beta_3 = 0, \ H_1 : \beta_3 \neq 0$$

$b_3 = 0.5341$, $S_{b_3} = 0.1364$이므로 검정통계량은 $t_3 = 0.5341/0.1364 = 3.9135$이다. 검정통계량이 임곗값 $t_{(20, 0.025)} = 2.085$보다 크므로 결정규칙에 따라 $H_0$는 기각된다. 따라서 상영관 개수가 영화의 관람객 수에 유의성 있게 영향을 미친다고 할 수 있다.

## 2. 다중회귀모형에 대한 유의성 검정

앞에서 살펴본 $t$-검정은 각 모수에 대한 유의성을 검정하는 데 사용되었으나 모든 부분회귀계수에 대한 결합검정을 동시에 수행하지는 못한다. 다중회귀모형에 대한 유의성 검정은 종

속변수 $Y$의 변동을 회귀공간이 얼마나 설명할 수 있는지 검정하는 것을 의미하므로 유의성을 검정하려면 모든 독립변수의 모임이 종속변수와 선형관계가 없다는 결합검정을 행해야 한다. 즉 다중회귀모형에 대한 유의성 검정은 귀무가설 '$H_0$ : 회귀식이 통계적으로 유의하지 않다'를 설정하고, 이에 대한 대립가설 '$H_1$ : 회귀식이 통계적으로 유의하다'에 대해 검정하게 된다.

귀무가설의 검정은 단순회귀모형에서처럼 $SSR$과 $SSE$의 비율에 따라 행해질 수 있다. 만일 모든 독립변수의 모임이 종속변수와 선형관계가 없어서 회귀공간이 종속변수 $Y$의 변동을 거의 설명하지 못하면 $SSR$은 $SSE$보다 상대적으로 매우 작아지며, 반대의 경우에는 $SSR$이 $SSE$보다 상대적으로 매우 커진다는 개념에 기초하여 $MSR$과 $MSE$의 비율을 계산한 $F$비로 가설검정을 할 수 있다. 즉 귀무가설이 참일 때 다음 검정통계량

$$F = \frac{MSR}{MSE} = \frac{SSR/K}{SSE/(n-K-1)}$$

이 분자 자유도 $K$와 분모 자유도 $n-K-1$을 가지는 $F$-분포에 따르므로 이 검정통계량이 임곗값 $F_{(K,\,n-K-1,\,\alpha)}$보다 크면 귀무가설은 기각된다.

---

**다중회귀모형에 대한 유의성 검정**

가설설정 $H_0$ : 회귀식이 통계적으로 유의하지 않다.

$\qquad\quad H_1$ : 회귀식이 통계적으로 유의하다.

검정통계량 $F_{(K,\,n-K-1,\,\alpha)} = \dfrac{MSR}{MSE} = \dfrac{SSR/K}{SSE/(n-K-1)}$

결정규칙−검정통계량이 임곗값 $F_{(K,\,n-K-1,\,\alpha)}$보다 크면 $H_0$를 기각

---

$R^2 = SSR/SST = 1 - SSE/SST$이고 $1 - R^2 = SSE/SST$이므로

$$\frac{R^2}{1-R^2} = \frac{SSR/SST}{SSE/SST} = \frac{SSR}{SSE}$$

이 된다. 따라서 검정통계량 $F_{(K,\,n-K-1)}$은 결정계수를 이용하여 구할 수도 있다.

$$F_{(K,\,n-K-1)} = \frac{SSR/K}{SSE/(n-K-1)} = \frac{n-K-1}{K} \cdot \frac{R^2}{1-R^2}$$

이 결과를 이용하면 결정계수 값으로 다중회귀모형에 대한 유의성을 검정할 수 있다.

**예 14-7** ▶

- 영화 관람객 수에 대한 다중회귀모형의 유의성 검정을 예 14-5의 분산분석표를 이용하여 1% 유의수준에서 수행하라.
- 유의성 검정을 위한 검정통계량을 결정계수를 이용하여 계산하라.

**답**

- $H_0$ : 회귀식이 통계적으로 유의하지 않다.
- $H_1$ : 회귀식이 통계적으로 유의하다.

분산분석표에 의하면

$$K=4, \ n-K-1=20, \ MSR=423791.9169, \ MSE=31712.3846$$

따라서 검정통계량은

$$F_{(4,20)}=MSR/MSE=423791.9169/31712.3846=13.3636$$

이며 임곗값은 $F_{(4, 20, 0.01)}=4.43069$이므로 결정규칙에 따라 귀무가설은 기각된다. 따라서 영화 관람객 수에 대한 다중회귀모형은 통계적으로 유의성이 있다.

- $F(4,20)=\dfrac{n-K-1}{K} \times \dfrac{R^2}{1-R^2}=\dfrac{20}{4} \times \dfrac{0.7277}{1-0.7277}=13.3636$

## 3. 모수에 대한 신뢰구간 추정

$t_{n-K-1}=(b_i-\beta_i)/S_{b_i}$가 $t$-분포에 따른다는 사실을 이용하여 $\beta_i$에 대한 $100(1-\alpha)\%$ 신뢰구간을 다음과 같이 구할 수 있다.

$$1-\alpha=P(-t_{(n-K-1, \ \alpha/2)} < \frac{b_i-\beta_i}{S_{b_i}} < t_{(n-K-1, \ \alpha/2)})$$
$$=P(b_i-t_{(n-K-1, \ \alpha/2)}S_{b_i} < \beta_i < b_i+t_{(n-K-1, \ \alpha/2)}S_{b_i})$$

---

**모수 $\beta_i$에 대한 $100(1-\alpha)\%$ 신뢰구간**

$$(b_i-t_{(n-K-1, \ \alpha/2)}S_{b_i}, \ b_i+t_{(n-K-1, \ \alpha/2)}S_{b_i})$$

---

**예 14-8** ▶

영화 관람객 수에 대한 다중회귀모형에서 모수 $\beta_4$에 대한 95% 신뢰구간을 구하라.

**답**

자유도 $n-K-1=20$이며 95% 신뢰구간을 구하기 위한 임곗값은 $t_{(20,0.025)}=2.085$이다. 통계패키지를 이용하여 계산한 추정값 $b_4=0.3174$와 표준오차 $S_{b_4}=0.1894$를 신뢰구간 공식에 대입한다.

$$0.3174 \pm (2.085 \times 0.1894)$$

따라서 $\beta_4$에 대한 95% 신뢰구간은 $(-0.0775, 0.7123)$이다.

# 제5절 더미변수 및 추세변수

## 1. 더미변수

회귀분석을 위해 모형을 설정하는 경우 관심의 대상이 되는 종속변수가 양적인 독립변수들 이외에 질적인 독립변수들[학력, 성(sex), 인종, 지역, 종교, 경제정책, 기술혁신, 자연재앙 등] 에 의해서도 영향을 받게 됨을 알 수 있다. 예를 들어 어느 대기업 사원의 경우 다른 모든 조건이 같아도 대졸사원이 고졸사원에 비해 높은 임금을 받는다는 사실을 발견하였다면, 이 기업 사원의 임금에 대한 회귀분석을 수행하기 위해서는 사원의 학력에 대한 질적변수를 독립변수로 회귀모형에 포함해야 할 필요가 있다. 이 같은 경우 질적효과를 고려할 수 있는 독립변수로 더미변수(dummy variable)를 이용할 수 있으며, 이 더미변수는 질이나 속성의 유무를 나타내기 위해 사용된다.

모든 조건이 동일해도 사원들의 초임이 학력에 따라 차이가 있다는 질적효과를 고려하기 위해 더미변수를 사용하는 경우를 생각해 보자. 사원의 임금은 학력과 관계없이 근무연수에 비례하지만, 대졸 이상의 사원은 높은 초임을 받는 데 반해 대졸 미만의 사원은 낮은 초임을 받는다고 가정하면, 임금과 근무연수의 관계는 다음과 같은 두 회귀식에 의해 표현될 수 있다.

$$Y_i = \begin{cases} \alpha_1 + \beta x_i + \varepsilon_i \ (\text{대졸 미만 사원의 경우}) \\ \alpha_2 + \beta x_i + \varepsilon_i \ (\text{대졸 이상 사원의 경우}) \end{cases}$$

$Y_i$ : 1인당 월임금, $x_i$ : 근무연수, $\alpha_1 < \alpha_2$

**더미변수**

회귀모형에서 관심의 대상이 되는 종속변수가 질적인 독립변수들에 의해 영향을 받게 될 때, 이 질적효과를 고려하기 위한 독립변수를 더미변수라고 한다. 즉 더미변수는 회귀모형에서 질이나 속성의 유무를 나타내기 위해 사용된다.

**그림 14-7**

초임이 다를
경우 임금과
근무연수의
관계

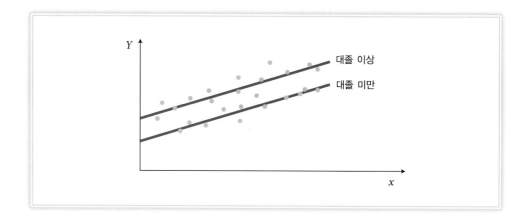

앞의 두 회귀식을 하나로 결합하면 다음과 같이 나타낼 수 있다.

$$Y_i = \beta_0 + \beta_1 D_i + \beta_2 x_i + \varepsilon_i$$

여기서 $D_i$는 더미변수로

$$D_i = \begin{cases} 1 \text{ (대졸 이상 사원의 경우)} \\ 0 \text{ (대졸 미만 사원의 경우)} \end{cases}$$

이며, $\beta_0 = \alpha_1$, $\beta_1 = \alpha_2 - \alpha_1$, $\beta_2 = \beta$이다. 이처럼 더미변수는 2개의 값 중 어느 하나를 취하는 질적변수로 보통 질적 사실이 관측되면 1, 아니면 0을 취하게 된다. 더미변수에 대응되는 회귀계수 $\beta_1$에 대한 유의성 검정($t$-검정)에 의해 학력별로 초임에 차이가 존재하는지를 판단할 수 있다. 즉 고학력 사원과 저학력 사원 간의 초임에 차이가 존재하지 않는다면 $\beta_1 = \alpha_2 - \alpha_1$은 0에 근접하여 $\beta_1 = 0$이라는 귀무가설이 채택되고, 반대로 차이가 존재한다면 $\beta_1 = 0$이라는 귀무가설은 기각될 것이다.

**그림 14-8**

초임과 상승률이
다를 경우 임금과
근무연수의 관계

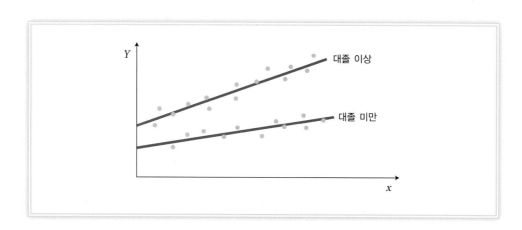

　　학력에 따라 초임에만 차이가 존재하는 경우를 살펴보았으나 흔히 학력에 따라 임금 상승률에도 차이가 존재한다. 그러면 회귀식의 기울기에도 차이가 발생하게 되어 임금과 근무연수의 관계를 나타내는 회귀식은 다음과 같이 기울기도 다른 두 회귀식으로 표현될 수 있다.

$$Y_i = \begin{cases} \alpha_1 + \beta_1 x_i + \varepsilon_i \ (\text{대졸 미만 사원의 경우}) \\ \alpha_2 + \beta_2 x_i + \varepsilon_i \ (\text{대졸 이상 사원의 경우}) \end{cases}$$

이 두 회귀식을 하나로 결합하면 다음과 같이 나타낼 수 있다.

$$Y_i = \gamma_0 + \gamma_1 D_{1i} + \gamma_2 x_i + \gamma_3 D_{2i} x_i + \varepsilon_i$$

여기서 $D_{1i}$, $D_{2i}$는 더미변수로

$$D_{1i} = \begin{cases} 1 \ (\text{대졸 이상 사원의 경우}) \\ 0 \ (\text{대졸 미만 사원의 경우}) \end{cases}$$

$$D_{2i} = \begin{cases} 1 \ (\text{대졸 이상 사원의 경우}) \\ 0 \ (\text{대졸 미만 사원의 경우}) \end{cases}$$

이며, $\gamma_0 = \alpha_1$, $\gamma_1 = \alpha_2 - \alpha_1$, $\gamma_2 = \beta_1$, $\gamma_3 = \beta_2 - \beta_1$이다. 앞의 경우처럼 기울기 더미변수에 대응되는 회귀계수 $\gamma_3$에 대한 유의성 검정($t$-검정)에 의해 학력별로 임금 상승률에도 차이가 존재하는지를 판단할 수 있게 된다.

　　물론 더미변수에 1이나 0을 부과하는 데는 특별한 원칙이 없으나 0을 부과하는 그룹이 항상 비교의 기준이 된다. 즉 학력별 초임 차이를 고려한 회귀식에서 대졸 미만 사원의 경우 $D_i = 0$이라면, 대졸 미만 사원의 회귀식의 상수항이 기준이 되어 대졸 이상 사원의 회귀식의 상수항과 비교가 되는 것이다.

　　더미변수를 사용하는 경우 완전한 다중공선성의 문제가 발생하지 않도록 주의해야 한다. 만일 성별 차이를 고려하기 위해 다음과 같은 2개의 더미를 사용한다고 가정하자.

$$Y_i = \gamma_0 + \gamma_1 D_{1i} + \gamma_2 D_{2i} + \gamma_3 x_i + \varepsilon_i$$

$$D_{1i} = \begin{cases} 1 \ (\text{남자 사원의 경우}) \\ 0 \ (\text{여자 사원의 경우}) \end{cases}$$

$$D_{2i} = \begin{cases} 0 \ (\text{남자 사원의 경우}) \\ 1 \ (\text{여자 사원의 경우}) \end{cases}$$

　　이 경우 $D_{1i} = 1 - D_{2i}$ 또는 $D_{2i} = 1 - D_{1i}$의 관계가 성립되어 완전한 다중공선성의 문제를 초래함으로써 회귀계수를 추정할 수 없게 된다. 따라서 $k$개 그룹의 질적 차이를 구분하는 경우 $k - 1$개의 더미변수를 사용해야 한다.

예 14-9 ▶

한 맥주회사는 판매량의 계절적 차이를 고려하기 위해 회귀모형에 독립변수로 계절 더미변수를 사용하려고 한다. 더미변수를 어떻게 정의해야 하는가?

**답**

맥주회사가 판매량의 계절적 차이를 고려하기 위해 계절 더미변수를 사용한다면 봄, 여름, 가을, 겨울의 4개 더미를 모두 사용하는 것이 아니라 다음과 같이 관심 있는 계절에 대한 3개의 더미변수만을 사용해야 한다.

$$D_{1i} = \begin{cases} 1 \ (겨울) \\ 0 \ (다른 \ 계절) \end{cases}$$

$$D_{2i} = \begin{cases} 1 \ (봄) \\ 0 \ (다른 \ 계절) \end{cases}$$

$$D_{3i} = \begin{cases} 1 \ (여름) \\ 0 \ (다른 \ 계절) \end{cases}$$

## 2. 추세변수

경영·경제 현상을 설명해주는 일부 변수들은 시간이 지남에 따라 증가하거나 감소하는 추세를 지닌다. 소비 지출, 여성의 경제활동 참가율, 에너지 소비량, 1인당 GDP 등은 시간이 지남에 따라 증가하는 추세를 지니며 출산율, 농가 인구 등은 시간이 지남에 따라 감소하는 추세를 지닌다. 이런 추세를 회귀모형에 반영하여 회귀모형의 적합도를 높이기 위해서 우리는 추세변수(trend variable) $f(t)$를 회귀모형의 독립변수로 포함할 수 있다. 가장 단순한 추세변수의 형태로 시간의 선형 함수 $f(t)=t$ 혹은 비선형 함수 $f(t)=t^2$, $f(t)=\ln t$ 등을 사용할 수 있다.

**추세변수**

회귀모형에서 종속변수의 추세를 반영하기 위해 사용되는 독립변수를 추세변수라고 하며, 가장 단순한 추세변수의 형태로 시간의 선형 함수 $f(t)=t$ 혹은 비선형 함수 $f(t)=t^2$, $f(t)=\ln t$ 등을 사용할 수 있다.

예 14-10 ▶

케인즈(Keynes) 소비함수에 추세변수($\ln t$)가 포함된 회귀모형을 아래와 같이 설정한 후 다중회귀분석을 수행해보라. 5% 유의수준에서 추세변수가 유의한가?

$$realC_t = \beta_0 + \beta_1 realY_t + \beta_2 \ln t + \varepsilon_t$$

여기서 $realC_t$ = 명목 최종민간소비지출($C_t$)/소비자물가지수($CPI$), $realY_t$ = 명목 가처분소득($Y_t$)/소비자물가지수($CPI$), $\ln t$는 추세변수이다. 참고로 명목변수는 물가변수로 나누어 실질변수로 변환시킬 수 있다.

한국은행 경제통계시스템의 연간지표에서 1985년부터 2018년까지 35개년 자료는 다음 표와 같다.

표 14-4 **최종민간소비지출, 국민처분가능소득, 소비자물가지수**

| 연도 | 최종민간소비지출(명목) | 국민처분가능소득(명목) | 소비자물가지수(2015=100) |
|---|---|---|---|
| 1985 | 49305.0 | 77467.8 | 31.156 |
| 1986 | 54837.2 | 90587.4 | 32.013 |
| 1987 | 61775.8 | 107748.9 | 32.989 |
| 1988 | 71362.2 | 129225.7 | 35.346 |
| 1989 | 83899.4 | 146195.9 | 37.361 |
| 1990 | 100737.5 | 175852.2 | 40.564 |
| 1991 | 122044.7 | 213377 | 44.350 |
| 1992 | 141345.3 | 241801.5 | 47.106 |
| 1993 | 161104.5 | 273578.3 | 49.367 |
| 1994 | 192771.2 | 323977.4 | 52.460 |
| 1995 | 227069.5 | 372553.2 | 54.811 |
| 1996 | 261376.7 | 415011.9 | 57.510 |
| 1997 | 289425.1 | 454682.3 | 60.063 |
| 1998 | 270297.6 | 436388.0 | 64.576 |
| 1999 | 311176.9 | 482623.6 | 65.101 |
| 2000 | 355141.4 | 535218.3 | 66.572 |
| 2001 | 391691.7 | 578750.7 | 69.279 |
| 2002 | 440206.7 | 649205.9 | 71.193 |
| 2003 | 452736.5 | 689409.2 | 73.695 |
| 2004 | 468700.5 | 750340.6 | 76.341 |
| 2005 | 500910.9 | 784904.9 | 78.444 |
| 2006 | 533277.7 | 827011.2 | 80.202 |
| 2007 | 571809.5 | 901343.3 | 82.235 |

표 14-4  최종민간소비지출, 국민처분가능소득, 소비자물가지수(계속)

| 연도 | 최종민간소비지출(명목) | 국민처분가능소득(명목) | 소비자물가지수(2015=100) |
|------|------------------------|------------------------|----------------------------|
| 2008 | 606355.8 | 946644.4 | 86.079 |
| 2009 | 622808.6 | 976066.0 | 88.452 |
| 2010 | 667061.3 | 1080250.2 | 91.051 |
| 2011 | 711118.8 | 1135618.1 | 94.717 |
| 2012 | 738312.1 | 1177260.3 | 96.789 |
| 2013 | 758005.0 | 1224415.2 | 98.048 |
| 2014 | 780462.7 | 1271899.3 | 99.298 |
| 2015 | 804812.4 | 1349292.2 | 100 |
| 2016 | 834804.8 | 1419199.9 | 100.97 |
| 2017 | 872791.4 | 1497065.8 | 102.93 |
| 2018 | 908273.7 | 1531658.5 | 104.45 |

**답**

그림 14-9  보통최소제곱(OLS) 추정 대화상자

| | A | B | C | D | E | F |
|---|---|---|---|---|---|---|
| 1 | 계 수 | 계수 추정치 | 표준오차 | t-통계량 | P-값 | 계수의 통계적 유의성 검정 |
| 2 | $\beta_0$ | -45885.21849 | 20254.22813 | -2.265463695 | 0.030618494 | 5% 유의수준에서 유의함 |
| 3 | $\beta_1$ | 0.527248933 | 0.034262176 | 15.38865857 | 4.59763E-16 | 5% 유의수준에서 유의함 |
| 4 | $\beta_2$ | 46399.68385 | 16745.65608 | 2.770848966 | 0.009365389 | 5% 유의수준에서 유의함 |
| 5 | | | | | | |
| 6 | 관측수 | 34 | | | | |
| 7 | 자유도 | 31 | | | | |
| 8 | 추정 표준오차 | 23231.19601 | | | | |
| 9 | 종속변수의 평균 | 535738.1138 | | | | |
| 10 | 종속변수의 표준오차 | 225337.3131 | | | | |
| 11 | 결정계수($R^2$) | 0.990015538 | | | | |
| 12 | 조정된 결정계수 | 0.989371379 | | | | |
| 13 | 더빈-왓슨(DW) 통계량 | 0.354326648 | | | | |
| 14 | AIC | 20.13177636 | | | | |
| 15 | SIC | 20.22156227 | | | | |
| 16 | 추정 시간: 2020-05-11 오후 4:49:27 | | | | | |
| 17 | | | | | | |
| 18 | 변동요인 | 제곱의 합 | 자유도 | 평균의 제곱 | F비 | |
| 19 | 회 귀 | 1.65891E+12 | 2 | 8.29454E+11 | 1536.912136 | |
| 20 | 잔 차 | 16730342506 | 31 | 539688467.9 | | |
| 21 | 합 계 | 1.67564E+12 | 33 | | | |

추정 결과에서 추세변수의 계수 $\beta_2$에 대한 $P$-값은 0.0009로 5% 유의수준에서는 계수의 유의성이 없다는 귀무가설은 기각할 수 있다. 따라서 5% 유의수준에서 이 소비함수 모형은 통계적으로 유의미함을 보여준다.

# 제6절 회귀분석을 위한 기본 가정의 위배

지금까지 우리는 회귀모형에 대한 기본 가정이 충족되는 경우에 대해서만 살펴보았으나, 실제로 경영·경제 현상을 회귀분석하는 경우 흔히 기본 가정들이 위배될 수 있다. 따라서 이절에서는 회귀분석을 하는 경우 기본 가정들이 성립되는지를 판단하는 방법과 기본 가정이 위배될 때 발생할 수 있는 문제점에 관해 설명하고자 한다.

## 1. 오차항의 비정규분포

오차항 $\varepsilon_i$에 대한 정규분포 가정은 회귀모형에 대한 추론을 위하여 요구된다. 비록 오차항 $\varepsilon_i$가 정규분포하지 않을 때도 최소제곱추정량은 바람직한 추정량의 속성을 만족하여 $BLUE$가되지만, 회귀모수에 대한 유의성 검정이나 신뢰구간 추정을 위해서는 정규분포 가정이 요구된다. 오차항의 정규분포 여부는 잔차항들의 히스토그램으로 쉽게 판단할 수 있다. 만일 오차항이 정규분포한다면 잔차항 $e_i$의 히스토그램은 그림 14-10과 같이 좌우대칭인 종 모양일 것이다.

**그림 14-10**

**잔차의 히스토그램에 의한 정규성 검토**

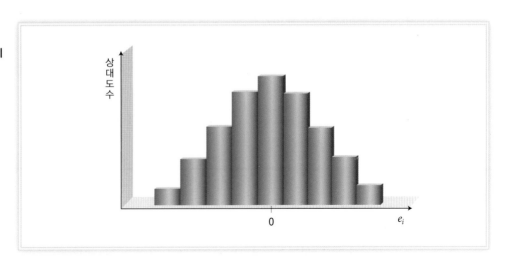

## 2. 다중공선성

독립변수 간에 완전한 선형관계가 성립되지 않는다는 가정(즉 $c_0 + c_1 x_{1i} + c_2 x_{2i} + \cdots + c_K x_{Ki} = 0$을 만족하지만 동시에 모두 0이 아닌 수의 집합 $\{c_0, c_1, \cdots, c_K\}$를 찾을 수 없다는 가정)이 위배되면 다중공선성이 존재한다고 한다. 실제 경영·경제 현상을 분석할 경우 완전한 다중공선성은 발생하기 어렵지만 높은 다중공선성은 흔히 존재할 수 있다. 예를 들어 소비함수를 고려해 보자. 소비 지출은 소비자의 소득, 소비자의 부, 소비자의 기호, 경기에 대한 소비자의 전망 등에 의해 영향을 받게 된다. 그런데 가장 중요한 독립변수인 소득과 부는 서로 높은 상관관계를 지니게 된다. 왜냐하면 소득이 높은 사람은 대부분 많은 부를 축적하고 소득이 낮은 사람은 대부분 적은 부를 축적하게 되기 때문이다. 따라서 소득변수와 부변수의 높은 상관관

**그림 14-11**

**다중공선성**

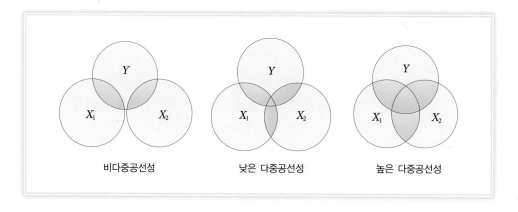

비다중공선성            낮은 다중공선성            높은 다중공선성

계로 다중공선성이 존재하게 되는 것이다.

다중공선성이 존재할 경우 최소제곱추정량이 *BLUE*임에도 불구하고 추정량의 표준오차 값이 커지는 경향이 있으며 회귀모수에 대한 추론이 잘못될 가능성이 커지게 된다.

다중공선성 존재 여부는 다음과 같은 방법으로 탐지할 수 있다. 우선 독립변수 간의 상관계수 추정값이 큰 경우 다중공선성의 존재 가능성을 의심할 수 있다. 또한 $R^2$이 매우 커서 0.7 이상임에도 불구하고 $t$-검정을 수행했을 때 각 부분회귀계수가 통계적 유의성이 없는 경우 다중공선성이 존재할 확률이 매우 높다. 그리고 **분산 팽창 인자**(variance-inflation factor, VIF)를 이용하면 다중공선성의 존재 여부를 더욱 쉽게 판단할 수 있다. 분산팽창인자는 계수의 완전한(다중공선성이 존재하지 않는 경우) 분산에 대한 계수의 실제 분산비율로 정의된다.

**분산 팽창 인자(*VIF*)**

$$VIF(\hat{\beta}_k) = \frac{1}{1 - R_k^2}$$

여기서 $R_k^2$은 $k$번째 독립변수를 종속변수로, 나머지 모든 독립변수를 독립변수로 하는 회귀모형의 결정계수이다. $R_k^2$의 값이 1에 가까울수록 분산 팽창 인자의 값은 커지게 되고, 다중공선성이 존재할 가능성이 매우 큰 것으로 판단할 수 있다.

## 3. 이분산

오차항 $\varepsilon_i$의 분산이 모든 $x_i$에 대하여 동일하다는 기본 가정이 위배되었을 때 이분산 (heteroskedasticity)이 존재한다고 한다.

$$Var(\varepsilon_i) = E(\varepsilon_i^2) = \sigma_i^2$$

예를 들어 종속변수가 소비 지출이며 독립변수 중 하나가 소득인 다중회귀모형의 경우, 소득이 증가함에 따라 소비 지출 또한 평균적으로 증가하지만 소비 지출의 변동 폭도 증가하는 경향이 있다. 이는 소득이 증가함에 따라 사람들의 자유재량적 소득이 늘어나게 되어 소득처분에 대한 선택의 범위가 넓어지기 때문이다. 이 경우 모든 $x_i$에 대하여 $\varepsilon_i$의 분산이 $\sigma^2$으로 일정하다는 가정이 위배되며 그림 14–12와 같이 이분산이 존재하게 된다.

　따라서 동분산이 충족되면 잔차들은 그림 14–13(a)와 같이 일정한 범위 안에 동일하게 분포하지만, 이분산이 존재하는 경우 잔차들의 퍼짐이 그림 (b)나 (c)와 같이 증가 혹은 감소 추세를 나타내게 된다. 이런 이분산이 존재해도 최소제곱추정량은 여전히 불편추정량이지만 소표본이나 대표본에서 더는 효율적 추정량이 아니다.

**그림 14-12**

이분산

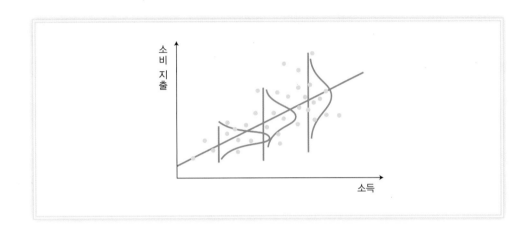

**그림 14-13**

잔차에 의한
동분산성 검토

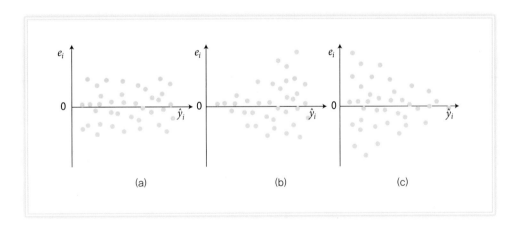

## 4. 자기상관

오차항 $\varepsilon_i$가 서로 상관되지 않는다는 가정이 위배되어 $Cov(\varepsilon_i, \varepsilon_j)=E(\varepsilon_i, \varepsilon_j)\neq 0(i\neq j)$인 경우 자기상관(autocorrelation)이 서로 존재한다고 한다. 이런 자기상관은 시계열자료가 가지는 관성 혹은 느린 조정 과정(sluggishness)이나 모형설정의 잘못에서 발생하게 되며, 자기상관이 존재하는 경우에는 잔차 상호 간에도 어떠한 함수관계가 존재하게 된다. 따라서 그림 14–14의 (a)처럼 잔차들 간에 함수관계가 전혀 성립되지 않는 경우는 자기상관이 없다고 볼 수 있으며,

(b)나 (c)처럼 잔차들 사이에 함수관계가 성립되는 경우에는 자기상관을 검정하기 위하여 더빈-왓슨(Durbin-Watson, DW)의 *d* 통계량

$$d = \frac{\sum_{i=2}^{n}(e_i - e_{i-1})^2}{\sum_{i=1}^{n}e_i^2}$$

을 사용할 수 있다. 부록에 있는 더빈-왓슨 통계표로부터 임곗값 $d_L$과 $d_U$를 구해 이 검정통계량과 비교하여 자기상관의 존재 여부를 결정할 수 있다. 검정통계량이 $4-d_L$보다 크거나 $d_L$보다 작으면 $H_0$를 기각하고 검정통계량이 $d_U$보다 크고 $4-d_U$보다 작으면 $H_0$를 채택하나, 검정통계량이 $d_L$과 $d_U$ 사이 혹은 $4-d_U$와 $4-d_L$ 사이의 미결정 영역에 놓이면 자기상관 여부를 판단할 수 없다. 자기상관이 존재해도 최소제곱추정량은 여전히 불편추정량이지만 소표본이나 대표본에서는 더는 효율적 추정량이 아니다.

**그림 14-14**

잔차에 의한
자기상관 검토

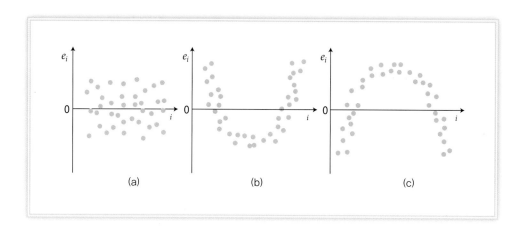

**자기상관검정**

가설설정 $H_0$ : 자기상관이 없다.

　　　　$H_1$ : 자기상관이 있다.

검정통계량 $d = \dfrac{\sum_{i=2}^{n}(e_i - e_{i-1})^2}{\sum_{i=1}^{n}e_i^2}$

결정규칙 - 검정통계량이 $4-d_L$보다 크거나 $d_L$보다 작으면 $H_0$를 기각

　　　　　검정통계량이 $d_U$보다 크고 $4-d_U$보다 작으면 $H_0$를 채택

　　　　　검정통계량이 $d_L$과 $d_U$ 사이 혹은 $4-d_U$와 $4-d_L$ 사이에 놓이면 미결정

**그림 14-15**

더빈–왓슨 통계량을 이용한 자기상관 검정

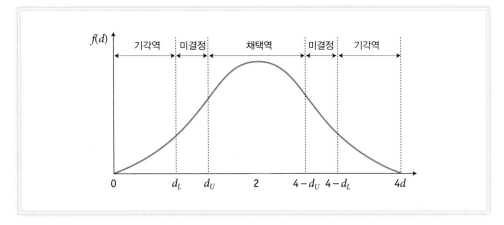

예 14-11 ▶

사례분석 13에서 한국의 경우 필립스 곡선이 성립되는지 살펴보았다. 이번에는 필립스 곡선에 대한 수정이론을 적용하여 임금 변화율과 실업률의 관계에 물가 상승률을 도입한 다중회귀분석을 해 보자.

• 다중회귀모형을 다음과 같이 설정한 후 사례자료 13-2와 표 14-5의 자료를 사용하여 최소제곱법으로 추정하라.

$$W_i = \beta_0 + \beta_1 \frac{1}{U_i} + \beta_2 P_i + \varepsilon_i$$

여기서 $P_i$는 물가 상승률을 나타낸다.

**표 14-5 전 도시의 소비자 물가 상승률**

| 연도 | 소비자 물가상승률 | 연도 | 소비자 물가상승률 | 연도 | 소비자 물가상승률 |
|------|------|------|------|------|------|
| 1981 | 21.4 | 1994 | 6.3 | 2007 | 2.5 |
| 1982 | 7.2 | 1995 | 4.5 | 2008 | 4.7 |
| 1983 | 3.4 | 1996 | 4.9 | 2009 | 2.8 |
| 1984 | 2.3 | 1997 | 4.4 | 2010 | 2.9 |
| 1985 | 2.5 | 1998 | 7.5 | 2011 | 4.0 |
| 1986 | 2.8 | 1999 | 0.8 | 2012 | 2.2 |
| 1987 | 3.0 | 2000 | 2.3 | 2013 | 1.3 |
| 1988 | 7.1 | 2001 | 4.1 | 2014 | 1.3 |
| 1989 | 5.7 | 2002 | 2.8 | 2015 | 0.7 |
| 1990 | 8.6 | 2003 | 3.5 | 2016 | 1.0 |
| 1991 | 9.3 | 2004 | 3.6 | 2017 | 1.9 |
| 1992 | 6.2 | 2005 | 2.8 | 2018 | 1.5 |
| 1993 | 4.8 | 2006 | 2.2 | 2019 | 0.4 |

출처 : 통계청(www.kostat.go.kr)

- 이 다중회귀모형의 자기상관 존재 여부를 파악하기 위해 회귀분석 결과의 잔찻값을 이용하여 $Y$축은 $e_i$로, $X$축은 $i$(시간)로 하는 산포도를 그리고 해석하라.
- 이 다중회귀모형의 자기상관 존재 여부를 5%의 유의수준에서 검정하라.

## 답

- ETEX를 이용하여 추정하기 위해 엑셀의 메뉴 표시줄에 있는 **추가 기능** 탭에서 **ETEX** 메뉴 버튼을 선택한 후 **ETEX** 메뉴 창이 열리면 **회귀분석 → 선형모형 추정 → 보통최소제곱(OLS) 추정**을 차례로 선택한다. 그림 14-16과 같이 **보통최소제곱(OLS) 추정** 대화상자가 열리면 필요한 정보를 입력한 다음 **실행** 버튼을 클릭한다. 추정된 결과는 그림 14-17에 있으며, 추정된 다중회귀모형은 다음과 같다.

$$\widehat{W_i} = -5.21 + 37.76\frac{1}{U_i} + 1.01P_i$$
$$(4.0187)\ (12.8511)\ (0.2757)$$
$$R^2 = 0.4177$$

여기서 괄호 안의 수는 표준오차를 나타낸다. 5% 유의수준에서 실업률 역수 변수, 물가 상승률 변수 모두 통계적으로 유의하다. 필립스 모형에 물가 상승률 변수를 추가하여 회귀모형의 $R^2$값은 0.1994에서 0.4177로 높아졌음을 알 수 있다. 결정계수의 특징으로 모형의 종속변수와는 관계가 없는 독립변수를 추가하더라도 결정계수 값이 커지므로 주의가 필요하다.

**그림 14-16** 보통최소제곱(OLS) 추정 대화상자

| | A | B | C | D | E | F | G | H | I | J |
|---|---|---|---|---|---|---|---|---|---|---|
| 1 | 연도 | 명목임금 상승률 | 실업률 | 1/U | 소비자물가상승률 | | | | | |
| 2 | 1984 | 14.8 | 3.8 | 0.263158 | 2.3 | | | | | |
| 3 | 1985 | 11.0 | 4 | 0.25 | 2.5 | | | | | |
| 4 | 1986 | 16.1 | 3.8 | 0.263158 | 2.8 | | | | | |
| 5 | 1987 | 19.1 | 3.1 | 0.322581 | 3 | | | | | |
| 6 | 1988 | 22.0 | 2.5 | 0.4 | 7.1 | | | | | |
| 7 | 1989 | 18.6 | 2.6 | 0.384615 | 5.7 | | | | | |
| 8 | 1990 | 22.2 | 2.4 | 0.416667 | 8.6 | | | | | |
| 9 | 1991 | 23.8 | 2.4 | 0.416667 | 9.3 | | | | | |
| 10 | 1992 | 14.5 | 2.5 | 0.4 | 6.2 | | | | | |
| 11 | 1993 | 13.2 | 2.9 | 0.344828 | 4.8 | | | | | |
| 12 | 1994 | 16.4 | 2.5 | 0.4 | 6.3 | | | | | |
| 13 | 1995 | 20.8 | 2.1 | 0.47619 | 4.5 | | | | | |
| 14 | 1996 | 14.6 | 2 | 0.5 | 4.9 | | | | | |
| 15 | 1997 | 5.4 | 2.6 | 0.384615 | 4.4 | | | | | |
| 16 | 1998 | -4.6 | 7 | 0.142857 | 7.5 | | | | | |
| 17 | 1999 | 5.3 | 6.3 | 0.15873 | 0.8 | | | | | |
| 18 | 2000 | 12.3 | 4.4 | 0.227273 | 2.3 | | | | | |
| 19 | 2001 | 8.7 | 4 | 0.25 | 4.1 | | | | | |
| 20 | 2002 | 10.1 | 3.3 | 0.30303 | 2.8 | | | | | |
| 21 | 2003 | 8.8 | 3.6 | 0.277778 | 3.5 | | | | | |
| 22 | 2004 | 9.1 | 3.7 | 0.27027 | 3.6 | | | | | |

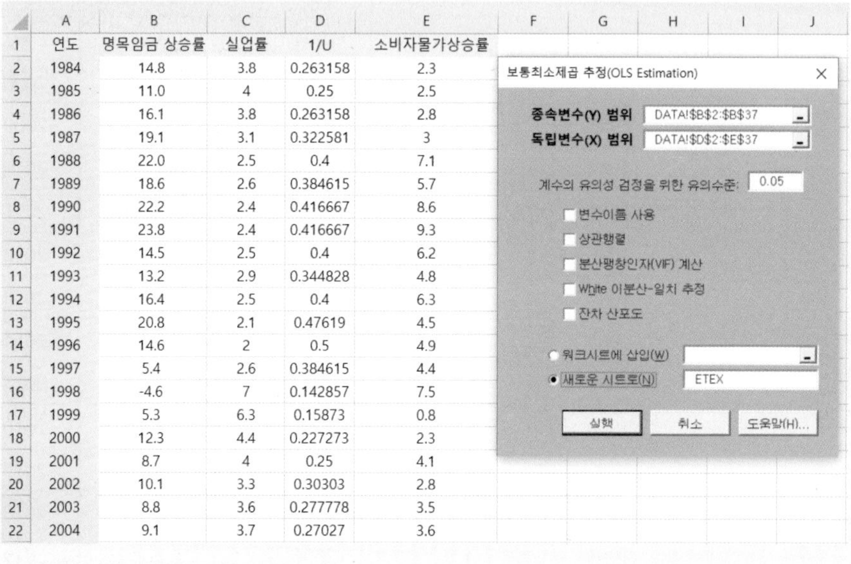

보통최소제곱 추정(OLS Estimation) ×

종속변수(Y) 범위 DATA!$B$2:$B$37
독립변수(X) 범위 DATA!$D$2:$E$37

계수의 유의성 검정을 위한 유의수준: 0.05

☐ 변수이름 사용
☐ 상관행렬
☐ 분산팽창인자(VIF) 계산
☐ White 이분산-일치 추정
☐ 잔차 산포도

○ 워크시트에 삽입(W)
● 새로운 시트로(N) ETEX

실행 취소 도움말(H)...

**그림 14-17** 회귀분석 결과

| | A | B | C | D | E | F |
|---|---|---|---|---|---|---|
| 1 | 계 수 | 계수 추정치 | 표준오차 | t-통계량 | P-값 | 계수의 통계적 유의성 검정 |
| 2 | β0 | -5.218579181 | 4.018730757 | -1.298564023 | 0.202350624 | 5% 유의수준에서 유의하지 못함 |
| 3 | β1 | 37.76595877 | 12.85111226 | 2.938730749 | 0.005721262 | 5% 유의수준에서 유의함 |
| 4 | β2 | 1.013098141 | 0.275759069 | 3.673852488 | 0.000771559 | 5% 유의수준에서 유의함 |
| 5 | | | | | | |
| 6 | 관측수 | 39 | | | | |
| 7 | 자유도 | 36 | | | | |
| 8 | 추정 표준오차 | 6.05512352 | | | | |
| 9 | 종속변수의 평균 | 10.42882193 | | | | |
| 10 | 종속변수의 표준오차 | 7.72383755 | | | | |
| 11 | 결정계수(R²) | 0.417764535 | | | | |
| 12 | 조정된 결정계수 | 0.38541812 | | | | |
| 13 | 더빈-왓슨(DW) 통계량 | 1.112516446 | | | | |
| 14 | AIC | 3.624330948 | | | | |
| 15 | SIC | 3.709641801 | | | | |
| 16 | 추정 시간: 2020-04-29 오후 1:09:42 | | | | | |
| 17 | | | | | | |
| 18 | 변동요인 | 제곱의 합 | 자유도 | 평균의 제곱 | F비 | |
| 19 | 회 귀 | 947.0685766 | 2 | 473.5342883 | 12.91532734 | |
| 20 | 잔 차 | 1319.92275 | 36 | 36.66452084 | | |
| 21 | 합 계 | 2266.991327 | 38 | | | |
| 22 | | | | | | |

- 그림 14-18을 보면 시간의 흐름에 따라 잔차 상호 간에 어느 정도의 함수관계가 성립되고 있다고 볼 수 있다. 그러나 그 함수관계가 시각적으로 명확하게 나타나지 않기 때문에 그래프 분석만으로는 자기상관 존재 여부를 판단하기 어려우며, $d$-검정통계량을 이용하여 면밀한 분석을 수행할 필요가 있다.

**그림 14-18**

**잔차에 의한
자기상관 검토**

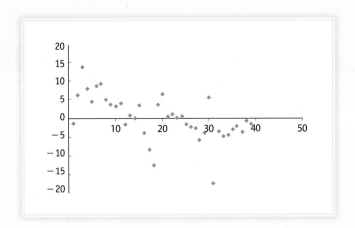

- 자기상관 존재 여부를 검정하기 위해 더빈-왓슨 통계량이 필요하다. 더빈-왓슨 통계량은 다음과 같이 계산될 수 있다.

$$d = \sum_{i=2}^{n}(e_i - e_{i-1})^2 / \sum_{i=1}^{n} e_i^2$$

ETEX는 엑셀의 분석 도구와 달리 더빈-왓슨 통계량 값을 추가로 계산해주며, 그 값은 그림 14-17에서 알 수 있는 것과 같이 1.1125이다.

**그림 14-19** 더빈 왓슨 *d*-통계량

$\alpha=0.5$

| n | k | | | | | | | | | |
|---|---|---|---|---|---|---|---|---|---|---|
| | 1 | | 2 | | 3 | | 4 | | 5 | |
| | $d_L$ | $d_U$ | $d_L$ | $d_U$ | $d_L$ | $d_U$ | $d_L$ | $d_U$ | $d_L$ | $d_U$ |
| 31 | 1.36 | 1.5 | 1.3 | 1.57 | 1.23 | 1.65 | 1.16 | 1.74 | 1.09 | 1.83 |
| 32 | 1.37 | 1.5 | 1.31 | 1.57 | 1.24 | 1.65 | 1.18 | 1.73 | 1.11 | 1.82 |
| 33 | 1.38 | 1.51 | 1.32 | 1.58 | 1.26 | 1.65 | 1.19 | 1.73 | 1.13 | 1.81 |
| 34 | 1.39 | 1.51 | 1.33 | 1.58 | 1.27 | 1.65 | 1.21 | 1.73 | 1.15 | 1.8 |
| 35 | 1.40 | 1.52 | 1.34 | 1.58 | 1.28 | 1.65 | 1.22 | 1.73 | 1.16 | 1.8 |
| 36 | 1.41 | 1.52 | 1.35 | 1.59 | 1.29 | 1.65 | 1.24 | 1.73 | 1.18 | 1.8 |
| 37 | 1.42 | 1.23 | 1.36 | 1.59 | 1.31 | 1.66 | 1.25 | 1.72 | 1.19 | 1.79 |
| 38 | 1.43 | 1.54 | 1.37 | 1.59 | 1.32 | 1.66 | 1.26 | 1.72 | 1.21 | 1.79 |
| 39 | 1.43 | 1.54 | 1.38 | 1.6 | 1.33 | 1.66 | 1.27 | 1.72 | 1.22 | 1.79 |
| 40 | 1.44 | 1.54 | 1.39 | 1.6 | 1.34 | 1.66 | 1.29 | 1.72 | 1.23 | 1.79 |

부록에 있는 더빈–왓슨 통계표로부터 $n=39$, $K=2$, $\alpha=0.05$인 경우의 임곗값을 구하면 과 $d_L=1.38$과 $d_U=1.6$이다. 더빈–왓슨 통계량의 추정값이 1.1125로 $d_L=1.38$보다 작으므로 결정규칙에 의하면 귀무가설은 기각된다. 따라서 이 다중회귀모형의 오차항에 자기상관이 존재한다.

## 요약

경영·경제와 관련된 회귀분석에서는 종속변수가 여러 개의 독립변수에 의해 영향을 받는 회귀모형을 설정해야 하는 경우가 일반적이다. 예컨대 아파트의 가격은 아파트의 위치, 경과년수(나이), 지하철역과의 거리, 단지 규모뿐 아니라 이자율, 물가 수준, 실질소득 등과 같은 거시 변수들에 의해서 영향을 받기 때문에 아파트의 가격을 분석하기 위해서는 여러 개의 독립변수를 가지는 다중회귀분석이 필요하다.

다중회귀모형의 기본 가정으로는 단순회귀모형의 기본 가정이 모두 충족되어야 하며, 추가로 독립변수 간에 완전한 선형관계가 성립되지 않는다는 가정(비다중공선성)이 요구된다. 이 다중회귀모형에 대한 기본 가정이 충족되면 최소제곱추정량은 *BLUE*이다. 이를 가우스-마르코프(Gauss-Markov) 정리라고 한다.

단순회귀분석처럼 다중회귀분석에서도 표본회귀공간이 표본자료를 적합하는 정도를 나타내는 척도로 결정계수 $R^2$을 사용할 수 있다. 하지만 이 결정계수를 이용할 경우 독립변수의 개수 $K$를 무조건 크게 하면 종속변수의 변동을 독립변수들이 더 잘 설명하는 것처럼 나타난다. 이런 문제점을 해결하기 위해 독립변수의 수를 반영한 결정계수인 조정결정계수 $\overline{R}^2$와 정보기준 AIC 및 BIC(SIC)를 이용한다.

　다중회귀모형의 모수인 부분회귀계수에 대한 추론은 단순회귀모형과 동일한 방법에 따라 수행할 수 있다. 단, 단순회귀모형의 경우와 다르게 자유도가 $n-K-1$이 된다. 다중회귀모형에 대한 유의성 검정은 귀무가설 '$H_0$ : 회귀식이 통계적으로 유의하지 않다'를 설정하고, 이에 대한 대립가설 '$H_1$ : 회귀식이 통계적으로 유의하다'에 대해 검정하게 된다. 검정통계량은 다음과 같다.

$$F = \frac{MSR}{MSE} = \frac{SSR/K}{SSE/(n-K-1)}$$

이 검정통계량은 분자 자유도 $K$와 분모 자유도 $n-K-1$을 가지는 $F$-분포에 따르므로 검정통계량이 임곗값 $F_{(K, n-K-1, \alpha)}$보다 크면 귀무가설은 기각된다.

　회귀분석을 위해 모형을 설정하는 경우 관심의 대상이 되는 종속변수가 양적인 독립변수들 이외에 질적인 독립변수들에 의해서도 영향을 받게 됨을 알 수 있다. 이 같은 경우 질적효과를 고려할 수 있는 독립변수로 더미변수를 이용할 수 있다. 더미변수를 사용하는 경우 완전한 다중공선성의 문제가 발생하지 않도록 주의해야 한다. 즉 $k$개 그룹의 질적 차이를 구분하는 경우 $k-1$개의 더미변수를 사용해야 한다. 예를 들어 맥주회사가 판매량의 계절적 차이를 고려하기 위해 계절더미를 사용한다면 봄, 여름, 가을, 겨울의 4개 더미를 모두 사용하는 것이 아니라 관심 있는 계절에 대한 3개의 더미변수만을 사용해야 한다. 한편 회귀모형의 종속변수에 추세가 존재하는 경우 이를 반영하기 위해 독립변수로 추세변수를 사용할 수 있으며, 가장 단순한 추세변수의 형태로 시간의 선형 함수 $f(t)=t$ 혹은 비선형 함수 $f(t)=t^2$ 혹은 ln$t$ 등을 고려할 수 있다.

　경영·경제 현상을 회귀분석하는 경우 흔히 기본 가정들이 위배될 수 있다. 이 중 중요한 다음 네 가지 경우를 살펴본다.

1. **오차항의 비정규분포** : 회귀모형에 대한 추론을 위하여 요구된다. 비록 오차항이 정규분포하지 않을 때도 최소제곱추정량은 바람직한 추정량의 속성을 만족하여 *BLUE*가 되지만, 회귀모수에 대한 유의성 검정이나 신뢰구간 추정을 위해서는 정규분포 가정이 요구된다.

2. **다중공선성** : 독립변수 간에 완전한 선형관계가 성립되지 않는다는 가정이 위배되면 다중공선성이 존재한다고 한다. 다중공선성이 존재할 경우 최소제곱추정량이 *BLUE*임에도 불구하고 추정량의 표준오차 값이 커지는 경향이 있으며 회귀모수에 대한 추론이 잘못될 가능성이 커지게 된다. 다중공선성의 존재 여부는 독립변수 간의 상관계수 추정값이나 분산 팽창 인자(*VIF*) 등을 이용하여 탐지할 수 있다.

3. **이분산** : 오차항 $\varepsilon_i$의 분산이 모든 $x_i$에 대하여 동일하다는 기본 가정이 위배되었을 때 이분산이 존재한다고 한다. 이분산이 존재해도 최소제곱추정량은 여전히 불편추정량이지

만 소표본이나 대표본에서 더는 효율적 추정량이 아니다.

4. 자기상관 : 오차항 $\varepsilon_i$가 서로 상관되지 않는다는 가정이 위배되어 $Cov(\varepsilon_i, \varepsilon_j) = E(\varepsilon_i, \varepsilon_j) \neq 0$ $(i \neq j)$인 경우 자기상관이 존재한다고 한다. 자기상관이 존재해도 최소제곱추정량은 여전히 불편추정량이지만 소표본이나 대표본에서 더 효율적 추정량이 아니다. 자기상관 존재 여부는 다음 더빈-왓슨(DW)의 $d$ 통계량을 이용하여 판단할 수 있다.

$$d = \frac{\sum_{i=2}^{n}(e_i - e_{i-1})^2}{\sum_{i=1}^{n} e_i^2}$$

자기상관 검정 수행 절차는 다음과 같다.

- 가설설정 $H_0$ : 자기상관이 없다.
  
  $H_1$ : 자기상관이 있다.

- 검정통계량 $d = \dfrac{\sum_{i=2}^{n}(e_i - e_{i-1})^2}{\sum_{i=1}^{n} e_i^2}$

- 결정규칙 – 검정통계량이 $4 - d_L$보다 크거나 $d_L$보다 작으면 $H_0$를 기각

  검정통계량이 $d_U$보다 크고 $4 - d_U$보다 작으면 $H_0$를 채택

  검정통계량이 $d_L$과 $d_U$ 사이 혹은 $4 - d_U$와 $4 - d_L$ 사이에 놓이면 미결정

## 주요 용어

**다중공선성**(multicollinearity)  독립변수 간에 선형관계가 성립되는 경우

**더미변수**(dummy variable)  회귀모형에서 질이나 속성의 유무를 나타내기 위해 사용되는 독립변수

**더빈-왓슨**(Durbin-Watson, $DW$) **통계량**  자기상관을 검정하기 위한 더빈-왓슨의 $d$ 통계량

$$d = \frac{\sum_{i=2}^{n}(e_i - e_{i-1})^2}{\sum_{i=1}^{n} e_i^2}$$

**부분회귀계수**(partial regression coefficient)  다른 독립변수들의 값은 변화하지 않고 $h$번째 독립변수 $x_h$가 취하는 값만 $x_{hi}$에서 $x_{hi+1}$로 1단위 증가할 때 종속변수 $y_i$의 기대변화량을 나타내는 계수

**분산 팽창 인자**(variance-inflation factor, $VIF$)  계수의 완전한(다중공선성이 존재하지 않는 경우) 분산에 대한 계수의 실제 분산비율

$$VIF(\hat{\beta}_k) = \frac{1}{1 - R_k^2}$$

**이분산**(heteroskedasticity)　오차항 $\varepsilon_i$의 분산이 모든 $x_i$에 대하여 같지 않은 경우

$$Var(\varepsilon_i) = E(\varepsilon_i^2) = \sigma_i^2$$

**자기상관**(autocorrelation)　오차항 $\varepsilon_i$가 서로 상관되는 경우

$$Cov(\varepsilon_i, \varepsilon_j) = E(\varepsilon_i, \varepsilon_j) \neq 0 \ (i \neq j)$$

**정보기준**(information criterion)　결정계수와 달리 정보기준은 어떤 값도 취할 수 있으며 정보기준이 상대적으로 작을수록 모형의 적합도가 높음을 의미함

$$AIC = -2\ln L^* + 2 \times (K+1)$$
$$BIC = -2\ln L^* + \ln(n) \times (K+1)$$

**조정결정계수**(adjusted coefficient of determination)

$$\overline{R}^2 = 1 - \frac{SSE/(n-K-1)}{SST/(n-1)} = 1 - (1-R^2) \times \frac{n-1}{n-K-1}$$

**추세변수**(trend variable)　회귀모형에서 종속변수의 추세를 반영하기 위해 사용되는 독립변수

 **연습문제**

1. 다중회귀모형에 대한 기본 가정은 단순회귀모형에 대한 기본 가정과 어떤 차이가 있는지 설명해 보라.
2. 한국의 주가지수가 어떤 요인들에 의해 영향을 받는지 알아보기 위해 4개의 독립변수를 갖는 다중회귀모형을 설정하였다고 가정하자. 그런데 아시아 국가들의 주식시장은 금융위기 이후에 많은 변화가 있는 것으로 알려져 있다. 이 금융위기가 한국의 주식시장에도 구조적인 변화를 발생시켰는지 알아보고자 한다. 이를 위해 가장 쉬운 방법은 회귀모형을 금융위기 이전과 이후로 나누어 추정하는 것이다. 만일 30년 동안의 연간 자료를 가지고 추정한다면 이 방법은 어떤 문제를 일으킬 수 있는가? 이런 문제를 해결하는 방법은 무엇이라고 생각하는가?
3. 다음 다중회귀모형을 고려하자.

$$y_i = \beta_0 + \beta_1 x_{1i} + \beta_2 x_{2i} + \beta_3 x_{3i} + \beta_4 x_{4i} + \varepsilon_i$$

$n=15$인 자료점들을 이용하여 이 모형을 최소제곱법으로 추정한 결과 $R^2 = 0.74$, $SST = 1.690$, $SSE = 0.439$를 얻었다고 가정하자.

1) 이 다중회귀모형을 분석하기 위한 기본 가정을 설명하라.

2) 이 다중회귀모형의 부분회귀계수 $\beta_1$은 어떤 의미를 지니는가?

3) 결정계수 $R^2$은 다중회귀분석에서 무엇을 위해 사용되는가?

4) 이 회귀모형의 $\bar{R}^2$은 얼마인지 계산하고, 다중회귀모형에서 결정계수 $R^2$ 대신 조정결정계수 $\bar{R}^2$을 선호하는 이유가 무엇인지 설명하라.

5) 오차항의 분산에 대한 추정값을 계산하라.

6) 이 다중회귀모형의 유의성 검정을 위한 $F$-통계량을 계산하라.

7) 5% 유의수준에서 이 다중회귀모형의 유의성이 존재하는지 검정하라.

4. 자동차를 생산하는 한 기업에서는 이윤 증가율의 변화에 영향을 주는 독립변수들로 다중회귀모형을 설정하였으며, 과거 32분기 동안 관측된 표본자료를 이용하여 다음과 같은 추정 결과를 얻었다.

$$\hat{y}_i = 0.53 + 1.2x_{1i} + 0.6x_{2i} - 0.43x_{3i}, \; R^2 = 0.79$$
$$(0.39) \quad (0.51) \quad (0.05) \quad (0.32)$$

여기서 괄호 안의 숫자는 표준오차를, $y_i$ : 기업의 이윤 증가율, $x_{1i}$ : 기업의 생산성 증가율, $x_{2i}$ : 기업의 연구개발비 증가율, $x_{3i}$ : 노사분규 수 증가율을 나타낸다.

1) 이 다중회귀모형에 대한 다음 분산분석표를 완성하라.

| 변동요인 | 제곱합 | 자유도 | 평균제곱 | $F$비 |
|---|---|---|---|---|
| 회귀 | ( ) | ( ) | ( ) | ( ) |
| 잔차 | 1.42 | ( ) | ( ) | ( ) |
| 합계 | ( ) | ( ) | | |

2) 부분회귀계수 $\beta_3$의 추정값이 이 회귀모형에서 갖는 의미를 해석하라.

3) 10% 유의수준에서 연구개발비 증가율 변수에 대한 부분회귀계수 $\beta_2$의 유의성 검정을 해라.

4) 노사분규 증가율의 1% 증가에 따른 이윤 증가율의 기대변화에 대한 99% 신뢰구간을 구하라.

5) 이 다중회귀모형이 통계적으로 유의미한지 5% 유의수준에서 검정하라.

5. 농림수산식품부에서 수입 쇠고기의 양을 회귀분석하기 위하여 양변대수 다중회귀모형을 설정하고 35년간의 연간 자료를 이용하여 최소제곱추정값을 구하였다.

$$\ln\hat{y}_i = 4.52 - 0.62\ln x_{1i} + 0.92\ln x_{2i} + 0.61\ln x_{3i} - 0.16\ln x_{4i}$$
$$(0.28) \quad (0.38) \quad (0.21) \quad (0.12)$$
$$R^2 = 0.72029, \; DW = 0.61$$

여기서 괄호 안의 숫자는 표준오차를, $y_i$ : 수입 쇠고기 양, $x_{1i}$ : 수입 쇠고기 가격, $x_{2i}$ : 세계 쇠고기 생산량, $x_{3i}$ : 국민소득, $x_{4i}$ : 한우 가격을 나타낸다.

1) 이 다중회귀모형에서 부분회귀계수 $\beta_1 = -0.62$의 의미를 해석하라.

2) 조정결정계수를 계산하라.

3) 이 다중회귀모형에서 국민소득 증가율이 수입 쇠고기 양의 평균 증가율에 미치는 영향에 대한 통계적 유의성을 5% 유의수준에서 검정하라.

4) 이 다중회귀모형에 자기상관이 존재하는지 1% 유의수준에서 검정하라.

6. 한 택배회사는 비용을 줄여 이윤을 증가시키려 한다. 이 회사 사장은 소포배달 비용의 결정요인들에 대한 회귀분석을 수행하기로 하고, 소포배달 비용에 영향을 주는 소포의 무게와 배달 거리를 독립변수로 하여 다음 표와 같은 자료를 수집하였다.

**소포배달비용** (단위 : 원, g, km)

| 소포 | 배달비용 | 무게 | 거리 | 소포 | 배달비용 | 무게 | 거리 |
|------|----------|------|------|------|----------|------|------|
| 1 | 2,600 | 590 | 47 | 11 | 11,000 | 510 | 240 |
| 2 | 3,900 | 320 | 145 | 12 | 5,000 | 240 | 209 |
| 3 | 8,000 | 440 | 202 | 13 | 2,000 | 030 | 160 |
| 4 | 9,200 | 660 | 160 | 14 | 6,000 | 620 | 115 |
| 5 | 4,400 | 75 | 280 | 15 | 1,100 | 270 | 45 |
| 6 | 1,500 | 70 | 80 | 16 | 8,000 | 35 | 250 |
| 7 | 14,500 | 650 | 240 | 17 | 3,300 | 410 | 95 |
| 8 | 1,900 | 450 | 53 | 18 | 12,100 | 810 | 160 |
| 9 | 1,000 | 60 | 100 | 19 | 15,500 | 700 | 260 |
| 10 | 14,000 | 750 | 190 | 20 | 1,700 | 110 | 90 |

1) 이 다중회귀모형의 회귀계수를 최소제곱법으로 추정하라.

2) 결정계수와 조정결정계수를 각각 계산하라.

3) 이 다중회귀모형에서 소포의 배달 거리가 평균 배달비용에 미치는 영향이 통계적으로 유의성이 있는지 10% 유의수준에서 검정하라.

4) 이 다중회귀모형이 통계적으로 유의미한지 1% 유의수준에서 검정하라.

5) 이 다중회귀모형의 잔차를 $Y$축으로, 예측값을 $X$축으로 하는 산포도를 그려보고, 동분산의 기본 가정이 성립되는지 살펴보라.

 **기출문제**

1. (2019년 사회조사분석사 2급) 독립변수가 2(=$k$)개인 중회귀모형 $Y_i = \beta_0 + \beta_1 X_{1i} + \beta_2 X_{2i} + \varepsilon_i$, $i = 1, 2, \cdots, n$의 유의성 검정에 대한 내용으로 틀린 것은?

① $H_0 : \beta_1 = \beta_2 = 0$

② $H_1$ : 회귀계수 $\beta_1$, $\beta_2$ 중 적어도 하나는 0이 아니다

③ $(MSE/MSR) > F(k, n-k-1, \alpha)$이면 $H_0$를 기각한다.

④ 유의확률 $q$가 유의수준 $\alpha$보다 작으면 $H_0$를 기각한다.

2. (2018년 사회조사분석사 2급) 회귀식에서 결정계수 $R^2$에 관한 설명으로 틀린 것은?

① 단순회귀모형에서는 종속변수와 독립변수의 상관계수의 제곱과 같다.

② $R^2$은 독립변수의 수가 늘어날수록 증가하는 경향이 있다.

③ 모든 측정값이 한 직선상에 놓이면 $R^2$의 값은 0이다.

④ $R^2$ 값은 0에서 1까지 값을 가진다.

3. (2018년 사회조사분석사 2급) 중회귀모형 $Y_i = \beta_0 + \beta_1 X_{1i} + \beta_2 X_{2i} + \varepsilon_i$에 대한 분산분석표가 다음과 같다.

| 요인 | 제곱합 | 자유도 | 평균제곱 | $F$-값 | 유의확률 |
|---|---|---|---|---|---|
| 회귀 | 66.12 | 2 | 33.06 | 33.96 | 0.000258 |
| 잔차 | 6.87 | 7 | 0.98 | | |

위의 분산분석표를 이용하여 유의수준 0.05에서 모형에 대한 유의성검정을 할 때, 추론 결과로 가장 적합한 것은?

① 두 설명변수 $X_{1i}$과 $X_{2i}$ 모두 반응변수에 영향을 주지 않는다.

② 두 설명변수 $X_{1i}$과 $X_{2i}$ 모두 반응변수에 영향을 준다.

③ 두 설명변수 $X_{1i}$과 $X_{2i}$ 중 적어도 하나는 반응변수에 영향을 준다.

④ 두 설명변수 $X_{1i}$과 $X_{2i}$ 중 하나는 반응변수에 영향을 준다.

4. (2018년 사회조사분석사 2급) 표본의 수가 $n$이고, 독립변수의 수가 $k$인 중선형회귀모형의 분산분석표에서 잔차제곱합 $SSE$의 자유도는?

① $k$                    ② $k+1$

③ $n-k-1$             ④ $n-1$

5. (2018년 9급 공개채용 통계학개론) 선형회귀모형에 대한 가정으로 옳지 않은 것은?

① 오차의 등분산성

② 오차 간의 독립성

③ 독립변수와 종속변수의 선형성

④ 독립변수 간 상관관계 존재성

6. (2012년 9급 공개채용 통계학개론) 회귀분석에 대한 설명으로 옳지 않은 것은?

① 다중회귀분석에서 설명변수가 추가될 때 결정계수의 값이 감소하는 경우는 없다.

② 단순회귀분석에서 모형의 유의성에 대한 $F$-검정과 설명변수의 유의성에 대한 $t$-검정의 결과는 항상 같다.

③ 설명변수가 $k$개인 다중회귀모형의 유의성에 대한 $F$-검정의 자유도는 $(k-1, n-k)$이다.

④ 잔차분석을 이용하여 오차에 대한 가정들이 타당한지 확인할 수 있다.

7. (2011년 9급 통계학개론) 다음 표는 어느 회사에서 화장품에 포함된 수분의 함량($X_1$)과 향료의 함량($X_2$)이 화장품의 기호도($Y$)에 미치는 영향을 분석하기 위하여 몇 명의 소비자를 임의추출하여 조사한 자료로부터 회귀분석을 통해 얻은 결과이다.

이 결과에 대한 설명으로 옳지 않은 것은?

| 요인 | 자유도 | 제곱합 | 평균제곱 | $F$-비 | $p$-값 |
|---|---|---|---|---|---|
| 회귀 | 2 | 689.1666667 | 344.5833333 | 106.9396552 | 0.001626877 |
| 오차 | 3 | 9.6666667 | 3.2222222 | | |
| 계 | 5 | 698.8333333 | | | |

| | 계수 | 표준오차 | $t$-통계량 | $p$-값 |
|---|---|---|---|---|
| $Y$절편 | 39.33 | 3.15 | 12.48571 | 0.001107 |
| $X_1$ | 4.25 | 0.45 | 9.44444 | 0.002516 |
| $X_2$ | 4.08 | 0.37 | 11.02703 | 0.001597 |

① 유의수준 5%에서 회귀모형이 유의하다.

② 분석에 사용된 자료에서 관측값의 개수는 5개이다.

③ 추정된 회귀계수들은 각각 유의수준 5%에서 유의하다.

④ 추정회귀식은 $\hat{Y} = 39.33 + 4.25X_1 + 4.08X_2$로 나타낼 수 있다.

8. (2017년 7급 공개채용 통계학) 다중선형회귀(multiple linear regression)에 대한 설명으로 옳지 않은 것은?

① 결정계수(coefficient of determination)는 총 변동 중에서 회귀변동이 차지하는 비율이다.

② 결정계수의 값은 독립변수가 추가될수록 커진다.

③ 다중공선성(multicollinearity)은 독립변수와 종속변수 간의 상관관계가 높은 경우에 발생한다.

④ 다중공선성 유무는 분산확대인자(variance inflation factor)로 검토할 수 있다.

9. (2016년 5급(행정) 2차 통계학) 다음 (가), (나)는 반응변수 $y$에 대해 $x_1$과 $x_2$를 설명변수로 한 선형회귀 모형을 적합시킨 결과 추정된 회귀직선을 나타낸 것이다. (단, 오차항은 평균이 0이고 분산이 동일한 정규분포에 따르며 서로 독립이다)

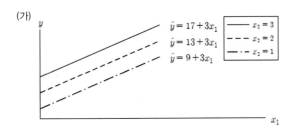

(가)

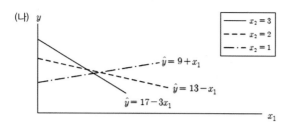

1) (가)와 (나)의 회귀모형을 제시하고, 그 차이를 기술하시오.

2) (가)의 결과를 위해 설정된 모형의 추정된 회귀식을 구하시오.

3) (나)의 결과를 위해 설정된 모형의 추정된 회귀식을 구하시오.

4) (가)와 (나)의 회귀모형의 차이를 알아보고자 한다. 귀무가설과 대립가설을 세우고, 귀무가설하에서 $F$-검정통계량과 그 분포를 기술하시오.

**10.** (2014년 5급(행정) 2차 통계학) 다음은 자동차의 배기량($x1$)과 무게($x2$)가 자동차의 연비($y$)에 어떤 영향을 주는지 알아보고자 30대의 차량을 대상으로 조사한 후, $y$를 $x1$과 $x2$의 선형식으로 표현하는 중회귀모형을 적합시켜 얻은 결과이다.

| Source | DF | Sum of Squares | Mean Square | F Value | Pr > F |
|---|---|---|---|---|---|
| Model | 2 | 199.33894 | 99.66947 | 32.86 | <.0001 |
| Error | 27 | 81.90330 | 3.03346 | | |
| Corrected Total | 29 | 281.24224 | | | |

| Variable | DF | Parameter Estimate | Standard Error | t Value | Pr > \|t\| |
|---|---|---|---|---|---|
| Intercept | 1 | 15.05151 | 0.92001 | 16.36 | <.0001 |
| x1 | 1 | −0.00227 | 0.000464 | −4.89 | <.0001 |
| x2 | 1 | −0.00025 | 0.000133 | −1.95 | 0.0616 |

1) 적합된 회귀식을 쓰고, 회귀계수에 대한 유의성 검정을 유의수준 5%에서 실시하시오.

2) 결정계수를 구하고, 그 의미를 쓰시오. (단, 소수점 이하는 무시하고 계산할 것)

3) $F$-검정의 가설을 기술하고, 그 결과를 해석하시오.

4) $x1$의 계수 −0.00227의 의미가 무엇인지 설명하시오.

**11.** (2017년 입법고시 2차 통계학) 어느 지역에서 소득에 대하여 알아보기 위하여 소득($Y$), 연령($X_1$), 교육기간($X_2$)을 조사하였다. 조사한 자료에서 $Y$를 반응변수(종속변수), $X_1$, $X_2$를 설명변수(독립변수)로 하여 회귀분석을 실시한 결과가 다음과 같다. 각 회귀모형에서 $\varepsilon_i \sim$ iid $N(0, \sigma^2)$라고 가정한다.

모형 1 : $y_i = \beta_0 + \beta_1 x_{1i} + \varepsilon_i$

| Source | 자유도 | 제곱합 | 평균제곱합 | $F$-값 |
|--------|--------|--------|------------|--------|
| $X_1$ | 1 | 19.9558 | 19.95586 | 20.79 |
| 오차 | 98 | 94.0783 | 0.95998 | |
| 전체 | 99 | 114.0343 | | |

| | Estimate | Std. Error | t value | Pr>|t| |
|--------|----------|------------|---------|--------|
| Intercept | 1.86987 | 0.40242 | 4.65 | <.0001 |
| $X_1$ | 0.37845 | 0.08301 | 4.56 | <.0001 |

모형 2 : $y_i = \beta_0 + \beta_2 x_{2i} + \varepsilon_i$

| Source | 자유도 | 제곱합 | 평균제곱합 | $F$-값 |
|--------|--------|--------|------------|--------|
| $X_2$ | 1 | 24.0222 | 24.0222 | 26.15 |
| 오차 | 98 | 90.0121 | 0.9185 | |
| 전체 | 99 | 114.0343 | | |

| | Estimate | Std. Error | t value | Pr>|t| |
|--------|----------|------------|---------|--------|
| Intercept | 0.8294 | 0.16217 | 5.11 | <.0001 |
| $X_2$ | 0.6505 | 0.04624 | 14.07 | <.0001 |

모형 3 : $y_i = \beta_0 + \beta_1 x_{1i} + \beta_2 x_{2i} + \varepsilon_i$

| Source | 자유도 | 제곱합 | 평균제곱합 | $F$-값 |
|--------|--------|--------|------------|--------|
| $X_1, X_2$ | 2 | 112.8308 | 56.41539 | 4547.07 |
| 오차 | 97 | 1.2035 | 0.01241 | |
| 전체 | 99 | 114.0343 | | |

| | Estimate | Std. Error | t value | Pr>|t| | VIF |
|--------|----------|------------|---------|--------|-----|
| Intercept | 3.8133 | 0.05097 | 74.82 | <.0001 | 0 |
| $X_1$ | −1.0114 | 0.01863 | −54.29 | <.0001 | 3.89775 |
| $X_2$ | 1.4172 | 0.01638 | 86.52 | <.0001 | 3.89775 |

1) $Y$의 변동에 대하여 $X_2$가 모형에 있을 때 $X_1$이 추가됨으로써 설명이 증가하는 부분은 얼마인가?

2) 모형 3에서 독립변수(또는 설명변수) $X_1$이 종속변수(또는 반응변수) $Y$에 미치는 영향이 유의한지를 검정하고 $X_1$이 $Y$에 미치는 영향을 설명하라.

3) 모형 1에서의 $\beta_1$ 추정값과 모형 3에서의 $\beta_1$ 추정값의 부호가 다른 이유를 설명하라.

4) 추후 모형 3에서 성별을 추가하여 소득에 미치는 영향을 보려고 한다. 이를 위한 모형을 설정하고 모형을 설명하라.

12. (2011년 입법고시 2차 통계학) 다음은 종속변수 $Y$와 독립변수 $X_1$, $X_2$, $X_3$의 관계를 분석한 결과로 상관계수 및 다중선형회귀모형의 결과이다.

---

Correlations

|  | Y | X1 | X2 | X3 |
|---|---|---|---|---|
| Y | 1.00 | 0.81 | 0.83 | 0.36 |
| X1 | 0.81 | 1.00 | 0.96 | 0.28 |
| X2 | 0.83 | 0.96 | 1.00 | 0.41 |
| X3 | 0.36 | 0.28 | 0.41 | 1.00 |

Coefficients

|  | Estimate | Std.Error | t value | Pr(>\|t\|) | VIF |
|---|---|---|---|---|---|
| (Intercept) | 2.4530 | 1.4912 | 1.645 | 0.109 |  |
| X1 | 0.4760 | 0.6586 | 0.723 | 0.475 | 13.7 |
| X2 | 1.1822 | 0.7355 | 1.607 | 0.117 | 15.2 |
| X3 | 0.2386 | 0.4514 | 0.529 | 0.600 | 1.4 |

Residual standard error: 2.044 on 36 degrees of freedom,

Multiple R-Squared: 0.6975, Adjusted R-squared: 0.6723,

F-statistic: 27.67 on 3 and 36 DF, p-value: $1.853 \times 10^{-9}$

---

1) 다중선형회귀모형 $y_i = \beta_0 + \beta_1 x_{1i} + \beta_2 x_{2i} + \beta_3 x_{3i} + \varepsilon_i$에서 오차항 $\varepsilon_i$에 대한 가정들을 기술하라.

2) 1)의 모형에서 회귀모형의 유의성을 검정하려 할 때 귀무가설과 대립가설을 기술하고 유의수준 1%에서 검정하라.

3) 독립변수 $X_1, X_2, X_3$ 각각이 종속변수 $Y$에 유의한 영향을 미치는지를 유의수준 5%에서 검정하라. 문제 2의 결과와 비교하여 문제 3의 검정 결과에 대한 이유를 설명하라.

4) 3)의 이유에 대한 해결방안을 설명하라.

참조 : Correlations(상관행렬), VIF(분산팽창인자), Adjusted R-squared(조정된 결정계수)

**사례분석 14**

## 암호화폐는 서로 보완재인가?

출처 : 셔터스톡

암호화폐의 시초라 불리는 **비트코인**(Bitcoin)은 2008년 '나카모토 사토시'라는 가명의 인물이 개발하였다고 한다. 이후 암호화폐 붐이 일어나면서 생긴 코인과 토큰을 '알트코인'이라 부른다. 암호화폐가 주식과 다른 특징 중 하나로 암호화폐 사이의 상관관계를 고려해 볼 수 있다.

주식의 경우 A주식은 B주식과 강한 양의 상관관계가 존재하지만, C주식과는 강한 음의 상관관계가 존재할 수 있다. 주식은 각 기업의 특성과 시장 이슈에 따라 서로 보완재가 되기도 하고 대체재가 되기도 한다.

하지만 이 책 제3장의 비트코인과 비트코인 캐시의 산포도를 통해 알 수 있는 것처럼 암호화폐의 경우 강한 양의 상관관계가 존재한다. 또한 최근 파이낸스 리서치에 따르면 비트코인과 알트코인 사이에 높은 상관관계(0.8~1)를 보이는 현상이 발생한 후에 시세 반전이 이루어졌다고 한다. 특히 2018년 약세장 시기에 암호화폐의 상관관계가 증가했고, 3월 중순 전 90일 동안 암호화폐 역사상 가장 높은 수준의 가격 간 상관관계가 확인되었다.[1] 이러한 정보를 통해 암호화폐는 주식과는 달리 모두 보완재 역할을 하고 있는지 궁금해진다. 만약 비트코인이 타 암호화폐와 보완재의 성격을 갖고 있다면, 우리는 암호화폐 대한 경제학적 함의를 얻을 수 있으며 이를 통해 암호화폐의 특성을 더욱 자세히 알게 될 것이다.

이 사례분석에서는 다음과 같이 가격변화(수익률)를 계산하여 암호화폐와 여러 자산과의 관계를 확인해 볼 것이다.

$$r_t = \ln\left(\frac{p_t}{p_{t-1}}\right) \times 100$$

여기서 $p_t$는 $t$기 자산의 가격이다. 비트코인과 타 암호화폐 사이에 보완 관계가 존재하는지를 분석하기 위해서는 암호화폐지수인 CRIX(CRyptocurrency IndeX)를 종속변수로, 비트코인과 다른 암호화폐인 이더리움을 독립변수로 하는 다중회귀모형을 추정하여 비트코인 혹은 이더리움 변수의 $\beta$계수 부호를 확인하고 통계적으로 유의미한지 살펴볼 수 있다.[2] 이 다중회귀모형에서는 모형의 적합도를 높이기 위해 암호화폐 외에 다우존스 지수, 금(현물), 두바이유의

---

[1] 코인소식닷컴(2019.04.15)

[2] 암호화폐 시장은 시장의 움직임을 파악할 수 있도록 CRIX 지수를 제공하고 있으며, CCI30 등 다양한 지수가 파생되어 있다.

수익률을 독립변수로 고려하며, 2016년 5월부터 2020년 2월까지의 월별 데이터를 이용하여
분석한다.

- CRIX 지수 수익률과 다른 독립변수(타 자산의 수익률)의 산포도를 그려보자.
- 사례자료 14를 이용하여 다중회귀모형을 최소제곱추정량으로 추정해 보자. 이 다중회
  귀모형은 통계적으로 유의미한가?
- 이 회귀분석에서 얻은 정보는 무엇이며, 그 정보는 암호화폐 시장의 어떤 특징을 파악
  할 수 있는가?

**사례자료 14  암호화폐와 타 자산의 수익률**

(단위 : 달러)

| 연/월 | Crix Index($Y$) | 비트코인($X_1$) | 이더리움($X_2$) | 다우존스($X_3$) | 금(현물)($X_4$) | 두바이유($X_5$) |
|---|---|---|---|---|---|---|
| 2016/05 | 19.55 | 17.25 | 45.71 | 0.08 | −6.26 | 12.68 |
| 2016/06 | 21.16 | 24.01 | −11.40 | 0.80 | 8.43 | 4.51 |
| 2016/07 | −6.19 | −7.87 | −5.26 | 2.76 | 2.15 | −8.49 |
| 2016/08 | −7.21 | −3.19 | −1.96 | −0.17 | −3.16 | 2.58 |
| 2016/09 | 7.03 | 1.15 | 13.42 | −0.51 | 0.53 | −0.71 |
| 2016/10 | 8.66 | 14.16 | −19.35 | −0.91 | −2.98 | 12.24 |
| 2016/11 | 4.03 | 4.84 | −24.02 | 5.27 | −8.52 | −10.93 |
| 2016/12 | 24.57 | 26.85 | −7.46 | 3.29 | −1.83 | 17.09 |
| 2017/01 | 2.22 | −0.04 | 29.17 | 0.51 | 4.98 | 3.08 |
| 2017/02 | 21.21 | 20.76 | 39.26 | 4.66 | 3.09 | 1.26 |
| 2017/03 | 10.62 | −9.47 | 114.26 | −0.72 | 0.04 | −6.04 |
| 2017/04 | 32.33 | 28.28 | 51.86 | 1.33 | 1.51 | 2.13 |
| 2017/05 | 80.20 | 42.34 | 96.11 | 0.32 | 0.03 | −3.07 |
| 2017/06 | 14.71 | 9.93 | 23.30 | 1.61 | −2.15 | −8.75 |
| 2017/07 | −8.66 | 16.54 | −31.67 | 2.50 | 2.23 | 2.34 |
| 2017/08 | 54.74 | 50.20 | 65.68 | 0.26 | 4.05 | 5.42 |
| ⋮ | ⋮ | ⋮ | ⋮ | ⋮ | ⋮ | ⋮ |
| 2019/01 | −10.70 | −8.99 | −21.19 | 6.92 | 2.93 | 3.04 |
| 2019/02 | 13.74 | 10.64 | 23.86 | 3.60 | −0.60 | 8.90 |
| 2019/03 | 8.68 | 6.79 | 4.56 | 0.05 | −1.60 | 3.57 |
| 2019/04 | 15.71 | 29.53 | 13.20 | 2.53 | −0.66 | 5.80 |

**사례자료 14  암호화폐와 타 자산의 수익률(계속)**　　　　　　　　　　　　　　　　　(단위 : 달러)

| 연/월 | Crix Index($Y$) | 비트코인($X_1$) | 이더리움($X_2$) | 다우존스($X_3$) | 금(현물)($X_4$) | 두바이유($X_5$) |
|---|---|---|---|---|---|---|
| 2019/05 | 47.47 | 42.13 | 50.46 | −6.92 | 1.70 | −2.22 |
| 2019/06 | 29.88 | 23.05 | 8.65 | 6.95 | 7.65 | −11.60 |
| 2019/07 | −25.60 | −6.31 | −29.65 | 0.99 | 0.30 | 2.40 |
| 2019/08 | −3.87 | −4.71 | −23.57 | −1.73 | 7.26 | −6.78 |
| 2019/09 | −14.88 | −14.43 | 4.96 | 1.93 | −3.21 | 3.33 |
| 2019/10 | 13.39 | 9.76 | 1.11 | 0.48 | 2.75 | −2.89 |
| 2019/11 | −16.82 | −18.95 | −18.25 | 3.65 | −3.15 | 4.28 |
| 2019/12 | −7.99 | −5.29 | −16.21 | 1.72 | 3.41 | 4.60 |
| 2020/01 | 31.06 | 26.20 | 33.10 | −0.99 | 4.62 | −0.91 |
| 2020/02 | −5.67 | −9.05 | 18.98 | −10.62 | −0.18 | −17.06 |

출처 : coinmarketcap.com, investing.com, 페트로넷

**사례분석 14**

# 다중회귀분석을 위한 ETEX

이번 사례분석에서는 비트코인과 이더리움 외에 다우존스, 금, 두바이유 같은 자산이 암호화폐 시장에 어떤 영향을 주는지 확인하고 비트코인이 타 암호화폐의 보완재 역할을 하는지 파악하는 것을 목적으로 한다. 자료는 ▦ 사례분석14.xlsx에서 확인할 수 있다.

## 1. 분산형 차트(산포도) 그리기

비트코인을 포함한 모든 자산 수익률 자료를 드래그한 후, **삽입 → 분산형** 또는 **거품형** 차트를 클릭하면 다음과 같은 차트를 그릴 수 있다.

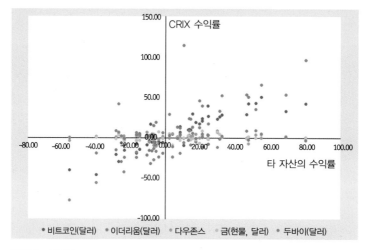

**그림 1** 산포도

　산포도의 $y$축은 CRIX, $x$축은 타 자산의 수익률이다. 산포도를 보았을 때, CRIX 수익률과 비트코인, 이더리움 수익률이 양의 관계가 있다는 것을 한눈에 알아볼 수 있다. 물론 암호화폐를 제외한 나머지 자산의 수익률에 대한 관계가 명확하게 나타나지 않아 이 변수들이 통계적 유의성을 갖는지 판단하기 어렵다.

## 2. 다중회귀모형 추정

다음 식처럼 종속변수($Y$)를 CRIX 수익률로 정하고, 이에 영향을 주는 독립변수를 5개 자산의 수익률로 설정하였으며, 2016년 5월부터 2020년 2월까지 47개월 동안 관측한 값(사례자료 14)을 이용하여 추정한다.

$$y_i = \beta_0 + \beta_1 x_{1i} + \beta_2 x_{2i} + \beta_3 x_{3i} + \beta_4 x_{4i} + \beta_5 x_{5i} + \varepsilon_i$$

다중회귀모형을 최소제곱추정법으로 추정하기 위해 다음 그림같이 엑셀의 메뉴 표시줄에 있는 **추가 기능** 탭에서 **ETEX** 메뉴 버튼을 선택한 후 ETEX의 메뉴 창이 열리면 **회귀분석 → 선형모형 추정 → 보통최소제곱(OLS) 추정**을 차례로 선택한다.

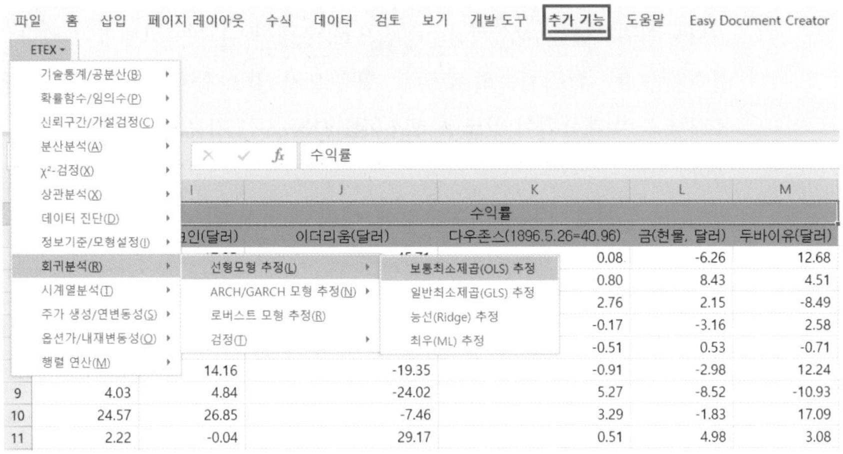

**그림 2** ETEX의 '보통최소제곱(OLS) 추정' 선택 경로

**보통최소제곱(OLS) 추정** 대화상자가 열리면 그림 3과 같이 **종속변수(Y) 범위** 입력란에는 CRIX 수익률 자료가 입력된 셀의 범위를, **독립변수(X) 범위** 입력란에는 다른 독립변수 자료가 입력된 셀의 범위를 행렬 형태로 입력하고 **계수의 유의성 검정을 위한 유의수준**을 입력한다. 원하면 **변수이름 사용, 상관행렬, 분산팽창인자(VIF) 계산, White 이분산-일치 추정, 잔차 산포도** 옵션을 선택할 수 있다. 이 사례에서는 각 계수와 추정치의 비교가 쉽도록 **변수이름 사용** 옵션을 선택하였으며, 나머지 옵션은 별도로 선택하지 않았다.

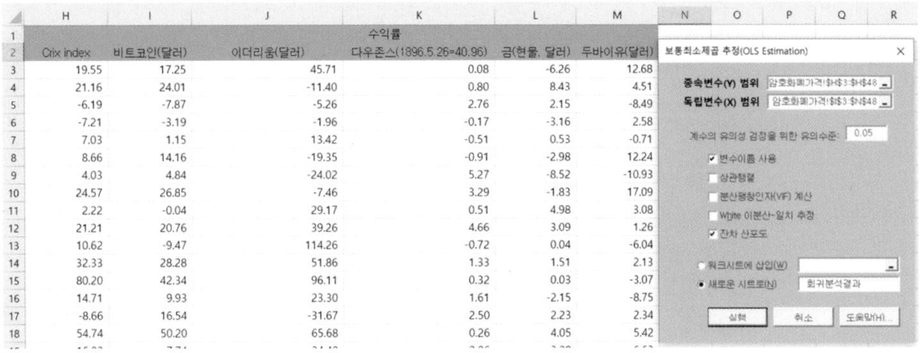

**그림 3** '보통최소제곱(OLS) 추정' 대화상자와 정보 입력

**실행** 버튼을 누르면 그림 4와 같이 변수이름 입력창이 나타나는데, '독립변수 1의 이름'부터 '독립변수 5의 이름'까지 순서대로 '비트코인', '이더리움', '다우존스', '금(현물)', '두바이유'를 입력한다.

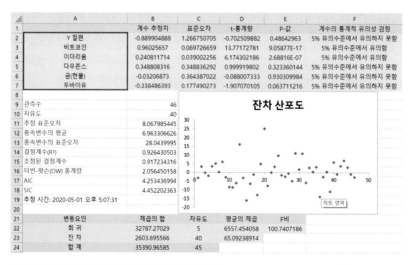

Microsoft Excel ×

독립변수1의 이름을 적으시오. | 확인 | 취소 |

비트코인

**그림 4** 변수이름 입력창

다중회귀모형을 최소제곱추정법으로 추정한 결과는 그림 5와 같다. 결정계수 $R^2$, 조정된 결정계수 $\overline{R}^2$, 회귀계수의 추정값, 표준오차 및 $t$-통계량 값, 분산분석표, 더빈-왓슨(DW) 통계량 등이 계산되어 있으며, **변수이름 사용** 옵션 기능으로 인해 독립변수들의 이름이 변환되었다.

CRIX 수익률의 다중회귀모형에 대한 유의성 검정을 수행하기 위한 가설설정은 다음과 같다.

$$H_0 : 회귀식이 통계적으로 유의하지 않다.$$
$$H_1 : 회귀식이 통계적으로 유의하다.$$

$F$-검정통계량은 $100.7407$로 계산되었다. $F$-분포에서 5% 유의수준에 대한 임곗값 $F_{(5,40,0.05)}$는 $2.42$와 $2.46$ 사이의 값이 된다. 결정규칙에 따라 검정통계량이 임곗값보다 크기 때문에 $H_0$는 기각된다. 따라서 $F$-검정에 의하면 다중회귀모형이 유의성이 높은 것으로 나타났으며, 독립변수들은 CRIX 수익률을 잘 설명하고 있음을 알 수 있다.

| | A | B | C | D | E | F |
|---|---|---|---|---|---|---|
| 1 | | 계수 추정치 | 표준오차 | t-통계량 | P-값 | 계수의 통계적 유의성 검정 |
| 2 | Y 절편 | -0.889904888 | 1.266750705 | -0.702509882 | 0.48642963 | 5% 유의수준에서 유의하지 못함 |
| 3 | 비트코인 | 0.96025657 | 0.069726659 | 13.77172781 | 9.05877E-17 | 5% 유의수준에서 유의함 |
| 4 | 이더리움 | 0.240811714 | 0.039002256 | 6.174302186 | 2.68816E-07 | 5% 유의수준에서 유의함 |
| 5 | 다우존스 | 0.348808316 | 0.348836292 | 0.999919802 | 0.323360144 | 5% 유의수준에서 유의하지 못함 |
| 6 | 금(현물) | -0.03206873 | 0.364387022 | -0.088007333 | 0.930309984 | 5% 유의수준에서 유의하지 못함 |
| 7 | 두바이유 | -0.338486393 | 0.177490273 | -1.907070105 | 0.063711216 | 5% 유의수준에서 유의하지 못함 |
| 9 | 관측수 | 46 | | | | |
| 10 | 자유도 | 40 | | | | |
| 11 | 추정 표준오차 | 8.067985445 | | | | |
| 12 | 종속변수의 평균 | 6.963306626 | | | | |
| 13 | 종속변수의 표준오차 | 28.0439995 | | | | |
| 14 | 결정계수(R²) | 0.926430503 | | | | |
| 15 | 조정된 결정계수 | 0.917234316 | | | | |
| 16 | 더빈-왓슨(DW) 통계량 | 2.056450158 | | | | |
| 17 | AIC | 4.253436994 | | | | |
| 18 | SIC | 4.452202363 | | | | |
| 19 | 추정 시간: 2020-05-01 오후 5:07:31 | | | | | |
| 21 | 변동요인 | 제곱의 합 | 자유도 | 평균의 제곱 | F비 | |
| 22 | 회 귀 | 32787.27029 | 5 | 6557.454058 | 100.7407186 | |
| 23 | 잔 차 | 2603.695566 | 40 | 65.09238914 | | |
| 24 | 합 계 | 35390.96585 | 45 | | | |

잔차 산포도

**그림 5** CRIX 수익률의 다중회귀모형 추정 결과

하지만 같은 암호화폐 비트코인, 이더리움을 제외한 나머지 자산의 경우 5% 유의수준에서 통계적으로 유의하지 않다. 비트코인과 이더리움의 경우 추정 계수의 추정값이 각각 $0.9602$, $0.2408$로 부호가 모두 양(+)이며 $P$-값도 $0.0000$으로 5% 유의수준에서 매우 유의한 것으로 확인된다. 두 암호화폐 모두 CRIX의 변동과 동조화 현상을 보인다. 한편, 두바이유의

경우 계숫값이 −0.3384로 추정되어 CRIX 지수와 부(−)의 관계가 있는 것으로 보이지만 계수의 $P$−값이 0.0637로 5% 유의수준에서 유의미하지 않다. 나머지 2개의 독립변수인 다우존스와 금(현물)도 5% 유의수준에서 유의미하지 않다.

### 3. 회귀분석에서 얻은 정보

회귀모형 추정 결과에 따르면 비트코인과 이더리움의 수익률은 암호화폐 시장과 같은 방향으로 움직이며, 비트코인과 타 암호화폐들은 서로 보완재적 특성이 있음을 알 수 있다. 반면에 암호화폐 시장은 주식, 금, 원유 등 타 자산에 의해 통계적으로 유의미한 영향을 받지 않는다는 사실을 확인할 수 있다. 암호화폐 투자로 위험회피를 위한 자산 포트폴리오를 구축한다면 암호화폐가 타 자산의 대체재 역할을 하지 못한다는 점을 고려해야 한다. 한편, 그림 6을 보면 2017~2018년에 암호화폐 가격에 버블과 함께 극심한 변동성이 발생하였음을 알 수 있다. 자산가격 변동성 증가는 시장의 불확실성을 확대하고 투자 위험을 수반하기 때문에 암호화폐 투자에 항상 신중할 필요가 있음을 기억해야 한다.

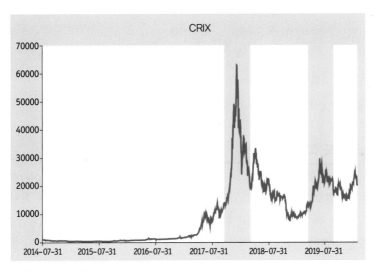

**그림 6** CRIX 추세

**사례분석 14**

# 다중회귀분석을 위한 R

사례자료 14 '암호화폐와 타 자산의 수익률'에 대한 자료는 텍스트 형식으로 ▮▮사례분석 14.txt에서 확인할 수 있으며 R로 자료를 불러오기 위한 코드는 다음과 같다.

```
crypto = read.table(file = "C:/Users/경영경제통계학/사례분석14.txt", header = T)
# 자료 불러오기
head(crypto) # 자료 확인
```

**코드 1** 자료 불러오기

```
Console ~/
> head(crypto)
    Crix 비트코인 이더리움 다우존스     금  두바이유
1  19.55   17.25   45.71    0.08 -6.26   12.68
2  21.16   24.01  -11.40    0.80  8.43    4.51
3  -6.19   -7.87   -5.26    2.76  2.15   -8.49
4  -7.21   -3.19   -1.96   -0.17 -3.16    2.58
5   7.03    1.15   13.42   -0.51  0.53   -0.71
6   8.66   14.16  -19.35   -0.91 -2.98   12.24
```

**그림 7** 자료 확인

## 1. 산포도 그리기

그림 1처럼 변수별 산포도를 한 차트에 모두 그릴 수 있지만, R의 **pairs()** 함수를 이용하면 각 변수 쌍별로 1:1 산포도를 그릴 수 있으며 변수별 관계를 한꺼번에 확인할 수 있다. 산포도에 표기되는 변수 이름을 크게 확대하기 위해 다음 코드에서 **pairs()** 함수의 인수로 **cex.labels =2**를 입력하였다.

```
pairs(crypto, main = "", cex.labels = 2) # pairs() 함수로 각 변수 쌍별 산포도 그리기
```

**코드 2** 변수 쌍별 산포도 그리기

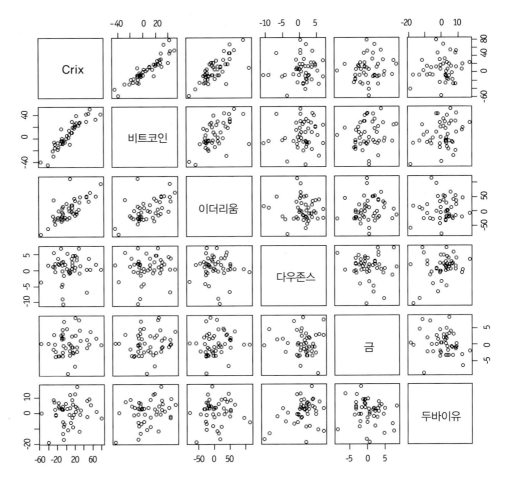

**그림 8** 변수 쌍별 산포도

이 그림을 보면 암호화폐시장 지수 CRIX의 수익률은 비트코인이나 이더리움의 수익률과 명확한 양의 상관관계를 갖는 것으로 보이나, 다른 자산과의 관계는 상당히 모호함을 확인할 수 있다.

## 2. 다중회귀모형 추정

제13장에서 사용했던 lm() 함수를 이용하여 다중회귀모형을 추정할 수 있으며 코드는 다음과 같다.

```
res1 = lm(Crix~.  , data = crypto) # 다중회귀분석 실시
summary(res1) # 결과 출력
```

**코드 3** 최소제곱법을 통한 다중회귀분석 추정

이 코드를 보면 인수 **formula**의 표현식에 독립변수 이름들이 생략되었고 대신 '.'이 입력되었음을 확인할 수 있는데, 추정해야 할 독립변수의 회귀계수가 많은 경우 **formula=종속변수이름 ~ .**을 입력하면 독립변수들의 이름을 적어주지 않아도 모든 회귀계수를 추정해주기 때문이다. 다음 그림은 다중회귀분석 결과이다.

```
Console ~/
> summary(res1) # 결과 출력

Call:
lm(formula = Crix ~ ., data = crypto)

Residuals:
    Min      1Q  Median      3Q     Max
-16.033  -3.123  -0.411   3.477  25.120

Coefficients:
            Estimate Std. Error t value Pr(>|t|)
(Intercept) -0.88876    1.26660  -0.702   0.4869
비트코인      0.96023    0.06972  13.773  < 2e-16 ***
이더리움      0.24086    0.03900   6.176 2.67e-07 ***
다우존스      0.34859    0.34878   0.999   0.3236
금           -0.03198    0.36429  -0.088   0.9305
두바이유     -0.33856    0.17747  -1.908   0.0636 .
---
Signif. codes:  0 '***' 0.001 '**' 0.01 '*' 0.05 '.' 0.1 ' ' 1

Residual standard error: 8.067 on 40 degrees of freedom
Multiple R-squared:  0.9264,    Adjusted R-squared:  0.9173
F-statistic: 100.8 on 5 and 40 DF,  p-value: < 2.2e-16
```

**그림 9** 다중회귀분석 결과

CRIX 수익률의 다중회귀모형에 대한 유의성 검정을 수행하기 위한 $F$-검정통계량은 100.8로 $P$-값이 0에 가까우므로 '회귀식이 통계적으로 유의하지 않다'라는 귀무가설이 5% 유의수준에서 기각된다. 회귀분석 결과에 대한 해석은 엑셀 활용 사례분석 14를 참조할 수 있다.

# 15

# 시계열분석과 예측

경영·경제 분석에서 흔히 이용되는 자료는 횡단면자료(cross-section data)와 시계열자료(time-series data)로 구별됨을 이미 살펴보았다. 이 장에서는 관심의 대상이 되는 어떤 특정 변수를 시간의 순서에 따라 일정 기간 규칙적으로 관측하여 얻게 되는 시계열자료를 분석하는 방법에 관해 설명하고자 한다. 우리는 불확실성의 시대에 살고 있으며 경영·경제 환경과 기술의 급속한 변화로 인해 이런 불확실성은 더욱 증폭되고 있다. 기업이나 정부는 경쟁에서 살아남고 발전하기 위해 사업계획과 정책을 수립해야 하는데, 이를 위해서는 미래에 대한 예측이 필요하다. 예를 들어 다음과 같은 질문에 답변하기 위해서 우리는 미래에 대한 정확한 예측이 필요하다.

- 한 로봇 생산기업은 AI(인공지능) 연구개발비 확대와 신상품 개발로 내년에 매출액이 얼마나 증가할 수 있을까?
- 금융통화위원회에서 금리를 인상하기로 결정하면 향후 외환시장이나 주식시장은 어떤 영향을 받게 될까?
- 기업이 정보기술(IT) 투자를 증가시킨다면 하드웨어, 소프트웨어, 네트워크, 아웃소싱

중 어디에 더 집중적으로 투자해야 하나?
- 내년에는 S기업의 시장 점유율이 어떻게 변하게 될까?
- 부동산과 관련된 종합부동산세, 양도세 등을 올리면 미래의 부동산 가격은 하락할까?

하지만 최근 불확실성의 증가는 미래의 예측을 어렵게 하고 결과적으로 바람직한 계획과 정책의 수립 가능성을 더욱 줄이고 있다. 미래에 대한 정확한 예측을 위해서는 시계열자료가 갖는 확률 과정이나 패턴을 이해하고 모형화해야 한다. 불확실성의 증가에도 불구하고 시계열자료가 갖는 확률 과정이나 패턴을 정확하게 모형화할 수 있다면 미래의 예측이 가능해질 수 있을 것이다. 이를 위한 통계적 수단이 시계열분석(time-series analysis)이다.

## 제1절 시계열의 성분

시계열분석에 대한 일반적인 접근법에 의하면 시계열자료는 다음 네 가지 성분(component)으로 구성된다.

---

- 장기적 추세(long-term trend, $T$)
- 순환적 변동(cyclical variation, $C$)
- 계절적 변동(seasonal variation, $S$)
- 확률적 변동(random variation, $R$)

---

시계열자료가 이 네 가지 성분에 의해 구성된다면, 이들 사이의 관계는 가법모형(additive model)이나 승법모형(multiplicative model)으로 나타낼 수 있을 것이다. 가법모형은

$$Y_t = T_t + C_t + S_t + R_t$$

가 된다. 여기서 $Y$는 관심 있는 변수의 관측값, $T$는 추세성분, $C$는 순환성분, $S$는 계절성분, $R$은 확률성분이다. 이 가법모형은 성분 간에 서로 독립이라고 가정하며 각 성분의 값들은 원래 단위(unit)로 표현한다.

승법모형은

$$Y_t = T_t \cdot C_t \cdot S_t \cdot R_t$$

이며, 보통 추세성분의 값만 원래 단위로 표현하고 나머지 성분들은 퍼센트 혹은 비율로 표현한다.

## 1. 장기적 추세

장기적 추세는 긴 기간의 시계열에 의해 나타나는 매끄러운 패턴이나 방향(direction)을 의미한다. 장기적 추세 관찰로 시계열자료가 증가 혹은 감소 추세에 있는지 아니면 안정적(stationary)인지를 판단할 수 있다. 안정적 시계열이란 시간의 흐름에 따라 증가나 감소 추세를 갖지 않는 시계열을 의미한다.

그림 15-1에 나타난 우리나라의 인구는 1970년 32만 2,000명에서 2020년 51만 7,000명까지 지속해서 증가하는 매끄러운 패턴을 보여 주고 있는데, 이러한 변동을 상승 추세라고 한다. 인구 시계열 외에도 장기적 추세를 나타내는 시계열로는 , 자동차의 판매액, 소비 지출 등을 들 수 있다.

> **장기적 추세**는 긴 기간의 시계열에 의해 나타나는 매끄러운 패턴이나 방향을 의미한다.

**그림 15-1**

**우리나라의 인구 추세**

출처 : 통계청(www.kostat.go.kr)

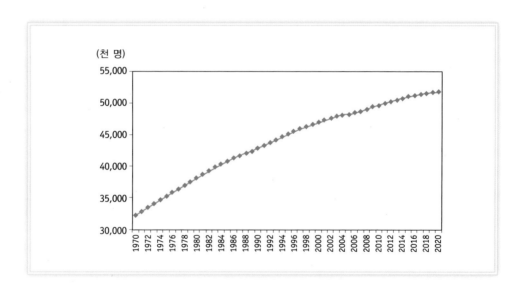

## 2. 순환적 변동

순환이란 수년에 걸쳐 부드럽게 상승과 하강을 반복하는 파도 모양의 패턴을 의미한다. 따라서 순환적 변동은 보통 1년 이상의 특정 기간에 어느 정도의 규칙성을 갖고 장기적인 추세선을 중심으로 상승과 하강을 부드럽게 반복하는 변동을 나타낸다. 이런 순환적 변동을 나타내는 대표적인 예로는 경기 변동(business cycle)을 들 수 있으며, 이에 영향을 받는 시계열(수입액의 변화, 장기적인 기업의 생산 또는 수요량, 장기적인 기업의 재고 등)도 순환적 변동을 나타내게 될 것이다. 그림 15-2에 1970년부터 2019년까지의 우리나라 수입액의 변화율이 나타나 있다. 이 시계열은 불규칙한 변동과 함께 몇 년을 주기로 상승과 하강의 패턴을 주기적으로 반복하는 순환적 변동을 보여 준다.

> **순환적 변동**은 보통 1년 이상의 특정 기간에 어느 정도의 규칙성을 갖고 장기적인 추세선을 중심으로 상승과 하강을 부드럽게 반복하는 변동이다.

**그림 15-2**

**우리나라 수입액의 변화율**

출처 : 한국 무역협회
(www.kita.net)

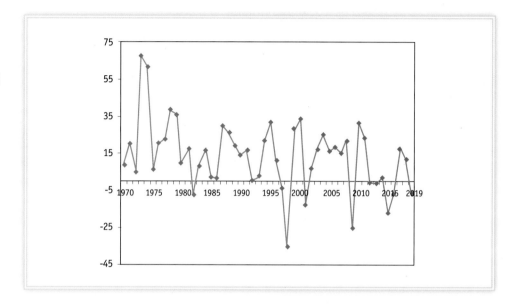

## 3. 계절적 변동

계절적 변동은 순환적 변동처럼 주기적으로 상승과 하강을 반복하는 변동이지만 순환의 주기가 1년 내로 짧다는 점이 순환적 변동과 구별된다. 계절적 변동은 흔히 계절의 변화에 따라 주기적으로 발생하는 변동을 나타내지만 한 달, 한 주 혹은 하루 동안에 주기적으로 발생하

**그림 15-3**

**건설업의 명목 GDP 시계열**

출처 : 한국은행 경제 통계 시스템
(www.bok.or.kr)

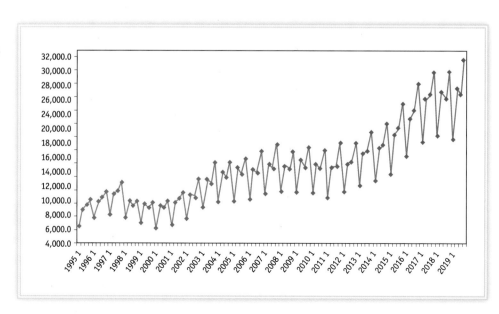

는 계통변동(systematic variation)까지도 포함한다. 종합주가지수는 흔히 하루의 특정 시간대에 따라 상승하거나 하락하는 현상을 나타내는데, 이런 계통변동도 계절적 변동이 된다.

　계절적 변동의 대표적 예로는 아이스크림이나 에어컨의 판매량, 에너지 소비량, 농산물의 생산량 등을 들 수 있다. 아이스크림의 판매량은 여름에는 증가하고 겨울에는 감소함으로써 계절에 따라 상승과 하강을 반복하는 계절적 변동을 한다. 1998년 1분기부터 2019년 4분기까지 분기별로 관측한 건설업의 명목 GDP 시계열자료도 확실한 계절적 변동을 보여 주고 있음을 그림 15-3을 통해 쉽게 알 수 있다.

> **계절적 변동**은 주기가 1년 내로 짧고 규칙적으로 발생하는 변동을 의미한다.

## 4. 확률적 변동

확률적 변동은 시간과 관계없이 불규칙하게 나타나는 변동으로 불규칙(irregular) 변동이라고도 한다. 이 확률적 변동은 시계열에서 장기적 추세, 순환적 변동, 계절적 변동으로 전혀 고려되지 못하는 변동으로 임의적인 원인에 의해 발생하기 때문에 예측할 수 없다. 그림 15-4는 확률적 변동을 나타낸다.

**그림 15-4**

**확률적 변동**

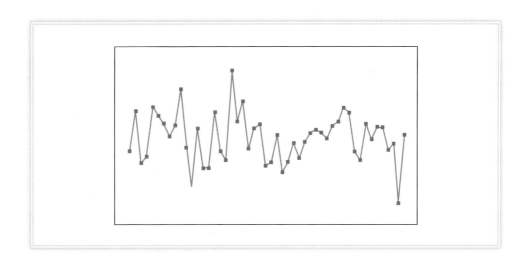

> **확률적 변동**은 시간과 관계없이 불규칙하게 나타나는 변동이다.

**통계의 이해와 활용**

### 금융시장의 심리적 현상

금융시장에서는 효율적 시장의 개념으로 설명할 수 없는 현상들이 체계적이고 반복적으로 나타나고 있으며, 이런 현상을 금융시장의 **이례현상**(anomalies)이라고 한다.

출처 : 행태경제학(박범조, 출간 예정)

금융시장에는 다양한 이례현상이 관측되며 대표적으로 달력 효과(calendar effects), 과잉반응(overreaction), 기업규모 효과(size effect), 모멘텀(momentum) 현상, 과신(overconfidence) 등을 고려할 수 있다. 행태경제학자들은 이런 이례현상은 심리적 요인에 기인한다고 생각하며, 제한적 합리성을 갖는 투자자의 심리 작용(체계적 인지 오류나 편향 등)이 금융시장의 가격 결정에 영향을 미친다는 사실을 실험연구나 실증분석을 통해 입증하였다.

예컨대, 일반적인 달력효과로 1월 효과(January effects)와 휴일 효과(holiday effects)를 들 수 있다. 1월 효과는 월별 수익률을 기준으로 비교하였을 때 1월의 주가 수익률이 다른 달에 비해 상대적으로 높게 나타나는 현상이며, 특히 소형주에서 두드러지게 나타난다. 1월 효과는 몇 가지 요인으로 설명할 수 있으나, 새해를 맞아 주식 분석가들이 낙관적인 전망을 하면서 1월의 주가 수익률이 다른 달에 비해 높게 나타나는 심리적 현상으로 판단할 수 있다. 휴일 효과는 공휴일 다음 날의 시장 평균 수익률이 다른 날의 수익률보다 상대적으로 높아지는 현상을 의미한다. 이런 현상은 연구자들이 과거 데이터를 가지고 휴일 다음 날과 평일 사이에 수익률의 차이가 존재하는지를 통계적으로 분석하면서 발견하였으며, 많은 투자자가 합리적인 근거 없이 휴일이 지난 다음 날 주식이 오를 것이라는 낙관적 기대 성향 때문에 발생한다고 알려져 있다.

또한 금융시장의 시계열 자료와 연관된 다른 심리적 현상으로 최근 언론에 보도된 '마일스톤 징크스(Milestone Jinx)'에 대해 살펴보자.

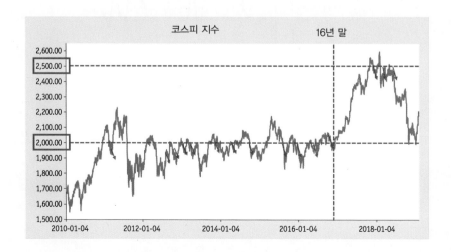

마일스톤 징크스란 다음과 같이 설명할 수 있다. "큰 단위 지수가 바뀌는 것에 대한 두려움으로 증시 상승세가 꺾이는 현상. 코스피나 코스닥지수가 특정 분기점(마일스톤)에 도달하면 투자자들의 차익 실현 매물이 급증해 하락하곤 했다."(dic.hankyung.com/economy/view/?seq=12338) 코스피지수의 시계열 추세를 보면 실제로 2010년 이후 2016년 말까지 코스피지수의 마일스톤에 해당하는 2000을 넘은 여러 구간에서 대부분 2000~2200을 '정점'으로 하락하는 패턴을 보였다. 지수가 2000을 돌파한 후에도 다음 마일스톤에 해당하는 2500을 정점으로 등락을 거듭하다 2500을 넘지 못하고 하락하는 추세를 보임으로써 마일스톤 징크스를 어느 정도 뒷받침하고 있다.

이처럼 시계열 자료를 통한 장기적 추세 및 순환적 변동 분석은 경제적 요인 외에도 다양한 심리적 요인에 의한 자료의 패턴이나 규칙성을 확인할 수 있게 해준다. 따라서 규칙적인 패턴의 인식과 미래의 변화에 대한 예측이 중요한 경영 · 경제 분야에 있어서 시계열분석은 아주 유용한 통계적 수단이 된다.

# 제2절 평활법

경영 · 경제 분석에서 다루게 되는 시계열은 흔히 임의적 변동을 포함하게 된다. 이런 경우 확률적 변동으로 인해 시계열이 갖는 계통변동을 파악하기 어렵게 된다. 따라서 시계열에 존재하는 불규칙 변동인 확률적 변동을 제거해야 계통변동을 쉽게 파악할 수 있으며 미래에 대한 예측을 보다 정확하게 할 수 있는 것이다. 시계열에 존재하는 불규칙 변동을 제거하는 가장 간단한 방법은 평활법(smoothing method)이며, 대표적인 평활법에는 이동평균법(moving average method)과 지수평활법(exponential smoothing method)이 있다.

## 1. 이동평균법

이동평균법은 평활법에서도 가장 쉽게 이용하는 방법으로 일정 기간의 관측값을 단순 평균하여 구할 수 있다. 예를 들어 2021년을 기준으로 3년 기간의 이동평균을 구하려면 기준 연도의 값(2021년의 값)과 1년 전후의 값(2020년과 2022년의 값)을 더한 후 그 값을 3으로 나누어 주면 된다. 이를 일반화하여 $Y_t$에 대한 $m$기간 이동평균을 구하는 경우를 고려하면, 이동평균은 $Y_t$값, $Y_t$ 이전의 $(m-1)/2$개 값, $Y_t$ 이후의 $(m-1)/2$개 값의 평균으로 구할 수 있다.

---

**$m$기간 이동평균($m$이 홀수인 경우)**

$t$시점의 $m$기간 이동평균 $Y_t^*$는 다음과 같이 계산된다.

$$Y_t^* = \frac{Y_{t-(m-1)/2} + Y_{t-(m-1)/2+1} + \cdots + Y_t + \cdots + Y_{t+(m-1)/2-1} + Y_{t+(m-1)/2}}{m}$$

---

**예 15-1** ▶

한 부동산중개소에서 1984년부터 2019년까지 36년 동안 이루어진 상가 매매 건수에 대한 자료가 다음 표에 기록돼 있다.

표 15-1  상가 매매 건수

| 연도 | 1984 | 1985 | 1986 | 1987 | 1988 | 1989 | 1990 | 1991 | 1992 | 1993 |
|---|---|---|---|---|---|---|---|---|---|---|
| 매매 건수 | 40 | 25 | 9 | 34 | 34 | 55 | 22 | 48 | 76 | 75 |
| 연도 | 1994 | 1995 | 1996 | 1997 | 1998 | 1999 | 2000 | 2001 | 2002 | 2003 |
| 매매 건수 | 188 | 82 | 95 | 95 | 142 | 45 | 85 | 15 | 154 | 134 |
| 연도 | 2004 | 2005 | 2006 | 2007 | 2008 | 2009 | 2010 | 2011 | 2012 | 2013 |
| 매매 건수 | 50 | 90 | 131 | 67 | 125 | 107 | 92 | 100 | 150 | 133 |
| 연도 | 2014 | 2015 | 2016 | 2017 | 2018 | 2019 | | | | |
| 매매 건수 | 129 | 160 | 130 | 162 | 144 | 179 | | | | |

- 2018년의 3기간 이동평균 $Y_{18}^*$을 계산하라.
- 2016년의 7기간 이동평균 $Y_{16}^*$을 계산하라.
- ETEX의 **이동평균법**을 이용하여(사례분석 15 참조) 시계열의 3기간 이동평균과 7기간 이동평균을 구한 후[1] 원래 자료와 이동평균 자료를 꺾은선 그래프로 그려 보라.

**답**

- $$Y_{18}^* = \frac{Y_{17} + Y_{18} + Y_{19}}{3} = \frac{162 + 144 + 179}{3} = \frac{485}{3} = 161.67$$

- $$Y_{16}^* = \frac{Y_{13} + Y_{14} + Y_{15} + Y_{16} + Y_{17} + Y_{18} + Y_{19}}{7}$$

$$= \frac{133 + 129 + 160 + 130 + 162 + 144 + 179}{7} = \frac{1037}{7} = 148.14$$

- 그림 15-5를 보면 이동평균한 시계열은 확률적 변동이 제거되어 원래의 시계열보다 평활하고 이동평균의 기간이 길어질수록 더 평활해짐을 알 수 있다. 결과적으로 $m$의 값이 커지면 평활 정도가 커지면서 시계열의 추세를 파악하기 쉬우나 자료에 포함된 중요한 정보를 상실할 수 있다.

---

[1] 참조: 엑셀의 분석 도구나 ETEX는 $Y_t$에 대한 $m$기간 이동평균을 구하기 위해 $Y_t$값과 $Y_t$ 이전의 $m-1$개 값의 평균을 사용한다. 더욱 자세한 내용은 사례분석 15에서 설명한다.

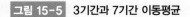

**그림 15-5** 3기간과 7기간 이동평균

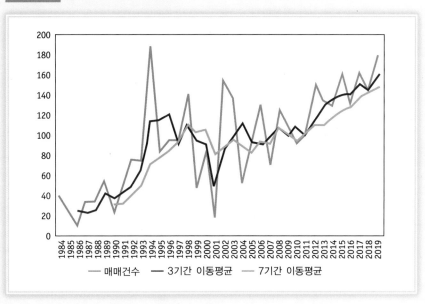

지금까지 우리는 이동평균의 기간 $m$이 홀수인 경우에 대해 설명하였다. 그런데 이동평균의 기간이 짝수가 되면 앞에서 설명한 이동평균법에 따라 이동평균을 계산할 경우 이동평균에 대응되는 시기에 문제가 발생한다. 예를 들어 상가 매매 건수의 시계열에서 4기간 이동평균을 계산하면 첫 번째 이동평균은 1985년과 1986년 사이에 위치하게 되어 첫 번째 이동평균에 대응되는 시기를 정할 수 없게 된다. 물론 다른 이동평균값들도 두 시기 사이에 놓이게 되는 문제가 발생한다. 따라서 이동평균의 기간이 짝수일 경우 인접한 두 이동평균의 평균을 계산하여 이동평균을 중심화하는 **중심이동평균**(centered moving average)을 구한다.

---

### $m$기간 이동평균($m$이 짝수인 경우)

$t$시점의 $m$기간 이동평균 $Y_t^*$는 다음과 같이 계산된다.

$$Y_{t-0.5}^* = \frac{Y_{t-m/2} + Y_{t-m/2+1} + \cdots + Y_t + \cdots + Y_{t+m/2-2} + Y_{t+m/2-1}}{m}$$

$$Y_{t+0.5}^* = \frac{Y_{t-m/2+1} + Y_{t-m/2+2} + \cdots + Y_t + \cdots + Y_{t+m/2-1} + Y_{t+m/2}}{m}$$

을 계산한 후 이 두 값의 평균

$$Y_t^* = \frac{Y_{t-0.5}^* + Y_{t+0.5}^*}{2}$$

에 의해 **중심이동평균**을 구한다.

예 15-2 ▶

• 예 15-1의 상가 매매건수에 대한 자료를 이용하여 2016년의 4기간 중심이동평균 $Y^*_{16}$ 을 계산하라.

• 이 시계열의 4기간 이동평균과 중심이동평균을 계산하라.

**답**

• $Y^*_{15.5} = \dfrac{Y_{14}+Y_{15}+Y_{16}+Y_{17}}{4} = \dfrac{581}{4} = 145.25$

표 15-2 **4기간 이동평균과 중심이동평균**

| 연도 | 매매건수 | 이동평균 | 중심이동평균 |
|------|---------|---------|-------------|
| 1984 | 40 | | |
| 1985 | 25 | | |
| 1986 | 9 | 27 | |
| 1987 | 34 | 25.5 | 26.25 |
| 1988 | 34 | 33 | 29.25 |
| 1989 | 55 | 36.25 | 34.625 |
| 1990 | 22 | 39.75 | 38 |
| 1991 | 48 | 50.25 | 45 |
| 1992 | 76 | 55.25 | 52.75 |
| 1993 | 75 | 96.75 | 76 |
| 1994 | 188 | 105.25 | 101 |
| 1995 | 82 | 110 | 107.625 |
| 1996 | 95 | 115 | 112.5 |
| 1997 | 95 | 103.5 | 109.25 |
| 1998 | 142 | 94.25 | 98.875 |
| 1999 | 45 | 91.75 | 93 |
| 2000 | 85 | 71.75 | 81.75 |
| 2001 | 15 | 74.75 | 73.25 |
| 2002 | 154 | 97 | 85.875 |
| 2003 | 134 | 88.25 | 92.625 |
| 2004 | 50 | 107 | 97.625 |
| 2005 | 90 | 101.25 | 104.125 |
| 2006 | 131 | 84.5 | 92.875 |
| 2007 | 67 | 103.25 | 93.875 |
| 2008 | 125 | 107.5 | 105.375 |
| 2009 | 107 | 97.75 | 102.625 |
| 2010 | 92 | 106 | 101.875 |
| 2011 | 100 | 112.25 | 109.125 |
| 2012 | 150 | 118.75 | 115.5 |
| 2013 | 133 | 128 | 123.375 |
| 2014 | 129 | 143 | 135.5 |
| 2015 | 160 | 138 | 140.5 |
| 2016 | 130 | 145.25 | 141.625 |
| 2017 | 162 | 149 | 147.125 |
| 2018 | 144 | | |
| 2019 | 179 | | |

$$\bullet \; Y_{16,5}^* = \frac{Y_{15} + Y_{16} + Y_{17} + Y_{18}}{4} = \frac{596}{4} = 149$$

따라서 두 이동평균의 평균

$$Y_{16}^* = \frac{Y_{15,5}^* + Y_{16,5}^*}{2} = \frac{145.25 + 149}{2} = 147.125$$

가 2016년의 4기간 중심이동평균이 된다.

- 표 15-2에서 알 수 있는 것처럼 4기간 중심이동평균을 계산하면 자료의 앞뒤로 2개씩의 관측값에 대한 이동평균을 얻지 못하게 되어 총 4시기의 이동평균을 구하지 못하기 때문에 정보의 손실이 커짐을 알 수 있다. 이런 이유로 이동평균을 계산하기 위해서는 일반적으로 짝수기간보다 홀수기간을 정하게 된다.

## 2. 지수평활법

이동평균법은 개념을 이해하기 쉽고 편리하게 응용할 수 있는 장점이 있으나 다음과 같은 단점을 갖는다. 첫째, 이동평균을 홀수로 정한다 해도 시계열의 처음과 끝 시기에서 각 $m-2$ (단, $m > 1$)개씩의 이동평균을 구하지 못하기 때문에 관측값이 작은 경우에는 정보의 손실이 클 수 있다. 둘째, 이동평균은 과거 시계열자료의 대부분을 고려하지 못한다. 예를 들어 2018년의 3기간 이동평균을 계산할 때 2017년, 2018년, 2019년의 관측값만을 고려하기 때문에 2018년의 3기간 이동평균은 2017년 이전 자료들의 추세를 전혀 고려하지 못하는 문제를 초래한다.

이런 단점을 보완한 것이 지수평활법이다. 지수평활법을 적용하기 위해 우선 지수평활계수 (exponential smoothing coefficient) $\alpha (0 \le \alpha \le 1)$를 선택한 후, 다음과 같이 지수평활된 시계열을 계산할 수 있다.

$$
\begin{aligned}
S_1 &= Y_1 \\
S_2 &= \alpha Y_2 + (1-\alpha)S_1 \\
&= \alpha Y_2 + (1-\alpha)Y_1 \\
S_3 &= \alpha Y_3 + (1-\alpha)S_2 \\
&= \alpha Y_3 + (1-\alpha)[\alpha Y_2 + (1-\alpha)Y_1] \\
&= \alpha Y_3 + \alpha(1-\alpha)Y_2 + (1-\alpha)^2 Y_1 \\
&\;\;\vdots \\
S_t &= \alpha Y_t + (1-\alpha)S_{t-1} \\
&= \alpha Y_t + \alpha(1-\alpha)Y_{t-1} + \alpha(1-\alpha)^2 Y_{t-2} + \cdots + (1-\alpha)^{t-1}Y_1
\end{aligned}
$$

이동평균법에서는 $m$기간의 관측값만을 이용하지만 지수평활법에서는 $Y_1$부터 $Y_t$까지의 모든 관측값을 이용하며, 각 관측값에 가중치를 두어 평균을 계산한다. 마지막 등식을 보면 과거의 관측값 $Y_{t-i}$일수록 가중치 $\alpha(1-\alpha)^i$가 작아짐을 알 수 있다. 예를 들어 $\alpha=0.3$이면 $Y_{t-1}$의 가중치는 $\alpha(1-\alpha)=0.21$, $Y_{t-2}$의 가중치는 $\alpha(1-\alpha)^2=0.147$, $Y_{t-3}$의 가중치는 $\alpha(1-\alpha)^3=0.1027$이 되어 과거의 관측값일수록 가중치가 작아진다.

---

**지수평활된 시계열**

$$S_1=Y_1$$
$$S_2=\alpha Y_2+(1-\alpha)S_1$$
$$\vdots$$
$$S_t=\alpha Y_t+(1-\alpha)S_{t-1} \quad (t\geq 2)$$

$S_t$ : $t$기의 지수평활된 시계열

$Y_t$ : $t$기의 시계열

$\alpha$ : 지수평활계수($0\leq\alpha\leq 1$)

---

**예 15-3** ▶

ETEX의 **지수평활법**을 이용하여(사례분석 15 참조) 예 15-1의 상가 매매건수에 대한 지수평활된 시계열을 구하라. 단, 지수평활계수는 $\alpha=0.6$, $0.2$로 계산하라.

**답**

표 15-3 **지수평활된 시계열**

| 연도 | 매매 건수 | 지수평활($\alpha=0.6$) | 지수평활($\alpha=0.2$) |
|---|---|---|---|
| 1984 | 40 | 40.0000 | 40.0000 |
| 1985 | 25 | 31.0000 | 37.0000 |
| 1986 | 9 | 17.8000 | 31.4000 |
| 1987 | 34 | 27.5200 | 31.9200 |
| 1988 | 34 | 31.4080 | 32.3360 |
| 1989 | 55 | 45.5632 | 36.8688 |
| 1990 | 22 | 31.4253 | 33.8950 |
| 1991 | 48 | 41.3701 | 36.7160 |
| 1992 | 76 | 62.1480 | 44.5728 |
| 1993 | 75 | 69.8592 | 50.6583 |
| 1994 | 188 | 140.7437 | 78.1266 |
| 1995 | 82 | 105.4975 | 78.9013 |
| 1996 | 95 | 99.1990 | 82.1210 |
| 1997 | 95 | 96.6796 | 84.6968 |
| 1998 | 142 | 123.8718 | 96.1575 |
| 1999 | 45 | 76.5487 | 85.9260 |

표 15-3 지수평활된 시계열(계속)

| 연도 | 매매 건수 | 지수평활($\alpha$=0.6) | 지수평활($\alpha$=0.2) |
|---|---|---|---|
| 2000 | 85 | 81.6195 | 85.7408 |
| 2001 | 15 | 41.6478 | 71.5926 |
| 2002 | 154 | 109.0591 | 88.0741 |
| 2003 | 134 | 124.0236 | 97.2593 |
| 2004 | 50 | 79.6095 | 87.8074 |
| 2005 | 90 | 85.8438 | 88.2459 |
| 2006 | 131 | 112.9375 | 96.7967 |
| 2007 | 67 | 85.3750 | 90.8374 |
| 2008 | 125 | 109.1500 | 97.6699 |
| 2009 | 107 | 107.8600 | 99.5359 |
| 2010 | 92 | 98.3440 | 98.0287 |
| 2011 | 100 | 99.3376 | 98.4230 |
| 2012 | 150 | 129.7350 | 108.7384 |
| 2013 | 133 | 131.6940 | 113.5907 |
| 2014 | 129 | 130.0776 | 116.6726 |
| 2015 | 160 | 148.0310 | 125.3381 |
| 2016 | 130 | 137.2124 | 126.2704 |
| 2017 | 162 | 152.0850 | 133.4164 |
| 2018 | 144 | 147.2340 | 135.5331 |
| 2019 | 179 | 166.2936 | 144.2265 |

그림 15-6 원 시계열과 지수평활된 시계열

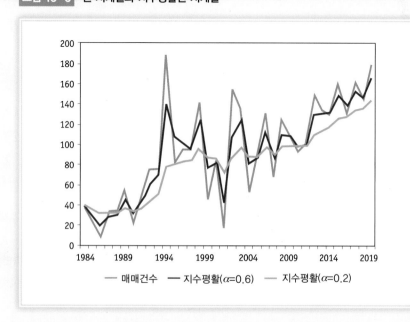

그림 15-6을 통해 알 수 있는 것처럼 지수평활계수의 값에 따라 평활의 정도가 달라지는데 지수평활계숫값이 작을수록 시계열은 더 평활해진다. 그 이유는 지수평활계숫값이 크면 평활된 값이 최근의 값에 의해 크게 영향을 받지만 지수평활계숫값이 작으면 평활된 값이 시계열의 변화에 느린 반응을 보이기 때문이다. 따라서 확률변동이 심한 시계열을 평활하기 위해서는 작은 지수평활계숫값을 사용하고, 확률변동이 거의 없는 시계열을 평활하기 위해서는 높은 지수평활계숫값을 사용하면 된다. 일반적으로 지수평활을 계산하여 시계열의 추세를 파악하기 위해서는 지수평활계숫값을 0.1과 0.3 사이에서 선택하는 것이 바람직하다.

# 제3절 추세와 계절효과

## 1. 추세분석

앞에서 설명한 것처럼 경영·경제 현상을 설명해 주는 많은 변수는 시간이 지남에 따라 매끄러운 형태를 보이거나 방향이 증가하거나 감소하는 추세를 지닌다. 이런 추세를 반영하기 위한 가장 보편적 방법은 회귀모형에 추세변수(trend variable)를 독립변수로 추가하는 것임을 제14장 5절에서 설명하였다.

예를 들어 제13장의 사례분석에서 설정한 필립스 회귀모형 $W_t = \beta_0 + \beta_1 U_t + \varepsilon_t$에 추세를 반영할 수 있도록 선형 추세변수를 추가하여 다음과 같은 회귀모형을 설정할 수 있다.

$$W_t = \beta_0 + \beta_1 U_t + \beta_2 t + \varepsilon_t, \ t = 1, \cdots, T$$

여기서 $W_t$는 명목임금 증가율, $U_t$는 실업률, 그리고 $t$는 추세변수로 명목임금 증가율 시간이 지남에 따라 변화하는 추세를 반영한다.

예 15-4 ▶

제13장의 사례자료 13은 자료를 이용하여 선형 추세변수를 추가한 앞의 회귀모형을 추정하고 사례분석 13의 추정 결과와 비교해보라. 그리고 명목임금 증가율에 유의미한 추세가 나타나는지 판단해 보라.

**답**

ETEX 메뉴에서 **회귀분석 → 선형모형 추정 → 보통최소제곱(OLS) 추정**을 선택하면 그림 15-7과 같은 **보통최소제곱(OLS) 추정** 대화상자가 열린다.
**보통최소제곱(OLS) 추정** 대화상자가 열리면 그림 15-7과 같이 **종속변수(Y)** 범위에 임금 증가율 자료가 입력된 셀의 범위와 **독립변수(X) 범위**에 실업률과 시간(추세) 자료가 입력된 셀의 범위를 행렬 형태로 입력하고 **실행** 버튼을 클릭한다.

**그림 15-7** 보통최소제곱(OLS) 추정 대화상자

| | A | B | C | D | E | F | G | H | I |
|---|---|---|---|---|---|---|---|---|---|
| 1 | 연도 | 명목임금 상승률 | 실업률 | t | | | | | |
| 2 | 1981 | 23.6 | 4.5 | 1 | | | | | |
| 3 | 1982 | 16.8 | 4.4 | 2 | | | | | |
| 4 | 1983 | 21.1 | 4.1 | 3 | | | | | |
| 5 | 1984 | 14.8 | 3.8 | 4 | | | | | |
| 6 | 1985 | 11.0 | 4 | 5 | | | | | |
| 7 | 1986 | 16.1 | 3.8 | 6 | | | | | |
| 8 | 1987 | 19.1 | 3.1 | 7 | | | | | |
| 9 | 1988 | 22.0 | 2.5 | 8 | | | | | |
| 10 | 1989 | 18.6 | 2.6 | 9 | | | | | |
| 11 | 1990 | 22.2 | 2.4 | 10 | | | | | |
| 12 | 1991 | 23.8 | 2.4 | 11 | | | | | |
| 13 | 1992 | 14.5 | 2.5 | 12 | | | | | |
| 14 | 1993 | 13.2 | 2.9 | 13 | | | | | |
| 15 | 1994 | 16.4 | 2.5 | 14 | | | | | |
| 16 | 1995 | 20.8 | 2.1 | 15 | | | | | |
| 17 | 1996 | 14.6 | 2 | 16 | | | | | |
| 18 | 1997 | 5.4 | 2.6 | 17 | | | | | |
| 19 | 1998 | -4.6 | 7 | 18 | | | | | |
| 20 | 1999 | 5.3 | 6.3 | 19 | | | | | |
| 21 | 2000 | 12.3 | 4.4 | 20 | | | | | |
| 22 | 2001 | 8.7 | 4 | 21 | | | | | |

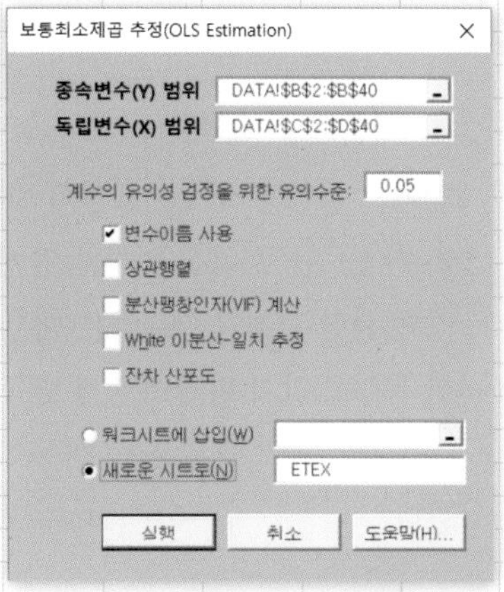

보통최소제곱 추정(OLS Estimation) ✕

종속변수(Y) 범위 DATA!$B$2:$B$40
독립변수(X) 범위 DATA!$C$2:$D$40

계수의 유의성 검정을 위한 유의수준: 0.05

☑ 변수이름 사용
☐ 상관행렬
☐ 분산팽창인자(VIF) 계산
☐ White 이분산-일치 추정
☐ 잔차 산포도

○ 워크시트에 삽입(W)
● 새로운 시트로(N) ETEX

실행 취소 도움말(H)...

**그림 15-8** 추정 결과

| | A | B | C | D | E | F |
|---|---|---|---|---|---|---|
| 1 | | 계수 추정치 | 표준오차 | t-통계량 | P-값 | 계수의 통계적 유의성 검정 |
| 2 | Y 절편 | 30.76926621 | 2.724011148 | 11.29557279 | 2.17469E-13 | 5% 유의수준에서 유의함 |
| 3 | 실업률 | -2.87957801 | 0.687878582 | -4.186171926 | 0.000174485 | 5% 유의수준에서 유의함 |
| 4 | 추세변수 | -0.510511825 | 0.059045079 | -8.646136714 | 2.60401E-10 | 5% 유의수준에서 유의함 |
| 5 | | | | | | |
| 6 | 관측수 | 39 | | | | |
| 7 | 자유도 | 36 | | | | |
| 8 | 추정 표준오차 | 4.145326221 | | | | |
| 9 | 종속변수의 평균 | 10.42882193 | | | | |
| 10 | 종속변수의 표준오차 | 7.72383755 | | | | |
| 11 | 결정계수(R²) | 0.727121029 | | | | |
| 12 | 조정된 결정계수 | 0.711961086 | | | | |
| 13 | 더빈-왓슨(DW) 통계량 | 1.890304057 | | | | |
| 14 | AIC | 2.86648437 | | | | |
| 15 | SIC | 2.951795224 | | | | |
| 16 | 추정 시간: 2020-05-05 오후 5:23:04 | | | | | |
| 17 | | | | | | |
| 18 | 변동요인 | 제곱의 합 | 자유도 | 평균의 제곱 | F비 | |
| 19 | 회 귀 | 1648.377066 | 2 | 824.1885329 | 47.96330936 | |
| 20 | 잔 차 | 618.6142611 | 36 | 17.18372948 | | |
| 21 | 합 계 | 2266.991327 | 38 | | | |
| 22 | | | | | | |

실행 결과는 그림 15-8과 같다. 독립변수로 실업률만을 고려한 사례분석 13의 결과에서는 결정계수 $R^2$이 0.1604로 낮아, 추정된 표본회귀선이 표본자료를 잘 적합하지 못하고 회귀모형의 유의성 검정에서도 회귀모형이 통계적으로 유의미하지 못한 것으로 나타났다. 하지만 추세변수 $t$를 추가함으로써 $R^2$이 0.7271로 높아졌으며 회귀모형도 통계적으로 유의미한 것으로 나타났다. 따라서 명목임금 증가율 모형에서 추세변수가 매우 중요한 역할을 하고 있음을 의미한다.

한편 실업률과 추세변수의 $t$-검정통계량도 각각 −4.1861, −8.6461로 기각역에 속하게 되어 유의성이 없다는 귀무가설을 기각하게 된다. 즉 실업률과 추세변수는 표준 유

의수준에서 통계적으로 유의미하다. 또한 실업률과 추세변수의 계수가 각각 −2.8795, −0.5105로 부의 값을 가지므로 명목임금 증가율은 실업률이 증가함에 따라 혹은 시간의 흐름에 따라 명백한 감소 추세를 나타낸다.

## 2. 계절효과 분석

앞에서 설명한 것처럼 계절적 변동은 계절의 변화에 따라 주기적으로 발생하는 변동뿐만 아니라 한 달, 한 주 혹은 하루 동안에 주기적으로 발생하는 계통변동까지 포함하기 때문에 경영·경제 관련 시계열 자료들은 대부분 계절적 변동을 포함하게 된다. 따라서 시계열 자료의 정확한 특성을 알기 위해 계절적 변동으로 인한 계절효과(seasonal effect)를 고려할 필요가 있다.

시계열 자료에 순환적 변동이 존재하지 않는다고 가정하면 시계열의 승법모형은 다음과 같다.

$$Y_t = T_t \cdot S_t \cdot R_t$$

그리고 추세변수($t$)만을 포함하는 단순회귀모형을 추정한 후 다음과 같이 $Y_t$를 예측할 수 있다.

$$\hat{Y}_t = b_0 + b_1 t, \ t = 1, \ 2, \cdots, \ T$$

따라서 순환적 변동이 존재하지 않는 시계열을 대응되는 예측값 $\hat{Y}_t$으로 나누어 주면 시계열에는 계절적 변동과 확률적 변동성분만이 남게 된다. 즉

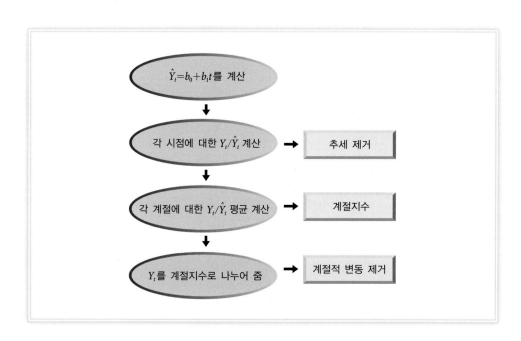

**그림 15-9**

계절지수 계산과
계절적 변동 조정

$\hat{Y}_t = b_0 + b_1 t$를 계산

각 시점에 대한 $Y_t / \hat{Y}_t$ 계산 → 추세 제거

각 계절에 대한 $Y_t / \hat{Y}_t$ 평균 계산 → 계절지수

$Y_t$를 계절지수로 나누어 줌 → 계절적 변동 제거

$$\frac{Y_t}{\hat{Y}_t} = \frac{T_t \cdot S_t \cdot R_t}{T_t} = S_t \cdot R_t$$

$Y_t/\hat{Y}_t$의 시계열은 계절적 변동과 확률적 변동만을 포함하므로 계절을 분기로 정의하면 각 분기에 속하는 $Y_t/\hat{Y}_t$ 값들의 평균이 계절지수(seasonal index)가 된다. 이 계절지수를 통해 시계열자료가 갖는 계절효과를 파악할 수 있다. 이제 원래 관측값들을 분기에 따라 해당하는 계절지수로 나누어서(예를 들면 2020년 1월의 관측값은 1분기 자료이므로 1분기 계절지수 값으로 나누어 준다) 계절적 변동을 제거할 수 있다.

예 15-5 ▶

국가 에너지통계 정보 시스템(www.kesis.net) 사이트로부터 우리나라의 도시가스 소비량에 대한 2015년 11월부터 2019년 10월까지 월별 시계열자료를 수집하였다.

- 이 시계열자료를 꺾은선 그래프로 그려 보고, 이 시계열에 계절적 변동이 존재하는지 살펴보라.
- 계절적 변동이 존재하는지 구체적으로 알아보기 위해 계절지수를 계산해 보라. 그리고 계절효과를 제거한 자료를 꺾은선 그래프로 그려 보고 원 시계열자료의 그래프와 비교해보라.

**표 15-4 도시가스 소비량** (단위 : 100만m$^3$)

| 월 | 소비량 | 월 | 소비량 | 월 | 소비량 |
|---|---|---|---|---|---|
| 2015-11 | 1716 | 2017-03 | 2508 | 2018-07 | 1252 |
| 2015-12 | 2464 | 2017-04 | 1835 | 2018-08 | 1171 |
| 2016-01 | 3011 | 2017-05 | 1342 | 2018-09 | 1153 |
| 2016-02 | 2767 | 2017-06 | 1159 | 2018-10 | 1543 |
| 2016-03 | 2407 | 2017-07 | 1109 | 2018-11 | 2128 |
| 2016-04 | 1686 | 2017-08 | 1066 | 2018-12 | 3006 |
| 2016-05 | 1301 | 2017-09 | 1121 | 2019-01 | 3381 |
| 2016-06 | 1130 | 2017-10 | 1259 | 2019-02 | 2888 |
| 2016-07 | 1105 | 2017-11 | 2093 | 2019-03 | 2489 |
| 2016-08 | 1028 | 2017-12 | 3128 | 2019-04 | 2075 |
| 2016-09 | 1003 | 2018-01 | 3545 | 2019-05 | 1535 |
| 2016-10 | 1249 | 2018-02 | 3237 | 2019-06 | 1274 |

표 15-4  **도시가스 소비량(계속)**  (단위 : 100만m$^3$)

| 월 | 소비량 | 월 | 소비량 | 월 | 소비량 |
|---|---|---|---|---|---|
| 2016-11 | 1934 | 2018-03 | 2556 | 2019-07 | 1209 |
| 2016-12 | 2651 | 2018-04 | 1877 | 2019-08 | 1125 |
| 2017-01 | 3039 | 2018-05 | 1513 | 2019-09 | 1111 |
| 2017-02 | 2944 | 2018-06 | 1293 | 2019-10 | 1354 |

**답**

- 이 시계열자료의 꺾은선 그래프를 보면 도시가스 소비량이 1분기에 가장 높고 3분기에 가장 낮은 패턴을 보이는 명확한 계절적 변동이 존재하는 것으로 나타난다.

그림 15-10  **도시가스 소비량**

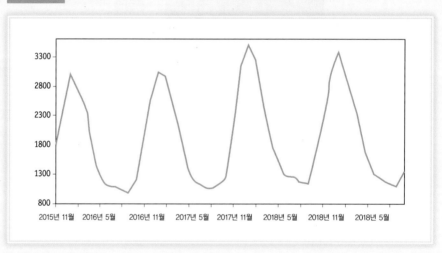

- 추세변수($t$)를 포함하는 회귀모형을 추정한 결과는 다음과 같으며, 이 결과를 이용하여 예측값 $\hat{Y}_t$을 구할 수 있다.

$$\hat{Y}_t = 1991.4972 - 4.1009t$$

표 15-5  **$Y_t / \hat{Y}_t$의 값과 계절지수**

| | 연도 | 1 | 2 | 3 |
|---|---|---|---|---|
| 1분기 | 2016 | 1.5211 | 1.4010 | 1.2214 |
| | 2017 | 1.5746 | 1.5288 | 1.3048 |
| | 2018 | 1.8848 | 1.7247 | 1.3651 |
| | 2019 | 1.8457 | 1.5803 | 1.3652 |
| | 계절지수 | | 1.5265 | |

표 15-5  $Y_t/\hat{Y}_t$의 값과 계절지수(계속)

| | 연도 | 4 | 5 | 6 |
|---|---|---|---|---|
| 2분기 | 2016 | 0.8571 | 0.6627 | 0.5767 |
| | 2017 | 0.9570 | 0.7011 | 0.6069 |
| | 2018 | 1.0045 | 0.8113 | 0.6950 |
| | 2019 | 1.1406 | 0.8459 | 0.7032 |
| | 계절지수 | 0.7968 | | |
| | 연도 | 7 | 8 | 9 |
| 3분기 | 2016 | 0.5652 | 0.5268 | 0.5154 |
| | 2017 | 0.5822 | 0.5609 | 0.5909 |
| | 2018 | 0.6746 | 0.6324 | 0.6240 |
| | 2019 | 0.6691 | 0.6238 | 0.6179 |
| | 계절지수 | 0.5986 | | |
| | 연도 | 10 | 11 | 12 |
| | 2015 | | 0.8634 | 1.2421 |
| | 2016 | 0.6431 | 0.9978 | 1.3709 |
| 4분기 | 2017 | 0.6648 | 1.1078 | 1.6597 |
| | 2018 | 0.8370 | 1.1567 | 1.6377 |
| | 2019 | 0.7546 | | |
| | 계절지수 | 1.0151 | | |

각 시점에 대한 $Y_t/\hat{Y}_t$를 계산하고 분기별 평균을 구한다(표 15-5). 이 평균이 계절지수에 해당된다.

**그림 15-11**  계절효과를 제거한 도시가스 소비량

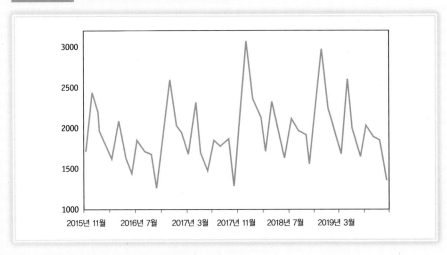

> 이제 원래 관측값들을 각 분기에 해당하는 계절지수로 나누어서 계절적 변동을 제거한 후 꺾은선 그래프를 그려 보면 그림 15-11과 같다. 원 시계열자료와 달리 계절적 변동이 현저히 감소했음을 알 수 있다.

# 제4절 예측

우리가 시계열분석을 하는 주된 목적 중 하나는 과거와 현재의 자료를 근거로 미래를 정확히 예측(forecasting)하는 것이다. 예측 방법은 매우 다양하나 앞에서 배운 이동평균법과 지수평활법을 이용하여 미래의 값을 예측하는 방법과 예측모형을 선택하는 기준에 대해 간단히 설명해 보자.

## 1. 예측법

### 1) 이동평균 예측법

이동평균 예측법은 가장 최근의 이동평균을 다음 기($t+1$)의 예측값으로 사용한다. 예를 들어 3기간 이동평균을 이용하여 예측하는 경우 $t+1$기의 예측값은

$$\hat{Y}_{t+1} = \frac{Y_t + Y_{t-1} + Y_{t-2}}{3} = \frac{1}{3}Y_t + \frac{1}{3}Y_{t-1} + \frac{1}{3}Y_{t-2}$$

가 된다. 예 15-1의 상가 매매건수 시계열에서 2020년의 상가 매매건수를 예측하기 위해 3기간 이동평균을 이용한다면 예측 건수는 161.67건이 된다.

$$\hat{Y}_{20} = \frac{162 + 144 + 179}{3} = 161.67$$

그런데 현재($t$)에 가까운 관측값일수록 다음 기($t+1$)의 예측값에 더 많은 영향을 미침에도 불구하고, 단순 이동평균 예측법은 현재와 과거의 모든 관측값에 동일한 가중치를 부여하는 단점이 있다. 이 문제를 개선하기 위해 관측값의 시기에 따라 가중치를 달리하는 **이동가중평균**(moving weighted average) 예측법을 사용할 수 있다. 3기간 이동가중평균을 이용하여 $t+1$기의 예측값을 계산하는 경우 보통 다음과 같이 가중치를 부여할 수 있다.

$$\hat{Y}_{t+1} = \frac{3}{6}Y_t + \frac{2}{6}Y_{t-1} + \frac{1}{6}Y_{t-2}$$

물론 가중치의 합은 언제나 1이어야 한다. 이 3기간 이동가중평균을 이용해 2020년의 상가 매매건수를 예측하면

$$\hat{Y}_{20} = \frac{3}{6}Y_{19} + \frac{2}{6}Y_{18} + \frac{1}{6}Y_{17}$$

$$= \frac{3}{6} \times 179 + \frac{2}{6} \times 144 + \frac{1}{6} \times 162 = 164.5$$

가 된다. 시기에 따라 가중치를 달리하여 예측한 164.5건이 3기간 이동평균을 이용하여 예측한 161.67건보다 타당성이 있다고 볼 수 있다.

### 2) 지수평활 예측법

이동평균 예측법은 평균기간에 포함되지 않는 관측값들을 전혀 고려하지 않아 발생하는 정보의 손실로 인해 널리 사용되지 못하고, 대신 이런 단점을 보완한 지수평활 예측법이 시계열 예측을 위해 보편적으로 사용된다. 이동평균 예측법에서 다음 기의 예측값으로 가장 최근의 이동평균을 사용했던 것처럼 $t$기의 지수평활값을 $t+1$기의 예측값으로 사용할 수 있다. 마찬가지로 $t-1$기의 지수평활값을 $t$기의 예측값으로 사용할 수 있다. 즉

$$\hat{Y}_{t+1} = S_t, \ \hat{Y}_t = S_{t-1}$$

제2절의 등식 $S_t = \alpha Y_t + (1-\alpha)S_{t-1}$에 $\hat{Y}_{t+1}$과 $\hat{Y}_t$를 각각 대입하면

$$\hat{Y}_{t+1} = \alpha Y_t + (1-\alpha)\hat{Y}_t$$

를 얻을 수 있다. 이 등식을 이용하여 $t+1$기의 예측값을 구할 수 있게 된다. 이 예측값은 $t$기의 지수평활값과 동일하다. 지수평활 예측의 타당성을 살펴보기 위해 앞의 등식을 다시 전개하면 다음과 같이 표현할 수 있다.

$$\hat{Y}_{t+1} = \hat{Y}_t + \alpha(Y_t - \hat{Y}_t)$$

미래 예측값 = 현재 예측값 + 현재 예측값의 오차조정

$Y_t - \hat{Y}_t$은 현재 예측값의 오차를 나타낸다. 따라서 이 값이 0보다 크면(작으면) $Y_t$가 실제보다 작게(크게) 예측되었음을 의미하므로 다음 예측값은 증가(감소)하여야 할 것이다. 다음 기의 지수평활 예측값 $\hat{Y}_{t+1}$은 현재의 예측값 $\hat{Y}_t$에 이 오차를 조정한 결과임을 알 수 있다.

올해의 관측값과 예측값이 각각 50과 40인 경우 지수평활계수를 0.2로 하는 지수평활 예측법을 이용하여 내년의 예측값을 계산하면 다음과 같다.

$$\hat{Y}_{t+1} = 0.2Y_t + (1-0.2)\hat{Y}_t$$

$$= 0.2 \times 50 + (1-0.2) \times 40 = 42$$

예 15-6 ▶

지수평활계수를 0.6으로 하는 지수평활 예측법을 이용하여 예 15-1의 상가 매매건수에 대한 2020년의 예측값을 계산하라.

**답**

2020년의 예측값은 다음과 같이 계산할 수 있다.

$$\hat{Y}_{20}=0.6Y_{19}+(1-0.6)\hat{Y}_{19}$$
$$=0.6\times179+0.4\times147.2340=166.2936$$

이 예측값은 지수평활계수 0.6을 사용한 2020년 지수평활값과 동일하다. 따라서 $t$기의 지수평활값이 다음 $t+1$기의 예측값으로 사용되고 있음을 짐작할 수 있다.

## 2. 예측모형 선택기준

앞에서 언급한 것처럼 예측 방법은 매우 다양하므로 주어진 시계열자료에 가장 적합한 예측 모형이 어떤 것인지를 판단할 수 있는 기준이 필요하다. 모형의 예측력을 측정하기 위해 사용되는 가장 일반적인 기준은 평균절대편차(mean absolute deviation, $MAD$)와 오차제곱평균의 제곱근(root mean squares for error, $RMSE$)이다. 가장 적합한 예측모형으로 $MAD$ 혹은 $RMSE$ 값을 최소화하는 예측모형을 선택한다.

**평균절대편차($MAD$)**

$$MAD=\sum_{t=1}^{T}\frac{|Y_t-\hat{Y}_t|}{T}$$

$Y_t$ : $t$기의 시계열 관측값
$\hat{Y}_t$ : $t$기의 시계열 예측값
$T$ : 시계열 관측 수

**오차제곱평균의 제곱근($RMSE$)**

$$RMSE=\sqrt{\sum_{t=1}^{T}\frac{(Y_t-\hat{Y}_t)^2}{T}}$$

**예 15-7** ▶

예 15-1의 상가 매매건수를 지수평활법($\alpha=0.3$, 0.6)으로 예측한 후 각 예측 시계열의 *RMSE*를 계산하라. *RMSE*를 기준으로 지수평활계수 0.3을 이용한 지수평활모형과 지수 평활계수 0.6을 이용한 지수평활모형 중 어느 것이 더 예측력이 높은가?

**답**

$\alpha=0.3$인 경우 오차제곱평균의 제곱근은 다음과 같이 계산된다.

$$RMSE=\sqrt{\frac{(25-40)^2+(9-35.5)^2+\cdots+(179-142.3051)^2}{35}}$$

$$=\sqrt{\frac{(-15)^2+(-26.5)^2+\cdots+(36.6948)^2}{35}}=40.6893$$

또한 $\alpha=0.6$인 경우 오차제곱평균의 제곱근은 다음과 같이 계산된다.

$$RMSE=\sqrt{\frac{(25-40)^2+(9-31)^2+\cdots+(179-147.2340)^2}{35}}$$

$$=\sqrt{\frac{(-15)^2+(-9)^2+\cdots+(31.7660)^2}{35}}=42.8916$$

지수평활계수 0.3을 이용한 지수평활모형의 *RMSE*값이 작으므로 지수평활계수 0.3을 이용한 지수평활모형의 예측력이 더 높다고 할 수 있다.

**그림 15-12** 엑셀을 이용하여 계산한 *RMSE*

| | A | B | C | D | E | F | G | H |
|---|---|---|---|---|---|---|---|---|
| 1 | 연도 | 매매건수 | 지수평활($\alpha$=0.3) 예측값 | 예측오차 | 지수평활($\alpha$=0.6) 예측값 | 예측오차 | RMSE | |
| 2 | 1984 | 40 | | | | | $\alpha$=0.3 | $\alpha$=0.6 |
| 3 | 1985 | 25 | 40 | -15 | 40 | -15 | 40.689306 | 42.891687 |
| 4 | 1986 | 9 | 35.5 | -31 | 31 | -22 | | |
| 5 | 1987 | 34 | 27.55 | -1.5 | 17.8 | 16.2 | | |
| 6 | 1988 | 34 | 29.485 | 6.45 | 27.52 | 6.48 | | |
| 7 | 1989 | 55 | 30.8395 | 25.515 | 31.408 | 23.592 | | |
| 8 | 1990 | 22 | 38.08765 | -8.8395 | 45.5632 | -23.5632 | | |
| 9 | 1991 | 48 | 33.261355 | 9.91235 | 31.42528 | 16.57472 | | |
| 10 | 1992 | 76 | 37.6829485 | 42.738645 | 41.370112 | 34.629888 | | |
| 11 | 1993 | 75 | 49.17806395 | 37.3170515 | 62.1480448 | 12.8519552 | | |
| 12 | 1994 | 188 | 56.92464477 | 138.821936 | 69.85921792 | 118.140782 | | |

**요약**

경영·경제 환경과 기술의 급속한 변화가 불확실성을 증폭시키면서 미래의 예측을 더욱 어렵게 하고 결과적으로 바람직한 계획과 정책의 수립 가능성을 줄이고 있다. 따라서 미래에 대한 예측력을 높이기 위해서는 시계열자료가 갖는 확률 과정이나 패턴을 이해하고 모형화해야 한다. 이를 위한 통계적 수단이 시계열분석이다.

시계열자료는 다음 네 가지 성분으로 구성되며, 이들 사이의 관계는 가법모형이나 승법모형으로 나타낼 수 있다. 가법모형은 $Y_t = T_t + C_t + S_t + R_t$가 된다. 여기서 $Y$는 관심 있는 변수의 관측값, $T$는 추세성분, $C$는 순환성분, $S$는 계절성분, $R$은 확률성분이다. 승법모형은 $Y_t = T_t \cdot C_t \cdot S_t \cdot R_t$가 된다. 추세는 긴 기간의 시계열에 의해 나타나는 매끄러운 패턴이나 방향을, 순환적 변동은 보통 1년 이상의 특정 기간에 어느 정도의 규칙성을 갖고 장기적인 추세선을 중심으로 상승과 하강을 부드럽게 반복하는 변동을, 계절적 변동은 주기가 1년 내로 짧게 규칙적으로 발생하는 변동을, 그리고 확률적 변동은 시간과 관계없이 불규칙하게 나타나는 변동을 의미한다.

시계열에 존재하는 불규칙 변동을 제거하는 방법으로는 평활법이 있으며, 대표적인 평활법에는 이동평균법과 지수평활법이 있다. 이동평균법은 일정 기간의 관측값을 단순평균하여 시계열을 평활하는 방법이며, 지수평활법은 지수평활계수를 이용하여 최근 관측값에 더 높은 가중치가 부여되도록 시계열을 평활하는 방법이다.

시계열의 추세를 분석하기 위해 회귀모형에 시간변수를 독립변수로 추가할 수 있으며, 이 독립변수를 추세변수라고 한다. 가장 단순한 추세변수의 형태로 $t$ 혹은 $t^2$을 고려할 수 있다. 시계열의 계절효과를 고려하기 계절지수를 계산한다. 방법은 다음과 같다 : (1) 추세변수($t$)만을 포함하는 단순회귀모형을 추정하여 예측값 $\hat{Y}_t$를 계산한다. (2) 각 시점에서 $Y_t$를 $\hat{Y}_t$으로 나누어서 추세가 제거된 시계열을 계산한다. (3) 각 계절에 대한 $Y_t / \hat{Y}_t$의 평균을 계산한다. 이 평균이 계절지수에 해당된다.

다양한 예측법이 존재하나 이동평균법과 지수평활법을 고려한다. 이동평균 예측법은 다음 기의 예측값으로 가장 최근의 이동평균을 사용한다. 지수평활법은 다음 기의 예측값으로 현재 예측값과 예측값의 오차 조정의 합을 사용한다. 모형의 예측력을 측정하기 위해 가장 일반적으로 사용되는 기준으로 평균절대편차($MAD$)와 오차제곱평균의 제곱근($RMSE$)이 있으며, 가장 적합한 예측모형은 $MAD$나 $RMSE$의 값을 최소화하는 모형이다.

 **주요 용어**

**가법모형**(additive model) $Y_t = T_t + C_t + S_t + R_t$. 여기서 $Y$는 관심 있는 변수의 관측값, $T$는 추세성분, $C$는 순환성분, $S$는 계절성분, $R$은 확률성분이다.

**계절적 변동**(seasonal variation)  주기가 1년 내로 짧게 규칙적으로 발생하는 변동

**계절지수**(seasonal index)  시계열 자료가 갖는 계절효과를 측정하는 지수

**순환적 변동**(cyclical variation)  보통 1년 이상의 특정 기간에 어느 정도의 규칙성을 갖고 장기적인 추세선을 중심으로 상승과 하강을 부드럽게 반복하는 변동

**승법모형**(multiplicative model)  $Y_t = T_t \cdot C_t \cdot S_t \cdot R_t$

**시계열분석**(time-series analysis)  시계열자료가 갖는 확률 과정이나 패턴을 정확하게 모형화하고 미래를 예측하기 위한 통계적 분석

**오차제곱평균의 제곱근**(root mean squares for error, *RMSE*)

$$RMSE = \sqrt{\sum_{t=1}^{T} \frac{(Y_t - \hat{Y}_t)^2}{T}}$$

**이동평균법**(moving average method)  일정 기간의 관측값을 단순평균하여 불규칙 변동을 제거하는 방법

**장기적 추세**(long-term trend)  긴 기간의 시계열에 의해 나타나는 매끄러운 패턴이나 방향(direction)

**중심이동평균**(centered moving average)  이동평균의 기간이 짝수일 경우 인접한 두 이동평균의 평균을 계산하여 이동평균을 중심화하는 방법

**지수평활법**(exponential smoothing method)  시계열을 평활하는 방법으로 지수평활계수를 이용하여 최근 관측값에 더 높은 가중치가 부여되도록 함

**평균절대편차**(mean absolute deviation, *MAD*)

$$MAD = \sum_{t=1}^{T} \frac{|Y_t - \hat{Y}_t|}{T}$$

여기서 $Y_t$는 $t$기의 시계열 관측값, $\hat{Y}_t$는 $t$기의 시계열 예측값, $T$는 시계열 관측수를 나타낸다.

**평활법**(smoothing method)  시계열에 존재하는 불규칙 변동을 제거하는 방법

**확률적 변동**(random variation)  시간과 관계없이 불규칙하게 나타나는 변동

 **연습문제**

1. 시계열자료를 구성하는 네 가지 성분에 대해 간단히 설명하라.

2. 시계열자료에 존재하는 계절효과를 측정하기 위한 계절지수를 계산하는 방법에 관해 설명해 보라. 그리고 시계열자료의 계절적 변동을 제거하는 방법에 관해 설명해 보라.

3. 한 철강회사에서 최근 30년 동안의 스틸 제품 생산량에 대한 회귀분석을 수행하였다. 추정된 회귀모형은 다음과 같다.

$$\hat{Q}_t = 10 - 2P_t + 3I_t + 0.5Q_{t-1}$$

2019년에 $Q_t=45$, 2020년의 $P_t=40$, $I_t=30$으로 조사되었다면 2020년에는 2019년에 비해 스틸 제품 생산량 $Q_t$가 증가할 것으로 예측되는가?

4. 어떤 전자 대리점의 진공청소기 판매량에 대한 시계열자료가 다음과 같다.

진공청소기 판매량

| $t$ | $Y_t$ | $t$ | $Y_t$ | $t$ | $Y_t$ |
|-----|-------|-----|-------|-----|-------|
| 1 | 44 | 5 | 39 | 9 | 65 |
| 2 | 41 | 6 | 30 | 10 | 47 |
| 3 | 37 | 7 | 45 | 11 | 40 |
| 4 | 32 | 8 | 50 | 12 | 32 |

1) 시계열의 3기간 이동평균을 계산하라.

2) 시계열의 4기간 중심이동평균을 계산하라.

3) 한 그래프에 원 시계열과 3기간 이동평균을 그려 보라.

5. 2008~2019년 시계열자료에 대한 지수평활 시계열을 다음에 주어진 지수평활계수에 따라 구하라.

2008~2019년 시계열

| $t$ | $Y_t$ | $t$ | $Y_t$ | $t$ | $Y_t$ |
|------|-------|------|-------|------|-------|
| 2008 | 112 | 2012 | 126 | 2016 | 127 |
| 2009 | 103 | 2013 | 115 | 2017 | 130 |
| 2010 | 110 | 2014 | 120 | 2018 | 121 |
| 2011 | 117 | 2015 | 115 | 2019 | 118 |

1) $\alpha=0.3$

2) $\alpha=0.7$

3) 2020~2022년의 예측값으로 2019년 지수평활값을 사용한다고 하자. 2020~2022년의 실제 관측값이 각각 119, 124, 122라면 예측기간에 대한 두 모형의 $MAD$는 얼마인가? $MAD$를 기준으로 더 바람직한 예측모형은 무엇이라고 할 수 있는가?

6. 과거 시계열자료와 두 가지 예측모형(모형 1, 모형 2)을 이용하여 2021~2024년에 대한 예측값을 구하였다. 예측값과 실제 관측값이 다음 표와 같다면 오차제곱평균의 제곱근(root mean squares for error, $RMSE$)을 기준으로 두 가지 예측모형 중 더 좋은 예측모형은 무엇인가?

| 연도 | 실젯값 | 모형 1 예측값 | 모형 2 예측값 |
|------|--------|--------------|--------------|
| 2021 | 29 | 35 | 32 |
| 2022 | 42 | 40 | 34 |
| 2023 | 55 | 61 | 58 |
| 2024 | 83 | 91 | 89 |

7. 대학로에 있는 한 커피전문점의 10주간(일요일 휴업) 매출액(단위 : 원)을 조사했다.

| 주 | 요일 | | | | | |
|----|------|------|------|------|------|------|
| | 월 | 화 | 수 | 목 | 금 | 토 |
| 1 | 128000 | 270000 | 275000 | 215000 | 831000 | 561000 |
| 2 | 137000 | 207000 | 118000 | 193000 | 384000 | 437000 |
| 3 | 103000 | 175000 | 253000 | 257000 | 553000 | 432000 |
| 4 | 131000 | 260000 | 283000 | 348000 | 465000 | 462000 |
| 5 | 124000 | 398000 | 106000 | 385000 | 368000 | 533000 |
| 6 | 125500 | 369000 | 113000 | 268000 | 249000 | 560000 |
| 7 | 131000 | 376000 | 172000 | 154000 | 305000 | 429000 |
| 8 | 116000 | 353000 | 184000 | 273000 | 431000 | 306000 |
| 9 | 124000 | 326000 | 374000 | 156000 | 590000 | 462000 |
| 10 | 138000 | 135000 | 277000 | 199000 | 255000 | 378000 |

1) 이 자료를 이용하여 추세변수(t)만을 포함하는 다음 단순회귀모형을 추정하라.

$$Y_t = \beta_0 + \beta_1 t + \varepsilon_t$$

2) 1)의 추정 결과를 이용하여 예측값 $\hat{Y}_t$을 계산한 후 $Y_t / \hat{Y}_t$의 시계열을 구하라.

3) 계절지수를 계산하라. 이 커피전문점의 매출액에는 어떤 계절효과(이 예에서는 요일효과)가 있다고 볼 수 있는가?

  **기출문제**

1. (2013년 5급(행정) 2차 통계학) 아래의 그림은 1970년부터 2009년까지 40년간의 우리나라 출생자 수(1,000명)와 사망자 수(1,000명)를 연도별로 표시한 것이다.

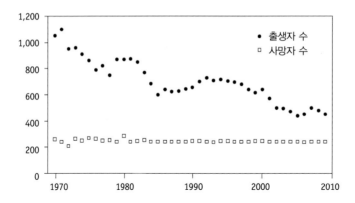

연도(*t*)를 설명(독립)변수라고 하고, 출생자 수와 사망자 수를 반응(종속)변수로 설정하였다. 각각의 반응변수에 대하여 단순선형회귀모형을 적합한 결과가 다음과 같다.

---

**출생자 수 분석 결과**

－표본평균＝699.4, 표본표준편차＝163.9

－회귀분석

|  | Estimate | Std. Error | T-value | Pr(>|T|) |
|---|---|---|---|---|
| (Intercept) | 26534.7 | 1706.1989 | 15.55 | <0.0001 |
| *t* | −13.0 | 0.8576 | −15.14 | <0.0001 |

**사망자 수 분석 결과**

－표본평균＝245.1, 표본표준편차＝11.3

－회귀분석

|  | Estimate | Std. Error | T-value | Pr(>|T|) |
|---|---|---|---|---|
| (Intercept) | 658.1 | 304.8287 | 2.159 | 0.0372 |
| *t* | −0.2 | 0.1532 | −1.355 | 0.1834 |

---

다음 물음에 답하시오.

1) 회귀계수에 대한 검정을 이용하여 연도(*t*)와 출생자 수의 관계를 기술하고 최종 관계식을 유도하시오. (단, 유의수준은 5%로 한다.)

2) 회귀계수에 대한 검정을 이용하여 연도(*t*)와 사망자 수의 관계를 기술하고 최종 관계식을 유도하시오. (단, 유의수준은 5%로 한다.)

3) 인구동태에 영향을 미치는 다른 변인(예 : 이민 등) 없이 순수하게 출생자 수와 사망자 수만 고려할 때, 1)과 2)의 결과를 이용하여 총인구수가 감소하는 시점을 예측하시오.

**사례분석 15**

# 에너지 소비의 계절효과

출처 : 셔터스톡

에너지는 다양한 형태로 존재하며 우리는 여름철 에어컨, 겨울철 보일러, 일상생활의 조명, 가스레인지, 운송 수단 등을 이용하면서 항상 에너지를 소비하고 있다. 또한 에너지 소비는 계절에 영향을 받을 뿐만 아니라 경제활동 정도, 과학의 발달, 법률적 규제, 정부의 정책 등 다양한 요인에 의해 변하게 된다. 따라서 일정 기간의 에너지 수요를 예측하여 적절한 양을 생산하는 것은 매우 중요하다.

예를 들어, 최근 여름은 에어컨 없이 지내기 힘들 정도의 폭염을 동반하며, 우리는 정부정책과 발전소의 예비 전력에 관한 소식을 참고하여 에어컨을 작동시키고 전력을 소비한다. 전력 소비는 계절성이 뚜렷하기 때문에 겨울이나 여름의 특정 기간에는 평상시보다 소비가 폭증하며 전력 공급이 원활하지 못하면 정전 사태와 같은 불편과 국가적 손실이 발생한다. 그렇다고 생산 및 관리비용을 무시하고 무작정 과도한 전력을 생산할 수도 없으므로 필요한 만큼 적정 전력을 생산하는 것이 필요하다.

따라서 이 사례분석에서는 에너지 소비량 지수에 대한 월별 시계열 자료를 사용하여 계절지수를 계산하고 계절효과가 존재하는지, 존재한다면 어느 계절에 에너지를 가장 많이 소비하는지 알아보고자 한다.

**사례자료 15  에너지 소비량**　　　　　　　　　　　　　　　　　　　　　　　　　(단위 : 천 TOE)

| 월 | 지수 | 월 | 지수 | 월 | 지수 | 월 | 지수 |
|---|---|---|---|---|---|---|---|
| 2008/10 | 14,351 | 2011/08 | 16,403 | 2014/06 | 16,328 | 2017/04 | 18,001 |
| 2008/11 | 14,948 | 2011/09 | 15,923 | 2014/07 | 16,566 | 2017/05 | 17,970 |
| 2008/12 | 17,162 | 2011/10 | 16,682 | 2014/08 | 17,053 | 2017/06 | 17,572 |
| 2009/01 | 16,629 | 2011/11 | 17,206 | 2014/09 | 16,185 | 2017/07 | 18,621 |
| 2009/02 | 15,381 | 2011/12 | 19,305 | 2014/10 | 17,037 | 2017/08 | 18,430 |
| 2009/03 | 15,533 | 2012/01 | 19,325 | 2014/11 | 17,499 | 2017/09 | 18,141 |
| 2009/04 | 14,790 | 2012/02 | 18,585 | 2014/12 | 20,073 | 2017/10 | 18,242 |
| 2009/05 | 14,419 | 2012/03 | 17,776 | 2015/01 | 20,182 | 2017/11 | 19,846 |
| 2009/06 | 13,817 | 2012/04 | 16,325 | 2015/02 | 18,426 | 2017/12 | 22,035 |
| 2009/07 | 14,177 | 2012/05 | 16,372 | 2015/03 | 18,810 | 2018/01 | 22,327 |

**사례자료 15  에너지 소비량(계속)**  (단위 : 천 TOE)

| 월 | 지수 | 월 | 지수 | 월 | 지수 | 월 | 지수 |
|---|---|---|---|---|---|---|---|
| 2009/08 | 14,142 | 2012/06 | 15,926 | 2015/04 | 17,516 | 2018/02 | 20,323 |
| 2009/09 | 14,088 | 2012/07 | 16,053 | 2015/05 | 16,741 | 2018/03 | 19,684 |
| 2009/10 | 15,055 | 2012/08 | 16,224 | 2015/06 | 16,476 | 2018/04 | 18,865 |
| 2009/11 | 15,747 | 2012/09 | 16,085 | 2015/07 | 16,860 | 2018/05 | 18,619 |
| 2009/12 | 17,712 | 2012/10 | 16,438 | 2015/08 | 17,550 | 2018/06 | 18,061 |
| 2010/01 | 18,068 | 2012/11 | 17,899 | 2015/09 | 16,769 | 2018/07 | 18,530 |
| 2010/02 | 16,319 | 2012/12 | 19,521 | 2015/10 | 17,619 | 2018/08 | 18,976 |
| 2010/03 | 16,685 | 2013/01 | 20,051 | 2015/11 | 17,903 | 2018/09 | 18,140 |
| 2010/04 | 16,432 | 2013/02 | 17,744 | 2015/12 | 20,124 | 2018/10 | 18,059 |
| 2010/05 | 15,485 | 2013/03 | 17,913 | 2016/01 | 20,476 | 2018/11 | 19,417 |
| 2010/06 | 15,029 | 2013/04 | 16,803 | 2016/02 | 19,446 | 2018/12 | 21,738 |
| 2010/07 | 14,826 | 2013/05 | 16,329 | 2016/03 | 19,002 | 2019/01 | 22,439 |
| 2010/08 | 15,370 | 2013/06 | 16,199 | 2016/04 | 17,260 | 2019/02 | 19,897 |
| 2010/09 | 14,882 | 2013/07 | 16,564 | 2016/05 | 17,374 | 2019/03 | 19,801 |
| 2010/10 | 15,641 | 2013/08 | 16,475 | 2016/06 | 16,850 | 2019/04 | 19,139 |
| 2010/11 | 17,124 | 2013/09 | 15,746 | 2016/07 | 17,167 | 2019/05 | 17,923 |
| 2010/12 | 19,090 | 2013/10 | 16,538 | 2016/08 | 18,393 | 2019/06 | 17,495 |
| 2011/01 | 19,704 | 2013/11 | 17,837 | 2016/09 | 17,444 | 2019/07 | 18,695 |
| 2011/02 | 17,561 | 2013/12 | 19,723 | 2016/10 | 17,857 | 2019/08 | 19,375 |
| 2011/03 | 18,312 | 2014/01 | 19,438 | 2016/11 | 19,175 | 2019/09 | 17,396 |
| 2011/04 | 15,944 | 2014/02 | 17,750 | 2016/12 | 20,953 | 2019/10 | 18,229 |
| 2011/05 | 15,853 | 2014/03 | 18,215 | 2017/01 | 21,054 | | |
| 2011/06 | 15,614 | 2014/04 | 17,170 | 2017/02 | 19,770 | | |
| 2011/07 | 16,281 | 2014/05 | 16,827 | 2017/03 | 20,338 | | |

● 최종 에너지 소비 시계열에 대한 5기간 이동평균법을 이용하여 평활한 시계열의 꺾은선 그래프를 그려 본 후 최종 에너지 소비의 추세와 변동에 대해 살펴보자.

● 이번에는 지수평활법($\alpha=0.3$)을 이용하여 평활한 시계열의 꺾은선 그래프를 그려 보자.

● 최종 에너지 소비 시계열에 대한 계절지수를 계산하자. 어느 계절에 에너지를 가장 많이 소비할까?

**사례분석 15**

# ETEX의 시계열분석 기능

우리는 앞에서 시계열에 존재하는 불규칙 변동을 제거하기 위한 평활법으로 이동평균법과 지수평활법에 대해 살펴보았다. ETEX는 이 두 방법에 대한 분석 도구뿐만 아니라 다양한 시계열분석 기능을 제공한다. 이 사례분석에서는 ETEX의 시계열분석과 회귀분석 기능을 이용하여 최종 에너지 소비 시계열을 평활하여 최종 에너지 소비의 추이를 살펴보고 에너지는 언제 제일 많이 사용하는지 알아보자.

## 1. 5기간 이동평균법을 이용하여 평활한 최종 에너지 소비량 시계열

최종 에너지 소비를 이동평균법에 따라 평활하기 위해 그림 1과 같이 엑셀의 메뉴 표시줄에 있는 **추가 기능** 탭에서 **ETEX** 메뉴 버튼을 선택한 후 ETEX의 메뉴 창이 열리면 **시계열분석 → 평활법 → 이동평균법**을 차례로 선택한다.

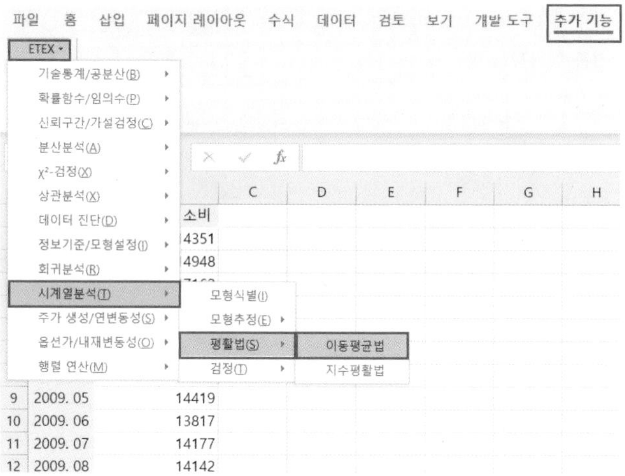

**그림 1** ETEX의 '이동평균법' 선택 경로

**이동평균법** 대화상자가 열리면 그림 2와 같이 **데이터 범위** 입력란에 최종 에너지 소비 데이터가 기록되어 있는 셀의 범위 $B$2:$B$134를 선택하여 입력한다. **기간** 입력란에는 이동평균에 사용되는 기간 '5'를 입력한다. 그리고 출력 옵션으로 **워크시트에 삽입**과 **새로운 시트로** 중의 하나를 선택하고 **실행** 버튼을 클릭하면 그림 3과 같이 계산 결과가 출력된다. 그런데 처음 4개 셀이 비어 있는 이유는 ETEX에서 5기간 이동평균을 계산하는 경우 엑셀의 분석 도구와 마찬가지로 이동평균을 5기간의 중심에 위치하는 세 번째 관측값의 이동평균으로 사용하는 것이 아니라 다섯 번째 관측값의 이동평균으로 사용하기 때문이다. 즉 본문에서 설명한 $m$ 기간 이동평균은 $Y_{t-(m-1)/2}$, $Y_{t-(m-1)/2+1}$, ···, $Y_t$, ···, $Y_{t+(m-1)/2-1}$, $Y_{t+(m-1)/2}$의 평균을 계산하였으나 ETEX의 $m$기간 이동평균은 $Y_{t-m+1}$, ···, $Y_t$의 평균을 계산하므로 처음 $m-1$기간에 대한 이동평균을 계산할 수 없다. 따라서 ETEX의 이동평균 계산결과를 본문에서 설명한 이동평균을 기준으로 하려면 2008년 12월부터 시작되도록 재배치하면 된다.

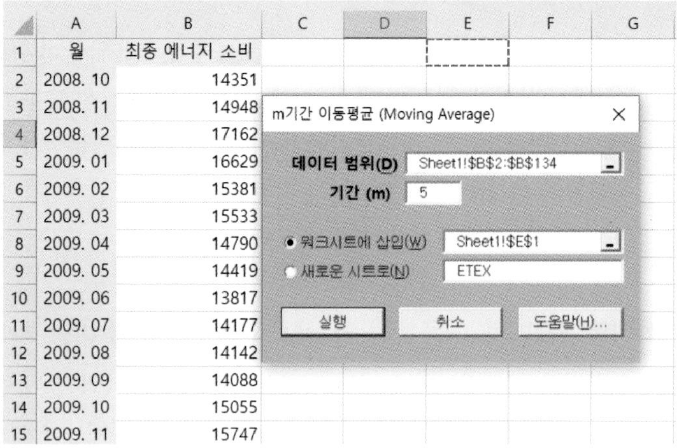

| | A | B | C | D | E | F | G |
|---|---|---|---|---|---|---|---|
| 1 | 월 | 최종 에너지 소비 | | | | | |
| 2 | 2008. 10 | 14351 | | | | | |
| 3 | 2008. 11 | 14948 | | | | | |
| 4 | 2008. 12 | 17162 | | | | | |
| 5 | 2009. 01 | 16629 | | | | | |
| 6 | 2009. 02 | 15381 | | | | | |
| 7 | 2009. 03 | 15533 | | | | | |
| 8 | 2009. 04 | 14790 | | | | | |
| 9 | 2009. 05 | 14419 | | | | | |
| 10 | 2009. 06 | 13817 | | | | | |
| 11 | 2009. 07 | 14177 | | | | | |
| 12 | 2009. 08 | 14142 | | | | | |
| 13 | 2009. 09 | 14088 | | | | | |
| 14 | 2009. 10 | 15055 | | | | | |
| 15 | 2009. 11 | 15747 | | | | | |

대화상자 내용:

m기간 이동평균 (Moving Average)

데이터 범위(D)  Sheet1!$B$2:$B$134

기간 (m)  5

● 워크시트에 삽입(W)  Sheet1!$E$1

○ 새로운 시트로(N)  ETEX

[실행]  [취소]  [도움말(H)...]

**그림 2** '$m$기간 이동평균' 대화상자와 자료 입력

| | A | B | C | D | E | F |
|---|---|---|---|---|---|---|
| 1 | 월 | 최종 에너지 소비 | | | 5기간 이동평균 | |
| 2 | 2008. 10 | 14351 | | | | |
| 3 | 2008. 11 | 14948 | | | | |
| 4 | 2008. 12 | 17162 | | | | |
| 5 | 2009. 01 | 16629 | | | | |
| 6 | 2009. 02 | 15381 | | | 15694.2 | |
| 7 | 2009. 03 | 15533 | | | 15930.6 | |
| 8 | 2009. 04 | 14790 | | | 15899 | |
| 9 | 2009. 05 | 14419 | | | 15350.4 | |
| 10 | 2009. 06 | 13817 | | | 14788 | |
| 11 | 2009. 07 | 14177 | | | 14547.2 | |
| 12 | 2009. 08 | 14142 | | | 14269 | |
| 13 | 2009. 09 | 14088 | | | 14128.6 | |

**그림 3** 5기간 이동평균 계산 결과

최종 에너지 소비 시계열과 출력된 5기간 이동평균 시계열을 이용하여 시계열의 꺾은선 그래프를 그려 보면 그림 4와 같다. 확률적 변동을 제거하기 위해 5기간 이동평균법을 적용한 시계열의 그래프를 보면 일정한 계절특성을 가진 상태에서 점진적으로 증가하고 있는 모습을 보인다. 특히 가장 많은 에너지를 소비한 시기는 2018년 12월 ~2019년 1월인 것으로 확인되었다.

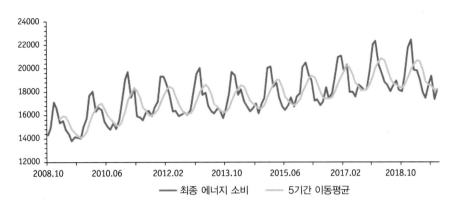

**그림 4** 원 자료와 5기간 이동평균 추세 그래프

## 2. 지수평활법($\alpha$=0.3)을 이용하여 평활한 최종 에너지 소비량 시계열

이번에는 지수평활법을 사용하여 시계열을 평활해 보자. 그림 1에서처럼 엑셀의 메뉴 표시줄에 있는 **추가 기능** 탭에서 ETEX 메뉴 버튼을 선택한 후 ETEX의 메뉴 창이 열리면 **시계열분석 → 평활법 → 지수평활법**을 차례로 선택한다. **지수평활법** 대화상자가 열리면 그림 5와 같이 **데이터 범위** 입력란에 코스닥지수 데이터가 기록되어 있는 셀의 범위 \$B\$2:\$B\$134를 선택하여 입력한다. **지수평활계수** 입력란에는 지수평활법에 사용되는 지수평활계수 값으로 0.3을 입력한다. 또한 출력 옵션으로 **워크시트에 삽입**과 **새로운 시트로** 중의 하나를 선택하고 **실행** 버튼을 클릭하면 계산결과가 출력되며, 이 결과를 꺾은선 그래프로 그리면 그림 6과 같다. 평활된 결과는 5기간 이동평균법을 사용한 것과 거의 유사하다.

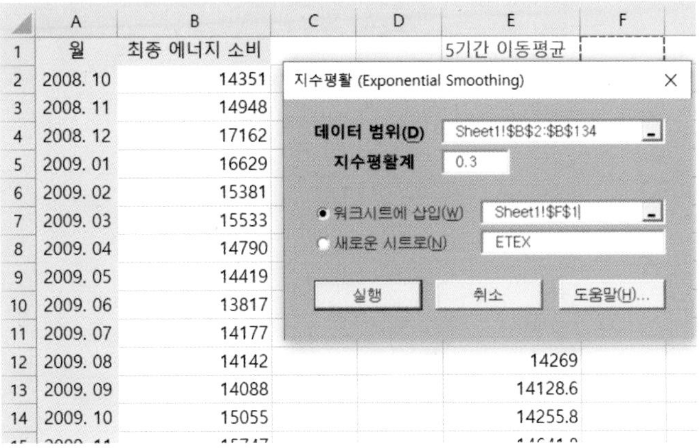

**그림 5** '지수평활법' 대화상자와 정보 입력

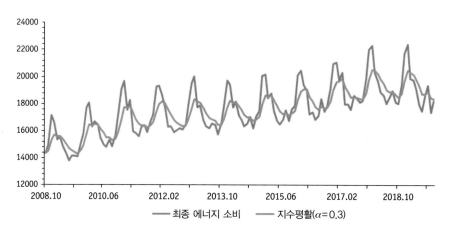

**그림 6** 원자료와 지수평활한 시계열의 추세 그래프

## 3. 최종 에너지 소비 시계열에 대한 계절지수

계절지수를 계산하기 위해서 먼저 회귀모형 추정을 통해 $\hat{Y}_t = b_0 + b_1 t$를 구해야 한다. 그림 7과 같이 추세변수 값으로 $t=1, 2, \cdots, 133$을 입력한 후 ETEX의 메뉴 창에서 **회귀분석 → 선형모형 추정 → 보통최소제곱(OLS) 추정**을 차례로 선택하고 **보통최소제곱(OLS) 추정** 대화상자에 필요한 정보를 그림 7과 같이 입력한 후 **실행** 버튼을 클릭한다.

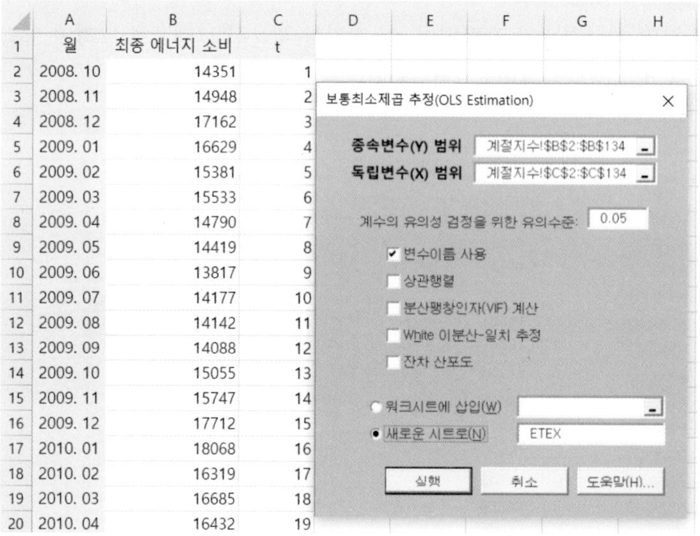

**그림 7** 보통최소제곱(OLS) 추정 대화상자와 자료 입력

실행 결과에 의하면 최종 에너지 소비의 예측값을 다음과 같이 구할 수 있다. 물론 ETEX는 다음 예측값을 계산하여 출력해 준다.

$$\hat{Y}_t = 15504.2399 + 31.3926 t$$

최종 에너지 소비의 예측값을 이용하여 각 시점에 대한 $Y_t/\hat{Y}_t$를 계산하고 각 분기에 대한 $Y_t/\hat{Y}_t$의 평균을 계산한다. 이 평균값이 각 분기에 대한 계절지수가 된다.

| 연도 | 겨울 | | 봄 | | | 여름 | | | 가을 | | | 겨울 |
|---|---|---|---|---|---|---|---|---|---|---|---|---|
| | 1 | 2 | 3 | 4 | 5 | 6 | 7 | 8 | 9 | 10 | 11 | 12 |
| 2008 | | | | | | | | | | 0.923747 | 0.960235 | 1.10024 |
| 2009 | 1.063928 | 0.982108 | 0.98983 | 0.940601 | 0.915179 | 0.875226 | 0.896248 | 0.892265 | 0.887101 | 0.946121 | 0.987661 | 1.108723 |
| 2010 | 1.12879 | 1.017526 | 1.038315 | 1.020577 | 0.959888 | 0.929812 | 0.915475 | 0.947229 | 0.915384 | 0.960215 | 1.049236 | 1.167453 |
| 2011 | 1.202693 | 1.069839 | 1.113461 | 0.967628 | 0.960276 | 0.944003 | 0.982465 | 0.987955 | 0.957235 | 1.000974 | 1.030475 | 1.154015 |
| 2012 | 1.153047 | 1.106821 | 1.056666 | 0.968606 | 0.969589 | 0.941425 | 0.947175 | 0.955494 | 0.94556 | 0.964531 | 1.048327 | 1.141228 |
| 2013 | 1.170065 | 1.033548 | 1.041488 | 0.975171 | 0.945938 | 0.936704 | 0.956075 | 0.949218 | 0.905578 | 0.949413 | 1.022144 | 1.128191 |
| 2014 | 1.109895 | 1.011698 | 1.036348 | 0.97515 | 0.953969 | 0.924035 | 0.935841 | 0.961647 | 0.911087 | 0.957356 | 0.981585 | 1.123991 |
| 2015 | 1.128112 | 1.028152 | 1.047744 | 0.973963 | 0.929248 | 0.912948 | 0.932603 | 0.969087 | 0.924359 | 0.969536 | 0.983465 | 1.103568 |
| 2016 | 1.120942 | 1.062729 | 1.036686 | 0.940038 | 0.944632 | 0.91458 | 0.930202 | 0.99494 | 0.942006 | 0.962677 | 1.031984 | 1.125773 |
| 2017 | 1.129295 | 1.058641 | 1.087228 | 0.960685 | 0.957426 | 0.934658 | 0.988803 | 0.977032 | 0.960114 | 0.963858 | 1.046872 | 1.16042 |
| 2018 | 1.173857 | 1.066735 | 1.031494 | 0.986953 | 0.972486 | 0.941797 | 0.964674 | 0.986281 | 0.941294 | 0.935567 | 1.004286 | 1.12251 |
| 2019 | 1.156833 | 1.024124 | 1.017539 | 0.981936 | 0.918069 | 0.894707 | 0.954544 | 0.987681 | 0.88538 | 0.926296 | | |
| 계절지수 | 1.10411 | | 0.98833 | | | 0.94433 | | | 0.96417 | | | 1.10411 |

**그림 8** 각 시점에 대한 $Y_t/\hat{Y}_t$과 계절지수

계절지수 계산결과를 보면 겨울 1.1041, 봄 0.9883, 여름 0.9443, 가을 0.9642로 겨울 시즌에 에너지 소비가 급격히 많아지는 것을 확인할 수 있다. 따라서 에너지는 겨울에 가장 많이 소비되며 에너지를 생산할 때 겨울철 에너지 소비량을 먼저 예측해야 공급에 차질이 생기지 않을 것이다.

**사례분석 15**

# 시계열분석을 위한 R 함수와 TTR 패키지

사례자료 15의 에너지 소비량 자료는 █ 사례분석15.txt에서 확인할 수 있으며 R로 자료를 불러오기 위한 코드는 다음과 같다. 여기서 인수 row.names = 1은 자료의 첫 번째 열 원소를 각 행의 이름으로 사용하기 위해 입력하였다.

```
energy = read.table(file = "C:/Users/경영경제통계학/사례분석15.txt",
        header = T, row.names = 1) # 자료 불러오기
head(energy) # 자료 확인
```

**코드 1** 자료 불러오기

```
Console ~/
> head(energy) # 자료 확인
            최종.에너지.소비
2008.10.            14351
2008.11.            14948
2008.12.            17162
2009.01.            16629
2009.02.            15381
2009.03.            15533
```

**그림 9** 자료 확인

## 1. 5기간 이동평균법을 이용하여 평활한 에너지 소비량 시계열

최종 에너지 소비를 이동평균법으로 평활하기 위해 TTR 패키지를 활용할 수 있으며, R의 패키지 설치 및 사용법은 제1장 부록 2와 제13장에서 설명하였다. TTR 패키지 사용을 위해서는 xts, zoo 패키지를 함께 설치할 필요가 있다. 패키지를 설치하면 이동평균을 위한 runMean(), SMA() 함수가 존재하며 5기간 이동평균 계산을 위해 다음 코드를 작성한다. 두 함수의 사용법이 동일하므로 runMean() 함수를 기준으로 설명하면 첫 번째 인수 x에 이동평균을 계산할 자료를 벡터 형식으로 입력하고 다음 인수 n에 m기간 이동평균을 계산할 경우 m을 입력한다.

```
install.packages("TTR") # TTR 패키지 설치
install.packages("xts") # xts 패키지 설치
install.packages("zoo") # zoo 패키지 설치
library(TTR) # TTR 패키지 로드
```

```
library(xts) # xts 패키지 로드
library(zoo) # zoo 패키지 로드
MA5 = runMean(energy, n = 5) # 5기간 이동평균 계산
head(MA5, n=10)  # 데이터 확인 (처음 10행)
tail(MA5, n=10)  # 데이터 확인 (마지막 10행)
```

**코드 2** 5기간 이동평균 계산을 위한 R 코드

```
Console ~/
> MA5 = runMean(energy, n = 5) # 5기간 이동평균 계산
> head(MA5,n=10)
 [1]      NA      NA      NA      NA 15694.2 15930.6 15899.0 15350.4 14788.0 14547.2
> tail(MA5, n=10) # 데이터 확인
 [1] 19958.6 20310.0 20658.4 20602.8 19839.8 18851.0 18610.6 18525.4 18176.8 18238.0
```

**그림 10** 5기간 이동평균 계산결과

최종 에너지 소비 시계열과 5기간 이동평균 시계열을 이용하여 꺾은선 그래프를 그리기 위한 코드는 다음과 같다.

```
plot(ts(energy, # 최종 에너지 소비 벡터를 시계열 자료로 변환
        start = c(2008,10), # 시작 시점 2008년 10월
        end = c(2019,10),  # 끝나는 시점 2019년 10월
        frequency = 12),   # 월별 자료의 주기 12
     main = "에너지 시계열과 이동평균법", # 제목
     ylab = "최종 에너지 소비", # y축 명
     xlab = "Time",  # x축 명
     col = "blue")
lines(ts(MA5, # 5기간 이동평균값 벡터를 시계열 자료로 변환
         start = c(2008,10), # 시작 시점 2008년 10월
         end = c(2019,10),  # 끝나는 시점 2019년 10월
         frequency = 12),   # 월별 자료의 주기 12
      col = "red")
legend("topleft", # 범례위치
       legend = c("최종 에너지 소비", "5기간 이동평균"), # 범례명
       col = c("blue", "red"), # 색 매칭
       lty = c(1,1)) # 선의 종류 매칭
```

**코드 3** 최종 에너지 소비 시계열과 5기간 이동평균 시계열을 이용한 꺾은선 그래프 그리기

이 코드를 실행하여 구한 그림 11을 보면 확률적 변동을 제거한 5기간 이동평균 시계열의 추이가 일정한 계절특성을 갖고 있으며 점진적으로 증가하는 모습을 보인다. 특히 가장 많은 에너지를 소비한 시기는 2018년 12월~2019년 1월임을 시각적으로 쉽게 확인할 수 있다.

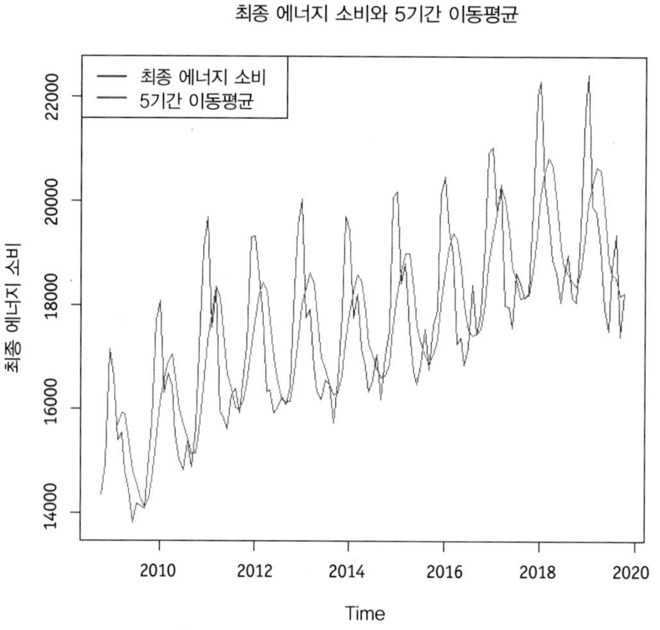

**그림 11** 최종 에너지 소비와 5기간 이동평균 시계열 그래프

## 2. 지수평활법($\alpha=0.3$)을 이용하여 평활한 최종 에너지 소비량 시계열

이번에는 최종 에너지 소비 자료를 지수 평활해보자. 지수평활을 위한 R 함수로는 **HoltWinters()**가 있다. 주의할 점은 입력 자료를 **ts()**의 시계열 자료 형태로 입력해야 하며, 지수 평활을 위한 인수 **alpha**에는 본문의 $\alpha$ 값을, 인수 **beta**와 **gamma**에는 **FALSE**를 입력한다. 참고로 **gamma**는 계절적 성분을 계산해주며, 이 함수를 통해 간단하게 계절성을 확인할 수 있다. 참고로 **HoltWinters()** 함수에 시계열 자료를 입력할 때 **start**로 원래 시작 월의 전 월을 입력해야 한다. 그렇지 않으면 원래 얻으려 했던 10월부터가 아닌 11월부터 지수평활값이 구해진다.

```
exponen_smooth = HoltWinters(ts(energy, # 시계열 자료 변형
                start = c(2008,9), # 시작 시점 2008년 10월의 전월로 입력
                end = c(2019,10), # 끝나는 시점 2019년 10월
                frequency = 12), # 주기
        alpha = 0.3, # alpha 값 지정
        beta = F, # beta 값 없음
```

```
            gamma = F) # gamma 값 없음
expo_energy = exponen_smooth$fitted[,2]
expo_energy # 지수평활값 출력
```

**코드 4** $\alpha$=0.3 지수평활값 구하기

```
Console ~/
> expo_energy # 지수평활 값 출력
        Jan      Feb      Mar      Apr      May      Jun      Jul      Aug      Sep      Oct      Nov      Dec
2008                                                                                     14351.00 14530.10 15319.67
2009 15712.47 15613.03 15589.02 15349.31 15070.22 14694.25 14539.08 14419.95 14320.37 14540.76 14902.63 15745.44
2010 16442.21 16405.25 16489.17 16472.02 16175.91 15831.84 15530.09 15482.06 15302.04 15403.73 15919.81 16870.87
2011 17720.81 17672.87 17864.61 17288.42 16857.80 16484.66 16423.56 16417.39 16269.07 16392.95 16636.87 17437.31
2012 18003.61 18178.03 18057.42 17537.69 17187.99 16809.39 16582.47 16474.93 16357.95 16381.97 16837.08 17642.25
2013 18364.88 18178.61 18098.93 17710.15 17295.81 16966.76 16845.93 16734.65 16438.06 16468.04 16878.73 17732.01
2014 18243.81 18095.66 18131.47 17843.03 17538.22 17175.15 16992.41 17010.58 16762.91 16845.14 17041.30 17950.81
2015 18620.16 18561.92 18636.34 18300.24 17832.47 17425.53 17255.87 17234.11 17171.58 17305.30 17484.96 18276.67
2016 18936.47 19089.33 19063.13 18522.19 18177.73 17779.41 17595.69 17834.88 17717.62 17759.43 18184.10 19014.77
2017 19626.54 19669.58 19870.10 19309.37 18907.56 18506.89 18541.13 18507.79 18397.75 18351.03 18799.52 19770.16
2018 20537.21 20472.95 20236.26 19824.89 19463.12 19042.48 18888.74 18914.92 18682.44 18495.41 18771.89 19661.72
2019 20494.90 20315.53 20161.17 19854.52 19275.06 18741.05 18727.23 18921.56 18463.89 18393.43
```

**그림 12** $\alpha$=0.3 지수평활값 출력

이제 지수평활한 최종 에너지 소비량의 시계열 그래프를 그려 보자. 다음 코드에서 그래프 제목과 범례에 그리스 문자 $\alpha$를 입력하기 위해 **main**과 **legend** 인수로 제7장에서 배운 **expression()** 함수를 사용하였다.

```
plot(ts(energy, # 시계열 데이터 변형
    start = c(2008,10), # 시작 시점 2008년 10월
    end = c(2019,10), # 끝나는 시점 2019년 10월
    frequency = 12), # 월별 자료의 주기 12
    main = expression(paste("최종 에너지 소비와", alpha, "= 0.3 지수평활")), # 제목
    ylab = "최종 에너지 소비", # y축 명
    xlab = "Time",  # x축 명
    col = "blue")
lines(ts(expo_energy, # 시계열 데이터 변형
    start = c(2008,10), # 시작 시점 2008년 10월
    end = c(2019,10), # 끝나는 시점 2019년 10월
    frequency = 12),
    col = "green")# 월별 자료의 주기 12
legend("topleft", # 범례위치
    legend = c("최종 에너지 소비", expression(paste(alpha, "= 0.3 지수평활"))), # 범례명
        col = c("blue", "green"), # 색 매칭
        lty = c(1,1)) # 선의 종류 매칭
```

**코드 5** 지수평활한 최종 에너지 소비량의 시계열 그래프 그리기

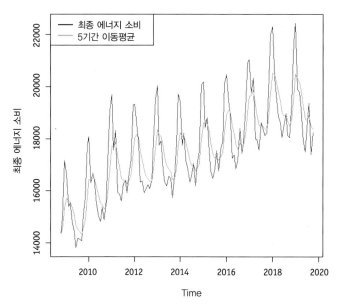

최종 에너지 소비와 $\alpha=0.3$ 지수평활

그림 13 최종 에너지 소비와 $\alpha=0.3$ 지수평활 시계열 그래프

## 3. 최종 에너지 소비 시계열에 대한 계절지수

엑셀활용 사례분석처럼 계절지수를 계산하기 위해서 먼저 회귀모형 추정을 통해 $\hat{Y}_t = b_0 + b_1 t$ 를 구한 다음 각 시점에 대한 $Y_t / \hat{Y}_t$ 행렬을 만든다. R 코드는 다음과 같다.

```
y = energy # 종속변수 할당
t = 1:nrow(energy) # 추세변수 할당
season_regression = lm(y~t) # 추세 제거
yhat = season$coefficients[1] + season$coefficients[2]*t # yhat 계산
level  = y/yhat
season_matrix = matrix(rep(0, 144), nrow = 12, ncol = 12) # 12×12 행렬 생성
season_matrix[1,1:9] = NA # 2008 1월~2008월 9월 NA 할당
season_matrix[12,11:12] = NA # 2019 11월~ 2019월 12월 NA 할당
index = c(8:0,11,10,9)
for( i in c(10:12,1:9)) { # for 구문을 이용한 해당 계절지수 각 열에 입력
  if(i == 10) season_matrix[!is.na(season_matrix[,i]),i] = level[1:12*12−11] else
    season_matrix[!is.na(season_matrix[,i]),i] = level[1:11*12−index[i]]
}
season_matrix # y/yhat 행렬 확인
```

코드 6 각 시점에 대한 $Y_t / \hat{Y}_t$과 행렬 만들기

```
Console ~/
> season_matrix # 확인
        [,1]      [,2]      [,3]      [,4]      [,5]      [,6]      [,7]      [,8]      [,9]     [,10]     [,11]     [,12]
 [1,]        NA        NA        NA        NA        NA        NA        NA        NA        NA 0.9237474 0.9602349 1.100240
 [2,] 1.063928 0.9821085 0.9898299 0.9406011 0.9151794 0.8752264 0.8962481 0.8922646 0.8871005 0.9461209 0.9876606 1.108723
 [3,] 1.128790 1.0175264 1.0383149 1.0205768 0.9598880 0.9298119 0.9154747 0.9472295 0.9153838 0.9602154 1.0492360 1.167453
 [4,] 1.202693 1.0698387 1.1134611 0.9676278 0.9602756 0.9440034 0.9824648 0.9879552 0.9572348 1.0009742 1.0304748 1.154015
 [5,] 1.153047 1.1068209 1.0566658 0.9686059 0.9695886 0.9414252 0.9471748 0.9554945 0.9455600 0.9645312 1.0483272 1.141228
 [6,] 1.170065 1.0335481 1.0414875 0.9751706 0.9459384 0.9367041 0.9560746 0.9492175 0.9055778 0.9494129 1.0221438 1.128191
 [7,] 1.109895 1.0116983 1.0363476 0.9751503 0.9539692 0.9240350 0.9358413 0.9616474 0.9110865 0.9573555 0.9815850 1.123991
 [8,] 1.128112 1.0281524 1.0477440 0.9739632 0.9292479 0.9129476 0.9326031 0.9690874 0.9243593 0.9695362 0.9834652 1.103568
 [9,] 1.120942 1.0627288 1.0366855 0.9400379 0.9446316 0.9145805 0.9302015 0.9949405 0.9420062 0.9626769 1.0319842 1.125773
[10,] 1.129295 1.0586409 1.0872284 0.9606849 0.9574264 0.9346581 0.9888035 0.9770324 0.9601137 0.9638578 1.0468723 1.160420
[11,] 1.173857 1.0667346 1.0314945 0.9869531 0.9724860 0.9417970 0.9646740 0.9862809 0.9412938 0.9355667 1.0042861 1.122510
[12,] 1.156833 1.0241241 1.0175387 0.9819356 0.9180695 0.8947073 0.9545438 0.9876806 0.8853801 0.9262962        NA       NA
```

**그림 14** 각 시점에 대한 $Y_t / \hat{Y}_t$ 행렬

다음으로 이 행렬 자료를 이용하여 계절지수를 계산한다. 참고로 sum(), mean() 함수의 경우 matrix 형태의 자료를 입력해도 합과 평균을 각각 계산하지만, 인수로 na.rm = T를 입력하여 자료에 포함된 NA를 배제해야 한다는 점을 잊지 말아야 한다. 참고로 R에서 벡터나 행렬의 원소에 NA가 하나라도 포함된 경우 그 연산 결과는 NA로 출력된다.

```
# 계절지수 계산
mean(season_matrix[ , c(3,4,5)], na.rm = T) # 봄
mean(season_matrix[ , c(6,7,8)], na.rm = T) # 여름
mean(season_matrix[ , c(9,10,11)], na.rm = T) # 가을
mean(season_matrix[ , c(12,1,2)], na.rm = T) # 겨울
```

**코드 7** 계절지수 계산

```
Console ~/
> mean(season_matrix[ , c(3,4,5)], na.rm = T) # 봄
[1] 0.9883274
> mean(season_matrix[ , c(6,7,8)], na.rm = T) # 여름
[1] 0.9443282
> mean(season_matrix[ , c(9,10,11)], na.rm = T) # 가을
[1] 0.9641664
> mean(season_matrix[ , c(12,1,2)], na.rm = T) # 겨울
[1] 1.104106
```

**그림 15** 계절지수 계산결과

**표 1** 표준정규분포표

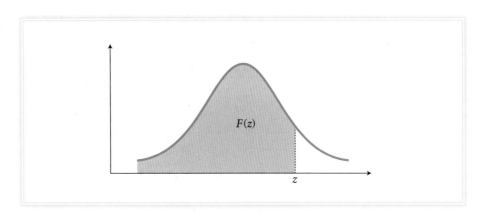

| z | F(z) | z | F(z) | z | F(z) | z | F(z) |
|---|---|---|---|---|---|---|---|
| .00 | .5000 | | | | | | |
| .01 | .5040 | .31 | .6217 | .61 | .7291 | .91 | .8186 |
| .02 | .5080 | .32 | .6255 | .62 | .7324 | .92 | .8212 |
| .03 | .5120 | .33 | .6293 | .63 | .7357 | .93 | .8238 |
| .04 | .5160 | .34 | .6331 | .64 | .7389 | .94 | .8264 |
| .05 | .5199 | .35 | .6368 | .65 | .7422 | .95 | .8289 |
| .06 | .5239 | .36 | .6406 | .66 | .7454 | .96 | .8315 |
| .07 | .5279 | .37 | .6443 | .67 | .7486 | .97 | .8340 |
| .08 | .5319 | .38 | .6480 | .68 | .7517 | .98 | .8365 |
| .09 | .5359 | .39 | .6517 | .69 | .7549 | .99 | .8389 |
| .10 | .5398 | .40 | .6554 | .70 | .7580 | 1.00 | .8413 |
| .11 | .5438 | .41 | .6591 | .71 | .7611 | 1.01 | .8438 |
| .12 | .5478 | .42 | .6628 | .72 | .7642 | 1.02 | .8461 |
| .13 | .5517 | .43 | .6664 | .73 | .7673 | 1.03 | .8485 |
| .14 | .5557 | .44 | .6700 | .74 | .7704 | 1.04 | .8508 |
| .15 | .5596 | .45 | .6736 | .75 | .7734 | 1.05 | .8531 |
| .16 | .5636 | .46 | .6772 | .76 | .7764 | 1.06 | .8554 |
| .17 | .5675 | .47 | .6803 | .77 | .7794 | 1.07 | .8577 |
| .18 | .5714 | .48 | .6844 | .78 | .7823 | 1.08 | .8599 |
| .19 | .5753 | .49 | .6879 | .79 | .7852 | 1.09 | .8621 |
| .20 | .5793 | .50 | .6915 | .80 | .7881 | 1.10 | .8643 |
| .21 | .5832 | .51 | .6950 | .81 | .7910 | 1.11 | .8665 |
| .22 | .5871 | .52 | .6985 | .82 | .7939 | 1.12 | .8686 |
| .23 | .5910 | .53 | .7019 | .83 | .7967 | 1.13 | .8708 |
| .24 | .5948 | .54 | .7054 | .84 | .7995 | 1.14 | .8729 |
| .25 | .5987 | .55 | .7088 | .85 | .8023 | 1.15 | .8749 |
| .26 | .6026 | .56 | .7123 | .86 | .8051 | 1.16 | .8770 |
| .27 | .6064 | .57 | .7157 | .87 | .8078 | 1.17 | .8790 |
| .28 | .6103 | .58 | .7190 | .88 | .8106 | 1.18 | .8810 |
| .29 | .6141 | .59 | .7224 | .89 | .8133 | 1.19 | .8830 |
| .30 | .6179 | .60 | .7257 | .90 | .8159 | 1.20 | .8849 |

표 1  표준정규분포표(계속)

| z | F(z) | z | F(z) | z | F(z) | z | F(z) |
|------|-------|------|-------|------|-------|------|-------|
| 1.21 | .8869 | 1.66 | .9515 | 2.11 | .9826 | 2.56 | .9948 |
| 1.22 | .8888 | 1.67 | .9525 | 2.12 | .9830 | 2.57 | .9949 |
| 1.23 | .8907 | 1.68 | .9535 | 2.13 | .9834 | 2.58 | .9951 |
| 1.24 | .8925 | 1.69 | .9545 | 2.14 | 9838 | 2.59 | .9952 |
| 1.25 | .8944 | 1.70 | .9554 | 2.15 | .9842 | 2.60 | .9953 |
| 1.26 | .8962 | 1.71 | .9564 | 2.16 | .9846 | 2.61 | .9955 |
| 1.27 | .8980 | 1.72 | .9573 | 2.17 | .9850 | 2.62 | .9956 |
| 1.28 | .8997 | 1.73 | .9582 | 2.18 | .9854 | 2.63 | .9957 |
| 1.29 | .9015 | 1.74 | .9591 | 2.19 | .9857 | 2.64 | .9959 |
| 1.30 | .9032 | 1.75 | .9599 | 2.20 | .9861 | 2.65 | .9960 |
| 1.31 | .9049 | 1.76 | .9608 | 2.21 | .9864 | 2.66 | .9961 |
| 1.32 | .9066 | 1.77 | .9616 | 2.22 | .9868 | 2.67 | .9962 |
| 1.33 | .9082 | 1.78 | .9625 | 2.23 | .9871 | 2.68 | .9963 |
| 1.34 | .9099 | 1.79 | .9633 | 2.24 | .9875 | 2.69 | .9964 |
| 1.35 | .9115 | 1.80 | .9641 | 2.25 | .9878 | 2.70 | .9965 |
| 1.36 | .9131 | 1.81 | .9649 | 2.26 | .9881 | 2.71 | .9966 |
| 1.37 | .9147 | 1.82 | .9656 | 2.27 | .9884 | 2.72 | .9967 |
| 1.38 | .9162 | 1.83 | .9664 | 2.28 | .9887 | 2.73 | .9968 |
| 1.39 | .9177 | 1.84 | .9671 | 2.29 | .9890 | 2.74 | .9969 |
| 1.40 | .9192 | 1.85 | .9678 | 2.30 | .9893 | 2.75 | .9970 |
| 1.41 | .9207 | 1.86 | .9686 | 2.31 | .9896 | 2.76 | .9971 |
| 1.42 | .9222 | 1.87 | .9693 | 2.32 | .9898 | 2.77 | .9972 |
| 1.43 | .9236 | 1.88 | .9699 | 2.33 | .9901 | 2.78 | .9973 |
| 1.44 | .9251 | 1.89 | .9706 | 2.34 | .9904 | 2.79 | .9974 |
| 1.45 | .9265 | 1.90 | .9713 | 2.35 | .9906 | 2.80 | .9974 |
| 1.46 | .9279 | 1.91 | .9719 | 2.36 | .9909 | 2.81 | .9975 |
| 1.47 | .9292 | 1.92 | .9726 | 2.37 | .9911 | 2.82 | .9976 |
| 1.48 | .9306 | 1.93 | .9732 | 2.38 | .9913 | 2.83 | .9977 |
| 1.49 | .9319 | 1.94 | .9738 | 2.39 | .9916 | 2.84 | .9977 |
| 1.50 | .9332 | 1.95 | .9744 | 2.40 | .9918 | 2.85 | .9978 |
| 1.51 | .9345 | 1.96 | .9750 | 2.41 | .9920 | 2.86 | .9979 |
| 1.52 | .9357 | 1.97 | .9756 | 2.42 | .9922 | 2.87 | .9979 |
| 1.53 | .9370 | 1.98 | .9761 | 2.43 | .9925 | 2.88 | .9980 |
| 1.54 | .9382 | 1.99 | .9767 | 2.44 | .9927 | 2.89 | .9981 |
| 1.55 | .9394 | 2.00 | .9772 | 2.45 | .9929 | 2.90 | .9981 |
| 1.56 | .9406 | 2.01 | .9778 | 2.46 | .9931 | 2.91 | .9982 |
| 1.57 | .9418 | 2.02 | .9783 | 2.47 | .9932 | 2.92 | .9982 |
| 1.58 | .9429 | 2.03 | .9788 | 2.48 | .9934 | 2.93 | .9983 |
| 1.59 | .9441 | 2.04 | .9793 | 2.49 | .9936 | 2.94 | .9984 |
| 1.60 | .9452 | 2.05 | .9798 | 2.50 | .9938 | 2.95 | .9984 |
| 1.61 | .9463 | 2.06 | .9803 | 2.51 | .9940 | 2.96 | .9985 |
| 1.62 | .9474 | 2.07 | .9808 | 2.52 | .9941 | 2.97 | .9985 |
| 1.63 | .9484 | 2.08 | .9812 | 2.53 | .9943 | 2.98 | .9986 |
| 1.64 | .9495 | 2.09 | .9817 | 2.54 | .9945 | 2.99 | .9986 |
| 1.65 | .9505 | 2.10 | .9821 | 2.55 | .9946 | 3.00 | .9986 |

표 1 표준정규분포표(계속)

| z | F(z) | z | F(z) | z | F(z) | z | F(z) |
|---|---|---|---|---|---|---|---|
| 3.01 | .9987 | 3.26 | .9994 | 3.51 | .9998 | 3.76 | .9999 |
| 3.02 | .9987 | 3.27 | .9995 | 3.52 | .9998 | 3.77 | .9999 |
| 3.03 | .9988 | 3.28 | .9995 | 3.53 | .9998 | 3.78 | .9999 |
| 3.04 | .9988 | 3.29 | .9995 | 3.54 | .9998 | 3.79 | .9999 |
| 3.05 | .9989 | 3.30 | .9995 | 3.55 | .9998 | 3.80 | .9999 |
| 3.06 | .9989 | 3.31 | .9995 | 3.56 | .9998 | 3.81 | .9999 |
| 3.07 | .9989 | 3.32 | .9996 | 3.57 | .9998 | 3.82 | .9999 |
| 3.08 | .9990 | 3.33 | .9996 | 3.58 | .9998 | 3.83 | .9999 |
| 3.09 | .9990 | 3.34 | .9996 | 3.59 | .9998 | 3.84 | .9999 |
| 3.10 | .9990 | 3.35 | .9996 | 3.60 | .9998 | 3.85 | .9999 |
| 3.11 | .9991 | 3.36 | .9996 | 3.61 | .9998 | 3.86 | .9999 |
| 3.12 | .9991 | 3.37 | .9996 | 3.62 | .9999 | 3.87 | .9999 |
| 3.13 | .9991 | 3.38 | .9996 | 3.63 | .9999 | 3.88 | .9999 |
| 3.14 | .9992 | 3.39 | .9997 | 3.64 | .9999 | 3.89 | 1.0000 |
| 3.15 | .9992 | 3.40 | .9997 | 3.65 | .9999 | 3.90 | 1.0000 |
| 3.16 | .9992 | 3.41 | .9997 | 3.66 | .9999 | 3.91 | 1.0000 |
| 3.17 | .9992 | 3.42 | .9997 | 3.67 | .9999 | 3.92 | 1.0000 |
| 3.18 | .9993 | 3.43 | .9997 | 3.68 | .9999 | 3.93 | 1.0000 |
| 3.19 | .9993 | 3.44 | .9997 | 3.69 | .9999 | 3.94 | 1.0000 |
| 3.20 | .9993 | 3.45 | .9997 | 3.70 | .9999 | 3.95 | 1.0000 |
| 3.21 | .9993 | 3.46 | .9997 | 3.71 | .9999 | 3.96 | 1.0000 |
| 3.22 | .9994 | 3.47 | .9997 | 3.72 | .9999 | 3.97 | 1.0000 |
| 3.23 | .9994 | 3.48 | .9997 | 3.73 | .9999 | 3.98 | 1.0000 |
| 3.24 | .9994 | 3.49 | .9998 | 3.74 | .9999 | 3.99 | 1.0000 |
| 3.25 | .9994 | 3.50 | .9998 | 3.75 | .9999 | | |

**표 2** $\chi^2$-분포표

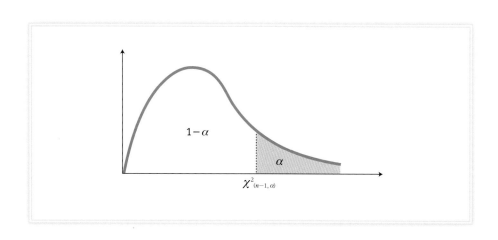

표 2 $\chi^2$-분포표(계속)

| 자유도 d.f. | $\alpha$ | | | | | | | | | |
|---|---|---|---|---|---|---|---|---|---|---|
| | .995 | .990 | .975 | .950 | .900 | .100 | .050 | .025 | .010 | .005 |
| 1 | $0.0^4393$ | $0.0^3157$ | $0.0^3982$ | $0.0^2393$ | 0.0158 | 2.71 | 3.84 | 5.02 | 6.63 | 7.88 |
| 2 | 0.0100 | 0.0201 | 0.0506 | 0.103 | 0.211 | 4.61 | 5.99 | 7.38 | 9.21 | 10.60 |
| 3 | 0.072 | 0.115 | 0.216 | 0.352 | 0.584 | 6.25 | 7.81 | 9.35 | 11.34 | 12.84 |
| 4 | 0.207 | 0.297 | 0.484 | 0.711 | 1.064 | 7.78 | 9.49 | 11.14 | 13.28 | 14.86 |
| 5 | 0.412 | 0.554 | 0.831 | 1.145 | 1.61 | 9.24 | 11.07 | 12.83 | 15.09 | 16.75 |
| 6 | 0.676 | 0.872 | 1.24 | 1.64 | 2.20 | 10.64 | 12.59 | 14.45 | 16.81 | 18.55 |
| 7 | 0.989 | 1.24 | 1.69 | 2.17 | 2.83 | 12.02 | 14.07 | 16.01 | 18.48 | 20.28 |
| 8 | 1.34 | 1.65 | 2.18 | 2.73 | 3.49 | 13.36 | 15.51 | 17.53 | 20.09 | 21.96 |
| 9 | 1.73 | 2.09 | 2.70 | 3.33 | 4.17 | 14.68 | 16.92 | 19.02 | 21.67 | 23.59 |
| 10 | 2.16 | 2.56 | 3.25 | 3.94 | 4.87 | 15.99 | 18.31 | 20.48 | 23.21 | 25.19 |
| 11 | 2.60 | 3.05 | 3.82 | 4.57 | 5.58 | 17.28 | 19.68 | 21.92 | 24.73 | 26.76 |
| 12 | 3.07 | 3.57 | 4.40 | 5.23 | 6.30 | 18.55 | 21.03 | 23.34 | 26.22 | 28.30 |
| 13 | 3.57 | 4.11 | 5.01 | 5.89 | 7.04 | 19.81 | 22.36 | 24.74 | 27.69 | 29.82 |
| 14 | 4.07 | 4.66 | 5.63 | 6.57 | 7.79 | 21.06 | 23.68 | 26.12 | 29.14 | 31.32 |
| 15 | 4.60 | 5.23 | 6.26 | 7.26 | 8.55 | 22.31 | 25.00 | 27.49 | 30.58 | 32.80 |
| 16 | 5.14 | 5.81 | 6.91 | 7.96 | 9.31 | 23.54 | 26.30 | 28.85 | 32.00 | 34.27 |
| 17 | 5.70 | 6.41 | 7.56 | 8.67 | 10.09 | 24.77 | 27.59 | 30.19 | 33.41 | 35.72 |
| 18 | 6.26 | 7.01 | 8.23 | 9.39 | 10.86 | 25.99 | 28.87 | 31.53 | 34.81 | 37.16 |
| 19 | 6.84 | 7.63 | 8.91 | 10.12 | 11.65 | 27.20 | 30.14 | 32.85 | 36.19 | 38.58 |
| 20 | 7.43 | 8.26 | 9.59 | 10.85 | 12.44 | 28.41 | 31.41 | 34.17 | 37.57 | 40.00 |
| 21 | 8.03 | 8.90 | 10.28 | 11.59 | 13.24 | 29.62 | 32.67 | 35.48 | 38.93 | 41.40 |
| 22 | 8.64 | 9.54 | 10.98 | 12.34 | 14.04 | 30.81 | 33.92 | 36.78 | 40.29 | 42.80 |
| 23 | 9.26 | 10.20 | 11.69 | 13.09 | 14.85 | 32.01 | 35.17 | 38.08 | 41.64 | 44.18 |
| 24 | 9.89 | 10.86 | 12.40 | 13.85 | 15.66 | 33.20 | 36.42 | 39.36 | 42.98 | 45.56 |
| 25 | 10.52 | 11.52 | 13.12 | 14.61 | 16.47 | 34.38 | 37.65 | 40.65 | 44.31 | 46.93 |
| 26 | 11.16 | 12.20 | 13.84 | 15.38 | 17.29 | 35.56 | 38.89 | 41.92 | 45.64 | 48.29 |
| 27 | 11.81 | 12.88 | 14.57 | 16.15 | 18.11 | 36.74 | 40.11 | 43.19 | 46.96 | 49.64 |
| 28 | 12.46 | 13.56 | 15.31 | 16.93 | 18.94 | 37.92 | 41.34 | 44.46 | 48.28 | 50.99 |
| 29 | 13.12 | 14.26 | 16.05 | 17.71 | 19.77 | 39.09 | 42.56 | 45.72 | 49.59 | 52.34 |
| 30 | 13.79 | 14.95 | 16.79 | 18.49 | 20.60 | 40.26 | 43.77 | 46.98 | 50.89 | 53.67 |
| 40 | 20.71 | 22.16 | 24.43 | 26.51 | 29.05 | 51.81 | 55.76 | 59.34 | 63.69 | 66.77 |
| 50 | 27.99 | 29.71 | 32.36 | 34.76 | 37.69 | 63.17 | 67.50 | 71.42 | 76.15 | 79.49 |
| 60 | 35.53 | 37.48 | 40.48 | 43.19 | 46.46 | 74.40 | 79.08 | 83.30 | 88.38 | 91.95 |
| 70 | 43.28 | 45.44 | 48.76 | 51.74 | 55.33 | 85.53 | 90.53 | 95.02 | 100.4 | 104.2 |
| 80 | 51.17 | 53.54 | 57.15 | 60.39 | 64.28 | 96.58 | 101.9 | 106.6 | 112.3 | 116.3 |
| 90 | 59.20 | 61.75 | 65.65 | 69.13 | 73.29 | 107.6 | 113.1 | 118.1 | 124.1 | 128.3 |
| 100 | 67.33 | 70.06 | 74.22 | 77.93 | 82.36 | 118.5 | 124.3 | 129.6 | 135.8 | 140.2 |

**표 3** *t*-분포표

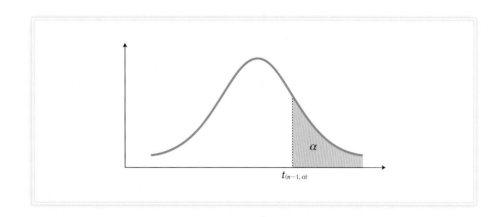

| 자유도<br>*d.f.* | $\alpha$ | | | | |
|:---:|:---:|:---:|:---:|:---:|:---:|
| | .100 | .050 | .025 | .010 | .005 |
| 1 | 3.078 | 6.314 | 12.706 | 31.821 | 63.657 |
| 2 | 1.886 | 2.920 | 4.303 | 6.965 | 9.925 |
| 3 | 1.638 | 2.353 | 3.182 | 4.541 | 5.841 |
| 4 | 1.533 | 2.132 | 2.776 | 3.747 | 4.604 |
| 5 | 1.476 | 2.015 | 2.571 | 3.365 | 4.032 |
| 6 | 1.440 | 1.943 | 2.447 | 3.143 | 3.707 |
| 7 | 1.415 | 1.895 | 2.365 | 2.998 | 3.499 |
| 8 | 1.397 | 1.860 | 2.306 | 2.896 | 3.355 |
| 9 | 1.383 | 1.833 | 2.262 | 2.821 | 3.250 |
| 10 | 1.372 | 1.812 | 2.228 | 2.764 | 3.169 |
| 11 | 1.363 | 1.796 | 2.201 | 2.718 | 3.106 |
| 12 | 1.356 | 1.782 | 2.179 | 2.681 | 3.055 |
| 13 | 1.350 | 1.771 | 2.160 | 2.650 | 3.012 |
| 14 | 1.345 | 1.761 | 2.145 | 2.624 | 2.977 |
| 15 | 1.341 | 1.753 | 2.131 | 2.602 | 2.947 |
| 16 | 1.337 | 1.746 | 2.120 | 2.583 | 2.921 |
| 17 | 1.333 | 1.740 | 2.110 | 2.567 | 2.898 |
| 18 | 1.330 | 1.734 | 2.101 | 2.552 | 2.878 |
| 19 | 1.328 | 1.729 | 2.093 | 2.539 | 2.861 |
| 20 | 1.325 | 1.725 | 2.086 | 2.528 | 2.845 |
| 21 | 1.323 | 1.721 | 2.080 | 2.518 | 2.831 |
| 22 | 1.321 | 1.717 | 2.074 | 2.508 | 2.819 |
| 23 | 1.319 | 1.714 | 2.069 | 2.500 | 2.807 |
| 24 | 1.318 | 1.711 | 2.064 | 2.492 | 2.797 |
| 25 | 1.316 | 1.708 | 2.060 | 2.485 | 2.787 |
| 26 | 1.315 | 1.706 | 2.056 | 2.479 | 2.779 |
| 27 | 1.314 | 1.703 | 2.052 | 2.473 | 2.771 |
| 28 | 1.313 | 1.701 | 2.048 | 2.467 | 2.763 |
| 29 | 1.311 | 1.699 | 2.045 | 2.462 | 2.756 |
| 30 | 1.310 | 1.697 | 2.042 | 2.457 | 2.750 |
| 40 | 1.303 | 1.684 | 2.021 | 2.423 | 2.704 |
| 60 | 1.296 | 1.671 | 2.000 | 2.390 | 2.660 |
| $\infty$ | 1.282 | 1.645 | 1.960 | 2.326 | 2.576 |

표 4  *F*-분포표

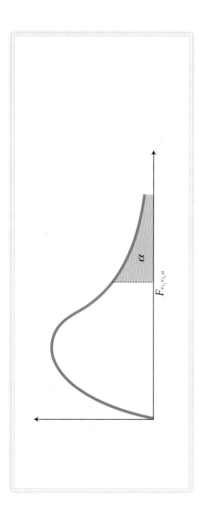

$\alpha = 0.05$

| 분모 자유도 $v_2$ | 분자 자유도 $v_1$ | | | | | | | | | | | | | | | | | | |
|---|---|---|---|---|---|---|---|---|---|---|---|---|---|---|---|---|---|---|---|
| | 1 | 2 | 3 | 4 | 5 | 6 | 7 | 8 | 9 | 10 | 12 | 15 | 20 | 24 | 30 | 40 | 60 | 120 | ∞ |
| 1 | 161.4 | 199.5 | 215.7 | 224.6 | 230.2 | 234.0 | 236.8 | 238.9 | 240.5 | 241.9 | 243.9 | 245.9 | 248.0 | 249.1 | 250.1 | 251.1 | 252.2 | 253.3 | 254.3 |
| 2 | 18.51 | 19.00 | 19.16 | 19.25 | 19.30 | 19.33 | 19.35 | 19.37 | 19.38 | 19.40 | 19.41 | 19.43 | 19.45 | 19.45 | 19.46 | 19.47 | 19.48 | 19.49 | 19.50 |
| 3 | 10.13 | 9.55 | 9.28 | 9.12 | 9.01 | 8.94 | 8.89 | 8.85 | 8.81 | 8.79 | 8.74 | 8.70 | 8.66 | 8.64 | 8.62 | 8.59 | 8.57 | 8.55 | 8.53 |
| 4 | 7.71 | 6.94 | 6.59 | 6.39 | 6.26 | 6.16 | 6.09 | 6.04 | 6.00 | 5.96 | 5.91 | 5.86 | 5.80 | 5.77 | 5.75 | 5.72 | 5.69 | 5.66 | 5.63 |
| 5 | 6.61 | 5.79 | 5.41 | 5.19 | 5.05 | 4.95 | 4.88 | 4.82 | 4.77 | 4.74 | 4.68 | 4.62 | 4.56 | 4.53 | 4.50 | 4.46 | 4.43 | 4.40 | 4.36 |
| 6 | 5.99 | 5.14 | 4.76 | 4.53 | 4.39 | 4.28 | 4.21 | 4.15 | 4.10 | 4.06 | 4.00 | 3.94 | 3.87 | 3.84 | 3.81 | 3.77 | 3.74 | 3.70 | 3.67 |
| 7 | 5.59 | 4.74 | 4.35 | 4.12 | 3.97 | 3.87 | 3.79 | 3.73 | 3.68 | 3.64 | 3.57 | 3.51 | 3.44 | 3.41 | 3.38 | 3.34 | 3.30 | 3.27 | 3.23 |
| 8 | 5.32 | 4.46 | 4.07 | 3.84 | 3.69 | 3.58 | 3.50 | 3.44 | 3.39 | 3.35 | 3.28 | 3.22 | 3.15 | 3.12 | 3.08 | 3.04 | 3.01 | 2.97 | 2.93 |
| 9 | 5.12 | 4.26 | 3.86 | 3.63 | 3.48 | 3.37 | 3.29 | 3.23 | 3.18 | 3.14 | 3.07 | 3.01 | 2.94 | 2.90 | 2.86 | 2.83 | 2.79 | 2.75 | 2.71 |
| 10 | 4.96 | 4.10 | 3.71 | 3.48 | 3.33 | 3.22 | 3.14 | 3.07 | 3.02 | 2.98 | 2.91 | 2.85 | 2.77 | 2.74 | 2.70 | 2.66 | 2.62 | 2.58 | 2.54 |
| 11 | 4.84 | 3.98 | 3.59 | 3.36 | 3.20 | 3.09 | 3.01 | 2.95 | 2.90 | 2.85 | 2.79 | 2.72 | 2.65 | 2.61 | 2.57 | 2.53 | 2.49 | 2.45 | 2.40 |
| 12 | 4.75 | 3.89 | 3.49 | 3.26 | 3.11 | 3.00 | 2.91 | 2.85 | 2.80 | 2.75 | 2.69 | 2.62 | 2.54 | 2.51 | 2.47 | 2.43 | 2.38 | 2.34 | 2.30 |
| 13 | 4.67 | 3.81 | 3.41 | 3.18 | 3.03 | 2.92 | 2.83 | 2.77 | 2.71 | 2.67 | 2.60 | 2.53 | 2.46 | 2.42 | 2.38 | 2.34 | 2.30 | 2.25 | 2.21 |
| 14 | 4.60 | 3.74 | 3.34 | 3.11 | 2.96 | 2.85 | 2.76 | 2.70 | 2.65 | 2.60 | 2.53 | 2.46 | 2.39 | 2.35 | 2.31 | 2.27 | 2.22 | 2.18 | 2.13 |

표 4 *F*-분포표(계속)

| 분모 자유도 $\nu_2$ | 분자 자유도 $\nu_1$ | | | | | | | | | | | | | | | | | | |
|---|---|---|---|---|---|---|---|---|---|---|---|---|---|---|---|---|---|---|---|
| | 1 | 2 | 3 | 4 | 5 | 6 | 7 | 8 | 9 | 10 | 12 | 15 | 20 | 24 | 30 | 40 | 60 | 120 | ∞ |
| 15 | 4.54 | 3.68 | 3.29 | 3.06 | 2.90 | 2.79 | 2.71 | 2.64 | 2.59 | 2.54 | 2.48 | 2.40 | 2.33 | 2.29 | 2.25 | 2.20 | 2.16 | 2.11 | 2.07 |
| 16 | 4.49 | 3.63 | 3.24 | 3.01 | 2.85 | 2.74 | 2.66 | 2.59 | 2.54 | 2.49 | 2.42 | 2.35 | 2.28 | 2.24 | 2.19 | 2.15 | 2.11 | 2.06 | 2.01 |
| 17 | 4.45 | 3.59 | 3.20 | 2.96 | 2.81 | 2.70 | 2.61 | 2.55 | 2.49 | 2.45 | 2.38 | 2.31 | 2.23 | 2.19 | 2.15 | 2.10 | 2.06 | 2.01 | 1.96 |
| 18 | 4.41 | 3.55 | 3.16 | 2.93 | 2.77 | 2.66 | 2.58 | 2.51 | 2.46 | 2.41 | 2.34 | 2.27 | 2.19 | 2.15 | 2.11 | 2.06 | 2.02 | 1.97 | 1.92 |
| 19 | 4.38 | 3.52 | 3.13 | 2.90 | 2.74 | 2.63 | 2.54 | 2.48 | 2.42 | 2.38 | 2.31 | 2.23 | 2.16 | 2.11 | 2.07 | 2.03 | 1.98 | 1.93 | 1.88 |
| 20 | 4.35 | 3.49 | 3.10 | 2.87 | 2.71 | 2.60 | 2.51 | 2.45 | 2.39 | 2.35 | 2.28 | 2.20 | 2.12 | 2.08 | 2.04 | 1.99 | 1.95 | 1.90 | 1.84 |
| 21 | 4.32 | 3.47 | 3.07 | 2.84 | 2.68 | 2.57 | 2.49 | 2.42 | 2.37 | 2.32 | 2.25 | 2.18 | 2.10 | 2.05 | 2.01 | 1.96 | 1.92 | 1.87 | 1.81 |
| 22 | 4.30 | 3.44 | 3.05 | 2.82 | 2.66 | 2.55 | 2.46 | 2.40 | 2.34 | 2.30 | 2.23 | 2.15 | 2.07 | 2.03 | 1.98 | 1.94 | 1.89 | 1.84 | 1.78 |
| 23 | 4.28 | 3.42 | 3.03 | 2.80 | 2.64 | 2.53 | 2.44 | 2.37 | 2.32 | 2.27 | 2.20 | 2.13 | 2.05 | 2.01 | 1.96 | 1.91 | 1.86 | 1.81 | 1.76 |
| 24 | 4.26 | 3.40 | 3.01 | 2.78 | 2.62 | 2.51 | 2.42 | 2.36 | 2.30 | 2.25 | 2.18 | 2.11 | 2.03 | 1.98 | 1.94 | 1.89 | 1.84 | 1.79 | 1.73 |
| 25 | 4.24 | 3.39 | 2.99 | 2.76 | 2.60 | 2.49 | 2.40 | 2.34 | 2.28 | 2.24 | 2.16 | 2.09 | 2.01 | 1.96 | 1.92 | 1.87 | 1.82 | 1.77 | 1.71 |
| 26 | 4.23 | 3.37 | 2.98 | 2.74 | 2.59 | 2.47 | 2.39 | 2.32 | 2.27 | 2.22 | 2.15 | 2.07 | 1.99 | 1.95 | 1.90 | 1.85 | 1.80 | 1.75 | 1.69 |
| 27 | 4.21 | 3.35 | 2.96 | 2.73 | 2.57 | 2.46 | 2.37 | 2.31 | 2.25 | 2.20 | 2.13 | 2.06 | 1.97 | 1.93 | 1.88 | 1.84 | 1.79 | 1.73 | 1.67 |
| 28 | 4.20 | 3.34 | 2.95 | 2.71 | 2.56 | 2.45 | 2.36 | 2.29 | 2.24 | 2.19 | 2.12 | 2.04 | 1.96 | 1.91 | 1.87 | 1.82 | 1.77 | 1.71 | 1.65 |
| 29 | 4.18 | 3.33 | 2.93 | 2.70 | 2.55 | 2.43 | 2.35 | 2.28 | 2.22 | 2.18 | 2.10 | 2.03 | 1.94 | 1.90 | 1.85 | 1.81 | 1.75 | 1.70 | 1.64 |
| 30 | 4.17 | 3.32 | 2.92 | 2.69 | 2.53 | 2.42 | 2.33 | 2.27 | 2.21 | 2.16 | 2.09 | 2.01 | 1.93 | 1.89 | 1.84 | 1.79 | 1.74 | 1.68 | 1.62 |
| 40 | 4.08 | 3.23 | 2.84 | 2.61 | 2.45 | 2.34 | 2.25 | 2.18 | 2.12 | 2.08 | 2.00 | 1.92 | 1.84 | 1.79 | 1.74 | 1.69 | 1.64 | 1.58 | 1.51 |
| 60 | 4.00 | 3.15 | 2.76 | 2.53 | 2.37 | 2.25 | 2.17 | 2.10 | 2.04 | 1.99 | 1.92 | 1.84 | 1.75 | 1.70 | 1.65 | 1.59 | 1.53 | 1.47 | 1.39 |
| 120 | 3.92 | 3.07 | 2.68 | 2.45 | 2.29 | 2.17 | 2.09 | 2.02 | 1.96 | 1.91 | 1.83 | 1.75 | 1.66 | 1.61 | 1.55 | 1.50 | 1.43 | 1.35 | 1.25 |
| ∞ | 3.84 | 3.00 | 2.60 | 2.37 | 2.21 | 2.10 | 2.01 | 1.94 | 1.88 | 1.83 | 1.75 | 1.67 | 1.37 | 1.52 | 1.46 | 1.39 | 1.32 | 1.22 | 1.00 |

표 4　F-분포표(계속)

$\alpha = 0.01$

| 분모 자유도 $\nu_2$ | 분자 자유도 $\nu_1$ | | | | | | | | | | | | | | | | | | |
|---|---|---|---|---|---|---|---|---|---|---|---|---|---|---|---|---|---|---|---|
| | 1 | 2 | 3 | 4 | 5 | 6 | 7 | 8 | 9 | 10 | 12 | 15 | 20 | 24 | 30 | 40 | 60 | 120 | ∞ |
| 1 | 4052 | 4999.5 | 5403 | 5625 | 5764 | 5859 | 5928 | 5982 | 6022 | 6056 | 6106 | 6157 | 6209 | 6235 | 6261 | 6287 | 6313 | 6339 | 6366 |
| 2 | 98.50 | 99.00 | 99.17 | 99.25 | 99.30 | 99.33 | 99.36 | 99.37 | 99.39 | 99.40 | 99.42 | 99.43 | 99.45 | 99.46 | 99.47 | 99.47 | 99.48 | 99.48 | 99.50 |
| 3 | 34.12 | 30.82 | 29.46 | 28.71 | 28.24 | 27.91 | 27.67 | 27.49 | 27.35 | 27.23 | 27.05 | 26.87 | 26.69 | 26.60 | 26.50 | 26.41 | 26.32 | 26.22 | 26.13 |
| 4 | 21.20 | 18.00 | 16.69 | 15.98 | 15.52 | 15.21 | 14.98 | 14.80 | 14.66 | 14.55 | 14.37 | 14.20 | 14.02 | 13.93 | 13.84 | 13.75 | 13.65 | 13.56 | 13.46 |
| 5 | 16.26 | 13.27 | 12.06 | 11.39 | 10.97 | 10.67 | 10.46 | 10.29 | 10.16 | 10.05 | 9.89 | 9.72 | 9.55 | 9.47 | 9.38 | 9.29 | 9.20 | 9.11 | 9.02 |
| 6 | 13.75 | 10.92 | 9.78 | 9.15 | 8.75 | 8.47 | 8.26 | 8.10 | 7.98 | 7.87 | 7.72 | 7.56 | 7.40 | 7.31 | 7.23 | 7.14 | 7.06 | 6.97 | 6.88 |
| 7 | 12.25 | 9.55 | 8.45 | 7.85 | 7.46 | 7.19 | 6.99 | 6.84 | 6.72 | 6.62 | 6.47 | 6.31 | 6.16 | 6.07 | 5.99 | 5.91 | 5.82 | 5.74 | 5.65 |
| 8 | 11.26 | 8.65 | 7.59 | 7.01 | 6.63 | 6.37 | 6.18 | 6.03 | 5.91 | 5.81 | 5.67 | 5.52 | 5.36 | 5.28 | 5.20 | 5.12 | 5.03 | 4.95 | 4.86 |
| 9 | 10.56 | 8.02 | 6.99 | 6.42 | 6.06 | 5.80 | 5.61 | 5.47 | 5.35 | 5.26 | 5.11 | 4.96 | 4.81 | 4.73 | 4.65 | 4.57 | 4.48 | 4.40 | 4.31 |
| 10 | 10.04 | 7.56 | 6.55 | 5.99 | 5.64 | 5.39 | 5.20 | 5.06 | 4.94 | 4.85 | 4.71 | 4.56 | 4.41 | 4.33 | 4.25 | 4.17 | 4.08 | 4.00 | 3.91 |
| 11 | 9.65 | 7.21 | 6.22 | 5.67 | 5.32 | 5.07 | 4.89 | 4.74 | 4.63 | 4.54 | 4.40 | 4.25 | 4.10 | 4.02 | 3.94 | 3.86 | 3.78 | 3.69 | 3.60 |
| 12 | 9.33 | 6.93 | 5.95 | 5.41 | 5.06 | 4.82 | 4.64 | 4.50 | 4.39 | 4.30 | 4.16 | 4.01 | 3.86 | 3.78 | 3.70 | 3.62 | 3.54 | 3.45 | 3.36 |
| 13 | 9.07 | 6.70 | 5.74 | 5.21 | 4.86 | 4.62 | 4.44 | 4.30 | 4.19 | 4.10 | 3.96 | 3.82 | 3.66 | 3.59 | 3.51 | 3.43 | 3.34 | 3.25 | 3.17 |
| 14 | 8.86 | 6.51 | 5.56 | 5.04 | 4.69 | 4.46 | 4.28 | 4.14 | 4.03 | 3.94 | 3.80 | 3.66 | 3.51 | 3.43 | 3.35 | 3.27 | 3.18 | 3.09 | 3.00 |
| 15 | 8.68 | 6.36 | 5.42 | 4.89 | 4.56 | 4.32 | 4.14 | 4.00 | 3.89 | 3.80 | 3.67 | 3.52 | 3.37 | 3.29 | 3.21 | 3.13 | 3.05 | 2.96 | 2.87 |
| 16 | 8.53 | 6.23 | 5.29 | 4.77 | 4.44 | 4.20 | 4.03 | 3.89 | 3.78 | 3.69 | 3.55 | 3.41 | 3.26 | 3.18 | 3.10 | 3.02 | 2.93 | 2.84 | 2.75 |
| 17 | 8.40 | 6.11 | 5.18 | 4.67 | 4.34 | 4.10 | 3.93 | 3.79 | 3.68 | 3.59 | 3.46 | 3.31 | 3.16 | 3.08 | 3.00 | 2.92 | 2.83 | 2.75 | 2.65 |
| 18 | 8.29 | 6.01 | 5.09 | 4.58 | 4.25 | 4.01 | 3.84 | 3.71 | 3.60 | 3.51 | 3.37 | 3.23 | 3.08 | 3.00 | 2.92 | 2.84 | 2.75 | 2.66 | 2.57 |
| 19 | 8.18 | 5.93 | 5.01 | 4.50 | 4.17 | 3.94 | 3.77 | 3.63 | 3.52 | 3.43 | 3.30 | 3.15 | 3.00 | 2.92 | 2.84 | 2.76 | 2.67 | 2.58 | 2.49 |
| 20 | 8.10 | 5.85 | 4.94 | 4.43 | 4.10 | 3.87 | 3.70 | 3.56 | 3.46 | 3.37 | 3.23 | 3.09 | 2.94 | 2.86 | 2.78 | 2.69 | 2.61 | 2.52 | 2.42 |
| 21 | 8.02 | 5.78 | 4.87 | 4.37 | 4.04 | 3.81 | 3.64 | 3.51 | 3.40 | 3.31 | 3.17 | 3.03 | 2.88 | 2.80 | 2.72 | 2.64 | 2.55 | 2.46 | 2.36 |
| 22 | 7.95 | 5.72 | 4.82 | 4.31 | 3.99 | 3.76 | 3.59 | 3.45 | 3.35 | 3.26 | 3.12 | 2.98 | 2.83 | 2.75 | 2.67 | 2.58 | 2.50 | 2.40 | 2.31 |
| 23 | 7.88 | 5.66 | 4.76 | 4.26 | 3.94 | 3.71 | 3.54 | 3.41 | 3.30 | 3.21 | 3.07 | 2.93 | 2.78 | 2.70 | 2.62 | 2.54 | 2.45 | 2.35 | 2.26 |
| 24 | 7.82 | 5.61 | 4.72 | 4.22 | 3.90 | 3.67 | 3.50 | 3.36 | 3.26 | 3.17 | 3.03 | 2.89 | 2.74 | 2.66 | 2.58 | 2.49 | 2.40 | 2.31 | 2.21 |
| 25 | 7.77 | 5.57 | 4.68 | 4.18 | 3.85 | 3.63 | 3.46 | 3.32 | 3.22 | 3.13 | 2.99 | 2.85 | 2.70 | 2.62 | 2.54 | 2.45 | 2.36 | 2.27 | 2.17 |
| 26 | 7.72 | 5.53 | 4.64 | 4.14 | 3.82 | 3.59 | 3.42 | 3.29 | 3.18 | 3.09 | 2.96 | 2.81 | 2.66 | 2.58 | 2.50 | 2.42 | 2.33 | 2.23 | 2.13 |
| 27 | 7.68 | 5.49 | 4.60 | 4.11 | 3.78 | 3.56 | 3.39 | 3.26 | 3.15 | 3.06 | 2.93 | 2.78 | 2.63 | 2.55 | 2.47 | 2.38 | 2.29 | 2.20 | 2.10 |
| 28 | 7.64 | 5.45 | 4.57 | 4.07 | 3.75 | 3.53 | 3.36 | 3.23 | 3.12 | 3.03 | 2.90 | 2.75 | 2.60 | 2.52 | 2.44 | 2.35 | 2.26 | 2.17 | 2.06 |
| 29 | 7.60 | 5.42 | 4.54 | 4.04 | 3.73 | 3.50 | 3.33 | 3.20 | 3.09 | 3.00 | 2.87 | 2.73 | 2.57 | 2.49 | 2.41 | 2.33 | 2.23 | 2.14 | 2.03 |
| 30 | 7.56 | 5.39 | 4.51 | 4.02 | 3.70 | 3.47 | 3.30 | 3.17 | 3.07 | 2.98 | 2.84 | 2.70 | 2.55 | 2.47 | 2.39 | 2.30 | 2.21 | 2.11 | 2.01 |
| 40 | 7.31 | 5.18 | 4.31 | 3.83 | 3.51 | 3.29 | 3.12 | 2.99 | 2.89 | 2.80 | 2.66 | 2.52 | 2.37 | 2.29 | 2.20 | 2.11 | 2.02 | 1.92 | 1.80 |
| 60 | 7.08 | 4.98 | 4.13 | 3.65 | 3.34 | 3.12 | 2.95 | 2.82 | 2.72 | 2.63 | 2.50 | 2.35 | 2.20 | 2.12 | 2.03 | 1.94 | 1.84 | 1.73 | 1.60 |
| 120 | 6.85 | 4.79 | 3.95 | 3.48 | 3.17 | 2.96 | 2.79 | 2.66 | 2.56 | 2.47 | 2.34 | 2.19 | 2.03 | 1.95 | 1.86 | 1.76 | 1.66 | 1.53 | 1.38 |
| ∞ | 6.63 | 4.61 | 3.78 | 3.32 | 3.02 | 2.80 | 2.64 | 2.51 | 2.41 | 2.32 | 2.18 | 2.04 | 1.88 | 1.79 | 1.70 | 1.59 | 1.47 | 1.32 | 1.00 |

**표 5  더빈-왓슨 통계표**                                                            $\alpha$=0.5

| n | K | | | | | | | | | |
|---|---|---|---|---|---|---|---|---|---|---|
| | 1 | | 2 | | 3 | | 4 | | 5 | |
| | $d_L$ | $d_U$ | $d_L$ | $d_U$ | $d_L$ | $d_U$ | $d_L$ | $d_U$ | $d_L$ | $d_U$ |
| 15 | 1.08 | 1.36 | 0.95 | 1.54 | 0.82 | 1.75 | 0.69 | 1.97 | 0.56 | 2.21 |
| 16 | 1.10 | 1.37 | 0.98 | 1.54 | 0.86 | 1.73 | 0.74 | 1.93 | 0.62 | 2.15 |
| 17 | 1.13 | 1.38 | 1.02 | 1.54 | 0.90 | 1.71 | 0.78 | 1.90 | 0.67 | 2.10 |
| 18 | 1.16 | 1.39 | 1.05 | 1.53 | 0.93 | 1.69 | 0.82 | 1.87 | 0.71 | 2.06 |
| 19 | 1.18 | 1.40 | 1.08 | 1.53 | 0.97 | 1.68 | 0.86 | 1.85 | 0.75 | 2.02 |
| 20 | 1.20 | 1.41 | 1.10 | 1.54 | 1.00 | 1.68 | 0.90 | 1.83 | 0.79 | 1.99 |
| 21 | 1.22 | 1.42 | 1.13 | 1.54 | 1.03 | 1.67 | 0.93 | 1.81 | 0.83 | 1.96 |
| 22 | 1.24 | 1.43 | 1.15 | 1.54 | 1.05 | 1.66 | 0.96 | 1.80 | 0.86 | 1.94 |
| 23 | 1.26 | 1.44 | 1.17 | 1.54 | 1.08 | 1.66 | 0.99 | 1.79 | 0.90 | 1.92 |
| 24 | 1.27 | 1.45 | 1.19 | 1.55 | 1.10 | 1.66 | 1.01 | 1.78 | 0.93 | 1.90 |
| 25 | 1.29 | 1.45 | 1.21 | 1.55 | 1.12 | 1.66 | 1.04 | 1.77 | 0.95 | 1.89 |
| 26 | 1.30 | 1.46 | 1.22 | 1.55 | 1.14 | 1.65 | 1.06 | 1.76 | 0.98 | 1.88 |
| 27 | 1.32 | 1.47 | 1.24 | 1.56 | 1.16 | 1.65 | 1.08 | 1.76 | 1.01 | 1.86 |
| 28 | 1.33 | 1.48 | 1.26 | 1.56 | 1.18 | 1.65 | 1.10 | 1.75 | 1.03 | 1.85 |
| 29 | 1.34 | 1.48 | 1.27 | 1.56 | 1.20 | 1.65 | 1.12 | 1.74 | 1.05 | 1.84 |
| 30 | 1.35 | 1.49 | 1.28 | 1.57 | 1.21 | 1.65 | 1.14 | 1.74 | 1.07 | 1.83 |
| 31 | 1.36 | 1.50 | 1.30 | 1.57 | 1.23 | 1.65 | 1.16 | 1.74 | 1.09 | 1.83 |
| 32 | 1.37 | 1.50 | 1.31 | 1.57 | 1.24 | 1.65 | 1.18 | 1.73 | 1.11 | 1.82 |
| 33 | 1.38 | 1.51 | 1.32 | 1.58 | 1.26 | 1.65 | 1.19 | 1.73 | 1.13 | 1.81 |
| 34 | 1.39 | 1.51 | 1.33 | 1.58 | 1.27 | 1.65 | 1.21 | 1.73 | 1.15 | 1.81 |
| 35 | 1.40 | 1.52 | 1.34 | 1.58 | 1.28 | 1.65 | 1.22 | 1.73 | 1.16 | 1.80 |
| 36 | 1.41 | 1.52 | 1.35 | 1.59 | 1.29 | 1.65 | 1.24 | 1.73 | 1.18 | 1.80 |
| 37 | 1.42 | 1.53 | 1.36 | 1.59 | 1.31 | 1.66 | 1.25 | 1.72 | 1.19 | 1.80 |
| 38 | 1.43 | 1.54 | 1.37 | 1.59 | 1.32 | 1.66 | 1.26 | 1.72 | 1.21 | 1.79 |
| 39 | 1.43 | 1.54 | 1.38 | 1.60 | 1.33 | 1.66 | 1.27 | 1.72 | 1.22 | 1.79 |
| 40 | 1.44 | 1.54 | 1.39 | 1.60 | 1.34 | 1.66 | 1.29 | 1.72 | 1.23 | 1.79 |
| 45 | 1.48 | 1.57 | 1.43 | 1.62 | 1.38 | 1.67 | 1.34 | 1.72 | 1.29 | 1.78 |
| 50 | 1.50 | 1.59 | 1.46 | 1.63 | 1.42 | 1.67 | 1.38 | 1.72 | 1.34 | 1.77 |
| 55 | 1.53 | 1.60 | 1.49 | 1.64 | 1.45 | 1.68 | 1.41 | 1.72 | 1.38 | 1.77 |
| 60 | 1.55 | 1.62 | 1.51 | 1.65 | 1.48 | 1.69 | 1.44 | 1.73 | 1.41 | 1.77 |
| 65 | 1.57 | 1.63 | 1.54 | 1.66 | 1.50 | 1.70 | 1.47 | 1.73 | 1.44 | 1.77 |
| 70 | 1.58 | 1.64 | 1.55 | 1.67 | 1.52 | 1.70 | 1.49 | 1.74 | 1.46 | 1.77 |
| 75 | 1.60 | 1.65 | 1.57 | 1.68 | 1.54 | 1.71 | 1.51 | 1.74 | 1.49 | 1.77 |
| 80 | 1.61 | 1.66 | 1.59 | 1.69 | 1.56 | 1.72 | 1.53 | 1.74 | 1.51 | 1.77 |
| 85 | 1.62 | 1.67 | 1.60 | 1.70 | 1.57 | 1.72 | 1.55 | 1.75 | 1.52 | 1.77 |
| 90 | 1.63 | 1.68 | 1.61 | 1.70 | 1.59 | 1.73 | 1.57 | 1.75 | 1.54 | 1.78 |
| 95 | 1.64 | 1.69 | 1.62 | 1.71 | 1.60 | 1.73 | 1.58 | 1.75 | 1.56 | 1.78 |
| 100 | 1.65 | 1.69 | 1.63 | 1.72 | 1.61 | 1.74 | 1.59 | 1.76 | 1.57 | 1.78 |

주) $n$은 관측값의 수, $K$는 독립변수의 수를 나타낸다.

표 5  더빈-왓슨 통계표(계속)                                                                                    $\alpha=0.1$

| n | K | | | | | | | | | |
|---|---|---|---|---|---|---|---|---|---|---|
| | 1 | | 2 | | 3 | | 4 | | 5 | |
| | $d_L$ | $d_U$ | $d_L$ | $d_U$ | $d_L$ | $d_U$ | $d_L$ | $d_U$ | $d_L$ | $d_U$ |
| 15 | 0.81 | 1.07 | 0.70 | 1.25 | 0.59 | 1.46 | 0.49 | 1.70 | 0.39 | 1.96 |
| 16 | 0.84 | 1.09 | 0.74 | 1.25 | 0.63 | 1.44 | 0.53 | 1.66 | 0.44 | 1.90 |
| 17 | 0.87 | 1.10 | 0.77 | 1.25 | 0.67 | 1.43 | 0.57 | 1.63 | 0.48 | 1.85 |
| 18 | 0.90 | 1.12 | 0.80 | 1.26 | 0.71 | 1.42 | 0.61 | 1.60 | 0.52 | 1.80 |
| 19 | 0.93 | 1.13 | 0.83 | 1.26 | 0.74 | 1.41 | 0.65 | 1.58 | 0.56 | 1.77 |
| 20 | 0.95 | 1.15 | 0.86 | 1.27 | 0.77 | 1.41 | 0.68 | 1.57 | 0.60 | 1.74 |
| 21 | 0.97 | 1.16 | 0.89 | 1.27 | 0.80 | 1.41 | 0.72 | 1.55 | 0.63 | 1.71 |
| 22 | 1.00 | 1.17 | 0.91 | 1.28 | 0.83 | 1.40 | 0.75 | 1.54 | 0.66 | 1.69 |
| 23 | 1.02 | 1.19 | 0.94 | 1.29 | 0.86 | 1.40 | 0.77 | 1.53 | 0.70 | 1.67 |
| 24 | 1.04 | 1.20 | 0.96 | 1.30 | 0.88 | 1.41 | 0.80 | 1.53 | 0.72 | 1.66 |
| 25 | 1.05 | 1.21 | 0.98 | 1.30 | 0.90 | 1.41 | 0.83 | 1.52 | 0.75 | 1.65 |
| 26 | 1.07 | 1.22 | 1.00 | 1.31 | 0.93 | 1.41 | 0.85 | 1.52 | 0.78 | 1.64 |
| 27 | 1.09 | 1.23 | 1.02 | 1.32 | 0.95 | 1.41 | 0.88 | 1.51 | 0.81 | 1.63 |
| 28 | 1.10 | 1.24 | 1.04 | 1.32 | 0.97 | 1.41 | 0.90 | 1.51 | 0.83 | 1.62 |
| 29 | 1.12 | 1.25 | 1.05 | 1.33 | 0.99 | 1.42 | 0.92 | 1.51 | 0.85 | 1.61 |
| 30 | 1.13 | 1.26 | 1.07 | 1.34 | 1.01 | 1.42 | 0.94 | 1.51 | 0.88 | 1.61 |
| 31 | 1.15 | 1.27 | 1.08 | 1.34 | 1.02 | 1.42 | 0.96 | 1.51 | 0.90 | 1.60 |
| 32 | 1.16 | 1.28 | 1.10 | 1.35 | 1.04 | 1.43 | 0.98 | 1.51 | 0.92 | 1.60 |
| 33 | 1.17 | 1.29 | 1.11 | 1.36 | 1.05 | 1.43 | 1.00 | 1.51 | 0.94 | 1.59 |
| 34 | 1.18 | 1.30 | 1.13 | 1.36 | 1.07 | 1.43 | 1.01 | 1.51 | 0.95 | 1.59 |
| 35 | 1.19 | 1.31 | 1.14 | 1.37 | 1.08 | 1.44 | 1.03 | 1.51 | 0.97 | 1.59 |
| 36 | 1.21 | 1.32 | 1.15 | 1.38 | 1.10 | 1.44 | 1.04 | 1.51 | 0.99 | 1.59 |
| 37 | 1.22 | 1.32 | 1.16 | 1.38 | 1.11 | 1.45 | 1.06 | 1.51 | 1.00 | 1.59 |
| 38 | 1.23 | 1.33 | 1.18 | 1.39 | 1.12 | 1.45 | 1.07 | 1.52 | 1.02 | 1.58 |
| 39 | 1.24 | 1.34 | 1.19 | 1.39 | 1.14 | 1.45 | 1.09 | 1.52 | 1.03 | 1.58 |
| 40 | 1.25 | 1.34 | 1.20 | 1.40 | 1.15 | 1.46 | 1.10 | 1.52 | 1.05 | 1.58 |
| 45 | 1.29 | 1.38 | 1.24 | 1.42 | 1.20 | 1.48 | 1.16 | 1.53 | 1.11 | 1.58 |
| 50 | 1.32 | 1.40 | 1.28 | 1.45 | 1.24 | 1.49 | 1.20 | 1.54 | 1.16 | 1.59 |
| 55 | 1.36 | 1.43 | 1.32 | 1.47 | 1.28 | 1.51 | 1.25 | 1.55 | 1.21 | 1.59 |
| 60 | 1.38 | 1.45 | 1.35 | 1.48 | 1.32 | 1.52 | 1.28 | 1.56 | 1.25 | 1.60 |
| 65 | 1.41 | 1.47 | 1.38 | 1.50 | 1.35 | 1.53 | 1.31 | 1.57 | 1.28 | 1.61 |
| 70 | 1.43 | 1.49 | 1.40 | 1.52 | 1.37 | 1.55 | 1.34 | 1.58 | 1.31 | 1.61 |
| 75 | 1.45 | 1.50 | 1.42 | 1.53 | 1.39 | 1.56 | 1.37 | 1.59 | 1.34 | 1.62 |
| 80 | 1.47 | 1.52 | 1.44 | 1.54 | 1.42 | 1.57 | 1.39 | 1.60 | 1.36 | 1.62 |
| 85 | 1.48 | 1.53 | 1.46 | 1.55 | 1.43 | 1.58 | 1.41 | 1.60 | 1.39 | 1.63 |
| 90 | 1.50 | 1.54 | 1.47 | 1.56 | 1.45 | 1.59 | 1.43 | 1.61 | 1.41 | 1.64 |
| 95 | 1.51 | 1.55 | 1.49 | 1.57 | 1.47 | 1.60 | 1.45 | 1.62 | 1.42 | 1.64 |
| 100 | 1.52 | 1.56 | 1.50 | 1.58 | 1.48 | 1.60 | 1.46 | 1.63 | 1.44 | 1.65 |

주) $n$은 관측값의 수, $K$는 독립변수의 수를 나타낸다.

# 참고문헌

김경희(2009), "휴먼인터랙티브 기술을 적용한 새로운 커뮤니케이션," 세상을 이어 주는 통신 연합, Special Theme, pp. 44-51.

김정한, 노형식, 서병호(2019), 가계대출 안내방식 개선을 위한 연구: 핵심상품설명서를 중심 으로, KIF 연구보고서 2019-03.

박범조(2004), GAUSS와 경제분석, 시그마프레스.

박범조(2004), PC와 함께하는 경제자료분석, 시그마프레스.

박범조(2007), 계량경제학, 시그마프레스.

박범조(2013), 응용 계량경제학: R 활용, 시그마프레스.

스냅타임(2019.1.15.), '건너뛰기' 못하는 광고··· 유튜브 무료 아니었어?".

심홍진, 주성희, 임소혜, 이주영(2016), 모바일 인터넷 시대의 방송콘텐츠 서비스 활성화 방 안 연구, 정보통신정책연구원.

이만우, 나성섭, 박범조, 노상환(1998), 지역 균형개발 방향과 효율성 제고를 위한 토지공사 의 역할, 한국토지공사.


Denes-Raj, V. and S. Epstein (1994), "Conflict Between Intuitive and Rational Processing: When People Behave Against Their Better Judgement," *Journal of Personality and Social Psychology*, 66, pp. 819-829.

Eddy, D. (1982), "Probabilistic Reasoning in Clinical Medicine: Problems and Opportunities," in Judgement Under Uncertainty: Heuristics and Biases, ed. D. Kahneman, P. Slovic, and A. Tversky, Cambridge University Press, pp. 249-267.

Fisher, R. A. (1921), "On the Mathematical Foundation of Theoretical Statistics," *Philosophical Transactions of the Royal Society of London Series*, A 222, pp. 309-368.

Galton, F. (1886), "Family Likeness in Stature," *Proceedings of Royal Society*, London, 40, pp. 842-872.

Geringer, J., P. Beamish, and R. daCosta (1989), "Diversification Strategy and Internationalization :Implication for MNE Performance," *Strategic Management Journal*, 10, pp. 109-119.

Greene, W. (2003), *Econometric Analysis*, Fifth Edition, Prentice Hall.

Gujarati, D. (1995), *Basic Econometrics*, McGraw-Hill.

Hamilton, J. D. (1994), *Time Series Analysis*, Princeton University Press.

Henslin, J. M. (1967), "Craps and Magic", *The American Journal of Sociology*, 73, pp. 316−333.

Howell, D. (2004), *Fundamental Statistics for the Behavioral Science*, Duxbury Press, Fifth Edition.

Judge, G., R. Hill, W. Griffiths, H. Lütkepohl, and T. L. (1988), *Introduction to the Theory and Practice of Econometrics*, Wiley.

Keller, G. (2005), *Statistics for Management and Economics*, Seventh Edition, Thomson.

Kelly, J. L. (1956), "A New Interpretation of Information Rate," *Bell System Technical Journal*, 35 (4), pp. 917−926.

Langer, E. J. (1975), The illusion of control, *Journal of Personality and Social Psychology*, 32, pp. 311−328.

Maddala, G. (1988), *Introduction to Econometrics*, Macmillan.

Newbold, P. (2003), *Statistics for Business and Economics*, Third Edition, Prentice−Hall.

Phillips, A. W. (1958), "The Relation between Unemployment and the Rate of Change of Money Wages in the United Kingdom, 1861−1957," *Economica, New Senes* 25, pp. 283−299.

Schmidt, S. (2005), *Econometrics*, McGraw−Hill.

Thaler, R. and C. Sunstein (2008), *Nudge: Improving decisions about health, wealth, and happiness*, London: Yale University Press.

Tversky, A. and D. Kahneman (1971), "Belief in the Law of Small Numbers," *Psychological Bulletin*, 76, pp. 105−110.

Weiers, R. (2005), *Essentials of Business Ststistics*, Fifth Edition, Thomson.

# 찾아보기

## 한글

## 영문

## 지은이

### 박범조(朴範朝)

고려대학교 경제학과 졸업, 경제학 학사

미국 University of Illinois at Urbana-Champaign 대학원 졸업, 경제학 박사

미국 University of Illinois at Urbana-Champaign, Instructor

미국 Duke University 초빙교수(2000~2001, 2007~2008)

고등고시, 지방고시, 7급 통계직 공무원시험 출제위원 및 시험위원

한국경제학회 「경제학연구」 편집위원, 「산업연구」 편집위원장, 아태경제학회 및 한국인력개발학회 이사

SSK사업단장, 대학혁신지원사업 총괄책임자

교수학습개발 센터장, 교무처장, 기획실장, 교양교육대학장

현재 단국대학교 경영경제대학 교수, 행태사회과학연구소 소장

### 주요 저서 및 논문

- 『응용 계량경제학: R 활용』, (주)시그마프레스, 2013
- 『실물옵션과 불확실성하의 가치평가』, (주)시그마프레스, 2009
- 『GAUSS와 경제분석』, (주)시그마프레스, 2004
- *Journal of Econometrics, Journal of Banking and Finance, Journal of Financial Markets, Quantitative Finance, Journal of Forecasting, JER, AEJ, AJFS* 등 SSCI급 국제학술지와 경제분석, 경제학연구, 국제경제연구, 재무연구, 한국증권학회지, 계량경제학보 등 KCI급 저명학술지에 다수의 연구논문 발표

### 최근 업적

- 금융경제분야 연구공로로 세계 3대 인명사전 Marquis Who's Who in the World (2010~2020), Cambridge IBC 2010, ABI 2010에 모두 등재
- Hall of fame for distinguished accomplishments in economics 2010 등재
- 교과부 인문사회분야 10년 대표성과(2012), KRF 우수평가자(2011), 한국증권학회 우수논문사업(2009), 학진 우수논문(2008) 선정
- Albert Nelson Marquis Award(2017), 범은학술상(2015, 2009), 금융연구 우수논문상(2015), 한국증권학회지 최우수논문상(2012), 교과부 장관상(대표우수성과, 2010) 등 수상

### 개발 소프트웨어

계량경제 및 금융계량 분석을 위한 엑셀의 추가기능 소프트웨어 ETEX(Econometric Toolbox for EXcel) 개발(버전 3.0, 2020)(프로그램 등록번호 2008-01-139-005663 ⓒ Beum-Jo Park)